신재생에너지
발전설비|태양광
기사·산업기사 필기

🌀 일진사

머리말

"오늘날 신재생에너지의 중요성은 아무리 강조해도 지나치지 않습니다. 우리가 앞으로 신재생에너지를 전력을 다해서 개발해야 하는 이유를 여기에 몇 가지 적어봅니다."

첫째, 인간은 원래 자연에서 왔으므로 자연의 에너지가 가장 자연스럽습니다. 인간이 발명한 형광등, 백열등, LED전등 등이 아무리 밝아도 대낮에 자연의 햇빛이 주는 안정감과 자연스러움을 따라갈 수는 없습니다. 또한 인간이 쓰고 있는 에너지 측면에서도 석유, 석탄, 가스 등의 화석연료는 매연과 이산화탄소를 내뿜어 각종 공해를 발생시키기 때문에 계속 사용하기에 무리가 있습니다. 이로 인해 인간은 점점 더 병들어가는 듯합니다.

원자력발전소 또한 마찬가지입니다. 체르노빌과 후쿠시마 원자력발전소 사태에서 보았듯이, 간혹 발생하는 원자력의 재앙을 버텨내기에 인간은 점점 힘이 듭니다. 저 무심히 흘러가는 강물이나 지구의 3분의 2를 차지하는 바다, 연일 내리쬐는 햇빛을 좀 보세요. 이러한 막대한 에너지원을 잘만 활용한다면 인간은 지구상 에너지의 일대 혁명을 몰고 올 수 있습니다. 지금도 신재생에너지 관련 기술개발을 위해 선진국을 중심으로 대부분의 국가에서 열심히 노력을 하고 있지만, 너무 느립니다. 좀 더 분발해야 할 시기입니다.

둘째, 원자력발전소와 기존 화석연료의 대안의 필요성입니다. 최근 일본의 후쿠시마 원전사태, 국내의 순환정전사태와 원전비리사건 등 블랙아웃의 우려가 우리 도처에 도사리고 있습니다. 더군다나 가채년수가 점점 짧아지고 있는 화석연료에 지나치게 의존하는 것은 앞으로 닥쳐올 위기를 재촉하는 것입니다.

셋째, 지구온난화 문제의 해결이 필요합니다. 지구는 점점 더 더워지고 있습니다. 예전 우리나라 연근해에서 많이 잡히던 명태, 쥐치, 정어리 등 한류성 어류들은 지금 자취를 감추었거나 그 어획량이 크게 줄어들었습니다. 대구였던 사과의 주산지는 현재 점점 북상하고 있습니다. 남산 위의 저 소나무도 21세기 후반이면 사라질 전망입니다. 또한 지구온난화로 인한 지구의 사막화, 홍수·가뭄·해일의 증가, 삶의 터전의 소실, 질병의 증가 등 인간이 앞으로 감당해야 할 숙제는 어마어마합니다. 이러한 지구온난화를 유발하는 온실가스를 감축하려면 자연에너지에 가까운 신재생에너지의 사용을 늘리는 방법이 유일하다고 생각합니다.

넷째, 나 잡아먹으라는 식으로 버티고 있는듯한 무심한 해양에너지와 지열에너지, 그리고 천연 바람에너지인 풍력 등을 그대로 내버려두기는 너무 아깝습니다! 인간의 자존심이 허락하지 않습니다. 인간은 이 속에서 뭔가 개발해내고 발전시켜나가야 할 막중한 책임이 있습니다.

다섯째, 신재생에너지에 대한 개발의 기회는 지구상의 그 어느 나라, 그 누구에게나 공평합니다. 개발하기에 따라서 엄청난 미래가치를 확보할 수 있고, 신재생에너지에 대한 투자는 국부의 원천으로 이어질 수 있을 것입니다. 신재생에너지는 앞으로 인류의 선택이 아닌 필수의 과제인 것입니다.

본 교재는 이렇게 중요하고 향후 비전이 큰 신재생에너지 관련 전문 자격증인 신재생에너지 발전설비 기사, 산업기사를 준비하기 위한 교재입니다. 또한, 에너지 분야의 기술사, 건축물에너지평가사, 에너지관리기사, 기타 관련 기술자격증 등을 공부하시는 분들께도 신재생에너지 관련 과목의 필요 지식을 충분히 학습할 수 있도록 최선을 다하였습니다. 특히 문제풀이에서 각 문제마다 '해설'을 최대한 제시하여, 본문에 대한 지나친 반복학습을 지양하고 '단기간 시험준비 완성'이 가능하도록 배려하였습니다. 그러나 독자들이 보시기에 이 책의 내용 중 부족한 부분이 분명히 많이 있을 것입니다. 부족한 부분에 대해서는 조언을 반영해 앞으로 계속 업그레이드 시킬 것이며, 부단히 책 내용을 증보 및 보강해나갈 것입니다.

끝으로 이 책의 완성을 위해 지도와 도움을 아끼지 않으신 전주 비전대학교 한우용 교수님, 박효식 교수님, 조성필 교수님, 신현만 기술사님, (주)제이앤지 박종우 대표님, **일진사**의 임직원 여러분께 깊은 감사의 말씀을 올립니다. 그리고 원고가 끝날 때까지 항상 옆에서 많은 도움을 준 아내 서현과 딸 이나, 아들 주홍에게도 다시 한 번 진심으로 고마움을 전합니다.

저자 신정수 *신정수*

이 책의 특징

"신재생에너지에 대한 깊은 이해와 사랑이 짙게 있다면 우리 인류가 나아가야 할 에너지의 미래가 보입니다!"

1. 핵심 위주의 해설

신재생에너지 발전설비 기사, 산업기사를 공부하시는 독자께 단시간에 핵심 위주의 많은 내용을 습득하여 합격의 길로 빨리 갈 수 있게끔 군더더기는 가능한 빼고 핵심내용 위주의 이론해설을 하고, 또한 관련 문제를 담았습니다.

2. 문제풀이만으로도 '단기완성'

문제풀이 부분에서는 각 문제마다 '해설'을 최대한 제시하여, 본문에 대한 지나친 반복학습을 지양하고 '단기간 시험준비 완성'이 가능하도록 배려하였습니다.

3. 대학 교재로도 활용 가능

신재생에너지 분야는 신재생이라는 한 분야에만 국한되는 학문이 아닙니다. 온실가스, 지구온난화, 녹색 건축물, 넓게는 공조 분야, 건축설비 분야까지 연관될 정도로 그 범위가 넓습니다. 따라서 관련 전 분야에서 현재 일반적으로 통용되는 보편적 기술, 대학 및 기업체의 연구분야 등에서 가장 중요하게 다루어지고 있는 전문적인 핵심기술 등을 같이 비교·추가하였으므로 해당 학과 출신이 아니더라도 비교적 이해가 쉽고, 혼자서도 학습할 수 있도록 구성하였습니다.

4. 논리적이고 체계적인 용어 해설

보통 깊이가 있는 전문 기술내용들은 논리적이고 체계적인 서술이 아니라면, 내용을 이해가 어려울 수 있으므로, 논리적이고 체계적이면서도 상세한 구성이 될 수 있게 최선을 다하였습니다.

5. 탄탄한 실력

신재생에너지 분야는 탄탄한 수학, 물리, 화학, 공학적 기초지식 위에 발전적 학문이 연구되어야 합니다. 그렇다고 해서 너무 광범위한 관련 지식을 요구하다보면, '신재생에너지'라는 초점을 흐릴 수도 있기 때문에 핵심적인 관련지식을 엄선하여 수록함으로써 핵심 기초지식을 보다 탄탄하고, 비교적 쉽게 터득할 수 있게 하였습니다.

6. 이해력 증진

관련 유사 기술용어들은 가능한 함께 묶어 서로 연관지어 이해할 수 있도록 하였고, 많은 사진, 그림, 그래프, 수식 등을 활용해 해설을 하였으며, 가장 이해가 쉬운 신재생에너지 기본 교재 및 수험준비서가 될 수 있도록 노력하였습니다.

7. '✔핵심 해설'의 활용

본문 내용에 대한 정리가 필요한 경우에는 말미에 '✔핵심'을 추가하여 주어진 기술내용을 보다 확실히 이해할 수 있게 하였고, 한층 심화된 학습수준까지 이를 수 있도록 하였습니다.

8. '주➔' 형태로 부연설명

부연설명이 필요한 항목에는 '주➔' 표기를 덧붙여 충분한 설명이 될 수 있도록 하였습니다. 특히 필요한 부분에 적용사례와 향후의 기술전망 등도 덧붙여 설명하였습니다.

9. 사진, 계통도, 그림, 그래프, 수식 등 다수 추가

각 주제의 이해를 돕기 위해 사진, 계통도, 그림, 그래프, 수식, 표, 흐름도 등을 많이 추가하였습니다. 현업에서도 이러한 시각적 표현방법을 잘 참조하여 학습 및 업무에 임한다면 더욱더 효과적으로 필요한 지식을 체득할 수 있을 것으로 사료됩니다.

10. 깊이 있는 문제풀이

대분류된 각 주제를 중심으로 세부적인 내용까지 자세히 담아, 깊이가 있으면서도 이해가 쉬운 해설을 추가하도록 노력하였습니다. 또한 기술의 핵심적 원리, 기술의 대분류 및 소분류(Tree구조), 각 기술의 부류별 특징 등을 중요시하였고, 보다 세부적인 여러 내용들도 중요하다고 판단되면 해당 주제 혹은 문제에 같이 포함시켜 설명하였습니다.

11. 유용한 자료 제공

아래 블로그를 통하여 독자들의 질문을 받도록 하고 있습니다. 꼭 책의 내용이 아니더라도 현장 경험상 혹은 실무에서 부딪히는 문제들을 자유롭게 올려주시면 잘 검토하여 답변을 올려드리도록 하겠습니다.

12. 법규문제에 대한 대비

우선 시험범위에 해당하는 법규 중 주요 부위만 발췌하여 수록하고, 그 법조문 중간 중간에 해당되는 시행령 혹은 시행규칙을 삽입 처리하여 단기간에 통합적이고 용이하게 학습할 수 있게 배려하였습니다.

☞ 블로그 : http://blog.naver.com/syn2989

 **신재생에너지발전설비 기사 · 산업기사 전망**

◉ 근거 법령

국가기술자격법 시행령 제14조 제3항 및 국가기술자격법 시행규칙 제8조 제1항 관련 [별표 8] 국가기술자격 종목의 시험과목

◉ 도입 배경

국제에너지기구에 따르면 전 세계가 지금과 같은 수준으로 화석연료를 사용할 경우 석유는 40년, 석탄은 200년, 천연가스는 60년 정도 사용할 수 있는 양밖에 남아있지 않다. 대부분의 에너지를 해외에 의존하고 있는 우리나라로서는 안보 차원에서 에너지 주권을 지킬 수 있는 새로운 에너지원인 '신재생에너지'의 확보가 중요한 과제가 아닐 수 없다.

또한 화석연료는 현재 이슈로 떠오르고 있는 지구 최대의 환경문제인 지구온난화의 주범이다. 최근 '기후변화에 관한 정부 간 위원회(IPCC)'가 발표한 내용에 따르면, 금세기 안에 북극의 빙하가 모두 사라지고 해수면이 59 cm까지 상승하는가 하면, 지구 평균 기온이 1.8~4.0℃까지 올라갈 수 있다고 경고하고 있다.

고갈되는 화석연료와 온실가스 감축을 위해서 화석연료를 대체할 에너지가 필요하다. 황화물(SOx), 질산화물(NOx), 미세먼지 등 환경오염 물질의 배출이 없는 환경친화적 에너지인 신재생에너지는 온실가스를 감축하는 청정에너지로서 고갈되는 화석연료의 대체 에너지로 21세기 성장동력으로 급부상하고 있다.

신재생에너지 발전설비 기사 (산업기사)는 최근 정부가 역점을 두고 있는 저탄소 녹색성장 분야 인력양성 방안의 일환으로 추진되는 것으로, 해당 종목이 신설될 경우 향후 대체에너지로 주목받고 있는 태양광발전 산업 분야를 이끌 기술 인력의 체계적 육성이 가능할 것으로 기대된다.

◉ 자격증 법제화

고용노동부에 따르면 2013년부터 태양광 분야에서 발전설비 기사, 발전설비 산업기사, 발전설비 기능사 등 3개 국가기술자격을 취득하도록 한 '국가기술자격법 시행령 · 시행규칙 개정안'을 시행하고 있다. 앞으로 산업통상자원부가 추진하는 국책 사업에 태양광 사업자가 참여하기 위해서는 위 3개 자격증 중 하나를 받아야할 전망이다. 국가기술자격 취득 이유는 '전문성'의 강화에 있다. 이는 태양광이 대체 에너지로 주목받고 있는 만큼 국가 차원에서 기술 인력을 육성하겠다는 의미이다.

❀ 신재생에너지 발전설비 기사, 산업기사 (태양광)의 전망

최근 청년실업이 사회의 큰 문제로 대두되고 있다. 많은 젊은이들이 직장을 구하고 있지만 그리 쉽지 않은 상황이다. 우리나라가 저성장 시대로 들어서게 될 경우 우리는 많은 것을 준비해야 하지만, 아직 준비가 되지 않은 상태에서 고통 받고 있는 20대들이 많다. 사실 현재의 우리는 20대뿐만 아니라, 전 연령에 걸쳐 고용불안에 시달리고 있다. 이러한 상황에서 사회, 전 인류가 나아갈 방향에 대해서 여러 전문가들이 많은 대책을 내놓고 있지만, 문제를 해결하기에는 많은 어려움이 있는 실정이다. 이럴 때일수록 우리 사회에서 지향하고 있는 생각이나 방향을 읽어내는 것이 무엇보다 중요하다.

최근 우리 사회가 요구하고 있는 부분은 무엇일까? 우리가 살고 있는 곳을 안전하고 살고 싶게 만드는 방법은 환경에 대한 측면이다. 요즘 들어 산업의 발전에서 환경 부분에 초점을 맞추어 다양한 자격증이 만들어지고 있는데, 그중에서도 이번에 신설되는 신재생에너지 발전설비 기사 (산업기사)가 가장 눈에 띈다. 실업문제를 해결하는 하나의 방안으로 환경산업이 각광받기 시작한 것이다.

신재생에너지 발전설비 기사 (산업기사)는 최근 정부가 역점을 두고 있는 저탄소 녹색성장 분야 인력양성 방안의 일환으로 추진되는 것으로, 해당 종목이 신설될 경우 향후 대체에너지로 주목받고 있는 태양광발전 산업 분야를 이끌 기술 인력의 체계적 육성이 가능할 것으로 기대된다. 신재생에너지 발전소나 모든 건물 및 시설의 신재생에너지발전 시스템 설계 및 인허가, 신재생에너지발전설비 시공 및 감독, 신재생에너지발전시스템의 시공 및 작동상태 감리, 신재생에너지발전설비의 효율적 운영을 위한 유지·보수 및 안전관리 업무 등을 수행하는 곳에 취업이 가능할 것으로 예상된다.

 **기사 · 산업기사 · 기능사 시험범위 비교 Table**

과목명	주요항목	기사	산업기사	기능사
제1과목 태양광발전 시스템 이론	1. 신재생에너지 개요	○	○	○
	2. 태양광발전 시스템 개요	○	○	○
	3. 태양광 모듈	○	○	○
	4. 태양광 인버터	○	○	○
	5. 관련기기 및 부품	○	○	○
	6. 기초이론	○	○	×
제2과목 태양광발전 시스템 설계	1. 태양광발전 시스템 기획	○	×	×
	2. 태양광발전 시스템 설계	○	×	×
	3. 도면 작성	○	×	×
제3과목 태양광발전 시스템 시공	1. 태양광발전 시스템 시공	○	○	○
	2. 태양광발전 시스템 감리	○	○	×
	3. 송전설비	○	○	×
제4과목 태양광발전 시스템 운영	1. 태양광발전 시스템 운영	○	○	○
	2. 태양광발전 시스템 품질관리	○	○	○
	3. 태양광발전 시스템 유지보수	○	○	○
	4. 태양광발전설비 안전관리	○	○	○
제5과목 신재생에너지 관련법규	1. 관련법규	○	○	○
2차 실기 태양광발전설비 실무	1. 기획(부지, 경제성, 법규, 인허가)	○	×	×
	2. 설계	○	○	×
	3. 시공	○	○	○
	4. 감리	○	○ (7. 성능진단 제외)	×
	5. 운영 및 유지보수	○	○	○

신재생에너지 발전설비 기사·산업기사 (태양광) 출제기준

● 기사

직무분야	환경·에너지	자격종목	신재생에너지 발전설비 기사 (태양광)	적용기간	2016.1.1 ~
O 직무내용 : 신재생에너지설비에 대한 공학적 기초이론 및 숙련기능, 응용기술 등을 가지고 태양광발전 설비를 기획, 설계, 시공, 감리, 운영, 유지 및 보수하는 업무 등을 수행					
필기검정방법	객관식 || 문제 수	100	시험시간	2시간 30분

필기과목명	주요항목	세부항목	세세항목
태양광발전 시스템 이론 (20 문제)	1. 신재생에너지 개요	(1) 신재생에너지 원리 및 특징	① 태양광　② 풍력　③ 수력　④ 연료전지　⑤ 기타 신재생에너지
	2. 태양광발전 시스템 개요	(1) 태양광발전 개요	① 태양광발전의 정의 ② 태양광발전의 역사 ③ 태양광발전의 특징 ④ 태양광발전의 원리 ⑤ 태양광발전의 시장 전망 ⑥ 태양복사 에너지
		(2) 태양광발전 시스템 정의 및 종류	① 태양광발전 시스템 정의 ② 태양광발전 시스템 분류
		(3) 태양전지	① 태양전지 원리 ② 태양전지의 변환 효율 ③ 태양전지 특성의 측정법 ④ 태양전지 종류와 특징
		(4) 태양광발전 시스템 구성 요소	① 태양광 모듈 및 어레이 ② 태양광 인버터 ③ 전력저장장치(축전지)
	3. 태양광 모듈	(1) 태양광 모듈의 개요	① 태양광 모듈의 특성 ② 태양광 모듈의 구조 ③ 단자함 및 기타 ④ 태양광 모듈의 종류
		(2) 태양광 모듈의 설치 분류	① 시공 설치관련 분류의 정의
	4. 태양광 인버터	(1) 태양광 인버터의 개요	① 태양광 인버터의 역할 ② 태양광 인버터의 회로 방식 ③ 태양광 인버터의 원리 ④ 태양광 인버터의 종류 및 특징
		(2) 태양광 인버터의 기능	① 자동운전 정지 기능 ② 최대전력 추종 제어기능 ③ 단독운전 방지기능 ④ 자동전압 조정기능 ⑤ 직류 검출기능 ⑥ 직류 지락 검출기능 ⑦ 계통연계 보호장치

필기과목명	주요항목	세부항목	세세항목
	5. 관련기기 및 부품	(1) 바이패스 소자와 역류 방지 소자	① 바이패스 소자 ② 역류방지 소자
		(2) 접속함	① 태양전지 어레이측 개폐기 ② 주개폐기 ③ 피뢰소자 ④ 단자대 ⑤ 수납함
		(3) 교류측 기기	① 분전반 ② 적산전력량계
		(4) 축전지	① 계통연계 시스템용 축전지 ② 독립형 시스템용 축전지 ③ 축전지의 설계
		(5) 낙뢰 대책	① 낙뢰 개요 ② 뇌서지 대책 ③ 피뢰소자의 선정
	6. 기초 이론	(1) 전기, 전자	① 전기 기초 ② 전자 기초
태양광발전 시스템 설계 (20 문제)	1. 태양광발전 시스템 기획	(1) 부지 선정과 음영 분석	① 부지 선정 시 일반적 고려사항 ② 부지 선정 절차 ③ 일사량과 일조량 ④ 계절별 태양고도 변화 ⑤ 태양궤적 및 음영각 ⑥ 음영의 유형 및 분석
		(2) 경제성 분석 및 사업 타당성 조사	① 비용/편익분석방법 ② 순 현재가치분석방법 ③ 원가분석방법 ④ 공사비 산정
		(3) 인허가 사항	① 인허가 사항 ② 인허가 기준 ③ 인허가 절차
	2. 태양광발전 시스템 설계	(1) 태양전지 어레이 설계	① 태양전지 어레이의 방위각과 경사각 ② 태양전지 어레이용 가대 조건 ③ 태양전지 어레이용 가대 설계 ④ 설치 가능한 태양전지 모듈 수 산출
		(2) 태양광발전 구조물 설계	① 태양광 구조물 시스템 설계기준 ② 구조물 이격거리 산출적용 설계요소
		(3) 태양광발전 시스템 전기설계	① 전기 시스템 구성 및 기획 ② 각종 계산서 작성
		(4) 관제 시스템 설계	① 방범 시스템 ② 방재 시스템 ③ 모니터링 시스템
		(5) 태양광발전 시스템 발전량 산출	① 전력 수요량 산정 ② 발전 가능량 산정
	3. 도면 작성	(1) 도면기호	① 전기도면 관련 기호 ② 토목도면 관련 기호 ③ 건축도면 관련 기호
		(2) 설계도서 작성	① 설계도서의 종류 ② 시방서의 개념 ③ 시방서의 작성요령 ④ 설계도의 개념 ⑤ 설계도의 작성요령

필기과목명	주요항목	세부항목	세세항목
태양광발전 시스템 시공 (20 문제)	1. 태양광발전 시스템 시공	1. 태양광발전 시스템 시공 준비	① 태양광발전 시스템의 시공 절차 ② 태양광발전 시스템 시공 시 필요한 장비 목록 ③ 태양광발전 시스템 관련기기 반입 및 검사 ④ 태양광발전 시스템 시공 안전대책 ⑤ 시공체크리스트
		2. 태양광발전 시스템 구조물 시공	① 발전 형태별 구조물 시공 ② 발전 형태별 태양전지 어레이 설치
		3. 배관ㆍ배선 공사	① 태양광 모듈과 태양광 인버터간의 배관ㆍ배선 ② 태양광 인버터에서 옥내 분전반간의 배관ㆍ배선 ③ 태양광 어레이 검사 ④ 케이블 선정 및 단말처리 ⑤ 방화구획 관통부의 처리
		4. 접지공사	① 접지공사의 종류 및 적용 ② 접지공사의 시설방법 ③ 접지저항의 측정
	2. 태양광발전 시스템 감리	(1) 태양광발전 시스템 감리 개요	① 감리 개요 ② 업종별 감리 ③ 시방서의 종류
		(2) 설계 감리	① 설계 기본방향과 관리 ② 설계 절차별 제출서류 ③ 설계도서 검토
		(3) 착공 감리	① 설계도서 검토 ② 착공신고서 검토 및 보고 ③ 하도급 관련 사항 검토 ④ 현장여건 조사 ⑤ 인허가 업무 검토
		(4) 시공 감리	① 감리와 감독의 역할 ② 태양광발전 시스템 설치 표준 ③ 설계변경 ④ 태양광발전 시스템 구성 ⑤ 기기의 품질기준 ⑥ 구조물 종류별 검사 ⑦ 시공단계별 품질 확인
		(5) 사용 전 검사	① 법정검사 ② 태양광발전설비 검사
		(6) 준공검사	① 준공검사 절차서 작성 ② 시설물 인수인계 계획 수립 ③ 준공 후 현장문서 인수인계 ④ 유지관리 및 하자보수 지침서 검토

필기과목명	주요항목	세부항목	세세항목
	3. 송전설비	(1) 송·변전설비 기초	① 송전설비 기초 ② 배전설비 기초 ③ 변전설비 기초
태양광발전 시스템 운영 (20 문제)	1. 태양광발전 시스템 운영	(1) 운영 계획 및 사업개시	① 일별, 월별, 연간 운영계획 수립 시 고려 　요소 ② 사업허가증 발급방법 등
		(2) 태양광발전 시스템 운전	① 태양광발전 시스템 운영체계 및 절차 ② 태양광발전 시스템 운전조작방법 ③ 태양광발전 시스템 동작원리 ④ 태양광발전 시스템 운영 점검사항 ⑤ 태양광발전 시스템 계측
	2. 태양광발전 시스템 품질관리	(1) 성능 평가	① 성능 평가 개념 ② 성능 평가를 위한 측정 요소
		(2) 품질관리 기준	① 신재생에너지관련 KS 제도 ② 신재생에너지관련 ISO 제도 ③ IEC 기준 규격
	3. 태양광발전 시스템 유지보수	(1) 유지보수 개요	① 유지보수 의의 ② 유지보수 절차 ③ 유지보수 계획 시 고려사항 ④ 유지보수 관리 지침
		(2) 유지보수 세부내용	① 발전설비 유지관리 ② 송전설비 유지관리 ③ 태양광발전 시스템 고장원인 ④ 태양광발전 시스템 문제 진단 ⑤ 고장별 조치방법 ⑥ 발전 형태별 정기보수 ⑦ 발전 형태별 긴급보수
	4. 태양광발전 설비 안전관리	1. 위험요소 및 위험관리 방법	① 태양광발전 시스템의 위험 요소 및 위험 　관리방법
		2. 안전관리 장비	① 안전장비 종류 ② 안전장비 보관 요령
신재생에너지 관련 법규 (20 문제)	1. 관련법규	(1) 신재생에너지관련법	① 신에너지 및 재생에너지 개발·이용· 　보급 촉진법, 시행령, 시행규칙 ② 저탄소 녹색성장기본법, 시행령
		(2) 전기관계법규	① 전기사업법, 시행령, 시행규칙 ② 전기공사업법, 시행령, 시행규칙 ③ 전기설비기술기준 및 판단기준

● 산업기사

직무분야	환경·에너지	자격종목	신재생에너지 발전설비 산업기사 (태양광)	적용기간	2016.1.1 ~
○ 직무내용 : 신재생에너지설비에 대한 공학적 기초이론 및 숙련기능, 응용기술 등을 가지고 태양광발전 설비를 설계, 시공, 감리, 운영, 유지 및 보수하는 업무 등을 수행					
필기검정방법	객관식	문제 수	80	시험시간	2시간

필기과목명	주요항목	세부항목	세세항목
태양광발전 시스템 이론 (20 문제)	1. 신재생에너지 개요	(1) 신재생에너지 원리 및 특징	① 태양광 ② 풍력 ③ 수력 ④ 연료전지 ⑤ 기타 신재생에너지
	2. 태양광발전 시스템 개요	(1) 태양광발전 개요	① 태양광발전의 정의 ② 태양광발전의 역사 ③ 태양광발전의 특징 ④ 태양광발전의 원리 ⑤ 태양광발전의 시장 전망 ⑥ 태양복사 에너지
		(2) 태양광발전 시스템 정의 및 종류	① 태양광발전 시스템 정의 ② 태양광발전 시스템 분류
		(3) 태양전지	① 태양전지 원리 ② 태양전지의 변환 효율 ③ 태양전지 특성의 측정법 ④ 태양전지 종류와 특징
		(4) 태양광발전 시스템 구성 요소	① 태양광 모듈 및 어레이 ② 태양광 인버터 ③ 전력저장장치(축전지)
	3. 태양광 모듈	(1) 태양광 모듈의 개요	① 태양광 모듈의 특성 ② 태양광 모듈의 구조 ③ 단자함 및 기타 ④ 태양광 모듈의 종류
		(2) 태양광 모듈의 설치 분류	① 시공 설치관련 분류의 정의
	4. 태양광 인버터	(1) 태양광 인버터의 개요	① 태양광 인버터의 역할 ② 태양광 인버터의 회로 방식 ③ 태양광 인버터의 원리 ④ 태양광 인버터의 종류 및 특징

필기과목명	주요항목	세부항목	세세항목
		(2) 태양광 인버터의 기능	① 자동운전 정지 기능 ② 최대전력 추종제어기능 ③ 단독운전 방지기능 ④ 자동전압 조정기능 ⑤ 직류 검출기능 ⑥ 직류 지락 검출기능 ⑦ 계통연계 보호장치
	5. 관련기기 및 부품	(1) 바이패스 소자와 역류 방지 소자	① 바이패스 소자 ② 역류방지 소자
		(2) 접속함	① 태양전지 어레이측 개폐기 ② 주개폐기 ③ 피뢰소자 ④ 단자대 ⑤ 수납함
		(3) 교류측 기기	① 분전반 ② 적산전력량계
		(4) 축전지	① 계통연계 시스템용 축전지 ② 독립형 시스템용 축전지 ③ 축전지의 설계
		(5) 낙뢰 대책	① 낙뢰 개요 ② 뇌서지 대책 ③ 피뢰소자의 선정
	6. 기초 이론	(1) 전기, 전자	① 전기 기초 ② 전자 기초
태양광발전 시스템 시공 (20 문제)	1. 태양광발전 시스템 시공	1. 태양광발전 시스템 시공 준비	① 태양광발전 시스템의 시공 절차 ② 태양광발전 시스템 시공 시 필요한 장비 목록 ③ 태양광발전 시스템 관련기기 반입 및 검사 ④ 태양광발전 시스템 시공 안전대책 ⑤ 시공체크리스트
		2. 태양광발전 시스템 구조물 시공	① 발전 형태별 구조물 시공 ② 발전 형태별 태양전지 어레이 설치
		3. 배관·배선 공사	① 태양광 모듈과 태양광 인버터간의 배관·배선 ② 태양광 인버터에서 옥내 분전반간의 배관·배선

필기과목명	주요항목	세부항목	세세항목
			③ 태양광 어레이 검사 ④ 케이블 선정 및 단말처리 ⑤ 방화구획 관통부의 처리
		4. 접지공사	① 접지공사의 종류 및 적용 ② 접지공사의 시설방법 ③ 접지저항의 측정
	2. 태양광발전 시스 템 감리	(1) 태양광발전 시스템 감 리 개요	① 감리 개요 ② 업종별 감리 ③ 시방서의 종류
		(2) 설계 감리	① 설계 기본방향과 관리 ② 설계 절차별 제출서류 ③ 설계도서 검토
		(3) 착공 감리	① 설계도서 검토 ② 착공신고서 검토 및 보고 ③ 하도급 관련 사항 검토 ④ 현장여건 조사 ⑤ 인허가 업무 검토
		(4) 시공 감리	① 감리와 감독의 역할 ② 태양광발전 시스템 설치 표준 ③ 설계 변경 ④ 태양광발전 시스템 구성 ⑤ 기기의 품질기준 ⑥ 구조물 종류별 검사 ⑦ 시공단계별 품질 확인
		(5) 사용 전 검사	① 법정검사 ② 태양광발전설비 검사
		(6) 준공검사	① 준공검사 절차서 작성 ② 시설물 인수인계 계획 수립 ③ 준공 후 현장문서 인수인계 ④ 유지관리 및 하자보수 지침서 검토
	3. 송전설비	(1) 송 · 변전설비 기초	① 송전설비 기초 ② 배전설비 기초 ③ 변전설비 기초

필기과목명	주요항목	세부항목	세세항목
태양광발전 시스템 운영 (20 문제)	1. 태양광발전 시스템 운영	(1) 운영 계획 및 사업개시	① 일별, 월별, 연간 운영계획 수립 시 고려 요소 ② 사업허가증 발급방법 등
		(2) 태양광발전 시스템 운전	① 태양광발전 시스템 운영체계 및 절차 ② 태양광발전 시스템 운전조작방법 ③ 태양광발전 시스템 동작원리 ④ 태양광발전 시스템 운영 점검사항 ⑤ 태양광발전 시스템 계측
	2. 태양광발전 시스템 품질관리	(1) 성능 평가	① 성능 평가 개념 ② 성능 평가를 위한 측정 요소
		(2) 품질관리 기준	① 신재생에너지관련 KS 제도 ② 신재생에너지관련 ISO 제도 ③ IEC 기준 규격
	3. 태양광발전 시스템 유지보수	(1) 유지보수 개요	① 유지보수 의의 ② 유지보수 절차 ③ 유지보수 계획 시 고려사항 ④ 유지보수 관리 지침
		(2) 유지보수 세부내용	① 발전설비 유지관리 ② 송전설비 유지관리 ③ 태양광발전 시스템 고장 원인 ④ 태양광발전 시스템 문제 진단 ⑤ 고장별 조치방법 ⑥ 발전 형태별 정기보수 ⑦ 발전 형태별 긴급보수
	4. 태양광발전 설비 안전관리	1. 위험요소 및 위험관리 방법	① 태양광발전 시스템의 위험 요소 및 위험 관리방법
		2. 안전관리 장비	① 안전장비 종류 ② 안전장비 보관 요령
신재생에너지 관련 법규 (20 문제)	1. 관련법규	(1) 신재생에너지관련법	① 신에너지 및 재생에너지 개발·이용· 보급 촉진법, 시행령, 시행규칙 ② 저탄소 녹색성장기본법, 시행령
		(2) 전기관계법규	① 전기사업법, 시행령, 시행규칙 ② 전기공사업법, 시행령, 시행규칙 ③ 전기설비기술기준 및 판단기준

차 례

part 02 태양광발전 시스템 설계

part 03 태양광발전 시스템 시공

part 04 태양광발전 시스템 운영

제1편 태양광발전 시스템 이론

제 1 장 | 신재생에너지 개요

1-1 신재생에너지 개요

(1) 태양의 구성층 (Layers of the Sun)

① **핵 혹은 내핵(Inner Core)** : 핵은 수소 핵융합반응이 일어나는 태양의 중심부이다. 수소가 헬륨으로 바뀌는 이 반응에서 많은 에너지가 방출된다.

② **복사층 (Radiation Zone)** : 태양의 복사층은 핵에서 나온 에너지를 복사의 형태로 대류층까지 전달하는 구간이다.

③ **대류층 (Convection Zone)** : 대류층은 태양 내부에서 가장 외부에 있는 층이다. 대류층은 태양 표면에서 밑쪽으로 약 200,000 km 깊이에서부터 시작되고, 온도는 약 2,000,000 K이다. 이 층에서는 복사를 통해 에너지를 전파할 수 있을 만큼 밀도나 온도가 높지 않기 때문에, 복사가 아닌 열대류가 일어난다.

④ **광구 (Photosphere)** : 광구는 태양의 표면으로, 약 100 km 두께의 가스로 이루어진다. 중앙부가 가장 밝고, 가장자리로 갈수록 복사방향에 대한 시선방향의 각이 커지므로 어두워지는데, 이런 현상을 '주연감광(limb darkening)'이라고 하며 흑점, 백반, 쌀알무늬 등을 관측할 수 있다. 태양은 약 27일을 주기로 자전하는데, 태양은 가스로 된 공과 같기 때문에 고체의 행성과 같이 회전하지는 않으며, 태양의 적도지역은 극지방보다 더 빠르게 회전한다. 또한 태양의 반지름은 그 중심에서 광구까지의 길이를 말한다.

⑤ **채층 (Chromosphere)** : 채층은 광구 위에 약 2,000 km까지 뻗어있다. 온도가 약 6,000 K에서 약 10,000 K까지로 불규칙하다. 이 정도의 높은 온도에서 수소는 불그스레한 색의 빛을 방출하는데, 이것은 개기일식 동안에 태양의 가장자리 위로 올라오는 홍염을 통해 확인할 수 있다.

⑥ **코로나 (Corona)** : 코로나는 이온화된 기체가 높고 넓게 퍼져있는 상층 대기권이다. 코로나의 형태와 크기는 일정하지 않지만 일반적으로 흑점과 관계가 깊다. 흑점이 최소일 때 코로나의 크기는 작고 최대일 때는 크고 밝으며 매우 복잡한 구조를 갖는다.

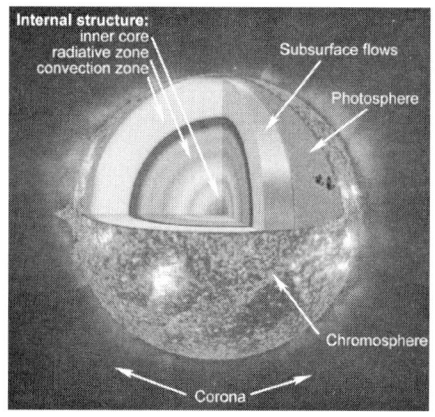

(2) 지구의 구성층 (Layers of the Earth)

① 지구 중심 근처의 온도는 약 4,500 K를 넘는다 (태양의 표면 온도는 약 6,000~ 6,500 K).

② 지각은 주로 암석으로 이루어져 있고, 그중 가장 풍부한 원소는 산소와 규소이다. 금속 중 가장 풍부한 것은 알루미늄인데, 원소 전체로 볼 때에는 산소와 규소 다음으로 많다.

③ 맨틀의 화학 성분도 지각과 비슷한 면이 있지만 마그네슘과 철의 함량이 많이 증가한다.

④ 외핵에서는 철과 황이 풍부하고, 내핵에서는 철과 니켈이 풍부하다.

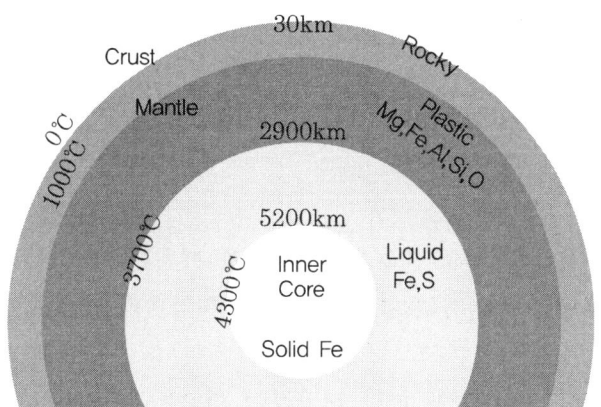

(3) 태양에너지 이용 역사

① 212 B.C. : Archimedes (아르키메데스)가 그리스 시라큐스를 공격하는 로마 함선을 광을 낸 동판거울로 태양광선을 모아 함선을 격침함

② 1891년 : 미국 발티모어의 발명가 클라렌스 켐프가 특허 등록하여 첫 번째 태양열 온수기 시스템이 등장함

③ 1973년 : 그리스 해군이 실제로 재현함. 50 m 거리의 목선에 불을 내어 태움

④ 2009년 : 미국 M.I.T.의 데이빗 왈라스 교수가 80명의 학생들과 함께 15분 만에 목재에 불이 붙음을 재현함

(4) 태양방사선의 특징

① '복사열'과 유사한 전자기 방사의 형태(전파, X-레이, 따뜻한 난로 등)이다.

② 태양 복사에너지의 약 절반은 인간의 눈으로 감지할 수 있는 파장 내이다.

③ 지구 대기권 밖 태양방사선의 강도는 일반 온돌패널의 약 10배 이상이다.

④ 오존층에 의해 단파장이 흡수되어 0.2~0.3 nm 영역에서는 대기 외부와 지표층의 스펙트럼이 차이가 난다.

⑤ 스펙트럼 파장대의 에너지 밀도는 자외선 영역이 5 %, 가시광선 영역이 46 %, 근적외선 영역이 49 % 수준이다.

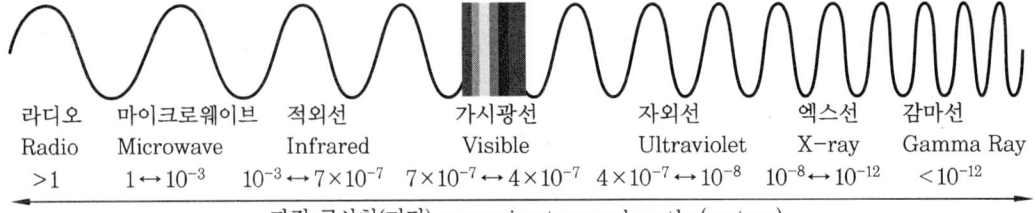

| 라디오
Radio
>1 | 마이크로웨이브
Microwave
$1 \leftrightarrow 10^{-3}$ | 적외선
Infrared
$10^{-3} \leftrightarrow 7 \times 10^{-7}$ | 가시광선
Visible
$7 \times 10^{-7} \leftrightarrow 4 \times 10^{-7}$ | 자외선
Ultraviolet
$4 \times 10^{-7} \leftrightarrow 10^{-8}$ | 엑스선
X-ray
$10^{-8} \leftrightarrow 10^{-12}$ | 감마선
Gamma Ray
$< 10^{-12}$ |

파장 근사치(미터) approximate wavelengths(meters)

태양광 스펙트럼

(5) 태양각의 중요성

① 태양에너지 이용 시스템의 성능에 큰 영향을 끼치는 중요한 요소이다.

② 태양전지나 태양열 집열판의 설치 경사각이 태양각과 가급적 수직을 이루게 하는 것이 중요하다.

③ 연간 태양의 고도가 변함에 따라 태양각이 변동한다.

④ **혼합식(태양) 추적법** : '감지식 추적법+프로그램 추적식'으로 우수함

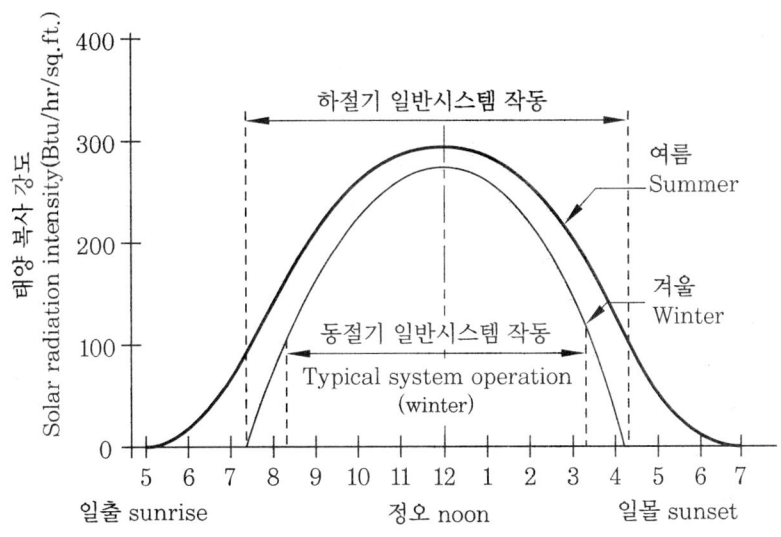

태양복사량 (맑은 날, 40도 경사, 정남향)

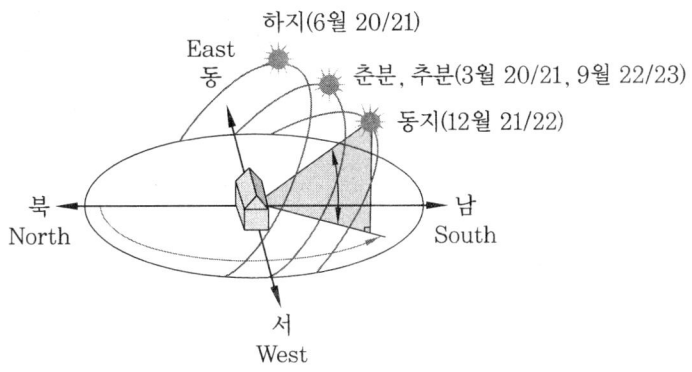

태양고도의 변화 추이

(6) 태양에너지 적용 분야

① 발전 분야

⑦ 집광식 태양열발전

㉮ 태양추적장치, 집광렌즈, 반사경 등의 장치가 필요함

㉯ 고온의 증기를 만들어 터빈을 운전하여 발전을 행함

㉰ 발전용 집열기의 종류

㉠ PTC (Parabolic Trough Collector) : 구유형 집열기

㉡ Dish Type Collector : 접시형 집열기

ⓒ CPC (Compound Parabolic Collector) : 복합 구유형 집열기

ⓔ SPT (Solar Power Tower) : 타워형 태양열발전소

(나) 태양광발전

㉮ 소규모의 전자계산기, 손목시계와 같은 일용품부터 인공위성, 대규모의 발전용까지 널리 사용됨

㉯ 실리콘 등으로 제작된 태양전지(Solar Cell)를 이용하여 태양광을 직접 전기로 변환함

② **생활 분야**

(가) 태양열 증류 : 고온의 태양열을 이용하여 탈수 및 건조 가능

(나) 태양열 조리기기(Cooker 등) : 집광렌즈를 이용하여 조리, 요리 등 가능

③ **조명 및 공조, 급탕 분야**

(가) 주광 조명

㉮ 낮에도 어두워지는 지상 및 지하시설 등에 자연광 도입

㉯ 수직 기둥 속 렌즈의 반사원리를 이용하여 태양광 도입

(나) 난방 및 급탕

㉮ 축열조를 이용하여 태양열을 저장 후 난방, 급탕 등에 활용함

㉯ 태양열원 히트펌프 (SSHP)의 열원으로 사용하여 난방 및 급탕이 가능함

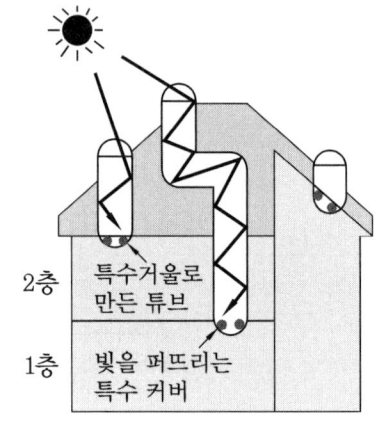

주광 조명

(다) 태양열 냉방시스템

㉮ 증기압축식 냉방 : 태양열을 증기터빈 가동에 사용하는 시스템

→ 증기터빈의 구동력을 다시 냉동시스템의 압축기 축동력으로 전달함

㉯ 흡수식 냉방 : 태양열을 저온 재생기 가열에 보조적으로 사용하는 시스템

㉰ 흡착식 냉방 : 태양열을 흡착제의 탈착 (재생) 과정에 사용하는 시스템

㉱ 제습냉방(Desiccant Cooling System) : 태양열을 제습기 휠의 재생열원 등에 사용하는 시스템

④ **자연형 태양열(주택) 시스템** : 직접획득형, 온실부착형, 간접획득형, 분리획득형, 이중외피형 등

⑤ **기타** : 살균, 의학, 건강 등 다양한 용도로 사용

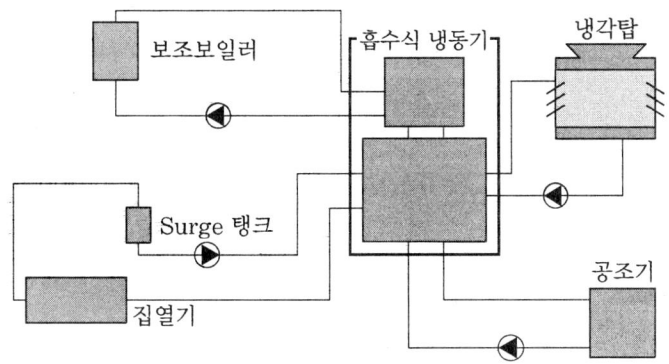

태양열 흡수식 냉방시스템 계통

> ✓**핵심** 태양에너지는 크게 태양광에너지와 태양열에너지로 나눌 수 있고, 증류, 조리기구, 조명 및 공조, 급탕 분야, 심지어는 냉방 분야에까지 다양하게 사용될 수 있다.

1-2 태양열에너지

태양광선의 열에너지를 모아 이용하는 기술로서 집열부, 축열부, 이용부, 제어부 등으로 구성된다.

(1) 태양열에너지의 장점

① 무공해, 무제한
② 청정에너지원
③ 지역적인 편중이 적음
④ 다양한 적용 및 이용성
⑤ 경제성이 우수함

(2) 태양열에너지의 단점

① 열밀도가 낮고, 이용이 간헐적임
② 초기설치비가 많음
③ 일사량 조건이 좋지 않은 겨울에는 불리함

(3) 평판형 집열기와 진공관형 집열기

① **평판형 집열기** : 집열면이 평면을 이루고, 태양에너지 흡수면적이 태양에너지 입사면적과 동일한 집열기로, 태양열 난방 및 급탕 시스템 등 저온 이용 분야에 사용되는 기본적인 태양열 기기이다.

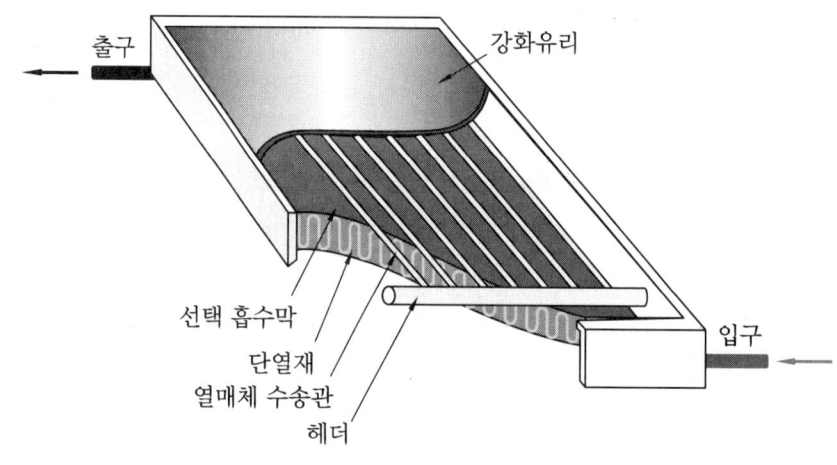

평판형 집열기

② **평판형 집열기 vs 진공관형 집열기**

구 분	평판형 집열기	진공관형 집열기
장점	• 실제 설치 후 장기간 사용 결과, 안정적인 집열기로 판명됨 • 구조적으로 단순하여 취급이 간편함 • 단위면적당 가격이 저렴함(동일 획득열량 대비 40 % 이상 저렴함) • 하자 발생 우려가 적으며 시스템이 안정적임 • 사후관리의 용이성(국내업체 다수)	• 겨울철 효율이 높음 • 고온에서 평판형보다 효율이 높으므로 100℃ 이상이 필요한 냉방 및 산업공정열 적용에 유리함
단점	• 집열효율이 진공관형에 비해 다소 떨어짐 • 고온 가열이 어려움(주로 80도 미만)	• 가격이 비싸며, 개별 가구 설치 시 경제성을 신중히 고려해야 함 • 유리관 파손, 진공 파괴에 대한 우려, 보수비 증대 • 하절기 과열에 대한 대책이 필요함

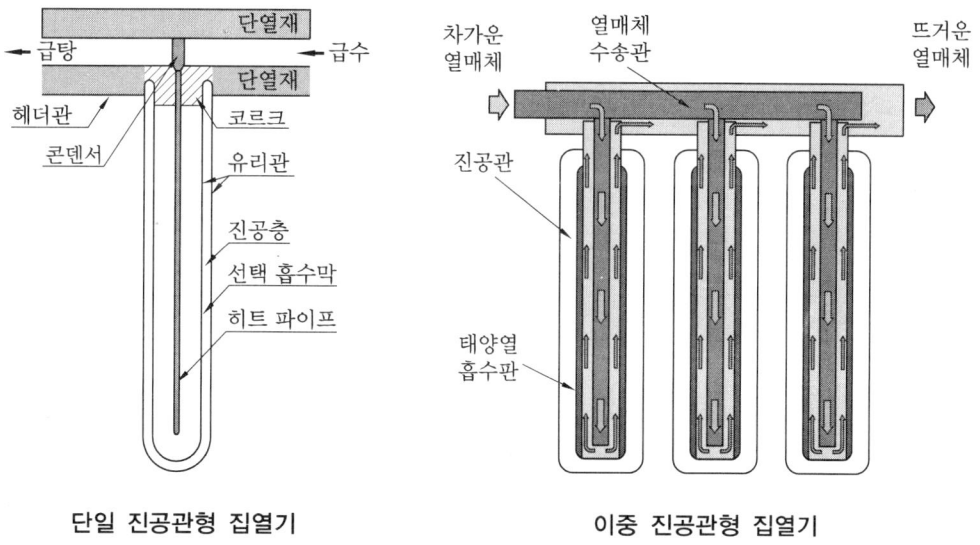

단일 진공관형 집열기   이중 진공관형 집열기

(4) 집중형 태양열발전 (CSP ; Concentrating Solar Power)

① 종류

㈎ 구유형 집광형 집열기(PTC ; Parabolic Trough Collector) : 태양에너지는 포물
선형 곡선과 홈통 (구유) 형상의 반사판 위에 곡면의 내부를 따라 놓여있는 리시버
(receiver) 관에 집중됨

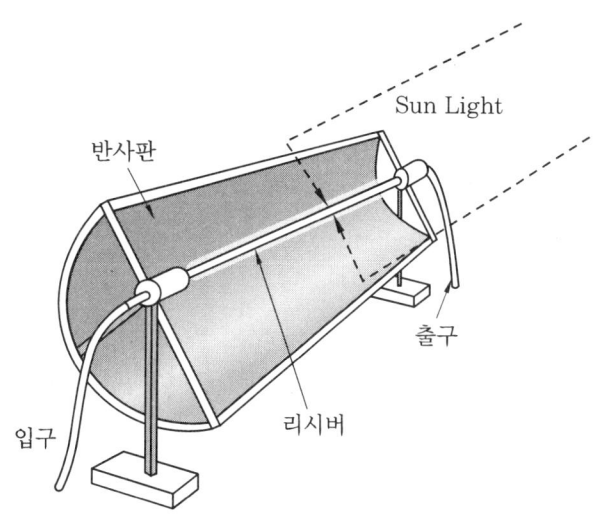

PTC(Parabolic Trough Collector)형 집광형 집열기

㈏ 접시형 집광형 집열기(Dish Type Collector) : 태양으로부터 직접 입사되는 태양
에너지를 획득하여 작은 면적에 집중, 태양광선을 열 리시버로 반사하기 위하여

태양을 연속적으로 추적, 스털링엔진 (햇빛과 같은 외부열원으로부터 제공되는 열로 피스톤을 움직여 자동차의 내연기관과 비슷하게 기계적인 출력을 생산, 엔진 크랭크축의 회전형태인 기계적인 발전기를 구동하고 전기를 생산)에 사용 가능함

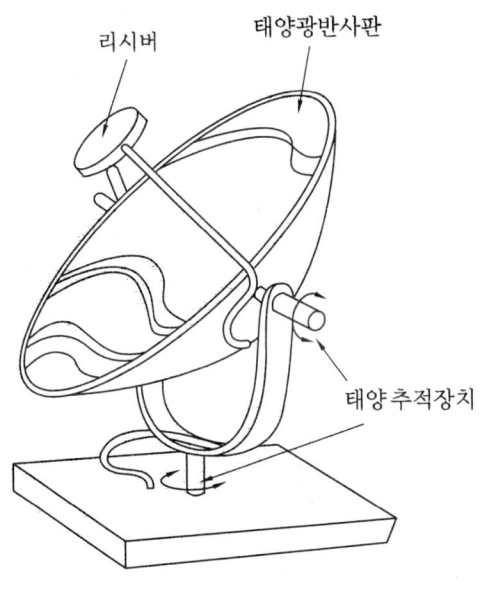

접시형 집광형 집열기

(다) 시피시(CPC)형 집광형 집열기(Compound Parabolic Collector) : 양쪽의 반사판을 이용하여 태양광을 반사하여 가운데의 유리관에 집중시킴, 외부유리관은 없는 타입도 있음

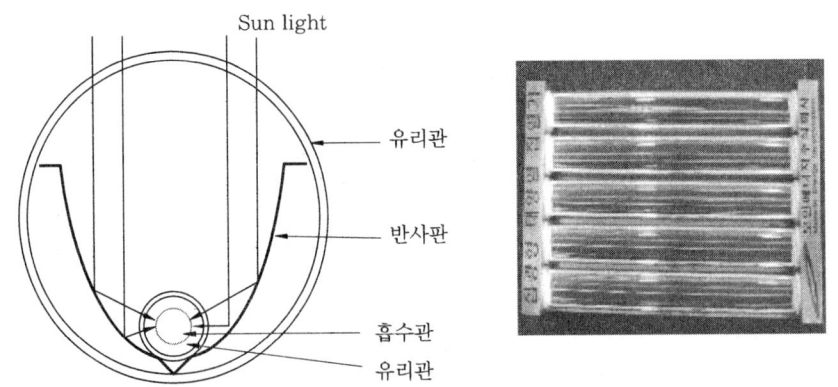

CPC (Compound Parabolic Collector)형 집광형 집열기

② 특징

(가) 다양한 거울 형상의 반사원리를 이용하여 태양에너지를 고온의 열로 변환함

(내) 태양에너지를 모아서 열로 변환시키는 부분＋열에너지를 전기로 재차 변환할 수도 있음

(대) 상대적으로 저비용으로 첨두부하(Peak Demand) 시 전력을 공급할 수 있어 분산에너지원으로 주요한 역할을 할 수 있음

(5) 태양열 발전탑(Solar Power Tower)

① 특징

(가) 전력타워라고도 하며 햇빛을 청정 전기로 변환하기 위하여 대형의 헬리오스탯(heliostats)이라는 태양 추적 거울(sun-tracking mirrors)을 대량으로 설치하여 타워 상부에 위치한 리시버에 햇빛을 집중 → 리시버에서 가열된 열전달유체는 열교환기를 이용하여 고온증기를 발생 → 고온증기는 터빈발전기를 구동하여 **전기를 생산함**

(나) 초기 전력타워에서는 열 전달유체로 증기를 사용하였으나, 현재는 열 전달과 에너지 저장 능력이 좋은 용융 질산염(molten nitrate salt) 등의 물질도 사용함

② 집광비(Concentrating Rate) : 약 500~1,000 이상의 집광비 사용

$$집광비 = \frac{집광기\ 면적}{흡수기\ 면적}$$

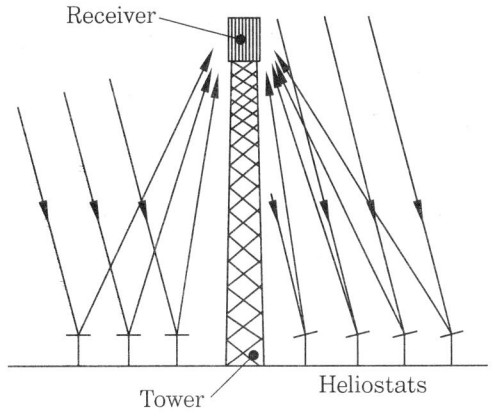

SPT(Solar Power Tower)의 반사원리

스페인의 11MW PS10 태양열발전소

국내 태양열발전 시스템
(Solar Power Tower ; 대구시 북구 서변동-북대구IC 인근)

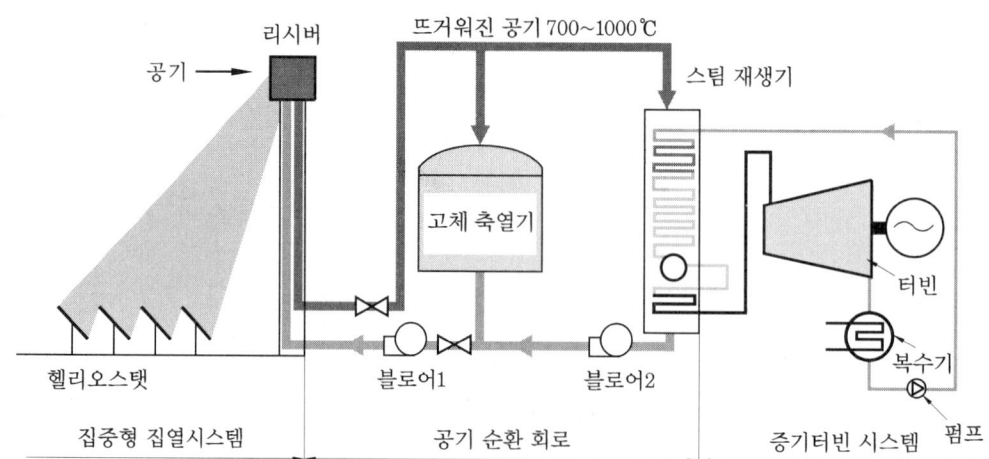

태양열발전 Cycle 계통도

> **✓핵심** 태양에너지를 이용한 발전은 태양전지를 사용하여 직접 전기를 생산하는 방법 외에 태양열로 물을 가열하여 증기로 만든 후 터빈을 가동하여 발전하는 방식도 있다. 이를 전력타워 혹은 태양열 발전탑(Solar Power Tower)이라고 한다.

(6) 태양열 난방 및 급탕시스템

① **태양열에너지 적용 분야** : 온수, 급탕, 공간의 냉난방

② **햇볕의 장점을 최대로 획득할 수 있도록 설계** : 특히 경제성 측면에서 투자비 회수기간이 짧아야 한다.

③ 태양열시스템은 건물의 신축, 재축, 증축, 리모델링 등 다양한 건축 시에 활용 가능하다.

④ 건물의 공간난방 등을 위하여 팬코일 유닛이나 공조기 등을 통하여 공기를 직접 가열하거나, 필요처에 온수를 공급할 수 있다.

겨울철 태양으로부터 많은 열을 획득하기 위하여 남측에 대형 판유리를 설치한 美 Colorado 주 Golden 시에 위치한 Sponslor-Miller 주택

건물 지붕에 태양열 난방 및 급탕시스템 설치사례

(7) 자연형 및 설비형 태양열시스템 비교

구 분	자연형	설비형		
	저온용	중온용	고온용	
활용온도	60℃ 이하	100℃ 이하	300℃ 이하	300℃ 이상
집열부	자연형시스템 공기식 집열기	평판형 집열기	• PTC형 집열기 • CPC형 집열기, 진공관형 집열기	Dish형 집열기, Power Tower
축열부	Tromb Wall (자갈, 현열)	저온축열 (현열, 잠열)	중온축열 (잠열, 화학)	고온축열 (화학)
이용 분야	건물공간난방	냉난방·급탕, 농수산 (건조, 난방)	건물 및 농수산 분야 냉난방, 담수화, 산업 공정열, 열발전	산업공정열, 열발전, 우주용, 광촉매폐수처리, 광화학, 신물질 제조

(8) 태양열 난방시스템의 구성요소

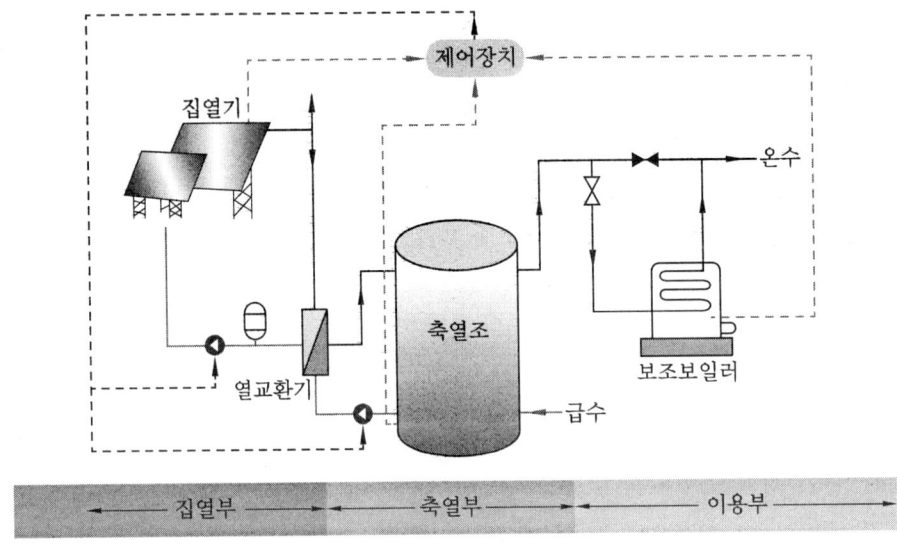

① **집열부** : 태양열 집열이 이루어지는 부분으로 집열온도는 집열기의 열손실률과 집광
장치의 유무에 따라 결정됨

② **축열부** : 열 취득시점과 집열량 이용시점이 일치하지 않기 때문에 필요한 일종의 버
퍼(buffer) 역할을 할 수 있는 열저장 탱크

③ **이용부** : 태양열 축열조에 저장된 태양열을 효과적으로 공급하고 부족할 경우 보조열
원에 의해 공급

④ **제어장치** : 태양열을 효과적으로 집열 및 축열하고 공급, 태양열시스템의 성능 및 신
뢰성 등에 중요한 역할을 하는 장치

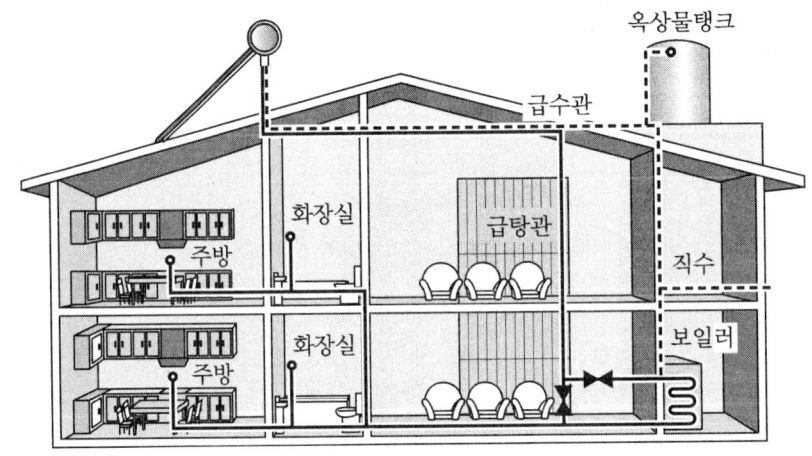

태양열 온수난방 설치사례

> **✔핵심** 태양열 난방시스템의 3대 구성요소는 집열부, 축열부, 이용부이다. 여기에 추가적
> 으로 제어장치, 안전장치, 열교환기, 펌프 등이 구성되어 전체 시스템이 완성된다.

(9) 태양굴뚝(Solar Chimney, Solar Tower)

① 발전용 태양굴뚝

㈎ 의의 : 태양열의 온실효과로 거대한 인공바람을 만들어 전기를 생산하는 방식이다.

㈏ 원리

㉮ 마치 가마솥 뚜껑 형태로, 탑의 아래쪽에 축구장 정도 넓이의 온실을 만들어
공기를 가열시킴

㉯ 중앙에 1천m 정도의 탑을 세우고 발전기를 설치함

㉰ 하부의 온실에서 데워진 공기가 길목(중앙의 탑)을 빠져나가면서 발전용 팬
을 회전시켜 발전 가능(초속 약 15 m/s 정도의 강풍임)

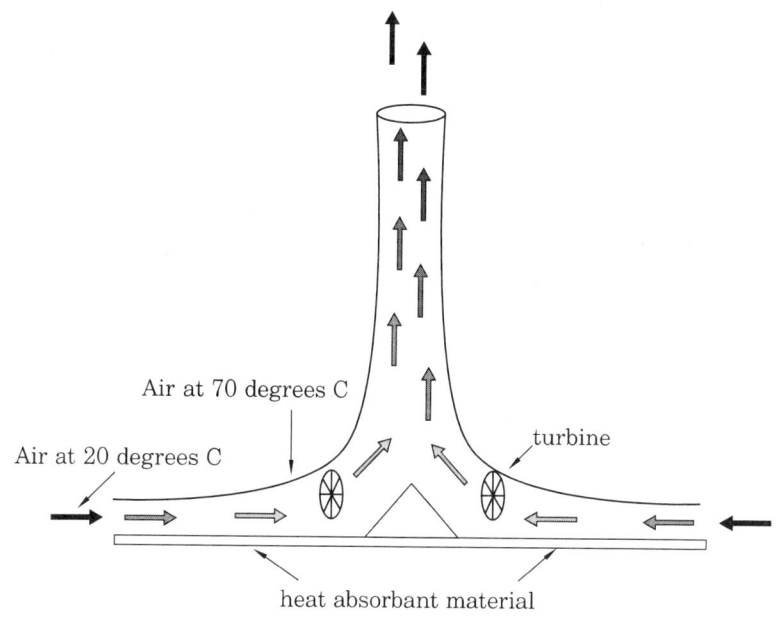

발전용 태양굴뚝

② 건물의 태양굴뚝

㈎ 유럽의 패시브 하우스에 많이 적용하는 방식이다.

㈏ 태양열에 의해 굴뚝 내부의 공기에 부력이 생겨 상승기류를 발생시킨다.

㈐ 건물 내부의 자연환기를 촉진하여 냉방부하 및 온실가스 배출을 경감한다.

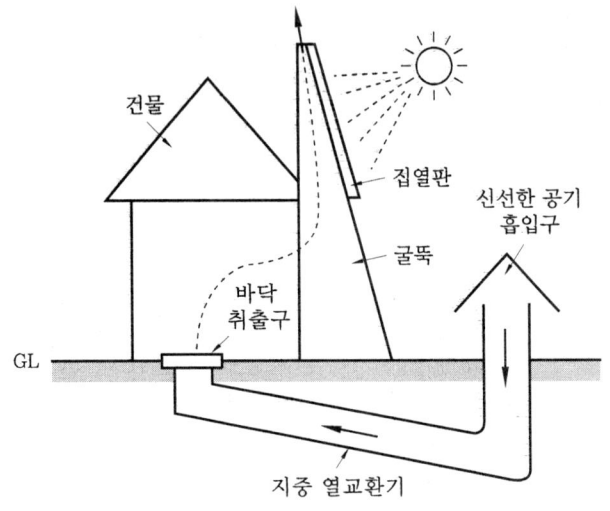

건물의 태양굴뚝(사례)

> ✓ **핵심** '발전용 태양굴뚝'은 하부에 대형 온실을 만들어 태양열을 흡수하여 더워진 공기가
> 굴뚝효과에 의해 상부로 급속히 이동하면서 팬을 회전시켜 발전하는 방식이다.

1-3 지열에너지

(1) 지열에너지의 특징

① 태양열의 51 %를 지표면과 해수면에서 흡수(인류 사용에너지양의 500배)한다.

② 지하 20~200 m의 지중온도는 일정한 온도(15℃)를 유지한다.

③ 지하 200 m 이하로 내려가면 2.5℃/100 m씩 상승한다.

④ 지열냉난방 시스템은 주로 천부지열온도(15℃)를 이용한다.

⑤ 해수, 하천, 지하수, 호수의 에너지도 지열에 포함된다.

⑥ 지열은 거의 무한정 사용이 가능한 재생에너지이다.

⑦ 피폭에 대해 안전하다.

(2) 지열에너지의 단점

① 초기 시공 및 설치비가 많이 소요된다.

② 설치 전 반드시 해당 지역의 중장기적인 지하이용 계획을 확인해야 한다.

③ 지중 매설 시 타 전기케이블, 토목구조물 등과의 간섭을 피하여야 한다.

④ 지하수 오염 우려가 있다.

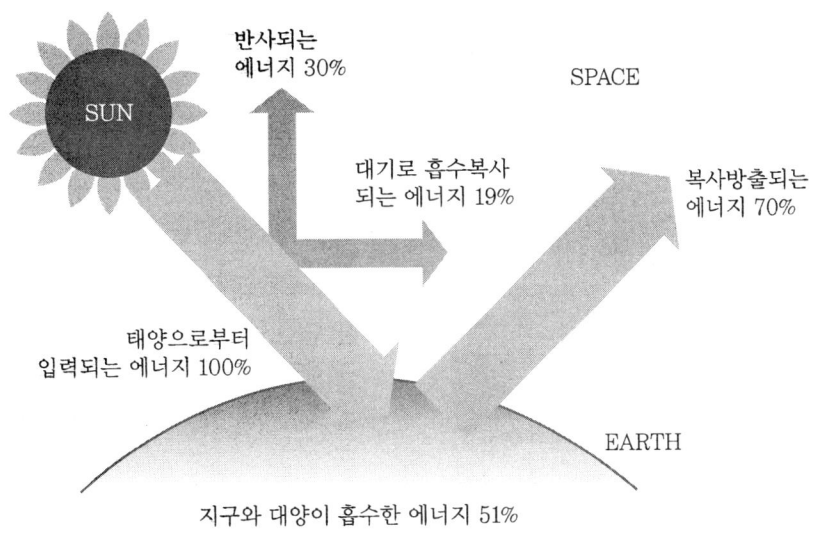

반사되는 에너지 30%

SPACE

대기로 흡수복사 되는 에너지 19%

복사방출되는 에너지 70%

SUN

태양으로부터 입력되는 에너지 100%

EARTH

지구와 대양이 흡수한 에너지 51%

> 주 ➜ 1. **천부지열** : 지중의 중저온 (10~70℃)을 냉난방에 활용
> 2. **심부지열** : 지중의 약 80~100℃ 이상의 고온수나 증기를 활용하여 전기 및 열 생산 가능

(3) 천부지열 이용방법(지열 히트펌프 시스템)

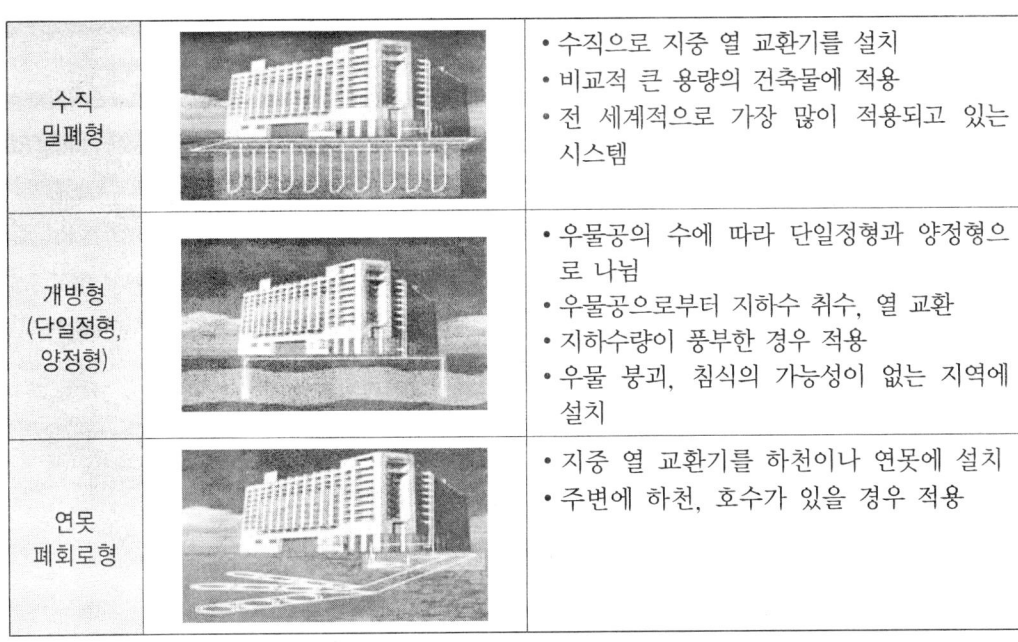

수직 밀폐형		• 수직으로 지중 열 교환기를 설치 • 비교적 큰 용량의 건축물에 적용 • 전 세계적으로 가장 많이 적용되고 있는 시스템
개방형 (단일정형, 양정형)		• 우물공의 수에 따라 단일정형과 양정형으로 나뉨 • 우물공으로부터 지하수 취수, 열 교환 • 지하수량이 풍부한 경우 적용 • 우물 붕괴, 침식의 가능성이 없는 지역에 설치
연못 폐회로형		• 지중 열 교환기를 하천이나 연못에 설치 • 주변에 하천, 호수가 있을 경우 적용

| 복합형 |  | • 냉난방부하 불균형이 발생할 경우 열원을 지열 외 냉각탑 또는 보조 보일러를 설치하여 얻는 방식
• 주로 대형건물의 냉난방 시스템에 적용 |

㈜ 1. 상기 테이블의 개방형 중에서 '단일정형(單一井形)'은 보통 SCW (Standing Column Well)라고 부른다. 또한 '양정형(兩井形)'은 우물이 두 개인 형태를 말한다.
　2. 이 분야에는 상기의 공법 외에도 수평 밀폐형, 게오힐 공법(충전식 개방형 공법) 등이 있다.

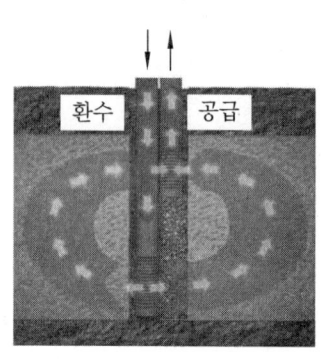
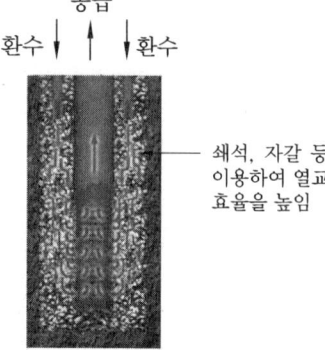

게오힐 공법

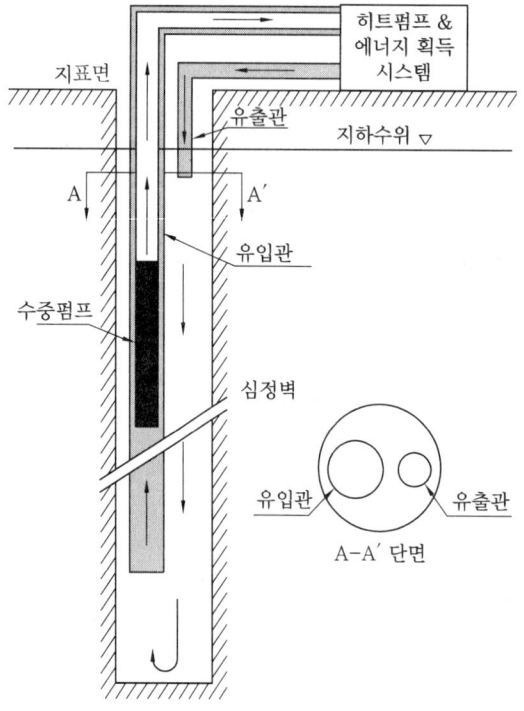

SCW (단일정형)

수평 밀폐형

(4) 지열원 히트펌프 비교표

구 분	냉 방	난 방	연평균 시스템 COP
에어컨 + 보일러			• 에어컨 : 약 2.5 • 보일러 : 약 0.8
공기열원 히트펌프			• 여름 : 약 2.5 • 겨울 : 약 1.5 (장배관, 고낙차 등 설치조건에 따른 영향 큼)
지열원 히트펌프			• 여름 : 약 4.5 • 겨울 : 약 3.5 (연중 안정적인 성능 구현)

(5) 지열발전

① 땅속을 수 km 이상 파고들어 가면 지중온도가 100℃를 훨씬 넘을 수 있고, 이를 이용하여 증기를 발생시키고 터빈을 돌려 전기를 생산할 수 있다.

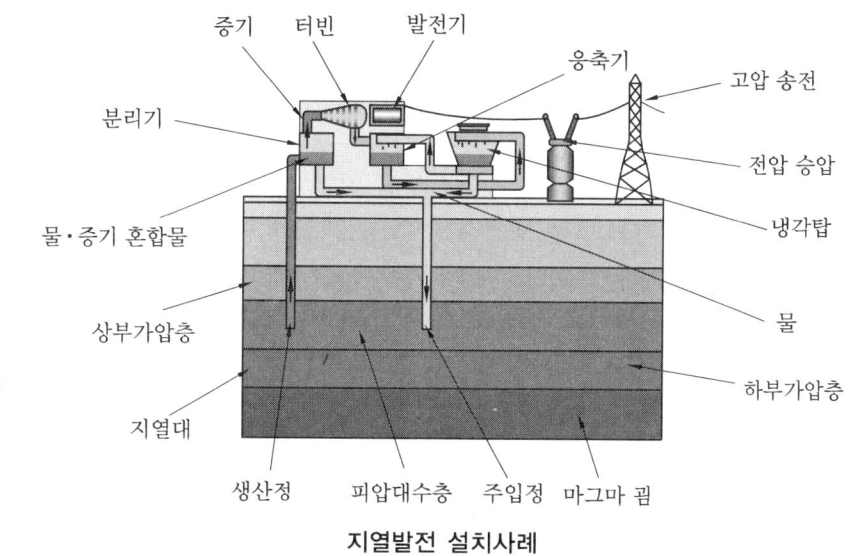

지열발전 설치사례

② 국내에서는 경상북도 포항, 전라남도 광주 등에서 지열발전 관련 시범 사이트를 진행하고 있다.

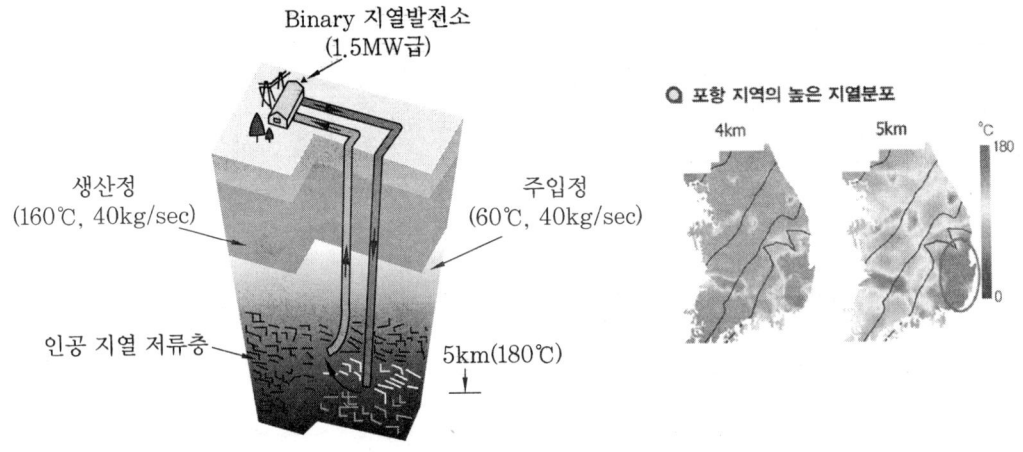

포항지역 지열발전 시스템

주 ➔ **바이너리(Binary) 지열발전**

1. 일반적으로 바이너리 발전이란 '바이너리 사이클'을 이용한 발전시스템을 일컫는다.
2. 열원이 되는 1차 매체에서 열을 2차 매체로 이동시켜 2차 매체의 사이클을 통해 발전하는 시스템을 통틀어 일컫는 말이다.
3. 바이너리란 '두 개'란 의미로 두 개의 열매체를 사용한 발전 사이클을 뜻하는 발전 시스템으로 지열발전에 국한된 발전시스템은 아니다.

---

(6) 열응답 테스트(열전도도 테스트) – 천부지열

① **지중 열전도도 시험 수행** : 공인 인증기관에서 진행

② 설치용량 175 kW(50 RT) 이상 시스템 설계 시 적용한다.

③ 그라우팅 완료 후 72시간 이후에 측정한다.

④ 최소 48시간 이상 열량을 투입하여 지중 온도변화를 관측한다.

⑤ 열전도도 (k) 측정

- 열전도도 $k = \dfrac{Q}{4 \times \pi \times L \times a}$ [W/(m·K)]

- 평균온도 $T_{avg} = \dfrac{T_{in} + T_{out}}{2}$ [℃]

- 기울기 $a = \dfrac{T_2 - T_1}{LN(t_2) - LN(t_1)}$

- 열전달률 $Q = \dot{m} \times C_p \times (T_{in} - T_{out})$ [W]

- 시험공 깊이 L [m], 유량 $\dot{m}$ [L/min]

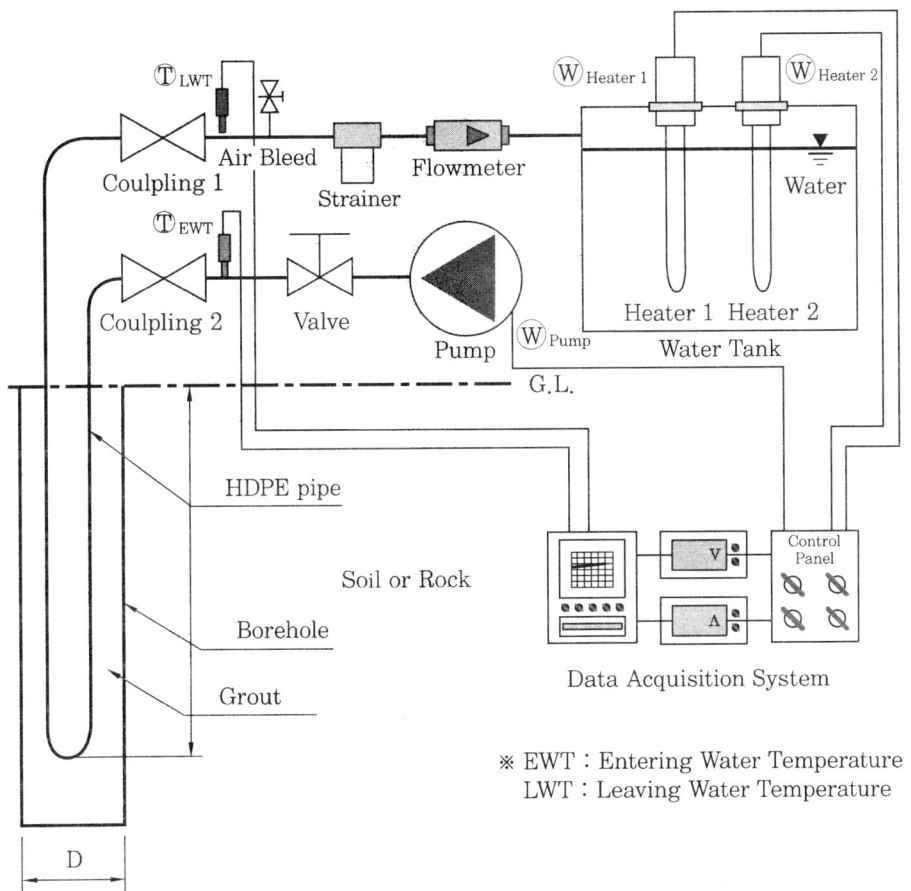

지중 열응답 테스트 장치 설치사례

(7) 지열 히트펌프 시스템 시공절차

지중 열교환기(배관) 설치 및 기계실 공사는 아래와 같이 진행된다.

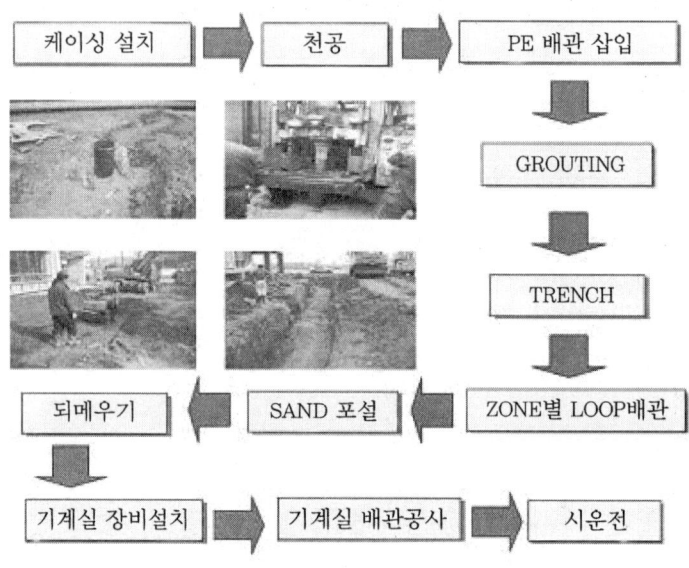

지중 열교환기(배관) 설치절차

(8) 그라우팅의 목적

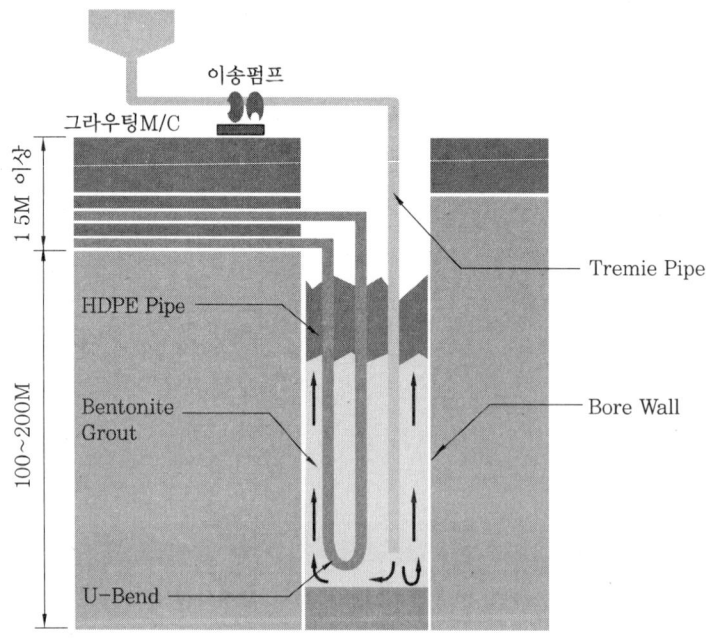

천공 및 그라우팅 단면도

① 오염물질 침투 방지   ② 지하수 유출 방지
③ 천공 붕괴 방지   ④ 지중 열교환기 파이프와 지중 암반의 밀착
⑤ 열전달 성능 향상

(9) 지열 히트펌프 설치사례

국내 최초 공동주택 지열 냉·난방 설치사례 : 2008년 전북 정읍 내장산 실버아파트

유리온실 지열 냉·난방 설치사례(2010년 장수파프리카 영농조합법인) : 전국에서 단위
면적당 최고의 파프리카 생산량을 자랑하는 생산자단체 중 한 곳 (1만 2,540 m² 규모
의 유리온실에서 파프리카 생산량이 3.3 m²당 70 kg에 육박하니 전국 최고 수준이라
고 해도 과언이 아니다. 그 비결은 최첨단 시설인 유리온실에 지열 히트펌프 냉·난방
시스템을 설치하고 공조기(AHU)와 경유보일러를 적절하게 활용한 덕분이다.)

> ✓**핵심** • 지열에너지는 크게 심부지열과 천부지열로 나누어지는데, 심부지열은 발전에 많이
> 사용되고, 천부지열은 히트펌프와 연계하여 냉·난방 및 급탕 등에 많이 사용된다.
> • 천부지열 사용 시 목표하는 온도에 미도달했을 때 히트펌프를 이용하여 승온(난방·
> 급탕 시) 혹은 추가 냉각(냉방 시)하여 사용하게 된다.
> • 심부지열로 발전을 하는 경우에 시스템에서 목표하는 온도 미도달 시 바이너리 사
> 이클(Binary Cycle)을 구성하여 이용한다.

1-4   풍력에너지

무한한 바람의 힘을 회전력으로 전환시켜 유도전기를 발생시켜 전력계통이나 수요
자에게 공급하는 방식이다.

(1) 풍력발전(風力發電)의 장점

① 무공해의 친환경 에너지이다.
② 도로변, 해안, 제방, 해상 등 국토 이용에 높은 효율성을 가진다.
③ 우주항공, 기계, 전기 등의 분야에 높은 기술 파급력을 가진다.

(2) 풍력발전의 단점

① 제작비용 등 초기 투자비용이 높다.
② 풍황 등 에너지원의 조건이 중요하다.
③ 발전량의 지역별·계절별 차이가 크다.
④ 풍속 특성이 발전단가에 가장 큰 영향을 끼친다.
⑤ 일반적으로 소형 시스템일수록 발전단가에 불리하다.

덴마크 Middelgrunden 해양단지

제주 풍력단지

(3) 풍력발전의 원리

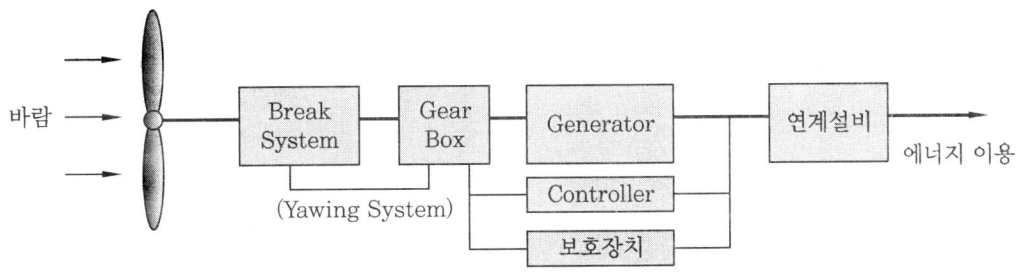

> **주 ➜** 요잉 시스템(Yawing System) : 로터의 회전면과 풍향이 수직이 되지 않았을 때 에너지활용도가 떨어지는 현상을 Yaw error라 하고, 이에 대응하기 위한 시스템임

(4) 풍력발전기의 주요 구성품

① **기계 장치부** : 날개, 기어박스, 브레이크 등

② **전기 장치부** : 발전기, 안전장치 등

③ **제어 장치부** : 무인 제어기능, 감시 제어기능 등

(5) 벳츠의 법칙

① '벳츠의 한계'라고도 부른다.

② 풍력발전의 이론상 최대 효율은 약 59.3 %이다. 그러나 실용상 약 20~40 %만 사용 가능 (날개의 형상, 마찰손실, 발전기효율 등의 문제로 인한 손실 고려)하다.

③ **계산식**

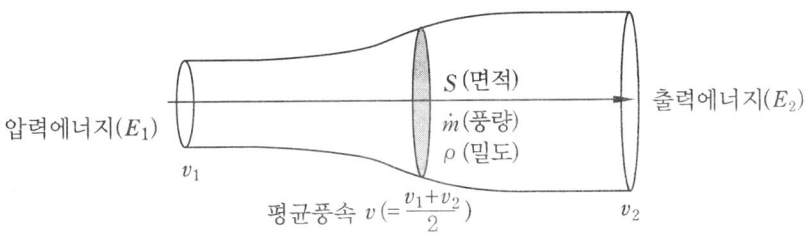

$$E_1 = \frac{1}{2} \cdot \dot{m} \cdot v_1^2 = \frac{1}{2} \cdot \rho \cdot S \cdot v_1^3, \quad E_2 = \frac{1}{2} \cdot \dot{m} \cdot v_2^2$$

$$\dot{E} = E_1 - E_2 = \frac{1}{2} \cdot \dot{m} \cdot \left(v_1^2 - v_2^2\right)$$

$$= \frac{1}{2} \cdot \rho \cdot S \cdot v \cdot \left(v_1^2 - v_2^2\right)$$

$$= \frac{1}{4} \cdot \rho \cdot S \cdot \left(v_1 + v_2\right) \cdot \left(v_1^2 - v_2^2\right)$$

$$= \frac{1}{4} \cdot \rho \cdot S \cdot v_1^3 \cdot \left\{1 - \left(\frac{v_2}{v_1}\right)^2 + \left(\frac{v_2}{v_1}\right) - \left(\frac{v_2}{v_1}\right)^3\right\} = \frac{1}{2} \cdot \rho \cdot S \cdot v_1^3 \times 0.593$$

$$\left(\because E \text{가 최대가 되려면 } \frac{v_2}{v_1} \fallingdotseq \frac{1}{3}\right)$$

따라서 $\dot{E} = \frac{1}{2} \cdot \rho \cdot S \cdot v_1^3 \times 0.593 = E_1 \times 0.593 \longrightarrow$ 풍력발전의 이론적 최고 효율= 59.3 %

(6) 회전축 방향에 따른 구분

① 수평축 방식

(개) 구조가 간단함

(내) 바람 방향의 영향을 많이 받음

(대) 효율이 비교적 높은 편이며, 가장 일반적인 형태임

(래) 중·대형급으로 적합한 형태

② 수직축 방식

(개) 바람 방향에 구애받지 않음

(내) 사막이나 평원에서 많이 사용함

(대) 효율이 다소 낮은 편이며, 제작비용이 많이 듦

(래) 보통 100 kW 이하의 소형에 적합한 형태임

수평축 발전기

수직축 발전기

(7) 운전 방식에 따른 구분

① 기어(Gear)형

㈎ 저렴한 제작비용

㈏ 어느 지역에서도 설계, 제작 가능

㈐ 유도전동기의 높은 회전수 (RPM)를 위해 기어박스로 증속시킴

㈑ 유지 보수 용이

㈒ 동력 전달 체계 : 회전자 → 증속기 → 유도 발전기 → 한전 계통

② 기어리스 (Gearless)형

㈎ 회전자와 발전기가 직접 연결

㈏ 발전효율이 높음

㈐ 간단한 구조, 저소음

㈑ 동력 전달 체계 : 회전자 (직결) → 다극형 동기 발전기 → 인버터 → 한전 계통

기어형

기어리스형

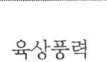

육상풍력
On Shore

해상풍력
Off Shore

소형풍력
(건물일체형)

설치위치에 따른 풍력발전 사례 : 점점 대형화 추세로 날개가 커지고 (회전속도가 느려짐), 이에 따라 소음도 크게 줄어들기 때문에, 풍력발전기에 가까이 다가가도 시끄럽게 돌아가는 소리는 거의 들리지 않는다.

덴마크의 호른스 레브 해상 풍력단지 : 항공 사진. 세계 최대 규모인 이 풍력단지는 2002년 12월 육지에서 17 km 떨어진 지역에 160 MW로 조성됐다. 2 MW급 풍력발전기 80대가 560 m 간격으로 설치돼 연간 600 GWh 전력을 생산하고 있다.

> ✓핵심 • 풍력발전은 발전량 측면에서 풍황, 주변환경, 송전설비 여력 등의 영향을 많이 받으므로 설치 전 입지 선정, 발전 기반시설 등을 면밀하게 고려하여야 한다.
> • 프로펠러형 풍력발전에서 날개를 주로 3개로 하는 이유 : 저진동, 경제성, 하중의 균등배분 등

1-5 수력에너지

(1) 수력발전(水力發電, Hydroelectric Power Generation)의 특징

① 높은 곳에 있는 하천이나 저수지의 물을 수압관로를 통하여 낮은 곳에 있는 수차로 보내어 그 물의 힘으로 수차를 돌리는 방식이다.

② 그것을 동력으로 하여 수차에 직결된 발전기를 회전시켜 전기를 발생시킨다.

③ 즉 물이 가지는 위치에너지를 수차를 이용하여 기계에너지로 변환시키고, 이 기계에너지로 발전기를 구동시켜 전기에너지를 얻게 되는 것이다.

④ 수력발전은 공해가 없고 연료의 공급이 없이도 오래 사용할 수 있다는 장점이 있지만, 건설하는 데 경비가 많이 들고, 댐을 건설할 수 있는 지역이 한정되어있다는 단점이 있다.

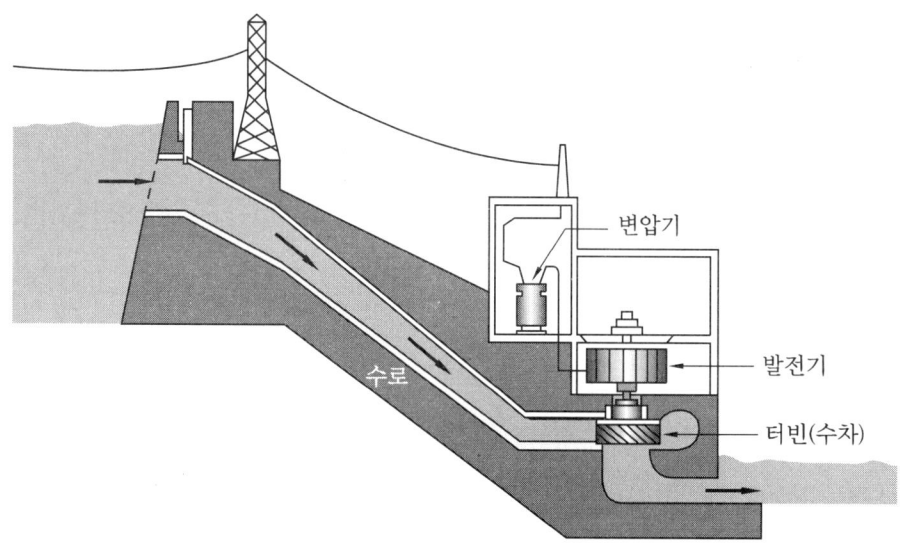

수력발전 계통도

(2) 수력발전의 공급절차

(3) 수차의 종류 및 특징

수차의 종류			특 징
충동 수차	펠톤 (Pelton)수차 (고낙차형) 튜고 (Turgo)수차 (저낙차형) 오스버그 (Ossberger)수차 (횡류형)		• 수차가 물에 완전히 잠기지 않는다. • 물은 수차의 일부 방향에서만 공급되며, 운동에너지만을 전환한다.
반동 수차	프란시스 (Francis)수차 (중·고낙차형)		• 수차가 물에 완전히 잠긴다.
	프로펠러 수차 (저낙차형)	카플란 (Kaplan)수차 (가변피치형) 튜브라 (Tubular)수차 (대유량형) 벌브 (Bulb)수차 (발전기 내장형) 림 (Rim)수차 (발전기 직각 부착형)	• 수차의 원주방향에서 물이 공급된다. • 동압 (dynamic pressure) 및 정압 (static pressure)이 전환된다.

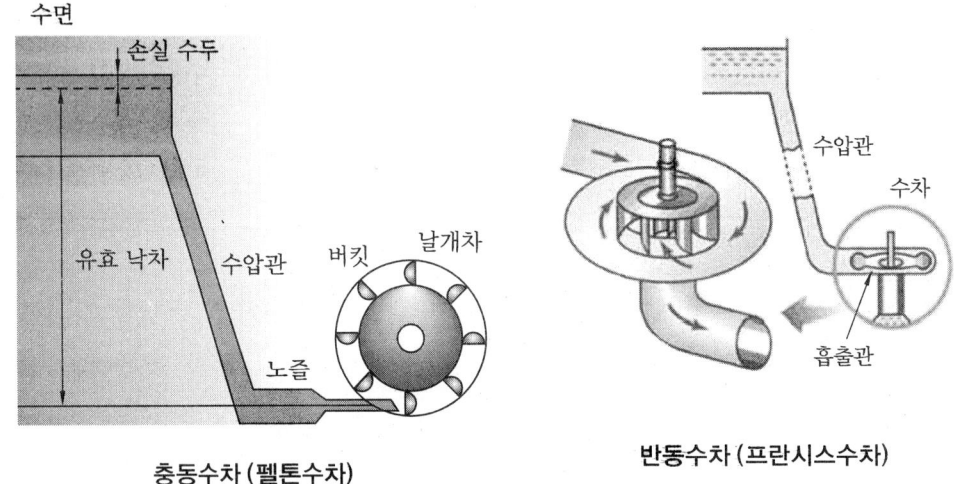

충동수차 (펠톤수차)

반동수차 (프란시스수차)

(4) 소수력발전의 분류

분 류			비 고
설비 용량	• Micro hydropower • Mini hydropower • Small hydropower	• 100 kW 미만 • 100~1,000 kW • 1,000~10,000 kW	국내의 경우 소 수력발전은 저 낙차, 터널식 및 댐식으로 이용 (예 방우리, 금 강 등)
낙차	• 저낙차 (Low head) • 중낙차 (Medium head) • 고낙차 (High head)	• 2~20 m • 20~150 m • 150 m 이상	

발전
방식
	• 수로식 (run-of-river type)
	• 댐식 (Storage type)
	• 터널식 (tunnel type) 혹은 댐
	  수로식
		• 하천경사가 급한 중·상류 지역
		• 하천경사가 완만하고 유량이 큰
		  지점
		• 하천의 형태가 오메가 (Ω)인 지점	

(5) 양수발전

① 일반 수력발전은 자연적으로 흐르는 물을 이용하여 발전을 하지만, 양수발전은 흔히 위쪽과 아래쪽에 각각 저수지를 만들고 밤 시간의 남은 전력을 이용하여 아래쪽 저수지의 물을 위쪽으로 끌어올려 모아놓았다가 전력 사용이 많은 낮 시간이나 전력공급이 부족할 때 이 물을 다시 아래쪽 저수지로 떨어뜨려 발전하는 방식이다.

② 우리나라의 청평, 무주, 삼랑진, 산청, 청송양수발전소가 여기에 해당된다.

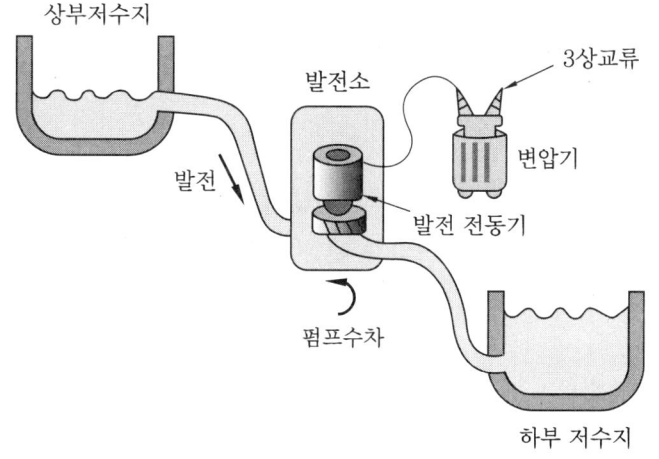

양수발전소의 구조

(6) 수력발전소의 출력

① 유량이 $Q\,[\mathrm{m^3/s}]$인 물이 유효낙차 $H\,[\mathrm{m}]$에 의해 유입된 경우, 이론출력(수동력)은 $P_o = 9.8\,QH\,[\mathrm{kW}]$로 정의된다.

여기서, 9.8 : 물의 비중량 $(\mathrm{kN/m^3})$, Q : 수량 $(\mathrm{m^3/s})$, H : 물의 유효낙차 (m)

② 유효낙차란 취수구 수위와 방수구 수위의 차 (총 낙차)에서 이 사이의 수로·수압관로 등에서의 손실수두 (水頭)를 뺀 것으로서, 수차에 유효하게 사용되는 낙차이다.

③ 이때, 수력발전기 출력은

$$P_g = P_o \cdot \eta t \cdot \eta g = 9.8\,QH \cdot \eta t \cdot \eta g \cdot N\,(\text{발전기 대수})$$

여기서, ηt : 수차의 효율, ηg : 발전기의 효율

④ 하천의 유량은 유역 내의 비나 눈에 의존되고 계절적으로 변동되므로, 발전소의 최대 사용수량은 연간을 통하여 발전이 가장 경제적으로 될 수 있도록 결정한다.

⑤ 또 댐식의 경우, 수위는 하천의 흐르는 상황과 발전소의 사용수량에 의해 상하로 변동되므로, 발전소의 운용을 검토하여 수위의 변동범위를 정하고, 그 사이의 변동에 대해 발전소의 운전에 지장이 없도록 설계된다.

> ✓**핵심** • 수력발전은 공해가 없고 연료의 공급이 없이도 오래 사용할 수 있다는 장점이 있지만, 건설하는 데 경비가 많이 들고, 댐을 건설할 수 있는 지역이 한정되어있다는 단점이 있다.
> • 또한 요즘과 같이 전력수급이 불안정한 시기에는 전력피크에 대응하기 위해 양수발전 등도 적극 고려하여야 한다.

1-6 바이오에너지

(1) 바이오에너지의 특징

① 식물은 광합성을 통해 태양에너지를 몸속에 축적한다.

② 지구온난화가 세계적인 걱정거리가 된 지금, 생물체와 땅속에 들어있는 에너지는 온난화를 막을 수 있는 유용한 재생가능 에너지원으로 여겨지고 있다.

③ 생물자원은 흔히 바이오매스(Biomass)라고 부르는데, 19세기까지도 인류는 대부분의 에너지를 생물자원으로부터 얻었다.

④ 생물자원은 나무, 곡물, 풀, 농작물 찌꺼기, 축산분뇨, 음식 쓰레기 등 생물로부터 나온 유기물을 말하는데, 이것들은 모두 직접 또는 가공을 거쳐서 에너지원으로 이용될 수 있다.

⑤ **지구온난화 관련** : 생물자원은 공기 중의 이산화탄소가 생물이 성장하는 가운데 그 속에 축적되어서 만들어진 것이다. 그러므로 에너지로 사용되는 동안 이산화탄소를 방출한다 해도 성장기부터 흡수한 이산화탄소를 고려하면 이산화탄소 방출이 없다고도 할 수 있다.

(2) 생물자원의 응용사례

생물자원 중에서 나무 부스러기나 짚은 대부분 직접 태워서 이용하지만, 곡물이나 식물은 액체나 기체로 가공해서 연료를 만든다.

① 유채 기름, 콩기름, 폐기된 식물성 기름 등을 디젤유와 비슷한 형태로 가공해서 디젤 자동차의 연료나 난방용 연료 등으로 이용하는 방법이 많이 개발되고 있다.

② 생물자원을 미생물을 이용해서 분해하거나 발효시키면 메탄이 절반 이상 함유된 가스가 얻어진다. 이것을 정제하면 LNG와 같은 성분을 갖게 되어, 열이나 전기를 생산하는 연료로 이용할 수 있다.

③ 현재 대규모 축사로부터 나온 가축 분뇨가 강과 토양을 크게 오염시키고, 음식 찌꺼기는 악취로 인해 도시와 쓰레기 매립지 주변의 주거환경을 해치고 있는데, 이것들을 분해하면 에너지와 질 좋은 퇴비를 얻는 일석이조의 효과를 거둘 수 있다.

(3) 각국 현황

① 지금도 가난한 나라에서는 에너지의 많은 부분을 생물자원으로 충당한다.

② 그러나 선진국 중에도 생물자원을 개발해서 상당한 양의 에너지를 얻는 나라가 있는데, 대표적인 나라는 덴마크, 오스트리아, 스웨덴 등이다.

③ 덴마크에서는 짚과 나무 부스러기에서 전체 에너지의 5 % 이상을 얻고 있고, 오스트리아와 스웨덴은 주로 나무 부스러기를 에너지원으로 이용해서 전체 에너지의 10 % 이상을 얻고 있다.

④ 브라질 등에서 석유 대신 자동차 연료로 이용하는 '알코올'은 사탕수수를 발효시켜서 만든다.

(4) 바이오에너지 생성절차

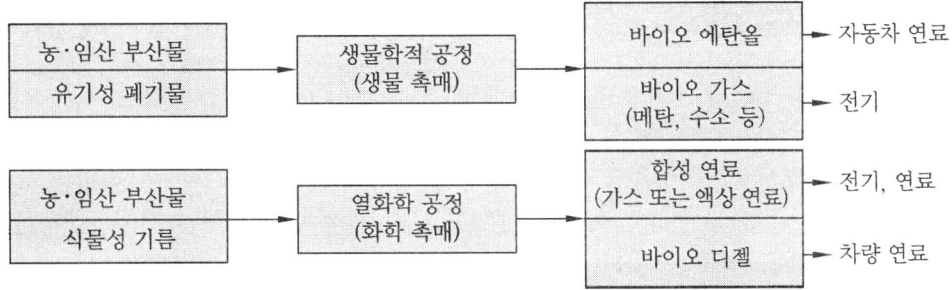

> ✔ **핵심** 바이오에너지는 우리 생활 주변의 대부분의 유기물(바이오매스 ; Biomass)이 대상이 될 수 있으며, 인류가 화석연료를 발견하기 전에 에너지를 확보하던 방식이기도 하다.

1-7 폐기물에너지

사업장 또는 가정에서 발생되는 가연성 폐기물 중 에너지 함량이 높은 폐기물을 이용하여 재생에너지 회수가 가능하며, 또한 열분해에 의한 오일화, 성형고체연료 제조, 가스화에 의한 가연성가스 제조, 소각에 의한 열회수 등을 통하여 수요처에 유효한 에너지를 공급할 수 있다.

(1) 폐기물에너지의 특징

① 비교적 단기간 내에 상용화가 가능하다.
② 기술개발 주도와 상용화 기반 조성이 가능하다.
③ 타 재생에너지에 비하여 경제성이 높고, 조기 보급이 가능하다.
④ 폐기물의 청정처리 및 자원으로의 재활용이 가능하다.
⑤ 인류의 생존권을 위협하는 폐기물 환경문제가 줄어든다.

(2) 폐기물 신재생에너지의 종류

① **성형고체연료 (RDF)** : 종이, 나무, 플라스틱 등의 가연성 폐기물을 파쇄·분리·건조·성형 등의 공정을 거쳐 제조한 고체연료

> 주 ➔ **RDF (Refuse Derived Fuel)** : 생활폐기물을 파쇄·건조·선별·분쇄·압축 성형 등의 공정을 거쳐 지름 약 1.5 cm, 길이 5 cm정도의 펠릿 (pellet) 형태로 만든 연료로, 보관과 운반이 용이한 데다 연소성도 우수하다.

② **폐유 정제유** : 자동차 폐윤활유 등의 폐유를 이온정제법, 열분해 정제법, 감압증류법 등의 공정으로 정제하여 생산된 재생유

③ **플라스틱 열분해 연료유** : 플라스틱, 합성수지, 고무, 타이어 등의 고분자 폐기물을 열분해하여 생산되는 청정 연료유

④ **폐기물 소각열** : 가연성 폐기물 소각열 회수에 의한 스팀 생산 및 발전, 시멘트킬른 및 철광석소성로 등의 열원으로의 이용

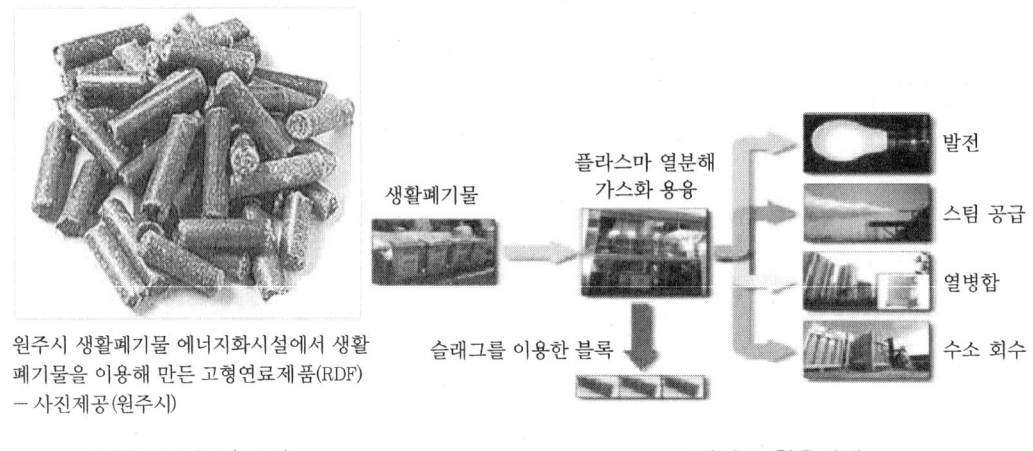

원주시 생활폐기물 에너지화시설에서 생활
폐기물을 이용해 만든 고형연료제품(RDF)
— 사진제공(원주시)

성형고체연료 (RDF)   **폐기물 활용사례**

> ✔**핵심** 폐기물에너지 기술은 성형고체연료 (RDF), 폐유 정제유, 폐 플라스틱 열분해 연료유, 폐기물 소각열 등 산업 분야에서 버려지는 다양한 에너지를 생물학적 혹은 열화학적 공정을 거쳐 유용한 에너지(메탄, 수소, 바이오 에탄올, 바이오 디젤, 합성가스 등)로 만들어 사용하게 된다.

1-8 해양에너지

(1) 해양에너지의 특징

① 해양에너지는 해양의 조수·파도·해류·온도차 등을 변환시켜 전기 또는 열을 생산하는 기술을 말한다.

② 전기를 생산하는 방식으로는 조력·파력·조류·온도차발전 등이 있다.

(2) 해양에너지의 종류

① **조력발전**(OTE ; Ocean Tide Energy) : 조석간만의 차를 동력원으로 해수면의 상승하강 운동을 이용하여 전기를 생산하는 기술

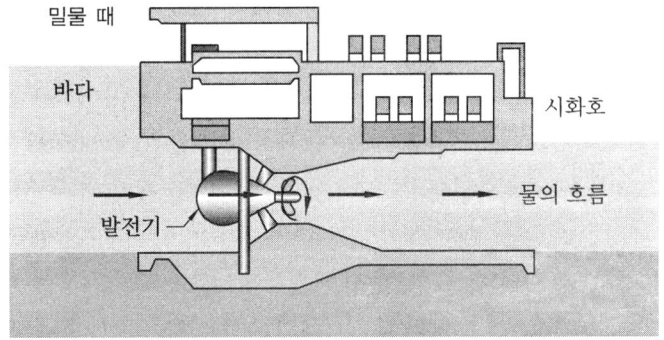

시화호발전소 발전기(밀물)

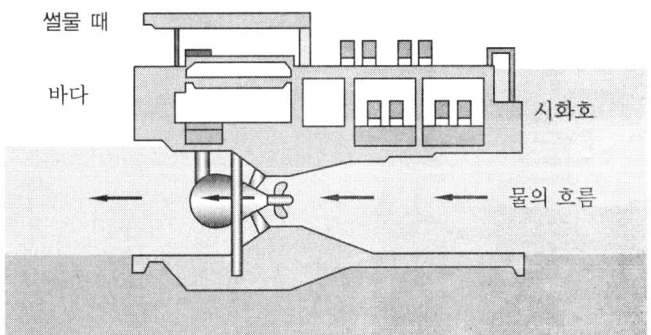

발전은 하지 않고 물만 내보냄(썰물)

시화호 조력발전

② **파력발전**(OWE ; Ocean Wave Energy) : 연안 또는 심해의 파랑에너지를 이용하여 전기를 생산(입사하는 파랑에너지를 기계적 에너지로 변환)하는 기술로, 타 방식에 비해 에너지 밀도가 낮은 편이다.

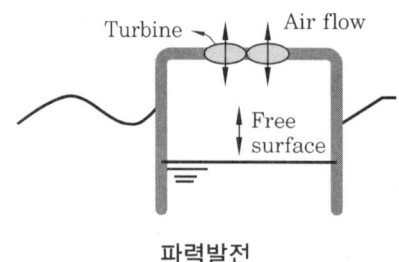

파력발전

③ **조류발전**(OTCE ; Ocean Tidal Current Energy) : 조차에 의해 발생하는 물의 빠른 흐름 자체를 이용하는 방식, 해수의 유동에 의한 운동에너지를 이용하여 전기를 생산하는 발전기술

④ **온도차발전**(OTEC ; Ocean Thermal Energy Conversion) : 해양 표면층의 온수(예 25~30℃)와 심해 500~1,000 m 정도의 냉수(예 5~7℃)와의 온도차를 이용하여 열에너지를 기계적 에너지로 변환시켜 발전하는 기술

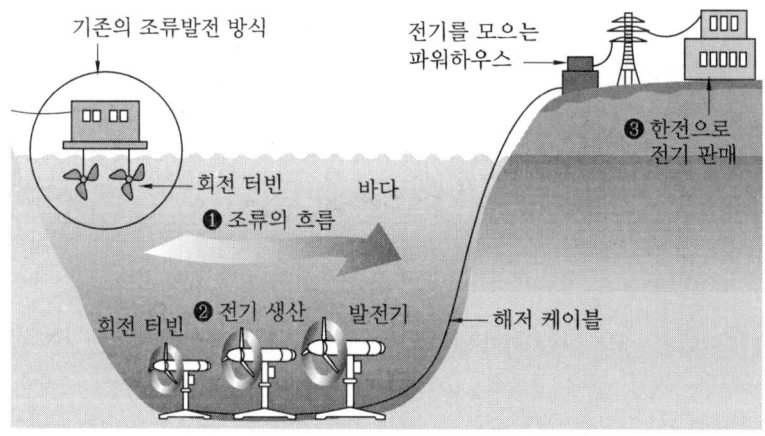

조류발전

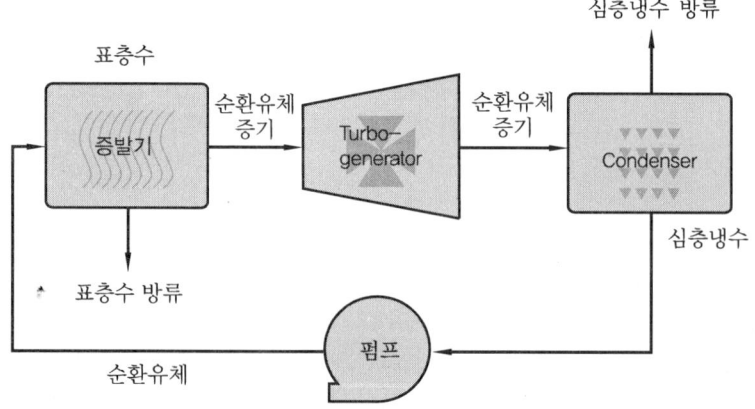

해양 온도차발전

⑤ **해류발전**(OCE ; Ocean Current Energy) : 심해 속의 해류를 이용하여 대규모의 프로펠러식 터빈을 돌려 전기를 일으키는 방식

해류발전

⑥ **염도차 혹은 염분차발전**(SGE ; Salinity Gradient Energy)

㈎ 삼투압 방식 : 바닷물과 강물 사이에 반투과성 분리막을 두면 삼투압에 의해 물의 농도가 높은 바닷물 쪽으로 이동함, 바닷물의 압력이 늘어나고 수위가 높아지면 그 윗부분의 물을 낙하시켜 터빈을 돌림으로써 전기를 얻게 됨

㈏ 이온교환막 방식 : 이온교환막을 통해 바닷물 속 나트륨 이온(Na^+)과 염소 이온(Cl^-)을 분리하는 방식, 양이온과 음이온을 분리해 한 곳에 모으고 이온 사이에 미는 힘을 이용해서 전기를 만들어내는 방식

⑦ **해양 생물자원의 에너지화 발전** : 해양 생물자원으로 발전용 연료를 만들어 발전하는 방식

⑧ **해수열원 히트펌프** : 해수의 온도차에너지 형태로 활용하는 방식이며, 히트펌프를 구동하여 냉·난방 및 급탕 등에 적용함

주 ➔ 해수열원 히트펌프 설치 대표사례

해수 이용 히트펌프 시스템 설치사례로는 노르웨이 오슬로 시가 대표적이다. 고위도인 북위 63도 지역 오슬로 시 오레슨 마을 지역난방은 12 MW (2,646RT급) 해수열 히트펌프 시스템이 책임지고 있다. 해안면으로 130 m 지점, 수심 40 m에서 500 mm 플라스틱 관으로 5도 이상인 해수를 취수해 공급하고 있으며, 열교환기로는 티타늄이 사용됐다. 이 시스템은 초기 투자비가 커 설치 초기에는 연간 12 GWH로 수요가 많지 않아 적자 운영했지만, 연간 32 GWH 운전 시 투자비 회수기간이 4~5년으로 짧아 경제성이 양호한 것으로 나타났다.

✔**핵심** • 해양에너지 사용 방법은 조력발전, 파력발전, 조류발전, 온도차발전, 해류발전, 염도차발전, 기타 해양 생물자원의 에너지화 발전 등 그 방식이 다양하다.

• 따라서 앞으로 연구하기에 따라서 그 발전 가능성이 무궁무진하며, 국내·외 많은 연구와 실증단지가 진행되고 있다.

1-9 수소에너지

(1) 수소에너지의 특징

① 수소에너지는 가정(전기, 열), 산업(반도체, 전자, 철강 등), 수송 (자동차, 배, 비행기) 등에 광범위하게 사용될 수 있다.

② 수소의 제조, 저장기술 등의 인프라 구축과 안전성 확보 등이 필요하다.

(2) 수소에너지 제조상의 문제점

① 지구상의 수소는 화석연료나 물과 같은 화합물의 한 조성 성분으로 존재하기 때문에 이를 제조하기 위하여는 이들 원료를 분해해야 하며 이때 에너지가 필요하다.

② 현재 우리나라를 비롯하여 전 세계적으로 수소는 대부분 화석연료의 개질에 의하여 제조되며 이때 이산화탄소가 동시에 생성되므로 이러한 측면에서는 청정연료의 제조라는 표현이 무색하게 된다.

③ 물론 현재 수소는 연료가 아니라 화학제품의 환원제로 주로 사용되기는 하지만 수소가 꿈의 연료라는 명성을 차지하려면 역시 물의 분해에 의하여 제조되어야 할 것이다.

④ 물의 분해는 전기에너지나 태양에너지 등에 의하여 가능하나 전자는 고가이며 후자는 변환효율이 너무 낮은 것이 단점이다.

⑤ 원자로에서 950℃ 이상의 물을 끓여 수소를 분리하여 연료전지 등에 이용 가능 (아래 그림 참조)하다.

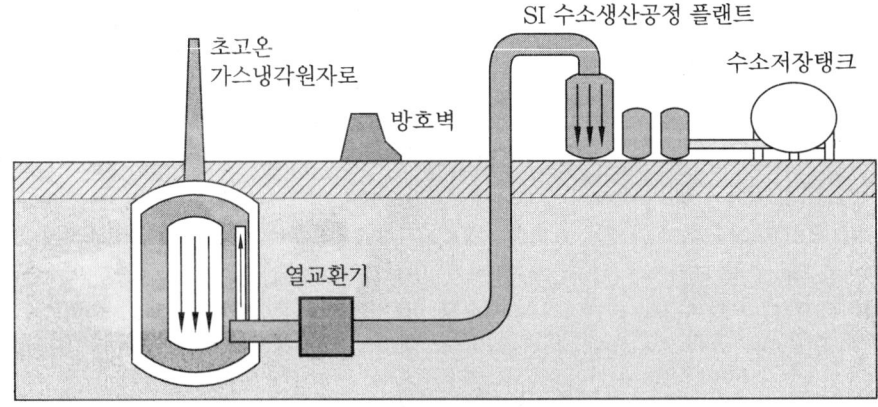

원자로 연계 수소생산 공정

(3) 수소에너지의 극복과제

① **산업 인프라 구축** : 수소를 안전하게 보관 및 저장하는 수소 스테이션 (충전소) 등 사회적 인프라가 필요하다.

② **용기 부피** : 수소의 비등점은 대단히 낮기 때문에 초저온 또는 초고압으로 보관해야 자동차 같은 작은 플랫폼에도 싣고 다닐 만큼 부피를 줄일 수 있다.

③ 폭발성 높은 수소가 잘못 인화되거나 폭발했을 시 생기는 사고는 상상만 해도 끔찍하므로 안전하게 보관하는 데 필요한 2중, 3중 이상의 안전장치를 구비하여야 한다.

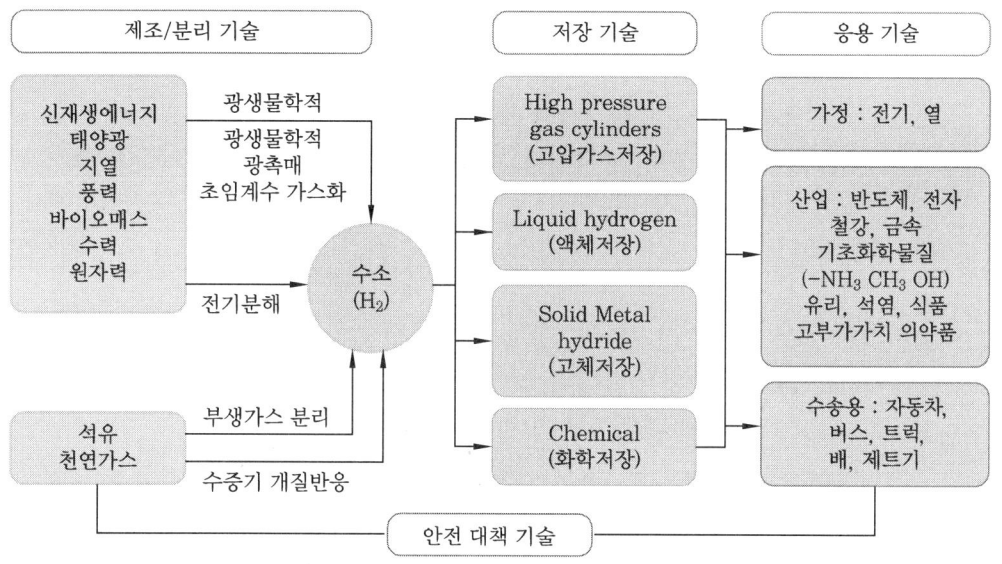

수소에너지 시스템 구조도

1-10   연료전지

(1) 개요

① 대부분의 화력발전소나 원자력발전소는 규모가 크고, 그곳에서 집까지 전기가 들어오려면 복잡한 과정을 거쳐야 한다.

② 일반적으로 이들 발전소에서 전기가 만들어질 때 나오는 열은 모두 버려진다.

③ 반면에, 화력발전소나 원자력발전소 대비 작은 규모로 집안이나 소규모 장소에 설치할 수 있고, 거기에서 나오는 전기는 물론 열까지도 쓸 수 있는 장치가 바로 연료전지와 소형 열병합 발전기이다.

(2) 연료전지의 특성

① 연료전지는 수소와 산소를 반응하게 해서 전기와 열을 만들어내는 장치로 재생 가능 에너지는 아니다.

② 현재 사용되는 연료전지용 수소는 거의 대부분 천연가스를 분해해서 생산한다.

③ 천연가스 분해과정에서 이산화탄소가 배출되기 때문에 연료전지는 현재로서는 지구온난화를 완전히 억제할 수 있는 기술은 아니다 (이산화탄소 포집 및 농업·공업 분야에의 활용기술 필요).

④ 연료전지는 한 번 쓰고 버리는 보통의 전지와 달리 연료 (수소)가 공급되면 계속해서 전기와 열이 나오는 반영구적인 장치이다.

⑤ **연료전지의 규모** : 연료전지는 규모를 크게 만들 수도 있고, 가정용의 소형으로 작게 만들 수도 있다 (규모의 제약을 별로 받지 않음).

⑥ 연료전지는 거의 모든 곳의 동력원과 열원으로 기능할 수 있다는 이점을 가지고 있지만, 연료전지에 사용되는 수소는 폭발성이 강한 물질이고 섭씨 −253도에서 액체로 변환되기 때문에 다루기에 어려운 점이 있다.

(3) 연료전지의 원리 : 물의 전기분해과정과 반대과정

① 연료전지는 다른 전지와 마찬가지로 양극 (+)과 음극 (−)으로 이루어져 있는데, 음극으로는 수소가 공급되고, 양극으로는 산소가 공급된다.

② 음극에서 수소는 전자와 양성자로 분리되는데, 전자는 회로를 흐르면서 전류를 만들어낸다.

③ 전자들은 양극에서 산소와 만나 물을 생성하기 때문에 연료전지의 부산물은 물이다 (즉 연료전지에서는 물이 수소와 산소로 전기분해 되는 것과 정반대의 반응이 일어나는 것이다).

④ 연료전지에서 만들어지는 전기는 자동차의 내연기관을 대신해서 동력을 제공할 수 있고 (자전거에 부착하면 전기 자전거가 됨), 전기가 생길 때 부산물로 발생하는 열은 난방용으로 이용될 수 있다.

⑤ 연료전지로 들어가는 수소는 수소 탱크로부터 직접 올 수도 있고, 천연가스 분해장치를 거쳐 올 수도 있다. 수소 탱크의 수소는 석유 분해 과정에서 나온 것일 수도 있다. 그러나 어떤 경우든 배출물질은 물이기 때문에, 수소의 원료가 무엇인지 따지지 않으면 연료전지를 매우 깨끗한 에너지 생산장치로 볼 수 있다.

(4) 연료전지의 종류(전해질 종류와 동작온도에 의한 분류)

구분	알칼리형 (AFC)	인산형 (PAFC)	용융탄산염형 (MCFC)	고체산화물형 (SOFC)	고분자전해질형 (PEMFC)	직접메탄올 (DMFC)
전해질	알칼리	인산염	탄산염 $(Li_2CO_3 + K_2CO_3)$	지르코니아 $(ZrO_2 + Y_2O_3)$ 등의 고체	이온교환막 (Nafion 등)	이온교환막 (Nafion 등)
연료	H_2	H_2	H_2	H_2	H_2	CH_3OH
동작 온도	약 120℃ 이하	약 250℃ 이하	약 700℃ 이하	약 1200℃ 이하	약 100℃ 이하	약 100℃ 이하
효율	약 85 %	약 70 %	약 80 %	약 85 %	약 75 %	약 40 %
용도	우주 발사체 전원	중형건물 (200 kW)	중·대용량 전력용 (100 kW~MW)	소·중·대용량 발전 (1kW~MW)	정지용, 이동용, 수송용 (1~10 kW)	소형이동 (1 kW 이하)
특징	순 수소 및 순 산소 사용, 특수 용도	CO내구성 큼, 열병합 대응 가능	발전효율 높음, 내부개질 가능, 열병합 대응 가능	발전효율 높음, 내부개질 가능, 복합발전 가능	저온작동, 고출력밀도	저온작동, 고출력밀도

㊟ 용어

1. AFC : Alkaline Fuel Cell
2. PAFC : Phosphoric Acid Fuel Cell
3. MCFC : Molten Carbonate Fuel Cell
4. SOFC : Solid Oxide Fuel Cell
5. PEMFC : Polymer Electrolyte Membrane Fuel Cell
6. DMFC : Direct Methanol Fuel Cell
7. Nafion : DuPont에서 개발한 Perfluorinated Sulfonic Acid 계통의 막이다. 현재 개발되어있는 고분자전해질 Nafion막은 어느 정도 이상 수화되어야 수소이온 전도성을 나타낸다. 고분자막이 수분을 잃고 건조해지면 수소이온전도도가 떨어지게 되고 막의 수축을 유발하여 막과 전극 사이의 접촉저항을 증가시킨다. 반대로 물이 너무 많으면 전극에 Flooding 현상이 일어나 전극 반응속도가 저하된다. 따라서 적절한 양의 수분을 함유하도록 유지하기 위한 물관리가 매우 중요하다.

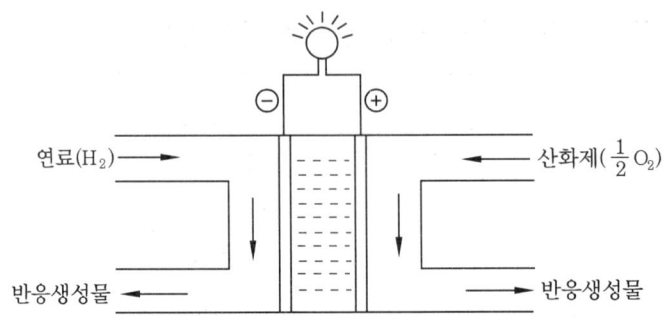

$$\boxed{\text{주}} \ 1. \ \text{음극 측} : H_2 \rightarrow 2H^+ + 2e^-$$

$$2. \ \text{양극 측} : \frac{1}{2}O_2 + 2H^+ + 2e^- \rightarrow H_2O$$

$$3. \ \text{전반응} : H_2 + \frac{1}{2}O_2 \rightarrow H_2O$$

(5) 연료전지의 시스템 구성

① **개질기**(Reformer)

   ㈎ 화석연료 (천연가스, 메탄올, 석유 등)로부터 수소를 발생시키는 장치

   ㈏ 시스템에 악영향을 주는 황 (10 ppb 이하), 일산화탄소 (10 ppm 이하) 제어 및 시
스템 효율 향상을 위한 집적화 (compact)가 핵심기술

② **스택**(Stack)

   ㈎ 원하는 전기출력을 얻기 위해 단위전지를 수십 장, 수백 장 직렬로 쌓아올린 본체

   ㈏ 단위전지 제조, 단위전지 적층 및 밀봉, 수소 공급과 열 회수를 위한 분리판 설
계·제작 등이 핵심기술

③ **전력변환기**(Inverter) : 연료전지에서 나오는 직류전기(DC)를 우리가 사용하는 교류
(AC)로 변환시키는 장치

④ **주변 보조기기**(BOP ; Balance of Plant) : 연료, 공기, 열회수 등을 위한 펌프류, Blower,
센서 등을 말하며, 각 연료전지의 특성에 맞는 기술이 필요함

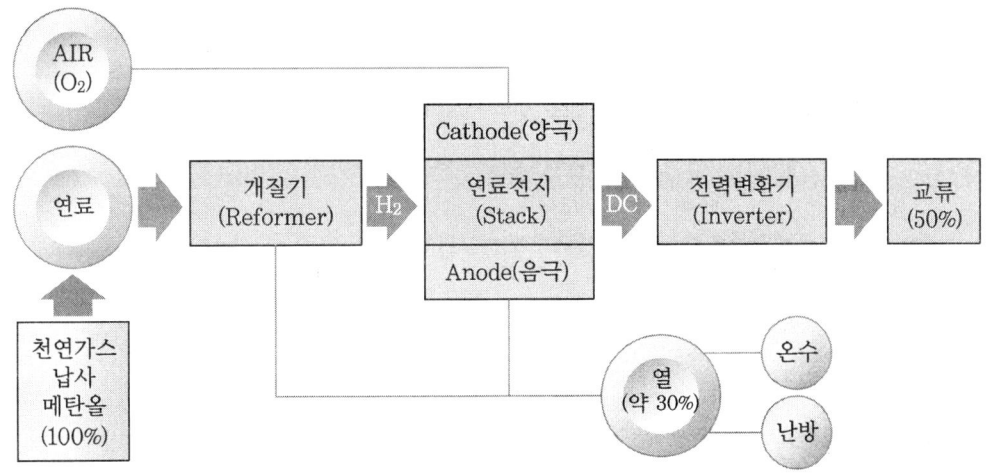

연료전지의 시스템 구성

(6) 연료전지의 발전현황

① **알칼리형**(AFC ; Alkaline Fuel Cell)

  ㈎ 1960년대 군사용 (우주선 : 아폴로 11호)으로 개발됨

  ㈏ 순 수소 및 순 산소를 사용함

② **인산형**(PAFC ; Phosphoric Acid Fuel Cell)

  ㈎ 1970년대 민간 차원에서 처음으로 기술개발된 1세대 연료전지로 병원, 호텔, 건물 등 분산형 전원으로 이용됨

  ㈏ 현재 가장 앞선 기술로 미국, 일본 등에서 상용화시킴

③ **용융탄산염형**(MCFC ; Molten Carbonate Fuel Cell)

  ㈎ 1980년대에 기술개발된 2세대 연료전지로 대형 발전소, 아파트단지, 대형 건물의 분산형 전원으로 이용됨

  ㈏ 미국, 일본에서 기술개발을 완료하고 상용화시킴

④ **고체산화물형**(SOFC ; Solid Oxide Fuel Cell)

  ㈎ 1980년대에 본격적으로 기술개발된 3세대 연료전지로 MCFC보다 효율이 우수하며, 대형 발전소, 아파트단지 및 대형 건물의 분산형 전원으로 이용됨

  ㈏ 최근 선진국에서는 가정용, 자동차용 등으로도 연구를 진행하고 있으나 우리나라는 다른 연료전지에 비해 기술력이 가장 낮음

⑤ **고분자전해질형**(PEMFC ; Polymer Electrolyte Membrane Fuel Cell)

  ㈎ 1990년대에 기술개발된 4세대 연료전지로 가정용, 자동차용, 이동용 전원으로 이용됨

(내) 가장 활발하게 연구되는 분야이며, 실용화 및 상용화도 타 연료전지보다 빠르게 진행되고 있음

⑥ **직접메탄올연료전지**(DMFC ; Direct Methanol Fuel Cell)

(개) 1990년대 말부터 기술개발된 연료전지로 이동용(핸드폰, 노트북 등) 전원으로 이용됨

(내) 고분자전해질형 연료전지와 함께 가장 활발하게 연구되는 분야임

(7) 연료전지의 응용

① 전기자동차의 수송용 동력을 제공할 수 있다.

② 전기를 생산함과 동시에 열도 생산하기 때문에 소규모의 것은 주택의 지하실에 설치해서 난방과 전기 생산을 동시에 할 수 있다.

③ 큰 건물(빌딩, 상가건물 등)의 전기와 난방을 담당할 수 있다.

④ 대규모로 설치하면 도시 공급용 전기와 난방열을 생산할 수 있다.

(8) 연료전지 기술개발

① 연료전지는 전기 생산과 난방을 동시에 하는 장치로 쉽게 설치할 수 있고, 무공해 및 친환경적 기술이므로 앞으로 급속히 보급될 것으로 전망된다.

② 일부 에너지 연구자들은 인류가 앞으로 화석연료를 사용하는 경제 구조로부터 수소를 사용하는 구조로 나아갈 것으로 전망하는데, 이때 연료전지가 그 핵심 역할을 할 것으로 본다.

③ 수소는 폭발성이 강한 물질이므로, 향후 수소의 유통과정 및 취급 전반에 걸친 안전성을 확보하는 것이 중요하다.

④ 수소 제조상의 CO_2 등의 배출 문제, 연료전지의 원료가 되는 수소를 생산하기 위한 원료가 되는 석유, 천연가스 등의 자원의 유한성 등을 해결해나가야 한다.

주 ➜ 천연가스로 수소 제조

1. 천연가스를 이용하여 수소를 생산하는 방법으로는 아래의 수증기개질법(steam reforming)이 가장 일반적으로 사용된다(스팀을 700~1,100℃로 메탄과 혼합하여 니켈 촉매반응기에서 압력 약 3~25 bar로 아래와 같이 반응시킴).

2. 반응식

　-1차 (강한 흡열반응) : $CH_4 + H_2O = CO + 3H_2$, $\Delta H = +49.7$ kcal/mol

　-2차 (온화한 발열반응) : $CO + H_2O = CO_2 + H_2$, $\Delta H = -10$ kcal/mol

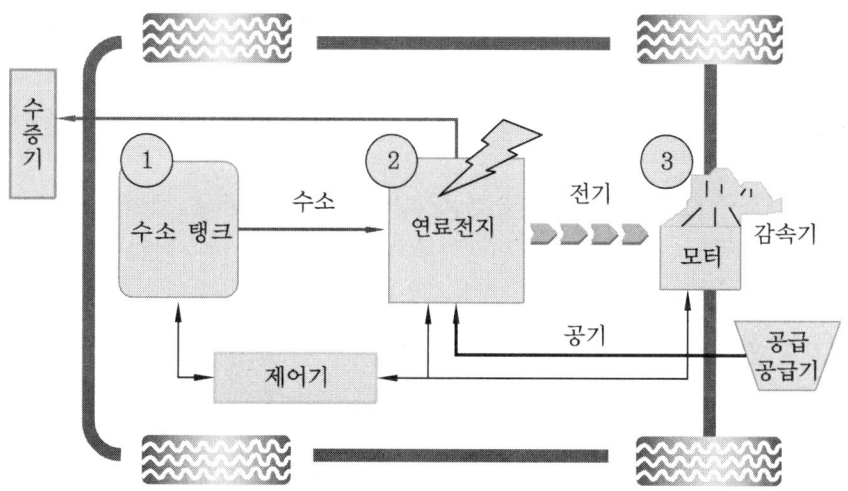

연료전지 자동차 동력 계통도

(9) 연료전지 시스템의 효율

① **발전효율**(Generation Efficiency) : 연료전지로 공급된 연료의 열량에 대한 순 발전량의 비율 (%)

$$발전효율 = \frac{연료전지의\ 발전량(kWh) - 연료전지의\ 수전량(kWh)}{연료전지로\ 공급된\ 연료의\ 열량(kWh)} \times 100\ \%$$

② **열효율**(Thermal Efficiency) : 연료전지로 공급된 연료의 열량에 대한 회수된 열량의 비율 (%)

$$열효율 = \frac{연료전지의\ 열회수량(kWh)}{연료전지로\ 공급된\ 연료의\ 열량(kWh)} \times 100\ \%$$

③ **종합효율**(Overall Efficiency)

$$종합효율\ (\%) = 발전효율\ (\%) + 열효율\ (\%)$$

> ✓**핵심** • 연료전지는 물이 수소와 산소로 전기분해 되는 전기분해 과정을 정반대로 일으킨다 $(2H_2 + O_2 \rightarrow 2H_2O)$.
>
> • 수소는 폭발성이 강한 물질이므로, 향후 수소의 유통과정 및 취급 전반에 걸친 안전성을 확보하는 것이 중요하며, 수소 자체의 제조상 CO_2 배출로 인한 지구온난화 문제는 여전히 해결해야 할 과제로 남아있다.

1-11 석탄액화·가스화 및 중질잔사유(重質殘渣油) 가스화 에너지

(1) 기술개발 역사

① 석탄가스화 기술은 200여 년 전인 1792년 영국의 윌리엄 머독에 의해 발명되어 가정용 및 가로등 등에 석탄가스를 연료로 사용하면서 시작되었다.

② 근대적인 석탄가스화 장치는 석탄 매장량이 풍부한 독일에서 본격적으로 개발되어 1920년 이후 대기압에서 운전되는 소규모 고정층, 유동층형 가스화기기가 상업화되었다.

③ 1950~1960년대 미국 및 중동에서 저렴한 천연가스 및 다량의 석유가 발견되어 개발이 다소 주춤하기도 했으나 1973년 1차 석유파동 이후 다시 관심이 모아지면서 선진국에서 많은 연구비를 투입, 기술개발한 결과 대형 석탄가스화 플랜트가 상업화되었다.

④ 1980년대 말부터는 전력 생산을 목적으로 고온 고압에서 운전되는 미분탄 분류층 석탄가스화 기술을 개발하기 시작해 현재 상업용 복합발전에 적용하고 있다.

(2) 기술의 개요

① **석탄(중질잔사유) 가스화** : 대표적인 가스화 복합발전기술(IGCC ; Integrated Gasification Combined Cycle)은 석탄, 중질잔사유 등의 저급 원료를 고온·고압의 가스화기에서 수증기와 함께 한정된 산소로 불완전연소 및 가스화시켜 일산화탄소와 수소가 주성분인 합성가스를 만들어 정제공정을 거친 후 가스터빈 및 증기터빈 등을 동시에 구동하여 발전하는 신기술이다.

② **석탄액화** : 고체 연료인 석탄을 휘발유 및 디젤유 등의 액체연료로 전환시키는 기술로 고온·고압의 상태에서 용매를 사용하여 전환시키는 직접액화 방식과, 석탄가스화 후 촉매상에서 액체연료로 전환시키는 간접액화 기술이 있다.

(3) 기술의 장점

① **복합 용도** : 석탄, 중질잔사유 등의 저급 원료로부터 전기뿐 아니라 수소 및 액화석유까지 별도 분리 및 제조가 가능하므로 연료전지 분야, 일반 산업 분야 등에 다목적으로 사용할 수 있다(기술적으로 원유에서 추출하는 물질의 대부분을 추출 가능).

② **연료 수급의 안전성** : 화력발전소에서는 회(灰) 부착 문제로 인해 회용점이 낮은 석탄을 사용하기 어려웠으나 IGCC에서는 사용이 가능하므로 연료 수급의 안정성 확보와 이용 탄종의 확대에 기여할 수 있다.

③ **친환경 발전기술** : 합성가스에 포함된 분진(Dust), 황산화물 등의 유해물질을 대부분 제거하기 때문에 공해가 적어 환경 친화적이다 (석탄 직접 발전에 비해 대략 황산화물 90 % 이상, 질소산화물 75 % 이상, 이산화탄소 25 %까지 저감 가능).

④ **고효율** : 저급의 연료를 고급의 연료로 바꾸어 사용하므로 발전효율이 매우 높다.

(4) 기술의 단점

① 소요 면적을 넓게 차지하는 대형 장치산업이다.

② 시스템 비용이 고가이므로 초기투자비용이 높다.

③ 복합설비로 전체 설비의 구성과 제어가 매우 복잡한 편이다.

④ 연계시스템의 구성, 시스템 고효율화, 운영 안정화 및 저비용화 등의 최적화가 어렵다.

(5) IGCC 장치의 구성도 (사례)

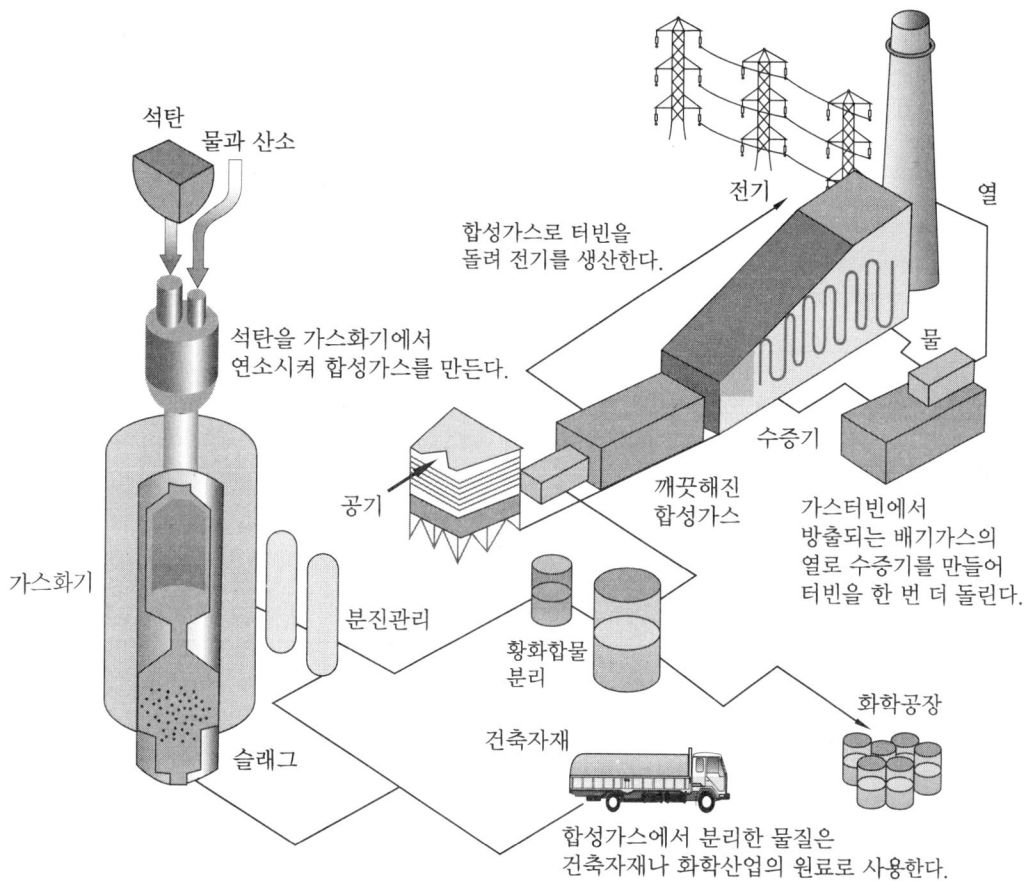

(6) IGCC(가스화 복합발전)공정 흐름도

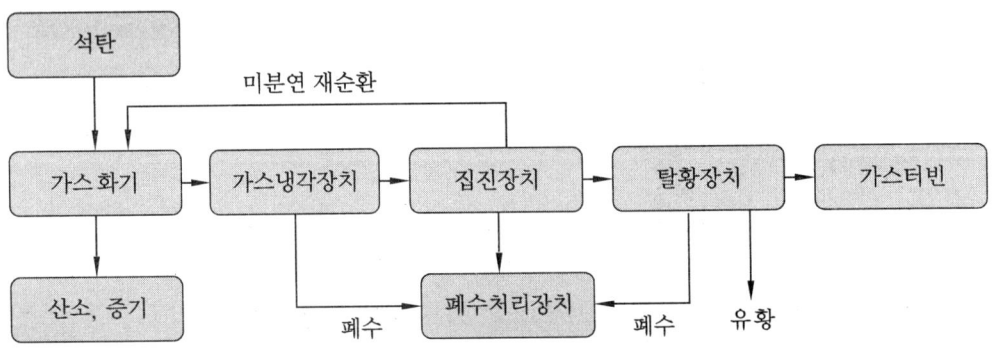

IGCC (가스화 복합발전)공정 흐름

1-12	화석연료-신재생에너지의 이산화탄소 배출량 비교표 (발전원별)

구 분	이산화탄소 배출량 (g/kWh)
석탄 화력	975.2
석유 화력	742.1
LNG 화력	607.6
LNG	518.8
원자력	28.4
태양광	53.4
풍력	29.5
지열	15
수력	11.3

예·상·문·제

1. 태양광 스펙트럼의 단파장이 대기 외부와 지표측에 차이가 나는 이유는?

㉮ 오존층에 의해 단파장의 일부가 흡수되어 나타나는 현상이다.

㉯ 대기권에서 구름, 진애 등에 의해서 일부 태양광의 반사가 이루어지기 때문이다.

㉰ 대기권에서는 태양광이 천공광에 의해 산란되기 때문이다.

㉱ 단파장 영역이 대기권에서 교란되어 나타나는 현상이다.

[해설] 오존층에 의해 단파장이 흡수되어 0.2~0.3 nm 영역에서는 대기 외부와 지표측의 스펙트럼이 차이가 난다.

2. 태양광발전, 태양열 분야 등에서 태양광 추적법에 속하지 않는 것은?

㉮ 감지식 추적법   ㉯ 회전식 추적법

㉰ 혼합식 추적법   ㉱ 프로그램 추적법

[해설] 태양광 추적법에는 감지식 추적법, 프로그램 추적법, 혼합식 추적법(감지식＋프로그램 추적법) 등이 있다.

3. 태양에너지 이용 원리에 관한 설명으로 잘못된 것은?

㉮ 광전효과는 단파장 조사 시 외부에 자유전자가 방출되는 외부광전효과와 표면광전효과(전자 및 정공이 발생)로 나누어진다.

㉯ 광기전력효과란 어떤 종류의 반도체에 빛을 조사하면 조사된 부분과 조사되지 않은 부분 사이에 전위차가 발생하는 현상을 말한다.

㉰ 태양열 난방시스템의 3대 구성요소는 집열부, 축열부, 이용부이다.

㉱ 태양광뿐만 아니라 태양열로도 증기를 이용하여 전기를 생산해낼 수 있다.

[해설] 광전효과는 단파장 조사 시 외부에 자유전자가 방출되는 외부광전효과와 내부광전효과(전자 및 정공이 발생)로 나누어진다.

4. 다음 중 신재생에너지에 관한 설명으로 잘못된 것은?

㉮ 1949년 Schockely (쇼클리)가 p-n 접합 이론을 발표하였다.

㉯ BIPV는 '건물 일체형 태양광발전 시스템'이라고 하며, PV모듈을 건물 외부 마감재로 대체하는 방식이다.

㉰ 지중열은 지하 200 m 이하로 내려가면 100 m당 약 0.5℃씩 상승한다.

㉱ 태양굴뚝이란 거대한 온실 내부의 온실효과로 발생한 따스한 기류를 이용해 터빈을 돌려 발전하는 방식이다.

[해설] 지중열은 지하 200 m 이하로 내려가면 100 m당 약 2.5℃씩 상승한다.

5. 우리나라 신재생에너지 정책에 관한 설명으로 틀린 것은?

㉮ 신에너지 3종은 수소, 연료전지, 석탄액화 · 가스화 및 중질잔사유 가스화 에너지이다.

㉯ 우리나라 신재생에너지 설치의무비율(공공 및 공공 투자건물)에 대한 계획은 2016년 기준 13 %이다.

정답 1. ㉮   2. ㉯   3. ㉮   4. ㉰   5. ㉯

㉰ 국내 신재생에너지의 종류는 석유, 석탄, 원자력, 천연가스가 아닌 에너지로서 11개 분야를 지정하였다.

㉱ 에너지 공급자의 신재생에너지 의무공급량에 대한 제도를 'RPS제도'라고 한다.

[해설] 우리나라 신재생에너지 설치의무비율(공공 및 공공 투자건물)에 대한 계획은 아래와 같다.

해당 연도	설치의무비율 (%)
2011~2012	10
2013	11
2014	12
2015	15
2016	18
2017	21
2018	24
2019	27
2020 이후	30

6. 태양에너지를 주열원 혹은 보조열원으로 사용 가능한 냉방시스템과 가장 거리가 먼 것은?

㉮ 증기압축식 냉방 ㉯ 흡수식 냉방
㉰ 제습냉방   ㉱ 진공식 냉동

[해설] 태양열 이용 냉방시스템에는 증기압축식 냉방, 흡수식 냉방, 흡착식 냉방, 제습냉방 등이 있다.

7. 다음 중 태양에너지에 관한 설명으로 잘못된 것은?

㉮ 태양의존율이란 열부하 중 태양열에 의해서 공급하는 비율을 말한다.

㉯ 진공관형 집열기에는 단일 진공관형 집열기와 다중 진공관형 집열기가 있다.

㉰ 태양광 계통에는 독립형, 계통연계형, 방재형 시스템, 하이브리드 시스템 등이 있다.

㉱ 태양광 스펙트럼 파장대 에너지 밀도는 자외선 영역이 5 %, 가시광선 영역이 46 %, 근적외선 영역이 49 % 수준이다.

[해설] 진공관형 집열기에는 단일 진공관형 집열기과 이중 진공관형 집열기가 있다.

8. 다음 중 신재생에너지에 관한 설명으로 틀린 것은?

㉮ 그리드 패러티(grid parity)란 화석연료 발전단가와 신재생에너지 발전단가가 같아지는 시기를 말한다.

㉯ 지열은 지하 20~200 m의 지중온도가 약 15℃로 일정하게 유지된다.

㉰ 천부지열 에너지는 지중의 80℃ 이상의 고온수나 증기를 활용하는 에너지이다.

㉱ 바이너리(Binary) 지열발전이란 열원이 되는 1차 매체에서 열을 2차 매체로 이동시켜 2차 매체의 사이클을 통해 발전하는 시스템을 통틀어 일컫는 말이다.

[해설] 심부지열 에너지가 지중의 80℃ 이상의 고온수나 증기를 활용하는 에너지이다.

9. 풍력 및 지열 에너지에 관한 설명으로 틀린 것은?

㉮ 수직축 방식의 풍력발전은 바람방향에 영향을 많이 받기 때문에 보통 100 kW 이하의 소형에 적합한 형태이다.

㉯ 풍력발전기 로터의 회전면과 풍향이 수직이 되지 않았을 때 에너지활용도가 떨어지는 현상을 'Yaw error'라고 한다.

㉰ 풍력발전의 이론상 최대치는 약 59.3 % 이라는 법칙은 '벳츠의 법칙'이다.

㉱ 지열 히트펌프 시스템에는 수직 밀폐형,

수평 밀폐형, SCW(단일 관정형), 양정형(복수 관정형), 게오힐 공법 등이 있다.

[해설] 수직축 방식의 풍력발전은 바람방향에 구애받지 않고, 보통 100 kW 이하의 소형에 적합한 형태이다.

10. 다음 연료전지의 종류 중에서 연료로서 수소 (H_2) 이외의 다른 것을 쓰는 것은?

㉮ 알칼리 연료전지

㉯ 인산형 연료전지

㉰ 용융 탄산염 연료전지

㉱ 직접 메탄올 연료전지

[해설] 직접 메탄올 연료전지에 사용하는 연료는 메탄올 (CH_3OH)이다.

11. 연료전지의 시스템 구성을 위한 핵심 구성요소가 아닌 것은?

㉮ 반응기   ㉯ 개질기

㉰ 스택(Stack)   ㉱ 전력변환기

[해설] 연료전지 시스템의 주요 구성요소는 개질기(Reformer), 스택(Stack), 전력변환기(Inverter), 주변보조기기(BOP ; Balance of Plant) 등이다.

12. 다음 중 태양전지 시스템에 대해 잘못 설명한 것은?

㉮ 태양전지 Module을 필요 매수만큼 직렬접속한 것을 그 위에 병렬접속으로 조합하여 필요한 발전전력을 얻어내도록 하는 것을 '태양전지 Array'라고 부른다.

㉯ 태양전지와 앞뒷면의 유리, 테들러는 EVA를 사용하여 접합시키는데 이를 'Lamination 공정'이라 한다.

㉰ 태양전지는 빛에너지의 강도와 모듈의 온도에 의해서 그 효율이 크게 변화된다.

㉱ BIPV는 '건물 일체형 태양광발전 시스템'이라고 하며 커튼월, 지붕, 차양, 타일, 창호, 창유리 등 다양한 건축부재로 사용 가능하다.

[해설] 태양전지의 발전효율은 빛에너지의 강도에 의해서는 거의 변화하지 않지만, 보통 온도가 높아지면 효율이 나빠진다.

13. 다음 중 집광형 집열기에 속하지 않는 것은?

㉮ PTC (Parabolic Trough Collector)형 집열기

㉯ 반구형(접시형) 집열기

㉰ CPC (Compound Parabolic Collector)형 집열기

㉱ 진공관형 집열기

[해설] 진공관형 집열기는 빛을 모으는 집광형이 아니고, 진공 형성으로 열 손실을 줄이는 방식의 집열기이다.

14. 다음 중 지열을 이용하여 발전을 하는 방식에 속하지 않는 것은?

㉮ 땅속의 뜨거운 물 이용 발전

㉯ 지열 히트펌프를 이용한 발전

㉰ 땅속의 암반 이용 발전

㉱ 바이너리 시스템을 이용한 발전

[해설] 지열 히트펌프를 이용하는 방법은 발전 방식이 아니고, 온수나 냉수를 만들어 난방, 급탕, 냉방 등을 행하는 방법이다.

15. 수력발전에서 흡출관이 필요하지 않은 수차는?

㉮ 튜브라수차   ㉯ 카플란수차

㉰ 프란시스수차   ㉱ 펠톤수차

정답   10. ㉱   11. ㉮   12. ㉰   13. ㉱   14. ㉯   15. ㉱

[해설] 튜브라수차, 카플란수차, 프란시스수차는 반동수차이므로 흡출관이 반드시 필요하지만, 펠톤수차는 충동수차이기 때문에 흡출관이 반드시 필요한 것은 아니다.

16. 다음 중 신에너지로 볼 수 없는 것은?

㉮ 연료전지

㉯ 석탄액화 에너지

㉰ 바이오에너지

㉱ 중질잔사유 가스화 에너지

[해설] 신에너지는 수소, 연료전지, 석탄액화·가스화 및 중질잔사유 가스화 에너지의 세 가지이다.

17. 다음 중 재생에너지로 볼 수 없는 것은?

㉮ 수소에너지　　㉯ 폐기물에너지

㉰ 바이오에너지　㉱ 해양에너지

[해설] 수소에너지는 엄밀히 재생에너지가 아니고 신에너지에 속한다.

18. 해양에너지 중 해양 표면층의 온수(예 : 25~30℃)와 심해 500~1000 m 정도의 냉수(예 : 5~7℃)와의 온도차를 이용하여 열에너지를 기계적 에너지로 변환시켜 발전하는 기술을 무엇이라고 하는가?

㉮ 표층온도 발전　㉯ 심해온도 발전

㉰ 온도차발전　　㉱ 해류발전

[해설] 바다의 표면층과 해저층(심해)의 온도차를 이용하여 발전하는 기술은 말 그대로 '온도차발전'이라고 부른다.

19. 소수력발전 시스템에서 가장 주요설비라 할 수 있는 것은?

㉮ 수차　　　　　㉯ 변속기

㉰ 발전기　　　　㉱ 흡출관

20. 소수력발전 시스템 중 물속에 완전히 잠긴 상태로 운전되는 수차는?

㉮ 펠톤수차　　　㉯ 튜고수차

㉰ 프란시스수차　㉱ 오스버그수차

[해설] 프란시스수차는 반동수차이므로 물에 완전히 잠긴 상태로 운전된다.

21. 연료전지 중 용융탄산염형의 특징으로 틀린 것은?

㉮ 복합발전 가능

㉯ 내부개질 가능

㉰ 열병합 대응 가능

㉱ 높은 발전효율

[해설] 복합(가스화)발전(IGCC)은 석탄, 중질잔사유 등의 저급원료를 고온·고압의 가스화기에서 수증기와 함께 한정된 산소로 불완전연소 및 가스화시켜 일산화탄소와 수소가 주성분인 합성가스를 만들어 정제공정을 거친 후 가스터빈 및 증기터빈 등을 동시에 구동하여 발전하는 기술이다.

22. 해양에너지의 이용방법 중에서 파력발전의 특징으로 옳은 것은?

㉮ 에너지밀도가 낮음

㉯ 대용량 발전 가능

㉰ 발전량에 비해 설치비가 저렴함

㉱ 출력조절 가능

[해설] 파력발전은 연안 또는 심해의 파랑에너지를 이용하여 전기를 생산(입사하는 파랑에너지를 기계적 에너지로 변환)하는 기술이며, 타 방식 대비 에너지밀도가 낮은 편이다.

23. 다음 중 양쪽의 반사판을 이용하여 태양광을 반사하여 가운데의 유리관에 집중시켜 유체를 가열하는 방식의 집열기는?

㉮ CPC형 집열기　㉯ 반구형 집열기

정답 16. ㉰　17. ㉮　18. ㉰　19. ㉮　20. ㉰　21. ㉮　22. ㉮　23. ㉮

　홈통형 집열기　　진공관형 집열기

24. 태양열 발전탑 (Solar Power Tower)에 대한 내용 중 ( ) 안에 들어갈 말로 가장 적당한 것은?

> 기존 전력망에 전기를 공급하기 위하여 대형의 헬리오스탯(heliostats)이라는 태양 추적 거울 (sun-tracking mirrors)을 대량으로 설치하여 타워 상부에 위치한 리시버에 햇빛을 집중 → 리시버에서 가열된 열전달유체는 열교환기를 이용하여 고온의 ( )를 발생 → 터빈발전기를 구동하여 전기를 생산한다.

　온수　　냉매　　증기　　프레온

해설 터빈발전기를 구동하려면 증기의 힘이 필요하다.

25. 다음 중 태양열 난방시스템의 3대 구성요소에 속하지 않는 것은?

　집열부　　　　축열부
　제어부　　　　이용부

해설 태양열 시스템의 3대 구성요소는 집열부, 축열부, 이용부이다.

26. 태양열의 온실효과로 거대한 인공바람을 만들어 전기를 생산하는 방식을 무엇이라고 부르는가?

　전력타워　　　솔라침니
　연돌방식　　　태양열 집열방식

해설 태양열의 온실효과를 이용한 발전은 태양굴뚝, 솔라침니(Solar Chimney), 솔라타워(Solar Tower) 등으로 부른다.

27. 지열에너지 이용에 관한 설명으로 틀린 것은?

　열전도도 테스트는 그라우팅 완료 후 48시간 이후 측정한다.

　열원이 되는 1차 매체에서 열을 2차 매체로 이동시켜 2차 매체의 사이클을 통해 발전하는 시스템을 '바이너리 발전'이라고 부른다.

　그라우팅의 목적은 오염물질 침투 방지, 지하수 유출 방지, 천공 붕괴 방지, 열전달 성능 향상 등이다.

　지열 이용 시스템 중 충전식 개방형 지열공법을 게오힐 공법이라고도 부른다.

해설 열전도도 테스트는 그라우팅 완료 후 72시간 이후 측정한다.

28. 풍력발전에 관한 설명 중 틀린 것은?

　수직축 방식은 보통 100 kW 이하의 소형에 적합한 형태이다.

　풍력발전의 이론상 최대 효율은 약 59.3 %이다.

　기어리스 (grealess)형은 기어(gear)형보다 발전효율이 높은 편이다.

　기어리스 (grealess)형의 동력 전달 순서는 '회전자 → 증속기 → 유도 발전기 → 한전계통'순이다.

해설 기어형의 동력 전달 순서는 '회전자 → 증속기 → 유도 발전기 → 한전계통'순이고, 기어리스형의 동력 전달 순서는 '회전자 (직결) → 다극형 동기 발전기 → 인버터 → 한전계통'순이다.

29. 신재생에너지에 관한 설명 중 잘못된 것은?

　해양 표면층의 온수와 심해의 냉수와의 온도차를 이용하여 열에너지를 기계적 에너지로 변환시켜 발전하는 방식을 '조류발전'이라고 한다.

정답 **24.**　**25.**　**26.**　**27.**　**28.**　**29.**

㉯ 양수발전은 밤 시간의 남은 전력을 이용하여 아래쪽 저수지의 물을 위쪽으로 끌어올려 모아놓았다가 전력 사용이 많은 낮 시간이나 전력공급이 부족할 때 이 물을 다시 아래쪽 저수지로 떨어뜨려 발전하는 방식이다.

㉰ 폐기물에너지는 비교적 단기간 내에 상용화 가능하고, 타 재생에너지에 비하여 경제성이 높으며, 조기보급이 가능하다.

㉱ RDF란 생활폐기물을 파쇄·건조·선별·분쇄·압축 성형 등의 공정을 거쳐 만든 지름 약 1.5 cm, 길이 5 cm의 펠릿 (pellet) 형태로 많이 만들어진다.

[해설] 해양 표면층의 온수와 심해의 냉수와의 온도차를 이용하여 열에너지를 기계적 에너지로 변환시켜 발전하는 방식을 '온도차발전'이라고 부른다.

30. 폐기물에너지의 특징에 대한 설명으로 가장 잘못된 것은?

㉮ 비교적 단기간 내에 상용화가 가능하다.

㉯ 인류 생존권을 위협하는 폐기물 환경 문제의 경감이 가능하다.

㉰ 타 재생에너지에 비하여 경제성은 낮은 편이나 조기보급이 가능하다.

㉱ 폐기물의 청정처리 및 자원으로의 재활용이 가능하다.

[해설] 폐기물에너지는 타 재생에너지에 비하여 경제성이 높고, 조기보급이 가능하다.

31. 다음 중 전력의 수급관리(수요관리)를 위하여 남는 전력으로 물을 퍼올려 상부에 저장해두었다가 필요 시 아래로 떨어뜨려 발전하는 방식은?

㉮ 양수발전   ㉯ 소수력발전
㉰ 터널식발전   ㉱ 댐수로식발전

[해설] 양수발전

• 일반 수력발전은 자연적으로 흐르는 물을 이용하여 발전을 하지만, 양수발전은 흔히 위쪽과 아래쪽에 각각 저수지를 만들고 밤 시간의 남은 전력을 이용하여 아래쪽 저수지의 물을 위쪽으로 끌어올려 모아놓았다가 전력 사용이 많은 낮 시간이나 전력공급이 부족할 때 이 물을 다시 아래쪽 저수지로 떨어뜨려 발전하여 피크전력을 관리하는 방식이다.

• 우리나라의 청평, 무주, 삼랑진, 산청, 청송양수발전소가 여기에 해당된다.

32. 풍력발전 방식에서 이론상 최대 효율은 몇 % 정도인가?

㉮ 약 40 %   ㉯ 약 60 %
㉰ 약 70 %   ㉱ 약 90 %

[해설] 벳츠의 법칙(벳츠의 한계 공식)에서 풍력발전의 이론상 최대 효율은 약 59.3 %이다.

33. 지열 히트펌프 시스템에서 그라우팅의 목적에 해당하지 않는 것은?

㉮ 오염물질 침투 방지

㉯ 지하수 흐름 개선

㉰ 천공 붕괴 방지

㉱ 열전달 성능 향상

[해설] 지열 그라우팅의 목적
① 오염물질 침투 방지
② 지하수 유출 방지
③ 천공 붕괴 방지
④ 지중열교환기 파이프와 지중 암반의 밀착
⑤ 열전달 성능 향상

34. 태양방사선의 특징을 잘못 기술한 것은?

㉮ '복사열'과 유사한 전자기 방사의 형태이다.

㉯ 지구 대기권 밖 태양 방사선의 강도는 일반 온돌패널의 10배 이상 수준이다.

㉰ 오존층에 의해 단파장이 흡수되어 0.2 ~0.3 nm 영역에서는 대기 외부와 지표 측의 스펙트럼이 차이가 난다.

㉱ 스펙트럼 파장대 에너지 밀도는 자외선 영역이 5 %, 가시광선 영역이 49 %, 근적외선 영역이 46 % 수준이다.

해설 태양광 스펙트럼 파장대 에너지 밀도는 자외선 영역이 5 %, 가시광선 영역이 46 %, 근적외선 영역이 49 % 수준이다.

35. 신재생에너지의 이산화탄소 배출량이 적은 발전원부터 차례로 나열된 것은?

㉮ 풍력 – 태양광 – 지열 – 수력

㉯ 수력 – 지열 – 풍력 – 태양광

㉰ 태양광 – 풍력 – 수력 – 지열

㉱ 풍력 – 태양광 – 수력 – 지열

해설 화석연료–신재생에너지의 이산화탄소 배출량 비교표 (발전원별)

구 분	이산화탄소 배출량 (g/kWh)
석탄 화력	975.2
석유 화력	742.1
LNG 화력	607.6
LNG	518.8
원자력	28.4
태양광	53.4
풍력	29.5
지열	15
수력	11.3

정답 35. ㉯

제2장 | 태양광발전 시스템 개요

태양광에너지(Photovoltaics) 개요

태양광발전 시스템은 태양광의 광전효과를 이용하여 태양광을 직접 전기에너지로 변환 및 이용하는 장치로 태양전지로 구성된 모듈 및 어레이, 축전장치, 제어장치, 전력변환장치(인버터), 계통연계장치, 기타 보호장치 등으로 구성된다.

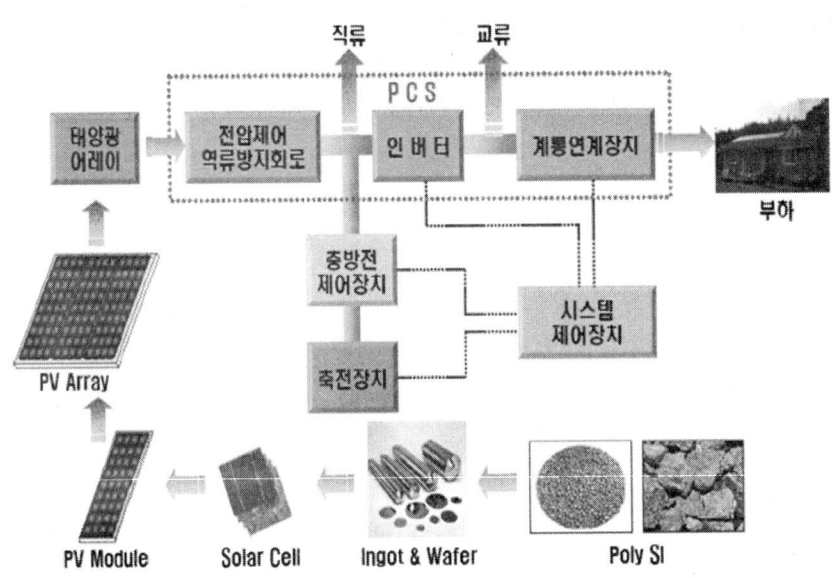

태양광시스템의 시스템 구성

(1) 태양광에너지의 장점

① 무공해, 무제한
② 청정에너지원
③ 부지 부족 시에는 건물일체형으로도 구현 가능
④ 유지보수 용이
⑤ 무인화 가능

⑥ 장기수명(약 20년 이상)

⑦ 안정적인 계통연계형으로도 구현 가능

(2) 태양광에너지의 단점

① 전력생산량의 지역별·시간별·계절별·기후별 차이가 많이 발생함

② 시스템 초기 설치비용이 크고, 발전단가가 높음

③ 태양에너지의 전기 변환효율이 낮음

(3) 태양전지의 역사

① 1839년 : 프랑스의 E.Becquerel이 최초로 광전효과(Photovoltaic effect)를 발견함

② 1870년대 : H. Hertz의 Se의 외부광전효과 연구 이후 효율 1~2 %의 Se cell이 개발되어 사진기의 노출계에 사용됨

③ 1940~1950년대 초 : 초고순도 단결정실리콘을 제조할 수 있는 Czochralski process (CZ법 ; 초콜라스키 공법)가 개발됨

④ 1949년 : Schockely (쇼클리)가 p-n 접합이론을 발표함

⑤ 1954년 : Bell Lab.에서 효율 4 %의 실리콘 태양전지를 개발함

⑥ 1958년 : 미국의 Vanguard (밴가드) 위성에 최초로 태양전지를 탑재한 이후 모든 위성에 태양전지를 사용함

⑦ 1970년대 : Oil shock 이후 태양전지의 연구개발 및 상업화에 수십억 달러가 투자되면서 태양전지의 상업화가 급진전됨

⑧ 2010년 이후 : 태양전지 효율 10~20 %, 수명 20년 이상, 모듈가격 $2/W 내외에서 하락 중

2-2   태양광발전과 태양열발전의 차이

(1) 태양광발전

태양빛 → 직접 전기 생산

(2) 태양열발전

태양빛 → 기계적 에너지로 바꾼 후 → 재차 전기를 생산

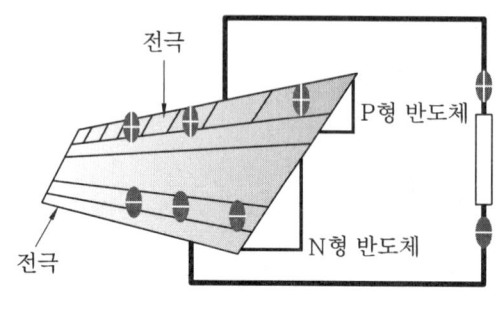

| 태양광발전 | 태양열발전 |

2-3　광전효과와 광기전력효과

(1) 광전효과

아인슈타인이 빛의 입자성을 이용하여 설명한 현상으로 금속 등의 물질에 일정한 진동수 이상의 빛을 비추었을 때, 물질의 표면에서 전자가 튀어나오는 현상을 말한다.

① **외부 광전효과** : 단파장 조사 시 외부에 자유전자가 방출 (광전관, 빛의 검출/측정 등에 사용)

② **내부 광전효과** : 전자 및 정공이 발생

(2) 광기전력효과

어떤 종류의 반도체에 빛을 조사하면 조사된 부분과 조사되지 않은 부분 사이에 전위차 (광기전력)를 발생시키는 현상을 말한다.

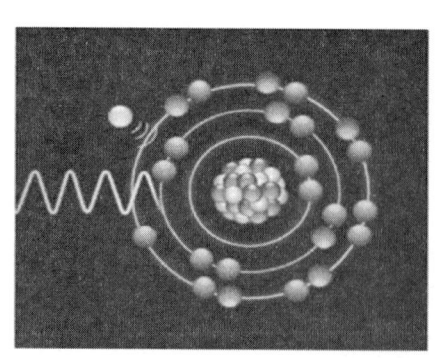
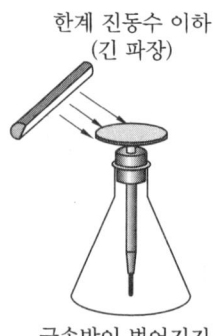
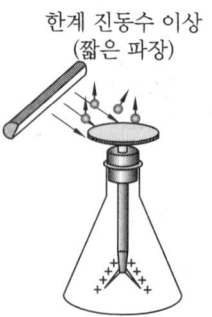

2-4 **태양전지의 원리**

(1) 원리

① 빛이 부딪치면, 플러스와 마이너스를 갖는 입자 (정공과 전자)가 생성된다.

    ㈎ －전자는 n형 반도체 : 자유전자 밀도를 높게 하기 위해 불순물 (Dopant)로 인, 비소, 안티몬과 같은 5가지 원자를 첨가 [이렇게 전자를 잃고 이화된 불순물 원자를 도너(Donor)라고 한다]함

    ㈏ ＋정공은 p형 반도체 : 정공의 수를 증가시키기 위해 불순물 (Dopant)로 알루미늄, 붕소, 갈륨 등의 3가 원소를 첨가 [이러한 불순물 원자를 억셉터(Accept)라고 한다]함

(2) 전류의 흐름

① 태양전자가 빛을 받으면 광기전력효과 (반도체에 빛을 조사하면 조사된 부분과 조사되지 않은 부분 사이에 전위차가 발생하는 현상)에 의해 전자는 전면전극으로, 정공은 후면전극으로 형성된다.

② 태양전지 외부에 도선 및 부하를 걸면 ＋극에서 －극으로 전류가 흐르게 된다.

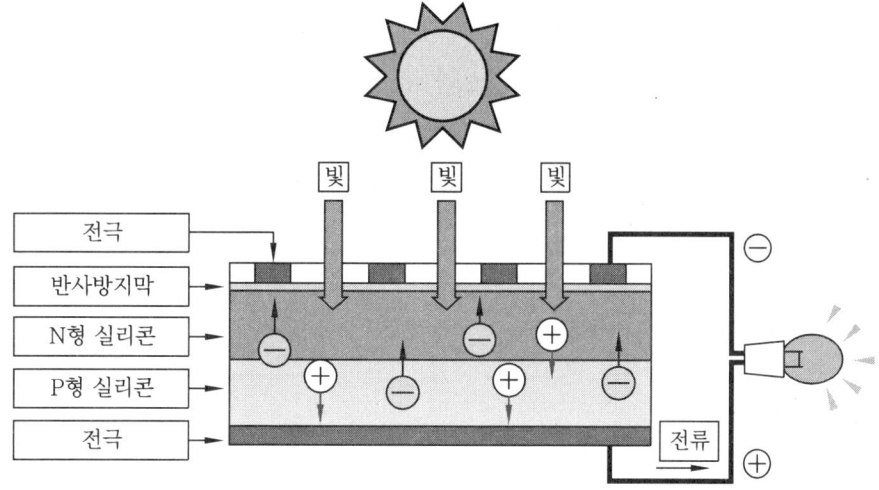

2-5 태양전지의 분류

(1) 실리콘계 태양전지

① 결정계(단결정, 다결정) 태양전지

(개) 변환효율이 높다 (약 12~20 % 정도).

(내) 실적에 의한 신뢰성이 보장된다.

(대) 현재 태양광발전 시스템에 일반적으로 사용되는 방식이다.

(래) 변환효율은 단결정이 다소 유리하고, 가격은 다결정이 유리하다.

(매) 방사조도의 변화에 따라 전류가 매우 급격히 변화하고, 모듈 표면온도 증감에 대해서 전압의 변동이 크다.

(배) 결정계는 온도가 상승함에 따라 출력이 약 0.45 %/℃ 감소한다.

(새) 실리콘계 태양전지의 발전을 위한 태양광 파장영역은 약 300~1,200 nm이다.

② 아모포스 (비결정계) 태양전지

(개) 구부러지는 (외곡되는) 것을 말한다.

(내) 변환효율은 약 7~10 % 정도이다.

(대) 생산단가가 가장 낮은 편이며, 소형시계, 계산기 등에도 많이 적용된다.

(래) 결정계 대비하여 고전압 및 저전류의 특성을 지니고 있다.

(매) 온도가 상승함에 따라 출력이 약 0.25 %/℃ 감소한다 (온도가 높은 지역이나 사막지역 등에 적용하기에는 결정계보다 유리하다).

(배) 결정계 대비 초기 열화에 의한 변환효율 저하가 심한 편이다.

③ 박막형 태양전지(2세대 태양전지 : 단가를 낮추는 기술에 초점)

(개) 실리콘을 얇게 만들어 태양전지 생산단가를 절약할 수 있도록 하는 기술이다.

(내) 결정계 대비 효율이 낮은 단점이 있으나, 탠덤 배치구조 등의 극복을 위한 다양한 노력이 전개되고 있다.

(2) 화합물 태양전지

① II-VI족

(개) CdTe : 대표적 박막 화합물 태양전지(두께 약 $2\mu m$), 우수한 광 흡수율 (직접 천이형), 밴드갭 에너지는 1.45 eV, 단일 물질로 pn반도체 동종 성질을 나타냄, 후면 전극은 금/은/니켈 등 사용, 고온환경의 박막태양전지로 많이 응용됨

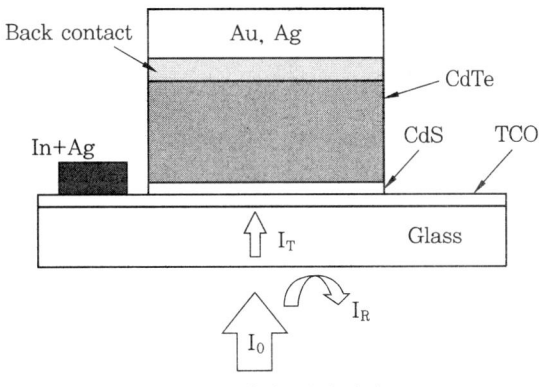

CdTe 박막 태양전지

(나) CIGS : CuInGaSSe와 같이 In의 일부를 Ga로, Se의 일부를 S으로 대체한 오원
화합물을 일컬음(ClS로도 표기), 우수한 광 흡수율(직접 천이형), 밴드갭 에너지
는 2.42 eV, ZnO 위에 Al/Ni 재질의 금속전극 사용, 우수한 내방사선 특성(장기
간 사용해도 효율의 변화 적음), 변환효율 약 19% 이상으로 평가되고 있음

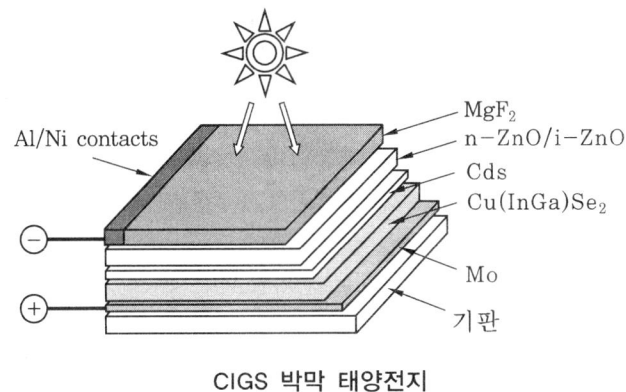

CIGS 박막 태양전지

② Ⅲ-Ⅴ족

(가) GaAs(갈륨비소) : 에너지 밴드갭이 1.4 eV(전자볼트)로서 단일 전지로는 최대
효율, 우수한 광 흡수율(직접 천이형), 주로 우주용 및 군사용으로 사용, 높은 에
너지 밴드갭을 가지는 물질부터 낮은 에너지 밴드갭을 가지는 물질까지 차례로
적층하여(Tandem 직렬 적층형) 40 % 이상의 효율 가능

(나) InP : 밴드갭 에너지는 1.35 eV, GaAs(갈륨비소)에 버금가는 특성, 단결정 판
의 가격이 실리콘 대비 비싸고 표면 재결합 속도가 크기 때문에 아직 고효율 생
산에 어려움(이론적 효율은 우수)이 있음

③ Ⅰ-Ⅲ-Ⅵ족

㉮ CuInSe2 : 밴드갭 에너지는 1.04 eV, 우수한 광 흡수율 (직접 천이형), 두께 약 1~2 μm의 박막으로도 고효율 태양전지 제작이 가능함

㉯ Cu (In,Ga)Se2 : 상기 CuInSe2와 특성 유사, 같은 족의 물질 상호 간에 치환이 가능하여 밴드갭 에너지를 증가시켜 광이용 효율을 증가시킬 수 있음

④ 화합물 태양전지의 일반적 특징

㉮ 온도계수 (θ)가 작아서 고온에서도 출력감소가 적다.

㉯ 실리콘계 반도체는 간접 천이를 하지만 화합물반도체는 직접 천이를 하여 광 특성이 우수하다.

㉰ 화합물 태양전지는 큰 에너지갭으로 인해 보다 긴 파장대역보다는 파장이 짧은 대역의 빛을 흡수하는 데 유리하다.

㉱ 실리콘 공급문제의 영향은 받지 않으나 희소한 원소인 인듐 (In) 등을 사용하고 있기 때문에 생산비가 고가이다.

㉲ 다양한 흡수대역을 가지는 태양전지를 적층하기 용이하여 단일접합 (single junction) 구조 대신 한 단계 진보된 다중접합 (multi-junction) 탠덤 (tandem) 구조의 태양전지를 만들 수 있다 (서로 다른 밴드갭을 갖는 물질을 적층하여 태양광의 대부분의 스펙트럼을 효율적으로 사용하는 것이 가능하기 때문에 향후 50 % 이상의 초고효율 태양전지를 개발할 수 있는 가능성을 가지고 있다).

주 ➔ 용어정리

1. 밴드갭(에너지) : 반도체에서 전자가 위치해 있는 원자가띠(Valence Band)를 벗어나서 전도띠(Conduction Band)에 도달하기 위한 최소한의 에너지

2. 직접 천이형 반도체(direct bend gap semiconductor)
   • 전도대에서 가전자대로 전자가 천이(여기)할 때 전자와 정공의 재결합(recombination)이 발생한다. 이때, 재결합 전후로 에너지가 보존됨과 동시에 운동량도 보존되는데 빛의 파동수가 작기 때문에 재결합에 참여하는 전자와 정공은 그 운동량의 차이가 매우 작아야 함
   • 직접 천이형 반도체는 재결합 시 전자와 정공의 운동량 차이가 거의 없는 반도체를 지칭함
   • 일반적으로 직접 천이형 반도체가 전자-정공 재결합 시 발광 효율이 더 우수하므로 현재 실용화되고 있는 고효율 LED등의 기본 재료는 모두 직접 천이형 밴드구조를 가짐

3. 간접 천이형 반도체(indirect bend gap semiconductor)
   • 반도체, 절연체의 밴드갭 간의 천이에 있어서 광자가 전자뿐만이 아니라 격자 진동과 상호 작용에 의해 직접 천이에 비해서 천이 확률이 작음
   • 간접 천이형은 열과 진동으로 수평천이가 포함되어있어서 효율이 좋지 못한 편임

4. 반도체의 전도대(conduction band)
- 전자들이 거의 비어있고 일부 전자를 가질 수 있음, 자유전자가 자유롭게 이동
- 전자들이 거의 비어있는 밴드들 중 최하위에 속해있는 밴드
- 반도체의 금지대(forbidden band) : 반도체의 경우 0.2~2 eV 정도

5. 반도체의 가전자대(valence band)
- 전자가 거의 채워져 있고, 일부 정공을 가질 수 있음, 정공이 자유롭게 이동
- 전자들로 거의 채워지는 밴드들 중 최상위에 속해있는 밴드(자유전자가 아님)

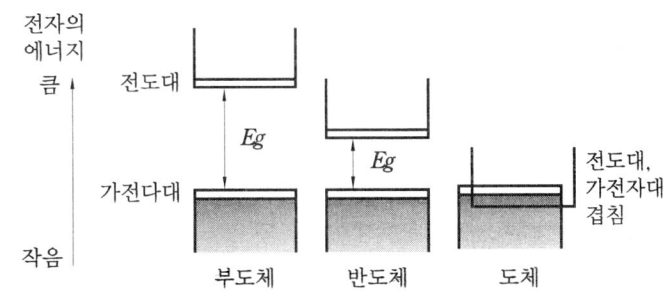

(3) 차세대 태양전지(3세대 태양전지 : 단가를 낮추면서도 효율을 올리는 기술)

① **염료 감응형 태양전지(Dye Sensitized Solar Cell)**

(가) 산화티타늄(TiO₂) 표면에 특수한 염료(루테늄 염료, 유기염료 등) 흡착 → 광전기화학적 반응 → 전기 생산

(나) 변환효율은 실리콘계(단결정)와 유사하나, 단가는 상당히 낮은 편이다.

(다) 흐려도 발전이 가능하고, 빛의 조사각도가 10도만 되어도 발전이 가능한 특징이 있다.

② **유기물 박막 태양전지(OPV ; Organic Photovoltaics)**

(가) 플라스틱 필름 형태의 얇은 태양전지이다.

(나) 아직 효율이 낮은 것이 단점이지만, 가볍고 성형성이 좋다.

(4) 태양전지 모듈의 뒷면에 표시해야 할 사항

① 제조업자명 또는 그 약호

② 제조년월일 및 제조번호

③ 내풍압성의 등급

④ 최대 시스템전압

⑤ 어레이의 조립형태

⑥ 공칭 최대출력

⑦ 공칭 개방전압

⑧ 공칭 단락전류

⑨ 공칭 최대출력 동작전압

⑩ 공칭 최대출력 동작전류

⑪ 역내전압 (V) : 바이패스 다이오드의 유무 (아모포스계만 해당)

⑫ 공칭중량 (kg) 등

주 ➔ **태양전지 소자 고효율화 기술**

1. 표면의 조직화 : 태양전지의 표면을 피라미드 혹은 요철구조로 만들어 광흡수율을 높여 효율을 개선하는 기술
2. 표면 패시베이션(Passivation) : 광전효과로 생성된 소수 캐리어의 재결합을 줄임으로써 효율을 높이는 방법으로, 단락전류와 개방전압을 동시에 높이는 기술
3. 양면 수광형 : 태양전지를 n-type 기반의 양면 수광형으로 만들어 태양전지의 효율을 높이는 방식

다양한 태양전지

예·상·문·제

1. 태양광 발전설비 시스템의 주요 구성요소와 가장 거리가 먼 것은?

㉮ 모듈　　　　㉯ 축전지
㉰ 인버터　　　　㉱ 송·변전설비

[해설] 송·변전설비는 분전반 이후단의 한전계통과 연계되는 부분으로 계통연계형 등에 제한적으로 고려된다.

2. 다음 중 태양광발전의 특징과 가장 관계가 먼 것은?

㉮ 무공해
㉯ 유지보수가 용이
㉰ 설치장소 무한
㉱ 높은 초기투자비와 발전단가

[해설] 도시지역 등은 필요 전력량이 크지만, 태양광을 설치할 만한 장소가 절대적으로 부족하다.

3. 다음 중 태양전지의 역사에 대해 잘못 설명한 것은?

㉮ 1839년 프랑스의 Becquerel이 최초로 광전효과를 발견하였다.
㉯ 1940~1950년대 초 초고순도 단결정실리콘을 제조할 수 있는 CZ법(초콜라스키 공법)이 개발되었다.
㉰ 1949년 Schockely (쇼클리)가 광기전력효과를 발표하였다.
㉱ 1954년 Bell Lab.에서 효율 4 %의 실리콘 태양전지를 개발하였다.

[해설] ㉰는 '1949년 Schockely (쇼클리)가 p-n 접합이론을 발표하였다.'로 고쳐야 옳다.

4. 외부광전효과에 관한 설명으로 잘못된 것은?

㉮ 단파장 조사 시 외부에 자유전자가 방출된다.
㉯ 광전관에 사용될 수 있다.
㉰ 빛의 검출 및 측정 등에 유용하게 사용될 수 있다.
㉱ 전자 및 정공이 발생한다.

[해설] ㉱는 내부광전효과에 관한 설명이다.

5. 태양전지의 원리에 관한 설명으로 잘못된 것은?

㉮ n형 반도체는 자유전자 밀도를 높게 하기 위해 불순물 (Dopant)로 인, 비소, 안티몬과 같은 5가 원자를 첨가한다.
㉯ p형 반도체는 정공의 수를 증가시키기 위해 불순물 (Dopant)로 알루미늄, 붕소, 갈륨 등의 3가 원소를 첨가한다.
㉰ 태양전자가 빛을 받으면 광기전력효과에 의해 전자는 후면전극으로, 정공은 전면전극으로 형성된다.
㉱ 태양전지 외부에 도선 및 부하를 걸면 전류는 +극에서 -극으로 전류가 흐르게 된다.

[해설] ㉰는 '태양전자가 빛을 받으면 광기전력효과에 의해 전자는 전면전극으로, 정공은 후면전극으로 형성된다.'로 고쳐야 한다.

6. 실리콘계 태양전지(결정계)에 대한 설명으로 잘못된 것은?

㉮ 방사조도의 변화에 따라 전압이 매우

급격하게 변화한다.

㉤ 변환효율은 단결정이 유리하고, 가격은 다결정이 유리하다.

㉣ 평균 변환효율은 약 12~20 % 정도이다.

㉢ 결정계는 온도가 상승함에 따라 출력이 약 0.45 %/℃ 감소한다.

해설 ㉮는 '방사조도의 변화에 따라 전류가 매우 급격하게 변화한다.'로 고쳐야 한다.

7. 비결정계 태양전지에 대한 설명으로 잘못된 것은?

㉮ 온도가 상승함에 따라 출력이 약 0.25 %/℃ 감소한다.

㉤ 결정계 대비 초기 열화에 의한 변환효율 저하는 적은 편이다.

㉣ 구부러지는 것이며, 변환효율은 약 7~10 % 정도이다.

㉢ 결정계 대비하여 고전압 및 저전류의 특성을 지니고 있다.

해설 ㉤는 '결정계 대비 초기 열화에 의한 변환효율 저하가 심한 편이다.'로 고쳐야 한다.

8. 실리콘계 태양전지에 관한 설명 중 잘못된 것은?

㉮ 결정계 태양전지는 모듈 표면온도 증감에 대해서 전류의 변동이 크다.

㉤ 현재 태양광발전 시스템에 일반적으로 사용되는 방식은 결정계 태양전지이다.

㉣ 아모포스계 태양전지는 생산단가가 낮은 편이다.

㉢ 아모포스계 태양전지는 온도가 높은 지역이나 사막지역 등에 적용하기에는 결정계보다 유리하다.

해설 ㉮는 '결정계 태양전지는 모듈 표면온도 증감에 대해서 전압의 변동이 크다.'로 고쳐야 한다.

9. 박막형 실리콘계 태양전지에 관한 설명 중 가장 잘못된 것은?

㉮ 2세대 태양전지라고도 부르며, 단가를 낮추는 기술에 초점을 맞춘다.

㉤ 현재 결정계 대비 효율이 낮은 단점이 있다.

㉣ 실리콘을 얇게 만들어 태양전지의 생산단가를 절약할 수 있도록 하는 기술이다.

㉢ 현재 효율을 개선할 수 있는 방법이 없어 발전에 한계가 있다.

해설 박막형 태양전지도 탠덤 배치구조 등으로 효율을 올릴 수 있다.

10. 다음에서 설명하고 있는 화합물 태양전지의 종류는?

> 대표적 박막 화합물 태양전지(두께 약 2 μm)로서 우수한 광 흡수율(직접 천이형), 밴드갭 에너지는 1.45 eV, 단일 물질로 pn 반도체 동종 성질을 나타내는 등의 특징을 가지고 있으며, 후면 전극은 주로 금/은/니켈 등 사용하고, 고온환경의 박막태양전지로 많이 응용되고 있다.

㉮ CdTe   ㉤ CIGS

㉣ GaAs   ㉢ CuInSe2

11. Ⅲ-Ⅴ족 화합물 태양전지에 속하고, 에너지 밴드갭이 1.4 eV(전자볼트)로서 단일 전지로는 최대효율을 가지며, 우수한 광 흡수율(직접 천이형)로 주로 우주용 및 군 사용으로 많이 사용해온 태양전지는?

정답 **7.** ㉤   **8.** ㉮   **9.** ㉢   **10.** ㉮   **11.** ㉣

㉮ Cu (In,Ga)Se2   ㉯ InP
㉰ GaAs   ㉱ CdTe

12. II–VI족 화합물 태양전지에 속하고, 우수한 광 흡수율(직접 천이형)을 가지며, 밴드갭 에너지는 2.42 eV이며, ZnO 위에 Al/Ni 재질의 금속전극을 사용하고, 우수한 내방사선 특성이 있어 장기간 사용해도 효율의 변화가 적은 태양전지는?

㉮ CIGS   ㉯ CdTe
㉰ CuInSe2   ㉱ Cu (In,Ga)Se2

13. 화합물 태양전지의 일반적 특징에 대한 설명으로 잘못된 것은?

㉮ 온도계수(θ)가 작아서 고온에서도 출력감소가 적다.
㉯ 실리콘계 태양전지와 같이 직접 천이를 하여 광 특성이 우수한 편이다.
㉰ 화합물 태양전지는 큰 에너지갭으로 인해 보다 긴 파장대역보다는 파장이 짧은 대역의 빛을 흡수하는 데 유리하다.
㉱ 실리콘 공급문제의 영향은 받지 않으나 희소한 원소인 인듐(In) 등을 사용하고 있기 때문에 생산비가 고가이다.

[해설] ㉯는 '실리콘계 태양전지는 간접 천이를 하지만 화합물반도체는 직접 천이를 하여 광 특성이 우수하다.'로 고쳐야 적절하다.

14. 반도체에서 전자가 위치해있는 원자가띠(Valence Band)를 벗어나서 전도띠(Conduction Band)에 도달하기 위한 최소한의 에너지를 무엇이라고 부르는가?

㉮ 간접천이에너지   ㉯ 직접천이에너지
㉰ 밴드갭에너지   ㉱ 전도대에너지

15. 반도체 중 전자가 거의 채워져 있어서 일부 정공을 가질 수 있고, 정공이 자유롭게 이동하며 전자들로 거의 채워지는 밴드들 중 최상위에 속해있는 밴드는?

㉮ 천이대   ㉯ 금지대
㉰ 전도대   ㉱ 가전자대

[해설] ㉰ 반도체의 전도대(conduction band)
  • 전자들이 거의 비어있고 일부 전자를 가질 수 있음, 자유전자가 자유롭게 이동
  • 전자들이 거의 비어있는 밴드들 중 최하위에 속해있는 밴드
  • 반도체의 금지대(forbidden band) : 반도체의 경우 0.2~2 eV 정도
㉱ 반도체의 가전자대(valence band)
  • 전자가 거의 채워져 있고, 일부 정공을 가질 수 있음, 정공이 자유롭게 이동
  • 전자들로 거의 채워지는 밴드들 중 최상위에 속해있는 밴드 (자유전자가 아님)

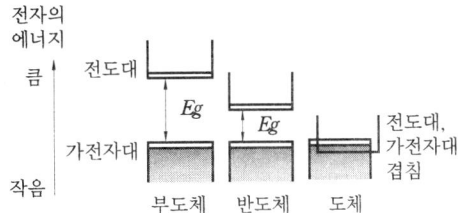

16. 염료 감응형 태양전지에 대한 설명으로 잘못된 것은?

㉮ 산화티타늄(TiO_2) 표면에 특수한 염료(루테늄 염료, 유기염료 등)를 흡착한 것이다.
㉯ 변환효율은 실리콘계(단결정)와 유사하다.
㉰ 단가는 아직 상당히 높은 편이다.
㉱ 흐려도 발전 가능하고, 빛의 조사각도가 10도만 되어도 발전 가능한 특징이 있다.

[해설] 염료 감응형 태양전지는 변환효율은 실

리콘계(단결정)와 유사하나, 단가는 상당히 낮은 편이다.

17. 태양전지 모듈의 뒷면에 표시해야 할 사항이 아닌 것은?

㉮ 내풍압성 등급 ㉯ 방수등급
㉰ 역내전압 (V) ㉱ 공칭중량 (kg)

[해설] 태양전지 모듈의 뒷면에 표시해야 할 사항
① 제조업자명 또는 그 약호
② 제조년월일 및 제조번호
③ 내풍압성의 등급
④ 최대 시스템전압
⑤ 어레이의 조립형태
⑥ 공칭 최대출력
⑦ 공칭 개방전압
⑧ 공칭 단락전류
⑨ 공칭 최대출력 동작전압

⑩ 공칭 최대출력 동작전류
⑪ 역내전압 (V) : 바이패스 다이오드의 유무 (아모포스계만 해당)
⑫ 공칭중량 (kg) 등

18. 산화티타늄 표면에 특수한 재료를 흡착하여 광전기화학적 반응을 일으켜 전기를 생산하는 태양전지는?

㉮ 아모포스 태양전지
㉯ 유기물 박막 태양전지
㉰ 염료 감응형 태양전지
㉱ 박막형 태양전지

[해설] 염료 감응형 태양전지는 산화티타늄 (TiO_2) 표면에 특수한 염료 (루테늄 염료, 유기염료 등)를 흡착하여 광전기화학적 반응을 일으켜 전기를 생산하는 태양전지이다.

제3장 | 태양광 모듈 및 파워컨디셔너

3-1 태양전지 모듈의 특성

(1) 전류-전압($I-V$) 특성곡선

'표준시험조건'에서 시험한 태양전지 모듈의 '$I-V$ 특성곡선'은 다음과 같다.

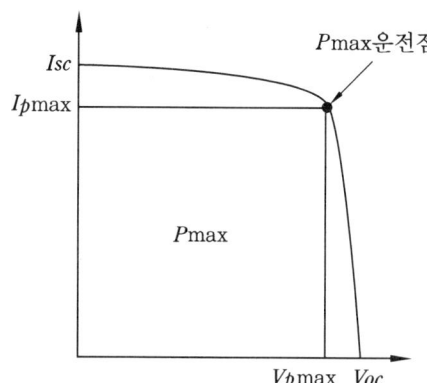

* Pmax : 최대출력
 Ipmax : 최대출력 동작전류
     (=Impp ; Current at maximum power point)
 Vpmax : 최대출력 동작전압
     (=Vmpp ; Voltage at maximum power point))
 Isc : 단락전류
 Voc : 개방전압

(2) 표준온도(25℃)가 아닌 경우의 최대출력(P'max)

$$P'\mathrm{max} = P\mathrm{max} \times (1 + \gamma \cdot \theta)$$

여기서, γ : Pmax 온도계수, θ : STC조건 온도편차

주 ➡ **1. 표준시험조건 (STC ; Standard Test Conditions)**

① 제1조건 : 태양광 발전소자 접합온도 = 25±2℃

② 제2조건 : AM1.5

 * AM(Air Mass)1.5 ; '대기질량(AM)'이라고 부르며, 직달 태양광이 지구 대기를 48.2°
  경사로 통과할 때의 일사강도를 말한다(일사강도 = 1 kW/m²).

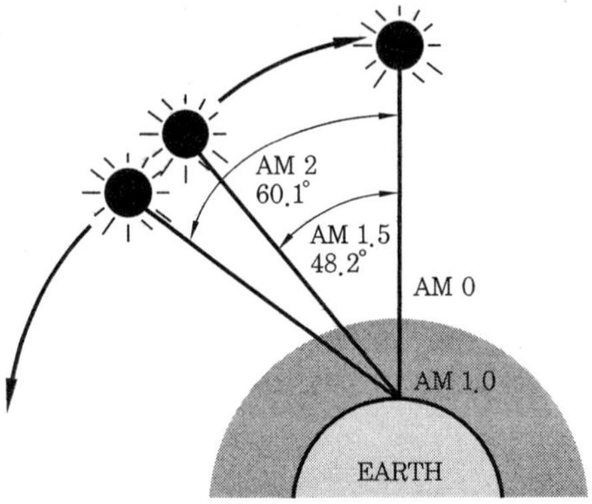

③ 광 조사강도 = 1 kW/m²

④ 최대출력 결정 시험에서 시료는 9매를 기준으로 한다.

⑤ 모듈의 시리즈인증 : 기본모델 정격출력의 10 % 이내의 모델에 대해서 적용

⑥ 충진율 (Fill Factor) : 개방전압과 단락전류의 곱에 대한 최대출력의 비율

$$\text{FF (충진율)} = \frac{P\max}{Voc \times Isc} = \frac{Vmpp \times Impp}{Voc \times Isc}$$

(가) I-V 특성곡선의 질을 나타내는 지표이다 (내부의 직 · 병렬저항과 다이오드 성능 지수에 따라 달라진다).

(나) 결정질 태양전지의 충진율은 약 0.75~0.85이고, 비결정질 태양전지의 충진율은 약 0.5~0.7 정도이다.

2. 표준운전조건 (SOC ; Standard Operating Conditions) : 일조 강도 1000 W/m², 대기 질량 1.5, 어레이 대표 온도가 공칭 태양전지 동작온도 (NOCT ; Nominal Operating Cell Temperature)인 동작 조건을 말한다.

3. 공칭 태양광 발전전지 동작온도 (NOCT ; Nominal Operating photovoltaic Cell Temperature) : 아래 조건에서의 모듈을 개방회로로 하였을 때 모듈을 이루는 태양전지의 동작온도. 즉, 모듈이 표준 기준 환경(SRE ; Standard Reference Environment)에 있는 조건에서 전기적으로 회로 개방 상태이고 햇빛이 연직으로 입사되는 개방형 선반식 가대(Open Rack)에 설치되어있는 모듈 내부 태양전지의 평균 평형온도 (접합부의 온도)를 말한다 (단위 : ℃).

① 표면의 일조강도 = 800 W/m²

② 공기의 온도 (T_{air}) : 20℃

③ 풍속 (V) : 1 m/s

④ 모듈 지지상태 : 후면 개방 (Open Back Side)

4. 셀온도 보정 산식

$$T_{cell} = Tair + \frac{\text{NOCT} - 20}{800} \times S$$

* S : 기준 일사강도 = 1,000 W/m²

5. 모듈의 출력 및 개방전압, 최대출력 동작전압 계산

① 표준온도 (25℃)의 최대출력($P\max$)

$$Pmax = Vmpp \times Impp$$

② 표준온도 (25℃)가 아닌 경우의 최대출력 (P'max)

$$P'max = Pmax \times (1 + \gamma \cdot \theta)$$

* γ : 최대출력 ($Pmax$) 온도계수, θ : STC 조건 온도편차 (Tcell-25℃)

③ 표준온도 (25℃)가 아닌 경우의 개방전압 (Voc')

$$Voc' = Voc \times (1 + \gamma \cdot \theta)$$

* Voc : 표준 상태(25℃)에서의 개방전압, γ : Voc 온도계수,

θ : STC 조건 온도편차 ($T_{cell} - 25$℃)

④ 표준온도 (25℃)가 아닌 경우의 최대출력 동작전압 ($Vmpp'$)

$$Vmpp' = Vmpp \times \left(1 + \frac{Vmpp}{Voc}\gamma \cdot \theta\right)$$

* $Vmpp$: 표준 상태(25℃)에서의 최대출력 동작전압, γ : Voc 온도계수,

θ : STC 조건 온도편차 ($T_{cell} - 25$℃)

※ **AM (Air Mass)** : 아래와 같은 태양광 입사각을 참조할 때, AM ($= 1/\sin\theta$)으로 표현하여 입사각에 따른 일사에너지의 강도를 표현하는 방법이다 (예를 들어, 아래 그림에서 AM $= 1/\sin 41.8 = 1.5$가 되는 것이다).

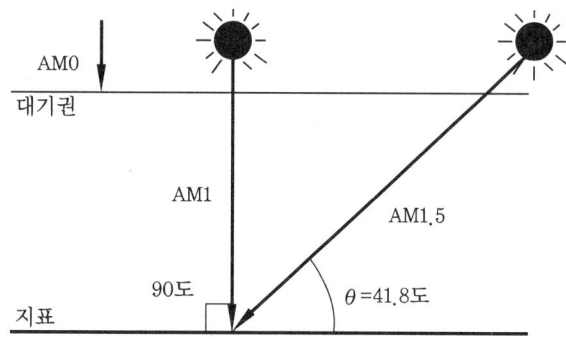

3-2 태양광 모듈(Module)과 어레이(Array)

(1) 개요

① 태양전지는 반도체의 일종으로, 빛에너지를 직접 전기에너지로 바꾼다.

② 이 기술은 1954년 미국에서 발명되어 반도체가 빛을 받으면 내부의 전자에 에너지가 주어져 전압 (전위차)이 발생하는 성질을 이용한 것이다.

③ 태양전지에 대부분 사용되고 있는 반도체는 실리콘반도체이다. 이 반도체로는 각각 전기적 성질이 다른 N형 실리콘과 P형 실리콘이 있으며 이 2개를 이어 합친 구조로 되어있다.

④ 태양전지의 종류는 실리콘반도체를 재료에 사용하는 것과 화합물 반도체를 재료에 사용하는 것, 염료 감응형 혹은 유기물 박막 태양전지 등으로 대별된다.

⑤ 태양전지의 발전효율은 빛에너지 강도에 의해서는 거의 변화하지 않지만, 온도에 의해 변화하고, 결정계 실리콘의 경우는 온도가 높아지면 효율이 나빠진다.

(2) 모듈의 구조

① 최소기본단위의 태양전지 Cell(실리콘 인코트를 300~400 μm 정도의 두께로 Slice 하여 만든 실리콘 기판)의 여러 매를 내구성 패키지하여 소정의 전압, 출력을 얻을 수 있도록 직렬 혹은 직·병렬로 연결된 것을 '태양전지 모듈'이라고 부른다.

② 모양은 각 제품사마다 다르기 때문에 설계 시에는 사전에 자료수집이 필요하다.

③ 현재 태양전지의 표면색은 여러 가지가 개발되어있기 때문에 모듈에 대한 색 선택이 어느 정도 가능하다.

④ 하나의 모듈 내에 복수의 색을 가진 Cell을 배치하여 문자의 표시와 디자인이 가능하다.

⑤ 보통은 10 cm각, 12.5 cm각, 15 cm각형으로 제작이 이루어지나, 삼각형 형태의 모듈도 제작 가능하다.

⑥ 태양전지와 앞뒷면의 유리, 테들러 등은 EVA를 사용하여 단단히 접합시키는데 이를 'Lamination 공정'이라 한다.

⑦ **직·병렬 연결방법**

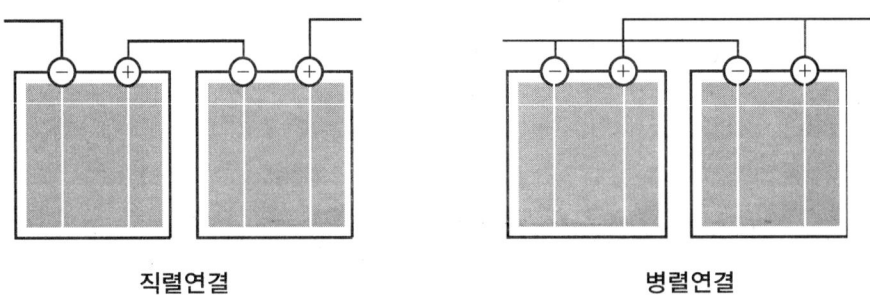

| 직렬연결 | 병렬연결 |

(3) 태양전지 모듈의 제작 방식

① 태양전지의 모듈 연결 방식에는 서브 플레이트 방식, 슈퍼 스트레이트 방식, 그리고 유리봉입 방식 등이 있다.

㉮ 서브 플레이트 방식 : 기계적 강도를 갖도록 하기 위해 태양전지의 안쪽에 하부 기판을 놓아 모듈의 지지판으로 하고 그 위에 투명 수지로 태양전지를 고정시키는 방식이다 (수광면은 투광성 필름이고, 강도는 이면의 기판이 담당하는 구조).

㈏ 슈퍼 스트레이트 방식 : 태양전지의 빛을 받는 면은 열강화유리 등의 투명 기판을 놓아 모듈의 지지판으로 하고, 그 밑에 투명한 충진 재료와 내면 코팅을 이용하여 태양전지를 고정시키는 방식이며(충진재로 봉한 태양전지 셀을 수광면의 프론트 커버와 뒷면 백커버 사이에 끼운 구조), 주로 태양전지 셀 사이의 내부연결을 위하여 인터커넥터(금속리본)를 사용하고, 프레임은 알루미늄 표면에 도장 혹은 내식 처리한 프레임재를 사용한다.

㈐ 유리봉입 방식 : 전면과 이면에 강화유리를 사용하여 빛을 투과시키는 구조이다.

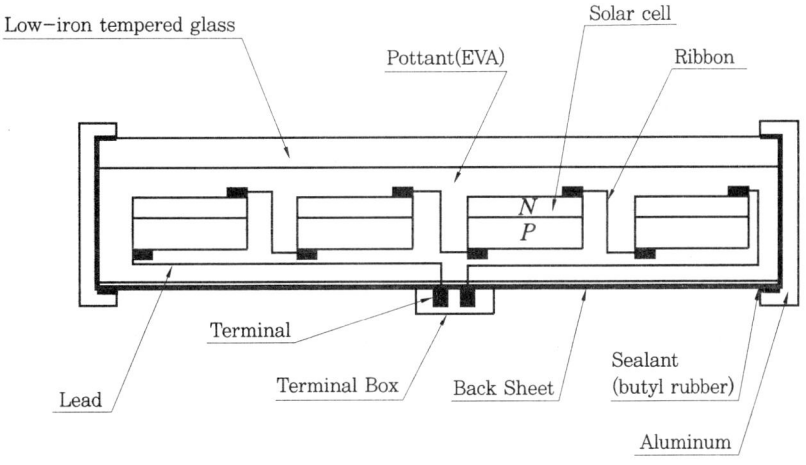

태양전지 모듈 구조 (슈퍼 스트레이트 방식)

② 리본 (Ribbon)재료 사용 시 주의사항

㈎ 수분 침투가 있으면 쉽게 산화하여 직렬등가저항의 증가 및 병렬등가저항의 감소로 이어져 출력감소의 원인이 된다.

㈏ 리본 (Ribbon) 연결공정에서 진공에 의해 압착 시 계면부위에서 기포를 완전히 제거하지 않으면 점점 산화에 의해 병렬등가저항이 감소하여 출력이 감소할 수 있으니 주의해야 한다.

㈐ 리본 (Ribbon) 연결공정의 조건 및 물질과 공정온도에 따라 휨(Bowing) 현상이 발생할 수 있다. 이를 최소화하기 위해서는 리본의 두께가 가급적 두꺼운 것이 유리하고, hot plate온도를 낮추는 것이 좋다.

(4) 어레이(Array)의 구성

① 태양전지 Cell의 필요 매수를 직렬접속한 것 (모듈 및 어레이)을, 그 위에 병렬접속으로 조합하여 필요한 발전전력을 얻어내도록 하는 것을 '태양전지 Array'라고 부른다.

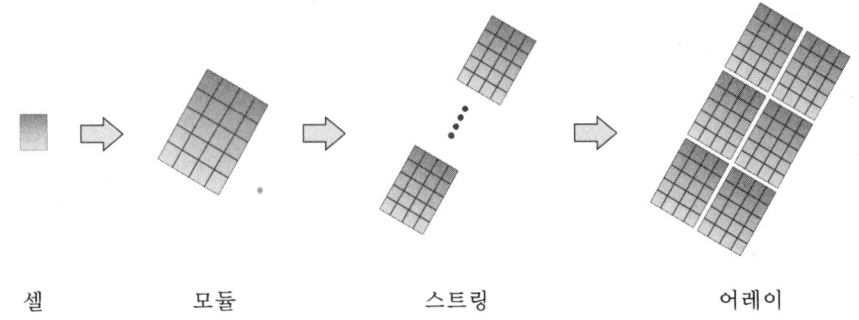

셀	모듈	스트링	어레이

② 모듈의 최적 직렬 수 계산

(개) 최대 직렬 수

$$= \frac{\text{PCS 입력전압 변동범위의 최고값}(V_{\max})}{\text{모듈 온도가 최저인 상태의 개방전압}(Voc') \times (1-\varepsilon)}$$

(내) 최저 직렬 수

$$= \frac{\text{PCS 입력전압 변동범위의 최저값}(V_{\min})}{\text{모듈 온도가 최고인 상태의 최대 출력 동작전압}(Vmpp')(1-\varepsilon)}$$

*1. 모듈 온도가 최저인 상태의 개방전압(Voc')

= 표준 상태(25℃)에서의 $Voc \times (1 + \text{개방전압 온도계수} \times \text{온도차})$

2. 모듈 온도가 최고인 상태의 최대 출력 동작전압($Vmpp'$)

= 표준 상태(25℃)에서의 $Vmpp \times \left(1 + \dfrac{Vmpp}{Voc} \times \text{개방전압 온도계수} \times \text{온도차}\right)$

3. ε : 직류측 전압강하율 $(0 \le \varepsilon < 1)$

4. 온도차 = 셀 표면온도(T_{cell}) − 25℃

(대) 최저 직렬 수 < 최적 직렬 수 < 최대 직렬 수 : 통상 '최적 직렬 수'를 기준으로 직렬 매수를 결정한다.

(5) 태양전지 색(Color)

① 결정계 태양전지의 색은 무채색의 경우 실리콘 인코트의 색을 기조로 한 Gray계이다.

② 발전효율을 높이기 위해 청색으로 착색하는 경우가 많다.

③ 단 제품사에 의해 몇 개의 색, 디자인과 더불어 복수의 색을 지정 가능한 경우도 있다.

④ 아모포스계는 적갈색 계열의 색도 있다.

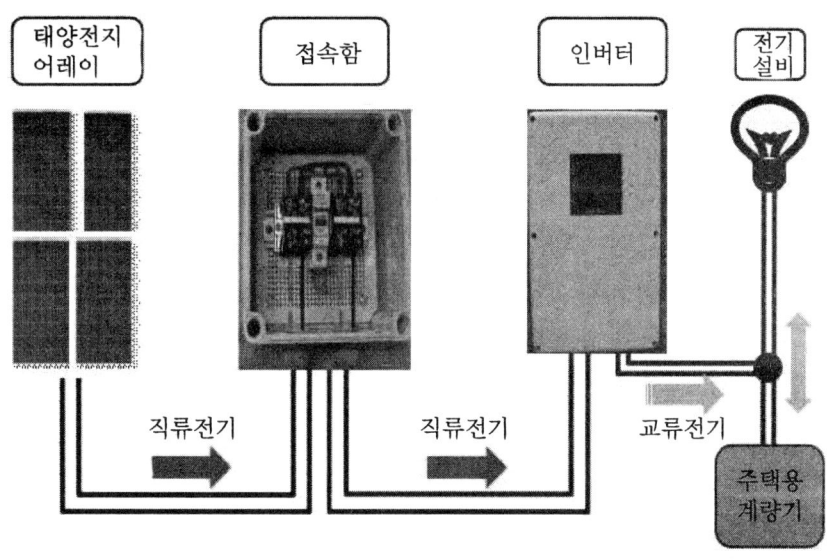

태양전지어레이-인버터 전력계통

3-3   **BIPV** (Building Integrated Photovoltaics)

(1) BIPV의 특징

① BIPV는 '건물 일체형 태양광발전 시스템'이라고 하며, PV모듈을 건물 외부 마감 재로 대체하여 건축물 외피와 태양열 설비를 통합한 방식이므로, 통합에 따른 설치 비가 절감되고 태양열 설비를 위한 별도의 부지 확보가 불필요한 방식이다.

② 커튼월, 지붕, 차양, 타일, 창호, 창유리 등 다양하게 사용 가능하다.

(2) 기술적 해결과제

① 안전성, 방수, 방화, 내구성, 법규 등 관련 규격 및 법규의 보완이 필요하다.

② 건축가 및 수요자의 디자인 측면과 건축 성능상의 요구사항을 충족시킬만한 품질 이 우수하고 다양한 재료의 개발이 시급하다.

(3) 설계 및 설치 시 주의사항

① PV모듈에 음영이 안 생기게 해야 한다.

② **PV모듈 후면 환기 실시**: 온도 상승 방지

③ 서비스성 개선 구조로 해야 한다.

④ 청결을 유지할 수 있는 구조로 해야 한다.

⑤ 전기적 결선(Wiring)이 용이한 구조로 해야 한다.

⑥ **배선 보호** : 일사 (자외선), 습기 등으로부터 보호

(4) 설치 시 고려사항

① 방위 및 경사가 적절해야 한다.

② 인접 건물과의 거리가 충분해야 한다.

③ 건축과 조화를 이루어야 한다.

④ 형상과 색상이 기능성 및 건물과 조화를 이루어야 한다.

⑤ 건축물과의 통합 수준을 향상시켜야 한다.

(5) BIPV 모듈방식

① **G2G (Glass to Glass)** : 전면과 배면 기판이 모두 유리로 구성된 투과형 모듈로 비전 (Vision)부위에 주로 설치한다 (유리봉입 방식).

② **G2T (Glass to Tedlar)** : 전면은 유리, 배면은 불투명한 테들러(Tedlar)로 구성된 모듈로, 스팬드럴 부위나 외벽 마감재 대신 설치 가능 (슈퍼 스트레이트 방식)하다.

③ 기타 고정 차양형, 가동 차양형, 아트리움 지붕/천장형(이중유리, 강화접합유리, 접합안전유리 등의 모듈구조 사용) 등이 있다.

(6) 태양전지 입면 고정방법

① **선형 고정방법** : 모듈은 서로 마주 보고 있는 측선에 선형으로 고정되며, 포인트 고정방법 대비 구조적으로 안전하여 보다 얇은 유리로 모듈을 제작할 수 있다.

② **클립 형식의 포인트 고정방법** : 클립을 외장재 사이의 열린 틈에 고정시키도록 되어 있다.

③ **멀리온-트랜섬(Mullion-Transom) 구조** : 바람과 빗물에 기밀한 성능을 가지는 멀리온을 이용하는 방식으로서 특별한 통풍구를 따로 설치하게 된다.

(7) BIPV의 다양한 적용사례

(8) 기타의 적용사례

① **복합 신재생에너지 보트** : 풍력＋태양광＋바이오 디젤 등을 혼합으로 운행하여 고출력 을 낼 수 있음

② **태양광폰**(ECO Friendly Phone) : 핸드폰 배터리 커버에 태양전지를 장착 가능한 구조 로 약 10분 충전하면 3분 이상 통화가 가능함

복합 신재생에너지 보트   태양광폰

> 3-4 **태양광 시장전망**

(1) 개요

① 세계 그린에너지 투자금 약 2,000억 불 중 신재생에너지에 대한 투자는 약 84 % 이상이다.

② 지구온난화 및 온실가스 의무감축에 대한 부담, 일본 후쿠시마 원자력발전소 사고 이후 원전에 대한 불안감 등으로 인하여 신재생에너지에 대한 투자는 크게 늘어나고 있는 추세이다.

(2) 세계시장 성장추이

① 태양광 vs 풍력 vs 연료전지 시장

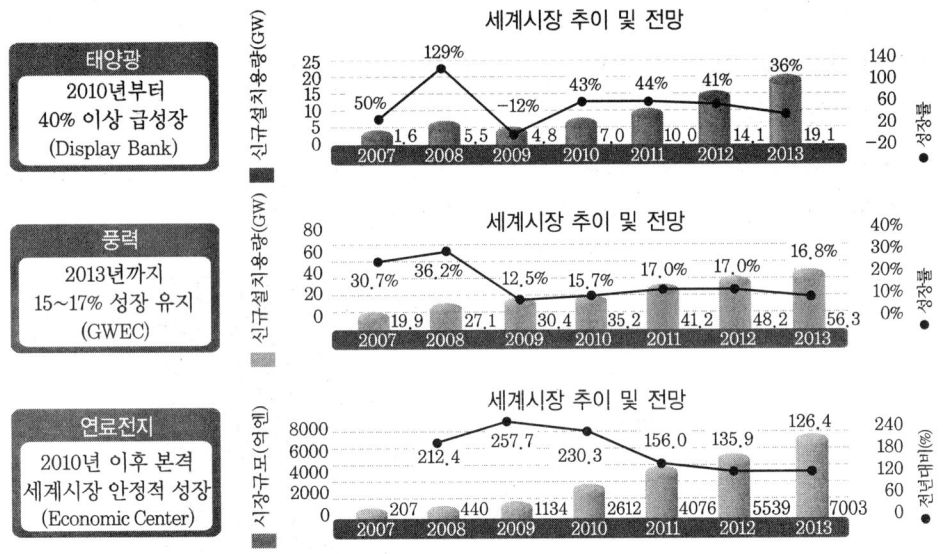

② **메모리 반도체 vs 태양전지** : 태양전지 마켓은 2015년 이후 메모리반도체 마켓 규모를 넘어선 것으로 평가된다.

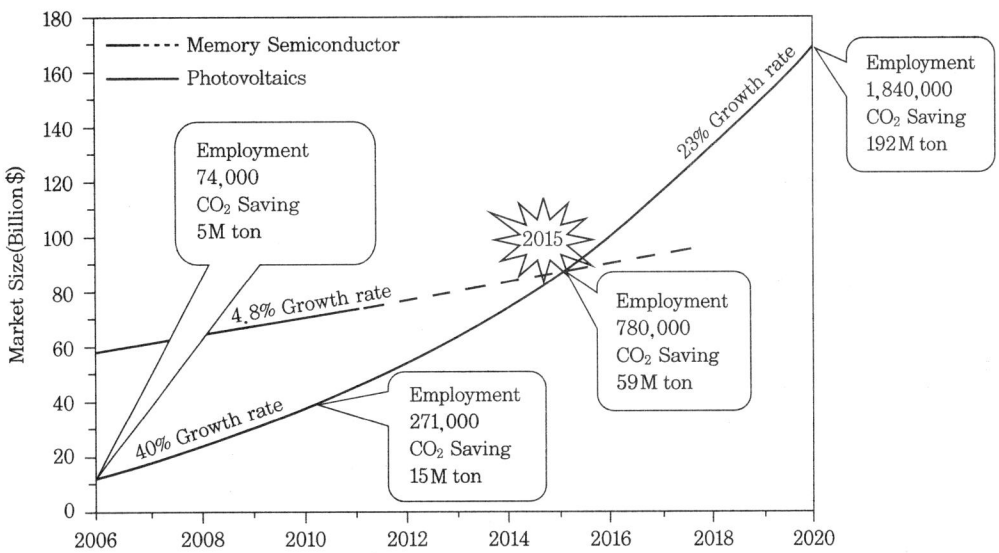

③ **태양전지 전력생산량 전망** : 세계 태양광 전력생산량은 2016년 약 30GW 수준으로 예상된다.

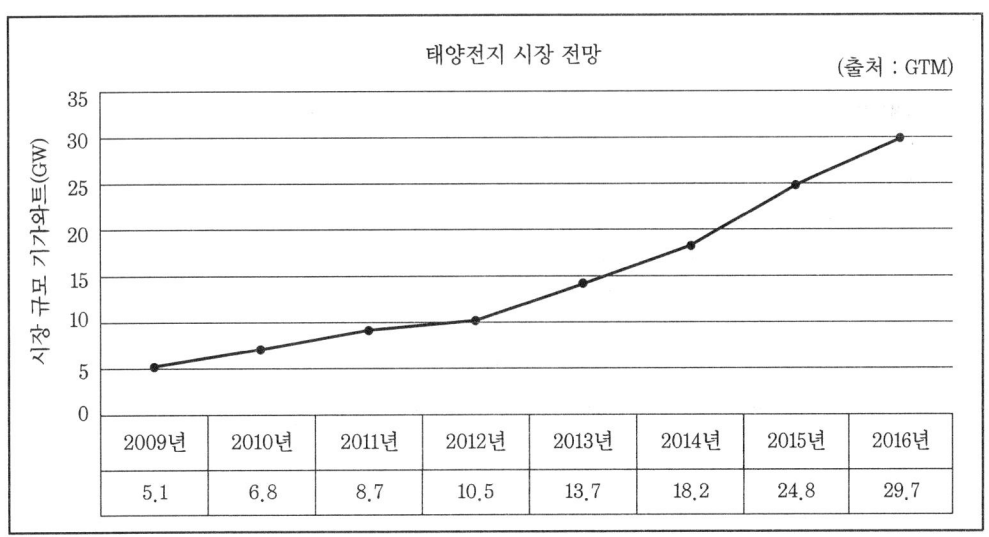

(3) 세계 각국의 신재생에너지 보급전략

EU	2020년 재생에너지 공급 목표는 최종에너지의 20 % (발전량의 34 %, 수송용 연료의 10 % 목표)
일본	2020년까지 신재생에너지 공급 비율 20 % 목표 제시〈일본 환경성〉 태양광발전 보조금 지급 재개, 전력회사의 주택용 태양광발전 잉여전력 매입 의무화 시행 등
미국	2025년 전력의 25 %를 재생에너지로 공급〈오바마정부 발표사항〉
중국	2020년 재생에너지 공급 목표는 1차에너지의 15 % (수력 300 GW, 풍력 30 GW, 태양광 1.8 GW, 바이오매스 30 GW 등) 재생에너지개발 주요계획에 풍력, 태양광, 수력 등 개발·보급에 관한 구체적 계획 수립
독일	2020년 재생에너지 공급목표는 최종에너지의 18 %(발전량의 30 % 목표)

(4) 그리드 패러티(Grid Parity)

① 화석연료 발전단가와 신재생에너지 발전단가가 같아지는 시기를 말한다.

② 현재 신재생에너지 발전단가가 대체로 화석연료보다 많이 높지만, 각국 정부의 신재생에너지 육성 정책과 기술 발전에 따라 비용이 낮아지게 되면 언젠가는 등가(parity) 시점이 올 것이라는 전망이다.

③ 그리드 패러티는 단순한 신재생에너지원의 생산원가 하락에 그치지 않고 에너지를 중심으로 한 기존 세계 패권 구도와 산업지형의 대변혁을 몰고 올 핵심변수로 받아들여지고 있다.

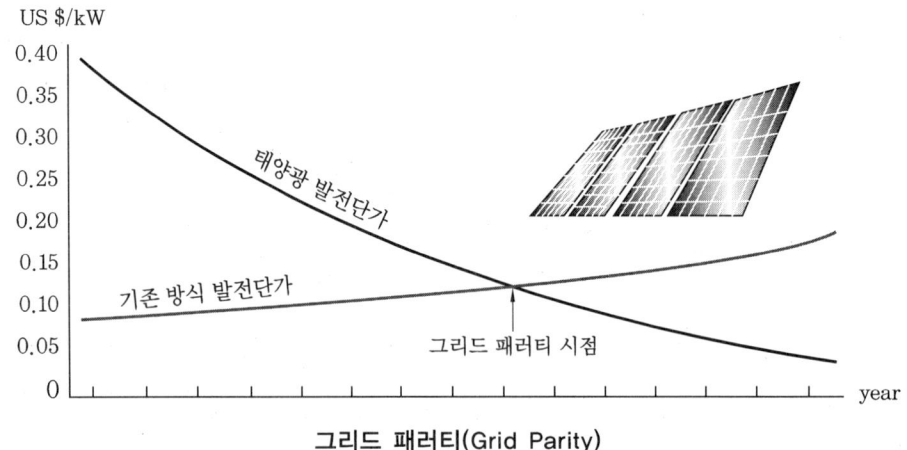

그리드 패러티(Grid Parity)

3-5 국내 태양광발전소 설치사례

현대차 아산공장 태양광발전소 (10MW급) : 현대아산 태양광발전이 한국중부발전, 현대오토에버, 신성솔라 등과 함께 시공한 태양광발전 시스템

전남 고흥 거금도 (25MW급) 태양광발전소 : 거금 에너지테마파크에 축구장 80개의 크기와 맞먹는 55만 8,810 ㎡의 부지에 들어선 국내 최대 태양광발전소 (PV모듈 수 : 10만 4,979장)

✔**핵심** 태양전지는 실리콘계인 결정계(단결정, 다결정), 아모포스계(비결정계)로부터 2세대라고 할 수 있는 박막형 태양전지, 3세대라고 할 수 있는 염료 감응형, 유기물 박막 태양전지 등으로 계속 고효율 및 Cost Down 방향으로 개발되고 있다 (향후 언젠가는 화석연료와 동등한 경쟁 수준인 Grid Parity 수준에 도달 예상).

3-6 태양광발전 시스템의 구성

(1) 개요

① 태양광발전 시스템에는 많은 것이 있지만, 일반적으로 평지 혹은 건물의 지붕이나 벽체 등에 설치되는 태양전지로 발전된 직류전력을 Power Conditioner에서 교류로 변환하여 사용되며, 통상은 전력회사의 상용전력계통에 교류전력과 병용된다.

② 태양광발전 시스템의 구성은 태양전지 Array, 접속상자, Power Conditioner 등으로 구성되어있다.

③ 또 필요에 의해 계측시스템, 표시장치 등이 쓰인다.

④ 그 외에 축전지를 병용하면 정전 시나 야간에 전력공급이 가능하게 된다.

⑤ BIPV의 경우에는 건축물의 외장 디자인적 요소를 고려하여, 건축 디자인적 설계 사상과 전기적 최적 성능 설계사상이 동시에 존중 및 고려되어야 한다.

(2) 시스템의 종류

① 상용전력계통과 접속된 것을 계통연계형 시스템이라 부르고, 연결되지 않은 것을 독립형 시스템이라고 한다.

② 연계형으로 시스템 출력이 부하에 부족한 경우는 상용 전력계통에서부터 전기를 사며, 여가전력이 발생하면 전력회사로 전기를 팔기 때문에 역조류 시스템이다.

③ 연계 역조류 시스템이 가장 일반적인 시스템이라고 할 수 있다.

④ 정전 시에 연계를 자립으로 대체하여 특정부하에 공급하는 축전 지정용 시스템을 방재형 시스템이라고 부른다.

3-7 파워컨디셔너 (Power Conditioner)

(1) 개요

① 파워컨디셔너(Power Conditioner)는 신재생에너지 시스템에서 인버터기능 (직류 → 교류), 최대전력 추종 제어기능, 계통연계 보호기능, 단독운전 방지기능 등을 행한다. 더욱이 주파수, 전압, 전류, 위상, 유효 및 무효전력, 동기, 출력품질(전압변동, 고주파) 등의 기능도 제어 가능하다.

② 보통 단순히 인버터라고도 부르며, 태양전지로 발전한 직류전력을 일반적으로 사용되고 있는 교류로 변환하는 기능이 가장 핵심기능이다.

③ **계통연계보호장치** : 주파수 이상이나 과부족 전압 등 계통 측과 인버터의 이상 및 단독운전을 적격으로 검출하여 인버터를 정지시킴과 동시에 계통과의 연계를 빠르게 단절함에 의해 계통 측의 안전을 확보하는 것을 목적으로 한다.

④ 인버터 구동회로에서 게이트 구동 시 하나의 레그(Leg)에 있는 두 개의 게이트가 실제로 On/Off되는 시간차에 의해서 단락이 발행할 가능성이 있는데 이때 단락을 방지하는 최소한의 시간을 '데드 타임(Dead Time)'이라고 한다.

⑤ 파워컨디셔너의 효율에 영향을 미치는 인자로는 스위칭 주파수, 데드 타임, 필터 회로, 최대 전력 추종제어 등이 있다.

⑥ 파워컨디셔너는 10 kW 이하를 보통 소용량이라고 하며, 공공·산업·발전사업자 용은 보통 10~1,000 kW 이상이다.

⑦ DIN 4050 및 IEC 144에 의한 보호등급은 실내형이 IP20(International Protection 등급) 이상이고, 실외형은 IP44 이상이어야 한다.

⑧ 인버터의 정격 입력전압이 제조사로부터 규정되지 않은 경우 정격 입력전압 기준은 아래와 같다.

$$\frac{V_L + V_S}{2}$$

여기서, V_L : 허용되는 최대 입력전압

V_S : 발전을 시작하기 위한 최소 입력전압

◘ **IP 규격** : IP 규격은 국제 전기 표준 협회(IEC)의 규격 IEC60529를 근거로 작성한 일본 공업 규격으로 전기 기계 기구에 대한 용기에 따른 보호 등급을 규정하고 있다.

1. IP코드

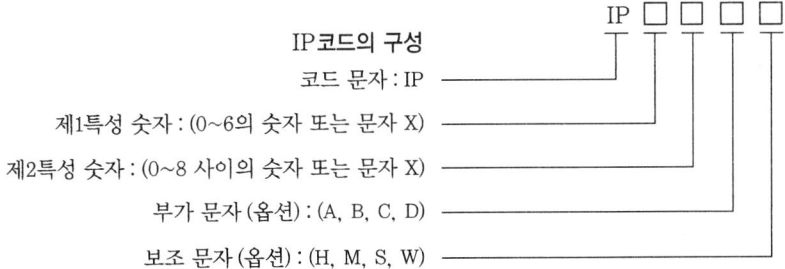

IP코드의 구성

코드 문자 : IP

제1특성 숫자 : (0~6의 숫자 또는 문자 X)

제2특성 숫자 : (0~8 사이의 숫자 또는 문자 X)

부가 문자(옵션) : (A, B, C, D)

보조 문자(옵션) : (H, M, S, W)

2. IP코드의 구성요소

제1특성 숫자	외래 고형 이물질에 대한 보호	위험한 곳으로의 접근에 대한 보호
0	보호 없음	보호 없음
1	직경 50 mm 이상 크기의 외래 고형 이물질에 대하여 보호	주먹과 같은 물체가 위험한 곳으로 접근하지 못하도록 보호하고 있음
2	직경 12.5 mm 이상 크기의 외래 고형 이물질에 대하여 보호	위험한 곳으로 접근하는 손가락과 같은 물체에 대하여 보호하고 있음
3	직경 2.5 mm 이상 크기의 외래 고형 이물질에 대하여 보호	위험한 곳으로 접근하는 공구와 같은 물체에 대하여 보호하고 있음
4	직경 1.0 mm 이상 크기의 외래 고형 이물질에 대하여 보호	위험한 곳으로 접근하는 철사와 같은 물체에 대하여 보호하고 있음
5	방진형 : 먼지의 침입을 완전히 방지할 수 없으나 전기 기기의 동작 그리고 안전성을 방해하는 정도의 침입에 대하여 보호	
6	내진형 : 먼지의 침입으로부터 보호	
X	제1특성 숫자를 생략하는 경우	

제2특성 숫자	물의 침입에 대한 보호
0	보호 없음
1	수직으로 떨어지는 물방울에 대해서도 유해한 영향을 끼치지 않는다.
2	용기가 정상 위치에 대하여 양쪽으로 15도 이내로 기울어질 때 수직으로 떨어지는 물방울에 대해서도 유해한 영향을 끼치지 않는다.
3	수직으로부터 양쪽 60도 각도로 분무한 물에 대해서도 유해한 영향을 끼치지 않는다.
4	어떠한 방향에서 날라온 물에 대해서도 유해한 영향을 끼치지 않는다.
5	모든 방향의 노즐에 의해 분출된 물에 대해서도 유해한 영향을 끼치지 않는다.
6	모든 방향의 노즐에 의한 강력한 압력으로 분출된 물에 대해서도 유해한 영향을 끼치지 않는다.
7	규정된 압력 및 시간에서 용기를 일시적으로 담갔을 때 유해한 영향을 발생시키는 정도의 물의 침투로부터 보호한다.
8	관계자 간에 결정한, 숫자 7보다 좋지 않은 조건에서 용기를 지속해서 수중에 담갔을 때 유해한 영향을 발생시키는 물의 침투로부터 보호한다.
X	제2특성 숫자를 생략하는 경우

부가 문자	위험한 곳으로의 접근
A	주먹과 같은 물체의 접근에 대하여 보호한다.
B	손가락과 같은 물체의 접근에 대하여 보호한다.
C	공구와 같은 물체의 접근에 대하여 보호한다.
D	철사와 같은 물체에 의한 접근에 대하여 보호한다.

* 부가 문자는 다음과 같은 경우에만 사용한다.
- 위험한 곳으로의 접근에 대한 보호가 제1특성보다 우선인 경우
- 위험한 곳으로의 접근에 대한 보호만을 표시하는 경우로 제1특성 숫자가 'X'로 나타나는 경우

보조 문자	개 요
H	고압 기기
S	전기 기기의 가동 부분을 동작시킨 상태에서 물에 대한 시험을 한 것
M	전기 기기의 가동 부분을 정지시킨 상태에서 물에 대한 시험을 한 것
W	어떠한 기상 조건에서 사용할 수 있고 추가로 보호 구조·처리를 한 것

(2) 인버터의 동작원리

① 인버터는 스위칭 소자를 정해진 순서대로 On 및 Off 함으로써 직류 입력을 교류 출력으로 변환한다(On/Off 시 인덕터 양단에 나타나는 역기전력에 의한 스위칭 소자의 소손을 방지하기 위해 보통 '환류다이오드'를 설치).

② 또한 약 20 kHz의 고주파 PWM제어방식을 이용하여 정현파의 양쪽 끝에 가까운 곳은 전압폭을 좁게 하고, 중앙부는 전압폭을 넓혀 1/2사이클 사이에 스위칭 동작을 해서 구형파의 폭을 만든다.

③ 이 구형파는 L-C필터를 이용해서 파선 형태의 정형파 교류를 만든다.

④ 스위칭 방법

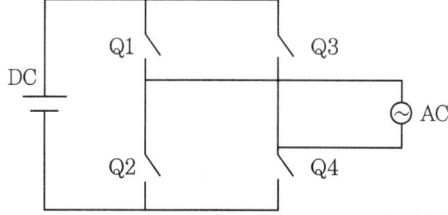

스위칭 소자	1단계	2단계	3단계	4단계
Q1	On	On	Off	Off
Q2	Off	Off	On	On
Q3	Off	On	On	Off
Q4	On	Off	Off	On

(3) 태양광 파워컨디셔너의 종류(회로 절연방식에 의한 분류)

종 류	설 명
상용주파 절연방식	• 태양전지 직류출력을 상용주파의 교류로 변환한 후 변압기로 절연한다. • 제어부가 가장 간단하여 안정성이 우수하다. • 내뇌성 및 노이즈 커트 특성이 우수하다. • 변압기 때문에 효율이 떨어지고 부피와 무게가 커진다. • 3상 10 kW 이상에 주로 적용한다 (주로 복권변압기 적용 방식이다).
고주파 절연방식	• 태양전지의 직류출력을 고주파 교류로 변환 후, 소형 고주파 변압기로 절연한다. 그다음 일단 직류로 변환하고 다시 상용주파수 교류로 변환한다. • 저주파 절연변압기를 사용하지 않기 때문에 상용주파 절연방식보다 고효율화, 소형경량화, 저가화가 가능하다. • 많은 파워소자로 구성이 복잡하다.
트랜스리스 방식	• 태양전지의 직류출력을 DC-DC 컨버터로 승압하고 DC/AC 인버터로 상용주파수의 교류로 변환한다. • 저주파 변압기를 사용하지 않기 때문에 고효율화, 소형경량화, 저가화에 가장 유리하다. • 주택용 (3 kW 이하), 소형 등에 많이 적용되는 절연방식이다. • 변압기를 사용하지 않기 때문에 안정성에 불리하다 (복잡한 안정성 제어가 필요).

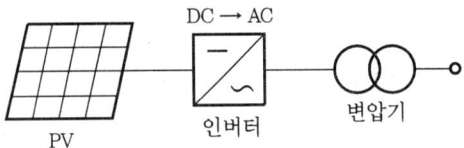

상용주파 절연방식

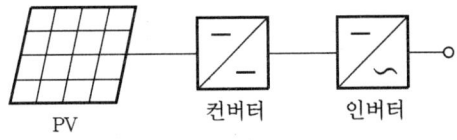

트랜스리스 방식

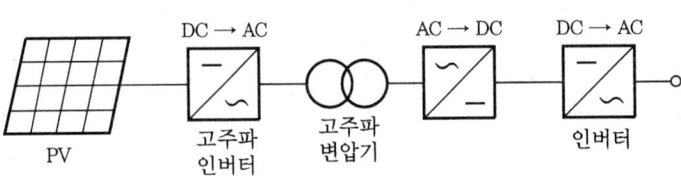

고주파 절연방식

(4) 인버터의 기능

① 자동운전 정지기능

㉮ 일사강도가 증대하여 발전조건이 되면 자동으로 운전을 시작한다.

㉯ 일몰 후 출력을 얻을 수 없을 때 정지, 흐린 날 또는 비 오는 날 대기상태를 유지한다.

② 최대전력 추종제어기능

㉮ 태양전지의 동작점이 항상 최대전력을 추종하도록 변화시켜 최대출력을 얻을 수 있는 제어를 말한다.

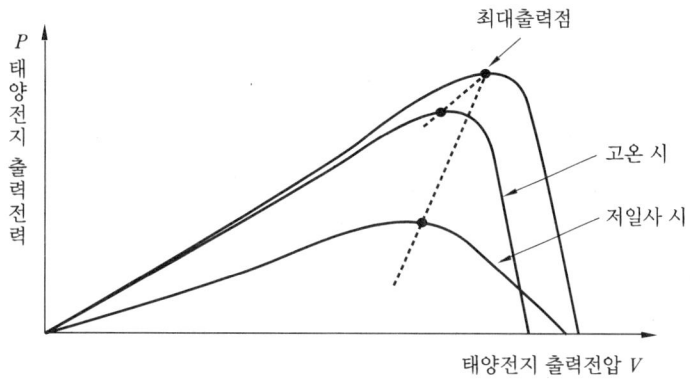

최대전력추종 (MPPT ; Maximum Power Point Tracking)

㉯ 직접제어방식 : 온도나 일사량의 센싱에 의한 간단한 비례제어 방식이지만 성능은 다소 떨어진다.

㉰ 간접제어방식

㉠ P & O제어(Perturb and Observe) : 최대 전력점에서 Oscillation이 발생하여 다소 손실이 발생(불안정성)하지만, 비교적 간단하여 많이 채용하는 방식이다.

㉡ Inc.Cond제어(Incremental Conductance) : 태양전지 출력의 컨덕턴스와 증분 컨덕턴스를 비교하여 최대 전력 동작점을 추종하는 방식으로 출력이 안정적이지만, 계산량이 많아 고사양 프로세서에 의해 제어되어야 한다 (※ 여기서, 컨덕턴스란 전기가 얼마나 잘 통하느냐 하는 정도를 나타내며, 회로저항의 역수로 표현된다).

㉢ Hysterisis Band 변동제어 : 태양전지 출력전압을 최대 전력점까지 증가시킨 후 임의의 보정치를 기준으로 최소 전력점 값을 지정하며, 매 주기마다 출력전압을 증가 및 감소시키므로 손실이 유발된다.

㉱ 추적효율 : 태양광 모듈의 출력이 최대가 되는 최대전력점(MPP ; Maximum Power Point)을 찾는 기술에 대한 성능지표를 말한다.

③ 단독운전 방지기능

(가) 한전계통의 정전에 의한 단독운전 발생 시 배전망에 전기가 공급되어 보수점검자에 위해를 끼칠 수 있으므로, 한전계통 정전 시에 이를 수동적 혹은 능동적 방식으로 검출하여 태양광발전 시스템을 안전하게 정지하게 하는 기능을 말한다.

(나) 수동적 방식 : 검출시한 0.5초 이내, 유지시간 5~10초 (검출의 안정성)

   (가) 전압위상 도약 검출방식 : 단독운전 이행 시에 발전출력과 부하의 불평형에 의한 전압위상의 급변을 검출하는 방식

   (나) 제3차 고조파 전압 검출방식 : 변압기에 의하여 발생하는 3차 고조파 전압의 급증을 검출하는 방식

   (다) 주파수 변화율 검출방식 : 단독운전 이행 시에 발전출력과 부하의 불균형에 의한 주파수의 급변을 검출하는 방식

(다) 능동적 방식 : 검출시한 0.5~1초

   라인에 변화가 있을 때에만 검출하는 '수동적 방식'과는 달리 인버터 출력 전류에 변동을 주어 단독운전을 검출하는 방식이며, 아래와 같은 네가지 방식이 주로 사용되어진다.

   (가) 주파수(Hz) 시프트방식

   (나) 유효전력(P_e) 변동방식

   (다) 무효전력(P_r) 변동방식

   (라) 부하(P) 변동방식

주➔ **자립운전(Stand alone)** : 한전계통의 정전 시 '단독운전 방지기능'에 의해 전기를 사용하지 못하게 되므로, 이때 사용할 수 있게 고안된 시스템이다. 정전 시 한전계통과 완전히 회로를 분리시킨 후 자체적으로 생산된 전기를 사용하게 된다.

---

④ 자동전압 조정기능

(가) 태양광 계통에 접속하여 역전송 운전 시 수전점의 전압이 상승하여 운영범위가 넘어섬을 방지한다.

(나) 진상무효전력제어, 출력제어 등의 방식이 있다.

⑤ 직류 검출기능

(가) 인버터 반도체 스위칭을 고주파로 스위칭 제어하기 때문에 적은 직류분이 중첩된다.

(나) 고주파 변압기 절연방식과 트랜스리스 방식에서는 인버터 출력이 직접 계통에 접속되기 때문에 직류분이 존재하게 되면 주상변압기의 자기포화 등 악영향을 준다.

(다) 전력계통으로의 직류분 제한값은 파워컨디셔너 정격교류 최대 출력전류의 0.5% 이하로 하여야 한다.

⑥ **직류 지락 검출기능**

　㈎ 특히 트랜스리스 방식의 인버터에서는 태양전지와 계통 측이 절연되어있지 않으므로 태양전지의 지락에 대한 안전대책이 필요하다.

　㈏ 직류 지락사고 검출 레벨은 보통 100 mA 수준이다.

⑦ **파워컨디셔너의 이상신호 조치방법**

　㈎ 태양전지의 과전압, 저전압, 과·저전압 제한초과, 정전 등의 경우(Fault종류 표시됨) 점검 후 정상 시 5분 후 재기동한다.

　㈏ 한전계통의 과전압, 저전압, 고·저 주파수, 정전 등의 경우(Fault종류 표시됨) 점검 후 정상 시 5분 후 재기동한다.

　㈐ 전자접촉기 고장 시(Fault종류 표시됨)에는 전자접촉기 교체 점검 후 운전해야 한다.

(5) 인버터의 전압 왜란(Distortion) 측정

① 인버터의 경우 스위칭 소자의 비선형적 특성 때문에 전압 왜란(Distortion)이 발생할 수 있다.

② 인버터의 전압 왜란(Distortion)은 교류에서 발생하는 현상이며, 왜란을 측정하기 위하여 AC측정 및 분석법(AC회로시험, 인버터 수치 읽기, 전력망 분석) 등의 방법을 사용한다.

(6) 인버터 시스템의 방식

① **마스터 슬래브 인버터방식**

　㈎ 대용량의 태양광발전 시스템에서는 중·소용량의 인버터방식을 2~3개 이상 결합하여 사용하는 마스터 슬래브 인버터 제어방식을 많이 적용한다.

　㈏ 보통 복사량이 증가하여 마스터 인버터의 용량한계를 넘어서기 직전에 다음 슬래브 인버터가 자동적으로 연결되는 방식이다.

　㈐ 중앙집중식처럼 대형 인버터 한 개로 작동되는 방식 대비하여 효율이 높은 편이나, 초기투자비는 다소 증가하는 편이다.

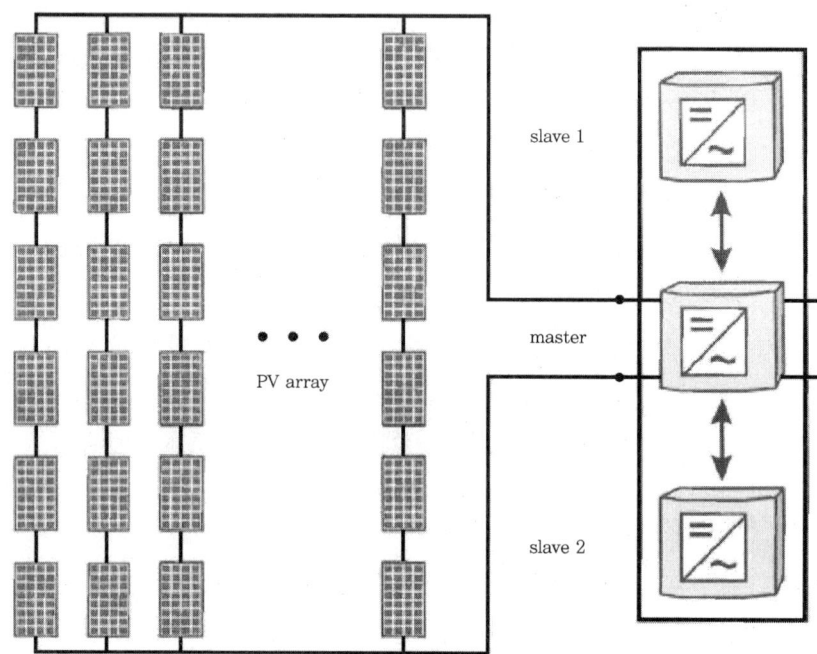

마스터 슬래브 인버터방식

② 중앙집중식 인버터방식

(가) 어레이 전체를 중앙집중식 인버터에서 통합적으로 제어하는 방식이다.

(나) 일반적으로 가장 많이 선정되는 방식이다.

(다) 모듈 몇 개를 직렬연결하여 스트링 전압을 DC120 V 이하로 구성하면 저전압방식 (보호등급 Ⅲ, 음영의 영향을 적게 받음)이라고 하고, 스트링을 길게 하여 DC120 V 이상으로 구성하면 고전압방식(보호등급 Ⅱ)이라고 한다.

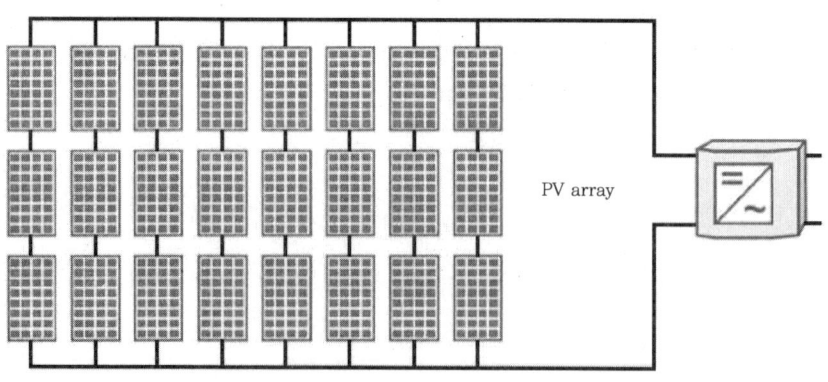

중앙집중식 인버터방식

③ 모듈 인버터방식

㈎ 부분 음영이 많은 곳에서 높은 효율을 얻기 위해서 설치하는 방식이다.

㈏ 각 모듈에 각각 개별적으로 최대 전력점에서 작동되도록 구성할 수 있는 것이 장점이다.

㈐ 모듈 인버터방식은 확장이 용이하지만, 설치비용은 고가라는 단점이 있다.

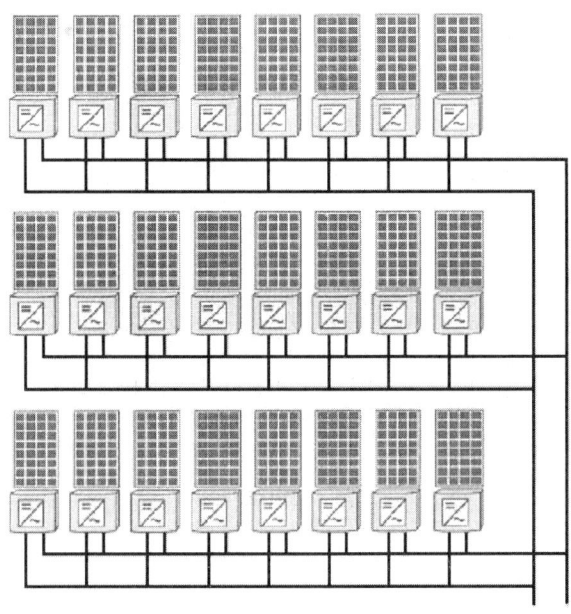

모듈 인버터방식

④ 기타의 방식

㈎ 스트링 인버터방식 : 최고 출력이 3 kW인 시스템은 스트링 인버터방식으로 많이 설치되며, 태양전지 어레이는 한 개의 스트링으로 구성된다.

㈏ 서브어레이 인버터방식 : 중규모 시스템의 경우 2~3개의 스트링이 인버터에 연결되는데 이 방식을 서브어레이 인버터방식이라고 한다.

㈐ 병렬운전 인버터방식 : 인버터의 DC 입력 부분을 모두 병렬접속하여 운전하는 방식으로, '마스터 슬래브 인버터방식'처럼 용량 증감이 용이한 방식이다.

㈑ 분산형 인버터방식 : 방향과 경사가 서로 다른 하부 어레이들로 구성된 시스템, 또는 부분적으로 음영이 되는 시스템의 경우에 적용하는 방식이다.

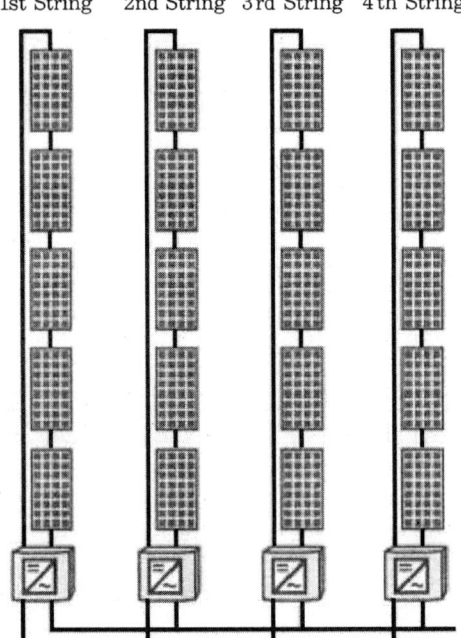

스트링 인버터방식

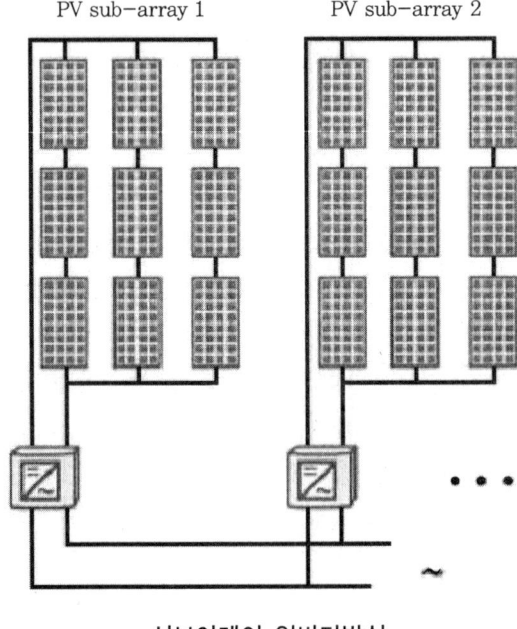

서브어레이 인버터방식

 예·상·문·제

1. 태양전지 모듈의 $I-V$ 특성곡선을 구성하는 5대 요소에 들어가지 않는 것은?

㉮ Pmax

㉯ Ipmax$(Impp)$

㉰ Vaverage

㉱ Isc

해설 태양전지 모듈의 $I-V$ 특성곡선을 구성하는 5대 요소
  • Pmax : 최대출력
  • Ipmax : 최대출력 동작전류 (=Impp ; Current at maximum power point)
  • $V p$max : 최대출력 동작전압 (=Vmpp ; Voltage at maximum power point)
  • Isc : 단락전류
  • Voc : 개방전압

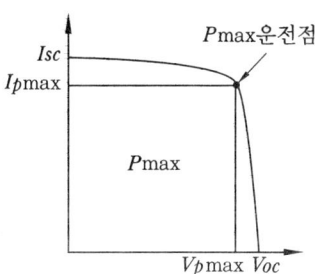

Vaverage는 '평균 전압'으로서 '$I-V$ 특성곡선을 구성하는 5대 요소'에 해당하지 않는다.

2. 표준시험조건(STC)에 관한 설명으로 잘못된 것은?

㉮ 태양광 발전소자 접합온도 : 25±2℃

㉯ 대기질량 : AM1.5

㉰ 일사강도 : 1 kW/m^2

㉱ 풍속(V) : 1 m/s

해설 풍속(V)이 1 m/s라는 것은 표준시험 조건(STC)이 아니고, 공칭 태양광 발전전지 동작온도(NOCT)의 조건이다.

3. 일조강도 1000 W/m^2, 대기질량 1.5, 어레이 대표 온도가 공칭 태양전지 동작온도(NOCT)인 조건은?

㉮ 표준운전조건(SOC)

㉯ 표준시험조건(STC)

㉰ 동작온도조건(NOCT)

㉱ 셀보정조건

해설 태양전지 표면온도의 기준
  ① 표준시험조건(STC) : 25℃
  ② 표준운전조건(SOC) : NOCT

4. 공칭 태양광 발전전지 동작온도(NOCT)에 대한 설명으로 잘못된 것은?

㉮ 표면의 일조강도 : 800 W/m^2

㉯ 공기의 온도(T_{air}) : 25℃

㉰ 풍속(V) : 1m/s

㉱ 모듈 지지상태 : 후면 개방

해설 ㉯의 공기의 온도(T_{air})는 20℃로 고쳐야 한다.

5. 태양에너지의 강도기준인 'AM(Air Mass) 1.5'에 대한 설명으로 가장 틀린 것은?

㉮ AM(Air Mass)은 대기질량이라고 부른다.

㉯ 직달 태양광이 지구 대기를 48.2° 경사로 통과할 때의 일사강도를 말한다.

㉰ 광 조사강도는 800 W/m^{2}이다.

㉱ 태양전지의 시험기준이다.

해설 AM(Air Mass)1.5에서 광 조사강도는 1,000 W/m^{2}이다.

정답 1. ㉰   2. ㉱   3. ㉮   4. ㉯   5. ㉰

6. 태양전지의 성능시험에 관한 내용 중 틀린 것은?

㉮ 최대출력 결정 시험에서 시료는 9매를 기준으로 한다.

㉯ 모듈의 시리즈인증 시 기본모델 정격출력의 10 % 이내의 모델에 대해서 적용한다.

㉰ 광 조사강도는 1 kW/m² 상태에서 시험한다.

㉱ 주변 공기의 온도(T_{air})는 20℃를 기준으로 한다.

[해설] 태양전지의 성능시험은 기본적으로 표준시험조건 (STC)을 기준으로 하는데, ㉱는 표준시험조건 (STC)이 아니라 태양광 발전전지 동작온도 (NOCT)의 기준이다.

7. 충진율 (fill factor)에 대한 설명으로 가장 잘못된 것은?

㉮ 개방전압과 단락전류의 곱에 대한 최대출력의 비율을 말한다.

㉯ 광 조사강도는 800 W/m²가 기준이다.

㉰ $I-V$ 특성곡선의 질을 나타낸다.

㉱ 내부의 직·병렬저항과 다이오드 성능지수에 따라 달라진다.

8. 태양광 경사각이 20°일 때 AM (대기질량)을 계산하면 얼마인가?

㉮ AM2.1   ㉯ AM2.9

㉰ AM1.0   ㉱ AM1.6

[해설] AM (대기질량)=1/sin θ =1/sin20=2.9

9. 태양전지 모듈 (module)에 관한 설명으로 가장 맞지 않는 것은?

㉮ 태양전지의 발전효율은 빛에너지 강도에 의해서 많이 변화한다.

㉯ 태양전지에 대부분 사용되고 있는 반도체는 실리콘반도체이다.

㉰ 태양전지와 앞뒷면의 유리, 테들러는 EVA를 사용하여 접합시키는데 이를 'Lamination 공정'이라 한다.

㉱ 보통은 10 cm각, 12.5 cm각, 15 cm각형 등으로 제작이 이루어진다.

[해설] 태양전지의 발전효율은 빛에너지 강도에 의해서는 거의 변화하지 않는다.

10. 태양전지 모듈 제작 방식에 관한 설명 중 적절하지 못한 것은?

㉮ 서브 플레이트 방식은 태양전지의 안쪽에 하부 기판을 놓고 그 위에 투명 수지로 태양전지를 고정시키는 방식이다.

㉯ 서브 플레이트 방식에서 수광면은 투광성 필름이고, 강도는 이면의 기판이 담당하는 구조이다.

㉰ 슈퍼 스트레이트 방식은 태양전지의 빛을 받는 면은 열강화유리 등의 투명 기판을 놓고, 그 밑에 투명한 충진 재료와 내면 코팅을 이용하여 고정하는 방식이다.

㉱ 유리봉입 방식은 충진재로 봉한 태양전지 셀을 수광면의 프론트 커버와 뒷면 백커버 사이에 끼운 구조이다.

[해설] 유리봉입 방식은 전면과 이면에 강화유리를 사용하여 빛을 투과시키는 구조이다.

11. 리본 (ribbon)재료 사용 시 주의사항에 관한 설명으로 잘못된 것은?

㉮ 수분 침투가 있으면 쉽게 산화하여 직렬등가저항의 증가 및 병렬등가저항의 감소로 이어져 출력감소의 원인이 된다.

정답 **6.** ㉱ **7.** ㉯ **8.** ㉯ **9.** ㉮ **10.** ㉱ **11.** ㉱

㉯ 리본 (ribbon) 연결공정에서 진공에 의해 압착 시 계면부위에서 기포를 완전히 제거하지 않으면 점점 산화에 의해 병렬등가저항이 감소하여 출력이 감소할 수 있으니 주의해야 한다.

㉢ 리본 (ribbon) 연결공정의 조건 및 물질과 공정온도에 따라 휨(bowing) 현상이 발생할 수 있다.

㉣ 휨 현상을 최소화하기 위해서는 리본의 두께를 가급적 얇게 하는 것이 유리하고, hot plate온도를 낮추는 것이 좋다.

[해설] 휨 현상을 최소화하기 위해서는 리본의 두께가 가급적 두꺼운 것이 유리하다.

12. 태양전지의 모듈 및 어레이에 관한 설명으로 잘못된 것은?

㉮ 태양전지의 기초 단위인 셀을 여러 장 붙여서 패키지화하여 모듈을 제작한다.

㉯ 하나의 module 내에 복수의 색을 가진 cell을 배치하여 문자의 표시 등이 가능하다.

㉢ 태양전지 module의 필요 매수를 병렬접속한 것을, 그 위에 직렬접속으로 조합하여 Array를 만든다.

㉣ 보통 모듈의 직렬연결 수량은 '최저 직렬 수<최적 직렬 수<최대 직렬 수' 순이다.

[해설] 태양전지 module의 필요 매수를 직렬접속한 것을, 그 위에 병렬접속으로 조합하여 필요한 발전전력을 얻어내도록 하는 것을 '태양전지 Array'라고 부른다.

13. 건물 일체형 태양광발전 시스템(BIPV)의 입면 고정방식에 관한 설명으로 잘못된 것은?

㉮ 선형 고정방법은 포인트 고정방법 대비 구조적으로 불안전하여 보다 두꺼운 유리로 모듈을 제작해야 한다.

㉯ 클립 형식의 포인트 고정방법은 클립을 외장재 사이의 열린 틈에 고정시키도록 되어있다.

㉢ 멀리온-트랜섬(Mullion-Transom) 구조의 방식은 바람과 빗물에 기밀한 성능을 가지는 멀리온을 이용하는 방식으로서 특별한 통풍구를 따로 설치하게 된다.

㉣ G2T (Glass to Tedlar) 모듈은 전면은 유리, 배면은 불투명한 테들러(Tedlar)로 구성된 모듈로, 스팬드럴 부위나 외벽 마감재 대신 설치 가능하다.

[해설] 선형 고정방법은 모듈은 서로 마주 보고 있는 측선에 선형으로 고정되며, 포인트 고정방법 대비 구조적으로 안전하여 보다 얇은 유리로 모듈을 제작할 수 있다.

14. 화석연료 발전단가와 신재생에너지 발전단가가 같아지는 시기를 전문용어로 무엇이라고 부르는가?

㉮ 이븐포인트　　　㉯ 그리드 패러티
㉢ 녹색포인트　　　㉣ 탄소발자국

15. 태양광 파워컨디셔너(Power Conditioner)에 대한 설명으로 가장 잘못된 것은?

㉮ 교류전력을 일반적으로 사용되고 있는 직류로 변환하는 기능이 가장 핵심이다.

㉯ 최대전력 추종제어기능, 계통연계 보호기능, 단독운전 방지기능 등을 행한다.

㉢ 파워컨디셔너는 10 kW 이하를 보통 소용량이라고 하며, 공공·산업·발전사업자용은 보통 10~1,000 kW 이상이다.

[정답] **12.** ㉢　**13.** ㉮　**14.** ㉯　**15.** ㉮

㉣ 파워컨디셔너의 주파수 이상이나 과
부족 전압 등의 경우 계통과의 연계를
빠르게 단절하는 장치를 계통연계보호
장치라고 한다.

[해설] 파워컨디셔너(Power Conditioner)는 태
양전지로 발전한 직류전력을 일반적으로 사
용되고 있는 교류로 변환하는 기능이 가장
핵심적인 기능이다.

16. 인버터의 구동회로에서 게이트 구동 시
하나의 레그(leg)에 있는 두 개의 게이트
가 실제로 On/Off되는 시간차에 의해서 단
락이 발생할 가능성이 있는데, 이때 단락을
방지하는 최소한의 시간을 무엇이라고 부
르는가?

㉮ 레그 타임　　　㉯ 게이트 타임
㉰ 스위칭 타임　　㉱ 데드 타임

17. 다음 중 파워컨디셔너(Power Conditio-
ner)의 효율에 영향을 미치는 인자로서 가
장 거리가 먼 것은?

㉮ 스위칭 주파수
㉯ 필터회로
㉰ 태양전지 발전량
㉱ 최대전력 추종제어

18. 태양광 파워컨디셔너(Power Conditio-
ner)의 DIN 4050 및 IEC 144에 의한 보호
등급의 기준은 얼마인가?

	실내형	실외형
㉮	IP20 이상	IP44 이상
㉯	IP30 이상	IP34 이상
㉰	IP40 이상	IP24 이상
㉱	IP50 이상	IP14 이상

[해설] 태양광 파워컨디셔너(Power Conditio-
ner)의 DIN 4050 및 IEC 144에 의한 보호
등급은 실내형이 IP20 (international pro-
tection 20등급) 이상이고, 실외형은 IP44
이상이어야 한다.

19. 인버터의 동작원리 중에서 다음 그림
을 참조하여 표의 ㉠~㉫에 들어가기에
적절한 것은?

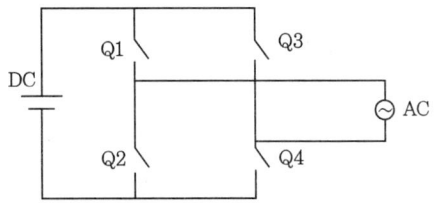

스위칭 소자	1단계	2단계	3단계	4단계
Q1	On	(㉠)	Off	Off
Q2	Off	(㉡)	(㉢)	On
Q3	Off	(㉣)	(㉤)	Off
Q4	On	Off	(㉥)	On

	㉠	㉡	㉢	㉣	㉤	㉥
㉮	On	Off	On	Off	On	Off
㉯	On	Off	On	On	On	Off
㉰	Off	On	Off	On	On	Off
㉱	On	Off	Off	On	Off	Off

20. 회로 절연방식에 의한 파워컨디셔너의
종류 중 제어부가 가장 간단하여 안정성이
우수하고, 내뢰성 및 노이즈 커트 특성이
우수하지만, 효율이 떨어지고 부피와 무게
가 커지는 타입은?

㉮ 상용주파 절연방식
㉯ 고주파 절연방식

정답　16. ㉱　17. ㉰　18. ㉮　19. ㉯　20. ㉮

대 트랜스리스 방식

래 몰드변압기 방식

21. 다음 그림에서 설명하고 있는 파워컨디셔너의 종류는?

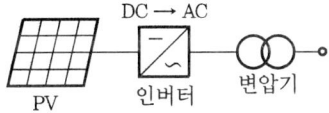

가 상용주파 절연방식

나 고주파 절연방식

대 저주파 절연방식

래 트랜스 절연방식

[해설] 그림과 같이 일반 변압기를 설치한 것은 상용주파 절연방식의 파워컨디셔너에 해당한다.

22. 고주파 절연방식의 파워컨디셔너에 관한 설명으로 적절하지 못한 것은?

가 태양전지의 직류출력을 고주파 교류로 변환 후, 소형 고주파 변압기로 절연한다.

나 저주파 절연변압기를 사용하지 않기 때문에 고효율화가 가능하다.

대 소형 경량화 및 저가화가 가능하다.

래 적은 파워소자로 비교적 구성이 단순하다.

[해설] 고주파 절연방식의 파워컨디셔너는 비교적 많은 파워소자로 구성이 복잡한 편이다.

23. 트랜스리스 방식의 파워컨디셔너에 관한 설명으로 적절하지 못한 것은?

가 태양전지의 직류출력을 DC-DC 컨버터로 승압한다.

나 저주파 변압기를 사용하지 않기 때문에 고효율화, 소형 경량화에 가장 유리하다.

대 주택용(3 kW 이하)에 많이 적용되는

절연방식이다.

래 안정성이 매우 우수한 변압기에 속한다.

[해설] 트랜스리스 방식의 파워컨디셔너는 변압기를 사용하지 않기 때문에 안정성에 불리하다.

24. 인버터의 최대전력 추종제어기능 중 간접제어방식에 들어가지 않는 방식은?

가 P & O제어

나 Inc.Cond제어

대 Oscillation제어

래 Hysterisis Band 변동제어

[해설] 인버터의 최대전력 추종제어기능

① 직접제어방식

② 간접제어방식

(가) P & O제어(Perturb and Observe)

(나) Inc.Cond제어(Incremental Conductance)

(다) Hysterisis Band 변동제어

25. 인버터의 최대전력 추종제어기능에 관한 설명으로 틀린 것은?

가 태양전지의 동작점이 항상 최대전력을 추종하도록 변화시켜 최대출력을 얻을 수 있는 제어이다.

나 인버터는 추적효율(태양광 모듈의 출력이 최대가 되는 최대전력점을 찾는 기술에 대한 성능지표)이 우수해야 한다.

대 최대 전력점에서 Oscillation이 발생하여 다소 손실이 발생(불안정성)하지만, 비교적 간단하여 많이 채용하는 방식을 'P & O제어'라고 한다.

래 태양전지 출력전압을 최대 전력점까지 증가시킨 후 임의의 보정치를 기준으로 최소 전력점 값을 지정하는 방식을 'Inc. Cond (Incremental Conductance)제어'라고 한다.

[해설] 태양전지 출력전압을 최대 전력점까지 증가시킨 후 임의의 보정치를 기준으로 최소 전력점 값을 지정하는 방식은 'Hysterisis Band 변동제어' 방식이다.

26. 인버터의 단독운전 방지기능에서 능동적 방식에 해당하지 않는 것은?

㉮ 유효전력 변동방식

㉯ 주파수 변화율 검출방식

㉰ 부하 변동방식

㉱ 무효전력 변동방식

[해설] 단독운전 방지기능의 종류

① 수동적 방식

㈎ 전압위상 도약 검출방식

㈏ 제3차 고조파 전압 검출방식

㈐ 주파수 변화율 검출방식

② 능동적 방식

㈎ 주파수(Hz) 시프트방식

㈏ 유효전력(Pe) 변동방식

㈐ 무효전력(Pr) 변동방식

㈑ 부하(P) 변동방식

27. 인버터의 단독운전 방지기능에 대한 설명으로 틀린 것은?

㉮ 수동적 방식에서 검출시한 0.5초 이내, 유지시간 10~20초이다.

㉯ 능동적 방식에서 검출시한 0.5~1초이다.

㉰ 한전계통의 정전에 의한 단독운전 발생 시 이를 검출하여 태양광 발전시스템을 정지하게 하는 기능을 말한다.

㉱ 고조파 검출방식에서 고조파란 주기파 또는 주기 변화량에 있어서 기본파 주파수의 정 배수 주파수를 가진 성분을 말한다.

[해설] 수동적 방식에서 검출시한 0.5초 이내, 유지시간 5~10초이다.

28. 다음 중 한전계통의 정전 시 '단독운전 방지기능'에 의해 전기를 사용하지 못하게 되므로, 이때 사용할 수 있게 고안된 시스템으로서 정전 시 한전계통과 완전히 분리된 후 자체적으로 생산된 전기를 사용하게 되는 운전은?

㉮ 독자운전   ㉯ 고립운전

㉰ 자립운전   ㉱ 연계운전

29. 인버터의 직류 검출기능에 관한 내용으로 잘못된 것은?

㉮ 인버터의 반도체 스위칭을 고주파로 스위칭 제어하기 때문에 적은 직류분이 중첩된다.

㉯ 고주파 변압기 절연방식과 트랜스리스 방식에서는 인버터 출력이 직접 계통에 접속되기 때문에 직류분이 존재하게 되면 주상변압기의 자기포화 등 악영향 준다.

㉰ 전력계통으로의 직류분 제한값은 파워컨디셔너 정격교류 최대 출력전류의 5% 이하로 하여야 한다.

㉱ 트랜스리스 방식의 인버터에서는 태양전지와 계통 측이 절연되어있지 않으므로 태양전지의 지락에 대한 안전대책이 필요하다.

[해설] 전력계통으로의 직류분 제한값은 파워컨디셔너 정격교류 최대 출력전류의 0.5% 이하로 하여야 한다.

30. 파워컨디셔너의 이상신호 조치방법으로서 맞게 설명된 것은?

㉮ 태양전지의 과전압, 저전압, 과·저전압 제한초과, 정전 등의 경우 점검 후 정상 시 2분 후 재기동한다.

㉯ 한전계통의 과전압, 저전압, 고·저 주파수, 정전 등의 경우 점검 후 정상 시 3분 후 재기동한다.

㉰ 전자접촉기 고장 시 Fault의 종류가 표시된다.

㉱ 전자접촉기 고장 시 전자접촉기 자기진단 후 5분 후 재기동한다.

[해설] ㉮, ㉯, ㉱는 다음과 같이 바로잡아야 한다.

㉮ 태양전지의 과전압, 저전압, 과·저전압 제한초과, 정전 등의 경우 점검 후 정상 시 5분 후 재기동한다.

㉯ 한전계통의 과전압, 저전압, 고·저 주파수, 정전 등의 경우 점검 후 정상 시 5분 후 재기동한다.

㉱ 전자접촉기 고장 시에는 전자접촉기 교체 점검 후 운전해야 한다.

31. 인버터 시스템의 방식이 아닌 것은?

㉮ 마스터 슬래브 인버터방식

㉯ 중앙집중식 인버터방식

㉰ 자유조합 인버터방식

㉱ 스트링 인버터방식

[해설] 인버터 시스템의 방식에는 마스터 슬래브 인버터방식, 중앙집중식 인버터방식, 모듈 인버터방식, 스트링 인버터방식, 서브어레이 인버터방식, 분산형 인버터방식 등이 있다.

32. 인버터 시스템의 방식 중 방향과 경사가 서로 다른 하부 어레이들로 구성된 시스템, 또는 부분적으로 음영이 되는 시스템의 경우에 적용하기에 적합한 방식은?

㉮ 마스터 슬래브 인버터방식

㉯ 분산형 인버터방식

㉰ 스트링 인버터방식

㉱ 서브어레이 인버터방식

제4장 | 태양광 관련기기 및 부품

4-1 계통연계 보호장치

(1) 계통연계 보호장치의 역할

계통연계로 운전하는 태양광발전 시스템에서 계통 혹은 인버터 측 이상 발생 시 이를 감지하여 인버터를 즉시 정지시킨다(계통 측 안전 확보).

(2) 저압 연계 시스템

과전압 계전기(OVR), 저전압 계전기(UVR), 과주파수 계전기(OFR), 저주파수 계전기(UFR) 등

(3) 특고압 연계 시스템

지락 과전류 계전기(OCGR) 등

사고발생 개소	사고형태	보호계전기	
		역조류 없음	역조류 있음
자가용 발전 설비	• 역변환장치의 제어계통 이상 등에 의한 전압 상승	OVR	
	• 역변환장치의 제어계통 이상 등에 의한 전압 저하	UVR	
전력 계통	• 연계된 계통의 단락	UVR	
	• 계통사고 및 작업정전 등에 의한 단독운전상태	RPR, UFR, 역충전 검출기능	단독운전 검출기능, OVR, UVR, OFR, UFR
	• 특고압 연계 시스템의 지락 과전류 발생	OCGR	

㊟ RPR(역전력 계전기 ; Reverse Power Relay) : 단순병렬(한전역송불가) 조건을 이행하는지 확인하기 위한 계전기로서 발전전력이 계통으로 역송되면 감지하여 발전기를 계통에서 분리하는 계전기이므로, 엄밀히 송전 시나 수전 시 시스템 보호를 위한 보호계전기의 종류는 아니다.

4-2   바이패스 다이오드

(1) 용도

낙엽, 그늘, 음영, 태양전지 자체의 결함, 기타 오염 등으로 태양전지에 부분적인 열
화현상이 생기면, 그 태양전지 셀에는 다른 태양전지 셀에서 발생한 모든 전압이 인가되
어 열점(HotSpot)이 발생한다. 이런 문제점을 대비하여 태양전지 모듈 내의 약 18~20개
마다 셀의 전류방향과 반대로 바이패스 다이오드를 설치한다.

(2) 용량

바이패스 다이오드의 내전압 (역내전압)은 보통 스트링 공칭 최대 전압의 1.5배 이
상으로 해야 한다.

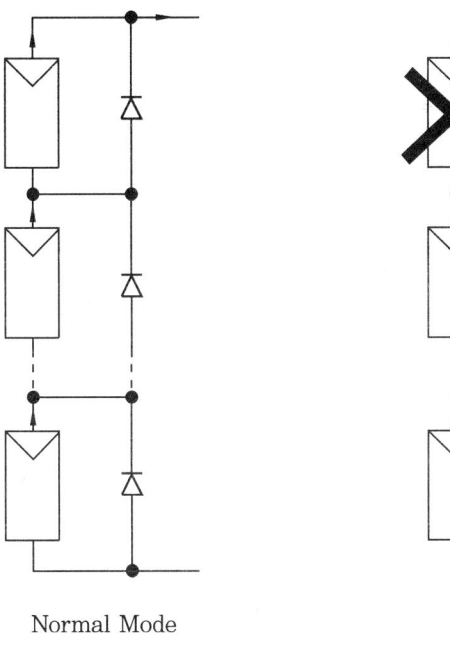

Normal Mode   Bypass Mode
                                (음영발생 시)

4-3   역류방지 소자 (Blocking Diode)

(1) 개요

① 태양전지 모듈에 다른 태양전지회로나 축전지에서 전류가 돌아 들어가는 것을 방지하기 위하여 설치하는 다이오드이다.

② 특히 다수의 병렬회로로 구성된 어레이에서는 어떤 모듈이 고장인 경우 정상적인 모듈의 전류가 고장점으로 역류해서 집중하는 것을 방지하기 위하여 사용된다.

③ 역류방지 다이오드는 반드시 정격 순방향 전류, 역내전압, 최고 주위온도와 같은 파라미터를 고려하여 설계하여야 한다.

④ 보통 모듈과는 다르게 접속함 내부에 설치된다.

(2) 용량

역류방지 다이오드 설치 시 용량은 모듈 단락전류의 2배 이상이어야 한다.

(3) 역류방지 소자 설치방법

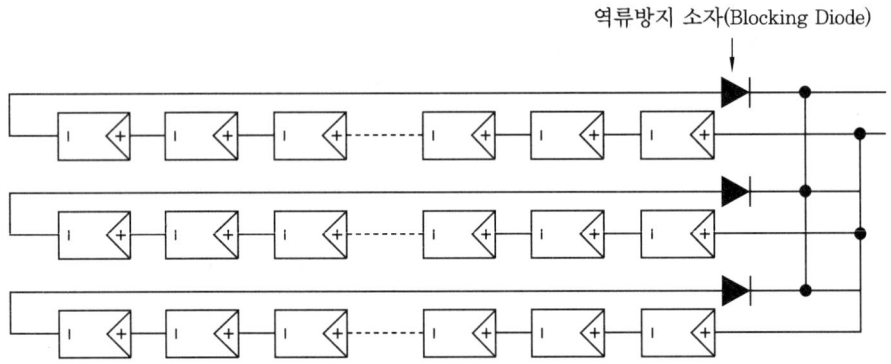

4-4   접속함

(1) 용도

다수 태양전지 모듈의 스트링을 하나의 접속함에서 연결하기 위함이다.

(2) 접속함의 성능시험

시험항목			판정기준
절연저항			• 1 MΩ 이상일 것
내전압			• (2E+1000) V, 1분간 견딜 것
조작 성능	수동 조작	개폐 조작	• 조작이 원활하고 확실하게 개폐동작을 할 것
	전기 조작	투입 조작	• 조작회로의 정격 전압 (85~110) % 범위에서 지장 없이 투입할 수 있을 것
		개방 조작	• 조작회로의 정격 전압 (85~110) % 범위에서 지장 없이 개방 및 리셋할 수 있을 것
		전압 트립	• 조작회로의 정격 전압 (75~125) % 범위 내의 모든 트립 전압에서 지장 없이 트립이 될 것
		트립 자유	• 차단기 트립을 확실히 할 수 있을 것
차단기 성능			• KS C IEC 60898−2에 따른 승인을 득한 부품을 사용할 것 (태양광 어레이의 최대 개방 전압 이상의 직류 차단 전압을 가지고 있을 것)

(3) 접속함의 주요 구성요소

① **단자대** : 모듈로부터 직류전원의 공급 (접속)

② **(직류)차단기** : 입력부 전원 개폐 및 고장 시 차단

③ **퓨즈** : 단락전류에 대한 보호

④ **역류방지 다이오드** : 역전류에 대한 방지

⑤ **SPD** : 서지보호 (타입 II 권장)

⑥ **PCB** : 퓨즈, 단자대, 역류방지 다이오드, SPD 등의 일체형

⑦ **방열판 및 냉각용 FAN**

⑧ **통신 모듈** : 신호변환기 및 통신 모듈 (RS485, TCP/IP 등)

⑨ **각종 센서** : 일사량, 온도, 풍향 및 풍속 등에 대한 측정용

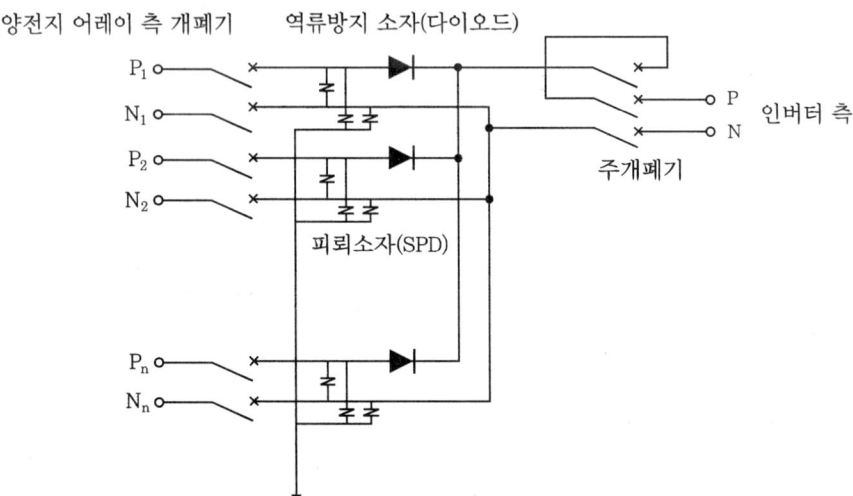

주➔ 1. 태양전지 어레이 측 개폐기로 단로기(무부하 Disconnecting Switch)나 퓨즈(Fuse)를 사용할 때에는 반드시 주개폐기로는 MCCB (Mold Case Current Braker ; 배선용 차단기)를 설치하여야 한다.

2. 주개폐기는 어레이가 1개의 스트링으로 구성되어있고 어레이 측 개폐기가 MCCB로 되어 있을 경우 생략 가능하다.

3. SPD (서지보호소자 혹은 피뢰소자) : 각 스트링마다 설치(낙뢰가 많은 경우에는 주개폐기 혹은 송전단/수전단 양측 모두에 설치)하며, 접지 측 배선은 최대한 짧게 한다, SPD 에는 반도체형과 갭형(방전갭형, SG ; Spark Gap)이 있고, 기능 면에서 억제형과 차단형으로, 용도 면에서 통신용과 전원용 등으로 구분되며, SPD 소자로서 탄화규소, 산화아연 등이 사용된다.

종 류		기 호	전압전류특성	장점 및 단점
갭	방전갭 (SG) 〈직격뢰용〉			• 정전용량이 적음 • 서지전류내량 큼 • 누설전류가 적음 • 고장모드는 개방 • 속류가 있음 (단점)
반도체	산화금속 바리스터 (MOV) 〈유도뢰형〉			• 제한전압이 낮음 • 신뢰성 높음 (방전응답 **빠름**) • 정전용량 큼 (단점) • 고장모드는 단락 (단점)

4. 전기설비의 접지와 건축물의 피뢰설비 및 통신설비 등을 통합접지공사를 할 수 있다. 단 낙뢰 등에 의한 과전압으로부터 설비를 보호하기 위해 SPD를 설치하여야 한다.

5. 전기실의 소화설비 : 물분무, 이산화탄소, 청정소화약제, 이너젠 등

6. 전선배관 등의 관통부는 방화구획 측면에서 다음 설비로의 화재 확산을 방지하기 위해서 '관통부 처리'를 해야 한다.

7. 유입변압기(오일변압기)는 화재안전상 옥외 설치가 권장된다 (NFPA70 기준).

8. 뇌 보호영역(LPZ ; Lightning Protection Zone)별 SPD 선택기준

뇌 보호영역	시험 파형	적용 SPD
LPZ1	12.5 kA 이상 – 10/350 μs 파형 기준(큰 에너지를 갖는 직격뢰 대응)	Class Ⅰ (타입 Ⅰ)
LPZ2	5 kA 이상 – 8/20 μs 파형 기준 (유도뢰 서지에 대응)	Class Ⅱ (타입 Ⅱ)
LPZ3	1.2/50 μs (전압), 8/20 μs (전류) 조합파 기준	Class Ⅲ (타입 Ⅲ)

㊟ 1. 충격파는 아래 그림과 같이 보통 파고값, 파두장 (파고값에 달하기까지의 시간) 과 파미장 (파미의 부분으로서 파고값의 50 %로 감쇠할 때까지의 시간)으로 나타낸다.

2. SPD의 방전내량 크기 순서 : Class Ⅲ＜Class Ⅱ＜Class Ⅰ
 – 어레이 접속함 : Class Ⅱ (타입Ⅱ) 혹은 Class Ⅲ (타입Ⅲ)
 – 인버터 패널 : Class Ⅱ (타입Ⅱ)
 – 인입구 배전반 : Class Ⅰ (타입Ⅰ)

▶ **충격전류파의 규약영점** : 파고치의 10 % 및 90 %의 점을 연결한 직선과 전류의 0점을 통과하는 시간 좌표축과의 교점, 즉 파고치의 10 %되는 시각보다 0.1 Tf 앞선 시각을 말한다.

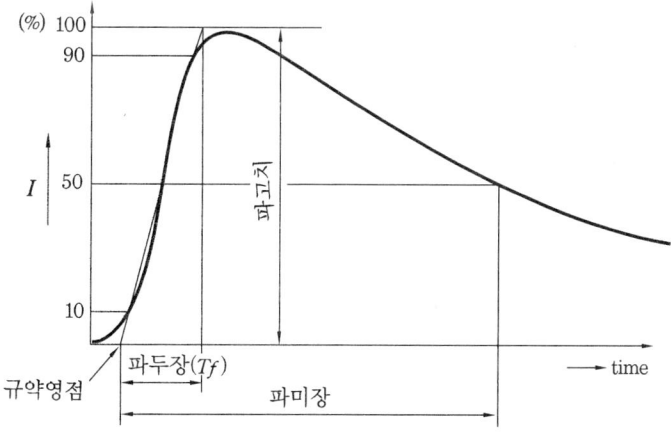

충격 전류파 파형커브

(4) 개폐기

① **어레이 측 개폐기** : 태양전지 어레이의 출력과 접속반과의 회로 중간에 삽입한다.

② **주개폐기** : 태양전지 어레이의 출력을 한군데로 모은 후 인버터와의 회로 중간에 삽입한다.

(5) 접속함의 KS 인증시험 항목

① 구조 시험

② 내부식 시험

③ 내열성 시험

④ 표기의 내구성 시험

⑤ 외함 보호 등급[1]

⑥ 공간거리[2]와 연면거리[3] 시험

⑦ 절연 특성 시험(내전압 시험, 서지 내전압 시험)

⑧ 온도 상승 시험

⑨ 직류전원장치의 안전성 및 전기자기 적합성

㊟ 1. 외함 보호 등급
  • 소형(병렬스트링수 3회로 이하) : IP54 이상
  • 중대형(병렬스트링수 4회로 이상) : 실내형 IP20 이상, 실외형 IP54 이상
  2. 공간거리 : 두 도전부 사이 최단 경로에 뻗어있는 줄을 따른 두 도전부 사이의 거리
  3. 연면거리 : 두 도전부 사이 절연재료의 표면을 따라 측정한 최단 거리

4-5 교류 측 기기

(1) 분전반

① 분전반은 계통연계하는 시스템의 경우에 인버터의 교류출력을 계통으로 접속할 때 사용하는 차단기를 수납한다.

② 태양광발전 시스템용으로 설치하는 차단기는 지락검출기능이 있는 과전류 차단기가 필요하다.

(2) 적산전력량계

역전송한 전력량을 계측하여 전력회사에 판매할 전력요금을 산출하는 계량기를 말한다.

(3) 서지보호소자 (SPD)

접속반과 동일하게 뇌 서지로부터의 보호를 목적으로 분전반 내부에 설치한다.

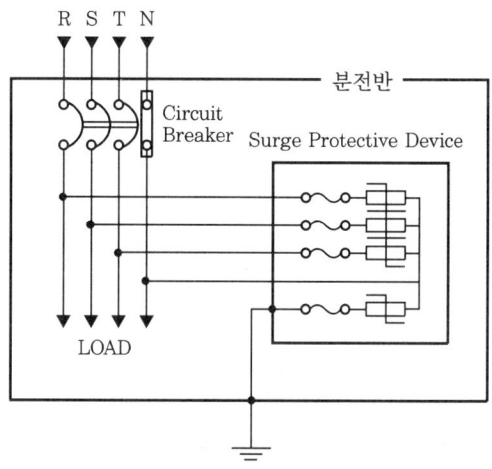

분전반의 서지보호소자(SPD) 설치도

4-6 축전지

(1) 개요

① 전력 축전을 행하여 일사량이 적을 때나 야간의 발전을 하지 않는 시간대에 전력을 내보내는 역할을 한다.

② 재해 시나 정전 시의 Backup 전원이나 발전전력 급변 때의 완충, Peak Cut 등에 적용 범위를 확대하는 역할을 할 수 있다.

(2) 방전심도 (DOD ; Depth of Discharge)

① 축전지의 잔존용량을 표현하는 또 다른 방법이다.

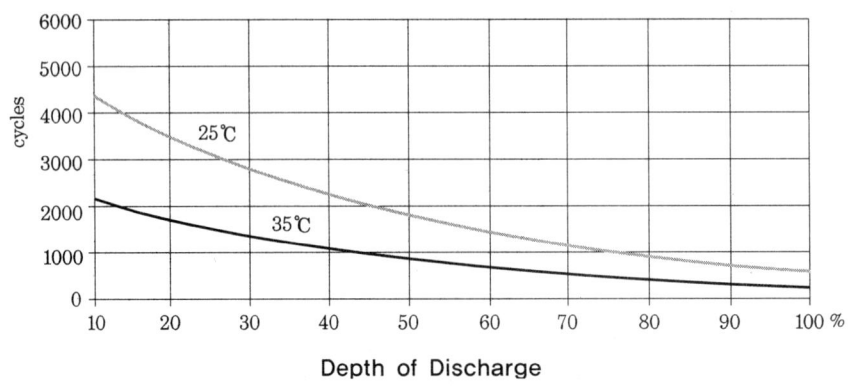

② **방전심도 (방전깊이) 계산식**

$$\text{DOD (방전심도)} = \frac{\text{실제의 방전량}}{\text{축전지의 정격용량}} \times 100\,\%$$

③ **방전심도는 잔존용량의 반대 개념** : 방전심도를 30~40 % 정도로 낮게 설정하면 축전지 수명이 길어지고, 방전심도를 70~80 % 이상으로 설정하면 축전지 이용률은 높아 지는 대신 그만큼 축전지의 수명이 단축된다.

(3) 운용 방법상의 축전지 분류

① **계통연계시스템용 축전지(방재 대응형)**

㈎ 평상시 연계운전

㈏ 정전 시 자립운전

㈐ 정전회복 후 야간충전운전

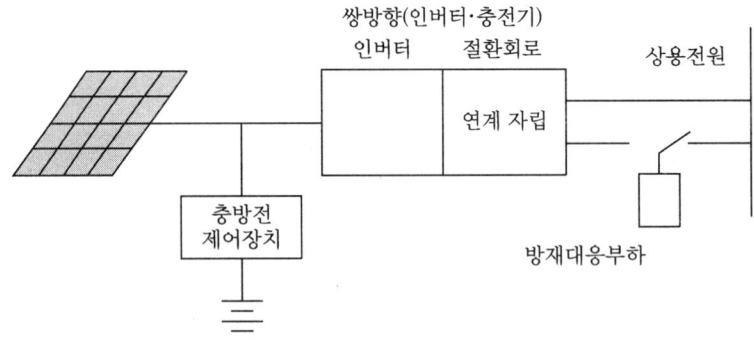

② **계통연계시스템용 축전지(부하 평준화 대응형)**

㈎ 평상시 연계운전

㈏ 피크 시 태양전지 축전지 겸용 연계운전

㈐ 야간충전운전

㈑ 특히, 계통부하 급증 시 방전하고, 태양전지 출력 증대로 인한 계통전압 상승 시 충전하는 방식을 '계통안정화 대응형'이라고 한다.

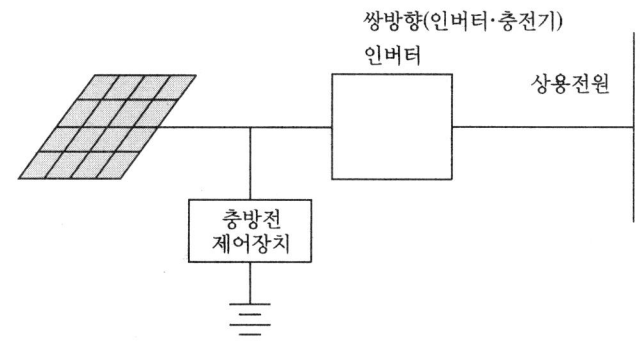

③ 독립형 전원시스템용 축전지

㈎ 직류부하 전용일 때는 인버터가 필요 없음

㈏ 직류출력 전압과 축전지 전압은 상호 맞출 것

㈐ 하이브리드형 : 독립형 시스템과 다른 발전설비와 연계하여 사용하는 형태

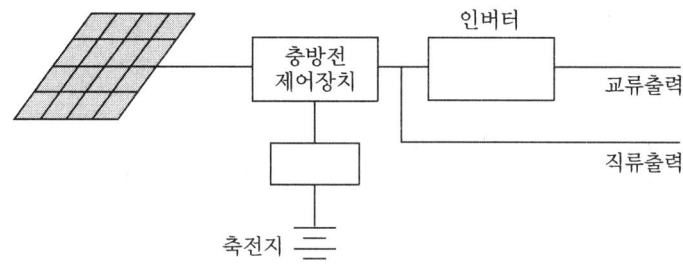

(4) 축전지 취급 주의사항

① 방재 대응형에는 재해로 인한 정전 시에 태양전지에서 충전을 하기 위한 충전전력량과 축전지 용량을 매칭할 필요가 있다.

② 축전지 직렬 개수는 태양전지에서도 충전 가능한지, 인버터 입력전압 범위에 포함되는지 확인하여 선정한다.

③ 상시 유지 및 충전방법을 충분히 검토하고, 항상 축전지를 양호한 상태로 유지한다.

④ 중량물이므로 설치장소는 하중에 견딜 수 있는 장소로 선정한다.

⑤ 지진에 견딜 수 있는 구조로 한다.

⑥ 기타 자기방전율 (부하가 연결되지 않은 상태에서의 방전율)이 낮아야 한다.

예·상·문·제

1. 태양광 발전시스템의 보호장치에 관한 설명으로 틀린 것은?

㉮ 계통연계로 운전하는 태양광발전 시스템에서 계통 혹은 인버터 측 이상 발생 시 이를 감지하여 인버터를 즉시 정지시켜야 한다.

㉯ 계통연계 보호장치의 설치는 계통 측의 안전 확보를 주목적으로 한다.

㉰ 저압 연계 시스템 보호장치에는 과전압 계전기(OVR), 저전압 계전기(UVR), 과주파수 계전기(OFR), 지락 과전류 계전기(OCGR) 등이 있다.

㉱ RPR(역전력 계전기)은 단순병렬(한전 역송불가) 조건을 이행하는지 확인하기 위한 계전기이다.

[해설] 지락 과전류 계전기(OCGR)는 특고압 연계 시스템의 보호장치이다.

2. 낙엽, 그늘, 음영, 태양전지 자체의 결함, 기타 오염 등으로 태양전지에 부분적인 열화현상이 생기는 것을 방지하기 위해 셀의 전류방향과 반대로 설치하는 부품을 무엇이라고 하는가?

㉮ 블로킹 다이오드

㉯ 바이패스 다이오드

㉰ 환류 다이오드

㉱ 스트링 다이오드

[해설] 아래의 구분에 주의하도록 한다.

㉮ 블로킹 다이오드 혹은 역류방지 소자(Blocking Diode) : 태양전지 모듈에 다른 태양전지회로나 축전지에서 전류가 돌아들어가는 것을 방지하기 위하여 설치하는 다이오드로서 주로 접속반에 설치된다.

㉰ 바이패스 다이오드 : 낙엽, 그늘, 음영, 태양전지 자체의 결함, 기타 오염 등으로 태양전지에 부분적인 열화현상이 생기는 것을 방지하기 위해 설치하며 태양전지 모듈에 직접 설치한다.

3. 역류방지 다이오드(Blocking Diode)에 대한 설명으로 잘못된 것은?

㉮ 보통 모듈과는 다르게 접속함 내부에 설치된다.

㉯ 정격 순방향 전류, 역내전압, 최고 주위온도와 같은 파라미터를 고려하여 설계하여야 한다.

㉰ 정상적인 모듈의 전류가 고장점으로 역류해서 집중하는 것을 방지하기 위하여 사용된다.

㉱ 역류방지 다이오드 설치 시 용량은 모듈 단락전류의 1.5배 이상이어야 한다.

[해설] 역류방지 다이오드 설치 시 용량은 모듈 단락전류의 2배 이상이어야 한다.

4. 접속함의 주요 구성요소에 포함되지 않는 것은?

㉮ 내뢰트랜스 ㉯ 피뢰소자

㉰ PCB ㉱ 단자대

[해설] 내뢰트랜스는 교류 전원 측에 설치하여 낙뢰에 의한 충격성 과전압을 전기설비 규정 이내로 감소시키는 장치로 접속함의 주요 구성요소는 아니다.

5. 다음 중 접속함에 관한 설명으로 가장 잘못된 것은?

㉮ 태양전지 어레이 측 개폐기로 단로기

를 사용할 때에는 반드시 주개폐기로
는 MCCB (배선용 차단기)를 설치하여
야 한다.

④ 주개폐기는 어레이가 1개의 스트링으
로 구성되어있고 어레이 측 개폐기가
MCCB로 되어있어도 반드시 설치하여
야 한다.

⑤ SPD (피뢰소자)는 각 스트링마다 설치
하도록 한다.

⑥ SPD (피뢰소자)는 낙뢰가 많은 경우에
는 주개폐기 혹은 송전단/수전단 양측
모두에 설치한다.

[해설] 주개폐기는 어레이가 1개의 스트링으로
구성되어있고 어레이 측 개폐기가 MCCB로
되어있을 경우 생략 가능하다.

6. 태양광발전 전기 안전설비에 관한 설명
으로 틀린 것은?

㉮ 전기설비의 접지와 건축물의 피뢰설비
및 통신설비 등을 통합접지공사를 할
수 있다.

㉯ 전기실의 소화설비로는 이산화탄소, 청
정소화약제, 이너젠 등이 적응성이 좋다.

㉰ 전선배관 등의 관통부는 다음 설비로
의 화재 확산을 방지하기 위해서 '관통
부 처리'를 해야 한다.

㉱ 유입변압기는 반드시 옥내 설치가 권
장된다.

[해설] 유입변압기(오일변압기)는 화재안전상 옥
외 설치가 권장된다 (NFPA70 기준).

7. 다음 중 SPD (피뢰소자)에 관한 설명으로
틀린 것은?

㉮ SPD의 방전내량 크기 순서는 'Class
I<Class II<Class III'순이다.

㉯ SPD의 Class I는 보통 직격뢰 대응에

적합하다.

㉰ SPD의 Class II는 유도뢰 서지 대응에
적합하다.

㉱ SPD의 Class III는 1.2/50 μs (전압)과
8/20 μs (전류)의 조합파 기준으로 시험
한다.

[해설] SPD의 방전내량 크기 순서 : Class III
<Class II<Class I

8. 태양광발전 시스템의 교류 측 기기에 속
하지 않는 것은?

㉮ 분전반
㉯ 적산전력량계
㉰ 접속함
㉱ SPD(서지보호소자)

[해설] 접속함은 태양광발전 시스템의 직류 측
기기에 속한다.

9. 다음 중 축전지의 잔존용량을 표현하는
또 다른 방법으로서 축전지의 정격용량 기
준 실제의 방전량을 표현하는 지수는?

㉮ 잔존용량   ㉯ 방전심도
㉰ 축전지 방전량   ㉱ 용량지수

[해설] 방전심도 혹은 방전깊이(Depth of
Discharge) 계산식
$$DOD (방전심도) = \frac{실제의 방전량}{축전지의 정격용량} \times 100\%$$

10. 계통부하 급증 시 방전하고, 태양전지
출력 증대로 인한 계통전압 상승 시 충전
하는 방식의 축전지는?

㉮ 야간 충전형 축전지
㉯ 계통연계시스템용 축전지
㉰ 방재 대응형 축전지
㉱ 계통안정화 대응형 축전지

11. 다음 중 독립형 시스템과 다른 발전설비와 연계하여 사용하는 형태의 축전지는?

㉮ 하이브리드형 축전지

㉯ 혼합형 축전지

㉰ 복합형 축전지

㉱ 계통연계형 축전지

12. 축전지 취급 주의사항에 대한 설명으로 잘못된 것은?

㉮ 방재 대응형에는 재해로 인한 정전 시에 태양전지에서 충전을 하기 위한 충전전력량과 축전지 용량을 매칭할 필요가 있다.

㉯ 축전지 직렬 개수는 태양전지에서도 충전 가능한지 검토해야 한다.

㉰ 가급적 자기방전율이 높은 축전지 방식을 선정하여 설치한다.

㉱ 축전지의 전압 및 전류는 인버터 입력전압 범위에 포함되는지 확인하여 선정한다.

해설 축전지의 자기방전율은 부하가 연결되지 않은 상태에서의 방전율로서, 자기방전율이 낮을수록 좋다.

13. 축전지 설계 및 선정에 대한 설명으로 잘못된 것은?

㉮ 방전심도를 30~40 % 정도로 낮게 설정하면 축전지 수명이 길어지지만, 성능이나 신뢰성에 문제가 생길 수 있다.

㉯ 방전심도를 70~80 % 이상으로 설정하면 축전지 이용률은 높아지는 대신 그만큼 축전지의 수명이 단축된다.

㉰ 재해 시나 정전 시의 Backup 전원이나 발전전력 급변 때의 완충, Peak Cut 등 적용 범위를 확대할 수 있게 설계하는 것이 좋다.

㉱ 방전심도는 실제의 방전량을 축전지의 정격용량으로 나누어 100분율로 표현한다.

해설 방전심도를 30~40 % 정도로 낮게 설정하면 축전지 수명이 길어지고, 성능이나 신뢰성상 특별한 문제는 없다.

14. 축전지의 운용 방법 중 평상시에는 연계운전을 하고 정전 시 자립운전을 행하는 방식은?

㉮ 부하 평준화 대응형

㉯ 방재 대응형

㉰ 야간 충전형

㉱ 독립형

15. 다음 중 SPD (피뢰소자)의 적응성에 적합한 선정은?

㉮ 접속함 : 타입 II

㉯ 인버터 패널 : 타입 III

㉰ 인입구 배전반 : 타입 III

㉱ 출력 측 배전반 : 타입 II

해설 SPD (피뢰소자)의 적응성

① 어레이 접속함 : Class II (타입 II) 혹은 Class III (타입 III)

② 인버터 패널 : Class II (타입 II)

③ 인입구 배전반 : Class I (타입 I)

정답 **11.** ㉮ **12.** ㉰ **13.** ㉮ **14.** ㉯ **15.** ㉮

제5장 | 태양광 기초이론 (전기, 전자)

5-1 전력과 역률

(1) 피상전력 : 교류의 부하 또는 전원의 용량을 표시하는 전력, 전원에서 공급되는 전력

① 단위 : VA

② 피상전력의 표현

$$P_a = VI$$

(2) 유효전력 : 전원에서 공급되어 부하에서 유효하게 이용되는 전력, 전원에서 부하로 실제 소비되는 전력

① 단위 : W

② 유효전력의 표현

$$P = VI\cos\theta$$

(3) 무효전력 : 실제로는 아무런 일을 하지 않아 부하에서는 전력으로 이용될 수 없는 전력, 실제로 아무런 일도 할 수 없는 전력

① 단위 : Var

② 무효전력의 표현

$$P_r = VI\sin\theta$$

(4) 유효 · 무효 · 피상전력 사이의 관계

$$P_a = \sqrt{P^2 + P_r^2}$$

(5) 역률 : 피상전력 중에서 유효전력으로 사용되는 비율 (R : 저항, X : 리액턴스)

$$\text{역률} = \frac{\text{유효전력}}{\text{피상전력}} = \frac{P}{VI} = \cos\theta = \frac{R}{\sqrt{R^2 + X^2}}$$

(6) 무효율

$$\text{무효율} = \frac{\text{무효전력}}{\text{피상전력}} = \frac{\text{Pr}}{VI} = \sin\theta = \frac{X}{\sqrt{R^2 + X^2}}$$

(7) 대칭 3상 교류전력($V_p I_p$ = 상전압×상전류, $V_1 I_1$ = 선간전압×선전류)

① 유효전력(P)

$$\text{P} = 3V_p I_p \cdot \cos\theta = \sqrt{3}\, V_1 I_1 \cdot \cos\theta = 3I_p^2 R \ [\text{W}]$$

② 무효전력(Pr)

$$\text{Pr} = 3V_p I_p \cdot \sin\theta = \sqrt{3}\, V_1 I_1 \cdot \sin\theta = 3I_p^2 X \ [\text{Var}]$$

③ 피상전력(Pa)

$$\text{Pa} = \sqrt{P^2 + \text{Pr}^2} = 3V_p I_p = \sqrt{3}\, V_1 I_1 = 3I_p^2 Z \ [\text{VA}]$$

(8) 역률의 개선

① 역률이 낮으면, 부하에 동일한 전력을 전달하기 위해 더 많은 전류를 흘려야 한다.
② 이런 문제를 해결하기 위하여, 인덕턴스가 주성분인 부하에 커패시터를 병렬연결하여 역률을 개선한다.
③ 이러한 커패시터를 역률 개선용 진상 콘덴서라고 한다.
④ 역률 개선은 부하 자체의 역률을 개선한다는 의미가 아니고, 전원의 입장에서 전력에 기여하지 못하는 리액턴스의 전류를 상쇄하여 전원 전류의 크기를 줄이는 것이다.
⑤ 진상 콘덴서를 설치해서 역률을 $\cos\theta$로부터 $\cos\phi$로 개선하는 데에 필요한 콘덴서 용량 Q [kVA]

$$Q = \text{부하전력}[\text{kW}] \times \left\{ \sqrt{\frac{1}{\cos^2\theta} - 1} - \sqrt{\frac{1}{\cos^2\phi} - 1} \right\}[\text{kVA}]$$

Quiz 역률을 0.8에서 0.95로 개선하면 18,000 W의 동력부하의 연간 절감액은 얼마인가? (단, kW당 월간 전기 기본요금은 6000원이라고 가정)

해설 $18\,\text{kW} \times 6{,}000$원$/\text{kW} \times (0.95 - 0.8) \times 12$개월 $= 194{,}400$원/년

(7) 파형률, 파고율, 왜형률

① 파형률

$$파형률 = \frac{실효값}{평균값}$$

㉮ 실효값 : 직류와 교류를 같은 저항에 흘려 열에너지를 구할 경우 일정 주기 동안의 에너지가 서로 같아지는 교류값이다.

㉯ 평균값 : 교류파형의 면적을 주기로 나눈 값으로 정의되며 정현파형의 한 주기 동안의 평균값이 0이 되므로 반 주기로 평균값을 산출하게 된다.

② 파고율

$$파고율 = \frac{최댓값}{실효값}$$

③ 왜형률 : 찌그러짐의 정도를 말함

$$왜형률 = \frac{고조파의 실효값}{기본파의 실효값}$$

5-2 **전압강하 계산**

(1) 옥내배선 등 비교적 전선의 길이가 짧고, 전선이 가는 경우에 전압강하는 아래와 같이 계산한다.

배전방식	전압강하	대상 전압강하
직류 2선식, 교류 2선식	$e = \dfrac{35.6 \times L \times I}{1000 \times A}$	선간
3상 3선식	$e = \dfrac{30.8 \times L \times I}{1000 \times A}$	선간
단상 3선식	$e = \dfrac{17.8 \times L \times I}{1000 \times A}$	대지간
3상 4선식	$e = \dfrac{17.8 \times L \times I}{1000 \times A}$	대지간

여기서, e : 전압강하(V), I : 부하전류(A), L : 전선의 길이(m), A : 사용전선의 단면적(mm^2)

㊟ 상기 공식으로 전선의 굵기 선정 및 배관 선정 시 '간선 계산서'를 먼저 작성하여 참조하면서 계산한다.

(2) 허용 전압강하 결정 시 고려사항

① 부하 기능을 손상시키지 않을 것

② 부하 단자전압의 변동 폭을 작게 할 것

③ 각 부하의 단자전압은 동일하게 할 것

④ 배선 중의 전력손실을 줄일 것

⑤ 비경제적이지 않을 것

(3) 전압강하율

송전단 전압(V_s)과 수전단 전압(V_r)의 차이값(전압강하)을 수전단 전압에 대한 백분율로 표시한 것이다.

$$전압강하율\ e = \frac{V_s - V_r}{V_r} \times 100\ (\%)$$

5-3 **변압기**

(1) 변압기의 정의

변압기는 1차 측에서 유입한 교류전력을 받아 전자유도작용에 의해서 전압 및 전류를 변성하여 2차 측에 공급하는 기기이다.

(2) 변압기의 손실

하나의 권선에 정격 주파수의 정격전압을 가하고 다른 권선을 모두 개로했을 때의 손실을 무부하손이라고 하며, 대부분은 철심 중의 히스테리시스손과 와전류손이다. 또한 변압기에 부하전류를 흐르게 함으로써 발생하는 손실을 부하손이라고 하며 권선 중의 저항손 및 와전류손, 구조물/외함 등에 발생하는 표류부하손 등으로 구성된다.

① **무부하손(철손 ; pi)** : 주로 히스테리시스손+와전류손에 의함

② **부하손(동손 ; pc)** : 주로 저항손, 와전류손, 표류부하손에 의함

③ **변압기 손실 계산**

변압기 손실 = 무부하손(철손)+부하손(동손)

(3) 변압기의 효율 계산

① **규약효율** : 직접 측정하기 곤란한 경우 입력을 단순히 출력과 손실의 합으로 나타내는 효율

$$변압기\ 효율 = \frac{출력}{출력 + pi + pc} \times 100 \ (\%)$$

② **부하율이 m일 경우의 효율** : 부하율(m)과 변압기의 전손실$(p_i + m^2 \cdot pc)$을 고려한 효율$(P$: 피상전력, $\cos\theta$: 역률)

$$변압기\ 효율 = \frac{m \cdot P \cdot \cos\theta}{m \cdot P \cdot \cos\theta + pi + \mathrm{m}^2 \cdot pc} \times 100 \ (\%)$$

③ **변압기의 최대 효율** : '$p_i = pc$'일 경우의 효율

$$변압기의\ 최대\ 효율 = \frac{m \cdot P \cdot \cos\theta}{m \cdot P \cdot \cos\theta + 2pi} \times 100 \ (\%)$$

(4) 변압기 이용률

변압기 용량에 대한 평균부하의 비를 말한다.

$$변압기\ 이용률 = \frac{평균부하(\mathrm{kW})}{변압기용량(\mathrm{kVA}) \times \cos\theta} \times 100 \ (\%)$$

(5) 변압기의 분류

분류 기준	해당 변압기
상수	단상 변압기, 삼상 변압기, 단/삼상 변압기 등
내부 구조	내철형 변압기, 외철형 변압기
권선 수	2권선 변압기, 3권선 변압기, 단권 변압기 등
절연의 종류	A종 절연 변압기, B종 절연 변압기, H종 절연 변압기 등
냉각 매체	유입 변압기, 수랭식 변압기, 가스 절연 변압기 등
냉각 방식	유입 자랭식 변압기, 송유 풍냉식 변압기, 송유 수랭식 변압기 등
탭 절환 방식	부하시 탭 절환 변압기, 무전압 탭 절환 변압기
절연유 열화 방지 방식	콘서베타 취부 변압기, 질소 봉입 변압기 등

주 ➔ 1. 전력용 반도체 응용 다기능 변압기(Solid State Universal Transformer) : 직류/
교류/고주파 출력이 가능하고, 순간 전압 강하가 보상되는 고품질의 전력 공급용
차세대 변압기(친환경적 ; Oil Free)
2. MOF (Metering Out Fitting ; 계기용 변압변류기) : 계기용 변류기(CT)와 계기용
변압기(PT)를 한 상자 (철제, 유입)에 넣은 것
3. VCB (Vacuum Circuit Breaker ; 진공차단기) : 진공을 소호 (차단 시 아크 제거,
공기의 절연 파괴를 방지하여 전류의 순간적인 계속적 흐름을 완전 차단)매질로 하
는 VI (Vacuum Interrupter)를 적용한 차단기
4. ACB (Air Circuit Breaker ; 기중차단기) : 주로 교류 저압용으로서 대기 중에서 개
폐동작이 행해지는 차단기

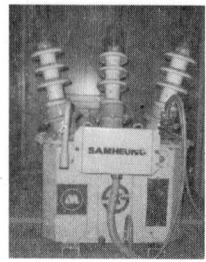   

MOF (계기용 변압변류기)　　　　VCB (진공차단기)　　　　ACB (기중차단기)

5. ABB (Air Blast circuit Breaker ; 공기차단기) : 고압/특고압용으로서 압축공기로
소호하는 방식의 차단기
6. LBS (Load Breaker Switch ; 부하개폐기) : 수변전 설비의 인입구 개폐기로 사용되
며, 부하전류를 개폐할 수 있으나 (정상 상태에서 소정의 전류를 투입, 차단, 통전하고
그 전로의 단락상태에서 이상전류까지 투입 가능), 고장전류를 차단할 수 없으므로 한류
퓨즈와 직렬로 사용하는 것이 좋음
7. GCB (Gas Circuit Breaker ; 가스차단기) : 주로 소호 및 절연특성이 뛰어난 SF6 (육불
화황)를 매질로 사용하는 차단기(저소음형으로 154 kV급 이상의 변전소에 많이 사용함)
8. OCR (Over Current Relay ; 과전류 계전기) : 단락사고 및 지락사고 보호용
9. OFR (Over Frequency Relay ; 과주파수 계전기) : 과주파수에 대한 감시 및 동작
10. UFR (Under Frequency Relay ; 부족주파수 계전기) : 저주파수에 대한 감시 및 동작
11. OVR (Over Voltage Relay ; 과전압 계전기) : 과전압에 대한 감시 및 동작
12. UVR (Under Voltage Relay ; 부족전압 계전기) : 저전압에 대한 감시 및 동작
13. DS (Disconnecting Switch ; 단로기) : 무부하 전류 개폐(부하전류에 대한 차단능력
은 없음)
14. GR [Ground Relay ; 지락 (과전류)계전기] : 고압 비접지선로에서 지락사고 시 영상변류
기(ZCT)로부터 검출된 지락전류를 계전기의 입력단자에 인가하여 유입된 전류치가 정정
치 이상이 되면 접점이 폐로 (Close) 또는 개로 (Open)되어 동작신호를 출력하는 계전기
15. 재폐로 차단기(Recoloser) : 송전선로의 고장구간을 고속으로 영구분리 또는 재가압
하는 기능을 가진 자동 재폐로 차단기이며, 후비보호능력이 있음 (재폐로 동작을 최대

4회까지 반복하여 순간고장을 제거하거나, 고장구간을 분리하여 건전구간을 송전)
※ 후비보호(Back-up Protection) : 후비보호는 주보호장치의 실패, 운휴 또는 동작정지에 의해 주보호장치의 역할을 못할 경우를 대비하여 2차적인 보호기능을 수행하는 것

16. 자동 선로구분 개폐기(섹셔널라이저 ; Sectionalizer) : 송배전선로에서 부하분기점에 설치되어 고장 발생 시 선로의 타 보호기기와 협조하여 고장구간을 신속 정확히 개방하는 자동구간 개폐기로서, 후비보호능력은 없음(보통 리클로저 등의 후비보호장치와 직렬로 연결, 설치하여 사용함)

17. 자동 고장구간 개폐기(ASS ; Automatic Section Switch) : 수용가구 내에 사고를 자동 분리하여 사고의 파급확대를 방지하고, 수용가 구내설비의 피해를 최소한으로 억제하기 위하여 개발된 개폐기로 공급변전소 CB와 리클로저(Recloser)와 협조하여 사고발생 시 고장구간을 자동 분리함

18. 인터럽트 스위치(Interrupt Switch) : 수동조작만 가능하고, 과부하 시 자동으로 개폐할 수 없고, 돌입전류 억제기능을 가지고 있지 않으며 용량 300 KVA 이하의 ASS(Auto Section Switch) 대신에 주로 사용되고 있으며, 보호협조 기기라고 할 수 없음

19. 계기용 변성기 : 고압이나 대전류가 직접 배전반에 있는 각종 계측기나 계전기에 유입되면 위험하므로 이를 저전압이나 소전류로 변성시켜 계측기나 계전기의 입력전원으로 사용하기 위한 장치의 총칭 [계기용 변성기에는 계기용 변압기(Potential Transformer), 계기용 변류기(Current Transformer), 계기용 변압변류기(MOF ; Metering Out Fit), 영상변류기(ZCT) 등이 있음]

20. 충·방전 컨트롤러 : 야간에는 태양전지 모듈이 부하의 형태로 변하므로 역류방지 다이오드와 함께 축전지가 일정 전압 이하로 떨어질 경우 부하와의 연결을 차단하는 기능, 야간타이머 기능, 온도보정기능(축전지의 온도를 감지해 충전 정압을 보정) 등을 보유한 제어장치

21. 한류 리액터(Current Limiting Reactor, 限流-) : 단락 고장에 대하여 고장 전류를 제한하기 위해서 회로에 직렬로 접속되는 리액터 단락 전류에 의한 기계적 및 열적 장해를 방지하고, 차단해야 할 전류를 제한하여 차단기의 소요 차단 용량을 경감하는 용도로 사용되며, 일반적으로 불변 인덕턴스를 갖는 공심형(空心形) 건식(乾式)이나 또는 유입식이 사용됨

㊟ 1. 전력퓨즈(PF) : 사고전류 차단 및 후비보호
   2. 몰드변압기 : 권선부분을 에폭시 수지로 절연한 변압기, 저압(220/380 V)을 특고압(22.9 kV)으로 승압
   3. 계기용 변압기(PT ; Potential Transformer) : 계기에서 수용 가능한 전압으로 변압
   4. 계기용 변류기(CT ; Current Transformer) : 계기에서 수용 가능한 전류로 변류
   5. 영상 변류기(ZCT ; Zero Current Transformer) : 지락 시 발생하는 영상전류를 검출
   6. 배선용 차단기(MCCB, NFB) : 과전류 및 사고전류를 차단
   7. 역송전용 특수계기 : 계통연계 시 역송전 전력의 계측을 위한 전력량계, 무효전력량계 등

자동 선로구분 개폐기(Sectionalizer)

인터럽트 스위치(Interrupt Switch)

5-4 ## 전력부하 관계 용어

(1) 변압기가 최대효율을 나타내는 부하율(%)

$$m = \sqrt{\frac{P_i}{P_c}} \times 100\,\%$$

여기서, P_i : 철손, P_c : 동손

(2) 전력 사용 지표

- 부하율 $= \dfrac{\text{평균 수용 전력}}{\text{최대 수용 전력}} \times 100\,\%$

- 수용률 $= \dfrac{\text{최대 수용 전력}}{\text{설비용량}} \times 100\,\%$

- 부등률 $= \dfrac{\text{부하 각각의 최대 수용 전력의 합}}{\text{합성 최대 수용 전력}}$

- 설비 이용률 $= \dfrac{\text{평균 발전 또는 수전 전력}}{\text{발전소 또는 변전소의 설비용량}} \times 100\,\%$

- 전일 효율 $= \dfrac{\text{1일 중의 공급 전력량}}{\text{1일 중의 공급 전력량} + \text{1일 중의 손실 전력량}} \times 100\,\%$

*상기에서 '부등률'은 항상 1 이상이다.

5-5 고효율 변압기

(1) 아몰퍼스 고효율 몰드변압기(Amorphous Mold Transformer)

① 변압기의 기본 구성요소인 철심의 재료로 일반적인 방향성 규소 강판 대신 아몰퍼스 메탈(Amorphous Metal)을 사용한다.

② 무부하손을 기존 변압기의 75 % 이상 절감할 수 있다.

③ 아몰퍼스 메탈은 철(Fe), 붕소(B), 규소(Si) 등이 혼합된 용융금속을 급속 냉각시켜 제조되는 비정질성 자성재료이다.

④ **특징** : 아몰퍼스 메탈의 결정 구조의 무결정성(비정질) 및 얇은 두께

⑤ **장점**

　㈎ 비정질성에 의한 히스테리시스손의 절감

　㈏ 얇은 두께로 와류손 절감

　㈐ 무부하손이 약 75 % 절감되어 대기전력 절감 효과 탁월

　㈑ 평균 부하율이 낮고, 낮과 밤의 부하 사용 편차가 큰 경부하 수용가에 유리

⑥ **단점**

　㈎ 가격이 비쌈(특히 전력요금이 싸고 부하율이 높은 일반 산업체에서는 투자비 회수가 어려울 수도 있다.)

　㈏ 철심 제조 공정상의 어려움으로 소음이 큰 편임

⑦ **주 적용분야** : 학교, 도서관, 관공서 등

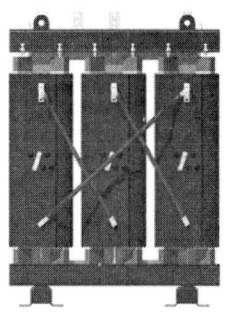
아몰퍼스 고효율 몰드변압기

유입변압기

(2) 레이저 코어 저소음 고효율 몰드변압기(Laser Core Mold Transformer)

① 자구미세화 규소강판(레이저 규소강판) 고효율 변압기라고도 한다.

② 방향성 규소강판을 레이저 빔으로 가공, 분자 구조인 자구(Domain)를 미세하게

분할함으로써 손실을 개선한 전기 강판이다.

③ 소재의 특성상 제작이 용이하여 모든 용량의 변압기를 제작 가능하다.

④ **장점과 적용**

    ㉮ 무부하손 60~70 %와 부하손 30 %를 동시에 절감하여 총 손실을 최소화

    ㉯ 아몰퍼스 대비 실질 투자회수 기간 단축

    ㉰ 자속 밀도와 전류 밀도가 낮게 설계되어있기 때문에 저소음 특성을 가짐(아몰퍼스 및 KSC 규격 일반 변압기 대비 30 % 이상 저소음)

    ㉱ 대용량 변압기 제작 가능 (최대 20,000 kVA 이상)

    ㉲ 평균 부하율이 높고 (30 % 이상), 낮과 밤, 계절별 부하 사용의 편차가 크지 않은 수용가에 유리

⑤ **단점**

    ㉮ 가격은 일반 변압기와 아몰퍼스 변압기의 중간 정도

    ㉯ 전력 요금이 낮고, 부하율 변화가 심한 장소에 적용 시 경제성 측면의 정확한 검토가 필요함

⑥ **적용분야** : 아파트, 빌딩, 제조공장, 병원, 방송국, 사무용 빌딩 등

(3) (고온)초전도 고효율 변압기(Superconducting Transformer)

① 변압기 권선에 구리 대신 초전도선을 사용하여 동손을 낮춘 방식이다.

② 아직 실용화는 안 된 상태이다.

③ 단순히 크기가 줄어들거나 효율이 증가하는 것이 아니라 일반 변압기가 갖고 있는 용량과 수명의 한계를 극복할 수 있다.

④ 만일 냉각 기술이 더 발전하여 냉각 손실이 줄어든다면 고온 초전도 변압기의 효율은 더 증가하고 가격은 더 싸게 될 것이다.

⑤ 전연유 대신 액체질소 등의 환경친화적 냉매를 사용한다 (화재의 위험성도 없다).

⑥ 향후 선재의 전류 밀도 향상이 필요하다.

5-6 플레밍의 법칙(Fleming′s rule)

(1) 개요

① 플레밍의 법칙에는 왼손법칙과 오른손법칙이 있다.

② 왼손법칙은 전류가 흐르는 도선이 자기장 속을 통과해 힘을 받을 때 힘의 방향에 관한 법칙이다 (전동기의 원리).

③ 오른손법칙은 전자유도에 의해서 생기는 유도전류 (誘導電流)의 방향을 나타내는 법칙이다 (발전기의 원리).

(2) 플레밍의 왼손법칙

① 전류가 흐르고 있는 도선에 대해 자기장이 미치는 힘의 작용방향을 정하는 법칙이다.

② 전류가 흐르는 도선 하나하나의 부분이 자기장에 의해서 받는 힘은, 왼손의 중지를 전류가 흐르는 방향으로, 검지를 자기력선의 방향으로 향하게 하여, 이것들에 대해 수직으로 편 엄지가 가리키는 방향으로 작용한다.

③ 전류와 자기장의 방향이 평행일 때는 이와 같은 힘은 작용하지 않는다.

(3) 플레밍의 오른손법칙

① 자기장 속을 움직이는 도체 내에 흐르는 유도전류의 방향과 N극에서 S극으로 향하는 자기장의 방향, 도체의 운동방향과의 관계를 나타내는 법칙이다.

② 자기장 속에서 자기력선에 놓은 도선을 자기장에 대해 수직으로 움직일 경우, 오른손의 엄지를 도선이 운동하는 방향으로, 검지를 자기력선의 방향으로 향하게 하면, 도선속에 발생하는 유도전류는 이것들에 대해 수직으로 구부린 중지 방향으로 흐른다.

주 ➡ 암페르의 오른나사의 법칙(Ampere's Right-Handed Screw Rule)

1. 전류에 의해서 생기는 자계의 방향을 찾아내기 위한 법칙이다.

2. 전선에 흐르는 전류의 주위에는 동심원상(同心圓狀)의 자계가 생기고 전류를 오른나사의 진행방향으로 흘리면 자계는 나사가 도는 방향으로 생기게 되며, 원형코일에서 전류를 오른나사가 도는 방향으로 흘리면 자계는 나사가 진행하는 방향으로 발생한다는 법칙이다.

3. 사용분야 : Magnetic Particle Testing – 자분탐상시험, Eddy Current Testing – 와류탐상시험 등

4. 전류의 단위인 암페어(ampere)는 이 법칙을 발견한 프랑스의 물리학자 앙페르의 이름에서 인용한 것이다.

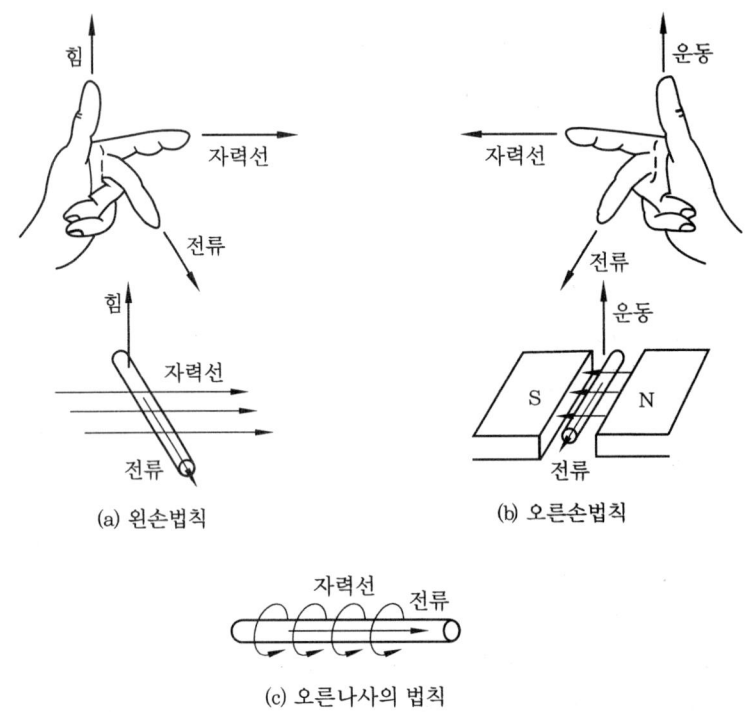

(a) 왼손법칙   (b) 오른손법칙

(c) 오른나사의 법칙

5-7 키르히호프의 전기회로 법칙(Kirchhoff's law)

(1) 개요

① 키르히호프의 전기회로 법칙이란 1845년 구스타프 키르히호프 (Gustav Kirchhoff)
  가 구한 전기 회로에 대한 법칙을 말한다.

② 이 법칙에는 구체적으로 '키르히호프의 전하량 보존 법칙(KCL)'과 '키르히호프의
  전압 법칙(KVL)'의 두 가지가 있다.

(2) 키르히호프의 전하량 보존 법칙(KCL)

① 키르히호프의 첫 번째 법칙, 키르히호프의 지점의 법칙, 키르히호프의 분기점 법
  칙이라고도 한다.

② 전기가 통과하는 분기점(선의 연결지점, 만나는 지점)에서 전류의 합, 즉 들어온
  전류의 양과 나간 전류의 양의 합은 같다. 즉 0이다. 또는 도선망 (회로) 안에서 전
  류의 대수적 합은 0이다 (단, 들어온 전류의 양을 양수로, 나간 전류의 양을 음수로

가정한다. 또한 도선상의 전류의 손실은 없다고 가정한다).

③ 전류는 노드로부터 들어오거나 나가는 정수(양의 정수, 음의 정수)이다.

$$\sum_{k=1}^{n} I_k = 0$$

여기서, n : 노드로부터 들어가거나 나가는 전체 숫자

④ **응용** : 이 법칙은 모든 선형회로의 강력한 기초 법칙으로 모든 회로를 해석하고, 반도체를 디자인하는 기본 법칙으로도 적용된다.

(3) 키르히호프의 전압 법칙(KVL)

① 키르히호프의 두 번째 법칙, 키르히호프의 루프의 법칙, 에너지 보전의 원칙이라고도 부른다.

② 하나의 닫힌 루프 안 전압(전위차)의 합은 0이다. 또는 다르게 표현하면, 폐쇄된 회로의 인가된 전원의 합과 분배된 전위의 차의 합은 그 루프 안에서 등가한다.

③ 하나의 루프 안에서 도체에 인가된(걸린) 전압의 대수의 합과 그 루프에 인가한 (공급된) 전체 전원 대수의 합은 같다.

$$\sum_{k=1}^{n} V_k = 0$$

여기서, n : 측정된 전체 전압의 개수

④ **응용** : 이 법칙은 에너지의 인가와 출력, 공급과 소비의 포텐셜장(에너지보유장) 기초 원칙이 된다(루프 안에서의 에너지는 소멸되지 않는다는 가정하에서이다).

⑤ **한계점**
  ㈎ 패러데이의 전자기 유도 법칙은 자기장이 변하는 곳에 있는 도체에 전위차(전압)가 발생한다고 하였다. 실제적으로 전자기장에서는 전하량 보존의 법칙이 성립되지 않는다.
  ㈏ 실질적인 회로의 상태에서는 완전하고 완벽한 폐쇄 회로를 만들 수 없으면, KVL에 존재하는 회로는 존재하지 않는다.

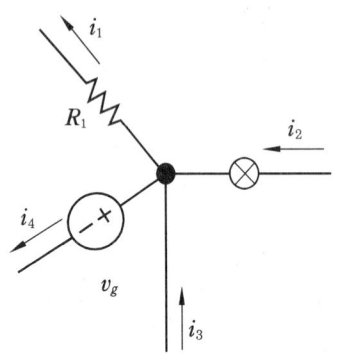

키르히호프의 전하량 보존 법칙(KCL)

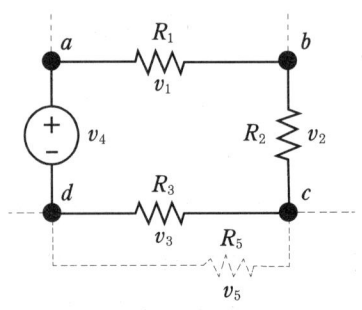

키르히호프의 전압 법칙(KVL) : 루프의 전압의 합은
같다. 즉 0이다. $v_1 + v_2 + v_3 - v_4 = 0$

5-8

쿨롱의 법칙(Coulomb′s law)

(1) 개요

① 쿨롱의 법칙(Coulomb's law) 또는 쿨롱의 힘 법칙(Coulomb force law)이라고
부른다.

② 역제곱 법칙의 하나이며, 샤를 드 쿨롱이 발견했다.

③ 쿨롱의 법칙은 만유인력의 법칙과 유사한 형태이며, 전하를 띤 두 물체 사이에 가
해지는 힘이, 거리의 제곱에 반비례한다.

④ 이는 공간이 3차원일 때 일정한 밀도로 퍼져나가는 전기장이 어떤 거리에서 2차원
면을 이루는 것과 관계가 있다.

(2) 법칙의 설명

① 두 대전된 입자 사이에 작용하는 정전기적 인력이 두 전하의 곱에 비례하고, 두 입
자 사이의 거리의 제곱에 반비례한다는 법칙이다 (단, 두 전하의 부호가 같으면 밀
어내고, 다르면 끌어당긴다).

② 계산식

$$F = k_e \frac{q_1 q_2}{r^2}$$

여기서, F : 힘, k_e : 쿨롱 상수, q_1 및 q_2 : 전하의 크기, r : 두 전하 사이의 거리

③ 쿨롱 힘 상수(Ke)

$$k_e = \frac{1}{4\pi\varepsilon_0} = 8.987551787 \times 10^9$$

$$\approx 9 \times 10^9 \text{ Nm}^2\text{C}^{-2}$$

④ 각각 1C의 크기를 갖는 두 전하가 1m의 거리에 있을 때 발생하는 힘

$$F = 9 \times 10^9 \text{ Nm}^2\text{C}^{-2} \cdot \frac{1C1C}{1\text{m}^2}$$

$$= 9 \times 10^9 \text{N}$$

$$\approx 1000 \times 10^6 \text{ (kg중)} = 100만 \text{ t중}$$

* 각각 1C의 전하량을 갖는 두 점전하가 1m의 거리에 있을 때 발생하는 힘은 10t 트럭 10만 대와 맞먹는다. 이렇게 큰 힘이 기준 단위가 된 것은 전기에 대한 상세한 지식이 없는 시절에 이를 측정 단위로 삼았기 때문이다. 실제 일상생활에서 발생하는 정전기의 전하량은 대략 $\times 10^{-6}$ 에서 $\times 10^{-9}$ 쿨롱 정도에 불과하다.

5-9 **줄의 법칙**(Joule's law)

① 도선에 전류가 흐를 때에, 도체의 불완전성, 유전체 손실, 자성체 손실 등에 의해 발생하는 가열(줄열, Joule Heat)에 대한 법칙을 말한다.
② 도선의 저항과 도선에 흐르는 전류에 의해 열량이 결정된다는 법칙이다.
③ **계산식** : 전류가 t초 동안에 흘러 발생한 열량(줄열)

$$W = i^2 Rt \text{ [J]} = 0.24i^2 Rt \text{ [cal]}$$

④ 전류 에너지가 열에너지로 변환, 방출된다.

예·상·문·제

1. 설비용량 및 수용률이 표와 같은 수용가가 있다. 수용가 상호 간에 부등률을 1.1로 할 때 합성 최대 전력 (kW)은?

수용가	설비용량 (kW)	수용률 (%)
A	160	50
B	150	60
C	100	50

㉮ 150 kW ㉯ 200 kW
㉰ 220 kW ㉱ 242 kW

[해설] 각 설비의 최대 수용 전력의 합
= $160 \times 0.5 + 150 \times 0.6 + 100 \times 0.5$
= 220 kW
따라서, 합성 최대 전력 = $\frac{220}{1.1} = 200$ kW

2. 공기차단기와 SF_6 가스차단기를 비교했을 때, SF_6 가스 차단기의 특징으로 볼 수 없는 것은?

㉮ 같은 압력에서 공기의 2~3배 정도의 절연내력이 있다.
㉯ 차단 시 폭발음이 없다.
㉰ 소전류 차단기이며 이상전압이 높다.
㉱ 아크에 SF_6 가스는 분해되지 않고 무독성이다.

[해설] GCB (Gas Circuit Breaker ; 가스차단기)는 주로 소호 및 절연특성이 뛰어난 SF_6 (육불화황)을 매질로 사용하는 차단기(저소음형으로 154 kV급 이상의 대용량 변전소에 많이 사용함)이다. 단, SF_6는 지구온난화 물질에 속한다.

3. 한류 리액터의 사용 목적은?

㉮ 충전전류의 제한

㉯ 단락전류의 제한
㉰ 누설전류의 제한
㉱ 접지전류의 제한

[해설] 한류 리액터(Current Limiting Reactor, 限流–)는 단락 고장에 대하여 고장 전류를 제한하기 위해서 회로에 직렬로 접속되는 리액터이다. 단락 전류에 의한 기계적 및 열적 장해를 방지하고, 차단해야 할 전류를 제한하여 차단기의 소요 차단 용량을 경감하는 용도로 사용된다. 일반적으로 불변 인덕턴스를 갖는 공심형(空心形) 건식(乾式)이나 또는 유입식이 사용된다.

4. 설비용량 800 kW, 부등률 1.2, 수용률 60 %일 때, 변전시설 용량은 최저 몇 kVA 이상이어야 하는가?(단, 역률은 90 % 이상 유지되어야 한다.)

㉮ 450 kVA ㉯ 500 kVA
㉰ 550 kVA ㉱ 600 kVA

[해설] 각 설비의 최대 수용 전력의 합
= $800 \times 0.6 = 480$ kW
합성 최대 전력 = $\frac{480}{1.2} = 400$ kW
변전시설 필요 용량 = 400 kW/0.9 (역률)
= 444.44
= 약 450 kVA

5. 단상유도전동기와 3상유도전동기를 비교했을 때, 단상유도전동기에 해당되는 특징은 어느 것인가?

㉮ 역률 및 효율이 좋다.
㉯ 중량이 작아진다.
㉰ 기동장치가 필요하다.
㉱ 대용량이다.

정답 1. ㉯ 2. ㉰ 3. ㉯ 4. ㉮ 5. ㉰

6. Y 결선의 전원에서 각 상전압이 220 V일 때 선간전압은?

㉮ 127 V ㉯ 220 V ㉰ 311 V ㉱ 381 V

7. 전력에 관한 설명으로 잘못된 것은?

㉮ 피상전력은 교류의 부하 또는 전원의 용량을 표시하는 전력이다.

㉯ 유효전력이란 전원에서 부하로 실제 소비되는 전력을 말한다.

㉰ 무효전력이란 실제로 아무런 일도 하지 않는 전력을 말한다.

㉱ 역률은 유효전력을 무효전력으로 나누어 계산한다.

[해설] 역률은 유효전력을 피상전력으로 나누어 계산한다.

• 전력 = 유효전력+무효전력

즉, $W = V \cdot I \cdot \cos\theta + j(V \cdot I \cdot \sin\theta)$

여기서, $V \cdot I$: 피상전력(VA)

$$역률 = \frac{유효전력}{피상전력} = \cos\theta$$

8. 역률에 관한 설명으로 잘못된 것은?

㉮ 역률이 낮으면 부하에 동일한 전력을 전달하기 위해 더 많은 전류를 흘려야 한다.

㉯ 인덕턴스가 주성분인 부하에 커패시터를 직렬연결하여 역률을 개선한다.

㉰ 역률 개선은 부하 자체의 역률을 개선한다는 의미가 아니고, 전원의 입장에서 전력에 기여하지 못하는 리액턴스의 전류를 상쇄하여 전원 전류의 크기를 줄이는 것이다.

㉱ 역률 개선용 커패시터를 '진상 콘덴서'라고 한다.

[해설] 인덕턴스가 주성분인 부하에 커패시터를 병렬연결하여 역률을 개선한다.

9. 역률을 80 %에서 95.5 %로 개선하면 18,000 W의 동력부하의 연간 절감액은 얼마인가? (단, kW당 요금은 6000원이라고 가정한다.)

㉮ 약 20만 원 ㉯ 약 25만 원

㉰ 약 30만 원 ㉱ 약 35만 원

[해설] 18 kW × 6000원/kW × (0.955−0.8)
　　　× 12개월 = 200,880원/년

10. 색온도와 연색성에 대한 설명으로 잘못된 것은?

㉮ 색온도는 완전 방사체(흑체)의 분광 복사율 곡선으로 색광의 절대 온도이다.

㉯ 완전 방사체인 흑체는 열을 가하면 금속과 같이 달궈지면서 점점 흑색 → 적색 → 분홍색 → 백색 → 청백색 → 청색을 띠게 된다.

㉰ 백열전구의 빛에는 한색(寒色)의 물체가 선명하게 보이고, 형광등의 빛에는 난색(暖色)의 물체가 선명하게 보인다.

㉱ 연색지수가 100에 가까울수록 자연광(태양광) 광원을 비출 때의 색에 가까워지고, 색이 자연스럽게 보인다.

[해설] 백열전구의 빛에는 주황색이 많이 포함되어 있으므로 그 빛으로 난색계(暖色系)의 물체를 조명하면 선명하게 돋보이는 데 반해 형광등의 빛은 청색부가 많으므로 흰색·한색계(寒色系)의 물체가 선명해 보인다.

11. 변압기에 관한 설명으로 잘못된 것은?

㉮ 하나의 권선에 정격 주파수의 정격전압을 가하고 다른 권선을 모두 개로했을 때의 손실을 무부하손이라고 하며, 대부분은 철심 중의 히스테리시스손과 와전류손으로 구성된다.

㉯ 변압기에 부하전류를 흐르게 함으로써

발생하는 손실을 부하손이라고 하며 권선 중의 저항손, 히스테리시스손, 표류부하손 등으로 구성된다.

㉓ 변압기 손실은 무부하손(철손)과 부하손(동손)의 합이라고 할 수 있다.

㉣ 변압기 효율은 아래와 같이 계산한다.

변압기 효율

$$= \frac{출력}{출력 + (철손 + 동손)} \times 100 \,\%$$

[해설] 변압기에 부하전류를 흐르게 함으로써 발생하는 손실을 부하손이라고 하며 권선 중의 저항손 및 와전류손, 구조물/외함 등에 발생하는 표류부하손 등으로 구성된다.

12. '부등률'에 대한 설명으로 맞는 것은?

㉮ 평균 수용 전력을 최대 수용 전력으로 나눈 것의 100분율 값이다.

㉯ 최대 수용 전력을 설비용량으로 나눈 것의 100분율 값이다.

㉰ 부하 각각의 최대 수용 전력의 합을 합성 최대 수용 전력으로 나눈 것이다.

㉱ 최대 수용 전력을 변압기 용량으로 나눈 것의 100분율 값이다.

[해설] ㉮는 부하율에 대한 설명이고, ㉯는 수용률에 대한 설명이다.

13. 고효율 변압기와 가장 거리가 먼 것은?

㉮ 레이저 코어 변압기

㉯ 아몰퍼스 변압기

㉰ 콘서베이터 취부 변압기

㉱ 자구미세화 규소강판 변압기

[해설] 콘서베이터(Conservator) 취부 변압기는 내부에 공기주머니(Air Cell)를 넣어 절연유를 공기로부터 차단해 절연유의 열화를 방지해주는 방식의 변압기이다.

14. 플레밍의 법칙에 관한 설명 중 잘못된 것은?

㉮ 플레밍의 오른손법칙은 전자유도에 의해서 생기는 유도전류의 방향을 나타내는 법칙이다.

㉯ 플레밍의 왼손법칙은 전류가 흐르는 도선이 자기장 속을 통과해 힘을 받을 때 힘의 방향에 관한 법칙이다.

㉰ 플레밍의 오른손법칙은 전동기의 원리로 사용될 수 있다.

㉱ 앙페르의 오른나사의 법칙을 이용하여 전류에 의해서 생기는 자계의 방향을 찾아낼 수 있다.

[해설] 플레밍의 오른손법칙은 발전기의 원리이고, 왼손법칙은 전동기(모터)의 원리이다.

15. 유도전동기의 기동방식에 관한 설명으로 적절하지 못한 것은?

㉮ Y-△기동방식이란 △결선으로 운전하는 전동기를 기동 시만 Y로 결선을 하여 기동전류를 직입 기동 시의 $1/\sqrt{3}$ 으로 줄인다.

㉯ 콘돌파기동은 단권변압기를 사용해서 전동기에 인가 전압을 낮추어서 기동하는 방식이다.

㉰ 리액터기동은 전동기의 1차 측에 리액터를 넣어 기동 시 전동기의 전압을 리액터의 전압 강하분만큼 낮추어서 기동하는 방식이다.

㉱ 인버터 기동방식은 기동 시뿐만 아니라, 운전 중에도 회전수 및 전류제어를 지속적으로 행할 수 있는 방식이다.

[해설] Y-△기동방식이란 △결선으로 운전하는 전동기를 기동 시만 Y로 결선을 하여 기동전류를 직입 기동 시의 1/3로 줄인다.

정답 12. ㉰ 13. ㉰ 14. ㉰ 15. ㉮

16. 어떤 전동기가 삼상 380 V로 운전되고 있으며, 선전류 10 A, 무효전력이 4,000 Var이었다면 역률은 얼마인가? (단, 소수 둘째자리에서 반올림한다.)

㉮ 75.4 %   ㉯ 77.4 %

㉰ 79.4 %   ㉱ 81.4 %

해설 • 삼상부하에서 피상전력

$$= \sqrt{3}\ VI = \sqrt{3} \times 380 \times 10 = 6{,}581.8\ \text{VA}$$

• 유효전력 $= \sqrt{(\text{피상전력}^2 - \text{무효전력}^2)}$

$$= \sqrt{(6{,}581.8^2 - 4{,}000^2)} = 5{,}227\ \text{W}$$

$$\text{역률} = \frac{\text{유효전력}}{\text{피상전력}} = \frac{5{,}227\text{W}}{6{,}581.8\text{VA}} = 79.416$$

17. 어느 변압기의 철손이 700 W, 동손이 2800 W일 때 이 변압기의 최적 부하율(최고효율로 운전 시의 부하율)은?

㉮ 50 %   ㉯ 60 %

㉰ 70 %   ㉱ 80 %

해설 최적 부하율 $m = \sqrt{\dfrac{700}{2800}} = 0.5$

18. 삼상 배전선로상에 역률 85 %, 소비전력 250 kW의 삼상 유도전동기가 운전되고 있다. 여기에 진상 콘덴서를 설치하여 선로의 손실을 최소화하려면 어떤 용량의 콘덴서를 설치하여야 하는가?

㉮ 약 105 kVA   ㉯ 약 125 kVA

㉰ 약 145 kVA   ㉱ 약 155 kVA

해설 • 유효전력 : 250 kW

• 피상전력 $= \dfrac{\text{유효전력}}{\text{역률}} = \dfrac{250}{0.85} = 294$ kW

• 무효전력 $= \sqrt{(294^2 - 250^2)} = 154.7$ kW

19. 분전반에서 60 m 거리에 있는 단상 220 Volt(단상 2선식)의 10 kW 전열기가

설치되어있다. 이 회로의 전압강하를 5 Volt 이하로 하고자 한다면 전선의 공칭 굵기를 얼마로 해야 하는가?

㉮ 6.0 mm²   ㉯ 10 mm²

㉰ 16 mm²   ㉱ 25 mm²

해설 • 전류 $= \dfrac{\text{소비전력}}{\text{전압}} = \dfrac{10000}{220} = 45.45$ A

• 단상 220 Volt (단상 2선식)에서, 전선 굵기

$$= \frac{35.6 \times 60 \times 45.45}{(1000 \times 5)} = 19.42\ \text{mm}^2 \text{ 이상}$$

20. 수용가 인입구의 전압이 22.9 kV, 주 차단기의 차단용량이 250 MVA이며, 10 MVA, 22.9 kV/380 V 변압기의 임피던스가 5.5 %일 때, 변압기 2차 측에 필요한 차단기 용량은?

㉮ 100 MVA   ㉯ 150 MVA

㉰ 200 MVA   ㉱ 250 MVA

해설 • 기준 base를 10 MVA로 할 때, 전원 측 임피던스는

$$Ps = \frac{100}{\%Zs} \times Pn \text{에서,}$$

$$\%Zs = \frac{(Pn \times 100)}{Ps} = \frac{(10 \times 100)}{250} = 4\ \%$$

• 변압기 2차 측까지의 합성 임피던스

$\%Z = \%Zs + \%Ztr = 4 + 5.5 = 9.5\ \%$

• 단락용량

$$Ps = \frac{100}{\%Z} \times Pn = \frac{100}{9.5} \times 10$$

$$= 105.26\text{MVA}$$

∴ 차단용량은 단락용량보다 커야 하므로 '150 MVA'를 선정

21. 165 W의 태양전지(5 A, 33 V)가 10개 직렬, 30개 병렬로 설치된 PV어레이에서 파워컨디셔너 설치 위치까지의 거리가 50 m, 전선의 단면적이 50 mm²일 때 전압강하율은 몇 %인가?

정답 16. ㉰   17. ㉮   18. ㉱   19. ㉱   20. ㉯   21. ㉮

㉮ 1.6 %　　　㉯ 2.6 %

㉰ 3.8 %　　　㉱ 4.8 %

해설 ① 최대 출력 전류 및 전압 계산
- 최대 출력 전류 $I = 5 \times 30 = 150$ A
- 최대 출력 전압 $E = 33 \times 10 = 330$ V

② 전압강하 (e)를 계산하면,

$$e = \frac{35.6 \times L \times I}{1000 \times A} = \frac{35.6 \times 50 \times 150}{1000 \times 50}$$
$$= 5.34 \text{ V}$$

③ 전압강하율

$$= \frac{5.34}{(330 - 5.34)} \times 100 = 1.64 \%$$

22. 유도전동기의 기동방식 중 단권변압기를 사용해서 전동기에 인가 전압을 낮추어서 기동하는 방식은?

㉮ Y-△ 기동방식　㉯ 콘돌파 기동방식

㉰ 리액터 기동방식　㉱ 직입 기동방식

23. 기동방식 중 유도전동기의 기동방식에 속하지 않는 것은?

㉮ 컨버터 기동방식

㉯ 1차저항 기동방식

㉰ 인버터 기동방식

㉱ 전전압 기동방식

해설 유도전동기의 기동방식에는 크게 전전압(직입) 기동, 감압 기동($Y-\Delta$기동), 콘돌파기동, 리액터 기동, 1차저항 기동, 인버터 기동방식 등이 있다.

24. 선로정수에 포함되지 않는 것은?

㉮ 저항　　　㉯ 리액턴스

㉰ 정전용량　㉱ 누설 컨덕턴스

해설 선로정수(Line Constant)는 전선(電線)이 내포하고 있는 R(저항), L(인덕턴스), G(누설 컨덕턴스), C(정전용량)의 4가지 특성을 말한다.

25. 냉온수기(냉각수 순환용 ; 20 kW) 펌프의 현재 역률을 0.8에서 0.95로 높일 때 설치해야 할 콘덴서 용량(kVA)은?

㉮ 6.4　　　㉯ 7.4

㉰ 8.4　　　㉱ 9.4

해설 진상 콘덴서를 설치해서 역률을 $\cos\theta$로부터 $\cos\phi$로 개선하는 데에 요하는 콘덴서 용량 Q[kVA]는

$$Q = P\left(\frac{\sqrt{1-\cos^2\theta_1}}{\cos\theta_1} - \frac{\sqrt{1-\cos^2\theta_2}}{\cos\theta_2}\right)$$
$$= 20 \times \left(\frac{\sqrt{1-0.8^2}}{0.8} - \frac{\sqrt{1-0.95^2}}{0.95}\right)$$
$$= 8.426 \text{ kVA}$$

제2편 태양광발전 시스템 설계

제1장 | 태양광발전 시스템 기획

1-1 부지 선정 방법

(1) 부지 선정 시 고려사항

① **지정학적 조건**

(가) 일조량 및 일조시간이 풍부하고 변동이 적을 것

(나) 적설량이 적을 것

(다) 기후 편차가 적을 것

(라) 음영이 없고, 남향일 것 (일조시간 확보에 유리)

② **설치 시 주변환경 및 운영상의 조건**

(가) 호우, 홍수, 태풍, 기타 재연재해의 발생 가능성이 적을 것

(나) 수목이 생장하면서 발생하는 악영향이 없을 것

(다) 공해, 대기오염, 염해가 적을 것

(라) 보안상 문제가 없을 것

(마) 설치 시나 운용 시 전기, 가스, 상수도의 공급성이 좋을 것

(바) 접근이 용이할 것 (설치자재나 서비스자재의 운송)

③ **자연환경 요소상의 검토사항**

(가) 생태자연도 및 녹지자연도

(나) 지반, 지질 및 경사도 등의 지형에 대한 검토

(다) 주변 토지의 이용 현황

(라) 주변 경관과의 조화 여부

④ **인허가상 조건** : 발전사업 허가, 개발행위 허가 취득 및 사전 환경성 검토, 지역 및 토지용도 관련하여 법령상 문제 없을 것

⑤ **계통연계 검토**

(가) 송배전 전기설비(저압선, 특고압선) 이용 가능성 검토

(나) 계통 전기 인입선로의 위치 검토

⑥ **경제성 검토** : 부지 매입비, 기타 부대공사비 등의 측면에서 경제성 검토

⑦ **기타** : 법규나 민원발생 등 공사 진행에 문제 없을 것

(2) 태양광 부지 선정 절차

후보지 선정 → 토지현황 파악 → 법적사항 검토 → 용량 기획 → 경제성 검토 → 부지 소유자와 협의 → 계약

① 후보지 선정

㈎ 예상 후보지 선정 : 사업 목적과 발전 가능성에 따른 예상 후보지 선정

㈏ 지역 정보 수집 : 일조량 및 일조시간, 전기 사용밀도, 지자체 지원여부 등 파악

㈐ 현장조사 : 공부(公簿 ; 지적도, 토지대장, 등기부등본 등)를 기준으로 소유주, 표고, 경사, 녹지, 생태, 경관, 개발제한구역 여부 등 파악

② 토지현황 파악 : 현재의 토지 이용 실태, 진입로, 주변여건, 기후, 민원발생 여부, 기타 사회적 인프라 현황 등 파악

③ 법적사항 검토 : 발전소 건설에 제반 법적 문제가 없는지 확인

④ 용량 기획 : 계획된 발전소 건설 용량에 만족하는지 확인

⑤ 경제성 검토 : 초기투자비, 유리관리 비용 등을 기준으로 경제성(회수연수)을 검토하여 경제적 측면의 사업 타당성 검토

⑥ 부지 소유자와 협의 : 최종적으로 부지 소유자와 계약조건 등을 협의

⑦ 계약 : 계약 체결

(3) 부지 측량의 목적

① 부지의 고저차 파악

② 설치 가능한 태양전지 모듈의 수량 결정

③ 최소한의 토목공사를 위한 시공기면의 결정

④ 실제 부지의 지적도상의 오차 파악

(4) 수상 태양광발전소 부지 선정 시 주요 고려사항

① 수위 변화 : 5 m 이상 유지

② 홍수 시에도 유속 0.5 m/s 이하 유지

③ 취수나 방류의 영향

④ 구조물의 고정 방안

⑤ 염해에 의한 부식

⑥ 담수호의 동결 영향

⑦ 안정적인 전력 전송망

⑧ 시공성, 경제성 여부

⑨ 부유물 유입의 영향 및 청소 대책

⑩ 보안 및 접근 통제

⑪ 지역 농어민의 민원 해소 방안 등

(5) 부지 진입로 개설을 위한 고려사항

① 인접도로와의 연결 여부

② 사도 개설을 위한 허가조건

③ 진입로 루트의 용이성

④ 진입로의 규모

⑤ 경사도

⑥ 경제성 등

(6) 연약지반 판정

① **지반의 N치** : 63.5 kg의 해머를 76 cm 높이에서 자유낙하시켜 로드 선단의 샘플러를 지반 30 cm에 박아넣는 데 필요한 타격 횟수를 의미하며, 지반의 특성을 판별하는 데 주요한 기준이 될 수 있음(표준 관입시험)

② **일축 압축강도**(kN/m²) : 연직 방향의 일축 압축력을 받을 때 재료가 견디는 강도값

③ **콘 관입저항력**(kN/m²) : 원추 모양의 콘의 관입저항으로 지반의 단단함, 다짐 정도 등을 조사하는 시험인 '콘 관입시험'에 의해 측정된 값

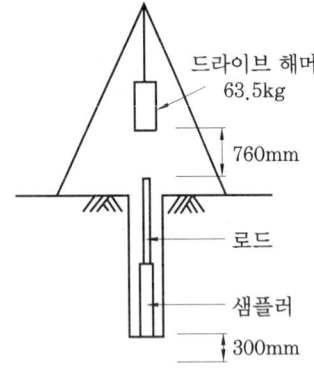

콘시스턴시	N 치	일축압축강도 q_u [kgf/cm²]
매우 연약함	< 2	< 0.27
연약함	2~4	0.27~0.54
중간 정도	4~8	0.54~1.08
단단함	8~15	1.08~2.15
매우 단단함	15~30	2.15~4.31
고결화 상태	> 30	> 4.3

표준 관입시험 　　　　　 지반 콘시스턴시

(7) 연약지반 개량공법

지반을 직접 또는 간접적으로 강화, 안정시키는 공법으로 치환개량공법, 주입공법, 선행재하공법, 연직배수공법, 전기침투공법, 소결공법, 동결공법 등이 있다.

주요공법	내　용
치환공법	연약층의 일부 또는 전부를 제거하여 양질의 토사로 치환하는 공법
선행재하공법	지반에 미리 설계하중 이상의 하중을 재하(성토)하여 압밀을 촉진시키는 공법
연직배수공법	지중에 적당한 간격으로 연직방향의 모래기둥, 페이퍼, 플라스틱 등 배수재를 설치하여 수평방향 배수거리를 단축하여 압밀을 촉진시키는 공법, 선행재하공법과 병행
모래다짐공법	지중에 모래 또는 쇄석의 다짐말뚝을 만들어 탈수 촉진, 다짐, 모래기둥 등으로 지반의 지지력을 증가시키는 공법
동다짐, 동압밀공법	진동기나 중량의 추를 낙하시켜 지반을 다지는 공법, 사질토-동다짐공법, 점성토-동압밀공법
약액주입공법	생석회, 시멘트밀크, 물유리 등의 약액을 연장지층에 주입시켜 지반강도를 증가시키는 공법

1-2　일사량과 일조량

(1) 일사량

① 일사량은 일정기간의 일조강도(에너지)를 적산한 것을 의미한다 ($kWh/m^2 \cdot day$, $kWh/m^2 \cdot year$, $MJ/m^2 \cdot year$ 등).

② 일사량은 대기가 없다고 가정했을 때의 약 70 %에 해당된다.

③ 일사량은 하루 중 남중시에 최대가 되고, 일 년 중에는 하지경이 최대가 된다.

④ 보통 해안지역이 산악지역보다 일사량이 많다.

⑤ 국내에서 일사량을 계측 중인 장소는 22개로 20년간 평균치를 기상청이 보유하고 있다.

(2) 일조량

① 일조량도 일사량과 유사한 의미로 사용되고 있다.

② 일조강도(일사강도, 복사강도)는 단위 면적당 일률 개념으로 표현하며, W/m^2의 단위를 사용한다.

③ **태양상수** : 일조강도의 평균값으로서 1,367 W/m^2이다.

④ **일조량의 구분**

　㈎ 직달 일조량 : 지표면에 직접 도달하는 일사강도를 적산한 것

　㈏ 산란 일조량 : 햇빛이 대기 중을 지날 때 공기분자, 구름, 연무, 안개 등에 의해

산란된 일조 강도량

㈐ 경사면 일조량 (총일조량) : 경사면이 받는 직달 일사량과 산란 일조량의 적산값
을 합한 것

㈑ 수평면 일조량 (전일조량) : 지표면에 직접 도달한 직달 일조량과 산란 일조량의
적산값을 합한 것

(3) 일조율

$$일조율 = \frac{일조시간}{가조시간} \times 100\,\%$$

㊅ 1. 일조시간 : 구름, 먼지, 안개 등의 방해 없이 지표면에 태양이 비친 시간
　2. 가조시간(可照時間, Possible Duration of Sunshine) : 태양에서 오는 직사광선, 즉 일
　조(日照)를 기대할 수 있는 시간 또는 해 뜨는 시각부터 해 지는 시각까지의 시간을 말한다.

(4) 방위각, 경사각 및 남중고도각

① **방위각** : 어레이와 정남향과 이루는 각 (발전시간 내 음영 발생 없을 것)
② **경사각** : 어레이와 지면이 이루는 각 (적설 고려, 경사각 이격거리 확보)

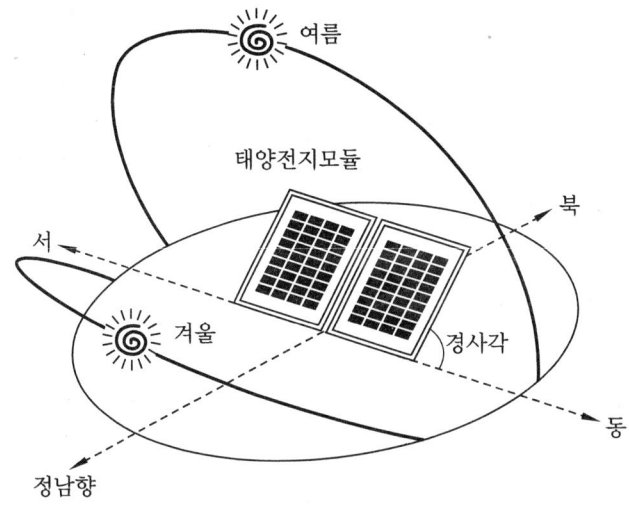

③ **남중고도각**

㈎ 하지 시 : 90° − (위도 − 23.5°)　　　㈏ 동지 시 : 90° − (위도 + 23.5°)

㈐ 춘 · 추분 시 : 90° − 위도

▶ **태양의 적위** : 태양이 지구의 적도면과 이루는 각을 말하며, 춘분과 추분일 때 0°, 하지일 때 +23.5°,
동지일 때 −23.5° 임

(5) 태양복사에너지 결정요소

① **천문학적 요소** : 태양과 지구의 거리, 태양의 천정각, 관측지점의 고도, 알베도 (일사가 대기나 지표에 반사되는 비율, 약 30 %)

② **대기 요소** : 구름, 먼지, 안개, 수증기, 에어로졸 등

(6) 음영각

① **수직음영각** : 태양의 고도각이며, 지면의 그림자 끝 지점과 장애물의 상부를 이은 선이 지면과 이루는 각도

② **음영각** : 수평면상 하루 동안 (일출~일몰)의 그림자가 이동한 각도

③ 연중 입사각이 가장 작은 동지의 오전 9시부터 오후 3시까지 태양광 어레이에 그늘이 생기지 않도록 해야 한다.

(7) 대지이용률

① 어레이 경사각이 작을수록 대지이용률이 증가한다.

② 경사면을 이용할 경우 대지이용률이 증가한다.

③ 어레이 간 이격거리가 증가할수록 대지이용률이 감소한다.

④ 대지이용률$(f) = \dfrac{모듈의\ 경사\ 길이}{이격거리}$

(8) 신태양궤적도

① 종래의 태양궤적도는 균시차를 고려하여 진태양시의 환산작업이 필요하므로 사용상 번거롭고 많은 오차가 있을 수 있었다.

② 따라서 균시차를 고려한 신태양궤적도를 사용하는 것이 편리하다.

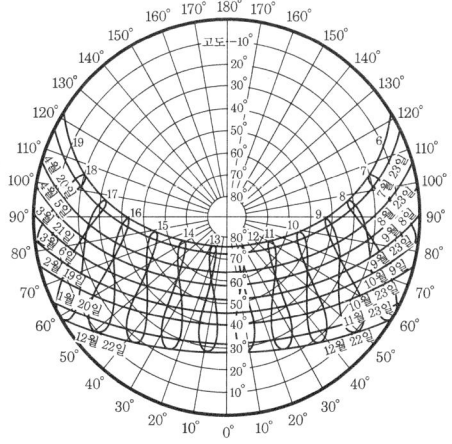

신태양궤적도 (서울)

(9) 신월드램 태양궤적도

① 신월드램 태양궤적도는 관측자가 천구상의 태양경로를 수직 평면상의 직교좌표로
나타낸 것이다.

② 태양의 궤적을 입면상에 그릴 수 있기 때문에 매우 이해하기 쉽고 편리하다.

③ 실용 면에서 태양열 획득을 위한 건물의 향, 외부공간 계획, 내부의 실 배치, 창 및
차양장치, 식생 및 태양열 집열기의 설계 등에 특히 많이 사용된다.

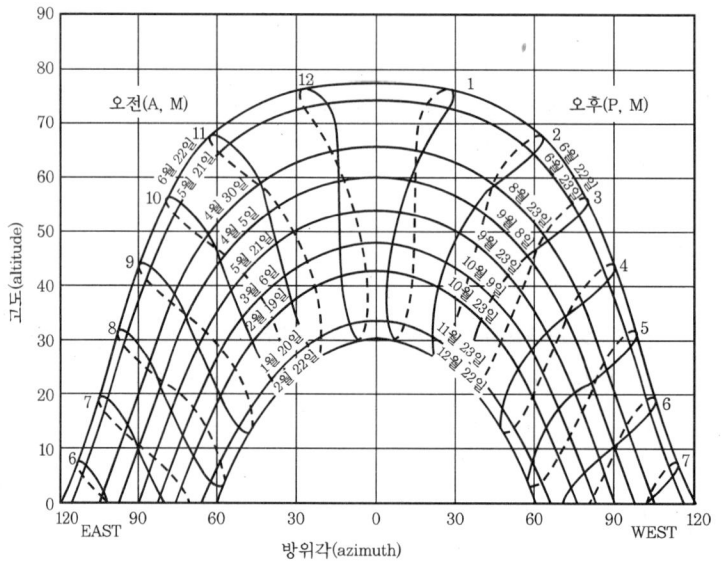

신월드램 태양궤적도(서울)

1-3 경제성 분석방법

(1) 발전원가 구성

① 초기투자비

㉮ 주설비 : PV모듈, PCS, 지지장치 등

㉯ 계통연계 : 수배전설비, 모니터링 및 자동제어설비

㉰ 공사비 : 기초공사, 지지대, 전기공사, 잡자재, 안전시설 등

㉱ 토지비용 : 토지 구입비

㉲ 기타 : 인허가 용역, 설계, 감리, 검사비용 등

② 유지관리비

> 연간 유지관리비＝법인세 및 제세＋보험료＋운전유지 및 수선비

여기서, 법인세 및 보험료 : 초기투자비용×요율(%)

운전유지 및 수선비 : 초기투자비용×1(%)

③ 공사비 원가 계산서(공사비 내역서의 각 항목를 집계한 '공사비 집계표'를 기준)

- 순 공사원가 ＝ 재료비＋직·간접 노무비＋직·간접 경비
- 공급가액 ＝ 총원가(순 공사원가＋일반관리비＋이윤)＋손해보험료(총원가×손해보험요율)
- 총 공사비 ＝ 총원가(순 공사원가＋일반관리비＋이윤)＋손해보험료＋부가가치세 (공급가액×1.1)

주 ➜ 순 공사비의 경비 중
- 산재보험료 ＝ 노무비×산재보험요율
- 고용보험료 ＝ 노무비×고용보험요율
- 건강보험료 ＝ 직접노무비×건강보험요율
- 연금보험료 ＝ 직접노무비×연금보험요율
- 노인장기요양보험료 ＝ 건강보험료×적용요율

---

④ 발전원가 계산

$$발전원가 = \frac{\dfrac{초기투자비용}{설비수명연한} + 연간 \ 유지관리비}{연간 \ 총 \ 발전량(kWh)}$$

(2) 순 현가(순 현재가치법, NPV ; Net Present Value)

① 순 현가가 "0"보다 작으면 사업안 기각, "0"보다 크면 타당한 사업으로 판단한다.

② 여러 개의 투자안 중 한 개의 안을 선정할 때에는 "0"보다 큰 투자안 중 NPV가 가장 큰 투자안을 선택한다.

$$NPV = \sum \frac{B_i}{(1+r)^i} - \sum \frac{C_i}{(1+r)^i}$$

여기서, B_i : 연차별 총편익, C_i : 연차별 총비용, i : 기간

r : 할인율(미래의 가치를 현재의 가치와 같게 하는 비율)

(3) 비용 · 편익비 분석(BCR ; Benefit-Cost Ratio, B/C Ratio)

① 비용 · 편익비는 투자로부터 기대되는 총편익의 현가를 총비용의 현가로 나눈 값을 의미한다.

② B/C가 1.0보다 크면 경제성 측면에서 사업성이 높은 것으로 평가할 수 있다.

$$\text{B/C Ratio} = \frac{\sum \dfrac{B_i}{(1+r)^i}}{\sum \dfrac{C_i}{(1+r)^i}}$$

(4) 내부수익률 (IRR)

① 투자로부터 기대되는 총편익의 현가와 총비용의 현가를 같게 하는 할인율을 말한다.

② 즉, 어떤 사업의 순현재가치(NPV)를 '0'으로 만들어 평가할 때의 '할인율'을 말한다.

③ IRR이 r보다 크면 사업의 경제성이 있다.

$$\sum \frac{B_i}{(1+r)^i} = \sum \frac{C_i}{(1+r)^i}$$

(5) 재료 할증률(표준품셈)

종 류	할증률 (%)	철거손실률 (%)
옥외전선	5	2.5
옥내전선	10	−
Cable (옥외)	3	1.5
Cable (옥내)	5	−
전선관배관	10	−
Trolley 선	1	−
동대, 동봉	3	1.5
애자류 100개 미만	5	2.5
100개 이상	4	2
200개 이상	3	1.5
500개 이상	1.5	0.75
1,000개 이상	1	0.5
전선로 철물류 100개 미만	3	6
100개 이상	2.5	5
200개 이상	2	4
500개 이상	1.5	3
1,000개 이상	1	2
조가선 (철 · 강)	4	4
합성수지파형전선관 (파상형 경질 폴리에틸렌 전선관)	3	−

주 1. 재료의 할증률 : 시방 및 도면 등에 의해 산출된 재료의 정미량에 재료의 운반, 절단, 가공 및 시공 중에 발생되는 손실량을 가산해주는 비율(%)
   2. 철거손실률 : 전기설비공사에서 철거작업 시 발생하는 폐자재를 환입할 때 재료의 파손, 망실 및 일부 부식 등에 의한 손실률

1-4 분산형 전원 배전계통 연계

(1) 배전선로의 계통연계

① 500 kW 미만의 발전전력용량은 저압 배전선로와 연계할 수 있다.
② 500 kW 이상인 경우는 특고압 배전선로와 연계할 수 있다.

(2) 분산형 전원 배전계통 연계 기술 기준

① **전기방식** : 연계하고자 하는 계통의 전기방식과 동일하여야 한다.

② **공급전압 안전성 유지** : 연계 지점의 계통전압을 조정해서는 안 된다.

③ **계통접지** : 계통에 연결되어있는 설비의 정격을 초과하면 안 된다.

④ **동기화** : 연계지점의 계통전압이 4% 이상 변동하지 않도록 계통에 연계한다.

⑤ **상시 전압변동률과 순시 전압변동률**

(가) 저압 일반선로에서 분산형 전원의 상시 전압변동률은 3%를 초과하지 않아야 한다.

(나) 저압계통의 경우, 계통병입 시 돌입전류를 필요로 하는 발전원에 대해서 계통병입에 의한 순시 전압변동률이 6%를 초과하지 않아야 한다.

(다) 특고압 계통의 경우, 분산형 전원의 연계로 인한 순시 전압변동률은 발전원의 계통 투입, 탈락 및 출력변동 빈도에 따라 다음 표에서 정하는 허용기준을 초과하지 않아야 한다.

변동빈도	순시 전압변동률
1시간에 2회 초과 10회 이하	3%
1일 4회 초과, 1시간에 2회 이하	4%
1일에 4회 이하	5%

주 1. 분산형 전원의 전기품질 관리항목 : 직류 유입 제한, 역률(90% 이상), 플리커, 고조파
   2. 분산형 전원을 한전계통에 연계 시 생산된 전력의 전부 또는 일부가 한전계통으로 송전되는 병렬 형태를 '역송병렬'이라고 부른다.

발전용량 혹은 분산형 전원 정격용량 합계(kW)	주파수 차 (Δf, Hz)	전압 차 (ΔV, %)	위상각 차 ($\Delta \phi$, °)
1~500 이하	0.3	10	20
500 초과~1,500 이하	0.2	5	15
1,500 초과~20,000 미만	0.1	3	10

⑥ 가압되어있지 않은 계통에서의 연계는 금지한다.

⑦ **측정감시** : 분산형 전원 발전설비의 용량이 250 kVA 이상이면, 연계지점의 연결 상태, 유효전력, 무효전력과 전압을 측정하고 감시할 수 있어야 한다.

⑧ **분리장치** : 분산형 전원 발전설비와 계통연계지점 사이에 설치한다.

⑨ **계통연계 시스템의 건전성**

  ㈎ 전자장 장해로부터의 보호

  ㈏ 서지 보호기능

⑩ **계통 이상 시 분산형 전원 발전설비 분리**

  ㈎ 계통 고장, 또는 작업 시 역충전 방지

  ㈏ 전력계통 재폐로 협조

  ㈐ 전압 : 계통에서 비정상 전압상태가 발생할 경우 분산형 전원 발전설비를 전력계통에서 분리

전압범위(기준전압에 대한 비율)	분리시간
$V < 50\%$	0.16초
$50 \leq V < 88\%$	2.0초
$110 < V < 120\%$	1.0초
$V \geq 120\%$	0.16초

㈜ 1. 기준전압은 계통의 공칭전압을 말한다.

2. 분리시간이란 비정상 상태의 시작부터 분산형 전원의 계통가압 중지까지의 시간을 말한다. 최대용량 30 kW 이하의 분산형 전원에 대해서는 전압 범위 및 분리시간 정정치가 고정되어있어도 무방하나, 30 kW를 초과하는 분산형 전원에 대해서는 전압범위 정정치를 현장에서 조정할 수 있어야 한다. 상기 표의 분리시간은 분산형 전원용량이 30 kW 이하일 경우에는 분리시간 정정치의 최댓값을, 30 kW를 초과할 경우에는 분리시간 정정치의 초기값 (default)을 나타낸다.

  ㈑ 계통 재병입 : 계통 이상발생 복구 후 전력계통의 전압과 주파수가 정상상태로 5분간 유지되지 않으면 분산형 전원 발전설비를 계통에 연결하지 않음

⑪ 전력품질

(가) 직류전류 계통유입 한계 : 최대전류의 0.5 % 이상의 직류전류를 유입하여서는 안 된다.

(나) 역률

㉮ 분산형 전원의 역률은 90 % 이상으로 유지함을 원칙으로 한다. 다만, 역송병렬로 연계하는 경우로서 연계계통의 전압 상승 및 강하를 방지하기 위하여 기술적으로 필요하다고 평가되는 경우에는 연계계통의 전압을 적절하게 유지할 수 있도록 분산형 전원 역률의 하한값과 상한값을 사용자 측과 협의하여 정할 수 있다.

㉯ 분산형 전원의 역률은 계통 측에서 볼 때 진상역률(분산형 전원 측에서 볼 때 지상역률)이 되지 않도록 함을 원칙으로 한다.

㉰ 플리커(Flicker) : 분산형 전원은 빈번한 기동·탈락 또는 출력변동 등에 의하여 한전계통에 연결된 다른 전기사용자에게 시각적인 자극을 줄만한 플리커나 설비의 오동작을 초래하는 전압요동을 발생시켜서는 안 된다.

㉱ 고조파 전류는 10분 평균한 40차까지의 종합 전류 왜형률이 5 %를 초과하지 않도록 각 차수별로 3 % 이하로 제어해야 한다.

㉲ 고조파 전류의 비율

고조파 차수	$h<11$	$11 \le h < 17$	$17 \le h < 23$	$23 \le h < 35$	$35 \le h$	TDD
비율	4.0	2.0	1.5	0.6	0.3	5.0

㉳ 짝수 고조파는 각 구간별로 홀수 고조파의 25 % 이하로 한다.

⑫ 단독운전 방지(Anti-Islanding) : 연계계통의 고장으로 단독운전상 분산형 전원 발전설비는 이러한 단독운전 상태를 빨리 검출하여 전력계통으로부터 분산형 전원 발전설비를 분리시켜야 한다(최대한 0.5초 이내).

⑬ 보호협조의 원칙 : 분산형 전원의 이상 또는 고장 시 이로 인한 영향이 연계된 한전계통으로 파급되지 않도록 분산형 전원을 해당 계통과 신속히 분리하기 위한 보호협조를 실시하여야 한다.

⑭ 태양광발전 계통 : 태양전지 어레이, 접속반, 인버터, 원격모니터링, 변압기, 배전반 등으로 구성된다.

주 ➔ **분산형 전원 연계요건 및 연계의 구분(한국전력 기준)**

1. 분산형 전원을 계통에 연계하고자 할 경우, 공공 인축과 설비의 안전, 전력공급 신뢰도 및 전기품질을 확보하기 위한 기술적인 제반 요건이 충족되어야 한다.

2. 한전 기술요건을 만족하고 한전계통 저압 배전용변압기의 분산형 전원 연계가능 용량에 여유가 있을 경우, 저압 한전계통에 연계할 수 있는 분산형 전원의 용량은 다음과 같이 구분한다.

   ① 분산형 전원의 연계용량이 500 kW 미만이고 배전용변압기 누적연계용량이 해당 배전용변압기 용량의 50 % 이하인 경우 다음 각 목에 따라 해당 저압계통에 연계할 수 있다. 다만, 분산형 전원의 출력전류의 합은 해당 저압 전선의 허용전류를 초과할 수 없다.

   ㈎ 분산형 전원의 연계용량이 연계하고자 하는 해당 배전용변압기(지상 또는 주상) 용량의 25 % 이하인 경우 다음 각 목에 따라 간소검토 또는 연계용량 평가를 통해 저압 일반선로로 연계할 수 있다.

   ㉮ 간소검토 : 저압 일반선로 누적연계용량이 해당 변압기 용량의 25 % 이하인 경우
   ㉯ 연계용량 평가 : 저압 일반선로 누적연계용량이 해당 변압기 용량의 25 % 초과 시, 한전에서 정한 기술요건을 만족하는 경우

   ㈏ 분산형 전원의 연계용량이 연계하고자 하는 해당 배전용변압기(주상 또는 지상) 용량의 25 %를 초과하거나, 한전에서 정한 기술요건에 적합하지 않은 경우 접속설비를 저압 전용선로로 할 수 있다.

   ② 배전용변압기 누적연계용량이 해당 변압기 용량의 50 %를 초과하는 경우 연계할 수 없다. 다만, 한전이 해당 저압계통에 과전압 혹은 저전압이 발생될 우려가 없다고 판단하는 경우에 한하여 해당 배전용변압기에 연계가 가능하다. 다만, 배전용변압기 누적연계용량은 해당 배전용변압기의 정격용량을 초과할 수 없다.

   ③ 분산형 전원의 연계용량이 500 kW 미만인 경우라도 분산형 전원 설치자가 희망하고 한전이 이를 타당하다고 인정하는 경우에는 특고압 한전계통에 연계할 수 있다.

   ④ 동일 번지 내에서 개별 분산형 전원의 연계용량은 500 kW 미만이나 그 연계용량의 총합은 500 kW 이상이고, 그 소유나 회계주체가 각기 다른 복수의 단위 분산형 전원이 존재할 경우에는 각각의 단위 분산형 전원을 저압 한전계통에 연계할 수 있다. 다만, 각 분산형 전원 설치자가 희망하고, 계통의 효율적 이용, 유지보수 편의성 등 경제적·기술적으로 타당한 경우에는 대표 분산형 전원 설치자의 발전용 변압기 설비를 공용하여 특고압 한전계통에 연계할 수 있다.

3. 한전 기술요건을 만족하고 한전계통 변전소 주변압기의 분산형 전원 연계가능 용량에 여유가 있을 경우, 특고압 한전계통에 연계할 수 있는 분산형 전원의 용량은 다음과 같이 구분한다.

   ① 분산형 전원의 연계용량이 10,000 kW 이하로 특고압 한전계통에 연계되거나 500 kW 미

만으로 전용변압기를 통해 한전계통에 연계되고 해당 특고압 일반선로 누적연계용량이 해당
선로의 상시운전용량 이하인 경우 다음 각 목에 따라 해당 특고압 계통에 연계할 수 있다.
다만, 분산형 전원의 출력전류의 합은 해당 특고압 전선의 허용전류를 초과할 수 없다.

 ㉮ 간소검토 : 주변압기 누적연계용량이 해당 주변압기 용량의 15 % 이하이고, 특고압 일반
  선로 누적연계용량이 해당 특고압 일반선로 상시운전용량의 15 % 이하인 경우 간소검토
  용량으로 하여 특고압 일반선로에 연계할 수 있다.

 ㉯ 연계용량 평가 : 주변압기 누적연계용량이 해당 주변압기 용량의 15 %를 초과하거나,
  특고압 일반선로 누적연계용량이 해당 특고압 일반선로 상시운전용량의 15 %를 초과하
  는 경우에 대해서는 한전에서 정한 기술요건을 만족하는 경우에 한하여 해당 특고압 일
  반선로에 연계할 수 있다.

 ㉰ 분산형 전원의 연계로 인해 한전 기술요건을 만족하지 못하는 경우 원칙적으로 전용선
  로로 연계하여야 한다. 단, 기술적 문제를 해결할 수 있는 보완 대책이 있고 설비보강
  등의 합의가 있는 경우에 한하여 특고압 일반선로에 연계할 수 있다.

 ② 분산형 전원의 연계용량이 10,000 kW를 초과하거나 특고압 일반선로 누적연계용량이
 해당 선로의 상시운전용량을 초과하는 경우 다음 각 목에 따른다.

  ㉮ 개별 분산형 전원의 연계용량이 10,000 kW 이하라도 특고압 일반선로 누적연계용량
   이 해당 특고압 일반선로 상시운전용량을 초과하는 경우에는 접속설비를 특고압 전용
   선로로 함을 원칙으로 한다.

  ㉯ 개별 분산형 전원의 연계용량이 10,000 kW 초과 20,000 kW 미만인 경우에는 접속
   설비를 대용량 배전방식에 의해 연계함을 원칙으로 한다.

  ㉰ 접속설비를 전용선로로 하는 경우, 향후 불특정 다수의 다른 일반 전기사용자에게 전기
   를 공급하기 위한 선로경과지 확보에 현저한 지장이 발생하거나 발생할 우려가 있다고
   한전이 인정하는 경우에는 접속설비를 지중 배전선로로 구성함을 원칙으로 한다.

  ㉱ 접속설비를 전용선로로 연계하는 분산형 전원은 한전에서 정한 단락용량 기술요건을
   만족해야 한다.

4. 단순병렬로 연계되는 분산형 전원의 경우 한전 기술요건을 만족하는 경우 주변압기 및
 특고압 일반선로 누적연계용량 합산 대상에서 제외할 수 있다.

5. 한전 기술요건 만족여부를 검토할 때, 분산형 전원 용량은 해당 단위 분산형 전원에 속한
 발전설비 정격출력의 합계를 기준으로 하며, 검토점은 특별히 달리 규정된 내용이 없는 한
 공통 연결점으로 함을 원칙으로 하나, 측정이나 시험 수행 시 편의상 접속점 또는 분산형 전
 원 연결점 등을 검토점으로 할 수 있다.

6. 한전 기술요건 만족여부를 검토할 때, 분산형 전원 용량은 저압연계의 경우 해당 배전용변
 압기 및 저압 일반선로 누적연계용량을 기준으로 하며, 특고압 연계의 경우 해당 주변압기
 및 특고압 일반선로 누적연계용량을 기준으로 한다.

예·상·문·제

1. 태양광발전 시스템의 부지 선정 시 검토할 사항으로 거리가 가장 먼 것은?

㉮ 주변 경관과의 조화 여부 검토

㉯ 보안상 문제가 없는지 검토

㉰ 설치 시나 운용 시 전기, 가스, 상수도의 공급성 검토

㉱ 저압선로보다 특고압 전용선로에 연계 가능성을 우선적으로 검토

[해설] 발전소 발전용량이 500 kW 미만인 경우는 특고압선보다 저압선로에 연계하는 것이 초기투자비 부담을 줄일 수 있다.

2. 태양광 부지 선정 절차에 관한 내용 중 ( ) 안에 들어갈 단계로 가장 적절한 것은 어느 것인가?

> 후보지 선정 → 지역 정보 수집 → 공부(公簿)를 기준으로 현장조사 → 토지현황 파악 → ( ) → 용량 기획 → 경제성 검토 → 부지 소유자와 협의 → 계약 체결

㉮ 모듈의 수량 결정

㉯ 법적사항 검토

㉰ 연약지반 판정

㉱ 일조량 분석

[해설] 부지 선정 절차에는 발전소 건설에 제반 법적 문제가 없는지 확인하는 절차가 반드시 포함되어야 한다.

3. 수상 태양광발전소 부지 선정 시 주요 고려사항으로 가장 거리가 먼 것은?

㉮ 5 m 이상의 수위를 유지할 것

㉯ 홍수 시에도 유속 0.5 m/s 이상 유지할 것

㉰ 부유물 유입의 영향 및 청소 대책 고려

㉱ 담수호의 동결 영향 고려

[해설] 수상 태양광발전소는 홍수 시에도 유속 0.5 m/s 이하가 유지되도록 하여야 한다.

4. 연약지반에 대한 판정기준이 아닌 것은?

㉮ 지반의 N치   ㉯ 일축 압축강도

㉰ 콘 관입저항력   ㉱ 콘시스턴시

[해설] 연약지반에 대한 판정방법에는 지반의 N 치, 일축 압축강도, 콘 관입저항력 시험 등이 있다.

5. 연약지반의 개량공법이 아닌 것은?

㉮ 치환개량공법   ㉯ 약액주입공법

㉰ 연직배수공법   ㉱ 공기침투법

[해설] 지반을 직접 또는 간접적으로 강화, 안정시키는 공법으로 치환개량공법, 주입공법, 선행재하공법, 연직배수공법, 전기침투공법, 소결공법, 동결공법, 모래다짐공법, 동압밀공법, 동다짐공법 등이 있다.

6. 태양의 가조시간에 대한 일조시간의 백분율로 나타내는 것은?

㉮ 일조율   ㉯ 가조율

㉰ 부등률   ㉱ 발전효율

[해설] 일조율 $= \dfrac{\text{일조시간}}{\text{가조시간}} \times 100 \%$

7. 태양복사에너지에 관한 설명으로 잘못된 것은?

㉮ 태양복사에너지를 결정하는 요소에는 태양과 지구의 거리, 태양의 천정각, 관측지점의 고도, 기타 구름, 먼지, 안개

정답 1. ㉱ 2. ㉯ 3. ㉯ 4. ㉱ 5. ㉱ 6. ㉮ 7. ㉰

등이 있다.

㉯ 알베도란 일사가 대기나 지표에 반사 되는 비율을 말한다.

㉰ 어레이 경사각이 작을수록 대지 이용 률이 감소한다.

㉱ 수직음영각이란 지면의 그림자 끝 지 점과 장애물의 상부를 이은 선이 지면 과 이루는 각도를 말한다.

[해설] 어레이 경사각이 작을수록 대지 이용률 이 증가한다.

8. 분산형 전원 배전계통 연계 기술 기준에 대한 설명으로 잘못된 것은?

㉮ 발전용량이 500 kW 미만인 경우는 저 압 선로와 연계할 수 있다.

㉯ 저압일반선로에서 분산형 전원의 상 시 전압변동률은 3 %를 초과하지 않아 야 한다.

㉰ 저압계통의 경우, 계통 병입 시 돌입전 류를 필요로 하는 발전원에 대해서 계 통 병입에 의한 순시 전압변동률이 5 % 를 초과하지 않아야 한다.

㉱ 특고압 계통의 경우, 분산형 전원의 연계 로 인한 순시 전압변동률은 발전원의 계 통 투입, 탈락 및 출력변동 빈도에 따라 정해진 허용기준을 초과하지 않아야 한다.

[해설] 저압계통의 경우, 계통 병입 시 돌입전 류를 필요로 하는 발전원에 대해서 계통 병 입에 의한 순시 전압변동률이 6 %를 초과하 지 않아야 한다.

9. 분산형 전원의 전기품질 관리항목으로 적 절하지 않은 것은?

㉮ 직류 유입 제한　㉯ 역률(98 % 이상)

㉰ 플리커　　　　　㉱ 고조파

[해설] 역률은 90 % 이상이어야 한다.

10. 발전용량 혹은 분산형 전원 정격용량 합계(kW)를 기준으로 한 관리항목에 대한 기준치로 ㉠~㉡에 적당한 수치는?

발전용량 혹은 분산형 전원 정격용량 합계(kW)	주파수 차 $(\Delta f, Hz)$	전압 차 $(\Delta V, \%)$	위상각 차 $(\Delta \phi, °)$
1~500 이하	0.3	10	20
500 초과~ 1,500 이하	0.2	(㉡)	15
1,500 초과~ 20,000 미만	(㉠)	3	10

	㉠	㉡			㉠	㉡
㉮	0.1	6		㉯	0.1	5
㉰	0.05	7		㉱	0.05	6

11. 분산형 배전선로의 전력품질에 관한 설 명으로 잘못된 것은?

㉮ 직류전류가 계통에 유입하는 것을 제한하 기 위해서 최대전류의 0.5 % 이상의 직류 전류가 유입되지 않도록 관리하여야 한다.

㉯ 분산형 전원의 역률은 계통 측에서 볼 때 진상역률(분산형 전원 측에서 볼 때 지상역률)이 되지 않도록 함을 원칙으 로 한다.

㉰ 계통에서 기준전압 대비 120 % 이상의 비정상 전압상태가 발생할 경우 분산형 전원 발전설비를 전력계통에서 분리해야 하는 고장 제거시간은 2초 이내이다.

㉱ 계통 이상발생 복구 후 전력계통의 전 압과 주파수가 정상상태로 5분간 유지 되지 않으면 분산형 전원 발전설비를 계통에 연결하지 않는다.

[해설] 계통에서 기준전압 대비 120 % 이상의 비정상 전압상태가 발생할 경우 분산형 전 원 발전설비를 전력계통에서 분리해야 하는

고장 제거시간은 0.16초 이내이다.

12. ( ) 안에 적당한 수치를 순서대로 나열한 것은?

> 고조파 전류는 10분 평균한 40차까지의 종합 전류 왜형률이 ( )를 초과하지 않도록 각 차수별로 ( ) 이하로 제어해야 한다.

㉮ 5 %, 3 % ㉯ 6 %, 4 %

㉰ 7 %, 5 % ㉱ 10 %, 5 %

13. 분산형 전원에 관한 설명으로 가장 잘못된 것은?

㉮ 분산형 전원의 이상 또는 고장 시 이로 인한 영향이 연계된 한전계통으로 파급되지 않도록 분산형 전원을 해당 계통과 신속히 분리하기 위한 보호협조를 실시하여야 한다.

㉯ 연계계통의 고장으로 단독운전 상태의 분산형 전원 발전설비는 이러한 단독운전 상태를 빨리 검출하여 전력계통으로부터 분산형 전원 발전설비를 분리시켜야 한다 (최대한 0.5초 이내).

㉰ 짝수 고조파는 각 구간별로 홀수 고조파의 25 % 이하로 한다.

㉱ 분산형 전원의 연계용량이 연계하고자 하는 해당 배전용변압기(주상 또는 지상) 용량의 15 %를 초과할 경우에는 접속설비를 저압 전용선로로 할 수 있다.

[해설] 분산형 전원의 연계용량이 연계하고자 하는 해당 배전용변압기(주상 또는 지상) 용량의 25 %를 초과하거나, 정해진 기술요건에 적합하지 않은 경우 접속설비를 저압 전용선로로 할 수 있다.

14. 일조량에 관한 설명으로 잘못된 것은?

㉮ 국내에서 일사량을 계측 중인 장소는

22개로서 20년간 평균치를 기상청이 보유하고 있다.

㉯ 태양상수 값은 1,000 W/m²이다.

㉰ 일조강도는 단위 면적당 일률 개념으로 표현하며, W/m²의 단위를 사용한다.

㉱ 보통 해안지역이 산악지역보다 일사량이 많다.

[해설] 일조강도의 평균값 (태양상수)은 1,367 W/m²이다.

15. 태양 일사량에 관한 설명으로 잘못된 것은?

㉮ 일사량은 일정기간의 일조강도 (에너지)를 적산한 것을 의미한다.

㉯ 일사량은 대기가 없다고 가정했을 때의 약 70 %에 해당된다.

㉰ 일사량은 하루 중 남중시에 최대가 되고, 일 년 중에는 하지경이 최대가 된다.

㉱ 일사강도의 단위는 kWh/m²이다.

[해설] 일사강도의 단위는 W/m² 혹은 kW/m²이다.

16. 태양의 일조량에 관한 설명 중 틀리게 짝지어진 것은?

㉮ 직달 일조량 : 지표면에 직접 도달하는 일사강도를 적산한 것

㉯ 전천 일조량 : 햇빛이 대기 중을 지날 때 공기분자, 구름, 연무, 안개 등에 의해 산란된 일조 강도량

㉰ 총일조량 : 경사면이 받는 직달 일사량과 산란 일조량의 적산값을 합한 것

㉱ 전일조량 : 지표면에 직접 도달한 직달 일조량과 산란 일조량의 적산값을 합한 것

[해설] ㉯는 '산란 일조량 : 햇빛이 대기 중을 지날 때 공기분자, 구름, 연무, 안개 등에 의해 산란된 일조 강도량'으로 고쳐야 한다.

제2장 │ 태양광발전 시스템 설계

2-1 구조설계 방법

(1) 구조설계 시 기본 고려사항

① 안정성

㈎ 내진, 내풍, 적설, 그 밖의 자연재해(천재지변) 고려

㈏ 구조물에 미칠 수 있는 최대 상정 하중 고려

㈐ 발전시스템 사용 중 발생 가능한 돌발적 상황 고려

㈑ 유지보수 및 기타 발생 가능한 추가 하중 고려

㈒ 하부의 기존 구조물에 미칠 수 있는 안전성 관련 문제점 분석

② 경제성

㈎ 지나친 안전율을 적용하는 등 과다 설계의 배제

㈏ 발전소의 적절한 설치 규모 및 현장여건 고려

㈐ 공사비 절감 가능한 공법 채택(VE기법 고려)

③ 시공성

㈎ 설치 부자재의 재질, 접합방법 등에 대한 통일화

㈏ 규격화, 표준화 등 일관성 있는 시공법 채택

④ 사용성 및 내구성

㈎ 구조물의 경년 변화 및 지반의 변화 고려

㈏ 주변 환경조건의 변화 가능성 등 고려

(2) 기초의 형식 결정 시 고려사항

① **지반의 조건** : 지반의 종류, 지하수위, 암반의 깊이, 지반의 균일성 등 고려

② **상부 구조물의 특성** : 허용 침하량, 구조물의 중요도, 하중의 종류와 크기, 허용 변위량, 기타 특수 요구조건

③ **상부 구조물의 하중** : 기초의 설계하중 결정

④ **경제성** : 기초의 종류별 경제성 비교검토

⑤ **시공성** : 기초 깊이, 항타성, 작업공간, 소음/진동, 인접 구조물의 영향 등

2-2 **얕은 기초의 설계방법**

(1) 원칙

허용지지력 > 하중의 단위 면적당 크기

(2) 기초의 크기(A ; m²)

$$A = \frac{D_L + D_b + D_s + W}{q_a}$$

여기서, D_L : 상부 구조물의 고정하중

D_b : 기초의 자중

D_s : 기초 위에 채워지는 흙 및 흙 위의 상재하중

W : 활하중 (풍하중)

q_a : 기초의 지지력

(3) 기초의 허용 지지력(q_a) 평가

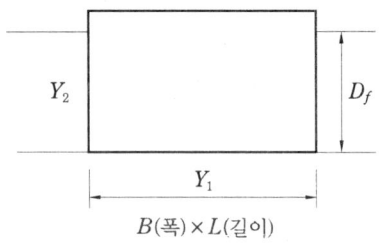

$B(\text{폭}) \times L(\text{길이})$

아래 Terzaghi 공식으로 q_a를 계산하면,

$$q_a = \frac{1}{F_s}(\alpha \cdot c \cdot N_c + \beta \cdot \gamma_1 \cdot B' \cdot N_r + \gamma_2 \cdot D_f \cdot N_q)$$

여기서, q_a : 허용지지력(kN/m²)

F_s : 안전율 (평상시 3, 지진 시 2)

c : 기초저면하의 흙의 정착력(kN/m²)

α, β : 기초의 형상계수

N_c, N_r, N_q : 지지력계수

D_f : 기초의 근입심도 (m)

γ_1, γ_2 : 기초저면하 및 근입깊이 흙의 단위체적중량 (kN/m³)

B' : 하중의 편심을 고려한 유효재하폭 (m), $B' = B - 2e_B$

e_B : 하중의 편심량

(4) 총 허용하중 계산

$$총\ 허용하중 = q_a \times A\ (기초\ 밑면적)$$

(5) 기초의 형상계수

기초의 모양에 따라 아래와 같이 정해진다.

형상 계수	기초저면의 형상계수			
	연속 기초	정사각형 기초	직사각형 기초	원형 기초
α	1.0	1.3	$1+0.3\,B/L$	1.3
β	0.5	0.4	$0.5-0.1\,B/L$	0.3

2-3 가대설계의 절차

태양광어레이 시스템의 가대설계 시 아래와 같은 절차에 준해서 진행한다.

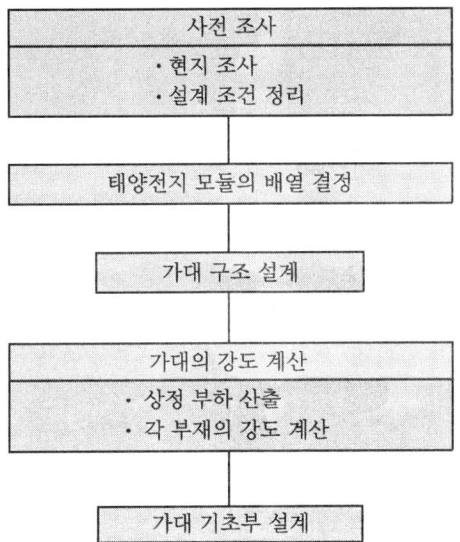

2-4 태양광어레이용 가대

(1) 가대설계 상정하중

구 분		내 용
수직 하중	고정하중	• 어레이, 프레임 및 서포트 하중
	적설하중	• 경사계수 및 눈의 단위 질량 고려
	활하중	• 건축물 혹은 공작물을 점유 및 사용함으로써 발생하는 하중
수평 하중	풍하중	• 어레이 및 지지물 등의 구조물에 가한 풍압의 합 • 풍력계수, 용도계수, 환경계수 등 고려
	지진하중	• 지지층의 전단력 계수 고려

주 ➔ 1. 어레이용 가대 : 가공을 피할 수 있도록 규격화 (통일화)되어있고, 수급이 용이하고,
절삭가공이 쉬우며, 염해/공해/부식 등이 적을 것

2. 가대 설계순서 : 설치장소 결정 > 모듈의 배열 결정 > 상정 최대하중 산출 > 재질·
형태·크기 산출

3. 하중의 크기 : 폭풍 > 적설 > 지진

4. 풍하중 산출 시 사용되는 지역별 풍속

지 역	풍속 (m/s)	지 역	풍속 (m/s)	지 역	풍속 (m/s)
서울, 경기	25~30	충청	25~35	전라	25~35
강원	25~40	경상	25~45	제주	40

5. 풍하중 산출

풍하중 $(N) = Gf \times Cf \times Pz \times A$

여기서, Gf : 가스트 영향계수(주변 구조물, 식생 등에 의한 난류나 돌풍 유발 계수)

$\quad\quad Cf$: 풍압계수

$\quad\quad Pz$: 임의의 높이(z)에서의 설계속도압 (N/m^2)

$\quad\quad\quad Pz = \rho V^2/2$

$\quad\quad \rho$: 공기의 밀도 (= 약 $1.25\,kg/m^3$), V : 지역별 풍속 (m/s), A : 유효풍압 면적 (m^2)

6. 적설하중 $(kN/m^2) = Cs \times Cb \times Ce \times Ct \times Is \times Sg$

여기서, Cs : 지붕 경사도 계수 $\quad\quad Cb$: 기본 적설하중 계수 (보통 0.7)

$\quad\quad Ce$: 노출계수 $\quad\quad\quad\quad\quad Ct$: 온도계수

$\quad\quad Is$: 건물 용도별 중요도계수 $\quad Sg$: 지상 적설하중 (kN/m^2)

7. 지진하중 $(N) = C_E \times G$

여기서, C_E : 지지층 전단력 계수, G : 고정하중 (N)

(2) 파워볼트 시스템(Power Bolt System)

파워볼트 시스템은 태양광발전소의 구조물 설치에 필요한 대부분의 부품과 어셈블리를 공장에서 직접 제작하고, 이를 현장으로 운반하여 현장에서는 볼트 체결 등의 간단한 작업만으로 설치가 간편하게 될 수 있고, 누구나 쉽고 견실하게 작업할 수 있는 구조물 설치방식이다.

① 장점

　　㈎ 비교적 경량구조로 장스팬 구조물에 유리하다.

　　㈏ 구조역학적으로 안정된 트러스 구조이다.

　　㈐ 공장에서 부품과 어셈블리를 제작하므로, 현장에서 볼트 설치가 간편하다.

　　㈑ 필요한 응력에 의한 정밀한 설계로 경제적 설계가 가능하다.

　　㈒ 제품규격이 정교하여 구조물의 마감처리를 정밀하게 할 수 있다.

　　㈓ 조립 및 해체가 용이하여 이설이 쉽다.

　　㈔ 접합부의 강성이 높고 변형이 거의 없다.

　　㈕ 시공이 간편하고 유지보수가 쉽다.

② 단점

　　㈎ 구조물 높이가 타 구조물에 비해 높다.

　　㈏ 설치비용이 다소 비싼 편이다.

파워볼트 시스템(Power Bolt System)

> **주 ➜ 세장비**
>
> 1. 좌굴을 알아보기 위한 페라미터로서, 세장비가 크면 좌굴이 잘 일어난다는 의미이다.
> 2. 공식
>
> 세장비 $\lambda = \dfrac{L}{R} = \dfrac{L}{\sqrt{\dfrac{I}{A}}}$
>
> 여기서, L : 구조체 기둥의 길이, R : 회전반경, I : 단면 2차모멘트(m^4 ; $Ix = \sum y^2 dA$),
> A : 단면의 면적(m^2)

2-5 설치 전 사전조사

(1) 환경조건의 조사

① 수광장애의 유무   ② 오염, 염해·공해의 유무

③ 겨울철 적설·결빙·뇌해 상태   ④ 자연재해의 가능성

⑤ 새 등의 분비물 피해의 유무

(2) 설계조건의 조사

① 설치예정 장소의 조사   ② 건물의 상태

③ 자재의 반입경로

(3) 뇌서지 대책

① 피뢰소자를 어레이 주회로 내부에 분산시켜 설치하고 접속함에도 설치한다.

② **피뢰설비 설치기준** : KS C 62305와 건축물의 설비기준 등에 관한 규칙 20조에 의거하여 낙뢰의 우려가 있는 건축물 또는 높이 20 m 이상의 건축물에는 '피뢰설비'를 하여야 한다.

③ 저압배전선에서 침입하는 뇌서지에 대해서는 분전반에 피뢰소자를 설치한다.

④ 뇌우 다발지역에서는 교류 전원 측으로 내뢰 트랜스를 설치한다.

⑤ 접속함을 실내에 설치하더라도 피뢰소자는 반드시 설치한다.

(4) 피뢰소자의 선정

① 어레스터

㈎ 접속함 내와 분전반 내에 설치하는 피뢰소자 (방전내량이 큰 것으로 선정)

㈏ 낙뢰에 의한 충격성 과전압을 전기설비 규정 이내로 감소시켜 정전을 일으키지 않고 원 상태로 회귀시킴

② **서지업서버**

㈎ 전선로에 침입한 이상 전압의 높이를 완화시키고 파고치를 저하시키는 피뢰소자

㈏ 최대 허용 DC전압 이상의 것으로 선정함

㈐ 유도 뇌서지 전류로서 1000 A (8/20 μs)에서 제한전압이 2000 V 이하로 선정함

㈑ 방전내량이 최저 4 kA 이상이며, 탈착이 용이하고 서비스성이 좋을 것

㈒ 어레이 주회로 내에 설치하는 피뢰소자 (주로 방전내량이 작은 것으로 선정함)

③ **내뢰 트랜스**

㈎ 교류 전원 측에 설치하여 낙뢰에 의한 충격성 과전압을 전기설비 규정 이내로 감소시킴

㈏ 상용계통과 완전 절연 및 뇌서지 완전 차단 가능함 (설치비용이 고가)

㈐ 1차 측과 2차 측 간에 실드판이 있고, 이 판수가 많을수록 뇌서지 억제효과가 큼

어레스터   서지업서버   내뢰 트랜스

㈎ 뇌뢰의 종류

㉠ 직격뢰 : 태양전지 어레이, 저압배전선, 전기기기 및 배선 등으로 직접 낙뢰 및 그 근방에 떨어지는 낙뢰

㉡ 유도뢰 : 케이블에 유도된 플러스 전하가 낙뢰로 인한 지표면 전하의 중화에 의한 뇌서지(정전유도) 혹은 케이블 부근에 낙뢰로 인한 뇌전류에 따라 케이블에 유도되는 뇌서지(전자유도)

㈏ 뇌뢰의 발생시기

㉠ 여름철 : 온도, 습도가 불연속으로 되기 쉽고, 상승기류가 발생하기 쉬운 곳

㉡ 겨울철 : 기온이 급변할 때에 발생하기 쉬움

> **✓핵심** 시스템 보호대책
>
> • 어레이 및 내부 시스템 보호방법 : 접지 및 본딩, 자기차폐, 선로의 경로, SPD 등
> • 외부 피뢰시스템의 구성 : 수뢰부(돌침/수평도체/메시도체로 구성), 인하도선, 접지 시스템(동결심도인 최소 0.75 m 이상의 깊이)
> • 외부 피뢰시스템은 피뢰레벨에 따라 회전구체 반경, 수뢰부 높이, 보호각, 인하도선의 굵기, 메시(평면 보호)의 간격 등을 달리 적용함

(5) 피뢰시스템의 레벨등급

피뢰시스템의 레벨	보호법	
	회전구체의 반경 (m)	메시 치수 (m)
레벨 Ⅰ	20	5×5
레벨 Ⅱ	30	10×10
레벨 Ⅲ	45	15×15
레벨 Ⅳ	60	20×20

2-6 태양전지 특성

(1) 제조공정(실리콘 계열)

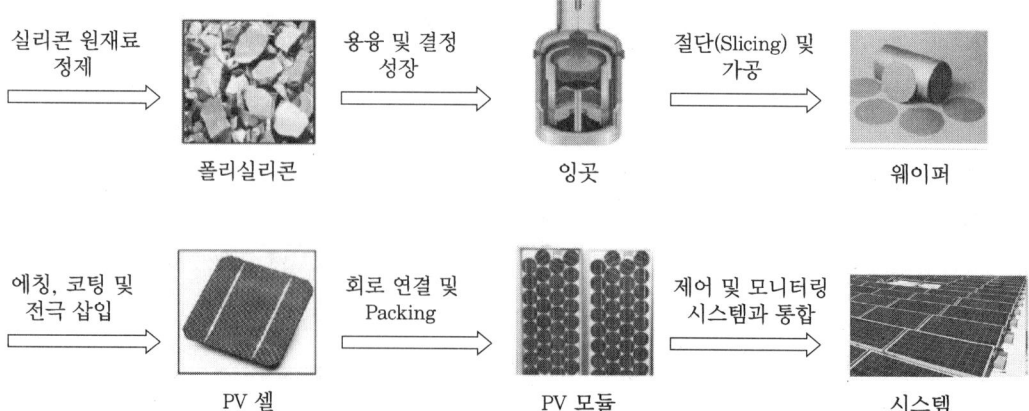

실리콘 원재료 정제 → 폴리실리콘

용융 및 결정 성장 → 잉곳

절단(Slicing) 및 가공 → 웨이퍼

에칭, 코팅 및 전극 삽입 → PV 셀

회로 연결 및 Packing → PV 모듈

제어 및 모니터링 시스템과 통합 → 시스템

① **단결정 실리콘 웨이퍼** : 초크랄스키 법(Czochralski method)과 플롯존 법(float zone method)을 이용하여 폴리실리콘을 물리적으로 정제 → 입자계면과 같은 결정격자의 불연속적 결함면이 결정 내에 존재하지 않음

② **다결정 실리콘 웨이퍼** : 도가니에서 실리콘을 1400℃ 이상으로 가열하여 용융시키고, 이를 다시 냉각하여 Ingot을 제조하는 Casting 방법 → 입자계면과 같은 결정격자의 불연속적 결함면이 결정 내에 많이 존재함

③ **미세 조직구성**

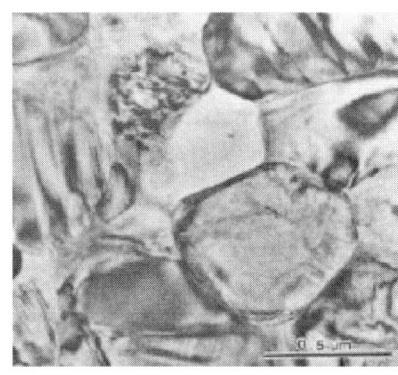

다결정(불규칙한 결정)   단결정(균일한 결정)

(2) 결정질 Si 태양전지 모듈 구성

① 결정질 Si 태양전지 모듈 구성방법

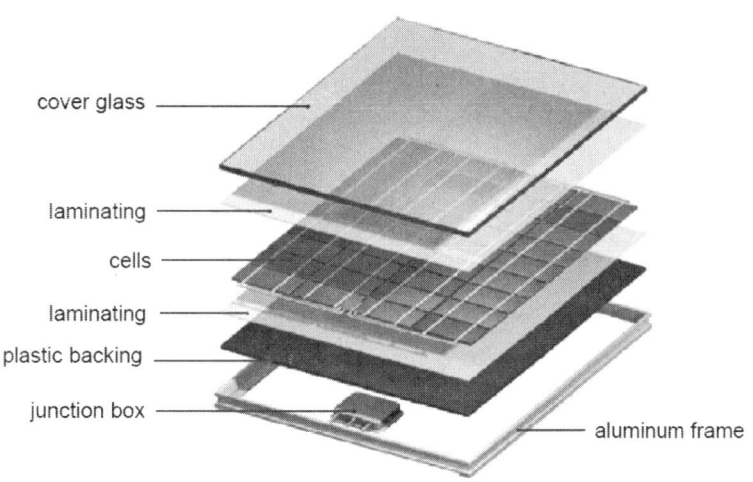

cover glass
laminating
cells
laminating
plastic backing
junction box
aluminum frame

② 태양전지 모듈의 구성재료와 요구성능

㈎ **백시트 (Back Sheet)** : 발전모듈과 접지(ground) 간 절연특성, 내습, 내후성, 작업성

㈜ 충진재(EVA) : Solar Cell, 수광면재료, Back Sheet와의 접착성, 광학특성, 유연성, 안정성, 시행조건

㈐ Seal 재료 : 외부의 수분침투 방지, 내수성, 방수성, 내열성, 내후성, 작업성

㈑ 수광면재료(glass 등) : 광학특성, 역학특성, EVA와의 접착성, 열팽창계수

㈒ 프레임(frame) : 소형, 경량, 형상안정성, 역학특성, 내부식성

㈓ 인출선부 : 인출선 절연재료와 다른 재료와의 접착성, 방수처리

(3) 핫스팟(Hot Spot) 현상

① **병렬 어레이에서의 Hot Spot 현상** : 특정 태양전지 전압량이 출력 전압량보다 적은 경우 발생하는 출력 전압량이 적은 셀의 발열 현상

② **직렬 어레이에서의 Hot Spot 현상** : 특정 태양전지의 전류량이 출력 전류량보다 적은 경우 발생하는 출력 전류량이 적은 셀의 발열 현상

③ **결정질 태양광 모듈의 열화 원인**

㈜ 태양광 모듈의 출력 특성 저하 : 출력 불균일 셀 사용으로 전체 모듈의 출력 저하, 얼룩, 그림자 등의 장시간 노출에 의한 출력 불균일

㈐ 제조공정 결함이 사용 중에 나타남 : Tabbing 혹은 String공정 및 Lamination 공정 중의 미세 균열 등

㈑ 사용과정에서의 자연열화 : 설치 후 자연환경에 의한 열화

④ **결정질 태양광 모듈의 열화의 형태**

㈜ EVA sheet 변색 = 빛 투과율 저하 (자외선)

㈐ 태양전지와 EVA sheet 사이 공기 침투 = 백화현상 (박리)

㈑ 물리적인 영향에 의한 습기 침투 = 전극 부식(저항 변화 = 출력 감소)

(4) 태양전지의 온도 특성 및 일조량 특성

① **온도 특성** : 모듈 표면온도 상승 → 전압 급감소 (전류는 조금 증가) → 전력 급감소

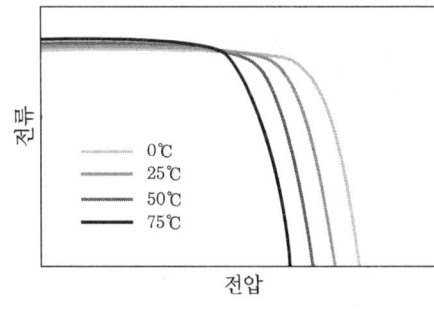

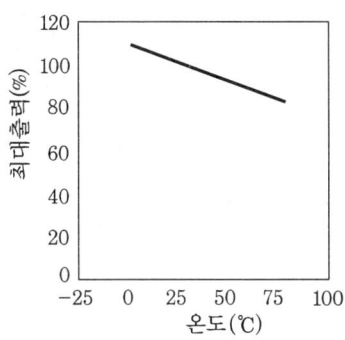

② **일조량 특성** : 일사량 감소 → 전류 급감소 (전압은 조금 증가) → 전력 급감소

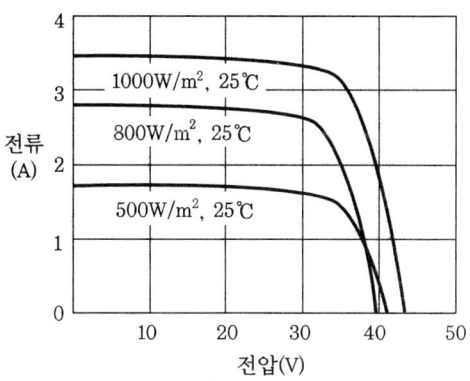

(5) 태양전지 설계기술 개발방향

① **소자설계**

㈎ 전극에 의한 빛의 반사를 최소화시킬 수 있는 구조의 전극형태 개발

㈏ Back Surface Reflector : 장파장의 흡수 또는 표면으로의 반사구조

② **공정기술**

㈎ SiO_2, SiN , TiO_2, CeO_2, MgF_2 등의 물질을 이용한 Light Trapping 구조 개발 (장파장대의 효율 향상)

㈏ 결정의 방향성이 없는 다결정 실리콘 표면을 건식과 환경 친화적 공법으로 개발

㈐ Electroless plating 표면에서의 deflect 저감 실현, 선폭 미세화 및 저저항화

③ **특성 평가** : 인공태양에서의 각종 변수 측정 등

2-7　어레이 이격거리 및 등가 가동시간

(1) 어레이 이격거리

① **계산식**

$$이격거리 \quad D = \frac{\sin(180° - \alpha - \beta)}{\sin\beta} \times L$$

② **이격거리 계산상 고도 기준** : 동지 시 발전 가능 시간대에서의 최저 고도를 기준으로 고려한다.

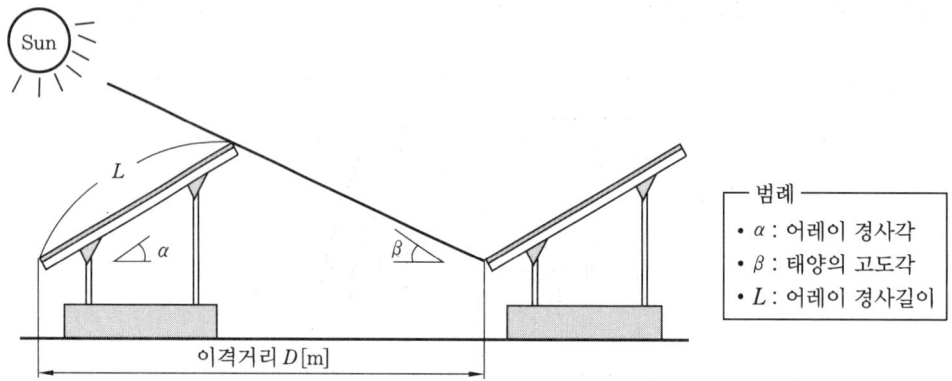

(2) 기준 등가 가동시간과 어레이 등가 가동시간

① 기준 등가 가동시간 혹은 등가 1일 일조시간(Reference Yield) : 일조강도가 기준 일조 강도라고 할 경우, 실제로 태양광발전 어레이가 받는 일조량과 같은 크기의 일조량을 받는 데 필요한 일조시간

② 어레이 등가 가동시간(Array Yield) : 태양광발전 어레이가 단위 정격용량당 발전한 출력에너지를 시간으로 나타낸 것

2-8 태양광발전 시스템 효율

(1) 모듈변환효율

$$= \frac{모듈출력(\mathrm{W})}{모듈면적(\mathrm{m}^2) \times 1{,}000(\mathrm{W/m}^2)} \times 100 \ \%$$

태양광모듈 설치용량은 사업계획서에 제시된 설계용량 이상이어야 하며, 설계용량의 103 %를 초과하지 않아야 한다.

(2) 일평균 발전시간

$$= \frac{1년간\ 발전전력량(\mathrm{kWh})}{시스템용량(\mathrm{kW}) \times 운전일수}$$

(3) 시스템 이용률

$$= \frac{\text{일평균 발전시간}}{24}$$

혹은

$$= \frac{\text{태양광발전 시스템의 출력}(kWh)}{\text{어레이의 정격출력}(kW) \times \text{가동시간}(hr)}$$

(4) 어레이 기여율(= 태양에너지 의존율) : 종합시스템 입력 전력량에서 태양광발전 어레이 출력이 차지하는 비율

- 태양열에너지 사용 측면에서의 태양의존율 또는 태양열 절감률(전체 열부하 중 태양열에 의해서 공급하는 비율)과의 구별에 주의를 요한다.

(5) 태양광 어레이의 필요출력(P_{AD} : kW)

$$P_{AD} = \frac{E_L \times D \times R}{\dfrac{H_A}{G_S} \times K}$$

여기서, H_A : 태양광 어레이면 일사량 (kWh/m^2)

G_S : 표준상태에서의 일사강도 (kW/m^2)

E_L : 부하소비전력량 (kWh/기간)

D : 부하의 태양광발전 시스템에 대한 의존율

R : 설계여유계수 (설계치와 실제 값과의 차이의 위험에 대한 보정값 ; >1.0)

K : 종합설계계수(태양전지 모듈 출력의 불균형 보정, 회로손실, 기기에 의한 손실 등을 포함 ; <1.0)

(6) 태양광발전소 월 발전량 (P_{AM} : kWh/m²)

$$P_{AM} = P_{AS} \times \frac{H_A}{G_S} \times K$$

여기서, P_{AS} : 표준상태에서의 태양광 어레이의 생산출력(kW/m^2)

H_A : 태양광 어레이면 일사량 (kWh/m^2)

G_S : 표준상태에서의 일사강도 (kW/m^2)

K : 종합설계계수(태양전지 모듈 출력의 불균형 보정, 회로손실, 기기에 의한 손실 등을 포함 ; <1.0)

2-9 인버터 선정

(1) 인버터 선정

① **종합적 체크사항** : 연계하는 한전 측과 전기방식 일치, 인증여부, 설치의 용이성, 비상시 자립운전 여부, 축전지 운전연계 가능, 수명, 신뢰성, 보호장치 설정/시험 용이, 발전량 확인 용이, 서비스 네트워크 구축 등

② **태양광의 유효 이용 관련 체크사항** : 전력변환효율이 높고, 최대전력 추종제어(MPPT)가 용이할 것, 대기손실 및 저부하 손실이 적을 것

③ **전력의 품질 및 공급의 안정성 측면의 체크사항** : 잡음 및 직류 유출, 고조파 발생이 적을 것, 기동·정지가 안정적일 것

④ **기타의 확인사항**

㈎ 제어방식 : 전압형 전류제어방식

㈏ 출력 기본파 역률 : 95 % 이상

㈐ 전류의 왜형률 : 종합 5 % 이하, 각 차수마다 3 % 이하

㈑ 최고효율 및 유러피언 효율이 높을 것

(2) 인버터 설치상태

옥내, 옥외용을 구분하여 설치하여야 한다. 단 옥내용을 설치하는 경우는 5 kW 이상 용량일 경우에만 가능하며 이 경우 빗물 침투를 방지할 수 있도록 옥내에 준하는 수준으로 외함 등을 설치하여야 한다.

(3) 인버터 설치용량

인버터의 설치용량은 설계용량 이상이어야 하고, 인버터에 연결된 모듈의 설치용량은 인버터의 설치용량 105 % 이내여야 한다.

(4) 인버터 표시사항

입력단(모듈출력) 전압, 전류, 전력과 출력단(인버터출력)의 전압, 전류, 전력, 역률, 주파수, 누적발전량, 최대출력량(Peak)이 표시되어야 한다.

(5) 인버터 효율

① **최대효율**

㈎ 전부하 영역 중에서 가장 효율이 높은 값(보통 75~80 % 부하에서 가장 효율이

높음)

(나) 태양광발전은 일사량, 온도 등의 기상조건이 시시각각으로 변화하기 때문에 일정한 부하에서 최댓값을 나타내는 최대효율은 큰 의미가 없다고도 할 수 있음

② **European 효율**

(가) 낮은 부분부하 영역에서부터 전부하 영역까지 운전하는 것을 고려하여 산정함

(나) 5 %, 10 %, 20 %, 30 %, 50 %, 100 % 부하에서 각각 효율을 측정하고 각각의 효율에 가중치를 부여한 다음 합산하여 산정함

③ **European 효율 계산식**

European 효율 (η_{euro})

$$=0.03\times\eta_{5\%}+0.06\times\eta_{10\%}+0.13\times\eta_{20\%}+0.1\times\eta_{30\%}+0.48\times\eta_{50\%}+0.2\times\eta_{100\%}$$

(다) CEC(California Energy Commission) 효율

㉮ 미주지역에서 주로 사용하며 '캘리포니아 효율'이라고도 함

㉯ 미국 업체와 상담 시에는 주로 European 효율 대신 CEC 효율값이 요구됨

㉰ CEC 효율 계산식

CEC 효율 (η_{CEC})

$$=0.04\times\eta_{10\%}+0.05\times\eta_{20\%}+0.12\times\eta_{30\%}+0.21\times\eta_{50\%}+0.53\times\eta_{75\%}+0.05\times\eta_{100\%}$$

(6) 태양광발전 시스템의 전기적 보호등급

보호등급	등급 기준	기 호
등급 I	장치 접지됨	
등급 II	보호절연 (이중/강화 절연)	
등급 III	안전 초저전압 • 최대AC : 50 V　　• 최대DC : 120 V	

2-10 축전지 설계

(1) 축전지 선정 시 고려사항

① 경제성
② 자기 방전율이 낮을 것
③ 수명이 길 것
④ 방전 전압 및 전류가 안정적일 것
⑤ 과충전, 과방전에 강할 것
⑥ 중량 대비 효율이 높을 것
⑦ 환경 변화에 안정적일 것
⑧ 에너지 저장밀도가 높을 것
⑨ 유지보수가 용이할 것

(2) 축전지 용량 및 직렬연결 개수

① 계통연계시스템용 축전지 용량 산출 (방재대응형, 부하 평준화형 포함)

$$축전지\ 용량\ \ C = \frac{K \cdot I}{L}\ \text{(Ah)}$$

여기서, C : 온도 25℃에서 정격 방전율 환산용량 (축전지 표시용량)

K : 방전 (유지)시간, 축전지(최저동작)온도, 허용 최저전압 (방전 종기 전압 ; V/Cell)으로 결정되는 용량 환산시간 (알려고 하는 방전시간에 해당하는 K값 = 어떤 방전시간에 해당하는 K값+방전시간의 차이)

I : 평균 방전전류 (PCS 직류 입력전류) $= \dfrac{1000P}{(Vi + Vd) \cdot Ef}$

L : 보수율 (수명 말기의 용량 감소율 고려하여 보통 0.8)

P : 평균 부하용량 (kW)

Vi : 파워컨디셔너 최저 동작 직류 입력전압 (V)

Vd : 축전지-파워컨디셔너 간 전압강하 (V)

Ef : 파워컨디셔너의 효율

② 축전지 직렬연결 개수 산출

$$축전지\ 직렬연결\ 개수\ \ N = \frac{Vi + Vd}{Vc}$$

여기서, Vc : 축전지 방전 종기 전압 (V/Cell)

③ 독립형 전원시스템용 축전지 용량 산출

$$C = \frac{Ld \times Dr \times 1000}{L \times Vb \times N \times DOD}\ \text{(Ah)}$$

여기서, Ld : 1일 적산 부하전력량 (kWh), Dr : 불일조 일수, L : 보수율, N : 축전기 개수

Vb : 공칭 축전지 전압 (V), DOD : 방전심도 (일조가 없는 날의 마지막 날을 기준으로 결정)

(3) MSE형 축전지 용량환산시간 (K값)

방전시간	온도(℃)	허용 최저전압 (V/Cell)			
		1.9 V	1.8 V	1.7 V	1.6 V
1시간	25	2.40	1.90	1.65	1.55
	5	3.10	2.05	1.80	1.70
	−5	3.50	2.26	1.95	1.80
1.5시간 (90분)	25	3.10	2.50	2.21	2.10
	5	3.80	2.70	2.42	2.25
	−5	4.35	3.00	2.57	2.42
2시간	25	3.7	3.05	2.75	2.60
	5	4.50	3.30	3.00	2.80
	−5	5.10	3.70	3.15	3.00
3시간	25	4.80	4.10	3.72	3.50
	5	5.80	4.40	4.05	3.80
	−5	6.50	5.00	4.50	4.10
4시간	25	5.90	5.00	4.60	4.40
	5	7.00	5.40	5.00	4.75
	−5	7.70	6.10	5.40	5.10
5시간	25	7.00	5.95	5.50	5.20
	5	8.00	6.30	6.00	5.60
	−5	9.00	7.20	6.40	6.10
6시간	25	8.00	6.80	6.30	6.00
	5	9.00	7.20	6.80	6.40
	−5	10.00	8.30	7.40	7.00
7시간	25	8.90	7.60	7.10	6.70
	5	10.00	8.00	7.60	7.30
	−5	11.00	9.40	8.40	8.00
8시간	25	9.90	8.40	7.90	7.50
	5	11.00	8.90	8.40	8.10
	−5	12.00	10.30	9.30	9.00
9시간	25	10.80	9.20	8.70	8.20
	5	11.80	9.70	9.20	8.90
	−5	13.00	11.10	10.00	9.80
10시간	25	11.50	10.00	9.40	8.90
	5	12.70	10.50	10.00	9.70
	−5	14.00	12.00	11.00	10.60

(4) 축전지 설비의 이격거리

대 상	이격거리(m)
큐비클 이외의 발전설비와의 사이	1.0
큐비클 이외의 변전설비와의 사이	1.0
옥외에 설치할 경우 건물과의 사이	2.0
전면 또는 조작면	1.0
점검면	0.6
환기면 (환기구 설치면)	0.2

2-11   태양광발전 시스템 설계 관련 용어

(1) 강도 감소계수

① 재료의 공칭값과 실제 강도의 차이를 말한다.
② 부재를 제작 또는 시공할 때 설계도와 완성된 부재의 차이, 그리고 내력의 추정과 해석에 관련된 불확실성을 고려하기 위한 안전계수의 일종이다.

(2) 강도 한계상태

연성적 최대강도, 좌굴, 피로, 파열 등 구조부재 또는 구조물의 안전성을 유지하기 위한 최대 지지능력에 영향을 미치는 한계상태를 말한다.

(3) 계수하중

강도설계법 또는 한계상태설계법으로 설계할 때 사용하중에 하중계수를 곱한 하중을 말한다.

(4) 공칭하중

「건축물의 구조기준 등에 관한 규칙」에 규정된 하중의 크기를 말한다.

(5) 단면력

하중과 외력에 의하여 구조부재에 생기는 축방향력, 휨모멘트, 전단력, 비틀림 등의 힘을 말한다.

(6) 사용하중(작용하중)

고정하중 및 활하중과 같이 기준에서 규정하는 각종 하중으로 하중계수를 곱하지 않은 하중을 말한다.

(7) 설계하중

① 부재 설계 시 적용하는 하중을 말한다.
② 강도설계법 또는 한계상태설계법에서는 계수하중을 적용하고, 기타의 설계법에서는 사용하중을 적용한다.

(8) 설계강도

부재나 접합 등에 의한 저항력으로서 공칭강도에 강도감소계수를 곱한 강도를 말한다.

(9) 안전성

건축물 및 공작물의 예상되는 수명기간 동안 최대하중에 대하여 저항하는 능력으로서, 각 부재가 항복하거나 좌굴, 피고, 취성파괴 등의 현상이 생기지 않고 회전, 미끄러짐, 침하 등에 저항하는 구조물의 성능을 말한다.

(10) 응력도

하중 및 외력에 의하여 구조부재에 생기는 단위면적당의 힘의 세기를 말한다.

1. 얕은 기초의 토목 설계방법에서 지지력 평가방법으로 가장 많이 사용하는 방식은?

㉮ Terzaghi 공식　㉯ Bernoulli 공식
㉰ Thomson 공식　㉱ Kelvin 공식

2. 태양광 구조물 공사에서 파워볼트 시스템(Power Bolt System) 적용 시의 장점이 아닌 것은?

㉮ 비교적 경량구조로 장스팬 구조물에 유리하다.
㉯ 부품과 어셈블리의 공장 제작으로 현장에서 볼트 설치가 간편하다.
㉰ 구조물 높이가 타 구조물에 비해 낮다.
㉱ 조립 및 해체가 용이하여 이설이 쉽다.

해설 파워볼트 시스템(Power Bolt System)에서 구조물 높이는 타 구조물에 비해 높은 편이다.

3. 태양광발전 시스템에서 검토해야 하는 뇌뢰와 관련된 설명으로 잘못된 것은?

㉮ 피뢰소자로는 어레스터, 서지 업서버, 내뢰 트랜스 등이 적용될 수 있다.
㉯ 태양전지 어레이, 저압배전선, 전기기기 및 배선 등으로 직접 떨어지는 낙뢰를 '직격뢰'라고 한다.
㉰ 외부 피뢰시스템은 피뢰레벨에 따라 회전구체 반경, 수뢰부 높이, 보호각, 인하도선의 굵기, 메시(평면 보호)의 간격 등을 달리 적용한다.
㉱ 피뢰시스템의 레벨등급은 회전구체의 반경과 메시치수에 따라 5등급으로 분류된다.

해설 피뢰시스템의 레벨등급은 회전구체의 반경과 메시치수에 따라 4등급(레벨1~레벨4)으로 분류된다.

4. 태양전지의 여러 가지 특성에 관한 설명으로 가장 잘못된 것은?

㉮ 모듈 표면온도가 상승하면 전압이 급감소하고, 따라서 전력도 급감소한다.
㉯ 일사량이 감소하면 전압 및 전류가 급감소하고, 따라서 전력도 급감소한다.
㉰ 태양광 모듈의 출력특성이 저하되고 특정 부위에 발열현상이 발생되는 현상을 'Hot Spot 현상'이라고 한다.
㉱ 태양전지의 장파장대의 효율을 향상시키기 위해서 SiO_2, SiN, TiO_2, CeO_2, MgF_2 등의 물질을 이용한 Light Trapping 구조 개발이 필요하다.

해설 일사량이 감소하면 전류가 급감소하고 (전압은 큰 변화 없음), 따라서 전력도 급감소한다.

5. 태양광 인버터 선정 시 체크사항이 아닌 것은?

㉮ 최대전력 추종제어(MPPT)가 용이할 것
㉯ 대기손실 및 저부하 손실이 적을 것
㉰ 유러피언(European) 효율보다는 최대효율이 높을 것
㉱ 잡음 및 직류 유출, 고조파 발생이 적을 것

해설 태양광 인버터의 효율은 최대효율, 유러피언 효율, CEC 효율이 모두 높은 것이 좋다(효율의 종류별 우열을 따지기는 어렵다).

정답　1. ㉮　2. ㉰　3. ㉱　4. ㉯　5. ㉰

6. 태양광 인버터 설치에 대한 설명으로 가장 잘못된 것은?

㉮ 옥내, 옥외용을 구분하여 설치하여야 한다.

㉯ 인버터에 연결된 모듈의 설치용량은 인버터의 설치용량 105 % 이내여야 한다.

㉲ 옥내용을 설치하는 경우는 5 kW 이상 용량일 경우에만 가능하다.

㉳ 전류의 왜형률은 종합 5 % 이하, 각 차수마다 2 % 이하로 관리되어야 한다.

[해설] 전류의 왜형률은 종합 5 % 이하, 각 차수마다 3 % 이하로 관리되어야 한다.

7. 태양광발전 시스템의 전기적 보호등급에서 '등급 Ⅲ'의 경우 안전 초저전압을 얼마로 규정하고 있는가?

㉮ 50 VAC, 120 VDC

㉯ 60 VAC, 130 VDC

㉲ 50 VAC, 140 VDC

㉳ 60 VAC, 150 VDC

[해설] 발전시스템의 전기적 보호등급

보호등급	등급 기준	기 호
등급 Ⅰ	장치 접지됨	
등급 Ⅱ	보호절연 (이중/강화 절연)	
등급 Ⅲ	안전 초저전압 • 최대AC : 50 V • 최대DC : 120 V	

8. 피측정 태양전지 모듈의 표준상태에서의 최대출력 $P_{\max}$ = 250 W, 가로 = 2000 mm, 세로 = 1000 mm인 태양광 모듈의 효율은? (단, 입사강도는 1000 W/m²이다.)

㉮ 12.5 %　　㉯ 13.5 %

㉲ 14.5 %　　㉳ 15.5 %

[해설] 모듈변환효율

$$= \frac{\text{모듈출력(W)}}{\text{모듈면적(m}^2) \times 1000(\text{W/m}^2)} \times 100\ \%$$

따라서, 모듈의 효율은

$$= \frac{250}{1000 \times (2 \times 1)} \times 100\ \% = 12.5\ \%$$

9. 모듈 1개의 Wp가 150 Wp이고, 모듈수가 110개인 어레이의 발전 가능 용량(kWp)은? (단, 인버터의 효율은 98 %라고 가정한다.)

㉮ 12.2　　㉯ 14.2

㉲ 16.2　　㉳ 18.2

[해설] 발전 가능 용량 = 모듈수 × 모듈 1개의 Wp × 인버터 효율

= 110 × 150 × 0.98 = 16.17 kWp

※ Wp (와트 피크) : 태양광발전 시스템에서 최대로 가능한 출력의 표준조건을 '피크(Peak) 출력'이라 하고, 단위는 와트 피크[Wp]이다.

10. 어떤 지역에 경사로 설치된 12×12 m 면적의 지붕(= 144 m²)에 태양광설비를 구축하려 한다. 200 Wp인 모듈의 가로길이가 1.6 m, 세로길이가 0.85 m, 모듈의 온도에 따른 전압범위가 28~42 V일 때 직렬 연결 가능 개수(장) 및 최대 발전 가능 용량(kWp)은? (단, 인버터의 동작전압은 200~600 V, 효율은 97 %이다.)

㉮ 14장－18 kWp　　㉯ 14장－19 kWp

㉲ 15장－20 kWp　　㉳ 15장－21 kWp

[해설] ① $\frac{12}{1.6} = 7.5 \rightarrow 7$장

$\frac{12}{0.85} = 14.1 \rightarrow 14$장

7장 × 14장 = 총 98장 설치 가능함

② 직렬 연결 가능 개수 (장) 계산

$$\frac{600}{42}=14.3 \rightarrow 14장까지 연결 가능함$$

이때, 전압범위는

$28 \times 14 \sim 42 \times 14 = 392 \sim 588 \ V \rightarrow$ 인버터
동작범위(200~600 V)에 문제 없음

③ 최대 발전 가능 용량 (kWp) 계산
최대 발전 가능 용량 = 모듈수×모듈 1개
의 Wp×인버터 효율
$= 98 \times 200 \times 0.97 = 19.01 \ kWp$

11. 어떤 태양광발전 시스템의 출력이 60
kW이고, 모듈의 최대출력이 200 W, 직렬
연결이 15장이라고 할 때, 병렬연결은 몇
장으로 구성된 것인가?

㉮ 18　　㉯ 19　　㉰ 20　　㉱ 21

해설 '시스템 출력전력 = 모듈 최대 출력×태
양전지의 직렬연결 수×병렬연결 수'에서,
태양전지의 직렬연결 수

$$= \frac{시스템 출력전력}{(모듈 최대 출력×태양전지의 직렬연결 수)}$$

$$= \frac{60000}{(200 \times 15)} = 20장$$

12. 모듈 한 장이 180 W, 가로길이가 1.6 m,
세로길이가 0.9 m라고 할 때, 모듈변환효
율 (%)은?

㉮ 12.5　　㉯ 13.9　　㉰ 14.5　　㉱ 21.6

해설 ① 특별한 언급이 없으면, 일반적으로 표
준상태의 일사강도 (1 kWh/m²)를 적용한다.
② 모듈변환효율

$$= \frac{모듈 출력}{모듈에 입사한 에너지량} \times 100 \ \%$$

$$= \frac{180}{(1000 \times 1.6 \times 0.9)} \times 100 \ \% = 12.5 \ \%$$

13. 어떤 지역에 설치된 태양광 어레이 출력
이 9.5 kW이고, 9월의 월 적산 경사면 일
사량이 104 kWh/m²·월, 종합설계계수가

0.74로 설계되었다고 한다면, 이 지역의 9
월 전체 발전량 (kWh/월)은?

㉮ 731　　㉯ 769　　㉰ 831　　㉱ 869

해설 ① 일사강도가 주어지지 않았으므로, 일
반적인 적용치인 표준상태의 일사강도 (1
kW/m²)를 적용한다.
② 월 적산 발전량 계산
월 적산 발전량

$$= 태양전지 출력 \times \frac{적산 일사량}{일사강도} \times 종합설$$

$$계계수 = 9.5 \times \frac{104}{1} \times 0.74$$

$$= 731.12 \ kWh/월$$

※ 표준상태란?
1. 태양전지 셀 온도 = 25℃
2. AM 1.5
여기서, AM (Air Mass) 1.5는 '대기질량'이
라고 부르며, 직달 태양광이 지구 대기를
48.2° 경사로 통과할 때의 일사강도를 말
한다 (일사강도 = 1 kW/m²).

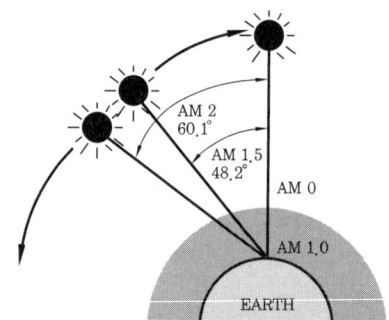

14. 허용 지내력을 15 t/m², 기초판의 크기를
1.5 ×1.5m로 설계했는데, 현장 지내력 시
험결과는 10 t/m²이었다. 기초판 크기의 재
설계값은? (단, 구조물에 걸리는 수직하중
은 33 t, 기초판은 정방형으로 계산한다.)

㉮ 1.82 m 이상　　㉯ 2.82 m 이상
㉰ 3.82 m 이상　　㉱ 4.82 m 이상

해설 '수직하중<현장 지내력×기초판면적'이

어야 한다. 따라서, 기초판면적 = 수직하중/

현장 지내력 $= \dfrac{33}{10} = 3.3\ \text{m}^2$ 이상일 것

정방형으로 하면, $\sqrt{3.3}$ = 약 1.82 m 이상

이다.

15. 태양광 어레이를 설치하는 지역의 설계 속도압이 750 N/m²이고, 유효풍압면적이 8 m²인 경우 풍하중(kN)은? (단, 풍압계수는 1.3, 가스트 영향계수는 1.8로 한다.)

㉮ 11   ㉯ 12   ㉰ 13   ㉱ 14

해설 ① 계산식

풍하중 (N) $= Gf \times Cf \times Pz \times A$

여기서, Gf : 가스트 영향계수(주변 구조물, 식생 등에 의한 난류나 돌풍 유발 계수)

Cf : 풍압계수

Pz : 임의의 높이(z)에서의 설계속도압 (N/m²)

$$Pz = \frac{\rho V^2}{2}$$

ρ : 공기의 밀도 (= 약 1.25kg/m³)

V : 지역별 풍속 (m/s)

A : 유효풍압면적(m²)

② 풍하중(N)

$= Gf \times Cf \times Pz \times A = 1.8 \times 1.3 \times 750 \times 8$

$= 14.04$ kN

16. 어떤 지역에 태양광 어레이를 설치하고자 한다. 태양을 바라보는 방향으로 높이가 10 m인 장애물이 있을 때, 장애물로부터의 최소 이격거리(m)는? (단, 동지 시 발전가능 한계시각의 태양 고도는 18°이다.)

㉮ 28.8   ㉯ 29.8   ㉰ 30.8   ㉱ 31.8

해설 $\tan\theta = \dfrac{10}{x}$

$x = \dfrac{10}{\tan\theta} = \dfrac{10}{\tan 18} = 30.78$ m

17. 어떤 지역에 설치하고 있는 태양광 어레이의 세로길이가 4 m, 어레이 경사각이 30°, 동지 시 발전 한계시각에서의 태양고도각을 15°라고 할 때, 어레이 간 이격거리(m)는?

㉮ 9.9   ㉯ 10.9   ㉰ 11.9   ㉱ 12.9

해설 ① 계산식

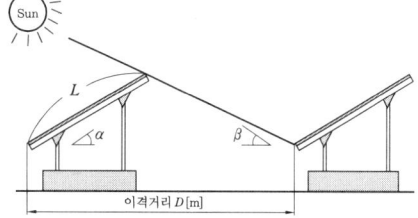

이격거리 $D = \dfrac{\sin(180° - \alpha - \beta)}{\sin\beta} \times L$

② 이격거리

$$D = \frac{\sin(180° - 30 - 15)}{\sin 15} \times 4 = 10.93 \text{ m}$$

18. 다음 그림은 서울지역의 '신태양궤적도'이다. 이격거리 계산과 관련해 동지 시 오전 11시의 태양의 고도는?

㉮ 25°   ㉯ 30°   ㉰ 35°   ㉱ 40°

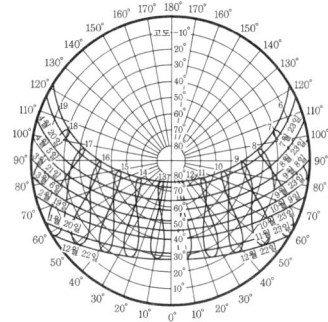

신태양궤적도 (서울)

해설 동지는 12월 22일로 보고, 이 곡선이 오전 11시를 뜻하는 곡선와 만나는 지점에서의 고도값(원의 중심을 지나는 세로 수직선에 표시됨)을 읽으면 약 25°이다.

19. 210 W 태양전지(35 V, 6 A) 15개를 직렬, 15개를 병렬로 설치된 어레이에서 접속함까지 거리가 100 m일 때, 설치 가능한 케이블의 최소 공칭단면적은? (단, 허용 가능한 전압강하는 5 %로 한다.)

㉮ 5 mm^2　　　　㉯ 6 mm^2

㉰ 10 mm^2　　　㉱ 16 mm^2

[해설] ① 어레이 출력전압 : $35 \times 15 = 525$V

② 어레이 출력전류 : $6 \times 15 = 90$A

③ 허용 가능한 전압강하 5 %

$$= 0.05 = \frac{e}{(525 - e)}$$

∴ $e = 25$ V

④ 허용 가능한 공칭단면적

$$= \frac{35.6 \times 100 \times 90}{1000 \times 25} = 12.82 \ \text{이상}$$

20. 3상 22900 V의 선로가 정격전류 (기준전류) 1520 A, %Z가 5 %일 때, 차단기 용량 'kA'은?

㉮ 20　　㉯ 25　　㉰ 30　　㉱ 35

[해설] ① %Z (%임피던스)

㉮ 하나의 LOOP를 이루는 전기회로에서 특정 설비가 가지고 있는 부하비율을 백분율로 표시한 값이다.

㉯ 하나의 LOOP 전체의 %임피던스의 총합이 항상 100 %가 된다.

㉰ %Z를 산정하는 계통의 폐 LOOP를 어디로 잡는가에 따라서 그 비율이 달라진다.

② 단락전류 (Is) 계산

$$Is = \frac{100}{\%Z} \times In \ (\text{기준전류, 정격전류})$$

$$= \frac{100}{5} \times 1520 = 30.4 \ \text{kA}$$

→ 차단기 용량은 31 kA 이상의 것을 선정해야 한다.

21. 파워컨디셔너(PCS)의 출력용량이 150

kW, 효율이 90 %, 최저입력전압이 250 V, 선로의 전압강하는 5 V일 때, 파워컨디셔너의 입력전류 (A)는?

㉮ 554　　㉯ 654　　㉰ 754　　㉱ 854

[해설] ① 계산식

파워컨디셔너 입력전류

$$= \frac{1000P}{(Vi + Vd) \cdot Ef}$$

여기서, P : 평균 부하용량 (kW)

Vi : 파워컨디셔너 최저 동작 직류 입력 전압 (V)

Vd : 축전지-파워컨디셔너 간 전압강하 (V)

Ef : 파워컨디셔너의 효율

② 파워컨디셔너 입력전류

$$= \frac{1000P}{(Vi + Vd) \cdot Ef} = \frac{1000 \times 150}{(250 + 5) \times 0.9}$$

$$= 653.6 \ \text{A}$$

22. 독립형 태양광시스템이 일일 적산부하량이 20 kWh인 부하에 연결되어 운전되고 있다. 축전지 용량(Ah)은? (단, 보수율은 0.9, 일조가 없는 날 10일, 공칭 축전지 전압 12 V, 축전지 직렬연결 개수는 30, 방전심도는 70 %로 한다.)

㉮ 682 Ah　　　㉯ 782 Ah

㉰ 882 Ah　　　㉱ 982 Ah

[해설] ① 계산식

독립형 전원시스템용 축전지이므로,

$$C = \frac{Ld \times Dr \times 1000}{L \times Vb \times N \times DOD} \ \text{(Ah)}$$

여기서, Ld : 1일 적산 부하전력량 (kWh)

Dr : 불일조 일수

L : 보수율

Vb : 공칭 축전지 전압 (V)

N : 축전기 개수

DOD : 방전심도 (일조가 없는 날의 마지막 날을 기준으로 결정)

② 상기 식으로부터

정답 19. ㉱　20. ㉱　21. ㉯　22. ㉰

$$C = \frac{20 \times 10 \times 1000}{(0.9 \times 12 \times 30 \times 0.7)} = 881.83 \text{ Ah}$$

23. 모듈사이즈 가로길이 2 m, 세로길이 1 m, 일사량 1,000 W/m^2, 모듈 출력 $Vmpp$ = 30 V, $Impp$ = 10 A일 때의 모듈변환효율은?

㉮ 10 % ㉯ 15 % ㉰ 20 % ㉱ 25 %

해설 모듈변환효율

$$= \frac{모듈출력(\text{W})}{모듈면적(\text{m}^2) \times 1000(\text{W/m}^2)} \times 100 \%$$

$$= \frac{30 \times 10\text{W}}{2 \times 1\text{m}^2 \times 1000\text{W/m}^2} \times 100 \% = 15 \%$$

24. 태양의 직사광선이 구름이나 안개 등에 차단되지 않고 지표면을 비추는 것을 의미하는 용어는?

㉮ 일조 ㉯ 일사
㉰ 태양상수 ㉱ 남중고도

25. 태양전지 어레이의 경사각에 대한 설명으로 틀린 것은?

㉮ 우리나라에서의 태양전지 어레이의 경사각은 20~50도 전후 (보통 30~40도)로 설계하는 경우가 대부분이다.
㉯ 태양전지 어레이의 경사각을 10도 이하로 시설할 경우 강우에 의한 어레이의 자정효과가 뛰어나다.
㉰ 적설량이 많은 지역에서는 45도 이상의 각도로 설계를 할 필요가 있다.
㉱ 다설 지역에 설치하는 경우에는 그 계절에만 60~90도로 경사각을 변경할 필요가 있다.

해설 태양전지 어레이의 경사각을 10도 이하로 시설할 경우 강우에 의한 어레이의 자정효과에 문제가 생길 우려가 있다.

26. 태양광발전의 7월 발전량은 몇 kWh/m^2 인가? (단, 표준상태에서의 일사강도는 1 kW/m^{2}이다.)

구분	1	2	3	4	5	6	7	8	9	10	11	12
월 적산 경사면 (30°) 일사량 (kWh/m^{2}월)	113. 77	104. 44	126. 34	121. 6	136. 09	111. 1	115. 94	130. 42	101. 7	102. 92	93	101. 99
종합 설계 계수	0.81	0.81	0.81	0.81	0.76	0.76	0.66	0.76	0.76	0.81	0.81	0.81
월간 발전량 (kWh/m^2)	①						②		③			

* 종합설계계수 : 태양전지 모듈 출력의 불균형 보정, 회로손실, 기기에 의한 손실 등을 포함

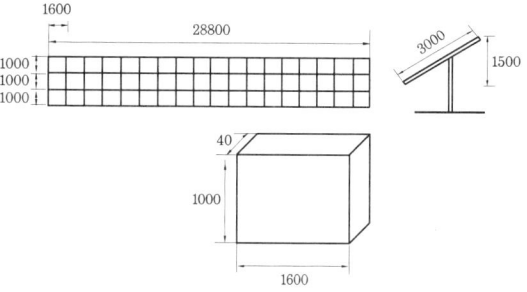

Maximum Power ($P_{\max}$)	200 W
Voltage $P_{\max}$ Point ($V_{\max}$)	30.40 V
Currunt $P_{\max}$ Point ($I_{\max}$)	6.58 A
Open Current Voltage (V)	37.8 V
Short Circuit Current (I)	7.09 A
Max System Voltage (V)	1000 V
Weight	19.11 kg

(tolerance 3 %)

㉮ 9.57 ㉯ 10.57 ㉰ 11.57 ㉱ 12.57

해설 ① 최대출력 계산
최대출력 = 모듈수 × 모듈 1개당 최대전력

$= 3 \times 18 \times 200 = 10.8 \text{ kW}$

② 7월 발전량 계산

최대출력 × $\dfrac{\text{월 적산 일사량}}{\text{설치면적} \times \text{일사강도}}$ × 종합설

계계수 $= 10.8 \times \dfrac{115.94}{3 \times 28.8 \times 1} \times 0.66$

$= 9.57 \text{kWh/m}^2$이다.

27. 태양광발전소 부지면적이 19 m (가로) × 16 m (세로)이고, 설치할 모듈이 250 Wp, 1700 mm × 800 mm이며, 어레이 경사각이 31°, 동지 시 발전 한계시각에서의 태양고도각이 14°라고 할 때 최대 발전 가능 전력(kWp)은? (단, 모듈의 배열은 1단 가로 깔기로 가정하고 가로 배열 모듈의 간격 (800 mm 측)은 무시한다.)

㉮ 17　　㉯ 19　　㉰ 21　　㉱ 23

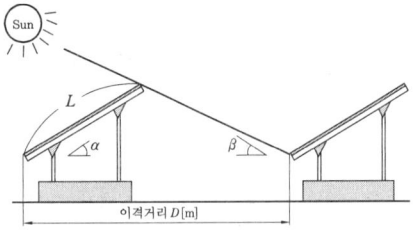

[해설] ① 가로 최대 배치 수

$\dfrac{19\text{m}}{0.8\text{m}} = 23.75 \rightarrow 23$장 가능

② 이격거리

$D = \dfrac{\sin(180° - \alpha - \beta)}{\sin\beta} \times L$

$= \dfrac{\sin(180° - 31 - 14)}{\sin 14 \times 1.7} = 4.97 \text{ m}$

③ 열수 : $\dfrac{16\text{m}}{4.97\text{m}} = 3.22 \rightarrow 3$열

또한, 끝 열은 음영을 고려할 필요가 없으므로, $4.97 \text{ m} \times 3$열 $+ 1.7 \cos(31) = 16.4 > 16$ 이므로 최종 '3'열로 결정

④ 모듈의 최대 장수 = 23장 × 3열 = 69장

⑤ 최대 발전 가능 전력(kWp)
  = 69장 × 0.25 = 17.25 kWp

28. 어떤 태양광발전소의 발전량이 연간 300,000 kWh, 계통한계가격은 160 원/kWh, REC 공급인증서 가격은 190원/kWh이라고 하면, 연간 전력 판매금액은? (단, 가중치는 1.0으로 한다.)

㉮ 100백만 원　　㉯ 105백만 원

㉰ 110백만 원　　㉱ 115백만 원

[해설] kWh당 판매단가 = SMP + REC × 가중치

$= 160 + 190 \times 1.0 = 350$ 원/kWh

따라서, 연간 전력 판매금액은

$= 300,000 \text{kWh} \times 350$원/kWh

$= 105,000,000$원이다.

29. 5년 동안의 발전 수익률이 다음 표와 같을 때 B/C Ratio는? (단, 할인율은 4 %로 한다.)

(단위 : 백만 원)

구분	0차년도	1차년도	2차년도	3차년도	4차년도	5차년도
연간수익		22	21	20	20	20
소요비용	70	3	2	2	2	3

㉮ 0.9　　㉯ 1.1

㉰ 1.4　　㉱ 1.6

[해설] 비용·편익비 분석(CBR ; Benefit − Cost Ratio, B/C Ratio) 공식에서,

$$\text{B/C Ratio} = \dfrac{\sum \dfrac{B_i}{(1+r)^i}}{\sum \dfrac{C_i}{(1+r)^i}}$$

여기서,

$\sum \dfrac{B_i}{(1+r)^i}$

$= \dfrac{22}{(1+0.04)^1} + \dfrac{21}{(1+0.04)^2} + \dfrac{20}{(1+0.04)^3}$

$$+ \frac{20}{(1+0.04)^4} + \frac{20}{(1+0.04)^5} = 91.884$$
$$= 91.884 \text{ 백만 원}$$

$$\sum \frac{C_i}{(1+r)^i}$$
$$= \frac{70}{(1+0.04)^0} + \frac{3}{(1+0.04)^1} + \frac{2}{(1+0.04)^2}$$
$$+ \frac{2}{(1+0.04)^3} + \frac{2}{(1+0.04)^4} + \frac{3}{(1+0.04)^5}$$
$$= 80.687 \text{ 백만 원}$$

B/C Ratio $= \dfrac{91.884}{80.687} = 1.139 > 1$ (따라서, 사업의 타당성 있음)

30. 다음 조건에서 축전지의 용량(Ah)은 얼마인가? (단, 축전지 용량환산계수 k값은 10.6, 보수율은 일반 적용치인 0.8을 적용한다.)

> • PCS 최저동작 직류 입력전압 : 250 V
> • 축전지와 PCS 간 전압강하 : 4 V
> • 평균 부하용량 : 3 kW
> • 축전지 방전 종지전압 : 1.6 V/CELL
> • PCS 효율 : 95 %

㉮ 145   ㉯ 155   ㉰ 165   ㉱ 175

[해설] ① I(평균 방전전류, PCS 직류 입력전류)
$$= \frac{1000P}{(Vi+Vd)\cdot Ef} = \frac{1000 \times 3}{(250+4) \times 0.95}$$
$$= 12.43 \text{ A}$$
② 축전지 용량
$$C = \frac{K \cdot I}{L} = \frac{10.6 \times 12.43}{0.8} = 164.7 \text{ Ah}$$

31. Terzaghi 공식을 이용하여 다음 그림과 같은 정사각형(2 m×2 m) 독립기초에 대하여 총 허용하중(tonf)을 계산하면? (단, 안전율은 1.7, 기초의 형상계수인 $\alpha = 1.3$, $\beta = 0.4$, **지지력 계수** $Nc/Nr/Nq$는 각각 3.5/1.2/2.7, 점착력 $C = 0$, $\gamma_1 = 2.1$ tonf/ m³, $\gamma_2 = 1.7$ tonf/m³, Df는 0.7 m로

한다.)

㉮ 12.3   ㉯ 13.3   ㉰ 14.3   ㉱ 15.3

[해설] Terzaghi 공식으로 q_a를 계산하면,

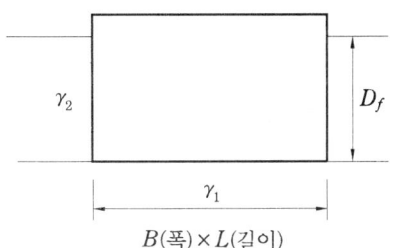

B(폭)×L(길이)

$$q_a = \frac{1}{Fs}(\alpha \cdot c \cdot N_c + \beta \cdot \gamma_1 \cdot B' \cdot N_r + \gamma_2 \cdot D_f \cdot N_q)$$

여기서, q_a : 허용지력(kN/m²)
　Fs : 안전율(평상시 3, 지진 시 2)
　c : 기초저면하의 흙의 점착력(kN/m²)
　α, β : 기초의 형상계수
　N_c, N_r, N_q : 지지력계수
　D_f : 기초의 근입심도(m)
　γ_1, γ_2 : 기초저면하 및 근입깊이 흙의 단위체적중량(kN/m²)
　B' : 하중의 편심을 고려한 유효재하폭(m)
　$B' = B - 2e_B$
　e_B : 하중의 편심량

$$q_a = \frac{1}{1.7} \times (0 + 0.4 \times 2.1 \times 2 \times 1.2 + 1.7 \times 0.7 \times 2.7) = 3.076 \text{ tonf/m}^2$$

총 허용하중 $= q_a \times A$ (기초 밑면적)
$$= 3.076 \text{ tonf/m}^2 \times 4 \text{ m}^2 = 12.3 \text{ tonf}$$

32. 어떤 기초의 총 허용하중이 5.5 kN이라고 할 때 기초의 크기(m²)는 얼마로 하여야 하는가? (단, 해당 흙의 지지력은 2.25 kN/m²라고 한다.)

㉮ 1.15   ㉯ 1.6   ㉰ 2.15   ㉱ 2.4

[해설] 총 허용하중
$= q_a$ (허용지지력)$\times A$ (기초 밑면적) 공식에서,
A (기초 밑면적)

$$= \frac{\text{총 허용하중}}{q_a} = \frac{5.5}{2.25} = 2.4 \ \text{m}^2$$

33. 구조체의 좌굴의 정도를 알아보기 위한 값으로 구조체 기둥의 길이와 회전반경의 비로 표현하는 값은?

㉮ 세장비   ㉯ 좌굴

㉰ 좌굴비   ㉱ 회전모멘트

해설 세장비

① 좌굴을 알아보기 위한 파라미터로서, 세장비가 크면 좌굴이 잘 일어난다는 의미이다.

② 공식 : 세장비 $\lambda = \dfrac{L}{R} = \dfrac{L}{\sqrt{\dfrac{I}{A}}}$

여기서, L : 구조체 기둥의 길이
R : 회전반경
I : 단면 2차모멘트 (m^4)
A : 단면의 면적 (m^2)

34. 태양광 모듈의 직렬, 병렬 수에 관한 설명으로 가장 틀린 것은?

㉮ 모듈 표면온도가 최저인 상태에서의 모듈 개방전압(Voc)×직렬 수가 PCS의 입력 최고 전압 미만이 되도록 해야 한다.

㉯ 모듈 표면온도가 최저인 상태에서의 모듈 출력전류×병렬 수가 PCS의 입력 최고 전류 미만이 되도록 해야 한다.

㉰ 모듈의 직렬 수 계산 시 모듈의 개방전압의 온도계수 (온도 부특성)를 고려해야 한다.

㉱ 모듈의 병렬 수 계산 시 모듈의 단락전류의 온도계수 (온도 정특성)를 고려해야 한다.

해설 ㉯는 '모듈 표면온도가 최고인 상태에서의 모듈 출력전류×병렬 수가 PCS의 입력 최고 전류 미만이 되도록 해야 한다.'로 고쳐야 한다.

35. 어떤 태양광발전소에 설치된 모듈의 직렬연결 매수가 50개, 병렬연결 매수가 100개일 때 발전용량은 몇 MW인가? (단, 모듈의 최대 출력은 260 Wp로 한다.)

㉮ 1.0   ㉯ 1.3   ㉰ 1.6   ㉱ 1.9

해설 발전용
$= 260 \text{W} \text{p} \times 50 \times 100 = 1.3 \ \text{MW}$

36. 모듈과 파워컨디셔너(PCS)의 조건이 다음과 같을 때, 모듈의 '최대 직렬매수 : 최소 직렬매수'는?

- 모듈의 최대 출력 동작전압 ($Vmpp$) : 30 Vdc
- 모듈의 최대 출력 동작전류 ($Impp$) : 7 Adc
- 개방전압 (Voc) : 36 Vdc
- 개방전류 (Isc) : 8 Adc
- 모듈의 개방전압 온도계수 : −0.343 %/℃
- 모듈 표면의 온도 변화 폭 : −15~60℃
- PCS의 입력전압 변동 범위 : 350~700 Vdc

㉮ 13 : 7   ㉯ 13 : 8

㉰ 17 : 13   ㉱ 18 : 12

해설 모듈의 최적 직렬 수 계산 방법

① 최대 직렬 수

$= \dfrac{PCS \text{ 입력전압 변동범위의 최고값(최대입력전압)}}{\text{모듈 표면온도가 최저인 상태의 개방전압}(Voc')}$

$= \dfrac{PCS \text{ 입력전압 변동범위의 최고값(최대입력전압)}}{Voc \times (1 + \text{온도계수} \times \text{표면 온도차})}$

$= \dfrac{700}{36 \times (1 + (-0.00343) \times (-15 - 25))}$

$= 17.1 \text{개} \rightarrow 17 \text{개}$

② 최저 직렬 수

$= \dfrac{PCS \text{ 입력전압 변동범위의 최저값}}{\text{모듈 표면온도가 최고인 상태의 최대 출력 동작전압}(Vmpp')}$

$= \dfrac{PCS \text{ 입력전압 변동범위의 최저값}}{Vmpp \times \left(1 + \dfrac{Vmpp}{Voc} \times \text{온도계수} \times \text{표면 온도차}\right)}$

$= \dfrac{350}{30 \times \left(1 + \dfrac{30}{36} \times (-0.00343) \times (60 - 25)\right)}$

$= 12.9 \text{개} \rightarrow 13 \text{개}$

정답 **33.** ㉮   **34.** ㉯   **35.** ㉰   **36.** ㉰

제3장 | 도면 작성

3-1 도면 작성

(1) 도면 작성 방법

① 누가 보아도 이해가 쉽도록 작성한다.
② 여러 가지로 해석할 여지가 없도록 명확히 표현한다.
③ 구조물 도면의 경우 '설계방법'에 대하여 명기한다.
④ 설계도면에는 책임자 (검도자), 설계자 등의 날인이 있어야 한다.
⑤ 모든 도면은 컴퓨터를 이용한 CAD로 작성하는 것을 기본으로 한다.
⑥ 모든 표기 및 표현은 중복 기재 혹은 도시를 피한다.
⑦ 보이는 부분은 실선, 숨겨진 부분은 파선으로 표기한다.
⑧ 그림으로 표현하기 어려울 경우에는 '주기'로 표현한다.
⑨ 도면 작성은 3각법으로 작성하는 것을 원칙으로 한다.
⑩ 도면 작성 시 미터법으로 작성함을 원칙으로 한다.
⑪ 도면 내 치수는 mm 단위로 사용하는 것이 원칙이다.
⑫ 각도는 도 (°)를 사용하는 것을 원칙이며, 분 (′)은 가급적 사용을 금한다.
⑬ 특별히 명기되지 않은 사항은 KS기준을 준용한다.

(2) 도면 SIZE 작성 원칙

① ASS'Y 도면
　(가) A1 : 가급적 A1 SIZE로 작성함
　(나) A0 : A1에 표현할 때 SIZE가 부족할 때 적용함
　(다) A2 : 1품 1도시는 A2 SIZE로 설계가 가능하면 적용함

② DETAIL 도면
　(가) A1 : 가급적 1도 다품 시 A1 SIZE에 DETAIL을 작성하는 것을 원칙으로 함
　(나) A0 : DETAIL이 커서 A1 SIZE에 작성하기 무리일 때에만 적용함
　(다) A2, A3, A4 : 1품 1도시 적용함

(3) 발주처의 표준에 준하는 도면 작성

① 표제란 및 도면 변경란, 공차표
② ASS'Y 도면에 치수 기입
③ DETAIL 작성 등

3-2 건축물의 설계도서 작성기준

(1) 용어의 정의

① **설계도서** : 건축물의 건축 등에 관한 공사용의 도면과 구조계산서 및 시방서, 기타 다음 각 호의 서류를 말한다.

(가) 건축설비계산 관계서류

(나) 토질 및 지질 관계서류

(다) 기타 공사에 필요한 서류

② **설계** : 건축사가 자기 책임하에(보조자의 조력을 받는 경우를 포함한다) 건축물의 건축대수선, 용도변경, 리모델링, 건축설비의 설치 또는 공작물의 축조를 위한 설계도서를 작성하고 그 설계도서에서 의도한 바를 설명하며 지도자문하는 행위를 말한다.

③ **기획업무** : 건축물의 규모 검토, 현장조사, 설계지침 등 건축설계 발주에 필요하여 건축주가 사전에 요구하는 설계업무를 말한다.

④ **건축설계업무** : 건축주의 요구를 받아 수행하는 건축물의 계획(설계목표, 디자인 개념의 설정), 연관분야의 다각적 검토(인, 허가 관련 사항 포함), 계약 및 공사에 필요한 도서의 작성 등의 업무를 말하며, "계획설계", "중간설계", "실시설계"로 구분된다.

(가) 계획설계 : 건축사가 건축주로부터 제공된 자료와 기획업무 내용을 참작하여 건축물의 규모, 예산, 기능, 질, 미관 및 경관적 측면에서 설계목표를 정하고 그에 대한 가능한 계획을 제시하는 단계로서, 디자인 개념의 설정 및 연관분야(구조, 기계, 전기, 토목, 조경 등을 말한다. 이하 같다)의 기본시스템이 검토된 계획안을 건축주에게 제안하여 승인을 받는 단계이다.

(나) 중간설계(건축법 제8조 제3항에 의한 기본설계도서를 포함한다. 이하 같다) : 계획설계 내용을 구체화하여 발전된 안을 정하고, 실시설계 단계에서의 변경 가능성을 최소화하기 위해 다각적인 검토가 이루어지는 단계로서, 연관 분야의 시스템 확정에 따른 각종 자재, 장비의 규모, 용량이 구체화된 설계도서를 작성하

여 건축주로부터 승인을 받는 단계이다.

 ㈐ 실시설계 : 중간설계를 바탕으로 하여 입찰, 계약 및 공사에 필요한 설계도서를 작성하는 단계로서, 공사의 범위, 양, 질, 치수, 위치, 재질, 질감, 색상 등을 결정하여 설계도서를 작성하며, 시공 중 조정에 대해서는 사후설계관리업무 단계에서 수행방법 등을 명시한다.

⑤ **사후설계관리업무** : 건축설계가 완료된 후 공사 시공 과정에서 건축사의 설계의도가 충분히 반영되도록 설계도서의 해석, 자문, 현장여건 변화 및 업체선정에 따른 자재와 장비의 치수, 위치, 재질, 질감, 색상, 규격 등의 선정 및 변경에 대한 검토보완 등을 위하여 수행하는 설계업무를 말한다.

⑥ **흙막이 구조도면의 작성** : 지하 2층 이상의 지하층을 설치하는 경우에는 건축법에서 정하는 바에 의거 흙막이 구조도면을 작성하여 착공신고 시에 제출한다.

⑦ **재료의 표기**

 ㈎ 건축물에 사용하는 건축재료는 품명 및 규격, 재질, 질감, 색상 등을 설계도면에 표기함을 원칙으로 한다.

 ㈏ 설계도면에 표기할 수 없는 재료의 성능 및 재질 등에 관한 사항은 공사시방서에 표기한다.

(2) 공사시방서의 작성

① 공사시방서에는 중간설계 및 실시설계도면에 구체적으로 표시할 수 없는 내용과 공사수행을 위한 시공 방법, 자재의 성능규격 및 공법, 품질시험 및 검사 등 품질관리, 안전관리, 환경관리 등에 관한 사항을 기술한다.

② 공사시방서는 표준시방서 및 전문시방서를 기본으로 하여 작성하되, 공사의 특수성, 지역여건, 공사방법 등을 고려하여 작성한다.

> 주 ➔ 공사시방서에는 도면에 표시하기 불편한 내용을 주로 기술하고, 치수는 가능한 도면에 표시한다.

(3) 일반시방서에 포함되는 주요내용

① 용어의 정의

② 적용 법규 및 제 규정

③ 설계도서의 적용 순위

④ 계약 상대자의 의무

⑤ 공사현장관리

⑥ 자재의 반입, 검수, 관리 등에 관한 사항

⑦ 설계, 제작 및 설치에 관한 제반사항

⑧ 품질관리, 검사 및 시험에 관한 사항

⑨ 품질보증 및 하자보증에 관한 사항

⑩ 이견 발생 시의 해결 원칙

⑪ 공사 외의 민원, 공무 등에 관한 비용 처리

⑫ 경미한 변경 등에 관한 처리방법

⑬ 인수인계 방법 등에 관한 사항

⑭ 설계도서 등의 관리 등

(4) 건축제도 통칙의 적용

이 기준에서 규정한 사항 이외에 설계도서의 작성에 필요한 사항은 한국산업규격 KS F 1501 건축제도 통칙이 정하는 바에 의한다.

(5) 설계도서 작성자의 서명날인

설계도서를 작성하는 데 참여한 자 및 협력한 관계전문기술자는 관계법령 및 그 규정에 의한 명령이나 처분 등에 적합하게 작성되었는지를 확인한 후 당해 도서에 서명 날인한다.

(6) 적용의 예외

건축법 제23조제4항에 따라 표준설계도서등의운영에관한규칙에 의한 표준설계도서 또는 특수한 공법을 적용한 설계도서에 따라 건축물을 건축하는 경우에는 이 기준을 적용하지 아니한다.

(7) 재검토 기한

「훈령예규 등의 발령 및 관리에 관한 규정」(대통령훈령 제248호)에 따라 이 기준 발령 후의 법령이나 현실여건의 변화 등을 검토하여 이 기준의 폐지, 개정 등의 조치를 하여야 하는 기한은 시행일로부터 2015년 8월 21일까지로 한다.

3-3 ## 도면 표시기호

(1) 조명 및 회로

기호	명칭	기호	명칭	기호	명칭	기호	명칭
◯	백열등	☯	콘센트	Ⓖ	발전기	S	개폐기
⊏◯⊐	형광등	●	점멸기	Ⓗ	전열기	Ⓦ⒣	전력량계
◯⊢	벽등	Ⓜ	전동기	⊣⊦	축전기	E	누전 차단기
B	배선용 차단기	TS	타임 스위치	L	전류 제한기	⊗	유도등/ 비상등

(2) 배선기호 1

기호	명칭	기호	명칭
──	천장은폐 배선	----	지중 매설선
---	바닥은폐 배선	─•─	전선 접속점 표시
⏚	접지	⟋○	상승
-------	노출 배선	⟍○	인하
▭	접속 상자	⟋○⟋	소통
─⫽⫽─	전선수 표시	▭	점검구
─1.6─	전선 크기 표시	⟨	수전점

(3) 배선기호 2

기호	명칭	기호	명칭
─◯─	전구	─ⓞ○ⓞ─	코일
─⊣⊢─	전지	─⊣⊢─	콘덴서(축전기)
─◯─	교류전원	─Ⓥ─	전압계
─Ⓜ─	전동기	─Ⓐ─	전류계
─⋀⋁⋀─	저항	─○○─	퓨즈

(4) 배선기호 3

기호	명칭	기호	명칭	기호	명칭
	팬터 그래프		접촉편		단락회로접촉기
	피뢰기		축전지		고정저항기
	나이프스위치 또는 단로기		계전기		가변저항기
	차단기		버튼 스위치		보온기 난방기
	단류기		푸시버튼 스위치		전동기
	회로차단기		정류기 (다이오드)		스위치
	고속도차단기		SCR (싸이리스터)		선풍기
	연결선		전조등		형광등
	연결 안 된 선		표시등		점퍼선
	전자접촉기		지시등		반도체
	제어접촉기		축전지 (콘덴서)		가변저항기
	변압기		조압기		기계적연동
	유도코일				

(5) 배선기호 4

기호	명칭	기호	명칭
	분전반 및 제어반		보상식 스폿형 감지기
	배전반	S	연기감지기
	동력용 배전반	P	P형 발신기

	전등용 배전반		수신기
	전등·전력용 배전반		부수신기(표시기)
	환기팬		철탑
RC	룸 에어컨		철주
	정류 장치		콘크리트주
	정온식 스폿형 감지기		목주
	차동식 스폿형 감지기		

(6) 토목도면 기호

① 단면 표시기호

표시 사항 구분		원칙으로 사용한다.	준용한다.	비고
지반				
잡석다짐				
자갈, 모래		자갈 모래		타재와 혼동될 우려가 있을 때는 반드시 재료명을 기입한다.
석재				
인조석				
콘크리트		a b c		a는 강자갈, b는 깬자갈, c는 철근 배근일 때
벽돌				
블록				
목재	치장재		단면 길이 방향 단면	

	구조재	보조 구조재	합판	유심재, 거심재를 구별할 때 유심재 거심재
	철재			
	차단재 (보온, 흡음, 방수, 기타)	재료명 기입		
	엷은재(유리)	— a		a는 원칙에 가까울 때 사용한다.
	망 (사)	a		a는 원칙에 가까울 때 사용한다.

② **평면 표시기호**

축척 정도별 구분 표시 사항	축척 1/100 또는 1/200일 때	축척 1/20 또는 1/50일 때
벽일반		
철골 철근, 콘크리트 기둥 및 철근 콘크리트벽		
철근 콘크리트 기둥 및 장막벽	—재료 표시	—재료 표시
철골 기둥 및 장막벽		
블록벽		1/20 1/50
벽돌벽		

(7) 건축도면 관련 기호

명칭	평면	입면	명칭	평면	입면
빈지문			쌍여닫이창		
자재문			망사창		
망사문			여닫이창		
창일반			셔터창		
회전창 또는 돌출창			미서기창		
오르내리창			계단 오름 표시		내림(DN) 오름(UP)
격자창			미서기문		
출입구 일반			미닫이문		
회전문			셔터		
쌍여닫이문			반지문		
접이문			방화벽과 쌍여닫이문		

| 여닫이문 | ⌐✓⌐ | [문 기호] | |
| 주름문
(재질 및
양식 기입) | ⊐〜〜 ⊏ | [주름문 기호] | |

㈜ 1. 빈지문 : 풍우를 방지하기 위해 건축물 개구부의 최외측에 덧대어 한 짝씩 끼웠다 떼었다 하게 만든 창호

2. 동일한 명칭의 도면 표시기호가 여러 개 있을 수 있으니 주의를 요한다.

3-4 내역서

(1) 내역서의 분류

① **물량내역서** : 각종 공사에 투입되는 각 재료의 수량 및 노무량만 기재하는 내역서

② **산출내역서** : 물량내역서의 내용은 물론이고, 단가와 금액, 소계, 총계까지 기재하여 작성하는 내역서

(2) 공사 진행 단계별 내역서의 명칭

① 설계내역서   ② 입찰내역서   ③ 계약내역서

④ 착공내역서   ⑤ 기성내역서   ⑥ 준공내역서

(3) 내역서의 작성

각 공사의 내역을 집계한 '공사비 집계표'를 기준으로 내역서(공사비 원가 계산서)를 작성한다.

- 순 공사원가 = 재료비 + 직·간접 노무비 + 직·간접 경비
- 공급가액 = 총원가 (순 공사원가 + 일반관리비 + 이윤) + 손해보험료 (총원가 × 손해보험요율)
- 총 공사비 = 총원가 (순 공사원가 + 일반관리비 + 이윤) + 손해보험료 + 부가가치세 (공급가액 × 1.1)
- 발전원가 $= \dfrac{\dfrac{초기투자비용}{설비수명연한} + 연간\ 유지관리비}{연간\ 총\ 발전량(kWh)}$

(4) 공사원가 계산 시 간접노무비 계산방법(행정규칙 계약예규 ; 예정가격작성기준_별표 2의1)

① **직접계산방법** : 발주목적물의 노무량을 예정하고 노무비단가를 적용하여 계산함

$$간접노무비 = 노무량 \times 노무비단가$$

② **비율분석방법** : 발주목적물에 대한 직접노무비를 표준품셈에 따라 계산함

$$간접노무비 = 직접노무비 \times 간접노무비율$$

③ **기타 보완적 계산방법** : 직접계산방법 또는 비율분석방법에 의하여 간접노무비를 계산하는 것을 원칙으로 하되, 계약목적물의 내용·특성 등으로 인하여 원가계산자료를 확보하기가 곤란하거나, 확보된 자료가 신빙성이 없어 원가계산자료로서 활용하기 곤란한 경우에는 아래의 원가계산자료 (공사종류 등에 따른 간접노무비율)를 참고로 동 비율을 해당 계약목적물의 규모·내용·공종·기간 등의 특성에 따라 활용하여 간접노무비(품셈에 의한 직접노무비×간접노무비율)를 계상할 수 있다.

구 분	공사종류별	간접노무비율
공사 종류별	건축공사	14.5
	토목공사	15
	특수공사 (포장, 준설 등)	15.5
	기타 (전문, 전기, 통신 등)	15
공사 규모별	50억 원 미만	14
	50~300억 원 미만	15
	300억 원 이상	16
공사 기간별	6개월 미만	13
	6~12개월 미만	15
	12개월 이상	17

* 공사규모가 100억 원이고 공사기간이 15개월인 건축공사의 경우 예시

$$간접노무비율 = \frac{(15\% + 17\% + 14.5\%)}{3} = 15.5\ \%$$

(5) 일반관리비율(행정규칙 계약예규 ; 예정가격작성기준_별표3)

업　　종	일반관리비율 (%)
• 제조업	
음ㆍ식료품의 제조ㆍ구매	14
섬유ㆍ의복ㆍ가죽제품의 제조ㆍ구매	8
나무ㆍ나무제품의 제조ㆍ구매	9
종이ㆍ종이제품ㆍ인쇄출판물의 제조ㆍ구매	14
화학ㆍ석유ㆍ석탄ㆍ고무ㆍ플라스틱제품의 제조ㆍ구매	8
비금속광물제품의 제조ㆍ구매	12
제1차 금속제품의 제조ㆍ구매	6
조립금속제품ㆍ기계ㆍ장비의 제조ㆍ구매	7
기타물품의 제조ㆍ구매	11
• 시설공사업	6

* 업종분류 : 한국표준산업분류에 의함

3-5 시방서와 설계도서

(1) 공사시방서의 작성

① 공사시방서에는 중간설계 및 실시설계도면에 구체적으로 표시할 수 없는 내용과 공사수행을 위한 시공 방법, 자재의 성능규격 및 공법, 품질시험 및 검사 등 품질관리, 안전관리, 환경관리 등에 관한 사항을 기술한다.

② 공사시방서는 표준시방서 및 전문시방서를 기본으로 하여 작성하되, 공사의 특수성, 지역여건,공사방법 등을 고려하여 작성한다.

> 주 ➜ 공사시방서에는 도면에 표시하기 불편한 내용을 주로 기술하고, 치수는 가능한 도면에 표시한다.

(2) 설계도서 해석의 우선순위

① 설계도서, 법령해석, 감리자의 지시 등이 서로 일치하지 아니하는 경우에 있어 계약으로 그 적용의 우선순위를 정하지 아니한 때에는 다음의 순서를 원칙으로 한다.
- 1순위 : 공사시방서
- 2순위 : 설계도면

- 3순위 : 전문시방서
- 4순위 : 표준시방서
- 5순위 : 산출내역서
- 6순위 : 승인된 상세시공도면
- 7순위 : 관계법령의 유권해석
- 8순위 : 감리자의 지시사항

주 ➔ 설계도서 해석 관련 기타 주의사항

1. 숫자로 나타낸 치수는 도면상 축척으로 잰 치수보다 우선한다.
2. 도면 및 시방서의 어느 한쪽에 기재되어있는 것은 그 양쪽에 기재되어있는 사항과 완전히 동일하게 다룬다.
3. 표제란 : 도면 작성 및 관리에 필요한 정보를 모아서 기재한 곳
   ① 발주자 정보영역(발주자명 및 로고) : 발주처 및 발주사의 로고를 기재
   ② 수급인 정보영역(수급인명 및 로고) : 컨소시엄의 경우 대표사, 참여사를 모두 기재
   ③ 공사정보 영역(사업명) : 사업로고 포함 가능
   ④ 도면 정보영역(도명, 도번, 일련번호, 축척, 승인란 등) : 다수인 경우 대표 도면명을 기재 가능, 도번 및 일련번호는 공종별 분류체계에 따라 기재함, 승인란은 제도자/설계자/검사자/승인자로 세분하여 기재

도면규격서 번호 AB		대체가능재질 V	품번 (BB)	품 명 (CC)		수량 (DD)	부품번호 (EE)	도면번호 (FF)	B
원도 AA		공통공차 소수 각도 분수 R	부 품 목 록						
			연월일 N			규격작성기관명 A			
			승인부서 M						
		재 질 S	검도 I	승인 L		도명 B			
			제도 H	검도 K					
Y	Z	열처리 T	설계 G	검도 J					A
관련도면	적용품목		작성부서		F	도면 크기 A2 C	도번 D		
부품번호 W	재고번호 X	보호패막처리 U	척도 O	단위 P	중량 Q		장중 E 번째		
2		↑	3			4			

표제란 (예시)

4. 시방서 : 시방서는 운영체계 및 용도에 따라 여러 가지로 구분할 수 있는데, 그 주요한 것은 다음과 같다.

① 공사시방서 : 계약문서의 일부가 되고, 법적 구속력을 가지며, 특정 공종별로 건설공사 시공에 필요한 사항을 규정한 시방서를 말한다. 태양광발전소의 경우 공종은 가설공사, 토공사, 기초공사, 철근콘크리트공사, 어레이설치공사, 배관 및 배선공사, 전기실(건축공사) 등으로 나누어진다.

② 전문시방서 : '시설물별 표준시방서'를 기본으로 모든 공종을 대상으로 하여 특정한 공사의 시공에 활용하기 위한 종합적인 시공기준

③ 표준시방서 : 각종 공사에 쓰이는 공통적이고 표준적인 시공기준 및 공법을 명시한 문서

④ 일반시방서 : 입찰요구조건와 계약조건으로 구분, 공사기일 등 공사 전반(일반)에 걸친 비기술적인 사항을 규정한 시방서

⑤ 안내시방서 : 공사시방서를 작성하는 데 안내 및 지침이 되는 시방서

⑥ 성능시방서 : 시설물, 설비 등의 성능만을 명시해놓은 시방서

⑦ 공법시방서 : 계획된 성능을 확보하기 위한 방법과 수단을 서술한 시방서

⑧ 기술시방서 : 공사 전반에 걸친 기술적인 사항을 규정한 시방서

(3) 구조계산서의 작성

① 다음 각 호에 해당하는 건축물을 건축하거나 대수선하는 경우에는 구조안전을 확인할 수 있도록 구조계산서(지진에 대한 안전을 포함한다)를 작성한다.

⑺ 층수가 3층 이상인 건축물

⑻ 연면적이 1천 제곱미터 이상인 건축물(창고, 축사, 작물재배사 및 표준설계도서에 따라 건축하는 건축물은 제외)

⑼ 높이가 13미터 이상인 건축물

⑽ 처마높이가 9미터 이상인 건축물

⑾ 기둥과 기둥 사이의 거리(기둥이 없는 경우에는 내력벽과 내력벽 사이의 거리)가 10미터 이상인 건축물

⑿ 국토해양부령으로 정하는 "지진구역1" 지역에 건축하는 건축물 중 중요도(특), 중요도(1)에 해당하는 건축물

⒀ 박물관, 전시장 등의 용도에 쓰이는 바닥면적 합계가 5천제곱미터 이상인 건축물

② 제①항 각 호의 건축물 중 지진에 대한 안전이 확인된 건축물로서 사용승인서를 교부받은 후 5년이 지난 건축물을 증축(연면적 10분의 1 이내의 증축 또는 1개 층의 증축에 한한다)하거나 일부 개축하는 경우에는 지진에 대한 안전의 확인을 생략할 수 있다.

③ 구조내력의 기준 및 구조계산의 방법 등은 건축물의 구조기준 등에 관한 규칙이 정

하는 바에 의하고 이에 필요한 세부기준 등은 국토해양부장관이 작성 또는 승인한 기준이 정하는 바에 의한다.

(4) 관계전문기술자의 협력

① 다음 각 호에 해당하는 건축물에 대한 구조계산은 국가기술자격법에 의한 건축구조기술사가 하여야 한다.

(가) 6층 이상인 건축물

(나) 기둥과 기둥 사이의 거리가 30미터 이상인 건축물

(다) 다중이용 건축물

(라) 한쪽 끝은 고정되고 다른 끝은 지지(支持)되지 아니한 구조로 된 차양 등이 외벽의 중심선으로부터 3미터 이상 돌출된 건축물

(마) 「건축법 시행령」 제32조 제1항 제6호에 해당하는 건축물 중 국토해양부령으로 정하는 건축물

② 연면적이 1만제곱미터 이상인 건축물(창고시설을 제외한다) 또는 에너지를 대량으로 소비하는 건축물로서 건축물의설비기준등에관한규칙 제2조의 규정에서 정하는 건축물은 다음 각 호의 구분에 따른 관계전문기술사의 협력을 받아야 한다.

(가) 전기, 승강기(전기 분야만 해당한다) 및 피뢰침 : 「국가기술자격법」에 따른 건축전기설비기술사 또는 발송배전기술사

(나) 가스·급수·배수(配水)·배수(排水)·환기·난방·소화·배연·오물처리 설비 및 승강기(기계 분야만 해당한다) : 「국가기술자격법」에 따른 건축기계설비기술사 또는 공조냉동기계기술사

③ 깊이 10미터 이상의 토지굴착공사 또는 높이 5미터 이상의 옹벽 등의 공사를 수반하는 건축물의 설계자 및 공사 감리자는 토지 굴착 등에 관하여 국토해양부령으로 정하는 바에 따라 「국가기술자격법」에 따른 토목 분야 기술사의 협력을 받아야 한다.

(5) 수량산출조서의 작성

설계도면을 작성완료한 후에는 공종별로 재료의 수량산출내역서를 작성할 수 있다.

(6) 건축제도 통칙의 적용

이 기준에서 규정한 사항 이외에 설계도서의 작성에 필요한 사항은 한국산업규격 KS F 1501 건축제도 통칙이 정하는 바에 의한다.

(7) 설계도서 작성자의 서명날인

설계도서를 작성하는 데 참여한 자 및 협력한 관계전문기술자는 관계법령 및 그 규정에 의한 명령이나 처분 등에 적합하게 작성되었는지를 확인한 후 당해 도서에 서명날인한다.

(8) 적용의 예외

건축법 제23조 제4항에 따라 표준설계도서 등의 운영에 관한 규칙에 의한 표준설계도서 또는 특수한 공법을 적용한 설계도서에 따라 건축물을 건축하는 경우에는 이 기준을 적용하지 아니한다.

(9) 재검토 기한

「훈령예규 등의 발령 및 관리에 관한 규정」(대통령훈령 제248호)에 따라 이 기준 발령 후의 법령이나 현실여건의 변화 등을 검토하여 이 기준의 폐지, 개정 등의 조치를 하여야 하는 기한은 시행일로부터 2015년 8월 21일까지로 한다.

3-6   계획 혁신기법

(1) CPM/PERT기법(작업의 상호관계를 네트워크로 표현)

① CPM (Critical Path Method)기법

㉮ 공사계획에서 일정을 단축하기 위하여 개발된 기법으로, 공사의 일정관리를 위하여 건설업 분야에서 널리 활용되고 있으며, 근래에는 공사 계약관리의 기준으로 이용되고 있다.

㉯ CPM기법은 과거의 실적자료나 경험 등을 기초로 하여 Activity 중심의 확정적 시스템으로 전개하여 목표기일의 단축과 비용의 최소화를 의도한 기법이다 (시간추정이 확정적이고 모든 계획을 활동, 즉 작업 중심으로 수립).

② PERT (Project Evaluation & Review Technique)기법

㉮ PERT기법은 원래 연구개발 계획 분야의 진도를 평가하고 감시하기 위하여 고안된 기법이다.

㉯ PERT기법에서는 확률적인 추정치를 기초로 하여 Event 중심의 확률적 시스템을 전개함으로써 최단기간에 목표를 달성하고자 의도하는 기법이다 (주로 미경험의 비반복성 설계사업의 평가 검토 및 관리를 목적으로 한다).

(2) VE기법(Value Engineering)

① 배경

⑺ 전통적으로 VE는 생산과정이 정형화되지 않은 건설조달 분야에서 활발히 시행되어왔다.

⑼ 이는 현장상황에 따라 생산비의 가변성이 큰 건설산업의 특징상, 건설과정에 창의력을 발휘하여 새로운 대안을 마련할 때 비용 절감의 가능성이 크기 때문이다.

② 개념

⑺ 최소의 생애주기비용(life cycle cost)으로 필요한 기능을 달성하기 위해 시스템의 기능분석 및 기능설계에 쏟는 조직적인 노력을 의미한다.

⑼ 좁은 의미에서의 VE는 소정의 품질을 확보하면서, 최소의 비용으로 필요한 기능을 확보하는 것을 목적으로 하는 체계적인 노력을 지칭하는 의미로 사용된다.

③ 계산식

$$VE = \frac{F}{C}$$

여기서, F : 발주자 요구기능(function), C : 소요 비용(cost)

④ 추진원칙

⑺ 고정관념의 제거

⑼ 사용자 중심의 사고

⑻ 기능 중심의 사고

⑽ 조직적인 노력

⑤ 응용

⑺ 제품이나 서비스의 향상과 코스트의 인하를 실현하려는 경영관리 수단으로 사용되어 VA(가치분석) 혹은 PE(구매공학)로 불리기도 한다.

⑼ VE의 사상을 기업의 간접 부분에 적용하여 간접업무의 효율화를 도모하기도 한다. 이 경우 VE를 'OVA(Overhead Value Analysis)'라고 부른다.

⑻ VE에서 LCC는 원안과 대안을 경제적 측면에서 비교할 수 있는 중요한 Tool이다.

㈜ VE는 한마디로 '얼마나 적은 비용을 투자하여 얼마나 많은 사용자 효용을 만들어내느냐?'로 정의할 수 있는 지표이다.

(3) CM(건설사업관리 ; Construction Management)

① 발주자가 CM(Construction Manager)을 대리인으로 선정하여 '타당성 조사→설계→계획→발주→시공→사용'의 전 단계를 관리하게 한다.

② CM은 적정품질을 유지하며 공기, 공사비 최소화, Coordinate, Communicate

하는 절차를 관할한다.

③ **특징** : 공기단축, VE기법, 전문가관리, 원활한 의사소통, 발주자의 객관적 의사 결정, 관리 기술수준 향상, 업무융통성, CM 비용증대 등

④ **분류**

㈎ CM for Fee (Agency CM ; 용역형 CM) : 직접 일에 참여하지 않고, 조언자로서의 역할만 하는 CM

㈏ CM at Risk (위험 부담형 CM) : Construction Manager가 시공자로서의 역할도 하면서 이윤과 연계함

⑤ **건설공사 시행단계별 CM의 역할**

㈎ 건설사업관리(CM) 공통업무 : 건설사업관리 업무수행 계획서/절차서 작성, 작업분류체계 및 사업번호체계 관리, 건설공사 참여자 간의 업무협의 주관

㈏ 설계 이전 단계의 업무 : 건설사업의 기획, 타당성 조사/분석, 발주청이 건설사업의 특성과 현장여건 등을 종합적으로 고려하여 필요로 하는 업무

㈐ 기본설계 단계의 업무 : 설계자 선정업무 지원, 기본설계의 경제성 등 검토 (기본설계 VE), 공사비 분석 및 개략공사비 적정성 검토, 기본설계 용역 진행사항 및 기성 관리, 기본설계의 조정 및 연계성 검토 (기본설계 interface), 기본설계 단계의 품질 관리

㈑ 실시설계 단계의 업무 : 공사발주계획 수립, 실시설계의 경제성 등 검토 (실시설계 VE), 공사비 분석 및 공사원가의 적정성 검토, 실시설계 용역 진행상황 및 기성 관리, 실시설계 조정 및 연계성 검토 (실시설계 interface), 실시설계단계의 품질 관리, 지급자재 조달 및 관리계획 수립, 시공자 선정업무 지원

㈒ 시공 단계의 업무 : 통합관리계획서 검토, 성과분석 및 대책수립 업무, 책임감리 업무, 클레임 분석 및 분쟁 대응업무 지원, 최종 건설사업관리 보고서 등

㈓ 시공 이후 단계의 업무 : 건설사업 준공 이후 시설물 운영 및 유지보수 & 유지관리 등, 발주청이 건설사업의 특성과 현장여건 등을 종합적으로 고려하여 필요로 하는 업무 등

예·상·문·제

1. 다음에서 설명하고 있는 설계도서는?

> 계획설계 내용을 구체화하여 발전된 안을 정하고, 실시설계 단계에서의 변경 가능성을 최소화하기 위해 다각적인 검토가 이루어지는 단계로서, 연관 분야의 시스템 확정에 따른 각종 자재, 장비의 규모, 용량이 구체화된 설계도서를 작성하여 건축주로부터 승인을 받는 단계이다.

㉠ 기본설계   ㉡ 구상설계
㉢ 중간설계   ㉣ 최종설계

[해설] 상기 주어진 지문과 같은 설계도서는 '중간설계' 혹은 '중간설계단계'라고 부른다.

2. 도면과 시방서에 관한 설명이다. ㉠~㉡에 들어갈 적당한 용어는?

> • 공사시방서에는 도면에 표시하기 불편한 내용을 주로 기술하고, 치수는 가능한 (㉠)에 표시한다.
> • 지하 2층 이상의 지하층을 설치하는 경우에는 '건축법'에서 정하는 바에 의거하여 (㉡)를/을 작성하여 착공신고 시에 제출한다.

	㉠	㉡
㉠	설계	구조도면
㉡	작업지시서	지하평면도
㉢	도면	흙막이 구조도면
㉣	표준시방서	지하평면도

3. 다음 그림에서 '전류 제한기'에 해당하는 도면 표시기호는?

㉠ ○   ㉡ TS
㉢ L   ㉣ B

[해설] ㉠ 백열등, ㉡ 타임 스위치, ㉣ 배선 용 차단기

4. 다음 그림에서 '점검구'에 해당하는 도면 표시기호는?

㉠ ⏚   ㉡ ●
㉢ ○   ㉣ ▭

[해설] ㉠ 접지, ㉡ 전선 접속점, ㉣ 접속 상자

5. 다음 그림에서 '전동기'에 해당하는 도면 표시기호는?

㉠ ⊣⊢   ㉡ ⊣⊢
㉢ (M)   ㉣ (A)

[해설] ㉠ 축전지(콘덴서), ㉡ 전지, ㉣ 전류계

6. 다음 그림에서 '피뢰기'에 해당하는 도면 표시기호는?

㉠ ─◫─   ㉡ ─∘∘─
㉢ ─▷─   ㉣

[해설] ㉡ 스위치, ㉢ 다이오드(정류기), ㉣ 가변저항기

7. 다음의 토목 및 건축 관련 도면기호 중에서 '지반'에 해당하는 도면기호는?

㉠ 〰   ㉡ ⊐│⊏
㉢   ㉣

[해설] ㉡ 출입구 일반, ㉢ 여닫이창, ㉣ 잡석 다짐

정답 1. ㉢ 2. ㉢ 3. ㉢ 4. ㉣ 5. ㉢ 6. ㉠ 7. ㉠

8. 건설공사에서 물량, 단가, 단위, 금액, 소계, 총계까지 기재하여 자세히 작성하는 내역서를 이르는 말은?

㉮ 물량내역서

㉯ 산출내역서

㉰ 입찰내역서

㉱ 계약내역서

[해설] ㉮ 물량내역서 : 각종 공사에 투입되는 각 재료의 수량 및 노무량만 기재하는 내역서

㉯ 산출내역서 : 물량내역서의 내용은 물론이고, 단가와 금액, 소계, 총계까지 기재하여 작성하는 내역서

9. 다음 중 공사 진행 단계별 내역서의 종류에 속하지 않는 것은?

㉮ 기성내역서

㉯ 입찰내역서

㉰ 설계내역서

㉱ 물량내역서

[해설] 공사 진행 단계별 내역서의 종류

① 설계내역서

② 입찰내역서

③ 계약내역서

④ 착공내역서

⑤ 기성내역서

⑥ 준공내역서

10. 시방 및 도면 등에 의해 산출된 재료의 정미량에 재료의 운반, 절단, 가공 및 시공 중에 발생되는 손실량을 가산해주는 비율을 이르는 말은?

㉮ 재료의 할증률

㉯ 손실 발생률

㉰ 재료 정미량

㉱ 정미 산출량

11. 전기설비공사에서 철거작업 시 발생하는 폐자재를 환입할 때 재료의 파손, 망실 및 일부 부식 등에 의한 손실률을 이르는 말은?

㉮ 재료손실률

㉯ 철거손실률

㉰ 환입손실률

㉱ 폐자재손실률

12. 연간 투자비와 유지관리비의 총합을 연간 총 발전량으로 나누어 계산하는 값을 이르는 말은?

㉮ 회수년수

㉯ 투자비 회수율

㉰ 발전단가

㉱ 발전원가

[해설] 발전원가

$$= \frac{\dfrac{\text{초기투자비용}}{\text{설비수명연한}} + \text{연간 유지관리비}}{\text{연간 총 발전량(kWh)}}$$

13. 공사비 산출 시 '재료비+직·간접 노무비+직·간접 경비'를 이르는 말은?

㉮ 공급가액

㉯ 총원가

㉰ 순 공사원가

㉱ 총 공사비

[해설] ㉰ 순 공사원가 = 재료비 + 직·간접 노무비 + 직·간접 경비

㉮ 공급가액 = 총원가(순 공사원가 + 일반관리비 + 이윤) + 손해보험료(총원가 × 손해보험요율)

㉱ 총 공사비 = 총원가(순 공사원가 + 일반관리비 + 이윤) + 손해보험료 + 부가가치세(공급가액 × 1.1)

정답 8. ㉯ 9. ㉱ 10. ㉮ 11. ㉯ 12. ㉱ 13. ㉰

14. 설계도서의 작성 및 해석에 관한 설명으로 잘못된 것은?

㉮ 숫자로 나타낸 치수는 도면상 축척으로 잰 치수보다 우선한다.

㉯ 도면 및 시방서의 어느 한쪽에 기재되어있는 것은 그 양쪽에 기재되어있는 사항과 완전히 동일하게 다룬다.

㉰ 도면 작성 및 관리에 필요한 정보를 모아서 기재한 곳을 '표제란'이라고 한다.

㉱ 공사기일 등 공사 전반에 걸친 비기술적인 사항을 규정한 시방서를 '표준시방서'라고 한다.

[해설] 공사기일 등 공사 전반에 걸친 비기술적인 사항을 규정한 시방서를 '일반시방서'라고 한다.

15. 건설공사에 사용하는 각종 설계도서 중에서 우선순위가 높은 것부터 차례대로 나열한 것은?

㉮ 전문시방서 > 공사시방서 > 설계도면 > 관계법령의 유권해석 > 감리자의 지시사항 > 산출내역서

㉯ 관계법령의 유권해석 > 전문시방서 > 공사시방서 > 설계도면 > 감리자의 지시사항 > 산출내역서

㉰ 공사시방서 > 설계도면 > 전문시방서 > 산출내역서 > 관계법령의 유권해석 > 감리자의 지시사항

㉱ 공사시방서 > 관계법령의 유권해석 > 전문시방서 > 설계도면 > 감리자의 지시사항 > 산출내역서

[해설] • 1순위 : 공사시방서
• 2순위 : 설계도면
• 3순위 : 전문시방서
• 4순위 : 표준시방서
• 5순위 : 산출내역서
• 6순위 : 승인된 상세시공도면
• 7순위 : 관계법령의 유권해석
• 8순위 : 감리자의 지시사항

신재생에너지 발전설비

제3편 태양광발전 시스템 시공

제1장 | 태양광발전 시스템 시공

1-1 시설공사 계획

(1) 가대의 제작

① 가대의 제작은 설계도면에 의거하여 제작한다.

② 가대의 재질은 방청 처리된 규정된 자재를 사용한다.

가대의 재질	장 점	단 점	가 격
강제+용융아연도금	• 철의 10배 이상의 내식성(수명 깊)	• 부분 발청 가능	중가
강제+도장	• 도료 선정이 내식성 좌우	• 5~10년 주기로 재도장 필요	저가
STS (스테인리스)	• Ni과 Cr의 합금으로 경량/내식성 우수	• 고가	고가
알루미늄 합금	• 시공성 우수 • 경량성	• 강도 약함 • 부식에 취약	중가

③ 양면용접을 실시하여 용접 강도를 유지해야 하며, 용접이나 제조상 휨과 손상 등이 없어야 한다.

④ 철구조물은 부식 방지를 위해 아연도금 실시 후 사용한다.

(2) 기초공사

① 앵커볼트 삽입 후 그 위에 도면을 참조하여 기초 콘크리트 작업을 행한다.

② 기초 콘크리트의 외관은 모서리가 직각을 이루도록 하고, 표면은 깨끗하게 한다.

③ 기초 콘크리트 상단의 지지대 연결부는 높이를 동일하게 맞추어 수평이 되도록 유지한다.

④ 앵커볼트 삽입 시 센터거리를 정확하게 측정하여 맞추며, 콘크리트 중앙에 오도록 한다.

(3) 지지대 설치

① 지지대의 조립 및 설치는 도면에 의거해 실시하며, 느슨함이 없도록 완전히 조이

도록 한다.

② 구조물의 조립 시 STS(스테인리스) 재질의 피팅류를 사용한다.

③ 지지대 조립 후 부식이 가능한 부위는 후처리를 행하는 방식이 되도록 한다.

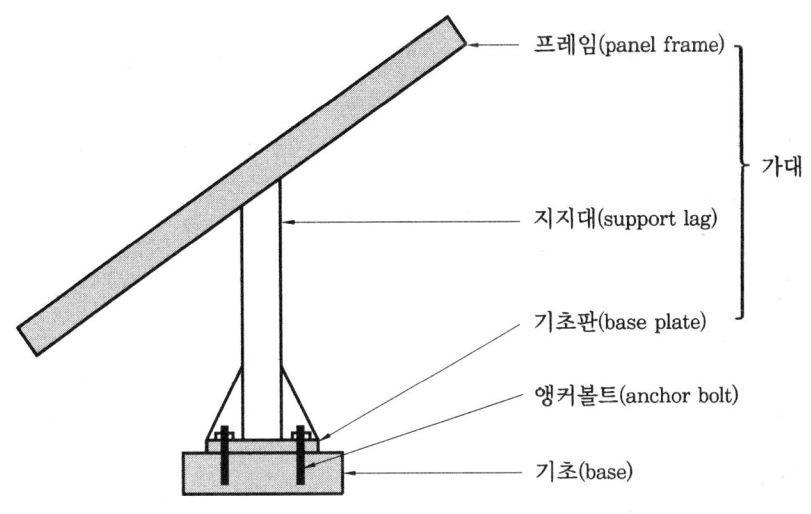

프레임(panel frame)

가대

지지대(support lag)

기초판(base plate)

앵커볼트(anchor bolt)

기초(base)

태양광 어레이 구조물 설치도

(4) 모듈의 설치

① 모듈은 도면을 참조하여 설치하되 STS(스테인리스) 재질의 피팅류를 사용하여 고정시킨다.

② 설치 시 어레이 전면의 모듈과 모듈이 서로 평행하게 조립되어 굴곡이 없도록 한다.

③ 모듈 단자함의 전선 통화 홀에 별도의 케이블 그랜드를 끼워 조립한다.

④ **모듈과 가대의 접합** : 전식 방지를 위해 모듈과 가대 사이에 가스켓을 설치한다.

(5) 모듈 결선

① 극성에 유의하여야 하고, 도면의 규격으로 시공한다.

② 모듈 단자함의 홀은 방수커넥터를 이용하여 고정시킨다.

③ 모듈의 직렬연결 시 절연에 유의하고, 모듈 간 연결배선의 길이가 일정하도록 한다.

④ 모듈 지지대에 연결된 배선의 결선은 미관상 양호하게 타이(Tie)를 사용하여 묶는다.

(6) 전기 결선

① 극성에 유의하고, 도면의 규격을 참조하여 규격대로 시공한다.

② 건물 내부의 전선관은 플렉시블 튜브(flexible tube)를 사용하여 배선한다.

태양전지 설치각도

(1) 태양전지 Array의 설치각도와 통풍

① 태양광발전 시스템의 발전량을 좌우하는 태양전지 Array의 설치각도는 건축물의 외관에 강한 영향을 미친다.

② 따라서 설계할 당시, 지붕에 설치할지 벽에 설치할지 등 설치각도에 의한 능력, 경제성과 함께 의장성의 검토가 필요하다.

③ 태양광발전 시스템의 효율은 정남에서 가장 높지만 어느 정도 허용범위가 있다.

④ 의장적인 융통성을 이용하기 위해서 방위각의 차이에 의한 발전량의 차이를 파악하는 것이 필요하다.

⑤ 최대출력을 가져올 수 있는 경사각 (20~40°)으로 설치하는 것이 일반적이지만, 수직면, 북면 (경사각이 적은 경우)에도 실용에 견딜 수 있는 어느 정도의 발전량은 기대할 수 있다.

→ 최적 경사각에 관한 연구자료에 의하면, 국내 대부분의 지방에서 발전효율이 최대가 되는 경사각은 약 33°이다.

⑥ 결정질 태양전지는 후면의 원활한 통풍을 위해 최소 10~15 cm 이상의 이격거리가 필요하다 (보통 후면 이격거리가 5 cm 정도이면 약 5 %의 손실이 발생하고, 0 cm이면 약 10 %의 손실을 가져온다).

⑦ 일반적으로 온도 상승으로 인한 발전량의 감소율은 난방입면 10.5 %, 난방지붕 7.5 %, 비난방입면 (후면통풍 비양호) 7.0 %, 지붕 (후면통풍 비양호) 5.0 % 등으로 평가된다.

(2) 기타 설치 시 주의사항

① 태양전지 Array의 설치를 고려한 경우, 그늘의 영향, 바람에 의한 풍압 하중, 적설에 의한 하중, 지진에 의한 하중, 낙뢰에 의한 영향, 또 낙엽과 적설에 의한 태양광 차단, 표면의 오염에 의한 변환효율의 저하 등을 고려한 계획이 필요하다.

② 건축설계상 혹은 경제상 가능하면 낙엽, 적설, 오염도, 파손 등에 의한 보수관리가 용이한 부위에 설치하는 것이 좋다.

③ 태양전지 Array의 경사가 있는 경우 인접한 Array에 의해 그늘이 생기는 경우가 있으니 주의가 필요하다.

④ Array면에 그늘이 있으면, 그 부분의 발전량이 저하된다.

⑤ 아무리 해도 부분적으로 그늘이 예상되는 경우에는 직렬과 병렬의 조합된 배열을 고안하여, 조금이라도 그늘의 영향을 부드럽게 하는 방법을 검토하는 것이 각

String (직렬배치)에 그림자가 좋다.

⑥ 실제로는 그늘의 모양이나 움직이는 방향이 다양하기 때문에 음영도를 작성한 위에 종합적으로 배선계획을 검토하는 것이 필요하다.

⑦ 태양전지 Array를 옥상에 설치하는 경우는 신축건물에서는 일반적 규모의 경우는 시공의 용이성과 경제성으로부터 보호콘크리트의 위에 기초를 설치하는 것이 일반적이며, 대형의 가대, 키가 큰 가대 등은 강도상, 또는 방수층의 관계로부터 기초를 옥상 슬라브까지 일체로 사전에 투입된 앵커볼트에 가대철골을 지지하는 것이 바람직하다.

⑧ 개축건물에서는 방수층의 개수 등 특별한 경우를 제외하고, 방수보호 콘크리트 위에 기초를 설치한 콘크리트 블록 등을 고정한 기초로 하는 방법을 행하고 있다. 기초의 고정방법은 신축과 같이 일체적인 시공이 가능하지 않기 때문에 케미컬 앵커나 콘크리트의 부착력을 이용하여 필요에 대응하는 주변의 벽 등에 고정 가능 개소를 보강한다.

⑨ 축전지의 설치방법으로는 전용의 축전지실로 Steel Rack (가대) 수납방식으로 설치하는 경우와, Cubicle 수납방식으로 옥상 등에 설치하는 것을 고려한다.

1-3 태양광 어레이의 분류

(1) 설치방식에 따른 분류

① 고정형 어레이   ② 경사가변형 어레이
③ 추적식 어레이   ④ BIPV(건물통합형)

(2) 추적방식에 따른 분류

① 감지식 추적법   ② 프로그램식 추적법
③ 혼합 추적식

(3) 추적방향에 따른 분류

① 단방향 추적식   ② 양방향 추적식

(4) 건물 설치 시 지지대에 따른 분류

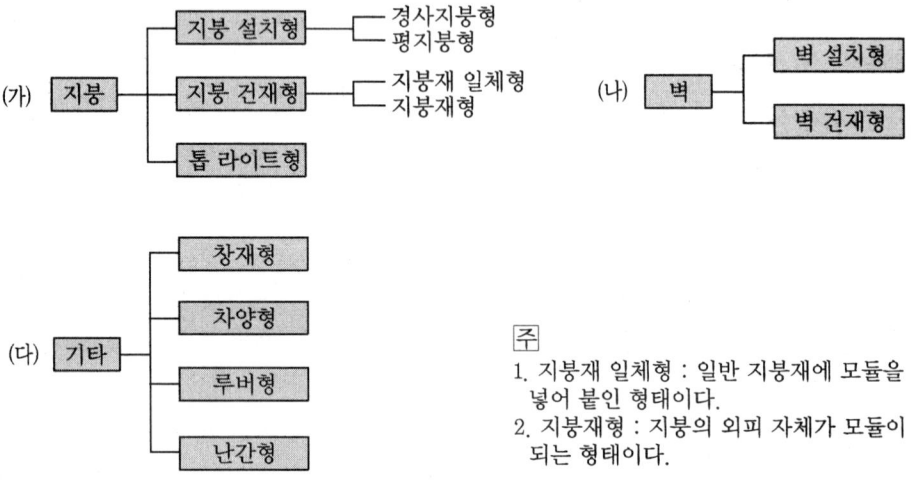

주
1. 지붕재 일체형 : 일반 지붕재에 모듈을
   넣어 붙인 형태이다.
2. 지붕재형 : 지붕의 외피 자체가 모듈이
   되는 형태이다.

태양광발전 시스템의 지지대

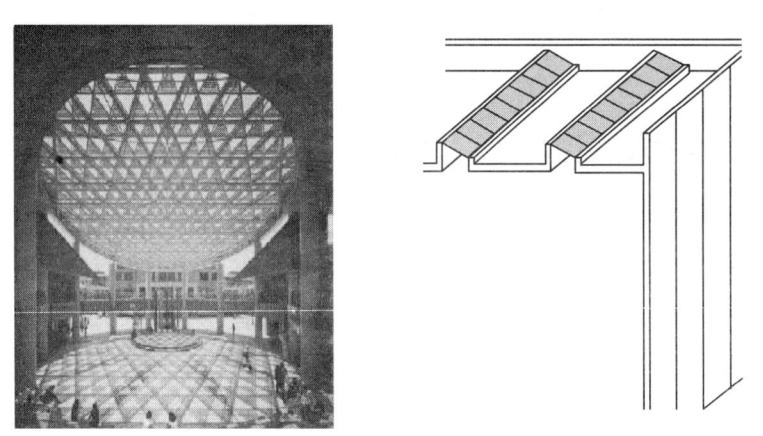

톱 라이트형

주 1. 설치장소에 따른 분류로는 평지, 경사지, 건물 설치형 등이 있다.

2. 발전효율 : 양방향 추적식 > 단방향 추적식 > 고정식

3. 단축식은 태양의 고도에 맞게 동쪽과 서쪽으로 태양을 추적하는 방식으로서, 동서 및 남북으로 태양을 추적하는 양축식에 비해 발전효율이 떨어진다.

4. 연중 4~6월은 태양의 고도가 높고 외기의 온도가 비교적 선선하여 출력 또한 가장 높다.

5. 연중 7~8월은 일사량이 1년 중 가장 많지만 태양전지의 온도 상승에 의한 손실이 커서 출력감소율도 제일 크다.

(5) 주요 태양광 어레이의 장단점 비교

구 분	고정형 어레이	경사가변형 어레이	추적식 어레이
장점	• 설치비가 제일 낮다. • 간단하고 고장 우려가 가장 적다. • 토지이용률이 높다.	• 설치비가 추적식 대비 낮다. • 고장우려가 적다. • 고정형 대비 효율이 높다.	• 발전효율이 가장 높은 편이다.
단점	• 효율이 낮은 편이다.	• 추적식 대비 효율이 낮다. • 연중 약 2회 경사각 변동 시 인건비가 발생한다.	• 투자비가 많이 든다. • 구동축 운전으로 인한 동력비가 발생한다. • 토지이용률이 낮다. • 유지보수비가 증가한다.

1-4 태양광발전 설비 설치공사

(1) 개요

① 태양광 설치공사에서는 설계하중에 대한 안전성 확보, 전기적 위험으로부터의 보호(접지, 내뢰 등), 환경 및 현장여건의 변화, 자연 및 기후 조건의 변화 가능성 등을 면밀히 따져 시공에 임해야 한다.

② 태양광 설치공사 시 주로 사용하는 대형장비에는 굴삭기, 크레인, 지게차 등이 있다.

③ 태양광 발전설비 설치공사 시에는 앵커드릴(앵커 구멍 천공), 스피드 커터(골조 프레임 재단), 그라인더(절삭 작업), 테스터기(도통시험 외) 등이 주로 사용된다.

(2) 일반 시공절차

현장여건 분석 → 시스템 설계 → 구성요소 제작 → 토목공사(기초/지반/구조물/접지공사) → 자재 반입검사 → 모듈 및 기기 설치공사 → 전기배선공사 → 점검 및 검사 → 시운전 → 운전 개시

(3) 공종별 시공절차

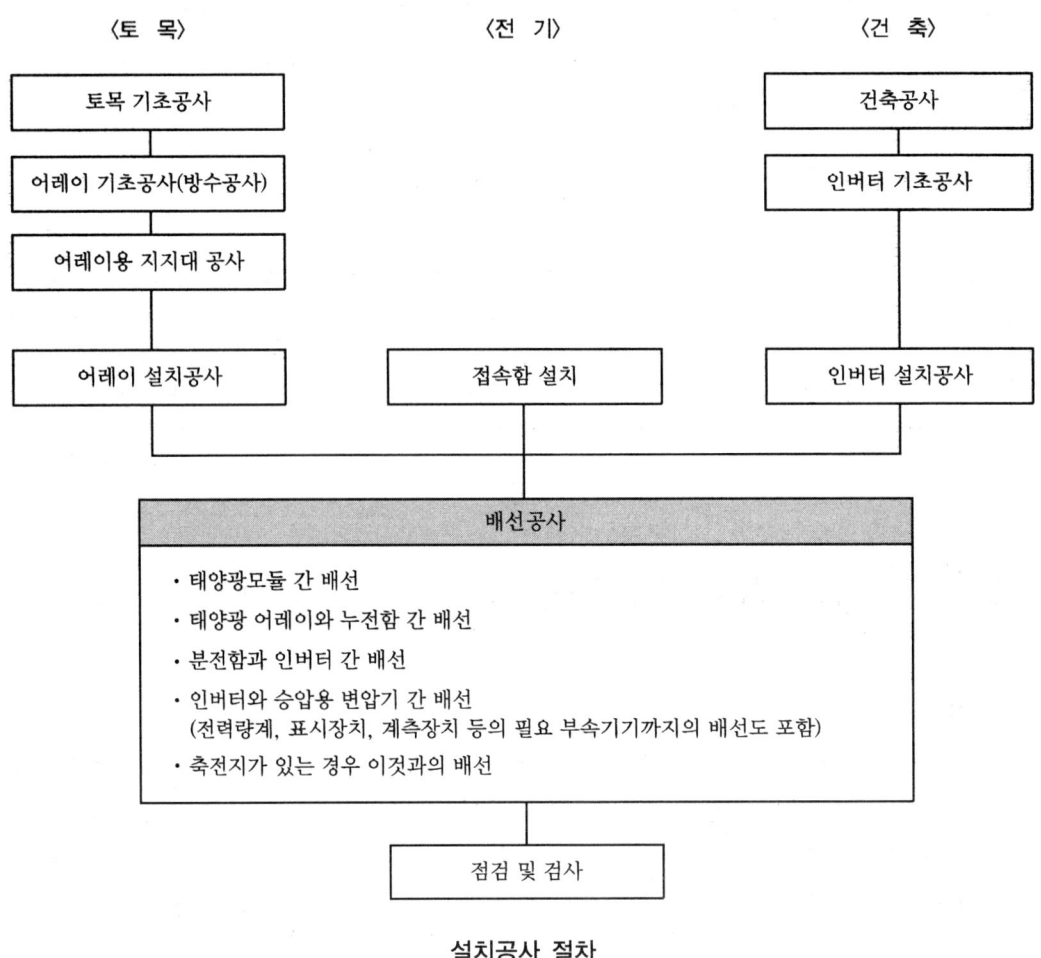

〈토 목〉 〈전 기〉 〈건 축〉

토목 기초공사 → 어레이 기초공사(방수공사) → 어레이용 지지대 공사 → 어레이 설치공사

건축공사 → 인버터 기초공사 → 인버터 설치공사

접속함 설치

배선공사
- 태양광모듈 간 배선
- 태양광 어레이와 누전함 간 배선
- 분전함과 인버터 간 배선
- 인버터와 승압용 변압기 간 배선
  (전력량계, 표시장치, 계측장치 등의 필요 부속기기까지의 배선도 포함)
- 축전지가 있는 경우 이것과의 배선

점검 및 검사

설치공사 절차

(4) 작업 중 안전대책

① 작업 전 태양전지 모듈 표면에 차광막을 씌워 태양광을 차단한다.

② 작업 중 저압 절연장갑을 착용한다.

③ 절연 처리된 공구를 사용한다.

④ 강우 시 작업을 금지한다.

⑤ 강한 일사 시에는 작업량을 조절하여 인력 투입을 고려한다.

⑥ 기타 감전, 낙상, 미끄러짐 등의 재해에 대한 세부적인 대책 수립 및 교육이 필요하다.

(5) 어레이 구조물 기초의 요구조건

① **허용 침하량 이내** : 구조물의 허용 침하량 이내일 것
② **구조적 안정성** : 설계하중에 대한 안정성 고려
③ **최소의 근입 깊이를 가질 것** : 환경 변화, 국부적 지반 쇄굴 등에 저항
④ **시공의 가능성** : 현장여건 고려

(6) 기초공사 방법

① **직접기초(얕은 기초)** : 독립 Footing 기초, 연속 Footing 기초, 복합 Footing 기초,
   전면 기초 등

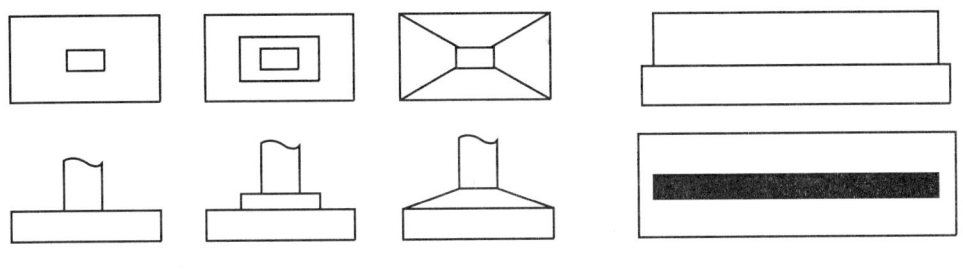

독립 Footing 기초 (왼쪽부터 싱글형, 계단형, 경사형)   연속 Footing 기초

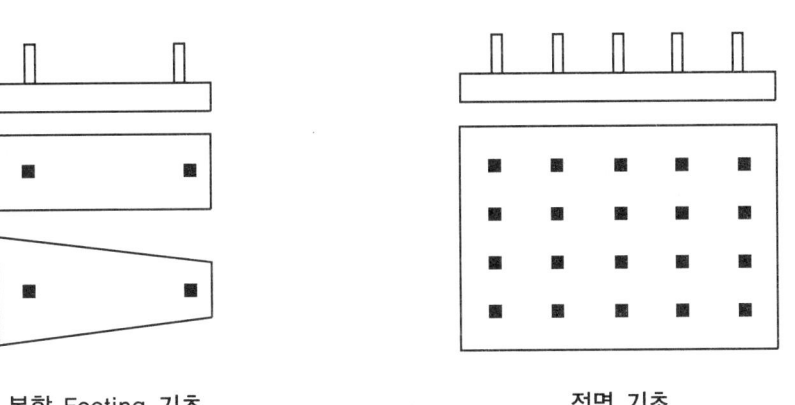

복합 Footing 기초   전면 기초

② **깊은 기초**

　(가) **말뚝 기초** : 보통 파지 않고 지반 속에 때려 박아서 단단한 지반에 연결시킴
　(나) **케이슨 기초** : 원통형 혹은 상자형 케이슨을 자중 또는 적재 하중에 의하여 소
　　　정의 깊이까지 침하시키는 방법

(다) 피어 기초 : 시공 전에 굴착한 후 현장 콘크리트 타설

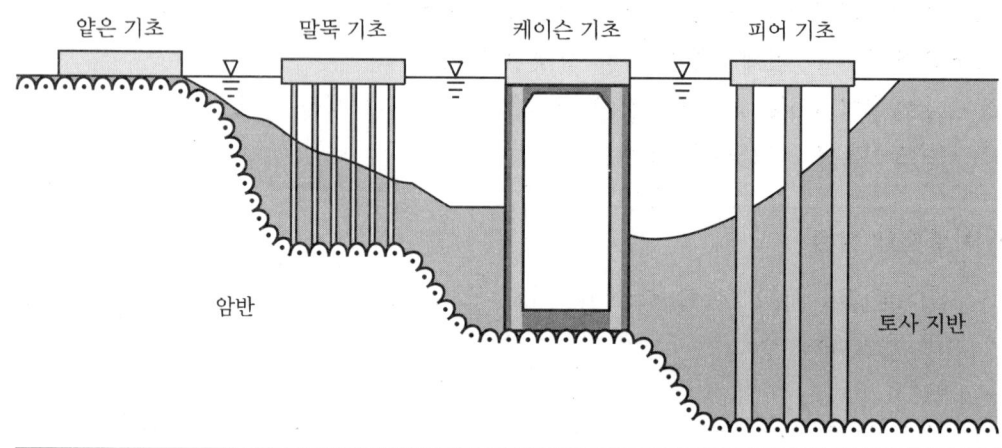

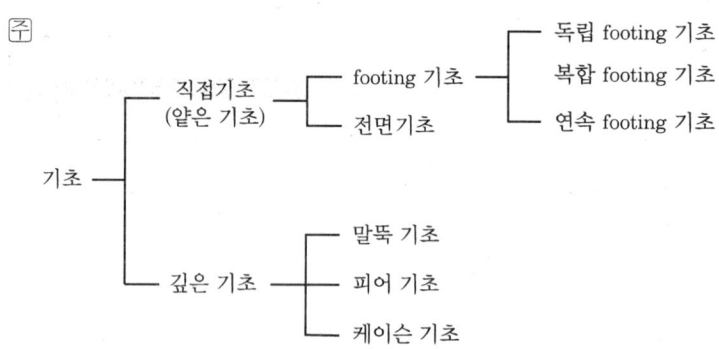

③ **기초의 폭(Bf)과 깊이(Df)**

(가) 얕은 기초 : $Df/Bf \leq 1$

(나) 깊은 기초 : $Df/Bf > 1$

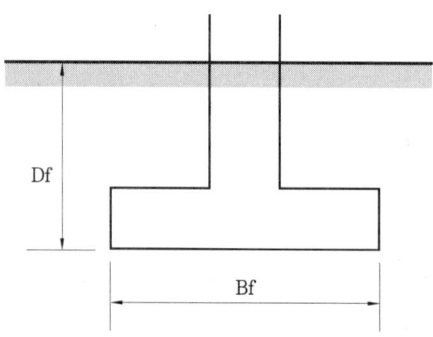

(7) 모듈 및 기기 설치 시 주의사항

① 풍압, 적설, 지진, 주변의 진동 등에 대한 내구성이 있어야 한다.

② 구조물은 전체적으로 녹방지 처리를 철저히 해야 하며, 특히 앵커볼트의 돌출부에는 반드시 볼트 캡을 설치한다.

③ 유지보수를 위한 발판 및 안전난간을 설치해야 한다.

④ 태양전지 모듈의 인력 이동 필요 시 항상 2인1조로 안전하게 실시한다 (파손 방지 및 이물질 오염 방지 철저).

⑤ 접속함 설치 위치는 어레이 근처가 좋다.

⑥ 역류방지 다이오드는 모듈 단락전류의 2배 이상으로 한다.

⑦ 음영의 영향을 받지 않는 정남향이 가장 유리한 방향이다. 단, 전기줄, 피뢰침, 안테나 등 경미한 음영은 장애물로 보지 않는다.

⑧ PCS (파워 컨디셔너)는 설계용량 이상으로 설치해야 하며, 옥내용을 옥외에 설치하는 경우는 5 kW 이상의 용량일 경우에만 가능하며, 이 경우 반드시 빗물 침투를 방지하는 외함을 설치하여야 한다.

1-5　전기공사의 절차

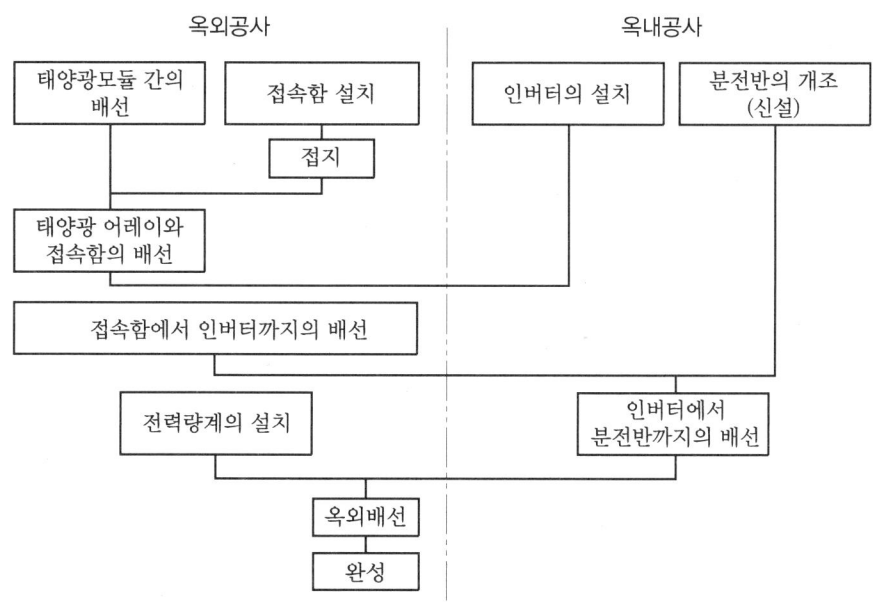

1-6 배선공사 방법

(1) 배선공사 시 주의사항

① 태양전지 모듈의 뒷면에 접속용 케이블 극성을 확인한다.

② 전선은 모듈 전용선, XLPE케이블 등을 사용하고, 특히 옥외용으로는 자외선에 견딜 수 있는 UV케이블이 적당하다.

③ 태양전지 모듈을 스트링에 필요한 매수만큼 직렬로 결선한다.

④ 지붕 위에 설치한 태양전지 어레이에서 접속함으로 복수의 케이블을 배선하는데, 지붕 환기구 및 처마 밑에 배선하게 된다.

⑤ 접속함의 설치장소는 어레이 근처에 설치하는 것이 바람직하지만 건물의 구조와 미관상 설치장소가 제한되는 경우가 있다.

⑥ 접속함에서 인버터까지의 배선은 전압강하율을 1~2 %로 할 것을 권장한다.

⑦ 태양전지 어레이를 지상에 설치할 경우에는 지중배선을 하기도 한다.

⑧ 바람에 흔들릴 우려가 있는 곳에는 케이블 타이, 스테이플 스트랩, 행거 등을 이용하여 130 cm 이내의 간격으로 단단히 고정한다. 가장 많이 늘어진 부문이 모듈 면으로부터 30 cm 이내에 들도록 한다.

⑨ 케이블 접속 시 견고하게 하여야 하며, 접속점에 장력이 가해지지 않도록 주의해야 한다.

⑩ 태양전지 모듈 간 배선은 단락전류를 충분히 견딜 수 있도록 $2.5 \, \mathrm{mm}^2$ 이상의 연동선 또는 이와 동등 이상이어야 한다.

⑪ 케이블이나 전선, 전선관 등의 굴곡 시 최소 굴곡반경은 지름의 6배 이상이 되도록 한다.

⑫ 케이블 트레이를 사용하면 우수한 방열특성, 큰 허용전류, 부하 증설 시 우수한 대응력, 시공 용이 등의 장점이 있으나, 케이블 노출에 따른 자연재해나 인축의 영향을 받기 쉽다는 단점도 있다.

⑬ 분산형 전원의 계통 주파수가 다음 표와 같이 비정상 범위에 있는 경우 한전계통에 대한 가압을 중지하고 해당 분리시간 내에 발전설비를 분리해야 한다.

분산형 전원 용량	주파수범위(Hz)	분리시간(초)
30 kW 이하	>60.5	0.16
	<59.3	0.16
30 kW 초과	>60.5	0.16
	<(57~59.8) (조정 가능)	0.16~0.3 (조정 가능)
	<57	0.16

⑭ **분산형 전원의 역률**

㈎ 분산형 전원의 역률은 90 % 이상으로 유지함을 원칙으로 한다. 다만, 역송병렬로 연계하는 경우로서 연계계통의 전압 상승 및 강하를 방지하기 위하여 기술적으로 필요하다고 평가되는 경우에는 연계계통의 전압을 적절하게 유지할 수 있도록 분산형 전원 역률의 하한값과 상한값을 사용자 측과 협의하여야 정할 수 있다.

㈏ 분산형 전원의 역률은 계통 측에서 볼 때 진상역률(분산형 전원 측에서 볼 때 지상역률)이 되지 않도록 함을 원칙으로 한다.

⑮ 배선이 끝나면, 모듈의 극성, 전압 및 단락전류, 양극과의 접지 여부(비접지) 등을 확인한다.

(2) 어레이와 접속함 간 배선공사 & 차수 시공방법

① 각 조립하는 케이블 선단에 케이블 번호를 표시해두면 중계단자에 접속할 때 오결선을 피할 수 있다.

② **차수(접속함에 물이 침투하는 것을 방지하기 위한 물 빼기) 시공방법** : 케이블 지름의 6배 이상의 반경으로 함

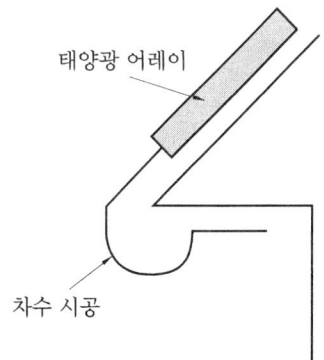

태양광 어레이

차수 시공

③ 전선관의 굵기는 전선 피복을 포함하여 단면적 합계가 48 % 이하가 되도록 선정한다(단, 굵기가 서로 다른 케이블을 같은 전선관 속에 넣을 때에는 32 % 이하가 되도록 할 것).

④ 케이블 트레이의 안전율은 1.5 이상의 강도이어야 한다.

⑤ 접속함과 PCS(파워 컨디셔너) 간의 전압강하율은 2 % 이하로 한다.

⑥ 태양전지 모듈에서 PCS(파워 컨디셔너) 입력단간 및 PCS(파워 컨디셔너) 출력단과 계통연계점 간의 전압강하치는 각각 3 % 이하로 관리하는 것이 원칙이다.

(3) 지중 전선관 매립 시 주의사항

① 총 전선의 길이가 30 m를 초과하는 경우 30 m마다 지중함을 설치한다(지중함 내부에서는 케이블 길이에 여유가 있을 것).

② 간혹 지반의 침하가 우려될 수 있으므로 배관 도중에는 조인트가 없어야 한다.

③ 지중 매설 시에는 배선용 탄소강관, 내충격성 경질염화비닐관을 사용한다(단, 부득이한 사유로 후강 전선관을 사용 시에는 방수·방습 처리하여 사용할 것).

④ 지중 매설된 배관과 지표면 사이에는 안전테이프를 설치하여 '매립되어있음'을 표시한다.

⑤ 필요에 따라서는 지표 위 잘 보이는 곳에 전선의 매립 방향, 매설 깊이 등의 표식도 같이 해두는 것이 유리하다.

⑥ 매설의 깊이는 중량물의 압력을 견딜 수 있도록 약 1.2 m 이상의 깊이로 매설한다(중량물의 압력 우려가 없는 곳은 0.6 m 이상으로 매설할 것).

1-7 전압강하

태양전지판에서 인버터 입력단간 및 인버터 출력단과 계통연계점 간의 전압강하는 각 3%를 초과하여서는 아니 된다. 단, 전선 길이가 60 m를 초과할 경우에는 다음 표에 따라 시공할 수 있다. 전압강하 계산서(또는 측정치)를 설치확인 신청서에 제출하여야 한다.

전선 길이	전압강하 (%)
120 m 이하	5
200 m 이하	6
200 m 초과	7

1-8   태양전지 어레이 검사

(1) 전압·극성 확인

태양전지 모듈이 올바르게 시공되어 사양서에 기초한 전압이 나오고 있는지, 정극·부극의 극성에 실수는 없는지 등을 테스터, 직류전압계로 확인한다.

(2) 단락전류 측정

태양전지 모듈의 사양서에 기재되어 있는 단락전류가 흐르는지 직류전류계로 측정한다. 다른 모듈과 비교하여 측정치가 매우 다를 경우에는 배선을 다시 한 번 점검한다.

(3) 비접지 확인

① 인버터도 원칙적으로는 접지를 해야 하지만, 절연변압기를 시설하는 경우가 드물기 때문에 일반적으로는 직류 측 회로(태양전지 어레이에서 인버터까지의 직류 주전로)를 비접지로 하고 있다.

② 테스터로 확인하는 방법 : 무전압 측이 접지되어 있다.

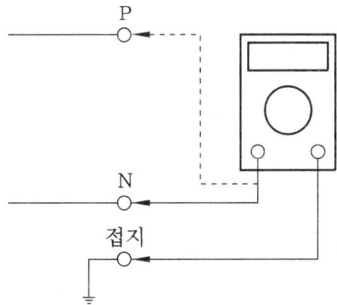

③ 검전기로 확인하는 방법 : 무음 또는 발광하지 않는 극이 접지되어 있다.

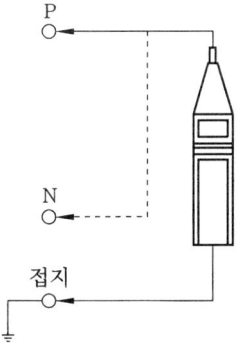

④ 테스터나 검전기, 간이 측정기, 회로 시험기 등으로 비접지 여부를 확인하고, 만약 직류 측 회로의 1선이 접지되어있으면 접지된 곳을 찾아 비접지 상태로 한다.

(4) 다기능 측정기

태양광 모듈의 접촉점의 장애를 발견하기 위한 점검 및 측정기로서, 만약 모듈의 접촉점이 끊어졌을 경우 저항값이 증가하므로 I-V곡선을 측정하고 모듈의 명판에 나와있는 값과 비교하여 차이가 날 경우 '접촉점의 장애'로 판단한다.

1-9 절연테이프의 종류

(1) 비닐 절연테이프

비닐 절연테이프를 장기간 사용하게 되면 접착력이 떨어져 벗겨질 가능성이 있으므로 태양광발전 시스템과 같이 장기간 사용할 설비에는 적합하지 않다.

(2) 자기융착 절연테이프

자기융착 테이프는 시공 시 테이프의 폭이 $\frac{3}{4}$에서 $\frac{2}{3}$가 될 정도로 잡아당겨서 겹쳐서 감으면 시간의 경과에 따라 융착하여 일체화된다.

(3) 보호테이프

자기융착 테이프의 열화 방지를 위해 자기융착 테이프의 위에 재차 감는 보호테이프이다.

1-10 접지공사

(1) 개요

① 저압계통의 접지방식은 국제적으로 IEC 분류에 따라 TN계통(Terra Neutral System ; 다중 접지방식), TT계통(Terra Terra System ; 독립 접지방식), IT계통(Insulation Terra System), TN-C, TN-S, TN-C-S 등이 사용되고 있다.

② 국내에서는 'KS C 60364'에 의해 구체적인 접지방식이 규정되어있다.

(2) IEC 분류에서 접지 Code의 정의

① 제1문자는 전력계통과 대지와의 관계

(가) T (Terra) : 한 점을 대지에 직접 접속

(나) I (Insert) : 모든 충전부를 대지(접지)로부터 절연시키거나 임피던스를 삽입하여 한 점을 접속

② 제2문자는 설비의 노출 도전성 부분과 대지와의 관계

(가) T (Terra) : 전력계통의 접지와는 관계가 없으며 노출 도전성 부분을 대지로 직접 접속

(나) N (Neutral) : 노출 도전성 부분을 전력계통의 접지 점(교류계통에서는 통상적으로 중성점 또는 중성점이 없을 경우는 한 상)에 직접 접속

③ 그다음 문자(문자가 있을 경우)는 중성선 및 보호도체와의 조치

(가) S (Separator) : 보호도체의 기능을 중성선 또는 접지 측 도체와 분리된 도체에서 실시

(나) C (Combine) : 중성선 및 보호도체의 기능을 한 개의 도체로 겸용 (PEN도체)

(3) IEC 분류에 따른 접지계통의 분류

접지방식		비 고
TN (Terra-Neutral)		• TN 전력계통은 한 점을 직접 접지하고 설비의 노출 도전성 부분을 보호도체를 이용하여 그 점으로 접속시킨다. • TN 계통은 중성선 및 보호도체의 조치에 따라 분류한다.
	T N − S	• 계통 전체에 대해 보호도체를 분리시킨다.
	T N − C	• 계통 전체에 대해 중성선과 보호도체의 기능을 동일 도체로 겸용한다.
	T N − C − S	• 계통의 일부분에서 중성선과 보호도체의 기능을 동일 도체로 겸용한다.
T T (Terra-Terra)		• TT 전력계통은 한 점을 직접 접지하고 설비의 노출 도전성 부분을 전력계통의 접지극과 전기적으로 독립한 접지극으로 접속시킨다.
I T (Insert-Terra)		• IT 전력계통은 충전부 전체를 대지로부터 절연시키거나 임피던스를 삽입하여 한 점을 대지에 접속시키고 전기설비의 노출 도전성 부분을 단독 혹은 일괄로 접지시키거나 계통의 접지로 접속시킨다.

① TN 계통

(개) TN 전력계통은 한 점을 직접 접지하고 설비의 노출 도전성 부분을 보호도체를
이용하여 그 점으로 접속시킨다.

(내) TN 계통은 중성선 및 보호도체의 조치에 따라 분류한다.

㉮ TN-S 계통 : 계통 전체에 대해 보호도체를 분리시킨다.

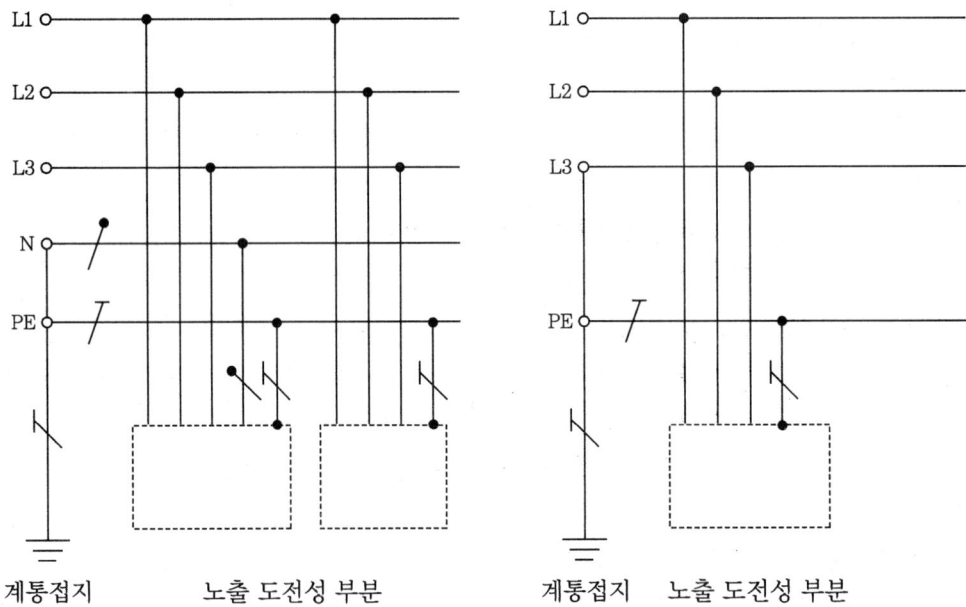

계통접지   노출 도전성 부분   계통접지   노출 도전성 부분

㉯ TN-C 계통 : 계통 전체에 대해 중성선과 보호도체의 기능을 동일 도체로 겸
용한다.

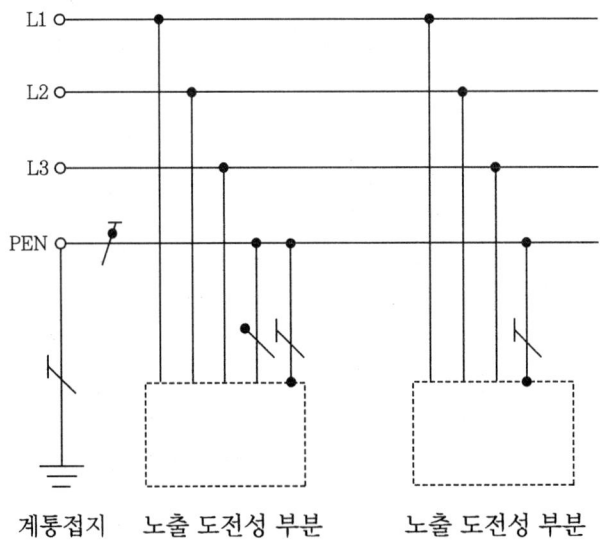

계통접지   노출 도전성 부분   노출 도전성 부분

㉲ TN-C-S 계통 : 계통의 일부분에서 중성선과 보호도체의 기능을 동일 도체로 겸용한다.

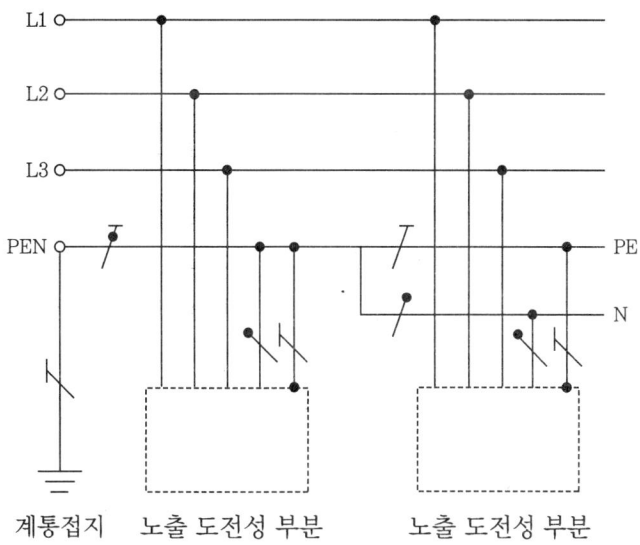

② **TT 계통** : TT 전력계통은 한 점을 직접 접지하고 설비의 노출 도전성 부분을 전력계통의 접지극과 전기적으로 독립한 접지극으로 접속시킨다.

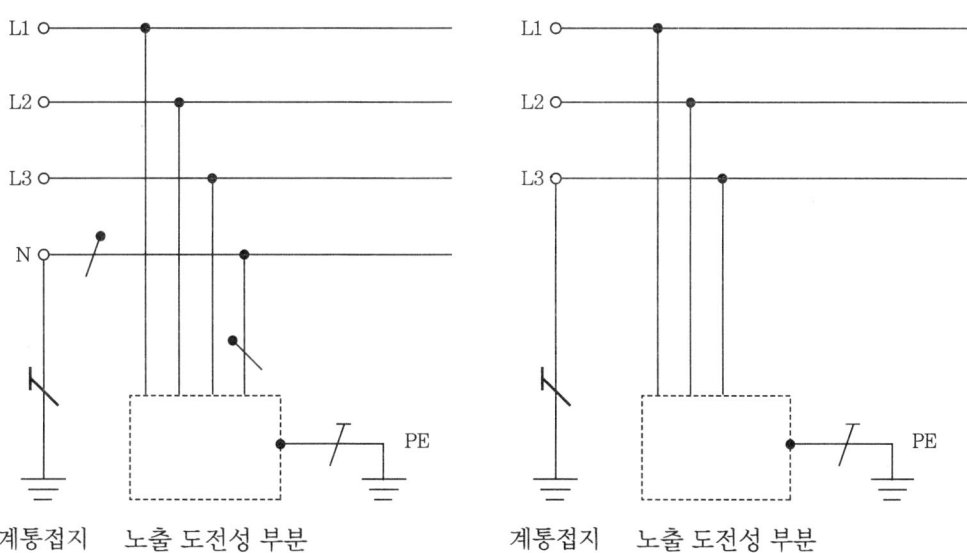

③ **IT 계통** : IT 전력계통은 충전부 전체를 대지로부터 절연시키거나 임피던스를 삽입하여 한 점을 대지에 접속시키고 전기설비의 노출 도전성 부분을 단독 혹은 일괄로 접지시키거나 계통의 접지로 접속시킨다.

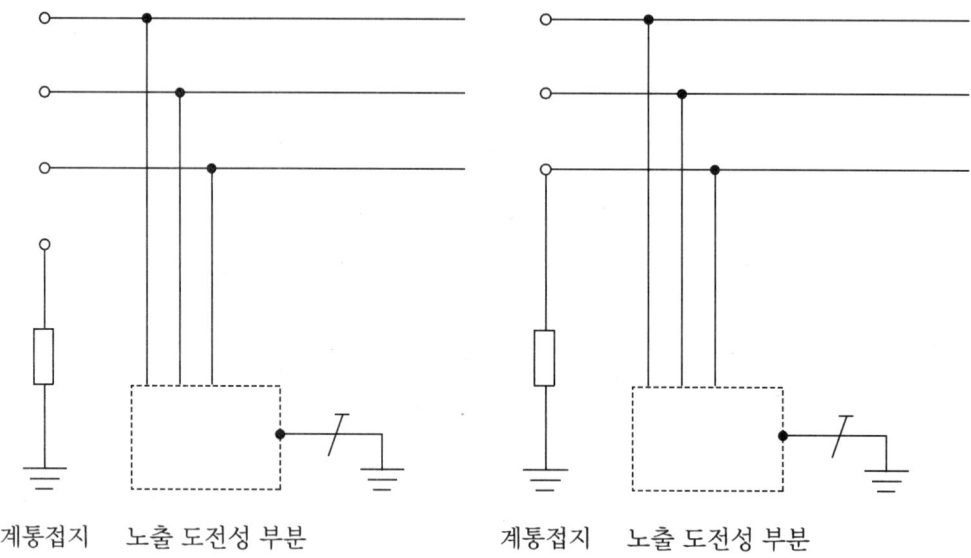

계통접지   노출 도전성 부분   계통접지   노출 도전성 부분

(4) 접지의 종류

접지공사의 종류	접지저항
제1종 접지공사	10 Ω
제2종 접지공사	변압기 고압 측 또는 특별고압 측 전로의 1선 지락전류 암페어 수에서 150을 나눈 값의 옴 수
제3종 접지공사	100 Ω
특별 제3종 접지공사	10 Ω

(5) 기계기구의 구분에 의한 접지공사의 적용

기계기구의 구분	접지공사
400 V 미만의 저압용	제3종 접지공사
400 V 이상의 저압용	특별 제3종 접지공사
고압용 또는 특별고압용	제1종 접지공사

㈜ 고압 또는 특고압과 저압을 결합한 변압기의 저압 측의 중성점에는 고저압의 혼촉에 의한 위험을 예방하기 위하여 제2종 접지공사를 한다. 이때 300 V 이하의 것은 저압 측의 1단자를 접지할 수 있다.

(6) 접지공사의 시설방법

① **접지선의 표시** : 접지선의 색은 녹색표시를 하지 않으면 안 되는데, 부득이하게 녹색 또는 황록색 줄무늬가 있는 것 이외의 절연전선을 접지선으로 사용할 경우에는 단말 및 적당한 장소에 녹색의 테이프 등으로 표시할 필요가 있다.

② **태양전지 어레이용 전기회로 설계표준에 따른 접지선의 두께**

태양전지 어레이 출력	접지선의 굵기
500 W 이하	$1.5 \, mm^2$
500 W 초과~2 kW 이하	$2.5 \, mm^2$
2 kW를 초과하는 경우	$4.0 \, mm^2$

③ **제3종 및 특별 제3종 접지공사의 시설방법**

㉠ 접지하는 전기기계의 금속성 외함, 배관 등과 접지선의 접속은 전기적·기계적으로 확실히 할 것

㉡ 접지선이 외상을 입을 염려가 있을 경우에는 접지할 기계기구에서 6 cm 이내의 부분 및 지중부분을 제외하고 합성수지관(두께 2 mm 미만의 합성수지 전선관, CD관은 제외), 금속관 등에 넣어 보호해야 한다.

㉢ 접지저항값은 저압전로에 누전차단기 등의 지락차단장치(0.5초 이내에 동작하는 것)를 설치하면 500 Ω까지 완화할 수 있다.

㉣ 알루미늄과 구리를 접속할 경우 접속부분에 수분 등이 있으면 알루미늄이 부식한다. 이를 방지하기 위해 접속부분에 콤파운드를 도포한다.

㉤ 제3종 또는 특별 제3종 접지공사의 특례 : 3종 및 특별 제3종 실시할 금속체와 대지 간의 전기저항값이 특별 제3종 접지공사인 경우 10 Ω 이하, 제3종 접지공사인 경우 100 Ω 이하이면 각각의 접지공사를 실시한 것으로 간주한다.

④ **'제3종접지' 생략 가능의 경우**

㉠ 사용전압이 직류 300 V 또는 교류 대지전압 150 V 이하인 기계기구를 건조한 곳에 설치한 경우

㉡ 저압용 기계기구에 지락이 생겼을 경우 그 전로를 자동 차단하는 장치를 접속하고 건조한 곳에 시설한 경우

㉢ 저압용 기계기구를 건조한 목재의 마루 기타 이와 유사한 절연성 물건 위에서 취급하도록 시설한 경우

㉣ 저압용이나 고압용의 기계기구, 판단기준 제29조에 규정하는 특고압 전선로에 접속하는 배전용 변압기나 이에 접속하는 전선에 시설하는 기계기구 또는 판단기준 제135조 제1항 및 제4항에 규정하는 특고압 가공전선로(Overhead Line ; 전주, 철탑

등을 지지물로 하여 공중에 가설한 전선로)의 전로에 시설하는 기계기구를 사람이 쉽게 접촉할 우려가 없도록 목주 기타 이와 유사한 것의 위에 시설하는 경우

(마) 철대 또는 외함의 주위에 적당한 절연대를 설치한 경우

(바) 외함이 없는 계기용변성기가 고무·합성수지 기타의 절연물로 피복한 것일 경우

(사) '전기용품안전관리법'의 적용을 받는 2중 절연구조로 되어있는 기계기구를 시설하는 경우

(아) 저압용 기계기구에 전기를 공급하는 전로의 전원 측에 절연변압기(2차전압이 300 V 이하이며, 정격용량이 3 kVA 이하)를 시설하고 또한 그 절연변압기의 부하 측 전로를 접지하지 않은 경우

(자) 물기가 있는 장소 이외의 장소에 시설하는 저압용의 개별 기계기구에 전기를 공급하는 전로에 '전기용품안전관리법'의 적용을 받는 인체감전보호용 누전차단기(정격감도 30 mA 이하, 동작시간 0.03초 이하)를 시설하는 경우

(차) 외함을 충전하여 사용하는 기계기구에 사람이 접촉할 우려가 없도록 시설하거나 절연대를 시설하는 경우

⑤ **공통접지 등의 시설과 관련된 보호도체의 단면적**

S (상도체의 단면적)(mm^2)	대응 보호도체의 최소단면적(mm^2)	
	보호도체의 재질이 상도체와 같은 경우	보호도체의 재질이 상도체와 다른 경우
$S \leq 16$	S	$(k1/k2) \times S$
$16 < S \leq 35$	16^a	$(k1/k2) \times 16$
$S > 35$	$S^a/2$	$(k1/k2) \times (S/2)$

주 1. 상도체 : 충전용 도체 혹은 전압이 걸려있는 도체

2. k_1, k_2 : 도체 및 절연체의 재질에 따라 KS C 60364에서 산정된 상도체에 대한 k값

3. a : PEN (Protective earthing conductor and a neutral conductor) 도체의 경우 단면적의 축소는 중성선의 크기 결정에 대한 규칙에만 허용된다.

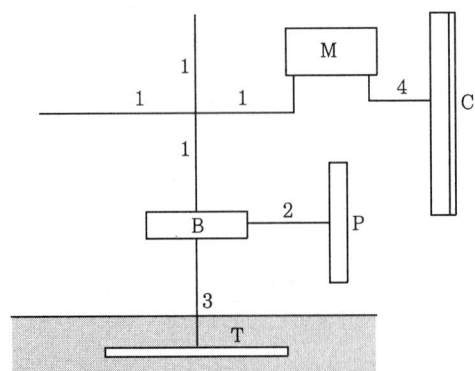

1 : 보호도체(PE ; 보호선)
2 : 주요 등전위본딩용 도체
3 : 접지선
4 : 보조 등전위본딩용 도체
B : 주접지 단자
M : 전기기구 등의 노출 도전성 부분
C : 계통 외 도전성 부분
P : 주요 금속제 수도관
T : 접지극

⑥ 접지공사에서 매설 또는 타입식 접지극으로 주로 사용하는 동판과 동봉의 규격

   (개) 동판 (300 mm×300 mm) : 두께 0.7 mm 이상

   (내) 동봉 : 지름 8 mm 이상, 길이 0.9 m 이상

1-11 사후관리

(1) 사후관리 일반사항

① 연 1~2회 이상 시스템 정기점검을 실시한다.

② 시스템 전반에 관한 교육을 실시한다.

③ 계약자는 본자재의 납품 시 기기 및 시스템 운용과 유지보수에 필요한 관련 자료와 설명서를 반드시 제공해야 한다.

④ 하자보증기간 내에 발생한 하자는 수리 혹은 교체 요구일로부터 15일 이내에 무상으로 처리한다.

⑤ 하자보증기간 종료 후에도 하지 및 본 장치의 유지보수에 대한 기술지원 요구가 있을 시 기술지원한다.

⑥ 무상보증기간은 시스템 설치 완료 후 1년으로 한다.

(2) 하자보증의 예외사항

① 사용자의 부주의로 인한 이상

② 사용자 임의의 수리 및 개조에 의한 고장 및 손실

③ 천재지변 및 기타 불가항력으로 인한 고장 및 손실

④ 해당 설치 업체 이외의 업체에서 시스템 수리 또는 정비 시 발생한 이상 등

1-12 점검방법과 시험방법

(1) 외관검사

① 태양전지 모듈·태양전지 어레이의 점검

   (개) 태양광모듈 시공 시 외관검사 : 태양전지 셀에 금이 가거나 파손 또는 변색 확인

   (내) 일상점검이나 정기점검의 경우 태양전지 모듈의 오염 여부 확인

② **배선 케이블의 점검**

    (가) 절연저항의 저하나 파괴 부분에 대한 검사 수행

    (나) 공사 도중 외관검사 등을 실시하여 기록을 남겨둠

③ **접속함·인버터** : 전기기기 및 접속함 등의 케이블 접속부 확인

④ **축전지 및 기타 주변기기의 점검**

(2) 운전상황 확인

① 소리음, 진동, 냄새에 주의

② 운전상황 점검

(3) 태양전지 어레이의 출력 확인

① 개방전압 측정   ② 단락전류 확인

(4) 시스템 측정

① 절연저항 측정   ② 절연내력 측정

③ 접지저항 측정   ④ 계통연계 보호장치의 시험 등

(5) 시스템 필요 계측 및 표시

① 시스템의 운전상태 감시를 위한 계측 또는 표시

② 시스템의 발전전력량을 알기 위한 계측

③ 시스템기기 및 시스템 종합평가를 위한 계측

④ 시스템의 운전상황을 견학자에게 보여주고, 시스템의 홍보를 위한 계측 또는 표시

(6) 계측·표시기기의 구성

검출기, 신호변환기, 연산장치, 기억장치 등

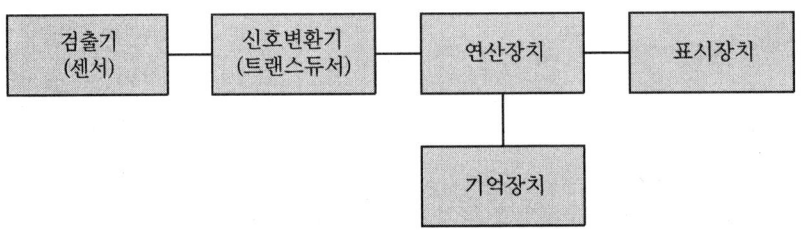

1-13　## 절연저항의 측정

(1) 어레이 및 접속함의 절연저항 측정방법

① 출력개폐기를 개방 (OFF)하고 SPD의 접지단자를 분리한다.

② 단락용 개폐기(태양전지의 개방전압에서 차단전압이 높고, 출력개폐기와 동등 이상의 전류 차단능력을 가진 전류개폐기의 2차 측을 단락하여 1차 측에 각각 클립을 취부한 것)를 개방 (OFF)한다.

③ 전체 스트링의 MCCB 또는 퓨즈를 개방 (OFF)한다.

④ 측정하고자 하는 스트링의 MCCB 또는 퓨즈와 역류방지 다이오드 사이에 단락용 개폐기의 1차 측 (+) 및 (−) 클립을 각각 접속한다.

⑤ 해당 스트링의 MCCB, 퓨즈를 투입(ON) 후 단락용 개폐기를 투입(ON)한다.

⑥ 계측기로는 절연저항계(메거 ; Megger)를 사용하고, 메거의 E측을 어레이 측 접지단자에, L측을 단락용 개폐기의 2차에 접속하고, 절연저항계를 투입(ON)하여 절연저항값을 측정한다.

🖉 측정 종료 후 주의사항

1. 반드시 단락용 개폐기를 개방하고, 어레이 측 단로기(MCCB, 퓨즈)를 개방한 후, 마지막에 스트링의 클립을 제거한다.
2. SPD의 접지 측 단자를 복원하여, 대지전압을 측정해서 잔류전하의 방전상태를 확인한다.

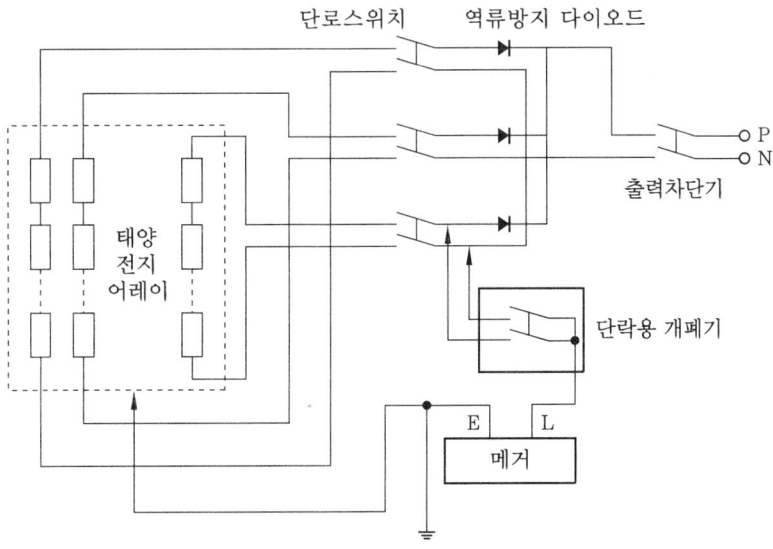

⑦ **절연저항시험 판정기준** : 절연저항시험은 모듈의 시험 면적에 따라 $0.1\,\mathrm{m}^2$ 이상에서 측정값과 면적의 곱이 $400\,\mathrm{M\Omega \cdot m}^2$ 이상일 것

(2) 인버터의 절연저항 측정

① 측정방법

(가) 입력회로의 절연저항 측정순서

㉮ 태양전지 회로를 접속함에서 분리한다.

㉯ 분전반 내의 분기 차단기를 개방한다.

㉰ 직류 측의 모든 입력단자 및 교류 측의 전체 출력단자를 각각 단락한다.

㉱ 직류단자와 대지 간의 절연저항을 측정한다.

㉲ 측정결과의 판정기준을 '전기설비 기술기준'에 따라 표시한다.

(나) 출력회로의 절연저항 측정순서

㉮ 태양전지 회로를 접속함에서 분리한다.

㉯ 분전반 내의 분기 차단기를 개방한다.

㉰ 직류 측의 모든 입력단자 및 교류 측의 전체 출력단자를 각각 단락한다.

㉱ 교류단자와 대지 간의 절연저항을 측정한다.

㉲ 측정결과의 판정기준을 '전기설비 기술기준'에 따라 표시한다.

(다) 인버터 회로의 절연저항 측정 시 유의사항

㉮ 정격전압이 입출력과 다를 때에는 높은 측의 전압을 절연저항계의 기준으로 선택한다.

㉯ 입출력 단자에 주회로 이외의 제어단자 등이 있는 경우는 이것을 포함해서 측정한다.

㉰ 측정할 때는 서지업서버 등의 정격에 약한 회로들은 회로에서 분리시킨다.

㉱ 절연변압기를 장착하지 않은 트랜스리스 인버터의 경우는 제조업자가 추천하는 방법에 따라 측정한다.

② 인버터의 절연저항 측정 회로도

(가) 인버터의 정격전압이 300 V 이하의 경우에는 측정기구로서 500 V의 절연저항계(메거 ; Megger)를 사용한다.

(나) 인버터의 정격전압이 300 V 초과~600 V 이하의 경우에는 1,000 V의 절연저항계를 사용한다.

(다) KS C 1302의 규정에 의거 시험품의 정격 측정전압이 500 V 미만에서는 유효 최대눈금값 1,000 MΩ, 500~1,000 V 이하에서는 유효 최대눈금값 2,000 MΩ의 절연저항계를 사용한다. 단, 해당 시험 시 바리스터, Y-CAP, 서지 보호부품은 제거한다.

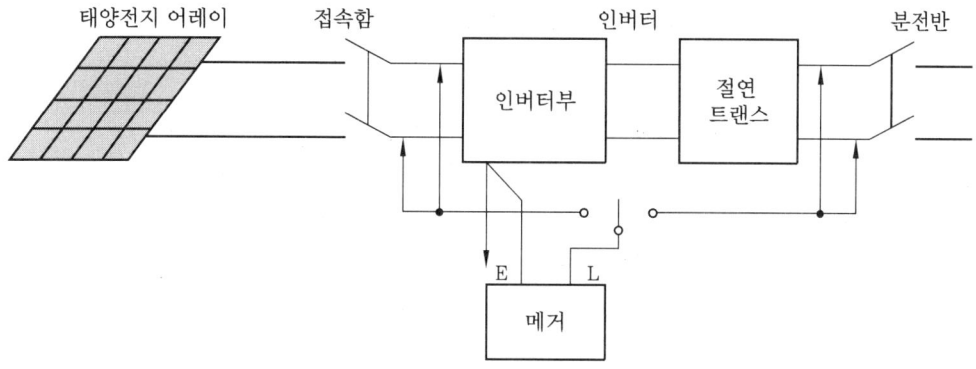

③ **판정기준 : 절연저항 1MΩ 이상일 것**

(4) 변압기 절연저항 기준치

구 분	전압(kV)	측정 개소	주위온도 (℃)				
			20	30	40	50	60
유입형	22 이상	1차권선과 2차권선 (MΩ)	300	150	70	40	25
	22 미만	철심(대지) 간 (MΩ)	250	120	60	40	25
		1차권선과 2차권선, 철심(대지) 간 (MΩ)	–	–	–	–	5
건식형		전압 (kV 이하)	1	3	6	10	20
		절연저항 (MΩ)	5	20	20	30	50

(5) 변성기 절연저항 기준치

구 분	측정 개소	주위온도(℃)		
		20	30	40
유입형	1차권선과 2차권선 외함 일괄 (MΩ)	500	250	130
	2차권선과 외함 (MΩ)		2	
몰드형	1차권선과 2차권선 외함 일괄 (MΩ)	200	100	50
	2차권선과 외함 (MΩ)		2	

(6) 어레이, 전로전압, 배전반 절연저항 기준치

전로의 사용전압 구분		절연저항치(MΩ)
400 V 미만	대지전압(접지식 전로는 전선과 대지 간의 전압, 비접지식 전로는 전선 간의 전압을 말한다. 이하 같다)이 150 V 이하의 경우	0.1 이상
	대지전압 150 V 초과 300 V 이하인 경우(전압 측 전선과 중성선 또는 대지 간의 절연저항)	0.2 이상
	사용전압이 300 V 초과 400 V 미만의 경우	0.3 이상
400 V 이상	–	0.4 이상

(7) 주회로 차단기, 단로기 절연저항 기준치

구 분	측정장비	절연저항값 (MΩ)
주 도전부	1,000 V 메거	500 이상
저압 제어회로	500 V 메거	2 이상

(8) 유입 리액터 절연저항 기준치

유온 40℃ 이하에서 단자일괄과 외함 간 : 100 MΩ

1-14 태양전지 어레이의 개방전압 측정

(1) 측정방법

접속함의 출력개폐기 OFF → 접속함 각 스트링의 단로스위치 OFF → 각 모듈에 음영의 영향이 없는 것을 확인 → 측정하는 스트링의 단로스위치(MCCB, 퓨즈 등)만 ON 하고, 각 스트링의 P–N 단자 간 전압 측정

(2) 개방전압 측정 회로

① 직류전압계(멀티 테스터기)로 그림과 같이 측정한다.
② 멀티테스터기의 직류전류 최대측정값은 보통 10 A이다.
③ 태양전지 모듈의 측정과 관련하여, '모듈 I–V Curve 측정기'를 이용하면 태양전지 모듈의 개방전압, 단락전류, 최대출력을 동시에 측정할 수 있다.

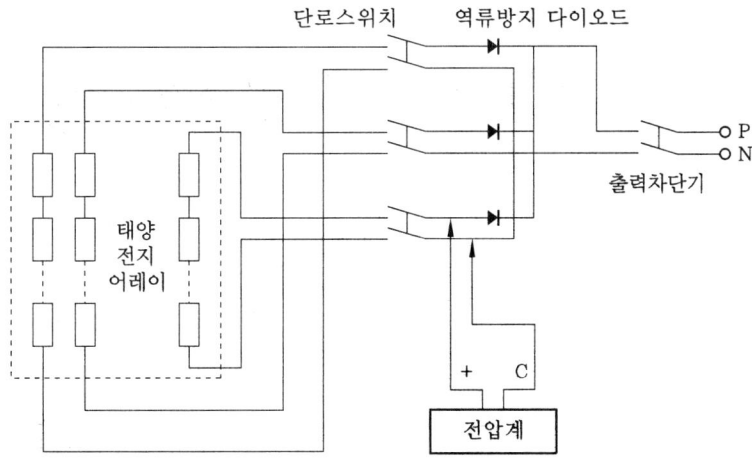

(3) 개방전압 측정의 목적

① 개방전압의 불균일에 따라 동작 불량의 스트링이나 태양전지 모듈을 검출한다.
② 직·병렬 접속선의 결선 누락사고 등을 검출해낸다.

(4) 개방전압 측정 시 유의사항

① 태양전지 어레이의 표면 청소가 필요하다.
② 각 스트링의 측정은 안정된 일사강도가 얻어질 때 실시한다.
③ 측정시각은 일사강도, 온도의 변동을 적게 하기 위해 맑을 때 및 태양이 남쪽에 있
   을 때의 전후 1시간에 실시하는 것이 가장 좋다.
④ 태양전지 셀은 비 오는 날에도 미세한 전압이 발생하므로 감전에 특히 유의하도록
   한다.

1-15 운전상태에 따른 시스템 발생신호

(1) 정상운전

태양전지로부터 전력을 공급받아 인버터가 계통전압과 동기로 운전을 하며 계통과 부
하에 전력을 공급한다.

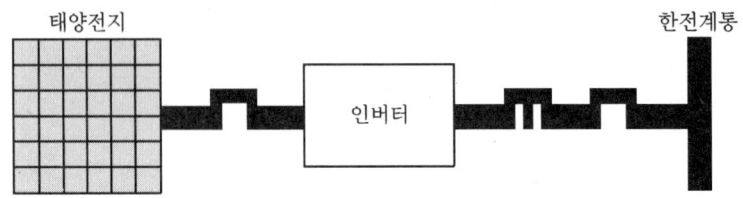

(2) 태양전지 전압 이상 시 운전

태양전지 전압이 저전압 또는 과전압이 되면 이상신호(fault)를 나타내고 인버터는 정지, M/C는 OFF로 된다.

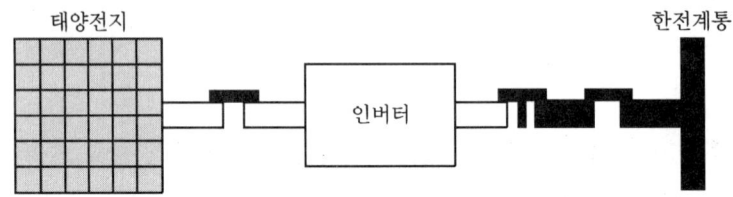

(3) 인버터 이상 시 운전

인버터에 이상이 발생하면 인버터는 자동으로 정지하고 이상신호(Fault)를 나타낸다.

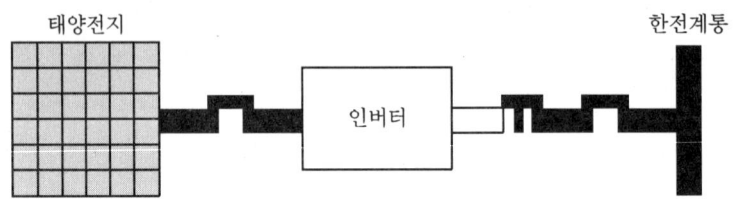

1-16　절연내력 측정시험

(1) 태양전지 어레이

① 절연저항 측정과 같은 회로조건으로서 표준 태양전지 어레이 개방전압을 최대 사용전압으로 간주하여 최대 사용전압의 1.5배의 직류전압이나, 1배의 교류전압(500 V 미만일 때에는 500 V)을 10분간 인가하여 절연파괴 등의 이상이 발생하지 않는 것을 확인한다.

② 태양전지 스트링의 출력회로에 삽입되어있는 피뢰소자는 절연시험 회로에서 분리 시키는 것이 일반적이다.

(2) 인버터 회로

① 절연저항 측정과 같은 회로조건에서 진행한다.

② 시험전압은 태양전지 어레이 절연내력시험의 경우와 같은 시험전압으로 10분간 인가하여 절연 파괴 등의 이상이 발생하지 않는지를 확인한다.

③ **절연시험 판정기준** : 절연내력시험 후 절연의 파괴 또는 균열이 없어야 한다.

> ☞ 절연내력시험의 정의
> 1. 절연내력시험이란 원래 절연물이 어느 정도의 전압에 견딜 수 있는지를 확인하는 제반 시험이다.
> 2. 이에는 어떤 전압을 가해서 점차 승압하여 실체로 파괴되는 전압을 구하는 파괴시험과 어느 일정한 전압을 규정된 시간 동안 가해서 이상 유무를 확인하는 내전압시험(혹은 절연내압시험)의 두 종류가 있다.

1-17 접지저항의 측정

(1) 개요

① 전기설비는 위험을 방지하고 안전상의 이유 때문에 접지공사를 해야 한다.

② 전기설비기술기준에 정해진 접지가 양호한 상태로 설치되었는지의 여부를 측정하는 것이 이 측정의 목적이다.

③ 현재 주로 사용되고 있는 방법에는 전위차계식 측정법, 코올라시 브리지법, 간이 접지저항계 측정법, 클램프온 측정법, 전압강하식 측정법 등이 있다.

(2) 전위차계 접지저항계의 측정순서

① 계측기를 수평으로 반듯하게 놓는다.

② 보조 접지봉을 습기가 있는 곳에 직선으로 10 m 이상 간격을 두고 박는다.

③ E단자의 리드선을 접지극(접지선)에 접속한다.

④ P단자, C단자를 보조 접지봉에 접속한다.

⑤ Push Button을 누르면서 다이얼을 돌려 검류계의 눈금이 중앙(0)을 지시할 때 다이얼의 값을 읽는다.

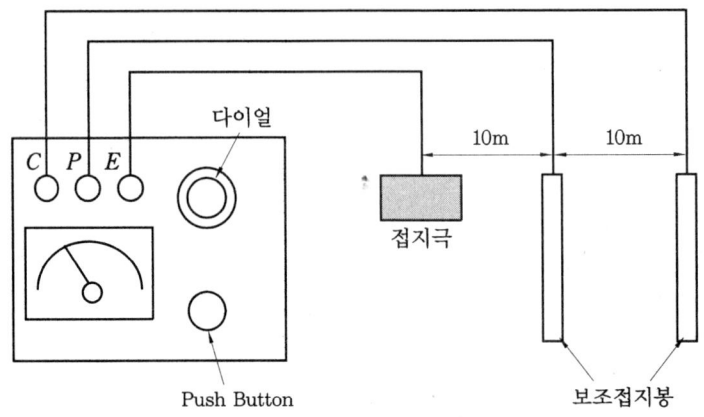

전위차계 접지저항계의 측정

(3) 코올라시 브리지법

① 접지극 E와 제1보조전극 P, 제2보조전극 C를 역시 10 m 이상으로 하여 다음 공식으로 구한다.

$$접지저항 \ R = \frac{R_{EP} + R_{CE} - R_{PC}}{2} \ [\Omega]$$

여기서, R_{EP} : 본 접지극 E와 제1보조전극 P 사이의 저항
R_{CE} : 본 접지극 E와 제2보조전극 C 사이의 저항
R_{PC} : 보조전극 P와 C 상호 간의 저항

(4) 간이 접지저항계 측정법

① 주로 접지 보조전극을 타설할 수 없을 경우에 사용하는 방식이다.
② 주상변압기 2차 측 중성점에 2종 접지공사가 시공되어있는 것을 이용하는 방식이다.
③ 중성선과 기기 접지단자 간에 저주파의 전류를 흘리고, 저항치를 측정하면 양 접지저항의 합이 얻어지므로 간접적으로 접지저항을 알 수 있다.

(5) 클램프온 측정법

① 전위차계식 접지저항계 대신 측정할 수 있는 방식이다.
② 22.9 (kV-Y) 배전계통이나 통신케이블의 경우처럼 다중접지 시스템의 측정에 사용되는 방법으로 접지시스템을 장비와 분리시키지 않고 측정할 수 있다.
③ 통합 접지저항을 측정할 수 있는 장점이 있고, 간단하며 취급이 용이하다.
④ 회로에 특수한 변류기로 전압 E를 공급해주면 전류 I가 흐르게 되고, 이때의 전류

와 전압과의 관계를 이용하여 접지저항을 측정한다 (E/I = Rx).

㈜ 1. 3상 전원에서 상 회전 방향 확인방법
　① 같은 값의 저항 2개와 캐패시턴스 1개를 Y결선으로 하여 3상 전원을 공급한 후, 두 저항에 걸리는 전압을 확인한다.
　② 이때 두 저항에 걸리는 전압을 확인하여 상 회전 방향은 '높은 전압 선로→낮은 전압 선로→캐패시턴스 선로'순으로 결정된다.
　2. 변류기(CT) 2차 측 개방에 대한 대책
　① 변류기(CT) 2차 측은 반드시 접지한다.
　　㈎ 1차 권선과 2차 권선 사이의 정전용량에 의해 1차 측 고압이 2차 측으로 이행될 수 있다.
　　㈏ 이때 이행전압을 대지로 방전시키기 위해 2차 측을 접지한다.
　② 변류기 2차 측은 1차전류가 흐르고 있는 상태에서는 절대로 개로되지 않도록 한다.
　③ 2차 개로 보호용 비직선 저항요소를 부착하는 것도 하나의 방법이 된다.

1-18 전기실

(1) 전기실의 설치 시 주요 고려사항

① 어레이 구성의 중심에 가깝고, 배전에 편리한 장소일 것
② 전력회사로부터 전원 인출과 구내 배전선의 인입이 편리한 곳
③ 장치의 증설이나 확장의 여유가 있을 것
④ 기기의 반출입이 편리할 것
⑤ 고온이나 다습한 곳은 피할 것
⑥ 냉방과 환기시설을 잘 설치할 것
⑦ 부식성 가스, 먼지, 대기오염이 많은 곳은 피할 것
⑧ 침수의 우려가 없을 것
⑨ 폭발물, 가연성의 저장소 부근을 피할 것
⑩ 진동이 없고, 지반이 견고한 장소일 것
⑪ 수ㆍ변전실용 건축물 등에 의해 모듈에 그림자가 없을 것

(2) 수변전실 특고압 관련 주요 기기

① 계기용 변압 변류기
② 피뢰기
③ 전력 퓨즈
④ 진공 차단기(VCB)

⑤ 부하개폐기(LBS)
⑥ 디지털 계측기
⑦ 디지털 보호계전기
⑧ 시험단자 등

(3) CCTV의 주요 구성요소

카메라, 저장장치(DVR), 영상선택기, 영상 분배 증폭기(VDA), 폴(카메라 설치), 낙뢰 보호시설, 하우징(장기간 카메라 보호), 안내판, 전원공급선, 배관 및 배선 등

(4) 전기실의 소화설비

물분무, 이산화탄소, 청정소화약제, 이너젠 등

예·상·문·제

1. 태양광발전 시스템의 가대 제작 시 주의 사항으로 틀린 것은?

㉮ 용접 시 양면용접을 실시하여 용접 강도를 유지해야 한다.

㉯ 전식 방지를 위해 모듈과 가대 사이에 스테인리스 재질의 피팅류를 설치한다.

㉰ 설치 시 어레이 전면의 모듈과 모듈이 서로 평행하게 조립되어 굴곡이 없도록 한다.

㉱ 철구조물은 부식 방지를 위해 아연도금 실시 후 사용한다.

해설 전식(부식) 방지를 위해 모듈과 가대 사이에 설치하는 것은 '가스켓'이다.

2. 태양광발전 시스템의 설치에 관한 설명으로 가장 잘못된 것은?

㉮ 최적 경사각에 관한 연구자료에 의하면, 국내 대부분의 지방에서 발전효율이 최대가 되는 경사각은 약 33°이다.

㉯ 일반적으로 온도 상승으로 인한 발전량의 감소율은 난방입면 10.5 %, 난방지붕 7.5 %로 평가된다.

㉰ 일반적으로 온도 상승으로 인한 발전량의 감소율은 비난방입면(후면통풍 비양호) 7.0 %, 지붕(후면통풍 비양호) 9.0 % 로 평가된다.

㉱ 최대출력을 가져올 수 있는 경사각 (20~40°)으로 설치하는 것이 일반적이지만, 수직면, 북면(경사각이 적은 경우)에도 실용에 견딜 수 있는 어느 정도의 발전량은 기대할 수 있다.

해설 일반적으로 온도 상승으로 인한 발전량의

감소율은 비난방입면(후면통풍 비양호) 7.0 %, 지붕(후면통풍 비양호) 5.0 % 로 평가된다.

3. 태양광 어레이의 분류 중에서 지지대에 따른 분류가 아닌 것은?

㉮ 혼합 추적법　　㉯ 지붕 건재형

㉰ 경사 지붕형　　㉱ 톱 라이트형

해설 혼합 추적법은 태양광 어레이의 추적방식에 따른 분류에 들어간다.

4. 태양광 어레이 설치에 관한 내용으로 가장 적절하지 못한 것은?

㉮ 연중 4~6월은 태양의 고도가 높고 외기의 온도가 비교적 선선하여 출력 또한 가장 높다.

㉯ 연중 7~8월은 일사량이 1년 중 가장 많은 편이지만 태양전지의 온도 상승에 의한 손실이 커서 출력감소율도 제일 크다.

㉰ 단축식 어레이는 태양의 고도에 맞게 동쪽과 서쪽으로 태양을 추적하는 방식으로서, 동서 및 남북으로 태양을 추적하는 양축식에 비해 발전효율이 떨어진다.

㉱ 어레이별 발전효율의 순서는 '고정식> 양방향추적>단방향추적'순이다.

해설 어레이별 발전효율의 순서는 '양방향추적 > 단방향추적 > 고정식'순이다.

5. 태양광 발전설비 설치공사의 시공절차에서 ( ) 안에 들어갈 것을 순서대로 나열한 것은?

현장여건 분석→시스템 설계→구성요소 제작→토목공사(기초/지반/구조물/접지공사)→( )→모듈 및 기기 설치공사→전기배선공사→( )→( )→운전 개시

㉮ 자재 반입검사-시운전-점검 및 검사
㉯ 점검 및 검사-자재 반입검사-시운전
㉰ 자재 반입검사-점검 및 검사-시운전
㉱ 시운전-점검 및 검사-마무리공사

6. 태양광 발전설비 설치공사 중의 안전대책으로 적절하지 못한 것은?

㉮ 강한 일사 시에는 작업량을 조절하여 인력 투입을 고려한다.
㉯ 강우 시에는 특별히 안전수칙을 준수하여 작업을 진행한다.
㉰ 작업 전 태양전지 모듈 표면에 차광막을 씌워 태양광을 차단한다.
㉱ 반드시 작업 중 저압 절연장갑을 착용한다.

[해설] 강우 시에는 미끄러짐 사고, 감전사고 등을 방지하기 위하여 작업을 금지하는 것이 원칙이다.

7. 태양광 발전설비의 기초공사 중에서 직접기초(얕은 기초)에 들어가지 않는 것은?

㉮ 말뚝 기초
㉯ 전면 기초
㉰ 계단형 기초
㉱ 복합 기초

[해설] 직접기초(얕은 기초)에는 독립 기초(싱글형, 계단형, 경사형), 연속 기초, 복합 기초, 전면 기초 등이 있다.

8. 다음 중 원통형 혹은 상자형 구조물을 자중 또는 적재 하중에 의하여 소정의 깊이까지 침하시키는 기초 설치공법은?

㉮ 피어 기초
㉯ 말뚝 기초

㉰ 케이슨 기초
㉱ 온통 기초

9. 다음 그림에서 나타내는 깊은 기초의 정의는?

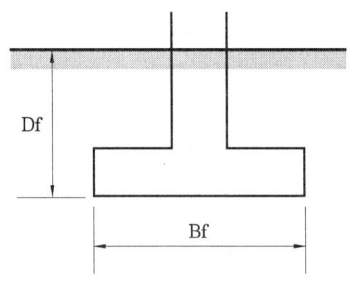

㉮ Df/Bf≥1
㉯ Df/Bf>1
㉰ Df/Bf≥2
㉱ Df/Bf>2

10. 태양광 전기설비의 배선공사 시 주의사항으로 적절하지 못한 것은?

㉮ 태양전지 모듈 간 배선은 단락전류를 충분히 견딜 수 있도록 2.5 mm² 이상의 경동선 또는 이와 동등 이상이어야 한다.
㉯ 케이블이나 전선, 전선관 등의 굴곡 시 최소 굴곡반경은 지름의 6배 이상이 되도록 한다.
㉰ 바람에 흔들릴 우려가 있는 곳에는 케이블 타이, 스테이플 스트랩, 행거 등을 이용하여 130 cm 이내의 간격으로 단단히 고정한다.
㉱ 전선은 모듈 전용선, XLPE케이블 등을 사용하고, 특히 옥외용으로는 자외선에 견딜 수 있는 UV케이블이 적당하다.

[해설] 태양전지 모듈 간 배선은 단락전류를 충분히 견딜 수 있도록 2.5 mm² 이상의 연동선 또는 이와 동등 이상이어야 한다.

11. 태양광 전기설비의 배선공사에서 케이

블 트레이 사용 시 장점이 아닌 것은?

㉮ 우수한 방열특성

㉯ 자연재해로부터 안전

㉰ 큰 허용전류

㉱ 부하 증설 시 우수한 대응력

[해설] 케이블 트레이를 사용 시 케이블 노출에 따른 자연재해나 인축의 영향을 받기 쉽다.

12. 태양광 전기설비의 어레이와 접속함 간 배선공사에서 주의사항으로 적절하지 못한 것은?

㉮ 태양전지 모듈에서 PCS (파워 컨디셔너) 입력단간 및 PCS (파워 컨디셔너) 의 출력단과 계통연계점 간의 전압강하 치는 각각 3 % 이하로 하는 것이 원칙이다.

㉯ 차수 (접속함에 물이 침투하는 것을 방지하기 위한 물 빼기) 시공 시 케이블 지름의 6배 이상의 반경으로 해야 한다.

㉰ 케이블 트레이의 안전율은 1.5 이상의 강도이어야 한다.

㉱ 전선관의 굵기는 전선 피복을 포함하여 단면적 합계가 48 % 이하가 되도록 선정해야 한다 (단, 굵기가 서로 다른 케이블을 같은 전선관 속에 넣을 때에는 38 % 이하가 되도록 할 것).

[해설] 전선관의 굵기는 전선 피복을 포함하여 단면적 합계가 48 % 이하가 되도록 선정해야 한다 (단, 굵기가 서로 다른 케이블을 같은 전선관 속에 넣을 때에는 32 % 이하가 되도록 할 것).

13. 지중 전선관 매립 시 주의사항으로 틀린 것은?

㉮ 전선관 지중 매립 시 총 전설의 길이가

20 m를 초과하는 경우 20 m마다 지중함을 설치해야 한다.

㉯ 지중 매설 시에는 배선용 탄소강관, 내충격성 경질염화비닐관을 사용한다.

㉰ 지중 매설된 배관과 지표면 사이에는 안전테이프를 설치하여 '매립되어있음'을 표시한다.

㉱ 필요에 따라서는 지표 위 잘 보이는 곳에 전선의 매립 방향, 매설 깊이 등의 표식도 같이 해두는 것이 유리하다.

[해설] 전선관 지중 매립 시 총 전설의 길이가 30 m를 초과하는 경우 30 m마다 지중함을 설치해야 한다.

14. ㉠∼㉡에 들어갈 수치를 차례대로 기술한 것은?

전선 길이	태양전지판에서 인버터 입력단간 및 인버터 출력단과 계통연계점 간의 전압강하 (%)
60 m 이하	(㉠)
120 m 이하	5
200 m 이하	6
200 m 초과	(㉡)

	㉠	㉡
㉮	4	7
㉯	3	7
㉰	2	9
㉱	4	9

15. 태양전지 어레이의 검사 방법에 관한 설명으로 올바르지 못한 것은?

㉮ 전압 및 극성을 모두 확인해야 한다.

㉯ 단락전류를 직류전류계로 측정하여 규정치와 비교한다.

㉓ 인버터의 직류 측 회로는 안전상 접지를 반드시 실시해야 한다.

㉔ 다기능 측정기를 이용하면 태양광 모듈의 접촉점의 장애를 쉽게 발견할 수 있다.

[해설] 인버터도 원칙적으로는 접지를 해야 하지만, 절연변압기를 시설하는 경우가 드물기 때문에 일반적으로는 직류 측 회로(태양전지 어레이에서 인버터까지의 직류 주전로)를 비접지로 하고 있다.

16. 태양광 발전설비의 전기공사 시 전기 테이프를 잡아당겨서 겹쳐 감아놓으면 시간의 경과에 따라 융착하여 일체화되는 테이프를 무엇이라고 하는가?

㉮ 전기공사 전용 테이프

㉯ 자기융착 테이프

㉰ 안전 테이프

㉱ 전기안전 테이프

[해설] 자기융착 테이프는 시공 시 테이프의 폭이 $\frac{3}{4} \sim \frac{2}{3}$가 될 정도로 잡아당겨서 겹쳐서 감으면 시간의 경과에 따라 융착하여 일체화된다.

17. 저압계통의 접지방식이 아닌 것은?

㉮ TN-C 계통　　㉯ TT 계통

㉰ TN-C-S 계통　㉱ IC 계통

[해설] 저압계통의 접지방식은 국제적으로 IEC 분류에 따라 TN계통(Terra Neutral System; 다중 접지방식), TT계통(Terra Terra System; 독립 접지방식), IT계통(Insulation Terra System), TN-C, TN-S, TN-C-S 등이 사용되고 있다.

18. 태양광 발전설비의 접지공사 시 주의사항으로 잘못된 것은?

㉮ 태양전지 어레이용 전기회로 설계표준에 따르면 어레이 출력 500 W 이하의 경우 접지선의 굵기는 1.5 mm² 이상으로 할 수 있다.

㉯ 3종 및 특별 제3종 실시할 금속체와 대지 간의 전기저항값이 특별 제3종 접지공사인 경우 10 Ω 이하, 제3종 접지공사인 경우 100 Ω 이하이면 각각의 접지공사를 실시한 것으로 간주한다.

㉰ 고압 또는 특고압과 저압을 결합한 변압기의 저압 측의 중성점에는 고저압의 혼촉에 의한 위험을 예방하기 위하여 특별 제3종 접지공사를 한다.

㉱ 접지선의 색은 녹색표시를 하지 않으면 안 되는데, 부득이하게 녹색 또는 황록색 줄무늬가 있는 것 이외의 절연전선을 접지선으로 사용할 경우에는 단말 및 적당한 장소에 녹색의 테이프 등으로 표시한다.

[해설] 고압 또는 특고압과 저압을 결합한 변압기의 저압 측의 중성점에는 고저압의 혼촉에 의한 위험을 예방하기 위하여 제2종 접지공사를 해야 한다.

19. 제3종 접지를 생략할 수 있는 경우가 아닌 것은?

㉮ 저압용 기계기구에 전기를 공급하는 전로의 전원 측에 절연변압기를 시설하고 또한 그 절연변압기의 부하 측 전로를 접지하지 않은 경우

㉯ 사용전압이 직류 300 V 또는 교류 대지전압 200 V 이하인 기계기구를 건조한 곳에 설치한 경우

㉰ 저압용이나 고압용의 기계기구 등을 사람이 쉽게 접촉할 우려가 없도록 목

주 기타 이와 유사한 것의 위에 시설하는 경우

㉑ 물기가 있는 장소 이외의 장소에 시설하는 저압용의 개별 기계기구에 전기를 공급하는 전로에 '전기용품안전관리법'의 적용을 받는 인체감전보호용 누전차단기(정격감도 30 mA 이하, 동작시간 0.03초 이하)를 시설하는 경우

해설 사용전압이 직류 300 V 또는 교류 대지전압 150 V 이하인 기계기구를 건조한 곳에 설치한 경우에 제3종 접지를 생략할 수 있다.

20. 다음 중 태양광 설비에서 인버터 회로의 절연저항 측정 시 유의사항으로 잘못된 설명은?

㉮ 정격전압이 입출력과 다를 때에는 높은 측의 전압을 절연저항계의 기준으로 선택한다.

㉯ 측정할 때는 서지업서버 등의 정격에 약한 회로들은 회로에서 분리시킨다.

㉰ 절연변압기를 장착하지 않은 트랜스리스 인버터의 경우는 제조업자가 추천하는 방법에 따라 측정해도 된다.

㉱ 입출력 단자에 주회로 이외의 제어단자 등이 있는 경우는 이것을 제외하고 측정한다.

해설 입출력 단자에 주회로 이외의 제어단자 등이 있는 경우는 이것을 포함해서 측정한다.

21. 태양광 설비에서 인버터 회로의 절연저항 측정방법으로 잘못된 것은?

㉮ 인버터의 정격전압이 300 V 이하의 경우에는 측정기구로서 500 V의 절연저항계(메거 ; Megger)를 사용한다.

㉯ 인버터의 정격전압이 300 V 초과~600

V 이하의 경우에는 600 V의 절연저항계를 사용한다.

㉰ 직류 측의 모든 입력단자 및 교류 측 전체의 출력단자를 각각 단락시킨 후 측정한다.

㉱ 단자와 대지 간의 절연저항을 측정한다.

해설 인버터의 정격전압이 300 V 초과~ 600 V 이하의 경우에는 1,000 V의 절연저항계를 사용한다.

22. 건식형 변압기의 절연저항 측정 시 주위온도가 40℃이고, 전압이 3 kV인 경우의 절연저항은?

㉮ 5 MΩ 이상　　㉯ 5 MΩ 이상
㉰ 15 MΩ이상　　㉱ 20 MΩ 이상

해설

구분	전압 (kV)	측정 개소	주위온도(℃)				
			20	30	40	50	60
유입형	22 이상	1차권선과 2차권선 (MΩ)	300	150	70	40	25
	22 미만	철심(대지) 간 (MΩ)	250	120	60	40	25
		1차권선과 2차권선, 철심(대지) 간 (MΩ)	—	—	—	—	5
건식형		전압 (kV 이하)	1	3	6	10	20
		절연저항 (MΩ)	5	20	20	30	50

23. 태양광 어레이의 개방전압(Voc) 측정에 관한 설명으로 잘못된 것은?

㉮ 개방전압의 불균일에 따라 동작 불량의 스트링이나 태양전지 모듈을 검출

하기 위해서 실시한다.

㉯ 각 스트링의 측정은 안정된 일사강도가 얻어질 때 실시한다.

㉰ 측정시각은 일사강도, 온도의 변동을 적게 하기 위해 맑을 때 및 태양이 남쪽에 있을 때의 전후 1시간에 실시하는 것이 가장 좋다.

㉱ 멀티테스터기 혹은 메거로 측정하며 직류전류 최대측정값은 보통 10 A이다.

[해설] 개방전압은 멀티테스터기로 측정이 가능하다. 메거는 절연저항을 측정하는 계기이다.

24. 태양광 발전설비의 절연내력 시험방법에 관한 설명 중 잘못된 것은?

㉮ 절연저항 측정과 같은 회로조건으로서 표준 태양전지 어레이 개방전압을 최대 사용전압으로 간주하여 측정한다.

㉯ 최대 사용전압의 1.5배의 직류전압이나, 1배의 교류전압(500 V 미만일 때에는 500 V)을 10분간 인가하여 절연 파괴 등의 이상이 발생하지 않는 것을 확인한다.

㉰ 태양전지 스트링의 출력회로에 삽입되어있는 피뢰소자는 절연시험 회로에서 분리시키지 않고 측정한다.

㉱ 인버터의 경우에도 어레이 절연내력시험의 경우와 같이 시험전압을 10분간 인가하여 절연 파괴 등의 이상이 발생하지 않는 것을 확인한다.

[해설] 태양전지 스트링의 출력회로에 삽입되어 있는 피뢰소자는 절연시험 회로에서 분리시키는 것이 일반적이다.

25. 현재 주로 사용되는 접지저항의 측정방법에 속하지 않는 것은?

㉮ 전위차계식 측정법

㉯ 전압강하식 측정법

㉰ 클램프온 측정법

㉱ 휘트스톤브리지법

[해설] 현재 접지저항의 측정법으로 주로 사용되는 방법에는 전위차계식 측정법, 코올라시 브리지법, 간이 접지저항계 측정법, 클램프온 측정법, 전압강하식 측정법 등이 있다.

26. 태양광 설비의 모니터링 장비 중 CCTV의 주요 구성요소에 해당하지 않는 것은?

㉮ 저장장치

㉯ 낙뢰 보호시설

㉰ 계기용 변성기

㉱ 영상 분배 증폭기(VDA)

[해설] CCTV의 주요 구성요소 : 카메라, 저장장치(DVR), 영상선택기, 영상 분배 증폭기(VDA), 폴(카메라 설치), 낙뢰 보호시설, 하우징(장기간 카메라 보호), 안내판, 전원공급선, 배관 및 배선 등

27. 전위차계 접지저항계를 이용하여 접지저항을 측정하는 방법에 관한 설명으로 틀린 것은?

㉮ 계측기를 수평으로 놓는다.

㉯ 보조 접지봉을 직선으로 10 m 이상 간격을 두고 박는다.

㉰ Push Button을 누르고 다이얼을 돌리면서 측정한다.

㉱ P단자의 리드선을 접지극(접지선)에 접속한다.

[해설] ㉱는 'E단자의 리드선을 접지극(접지선)에 접속한다.'로 고쳐야 한다.

28. 간이 접지저항 측정법으로 접지저항을 측정하는 방법에 관한 설명으로 가장 잘

못된 것은?

㉮ 접지극 E와 보조전극 C를 10 m 이상으로 이격하여 측정한다.

㉯ 주상변압기 2차 측 중성점에 2종 접지공사가 시공되어있는 것을 이용하는 방식이다.

㉰ 중성선과 기기 접지단자 간에 저주파의 전류를 흘리고, 저항치를 측정하여 간접적으로 접지저항을 측정하는 방법이다.

㉱ 접지 보조전극을 타설할 수 없을 경우에 사용할 수 있는 방식이다.

해설 간이 접지저항 측정법은 보조전극 설치가 필요 없는 방식이다.

29. 클램프온 측정법으로 접지저항을 측정하는 방법에 관한 설명으로 잘못된 것은?

㉮ 전위차계식 접지저항계 대신 측정할 수 있는 방식이다.

㉯ 검류계의 눈금이 중앙 (0)에 지시할 때 다이얼 값을 읽는다.

㉰ 다중접지 시스템의 측정에 사용되는 방법으로 접지시스템을 장비와 분리시키지 않고 측정할 수 있다.

㉱ 통합 접지저항을 측정할 수 있는 장점이 있고, 간단하며 취급이 용이하다.

해설 ㉯는 전위차계 접지저항계의 측정에 관한 설명이다.

30. ㉠~㉢에 들어갈 적당한 용어는?

3상 전원에서 상 회전 방향 확인을 위하여 같은 값의 (㉠) 2개와 (㉡) 1개를 Y결선으로 하여 3상 전원을 공급한 후, 전압을 확인하여 상 회전 방향은 '높은 전압 선로 → 낮은 전압 선로 → (㉢) 선로'순으로 결정된다.

	㉠	㉡	㉢
㉮	저항	캐패시턴스	캐패시턴스
㉯	저항	리액턴트	리액턴스
㉰	리액턴스	저항	저항
㉱	리액턴스	캐패시턴스	캐패시턴스

제2장 | 태양광발전 시스템 감리

2-1 공사감리 및 감리(전력기술관리법상 정의)

(1) 공사감리(工事監理)

전력시설물의 설치·보수 공사에 대하여 발주자의 위탁을 받은 공사감리업체가 설계도서나 그 밖의 관계서류의 내용대로 시공되는지 여부를 확인하고, 품질관리·공사관리 및 안전관리 등에 대한 기술지도를 하며, 관계법령에 따라 발주자의 권한을 대행하는 것을 말한다.

(2) 감리원(監理員)

공사감리업체에 종사하면서 전력시설물의 공사감리업무를 수행하는 사람을 말한다.

(3) 감리업자

공사감리를 업으로 하고자 시·도지사에게 등록한 자를 말한다.

2-2 용어의 정의

(1) 발주자

전력시설물 공사를 하기 위하여 전기공사업자 또는 감리업자에게 공사 혹은 용역을 발주하는 자를 말한다.

(2) 책임감리원

감리업체를 대표하여 상주감리원으로 당해공사 전반에 관한 감리업무를 책임지는 자를 말한다.

(3) 보조감리원

책임감리원을 보좌하는 감리원을 말하며, 보조감리원은 담당 감리업무에 대하여 책임감리원과 연대하여 책임지는 자를 말한다.

(4) 상주감리원

현장주재 또는 출장하면서 감리업무를 수행하는 자를 말한다.

(5) 비상주감리원

감리업체에 근무하면서 상주감리원의 업무를 기술적·행정적으로 지원하는 자를 말한다.

(6) 감리기간

감리용역계약서에 표기된 계약기간을 말하며, 해당 감리 대상 공사의 감리 착수일로부터 준공검사 완료일까지로 한다.

(7) 지원업무 담당자

공사수행에 따른 업무연락 및 문제점의 파악, 민원 해결, 기타 필요한 업무를 수행하기 위하여 발주자가 지정한 발주처 소속직원을 말한다.

2-3 지원업무 담당자의 주요업무

(1) 지원업무 담당자의 주요 업무범위

① 입찰참가 자격심사(PQ) 기준 작성
② 감리업무 수행계획서 및 감리원 배치계획서 검토
③ 보상 담당부서에서 수행하는 통상적인 보상업무 외에 감리원 및 공사업자와 협조하여 용지 측량, 기공 승낙, 지장물 이설 확인 등의 용지보상 지원업무 수행
④ 감리원에 대한 지도·점검(근태상황 등)
⑤ 감리원이 수행할 수 없는 공사와 관련한 각종 민·관 업무 및 인·허가 업무를 해결하고, 특히 지역성 민원 해결을 위한 합동조사, 공청회 개최 등 추진
⑥ 설계 변경, 공기 연장 등 주요사항 발생 시 발주자로부터 검토, 지시가 있을 경우

현지 확인 및 검토 보고

⑦ 공사관계자 회의 등에 참석, 발주자의 지시사항 전달 및 감리·공사 수행상 문제
점 파악·보고

⑧ 기성검사 및 각종 검사 입회

⑨ 준공검사 입회

⑩ 준공도서 등의 인수

⑪ 하자 발생 시 현지조사 및 사후조치

2-4   감리원의 기본업무와 지위

(1) 감리원의 기본업무

감리원은 공사감독업무 등 발주자의 권한을 대행하며 발주자에 예속되지 아니하고
독립적으로 그 업무를 성실히 수행하고 전력시설물공사의 품질 및 기술 향상에 노력
하여야 한다.

(2) 감리원의 지위

① 감리업무를 수행함에 있어 감리원은 발주자에 예속되지 아니하며 발주자와의 계약
에 의하여 독립적으로 발주자 권한을 대행한다.

② 발주자와 감리자 간에 체결된 감리용역계약의 내용에 따라 감리원은 당해공사가
설계도서 및 기타 관계서류의 내용대로 시공되는지의 여부를 확인하고 품질관리,
시공관리, 안전관리 및 공정관리 등에 대한 기술 지도를 하며, 발주자의 감독권한을
대행한다.

2-5   감리원의 업무자세와 근무지침

(1) 감리원의 업무자세

감리업무에 종사하는 자는 그 업무를 성실히 수행하고 공사의 품질을 향상시키기
위해 노력하며 감리원으로서의 품위를 유지하여야 한다.

① 감리원은 법률과 이에 따른 명령, 공공복리에 어긋나는 어떠한 행위도 하지 않으며 신의와 성실로서 임무에 임한다.

② 감리원은 품위를 손상하는 행위를 하여서는 안 된다.

③ 감리원은 담당업무와 관련하여 제3자로부터 일체의 금품, 이권 또는 향응을 받아서는 안 된다.

④ 감리원은 공사 감리를 수행함에 있어서 성실, 친절, 공정, 청렴결백하게 업무를 수행하여야 한다.

⑤ 감리원은 공사의 품질 향상을 위하여 부단히 기술개발 및 보급에 전력한다.

(2) 감리원의 근무지침

① 감리원은 감리업무를 수행함에 있어 당해공사의 공사계약문서, 감리 과업지시서, 기타 관계규정 등의 내용을 숙지하고 당해공사의 특수성을 파악한 후 감리에 임해야 한다.

② 감리원은 당해공사가 공사계약문서, 공정계획표, 발주자의 지시사항 등 기타 관계규정 내용대로 시공되는가를 공사시행 시 수시로 입회하고, 공사시행 단계별로 시의적절하게 확인, 검측하여 엄격한 품질관리에 임해야 하고 기타 공사업자에게 품질, 시공, 안전 및 공정관리 등에 대한 감리수행을 하고 확인하여야 한다.

③ 감리원은 공사업자의 의무와 책임을 면제시킬 수 없으며 임의로 설계를 변경하거나 기일연장 등 공사계약조건과 다른 지시나 조치를 하여서는 안 된다.

④ 감리원은 공사현장에서 문제점이 발생하거나 시공과 관련된 중요한 변경 및 예산과 관련되는 사항에 대하여는 수시로 발주자에게 보고하고, 지시를 받아 업무를 수행한다. 다만, 인명 손실이나 시설물의 안전에 위험이 예상되는 사태가 발생할 시에는 먼저 적절한 조치를 취한 후 즉시 발주자에게 보고하여야 한다.

⑤ 감리업자 및 감리원은 당해공사 시행 중은 물론 공사가 종료된 후라도 감사기관의 수감요구가 있을 경우에는 이에 응하여야 하며, 감리업무 수행과 관련하여 발생된 사고 또는 피해로 피해자가 소송 제기 시 국가지정 소송업무에 적극 협력하여야 한다.

2-6 상주감리원의 현장근무와 감리원의 권한

(1) 상주감리원의 현장근무

① 상주감리원은 공사현장(공사와 관련한 외부 현장점검, 확인 등 포함)에 용역대가

기준에 의하여 배치한 일수를 상주하여야 하며, 업무 또는 부득이한 사유로 2일 이상 현장을 이탈하는 경우에는 반드시 근무상황부에 이를 기록하고 업무담당자의 승인을 득하여야 한다.

② 상주감리원은 감리사무실 또는 출입구에 부착한 근무상황판에 당일현장 근무위치 및 업무내용 등을 기록하여야 한다.

③ 감리업자는 감리업무에 종사하는 감리원이 감리업무 수행기간 중 법에 의한 교육훈련을 받는 경우나 근로기준법에 따른 유급휴가로 현장을 이탈하게 되는 경우에는 감리업무에 지장이 없도록 직무대행자 지정 및 업무인계·인수 등의 필요한 조치를 하여야 한다.

(2) 감리원의 권한

① 감리원은 공사업자가 당해공사의 설계도서, 시방서, 기타 관계서류의 내용과 적합하지 아니하게 당해공사를 시공하는 경우 재시공, 공사중지명령, 기타 필요한 조치를 취할 수 있다.

② 상기 ①항의 규정에 의하여 감리원으로부터 재시공, 공사중지명령, 기타 필요한 조치에 대한 지시를 받은 공사업자는 특별한 사유가 없는 한 이에 응하여야 한다.

③ 감리원이 공사업자에게 재시공, 공사중지명령, 기타 필요한 조치를 취한 때에는 지체 없이 이에 관한 사항을 발주자에게 통보하여야 한다.

④ 발주자는 감리원으로부터 상기 ③항의 규정에 의한 재시공, 공사중지명령, 기타 필요한 조치에 관한 보고를 받은 때에는 이를 검토한 후 시정여부의 확인, 공사재개 지시 등 필요한 조치를 하여야 한다.

⑤ 감리원은 상기 ①항의 규정에 의한 재시공, 공사중지명령을 하였을 경우 발주자가 공사중지 사유가 해소되었다고 판단되어 공사재개를 지시한 때에는 특별한 사유가 없는 한 이에 응하여야 한다.

⑥ 공사중지 및 재시공 지시 등의 적용 한계

　㈎ 재시공 : 시공된 공사가 품질확보상 미흡 또는 위해를 발생시킬 수 있다고 판단되거나 관계규정에 재시공을 하도록 규정한 경우

　㈏ 공사중지 : 시공된 공사가 품질확보상 미흡 또는 중대한 위해를 발생시킬 수 있다고 판단되거나, 안전상 중대한 위험이 발견될 경우에는 공사중지를 지시할 수 있으며 공사중지는 부분중지와 전면중지로 구분된다.

⑦ 감리원은 공사업자가 감리원의 재시공, 공사중지명령 등을 이행하지 아니한 때에는 발주자에게 필요한 조치를 취하도록 요구하여야 한다.

2-7 비상주감리원의 업무범위

(1) 비상주감리원의 정의

감리업체의 사무실에 근무하면서 현장상주감리원의 업무를 지원하는 자를 말한다.

(2) 비상주감리원의 업무범위

① 설계도서 등의 검토

② 상주감리원의 능력 범위를 벗어난 현장 시공상의 문제점에 대한 검토와 민원사항에 대한 현지조사 및 해결방안 검토

③ 중요한 설계변경에 대한 기술 검토

④ 설계변경 및 계약금액 조정의 심사

⑤ 기성 및 준공검사

⑥ 정기적(분기 또는 월별)으로 현장 시공 상태를 종합적으로 점검·확인·평가하고 기술지도

⑦ 공사와 관련하여 발주자(지원업무수행자 포함)가 요구한 기술적 사항 등에 대한 검토

⑧ 기타 감리업무 추진에 필요한 지원업무

2-8 발주자의 지도·감독 및 부실감리에 대한 제재

(1) 발주자의 지도·감독

① 발주자는 감리계약서에 규정된 바에 따라 감리원을 지휘, 지도, 감독하며 모든 통보는 감리업자 또는 책임감리원을 통하여 하도록 한다.

② 발주자는 감리원이 공사업자에게 지시한 사항에 대해 이의 제기가 있을 경우 그 내용을 조사하여 감리원과 협의하여 조정할 수 있다.

③ 발주자는 부적정하게 감리가 수행되고 있다고 판단한 때에는 당해 감리업자 및 책임감리원에게 이 사실을 통보하고 시정토록 하여야 한다.

　㈎ 지도점검 시기 : 감리업무 수행초기 및 당해공사 추진상황을 고려하여 실시

　㈏ 지도점검 내용

   ⑦ 복무자세
     ㉠ 감리원의 적정자격 보유여부 및 상주이행 상태
     ㉡ 품위 손상 여부 및 근무자세
     ㉢ 발주자의 지시사항 이행 상태
   ⑷ 행정처리 사항
     ㉠ 행정서류 및 비치서류 처리기록 관리
     ㉡ 각종 보고서의 처리상태

(2) 부실감리에 대한 제재

① 감리업체 및 그에 소속된 감리원이 감리업무 수행 중 타인의 인명 또는 재산상의 피해를 끼친 경우나 감리업무를 성실하게 수행하지 아니할 경우에는 발주자는 제재를 가할 수 있다.

   ㈎ 시정 지시
     ⑦ 시공상태 확인 및 검토사항을 소홀히 한 경우
     ⑷ 기록유지 및 보고사항을 소홀히 한 경우
     ⑸ 기타 고의 또는 과실로 인하여 공사가 부실하게 될 우려가 예상되는 경우
   ㈏ 감리원의 교체
     ⑦ 보고 없이 3회 이상 현장을 무단이탈한 경우
     ⑷ 발주자의 정당한 지시에 대하여 불응한 경우
     ⑸ 보조감리원에 대한 지휘, 감독능력 및 책임감리원으로서의 업무수행능력이 현저히 부족하다고 인정되는 경우
     ⑺ 감리용역의 수행 또는 관리상 부적당하다고 인정되는 경우
   ㈐ 계약 해지
     ⑦ 정당한 사유 없이 착공 기일을 경과하고도 감리용역을 착수하지 아니한 경우
     ⑷ 계약조건에 명시된 업무를 소홀히 하거나 업무수행 능력이 현저히 부족하여 계약목적을 달성할 수 없다고 인정될 경우
     ⑸ 계약기간 내 감리용역을 완료하지 못하거나 완료할 가능성이 없음이 명백하다고 인정될 경우

2-9   감리업무 착수 및 업무 연락처 보고

(1) 감리업무 착수

① 감리업자는 계약상 착수일에 감리용역을 착수하여야 하며, 감리용역 착수 시 다음 각 호의 서류를 첨부한 착수신고서를 제출하여 발주자의 승인을 받아야 한다.

㈎ 감리비 내역서

㈏ 상주·비상주감리원 지정신고서와 감리원 경력사항 확인서

㈐ 감리원 조직 구성내용과 감리원별 투입기간 및 담당업무

② 발주자는 감리원 또는 감리조직 구성내용이 당해공사에 적합하지 않다고 인정될 때에는 변경을 요구할 수 있으며, 감리자는 특별한 사유가 없는 한 이에 응해야 한다.

③ 승인된 감리원은 특별한 사유가 없는 한 감리용역 완료 시까지 근무토록 하여야 하며, 교체가 필요한 경우에는 교체인정사유를 명시하여 발주 기관의 사전승인을 받아야 한다.

④ 감리원의 구성은 과업지시서에 기술된 과업내용에 의거 관련분야 기술 자격자 또는 학력, 경력을 갖춘 자로 구성되어야 한다.

⑤ 책임감리원과 보조감리원은 수행업무를 분담하고 그 분담내용에 따라 업무수행 계획을 수립하여 과업을 수행토록 하여야 한다.

(2) 감리용역 계약문서

감리용역 체결 관련 계약문서는 아래와 같으며, 이들은 상호 보완의 효력을 가진다.

① 감리용역 계약서

② 기술용역 입찰유의서

③ 기술용역 계약 일반조건

④ 감리용역 계약 특수조건

⑤ 과업지시서

⑥ 감리비 산출내역서

(3) 감리용역 착수단계에서 발주자 승인을 받아야 할 착수신고서 서류

① 감리업무 수행계획서

② 감리비 산출내역서

③ 상주·비상주감리원 배치계획서와 감리원의 경력확인서

④ 감리원 조직 구성내용과 감리원별 투입기간 및 담당업무

(4) 업무 연락처의 보고

① 감리원은 현지에 부임하는 즉시 사무소, 숙소 또는 비상연락처의 전화번호, FAX, 우편 연락처 등을 업무담당자에게 보고하여 업무연락에 차질이 없도록 하여야 한다.

② 관련 주소 혹은 연락처 등 변경 시 즉시 보고하여야 한다.

2-10 감리원의 설계도서 등의 검토 및 관리

(1) 감리원의 설계도서 등의 검토내용

① 검토 주요내용

㉮ 현장조건에 부합하는지 여부

㉯ 시공이 실제 가능한지 여부

㉰ 다른 사업 또는 다른 공정과의 상호 부합 여부

㉱ 설계도면, 설계시방서, 기술계산서, 산출내역서 등의 내용과 일치하는 지 여부

㉲ 설계도서의 누락, 오류 등 불명확한 부분의 존재 여부

㉳ 발주자가 제공한 물량내역서와 공사업자가 제출한 산출내역서의 수량이 일치하는 지 여부

㉴ 시공상의 예상 문제점 및 대책 등

② 공사업자도 검토하도록 하여 검토결과를 보고받아야 한다.

③ 설계도서의 검토와 관련하여 불합리한 부분, 착오, 불명확한 부분 등이 있을 때에는 그 내용과 의견을 발주자에게 보고하여야 한다.

(2) 사무실 설치 및 설계도서의 관리

① 감리원은 현장실정에 부합되도록 업무용 사무실 사용방안을 발주자와 협의하여 감리업무에 지장이 없도록 설치한다.

② 감리원은 책임과 동시에 공사 설계도서 및 자료, 공사 계약문서 등을 발주자로부터 인수하여 관리번호를 부여하고 관리대장을 작성하여 관리를 철저히 하여야 한다.

③ 감리원은 공사의 여건을 감안하여 각종 법규정, 표준시방서, KS규정집 및 필요한 기술서적 등을 비치하여야 한다.

(3) 착공신고서 검토 및 보고

감리원은 공사가 착공된 경우에는 즉시 공사업자로부터 다음 각 호의 서류가 포함된

착공신고서를 제출받아 적정성 여부를 검토하여 7일 이내 발주자에게 보고하여야 한다.
 ① 시공관리 책임자 지정 통지서(현장관리조직, 안전관리자 등)
 ② 공사 예정공정표
 ③ 품질관리 계획서
 ④ 공사도급 계약서 사본 및 산출내역서
 ⑤ 착공 전 사진
 ⑥ 현장기술자 경력사항 확인서 및 자격증 사본
 ⑦ 안전관리 계획서
 ⑧ 작업인원 및 장비투입 계획서
 ⑨ 기타 발주자가 지정한 사항

(4) 공사표지판의 설치

 감리원은 공사업자로부터 다음 각 호 표지판의 제작방법, 크기, 설치장소 등이 포함된 제작설치 계획서를 제출받아 검토하고, 업무담당자와 협의한 후 승인하여야 한다.
 ① 성실시공 및 책임시공 안내간판
 ② 안전 표지판
 ③ 불법 하도급 행위신고 표지판
 ④ 기타 발주자가 지정하는 표지판

(5) 유관자 합동회의

 ① 감리원은 시공 전에 유관자 합동회의를 실시하여 사후 민원 등이 야기되지 않도록 하여야 한다.
 ② 감리원과 공사업자는 유관자 합동회의를 실시하기 전에 현장을 정밀하게 조사하고 설계도서 등을 숙지하여 그 내용을 유관자에게 설명하여야 한다.

(6) 기타 시공 전 검토사항

 ① 감리원은 하도급에 대하여 발주자의 요구사항 등을 검토하여 그 의견을 제시하여야 하며, 처리된 하도급에 대해서도 적정성 여부를 검토하여 발주자에게 제출하여야 한다 (요청받은 날로부터 7일 이내에 제출).
 ② 감리원은 공사 착공 후 조속한 시일 내에 공사 추진에 지장이 없도록 공사업자와 합동으로 현지조사하여 시공 자료로 활용하고 당초 설계내용의 변경이 필요한 경우에는 설계변경 절차에 의거 처리하여야 한다.
  ㈎ 각종 재료원의 확인

㈏ 지반 및 지질상태

㈐ 진입도로 현황

㈑ 지하매설물 및 장애물 등

③ 인·허가 업무 : 감리원은 공사 시공과 관련된 각종 인·허가 사항을 포함한 제 법규 등을 공사업자로 하여금 준수토록 지도·감독하여야 한다.

2-11 설계감리원의 업무범위 및 설계도서

(1) 설계감리원의 업무범위

① 주요 설계용역 업무에 대한 기술자문

② 사업기획 및 타당성조사 등 전 단계 용역수행 내용의 검토

③ 시공성 및 유지관리의 용이성 검토

④ 설계도서의 누락, 오류, 불명확한 부분에 대한 추가 및 정정 지시 및 확인

⑤ 설계업무의 공정(공정예정표 등) 및 기성관리의 검토·확인

⑥ 설계감리 결과보고서의 작성

⑦ 그 밖에 계약문서에 명시된 사항

(2) 설계감리를 받아야 하는 설계도서

① 용량 80만 kW 이상의 발전설비

② 전압 30만 V 이상의 송전·변전 설비

③ 전압 10만 V 이상의 수전설비·구내배전설비 및 전력사용설비

④ 전기철도의 수전설비, 구내배전설비 및 전력사용설비

⑤ 국제공항의 수전설비, 구내배전설비 및 전력사용설비

⑥ 21층 이상이거나 연면적 5만 m² 이상인 건축물의 전력시설물 (공동주택의 전력시설물 제외)

⑦ 그 밖의 산업통상자원부령으로 정하는 전력시설물

2-12 시공단계 감리기록 관리

(1) 감리원의 기록 · 비치 문서

감리원은 다음의 문서를 기록 · 비치하고 발주자의 승인을 받아 시행하며, 준공 후 발주자에게 인계한다.

① 근무상황부
② 감리업무 일지
③ 검사서류 및 지시부
④ 매몰부분 검사 대장 및 사진
⑤ 주요자재 검수부
⑥ 현장실정보고서
⑦ 기술검토사항
⑧ 회의록
⑨ 감리원 교체 인수인계서
⑩ 공사사진첩
⑪ 각종 정기보고서
⑫ 기타 필요한 서류 및 도표

(2) 공사업자 제출 서류의 검토

감리원은 공사업자가 제출하는 모든 서류는 반드시 접수하여야 하며, 접수된 서류에 하자가 있을 경우 공사업자에게 보완토록 하여야 한다.

① 착공신고서 및 현장기술자 배치 신고서
② 품질검사 확인서
③ 자재 시험 실적보고서
④ 명일 작업계획서
⑤ 공정현황보고
⑥ 지급자재수급요청서 및 대체사용신청서
⑦ 주요기자재 공급원 승인요청서
⑧ 각종 시험성적서 및 측정결과표
⑨ 설계변경여건 보고
⑩ 기한 연기 신청서
⑪ 하도급 통지 및 승인요청서
⑫ 현장실정 보고서
⑬ 안전관리 추진실적 보고서(안전관리 활동, 안전관리비 사용실적 등)
⑭ 확인측량 결과보고서
⑮ 물공량 확정보고서 및 물가 변동지수 조정률 계산서
⑯ 기타 시공과 관련되는 보고 및 신청서
⑰ 시공계획 승인요청서(필요 시)

⑱ 기타 필요한 서류 및 도표(천후표, 온도표 등)

(3) 기록관리 및 문서수발

① 감리업무 일지는 감리원별 분담업무에 따라 항목별로 수행업무의 내용을 6하원칙에 의해 기록하며, 공사업자가 작성한 공사일보를 제출받아 확인한 후 보관한다.

② 중요한 현장은 착공 전, 시공 중, 준공 등 시공과정을 알 수 있도록 동일 장소에서 사진 촬영하여 필름과 함께 보관한다.

③ 각종 문서는 감리원 전원이 숙지하도록 교육 또는 공람시킨다.

④ 문서 접수 및 발송대장을 비치하여야 하며, 경유문서는 발송대장에 기록한다.

2-13 발주자 보고사항

(1) 정기보고

① **월간 감리보고서** : 책임감리원은 다음 사항이 포함된 감리보고서를 매월 작성하여 감리 착수 후 중간시점에 발주자에게 제출하여야 한다.

　㈎ 공정 현황

　㈏ 자재관리시험 실적

　㈐ 안전관리실적 보고

　㈑ 자재 수불 현황

　㈒ 신기술, 특수공법 사용실적 등

　㈓ 설계변경 등 기타 필요한 사항

② **분기 감리보고서** : 책임감리원이 발주자에게 제출하는 분기보고서에 포함될 내용은 다음과 같다.

　㈎ 공사 추진 현황(공사개요, 계획 및 실적, 공정 현황, 감리용역 현황, 감리조직, 감리원 조치내역 등)

　㈏ 감리원 업무일지

　㈐ 품질검사 및 관리 현황

　㈑ 검사요청 및 결과 통보내용

　㈒ 주요 기자재 검사 및 수불내용

　㈓ 설계변경 현황

　㈔ 그 밖에 책임감리원이 감리에 관하여 중요하다고 인정하는 사항

③ **최종 감리보고서** : 책임감리원은 다음 사항을 포함한 각종 최종 감리보고를 감리기간 종료 후 14일 이내에 감리업체 대표자 명의로 발주자에게 제출하여야 한다.

   ⑺ 공사 및 감리용역 개요

   ⑻ 공사 추진 실적현황(설계변경, 실정 보고, 장비 및 인력 투입현황, 기성, 준공검사 등을 포함하는 총괄 실적)

   ⑼ 품질관리 실적

   ⑽ 주요 기자재 사용 실적(승인 및 투입 실적)

   ⑾ 안전관리 실적

   ⑿ 환경관리 설적(폐기물 등)

   ⒀ 종합분석

(2) 수시보고

감리원은 다음 각 호의 사항을 검토하고 필요 시 의견을 첨부하여 발주자에게 보고하여야 한다.

① 시공자 제출서류의 검토

② 현장상황 보고사항

③ 재시공 및 공사 중단 명령을 한 때

④ 시공자가 불법 하도급 행위를 한 때(공사 중지 후 발주자에게 서면보고)

⑤ 기타 시공과 관련하여 중요하다고 인정되는 사항이 있을 때

2-14 시공단계 관리사항

(1) 부실공사 방지 세부 실천계획 수립 및 이행

① 책임감리원은 시공자와 협의하여 매월별 추진하여야 할 공사에서 발생될 수 있는 부실공사 요인을 도출하고 이를 방지할 수 있는 대책을 수립하여 집중 관리하여야 한다.

② 매월별 수립된 부실공사 방지 세부 실천계획 및 실적을 정리하여 비치, 보관하여야 한다.

(2) 현장 정기교육

감리원은 시공자로 하여금 현장종사자(기능공 포함)의 양질시공 의식 고취를 위한

정기교육을 주 1회 실시하고 그 내용을 기록·비치하여야 한다.

(3) 발주자의 자문요구 및 감리원의 의견 제시

① 발주자는 공사 중 시공자의 공법변경 요구 등 기술적인 사항에 대하여 감리원에게 자문을 서면으로 요구할 수 있고 감리원은 특별한 사유가 없는 한 이에 응하여야 한다. 다만, 상당한 노력이 소요되거나 제3자에게 의뢰하여야 하는 전문성이 요구되는 내용에 대하여는 제3자에게 의뢰하여야 한다.

② 감리원은 스스로 공사 시공과 관련하여 검토한 내용에 대하여 필요하다고 판단될 경우 발주자 또는 공사업자에게 그 검토의견을 서면으로 제시할 수 있다.

(4) 공사 진행광경 사진 촬영 및 보관

① 감리원은 공사업자로 하여금 공정별로 착공 전부터 준공 시까지의 공사내용(시공일자, 위치, 공정, 작업내용)을 사진 촬영하고, 공사내용설명서를 기재·제출토록 하여 참고자료로 활용하도록 하며, 공사기록사진을 공종별 공사추진 단계에 따라 다음 사항을 촬영·정리하도록 한다.

⑺ 공사 착수 전 현장 전경 및 공정별 착수 전 현장 현황

⑻ 공사 시공 중의 상황

⑼ 시공 후의 검사가 불가능하거나 곤란한 부분

② 감리원은 필름을 포함한 사진첩 2첩(필요 시 VTR, TAPE)을 제출받아 수시 검토·확인할 수 있도록 보관하고, 준공 시 발주자에게 제출하여야 한다.

(5) 민원사항

감리원은 유관자 합동회의 및 현지여건 조사, 설계도서의 공법 검토 등을 통하여 민원 발생이 예상되는 사항을 사전 도출하여 민원 발생의 원인 제거 또는 최소화를 위해 노력하여야 한다.

(6) 품질시험 계획

① 감리원은 공사업자에게 품질관리 계획서를 작성, 제출토록 하고 이를 검토·확인해야 한다.

② 감리원은 관계 규정에 의한 시험종류, 시험종목, 시험횟수, 시험요원, 시험실에 의해 품질관리가 되도록 지도·확인하여야 한다.

③ 공사업자의 품질관리 책임자는 부소장급으로 임명하여 품질관리에 대한 책임과 권한이 시공감리 책임자와 동등하도록 하여 실질적인 품질관리가 이루어질 수 있도록

한다.

④ 감리원은 공사업자가 정한 양식지와 품질시험성과 총괄표에 기록·제출한 내용을 확인해야 한다.

⑤ 감리원은 시험성과가 불합격으로 판정되었을 때는 후속공정의 진행을 보류시키고 공사업자로 하여금 보완대책을 강구토록 조치해야 한다.

(7) 품질관리 계획

① 감리원은 품질관리 계획이 발주자로부터 승인되기 전까지는 공사업자에게 해당 업무를 수행하게 하여서는 안 된다.

② 단, 접지공사 등 타 공정(토목)과 간섭되는 공정 등 시급을 다투는 공정은 구두보고 및 긴급처리로 발주처와 사전 협의를 통해 처리하도록 한다.

(8) 검사업무 수행내용

① 현장 시공확인을 위한 검사는 현장조건을 고려한 '검사업무지침'을 작성·수립하여 발주자의 승인을 받은 후 이를 근거로 검사업무를 수행한다.

② 검사업무지침은 검사해야 할 세부공종, 검사절차, 검사시기 또는 검사빈도, 검사 체크리스트 등의 내용을 포함한다.

③ 수립된 검사업무지침은 모든 시공 관련자에게 배포하고, 보다 확실한 이행을 위하여 교육을 실시한다.

④ 현장검사는 체크리스트를 활용하여 수행하고, 그 결과를 '검사 체크리스트'에 기록한 후 공사업자에게 통보하여 후속 공정의 승인여부와 지적사항을 명확히 전달한다.

⑤ '검사 체크리스트'에는 검사항목에 대한 시공기준 또는 합격기준을 기재하여 검사 결과의 합격여부를 합리적으로 신속히 판정한다.

⑥ 단계적인 검사로 현장 확인이 곤란한 공종은 시공 중 감리원의 계속적인 입회·확인으로 시행한다.

⑦ 공사업자는 검사요청서를 제출할 때 시공기술자 실명부가 첨부되었는지 확인한다.

⑧ 공사업자가 요청한 검사일에 감리원이 정당한 사유 없이 검사를 하지 않는 경우에는 공정 추진에 지장이 없도록 요청한 날 이전 또는 휴일 검사를 하여야 한다.

⑨ 단, 이때 발생하는 감리대가는 감리업자가 부담한다.

(9) 중점 품질관리 공종

① 책임감리원은 중점 품질관리 대상으로 선정된 공종에 대해서는 별도의 관리방안을 수립한다.

② 관리방안 수립 후 시행 전에 발주자에게 보고하고 동시에 공사업자에게도 통보하여야 한다.

(10) 중점 품질관리 공종 선정 시 고려사항

① 월별, 공종별 시험종목 및 시험횟수
② 공사업자의 품질관리 요원 및 공정에 따른 충원계획
③ 품질관리 담당감리원이 직접 입회 및 확인 가능한 적정 시험횟수
④ 공정의 특성상 품질관리 상태를 육안 등으로 간접 확인할 수 있는지 여부
⑤ 작업조건의 양호 및 불량상태
⑥ 다른 현장의 시공사례에서 하자 발생 빈도가 높은 공정인지 확인
⑦ 품질관리 불량부위의 시정이 용이한지 여부 검토
⑧ 시공 후 지중에 매몰되어 추후 품질확인이 어렵고 재시공이 곤란한지 여부
⑨ 품질 불량 시 인근 부위 또는 다른 공종에 미치는 영향의 대소
⑤ 시공이 광활한 지역에서 이루어져 접근이 용이한지 여부

(11) 감리원의 검사절차

① 현장시공 완료→② 시공관리책임자 점검→③ 검사요청서 제출→④ 감리원의 현장검사→⑤ 검사결과 통보(이때 만약 불합격 시에는 재시공 및 보완을 실시하여 다시 ②번으로 넘어간다)→⑥ 다음 단계의 공종 착수

2-15 시공관리 관련 감리업무

(1) 시공계획서 검토 · 확인

① 감리원은 공사업자가 작성 · 제출한 시공계획서를 검토 · 확인하여야 한다. 시공계획서는 주요 공정 착수 전에 제출되어야 하며, 중요한 내용변경이 발생할 경우에는 변경시공계획서를 제출받아 검토 · 확인되어야 한다.

② **시공계획서에 포함되어야 할 내용**: 현장 조직표, 세부 공정표, 주요 공정의 시공절차 및 방법, 시공일정, 주요 장비 동원계획, 주요 기자재 및 인력투입 계획, 주요설비, 품질 · 안전 · 환경관리 대책 등

③ 감리원은 공사업자로부터 공사용 임시시설물에 대한 설계도서를 사전에 제출받아 가설방법의 기술적 타당성, 안정성 여부 등을 검토 · 확인해야 한다.

④ **공사업자의 가설시설물 설치계획표 작성 및 제출에 포함될 내용** : 공사용 도로, 가설사무소, 작업장, 창고, 숙소, 식당, 그 밖의 부대설비, 자재 야적장, 공사용 임시전력 등

⑤ **공사업자의 공사업무 수행상 필요한 서식 보관 서류** : 하도급 현황, 주요 인력 및 장비투입 현황, 작업계획서, 기자재 공급원 승인현황, 주간공정계획 및 실적보고서, 안전관리비 사용실적 현황, 각종 측정기록표 외

⑥ 감리원은 시공계획서를 공사 착공신고서와는 별도로 공사 시작 전에 제출받아야 하며, 공사 중 시공계획서에 중요한 내용 변경이 발생할 경우 그때마다 변경 시공계획서를 제출받은 후 5일 이내에 검토·확인하여 승인한 후 시공하도록 하여야 한다.

(2) 시공상세도(Shop Drawing) 검토·확인

① 감리원은 공사업자로부터 각종 구조물의 시공상세도를 사전에 제출받아 검토·확인해야 한다.

② 감리원은 시공상세도 검토 확인 시까지 구조물 시공을 허용하지 말아야 하며 접수일로부터 7일 이내에 검토·확인하는 것을 원칙으로 한다.

③ 다만, 7일 이내에 검토·확인이 불가능한 경우에는 사유 등을 명시하여 통보한다.

④ 이 경우 별도의 통보사항이 없는 때에는 승인한 것으로 본다.

⑤ **시공상세도 사전 검토·확인 내용**

㈎ 설계도면, 설계설명서 또는 관계 규정에 적합한지 여부

㈏ 현장의 시공기술자가 명확하게 이해할 수 있는지 여부

㈐ 실제 시공 가능 여부

㈑ 안정성의 확보 여부

㈒ 계산의 정확성

㈓ 제도의 품질 및 선명성, 도면작성 표준 일치 여부

㈔ 도면으로 표시 곤란한 내용은 시공 시 유의사항으로 작성되었는지 등의 검토

⑥ 감리원의 시공상세도 승인 이전에는 시공을 해서는 안 된다.

(3) 금일 작업실적 및 명일 작업계획

감리원은 공사업자로부터 명일 작업계획서를 제출받아 감리업무 수행계획을 수립하고 금일 작업실적을 검토·확인하여야 한다.

(4) 타 전문기술 분야의 업무위탁

① 감리업자는 구조물 안전 분야의 기술검토 및 시공관리가 필요한 태양광발전시설 설치 또는 구조물 설치 부문에 대하여는 당해 기술 분야의 전문가로 하여금 당해 공

정 기간 중 현장에 상주 배치하거나 당해 공정에 대한 기술검토 및 시공확인 업무를 위탁하여 감리업무를 수행하여야 한다.

② 위 항에 의한 타 기술 분야의 전문가 자격기준은 엔지니어링기술진흥법 또는 기술 사법에 의한 자격자로서 토목 부문의 시공기술 및 구조물 안전 (토목) 분야 고급기 술자 1인 이상을 당해 공정기간에 각각 5일 이상 투입하여야 한다.

③ 책임감리원은 타 전문분야 감리원 배치 시 기술자 투입계획을 수립하여 당해 공정 의 착공예정일 10일 전까지 발주자에게 제출하여야 한다.

④ 위 항의 제출내용에는 공정, 공사예정기간, 책임감리원, 타 분야 투입기술자 명단 (자격증명서 포함), 공정계획 검토내용 등이 포함되어야 한다.

⑤ 감리업자는 타 전문기술 분야에 대하여 당해 감리업무를 수행한 경우라도 당해 업 무 수탁자가 수행한 업무내용에 대하여 공동으로 그 책임을 진다.

(5) 시공 확인

① 감리원은 공사가 설계도서 및 시방서 등에 일치되게 시공되는가를 시공단계별로 시공 전·후 및 시공 중에 확인해야 한다.

② 콘크리트 타설 공사는 반드시 감리원이 입회하되 콘크리트 운반송장은 감리원의 품질확인 서명이 있는 것만 인정해야 한다.

③ 감리원은 공사업자가 제출한 검측요청서에 의거하여 확인·검측하되 허용오차기 준에 맞지 않을 경우 보완, 재시공토록 조치하여야 하며, 감리원의 승인을 받을 경 우에만 다음 공정을 착수해야 한다.

④ 검측시행 시는 검측업무지침을 현장별로 수립, 이를 근거로 실시하되 수립된 지침 은 모든 시공관련자에 배포하고 주지시켜야 한다.

⑤ 검측 Check-list는 2부 작성, 감리원과 시공사 각 1부씩 보관토록 한다.

⑥ 감리원은 매몰되거나 사후 검사가 곤란한 구조물은 반드시 현장검측한 후 시공 상 태를 증빙할 수 있는 사진 또는 비디오로 촬영한 후 촬영일지와 촬영내용을 기록하 고 공정별로 구분하여 비치하여야 한다.

(6) 제작공정 확인

감리원은 자재 부분 및 구조물 제작공정에 대하여는 제작과정의 공장검사를 필요 시마다 실시하여야 한다.

(7) 특수공법 검토

특수한 공법이 적용되는 경우의 기술검토 및 시공상 문제점 등의 검토 시 감리원은 감리업체의 본사 지원반을 활용하고, 필요 시 발주자와 협의하여 외부의 국내외 전문가의 자문을 받아 검토의견을 제시할 수 있으며, 특수한 공정에 대하여 외부 전문가의 감리참여가 필요하다고 판단될 경우 발주자와 협의하여 조치할 수 있다.

(8) 기술검토 의견서

감리원은 시공 중 발생되는 기술적 문제점, 설계변경사항, 공사계획 및 공법 변경 문제 설계도면, 시방서 상호 간의 차이, 모순 등의 문제점, 기타 공사업자가 당면하는 문제점에 대하여 현지 실정을 충분히 조사·분석하여 공사를 원활히 수행할 수 있는 해결방안을 제시하여야 하며, 중요한 기술검토는 반드시 서면 제출하고 검토서에는 상세 기술검토내역 또는 근거가 첨부되어야 한다.

(9) 주요 기자재 공급원의 검토 승인

① 감리원은 공사업자로 하여금 공정계획에 의거하여 사전에 주요 기자재(K·S의무화 품목, 시험대상 품목 등) 공급원 승인 신청서를 사용 30일 전까지 제출토록 하여 시험성과표가 품질기준을 만족하는지 여부를 확인하여 적합하다고 판단될 경우 이를 승인한다.

② 감리원은 공급원 승인 요청서에 다음의 관계서류를 첨부토록 하여야 한다.

  ⑺ 공급자의 사업자 등록증명

  ⑻ 국세, 지방세 완납 증명

  ⑼ 품질시험대행 국·공립기관의 시험성과

  ⑽ 납품실적 증명

  ⑾ 시험성과 대비표(선정 시험)

  ⑿ 제품 설명서

  ⒀ K·S 허가서 사본

  ⒁ 공장등록증 사본

③ 감리원은 주요 자재 공급원 승인 후 현장반입 시 공사업자로부터 송장 사본(수입품인 경우)을 접수함과 동시에 이를 검수하고 그 결과를 검수부에 기록·비치한다.

(10) 자재의 관리

① 감리원은 공사업자가 지급(관급)자재의 수급요청서를 제출하면 이의 적정성 여부를 검토하여 적기에 공사업자에게 인도되도록 한다.

② 감리원은 자재가 현장에 반입되면 이를 확인하고 검사부를 작성하여 보관해야 하며 검수조서는 발주자에게 보고해야 한다.

(11) 현장상황 보고

① 감리원은 공사 시공 중 불가항력적인 재해의 발생, 공사 중단의 필요성 등 감리원의 권한에 속하지 않는 사태가 발생될 경우 6하원칙에 의해 검토의견을 첨부하여 발주자에게 현장상황을 신속히 보고하고, 그 지시에 따라야 한다.

② 감리원은 공사현장에 아래 사태 발생 시 필요한 응급조치를 취하는 동시에 상세한 경위를 발주자에게 보고하여야 한다.

　㈎ 천재지변 등의 사유로 공사현장에 피해가 발생했을 때

　㈏ 공사업자 현장대리인이 사전 승인 없이 3일 이상 현장에 상주하지 않을 때

　㈐ 공사업자가 공사시행을 불성실하게 하거나 감리원의 정당한 지시에 불응할 때

　㈑ 공사업자가 계약에 따른 시공능력이 없다고 인정되거나 공정이 현저히 미달될 때

　㈒ 기타 공사 추진에 지장이 있을 때

(12) 감리원의 주요 기자재 공급원의 검토·승인

① 감리원은 공사업자에게 공정계획에 따라 사전에 주요 기자재 공급원 승인신청서를 기자재 반입 7일 전까지 제출받는다 (단, 관계법령에 따라 품질검사를 받았거나, 품질을 인정받은 기자재에 대해서는 예외로 한다).

② 감리원은 시험성적서가 품질기준에 만족하는지 여부를 확인하고, 품명, 공급원, 납품실적 등을 고려하여 적합한 것으로 판단될 때에는 주요 기자재 공급승인 요청서를 제출받은 날로부터 7일 이내에 검토·승인한다.

③ 감리원은 시공된 공사가 품질확보 미흡 또는 위해를 발생시킬 수 있다고 판단되거나, 감리원의 확인·검사에 대한 승인을 받지 아니하고 후속 공정을 진행한 경우와 관계 규정에 맞지 않을 때에는 '재시공'을 지시할 수 있다.

(13) 부분 공사중지 사유

① 재시공 지시가 이행되지 않은 상태에서 다음 단계의 공정이 진행됨으로써 하자가 발생할 수 있다고 판단될 때

② 안전시공상 중대한 위험이 예상되어 중대한 물적·인적 피해가 예견될 때

③ 동일 공정에 있어 3회 이상 시정지시가 이행되지 않을 때

④ 동일 공정에 있어 2회 이상 경고가 있었음에도 이행되지 않을 때

(14) 전면 공사중지 사유

① 공사업자가 고의로 공사의 추진을 지연하거나, 공사의 부실 발생 우려가 짙은 상황에서 적절한 조치를 취하지 않은 채 공사를 계속 진행하는 경우

② 부분중지가 이행되지 않음으로써 전체 공정에 영향을 끼칠 것으로 판단될 때

③ 지진·해일·폭풍 등 불가항력적인 사태가 발생하여 시공을 계속할 수 없다고 판단될 때

④ 기타 천재지변 등으로 발주자의 지시가 있을 때

(15) 시공기술자 교체 가능 사유

① 관계법령에 따른 배치기준, 겸직 금지, 보수교육, 품질관리 등의 법규를 위반한 때

② 시공관리 책임자가 사전 승인 없이 현장을 이탈한 때

③ 시공관리 책임자가 공사를 조잡하게 하거나, 부실시공으로 일반인에게 위해를 끼친 때

④ 시공관리 책임자의 기술 및 시공능력 부족이 인정되거나, 정당한 사유 없이 기성공정이 예정공정에 현격히 미달될 때

⑤ 시공관리 책임자가 불법 하도급을 하거나, 이를 방치할 때

⑥ 시공관리 책임자가 기술능력 부족으로 시공에 차질을 빚거나, 감리원의 정당한 지시에 응하지 않을 때

⑦ 시공관리 책임자가 감리원의 검사확인 등의 승인을 받지 않고 후속공정을 진행하거나, 정당한 사유 없이 공사를 중단한 때

(16) 감리원의 구두지시

감리원이 공사업자에게 지시를 할 때 서면으로 하는 것이 원칙이나, 시급한 경우나 경미한 경우에는 우선 구두지시 후 추후에 서면으로 확인할 수 있다.

(17) 감리원의 공사진도 관리

① 감리원은 공사업자로부터 전체 실시공정표에 따른 월간 상세공정표(작업 착수 7일 전 제출) 및 주간 상세공정표(작업 착수 4일 전 제출)를 사전에 제출받아 검토·확인하여야 한다.

② 감리원은 공사진도율이 계획공정 대비 월간 공정실적이 10 % 이상 지연되거나, 누계공정 실적이 5 % 이상 지연될 때에는 공사업자에게 부진사유 분석, 만회대책 및 만회공정표를 수립하여 제출하도록 지시하여야 한다.

(18) 공정관리 계획서

① 감리원은 공사 시작일부터 30일 이내에 공사업자로부터 공정관리 계획서를 제출받도록 한다.

② 공정관리 계획서를 제출받은 날부터 14일 이내에 검토·승인하고, 발주자에게 제출하여야 한다.

2-16 설계변경 및 계약금액의 조정

(1) 경미한 설계변경

① 감리원은 공사시행 과정에서 당초 설계의 기본적인 사항인 전기공급방식, 접지방식, 계통보호, 간선규격과 구조물의 구조, 평면 및 공법 등의 변경 없이 현지여건에 따른 위치 변경과 단순 구조물의 추가 또는 삭제 등의 경미한 설계변경 사항이 발생한 경우에는 설계도면, 수량증감 및 증감 공사비 내역을 시공자로부터 제출받아 검토·확인하고 우선 변경·시공토록 지시할 수 있다.

② 경미한 설계변경 사항에 대한 사후보고는 수시로 처리된 내용을 취합하여 보고한다.

(2) 발주자의 지시에 의한 설계변경

발주자는 사업환경의 변경, 기본계획의 조정 등으로 설계변경이 필요한 경우에는 설계변경 개요서를 첨부하여 설계변경 지시를 할 수 있다.

(3) 공사업자의 제안에 의한 설계변경

① 공사업자는 현지여건과 설계도서가 부합하지 않거나 공사비의 절감 및 공사의 품질 향상을 위한 개선사항 등 설계변경이 필요한 경우에는 설계변경사유서, 설계변경 도면, 개략적인 수량증감 내역 및 공사비 증감내역 등의 서류를 첨부하여 책임감리원에게 제출하여야 한다.

② 책임감리원은 이를 신속히 검토·확인하고, 필요 시 기술검토 의견서를 첨부하여 발주자에게 상황 보고하고 발주자의 방침을 득한 후 시공토록 조치하여야 한다.

③ 감리원은 공사업자로부터 상황 보고, 접수 후 기술검토를 요하지 않는 단순한 사항은 7일 이내, 그 외의 사항은 14일 이내에 검토·처리하여야 하며, 만일 기일 내 처리가 곤란할 경우 사유와 처리계획을 발주자에게 보고하고 공사업자에게도 통보하여야 한다.

(4) 계약금액의 조정

① 감리원은 설계변경 등으로 인한 계약금액의 조정을 위한 각종 서류를 공사업자로

부터 제출받아 검토·확인한 후 감리업자 (대표이사)에게 보고하여야 하며, 감리업자는 소속 비상주감리원으로 하여금 검토·확인케 하고 대표자 명의로 발주자에게 제출하여야 한다.

② 변경설계서의 설계자는 책임감리원, 심사자는 비상주감리원이 날인하여야 한다.

③ 물가변동으로 인한 계약금액 조정 시 감리원은 공사업자로부터 제출된 서류 (물가변동 조정 요청서, 계약금액 조정 요청서, 품목조정률이나 지수조정률의 산출근거, 계약금액 조정 산출근거, 기타 필요 서류 등)를 검토·확인 후 조정요청을 받은 날로부터 14일 이내에 검토의견을 첨부하여 발주자에게 보고한다.

④ 최종 계약금액의 조정은 예비준공검사 기간 등을 고려해 늦어도 준공 예정일 45일 전까지 발주자에게 제출되어야 한다.

⑤ 설계변경에 의한 계약금액 조정업무의 처리절차는 관계규정에 따른다.

2-17 공정관리 및 안전관리

(1) 공정관리 관련 감리업무

① 공정관리 개요

㈎ 감리원은 공사착공일부터 30일 이내에 공사업자로부터 공정관리 계획서를 제출받아 조속한 시일 내에 검토하여 승인하고 이를 발주자에게 제출하여야 한다.

㈏ 감리원은 일정관리와 원가관리, 진도관리가 병행될 수 있는 종합관리 형태의 공정관리가 되도록 하여야 한다.

㈐ 감리원은 공사업자가 공정관리 업무를 수행할 수 있는 조직을 갖추도록 하여야 한다.

② 공정관리 계획

㈎ 감리원은 공사업자로부터 전체 실시공정표에 의거한 월간·주간 상세공정표를 사전에 제출받아 검토, 확인하여야 한다.

㉮ 월간 상세공정표 : 작업착수 1주일 전 제출

㉯ 주간 상세공정표 : 작업착수 2일 전 제출

㈏ 감리원은 주간단위의 공정계획 및 실적을 공사업자로부터 제출받아 이를 검토·확인하고, 필요한 조치를 취해야 한다.

㈐ 감리원은 공사 진도율이 계획공정 대비 월간공정실적이 20 % 이상 지연되거나 누계 공정실적이 10 % 이상 지연될 때에는 공사업자로 하여금 부진사유 분석 만회대

책 및 만회공정표 수립을 지시하여 정상공정을 회복할 수 있도록 하여야 한다.

(라) 감리원은 검토·확인한 부진공정 만회대책과 그 이행상태의 점검평가 결과를 감리 월간보고서에 수록, 발주자에게 보고하여야 한다.

(마) 감리원은 공사업자의 요청 또는 감리원의 판단에 의하여 수정공정 계획을 수립 할 시 공사업자로부터 수정공정 계획을 제출받아 제출일로부터 14일 이내에 검토하여 승인하고 발주자에게 보고하여야 한다.

(바) 감리원은 공사업자의 준공기한 연기원에 대하여 이의 타당성을 검토·확인하고, 필요 시 검토의견서를 첨부하여 발주자에게 보고하여야 하며, 공기 연장은 당해 공사의 주공정의 연기된 부분만을 인정한다.

(사) 감리원은 월간 공정현황을 정기 감리보고서에 포함하여 발주자에게 보고하여야 한다.

(2) 안전관리 관련 감리업무

① 임무

(가) 감리원은 공사업자의 안전관리를 지도·감독하며, 공사 전반에 대한 안전관리계획의 사전 검토·실시 확인 및 평가지표의 기록 유지 등 사고예방을 위한 제반 안전관리 업무에 대한 감리수행을 하여야 한다.

(나) 책임감리원은 소속 감리원 중 안전관리 담당을 지정하여 현장 안전관리사항을 감리하여야 한다.

② 사전검토사항

(가) 공사업자의 안전조직 편성 및 임무의 법상 구비조건 충족 및 실질적인 활동가 능성 검토

(나) 안전관리자에 대한 임무수행능력 보유 및 권한부여 검토

(다) 시공계획과 연계된 안전계획의 수립 및 그 내용의 실효성 검토

(라) 유해, 위험방지계획 내용 및 실천가능성 검토

(마) 안전점검 및 안전교육 계획의 수립 여부와 내용의 적정성 검토

(바) 안전관리 예산편성 및 집행계획의 적정성 검토

(사) 현장 안전관리 규정의 비치 및 그 내용의 적정성 검토

(아) 표준 안전 관리비는 타 용도에 사용 불가

③ 공사 중 감리수행

(가) 안전관리 계획의 이행 및 여건 변동 시 계획변경 여부

(나) 안전보건 협의회 구성 및 운영상태(해당 시)

(다) 안전점검 계획 수립 및 실시(일일, 주간, 우기 및 해빙기 등 자체의 안전점검, 전

　　력기술관리법 및 관계법령에 의한 안전점검, 안전진단 등)

　　㈃ 안전교육 계획의 실시(사전 안전교육, 직무교육)

　　㈄ 위험장소 및 작업에 대한 안전조치 이행

　　㈅ 안전표지 부착 및 유지관리

　　㈆ 안전통로 확보, 자재의 정리정돈

　　㈇ 사고조사 및 원인 분석, 각종 통계자료의 유지

　　㈈ 월간 안전관리비 사용실적 확인

④ **기록 유지** : 감리원은 공사업자에게 다음 자료를 기록·유지토록 하고, 이행상태를 점검한다.

　　㈎ 안전업무일지(일일 보고)

　　㈏ 안전점검 실시(안전업무일지에 포함 가능)

　　㈐ 안전교육(안전업무일지에 포함 가능)

　　㈑ 각종 사고 보고

　　㈒ 월간 안전 통계

　　㈓ 안전관리비 사용실적(월별)

⑤ **안전관리결과 보고서의 검토** : 감리원은 매월 시공사로부터 안전관리결과 보고서를 제출받아 이를 검토하고, 미비한 사항이 있을 시는 시정조치하여야 한다.

2-18 기성 및 준공검사

(1) 검사자 임명

　감리자는 기성부분검사원 또는 준공계를 접수하였을 때 소속 비상주감리원 중 고급감리원급 이상의 자로 검사자, 입회자를 임명하고 즉시 본인에게 통지하여야 하고 이 사실을 발주자에게 보고하여야 한다.

(2) 검사기간

① 감리원은 공사업자로부터 검사원을 접수하였을 때는 이를 신속하게 검토·확인하고, 감리조서를 첨부하여 지체 없이 감리업자에게 제출하여야 한다.

② 검사자는 계약에 소정기일이 명시되지 않는 한 임명통지를 받은 날로부터 8일 이내에 당해공사의 검사를 완료하고 소정 서식에 의한 검사조서를 작성하여 검사완료

일로부터 3일 이내에 검사결과를 소속 감리업자에게 보고하여야 하며 감리업자는 신속히 검토 후 발주자에게 지체 없이 보고하여야 한다.

(3) 불합격 공사에 대한 재시공 명령

검사자는 검사에 합격되지 아니한 부분이 있을 때에는 감리업자에게 지체 없이 그 내용을 보고하고 감리업자의 지시에 따라 즉시 시공자로 하여금 보완시공 또는 재시공케 하고, 감리업자는 당해공사의 검사로 하여금 재검사를 하게 하여야 한다.

(4) 기성부분 검사절차

① **기성부분 검사원 및 기성내역서 검토 확인** : 공사업자는 기성부분 검사원 작성 시 사전에 감리원과 의견 조정을 한 후 작성토록 하여 감리원의 검사원 검토기간을 줄일 수 있도록 하여야 한다. 감리원은 공사업자로부터 기성부분 검사원을 접수하였을 때는 기성내역과 실제 시공현황를 비교·검토하여 부당하게 과소 또는 과대하게 사정되지 않도록 하여야 한다.

② **기성부분 검사** : 감리업자로부터 기성부분 검사자로 임명받은 감리자는 당해공사의 현장에 상주감리원 및 시공자 또는 그 대리인 등을 입회케 하여 계약서, 시방서, 설계도서, 기타 관계서류에 따라 검사하여야 한다.

③ **발주자에게 검사결과 보고** : 기성부분 검사자는 임명 통지를 받은 날로부터 8일 이내에 기성검사를 완료하고 검사조서를 작성하여 검사완료일로부터 3일 이내에 검사결과를 감리업자에게 보고하여야 한다.

(5) 준공검사 등의 절차

① **시설물 시운전** : 감리원은 당해공사 완료 후 준공검사 전 사전 시운전 등이 필요한 부분에 대하여는 공사업자로 하여금 시운전을 위한 계획을 수립토록 하고 이를 검토하여 발주자에게 제출하여야 한다.

② **예비준공검사**

　㈎ 예비준공검사의 실시 : 공사현장에 주요공사가 완료되고 현장이 정리단계에 있을 때 준공예정일 2개월 전에 준공기한 내 준공 가능여부 및 미진사항의 사전 보완을 위해 예비준공검사(시운전 포함)를 실시하여야 한다.

　㈏ 보완 지시 : 예비준공검사는 검사를 행한 후 보완사항에 대하여는 공사업자에게 보완 지시하고 준공 검사자가 검사 시에 이를 확인할 수 있도록 감리업자 및 발주자에게 검사결과를 제출하여야 한다.

　㈐ 시운전계획수립 검토 : 감리원은 공사업자로부터 시운전계획서를 제출받아 검토·

확정하여 시운전 20일 이내에 발주자 및 공사업자에게 통보하여야 한다.

③ 준공검사

(가) 준공검사원의 검토·확인 : 감리원은 공사업자로부터 준공검사원을 접수하였을 때는 계약서, 시방서, 설계도면, 기타 관계서류의 내용대로 시공이 완료되었는지 여부 및 시운전 결과를 확인하고 준공검사원의 내용과 정산설계도서와의 합치 여부 등을 검토·확인하여야 한다.

(나) 준공검사

    ㉮ 준공검사자는 당해공사의 현장 상주감리원, 공사업자 또는 대리인 등을 입회하게 하여 계약서, 시방서, 설계도면, 기타 관계서류에 따라 검사하여야 한다.

    ㉯ 검사조서의 작성 : 준공검사자는 임명통지를 받은 날로부터 8일 이내에 당해 공사의 검사를 완료하고 준공검사 조서를 작성하여 검사 완료일로부터 3일 이내에 검사결과를 소속 감리업자에게 보고하여야 한다.

    ㉰ 준공검사자로부터 보고를 받은 감리업자는 신속히 검토 후 발주자에게 지체 없이 통보하여야 한다.

④ 준공도면 등의 검토·확인

(가) 감리원은 준공 설계도서 등을 검토·확인하고 시설 목적물이 발주자에게 차질 없이 인계될 수 있도록 지도·감독하여야 한다. 감리원은 공사업자로부터 준공일 30일 전까지 준공 설계도서를 제출받아 이를 검토·확인하여야 한다.

(나) 준공도면의 검토·확인 : 감리원은 공사업자가 작성·제출한 준공도면이 실제 시공된 대로 작성되었는가의 여부를 검토·확인하여 발주자에게 제출하여야 한다. 준공도면은 계약에 정한 방법으로 작성되어야 하며, 모든 준공도면에는 감리 원의 확인 서명이 있어야 한다.

(다) 공사현장의 사후관리 : 검사자는 공사의 시행으로 발생한 모든 폐기물, 잉여자재 및 가건물과 주변지역 훼손에 대하여 공사업자로 하여금 지체 없이 제거 또는 반출케 하거나 공사현장 주위의 정리 상태를 확인한 후 검사에 임하여야 한다.

⑤ 기성검사 및 준공검사자의 임명 요청 시 준공 감리조서에 첨부할 서류

(가) 주요 기자재 검수 및 수불부

(나) 감리원의 검사기록 서류 및 시공 당시의 사진

(다) 품질시험 및 검사성과 총괄표

(라) 발생품 정리부

(마) 그 밖에 감리원이 필요하다고 인정하는 서류와 준공검사원에는 지급기자재 잉여분 조치현황과 공사의 사전검사 확인서류, 안전관리점검 총괄표 추가 첨부

⑥ 준공검사 관련 내용

㈎ 완공된 시설물이 설계도서대로 시공되었는지의 여부

㈏ 시공 시 현장 상주감리원이 작성·비치한 제 기록에 대한 검토

㈐ 폐품 또는 발생물의 유무 및 처리의 적정성 여부

㈑ 지급 기자재의 사용 적부와 잉여자재의 유무 및 그 처리의 적정성 여부

㈒ 제반 가설시설물의 제거와 원상복구 정리 상황

㈓ 감리원의 준공검사원에 대한 검토의견서

㈔ 그 밖에 검사자가 필요하다고 인정하는 사항

2-19 인수·인계

(1) 시설물 인수·인계

① 시설물 인수·인계 계획 수립

㈎ 감리원은 공사업자로 하여금 당해공사의 예비준공검사(시운전 포함) 완료 후 14일 이내에 시설물의 인수·인계를 위한 계획을 수립토록 하고 이를 검토하여야 한다.

㈏ 감리원은 공사업자로부터 시설물 인수·인계 계획서를 제출받아 7일 이내에 검토· 확정하여 발주자 및 공사업자에게 통보하여 인수·인계에 차질이 없도록 한다.

② 시설물 인수·인계

㈎ 감리원은 발주자와 공사업자 간의 시설물 인수·인계의 입회자가 된다.

㈏ 감리원은 공사업자가 제출한 인수·인계서를 검토하여 시설물이 적기에 발주자 에게 인계될 수 있도록 한다.

㈐ 시설물의 인수·인계는 준공검사 시 지적사항 시정완료일로부터 14일 이내에 실 시한다.

(2) 준공 후 현장문서 인수·인계

① 감리원은 당해공사와 관련한 감리기록서류 중 발주자에게 인계할 문서의 목록을 발주자와 협의, 작성하여야 한다.

② 인계할 문서의 목록 작성에는 아래 항목을 포함하여야 한다.

㈎ 준공 사진첩

㈏ 준공도

㈐ 준공 내역서

  (라) 시방서

  (마) 시공도

  (바) 시험성적서(주요 자재, 품질관리)

  (사) 기자재 구매서류

  (아) 공사관련 기록부(주요 자재 정산서, 인·허가 관계철)

  (자) 시설물 인수·인계서

  (차) 준공검사 조서

③ 감리원은 감리용역 준공 후 14일 이내에 발주자와 협의한 현장문서를 발주자에게 인계하여야 한다.

④ 감리업자는 공사 준공 후 시스템 사용설명서를 작성하여 제출하여야 한다.

(3) 유지관리 및 하자보수

① 시설물의 유지관리 지침서 등

 (가) 감리원은 발주자(설계자) 또는 공사업자(주요 설비의 납품자 포함) 등이 제출한 시설물의 유지관리 지침자료를 검토하여 유지관리 지침서를 작성하여 공사 준공 후 14일 이내에 발주자에게 제출하여야 한다.

 (나) 유지관리 지침서에는 아래의 내용을 포함하여야 한다.

  ㉮ 시설물의 규격 및 기능 설명서

  ㉯ 시설물의 유지관리 기구에 대한 의견서

  ㉰ 시설물 유지관리 지침

  ㉱ 특기사항

 (다) 당해 감리업체 대표자는 발주자가 유지관리상 필요하다고 인정하여 기술자문 요청 등이 있을 경우에는 이에 협조하여야 한다.

② 하자보수에 대한 의견 제시

 (가) 감리업체 대표자 및 감리원은 공사준공 후 발주자와 공사업자 간의 시설물의 하자보수 처리에 대한 분쟁 또는 이견이 있는 경우, 감리원으로서의 의견을 제시하여야 한다.

 (나) 감리업체 대표자 및 감리원은 공사준공 후 발주자가 필요하다고 인정하여 하자보수 대책수립을 요청할 경우 이에 협조하여야 한다.

예·상·문·제

1. 태양광발전 설비시스템의 감리업무와 관련된 용어에 대한 설명으로 잘못된 것은?

> ㉠ 감리원이란 공사감리업체에 종사하면서 전력시설물의 공사감리업무를 수행하는 사람을 말한다.
> ㉡ 감리업자란 공사감리를 업으로 하고자 산업통상자원부 장관에게 등록한 자를 말한다.
> ㉢ 책임감리원이란 감리업체를 대표하여 당해공사 전반에 관한 감리업무를 책임지는 자를 말한다.
> ㉣ 상주감리원이란 공사수행에 따른 업무연락 및 문제점의 파악, 민원해결, 기타 필요한 업무를 수행하기 위하여 발주자가 지정한 발주처 소속직원을 말한다.

㉮ ㉡, ㉢ 　㉯ ㉢, ㉣
㉰ ㉠, ㉢, ㉣ 　㉱ ㉡, ㉣

해설 ① 감리업자 : 공사감리를 업으로 하고자 시·도지사에게 등록한 자를 말한다.
② 상주감리원 : 현장주재 또는 출장하면서 감리업무를 수행하는 자를 말한다.
③ 지원업무 담당자 : 공사 수행에 따른 업무연락 및 문제점의 파악, 민원해결, 기타 필요한 업무를 수행하기 위하여 발주자가 지정한 발주처 소속직원을 말한다.

2. 지원업무 담당자의 주된 업무가 아닌 것은 어느 것인가?

㉮ 기성검사 및 각종 검사 보고서 작성
㉯ 입찰참가 자격심사 (PQ) 기준 작성
㉰ 감리업무 수행계획서 및 감리원 배치계획서 검토
㉱ 감리원에 대한 지도·점검(근태상황 등)

해설 지원업무 담당자는 기성검사 및 각종

검사에 입회할 수 있는 자로, 직접 기성검사 및 각종 검사 보고서를 작성하는 자는 아니다.

3. 비상주감리원의 주요 업무범위에 속하지 않는 것은?

㉮ 설계도서 등의 검토
㉯ 계약금액 조정의 심사
㉰ 민원사항에 대한 현지조사 및 해결방안 검토
㉱ 설계변경 및 자재반입 검수

해설 설계변경 및 자재반입 검수는 통상 상주감리원이 진행한다.

4. 감리용역 착수단계에서 발주자의 승인을 받아야 할 착수신고서 서류가 아닌 것은?

㉮ 감리비 산출내역서
㉯ 감리원 배치계획서와 감리원의 경력확인서
㉰ 감리용역 계약 특수조건
㉱ 감리원 조직 구성내용과 감리원별 투입기간 및 담당업무

해설 ① 감리용역 착수단계에서 발주자 승인을 받아야 할 착수신고서 서류
· 감리업무 수행계획서
· 감리비 산출내역서
· 상주·비상주감리원 배치계획서와 감리원의 경력확인서
· 감리원 조직 구성내용과 감리원별 투입기간 및 담당업무
② 감리용역 체결 계약문서 : 감리용역 계약 특수조건, 감리용역 계약서, 기술용역 입찰유의서, 기술용역 계약 일반조건, 과업지시서, 감리비 산출내역서 등

정답 1. ㉱　2. ㉮　3. ㉱　4. ㉰

5. 감리원의 업무범위에 관한 설명 중 잘못된 것은?

㉮ 감리원은 공사가 착공된 경우에는 즉시 공사업자로부터 착공신고서 서류 일체를 제출받아 적정성 여부를 검토하여 7일 이내 발주자에게 보고하여야 한다.

㉯ 안전 표지판, 불법 하도급 행위신고 표지판 등의 설치에 관해 승인해야 한다.

㉰ 감리원은 하도급에 대하여 발주자의 요구사항 등을 검토하여 그 의견을 제시하여야 하며, 처리된 하도급에 대해서도 적정성 여부를 검토하여 발주자에게 제출하여야 한다(요청받은 날로부터 10일 이내에 제출).

㉱ 감리원은 공사 착공 후 조속한 시일 내에 공사 추진에 지장이 없도록 공사업자와 합동으로 현지조사를 실시하여 시공 자료로 활용해야 한다.

해설 감리원은 하도급에 대하여 발주자의 요구사항 등을 검토하여 그 의견을 제시하여야 하며, 처리된 하도급에 대해서도 적정성 여부를 검토하여 발주자에게 제출하여야 한다(요청받은 날로부터 7일 이내에 제출).

6. 다음 중 설계감리를 받아야 하는 경우가 아닌 것은?

㉮ 용량 50만 kW 이상의 발전설비

㉯ 전압 30만 V 이상의 송전·변전 설비

㉰ 전압 10만 V 이상의 수전설비·구내배전설비 및 전력사용설비

㉱ 전기철도의 수전설비, 구내배전설비 및 전력사용설비

해설 설계감리를 받아야 하는 설계도서
① 용량 80만 kW 이상의 발전설비
② 전압 30만 V 이상의 송전·변전 설비
③ 전압 10만 V 이상의 수전설비·구내배전설비 및 전력사용설비

④ 전기철도의 수전설비, 구내배전설비 및 전력사용설비
⑤ 국제공항의 수전설비, 구내배전설비 및 전력사용설비
⑥ 21층 이상이거나 연면적 5만 m^2 이상인 건축물의 전력시설물(공동주택의 전력시설물 제외)
⑦ 그 밖의 산업통상자원부령으로 정하는 전력시설물

7. 책임감리원이 발주자에게 제출하는 분기 감리보고서에 포함될 내용이 아닌 것은?

㉮ 감리원 업무일지

㉯ 안전관리 실적 및 기성현황

㉰ 주요 기자재 검사 및 수불내용

㉱ 검사요청 및 결과 통보내용

해설 ① 책임감리원이 발주자에게 제출하는 분기보고서에 포함될 내용은 공사 추진 현황, 감리원 업무일지, 품질검사 및 관리현황, 검사요청 및 결과 통보내용, 주요 기자재 검사 및 수불내용, 설계변경 현황, 그 밖에 중요하다고 인정되는 사항 등이다.
② 안전관리 실적 및 기성현황은 분기 감리보고서에 포함될 내용이 아니고, 최종 감리보고서에 포함될 내용이다.

8. 시공감리가 최종 평가해야 할 태양전지 셀의 품질 평가 기준으로 잘못된 것은?

㉮ 태양전지 치수가 156 mm 미만일 때 제시한 값 대비 ±0.5 mm 이내일 것

㉯ 태양전지 두께가 제시한 값 대비 ±50 μm 이내일 것

㉰ 전류-전압 특성에서 정격출력의 ±3% 범위 이내의 분포에 들 것

㉱ 태양전지 재교정 시 초기 교정 값의 5% 이상 변화하면 사용 불가

해설 나는 '태양전지 두께가 제시한 값 대비 ±40 μm 이내일 것'으로 고쳐야 옳다.

9. 태양광 발전설비에서 다음 시공감리의 업무에 관련된 설명 중 잘못된 것은?

㉮ 감리원은 시공 상세도 접수일로부터 7일 이내에 검토·확인하는 것을 원칙으로 한다.

㉯ 감리원은 공사업자에게 공정계획에 따라 사전에 주요 기자재 공급원 승인신청서를 기자재 반입 5일 전까지 제출받는다.

㉰ 물가변동으로 인한 계약금액 조정 시 감리원은 공사업자로부터 제출된 서류를 검토·확인 후 조정요청을 받은 날로부터 14일 이내에 검토의견을 첨부하여 발주자에게 보고한다.

㉱ 부분중지가 이행되지 않음으로써 전체 공정에 영향을 끼칠 것으로 판단될 때에는 공사 전면중지를 내릴 수 있다.

해설 감리원은 공사업자에게 공정계획에 따라 사전에 주요 기자재 공급원 승인신청서를 기자재 반입 7일 전까지 제출받는다(단, 관계 법령에 따라 품질검사를 받았거나, 품질을 인정받은 기자재에 대해서는 예외로 한다).

10. 중·대형급 이상의 발전소에 많이 적용하는 인버터 누설전류 시험방법에 대한 설명으로 틀린 것은?

㉮ 교류전원을 정격전압 및 정격 주파수로 운전한다.

㉯ 직류전원은 인버터 출력이 정격출력이 되도록 설정한다.

㉰ 인버터의 기체와 대지와의 사이에 3 kΩ 이상의 저항을 접속해서 저항에 흐르는 누설전류를 측정한다.

㉱ 판정기준인 누설전류 기준치는 5 mA 이하이다.

해설 인버터의 기체와 대지와의 사이에 1kΩ 이상의 저항을 접속해서 저항에 흐르는 누설전류를 측정한다.

11. 준공검사 및 인수·인계에 관한 설명으로 틀린 것은?

㉮ 준공예정일 2개월 전에 준공기한 내 준공 가능여부 및 미진사항의 사전 보완을 위해 예비준공검사를 실시하여야 한다.

㉯ 감리원은 공사업자로부터 시운전 계획서를 제출받아 검토 및 확정하여 시운전 14일 이내에 발주자 및 공사업자에게 통보하여야 한다.

㉰ 준공검사자는 임명통지를 받은 날로부터 8일 이내에 당해공사의 검사를 완료하고 준공검사 조서를 작성하여 검사 완료일로부터 3일 이내에 검사결과를 소속 감리업자에게 보고하여야 한다.

㉱ 감리원은 공사업자로 하여금 당해공사의 예비준공검사(시운전 포함) 완료 후 14일 이내에 시설물의 인수·인계를 위한 계획을 수립토록 하고 이를 검토하여야 한다.

해설 감리원은 공사업자로부터 시운전 계획서를 제출받아 검토 및 확정하여 시운전 20일 이내에 발주자 및 공사업자에게 통보하여야 한다.

12. 태양광 발전설비의 감리업과 관련하여 다음에서 설명하고 있는 역할 담당을 이르는 용어는?

> 공사 수행에 따른 업무연락 및 문제점의 파악, 민원해결, 기타 필요한 업무를 수행하기 위하여 발주자가 지정한 발주처 소속직원

㉮ 지원업무 담당자
㉯ 책임감리원
㉰ 보조감리원
㉱ 비상주감리원

13. 태양광 발전설비의 감리업과 관련하여 ㉠~㉢이 설명하고 있는 역할 담당자를 올바르게 짝지은 것은?

> ㉠ 공사감리를 업으로 하고자 시·도지사에게 등록한 자
> ㉡ 감리업체에 근무하면서 상주감리원의 업무를 기술적·행정적으로 지원하는 자
> ㉢ 감리업체를 대표하여 상주감리원으로 당해공사의 전반에 관한 감리업무를 책임지는 자

	㉠	㉡	㉢
㉮	감리원	책임감리원	수석감리원
㉯	책임감리원	비상주감리원	고급감리원
㉰	감리업자	비상주감리원	책임감리원
㉱	감리원	책임감리원	수석감리원

14. 감리원의 공사 중지 및 재시공 지시와 관련하여 ㉠~㉢에 적당한 말을 고르면?

> • 시공된 공사가 품질확보상 미흡 또는 (㉠)를 발생시킬 수 있다고 판단되거나 관계규정에 재시공을 하도록 규정한 경우 재시공을 지시한다.
> • 시공된 공사가 품질확보상 미흡 또는 중대한 위해를 발생시킬 수 있다고 판단되거나, 안전상 중대한 (㉡)가/이 발견될 경우에는 공사 중지를 지시할 수 있으며, 또한 공사 중지는 부분중지와 (㉢)로 구분된다.

	㉠	㉡	㉢
㉮	피해	위험	전체중지
㉯	피해	하자	전면중지
㉰	위해	하자	전체중지
㉱	위해	위험	전면중지

15. 감리원이 공사의 전면중지를 지시할 수 있는 경우가 아닌 것은?

㉮ 시공자가 고의로 당해공사의 추진을 심히 지연시킬 경우
㉯ 시공자가 당해공사의 부실 발생 우려가 농후한 상황에서 적절한 조치를 취하지 아니한 채 공사를 계속 진행하는 경우
㉰ 천재지변 등 불가항력적인 사태가 발생하여 공사를 계속할 수 없다고 판단될 때
㉱ 감리원의 지시사항이 이행되지 아니함으로써 전체 공정에 크게 영향을 끼칠 것으로 판단될 때

[해설] ㉱는 '부분중지가 이행되지 아니함으로써 전체 공정에 영향을 끼칠 것으로 판단될 때'로 고쳐야 옳다.

16. 감리원이 공사의 부분중지를 지시할 수 있는 경우가 아닌 것은?

㉮ 재시공 지시가 이행되지 않은 상태에서 다음 단계의 공정이 진행됨으로써 하자 발생의 우려가 있다고 판단될 때
㉯ 안전 시공상 중대한 위험이 예상되는 물적·인적 피해가 예견될 때
㉰ 동일공정에 있어 2회 이상 시정지시가 이행되지 아니할 때
㉱ 동일공정에 있어 2회 이상 경고가 있었음에도 이행되지 아니할 때

[해설] ㉰는 '동일공정에 있어 3회 이상 시정지시가 이행되지 아니할 때'로 고쳐야 옳다.

17. 감리원의 교체를 요구할 수 있는 경우가 아닌 것은?

㉮ 보고 없이 2회 이상 현장을 무단이탈한 경우

ⓝ 발주자의 정당한 지시에 대하여 불응한 경우

ⓓ 보조감리원에 대한 지휘, 감독능력 및 책임감리원으로서의 업무수행능력이 현저히 부족하다고 인정되는 경우

ⓡ 감리용역의 수행 또는 관리상 부적당하다고 인정되는 경우

[해설] ⓖ는 '보고 없이 3회 이상 현장을 무단 이탈한 경우'로 고쳐야 옳다.

18. 감리원의 착공신고서 검토와 관련하여 ( ) 안에 공통으로 들어갈 숫자는?

- 감리원은 공사가 착공된 경우에는 즉시 공사업자로부터 착공신고서를 제출받아 적정성 여부를 검토하여 ( )일 이내 발주자에게 보고하여야 한다.
- 감리원은 하도급에 대하여 발주자의 요구사항 등을 검토하여 그 의견을 제시하여야 하며, 처리된 하도급에 대해서도 적정성 여부를 검토하여 발주자에게 제출하여야 한다. 단, 요청받은 날로부터 ( )일 이내에 제출해야 한다.

ⓖ 5 　　　　ⓝ 7
ⓓ 10 　　　ⓡ 14

19. 감리원의 보고와 관련하여 ㉠~㉡에 들어갈 숫자 혹은 용어를 맞게 짝지은 것은?

- 책임감리원은 최종감리 보고를 감리기간 종료 후 (㉠)일 이내에 감리업체 대표자 명의로 발주자에게 제출하여야 한다.
- 시공자가 불법 하도급 행위를 한 때 발주자에 수시보고 및 공사 중지 명령 후 나중에 별도로 발주자에게 (㉡)를 해야 한다.

	㉠	㉡
ⓖ	7	구두보고
ⓝ	14	구두보고
ⓓ	7	서면보고
ⓡ	14	서면보고

20. 감리원이 발주자에게 정기보고해야 할 보고서와 가장 거리가 먼 것은?

ⓖ 주간 감리보고서
ⓝ 월간 감리보고서
ⓓ 분기 감리보고서
ⓡ 최종 감리보고서

[해설] 감리원이 발주자에게 정기보고해야 할 보고서의 종류 : 월간 감리보고서, 분기 감리보고서, 최종 감리보고서

21. 감리용역 계약문서가 아닌 것은?

ⓖ 공사 입찰유의서
ⓝ 과업지시서
ⓓ 기술용역 입찰유의서
ⓡ 기술용역 계약 일반조건

제**3**장 | 송전설비

3-1 송전방식

(1) 직류송전

① **직류송전의 장점**

(가) 절연 계급을 낮출 수 있다.

(나) 리액턴스가 없으므로 리액턴스에 의한 전압강하가 없다.

(다) 송전효율이 좋다.

(라) 안정도가 좋다.

(마) 도체 이용률이 좋다.

(바) 선로 절연이 수월하다.

② **직류송전의 단점**

(가) 교·직 변환장치가 필요하며, 설비가 비싸다.

(나) 고전압 대전류 차단이 어렵다.

(다) 회전자계를 얻을 수 없다.

(2) 교류송전

① **교류송전의 장점**

(가) 전압의 승압 및 강압 변경이 용이하다.

(나) 회전자계를 쉽게 얻을 수 있다.

(다) 일괄된 운용을 기할 수 있다.

② **교류송전의 단점**

(가) 보호방식이 복잡해진다.

(나) 많은 계통이 연계되어있어 고장 시 복구가 어렵다.

(다) 무효전력으로 인한 송전손실이 크다.

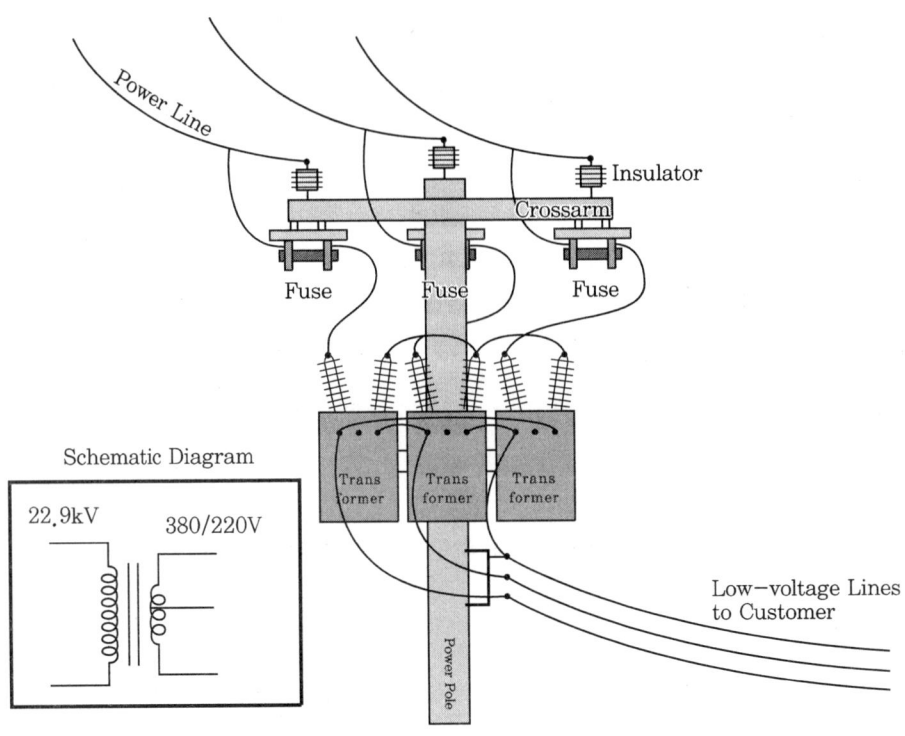

송전설비 전주 계통도

3-2 **송전설비의 지지물**

(1) 종류

목주, CP주, 철주, 철탑 등

(2) 지지물의 최소길이

저압 : 8 m, 고압 : 10 m

(3) 전주의 근입(밑묻기)

① **전장 15 m 이하** : 지지물 전장의 1/6 이상

② **전장 15 m 초과** : 2.5 m 이상 (단, 설계하중이 700 kg 초과하고 1000 kg 이하인 B종 CP주는 30 cm 가산, 설계하중이 1000 kg 초과하고 1500 kg 이하인 B종 CP주

는 15 m 이하일 때 50 cm 가산, 15 ~ 18 m 이하일 때는 3 m 이상 가산)

(4) 근가 취부

① 지표면하 0.5m 이상의 깊이에 근가를 취부한다.

② **근가의 종류** : 지선근가, 전주근가 등

③ **근가의 설치기준**

  ㈎ 근가는 지지물의 인장하중에 충분히 견디도록 시설할 것

  ㈏ 안전율은 2 이상일 것 (철탑 기초의 경우는 1.33 이상)

  ㈐ 전주근가의 경우 전주에 완전히 밀착되도록 U볼트를 견고하게 채울 것

④ 근가블록의 취부 방향은 직선선로에서는 전로방향으로 전주 1본마다 좌·우 교대로 취부한다.

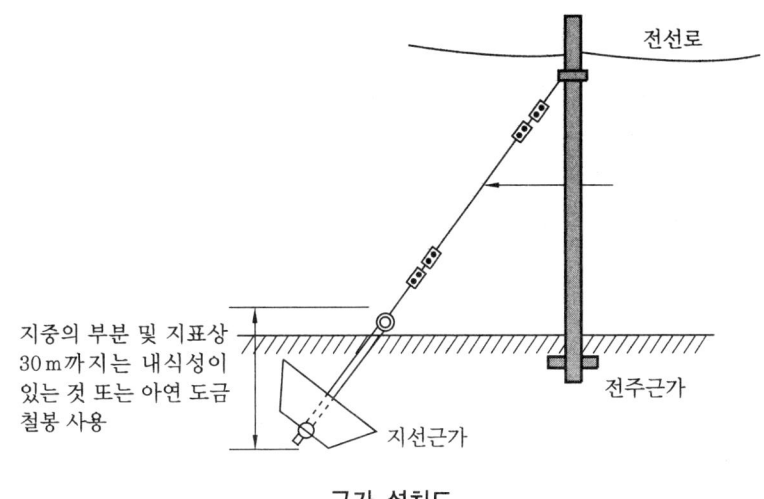

근가 설치도

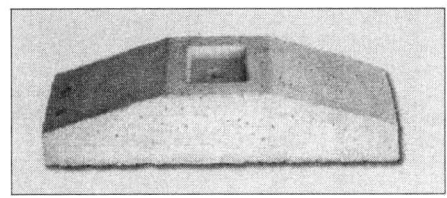

0.7 m 근가

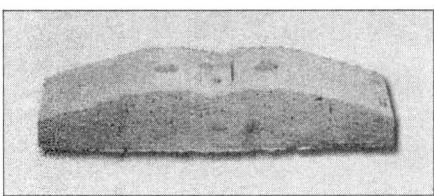

1.2m 근가

실물도

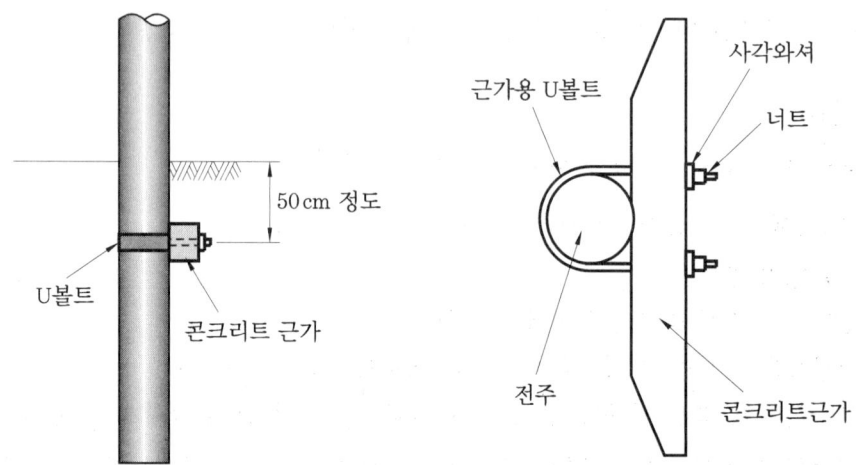

현장설치 예시도

(5) 경간

① 특고압 가공전선로의 경간 : 아래의 값 이하일 것

지지물의 종류	경 간
목주·A종 철주·A종 철근 콘크리트주	150 m
B종 철주·B종 철근 콘크리트주	250 m
철탑	600 m (단주인 경우에는 400 m)

㉾ 경간 100 m 초과의 경우
 1. 고압가공전선은 인장강도 8.01 kN 이상의 것 또는 지름 5 mm 이상의 경동선일 것
 2. 목주의 경우 풍압하중에 대한 안전율은 1.5 이상일 것

② 고압 가공전선로의 경간 : 아래의 값 이하일 것

지지물의 종류	경 간
목주·A종 철주 또는 A종 철근 콘크리트주	150 m
B종 철주 또는 B종 철근 콘크리트주	250 m
철탑	600 m

③ 특고압 가공전선이 건조물·도로·횡단보도교·철도·궤도·삭도·가공약전류 전선 등·안테나·저압이나 고압의 가공전선 또는 저압이나 고압의 전차선과 접근 또는 교차상태로 시설되는 경우의 경간 : 아래의 값 이하일 것

지지물의 종류	경간
목주 · A종 철주 또는 A종 철근 콘크리트주	100 m
B종 철주 또는 B종 철근 콘크리트주	150 m
철탑	400 m

㈜ 다만, 특고압 가공전선이 인장강도 14.51 kN 이상의 것 또는 지름 $38 \, mm^2$ 이상의 경동연선으로서 지지물에 B종 철주 또는 B종 철근 콘크리트주 또는 철탑을 사용하는 때에는 상기 '고압 가공전선로의 경간'에 따를 수 있다.

(6) 등가경간

① 송전선의 가선 시 긴선 구간에는 경간장이 다른 수개의 경간이 존재하는 것이 일반적이다.

② 실제 각 경간마다 장력이 다르기 때문에 일일이 그 이도 장력을 계산하기는 어려우므로 긴선 구간과 등가적인 단독경간을 산출하여 가산장력을 근사적으로 구하는 계산방법을 말한다.

$$등가경간 = \sqrt{\frac{\sum (각경간장)^3}{\sum (각경간장)}}$$

3-3 장주 (Assembling ; 長柱)

(1) 장주의 우선순위

① 높은 전압을 상단으로 한다.

② 전용선을 상단으로 한다.

③ 원거리선을 상단으로 한다.

(2) 장주용 자재의 종류

① **ㄱ형 완철** : U볼트로 취부, 암타이 및 암타이밴드로 고정한다.

② **경완철** : U볼트로 취부, 완금밴드 (완철밴드)로 고정한다.

  * 최상단의 완금은 목주인 경우 30 cm, CP주인 경우 25 cm의 위치에 취부한다.

③ **래크** : 저압을 수직배선할 때 사용한다.

④ **발판볼트** : 지표상 1.8 m에서 완철하부 0.9 m까지 취부한다.

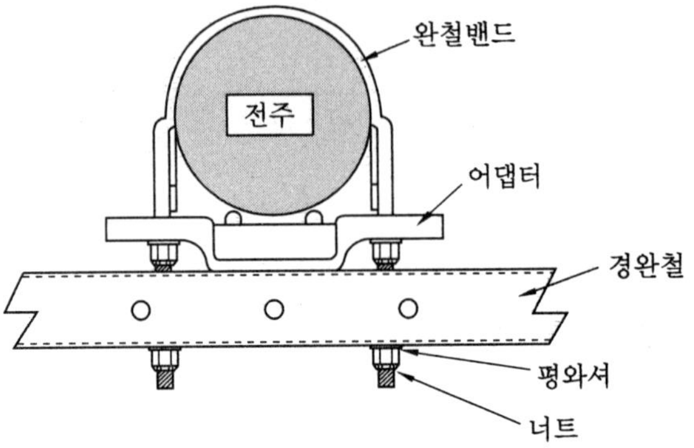

완철밴드
전주
어댑터
경완철
평와셔
너트

경완철의 고정

(3) 장주도

① 장주의 각 부분 명칭

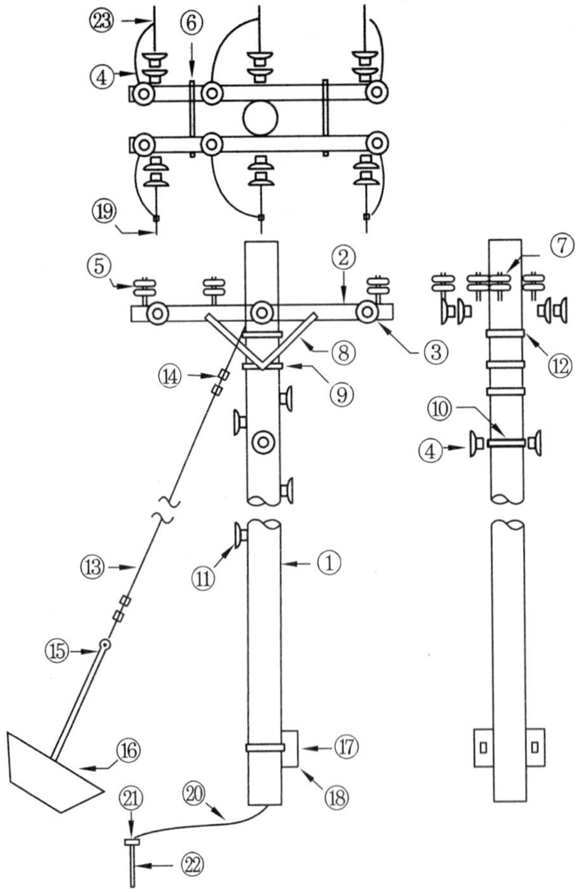

①CP (철근콘크리트주 ; Reinforced Concrete Pole)
② 완금 (애자 및 전력선의 지지에 사용하는 어깨쇠)
③ 현수애자 (Suspension Insulator)
④ 점퍼선
⑤ 특고압 핀애자
⑥ 머신볼트
⑦ 완금밴드
⑧ 암타이
⑨ 암타이밴드
⑩ 랙밴드
⑪ 발판볼트
⑫ 지선밴드
⑬ 지선
⑭ 지선클램프
⑮ 지선롯트
⑯ 지선근가
⑰ 근가용U볼트
⑱ 전주근가
⑲ 전선
⑳ 접지전선
㉑ 접지동봉클램프
㉒ 접지동봉
㉓ 활선용커넥터

② 장주의 종류

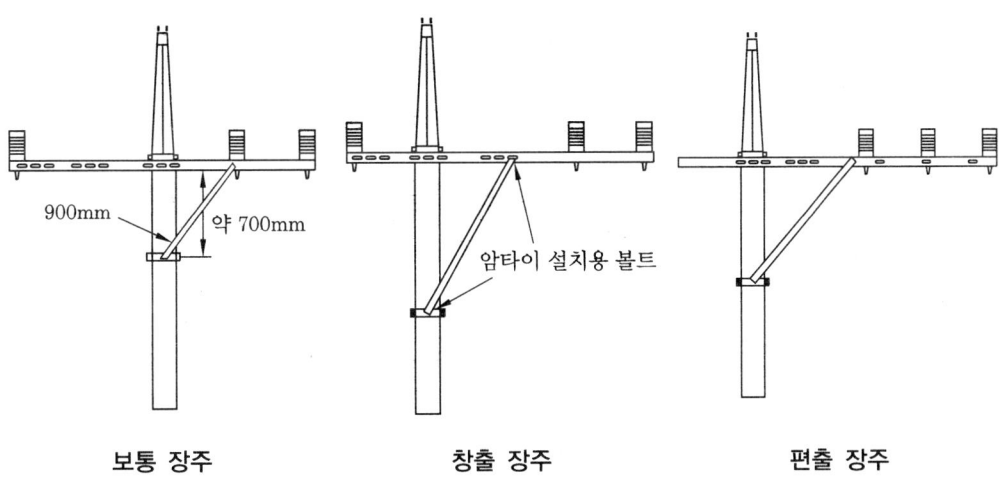

| 보통 장주 | 창출 장주 | 편출 장주 |

3-4 지선과 지주

(1) 지선의 설치목적

① 지지물의 강도를 보강하기 위함이다.

② 전선로의 안전성을 증대하기 위함이다.

③ 불평형하중에 대한 평형을 이루고자 함이다.

④ 전선로가 건조물 등과 접근할 경우에 보안을 유지하기 위해서이다.

(2) 지선의 종류

① **보통지선** : 안전율 2.5 이상으로 약 26.5°의 경사로 지중의 근가에 고정시키는 지선

② **수평지선** : 교통에 지장을 주거나 건축물의 출입구 등에 시설할 때 설치하는 지선

③ **공동지선** : 주로 직선로에서 선로 방향으로 불균형 장력이 생길 때 설치하는 지선

④ **Y지선** : 다단의 완철이 설치되고 장력이 클 때 또는 H주일 때 보통 지선을 2단으로 부설하는 것

⑤ **궁지선** : 비교적 장력이 작고 타 종류의 지선을 시설할 수 없는 경우(R형 & A형)에 설치하는 지선

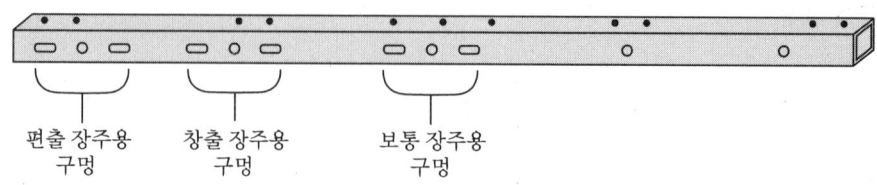

편출 장주용   창출 장주용   보통 장주용
구멍   구멍   구멍

(3) 지선의 설치

① 인장하중 4.31 kN 이상

② 소선 3조(3종 이상 꼬은 연선)

㉮ 2.6 mm 이상 금속선

㉯ 2.0 mm 이상 아연도금 철선 : 인장강도 $0.68 \, kN/mm^2$ 이상일 것

③ 지중부분과 지표상 30 cm 아연도금 철봉 : 부식 방지

④ 안전율 : 2.5

*지선 시설 시 가장 경제적인 각도는 약 26.5°이다.

3-5　전선의 접속

(1) 전선 접속의 일반사항

① 접속부분은 동일 전선저항보다 증가하지 않아야 한다.

② 접속부분 기계적 강도는 접속하지 않은 부분의 80 %를 유지한다.

③ 절연은 타 부분의 절연물과 동등 이상의 효력을 가져야 한다.

④ 횡단하는 장소에서는 접속개소를 만들어서는 안 된다.

(2) Al (알루미늄) 전선의 접속

① 브러시·샌드 페이퍼로 산화피막을 제거한다.

② 도선성 컴파운드를 도포한다.

③ 접합한 금구와 공구를 사용한다.

주➔ 컴파운드의 사용목적

1. 알루미늄 전선의 산화 피막생성을 방지한다.
2. 접속저항을 감소시킨다.
3. 수밀성이므로 수분 침입을 막아 부식을 방지한다.

3-6 이도 (Dip)

(1) 고저차가 없고 지지점의 높이가 같을 때만 적용

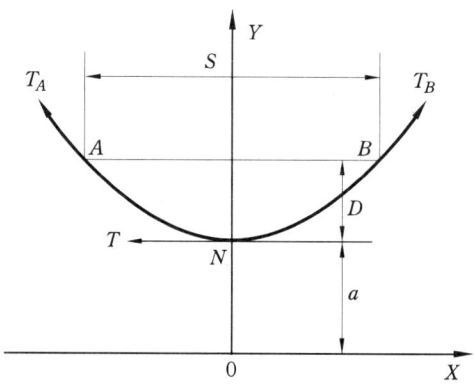

(2) 이도 (D ; m)

$$이도 \ D = \frac{WS^2}{8T}$$

여기서, T : 수평장력(N, kgf), W : 전선 단위길이당 합성하중 (N/m, kgf/m), S : 경간 (m)

① 수평장력 (T)

$$T = \frac{인장하중}{안전율}$$

② **인장하중** : 전선이 완전히 끊어졌을 때 작용한 힘

③ **인장강도** : 소선 1가닥이 끊어졌을 때 작용한 힘

$$인장하중 = 인장강도 \times 단면적$$

(3) 전선의 실제 길이

$$L = S + \frac{8D^2}{3S} = S \times 1.1 \ 이상$$

(4) 온도변화 시 Dip 값 계산

$$D \fallingdotseq \sqrt{D_1^2 \pm \frac{3}{8}\alpha t S^2}$$

여기서, t : 온도차, S : 경간, α : 선팽창계수

(5) 이도를 크게 할 경우

장 점	단 점
• 안정도 증가 • 진동 방지 • 지지물에 가해지는 장력 감소	• 지지물이 높아짐 • 전선접촉사고가 많아짐

3-7 전선로 하중

(1) 합성하중

① 수직하중 : 전선의 하중(Wi), 빙설하중(Wc)

② 수평 횡하중 : 풍압하중(Wp) → 가장 큰 값

(2) 빙설이 적은 지방의 합성하중

$$W = \sqrt{Wi^2 + Wp^2}$$

(3) 빙설이 많은 지방의 합성하중

$$W = \sqrt{(Wi + Wc)^2 + Wp^2}$$

(4) 풍압하중 [N/m, kgf/m]

① 빙설이 적은 지방

$$Wp = PKd \times 10^{-3}$$

② 빙설이 많은 지방

$$Wp = PK(d + 12) \times 10^{-3}$$

여기서, P : 수평풍압 (N/m², kgf/m²), K : 표면계수, d : 전선의 직경(mm)

(5) 빙설하중

$$Wc = 0.053\pi(d + 6) \, [\text{N/m}]$$

여기서, d : 전선의 직경(mm)

(6) 연선 계산식

$$N = 3n(n + 1) + 1 \, [\text{가닥}]$$

여기서, N : 소선수, n : 층수

$$D = (2n + 1)d \, [\text{mm}]$$

여기서, D : 전선의 지름, d : 소선의 지름

$$A = \frac{\pi}{4}d^2 N \, [\text{mm}^2]$$

여기서, A : 전선의 단면적

① 연선의 무게

$$W = (1 + k1)wN$$

② 연선의 저항

$$R = \frac{(1 + k2)r}{N}$$

여기서, w : 소선과 같은 길이의 소선 1선의 중량

　　　r : 소선과 같은 길이의 소선 1선의 저항

　　　$k1$: 중량 연입률

　　　$k2$: 저항 연입률

　　* 연입률 : 연선은 꼬여 있기 때문에 전선의 중량이나 저항 등이 단선인 경우에 비하여
　　차이가 남 (약 1.2~3 %)

(7) 부하계수

$$부하계수 = \frac{합성하중}{전선하중}$$

3-8 철탑 설계

(1) 개요

① 가공전선로는 전선, 애자 및 그 지지물로 이루어진다.

② 지지물에는 목주, 철근 콘크리트주(CP주), 철주, 철탑 등이 있다.

③ 철탑의 사용목적에 따라서는 표준철탑과 장경간 및 특수개소에 사용되는 특수철탑 등이 있다.

(2) 철탑의 분류

① 형태상의 분류

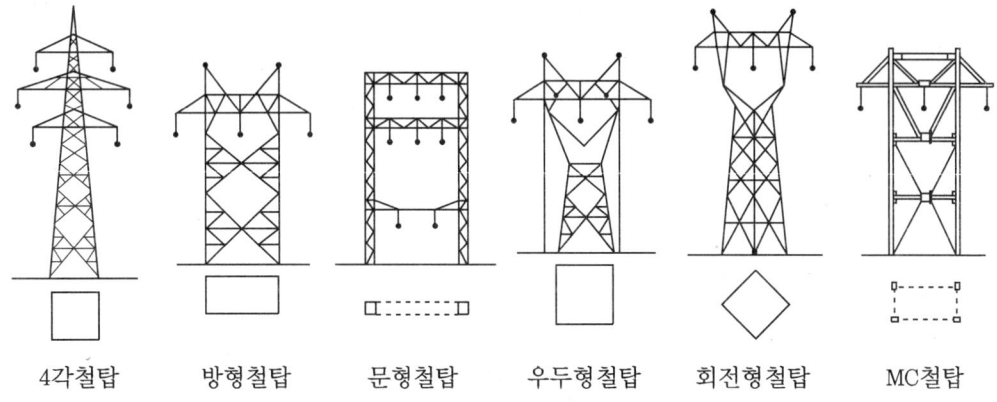

| 4각철탑 | 방형철탑 | 문형철탑 | 우두형철탑 | 회전형철탑 | MC철탑 |

㈜ 1. 우두형철탑 : 철탑의 중심부를 좁게 하고 그 윗부분을 넓게 한 형태의 철탑, 초고압송전선로, 산악지대에서의 1회선용 철탑

2. 문형(갠트리)철탑 : 문(門) 모양을 한 형태의 철탑, 전차선로, 도로나 하천 횡단 시 사용하는 철탑

3. 회전형철탑 : 철탑의 중간부 이상과 이하를 45° 회전시킨 형태의 철탑

② **사용목적에 따른 분류**

　(가) 직선철탑 : 수평각도가 적은(3° 이내) 개소에 사용

　(나) 각도철탑 : 수평각도가 크고(20~30° 이내) 내장애자 장치철탑을 말함

　(다) 억류철탑 : 선로의 말단에 설치하며, 수평각도는 30° 이상

　(라) 내장철탑 : 경간차가 매우 크고 불평형 장력을 발생할 염려가 있는 개소

　(마) 보강철탑 : 직선철탑이 연속될 때 10기 이하마다 1기씩 내장애자 장치의 각도형
　　철탑을 사용

　(바) 특수철탑 : 강을 건너거나 골짜기를 넘게 되는 장경간의 장소나 기타 특수한 장
　　소에 사용하는 특수 설계의 철탑

(3) 철탑의 터파기량

$$\text{터파기량} = \text{가로} \times \text{세로} \times \text{높이} \times 1.21$$

여기서, 철탑모형 결정에 필요한 4가지 : 경과지 조건, 애자장치, 절연설계, 표준모형의 배려

(4) 철탑 결구의 종류

　　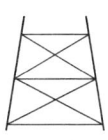　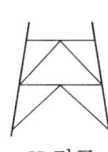　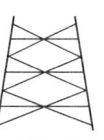

싱글와렌　　더블와렌　　Flat 결구　　K 결구　　브레히결구

① **탑각 접지**

　(가) 상용주파 대지 전압 상승 억제

　(나) 임펄스에 의한 대지전위 상승 억제

　(다) 낙뢰에 의한 역섬락 방지

② **슬랙모선** : 유효전력 조정용 모선

③ **철탑접지공사**

　(가) 분포접지 : 탑각에서 방사형으로 매설지선을 포설하여 접지하는 방식

　(나) 집중접지 : 탑각에서 10 m 떨어진 지점의 직각 방향으로 접지하는 방식

3-9   애자장치

(1) 애자 열화의 원인

① 급격한 온도 변화에 의해 열팽창계수가 다른 자기, 시멘트 및 철 등의 각부에 응력 (Stress)이 가해지고, 균열이 발생함
② 시멘트의 경화와 팽창에 의한 응력
③ 상시전압과 이상전압에 의한 전기적 응력
④ 염해, 진해에 의한 누설전류, 코로나 방전, 섬락 등에 의한 국부과열
⑤ 기계적 응력
⑥ 제조상의 결함

(2) 애자의 구비조건

① 절연저항이 클 것 (→ 누설전류가 적을 것)
② 기계적 강도가 클 것
③ 절연내력이 클 것 (→ 섬락에 잘 견딜 것)
④ 정전용량이 작을 것 (→ 아킹링 설치)
⑤ 충격파에 견딜 것
⑥ 경제적일 것

(3) 가공 송전선로에서 쓰이는 애자의 종류

① 재질에 따른 분류

㈎ 자기애자 (Porcelain Insulator) : 도토(陶土), 장석, 석영 등의 미분(微分)을 적당한 비율로 배합하여 반죽한 것을 고온으로 소성하여 제작한 것으로 배전선로에 많이 사용되는 보통 자기애자와 특고압, 초고압송전선로에 고장력 및 고강도용으로 활성 아루미나를 배합하여 만든 고강도 자기애자가 있다.

㈏ 유리애자 : 유리애자는 70 % 이상의 규토 (Silica, SiO_2)로 구성되어있고 높은 온도의 로(爐)에서 용융한 후 금형에 부어 제작한다. 제작과정에 따라 고강도 유리애자와 보통 유리애자가 있다. 고강도 유리애자는 특고압, 초고압선로에 많이 사용하고 있고 보통 유리애자는 배전선로에 사용하고 있다.

㈐ 합성수지애자 (Synthetic Resin Insulator) : 에폭시 수지를 함유한 섬유유리 봉에 전기적, 기계적, 열적 피로에 견디는 물질을 도포한 고물질 갓을 붙여 만든다. 합성수지애자는 종래의 애자 금구류 중량의 1/10~1/8 이하, 345 kV의 경우

1/10 미만으로 줄어 취급이 용이하다.

② 형상에 따른 분류

(가) 핀애자(Pin Type Insulator) : 고압용 핀애자는 갓 모양의 자기편 또는 유리편을 2~4층으로 하여 시멘트를 접합하고 철제 받침으로 자기를 지지한 후 아연 도금한 핀(Pin)을 박는다. 사용전압이 높으면 갓의 크기가 커져 제작이 곤란하고 기계적 강도에도 한도가 있으므로 22 kV에 주로 사용되고 있다.

(나) 현수애자(Suspension Insulator) : 현수애자는 원판형의 절연체 상하에 연결 금구를 시멘트로 부착시켜 만든 것으로서 전압에 따라 필요 개수만큼 연결하여 사용한다. 66 kV 이상의 모든 선로에는 거의 현수애자를 사용하며(우리나라) 연결 금구 모양에 따라 크레비스형(Clevis Type)과 볼-소켓형(Ball & Socket Type)이 있다. 활선작업 등의 편리상 볼-소켓형만을 사용하고 있다.

(다) 지지애자(Post Insulator) : 지지애자는 SP 애자(Station Post Type)와 LP 애자(Line Post Type)로 분류되며 SP 애자는 변전소, 발전소 등에서 전력용 기기의 절연 지지용으로 사용되고 있다. LP 애자는 선로용 지지애자로서 잠바선의 지지용으로 사용되고, 강관주에 취부하여 선로 지지용으로도 사용되고 있다. 지지애자의 위아래에 연결금구를 붙여 사용전압에 따라 필요한 수만큼 연결하여 사용한다.

(라) 장간애자(Long Rod Insulator) : 많은 갓을 가지고 있는 원통형의 긴 애자로서 구조의 특질상 열화현상이 거의 없고 애자 점검, 보수가 용이하여 경비를 절감할 수 있으며, 비에 의한 세척효과가 좋고 오손 특성이 양호하므로 염진해 대책의 일환으로 사용하기도 한다. 장간애자의 양단에는 아킹혼 또는 아킹링을 취부하여 뇌격 등의 아크에 의한 파손사고를 예방하고 사용전압에 따라 여러 개를 연결하여 사용하기도 한다.

(마) 내무애자(Smog Type, Anti-fog Type or Mist-proof Insulator) : 현수애자와 같은 모양으로 절연체 밑 부분의 굴곡을 길게 하여 연면거리(누설거리)를 크게한 애자이다. 해안지대나 공장지대를 통과하는 송전선로에는 염분이나 먼지 등이 붙어서 안개가 끼거나 이슬비가 내리면 습기가 가해지므로 애자의 절연내력이 저하되고 섬락사고를 일으키는 수가 있다. 이와 같은 송전선로에는 연면거리가 큰 내무애자를 사용하여 섬락사고를 예방한다. 내무애자는 표준현수애자(일반 현수애자)에 비하여 연면거리가 1.4~1.5배 정도 큰 값을 갖고 있다.

(4) 아크혼 (아킹혼)

개폐기 붓싱이나 송전 애자련의 섬락 또는 공기 절연파괴 시 발생하는 아크를 안전한 방전로로 유도하기 위한 도전성 금구류를 칭하는 것이다. 이상전압으로 섬락이 발생하는 경우 아크경로를 애자련보다 아킹혼 간에 먼저 섬락이 발생되도록 하여 애자련이 섬락으로 손상되는 것을 보호한다.

(5) 아킹링

애자련이나 대전압 차단기 부싱 등의 전압분포를 가능한 균등히 하기 위해 장치한 금속링으로 코로나 잡음이 발생하지 못하도록 억제하는 효과와 아킹혼의 기능도 가지고 있다.

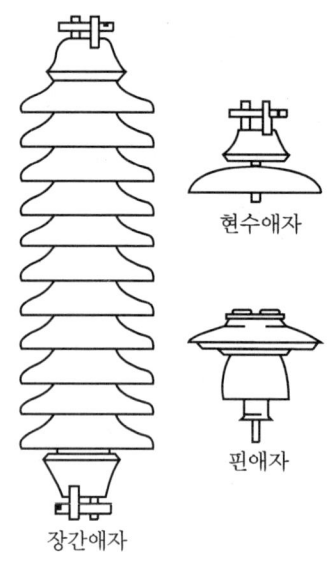

현수애자

핀애자

장간애자

애자의 형상 (사례)

아킹혼

아킹링

3-10 중성점 접지방식 비교

(1) 비접지 방식

① 고장전류가 작다 (단, 장거리인 경우 커질 수 있음).

② 지락사고 시 건전상의 전압상승이 크다.

③ 보호계전기 동작이 곤란하다.

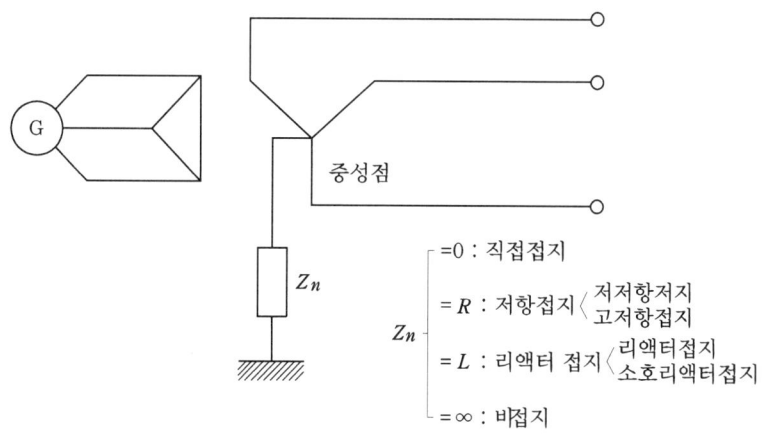

(2) 직접접지 방식

① 장점

㈎ 1선 지락 시 건전상의 대지전압 상승이 거의 없다 (선로 및 기기의 절연수준 저감).

㈏ 피뢰기의 책무가 경감 (정격전압이 낮은 피뢰기 사용 가능)된다.

㈐ 변압기의 단절연 (端絶緣, Graded Insulation ; 선중성점 유효접지 방식의 송전계통에서는 변압기 권선의 경우 선로단으로부터 중성점까지의 전위 분포를 직선이 되도록 설계하면 권선의 절연도 이에 따라 중성점에 근접함에 따라 순차적으로 저감할 수 있다. 이러한 절연방식을 단절연이라 한다)이 가능하다.

㈑ 지락고장 검출이 용이하다.

㈒ 기기값이 저렴하다 (경제성).

㈓ 보호계전기의 동작이 신속 확실하다.

② 단점

㈎ 지락고장 시 저역률 대전류인 지락전류가 발생한다. → 과도안정도 저해

㈏ 지락고장 시 통신선 유도장해가 유발된다.

(3) 저항접지 방식

① 목적

㈎ 고장전류 제한 → 과도안정도 향상

㈏ 고역률의 고장전류

② 저저항 접지/고저항 접지

㈎ 저저항 접지 : $R = 30\,\Omega$

㈏ 고저항 접지 : $R = 100{\sim}1{,}000\,\Omega$

③ 저항 크기와 현상

㈎ 저항이 작으면 고장전류가 크고, 통신선 유도장해가 유발된다.

㈏ 저항이 크면 지락계전기 동작에 난점이 생기고, 건전상의 전위가 상승된다.

(4) 소호리액터(Petersen Coil) 접지방식

① 소호리액터 접지방식에서는 1선 지락 시 아크지락을 재빨리 소멸시켜 그대로 송전할 수 있게 한다.

② 단선 고장일 때 선로의 전압 상승이 최대이고, 통신 장해가 최소이다.

※ 주요 중성점 접지방식 비교

항 목	비접지	직접접지	고저항 접지	소호리액터 접지
지락 사고 시 건전상의 전압상승	• 큼 • 장거리 송전선의 경우 이상 전압이 발생됨	• 적음 • 평상시와 거의 차이가 없음	• 약간 큼 • 비접지의 경우보다 약간 작음	• 큼 • 적어도 $\sqrt{3}$ 배까지 올라감
절연 레벨	감소 불가능	감소 가능	감소 불가능	감소 불가능
애자 개수	최고	최저	높음	높음
변압기	전절연	단절연 가능	전절연	전절연
피뢰기	정격전압 저하 불가능	정격전압 저하 가능	정격전압 저하 불가능	정격전압 저하 불가능
지락전류	작음, 송전거리가 길어지면 상당히 커짐	최대	중간 정도, 중성점 접지저항에 따라 달라짐 $[100{\sim}300\,(A)]$.	최소
보호계전기동작	곤란함	가장 확실	확실	불가능

1선지락 시 통신선에의 유도장해	작음	최대(단, 고속 차단으로 고장 계속 시간의 최소화 가능(0.1초))	중간 정도	최소
과도 안정도	큼	최소(단, 고속도 차단 및 고속도 재폐로 방식으로 향상 가능)	큼	큼
경제성	우수	최고 우수	중간	나쁨

3-11　송전선로

(1) 가공전선의 구비조건

① 경제적일 것
② 기계적 강도가 클 것
③ 도전율 (허용전류)이 클 것
④ 비중 (밀도)이 작을 것
⑤ 가요성이 있을 것
⑥ 부식이 작을 것
⑦ 내구성이 클 것

(2) 전선의 종류

① 구조에 따른 분류

㈎ 단선 : 원형, 각형 등 [지름 (mm)으로 호칭(1.6 mm, 2.2 mm, 3.2 mm 등)]

㈏ 연선 : 단선을 여러 가닥 꼬아 만듦 [단면적(mm^2)으로 호칭(125 mm^2, 250 mm^2 등)]

㈐ 중공전선

㉮ 전선의 직경을 크게 하여 전선표면의 전위 경도를 낮춤으로써 코로나 발생을 억제함

㉯ 표피효과 (Skin Effect) 감소, 중량 감소 등 초고압 송전선에 효과적임

② 재질에 따른 분류

㈎ 경동선 : 도전율 96~98 %, 인장강도 35~48 kg/mm^2

㈏ 경(硬)Al선 : 도전율 61 %, 인장강도 16~18 kg/mm^2

㈐ 강선 : 도전율 10 %, 인장강도 55~140 kg/mm^2

㈐ 합금선 : 구리 또는 알루미늄에 다른 금속 첨가, 강도 증가

㈑ 쌍금속선 : 2종류 이상 융착시켜 만듦, 코퍼웰드선, 도전율 30~40%

㈒ 합성연선 : 가공전선에 주로 사용

　㉮ 강심 알루미늄연선(Aluminum Cable Steal Reinforced, ACSR)

　　㉠ 도전율 61%

　　㉡ 인장강도 125 kg/mm^2

　　㉢ 동선에 비해 강도 보강, 장거리 경간에 적합, 강선에 비해 도전율 증가, 가공선에 가장 일반적으로 쓰임

　㉯ 내열 강심 알루미늄 합금연선(TACSR ; Thermo resistance ACSR)

　　㉠ 아연도금강선을 중심에 두고 내열 알루미늄을 외부로 하여 연선한 내열 강심 알루미늄 합금연선

　　㉡ 도전율이 경알루미늄보다 약간 작은 60%이지만, 150℃의 높은 온도까지 사용이 가능하므로 동일 Size의 ACSR보다 약 60% 큰 전류를 흘릴 수 있다. 즉 동일 전류를 흘렸을 시 약 1/2 Size로 가능하다.

　　㉢ 용도 : 일반 ACSR보다 1.5~1.6배의 큰 허용전류가 필요한 가공전선로, 이도 제약이 비교적 적은 지역의 가공전선로, 동일 부하에서 송전선로를 경량화하여 운용이 필요한 전선로 등

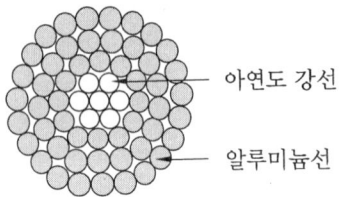

아연도 강선

알루미늄선

강심 알루미늄연선(ACSR)

③ 조합상 분류

㈎ 단도체, 다도체(복도체, 3도체, 4도체 포함)

㈏ 복도체(한 상당 두 가닥 이상의 전선을 사용)

　㉮ 복도체의 장점

　　㉠ 인덕턴스 감소(약 20~30%) 및 정전용량 증가(약 20~30%)로 송전용량 증가(가장 주된 이유)

　　㉡ 표피효과가 적어 송전용량 증가

　　㉢ 표면전위경도 완화로 코로나 발생 억제

　　㉣ 전선의 허용전류 증대

　　㉤ 안정도 향상

④ 복도체의 단점

  ㉠ 정전용량이 커지기 때문에 페란티 현상 발생 → 분로리액터 설치 필요

  ㉡ 풍압하중, 빙설하중 등으로 진동 발생 우려 → 댐퍼 설치

  ㉢ 각 소도체 간에 흡입력이 작용하여 단락사고 발생 우려 → 스페이서 설치

  ㉣ 건설비가 비쌈

⑤ 복도체의 적용방식

  ㉠ 154 kV : ACSR 410 mm^2 2도체 방식

  ㉡ 345 kV : ACSR 480 mm^2 2도체 또는 4도체 방식

  ㉢ 765 kV : ACSR 480 mm^2 6도체 방식

(3) 등가 선간거리(기하학적 평균거리)와 등가 반지름

① 등가 선간거리

$$D_o = \sqrt[n]{D_1 \times D_2 \times D_3 \cdots D_n}\ [\text{m}]$$

(개) 직선 배열

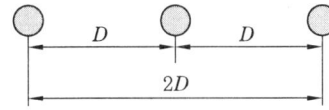

$$D_o = \sqrt[3]{D \times D \times 2D} = \sqrt[3]{2}\,D\ [\text{m}]$$

(내) 정삼각형 배열

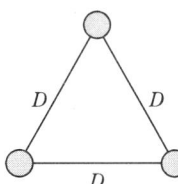

$$D_o = \sqrt[3]{D \times D \times D} = D\ [\text{m}]$$

(대) 정사각형 배열

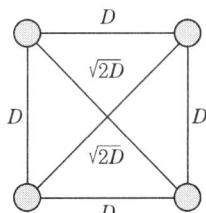

$$D_o = \sqrt[6]{D \times D \times D \times D \times \sqrt{2}\,D \times \sqrt{2}\,D}$$
$$= \sqrt[6]{2}\,D\,[\text{m}]$$

② 등가 반지름

(가) 복도체, 다도체 : 1상의 도체를 2~4개 정도로 분할하여 시설하는 전선

(나) 스페이서 : 전선의 소도체 간 간격을 일정하게 유지하게 위한 기구

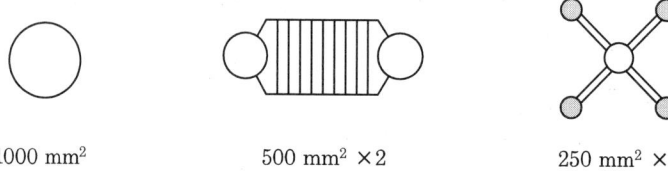

1000 mm²   500 mm² ×2   250 mm² ×4

(다) 등가 반지름

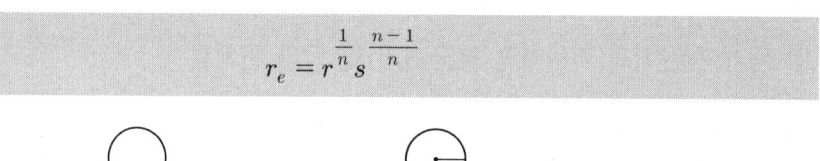

$$r_e = r^{\frac{1}{n}} s^{\frac{n-1}{n}}$$

여기서, r [m] : 소도체의 반지름, n : 소도체의 개수, s [m] : 소도체 간 간격

Quiz 단도체 면적 1000 mm²인 전선을 소도체 간 간격 40 cm인 2복도체로 분할하여 시설할 경우 복도체의 반경은?

해설

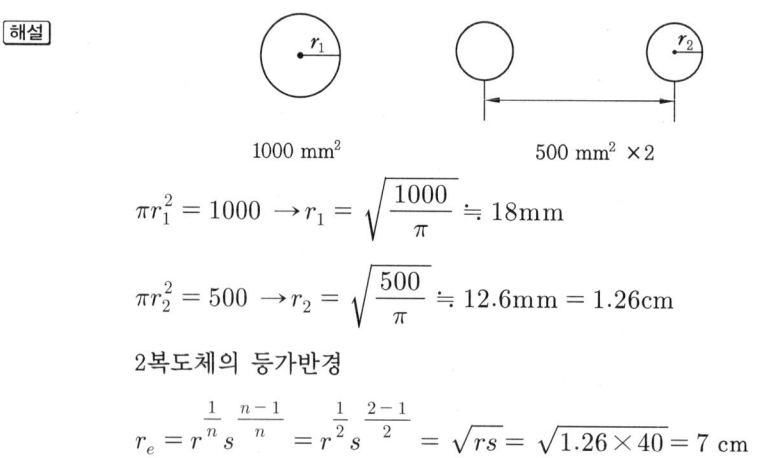

1000 mm²   500 mm² ×2

$$\pi r_1^2 = 1000 \rightarrow r_1 = \sqrt{\frac{1000}{\pi}} \fallingdotseq 18\text{mm}$$

$$\pi r_2^2 = 500 \rightarrow r_2 = \sqrt{\frac{500}{\pi}} \fallingdotseq 12.6\text{mm} = 1.26\text{cm}$$

2복도체의 등가반경

$$r_e = r^{\frac{1}{n}} s^{\frac{n-1}{n}} = r^{\frac{1}{2}} s^{\frac{2-1}{2}} = \sqrt{rs} = \sqrt{1.26 \times 40} = 7 \text{ cm}$$

주 복도체를 채용하면 전선의 등가반경이 커지는 효과가 있으므로 선로에서의 L은 감소하고 C는 증가한다.

(4) 복도체 채용 시의 L(인덕턴스), C(정전용량)

$$L = \frac{0.05}{n} + 0.4605\log_{10}\frac{D}{r_e}\ [\text{mH/km}]$$

여기서, n : 복도체, D : 도체 간 거리(mm), r_e : 등가 반지름(mm)

$$C = \frac{0.02413}{\log_{10}\dfrac{D}{r_e}}\ [\mu\text{F/km}]$$

(5) 켈빈의 법칙(Kelvin's law)

① 경제적인 전선의 굵기 선정방법이다.
② 건설 후의 전선의 단위길이를 기준으로 해서, 1년간 손실전력량의 금액과 전선 건
   설비에 대한 이자와 상각비를 합한 연경비(年經費)가 같게 되도록 전선을 굵기를 결
   정하는 방법이다.

(6) 송전선로에 안정도 증진방법

① 직렬 리액턴스를 작게 한다.
② 전압 변동을 작게 한다.
③ 계통을 연계한다.
④ 고장전류를 줄이고 고장 구간을 고속도 차단한다.
⑤ 중간 조상 방식을 채택한다.
⑥ 고장 시 발전기 입출력의 불평형을 작게 한다.

(7) 코로나 현상

① **정의** : 초고압 송전계통에서 전선 표면의 전위경도가 높은 경우 전선 주위의 공기
   절연의 파괴되면서 발생하는 일종의 부분방전현상이다.
   ㈎ 방전현상
       ㉮ 전면 (불꽃)방전 : 단선
       ㉯ 부분방전 : 연선
   ㈏ 공기의 절연파괴전압 (극한 파괴전압) : 표준상태의 기온 및 기압하에서 공기의
       절연이 파괴되는 전위경도는 정현파 교류 및 직류의 실효값으로 아래와 같다.
       ㉮ 교류 극한 파괴전압 $= 21.1\,\text{kV/cm}$
       ㉯ 직류 극한 파괴전압 $= 30\,\text{kV/cm}$

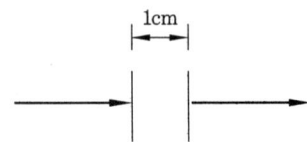

→ 전위차가 교류 21.1 kV/cm 혹은 직류 30 kV/cm 이상이면, 공기 절연이 파괴되어 통전될 수 있음

② 코로나 임계전압 (E_0)

$$E_0 = 24.3 \cdot m_0 m_1 \delta d \log_{10} \frac{2D}{d} \, [\text{kV}]$$

여기서, m_0 : 전선표면계수 (매끈한 단선 : 1, 거친 단선 : 0.98~0.93, 7본연선 : 0.87~0.83,
　　　　　　 19~61개연선 : 0.85~0.80)
　　　　m_1 : 기후에 관한 계수 (맑은 날씨 : 1.0, 안개 및 비오는 날 : 0.8)
　　　　δ : 상대공기밀도 ; 기압을 b (mmHg), 기온을 t℃라 하면

$$\delta = \frac{b}{760} \cdot \frac{273 + 20}{273 + t} = \frac{0.386 \cdot b}{273 + t}$$

　　　　b의 값은 토지의 높이에 따라 달라지며, 개략값은 표와 같다.

표고 (m)	0	500	1,000	1,500	2,000	2,500	3,000	3,500
기압 b [mmHg]	760	711	668	627	590	555	521	489

　　　　d : 전선의 직경(cm)
　　　　D : 선간거리(cm)

③ 코로나 임계전압 (코로나가 발생하기 시작하는 최저한도전압)이 높아지는 경우의 원인

　㉮ 날씨가 맑을 때

　㉯ 온도 및 습도가 낮을 때

　㉰ 기압이 높을 때(고기압)

　㉱ 상대 공기밀도가 클 때

　㉲ 전선의 지름이 클 때

④ 코로나 발생의 영향

　㉮ 코로나 전력손실 발생(Peek의 식)

$$P_c = \frac{241}{\delta}(f + 25)\sqrt{\frac{r}{D}}\,(E - E_0)^2 \times 10^{-5} \, [\text{kW/cm 1선당}]$$

여기서, δ : 상대공기밀도 $\left(\delta \propto \dfrac{기압}{온도}\right)$ 　　E : 대지전압 　　f : 주파수
　　　　E_0 : 코로나 임계전압 　　　　D : 선간거리 　　r : 전선의 반경

㈏ 코로나 잡음 발생

㈐ 고조파 장해 발생

　정현파 → 왜형파 (= 직류분+기본파+고조파)

㈑ 오존의 발생으로 질산에 의한 전선 및 바인드선의 부식

　$(O_3,\ NO)+H_2O = NHO_3$ 생성

㈒ 전력선 이용 반송전화 장해 발생

㈓ 소호리액터 접지방식의 장해 발생

㈔ 서지(이상전압)의 파고치 감소 (장점)

㈕ 기타 통신선에 유도장해 등 발생

⑤ **코로나 방지대책**

㈎ 전선을 굵게 한다.

㈏ 복도체(다도체)를 사용한다.

㈐ 가선 금구류를 개량한다.

(8) 송전선 굵기 선정

① 연속 허용전류와 단시간 허용전류

② 경제전류

③ 순시허용전류

④ 전압강하와 전압변동

⑤ 코로나

⑥ 기계적 강도

(9) 표피효과(Skin Effect)

① 전선의 중심은 전류밀도 (전하밀도)가 작고, 표피 쪽은 전류밀도가 크다.

② 전선이 굵을수록, 주파수가 높을수록 커진다.

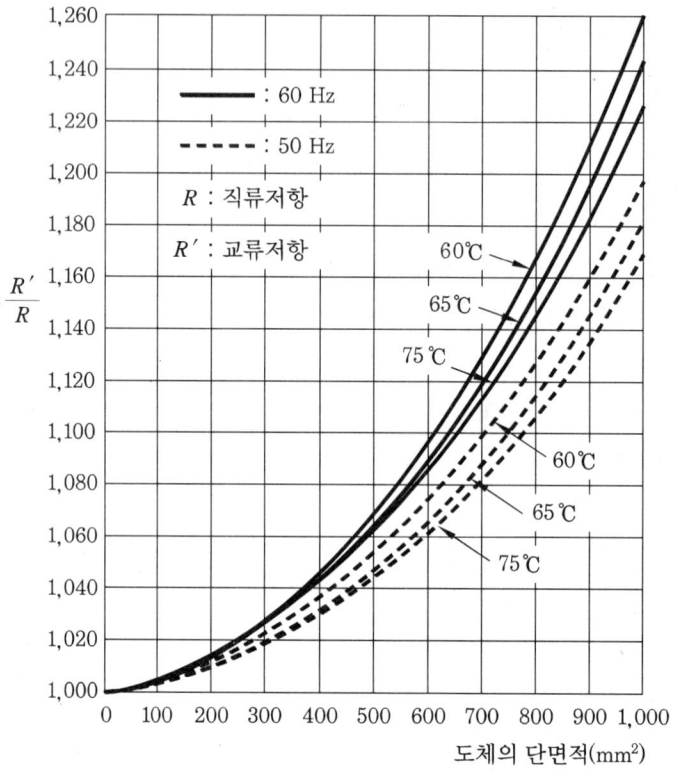

(10) 케이블의 전력손실

① **저항손** : 전선로 자체의 저항에 의한 손실

② **유전체손** : 교류를 흘렸을 때 유전체 내에서 소비되는 손실

③ **연피손** : 케이블에 전류를 흘리면 도체 외부로부터의 전자유도 작용으로 연피에 전압이 유기되고, 와전류가 흘러 발생하는 손실

(11) 선로정수 (Line Constant)

① 전선 (電線)이 내포하고 있는 R (저항), L (인덕턴스), G (누설 컨덕턴스), C (정전용량)의 4가지 특성을 말한다.

② 선로정수는 전선의 종류, 굵기, 재질에 따라서 정해진다.

③ 선로정수는 전압과 전류, 기온 등에는 영향을 받지 않는다.

④ 동일한 규격의 전선이라도 송전선로가 설치된 지리적 여건, 송전선로에서의 전류밀도차 등에 의하여 송전선로별 특성이 상이하게 나타나게 되므로 선로정수를 이용하여 전압, 전류의 관계, 전압강하, 송수전단의 전력량 등 송전선로별 특성을 계산하게 된다.

⑤ 선로의 누설 콘덕턴스는 주로 애자의 누설저항에 기인한다. 애자의 누설저항은 건조 시에는 대단히 커서 그 역수인 누설 콘덕턴스는 매우 적은 값을 나타내므로 송전선로의 특성을 검토하는 경우에는 특별한 경우를 제외하고 무시해도 좋다.

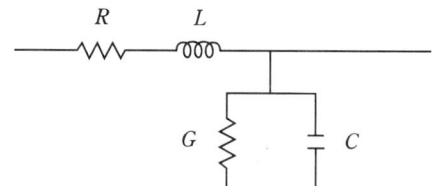

R : 저항
L : 인덕턴스
G : 누설 컨덕턴스
C : 정전 용량

(12) 송전선 이상전압 방지대책

① **가공지선**(벼락이 직접 떨어지지 않도록 송전선 위에 도선과 나란히 가설하여 접지한 전선) : 직격뢰 및 유도뢰 차폐, 통신선의 유도장해 경감

㈎ 차폐각 (θ) : 30~45°

㉮ 30° 이하 : 100 %

㉯ 45° 이하 : 97 %

㈏ 차폐각이 작을수록 보호효과가 크고 시설비는 상승한다.

㈐ 2조지선 사용 : 차폐효율이 높아진다.

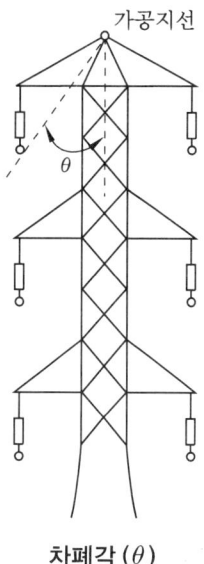

차폐각 (θ)

② **매설지선**(접지를 위해 땅속에 묻어놓은 전선) : 철탑 저항값 (탑각 저항값)을 감소시켜 역섬락 방지, 여기서 '역섬락'이란 뇌전류가 철탑에서 대지로 방전 시 철탑의 접지저항값이 클 경우 대지가 아닌 송전선에 섬락을 일으키는 현상을 말한다.

③ **소호장치** : 아킹혼, 아킹링 → 뇌해로부터 애자련 보호

④ **피뢰기** : 이상전압으로부터 보호, 뇌 전류의 방전 및 속류를 차단하여 기계기구 절연 보호

⑤ **피뢰침 등**

▶ **피뢰기의 속류** : 방전현상이 실질적으로 끝난 후 계속하여 전력계통에서 피뢰기로 흐르는 상용주파 전류를 말한다.

(13) 피뢰기(LA ; Lightening Arrester)

① 설치목적

(가) 피뢰기는 낙뢰 및 회로의 개폐 시 발생하는 과 (서지)전압을 일시적으로 대지로 방류시켜 계통에 설치된 기기 및 선로를 보호하기 위하여 설치한다 (피뢰기의 주 보호 대상물은 전력용 변압기이다).

(나) 절연레벨은 낮다 (절연레벨 순서 ; 단로기 > 변압기 > 피뢰기).

② 피뢰기에 요구되는 기능

(가) 정상전압, 정상주파수에서는 절연내력이 높아 방전하지 않을 것

(나) 이상전압, 이상주파수에서는 절연내력이 낮아져 신속하게 방류특성이 될 것

(다) 전압회복 후 잔류전압 및 전류를 자동적으로 신속히 차단할 것

(라) 방전 후 이상전류 통전 시의 피뢰기의 단자전압 (제한전압)을 일정레벨 이하로 억제할 것

(마) 반복동작에 대하여 특성이 변화하지 않을 것

③ 피뢰기의 구조

(가) 피뢰기는 일반적으로 직렬 갭과 특성요소로 구성되며, 계통의 전압별로 특성요소의 수량을 적합한 수량으로 포개어 조정한다.

(나) 직렬 갭 : 정상 시에는 방전을 하지 않고 절연상태를 유지하며, 이상 과전압 발생시 통전되어 신속히 이상전압을 대지로 방전하고 속류를 차단한다.

(다) 특성요소 : 탄화규소 입자를 각종 결합체와 혼합한 것으로 밸브 저항체라고도 하며, 비저항 특성을 가지고 있어 큰 방전전류에 대해서는 저항값이 낮아져 제한전압을 낮게 억제함과 동시에 비교적 낮은 전압계통에서는 높은 저항값으로 속류를 차단하여 직렬 갭에 의한 속류의 차단을 용이하게 도와주는 작용을 한다 (철탑 등의 쇼트 방지).

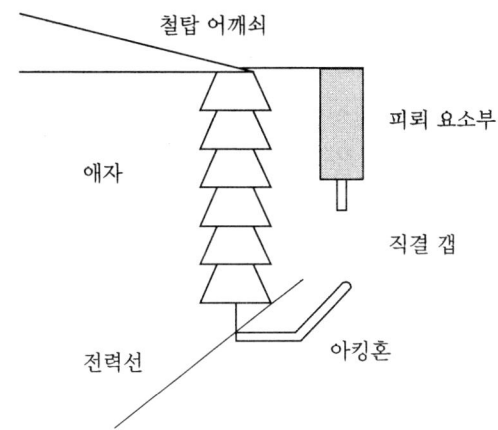

④ **피뢰기의 종류**

(가) 갭 저항형

㉮ 상용주파수의 계통전압에서 서지가 겹쳐서 그 파고값이 임펄스 방전 개시전압에 이르면 피뢰기가 방전을 개시하여 전압이 내려가며 동시에 방전전류가 흘러 제한전압이 발생한다.

㉯ 서지전압 소멸 후 계통전압을 따라 속류가 흐르지만 처음의 전류 "0"점에서 속류를 차단하고 원 상태로 회복된다.

㉰ 이러한 동작은 반 사이클의 짧은 시간에 이루어진다.

(나) 갭 리스형

㉮ 기존의 SiC(탄화규소) 특성요소를 비직선 저항특성의 산화아연(ZnO) 소자에 적용한 것으로서, 전압-전류 특성은 SiC 소자에 비하여 광범위하게 전압이 거의 일정하며 정전압장치에 가까워진다.

㉯ SiC소자는 상규 대지전압이라도 상시전류가 흐르므로 소자의 온도가 상승하여 소손되기 때문에 직렬 갭으로 전류를 차단해둘 필요가 있다.

㉰ 갭리스 피뢰기의 경우에는 누설전류가 1 mA로 문제가 발생되지 않으므로 직렬 갭이 선로와 절연할 필요가 없으므로 소형 경량으로 된다.

(다) 밸브 저항형(Valve Resistance Type) : 직렬 갭+특성요소(SiC)

(라) 기타 밸브형(Valve Type)

⑤ **선정방법** : 피뢰기가 소기의 기능을 발휘하기 위해서는 계통의 과전압, 시설물 차폐 여부, 설비의 중요도, 선로 및 피보호기기의 절연내력, 기상조건 등을 종합적으로 검토하여 적용한다. 선정 시 유의사항은 아래와 같다.

(가) 피뢰기의 설치장소에서의 최대상용주파 대지전압

(나) 가장 심한 피뢰기의 방전전류의 크기 및 파형

(다) 피보호기기의 충격절연내력 결정

(라) 피뢰기의 정격전압(속류가 차단되는 교류의 최고전압) 및 공칭 방전전류

(마) 피뢰기의 보호레벨 결정

(바) 이격거리 및 기타 관계요소를 고려하여 피뢰기로 제한된 피보호기기에서의 전압 결정

(14) 송전선로에서 중성점 접지의 목적

① 1선 지락 시 전위 상승을 억제하여 기계기구를 보호(이상전압 방지)한다.

② 단절연이 가능하므로 기기값이 저렴하다.

③ 과도 안정도가 증진된다.

④ 보호 계전기의 동작이 신속하다.

3-12 송전설비 주요 용어

(1) 스틸의 법칙(Still's law) : 경제적인 송전전압

$$E = 5.5\sqrt{0.6l + 0.01\,P}\ [\text{kV}]$$

여기서, l : 송전길이(km), P : 송전전력(kW)

(2) 송전용량 계수법

$$\text{송전용량}\ P = K\frac{V^2}{l}\ [\text{kW}]$$

여기서, K : 송전 용량계수, V : 수전단 선간 전압(kV), l : 송전길이(km), P : 송전용량(kW)

(3) 오프셋

수직 배치의 송전선로에서 상·하단 간의 단락사고 방지를 위한 장치이다.

(4) 댐퍼

송전선에 설치하여 전선의 진동을 방지하는 장치이다(스페이서 댐퍼, 나선형 댐퍼 등).

(5) 연가

3상 송전선의 전선배치는 대부분 비대칭이므로 각 전선의 선로 정수는 불평형되어 중성점의 전위가 영전위가 되지 않고 어떤 전류전압이 생긴다. 이를 방지하고 유도장해 및 직렬공진을 방지하기 위해 전선로를 그림과 같이 연결한다.

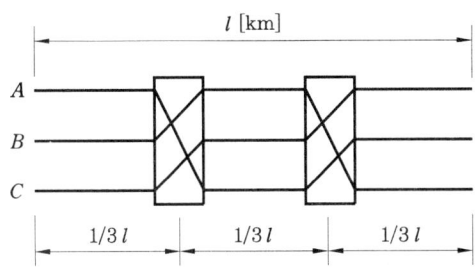

(6) 영상전류

① 3본의 송전선에 동상의 전류가 흘렀을 때의 전류값을 말한다.

② 각 상 전류의 위상차가 없는 전류를 말한다.

③ 삼상의 중성선을 통해서 대지로 흐르는 전류이다.

④ 영상전류 발생 시 대지의 임피던스에 의해서 나타나는 전압을 영상전압이라고 한다.

(7) 유도장해

전력선에 의한 통신선의 전자 유도장해의 원인은 영상전류, 상호 인덕턴스 등이며, 그 대책은 다음과 같다.

① **근본대책** : 지중 케이블화, 차폐선 설치, 이격거리를 크게 하고, 사고값을 줄인다.

② **전력선 측 대책**

㉮ 중성점 접지저항을 크게 함 ㉯ 고속도 지락 보호계전 방식 채택

㉰ 연가를 충분히 함 ㉱ 고장회선의 고속도 차단

㉲ 소호리액터 채용 ㉳ 2회선 송전선의 경우 역상순 배열

㉴ 고장전류를 줄임

③ **통신선 측 대책**

㉮ 排流코일 사용(Drainage Coil)→통신선의 전위상승 억제(고인덕턴스 코일을 통신선 간에 브리지시켜 중점 접지)

㉯ 통신선로 수직교차

㉰ 통신선 및 통신기기의 절연 강화

㉱ 통신선 케이블화

  (마) 통신선 구간 분할 (중계코일 설치)

  (바) 연피통신 케이블 설치(상호인덕턴스 경감)

  (사) 피뢰기 설치(유도전압의 강제 저감)

(8) 절연협조

① 계통 내 보호기와 피보호기와의 상호 절연 협력관계를 말한다.

② 계통 전체의 신뢰도를 높이고 경제적·합리적 설계를 해야 한다.

(9) 전력용 퓨즈

① **목적** : 단락전류 차단

② **장점** : 가격 저렴, 소형 및 경량, 고속 차단, 보수 간단, 차단 능력이 크다.

③ **단점**

  (가) 재투입이 불가능하다.

  (나) 과도전류 (단락 필요 경계선 전류)에 용단되기 쉽다.

  (다) 계전기를 자유로이 조정할 수 없다.

  (라) 한류형은 과전압을 발생한다.

(10) 보호계전기

① 보호계전기는 전기회로의 동작 조건을 계산하고, 고장이 검출되었을 때 차단기를 트립시키게 되어있다. 대개 동작 임계전압과 동작 시간이 고정되어있고 부정확하게 설정된 스위칭 타입 계전기와는 다르게, 보호계전기는 시간/전류 곡선 (또는 다른 동작 특성)이 정밀하게 설정되어있고, 선택 가능하다.

② **분류 (동작시간에 의한 분류)**

  (가) 순한시 계전기 : 규정된 전류 이상의 전류가 흐르면 즉시 동작 (0.3초 이내)하는 계전기

  (나) 고속도 계전기 : 규정된 전류 이상의 전류가 흐르면 즉시 동작 (0.5~2 Hz 이내)하는 계전기

  (다) 반한시 계전기 : 전류가 크면 동작시간이 짧고, 전류가 작으면 동작시간이 길어지는 계전기

  (라) 정한시 계전기 : 규정된 전류 이상의 전류가 흐를 때 전류의 크기와 관계없이 일정 시간 후 동작하는 계전기

  (마) 반한시-정한시 계전기 : 전류가 작은 구간은 반한시 특성, 전류가 일정 범위를 넘으면 정한시 특성을 갖는 계전기

③ **보호계전기의 구비조건**

㈎ 고장의 정도 및 위치를 정확히 파악할 것

㈏ 고장 개소를 정확히 선택할 것

㈐ 동작이 예민하고, 오동작이 없을 것

㈑ 소비전력이 적고, 경제적일 것

㈒ 후비 보호능력이 있을 것

(11) 공간거리와 연면거리

① **공간거리** : 공기 중에서 두 도전성 부분 간에 가장 짧은 거리

② **연면거리** : 불꽃방전을 일으키는 두 전극 간 거리를 고체 유전체의 표면을 따라서 그 최단거리로 나타낸 값

3-13 지중전선로

(1) 지중전선로를 택하는 이유

① 도시미관 고려

② 보안상 제한 조건

③ 재해 등에 높은 신뢰도 요구

④ 수용밀도가 높은 지역에 공급

⑤ 가공전선로 대비 인덕턴스는 작고, 정전용량은 커짐

(2) 지중배선공사의 현장시험항목

절연저항, 절연레벨, 접지저항, 상일치, 검상 시험 등

(3) 지중전선로 매설깊이

① 차량 또는 중량물의 압력을 받을 우려가 있는 장소 : 1.2 m

② 기타의 장소 : 0.6 m

(4) 지중전선로 노출부분의 방호범위

지상 2 m 이상 지하 20 cm 이상을 금속관, 합성수지관 등을 이용하여 방호조치할 것

(5) 기타 주의사항

① 가압장치의 누설시험(10분간)

　㉮ 유·수압 : 1.5배

　㉯ 기압 : 1.25배

② 지중전선로는 전선에 케이블을 사용하고, 암거식·관로식·직접 매립식 등에 의하여 시설할 것

③ 지중전선을 냉각하기 위해 물을 순환시키는 경우 순환압력에 견디고 누수가 없을 것

④ 암거에 시설하는 지중전선은 난연조치 혹은 자동소화설비를 시설할 것

⑤ 금속제 부분은 제3종 접지를 하여야 한다 (금구류는 제외).

⑥ **지중전선과 타 지중전선 혹은 약전류전선과 교차 시** : '전기설비 기술기준의 판단기준'에 명시된 이격거리 유지 혹은 불연성·난연성 처리를 한다.

3-14　배전선로 배전방식

(1) 배전선로의 형태 및 구성

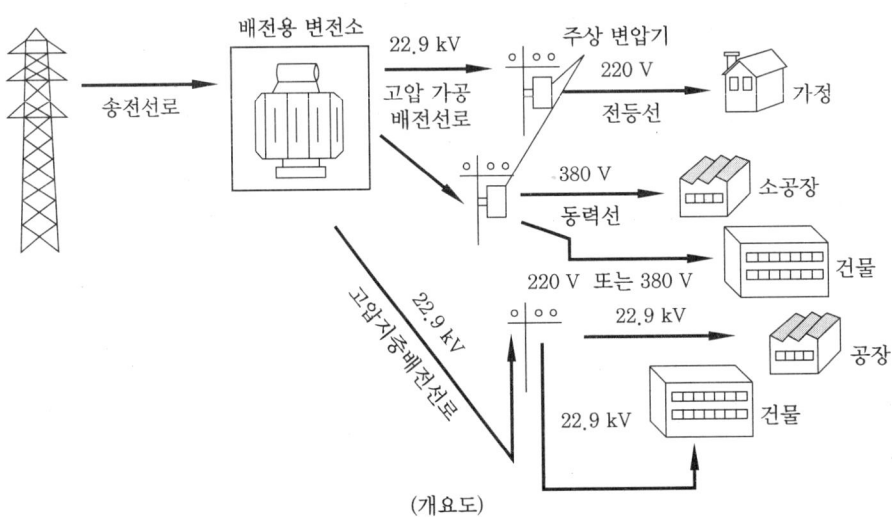

(개요도)

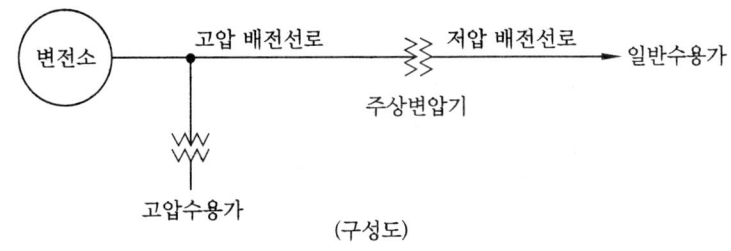

배전선로의 형태

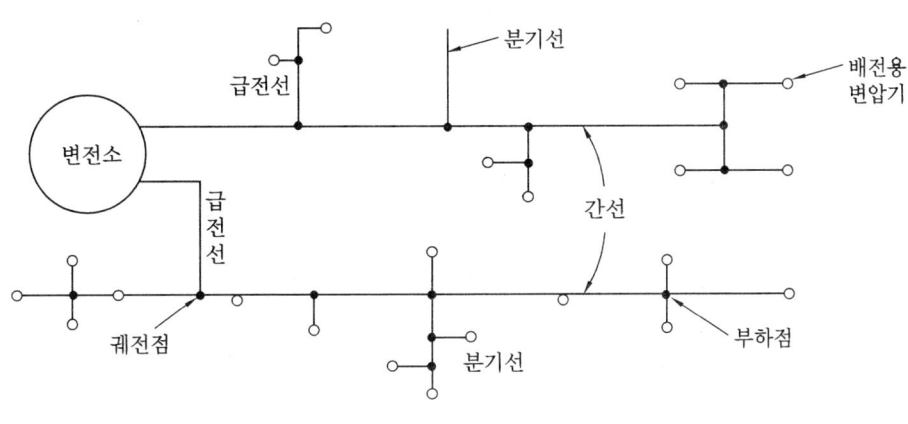

고압 배전선로의 구성

① **급전선** (Feeder) : 궤전선 (饋電線), 배전구역까지의 전송선으로 부하가 접속되지 않음
② **간선** (Main Line) : 급전선에 접속되어 부하지점까지 전력을 전송
③ **분기선** (Branch Line) : 간선에서 분기된 배전선로의 가지 부분, 지선

> **주 → 전압의 종별**
> 1. 저압 : 직류 750 V 이하, 교류 600 V 이하
> 2. 고압
>   • 직류 750 V 초과~7,000 V 이하
>   • 교류 600 V 초과~7,000 V 이하
> 3. 특고압 : 7,000 V 초과

④ **주상변압기 결선방식**

㈎ 삼상변압기는 1개의 모듈로 되어있는 경우도 있고, 델타 또는 와이로 연결된 세 개의 단상변압기로 구성되기도 한다. 또한 경우에 따라서는 두 개의 변압기가 사용되기도 한다.

(나) 1차와 2차는 각각 여러 가지 결선의 조합이 가능하며 가능한 조합은 다음과 같다.

⑦ 1차권선 : 와이 – 2차권선 : 델타 ($Y-\Delta$)

㉠ 특징 : 분산형 전원의 연계에 적합

㉡ 장점 : 고장 검출 용이, 분산형 전원 발생 제3고조파 한전계통 불유출, 단독운전 방지 용이

㉢ 단점 : 제3고조파로 인한 변압기 과열, 한전계통 지락 시 고장전류 유입, 통신선 유도장해 및 중성점 전위 변화 예측의 어려움

㉯ 1차권선 : 와이 – 2차권선 : 와이 ($Y-Y$)

㉠ 특징 : 3상 부하에 전기를 공급하는 일반적인 방식

㉡ 장점 : 철공진 (철심이 든 리액터는 전류의 크기에 따라서 인덕턴스가 변화하므로 콘덴서와 직렬 또는 병렬로 접속한 경우에 발생하는 특이한 공진 현상)의 문제가 적음, $\Delta-Y$ 대비 변압기 절연에 유리, 위상변화가 없음

㉢ 단점 : 한전 계통의 불평형이 분산형 전원 측에 영향, 제3고조파 등의 직접적 통로 제공, 보호협조 실패 시 고장이 한전계통으로 파급 등

㉰ 1차권선 : 델타 – 2차권선 : 와이 ($\Delta-Y$)

㉠ 특징 : 3상 부하에 전기를 공급하는 가장 일반적인 방식

㉡ 장점 : 분산형 전원 발생 제3고조파 한전계통 불유출, 한전계통 1선 지락 시 고장전류 유입 방지, 분산형 전원 측 1선 지락 시 한전계통으로 고장전류 유입 방지

㉢ 단점 : 한전계통 1선 지락상태에서 단독운전 시 과전압 위험 및 고장 검출의 어려움, 한전계통 고장 시 개방상태에서 철공진 발생, 구내계통의 중성선에 제3고조파에 의한 과전압 발생 가능

㉱ 1차권선 : 델타 – 2차권선 : 델타 ($\Delta-\Delta$)

㉠ 특징 : 66 kV 이하의 배전용 변압기 등에서 사용

㉡ 장점 : 1, 2차 간 전압은 동상으로 각변위가 없다. 권선 중의 상전류는 선로전류의 $\dfrac{1}{\sqrt{3}}$ 이 되므로 대전류의 결선에 유리하며, 1상의 권선이 고장났어도 고장상을 분리시켜 V결선으로 운전 가능하다.

㉢ 중성점 접지를 할 수 없기 때문에 지락사고 검출이 곤란하고, 아크 지락 시 이상고전압이 발생하기 쉽다. 중성점 접지 필요시 별도 접지변압기를 설치해야 한다. 상부하 불평형 시 순환전류가 흐른다.

㈐ 결선도

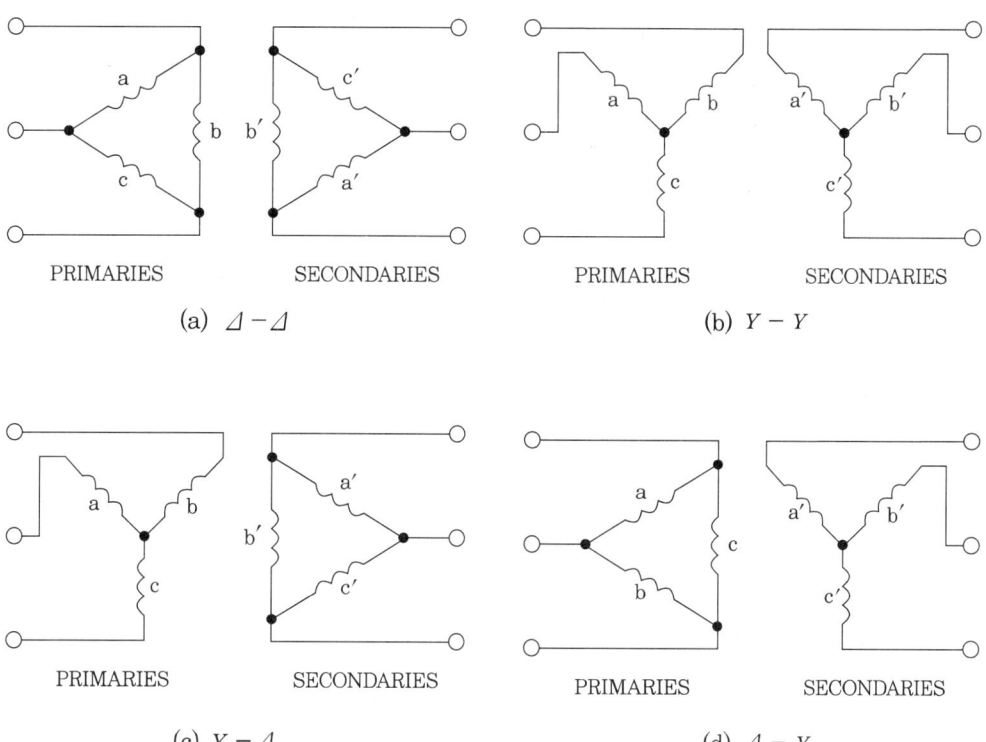

(a) ⊿ - ⊿

(b) Y - Y

(c) Y - ⊿

(d) ⊿ - Y

⑤ **배전방식**

㈎ 특고압 배전방식

㉮ 우리나라의 배전방식 : Y결선 (중성점 다중접지) 방식 채용

㉯ 단상부하만 있는 경우 '단상2선식'으로 하는 것이 간편할 수도 있으나, 단상 선로의 구성률이 높아지면 부하 불평형이 발생할 수 있다.

㉰ 중성선 접지 : 인가 밀집 지역에는 매 전주마다 접지하고, 인가가 없는 야외 지역에는 300 m 이하마다 접지한다.

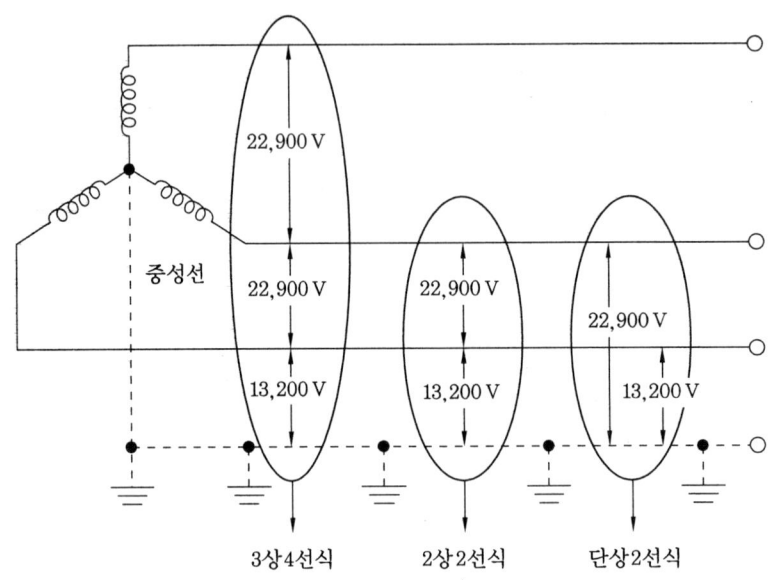

(나) 저압 배전방식

㉮ 단상2선식(110 V, 220 V) : 일반 가정용으로, 2차 결선방식에 따라 110 V, 220 V의 전압이 유도된다.

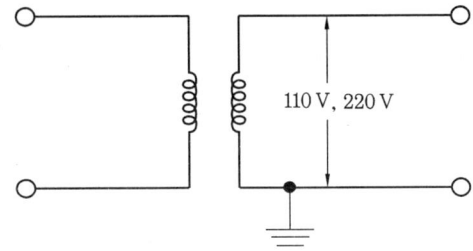

㉯ 단상3선식(110 V, 220 V)

　㉠ 일반 가정의 전등부하 또는 소규모 공장에서 사용한다.

　㉡ 한 장소에 두 종류의 전압이 필요한 경우에 채택한다.

　㉢ 중성선이 단선되면 부하가 적게 걸린 단자 (저항이 큰 쪽 단자)의 전압이 많이 걸리게 되어 과전압에 의한 사고 발생 위험이 있다.

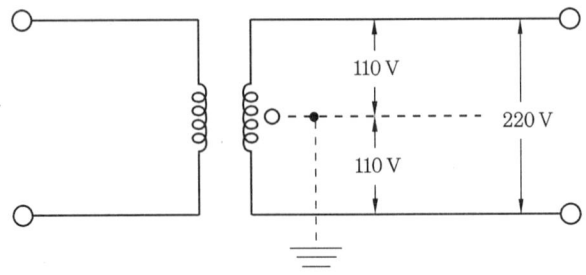

㉰ 3상3선식(220 V)

　㉠ 고압 수용가의 구내 배전설비에 많이 사용한다 (1대 고장 시 V결선 가능).

　㉡ 선전류가 상전류의 배가 되는 결선법으로 전류가 선로에 많이 흐르게 되어
　　요즘은 거의 사용하지 않는다.

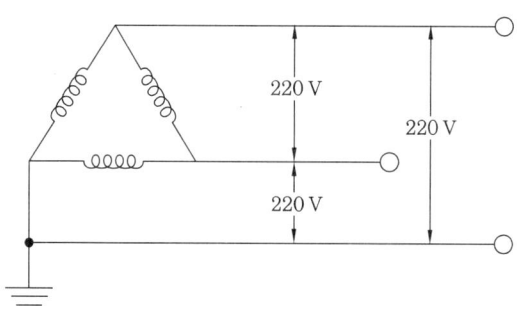

㈐ 3상4선식(220 V, 380 V)

　㉮ 동력과 전등부하를 동시에 사용하는 수용가에 사용한다.

　㉯ 변압기 용량은 3대 모두 동일 용량을 사용하는 방식과 1대의 용량은 크게 하
　　고 나머지 두 대의 용량은 작게 구성하는 방식이 있다. 이 경우 1대는 동력 전
　　용으로, 두 대는 전등 및 동력 고용으로 주로 나누어진다.

　㉰ 중성선이 단선되면 단상부하에 과전압이 인가될 수 있다.

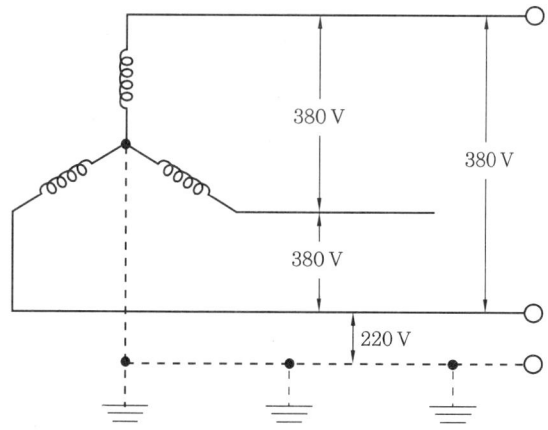

(2) 고압 배전선로

① **방사상식(수지식, 가지식)** : 나뭇가지 모양처럼 한쪽 방향으로만 전력을 공급하는 방식

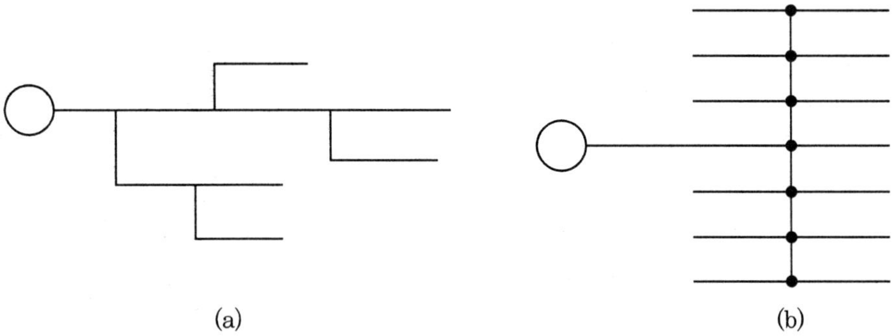

방사상식

(가) 방사상식의 장점
  ㉮ 부하증설에 용이하게 대비
  ㉯ 시설비 저렴
(나) 방사상식의 단점
  ㉮ 전압강하 大
  ㉯ 전력손실 大
  ㉰ 정전범위 大 (공급신뢰도 低)

② **환상식(Loop방식)** : 간선을 환상으로 구성하여 양방향에서 전력을 공급하는 방식

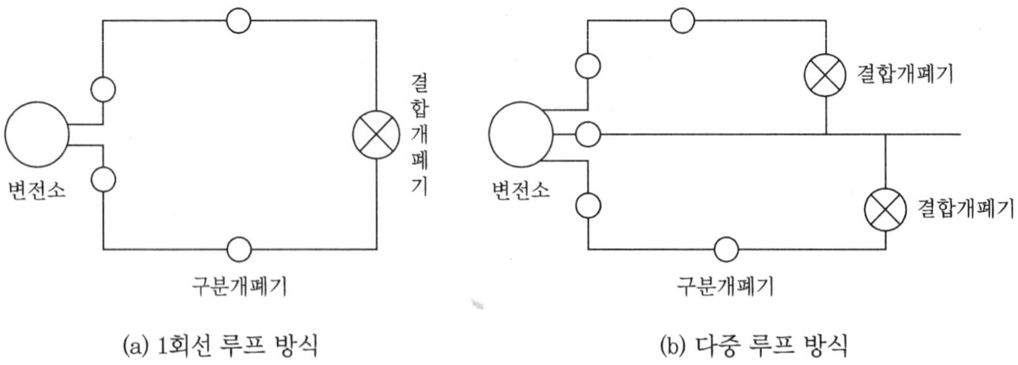

환상식

(가) 결합개폐기
  ㉮ 상시개로 Loop
  ㉯ 상시폐로 Loop

(내) **환상식의 장점**

㉮ 손실 및 전압강하 低

㉯ 공급신뢰도 좋음

(대) **환상식의 단점**

㉮ 설비비 高

㉯ 단락용량 大

㉰ 보호방식 복잡

③ **망상식**

(개) **특징**

㉮ 배전 Feeder를 Network 형태로 접속하고, 그 수개소의 접속점에 급전선을 연결하는 방식이다.

㉯ 같은 변전소의 같은 변압기에서 나온 2회선 이상의 고압배전선에 접속된 변압기의 2차 측을 같은 저압선에 연결하여 부하에 전력을 공급하는 방식이다.

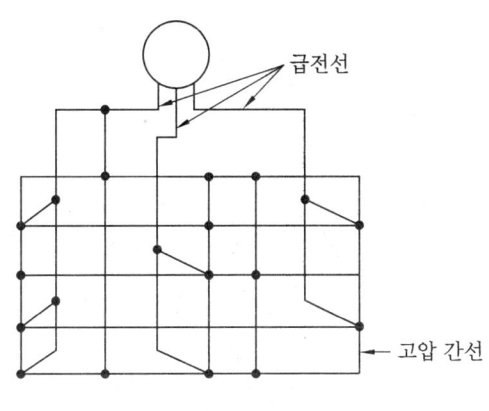

(a) 개요도

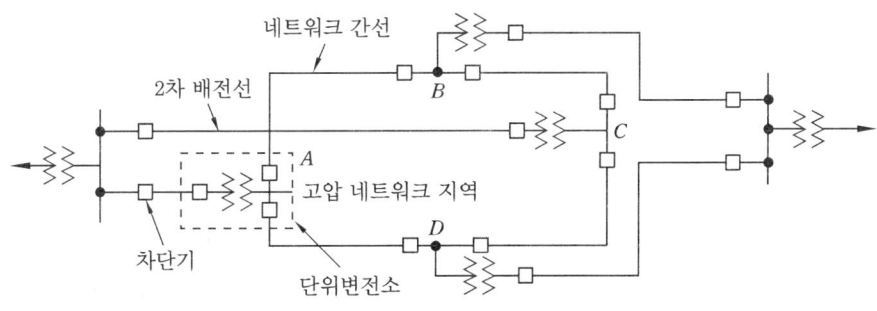

(b) 구성도

망상식

    (나) 망상식의 장점

        ㉮ 무정전 공급 (공급신뢰도가 가장 높다)

        ㉯ 전압변동률 낮아 기기의 이용률이 높음

        ㉰ 전력손실 小

        ㉱ 부하변화에 대한 적응성 좋음

        ㉲ 2차 변전소의 수 감소

        ㉳ 부하증설이 용이

        ㉴ 대형 빌딩가와 같은 고밀도 부하밀집지역에 적합

    (다) 망상식의 단점 : 네트워크변압기나 네트워크프로텍터 설치에 따른 설비비가 비쌈

(3) 고압 지중 배전선로

① **수지식(방사상) 방식** : 부하의 분포에 따라서 분기선을 내면서 수요의 증가에 응하는 방법으로 경제적인 공급방식이다.

② **예비선 절체 방식** : 서로 다른 변전소에서 또는 같은 변전소에서는 다른 뱅크에서 본 선과 예비선을 인출하여 수용가에서는 ALTS (Automatic Load Transfer Switch) 로 수전을 받는 방식이다.

ALTS

③ **환상 공급 방식** : 동일 변전소 동일 뱅크에서 2회선을 상시 공급하는 순수 환상 방식 과 뱅크를 달리하는 개방 환상 방식이 있다.

④ **스폿 네트워크 방식** : 배전용 변전소로부터 2회선 이상으로 도심부의 고층 빌딩이라 든가 혹은 큰 공장에 공급하는 방식으로 공급신뢰도과 선로 이용률이 높고 전압변 동률이 작다.

(4) 저압 배전선로

① **저압 방사상식** : 한방향으로만 전력이 공급되어 시설비가 저렴하고, 부하증설 및 관리가 간단하지만 공급신뢰도가 비교적 낮은 편이다.

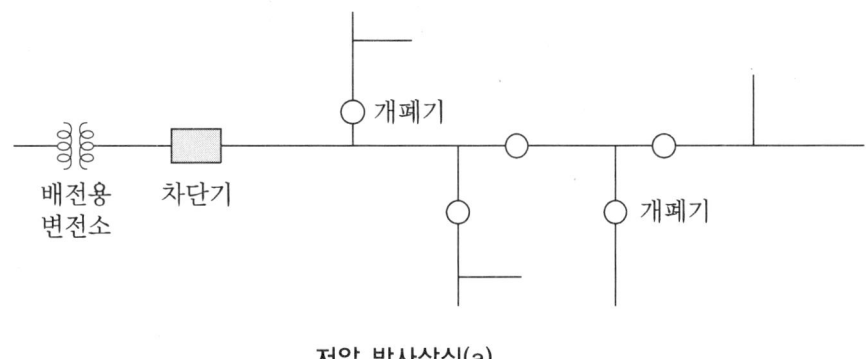

저압 방사상식(a)

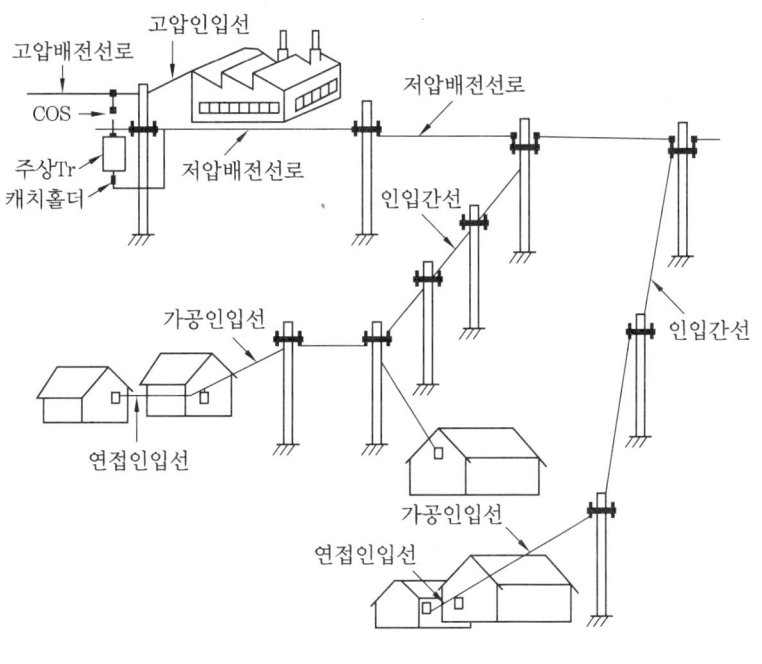

저압 방사상식(b)

② **저압 뱅킹 방식** : 고압선로에 접속된 2대 이상의 변압기 저압 측을 병렬접속하여 부하의 융통성을 도모하는 방식이다.

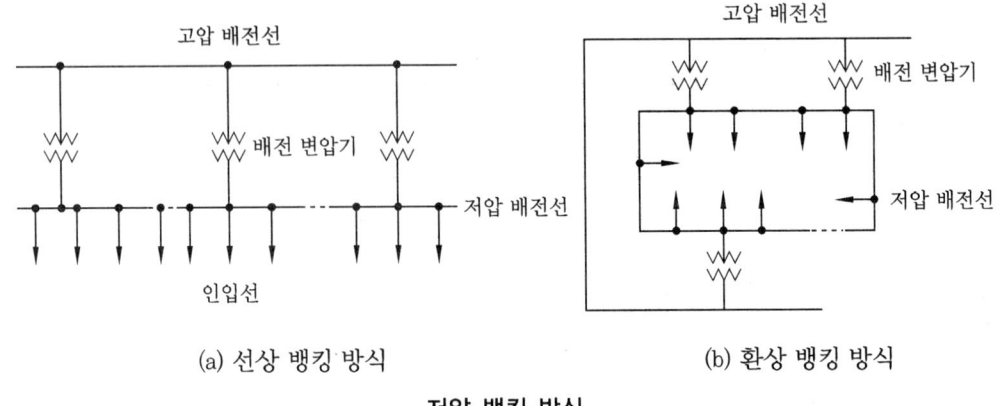

(a) 선상 뱅킹 방식   (b) 환상 뱅킹 방식

저압 뱅킹 방식

㉮ 저압 뱅킹 방식의 장점
  ㉠ 전압변동에 의한 Flicker 경감
  ㉡ 전압강하, 손실 경감
  ㉢ 변압기 용량, 배전선 동량 절감
  ㉣ 수요증가에 대한 융통성 증대
  ㉤ 공급신뢰도 향상
㉯ 저압 뱅킹 방식의 단점
  계통보호가 복잡

▶ **Cascading 현상** : 변압기 또는 선로의 사고에 의해서 Banking 내 건전한 변압기의 일부 또는 전 부가 연쇄적으로 회로로부터 차단되는 현상

㉰ 뱅킹 방식의 보호협조 : 구분 fuse가 변압기 1차 fuse보다 먼저 Open 되도록 설계할 것

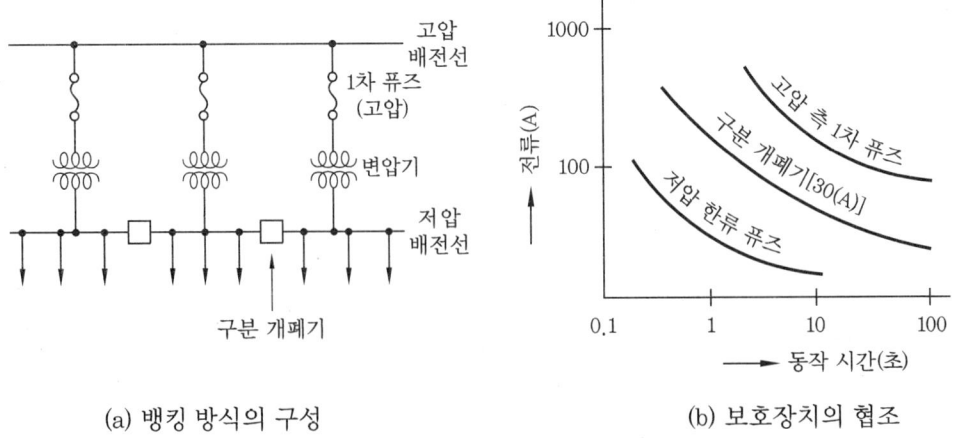

(a) 뱅킹 방식의 구성   (b) 보호장치의 협조

뱅킹 방식의 보호협조

③ **저압 네트워크 방식** : 배전 변전소의 동일 모선으로부터 2회선 이상의 급전선으로 전력을 공급하는 방식으로 신뢰도가 높다.

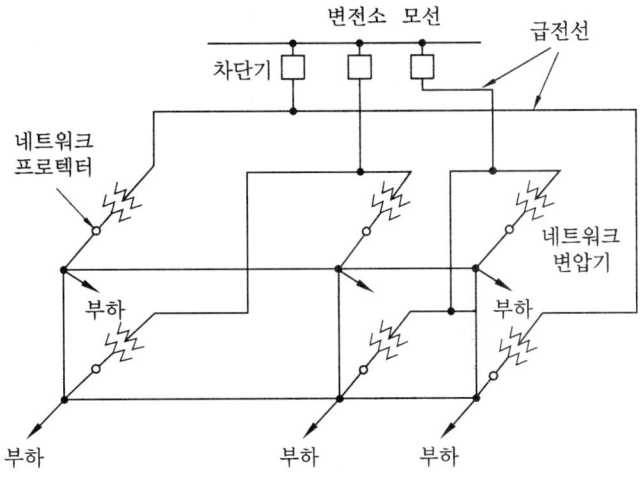

저압 네트워크 방식

④ **스폿 네트워크 방식**

㈎ 저압 네트워크 방식을 간소화한 것

㈏ 22.9 kV 배전용 변전소로부터 2회선 이상(보통 3회선)의 배전선으로 수전해서 고층빌딩이나 큰 공장 같은 부하밀도가 높은 대용량 집중부하에 적용

㈐ 22.9 kV 측의 수전용 차단기 생략

㈑ 변압기의 저압 측에 Network Protector 보호장치

㈒ Network Protector에 Contingency에 대한 Operating Duty 부여

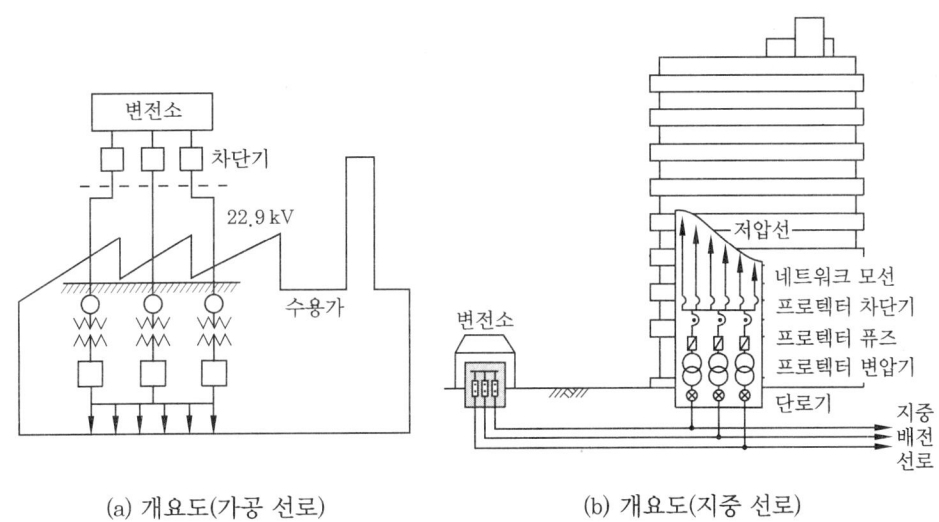

(a) 개요도(가공 선로)   (b) 개요도(지중 선로)

스폿 네트워크 방식

※ 수변전 설비에 사용하는 기기의 명칭, 약호, 기능

용어(명칭)	약호(문자)	기능(역할)
케이블 헤드	CH	가공전선과 케이블의 단말 접속으로서, 재산분계점과 책임분계점을 이룸
단로기	DS	무부하에서 회로(전로)를 개방,변경
피뢰기	LA	지락전류를 대지로 방전하고 속류를 차단
전력퓨즈	PF	부하전류는 통전하도록 하고 과전류는 차단하여 전로나 기기를 보호
계기용 변압 변류기	MOF (PCT)	PT와 CT를 한 함에 넣어 고전압과 대전류를 저전압과 소전류로 변성하여 전력량계 등에 공급
영상 변류기	ZCT	지락전류를 검출하여 지락 계전기에 공급
계기용 변압기	PT	고전압을 저전압(110 V)으로 변성(변압)하여 계기나 계전기에 공급
계기용 변류기	CT	대전류를 소전류(5 A)로 변성(변류)하여 계기나 계전기에 공급
교류 차단기	CB	부하전류를 개폐하고 사고(고장, 이상)전류를 차단
유입 차단기	OCB	부하전류를 개폐하고 사고(고장, 이상)전류를 차단
유입 개폐기	OS	부하전류를 개폐
트립 코일	TC	사고 시에 보호계전기에 의해 여자되어 차단기를 동작
지락 계전기	GR	지락사고 시에 지락전류(영상전류)로 동작
과전류 계전기	OCR	과전류에서 동작
전압계용 전환(절환)개폐기	VS	전압계 1대로 3상의 각 선간 전압을 측정하기 위한 개폐기
전류계용 전환(절환)개폐기	AS	전류계 1대로 3상의 각 선전류를 측정하기 위한 개폐기
전압계	V	전압을 측정
전류계	A	전류를 측정
전력용 콘덴서	SC	진상 무효전력을 공급하여 역률 개선
방전 코일	DC	콘덴서의 잔류전하를 방전하여 감전사고 방지
직렬 리액터	SR	제5고조파 전류를 없애 전압파형의 찌그러짐을 방지하고 콘덴서 투입 시 돌입전류를 억제
컷아웃 스위치	COS	과전류를 차단하여 기기(변압기)를 보호

예·상·문·제

1. 교류송전 방식에 대한 직류송전 방식의 장점에 해당되지 않는 것은?

㉮ 기기 및 선로의 절연에 요하는 비용이 절감된다.

㉯ 전압 변동률이 양호하고 무효전력에 기인하는 전력손실이 생기지 않는다.

㉰ 안정도의 한계가 없으므로 송전용량을 높일 수 있다.

㉱ 고전압, 대전류의 차단이 용이하다.

[해설] 직류송전은 고전압, 대전류 차단이 어렵다.

2. 전력계통을 연계시켜서 얻는 이득이 아닌 것은?

㉮ 배후 전력이 커져서 송전용량이 커진다.

㉯ 부하의 부등성에서 오는 종합 첨두부하가 저감된다.

㉰ 공급 예비력이 절감된다.

㉱ 공급 신뢰도가 향상된다.

[해설] 계통연계와 송전용량의 크기는 무관하다.

3. 직류송전에 대한 설명으로 틀린 것은?

㉮ 직류송전에서는 유효전력과 무효전력을 동시에 보낼 수 있다.

㉯ 역률이 항상 1로 되기 때문에 그만큼 송전효율이 좋아진다.

㉰ 직류송전에서는 리액턴스라든지 위상각에 대하여 고려할 필요가 없기 때문에 안정도상의 단점이 없어진다.

㉱ 직류에 의한 계통연계는 단락용량이 증대하지 않는다.

[해설] 직류송전은 무효전력을 송전하지 않아 송전효율이 좋다.

4. 345 kV 송전계통의 절연협조에서 충격절연내력의 크기순으로 적합한 것은?

㉮ 선로애자＞차단기＞변압기＞피뢰기

㉯ 피뢰기＞변압기＞차단기＞선로애자

㉰ 변압기＞차단기＞선로애자＞피뢰기

㉱ 변압기＞선로애자＞차단기＞피뢰기

5. 피뢰기의 일반적 구조는?

㉮ 특성요소와 소호리액터

㉯ 특성요소와 콘덴서

㉰ 소호리액터와 콘덴서

㉱ 특성요소와 직렬 갭

[해설] 피뢰기는 일반적으로 직렬 갭과 특성요소로 구성되며, 계통의 전압별로 특성요소의 수량을 적합한 수량으로 포개어 조정한다.

6. 전력용 퓨즈를 차단기와 비교할 때 옳지 않은 것은?

㉮ 소형, 경량이다.

㉯ 고속도 차단을 할 수 없다.

㉰ 큰 차단 용량을 갖는다.

㉱ 보수가 간단하다.

7. 송전선로에서 코로나 임계전압이 높아지는 경우는?

㉮ 온도가 높아지는 경우

㉯ 상대 공기밀도가 작을 경우

㉰ 전선의 지름이 큰 경우

㉱ 기압이 낮은 경우

[해설] 코로나 임계전압(코로나가 발생하기 시작하는 최저한도전압)이 높아지는 경우
① 날씨가 맑을 때

정답 1. ㉱ 2. ㉮ 3. ㉮ 4. ㉮ 5. ㉱ 6. ㉯ 7. ㉰

② 온도 및 습도가 낮을 때
③ 기압이 높을 때(고기압)
④ 상대 공기밀도가 클 때
⑤ 전선의 지름이 클 때

8. 송전선로에서 매설지선의 설치 목적으로 가장 알맞은 것은?

㉮ 코로나 전압의 감소
㉯ 역섬락 방지
㉰ 철탑 기초의 강도 보강
㉱ 절연강도의 증가

해설 ① 섬락(閃絡) : 송전선이나 배전선의 애자 표면이나 직류기, 회전 변류기의 정류자에서 절연이 파괴되어 순간적으로 전기 불꽃을 내며 전류가 흐르는 현상
② 역섬락(逆閃絡) : 낙뢰 전류가 철탑으로 흐를 때 철탑에서부터 전선으로 불꽃이 거꾸로 일어나는 현상. 철탑 전위의 마룻값이 전선을 절연하는 애자들의 절연 파괴 전압보다 높을 때 발생한다.
③ 매설지선은 철탑 저항값을 감소시켜 역섬락을 방지할 수 있다.

9. ( ) 안에 들어갈 내용으로 가장 적합한 것은?

> 3상3선식에서는 회로의 평형, 불평형 또는 부하의 △, Y에 불구하고, 세 선전류의 합은 0이므로 선전류의 ( )은 0이다.

㉮ 정상분   ㉯ 역상분
㉰ 영상분   ㉱ 평형분

10. 발전소에 시설하는 계측장치 중 주요변압기의 계측 데이터로 알맞은 것은?

㉮ 전압 및 전류 또는 전력
㉯ 전압 및 유온 또는 주파수
㉰ 전압 및 전류 또는 전력품질

㉱ 전압 및 전류 또는 온도

11. 가공전선로의 지지물에 시설하는 지선의 시방세목을 설명한 것 중 옳은 것은?

㉮ 안전율은 1.2 이상일 것
㉯ 허용 인장하중의 최저는 5.26 kN으로 할 것
㉰ 소선은 지름 1.6 mm 이상인 금속선을 사용할 것
㉱ 지선에 연선을 사용할 경우 소선 3가닥 이상의 연선일 것

해설 지선의 조건
① 인장하중 : 4.31 kN 이상
② 소선 3조 (3종 이상 꼬은 연선)
  ㉮ 2.6 mm 이상 금속선
  ㉯ 2.0 mm 이상 아연도금 철선 : 인장강도 0.68 kN/mm^2 이상일 것
③ 지중부분과 지표상 30 cm 아연도금 철봉 –부식 방지
④ 안전율 : 2.5 이상

12. 애자 사용 공사에 의한 고압 옥내배선 등의 시설에서 사용되는 연동선의 공칭단면적은 몇 mm^2 이상인가?

㉮ 6.0 mm^2 ㉯ 10 mm^2
㉰ 16 mm^2 ㉱ 25 mm^2

13. 빙설의 정도에 따라 풍압하중을 적용하도록 규정하고 있는 내용 중 옳은 것은?

㉮ 빙설이 많은 지방에서는 고온계절에는 갑종 풍압하중, 저온계절에는 을종 풍압하중을 적용한다.
㉯ 빙설이 많은 지방에서는 고온계절에는 을종 풍압하중, 저온계절에는 갑종 풍압하중을 적용한다.

정답 8. ㉯   9. ㉰   10. ㉮   11. ㉱   12. ㉮   13. ㉮

㉠ 빙설이 적은 지방에서는 고온계절에는
갑종 풍압하중, 저온계절에는 을종 풍
압하중을 적용한다.

㉣ 빙설이 적은 지방에서는 고온계절에는
을종 풍압하중, 저온계절에는 갑종 풍
압하중을 적용한다.

해설 풍압하중 적용 원칙
① 빙설이 많은 지방 이외의 지방에서는 고온
계절에는 갑종 풍압하중, 저온계절에는 병
종 풍압하중
② 빙설이 많은 지방에서는 고온계절에는 갑
종 풍압하중, 저온계절에는 을종 풍압하중
③ 빙설이 많은 지방 중 해안지방 기타 저온
계절에 최대풍압이 생기는 지방에서는 고
온계절에는 갑종 풍압하중, 저온계절에는
갑종 풍압하중과 을종 풍압하중 중 큰 것

14. 나전선의 사용제한에 관한 사항으로 옥
내에 시설하는 저압전선으로 나전선을 사
용할 수 없는 경우는?

㉠ 금속 덕트 공사에 의하여 시설하는
경우

㉡ 버스 덕트 공사에 의하여 시설하는
경우

㉢ 애자 사용 공사에 의하여 전개된 곳에
전기로용 전선을 시설하는 경우

㉣ 라이팅 덕트 공사에 의하여 시설하는
경우

15. 전선의 최대 이도(D)를 구하는 식은?
(단, T : 전선의 수평장력(kgf), D : 장력
T일 때의 최대 이도(m), W : 전선 단위
길이당 합성하중(kgf/m), S : 지지점과 인
접지지점 간의 거리(m)이다.)

㉠ $D = \sqrt{\dfrac{WS^2}{8T}}$ ㉡ $D = \dfrac{WS^2}{8T}$

㉢ $D = \dfrac{WS^2}{16T}$ ㉣ $D = \sqrt{\dfrac{WS^2}{16T}}$

16. 일반적으로 전선의 장력을 계산하는 식
은? (단, W는 합성하중, S는 경간, D는
이도이다.)

㉠ $T = \sqrt{\dfrac{WS^2}{8D}}$ ㉡ $T = \dfrac{WS^2}{8D}$

㉢ $T = \dfrac{WS^2}{16D}$ ㉣ $T = \sqrt{\dfrac{WS^2}{16D}}$

17. 전선에서의 안전율(S_f)은?

㉠ $S_f = \dfrac{인장하중}{사용장력}$

㉡ $S_f = \dfrac{인장하중}{탄성계수}$

㉢ $S_f = \dfrac{인장하중}{최대사용하중}$

㉣ $S_f = \sqrt{\dfrac{인장하중}{최대사용하중}}$

18. 전선의 이도(늘어짐)를 작게 할수록 발
생되는 현상은?

㉠ 비경제적이다.

㉡ 장력이 감소한다.

㉢ 탄성한도를 초과하면 단선될 우려가
있다.

㉣ 지지물을 높게 하여야 한다.

19. 전선의 이도(늘어짐)를 크게 할수록 발
생되는 현상 중 틀린 것은?

㉠ 비경제적이다.

㉡ 수평진동에 의한 단락사고 발생 우려
가 있다.

㉢ 안전하중에 대한 안전율이 감소한다.

라 지지물을 높게 하여야 한다.

20. 가공전선로에서 온도변화의 영향을 가장 많이 받는 것은?

　가 장치류　　　나 완금류
　다 전주　　　　라 전선류

21. 가공전선에 쓰이는 전선 중 구비 조건이 잘못된 것은?

　가 도전율이 작을 것
　나 기계적 강도가 클 것
　다 내구성이 좋고 가벼울 것
　라 가선 공사가 쉽고, 접속이 용이할 것

22. 도로나 하천, 전차 선로 등을 횡단하는 선로에 쓰이는 철탑은?

　가 정사각철탑　　　나 직사각형철탑
　다 갠트리철탑　　　라 회전형철탑

　해설　다 갠트리(문형)철탑 : 문(門) 모양을 한 형태의 철탑으로 전차선로, 도로나 하천 횡단 시 사용하는 철탑
　　　라 회전형철탑 : 철탑의 중간부 이상과 이하를 45° 회전시킨 형태의 철탑

23. 전선의 공칭단면적의 설명과 관계가 없는 것은?

　가 계산상의 단면적은 별도로 한다.
　나 단위는 mm²로 표시한다.
　다 전선의 실제 단면적과 같다.
　라 전선의 굵기를 나타내는 것이다.

24. 한 가닥의 지름이 2.6 mm인 19가닥의 연선의 공칭단면적은 몇 mm²인가?

　가 132　　나 110.9　　다 100　　라 90.2

　해설　$\dfrac{\pi d^2}{4} \times$ 가닥 수 $= \dfrac{\pi \times 2.6^2}{4} \times 19 =$ 약 100

25. 동심 연선에서 심선을 뺀 층수를 n, 소선의 지름을 d, 소선 단면적을 S라 할 때의 소선의 총수 N을 구하는 식은?

　가 $N = n(n+1)$
　나 $N = 3n(n+1)+1$
　다 $N = (1+2n)d+1$
　라 $N = (1+2n)d$

26. 다음 중 ACSR은?

　가 경동 연선　　　나 중공 연선
　다 알루미늄선　　라 강심 알루미늄선

27. 가공 송전선로에서 전선 굵기를 산정하는 요소가 아닌 것은?

　가 경제성　　　　나 허용 전류
　다 전압 강하　　라 절연체의 종류

　해설　가공 송전선로에서 전선 굵기를 산정하는 요소 : 경제성, 허용 전류, 전압 강하, 기계적 강도 등

28. 초고압 송전선에 복도체를 사용하는 주 목적은?

　가 서지 임피던스 증가
　나 정전 용량의 감소
　다 리액턴스 증가
　라 코로나 현상 방지

　해설　코로나 방지 대책
　　① 전선을 굵게 한다.
　　② 복도체(다도체)를 사용한다.
　　③ 가선 금구류를 개량한다.

29. 다음 중 코로나 현상에 대한 설명으로

정답　20. 라　21. 가　22. 다　23. 다　24. 다　25. 나　26. 라　27. 라　28. 라　29. 라

틀린 것은?

㉮ 송전 전압이 높을수록 코로나 현상이 일어나기 쉽다.

㉯ 코로나 발생 개시 전압을 높이기 위해서 복도체를 쓴다.

㉰ 코로나가 발생하면 전력 손실이 발생한다.

㉱ 코로나 발생 억제에는 경동선이 유리하다.

30. 송전선을 지지하는 애자에 관한 설명으로 틀린 것은?

㉮ 충분한 절연 내력이 있어야 한다.

㉯ 외부의 하중에 대한 기계적 강도가 있어야 한다.

㉰ 애자의 정전용량은 비 오는 날에 비해 맑은 날이 크다.

㉱ 장간애자의 기계적 강도는 현수애자보다 강하다.

31. 송전선에 댐퍼(damper)를 다는 이유는?

㉮ 전선 이탈 방지

㉯ 전선의 진동 방지

㉰ 현수애자의 경사 방지

㉱ 코로나 방지

32. 전선을 지지물 사이에 가설하면 자체의 무게 때문에 전선이 곡선 모양으로 처지는데, 가장 밑으로 처진 점의 수직거리를 무엇이라고 하는가?

㉮ 전선의 처짐   ㉯ 수직거리

㉰ 이도   ㉱ 코로나

33. 송전선로의 코로나 발생 방지 대책으

로 가장 효과적인 방법은?

㉮ 전선의 선간거리를 증가시킨다.

㉯ 선로의 대지 절연을 강화한다.

㉰ 철탑의 접지저항을 낮게 한다.

㉱ 전선을 굵게 하거나 복도체를 사용한다.

34. 복도체에서 2본의 전선이 서로 충돌하는 것을 방지하기 위하여 2본의 전선 사이에 적당한 간격을 유지시키기 위해 설치하는 것은?

㉮ 아모로드   ㉯ 댐퍼

㉰ 아킹혼   ㉱ 스페이서

35. 154 kV의 송전선로의 전압을 345 kV로 승압하고 같은 손실률로 송전한다고 가정하면 송전 전력은 승압 전의 몇 배인가?

㉮ 5   ㉯ 4   ㉰ 3   ㉱ 2

[해설] $P \propto V^2 \propto \left(\dfrac{345}{154}\right)^2 \propto 5$

36. 장거리 대전력 송전에서 교류송전 방식에 비해서 직류송전 방식의 장점이 아닌 것은?

㉮ 송전효율이 높다.

㉯ 안정도의 문제가 없다.

㉰ 선로 절연이 더 수월하다.

㉱ 변압이 쉬워 고압 송전이 유리하다.

[해설] 직류송전의 장점
① 절연 계급을 낮출 수 있다.
② 리액턴스가 없으므로 리액턴스에 의한 전압강하가 없다.
③ 송전효율이 좋다.
④ 안정도가 좋다.
⑤ 도체 이용률이 좋다.
⑥ 선로 절연이 수월하다.

37. 전력 계통의 전압을 조정하는 가장 주요 수단은?

㉮ 발전기의 유효전력 조정
㉯ 부하의 유효전력 조정
㉰ 계통의 무효전력 조정
㉱ 계통의 주파수 조정

38. 자동 경제 급전(ELD ; Economic Load Distribution)의 목적은?

㉮ 계통 주파수의 유지
㉯ 경제성이 높은 수용가의 자동 선택
㉰ 수용가의 낭비 전력의 자동 선택
㉱ 발전 연료비(Fuel Cost)의 절약

[해설] 자동 경제 급전 시스템은 전력계통의 감시, 발전기 출력제어, 실시간 계측 등을 행하여 원자력·화력·수력발전소에서 생산되는 전기를 경제적으로 공급하는 시스템이다.

39. 각 전력 계통을 연락선으로 상호 연결하였을 때의 장점으로 옳지 않은 것은?

㉮ 각 전력 계통의 신뢰도가 증가한다.
㉯ 경제 급전이 용이하다.
㉰ 고장이 적으며 그 영향의 범위가 적어진다.
㉱ 주파수의 변화가 적어진다.

40. 계통의 안정도 향상 면에서 좋지 않은 것은?

㉮ 선로 및 기기의 리액턴스를 낮게 한다.
㉯ 고속도 재폐로 차단기를 채용한다.
㉰ 중성점 직접접지 방식을 채용한다.
㉱ 고속도 AVR을 채용한다.

[해설] 직접접지 방식 : 지락고장 시 저역률 대전류인 지락전류 발생→과도안정도 저해

41. 전력계통의 안정도 향상 대책에 관한 설명으로 가장 옳은 것은?

㉮ 송전계통의 전달 리액턴스를 증가시킨다.
㉯ 재폐로 방식(Reclosing Method)을 채택한다.
㉰ 전원 측 원동기용 조속기의 부동시간을 크게 한다.
㉱ 고장을 줄이기 위해 각 계통을 분리시킨다.

[해설] ① 재폐로 방식 : 송전선로의 고장구간을 고속으로 자동 분리 또는 재가압하는 방식
② 조속기의 부동시간 : 속도변화 신호출력부터 실제 조속기의 보조서보모터의 동작이 개시될 때까지의 시간

42. 발전소 옥외 변전소의 모선 방식 중 환상 모선 방식은?

㉮ 1모선 사고 시 타 모선으로 절체할 수 있는 2중 모선 방식이다.
㉯ 1발전기마다 1모선으로 구분하여 모선 사고 시 타 발전기의 동시 탈락을 방지한다.
㉰ 다른 방식보다 차단기의 수가 적어도 된다.
㉱ 단모선 방식을 말한다.

43. 최근 전력 계통에 전력 케이블의 사용이 많아지고 있다. 그래서 계통의 전압 조정 및 보호 방식에 대하여 많은 문제점이 발생하고 있는데, 이들에 대하여 기술한 것 중 옳은 것은?

㉮ 적당한 개소에 분로용 콘덴서를 설치하여 무효전력을 흡수토록 하고 전압 변동률을 줄인다.

정답 37. ㉰ 38. ㉱ 39. ㉰ 40. ㉰ 41. ㉯ 42. ㉮ 43. ㉯

[나] 계통의 정전 용량이 커져 경부하에서는 페란티 효과(Ferranti Effect)로 인하여 전압 상승이 발생할 가능성이 많아진다.
[다] 중성점 접지 방식의 경우 종류에 따라서는 고장 시 반파의 정류 전류가 흐르고 대지 정전 용량이 커져서 영상 임피던스도 커진다.
[라] 접지 사고 시 과도 지락 전류가 작아서 지락보호에 대해서는 가공 선로와 같은 무리를 할 필요가 없다.

[해설] ① 페란티 효과(ferranti effect) : 일반적으로 부하의 역률은 지상역률이기 때문에 비교적 큰 부하가 걸려있을 때는 전류가 전압보다 위상이 뒤져있는 것이 보통이다. 즉, 지상 전류가 송전선이나 변압기를 흐르게 되면 송전단 전압은 수전단 전압보다도 높아진다. 그런데 부하가 아주 작을 경우, 특히 무부하의 경우에는 선로의 정전 용량 때문에 전압보다 위상이 90° 앞선 충전 전류의 영향이 커져서 선로를 흐르는 전류가 진상으로 되는 수가 있다. 이러한 경우에는 이 진상 전류와 선로의 자기 인덕턴스에 의한 기전력 때문에 수전단의 전압은 송전단의 전압보다도 높아진다. 이러한 현상을 '페란티 현상(또는 페란티 효과)'이라고 부른다.
② 케이블의 정전용량 : 0.3~1.7 μF/km로 가공선에 비하면 수십 배에 이른다.

44. 대전력계통에 연계되어있는 작은 발전소의 발전기의 여자전류가 증가했을 때, 어떠한 현상이 일어나는가?

[가] 출력이 증가한다.
[나] 단자전압이 상승한다.
[다] 무효전력이 감소한다.
[라] 역률이 나빠진다.

[해설] 여자전류 = 계자전류 (자속을 만드는 전류) = 무부하 전류

45. 직류송전 방식에 비하여 교류송전 방식의 가장 큰 이점은?

[가] 선로의 리액턴스에 의하여 전압강하가 없으므로 장거리송전에 유리하다.
[나] 지중송전의 경우, 충전전류와 유전체 손을 고려하지 않아도 된다.
[다] 변압이 쉬워 고압 송전이 유리하다.
[라] 같은 절연에서 송전전력이 크게 된다.

46. 송전선로의 정상 임피던스는 역상 임피던스에 비하여 얼마인가?

[가] 4배이다. [나] 2배이다.
[다] 같다. [라] $\frac{1}{2}$ 배이다.

47. 송전선의 중성점을 접지하는 이유가 아닌 것은?

[가] 코로나 방지
[나] 지락전류의 감소
[다] 이상 전압의 방지
[라] 지락 사고선의 선택 차단

48. 송전 계통에서 1선 지락 고장 시 인접 통신선의 유도 장해가 가장 큰 중성점 접지방식은?

[가] 비접지 [나] 소호리액터 접지
[다] 직접접지 [라] 고저항 접지

49. 송전 계통의 접지에 대한 설명으로 옳은 것은?

[가] 소호리액터 접지방식은 선로의 정전 용량과 직렬 공진을 이용한 것으로 지락전류가 타 방식에 비해 좀 큰 편이다.

[정답] 44. [라] 45. [다] 46. [다] 47. [가] 48. [다] 49. [다]

㉯ 고저항 접지 방식은 이중 고장을 발생시킬 확률이 거의 없으며, 과도안전성이 작다.

㉰ 직접접지 방식을 채용하는 경우 이상전압이 낮기 때문에 변압기 선정 시 단절연이 가능하다.

㉱ 비접지 방식을 택하는 경우 지락전류 차단이 용이하고 장거리 송전을 할 경우 이중 고장의 발생을 예방하기 좋다.

[해설] ㉮ 소호리액터 접지방식에서는 1선 지락 시 아크지락을 재빨리 소멸시켜 그대로 송전을 계속할 수 있게 한다 (지락전류 최소).
㉯ 저항이 크면 (고저항 접지 방식) 고장전류가 작아서 지락계전기 동작난점, 건전상의 전위 상승, 과도안정성이 크다.
㉱ 비접지 방식은 고장전류 (지락전류)가 작아서 보호계전기 동작이 곤란하다.

50. 중성점 접지 방식 중에서 단선 고장일 때 선로의 전압 상승이 최대이고, 또한 통신 장해가 최소인 것은?

㉮ 비접지　　㉯ 직접접지
㉰ 저항접지　　㉱ 소호리액터 접지

51. 송전 선로의 개폐 조작 시 발생하는 이상전압에 관한 설명으로 옳은 것은?

㉮ 개폐 이상전압은 회로를 개방할 때보다 폐로할 때 더 크다.

㉯ 개폐 이상전압은 무부하 시보다 전부하일 때 더 크다.

㉰ 가장 높은 이상전압은 무부하 송전선의 충전전류를 차단할 때이다.

㉱ 개폐 이상전압은 상규대지 전압의 6배 이상이다.

[해설] 개폐 이상전압은 상규대지 전압의 약 2~3배 수준이다.

52. 단로기(Disconnecting Switch)의 사용 목적은?

㉮ 과전류의 차단　　㉯ 단락사고의 차단
㉰ 부하의 차단　　㉱ 회로의 개폐

53. 다음 중 송전설비에서 거리계전기의 기억작용은?

㉮ 고장 후에도 건전전압을 잠시 유지하는 작용

㉯ 고장위치를 기억하는 작용

㉰ 거리와 시간을 판별하는 작용

㉱ 전압, 전류의 고장선 값을 기억하는 작용

[해설] ① 거리계전기(距離繼電器, Distance Relay) : 송전선로는 전선의 종류 및 지지물의 구성에 따라 물리적인 거리에 비례하는 전기적인 거리, 즉 임피던스 값이 존재하는데 이 전기적인 거리를 측정하여 고장 구간을 판정하는 계전기
② 거리계전기의 기억작용 : 고장 후에도 고장 전 전압을 잠시 유지하는 작용

54. 가스 절연 개폐 장치(GIS)의 특징이 아닌 것은?

㉮ 감전사고 위험 감소
㉯ 밀폐형이므로 배기 및 소음이 없음
㉰ 신뢰도가 높음
㉱ 변성기와 변류기는 따로 설치함

55. 다음 중 반한시 특성 곡선은? (단, t는 동작시간, I는 전기량을 표시한다.)

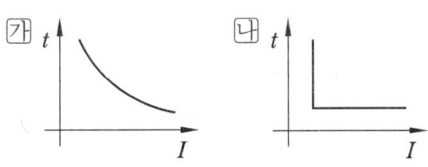

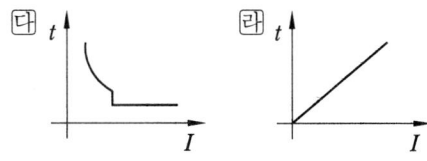

56. 영상전압과 영상전류에 의해서 동작하는 계전기는 어떤 목적으로 사용하는가?

㉮ 선로의 선택 차단

㉯ 변압기의 층간단락 차단

㉰ 중성점 소호리액터 접지계통의 충전 전류 차단

㉱ 계통의 과전압 차단

57. 유입 차단기에 대한 설명으로 옳지 않은 것은?

㉮ 기름이 분해하여 발생되는 가스의 주성분은 수소이다.

㉯ 부싱 변류기를 사용할 수 없다.

㉰ 기름이 분해하여 발생된 가스는 냉각 작용을 한다.

㉱ 보통 상태의 공기 중보다 소호 능력이 크다.

58. 최소 동작전류 이상의 전류가 흐르면 즉시 동작하는 계전기는?

㉮ 방한시 계전기

㉯ 정한시 계전기

㉰ 순한시 계전기

㉱ Notting 한시 계전기

[해설] ① 순한시 계전기 : 규정된 전류 이상의 전류가 흐르면 즉시 동작(0.3초 이내)하는 계전기

② 고속도 계전기 : 규정된 전류 이상의 전류가 흐르면 즉시 동작(0.5~2 Hz 이내에 동작하는 계전기)하는 계전기

③ 반한시 계전기 : 전류가 크면 동작시간이 짧고, 전류가 작으면 동작시간이 길어지는 계전기

④ 정한시 계전기 : 규정된 전류 이상의 전류가 흐를 때 전류의 크기와 관계없이 일정 시간 후 동작하는 계전기

⑤ 반한시–정한시 계전기 : 전류가 작은 구간은 반한시 특성, 전류가 일정 범위를 넘으면 정한시 특성을 갖는 계전기

59. 배전 방식에 있어서 저압 방사상식에 비교하여 저압 뱅킹방식의 장점 중 틀린 것은?

㉮ 전압 동요가 작다.

㉯ 고장이 광범위하게 파급될 우려가 없다.

㉰ 단상3선식에서는 변압기가 서로 전압 평형작용을 한다.

㉱ 부하 증가에 대하여 융통성이 좋다.

60. 저압 뱅킹 배전 방식에서 캐스캐이딩 (Cascading) 현상이란?

㉮ 전압 동요가 적은 현상

㉯ 변압기의 부하 배분이 불균일한 현상

㉰ 저압선이나 변압기에 고장이 생기면 자동적으로 고장이 제거되는 현상

㉱ 저압선의 고장에 의하여 건전한 변압기의 일부 또는 전부가 차단되는 현상

61. 배전 전압을 3000 V 에서 6000 V로 높이는 이점이 아닌 것은?

㉮ 배전손실이 같다고 하면 수송전력을 증가시킬 수 있다.

㉯ 수송전력이 같다면 전력손실을 줄일 수 있다.

㉰ 전압강하를 줄일 수 있다.

㉱ 주파수를 감소시킨다.

62. 22.9 kV로 수전하는 어떤 수용가의 최대 부하는 250 kVA, 부하 역률은 80 %이고 부하율은 50 %이다. 월간 사용 전력량 MWh은 약 얼마인가? (단, 1개월은 30일로 계산한다.)

㉮ 62 ㉯ 72 ㉰ 82 ㉱ 92

해설 $W = 250 \times 0.8 \times 0.5 \times 30 \times 24 \times 10^{-3} = 72$

63. 축전지 용량(AH) 계산에 고려되지 않는 사항은?

㉮ 축전율 ㉯ 방전전류
㉰ 보수율 ㉱ 용량환산시간

해설 $C = \dfrac{1}{L} KI$

여기서, L : 보수율
K : 용량환산시간
I : 방전전류

64. 345 kV 2회선 선로의 거리가 220 km이다. 송전용량 계수법에 의하면 송전용량은 약 몇 MW인가? (단, 345 kV의 송전 용량계수는 1,200이다.)

㉮ 900 ㉯ 1,300 ㉰ 1,500 ㉱ 1,700

해설 송전용량 계수법에서, 2회선 선로의 거리가 220 km이므로, 1회선은 110 km이다. 송전용량은

$P = K \dfrac{V^2}{\iota} = \dfrac{1200 \times 345^2}{110} \times 10^{-3}$
= 약 1300 MW이다.

65. 62,000 kW의 전력을 60 km 떨어진 지점까지 송전하려고 한다. 전압은 약 몇 kV로 하면 좋은가?

㉮ 140 ㉯ 160 ㉰ 180 ㉱ 200

해설 Still's law (경제적인 송전전압)에서
$E = 5.5 \sqrt{0.6l + 0.01P}$
$= 5.5 \sqrt{0.6 \times 60 + 0.01 \times 62000} = 140 \text{ kV}$

66. ( )에 알맞은 내용은?

태양전지 모듈에서 인버터 입력단간 및 인버터 출력단과 계통연계점 간의 전압강하는 각 ( )를 초과하지 말아야 한다.

㉮ 2 % ㉯ 3 % ㉰ 4 % ㉱ 5 %

67. 태양광발전용 배선에 쓰이는 전선으로 옳은 것은?

㉮ 공칭단면적 1.0 mm² 이상의 연동선 또는 이와 동등 이상의 세기 및 굵기의 것
㉯ 공칭단면적 1.5 mm² 이상의 연동선 또는 이와 동등 이상의 세기 및 굵기의 것
㉰ 공칭단면적 2.0 mm² 이상의 연동선 또는 이와 동등 이상의 세기 및 굵기의 것
㉱ 공칭단면적 2.5 mm² 이상의 연동선 또는 이와 동등 이상의 세기 및 굵기의 것

68. 태양광발전용 옥외배선에 쓰이는 전선은?

㉮ 모듈 전용선 ㉯ XLPE케이블
㉰ 직류용 전선 ㉱ UV케이블

69. 인버터의 설치기준에 관한 내용으로 옳지 못한 것은?

㉮ 옥내·외 구분 없이 설치하여야 한다.
㉯ 인버터의 설치용량은 설계용량 이상이어야 한다.
㉰ 인버터에 연결된 모듈의 설치용량은 인버터의 설치용량 105 % 이내여야 한다.

라 각 직렬군 태양전지 개방 전압은 인버터 입력전압 범위 안에 있어야 한다.

70. 제1종 접지공사의 접지저항 값은?

가 10 Ω	나 30 Ω
다 50 Ω	라 100 Ω

71. 다음 기술 중 틀린 것은?

가 비상발전기는 태양광발전 설비 계통과 연계하여야 한다.

나 계통 연계되는 전기실까지 케이블 트레이 평면도를 붙여야 한다.

다 피뢰침 보호각이 표시되어있는 전기 간선 계통도를 붙여야 한다.

라 케이블 트레이 상용케이블과 태양광발전 설비 케이블의 사이에는 이격거리를 두고 배선 꼬리표를 달아야 한다.

72. 지선 시설 시 가장 경제적인 각도는?

가 Y지선	나 수평지선
다 궁지선	라 공동지선

✏️ MEMO _____

제4편 태양광발전 시스템 운영

제1장 | 태양광발전 시스템 운영

1-1 발전전력 운영계획

(1) 발전전력의 거래

① **발전설비 1,000 kW 이하** : 전기판매사업자 (한국전력), 전력시장 (한국전력거래소)

② **발전설비 1,000 kW 초과** : 전력시장 (한국전력거래소)

⊞ **계통한계가격(System Marginal Price)** : 거래시간별로 일반발전기(원자력, 석탄 외의 발전기)의 전력량에 대해 적용하는 전력시장가격(원/kWh)으로서, 전력생산에 참여한 일반발전기 중 변동비가 가장 높은 발전기의 변동비로 결정됨

(2) 한국전력거래소 회원자격

① 전기판매사업자

② 전력시장에서 전력을 직접 구매하는 전기사용자

③ 전력시장에서 전력거래를 하는 발전사업자

④ 전력시장에서 전력거래를 하는 구역전기사업자

⑤ 전력시장에서 전력거래를 하는 자가용전기설비를 설치한 자

⑥ 전력시장에서 전력거래를 하지 아니하는 자 중 한국전력거래소의 정관으로 정하는 요건을 갖춘 자

⑦ 전력시장에서 전력거래를 하는 수요관리사업자

(3) 안전관리업무 대행 자격요건 (전기사업법)

① 안전공사

② 자본금, 보유하여야 할 기술인력 등 대통령령으로 정하는 요건을 갖춘 전기안전관리 대행업자

③ 전기 분야의 기술자격을 취득한 사람으로서 대통령령으로 정하는 장비를 보유하고 있는 자

(4) 전기용량별 정기점검 횟수

① **3 kW 미만의 경우** : 법적으로 정기점검을 하지 않아도 됨

② **100 kW 미만의 경우** : 매년 2회 이상 점검

③ **100 kW 이상의 경우** : 격월 1회 이상 (100 kW 이상~1,000 kW 미만의 경우) 혹은 아래 표 (전기사업법 시행규칙 기준)와 같이 적용한다 (단, 전기수용설비와 발전설비 용량의 합계 기준).

전기설비 규모	저압		고압 및 특고압					
	300 kW 이하	300 kW 초과	300 kW 이하	500 kW 이하	700 kW 이하	1,500 kW 이하	2,000 kW 이하	2,500 kW 미만
횟수	월 1회 이상	월 2회 이상	월 1회 이상	월 2회 이상	월 3회 이상	월 4회 이상	월 5회 이상	월 6회 이상

※ 비고 : 전기설비를 설치 또는 개조 중인 공사의 경우에는 매주 1회 이상 점검을 한다 ("전기사업법 시행규칙" 별표13)

(5) 태양광발전 시스템 운영 시 갖추어야 할 목록

① 태양광발전 시스템 계약서 사본
② 태양광발전 시스템 시방서
③ 태양광발전 시스템 건설 관련 도면
④ 태양광발전 시스템 구조물의 구조계산서
⑤ 태양광발전 시스템 운영 매뉴얼
⑥ 태양광발전 시스템의 한전 계통연계 관련 서류
⑦ 태양광발전 시스템에 사용된 핵심기기의 매뉴얼
⑧ 태양광발전 시스템에 사용된 기기 및 부품의 카탈로그
⑨ 태양광발전 시스템 일반 점검표
⑩ 태양광발전 시스템 긴급복구 안내문
⑪ 태양광발전 시스템 안전교육 표지판
⑫ 전기안전 관련 주의 명판 및 안전 경고표시 위치도
⑬ 전기안전 관리용 정기 점검표

(6) 전기(발전)사업 허가기준

① 전기사업 수행에 필요한 재무능력 및 기술능력이 있을 것
② 전기사업이 계획대로 수행될 수 있을 것
③ 발전소가 특정지역에 편중되어 전력계통의 운영에 지장을 주지 말 것
④ 발전연료가 어느 하나에 편중되어 전력수급에 지장을 주지 말 것

(7) 전기(발전)사업 허가변경

① 사업구역 또는 특정한 공급구역이 변경되는 경우

② 공급전압이 변경되는 경우

③ 설비용량이 변경되는 경우(허가 또는 변경허가를 받은 설비용량의 10 % 미만인 경우에는 제외)

(8) 발전사업의 허가취소

전기사업자가 사업 준비기간(발전사업 허가를 득한 후부터 사업개시 신고 전까지)내에 전기설비의 설치 및 사업의 개시를 하지 아니한 경우, 산업통상자원부의 전기위원회(허가 및 취소의 심의 담당)의 심의를 거쳐 허가를 취소한다.

① 신·재생에너지 발전사업 준비기간의 상한 : 10년

② 발전사업 허가 시 사업 준비기간을 지정

(9) 발전사업 계획서 작성 시 고려사항

① **사업구분** : 발전사업(태양광발전 사업)

② **사업계획 개요** : 발전소 명칭, 발전소 위치, 설비용량, 설비형식, 사용연료, 건설공사, 총 사업비, 건설단가, 연간 전력생산량, 계통연계방법 등

③ 사업개시 예정일

④ 전기판매사업 및 구역전기사업 개시일부터 5년간 연도별 공급계획(발전량, 송전량)

⑤ **소요자금 현황 및 조달방법**

  (개) 소요자금 현황 : 직접공사비, 간접공사비, 총 공사비

  (내) 소요자금 조달방법 : 자기 자금액, 타인 자금액 및 조달방법

⑥ **태양광발전 설비 및 송전설비의 개요**

  (개) 발전설비

    ㉮ 태양전지의 종류, 정격용량, 정격전압 및 정격출력

    ㉯ 인버터의 종류, 입력전압, 출력전압 및 정격출력

    ㉰ 집광판의 면적

    ㉱ 발전소의 명칭 및 위치

  (내) 송변전설비

    ㉮ 변전소의 명칭 및 위치, 변압기의 종류, 용량, 전압, 대수

    ㉯ 송전선로의 명칭, 구간 및 용량

    ㉰ 개폐소의 위치(동, 리까지 적을 것)

    ㉱ 송전선의 종류, 길이, 회선수 및 굵기의 1회선당 조수

⑦ **공사비 개괄 계산서** : 전기사업 회계규칙의 계정과목 분류에 따를 것

⑧ **전기설비의 설치 일정**

1-2 인·허가 사항

(1) 전기(발전)사업 허가권자

① 3,000 kW 초과 설비 : 산업통상자원부장관 (전기위원회 총괄팀)

② 3,000 kW 이하 설비 : 시·도지사

* 단, 제주특별자치도는 「제주국제자유도시 특별법」에 따라 3,000 kW 이상의 발전설비도 제주특별자치도지사의 허가 사항이다.

(2) 발전용량이 100,000 kW 이상일 경우

환경영향평가의 대상이 된다.

(3) 허가절차

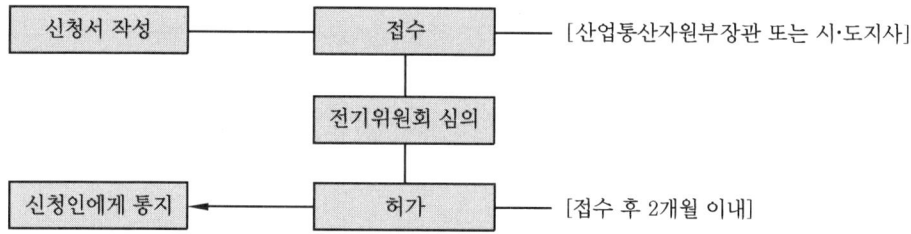

(4) 사업계획서 작성방법(전기사업법 시행규칙 제4조 제1항 제1호 관련 별표1)

① 사업계획에 포함되어야 할 사항

㈎ 사업 구분

㈏ 사업계획 개요(사업자명, 전기설비의 명칭 및 위치, 발전형식 및 연료, 설비용량, 소요부지면적, 준비기간, 사업개시 예정일 및 운영기간을 포함한다)

㈐ 전기설비 개요

㈑ 전기설비 건설 계획(구체적인 주요공정 추진 일정 및 건설인력 관련 계획을 포함한다)

㈒ 전기설비 운영 계획(기술인력의 확보 계획을 포함한다)

㈓ 부지의 확보 및 배치 계획(석탄을 이용한 화력발전의 경우 회(灰)처리장에 관한 사항을 포함한다)

㈔ 전력계통의 연계 계획(발전사업 및 구역전기사업의 경우만 해당한다)

⒜ 연료 및 용수 확보 계획(발전사업 및 구역전기사업의 경우만 해당한다)

㉣ 온실가스 감축계획(화력발전의 경우만 해당한다)

㉤ 소요금액 및 재원조달계획(「전기사업회계규칙」의 계정과목 분류에 따른 공사비 개괄 계산서를 포함한다)

㉥ 사업개시 예정일부터 5년간 연도별·용도별 공급계획(전기판매사업 및 구역전기사업의 경우에만 해당한다)

② 제①호 ㈐의 전기설비 개요에 포함되어야 할 사항

㈎ 발전설비

㉮ 수력설비

㉠ 저수지 또는 조정지(調整池)의 전용량, 유효용량, 계획 홍수량, 이용 수심, 수차의 종류, 출력, 회전수 및 대수

㉡ 댐, 취수구 및 방수구의 위치(동·리까지 적을 것)

㉢ 최대 및 상시 첨두별(尖頭別) 유효낙차

㉯ 화력설비

㉠ 가스터빈 또는 증기터빈의 종류, 정격출력, 정격전압, 주파수, 주증기 정지밸브의 입구 압력 및 온도

㉡ 보일러의 종류, 증발량, 출구의 압력 및 온도와 대수

㉢ 연료의 종류

㉰ 원자력설비

㉠ 원자로의 형식·열출력 및 기수, 연료의 종류 및 초기 농축도 원자로의 제어방식

㉡ 증기터빈의 종류, 정격출력, 정격전압, 주파수, 주증기 정지밸브의 입구 압력 및 온도

㉱ 풍력설비

㉠ 최대·상시 풍속, 풍차의 운전(시동·정격 및 정지) 풍속, 풍차의 회전수·직경, 회전날개의 수·길이 및 지주의 높이

㉡ 발전기의 종류 및 정격출력, 정격전압, 주파수

㉲ 태양광설비

㉠ 태양전지의 종류, 정격용량, 정격전압 및 정격출력

㉡ 인버터(Inverter)의 종류, 입력전압, 출력전압 및 정격출력

㉢ 집광판(集光板)의 면적

㉳ 전기저장장치

㉠ 이차전지의 종류, 입력전압, 출력전압 및 정격출력

㉡ 전력변환장치의 종류 및 제어방식

ⓐ 그 밖의 신에너지 및 재생에너지설비의 경우에는 원동력의 종류 및 정격출력, 공급 전압, 주파수, 설비별 제원 등

(나) 송전·변전설비

㉮ 변전소의 명칭 및 위치, 변압기의 종류·용량·전압·대수

㉯ 송전선로의 명칭·구간 및 송전 용량

㉰ 개폐소의 위치(동·리까지 적을 것)

㉱ 송전선의 종류·길이·회선 수 및 굵기의 1회선당 조수(條數)

주➡ 사업계획서 구비서류(전기사업법 시행규칙 제4조 제1항 제1호 관련[별표 1의 2])

구분	구비서류
1. 재무능력 관련	가. 신청자에 대한 신용평가(「신용정보의 이용 및 보호에 관한 법률」 제2조 제4호에 따른 신용정보업자가 거래신뢰도를 평가한 것을 말한다)의 의견서. 다만, 신청자가 재무능력을 평가할 수 없는 신설법인인 경우에는 신청자의 최대주주를 신청자로 본다. 나. 재원조달계획 관련 증명서류
2. 기술능력 관련	가. 전기설비 건설 및 운영 계획 관련 증명서류
3. 계획에 따른 수행 가능 여부 관련	가. 발전설비 건설 예정지역 관할 지방자치단체(「지방자치법」 제2조 제1항 제2호에 따른 지방자치단체를 말한다)의 발전설비와 접속설비 건설에 대한 의견서(발전설비용량이 1만킬로와트 초과인 신청자만 해당한다. 다만, 「신에너지 및 재생에너지 개발·이용·보급 촉진법」 제2조 제1호 나목에 따른 연료전지 또는 같은 조 제2호 가목·나목에 따른 태양에너지·풍력 발전설비의 경우에는 발전설비용량이 10만킬로와트 초과인 신청자만 해당한다) 나. 발전기의 전력계통 접속에 따른 영향에 관한 한국전력공사의 의견서(발전설비용량이 1만킬로와트 초과인 신청자만 해당한다) 다. 송전관계 일람도(一覽圖) 라. 부지의 확보 및 배치 계획 관련 증명서류 마. 연료 및 용수 확보 계획 관련 증명서류(발전사업 또는 구역전기사업의 허가를 신청하는 경우만 해당한다) 바. 신청자의 과거 발전설비 준공, 포기 또는 지연 이력 및 운영 실적 사. 사업 개시 예정일부터 5년 동안의 연도별 예상사업손익산출서(별지 제2호 서식에 따른다)
4. 그 밖의 사항 관련	가. 사업구역의 경계를 명시한 5만분의 1 지형도(배전사업의 허가를 신청하는 경우만 해당한다) 나. 특정한 공급구역의 위치 및 경계를 명시한 5만분의 1 지형도(구역전기사업의 허가를 신청하는 경우만 해당한다) 다. 발전원가명세서(발전사업 또는 구역전기사업의 허가를 신청하는 경우만 해당한다) 라. 발전용 수력의 사용에 대한 「하천법」 제33조 제1항의 허가 또는 발전용 원자로 및 관계시설의 건설에 대한 「원자력안전법」 제20조 제1항의 허가 사실을 증명할 수 있는 허가서의 사본(전기사업용 수력발전소 또는 원자력발전소를 설치하는 경우만 해당하며, 허가 신청 중인 경우에는 그 신청서의 사본을 말한다)

> * 비고
> 1. 발전설비용량이 200킬로와트 초과 3천킬로와트 이하인 발전사업의 허가를 신청하는 경우는 제2호 가목, 제3호 다목, 제4호 다목 및 라목에 따른 서류만 제출한다.
> 2. 발전설비용량이 200킬로와트 이하인 구역전기사업의 허가를 신청하는 경우는 제4호 나목에 따른 서류만 제출하며, 발전설비용량이 200킬로와트 이하인 발전사업허가를 신청하는 경우로서 구역전기사업의 허가 외의 허가를 신청하는 경우에는 위 표의 구비서류를 제출하지 아니한다.

(5) 개발행위 총괄 인 · 허가

① **사전환경성 검토 · 협의(대기, 소음, 수질)** : 「환경정책 기본법」, 「전원개발 촉진법」에 근거하여 시장, 군수, 지방 환경관서의 장의 허가를 받는다.

　㈎ 검토 대상

　　㉮ 전원개발사업 예정지구

　　㉯ 보전관리지역($5,000\,\mathrm{m}^2$ 이상)

　　㉰ 자연환경보전지역($5,000\,\mathrm{m}^2$ 이상)

　　㉱ 개발제한구역($5,000\,\mathrm{m}^2$ 이상)

　　㉲ 생산관리지역($7,500\,\mathrm{m}^2$ 이상)

　　㉳ 계획관리지역($10,000\,\mathrm{m}^2$ 이상)

② **개발행위 허가 총괄** : 「국토의 계획 및 이용에 관한 법률」에 근거하여 시장, 군수, 구청장이 허가한다.

　㈎ 허가면적

　　㉮ 도시지역

　　　㉠ 보전녹지지역 : $5,000\,\mathrm{m}^2$ 미만

　　　㉡ 주거, 상업, 자연녹지, 생산녹지 지역 : $10,000\,\mathrm{m}^2$ 미만

　　　㉢ 공업지역 : $30,000\,\mathrm{m}^2$ 미만

　　㉯ 자연환경 보전지역 : $5,000\,\mathrm{m}^2$ 미만

　　㉰ 관리지역 : $30,000\,\mathrm{m}^2$ 미만

　　㉱ 농림지역 : $30,000\,\mathrm{m}^2$ 미만

③ **산지전용 허가 및 입목 벌채 허가** : 「산지관리법」에 근거하여 산림청장, 지방산림관리청장, 국유림 관리소장, 시장, 군수가 허가한다.

④ **농지전용 허가** : 「농지법」에 근거하여 시 · 도지사 혹은 시장, 군수, 구청장이 허가한다.

⑤ **사방지 지정의 해제** : 「사방사업법」에 근거하여 산림청장, 지방산림청장, 시 · 도지사, 시장, 군수가 허가한다.

⑥ **사도개설의 허가** : 「사도법」에 근거하여 시장, 군수가 허가한다.

⑦ **무연분묘의 개장 허가** : 「장사 등에 관한 법률」에 근거하여 시장, 군수, 구청장이 허가한다.

⑧ **초지전용의 허가** : 「초지법」에 근거하여 시장, 군수가 허가한다.

⑨ **전기사업용 전기설비의 공사계획 인가 또는 신고** : 「전기사업법」에 근거하여 산업통상자원부 (인가사항) 혹은 광역지자체(신고사항)에서 관할한다.

⑩ **문화재 지표조사** : 「문화재보호법」에 근거하여 시장, 군수, 구청장을 거쳐 시·도지사에 제출 (시·도지사는 문화재청장과 협의)한다.

⑪ **건축물 허가 및 공작물 축조 신고** : 「건축법」에 근거하여 시장, 군수, 구청장이 허가한다.

⑫ **자연공원의 점·사용 허가** : 「자연공원법」에 근거하여 공원관리청장이 허가한다.

(6) 협의 및 등록 외

① **군사시설 보호지역의 사용에 관한 협의** : 「군사시설 보호법」에 근거하여 관계 행정기관의 장과 국방부장관 또는 관할부대장과 협의한다.

② **송전용 전기설비 이용신청** : 「전기사업법」에 근거하여 한국전력공사 전력관리처와 협의한다.

③ **발전회사 등록** : 「전기사업법」에 근거하여 한국전력거래소 시장운영팀에 등록한다.

④ **전기설비의 사용 전 검사** : 「전기사업법」에 근거하여 검사기관(한국전기안전공사 법정검사팀)으로부터 사용 전 검사를 받는다 (검사를 받고자 하는 날의 7일 전까지 신청해야 함)

⑤ **신재생에너지 공급의무화 (RPS) 제도** : 「신에너지 및 재생에너지 개발, 이용, 보급 촉진법」에 근거하여 공급인증기관 (한국에너지공단 신재생에너지센터, 한국전력거래소)으로부터 공급인증을 받는다.

주➔ 1. **전력거래소** : 신재생에너지 공급인증서(REC) 거래 시장 개설·운영과 공급의무사업자 의무이행비용 산정·정산 업무

2. **한국에너지공단 신재생에너지센터** : REC 발급, 공급의무량 산정 및 의무이행실적 점검, 태양광 판매사업자 선정 업무

3. **계통한계가격 (SMP ; System Marginal Price)** : 거래시간별로 일반발전기(원자력, 석탄 외의 발전기)의 전력량에 대해 적용하는 전력시장가격(원/kWh)으로서, 전력생산에 참여한 일반발전기 중 변동비가 가장 높은 발전기의 변동비로 결정됨

4. **공급인증서(REC ; Renewable Energy Certificate)** : 가중치를 적용한 전력공급량 1 MWh에 대하여 '1REC'를 발급함

1-3 태양광발전 시스템의 운영방법

(1) 시설용량 및 발전량

① 시설용량은 부하의 용도 및 적정 사용량을 합산한 월평균 사용량에 따라 결정된다.

② 발전량은 봄, 가을에 많이 발생되며 여름과 겨울에는 기후여건에 따라 현저하게 감소된다 (상대적으로 박막형은 온도에 덜 민감하다).

(2) 모듈 관리

① 모듈 표면은 특수 처리된 강화유리로 되어있어 강한 충격이 있을 시 파손될 우려가 있으므로 주의가 필요하다.

② 모듈 표면에 그늘이 지거나 황사나 먼지, 공해물질이 쌓이고 나뭇잎 등이 떨어진 경우 전체적인 발전효율이 많이 저하되므로 고압 분사기를 이용하여 정기적으로 물을 뿌려주거나 부드러운 천으로 이물질을 제거해주면 발전효율을 높일 수 있다.

③ 모듈 표면의 온도가 높을수록 발전효율이 저하되므로 태양광에 의해 모듈온도가 올라갈 경우 살수장치 등을 사용하여 정기적으로 물을 뿌려 온도를 조절해주면 발전효율을 올릴 수 있다.

④ 풍압이나 진동으로 인해 모듈과 형강의 체결부위가 느슨해지는 경우가 있으므로 정기적으로 점검이 필요하다.

(3) 인버터 및 접속함 관리

① 태양광발전 설비의 고장요인은 대부분 인버터에서 발생하므로 정상 가동여부를 정기적으로 점검해야 한다.

② 접속함에는 역류방지 다이오드, 차단기, T/D, PT, CT, 단자대 등이 있으므로 누수나 기타 습기 침투 등에 대한 정기적인 점검이 필요하다.

(4) 태양광발전 시스템의 응급조치방법

① **태양광발전 설비가 작동되지 않을 경우**

　㉮ AC차단기 개방 (OFF)

　㉯ 접속함 내부 DC차단기 개방 (OFF)

　㉰ 인버터 정지 후 점검

② **점검 완료 후 복귀순서** : 점검 완료 후에는 역으로 전기를 투입한다.

　㉮ 접속함 내부 DC차단기 투입(ON)

㈏ AC차단기 투입(ON)

(5) 태양광발전 시스템의 운전 시 조작방법

① Main VCB반 전압 확인
② 접속반, 인버터 DC전압 확인
③ DC 측 차단기 ON
④ AC 측 차단기 ON
⑤ 5분 후 인버터의 정상동작 여부 확인

(6) 태양광발전 Trouble Shooting

① 태양전지 과전압 발생
㈎ 발생원인 : 태양전지 전압이 규정 이상일 때 발생
㈏ 조치사항 : 태양전지 전압 점검 후 정상 시 5분 후 재기동

② 인버터 과전류 발생
㈎ 발생원인 : 인버터 전류가 규정값 이상으로 흐를 때 발생
㈏ 조치사항 : 시스템 정지 후 고장부분 수리 후 또는 계통점검 후 운전

③ 인버터 MC (전자접촉기) 이상 발생
㈎ 발생원인 : 전자접촉기 고장
㈏ 조치사항 : 전자접촉기 교체/점검 후 운전

④ PV발전 시스템의 정전 시 조작방법
㈎ Main VCB반 전압 확인 및 계전기를 확인하여 정전여부 확인, 부저 OFF
㈏ 인버터 상태 확인 (정지)
㈐ 한전 전원 복구 여부 확인
㈑ 인버터 DC전압 확인 후 운전 시 조작방법에 의해 재시동

(7) 태양전지 어레이의 점검주기 및 유의사항

① 태양전지 모듈은 일반적으로 특별한 관리는 불필요하지만, 일상점검으로 1개월에
한 번, 정기점검으로 1년 또는 수년에 한 번씩 모듈의 오염, 유리에 금이 간 부분의
손상에 관하여 육안으로 점검을 실시한다.

② 가대도 일반적으로 특별한 관리는 불필요하지만 일상점검으로 1개월에 한 번, 정
기점검으로 1년 또는 수년에 한 번씩 녹의 발생, 손상의 유무, 심하게 조인 부분의
이완 등에 관해서 육안으로 점검을 실시한다.

(8) 계측기구 및 표시장치 설치목적

① 시스템의 운전 상태를 감시하기 위해 계측 또는 표시한다.

② 시스템에 의한 발전 전력량을 알기 위해 계측한다.

③ 시스템 기기 또는 시스템에 대한 종합평가를 위해 계측한다.

④ 홍보용으로 표시장치를 설치하는 경우도 있다.

　　㊟ 보통 24시간 운전하므로 계측기의 소비전력을 최소로 줄이는 것이 중요하다.

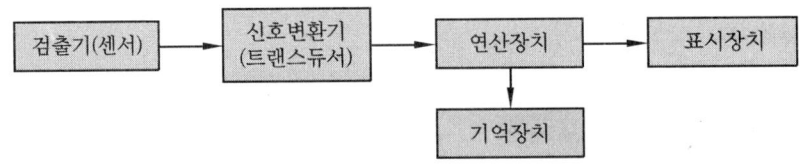

계측기구 및 표시장치 제어흐름도

(9) 검출기(센서)의 검출방법

① 직류회로의 전압은 직접 또는 분압기로 분압하여 검출한다.

② 직류회로의 전류는 직접 또는 분류기를 사용하여 검출한다.

③ 교류회로의 전압, 전류, 전력, 역률 등은 직접 또는 PT, CT 등을 통해서 검출한다.

④ 일사강도는 일사계, 기온은 온도계로 검출한다.

⑤ 풍향, 풍속은 풍향풍속계로 검출한다.

(10) 신호변환기(트랜스듀서)

① 신호변환기는 검출기로 검출된 데이터를 컴퓨터 및 먼 거리에 설치된 표시장치에 전송하는 경우에 사용한다.

② 신호의 출력은 노이즈가 혼입되지 않도록 실드선을 사용하여 전송하도록 한다 (4~20 mA의 전류신호로 전송하면 노이즈의 염려가 줄어든다).

(11) 주택용 태양광발전 시스템

① 주택용 태양광발전 시스템의 경우에는 전력회사에서 공급받는 전력량과 설치자가 전력회사로 역조류한 잉여전력량을 동시에 계량할 수 있어야 한다.

② 주택용 파워컨디셔너는 운전 상태를 감시하기 위해 발전전력의 검출기능과 그 계측결과를 표시하기 위한 LED나 액정디스플레이 등의 표시장치를 갖추고 있다.

③ 최근에는 파워컨디셔너와는 별도로 표시장치를 설치하고, 거실 등에서 떨어진 위치에서 태양광발전 시스템의 운전 상태를 모니터링하는 제품, CO_2의 삭감량 표시 기능이 있는 제품 등이 다양하게 개발되고 있다.

1-4 태양광발전 시스템의 분류별 법 절차

(1) 태양광발전 시스템의 계통연계 구분

출력용량	계통연계의 구분
500 kW 미만	저압배전선과 연계
500 kW 이상	특고압 배전선과 연계

(2) 태양광발전 시스템의 법 절차

① 태양광발전 시스템의 검사, 신고 절차

출 력	공사계획	사용 전 검사	사용개시 신고	제출처
10,000 kW 초과	인가	실시	실시	산업통상자원부
3 kW 이상~10,000 kW 미만	신고	실시	실시	시·도지사
3 kW 미만	신고	신고	신고	시·도지사

② 태양광발전 설비용량에 따른 안전관리자 선임

발전용량	안전관리자 선임
10 kW 이하	미선임
10 kW 초과	선임
1,000 kW 이하	안전관리 대행업자 대행 가능 (단, 250 kW 미만은 개인대행자 대행 가능)
1,000 kW 초과	상주 안전관리자 선임

③ 태양광발전 시스템 건설의 절차

항 목	개 요	소요일수 기준
설치계획과 설계	설치업자에게 설치 의뢰·계약	1~2개월
전력회사와의 협의	계통연계 조건에 대한 검토	5~6개월(병행처리)
전력회사에 신청 계약	계통연계에 관한 계약 체결	
설치공사	설치업자에 의한 공사	5~6개월
자주 준공검사	시험운전, 성능조사	1주일가량
전력회사의 현지 확인	전력회사 상황에 따라 다름	1일
사용 개시		

1-5 사용 전 검사와 검사항목

(1) 사용 전 검사 방법

① **검사 시기** : 전체공사 완료 후

② **사용 전 검사의 구분**

구 분	검사의 종류	용 량	선 임	감리원 배치
일반용	사용 전 점검	10kW 이하	미선임	필요 없음
자가용	사용 전 검사(저압설비는 공사계획 미신고)	10 kW 초과(자가용 설비 내에 있는 경우 용량에 관계 없이 자가용임)	대행업체 대행 가능(1000 kW 이하)	감리원 배치확인서(자체 감리원 불인정)
사업용	사용 전 검사(시·도에 공사계획 신고)	전 용량 대상	대행업체 대행 가능(10 kW 이하 미선임 가능)	감리원 배치확인서(자체 감리원 불인정)

③ **사용 전 검사에 필요한 서류**

  ㈎ 사용 전 검사(점검) 신청서

  ㈏ 태양광발전 설비 개요

  ㈐ 공사계획 인가서(신고서)

  ㈑ 태양광전지 규격서

  ㈒ 단선결선도, 시퀀스 도면, 태양전지 트립인터록 도면, 종합 인터록 도면 → 설계 면허(직인 필요 없음)

  ㈓ 절연저항시험 성적서, 절연내력시험 성적서, 경보회로시험 성적서, 부대설비시험 성적서, 보호장치 및 계전기시험 성적서

  ㈔ 출력 기록지

  ㈕ 전기안전관리자 선임필증 사본(사용 전 점검에서는 제외)

  ㈖ 감리원 배치확인서(사용 전 점검에서는 제외)

④ **태양전지 셀 및 어레이 사용 전 검사 방법**

  ㈎ 지상 설치형 어레이의 경우에는 지상에서 육안으로 점검하며, 지붕설치형 어레이는 수검자가 제공한 낙상 보호조치를 확인한 후 검사자가 직접 지붕에 올라 어레이를 검사한다.

  ㈏ 지붕의 경사가 심해 검사자가 직접 오를 수 없는 경우에는 수검자가 제공한 사

다리나 승강장치에 올라 정확한 모듈과 어레이의 설치개수, 설계도면 일치여부 등을 확인한다.

㈜ 지붕에 설치된 모듈은 모델번호를 확인하기 곤란한 경우가 많으므로 수검자가 카메라로 찍은 사진을 근거로 확인한다.

㈜ 사용 전 검사 시 공사계획인가서의 내용과 일치하는지 태양전지 모듈의 정격용량을 확인하여 이를 사용 전 검사필증에 표시한다.

㈜ 검사자는 모듈 간에 제대로 접속되었는지 확인하기 위해 개방전압이나 단락전류 등을 확인한다.

㈜ 검사자는 운전 개시 이전에 태양광 회로의 절연상태를 확인하고 통전 여부를 판단하기 위해 절연저항을 측정한다.

㈜ 태양광발전소에 설치된 태양전지 셀의 셀당 최대출력을 기록한다.

㈜ 개방전압과 단락전류와의 곱에 대한 최대출력의 비(충진율)를 태양전지 규격서로부터 확인하여 기록한다.

⑤ **사용 전 검사 주의사항**

㈎ 피뢰침 보호각이 표시되어있는 전기 간선 계통도를 붙여야 한다.

㈏ 케이블 트레이 상용케이블과 태양광발전 설비케이블의 사이에는 이격거리를 두고 배선 꼬리표를 달아야 한다.

㈐ 계통 연계되는 전기실까지 케이블 트레이 평면도를 붙여야 한다.

㈑ 비상발전기는 태양광발전 설비의 계통과 연계하지 말아야 한다.

㈒ 자가용 및 사업자용 태양광발전 설비 사용 전 검사 항목 : 전기사업용 전기설비의 검사항목을 준용한다.

(2) 자가용 태양광발전의 검사항목

검사항목	검사세부 종목	수검자 준비자료
1. 태양광발전 설비표	• 태양광발전 설비표 작성	• 공사계획인가 (신고)서 • 태양광발전 설비 개요
2. 태양광 전지 검사 • 태양광 전지 일반규격	• 규격 확인	• 공사계획인가 (신고)서 • 태양광 전지규격서

• 태양광 전지 검사	• 외관검사
	• 전지 전기적 특성시험
	   - 최대출력
	   - 개방전압
		• 단선결선도
		• 태양광 전지 Trip Inter-lock 도면
		• Sequence 도면

	– 단락전류 – 최대 출력전압 및 전류 – 충진율 – 전력변환효율 • Array 　– 절연저항 　– 접지저항	• 보호장치 및 계전기시험 성 　적서 • 절연저항시험 성적서
3. 전력변환장치 검사 • 전력변환장치 일반규격	• 규격 확인	• 공사계획인가(신고)서
• 전력변환장치 검사	• 외관 검사 • 절연저항 • 절연내력 • 제어회로 및 경보장치 • 전력조절부/Static 스위치 　자동·수동절체시험 • 역방향운전 제어시험 • 단독운전 방지 시험 • 인버터 자동·수동절체 　시험 • 충전기능시험	• 단선결선도 • Sequence 도면 • 보호장치 및 계전기시험 성적 　서 • 절연저항시험 성적서 • 절연내력시험 성적서 • 경보회로시험 성적서 • 부대설비시험 성적서
• 보호장치 검사	• 외관 검사 • 절연저항 • 보호장치시험	
• 축전지	• 시설상태 확인 • 전해액 확인 • 환기시설 상태	
4. 종합연동시험 검사 5. 부하운전시험 검사	• 검사 시 일사량을 기준으로 가 　능 출력 확인하고 발전량 이상 　유무 확인(30분)	• 종합 Interlock 도면 • 출력 기록지
6. 기타 부속설비	• 전기수용설비 항목을 준용	

(3) 사업용 태양광발전 설비에 대한 검사항목

① 정기검사는 4년마다 실시한다.

② **5대 검사항목** : 태양광 전지 검사, 전력변환장치 검사, 변압기 검사, 차단기 검사, 전
　선로(모선) 검사

③ 통상 상기 5대 검사항목 외 발전설비표, 접지설비, 비상발전기, 종합연동, 부하운
전 등에 대한 검사도 진행한다.

(4) 법정검사 시정기간 : 법정검사 수행절차 시 불합격일 경우의 시정기간은 아래와 같다.

① 사용 전 검사 : 15일
② 정기검사 : 3개월

(5) 전기설비의 임시사용 허용기준

① 발전기의 출력이 인가를 받거나 신고한 출력보다 낮으나 사용상 안전에 지장이 없
다고 인정되는 경우
② 송전·수전과 직접적인 관련이 없는 보호울타리 등이 시공되지 아니한 상태이나
사람이 접근할 수 없도록 안전조치를 한 경우
③ 공사계획을 인가받거나 신고한 전기설비 중 교대성·예비성 설비 또는 비상용 예
비발전기가 완공되지 아니한 상태이나 주된 전기설비가 전기의 사용상이나 안전에
지장이 없다고 인정되는 경우

1-6 **모니터링**

(1) 태양광발전 모니터링의 프로그램

① 태양광발전 통합모니터링 시스템은 주로 전력변환장치 감시제어 장치(AIS), 태양
광모듈 계측 메인장치(SCS), 자동기상 관측 장치(AWS) 등으로 구성된다.
② **모니터링 프로그램의 주요 기능**
  ㈎ 데이터 수집기능 : 각각의 인버터에서 서버로 전송되는 데이터를 DB의 실시간 테
  이블 형식에 맞도록 데이터를 수집한다.
  ㈏ 데이터 저장기능 : DB에 실시간 테이블 형식에 맞도록 수집된 데이터는 DB에 실
  시간 테이블로 저장된다.
  ㈐ 데이터 분석기능 : 데이터베이스에 저장된 데이터를 표로 작성하여(각각의 계측
  요소마다 일일 평균값과 시간에 따른 각 계측값의 변화를 알 수 있도록) 표의 테
  이블 형식으로 데이터를 제공한다.
  ㈑ 데이터 통계기능 : DB에 저장된 데이터를 일간과 월간의 통계기능을 구현하여

지정날짜 또는 지정 월의 통계 데이터를 출력한다.

③ **모니터링 시스템(관제시스템)의 주요 구성요소** : 직렬서버(Serial Server), 각종 센서류, 모니터, 통신케이블, 공급 전원, 공유기, 기상수집 I/O 통신모듈 등

(2) 태양광발전(통합) 모니터링의 화면구성

① 채널 모니터 감시화면   ② 계통 모니터 감시화면

③ 동작상태 감시화면   ④ 그래프 감시화면 (일보1)

⑤ 이상 발생 기록 화면   ⑥ 일일 발전현황 (일보2)

⑦ 월간 발전현황 (월보3)   ⑧ 월간 시간대별 발전현황 (월보2)

(3) 모니터링 시스템의 주요기능

① 발전 진단

② 고장 진단

③ 경보 현황

④ 기록 및 통계 기능

⑤ 정보 분석

⑥ 보고서 화면 (디지털 감시화면/계통도 화면/경보 화면/보고서 화면)

⑦ 추가기능 (CCTV 시스템 연동기능/자탐 설비 연동기능/관리자 원격 통보 기능)

(4) 모니터링 시스템 요구사항

① 계측설비별 요구사항

계측설비	요구사항	확인방법
인버터	CT 정확도 3 % 이내	• 관련 내용이 명시된 설비 스펙 제시 • 인증 인버터는 면제
온도센서	정확도 ±0.3℃ (−20~100℃) 미만	관리내용이 명시된 설비사양 게시
	정확도 ±1℃ (100~1,000℃) 이내	
유량계, 열량계	정확도 ±1.5 % 이내	
전력량계	정확도 1 % 이내	

② 인버터의 주요 Data 관리

측정항목	모니터링 항목	데이터(누적값)
인버터 출력	일일 발전량 (kWh)	24개(시간당)
	생산시간 (분)	1개(1일)

(5) 태양광발전 모니터링 시스템 구축방안

① 로컬 모니터링 시스템(응용 프로그램방식)

② 로컬 모니터링 시스템(웹 프로그램방식)

③ 통합 모니터링 시스템

④ 온라인 상시 감시 시스템(대규모 태양광발전 설비)

예·상·문·제

1. 다음 중 태양전지 어레이 외관의 일상 점검 주기는?

㉓ 15일   ㉯ 1개월

㉰ 2개월   ㉴ 3개월

2. 검출된 데이터를 먼 거리에 설치한 표시 장치에 전송하는 경우에 사용하는 기기는?

㉓ 센서   ㉯ 트랜스듀서

㉰ 기억장치   ㉴ 연산장치

3. 발전전력의 거래에 관한 설명으로 틀린 것은?

㉓ 발전설비 1,000 kW 이하의 경우 전기 판매사업자(한국전력)와 거래하고 전력 시장(한국전력거래소)에서는 거래가 불가하다.

㉯ 발전설비 1,000 kW 초과할 경우에는 전력시장(한국전력거래소)에서만 거래가 허용된다.

㉰ SMP(계통한계가격)란 전력생산에 참여한 일반발전기 중 변동비가 가장 높은 발전기의 변동비로 결정된다.

㉴ 전력시장에서 전력을 직접 구매하는 전기사용자는 한국전력거래소 회원자격이 있다.

[해설] 발전설비 1,000 kW 이하의 경우 전기판매사업자(한국전력) 혹은 전력시장(한국전력거래소)에서 거래가 가능하다.

4. 태양광발전 시 거래가격에 해당하는 계통한계가격(SMP)과 공급인증서(REC)에 관한

아래의 설명 중 ㉠~㉡ 안에 적당한 것은?

- 계통한계가격(SMP ; System Marginal Price) : 거래시간별로 일반발전기(원자력, 석탄 외의 발전기)의 전력량에 대해 적용하는 전력시장가격(원/kWh)으로서, 전력생산에 참여한 일반발전기 중 (㉠)가 가장 높은 발전기의 가격으로 결정된다.
- 공급인증서(REC ; Renewable Energy Certificate) : 가중치를 적용한 전력공급량 (㉡)에 대하여 '1REC'를 발급한다.

	㉠	㉡
㉓	변동비	1 kWh
㉯	고정비	1 kWh
㉰	변동비	1 MWh
㉴	고정비	1 MWh

5. 전기(발전)사업의 허가기준에 들어가지 않는 것은?

㉓ 전기사업 수행에 필요한 재무능력이 있을 것

㉯ 전기사업 수행에 필요한 사업구조를 갖출 것

㉰ 발전소가 특정지역에 편중되어 전력계통의 운영에 지장을 주지 말 것

㉴ 발전연료가 어느 하나에 편중되어 전력수급에 지장을 주지 말 것

[해설] 전기(발전)사업의 허가기준

① 전기사업 수행에 필요한 재무능력 및 기술능력이 있을 것

② 전기사업이 계획대로 수행될 수 있을 것

③ 발전소가 특정지역에 편중되어 전력계통의 운영에 지장을 주지 말 것

④ 발전연료가 어느 하나에 편중되어 전력수급에 지장을 주지 말 것

정답 1. ㉯   2. ㉰   3. ㉓   4. ㉰   5. ㉯

6. 전기용량별 정기점검 횟수가 틀리게 짝지어진 것은?

㉮ 용량 300 kW 이하 – 월간 1회 이상

㉯ 용량 500 kW 이하 – 월간 2회 이상

㉰ 용량 700 kW 이하 – 월간 3회 이상

㉱ 용량 1,000 kW 이하 – 월간 6회 이상

해설 용량 1,000 kW 이하일 경우에는 월간 4회 이상 점검을 하여야 한다.

7. 전기(발전)사업의 허가변경을 해야 하는 경우가 아닌 것은?

㉮ 사업구역이 변경되는 경우

㉯ 공급전압이 변경되는 경우

㉰ 허가 또는 변경허가를 받은 설비용량의 5 % 이상이 변경되는 경우

㉱ 특정한 공급구역이 변경되는 경우

해설 ㉰는 '허가 또는 변경허가를 받은 설비용량의 10 % 이상이 변경되는 경우'로 고쳐야 옳다.

8. 발전사업에 관한 설명으로 잘못된 것은?

㉮ 사업 준비기간이란 발전사업 허가를 득한 후부터 사업개시 신고 전까지를 말한다.

㉯ 발전사업 허가 시 사업 준비기간을 지정해야 한다.

㉰ 전기사업자가 사업 준비기간 내에 전기설비의 설치 및 사업의 개시를 하지 아니한 경우 전기위원회의 심의를 거쳐 허가를 취소할 수 있다.

㉱ 신·재생에너지 발전사업 준비기간의 상한은 5년으로 한다.

해설 신·재생에너지 발전사업 준비기간의 상한은 10년으로 한다.

9. 발전사업 계획서 작성 시 고려사항에 대한 설명으로 틀린 것은?

㉮ 사업계획 개요에는 발전소 위치, 설비용량, 설비형식, 사용연료, 계통연계 방법 등을 작성해야 한다.

㉯ 소요자금 현황에는 직접공사비, 간접공사비, 총 공사비 등을 작성해야 한다.

㉰ 소요자금 조달방법에는 자기 자금액, 타인 자금액 또는 기타의 조달방법을 명기해야 한다.

㉱ 전기판매사업 및 구역전기사업 개시일부터 3년간 연도별 공급계획(발전량, 송전량)을 작성해야 한다.

해설 전기판매사업 및 구역전기사업 개시일부터 5년간 연도별 공급계획(발전량, 송전량)을 작성해야 한다.

10. 발전사업의 인·허가 사항에 관한 설명으로 잘못된 것은?

㉮ 3,000 kW 초과설비에 대한 전기(발전) 사업 허가권자는 산업통상자원부장관이다.

㉯ 3,000 kW 이하의 설비에 대한 전기(발전)사업 허가권자는 시·도지사이다.

㉰ 발전용량이 10,000 kW 이상일 경우 환경영향평가의 대상이 된다.

㉱ 제주특별자치도의 경우 3,000 kW 이상의 발전설비에 대한 전기(발전)사업 허가권자는 제주특별자치도지사이다.

해설 발전용량이 100,000 kW 이상일 경우 환경영향평가의 대상이 된다.

11. 대기, 소음, 수질 등에 대한 사전환경성 검토, 협의 대상지역과 범위가 맞게 짝지어진 것은?

정답 6. ㉱ 7. ㉰ 8. ㉱ 9. ㉱ 10. ㉰ 11. ㉯

[가] 보전관리지역 - 3,000 m^2 이상
[나] 자연환경보전지역 - 5,000 m^2 이상
[다] 생산관리지역 - 5,000 m^2 이상
[라] 계획관리지역 - 7,500 m^2 이상

[해설] 사전환경성 검토, 협의(대기, 소음, 수질) 대상
① 전원개발사업 예정지구
② 보전관리지역(5,000 m^2 이상)
③ 자연환경보전지역(5,000 m^2 이상)
④ 개발제한구역(5,000 m^2 이상)
⑤ 생산관리지역(7,500 m^2 이상)
⑥ 계획관리지역(10,000 m^2 이상)

12. **국토의 계획 및 이용에 관한 법률에 근거하여 개발행위 허가를 받아야 하는 대상과 허가면적이 맞게 짝지어진 것은?**

[가] 보전녹지지역 - 5,000 m^2 미만
[나] 주거, 상업, 자연녹지, 생산녹지 지역 - 7,500 m^2 미만
[다] 관리지역 - 5,000 m^2 미만
[라] 농림지역 - 10,000 m^2 미만

[해설] 대상과 허가면적은 아래와 같다.
① 도시지역
(가) 보전녹지지역 : 5,000 m^2 미만
(나) 주거, 상업, 자연녹지, 생산녹지 지역 : 10,000 m^2 미만
(다) 공업지역 : 30,000 m^2 미만
② 자연환경 보전지역 : 5,000 m^2 미만
③ 관리지역 : 30,000 m^2 미만
④ 농림지역 : 30,000 m^2 미만

13. **태양광발전 설비와 관련된 인·허가 내용 중 잘못된 설명은?**

[가] 전기사업용 전기설비의 공사계획 인가 또는 신고는 「전기사업법」에 근거하여 산업통상자원부 혹은 광역지자체에서 관할한다.
[나] 사방지 지정의 해제는 「사방사업법」에 근거하여 산림청장, 지방산림청장, 시·도지사, 시장, 군수가 허가한다.
[다] 사도개설의 허가는 「사도법」에 근거하여 시장, 군수가 허가한다.
[라] 자연공원의 점·사용 허가는 「자연공원법」에 근거하여 시장, 군수가 허가한다.

[해설] 자연공원의 점·사용 허가는 「자연공원법」에 근거하여 공원관리청장이 허가한다.

14. **태양광발전 설비와 관련된 업무처리 내용 중 잘못된 설명은?**

[가] 군사시설 보호지역의 사용에 관한 협의는 「군사시설 보호법」에 근거하여 관계 행정기관의 장과 국방부장관 또는 관할부대장과 협의한다.
[나] 전기설비의 사용 전 검사는 「전기사업법」에 근거하여 한국전기안전공사 법정검사팀으로부터 받으며 검사를 받고자 하는 날의 14일 전까지 신청해야 한다.
[다] 전력거래소는 신재생에너지 공급인증서(REC) 거래 시장 개설·운영과 공급의무사업자 의무이행비용 산정·정산 업무를 맡는다.
[라] 신재생에너지센터는 REC 발급, 공급의무량 산정 및 의무이행실적 점검, 태양광 판매사업자 선정 등의 업무를 맡는다.

[해설] 전기설비의 사용 전 검사는 「전기사업법」에 근거하여 한국전기안전공사 법정검사팀으로부터 받으며 검사를 받고자 하는 날의 7일 전까지 신청해야 한다.

15. **태양광발전 시스템의 운전 시 조작순서로 적절한 것은?**

[가] Main VCB반 전압 확인 → 접속반, 인

[정답] 12. [가] 13. [라] 14. [나] 15. [가]

버터 DC전압 확인 → DC 측 차단기 ON
→ AC 측 차단기 ON → 인버터 정상동
작 여부 확인

㉯ Main VCB반 전압 확인 → 접속반, 인
버터 DC전압 확인 → AC 측 차단기 ON
→ DC 측 차단기 ON → 인버터 정상동
작 여부 확인

㉰ AC 측 차단기 ON → DC 측 차단기
ON → Main VCB반 전압 확인 → 접속
반, 인버터 DC전압 확인 → 인버터 정
상동작 여부 확인

㉱ DC 측 차단기 ON → AC 측 차단기
ON → Main VCB반 전압 확인 → 접속
반, 인버터 DC전압 확인 → 인버터 정
상동작 여부 확인

16. 태양광발전 시스템의 점검방법과 관련
된 설명으로 적절하지 못한 것은?

㉮ 태양전지 모듈은 일반적으로 특별한
관리는 불필요하지만, 일상점검으로 1개
월에 한 번, 정기점검으로 1년 또는 수
년에 한 번씩 육안검검을 실시한다.

㉯ 가대는 일반적으로 특별한 관리는 불
필요하지만 일상점검으로 1개월에 한
번, 정기점검으로 1년 또는 수년에 한
번씩 육안점검을 실시한다.

㉰ 태양광발전 설비의 계측기 소비전력
은 최대로 하는 것이 좋다.

㉱ 태양광발전 설비의 홍보용의 목적으로
표시장치 등을 설치하는 경우도 있다.

[해설] 보통 태양광발전 계측 설비는 24시간 운
전하므로 계측기의 소비전력을 최소로 줄이
는 것이 중요하다.

17. 태양광 발전설비의 검출기(센서)에 관

한 설명으로 틀린 것은?

㉮ 직류회로의 전류는 직접 또는 분류기
를 사용하여 검출한다.

㉯ 교류회로의 전압, 전류, 전력, 역률 등
은 직접 또는 PT, CT 등을 통해서 검
출한다.

㉰ 신호변환기의 신호의 출력은 노이즈
가 혼입되지 않도록 실드선을 사용하
여 전송하도록 한다.

㉱ 신호변환기(트랜스듀서)의 신호의 출
력은 20~40 mA의 전류신호로 전송하
면 노이즈의 염려가 줄어든다.

[해설] 신호변환기(트랜스듀서)의 신호의 출력
은 4~20mA의 전류신호로 전송하면 노이즈
의 염려가 줄어든다.

18. 주택용 태양광발전 시스템 제어 및 운
영과 관련된 설명으로 잘못된 것은?

㉮ 전력회사에서 공급받는 전력량과 설
치자가 전력회사로 역조류한 잉여전력
량을 동시에 계량할 수 있어야 한다.

㉯ 운전 상태를 감시하기 위해 발전전력
의 검출기능과 액정디스플레이 등의 표
시장치를 갖추고 있어야 한다.

㉰ 분류기는 검출기로 검출된 데이터를
컴퓨터 및 먼 거리에 설치된 표시장치
에 전송하는 경우에 사용한다.

㉱ 제어 및 표시 장치에 CO_2의 삭감량
표시 기능 등을 함께 탑재 가능하다.

[해설] 트랜스듀서는 검출기로 검출된 데이터를
컴퓨터 및 먼 거리에 설치된 표시장치에 전
송하는 경우에 사용한다.

19. 태양광발전 시스템의 계통연계 구분과
관련된 설명으로 올바른 것은?

㉮ 20 kW 이하는 저압배전선과 연계한다.

㉯ 120 kW 이하는 전용 저압배전선과 연계한다.

㉰ 5,000 kW 미만은 특고압배전선과 연계한다.

㉱ 5,000 kW 초과는 전용 특고압배전선과 연계한다.

해설

출력용량 (kW)	계통연계의 구분
20 이하	저압배전선과 연계
20 초과~ 100 미만	전용 저압배전선과 연계
100 초과~ 3,000 미만	특고압배전선과 연계
3,000 초과~ 20,000 이하	전용 특고압배전선과 연계

20. 태양광발전 설비 설치와 관련된 설명으로 잘못된 것은?

㉮ 1,000 kW 이하는 안전관리 대행업자에게 대행 가능하다.

㉯ 250 kW 미만은 개인대행자에게 대행 가능하다.

㉰ 10 kW 이하는 안전관리자 선임을 안 해도 된다.

㉱ 대상설비확인은 신재생센터에 사용 전 검사 후 3개월 이내 신청해야 한다.

해설 대상설비확인은 신재생센터에 사용 전 검사 후 1개월 이내 신청해야 한다.

21. 태양광발전 시스템 건설의 절차와 관련하여 사용 전 검사 후 몇 개월 이내에 어디에 '대상설비확인'을 신청해야 하는가?

㉮ 1개월 – 한국전력공사

㉯ 1개월 – 신재생에너지센터

㉰ 2개월 – 한국에너지공단

㉱ 2개월 – 한국에너지공단

22. 태양광발전 시스템 건설의 절차에 관한 내용으로 ( ) 안에 알맞은 것은?

> 계획 및 설계 → 전력회사와 사전 협의 → 전력회사와 ( )에 관한 계약 체결 → 설치 공사 → 준공검사 → 전력회사의 현지 확인 → 사용개시

㉮ 계통연계   ㉯ 설치조건

㉰ 운영범위   ㉱ 시험 및 성능조사

23. 자가용 발전설비의 안전관리자 선임은 용량이 얼마일 경우에 대행업체의 대행이 가능한가?

㉮ 10 kW 이하

㉯ 100 kW 이하

㉰ 1,000 kW 이하

㉱ 10,000 kW 이하

24. 자가용 태양광발전의 사용 전 검사 항목에 들어가지 않는 것은?

㉮ 태양광 전지 검사

㉯ 전력변환장치 검사

㉰ 종합연동시험 검사

㉱ 무부하운전시험 검사

해설 자가용 태양광발전의 사용 전 검사 항목 : 태양광발전 설비표, 태양광 전지 검사, 전력변환장치 검사, 종합연동시험 검사, 부하운전시험 검사, 기타 부속설비 등

25. 사업용 태양광발전 설비에 대한 5대 검사항목에 들어가지 않는 것은?

㉮ 축전지 검사   ㉯ 변압기 검사

㉰ 차단기 검사   ㉱ 전선로 검사

정답 **20.** ㉱   **21.** ㉯   **22.** ㉮   **23.** ㉰   **24.** ㉱   **25.** ㉮

해설 사업용 태양광 발전설비의 5대 검사항목 :
태양광 전지 검사, 전력변환장치 검사, 변압
기 검사, 차단기 검사, 전선로 (모선) 검사

26. 태양광발전 모니터링의 프로그램의 주
요 기능이 아닌 것은?

㉮ 데이터 수집기능 ㉯ 데이터 저장기능
㉰ 데이터 분석기능 ㉱ 데이터 통신기능

해설 태양광발전 모니터링의 프로그램의 4대
주요 기능은 데이터 수집기능, 데이터 저장기
능, 데이터 분석기능, 데이터 통계기능이다.

27. 다음 중 태양광발전 모니터링 시스템 구
축방안에 들어가지 않는 것은?

㉮ 웹 프로그램방식
㉯ 응용 데이터방식
㉰ 통합 모니터링 시스템
㉱ 온라인 상시 감시 시스템

해설 태양광발전 모니터링 시스템 구축방안
① 로컬 모니터링 시스템(응용 프로그램방식)
② 로컬 모니터링 시스템(웹 프로그램방식)
③ 통합 모니터링 시스템
④ 온라인 상시 감시 시스템(대규모 태양광
발전 설비)

제 **2** 장 │ 태양광발전 시스템 품질관리

2-1 태양광발전 시스템의 품질관리

(1) 태양광발전 시스템의 성능평가를 위한 측정 및 평가요소

① 구성요소의 성능 및 신뢰성

② 사이트

③ 발전성능

④ 신뢰성

⑤ 설치가격(경제성)

(2) 태양광발전 시스템의 성능분석

① 태양광 어레이 발전효율(PV Array Conversion Efficiency)

$$= \frac{태양광 \ 어레이 \ 출력(kw)}{경사면일사강도(kW/m^2) \times 태양광 \ 어레이 \ 면적(m^2)} \times 100\%$$

② 태양광 시스템 발전효율(PV System Conversion Efficiency)

$$= \frac{태양광 \ 시스템 \ 발전전력량(kWh)}{경사면일사량(kWh/m^2) \times 태양광 \ 어레이 \ 면적(m^2)} \times 100\%$$

③ 태양에너지 의존율(Dependency on Solar Energy)

$$= \frac{태양광 \ 시스템 \ 평균 \ 발전전력(kW)}{부하 \ 소비전력(kW)} \times 100\%$$

$$= \frac{태양광 \ 시스템 \ 평균 \ 발전전력량(kWh)}{부하 \ 소비전력(kWh)} \times 100\%$$

④ 태양광 시스템 이용률(PV System Capacity Factor)

$$= \frac{일 \ 평균 \ 발전시간}{24} \times 100\% = \frac{태양광 \ 시스템 \ 발전전력량(kWh)}{24 \times 운전일수 \times PV설계용량(kW)} \times 100\%$$

⑤ **태양광 시스템 가동률**(PV System Availability)

$$= \frac{\text{시스템 동작시간}}{24 \times \text{운전일수}} \times 100\ \%$$

⑥ **태양광 시스템 일조가동률**(PV System Availability per Sunshine Hour)

$$= \frac{\text{시스템 동작시간}}{\text{가조시간}} \times 100\ \%$$

* 가조시간 (可照時間, Possible Duration of Sunshine) : 태양에서 오는 직사광선, 즉 일조 (日照)를 기대할 수 있는 시간 또는 해 뜨는 시각부터 해 지는 시각까지의 시간을 말한다.

⑦ **시스템 성능계수**(PR ; Performance Ratio) : 어레이손실 및 시스템손실(인버터, 정류기 등의 손실) 등을 고려한 효율값 (보통 80~90 % 수준임)

$$\text{시스템 성능계수} = \frac{\text{시스템 발전전력량(kWh)}}{\text{어레이 정격용량(kWh)}} \times 100\ \%$$

(3) 신뢰성 평가분석

① **시스템 트러블** : 시스템의 정지, 인버터의 정지, 트립, 지락 등

② **계측 관련 트러블** : 컴퓨터의 OFF 혹은 조작 오류, 기타의 계측 관련 트러블 등

③ 운전데이터의 결측

④ **계획 정지** : 계획정전, 정기점검, 개수정전, 계통정전 등

(4) 사이트 평가방법

① 설치 대상기관	② 설치 시설의 분류
③ 설치 시설의 지역	④ 설치 형태
⑤ 설치용량	⑥ 설치 각도와 방위
⑦ 시공업자	⑧ 기기 제조사

(5) 설치가격(경제성) 평가방법

① 시스템 설치단가	② 태양전지 설치단가
③ 어레이 가대 설치단가	④ PCS (파워컨디셔너) 설치단가
⑤ 계측 표시장치 단가	⑥ 부착시공 단가
⑦ 기초공사 단가	

2-2 **품질관리 사항**

(1) 개요

① 감리원은 공사업자가 공사계약문서에서 정한 품질관리 계획대로 품질에 영향을 미치는 모든 작업에 대해 검사, 확인 및 관리할 책임이 있다.

② **중점 품질관리 대상 선정** : 감리원은 해당공사의 설계도서, 설계 설명서, 공정계획 등을 검토하여 품질관리가 소홀해지기 쉽거나, 하자발생 빈도가 높으며, 시공 후 시정이 어렵고 많은 노력과 경비가 소요되는 공종 또는 부위에 대해 '중점 품질관리 대상'으로 선정하여 다른 공종에 비하여 우선적으로 품질관리 상태를 입회 및 확인해야 한다.

(2) 중점 품질관리 대상 선정과 관련하여 중점 품질관리 공종 선정 시 고려사항

① 하자발생 빈도가 높은 공종인지 여부 (다른 현장의 시공사례에서)

② 품질관리 불량부위의 시정이 용이한지 여부

③ 시공 후 지중에 매몰되어 추후 품질확인이 어렵고, 재시공이 곤란한지 여부

(3) 중점 품질관리 방안 수립 시 포함되어야 할 사항

① 중점 품질관리 공종의 선정

② 중점 품질관리 공종의 품질확인 지침

③ 중점 품질관리 대장을 작성, 기록, 관리하고 확인하는 절차

④ 중점 품질관리 공종별로, 시공 중 및 시공 후 발생되는 예상 문제점

⑤ 각 문제점에 대한 대책방안 및 시공 지침

(4) 주요 품질관리 방안

① 감리원은 공사업자에게 각 공정마다 준비과정에서부터 작업완료까지의 각 과정마다 품질 확보를 위한 수단, 절차 등을 규정한 '총체적 품질관리계획(TQC)'을 작성 및 제출하도록 해야 한다.

② 감리원은 해당공사에 사용될 전기기계, 기구 및 자재가 규격에 적합한 것이 선정되고, 시공 시 품질관리가 효과적으로 수행되어 하자발생을 사전에 예방할 수 있도록 품질관리 계획을 세우도록 지도한다.

③ 각종 시험기록 서식은 해당 공사의 특성에 적합하도록 결정하고, 공사업자가 공정계획서를 제출할 때에는 품질관리에 필요한 시험요원 수와 시험장비 등을 명시한

'품질관리 계획서'를 첨부하도록 하여 효율적인 품질관리가 이루어질 수 있도록 사전 점검한다.

④ 감리원은 공사업자에게 공사의 검사성과표가 준공검사 완료 시까지 기록, 보관되도록 하고, 이를 기성검사, 준공검사 등에 활용하도록 해야 한다.

⑤ 감리원은 검사 결과 미비점이 발견되거나 불합격으로 판정되어 재검사를 실시하였을 경우에는 당초 검사성과표를 반드시 첨부하고 이를 모두 수정, 정비 및 보완해야 한다.

⑥ 발주자는 품질시험의 비용과 시험장비 구입손료 등을 공사비에 계상해야 하며, 누락되었을 경우에는 설계 변경 시 반영토록 조치한다.

⑦ 발주자는 지형, 지세에 따라 달라지는 대지저항률과 접지저항 측정 등의 확인·기록·입회절차를 생략하고 매몰하는 행위를 발견하였을 때에는 해당 부위에 대해 아래 조치를 행한다.

　⑺ 해당 부위에 대한 각종 시험 등을 무효로 처리하고, 필요 시 재시험을 실시함

　⑻ 설계도서 및 관계법령에 적합하게 유지·관리되도록 해야 함

(5) 시공감리가 확인하는 기기의 품질기준 중 태양전지 셀의 육안 외형 및 치수검사의 평가기준

시험 항목	평가 기준
1. 육안 외형/치수검사	• 셀 : 깨짐, 크랙이 없는 것 • 치수 : 156 mm 미만일 때 제시한 값 대비 ±0.5 mm • 두께 : 제시한 값 대비 ±40 um
2. 전류－전압특성시험	출력의 분포는 정격출력의 ±3 % 이내
3. 온도계수 시험	평가기준 없음(시험결과만 표기)
4. 스펙트럼 응답시험	평가기준 없음(시험결과만 표기)
5. 2차 기준 태양전지 교정 시험	• 신규 교정시험 • 재교정 시 초기교정 값의 5 % 이상 변화하면 사용 불가 • 인증 필수시험 항목이 아닌 선택 시험항목

(6) 태양광발전 설비 시험성적서 확인방법 중 사용 전 검사 시 시험인증 확인방법

① 공인시험기관에 의한 시험성적서(공인시험)

② 기관에 의한 인증서(제품인증)

(7) 고압 이상 전기기계/기구의 시험성적서

국내생산품과 수입품 모두 동일하게 국내 공인시험기관의 시험성적서를 확인함을 원칙으로 한다. 다만, 다음의 경우에는 제작회사의 자체 시험성적서를 확인한다.

① 산업표준화법에 의한 KS 표시품, 케이블, 콘덴서, 전동기, 기동기, 20 kV급 케이블 종단접속재 이외의 케이블 접속재
② 국가표준기본법에 의한 공인제품 인증기관의 안전인증 표시품
③ 중전기기(重電機器 ; 전기를 생산하여 수송은 물론 사용자가 안전하게 사용할 수 있기까지의 제반 장비 및 설비와 부속기기를 총칭) 시험기준 및 방법에 관한 요령 고시에 의한 공인시험기관의 인증시험이 면제된 제품
④ 국내 공인시험기관에서 시험이 불가능한 품목 및 검사기관에서 인정한 품목
⑤ 국내 공인시험기관의 시험설비 미비, 관련규격이 없는 경우, 수리품 및 국내 미생산품인 경우는 공인시험기관의 참고 시험성적서를 확인한다.

(8) 사업용 태양광발전 설비

고압의 경우 태양전지, 접속함, PCS, 배전반, 변압기, 차단기 등으로 이루어져 한전계통과 연계되어있다. 따라서 이상 발생 시 전력계통 전체의 사고로 파급될 수 있으므로 태양광발전소의 안정적인 운용을 위해 몇 년마다 정기적으로 검사를 해야 한다.

(9) 소출력 태양광발전 설비

누전차단기 동작 시, 발전원에 의해 지속적으로 전원이 공급되어 감전사고 발생의 우려가 있고 누전차단기 테스트 버튼 조작 등에 의한 지락 발생 시 발전원에 지속적으로 지락전류가 흘러 트립코일 소손의 가능성이 상존하므로 계통으로의 연계점은 누전차단기의 1차 측에 접속하도록 하고, 연계점 전원 측의 과전류 차단기(MCCB) 부설여부를 확인해야 한다.

2-3   관련 규격

(1) KS규격

① KS C 8525, 2005 : 결정계 태양전지 셀 분광감도 특성 측정방법
② KS C 8526, 2005 : 결정계 태양전지 모듈 출력 측정방법
③ KS C 8527, 2005 : 결정계 태양전지 모듈 측정용 솔라 시뮬레이터
④ KS C 8528, 2005 : 결정계 태양전지 셀 출력 측정방법
⑤ KS C 8529, 2005 : 결정계 태양전지 셀 모듈의 출력전압 출력전류의 온도계수 측정방법

⑥ KS C 8532, 1995 : 태양광발전용 납축전지의 잔존 용량 측정방법
⑦ KS C 8533, 2002 : 태양광발전용 파워컨디셔너의 효율 측정방법
⑧ KS C 8534, 2012 : 태양전지 어레이 출력의 온사이트 측정방법
⑨ KS C 8535, 2005 : 태양광발전 시스템 운전특성의 측정방법
⑩ KS C 8536, 2005 : 독립형 태양광발전 시스템 통칙
⑪ KS C 8537, 2005 : 2차 기준 결정계 태양전지 셀
⑫ KS C 8538, 2000 : 아몰퍼스 태양전지 셀 출력 측정방법
⑬ KS C 8539, 2005 : 태양광발전용 장시간율 납축전지의 시험방법
⑭ KS C 8540, 2005 : 소출력 태양광발전용 타워 조절기의 시험방법

(2) 국제(IECEE : 국제전기기기인증제도) 태양광발전 인증체계

① IEC규격에 따르는 가정용, 상업용, 농업용, 계통 연계형 태양광설비 및 이와 유사한 태양광설비의 부품 및 시스템에 대한 품질신뢰성 제고 및 국제무역촉진을 위해 도입하였다.

② 특징

㈎ 태양광 인증은 IECEE 인증제도에 속하며, IECEE 인증관리 위원회(CMC)에서 관리 운영

㈏ IEC규격을 근간으로 안전요건에 성능요건도 포함

㈐ 태양광시스템의 부품(모듈, 인버터 등)도 인증

③ IECEE 태양광발전 인증 회원국(8개국), NCB 및 CBTL 현황

국 가	Member Body	NCB	CBTL
프랑스	LCIE	LCIE	–
독일	Deutsches Komitee	VDE TUV Rh	VDE TUV RH PS GmbH
인도	BIS	STQC	ETDC
이탈리아	IMQ SpA	IMQ S.p.A	ESTI
일본	JISC	JET	JET Yokohama
네덜란드	Netherlands National Committee	KEMA	KEMA Quality B.V
스페인	AENOR	AENOR	CIEMAT
미국	US National Committee	UL Inc.	UL Inc. ASU

[주] 1. NCB (National Certification Body) : 국가인증기관
2. CBTL (Certification Body Testing Laboratory) : CB시험소

④ IEC규격의 국내 적용현황(2002~)

규격번호	규격명
KS C IEC 60891	결정계 실리콘 태양전지 소자의 측정된 I-V 특성의 온도 및 방사조도 보정절차
KS C IEC 60904-1	태양전지 소자 : 제1부-태양전지 전류-전압 특성측정
KS C IEC 60904-2	태양전지 소자 : 제2부-기준 태양전지 셀의 요구사항
KS C IEC 60904-3	태양전지 소자 : 제3부-기준 분광(스펙트럼) 방사조도 데이터를 이용한 지상용 태양전지(PV) 소자의 측정원리
KS C IEC 60904-4	태양전지 소자 : 제4부-기준 태양광 소자-교정 소급성의 확립과정
KS C IEC 60904-5	태양전지 소자 : 제5부-개방전압 방법을 이용한 태양전지(PV) 소자의 등가 전지온도(ECT) 결정
KS C IEC 60904-6	태양전지 소자 : 제6부-표준태양광 모듈의 요구사항
KS C IEC 60904-7	태양전지 소자 : 제7부-태양전지 소자의 시험에서 발생된 스펙트럼 미스매치 오차계산
KS C IEC 60904-8	태양전지 소자 : 제8부-태양전지(PV) 소자의 스펙트럼 응답 측정
KS C IEC 60904-9	태양전지 소자 : 제9부-솔라 시뮬레이터의 성능 요구사항
KS C IEC 60904-10	태양전지 소자 : 제10부-선형성 측정방법
KS C IEC 61215	결정계 실리콘 지상용 태양전지 모듈-설계인증 및 형식 승인
KS C IEC 61277	지상용 태양광발전 시스템-일반사항 및 지침
KS C IEC 61345	태양광모듈의 자외선시험
KS C IEC 61646	지상용 박막 태양광 모듈-디자인 필요조건과 형식 승인
KS C IEC 61683	태양광발전 시스템-파워조절기-효율측정 절차
KS C IEC 61702	직결형 태양광발전(PV)펌핑시스템 평가
KS C IEC 61721	우발적 충격 손상에 대한 태양전지(PV) 모듈의 내성(충격시험내성)
KS C IEC 61727	태양광발전 시스템-교류계통 연결특성
KS C IEC 61730-1	태양광발전모듈 안전조건 : 제1부-구성요건
KS C IEC 61730-2	태양광발전모듈 안전조건 : 제2부-시험요건
KS C IEC 61829	결정계 실리콘 태양전지 어레이-현장에서의 전류-전압 특성 측정
KS C IEC 61836	태양광발전 에너지 시스템-용어 및 기호

(3) 결정질 태양전지모듈의 시험항목 및 판정기준

시험항목	시험방법	판정기준
외관검사	셀, Glass, J-Box, 프레임, 접지단자, 출력단자 등 평가 (인용규격 : KS C IEC 61215, 10.1항)	
최대 출력 결정	개방전압(V_{oc}), 단락전류(I_{sc}), 최대전압(V_m), 최대전류(I_m), 최대출력($P_{\max}$), 곡선율(FF), 효율(Eff) 등의 발전성능을 시험(인용규격 : KS C IEC 61215, 10.2항)	
절연 시험	출력단자와 패널 또는 접지단자 사이의 절연 시험 (인용규격 : KS C IEC 61215, 10.3항)	
온도계수의 측정	모듈의 온도계수 측정(KS C IEC 60904-10 세부사항 참조)(인용규격 : KS C IEC 61215, 10.4항)	
공칭 태양전지 동작온도(NOCT) 에서의 측정	총 방사조도 800 W/m^2, 주위온도 25℃, 풍속 1 m/s에서의 동작 특성 시험(인용규격 : KS C IEC 61215, 10.5항)	
STC 및 NOCT에서의 성능	셀 온도 25℃, NOCT KS C IEC 60904-3의 기준 태양광분광방사조도 1,000과 800 W/m^{2}에서의 성능 (인용규격 : KS C IEC 61215, 10.6항)	KS C IEC 61215의 판정기준을 따른다.
낮은 조사강도에서의 특성	셀 온도 25℃, NOCT KS C IEC 60904-3의 기준 태양광분광방사조도 200 W/m^{2}에서의 성능 (인용규격 : KS C IEC 61215, 10.7항)	
옥외 노출 시험	총 방사조도 60 kWh/m^{2}에서의 성능 (인용규격 : KS C IEC 61215, 10.8항)	
열점 내구성 시험	태양전지 셀의 성능 불균형, 크랙 또는 국부적인 그림자 영향에 의해 발생되는 열점 내구성 시험 (인용규격 : KS C IEC 61215, 10.9항)	
UV 전처리 시험	자외선 노출에서 태양전지모듈 재료의 열화 정도 시험 자외선 조사(인용규격 : KS C IEC 61215, 10.10항)	
온도사이클 시험	환경온도의 불규칙한 반복에서 구조나 재료간의 열전도나 열팽창률에 의한 스트레스의 내구성 시험 (인용규격 : KS C IEC 61215, 10.11항)	
습도-동결 시험	고온, 고습, 영하의 저온에서 열팽창률의 차이나 수분의 침입, 확산, 호흡작용 등의 구조나 재료의 영향을 시험(인용규격 : KS C IEC 61215, 10.12항)	
고온고습 시험	고온, 고습, 상태의 열적 스트레스와 결합재료의 밀착력 등의 적성 시험(인용규격 : KS C IEC 61215, 10.13항)	
단자강도 시험	단자부분이 부착, 배선 또는 사용중에 가해지는 외력에 대한 강도 시험(인용규격 : KS C IEC 61215, 10.14항)	

시험항목	시험방법	판정기준
습윤누설전류 시험	강우에 노출되는 경우의 적성 시험(인용규격 : KS C IEC 61215, 10.15항)	KS C IEC 61215의 판정기준을 따른다.
기계적 하중 시험	바람, 눈 및 얼음에 의한 하중에 대한 기계적 내구성 시험(인용규격 : KS C IEC 61215, 10.16항)	
우박 시험	우박의 충격에 대한 태양전지모듈의 기계적 강도 시험 (인용규격 : KS C IEC 61215, 10.17항)	
바이패스 다이오드 열시험	모듈의 열점현상 등으로 발생되는 바이패스다이오드의 장기 내구성을 위한 적정 온도 설계 시험(인용규격 : KS C IEC 61215, 10.18항)	
염수분무 시험	모듈의 구성재료 및 패키지의 염분에 대한 내구성 시험(인용규격 : KS C IEC 61701)	

(4) 접속함의 신뢰성 시험항목 및 판정기준

시험항목	시험방법	판정기준
외관검사	• 부식 및 손상이 없을 것 • 접지선, 배선, 나사의 풀림이 없을 것 • 외함 재질은 SUS304 1.5 t 이상 사용	육안관찰
절연저항 시험	DC 500 V 절연저항 시험 실시 후 • 태양전지-접지선(각 회로별)간 0.2 MΩ • 출력단자-접지선간 1 MΩ 이상일 것 ※ 단, 시험전압은 스트링 전압이 500 V를 초과 시 DC 1000 V로 한다.	시험방법 참조
내전압	제품 사양의 규정 전압 이내	$(2E+1000)$ V, 1분간 견딜 것
차단기 성능	KS C IEC 60898-2의 시험법을 따른다.(태양광 어레이의 최대 개방 전압 이상의 직류 차단 전압을 가지고 있을 것)	KS C IEC 60898-2에 따른 승인을 득한 부품을 사용할 것
온습도 사이클 시험	1. (25 ± 2)℃, (93 ± 3)% R.H., 1시간 2. (65 ± 2)℃, (93 ± 3)% R.H., 5.5시간 3. (25 ± 2)℃, (93 ± 3)% R.H., 1시간 4. (-10 ± 2)℃, 3시간 5. 시험주기 : 10주기	절연저항 시험 1 MΩ 이상일 것

시험항목	시험방법	판정기준
진동 시험	1. 시험주파수 : (10~55)Hz 2. 진폭 : 1.5 mm 3. 스위프시간 : (10~55~10)Hz/1분 4. 시험시간 : 각 3시간/축, X, Y, Z 3축	절연저항 시험 1 MΩ 이상일 것
충격 시험	1. 정현반파 2. 가속도 : 500 m/s² 3. 공칭펄스 : 11 ms 4. 상하 방향 각 3회	절연저항 시험 1 MΩ 이상일 것
염수분무 시험	1. 염수분무 : 2시간 2. (40±2)℃, (90~95)% R.H. : 22시간 3. 시험주기 : 3주기	절연저항 시험 1 MΩ 이상일 것
서지내성 시험	1. 전압서지(개방 회로전압) 1.2/50 μs 2. 전류서지 8/20 μs 3. 시험레벨에서 선정	절연저항 시험 1 MΩ 이상일 것
방진방수 시험	(실내 : IP22 등급 시험) 1. 지름이 12 mm, 길이 80 mm인 접속시험 핑거 2. 지름이 12.5 mm인 구모양의 분진검사용 프로브 (KS C IEC 60529의 시험법을 따른다.)	1. 위험 부분과 적당한 공간거리를 둘 것 2. 완전히 통과하지 않을 것
	(실외 : IP44 등급 시험, 단 특수형의 경우 IP 54 적용) 1. 지름이 1.0 mm인 접근 프로브 2. 지름이 1.0 mm인 분진검사용 프로브 3. 모든 방향에서 외곽으로 분사 (KS C IEC 60529의 시험법을 따른다.)	1. 통과하지 않을 것 2. 조금도 통과하지 않을 것 3. 해로운 영향을 미치지 않을 것

2-4 성능의 진단 및 관리

(1) 성능 진단 시 주의사항

① 모듈 1개의 특성을 진단 : '모듈 후면 단자함'에서 개방전압, 단락전류 등을 측정하도록 한다.

② 각 스트링 개방전압 측정값의 차가 모듈 1매분 개방전압의 1/2보다 적으면 결선 또는 모듈의 이상이 없는 것으로 판정할 수 있다.

③ 태양전지 어레이의 출력보다 변압기의 출력이 항상 낮게 나타난다 (인버터 변환효율, 전압강하로 인한 배선효율, 변압기/차단기/배전반 등의 수변전설비 효율 등 때문임).

④ PCS의 정상운전 전압범위 : 공칭전압의 88~110 %

⑤ PCS의 보호기능시험을 위해서 정격전압, 정격 주파수, 정격출력 상태에서 해당 시험항목을 변화시켜 기준에서 정한 고장제거 시간 안에 정지되는지 시험한다.

(2) 태양전지 모듈의 일조량, 온도 변화에 따른 최대출력, 개방전압, 단락전류의 특성 변화 : 정(+)/부(−)특성

구 분	최대출력	개방전압	단락전류
일조량	정(+)	부(−)	정(+)
온도	부(−)	부(−)	정(+)

(3) PCS의 정격출력에 따른 직류 입력전압과 교류 출력전압

PCS 정격출력	직류 입력전압	교류 출력전압
10 kW 이하 (소형)	1000 V 이하	380 V 이하
10 초과~250kW 이하 (중대형)	1000 V 이하	1000 V 이하

(4) 인버터(독립형/연계형)의 시험항목

시험항목		독립형	계통연계형	구분
1. 구조시험		○	○	비고1
2. 절연성능시험	절연저항시험	○	○	비고1
	내전압시험	○	○	비고1
	감전보호시험	○	○	비고1
	절연거리시험	○	○	비고1
3. 보호기능시험	출력 과전압 및 부족전압 보호기능시험	○	○	
	주파수 상승 및 저하 보호기능시험	○	○	
	단독운전 방지기능시험	×	○	
	복전 후 일정시간 투입방지기능시험	×	○	
4. 정상특성시험	교류전압, 주파수 추종범위시험	×	○	
	교류출력전류 변형률 시험	×	○	
	누설전류시험	○	○	비고1
	온도상승시험	○	○	비고1
	효율시험	○	○	
	대기손실시험	×	○	
	자동기동·정지시험	×	○	
	최대전력 추종시험	×	○	
	출력전류 직류분 검출시험	×	○	
5. 과도응답 특성시험	입력전력 급변시험	○	○	
	계통전압 급변시험	×	○	
	계통전압위상 급변시험	×	○	
6. 외부사고시험	출력 측 단락시험	○	○	
	계통전압 순간정전·강하시험	×	○	
	부하차단시험	○	○	
7. 내전기 환경시험	계통전압 왜형률내량시험	×	○	
	계통전압불평형시험	×	○	
	부하불평형시험	○	×	
8. 내주위 환경시험	습도시험	○	○	비고1
	온습도사이클시험	○	○	비고1
9. 전자기적합성 (EMC)	전자파 장해(EMI)	○	○	비고1
	전자파 내성(EMS)	○	○	비고1

㊀ 1. 실내·외 설치를 위해 케이스 변경 시 인증모델의 유사모델을 적용하며, 이 항목만 실시한다.
   2. 부하불평형 시험은 3상 인버터만 적용한다.
   3. 감전보호시험과 전자기적합성 시험은 전기용품 안전인증기관 및 정부 출연 시험기관에서 시험한 성적서로 대체할 수 있다.

(5) 인버터 누설전류 시험방법 : 중·대형급 이상의 발전소에 많이 사용

① 교류전원을 정격전압 및 정격 주파수로 운전한다.

② 직류전원은 인버터 출력이 정격출력이 되도록 설정한다.

③ 인버터의 기체와 대지와의 사이에 1 kΩ 이상의 저항을 접속해서 저항에 흐르는 누설전류를 측정한다.

④ 판정기준은 누설전류가 5 mA 이하이다.

(6) PCS의 출력 과전압 및 부족전압 보호기능시험에서 전압범위별 고장 제거시간

전압범위(기준전압에 대한 비율 %)	고장 제거시간 (초)
V<50	0.16 이내
50≦V<88	2.00 이내
110<V<120	1.00 이내
V≧120	0.16 이내
88≦V≦110 : 정상 운전 전압범위는 공칭전압의 88~110 %로 한다.	

> **주 ➊** 1. **고장제거시간** : 계통에서 비정상 전압상태가 발생한 때로부터 전원 발전설비가 계통으로부터 완전히 분리될 때까지의 시간
> 2. **PCS의 출력 과전압/부족전압 보호기능시험에서 판정기준**
>   • 출력 과전압 보호등급 : 공칭전압의 +10 % (허용오차 ±2 %)
>   • 출력 부족전압 보호등급 : 공칭전압의 −12 % (허용오차 ±2 %)

(7) 비정상 주파수에 대한 고장제거시간 (분산형 전원 분리시간)

분산형 전원 용량	주파수 범위(Hz)	고장제거 시간 (초 ; s)
30 kW 이하	>60.5	0.16
	<59.3	0.16
30 kW 초과	>60.5	0.16
	57.0~59.8 (조정가)	0.16~0.3 (조정가)
	<57.0	0.16

* 허용오차 : ±0.05 Hz

(8) PCS의 주파수 상승 보호기능시험

정격전압, 정격 주파수, 정격출력 상태의 기준에서 정한 비정상 주파수를 만들어

고장제거 시간 내에 제거되는지를 다음과 같이 시험한다.

　① 모의 계통전원을 조정하여 출력전압의 주파수를 정격에서부터 최대 0.05 Hz 단위
　　로 서서히 상승시켜 인버터가 정지하는 등급(주파수 상승 보호등급)을 측정한다.

　② 주파수를 정격 주파수에서 주파수 상승 보호등급의 +0.1 Hz까지 계단함수 형태로
　　올리면서 인버터가 정지하는 시간(또는 게이트 블록 기능 동작)을 측정한다.

(9) PCS의 "단독운전 방지기능시험"의 판정기준

　단독운전을 검출하여 0.5초 이내 개폐기 개방 또는 게이트 블록 기능이 동작해야 한다.

(10) PCS 시험회로에서 "복전 후 일정시간 투입방지" 기능시험의 순서

　① 인버터를 정격출력에서 운전한다.

　② 스위치를 개방하여 정전을 발생시킨 후 10초 동안 유지한다.

　③ 스위치를 투입하여 복전시킨다.

　④ 복전 후 재운전 시간과 교류출력, 전압 및 전류를 측정한다.

　⑤ **판단기준** : 5분 이상 재운전 금지, 재운전 시 출력전류의 실효치가 정격전류의 150 %
　　이하일 것

(11) 인버터(독립형/연계형)의 시험방법 및 판정기준

시험항목		시험법	판정기준
구조 시험	a) 구조 시험	KS C 8536의 9절의 a, b, c, d를 따른다.	출력전류는 실제값 과 오차 3 % 이내
절연 성능 시험	a) 절연 저항 시험	DC 500 V 절연저항 시험 실시 후 단자와 대지간 측정	절연저항은 1 MΩ 이 상일 것
	b) 내전압 시험	• 50 V 미만인 경우 500 $Vrms$ • 50 V 이상 $(2 \times E2 + 1000)$ $Vrms$ 상용주파수의 　교류전압을 1분간 인가	성능상의 이상이 없을 것
	c) 감전 보호 시험	인버터 충전부와의 접촉으로부터 감전 보호 시 험하기 위해 IEC 61032에 따른다.	25 Vac 또는 60 Vdc 이상의 충전부와 접촉 되지 않아야 한다.
	d) 절연 거리 시험	KS C IEC 60664의 오염 등급 기준에 따른다.	KS C IEC 60664의 공간거리 이상이어야 하며, 임펄스 전압 시 험 중 절연파괴 등이 없어야 한다.

시험항목		시험법		판정기준
보호 기능 시험	a) 출력 과 전압 및 부족전압 보호 기 능 시험	<table><tr><td colspan="2">전압 범위 (기준전압에 대한 비율 %)</td><td>고장 제거 시간(초)</td></tr></table>		과전압 보호등급은 기준전압의 +10 %(허용오차는 ±2 %)로 하고, 출력 부족전압 보호등급은 기준전압의 −12 %(허용오차는 ±2 %)

<table>
<tr><th colspan="2">전압 범위 (기준전압에 대한 비율 %)</th><th>고장 제거 시간(초)</th></tr>
<tr><td colspan="2">$V < 50$</td><td>0.16</td></tr>
<tr><td colspan="2">$50 \leq V < 88$</td><td>2.00</td></tr>
<tr><td colspan="2">$110 < V < 120$</td><td>2.00</td></tr>
<tr><td colspan="2">$V \geq 120$</td><td>0.16</td></tr>
</table>

b) 주파수 상승 및 저하 보호 기능 시험

전원규모	주파수 범위(Hz)	고장 제거 시간(s)
≤30 kW	>60.5	0.16
	<59.3	0.16
>30 kW	>60.5	0.16
	<(59.8∼57.0) (조정 가능 시)	0.16 s에서 300 ms까지 조정 가능
	<57.0	0.16

판정기준: 주파수 상승 시 : +0.5 Hz(±0.05 Hz) 주파수 저하 시 : −0.7 Hz(±0.05 Hz)

c) 단독운전 방지 기능 시험

조건	출력	입력전압
A	정격	>90 %
B	정격의 50∼66 %	50 %, ±10 %
C	정격의 25∼33 %	<10 %

판정기준: 0.5초 이내에 개폐기 개방 또는 게이트 블록 기능이 동작할 것

d) 복전 후 일정 시간 투입 방지 기능 시험

10초 정전 후 복전 시험

판정기준: 복전해도 5분이 경과한 후에 운전할 것

정상 특성 시험

a) 교류전압, 주파수 추종 범위 시험

- 계통전압 +8 %와 −10 % 변화
- 정격 주파수 60.45 Hz와 59.35 Hz 변화 시험

판정기준:
- 출력전류 종합 왜형률 5 % 이내
- 왜형률 3 % 이내
- 출력 역률이 0.95 이상일 것

b) 교류출력전류 변형률 시험

시험회로 중 SWLN(계통연계형 시험회로 I. 임피던스 투입스위치)을 개방 후 인버터 출력 고조파 성분 시험

판정기준:
- 출력전류 종합 왜형률 5 % 이내
- 왜형률 3 % 이내

시험항목		시험법	판정기준
정상 특성 시험	c) 누설전류 시험	• 교류 전원을 정격 전압 및 정격 주파수로 운전한다. 직류 전원은 인버터 출력이 정격 출력이 되도록 설정한다. • 인버터의 기체와 대지와의 사이에 1 kΩ 이상의 저항을 접속해서 저항에 흐르는 누설전류를 측정한다.	누설전류가 5 mA 이하일 것
	d) 온도상승 시험	• 정격 출력 상태에서 주위온도는 옥내용의 경우 30 ℃±5℃, 옥외용의 경우 40℃±5℃로 설정	포화 상태 각부의 온도 상승이 기준치 이내
	e) 효율 시험	교류 전원을 정격 전압 및 정격 주파수로 2시간 이상 운전 후 측정한다.	• 계통연계형의 경우 10~30 kW(90 %) 30~100 kW(92 %) 100 kW 초과(94 %) 이상 • 독립형의 경우 10~30 kW(88 %) 30~100 kW(90 %) 100 kW 초과(92 %) 이상
	f) 대기손실 시험	인버터의 운전을 정지하고 전압 주파수를 정격값으로 하고 계통에서 공급되는 전력을 전력계로 측정한다.	대기 손실 전력이 100 W 이하일 것
	g) 자동기동·정지 시험	자동기동·정지 시험을 따른다(한국에너지공단−신재생에너지 설비심사 세부 기준).	• 기동·정지 절차가 설정된 방법대로 동작할 것 • 채터링은 3회 이내일 것
	h) 최대전력 추종 시험	등가 일사 강도를 정격출력 시의 100 %, 75 %, 50 %, 25 % 및 12.5 %로 한 상태에서 인버터의 입력 전력을 측정	최대 전력 추종 효율이 95 % 이상일 것
	i) 출력전류 직류분 검출 시험	인버터의 출력전류를 계측하여 출력전류의 직류분을 측정한다.	직류전류 성분이 정격전류의 0.5 % 이내일 것

예·상·문·제

1. 태양광발전 시스템의 성능평가를 위한 측정 및 평가요소에 속하지 않는 것은?

㉮ 사이트 ㉯ 신뢰성

㉰ 설치가격 ㉱ 유지보수

해설 태양광발전 시스템의 성능평가를 위한 측정 및 평가요소
① 구성요소의 성능 및 신뢰성
② 사이트
③ 발전성능
④ 신뢰성
⑤ 설치가격(경제성)

2. 태양광발전소의 신뢰성 평가분석의 주요 내용에 속하지 않는 것은?

㉮ 시스템 트러블

㉯ 계측 관련 트러블

㉰ 최대전력 추종 제어성

㉱ 운전데이터의 결측

해설 태양광발전소의 신뢰성 평가분석의 주요 내용 : 시스템 트러블, 계측 관련 트러블, 운전데이터의 결측, 계획정지 등

3. 태양광발전소의 사이트 평가방법에 속하지 않는 것은?

㉮ 설치 시설의 분류

㉯ 설치의 용이성

㉰ 설치 시설의 지역

㉱ 시공업자

해설 사이트 평가방법
① 설치 대상기관
② 설치 시설의 분류
③ 설치 시설의 지역
④ 설치 형태

⑤ 설치용량
⑥ 설치 각도와 방위
⑦ 시공업자
⑧ 기기 제조사

4. 태양광발전소의 설치가격(경제성 측면) 평가방법에 속하지 않는 것은?

㉮ 태양전지 설치단가

㉯ 어레이 가대 설치단가

㉰ 계측 표시장치 단가

㉱ 유지보수 단가

해설 설치가격(경제성) 평가방법
① 시스템 설치단가
② 태양전지 설치단가
③ 어레이 가대 설치단가
④ PCS (파워컨디셔너) 설치단가
⑤ 계측 표시장치 단가
⑥ 부착시공 단가
⑦ 기초공사 단가

5. 중점 품질관리 대상 선정과 관련하여 중점 품질관리 공종 선정 시 고려사항이 아닌 것은?

㉮ 태양광발전 사이트의 운영비 절감이 용이한지 여부

㉯ 품질관리 불량부위의 시정이 용이한지 여부

㉰ 시공 후 지중에 매몰되어 추후 품질확인이 어려운지 여부

㉱ 하자발생 빈도가 높은 공종인지 여부

해설 중점 품질관리 대상 선정과 관련하여 중점 품질관리 공종 선정 시 고려사항
① 하자발생 빈도가 높은 공종인지 여부 (다른 현장의 시공사례에서)

정답 1. ㉱ 2. ㉰ 3. ㉯ 4. ㉱ 5. ㉮

② 품질관리 불량부위의 시정이 용이한지 여부

③ 시공 후 지중에 매몰되어 추후 품질확인이 어렵고, 재시공이 곤란한지 여부

6. 중점 품질관리방안 수립 시 꼭 포함되어야 할 사항과 가장 거리가 먼 것은?

㉠ 중점 품질관리 공종의 품질확인 지침

㉡ 해당 태양광설비의 사용설명서 및 유지보수 설명서

㉢ 공종별 시공 중 및 시공 후 발생되는 예상 문제점

㉣ 중점 품질관리 대장을 작성 및 확인하는 절차

해설 중점 품질관리방안 수립 시 포함되어야 할 사항
① 중점 품질관리 공종의 선정
② 중점 품질관리 공종의 품질확인 지침
③ 중점 품질관리 대장을 작성, 기록, 관리하고 확인하는 절차
④ 중점 품질관리 공종별로 시공 중 및 시공 후 발생되는 예상 문제점
⑤ 각 문제점에 대한 대책방안 및 시공 지침

7. 태양광발전소의 주요 품질관리방안에서 적절하지 못한 설명은?

㉠ 감리원은 검사 결과 미비점이 발견되거나 불합격으로 판정되어 재검사를 실시하였을 경우 당초의 시험성적서를 첨부할 필요는 없지만 이를 모두 수정, 정비 및 보완해야 한다.

㉡ 발주자는 품질시험의 비용과 시험장비 구입손료 등을 공사비에 계상해야 하며, 누락되었을 경우에는 설계변경 시에 반영토록 조치한다.

㉢ 발주자는 지형, 지세에 따라 달라지는 대지저항률과 접지저항 측정 등의 확인

· 기록 · 입회절차를 생략하고 매몰하는 행위를 발견하였을 때에는 해당 부위에 대한 각종 시험 등을 무효로 처리하고, 필요 시 재시험을 실시해야 한다.

㉣ 발주자는 설계도서 및 관계법령에 적합하게 유지관리가 되도록 해야 한다.

해설 감리원은 검사 결과 미비점이 발견되거나 불합격으로 판정되어 재검사를 실시하였을 경우 당초의 검사성과표를 반드시 첨부하고 이를 모두 수정, 정비 및 보완해야 한다.

8. 태양광 발전설비 시험성적서 확인방법 중 사용 전 검사 시 시험인증 확인방법으로 적당한 것은?

㉠ 기관에 의한 인증서

㉡ 제품의 카탈로그

㉢ 민간 시험성적서

㉣ 사용설명서나 사양서

해설 태양광 발전설비 시험성적서 확인방법 중 사용 전 검사 시 시험인증 확인방법
① 공인시험기관에 의한 시험성적서(공인시험)
② 기관에 의한 인증서(제품인증)

9. 시험기관의 시험성적서에 관한 인정 여부에 관한 설명으로 가장 잘못된 것은?

㉠ 저압 이상의 전기기계/기구의 시험성적서는 국내생산품과 수입품 모두 동일하게 국내 공인시험기관의 시험성적서를 확인함을 원칙으로 한다.

㉡ 국가표준기본법에 의한 공인제품 인증기관의 안전인증 표시품의 경우에는 제작회사의 자체 시험성적서를 확인해도 된다.

㉢ 국내 공인시험기관에서 시험이 불가능한 품목은 제작회사의 자체 시험성적서

를 확인해도 된다.

라 국내 공인시험기관의 시험설비 미비, 관련규격이 없는 경우는 공인시험기관의 참고 시험성적서를 확인한다.

[해설] 고압 이상의 전기기계/기구의 시험성적서는 국내생산품과 수입품 모두 동일하게 국내 공인시험기관의 시험성적서를 확인함을 원칙으로 한다.

10. 소출력 태양광 발전설비에 관한 용어로 ㉠~㉡에 적당한 것은?

> 누전차단기 동작 시, 발전원에 의해 지속적으로 전원이 공급되어 감전사고 발생의 우려가 있고 누전차단기 테스트 버튼 조작 등에 의한 지락 발생 시 발전원에 지속적으로 지락전류가 흘러 트립코일 소손의 가능성이 상존하므로 계통으로의 연계점은 누전차단기의 (㉠)에 접속하도록 하고, 연계점 전원 측에 (㉡)를 반드시 설치하여야 한다.

	㉠	㉡
가	1차 측	누전 차단기
나	1차 측	과전류 차단기
다	2차 측	지락 계전기
라	2차 측	컷아웃 스위치

11. '결정계 실리콘 태양전지 소자의 측정된 I-V 특성의 온도 및 방사조도 보정절차'에 관련된 규격번호는?

가 KS C IEC 60891
나 KS C IEC 61215
다 KS C IEC 61345
라 KS C IEC 61646

[해설] 교재 본문의 'IEC규격의 국내 적용현황표' 참조

12. '태양광모듈의 자외선시험'에 관련된 규

격번호는?

가 KS C IEC 60904-6
나 KS C IEC 61215
다 KS C IEC 61345
라 KS C IEC 61646

[해설] 교재 본문의 'IEC규격의 국내 적용현황표' 참조

13. '지상용 태양광발전 시스템 – 일반사항 및 지침'에 관련된 규격번호는?

가 KS C IEC 61683
나 KS C IEC 61702
다 KS C IEC 61646
라 KS C IEC 61277

[해설] 교재 본문의 'IEC규격의 국내 적용현황표' 참조

14. 시공감리가 확인하는 기기의 품질기준 중 태양전지 셀의 육안 외형 및 치수검사의 평가기준으로 맞지 않는 것은?

가 치수는 156 mm 미만일 때 제시한 값 대비 ±0.5 mm 이내이어야 한다.
나 두께는 제시한 값 대비 ±40 um 이내이어야 한다.
다 출력의 분포는 정격출력의 ±5 % 이내이어야 한다.
라 재교정 시 초기교정 값의 5 % 이상 변화하면 사용 불가하다.

[해설] 출력의 분포는 정격출력의 ±3% 이내이어야 한다.

15. 태양광발전 설비 분야 IEC규격의 국내 적용 시의 규격과 규격명이 맞지 않게 짝지어진 것은?

가 KS C IEC 60904-3 : 태양광발전 에

너지 시스템의 용어 및 기호

㉰ KS C IEC 60904-4 : 기준 태양광 소자-교정 소급성의 확립과정

㉱ KS C IEC 60904-5 : 개방전압 방법을 이용한 태양전지(PV) 소자의 등가 전지 온도(ECT) 결정

㉲ KS C IEC 61683 : 태양광발전 시스템-파워조절기-효율측정 절차

해설 KS C IEC 60904-3은 '기준 분광(스펙트럼) 방사조도 데이터를 이용한 지상용 태양전지(PV) 소자의 측정원리'에 관한 규격이다.

16. 중점 품질관리 공종에 대한 설명으로 ㉠~㉡에 알맞은 용어는?

- 책임감리원은 (㉠)으로 선정된 공종에 대해서는 별도의 관리방안을 수립한다.
- 관리방안 수립 후 시행 전에 발주자에게 보고하고 동시에 (㉡)에게도 통보하여야 한다.

	㉠	㉡
㉮	중점 품질관리 대상	감리원
㉯	중점 품질관리 대상	공사업자
㉰	우선 품질관리 대상	공사업자
㉱	우선 품질관리 대상	감리원

17. 태양광발전 시스템의 성능평가를 위한 측정 요소가 아닌 것은?

㉮ 구성요소의 성능 및 신뢰성
㉯ 설치가격
㉰ 사후관리
㉱ 사이트

해설 태양광발전 시스템의 성능평가를 위한 측정 요소
① 구성요소의 성능 및 신뢰성
② 사이트

③ 발전성능
④ 신뢰성
⑤ 설치가격(경제성)

18. 품질 관련 감리원의 검사절차에 대한 설명으로 ㉠~㉡에 알맞은 담당자 명칭은?

① 현장시공 완료 → ② (㉠)의 점검 → ③ 검사요청서 제출 → ④ (㉡)의 현장검사 → ⑤ 검사결과 통보(이때 만약 불합격 시에는 재시공 및 보완을 실시하여 다시 ②번으로 넘어간다) → ⑥ 다음 단계의 공종 착수

	㉠	㉡
㉮	시공관리책임자	발주자
㉯	감리원	발주자
㉰	감리원	감리원
㉱	시공관리책임자	감리원

19. 태양광발전소의 신뢰성 평가분석의 주요 항목에 들어가지 않는 것은?

㉮ 측정 데이터의 연속성
㉯ 계측 관련 트러블
㉰ 운전데이터의 결측
㉱ 계획정지

해설 태양광발전소의 신뢰성 평가분석의 주요 항목
① 시스템 트러블 : 시스템의 정지, 인버터의 정지, 트립, 지락 등
② 계측 관련 트러블 : 컴퓨터의 OFF 혹은 조작 오류, 기타의 계측 관련 트러블 등
③ 운전데이터의 결측
④ 계획정지 : 계획 정전, 정기점검, 개수 전, 계통정전 등

20. 시공감리가 최종 확인해야 할 태양전지 셀의 품질 평가 기준이다. ㉠~㉣에 맞는 숫자로 짝지어진 것은?

- 육안 외형/치수검사
  - ㉮ 셀 : 깨짐, 크랙 등이 없을 것
  - ㉯ 치수 : 156 mm 미만일 때 제시한 값 대비 ±(㉠) mm 이내일 것
  - ㉰ 두께 : 제시한 값 대비 ±(㉡) μm 이내일 것
- 전류–전압특성시험 : 정격출력의 ±(㉢) % 범위 이내의 분포에 들 것
- 온도계수 시험 : 평가기준 없음(시험결과만 표기)
- 스펙트럼 응답시험 : 평가기준 없음 (시험결과만 표기)
- 2차 기준 태양전지 교정시험
  - ㉮ 신규 교정시험
  - ㉯ 재교정 시 초기교정 값의 (㉣) % 이상 변화하면 사용 불가
  - ㉰ 인증 필수시험 항목이 아닌 선택시험 항목

	㉠	㉡	㉢	㉣
㉮	0.3	40	5	3
㉯	0.3	30	5	3
㉰	0.5	30	3	5
㉱	0.5	40	3	5

21. IEC규격의 국내 적용현황에서 ㉠~㉡에 해당하는 규격명은?

- ㉠ 지상용 태양광발전 시스템–일반사항 및 지침
- ㉡ 태양광발전 에너지 시스템–용어 및 기호

	㉠	㉡
㉮	KS C IEC 61276	KS C IEC 61835
㉯	KS C IEC 61277	KS C IEC 61836
㉰	KS C IEC 61278	KS C IEC 61837
㉱	KS C IEC 61279	KS C IEC 61838

22. 태양광발전 시스템의 성능 진단 시 주의사항에 대해 가장 잘못 설명하고 있는 것은?

㉮ 접속함에서 각 모듈의 개방전압, 단락전류 등을 측정하도록 한다.

㉯ 각 스트링 개방전압 측정값의 차가 모듈 1매분 개방전압의 1/2보다 적으면 결선 또는 모듈의 이상이 없는 것으로 판정할 수 있다.

㉰ 태양전지 어레이의 출력보다 변압기의 출력이 항상 낮게 나타난다.

㉱ PCS의 보호기능시험을 위해서 정격전압, 정격 주파수, 정격출력상태에서 해당 시험항목을 변화시켜 기준에서 정한 고장제거 시간 안에 정지되는지 시험한다.

해설 모듈 1개의 특성 진단 측면에서는 '모듈 후면 단자함'에서 개방전압, 단락전류 등을 측정하도록 한다.

23. 태양전지 모듈의 일조량, 표면 온도 변화에 따른 최대출력, 개방전압, 단락전류의 특성 변화와 관련한 표에서 ㉠~㉢에 알맞은 용어는?

구 분	개방전압	단락전류
일조량	부특성(–)	(㉠)
온도	(㉡)	(㉢)

	㉠	㉡	㉢
㉮	부특성(–)	부특성(–)	정특성(+)
㉯	정특성(+)	부특성(–)	정특성(+)
㉰	부특성(–)	정특성(+)	정특성(+)
㉱	정특성(+)	정특성(+)	부특성(–)

해설

구 분	최대출력	개방전압	단락전류
일조량	정특성 (+)	부특성 (–)	정특성 (+)
온도	부특성 (–)	부특성 (–)	정특성 (+)

24. 파워컨디셔너(PCS)의 정격출력에 따른 직류 입력전압과 교류 출력전압에 관한 표에서 ㉠~㉡에 알맞은 수치는?

PCS 정격출력	직류 입력전압	교류 출력전압
10 kW 이하 (소형)	1,000 V 이하	(㉠) V 이하
10 초과~250 kw 이하 (중대형)	(㉡) V 이하	1,000 V 이하

      ㉠   ㉡
㉮ 220   600
㉯ 220   600
㉰ 380   750
㉱ 380 1,000

25. 인버터의 시험항목 중 독립형 및 연계형에서 공히 시험해야 하는 보호기능시험에 속하는 것은?

㉮ 출력 과전압 및 부족전압 보호기능시험
㉯ 단독운전 방지기능시험
㉰ 복전 후 일정시간 투입방지기능시험
㉱ 입력전력 급변시험

[해설] 독립형 및 연계형에서 공히 시험해야 하는 보호기능시험은 아래 2가지이다.
  ① 출력 과전압 및 부족전압 보호기능시험
  ② 주파수 상승 및 저하 보호기능시험

26. 인버터의 시험항목 중에서 독립형 및 연계형에서 공히 시험해야 하는 정상특성시험에 속하지 않는 것은?

㉮ 효율시험   ㉯ 온도상승시험
㉰ 누설전류시험   ㉱ 부하차단시험

[해설] 독립형 및 연계형에서 공히 시험해야 하는 정상특성시험은 아래 3가지이다.
  ① 누설전류시험, ② 온도상승시험,
  ③ 효율시험

27. 인버터의 시험항목 시험 시 주의사항에 대해 잘못 설명하고 있는 것은?

㉮ 부하불평형 시험은 단상 인버터만 적용한다.
㉯ 감전보호시험과 전자기적합성 시험은 전기용품 안전인증기관 및 정부 출연 시험기관에서 시험한 성적서로 대체할 수 있다.
㉰ 실내·외 설치를 위해 케이스 변경 시 인증모델의 유사모델을 적용한다.
㉱ 실내·외 설치를 위해 케이스 변경 시 일부의 시험항목은 면제된다.

[해설] 부하불평형 시험은 3상 인버터만 적용한다.

28. 다음은 중·대형급 이상의 발전소에 많이 사용하는 인버터 누설전류의 시험방법이다. ㉠~㉡에 알맞은 수치는?

- 교류 전원을 정격전압 및 정격 주파수로 운전한다.
- 직류 전원은 인버터 출력이 정격출력이 되도록 설정한다.
- 인버터의 기체와 대지와의 사이에 (㉠) kΩ 이상의 저항을 접속해서 저항에 흐르는 누설전류를 측정한다.
- 판정기준은 누설전류가 (㉡) mA 이하이다.

      ㉠   ㉡
㉮ 0.5   1
㉯ 1   5
㉰ 2   10
㉱ 5   15

29. 다음은 PCS의 출력 과전압 및 부족전압 보호기능시험에서 전압범위별 고장 제거시간이다. ㉠~㉡에 맞는 숫자로 짝지

어진 것은?

전압범위(기준전압에 대한 비율 %)	고장 제거시간 (초)
V<50%	0.16 이내
50≦V<88	(㉠) 이내
110<V<120	1.00 이내
V≧120	0.16 이내
88≦V≦110 : 정상 운전 전압범위는 공칭전압의 (㉡)~110로 한다.	

	㉠	㉡
㉮	1	90
㉯	2	90
㉰	2	88
㉱	1	80

30. 다음은 PCS의 비정상 주파수에 대한 고장제거시간(분산형 전원 분리시간)이다. ㉠~㉢에 맞는 숫자로 짝지어진 것은?

분산형 전원 용량	주파수 범위(Hz)	고장제거 시간 (초 ; s)
30 kW 이하	>60.5	0.16
	<(㉠)	0.16
30 kW 초과	>60.5	(㉡)
	57.0~59.8 (조정가)	0.16~0.3 (조정가)
	<57.0	(㉢)

	㉠	㉡	㉢
㉮	57	0.15	0.18
㉯	57	0.15	0.17
㉰	59.8	0.16	0.18
㉱	59.3	0.16	0.16

31. 다음은 PCS시험회로에서 "복전 후 일 정시간 투입방지" 기능시험의 순서이다. ㉠~㉡에 맞게 짝지어진 것은?

- 인버터를 정격출력에서 운전한다.
- 스위치를 개방하여 정전을 발생시킨 후 (㉠)초 동안 유지한다.
- 스위치를 투입하여 복전시킨다.
- 복전 후 (㉡)과 교류 출력, 전압 및 전류를 측정한다.

	㉠	㉡
㉮	5	주파수
㉯	10	주파수
㉰	5	재운전 시간
㉱	10	재운전 시간

32. PCS의 주파수 상승보호기능시험에 대한 설명 중 ㉠~㉡에 알맞은 각각의 수치는?

- 모의 계통전원을 조정하여 출력전압의 주파수를 정격에서부터 최대 (㉠) Hz 단위로 서서히 상승시켜 인버터가 정지하는 등급(주파수상승 보호등급)을 측정한다.
- 주파수를 정격 주파수에서 주파수 상승 보호등급의 +(㉡) Hz까지 계단함수 형태로 올리면서 인버터가 정지하는 시간(또는 게이트 블록 기능 동작시간)을 측정한다.

	㉠	㉡
㉮	0.05	0.1
㉯	0.1	0.1
㉰	0.05	0.05
㉱	0.1	0.05

33. PCS의 단독운전 방지기능시험의 판정 기준에 대한 설명 중 ( ) 안에 들어갈 수치는?

- PCS의 "단독운전 방지기능시험"의 판정 기준 : 단독운전을 검출하여 ( )초 이내에 개폐기 개방 또는 게이트 블록 기능이 동작할 것

㉮ 0.1   ㉯ 0.5   ㉰ 0.2   ㉱ 0.3

정답 30. ㉱   31. ㉱   32. ㉮   33. ㉯

제3장 │ 태양광발전 시스템 유지보수

3-1 태양광발전 시스템의 유지관리

(1) 유지관리 시 고려사항

① 시설물별 적절한 '유지관리 계획서'를 작성한다.

② 유지관리자는 '유지관리 계획서'에 의거 시설물의 점검 실시 및 '점검기록부'를 작성, 보관한다.

③ 점검 시 발견된 문제점이나 결함에 대한 원인과 장해추이를 정확히 판단 후 그 대책을 수립하여야 한다.

(2) 태양광발전 시스템 유지관리절차

시설물 점검(일상점검, 정기점검, 임시점검)→이상 및 결함 발견→응급처치, 작동금지, 안정성 검토→정밀조사 및 정밀안전진단 실시→필요 시 보수계획 수립→설계 반영 및 예산 확보→공사 및 준공검사→시설물 사용 및 지속적 유지관리

3-2 태양광발전 설비 점검

(1) 송배전설비의 점검 시 제약조건 및 점검주기

구 분	문의 개방	커버류의 개방	무정전	회로 정전	모선 정전	차단기 인출	일반 점검 주기
일상점검 (순시점검)	–	–	○	–	–	–	매일
	○	–	○	–	–	–	1회/월
정기점검	○	○	–	○	–	○	1회/6개월
	○	○	–	○	○	○	1회/3년
임시점검	○	○		○	○	○	필요 시

(2) 태양광발전 설비 부분별 주요 점검사항

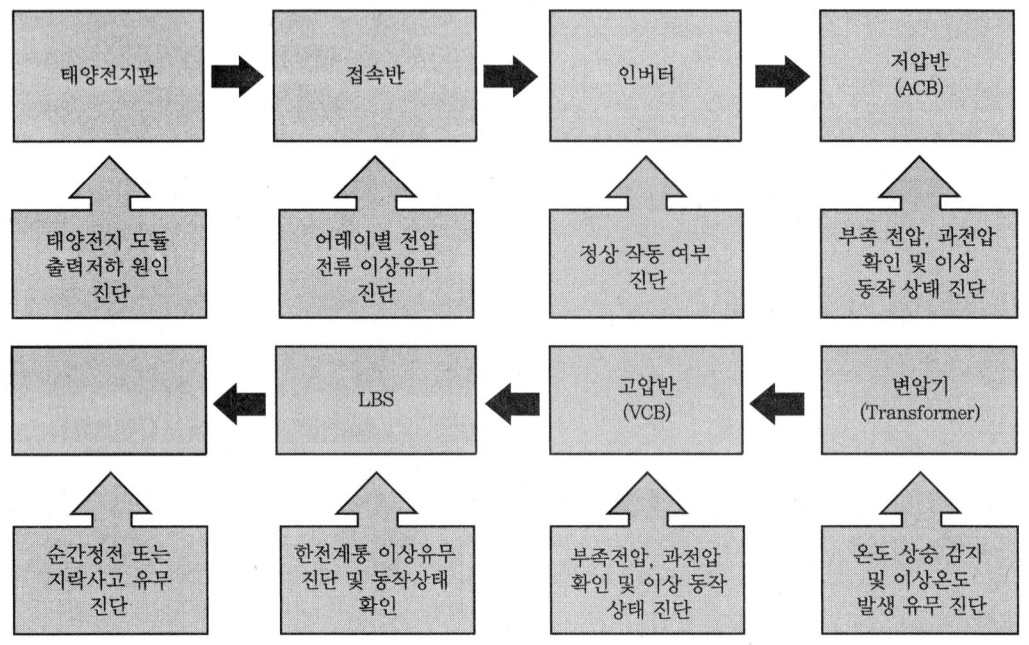

태양광발전 설비의 유지관리방법

(1) 일상(순시)점검

　① 이상한 소리, 냄새, 손상 등을 배전반 외부에서 점검한다.

　② 이상상태 발견 시 배전반 문을 열고 확인한다.

　③ 이상상태 내용을 기록하여 정기점검 시 반영함으로써 참고자료로 활용한다.

　④ **청소** : 공기를 사용할 경우 흡입방식 추천(공기 중 습도와 압력에 주의), 절연물은 충
　　전부 안을 가로지르는 방향으로 청소, 청소걸레는 중성일 것, 기타 실(섬유)이나 이물
　　질 혹은 물기 등에 주의 필요

(2) 정기점검

　① 100kW 이상의 설비에 대한 (안전)정기점검은 설비용량에 따라 월 1~4회 이상 실
　　시한다 (제약조건과 별개).

② 정부지원금으로 설치된 경우에는 하자보수기간인 3년 동안 연 1회 이상 점검을 실시하고 신재생에너지 센터에 점검결과를 보고하여야 한다.

③ 정전을 시키고 무전압 상태에서 기기의 이상상태 점검 필요에 따라서는 기기를 분해하여 점검한다.

④ 모선을 정전하지 않고 점검해야 할 경우 안전사고에 주의해야 한다.

⑤ 계전기의 특성시험과 점검시험도 실시한다.

(3) 임시점검

일상(순시)점검 및 정기점검에 의하여 상세점검 사항 발생 시 점검한다.

(4) 수전설비의 배전반 등의 최소 유지거리(단위 ; m)

구 분	앞면 또는 조작, 계측면	뒷면 또는 점검면	열상호간
특고압 배전반	1.7	0.8	1.4
고압 배전반	1.5	0.6	1.2
저압 배전반	1.5	0.6	1.2
변압기 등	0.6	0.6	1.2

3-4 보수점검 작업

(1) 보수점검 일반사항

① 사전에 면밀한 계획 수립 후 필요 공구와 예비품을 준비한다.

② 점검 전 점검 부분에 무전압인 것을 차단기, 개폐기와 회로에 의해서 확인한다.

(2) 보수점검 계획 수립 시 고려사항

① 설비의 사용시간   ② 설비의 중요도

③ 환경조건   ④ 고장이력

⑤ 부하상태

(3) 점검 전 유의사항

① **준비 작업** : 응급처치방법 및 설비의 안전 확인

② **회로도 검토** : 전원계통이 LOOP가 형성되는 경우에 대비

③ **연락처** : 비상시 대비하여 비상연락망 확인

④ **무전압 상태 확인 및 안전조치** : 차단기, 단로기 등 OPEN

⑤ **잔류전압 주의** : 콘덴서 및 케이블의 접속부 점검 시 접지 실시

⑥ **오조작 방지** : 인출형 차단기, 단로기 등은 '점검 중' 표찰 부착

⑦ 절연용 보호기구 준비

⑧ 쥐, 곤충 등의 침입 대책 수립

(4) 점검 후 유의사항

① 접지선 제거

② **최종 확인사항**

  (개) 작업자가 수배전반 내에 들어가 있는지 확인

  (내) 점검을 위해 임시로 설치한 가설물 등이 철거되었는지 확인

  (대) 볼트, 너트 등 단자반 결선의 조임이나 누락 여부 확인

  (래) 작업 전에 투입된 공구 등의 회수 여부(목록을 통해 확인할 것)

  (매) 점검 중 쥐, 곤충, 뱀, 벌레 등의 침입이 없었는지 확인

(5) 기타사항

① 금속 부분에 녹이 발생한 경우 유의하여 점검한다.

② 도장이 벗겨진 경우 유의한다.

(6) 유지관리비의 구성요소

① 유지비   ② 보수비와 개량비

③ 일반관리비   ④ 운용지원비

(7) 유지관리에 필요한 서류

① 주변지역의 현황도 및 관계서류

② 지반조사 보고서 및 실험 보고서

③ 준공시점에서의 설계도, 구조계산서, 설계도면, 표준시방서, 특별시방서, 견적서

④ 보수, 개수 시의 상기 ③번과 같은 설계도서 및 작업기록

⑤ 공사계약서, 시공도, 사용재료의 업체명 및 품명

⑥ 공정사진, 준공사진

⑦ 인허가 관련 서류 등

(8) 설계도서 보관기준

① 전력시설물의 소유자 및 관리주체는 실시설계도서 및 준공설계도서를 시설물이 폐지될 때까지 보관하여야 한다.

② 설계업자는 실시설계도서를 해당 시설물이 준공된 후 5년간 보관한다.

③ 감리업자는 준공설계도서를 하자담보 책임기간이 끝날 때까지 보관한다.

(9) 태양광 모듈의 고장원인

① 제조결함

② 시공불량

③ 운영과정에서의 외상

④ 전기적·기계적 스트레스에 의한 셀의 파손

⑤ 모듈 표면의 이물질, 낙엽, 새의 배설물 등에 의한 고장

⑥ 경년 열화에 의한 셀 및 리본의 노화

⑦ 주변 환경에 의한 부식(염해, 부식성 가스 등에 의함)

3-5 설비의 내구연한 (내용연수)

(1) 개요

① 각종 설비(장비)에 대해 내구연한을 논할 때는 주로 물리적 내구연한을 위주로 말하고 있으며, 이는 설비의 유지보수와 밀접한 관계를 가지고 있다.

② 내구연한은 일반적으로 다음의 네 가지로 나눌 수 있다.

  ㈎ 물리적 내구연한

  ㈏ 사회적 내구연한

  ㈐ 경제적 내구연한

  ㈑ 법적 내구연한

(2) 내구연한의 분류 및 특징

① 물리적 내구연한

  ㈎ 마모, 부식, 파손에 의한 사용불능의 고장빈도가 자주 발생하여 기능장애가 허용한도를 넘는 상태의 시기를 물리적 내구연한이라 한다.

㈏ 물리적 내구연한은 설비의 사용수명이라고도 할 수 있으며 일반적으로 15~20년을 잡고 있다(단, 15~20년이란 사용수명도 유지관리에 따라 실제로는 크게 달라질 수 있는 값이다).

② **사회적 내구연한**

㈎ 사회적 동향을 반영한 내구연수를 말하는 것으로 이는 진부화, 구형화, 신기종 등의 새로운 방식과의 비교로 상대적 가치 저하에 의한 내구연수이다.

㈏ 법규 및 규정변경에 의한 갱신의무, 형식취소 등에 의한 갱신 등도 포함된다.

③ **경제적 내구연한** : 수리 수선을 하면서 사용하는 것이 신형제품 사용에 비하여 경제적으로 더 비용이 많이 소요되는 시점을 말한다.

④ **법적 내구연한** : 고정자산의 감가상각비를 산출하기 위하여 정한 세법상의 내구연한을 말한다.

주 ➔ 건축물 등에서 사용하는 용어

1. 기능적 내용연수 : 기술 혁신에 의한 새로운 설비, 기기의 도입이나 생활양식의 변화 등으로 그 건물이 변화에 대응할 수 없게 된 경우(가족 수, 구성의 변화, 자녀의 성장과 가족의 노령화에 의한 주요구의 변화, 가전제품 도입에 의한 전기용량 부족, 부엌, 욕실 설비 개선)
2. 구조적 내용연수 : 노후화가 진척되어 주택의 주요부재가 물리적으로 수명을 다하고 기술적으로 더 이상 수리가 불가능하여 지진이나 태풍 등의 자연재해에 견디는 힘이 한계에 이른 경우(설비 측면에서의 물리적 내구연한에 해당)
3. 자연적 내용연수 : 자연재해에 의해 건물의 수명이 다한 경우

3-6 태양광발전 설비의 품질기준 및 점검 시 유의사항

(1) 태양광발전 설비의 품질기준

① 품질기준은 유지보수 활동에 필요한 외적인 조건을 말하며, 기술 및 성과품의 특성을 규정한다.

② 품질기준은 유지관리 활동을 야기시킬 조건과 점검주기를 명시해야 하며, 필요한 조치에 대한 규정을 정해야 한다.

③ 충분한 결과를 얻기 위해서는 성과품에 대한 시방서를 상세히 확인하여야 한다.

④ 완료된 작업의 성과를 평가할 수 있도록 상세한 세부항목을 점검표에 작성하여 품

질기준에 포함시켜야 하며, 전력변환장치와 같은 복잡한 설비는 전문기술자에 의해 품질기준이 규정되어있어야 한다.

(2) 태양광발전 설비 점검 시(점검 중) 유의사항

① 태양광발전 모듈은 햇빛을 받으면 발전하는 소자로 접속반 차단기를 개방했다고 하더라도 항상 감전에 유의한다.

② 인버터는 한전 측 계통 전원을 Off시키면 자동으로 정지하게 되어있으나, 항상 정지를 재확인 후 점검에 임한다.

③ 구름이 많거나 흐린 날은 일사량의 변화가 많을 수 있으므로 인버터의 MPPT제어 실패로 인한 인버터 정지현상이 발생할 가능성이 있으며, 이때 인버터는 약 5분 경과 후 자동 재가동한다는 것을 알고 점검 작업에 임한다.

④ 태양광 어레이 부근에 진행 중인 건축공사 현장이 있을 경우 먼지나 이물질이 모듈에 부착될 가능성이 있으므로 유의한다.

⑤ **절연물 보수방법**

㉮ 자기성 절연물에 붙은 이물질은 철저히 청소한다.

㉯ 합성수지 적층판, 목재 등이 오래되어 헐거운 경우에는 부품 자체를 교환한다.

㉰ 절연물의 균열, 파손, 변형이 있는 경우에도 부품을 교환한다.

㉱ 절연물의 절연저항이 떨어진 경우 종래의 측정 데이터를 기초로 하여 비교·검토하고, 동시에 접속된 각 기기 등을 같이 체크한 후 원인 규명 및 적절한 처리를 행한다.

㉲ 절연저항 값은 온도, 습도 및 표면의 오손상태 등에 크게 영향을 받는다.

3-7 보수점검의 내용 (점검 분류)

NO	점검의 분류	설비의 상태	점검횟수
1	운전점검	운전 중	1회/8시간
2	일상점검	운전 중	1회/1주~1회/3개월
3	정기점검(보통)	정지(단시간)	1회/6개월~1회/2년
4	정기점검(세밀)	정지(장시간)	1회/1년~1회/5년
5	임시점검	정지	–

☞ **점검내용**

1. 운전점검 : 감각에 의한 외관 점검
2. 일상점검 : 외관 점검을 행하여 이상이 있을 시 필요한 조치를 취함
3. 정기점검(보통) : 주로 정지상태에서 기계점검, 절연저항 측정, 배전반 종합 동작시험, 계전기의 모의 동작시험을 실시함
4. 정기점검(세밀) : 장시간 정지 후 불량품 교체, 차단기 내부점검 등, 계전기 특성시험, 계기의 점검시험
5. 임시점검 : 일상점검 등에서 이상을 발견했거나 큰 사고가 발생한 경우

3-8 일상순시점검에 의한 처리 방법

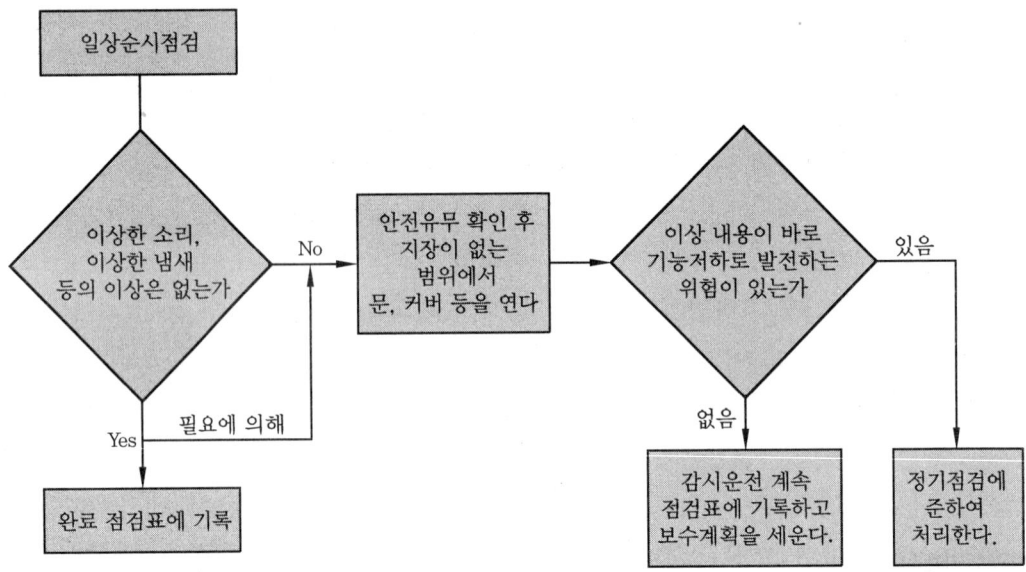

3-9　**공사의 공종별 담보책임 존속기간** (지방계약법 시행규칙 68조-별표1)

공 종	담보책임 존속기간
1. 「건설산업기본법」에 따른 건설공사	
가. 교량	
1) 기둥 사이의 거리가 50m 이상이거나 길이 500m 이상인 교량의 철근 　　콘크리트 또는 철골구조부	10년
2) 길이 500m 미만인 교량의 철근콘크리트 또는 철골구조부	7년
3) 교량 중 교면포장, 이음부, 난간시설 등 1) 및 2) 외의 공종	2년
나. 터널	
1) 터널(지하철을 포함한다)의 철근콘크리트 또는 철골구조부	10년
2) 1) 외의 시설	5년
다. 철도	
1) 교량 및 터널을 제외한 철도시설 중 철근콘크리트 또는 철골구조부	7년
2) 1) 외의 시설	5년
라. 공항 및 삭도	
1) 철근콘크리트 또는 철골구조부	7년
2) 1) 외의 시설	5년
마. 항만, 사방 또는 간척	
1) 철근콘크리트 또는 철골구조부	7년
2) 1) 외의 시설	5년
바. 도로 (암거, 측구를 포함한다)	2년
사. 댐	
1) 본체 또는 여수로 부분	10년
2) 1) 외의 시설	5년
아. 상수도 · 하수도	
1) 철근콘크리트 또는 철골구조부	7년
2) 관로 매설 또는 기기 설치	3년
자. 관개수로 또는 매립	3년
차. 부지정지	2년
카. 조경시설물 또는 조경식재	2년
타. 발전 · 가스 또는 산업설비	
1) 철근콘크리트 또는 철골구조부	7년
2) 압력이 1제곱센티미터당 10킬로그램 이상인 고압가스의 관로 (부대기기 　　를 포함한다) 설치	5년
3) 1) 및 2) 외의 시설	3년
파. 그 밖의 토목공사	1년

하. 건축

1) 대형 공공성 건축물(공동주택, 종합병원, 관광숙박시설, 관람집회시설 또는 대규모 소매점과 16층 이상의 그 밖의 용도의 건축물을 말한다. 이하 이 목에서 같다)의 기둥 또는 내력벽	10년
2) 대형 공공성 건축물 중 기둥, 내력벽 외의 주요 구조부 또는 1) 외의 건축물 중 주요 구조부	5년
3) 건축물 중 1) 및 2)와 거목의 전문공사를 제외한 그 밖의 부분	1년

거. 전문공사

1) 실내의장	1년
2) 토공	2년
3) 미장 또는 타일	1년
4) 방수	3년
5) 도장	1년
6) 석공사 또는 조적	2년
7) 창호 설치	1년
8) 지붕	3년
9) 철물(가목부터 아목까지 및 자목부터 하목까지에 해당하는 철골은 제외한다)	2년
10) 철근콘크리트(가목부터 아목까지 및 자목부터 하목까지에 해당하는 철근콘크리트는 제외한다)	3년
11) 급배수, 공동구, 지하저수조, 냉난방, 환기, 공기조화, 자동제어, 가스 또는 배연설비	2년
12) 승강기 또는 인양기기설비	3년
13) 온실 설치	2년
14) 보링	1년
15) 건축물 조립(건축물의 기둥 및 내력벽의 조립은 제외하며, 이는 하목에 따른다)	1년
16) 판금	1년
17) 보일러 설치	1년
18) 포장	2년
19) 11) 및 17) 외의 건물 내 설비	2년
20) 자갈도상 철도·궤도 공사	1년

2. 「전기공사업법」에 따른 전기공사

가. 발전설비공사

1) 철근콘크리트 또는 철골구조부	7년
2) 1) 외의 시설공사	3년

나. 터널식 및 개착식 전력구 송배전설비공사

1) 철근콘크리트 또는 철골구조부	10년
2) 1) 외의 송전설비공사	5년
3) 1) 외의 배전설비공사	2년

다. 지중 송배전설비공사

내용	기간

　　1) 송전설비공사 (케이블공사 및 물밑송전설비공사를 포함한다)　　5년
　　2) 배전설비공사　　3년
　라. 송전설비공사　　3년
　마. 변전설비공사 (전기설비 및 기기설치공사를 포함한다)　　3년
　바. 배전설비공사
　　1) 배전설비 철탑공사　　3년
　　2) 1) 외의 배전설비공사　　2년
　사. 그 밖의 전기설비공사　　1년

3. 「정보통신공사업법」에 따른 정보통신공사
　가. 터널식 또는 개착식 등의 통신구공사　　5년
　나. 「전기통신기본법」 제2조 제4호에 따른 사업용 전기통신설비 중 케이블　3년
　　설치공사(구내에서 시공되는 공사는 제외한다), 관로공사, 철탑공사, 교
　　환기설치공사, 전송설비공사, 위성통신설비공사
　다. 가목 및 나목의 공사 외의 공사　　1년

4. 「소방시설공사업법」에 따른 소방시설공사
　가. 피난기구, 유도등, 유도표지, 비상경보설비, 비상조명등, 비상방송설비　2년
　　및 무선통신보조설비
　나. 자동식소화기, 옥내소화전설비, 스프링클러설비, 간이스프링클러설비, 물　3년
　　분무등소화설비, 옥외소화전설비, 자동화재탐지설비, 상수도소화용수설비
　　및 소화활동설비(무선통신보조설비는 제외한다)

5. 「문화재보호법」에 따른 문화재 수리공사
　가. 성곽
　　1) 석성(石城)
　　　가) 화강석 등을 방형 형태로 다듬어 쌓은 구조　　5년
　　　나) 자연상태의 돌을 사용하여 쌓은 구조　　3년
　　2) 토성(土城), 혼축성(混築城)　　2년
　　3) 전축성(塼築城)　　3년
　　4) 목책성(木柵城)　　1년
　나. 탑ㆍ석조물
　　1) 석불(石佛), 부도(浮屠), 비석(碑石), 석등(石燈), 당간지주(幢竿支柱),　5년
　　　지석묘(支石墓), 석빙고(石氷庫), 석탑(石塔), 석교(石橋) 등
　　2) 전탑(塼塔)　　3년
　　3) 새로운 재료로 교체한 석재부(石材部)　　7년
　다. 목조건축물
　　1) 지붕
　　　가) 산자(橵子) 또는 개판(蓋板) 이상의 기와지붕　　3년
　　　나) 산자 또는 개판 이상의 너와지붕　　2년
　　　다) 억새 등을 이용한 선사시대 움집　　2년
　　　라) 산자 또는 개판 이상의 초가지붕　　1년
　　2) 목부재(木部材)

가) 기둥, 창방, 대들보, 도리 등 주요 구조재	3년
나) 그 밖의 구조재	2년
3) 목조건축물의 수장재(修粧材)	1년
4) 기초 및 기단	
가) 정(井)자형 장대석 기초	10년
나) 강회잡석 적심기초, 화강석 가공주초	7년
다) 도드락다듬 이상의 석조 기단·월대의 지대석	5년
라) 그 밖의 기초 및 기단	3년
5) 미장 및 아궁이, 굴뚝, 방고래 등 구들과 관련되는 시설의 수리	2년
6) 건축물의 단청(벽화 및 불화를 포함한다)	2년
라. 담	
1) 사괴석(四塊石) 담장의 장대지대석	5년
2) 그 밖의 사괴석담	3년
3) 돌담, 자연석담, 판축담, 토담, 전축담, 와편담	2년
마. 분묘	
1) 봉분시설(잔디 심기는 제외한다)	2년
2) 구조부	
가) 적석총(積石塚)·석곽묘(石槨墓)	5년
나) 전축분(塼築墳)	3년
다) 목곽묘(木槨墓)	1년
3) 병풍석(屛風石)	3년
바. 도로	
1) 암거, 배수로, 측구, 맨홀	2년
2) 포장	
가) 박석, 포방전	2년
나) 마사토, 강회다짐, 그 밖의 혼합토 등	1년
사. 철물	
1) 장식철물, 보호철물, 관리철물	2년
2) 구조철물, 보강철물	3년
아. 조경, 식물보호, 발굴지정비, 벽화 등	
1) 조경시설물 및 조경식재	2년
2) 식물보호	3년
3) 발굴지 정비	2년
4) 불상개금, 도금, 탱화, 옷칠 등	5년
자. 그 밖의 문화재와 문화재보호·보강시설(전통한옥양식건축물 또는 보호각, 보호시설의 철골 또는 철근콘크리트 구조로 된 내력벽, 기둥이나 주요 구조부)	5년
6. 「지하수법」에 따른 지하수개발·이용시설공사나 그 밖의 공사 관련 법령에 따른 공사	1년

3-10　태양광발전 시스템의 점검(일반적 분류)

　태양광발전 설비에 대한 점검은 주로 준공 시의 점검, 일상점검, 정기점검의 3가지로 분류된다.

(1) 준공 시의 점검

　① 시스템 준공 시의 점검내용

　　㈎ 시스템 준공 시의 점검내용　　　　㈏ 육안 점검

　　㈐ 각부의 절연저항 측정　　　　　　㈑ 접지저항 측정

　② 태양전지 어레이 : 아래와 같은 사항에 대해 육안 점검 및 측정을 행한다.

점검항목		점검요령
육안 점검	표면의 오염 및 파손	오염 및 파손의 유무
	프레임의 파손 및 변형	파손 및 두드러진 변형이 없을 것
	가대의 부식 및 녹 발생	부식 및 녹이 없을 것 (녹의 진행이 없고, 도금강판의 끝부분은 제외)
	가대의 고정	볼트 및 너트의 풀림이 없을 것
	가대접지	배선공사 및 접지접속이 확실할 것
	코킹	코킹의 망가짐 및 불량이 없을 것
	지붕재의 파손	지붕재의 파손, 어긋남, 뒤틀림, 균열이 없을 것
측정	접지저항	접지저항 100 Ω 이하(제3종 접지)

　③ 접속함(중간 단자함)

점검항목		점검요령
육안 점검	외함의 부식 및 파손	부식 및 파손이 없을 것
	방수처리	전선 인입구가 실리콘 등으로 방수처리 되어있을 것
	배선의 극성	태양전지에서 배선의 극성이 바뀌어있지 않을 것
	단자대 풀림	확실하게 취부되고 나사의 풀림이 없을 것
측정	절연저항 (태양전지-접지 간)	0.2 MΩ 이상, 측정전압 DC500 V (각 회로마다 전부 측정)
	절연저항 (중간단자함 출력단자-접지 간)	1 MΩ 이상, 측정전압 DC500 V
	개방전압 및 극성	규정 전압이어야 하고 극성이 올바를 것

④ 인버터(1)

	점검항목	점검요령
육안 점검	외부의 부식 및 파손	부식 및 파손이 없을 것
	취부	• 경고하게 고정되어있을 것 • 유지보수 충분한 공간이 확보되어있을 것 • 옥내용 : 과도한 습기, 기름 습기, 연기, 부식성 가스, 가연성 가스, 먼지, 염부, 화기 등이 존재하지 않는 장소일 것 • 옥외용 : 눈이 쌓이거나 침수의 우려가 없을 것 • 화기, 가연가스 및 인화물이 없을 것

⑤ 인버터(2)

	점검항목	점검요령
육안 점검	배선의 극성	P는 태양전지(+), N은 태양전지(−)
	단자대 나사의 풀림	• U.O.W는 계통 측 배선(단상3선식 220 V) 　[(O는 중성선) U-O, O-W 간 220 V] • 자립운전의 배선은 전용 콘센트 또는 단자에 의해 전용배선으로 하고 용량은 15 A일 것
	접지단자와 접속	접지와 바르게 접속되어있을 것(접지봉 및 인버터 '접지단자'와 접속)
측정	절연저항(인버터 입출력단자−접지 간)	1 MΩ 이상, 측정전압 DC 500 V
	접지저항	접지저항 100 Ω 이하(제3종 접지)
	수전전압	주회로 단자대 U-O, O-W 간 AC 220일 것

⑥ 발전전력

	점검항목	점검요령
육안 점검	인버터의 출력 표시	인버터 운전 중, 전력표시부에 사양과 같이 표시될 것
	전력량계 (거래용 계량기) (송전 시)	회전을 확인할 것
	전력량계(수전 시)	정지를 확인할 것

⑦ 운전 및 정지

점검항목		점검요령
조작 및 육안 점검	보호계전기의 설정	전력회사 정정치를 확인할 것
	운전	운전스위치 '운전'에서 운전할 것
	정지	운전스위치 '정지'에서 정지할 것
	투입저지 시한 타이머 동작시험	인버터가 정지하여 5분 후 자동 기동할 것
	자립운전	자립운전에 절환할 때 자립운전용 콘센트에서 제조업자 규정전압이 출력될 것
	표시부의 동작 확인	표시가 정상으로 표시되어있을 것
	이상음 등	운전 중 이상음, 이상 진동, 악취 등의 발생이 없을 것
측정	발전전압 (태양전지전압)	태양전지의 동작전압이 정상일 것 (동작전압 판정 일람표에서 확인)

⑧ 기타항목(그 외 태양광발전용 개폐기, 전력량계, 인입구, 개폐기 등)

점검항목		점검요령
육안 점검	전력량계	발전사업자의 경우 전력회사에서 지급한 전력량계 사용
	주간선 개폐기(분전반 내)	역접속 가능형으로 볼트의 흔들림이 없을 것
	태양광발전용 (개폐기)	'태양광발전용'이라 표시되어있을 것

(2) 일상점검

① 태양전지 어레이

점검항목		점검요령
육안 점검	유리 등 표면의 오염 및 파손	심한 오염 및 파손이 없을 것
	가대의 부식 및 녹	부식 및 녹이 없을 것
	외부배선(접속케이블)의 손상	접속케이블에 손상이 없을 것

② 태양전지 접속함

	점검항목	점검요령
육안 점검	외함의 부식 및 손상	부식 및 파손이 없을 것
	외부배선(접속케이블)의 손상	접속케이블에 손상이 없을 것

③ 인버터

	점검항목	점검요령
육안 점검	외함의 부식 및 파손	외함의 부식·녹이 없고 충전부의 노출이 없을 것
	외부배선 (접속케이블)의 손상	인버터에 접속된 배선에 손상이 없을 것
	환기 확인 (환기구멍, 환기필터)	• 환기구를 막고 있지 않을 것 • 환기필터가 막혀있지 않을 것
	이상음 악취, 발연 및 이상과열	운전 시 이상음, 이상한 진동, 악취 및 이상한 과열이 없을 것
	표시부의 이상표시	표시부에 이상코드, 이상을 표시하는 램프의 점등, 점멸 등이 없을 것
	발전상황	표시부의 발전상황에 이상이 없을 것

④ 차단기류

대 상	점검개소	목 적	점검내용
주회로용 차단기 (VCB, GCB, ACB)	외부 일반	이상한 소리	코로나 방전 등에 의한 이상한 소리 유무 확인
		이상한 냄새	코로나 방전, 과열에 의한 이상한 냄새 유무 확인
		누출	GCB의 경우 가스 누출 유무 확인
	개폐표시기	지시	표시의 정확유무 확인
	개폐표시등	표시	표시의 정확유무 확인
	개폐도수계	표시	기계적인 수명횟수에 도달 했는지 확인
배선용 차단기	외부 일반	이상한 냄새	과열에 의한 이상한 냄새 유무 확인
	조작 장치	표시	동작상태를 표시하는 부분이 잘 보이는지 확인
			개폐기구의 핸들과 표시등의 상태는 올바른지 확인

⑤ 배전반 제어회로 배선

대상(점검개소)	목 적	점검내용
제어회로의 배선 (배선 전반)	손상	가동부 등의 연결전선의 절연피복 손상 여부 확인
		전선 지지물의 탈락 여부 확인
	이상한 냄새	과열에 의한 이상한 냄새 여부 확인
단자대(외부 일반)	조임의 이완	조임부의 이완 여부 확인
	손상	절연물 등 균열 및 파손 여부 확인

⑥ 변압기

대 상	점검개소	목 적	점검내용
변압기 리액터	외부 일반	이상한 소음	코로나 등에 의한 이상한 소리 유무 확인
		이상한 냄새	코로나 방전 또는 과열에 의한 이상한 냄새 유무 확인
		누출	절연유의 누출 유무 확인
	온도계	지시 표시	지시는 소정의 범위 내에 들어가 있는지 확인
	유면계 가스압력계	지시 표시	유면은 적당한 위치에 있는가 확인
			가스의 압력은 규정치보다 낮지 않은지 (질소 봉입의 경우) 확인

⑦ 기타 기기

대 상	점검개소	목 적	점검내용
전력용 콘덴서	외부 일반	볼트조임 이완	단자부 볼트류의 조임이 이완되지 않았는가 확인
		손상	붓싱부의 균열, 파손이나 변형 등이 없는가 확인
		변색	붓싱, 단자부 등의 균열에 의한 변색은 없는가 확인
		오손	붓싱부의 이물질, 먼지 등의 부착은 없는가 확인
축전지	육안 점검		변색, 변형, 팽창, 손상, 액면저하, 온도 상승, 단자풀림 등(부하에 급전한 상태로 실시) 확인

(3) 정기점검

① 태양전지 어레이

점검항목		점검요령
육안 점검	접지선의 접속 및 접속단자의 풀림	• 접지선에 확실하게 접속되어있을 것 • 볼트의 풀림이 없을 것

② 접속함

점검항목		점검요령
육안 점검	외함의 부식 및 파손	부식 및 손상이 없을 것
	외부 배선의 손상 및 접속단자의 풀림	• 배선에 이상이 없을 것 • 볼트의 풀림이 없을 것
	접지선의 접속 및 접속단자의 풀림	• 접지선에 이상이 없을 것 • 볼트의 풀림이 없을 것
측정 및 시험	절연저항	• 〈태양전지−접지선〉 $0.2\,M\Omega$ 이상, 측정 전압 DC 500 V • 〈출력단자−접지 간〉 $1\,M\Omega$ 이상, 측정 전압 DC 500 V
	개방전압	• 규정의 전압일 것 • 극성이 올바를 것(각 회로마다 전부 측정)

③ 인버터(1)

점검항목		점검요령
육안 점검 (외관)	외함의 부식 및 파손	부식·파손이 없을 것
	외부배선의 손상 및 접속단자의 풀림	• 배선에 이상이 없을 것 • 볼트의 풀림이 없을 것
	접지선의 파손 및 접속단자의 풀림	• 접지선에 이상이 없을 것 • 볼트의 풀림이 없을 것
	환기 확인 (환기구, 환기필터 등)	• 환기구를 막고 있지 않을 것 • 환기필터가 막혀있지 않을 것
	운전 시의 이상음, 진동 및 악취의 유무	• 운전 시에 이상음, 이상 진동 및 악취가 없을 것
	발전상황	• 표시부의 발전상황에 이상이 없을 것

④ 인버터(2)

점검항목		점검요령
측정 및 시험	절연저항 (인버터 입출력단자-접지 간)	1 MΩ 이상, 측정 전압 DC 500 V
	표시부의 동작 확인 (표시부 표시, 충전전력 등)	표시상황 및 발전상황에 이상이 없을 것
	투입저지 시한 타이머(동작시험)	한전 전원 정전 시에 인버터가 0.5초 이내 정지하고, 복전 시 5분 후 자동 기동할 것
육안 점검	태양광발전용 개폐기의 접속단자의 풀림	나사의 풀림이 없을 것
기타	제어회로 및 경보장치, 단독운전 방지시험	기능에 이상 없을 것

⑤ 기타 기기

구 분		점검항목	점검요령
축전지	육안 점검	외관, 전해액의 비중 및 액면 저하 여부	부하에 급전한 상태로 실시
	측정 및 시험	단자전압 (총 전압 및 각 소자의 전압)	부하에 급전한 상태로 실시
개폐기	육안, 접촉 등	접속단자 풀림	나사의 풀림이 없을 것
	측정	절연저항	1 MΩ 이상, 측정 전압 DC 500 V

3-11 유지관리의 자세 및 하자 발생 시 조치사항

(1) 유지관리의 자세

① 시설물의 결함이나 파손을 초래하는 요인을 사전조사로 발견하여 미연에 방지하는 것이 최선의 방법이다.

② 시설물의 결함이나 파손은 조기에 발견하고 즉시 조치하여 결함이나 파손이 확대되지 않도록 한다.

③ 이용에 불편, 제한 및 장애요소를 최대한 적게 한다.

④ 안전을 최우선으로 하여 모든 작업을 행한다.

⑤ 상세한 작업계획을 수립하여 효율적인 작업이 되도록 하고, 예산이 불필요하게 낭비되는 일이 없도록 관리하여야 한다.

(2) 하자 발생 시 조치사항

① 하자 발견 즉시 도급자에게 서면 통보하여 하자를 보수하도록 통보한다.

② 하자 보수 요청 후 미이행 시에는 연대보증인 또는 하자보증 보험사에 서면으로 통보하여 조치한다. 또한 발주자는 도급자에게 하자보수 불이행에 따른 행정처벌 조치를 한다.

③ 도급자는 하자보수 착공계 제출 후 공사를 해야 하며, 하자보수가 끝나면 하자보수 준공계를 제출하여 감독자의 준공검사를 득해야 한다.

④ 하자보수 및 검사를 완료한 경우에는 '하자보수 관리부'를 작성, 보관한다.

3-12 신재생에너지설비의 하자보증기간

원 별	하자보증기간
태양광발전 설비	3년
풍력발전 설비	3년
소수력발전 설비	3년
지열 이용 설비	3년
태양열 이용 설비	3년
기타 신재생에너지 설비	3년

* 단, 지열 이용 설비 중 개방형의 경우 5년으로 한다.

1. 다음은 태양광발전 시스템 유지관리절차이다. ( ) 안에 들어갈 적당한 말은?

> ( )→( )→( )→( )→필요 시 보수계획 수립 → 설계 반영 및 예산 확보 → 공사 및 준공검사 → 시설물 사용 및 지속적 유지관리

㉮ 이상 및 결함 발견 → 시설물 점검 → 정밀조사 및 정밀안전진단 실시 → 응급처치 및 안정성 검토

㉯ 시설물 점검 → 이상 및 결함 발견 → 응급처치 및 안정성 검토 → 정밀조사 및 정밀안전진단 실시

㉰ 이상 및 결함 발견 → 시설물 점검 → 응급처치 및 안정성 검토 → 정밀조사 및 정밀안전진단 실시

㉱ 이상 및 결함 발견 → 응급처치 및 안정성 검토 → 시설물 점검 → 정밀조사 및 정밀안전진단 실시

[해설] 태양광발전 시스템 유지관리절차 : 시설물 점검(일상점검, 정기점검, 임시점검) → 이상 및 결함 발견 → 응급처치, 작동 금지, 안정성 검토 → 정밀조사 및 정밀안전진단 실시 → 필요 시 보수계획 수립 → 설계 반영 및 예산 확보 → 공사 및 준공검사 → 시설물 사용 및 지속적 유지관리

2. 태양광발전 설비의 점검주기 중 정해진 주기가 없고, 필요 시에 점검하는 점검은?

㉮ 일상점검
㉯ 순시점검
㉰ 임시점검
㉱ 특별점검

3. 태양광발전 시스템의 전력생산 계통의 일반적인 순서로 가장 적절한 것은?

㉮ 태양전지 어레이 → 접속반 → 인버터 → ACB → 변압기 → VCB → LBS → 한전계통

㉯ 태양전지 어레이 → 접속반 → 인버터 → ACB → 변압기 → LBS → VCB → 한전계통

㉰ 태양전지 어레이 → 배전반 → 인버터 → ACB → 변압기 → LBS → VCB → 한전계통

㉱ 태양전지 어레이 → 접속반 → 인버터 → VCB → 변압기 → ACB → LBS → 한전계통

[해설] ACB는 주로 저압반에 설치하는 브레이크이고, VCB는 고압반에, LBS는 한전계통 직전에 각각 설치한다.

4. 태양광발전 설비의 정기점검에 대한 설명으로 적절하지 못한 것은?

㉮ 100 kW 이상의 설비에 대한 정기점검은 설비용량에 따라 월 1~4회 이상 실시한다.

㉯ 정부지원금으로 설치된 경우에는 하자보수기간인 5년 동안 연 1회 이상 점검을 실시하고 신재생에너지센터에 점검 결과를 보고하여야 한다.

㉰ 계전기의 특성시험과 점검시험도 같이 실시한다.

㉱ 모선을 정전하지 않고 점검해야 할 경우도 있다.

해설 정부지원금으로 설치된 경우에는 하자보수기간인 3년 동안 연 1회 이상 점검을 실시하고 신재생에너지센터에 점검결과를 보고하여야 한다.

5. 다음은 태양광발전 수전설비의 배전반 등의 최소 유지거리이다. ㉠~㉢에 들어갈 적절한 수치로 짝지어진 것은?

구 분	앞면 또는 조작, 계측면	뒷면 또는 점검면	열상호간
특고압 배전반	(㉠)	0.8	(㉢)
고압 배전반	1.5	(㉡)	1.2
저압 배전반	1.5	0.6	1.2
변압기 등	0.6	0.6	1.2

	㉠	㉡	㉢
㉮	1.5	0.8	1.5
㉯	1.6	0.7	1.4
㉰	1.6	0.7	1.3
㉱	1.7	0.6	1.4

6. 태양광발전 설비의 점검 후의 확인 및 유의사항이 아닌 것은?

㉮ 접지선 제거

㉯ 볼트, 너트 등 단자반 결선의 조임이나 누락 여부 확인

㉰ 무전압 상태 확인 및 안전조치 확인

㉱ 작업자가 수배전반 내에 들어가 있는지 확인

해설 '무전압 상태 확인 및 안전조치 확인'은 '점검 전 유의사항'에 해당한다.

7. 태양광발전 설비 유지관리비의 4대 구성요소에 속하지 않는 것은?

㉮ 직접경비

㉯ 일반관리비

㉰ 보수비와 개량비

㉱ 유지비

해설 유지관리비의 4대 구성요소는 유지비, 보수비와 개량비, 일반관리비, 운용지원비이다.

8. 설비의 내구연한(내용연수)에 속하지 않는 것은?

㉮ 물리적 내구연한

㉯ 마모적 내구연한

㉰ 사회적 내구연한

㉱ 법적 내구연한

해설 보통 설비의 내구연한(내용연수)으로 가장 많이 사용하는 용어는 물리적 내구연한, 사회적 내구연한, 경제적 내구연한, 법적 내구연한 등이다.

9. 다음 중 고정자산의 감가상각비를 산출하기 위하여 정한 세법상의 내구연한은?

㉮ 물리적 내구연한

㉯ 마모적 내구연한

㉰ 사회적 내구연한

㉱ 법적 내구연한

10. 다음 중 기술 혁신에 의한 새로운 설비, 기기의 도입이나 생활양식의 변화 등으로 그 건물이 변화에 대응할 수 없게 된 경우에 적용되는 내구연한은?

㉮ 기능적 내용연수

㉯ 구조적 내용연수

㉰ 자연적 내용연수

㉱ 기술적 내구연한

11. 공사의 공종별 담보책임 존속기간으로 맞지 않는 것은?

㉮ 발전설비공사의 철근콘크리트 또는 철골구조부 - 5년

㉯ 조경시설물 또는 조경식재 - 2년

㉰ 부지정지 - 2년

㉱ 관개수로 또는 매립 - 3년

[해설] 철근콘크리트 또는 철골구조부의 담보책임 존속기간은 7년이다.

12. 태양광발전 설비에 대한 준공 시의 점검사항 중 틀리게 설명한 것은?

㉮ 태양전지 어레이 점검 시 접지저항은 100 Ω 이하이어야 한다.

㉯ 접속함(중간 단자함)의 절연저항은 DC500 V 메가로 3 MΩ 이상이어야 한다.

㉰ 인버터의 P는 태양전지의 (+)극에, N은 태양전지의 (-)극에 연결되어있어야 한다.

㉱ 인버터의 U, O, W 단자 중 중성선은 O이다.

[해설] 접속함(중간 단자함)의 절연저항은 DC 500 V 메가로 1 MΩ 이상이어야 한다.

13. 신재생에너지 설비의 하자보증기간이 다른 한 가지는?

㉮ 태양광발전 설비

㉯ 수력발전 설비(소수력)

㉰ 풍력발전 설비(수평축형)

㉱ 지열 이용 설비(개방형)

[해설] 하자보증기간은 지열 이용 설비(개방형)의 경우 5년이고, 나머지는 모두 3년이다.

14. 태양광발전 설비 점검 시(점검 중)의 유의사항으로 가장 잘못된 설명은?

㉮ 태양광발전 모듈은 접속반 차단기를 개방했다면 비교적 안전하다고 할 수 있으므로 특별한 보호장구 없이도 작업이 가능하다.

㉯ 인버터는 한전 측 계통 전원을 Off시키면 자동으로 정지하게 되어있다.

㉰ 구름이 많거나 흐린 날은 일사량의 변화가 많을 수 있으므로 인버터의 MPPT 제어 실패로 인한 인버터 정지현상이 발생할 가능성이 있다.

㉱ 절연저항 값은 온도, 습도 및 표면의 오손상태 등에 크게 영향을 받는다.

[해설] 태양광발전 모듈은 햇빛을 받으면 발전하는 소자로 접속반 차단기를 개방했다고 하더라도 항상 감전에 유의해야 한다.

15. 「건설산업기본법」에 따른 공사의 공종별 담보책임 존속기간이 2년이 아닌 것은?

㉮ 도로(암거, 측구 포함)

㉯ 관개수로 또는 매립

㉰ 조경시설물 또는 조경식재

㉱ 부지정지

[해설] '관개수로 또는 매립'은 3년이고, 나머지는 2년이다.

16. 태양광발전 시스템의 준공 시 어레이 점검에 관한 설명으로 가장 잘못된 것은?

㉮ 녹의 진행이 없어야 한다(단, 도금강판의 끝부분은 제외한다).

㉯ 코킹의 망가짐 및 불량이 없어야 한다.

㉰ 접지저항은 제2종접지를 기준으로 점검한다.

㉱ 지붕재의 파손, 균열, 뒤틀림 등이 없어야 한다.

해설 어레이의 접지저항은 제3종접지(100 Ω)를 기준으로 점검한다.

17. 태양광발전 시스템의 준공 시 접속함 점검에 관한 설명으로 가장 잘못된 것은?

㉮ 출력단자와 접지 간 절연저항은 0.1 MΩ 이상이어야 한다.

㉯ 단자대 부분은 주로 나사의 풀림이 없는지를 확인한다.

㉰ 준공점검 시 개방전압도 측정하여야 한다.

㉱ 준공점검 시 접지저항도 측정하여야 한다.

해설 출력단자와 접지 간 절연저항은 1 MΩ 이상이어야 한다.

18. 태양광발전 시스템의 준공 시 파워컨디셔너의 점검에 관한 설명으로 가장 잘못된 것은?

㉮ 자립운전의 경우 전용배선으로 하고 용량은 15 A여야 한다.

㉯ 인버터의 입·출력단자와 접지 간 절연저항은 1 MΩ 이상이어야 한다.

㉰ 인버터의 접지저항은 100 Ω 이상이어야 한다.

㉱ U, O, W 단자 중에서 O가 중성선이다.

해설 인버터의 접지저항은 100 Ω 이하이어야 한다.

19. 태양광발전 시스템의 준공 시 '운전 및 정지' 관련 점검에 대한 설명으로 가장 잘못된 것은?

㉮ 보호계전기의 설정치는 전력회사의 정정치를 확인해야 한다.

㉯ 투입저지 시한 타이머 동작시험에서 인버터는 정지 후 3분 후 자동 재기동을 해야 한다.

㉰ 운전스위치가 '운전'에서 운전하고, '정지'에서 정지해야 한다.

㉱ 준공점검 시 발전전압도 측정하여야 한다.

해설 투입저지 시한 타이머 동작시험에서 인버터는 정지 후 5분 후 자동 재기동을 해야 한다.

20. 태양광발전 설비의 일상점검 시에 관한 설명으로 가장 잘못된 것은?

㉮ 태양전지 어레이, 접속반, 인버터 등의 일상점검은 주로 육안 점검 위주로 행한다.

㉯ 인버터의 경우 환기구멍이 막히지 않았는지, 환기필터가 정상인지 등을 확인하여야 한다.

㉰ 차단기 중 ACB의 경우 가스 누출은 없는지를 확인해야 한다.

㉱ 변압기는 절연유의 누출이 없는지 확인하여야 한다.

해설 ㉰는 '차단기 중 GCB의 경우 가스 누출은 없는지를 확인해야 한다.'로 고쳐야 한다.
- ACB (Air Circuit Breaker ; 기중차단기) : 주로 교류 저압용으로서 대기 중에서 개폐 동작이 행해지는 차단기
- GCB (Gas Circuit Breaker ; 가스차단기) : 주로 소호 및 절연특성이 뛰어난 SF6 (육불화황)를 매질로 사용하는 차단기(저소음형으로 154 kV급 이상의 변전소에 많이 사용함)

제**4**장 | 태양광발전 설비 안전관리

4-1 태양광발전 설비 안전대책

(1) 안전 보호장구

① 안전모 (전기안전모)

② **안전대(안전띠)** : 추락 방지(떨어지거나 구르는 것을 방지)

③ **안전화** : 미끄럼 방지(미끄럼 방지의 효과가 있는 신발)

④ **안전 허리띠** : 공구, 공사부재의 낙하 방지

(2) 절연용 보호구

7천 V 이하 전로의 활선작업 또는 활선근접작업 시 작업자의 감전 사고를 방지하기 위해 작업자의 몸에 착용하는 것을 말한다.

① 안전모 (전기안전모)

② 안전화 (전기용 고무절연장화)

③ 전기용 고무장갑

④ 보호용 가죽장갑

(3) 감전 방지대책

① 작업 전에 태양전지 모듈의 표면에 차광시트를 붙여 태양광을 차단한다.

② 저압선로용 절연장갑을 낀다.

③ 절연처리가 된 공구를 사용한다.

④ 강우 시 작업을 하지 않는다 (감전사고의 원인일 뿐 아니라 미끄러짐으로 인한 추락사고로 이어질 수 있다).

4-2 정전 작업

(1) 정전 작업 전 조치사항

① 전로의 개로 개폐기에 시건장치 및 통전금지 표지판 설치
② 전력 케이블, 전력 콘덴서 등의 잔류전하의 방전
③ 검전기로 개로된 전로의 충전여부 확인
④ 단락접지기구로 단락접지

(2) 정전 작업 절차

ISSA (국제사회 안전협의)의 5대 안전수칙 준수
① 작업 전 전원 차단
② 전원투입의 방지
③ 작업장소의 무전압 여부 확인
④ 단락접지
⑤ 작업장소의 보호

(3) 작업 중 조치사항

① 작업지휘자에 의한 작업 진행
② 개폐기의 관리
③ 단락접지의 수시 확인
④ 근접 활선에 대한 방호상태의 관리

(4) 정전 작업 시 안전 유의사항

① 안전장구 및 표지
② **무전압상태의 유지** : 개폐기의 개방 보증, 잔류전하의 방전, 단락접지 등
③ **재통전의 안전조치** : 감전의 위해가 없음, 단락접지기구의 제거 등

(5) 작업종료 후의 조치

① 단락접지기구의 철거
② 시건장치 또는 표지판 철거
③ 작업자에 대한 위험이 없는 것을 최종 확인
④ 개폐기 투입으로 송전 재개

4-3   활선 및 활선근접 작업

(1) 충전로의 방호

① 방호의 범위

㈎ 활선 작업 시 절연피복에 관계없이 방호가 필요하다.

㈏ 재료나 공구를 취급하는 경우와 신체가 이동하는 범위가 큰 경우, 충량물을 취급하는 경우, 도전성의 긴 물체를 취급하는 경우에는 특별히 완전한 방호가 필요하다.

② 충전전로 방호 시 유의사항

㈎ 작업지휘자는 작업자에게 방호방법 및 순서를 지시하고, 직접 방호작업을 지휘한다.

㈏ 절연용 방호구는 잘 손질되고 정비된 것으로 준비하고, 손상유무를 점검한다.

㈐ 방호를 하는 작업자는 먼저 절연용 보호구를 착용하여 신체를 보호하고, 작업지휘자가 보호구의 착용상태를 확인하며, 미비점에 대해서 바로잡은 후 작업에 착수한다.

㈑ 주상에서의 방호작업은 원칙적으로 2명이 하고, 단독작업은 가급적 피한다.

㈒ 방호작업 시에 발판 등을 사용하고, 안정된 자세로 절연용 방호구를 장착한다.

㈓ 절연용 방호구는 몸 가까운 충전전로부터 설치하고, 철거 시에는 반대로 먼 곳부터 한다.

㈔ 바인드선이나 전선의 끝이 전기용 고무장갑에 상처를 내지 않도록 주의한다.

㈕ 절연용 방호구는 작업 중이나 이동 시 탈락되지 않도록 고무 끈 등으로 확실하게 고정시킨다.

(2) 활선작업 시행 시 관련부서에 통고해야 할 사항

① 장소

② 선로명 및 전주번호

③ 작업내용

④ 작업실시 일시

⑤ 작업 완료 예정시간

⑥ 작업책임자 또는 공사감독원 성명

(3) 안전거리 확보

고압 이상의 전기는 직접적인 접촉이 아니어도 어느 한계 내의 충전부에 접근하면 공기의 절연이 파괴되어 섬락을 일으켜 충격을 받을 수 있다.

① 사용전압에 따른 접근 한계거리

사용전압 (kV)	접근 한계거리(cm)	사용전압 (kV)	접근 한계거리(cm)
22 이하	20	110 초과~154 이하	120
22 초과~33 이하	30	154 초과~187 이하	140
33 초과~66 이하	50	187 초과~220 이하	160
66 초과~77 이하	60	220 초과	220
77 초과~110 이하	90		

② 사용전압에 따른 와이어로프와 송배전선 간 이격거리

사용전압 (kV)	이격거리(m)	사용전압 (kV)	이격거리(m)
0.6 이하	1.0	77 이하	2.4
7 이하	1.2	110 이하	3.0
11 이하	2.0	154 이하	4.0
22 이하	2.0	220 이하	5.2
33 이하	2.0	275 이하	6.4
66 이하	2.0	500 이하	10.8

(4) 고압 활선작업 시의 안전조치사항

① 절연용 보호구 착용 (안전모, 전기용 고무장갑, 전기용 고무절연장화 등)
② 절연용 방호구 설치(고무판, 절연관, 절연시트, 절연커버, 애자커버 등)
③ 활선 작업용 기구 사용
④ 활선 작업용 장치 사용

(5) 기타사항

① 활선작업은 활선장구 및 고무보호장구를 사용한다. 단, 7000 V를 초과하는 경우에는 고무보호장구를 사용해서는 안 된다.
② 작업 착수 전 작업장소의 도체(전화선 포함)는 대지전압이 7000 V 이하일 때에는 반드시 고무방호구로 방호해야 하며, 7000 V를 초과하는 경우에는 활선장구로 옮기도록 한다.

4-4 전기안전 작업수칙

① 작업자는 시계, 반지 등 금속체 물건을 착용해서는 안 된다.
② 정전작업 시 작업 중의 안전표찰을 부착하고, 출입을 제한시킬 필요가 있는 경우에는 구획로프를 설치한다.
③ 고압 이상의 개폐기 및 차단기 조작은 반드시 책임자의 승인을 받고 조작순서에 의거 조작한다.
④ 고압 이상의 개폐기 조작은 반드시 무부하 상태에서 실시하고, 개폐기의 조작 후 잔류전하 방전상태를 검전기로 확인한다.
⑤ 고압 이상의 전기설비는 꼭 안전장구를 착용한 후 조작한다.
⑥ 비상용 발전기 가동 전 비상전원 공급구간을 반드시 재확인한다.
⑦ 작업 완료 후 전기설비의 이상 유무를 확인한 후 통전한다.

4-5 태양광발전 설비의 안전관리 대책

(1) 추락사고 예방

① **모듈설치 시**
　㈎ 높은 곳 작업 시 안전 난간대 설치
　㈏ 안전모, 안전화, 안전벨트 착용

② **구조물 설치**
　㈎ 안전 난간대 설치
　㈏ 안전모, 안전화, 안전벨트 착용

③ **전선작업**
　㈎ 정품의 알루미늄 사다리 등 사용
　㈏ 안전모, 안전화, 안전벨트 착용

(2) 감전사고 예방

① **접속함, 파워컨디셔너 등 연결**
　㈎ 태양전지 모듈 등 전원 개방

　　㈏ 절연장갑 착용

　② 배선작업

　　㈎ 누전 발생이 우려되는 장소에 누전차단기 설치

　　㈏ 전선 피복상태 관리 등

4-6 전기안전 주의사항

(1) 전기안전규칙 준수사항

① 모든 전기설비 및 전기선로에는 항상 전기가 흐르고 있다고 생각하고 작업에 임한다.

② 작업 전에 현장의 작업조건과 위험요소의 존재 여부를 미리 확인한다.

③ 배선용 차단기, 누전 차단기 등과 같은 안전장치가 자신을 보호할 수 없다고 생각해야 한다.

④ 어떠한 경우에도 접지선을 절대 제거해서는 안 된다.

⑤ 기기와 전선의 연결, 공구 등의 정리정돈을 철저히 해야 한다.

⑥ 작업장의 바닥이 젖은 상태에서는 절대로 작업해서는 안 된다.

⑦ 전기작업을 할 때에는 절대로 혼자 작업해서는 안 된다.

⑧ 전기작업은 양손을 사용하지 말고, 가능한 한 손으로 작업한다.

⑨ 작업 중에는 절대 잡담을 하지 않도록 한다 (특히 활선인 경우에는 더욱 주의를 기울이도록 한다).

⑩ 전기작업자는 어떤 상황이라도 급하게 행동해서는 안 된다.

(2) 절연용 고무장갑 사용 시 주의사항

① 사용 전에 반드시 공기를 불어넣어 새는 곳이 없는지 확인한다.

② 고무장갑은 공구, 자재와 혼합보관 및 운반하지 않는다.

③ 사용하지 않는 고무장갑은 먼지, 습기, 기름 등이 없고 통풍이 잘되는 곳에 보관할한다.

④ 고무장갑의 손상이 우려될 경우에는 반드시 가죽장갑을 외부에 착용한다.

⑤ 3 kV용 고무장갑을 6 kV 작업에 사용하지 않는다.

⑥ 소매를 접어서 사용하지 않는다.

(3) 검전기 사용 시 주의사항 (저압용, 고압용)

① 습기가 있는 장소로 위험이 예상되는 경우에는 고압 고무장갑을 착용한다.

② 검전기의 정격전압을 초과하여 사용하지 말아야 한다.

③ 검전기의 사용이 부적당한 경우에는 조작봉으로 대용한다.

④ 활선접근 경보기를 검전기 대용으로 사용하지 말아야 한다.

(4) 안전장비의 정기점검 관리 및 보관요령

① 한 달에 한 번 이상 책임 감독자가 점검한다.

② 청결하고 습기가 없는 장소에 보관한다.

③ 보호구를 사용 후에는 손질하여 항상 청결히 보관한다.

④ 세척한 후에는 항상 건조시켜 보관한다.

(5) 계측기는 다음 용도 외 사용 금지

① **멀티메터(테스터)** : 저항, 직류전류, 직류전압, 교류전압

② **클램프메터** : 전류, 전압, 저항 등

예·상·문·제

1. 절연용 보호구에 속하지 않는 것은?

㉮ 안전대 ㉯ 전기 안전모
㉰ 보호용 가죽장갑 ㉱ 안전화

[해설] 안전대는 '절연용 보호구'가 아니고, '안전 보호장구'에 속한다.

2. 사용전압에 따른 접근 한계거리로 틀린 것은?

㉮ 22 kV 이하 – 20 cm
㉯ 33 kV 초과~66 kV 이하 – 50 cm
㉰ 154 kV 초과~187 kV 이하 – 160 cm
㉱ 220 kV 초과 – 220 cm

[해설] 고압 이상의 전기는 직접적인 접촉이 아니어도 어느 한계 내의 충전부에 접근하면 공기의 절연이 파괴되어 섬락을 일으켜 충격을 받을 수 있다.

사용전압 (kV)	접근 한계거리 (cm)	사용전압 (kV)	접근 한계거리 (cm)
22 이하	20	110 초과 ~154 이하	120
22 초과 ~33 이하	30	154 초과 ~187 이하	140
33 초과 ~66 이하	50	187 초과 ~220 이하	160
66 초과 ~77 이하	60	220 초과	220
77 초과 ~110 이하	90		

3. 감전 방지책으로 틀린 것은?

㉮ 작업 전에 태양전지 모듈의 표면에 차광시트를 붙여 태양광을 차단한다.

㉯ 저압선로용 절연장갑을 낀다.
㉰ 절연처리가 된 공구를 사용한다.
㉱ 강우 시에는 미끄러지지 않도록 안전 보호장구를 착용하고 조심하여 작업한다.

[해설] 강우 시에는 작업을 하지 않는다 (감전 사고의 원인일 뿐 아니라 미끄러짐으로 인한 추락사고로 이어질 수 있다).

4. 사용전압에 따른 와이어로프와 송배전선 간 이격거리가 틀리게 짝지어진 것은?

㉮ 0.6 kV 이하 – 0.5 m
㉯ 22 kV 이하 – 2 m
㉰ 77 kV 이하 – 2.4 m
㉱ 500 kV 이하 – 10.8 m

[해설] 사용전압에 따른 와이어로프와 송배전선 간 이격거리

사용전압 (kV)	이격거리 (m)	사용전압 (kV)	이격거리 (m)
0.6 이하	1.0	77 이하	2.4
7 이하	1.2	110 이하	3.0
11 이하	2.0	154 이하	4.0
22 이하	2.0	220 이하	5.2
33 이하	2.0	275 이하	6.4
66 이하	2.0	500 이하	10.8

5. 태양광발전 설비의 전기 작업상 주의사항에 대한 설명으로 잘못된 것은?

㉮ 작업장의 바닥이 젖은 상태에서는 절대로 작업해서는 안 된다.
㉯ 전기작업은 가능한 한 손으로 하지 말고, 양손으로 안전하게 한다.

정답 1. ㉮ 2. ㉰ 3. ㉱ 4. ㉮ 5. ㉯

㉓ 3 kV용 고무장갑을 6 kV 작업에 사용 하지 않는다.

㉔ 전기작업을 할 때에는 절대로 혼자 작업해서는 안 된다.

[해설] 전기작업은 양손을 사용하지 말고, 가능한 한 손으로 작업하는 것이 감전사고 방지에 유리하다.

6. 태양광발전 설비 공사 시 감전 방지대책으로 잘못 설명된 것은?

㉮ 모듈의 표면에 차광시트를 붙여 태양광을 차단한다.

㉯ 고압선로용 절연장갑을 낀다.

㉰ 저압선로용 절연장갑을 낀다.

㉱ 강우 시 작업을 하지 않는다.

[해설] 저압선로용 절연장갑을 껴야 한다.

7. 정전 작업 절차에 관련된 ISSA (국제사회 안전협의)의 5대 안전수칙에 포함되지 않는 것은?

㉮ 작업 후 전원 차단

㉯ 작업장소의 무전압 여부 확인

㉰ 단락접지

㉱ 작업장소의 보호

[해설] 정전 절차에 관련된 ISSA (국제사회 안전협의)의 5대 안전수칙
① 작업 전 전원 차단
② 전원투입의 방지
③ 작업장소의 무전압 여부 확인
④ 단락접지
⑤ 작업장소의 보호

8. 태양광발전 설비의 작업종료 후의 조치 사항에 대한 설명으로 틀린 것은?

㉮ 중성점접지의 제거

㉯ 시건장치 또는 표지판 철거

㉰ 작업자에 대한 위험 여부 확인

㉱ 개폐기의 투입으로 송전 재개

[해설] 작업종료 후의 조치
① 단락접지기구의 철거
② 시건장치 또는 표지판 철거
③ 작업자에 대한 위험이 없는 것을 최종 확인
④ 개폐기의 투입으로 송전 재개

9. 충전전로 방호 시 유의사항에 대한 설명으로 틀린 것은?

㉮ 주상에서의 방호작업은 원칙적으로 2명이 하고, 단독작업은 가급적 피한다.

㉯ 절연용 방호구는 몸에서 먼 충전전로부터 설치하고, 철거 시에는 반대로 가까운 곳부터 한다.

㉰ 절연용 방호구는 작업 중이나 이동 시 탈락되지 않도록 고정시킨다.

㉱ 작업지휘자가 작업자에게 방호방법 및 순서를 지시해야 한다.

[해설] ㉯는 '절연용 방호구는 몸 가까운 충전전로부터 설치하고, 철거 시에는 반대로 먼 곳부터 한다.'로 고쳐야 한다.

10. 활선작업을 시행할 때 관련부서에 통고해야 할 사항이 아닌 것은?

㉮ 장소

㉯ 작업방법 및 절차

㉰ 작업책임자 또는 공사감독원 성명

㉱ 작업 완료 예정시간

[해설] 활선작업을 시행할 때 관련부서에 통고해야 할 사항
① 장소
② 선로명 및 전주번호
③ 작업내용
④ 작업실시 일시

⑤ 작업 완료 예정시간
⑥ 작업책임자 또는 공사감독원 성명

11. 고압 활선작업 시의 절연용 방호구가 아닌 것은?

㉮ 고무판 ㉯ 절연시트
㉰ 고무절연장화 ㉱ 애자커버

해설 고무절연장화는 절연용 방호구가 아니고, 절연용 보호구에 해당한다.

12. 태양광발전 설비의 전기작업 시의 안전에 관한 설명 중 ㉠~㉢에 들어갈 올바른 말은?

작업 착수 전 작업장소의 도체(전화선 포함)는 대지전압이 (㉠) V 이하일 때에는 반드시 고무방호구로 방호해야 하며, (㉡) V를 초과하는 전압에서는 (㉢)로 옮기도록 한다.

	㉠	㉡	㉢
㉮	7,000	7,000	활선장구
㉯	650	650	절연방호구
㉰	700	700	절연방호구
㉱	700	700	비절연방호구

13. 태양광발전 설비의 전기안전 작업수칙 중에서 잘못된 것은?

㉮ 출입을 제한시킬 필요가 있는 경우에는 구획로프를 설치해야 한다.

㉯ 고압 이상의 개폐기 및 차단기 조작은 반드시 책임자의 승인을 받아야 한다.

㉰ 고압 이상의 개폐기 조작은 반드시 무부하상태에서 실시한다.

㉱ 개폐기의 조작 후 잔류전하 방전상태를 절연저항계로 확인해야 한다.

해설 개폐기의 조작 후 잔류전하 방전상태를 검전기로 확인한다.

14. 태양광발전 설비 공사의 전기안전상 주의사항에 대한 설명으로 가장 잘못된 것은?

㉮ 전기작업을 할 때에는 절대로 혼자 작업해서는 안 된다.

㉯ 전기작업은 양손을 사용하지 말고, 가능한 한 손으로 작업한다.

㉰ 6 kV용 고무장갑을 3 kV 작업에 사용하지 않는다.

㉱ 활선접근 경보기를 검전기 대용으로 사용하지 않는다.

해설 ㉰는 '3 kV용 고무장갑을 6 kV 작업에 사용하지 않는다.'로 고쳐야 한다.

15. 멀티메터(테스터)로 측정할 수 있는 것이 아닌 것은?

㉮ 직류전압 ㉯ 교류전압
㉰ 직류전류 ㉱ 절연저항

해설 절연저항은 멀티메터(테스터)로 측정할 수 없고 절연저항계(메거 ; Megger)로 측정이 가능하다.

제5편 신재생에너지 관련 법규

제 **1** 장 | 신재생에너지 관련 법규

일러두기 : • 법규나 국가 정책 관련 사항은 항상 변경 가능성이 있으므로, 필요 시 '국가 법령정보'
를 재확인해야 합니다 (www.law.go.kr).

• 아래부터는 법규내용 중 중요도가 높고 시험에 빈출되는 사항 위주로 발췌된 내용입니다.

(법 · 시행령 · 시행규칙 통합 정리)

1-1 「**신에너지 및 재생에너지 개발 · 이용 · 보급 촉진법 · 시행령 · 시행규칙**」

목적 [제1조] 이 법은 신에너지 및 재생에너지의 기술개발 및 이용 · 보급 촉진과 신에너
지 및 재생에너지 산업의 활성화를 통하여 에너지원을 다양화하고, 에너지의 안정적
인 공급, 에너지 구조의 환경친화적 전환 및 온실가스 배출의 감소를 추진함으로써
환경의 보전, 국가경제의 건전하고 지속적인 발전 및 국민복지의 증진에 이바지함을
목적으로 한다.

정의 [제2조] 1. "신에너지"란 기존의 화석연료를 변환시켜 이용하거나 수소 · 산소 등의
화학 반응을 통하여 전기 또는 열을 이용하는 에너지로서 다음 각 목의 어느 하나에
해당하는 것을 말한다.
　가. 수소에너지
　나. 연료전지
　다. 석탄을 액화 · 가스화한 에너지 및 중질잔사유 (重質殘渣油)를 가스화한 에너지로서
　　대통령령으로 정하는 기준 및 범위에 해당하는 에너지
　라. 그 밖에 석유 · 석탄 · 원자력 또는 천연가스가 아닌 에너지로서 대통령령으로 정하
　　는 에너지
　2. "재생에너지"란 햇빛 · 물 · 지열(地熱) · 강수 (降水) · 생물유기체 등을 포함하는 재생
　　가능한 에너지를 변환시켜 이용하는 에너지로서 다음 각 목의 어느 하나에 해당하는
　　것을 말한다.
　　가. 태양에너지
　　나. 풍력

　다. 수력

　라. 해양에너지

　마. 지열에너지

　바. 생물자원을 변환시켜 이용하는 바이오에너지로서 대통령령으로 정하는 기준 및 범위에 해당하는 에너지

　사. 폐기물에너지로서 대통령령으로 정하는 기준 및 범위에 해당하는 에너지

　아. 그 밖에 석유·석탄·원자력 또는 천연가스가 아닌 에너지로서 대통령령으로 정하는 에너지

3. "신에너지 및 재생에너지 설비"(이하 "신·재생에너지 설비"라 한다)란 신에너지 및 재생에너지(이하 "신·재생에너지"라 한다)를 생산 또는 이용하거나 신·재생에너지의 전력계통 연계조건을 개선하기 위한 설비로서 산업통상자원부령으로 정하는 것을 말한다.

4. "신·재생에너지 발전"이란 신·재생에너지를 이용하여 전기를 생산하는 것을 말한다.

5. "신·재생에너지 발전사업자"란 「전기사업법」 제2조 제4호에 따른 발전사업자 또는 같은 조 제19호에 따른 자가용전기설비를 설치한 자로서 신·재생에너지 발전을 하는 사업자를 말한다.

기본계획의 수립 [제5조] ① 산업통상자원부장관은 관계 중앙행정기관의 장과 협의를 한 후 제8조에 따른 신·재생에너지정책심의회의 심의를 거쳐 신·재생에너지의 기술개발 및 이용·보급을 촉진하기 위한 기본계획(이하 "기본계획"이라 한다)을 5년마다 수립하여야 한다.

② 기본계획의 계획기간은 10년 이상으로 하며, 기본계획에는 다음 각 호의 사항이 포함되어야 한다.

1. 기본계획의 목표 및 기간

2. 신·재생에너지원별 기술개발 및 이용·보급의 목표

3. 총 전력생산량 중 신·재생에너지 발전량이 차지하는 비율의 목표

4. 「에너지법」 제2조 제10호에 따른 온실가스의 배출 감소 목표

5. 기본계획의 추진방법

6. 신·재생에너지 기술수준의 평가와 보급전망 및 기대효과

7. 신·재생에너지 기술개발 및 이용·보급에 관한 지원 방안

8. 신·재생에너지 분야 전문인력 양성계획

9. 그 밖에 기본계획의 목표달성을 위하여 산업통상자원부장관이 필요하다고 인정하는 사항

③ 산업통상자원부장관은 신·재생에너지의 기술개발 동향, 에너지 수요·공급 동향

의 변화, 그 밖의 사정으로 인하여 수립된 기본계획을 변경할 필요가 있다고 인정하면 관계 중앙행정기관의 장과 협의를 한 후 제8조에 따른 신·재생에너지정책심의회의 심의를 거쳐 그 기본계획을 변경할 수 있다.

신·재생에너지 기술개발 등에 관한 계획의 사전협의[제7조] 국가기관, 지방자치단체, 공공기관, 그 밖에 대통령령으로 정하는 자가 신·재생에너지 기술개발 및 이용·보급에 관한 계획을 수립·시행하려면 대통령령으로 정하는 바에 따라 미리 산업통상자원부장관과 협의하여야 한다.

〈시행령〉 1) 위의 상기 법 제7조에 따라 신에너지 및 재생에너지(이하 "신·재생에너지"라 한다) 기술개발 및 이용·보급에 관한 계획을 협의하려는 자는 그 시행 사업연도 개시 4개월 전까지 산업통상자원부장관에게 계획서를 제출하여야 한다.

2) 산업통상자원부장관은 계획서(신·재생에너지 기술개발 및 이용·보급에 관한 계획서)를 받았을 때에는 다음 각 호의 사항을 검토하여 협의를 요청한 자에게 그 의견을 통보하여야 한다.

1. 법 제5조에 따른 신·재생에너지의 기술개발 및 이용·보급을 촉진하기 위한 기본계획(이하 "기본계획"이라 한다)과의 조화성

2. 시의성(時宜性)

3. 다른 계획과의 중복성

4. 공동연구의 가능성

신·재생에너지 정책심의회[제8조] ① 신·재생에너지의 기술개발 및 이용·보급에 관한 중요 사항을 심의하기 위하여 산업통상자원부에 신·재생에너지정책심의회(이하 "심의회"라 한다)를 둔다.

② 심의회는 다음 각 호의 사항을 심의한다.

1. 기본계획의 수립 및 변경에 관한 사항. 다만, 기본계획의 내용 중 대통령령으로 정하는 경미한 사항을 변경하는 경우는 제외한다.

2. 신·재생에너지의 기술개발 및 이용·보급에 관한 중요 사항

3. 신·재생에너지 발전에 의하여 공급되는 전기의 기준가격 및 그 변경에 관한 사항

4. 그 밖에 산업통상자원부장관이 필요하다고 인정하는 사항

③ 심의회의 구성·운영과 그 밖에 필요한 사항은 대통령령으로 정한다.

조성된 사업비의 사용[제10조] 산업통상자원부장관은 조성된 사업비를 다음 각 호의 사업에 사용한다.

1. 신·재생에너지의 자원조사, 기술수요조사 및 통계작성

2. 신·재생에너지의 연구·개발 및 기술평가

제1장 신재생에너지 관련 법규 **443**

3. 신·재생에너지 이용 건축물의 인증 및 사후관리

4. 신·재생에너지 공급의무화 지원

5. 신·재생에너지 설비의 성능평가·인증 및 사후관리

6. 신·재생에너지 기술정보의 수집·분석 및 제공

7. 신·재생에너지 분야 기술지도 및 교육·홍보

8. 신·재생에너지 분야 특성화대학 및 핵심기술연구센터 육성

9. 신·재생에너지 분야 전문인력 양성

10. 신·재생에너지 설비 설치전문기업의 지원

11. 신·재생에너지 시범사업 및 보급사업

12. 신·재생에너지 이용의무화 지원

13. 신·재생에너지 관련 국제협력

14. 신·재생에너지 기술의 국제표준화 지원

15. 신·재생에너지 설비 및 그 부품의 공용화 지원

16. 그 밖에 신·재생에너지의 기술개발 및 이용·보급을 위하여 필요한 사업으로서 대통령령으로 정하는 사업

사업의 실시[제11조] ① 산업통상자원부장관은 제10조 각 호의 사업을 효율적으로 추진하기 위하여 필요하다고 인정하면 다음 각 호의 어느 하나에 해당하는 자와 협약을 맺어 그 사업을 하게 할 수 있다.

1. 「특정연구기관 육성법」에 따른 특정연구기관

2. 「기초연구진흥 및 기술개발지원에 관한 법률」제14조 제1항 제2호에 따른 기업연구소

3. 「산업기술연구조합 육성법」에 따른 산업기술연구조합

4. 「고등교육법」에 따른 대학 또는 전문대학

5. 국공립연구기관

6. 국가기관, 지방자치단체 및 공공기관

7. 그 밖에 산업통상자원부장관이 기술개발능력이 있다고 인정하는 자

② 산업통상자원부장관은 제1항 각 호의 어느 하나에 해당하는 자가 하는 기술개발사업 또는 이용·보급 사업에 드는 비용의 전부 또는 일부를 출연(出捐)할 수 있다.

③ 제2항에 따른 출연금의 지급·사용 및 관리 등에 필요한 사항은 대통령령으로 정한다.

신·재생에너지사업에의 투자권고 및 신·재생에너지 이용의무화 등[제12조] ① 산업통상자원부장관은 신·재생에너지의 기술개발 및 이용·보급을 촉진하기 위하여 필요하다고 인정하면 에너지 관련 사업을 하는 자에 대하여 제10조 각 호의 사업을 하거나 그 사업에 투자 또는 출연할 것을 권고할 수 있다.

② 산업통상자원부장관은 신·재생에너지의 이용·보급을 촉진하고 신·재생에너지산업의 활성화를 위하여 필요하다고 인정하면 다음 각 호의 어느 하나에 해당하는 자가 신축·증축 또는 개축하는 건축물에 대하여 대통령령으로 정하는 바에 따라 그 설계 시 산출된 예상 에너지사용량의 일정 비율 이상을 신·재생에너지를 이용하여 공급되는 에너지를 사용하도록 신·재생에너지 설비를 의무적으로 설치하게 할 수 있다.

1. 국가 및 지방자치단체

2. 「공공기관의 운영에 관한 법률」 제5조에 따른 공기업(이하 "공기업"이라 한다)

3. 정부가 대통령령으로 정하는 금액 이상을 출연한 정부출연기관

〈시행령〉 위의 "*대통령령으로 정하는 금액 이상*"이란 연간 50억 원 이상을 말한다.

4. 「국유재산법」 제2조 제6호에 따른 정부출자기업체

5. 지방자치단체 및 제2호부터 제4호까지의 규정에 따른 공기업, 정부출연기관 또는 정부출자기업체가 *대통령령으로 정하는 비율 또는 금액 이상을 출자한 법인*

〈시행령〉 위의 "대통령령으로 정하는 비율 또는 금액 이상을 출자한 법인"이란 다음 각 호의 어느 하나에 해당하는 법인을 말한다.

　1호. 납입자본금의 100의 50 이상을 출자한 법인

　2호. 납입자본금으로 50억 원 이상을 출자한 법인

6. 특별법에 따라 설립된 법인

③ 산업통상자원부장관은 신·재생에너지의 활용 여건 등을 고려할 때 신·재생에너지를 이용하는 것이 적절하다고 인정되는 공장·사업장 및 집단주택단지 등에 대하여 신·재생에너지의 종류를 지정하여 이용하도록 권고하거나 그 이용설비를 설치하도록 권고할 수 있다.

신·재생에너지 공급의무화 등[제12조의5] ① 산업통상자원부장관은 신·재생에너지의 이용·보급을 촉진하고 신·재생에너지산업의 활성화를 위하여 필요하다고 인정하면 다음 각 호의 어느 하나에 해당하는 자 중 *대통령령으로 정하는 자*(이하 "공급의무자"라 한다)에게 발전량의 일정량 이상을 의무적으로 신·재생에너지를 이용하여 공급하게 할 수 있다.

1. 「전기사업법」 제2조에 따른 발전사업자

2. 「집단에너지사업법」 제9조 및 제48조에 따라 「전기사업법」 제7조 제1항에 따른 발전사업의 허가를 받은 것으로 보는 자

3. 공공기관

〈시행령〉 위에서 대통령령으로 정하는 자는 아래와 같다.

　1. 법 제12조의5 제1항 제1호 및 제2호에 해당하는 자로서 50만킬로와트 이상의 발전설비(신·재생에너지 설비는 제외한다)를 보유하는 자

　2. 「한국수자원공사법」에 따른 한국수자원공사

　3. 「집단에너지사업법」 제29조에 따른 한국지역난방공사

② 제1항에 따라 공급의무자가 의무적으로 신·재생에너지를 이용하여 공급하여야 하는 발전량(이하 "의무공급량"이라 한다)의 합계는 총 전력생산량의 10 % 이내의 범위에서 연도별로 대통령령으로 정한다. 이 경우 균형 있는 이용·보급이 필요한 신·재생에너지에 대하여는 대통령령으로 정하는 바에 따라 총 의무공급량 중 일부를 해당 신·재생에너지를 이용하여 공급하게 할 수 있다.

③ 공급의무자의 의무공급량은 산업통상자원부장관이 공급의무자의 의견을 들어 공급의무자별로 정하여 고시한다. 이 경우 산업통상자원부장관은 공급의무자의 총 발전량 및 발전원(發電源) 등을 고려하여야 한다.

④ 공급의무자는 의무공급량의 일부에 대하여 3년의 범위에서 그 공급의무의 이행을 연기할 수 있다.

⑤ 공급의무자는 제12조의7에 따른 신·재생에너지 공급인증서를 구매하여 의무공급량에 충당할 수 있다.

⑥ 산업통상자원부장관은 제1항에 따른 공급의무의 이행 여부를 확인하기 위하여 공급의무자에게 대통령령으로 정하는 바에 따라 필요한 자료의 제출 또는 제5항에 따라 구매하여 의무공급량에 충당하거나 제12조의7 제1항에 따라 발급받은 신·재생에너지 공급인증서의 제출을 요구할 수 있다.

⑦ 제4항에 따라 공급의무의 이행을 연기할 수 있는 총량과 연차별 허용량, 그 밖에 필요한 사항은 대통령령으로 정한다.

신·재생에너지 공급인증서 등[제12조의7] ① 신·재생에너지를 이용하여 에너지를 공급한 자(이하 "신·재생에너지 공급자"라 한다)는 산업통상자원부장관이 신·재생에너지를 이용한 에너지 공급의 증명 등을 위하여 지정하는 기관(이하 "공급인증기관"이라 한다)으로부터 그 공급 사실을 증명하는 인증서(전자문서로 된 인증서를 포함한다. 이하 "공급인증서"라 한다)를 발급받을 수 있다. 다만, 제17조에 따라 발전차액을 지원받은 신·재생에너지 공급자에 대한 공급인증서는 **국가**에 대하여 발급한다.

② 공급인증서를 발급받으려는 자는 공급인증기관에 대통령령으로 정하는 바에 따라 **공급인증서의 발급**을 신청하여야 한다.

　〈시행령〉 위에서 신·재생에너지 공급인증서의 발급 관련하여

　　1) 법 제12조의7 제2항에 따라 공급인증서를 발급받으려는 자는 법 제12조의9 제2항에 따른 공급인증서 발급 및 거래시장 운영에 관한 규칙에서 정하는 바에 따라 신·재생에너지를 공급한 날부터 90일 이내에 발급 신청을 하여야 한다.

　　2) 제1항에 따라 발급 신청을 받은 공급인증기관은 발급 신청을 한 날부터 30일 이내에 공급인증서를 발급하여야 한다.

③ 공급인증기관은 제2항에 따른 신청을 받은 경우에는 신·재생에너지의 종류별 공급량 및 공급기간 등을 확인한 후 다음 각 호의 기재사항을 포함한 공급인증서를 발급하여야 한다. 이 경우 균형 있는 이용·보급과 기술개발 촉진 등이 필요한 신·재생에너

지에 대하여는 대통령령으로 정하는 바에 따라 실제 공급량에 가중치를 곱한 양을 공급량으로 하는 공급인증서를 발급할 수 있다.

1. 신·재생에너지 공급자
2. 신·재생에너지의 종류별 공급량 및 공급기간
3. 유효기간

④ 공급인증서의 유효기간은 발급받은 날부터 3년으로 하되, 제12조의5 제5항 및 제6항에 따라 공급의무자가 구매하여 의무공급량에 충당하거나 발급받아 산업통상자원부장관에게 제출한 공급인증서는 그 효력을 상실한다. 이 경우 유효기간이 지나거나 효력을 상실한 해당 공급인증서는 폐기하여야 한다.

⑤ 공급인증서를 발급받은 자는 그 공급인증서를 거래하려면 제12조의9 제2항에 따른 공급인증서 발급 및 거래시장 운영에 관한 규칙으로 정하는 바에 따라 공급인증기관이 개설한 거래시장(이하 "거래시장"이라 한다)에서 거래하여야 한다.

⑥ 산업통상자원부장관은 다른 신·재생에너지와의 형평을 고려하여 공급인증서가 일정 규모 이상의 수력을 이용하여 에너지를 공급하고 발급된 경우 등 *산업통상자원부령으로 정하는 사유*에 해당할 때에는 거래시장에서 해당 공급인증서가 거래될 수 없도록 할 수 있다.

〈시행규칙〉 위의 "산업통상자원부령으로 정하는 사유"란 다음 각 호의 경우를 말한다.

　　1) 공급인증서가 발전소별로 5천킬로와트를 넘는 수력을 이용하여 에너지를 공급하고 발급된 경우

　　2) 공급인증서가 기존 방조제를 활용하여 건설된 조력(潮力)을 이용하여 에너지를 공급하고 발급된 경우

　　3) 공급인증서가 영 별표 1의 석탄을 액화·가스화한 에너지 또는 중질잔사유를 가스화한 에너지를 이용하여 에너지를 공급하고 발급된 경우

　　4) 공급인증서가 영 별표 1의 폐기물에너지 중 화석연료에서 부수적으로 발생하는 폐가스로부터 얻어지는 에너지를 이용하여 에너지를 공급하고 발급된 경우

⑦ 산업통상자원부장관은 거래시장의 수급조절과 가격안정화를 위하여 대통령령으로 정하는 바에 따라 국가에 대하여 발급된 공급인증서를 거래할 수 있다. 이 경우 산업통상자원부장관은 공급의무자의 의무공급량, 의무이행실적 및 거래시장 가격 등을 고려하여야 한다.

⑧ 신·재생에너지 공급자가 신·재생에너지 설비에 대한 지원 등 대통령령으로 정하는 정부의 지원을 받은 경우에는 대통령령으로 정하는 바에 따라 공급인증서의 발급을 제한할 수 있다.

공급인증기관의 지정 등[제12조의8] ① 산업통상자원부장관은 공급인증서 관련 업무를 전문적이고 효율적으로 실시하고 공급인증서의 공정한 거래를 위하여 다음 각 호의 어느 하나에 해당하는 자를 *공급인증기관*으로 지정할 수 있다.

1. 제31조에 따른 신·재생에너지센터
2. 「전기사업법」 제35조에 따른 한국전력거래소
3. 제12조의9에 따른 공급인증기관의 업무에 필요한 인력·기술능력·시설·장비 등 대통령령으로 정하는 기준에 맞는 자

〈**시행규칙**〉 1) 위에서 공급인증기관으로 지정을 받으려는 자는 별지 제1호 서식의 공급인증기관 지정신청서에 다음 각 호의 서류를 첨부하여 산업통상자원부장관에게 제출하여야 한다.
(1) 정관(법인인 경우만 해당한다)
(2) 공급인증기관의 운영계획서
(3) 공급인증기관의 업무에 필요한 인력·기술능력·시설 및 장비 현황에 관한 자료

2) 제1항에 따른 신청을 받은 산업통상자원부장관은 「전자정부법」 제36조 제1항에 따른 행정정보의 공동이용을 통하여 법인 등기사항증명서(법인인 경우만 해당한다)를 확인하여야 한다.

② 제1항에 따라 공급인증기관으로 지정받으려는 자는 산업통상자원부장관에게 지정을 신청하여야 한다.

③ 공급인증기관의 지정방법·지정절차, 그 밖에 공급인증기관의 지정에 필요한 사항은 산업통상자원부령으로 정한다.

공급인증기관의 업무 등[제12조의9] ① 제12조의8에 따라 지정된 공급인증기관은 다음 각 호의 업무를 수행한다.

1. 공급인증서의 발급, 등록, 관리 및 폐기
2. 국가가 소유하는 공급인증서의 거래 및 관리에 관한 사무의 대행
3. 거래시장의 개설
4. 공급의무자가 제12조의5에 따른 의무를 이행하는 데 지급한 비용의 정산에 관한 업무
5. 공급인증서 관련 정보의 제공
6. 그 밖에 공급인증서의 발급 및 거래에 딸린 업무

② 공급인증기관은 업무를 시작하기 전에 산업통상자원부령으로 정하는 바에 따라 공급인증서 발급 및 거래시장 운영에 관한 규칙(이하 "운영규칙"이라 한다)을 제정하여 산업통상자원부장관의 승인을 받아야 한다. 운영규칙을 변경하거나 폐지하는 경우(산업통상자원부령으로 정하는 경미한 사항의 변경은 제외한다)에도 또한 같다.

〈**시행규칙**〉 ① 법 제12조의9 제2항에 따라 공급인증기관이 제정하는 공급인증서 발급 및 거래시장 운영에 관한 규칙에는 다음 각 호의 사항이 포함되어야 한다.
1. 공급인증서의 발급, 등록, 거래 및 폐기 등에 관한 사항
2. 신에너지 및 재생에너지(이하 "신·재생에너지"라 한다) 공급량의 증명에 관한 사항
3. 공급인증서의 거래방법에 관한 사항
4. 공급인증서 가격의 결정방법에 관한 사항
5. 공급인증서 거래의 정산 및 결제에 관한 사항
6. 제1호와 관련된 정보의 공개 및 분쟁조정에 관한 사항

7. 그 밖에 공급인증서의 발급 및 거래시장 운영에 필요한 사항

③ 산업통상자원부장관은 공급인증기관에 제1항에 따른 업무의 계획 및 실적에 관한 보고를 명하거나 자료의 제출을 요구할 수 있다.

④ 산업통상자원부장관은 다음 각 호의 어느 하나에 해당하는 경우에는 공급인증기관에 시정기간을 정하여 시정을 명할 수 있다.

1. 운영규칙을 준수하지 아니한 경우
2. 제3항에 따른 보고를 하지 아니하거나 거짓으로 보고한 경우
3. 제3항에 따른 자료의 제출 요구에 따르지 아니하거나 거짓의 자료를 제출한 경우

공급인증기관 지정의 취소 등[제12조의10] ① 산업통상자원부장관은 공급인증기관이 다음 각 호의 어느 하나에 해당하는 경우에는 산업통상자원부령으로 정하는 바에 따라 그 지정을 취소하거나 1년 이내의 기간을 정하여 그 업무의 전부 또는 일부의 정지를 명할 수 있다. 다만, 제1호 또는 제2호에 해당하는 때에는 그 지정을 취소하여야 한다.

1. 거짓이나 그 밖의 부정한 방법으로 지정을 받은 경우
2. 업무정지 처분을 받은 후 그 업무정지 기간에 업무를 계속한 경우
3. 제12조의8 제1항 제3호에 따른 지정기준에 부적합하게 된 경우
4. 제12조의9 제4항에 따른 시정명령을 시정기간에 이행하지 아니한 경우

② 산업통상자원부장관은 공급인증기관이 제1항 제3호 또는 제4호에 해당하여 업무정지를 명하여야 하는 경우로서 그 업무의 정지가 그 이용자 등에게 심한 불편을 주거나 그 밖에 공익을 해칠 우려가 있으면 그 업무정지 처분을 갈음하여 5천만 원 이하의 과징금을 부과할 수 있다.

③ 제2항에 따라 과징금을 부과하는 위반행위의 종별·정도 등에 따른 과징금의 금액과 그 밖에 필요한 사항은 대통령령으로 정한다.

④ 산업통상자원부장관은 제2항에 따른 과징금을 납부하여야 할 자가 납부기한까지 그 과징금을 납부하지 아니한 때에는 국세 체납처분의 예를 따라 징수한다.

신·재생에너지 연료 품질기준[제12조의11] ① 산업통상자원부장관은 신·재생에너지 연료(신·재생에너지를 이용한 연료 중 대통령령으로 정하는 기준 및 범위에 해당하는 것을 말하며, 「폐기물관리법」 제2조 제1호에 따른 폐기물을 이용하여 제조한 것은 제외한다. 이하 같다)의 적정한 품질을 확보하기 위하여 품질기준을 정할 수 있다. 대기환경에 영향을 미치는 품질기준을 정하는 경우에는 미리 환경부장관과 협의를 하여야 한다.

② 산업통상자원부장관은 제1항에 따라 품질기준을 정한 경우에는 이를 고시하여야 한다.

③ 제1항에 따른 신·재생에너지 연료를 제조·수입 또는 판매하는 사업자(이하 "신·재생에너지 연료사업자"라 한다)는 산업통상자원부장관이 제1항에 따라 품질기준을 정한 경우에는 그 품질기준에 맞도록 신·재생에너지 연료의 품질을 유지하여야 한다.

신·재생에너지 연료 품질기준[제12조의12] ① 신·재생에너지 연료사업자는 제조·수입 또는 판매하는 신·재생에너지 연료가 제12조의11 제1항에 따른 품질기준에 맞는지를 확인하기 위하여 대통령령으로 정하는 신·재생에너지 품질검사기관(이하 "품질검사기관"이라 한다)의 품질검사를 받아야 한다.
② 제1항에 따른 품질검사의 방법과 절차, 그 밖에 필요한 사항은 산업통상자원부령으로 정한다.

신·재생에너지 설비의 인증 등[제13조] ① 신·재생에너지 설비를 제조하거나 수입하여 판매하려는 자는 「산업표준화법」 제15조에 따른 제품의 인증(이하 "설비인증"이라 한다)을 받을 수 있다.
② 산업통상자원부장관은 산업통상자원부령으로 정하는 바에 따라 제1항에 따른 설비인증에 드는 경비의 일부를 지원하거나, 「산업표준화법」 제13조에 따라 지정된 설비인증기관(이하 "설비인증기관"이라 한다)에 대하여 지정 목적상 필요한 범위에서 행정상의 지원 등을 할 수 있다.
③ 설비인증에 관하여 이 법에 특별한 규정이 있는 경우를 제외하고는 「산업표준화법」에서 정하는 바에 따른다.
④ 삭제
⑤ 삭제
⑥ 삭제

보험·공제 가입[제13조의 2] ① 제13조에 따라 설비인증을 받은 자는 신·재생에너지 설비의 결함으로 인하여 제3자가 입을 수 있는 손해를 담보하기 위하여 보험 또는 공제에 가입하여야 한다.
② 제1항에 따른 보험 또는 공제의 기간·종류·대상 및 방법에 필요한 사항은 대통령령으로 정한다.

수수료[제16조] ① 품질검사기관은 품질검사를 신청하는 자로부터 산업통상자원부령으로 정하는 바에 따라 수수료를 받을 수 있다.
② 공급인증기관은 공급인증서의 발급(발급에 딸린 업무를 포함한다)을 신청하는 자 또는 공급인증서를 거래하는 자로부터 산업통상자원부령으로 정하는 바에 따라 수수료를 받을 수 있다.

지원중단 등[제18조] ① 산업통상자원부장관은 발전차액을 지원받은 신·재생에너지 발전사업자가 다음 각 호의 어느 하나에 해당하면 산업통상자원부령으로 정하는 바에 따라 경고를 하거나 시정을 명하고, 그 시정명령에 따르지 아니하는 경우에는 발전차액의 지원을 중단할 수 있다.

1. 거짓이나 부정한 방법으로 발전차액을 지원받은 경우
2. 제17조 제4항에 따른 자료요구에 따르지 아니하거나 거짓으로 자료를 제출한 경우
② 산업통상자원부장관은 발전차액을 지원받은 신·재생에너지 발전사업자가 제1항 제1호에 해당하면 산업통상자원부령으로 정하는 바에 따라 그 발전차액을 환수(還收)할 수 있다. 이 경우 산업통상자원부장관은 발전차액을 반환할 자가 30일 이내에 이를 반환하지 아니하면 국세 체납처분의 예에 따라 징수할 수 있다.

신·재생에너지 기술의 국제표준화 지원[제20조] ① 산업통상자원부장관은 국내에서 개발되었거나 개발 중인 신·재생에너지 관련 기술이 「국가표준기본법」 제3조 제2호에 따른 국제표준에 부합되도록 하기 위하여 설비인증기관에 대하여 표준화기반 구축, 국제활동 등에 필요한 지원을 할 수 있다.
② 제1항에 따른 지원 범위 등에 관하여 필요한 사항은 대통령령으로 정한다.

신·재생에너지 설비 및 그 부품의 공용화[제21조] ① 산업통상자원부장관은 신·재생에너지 설비 및 그 부품의 호환성(互換性)을 높이기 위하여 그 설비 및 부품을 산업통상자원부장관이 정하여 고시하는 바에 따라 공용화 품목으로 지정하여 운영할 수 있다.
② 다음 각 호의 어느 하나에 해당하는 자는 신·재생에너지 설비 및 그 부품 중 공용화가 필요한 품목을 공용화 품목으로 지정하여 줄 것을 산업통상자원부장관에게 요청할 수 있다.
1. 제31조에 따른 신·재생에너지센터
2. 그 밖에 산업통상자원부령으로 정하는 기관 또는 단체
③ 산업통상자원부장관은 신·재생에너지 설비 및 그 부품의 공용화를 효율적으로 추진하기 위하여 필요한 지원을 할 수 있다.
④ 제1항부터 제3항까지의 규정에 따른 공용화 품목의 지정·운영, 지정 요청, 지원기준 등에 관하여 필요한 사항은 대통령령으로 정한다.

신·재생에너지 연료 혼합의무 등[제23조의2] ① 산업통상자원부장관은 신·재생에너지의 이용·보급을 촉진하고 신·재생에너지 산업의 활성화를 위하여 필요하다고 인정하는 경우 대통령령으로 정하는 바에 따라 「석유 및 석유대체연료 사업법」 제2조에 따른 석유정제업자 또는 석유수출입업자(이하 "혼합의무자"라 한다)에게 일정 비율(이하 "혼합의무비율"이라 한다) 이상의 신·재생에너지 연료를 수송용연료에 혼합하게 할 수 있다.

② 산업통상자원부장관은 제1항에 따른 혼합의무의 이행 여부를 확인하기 위하여 혼합의무자에게 대통령령으로 정하는 바에 따라 필요한 자료의 제출을 요구할 수 있다.

의무 불이행에 대한 과징금 [제23조의3] ① 산업통상자원부장관은 혼합의무자가 혼합의무비율을 충족시키지 못한 경우에는 대통령령으로 정하는 바에 따라 그 부족분에 해당 연도 평균거래가격의 100분의 150을 곱한 금액의 범위에서 과징금을 부과할 수 있다.

② 산업통상자원부장관은 제1항에 따른 과징금을 납부하여야 할 자가 납부기한까지 그 과징금을 납부하지 아니한 때에는 국세 체납처분의 예에 따라 징수한다.

③ 제1항 및 제2항에 따라 징수한 과징금은 「에너지 및 자원사업 특별회계법」에 따른 에너지 및 자원사업 특별회계의 재원으로 귀속된다.

〈시행령〉 ① 법 제23조의3 제1항에 따른 과징금은 연도별 혼합의무 불이행분(연도별로 별표 6의 계산식에 의하여 산정하는 양에서 해당 연도에 실제로 혼합한 신·재생에너지 연료의 양을 차감한 것을 말한다. 이하 같다)에 혼합하여야 하는 신·재생에너지 연료의 해당 연도 평균거래가격을 곱하여 산정한 금액으로 한다.

② 산업통상자원부장관은 혼합의무 불이행분과 불이행 사유, 혼합의무 불이행에 따른 경제적 이익의 규모 및 과징금 부과횟수 등을 고려하여 제1항에 따라 산정한 금액을 늘리거나 줄일 수 있다. 이 경우 늘리는 경우에도 과징금의 총액은 법 제23조의3 제1항에 따른 과징금의 상한액을 초과할 수 없다.

관리기관의 지정 [제23조의4] ① 산업통상자원부장관은 혼합의무자의 혼합의무비율 이행을 효율적으로 관리하기 위하여 다음 각 호의 어느 하나에 해당하는 자를 혼합의무 관리기관(이하 "관리기관"이라 한다)으로 지정할 수 있다.

1. 제31조에 따른 신·재생에너지센터
2. 「석유 및 석유대체연료 사업법」 제25조의2에 따른 한국석유관리원

② 관리기관으로 지정받으려는 자는 산업통상자원부장관에게 지정을 신청하여야 한다.

③ 관리기관의 신청 및 지정 기준·방법 및 절차, 그 밖에 필요한 사항은 산업통상자원부령으로 정한다.

관리기관의 업무 [제23조의5] ① 제23조의4에 따라 지정된 관리기관은 다음 각 호의 업무를 수행한다.

1. 혼합의무 이행실적의 집계 및 검증
2. 의무이행 관련 정보의 수집 및 관리
3. 그 밖에 혼합의무의 이행과 관련하여 산업통상자원부장관이 필요하다고 인정하는 업무

② 관리기관은 제1항에 따른 업무를 수행하기 위하여 필요한 기준(이하 "혼합의무 관

리기준"이라 한다)을 정하여 산업통상자원부장관의 승인을 받아야 한다. 승인받은 혼합의무 관리기준을 변경하는 경우에도 또한 같다.

③ 산업통상자원부장관은 관리기관에 혼합의무 관리에 관한 계획, 실적 및 정보에 관한 보고를 명하거나 자료의 제출을 요구할 수 있다.

④ 제3항에 따른 관리기관의 보고, 자료제출 및 그 밖에 혼합의무 운영에 필요한 사항은 산업통상자원부령으로 정한다.

⑤ 산업통상자원부장관은 관리기관이 다음 각 호의 어느 하나에 해당하는 경우에는 기간을 정하여 시정을 명할 수 있다.

1. 혼합의무 관리기준을 준수하지 아니한 경우

2. 제3항에 따른 보고 또는 자료제출을 하지 아니하거나 거짓으로 보고 또는 자료제출을 한 경우

관리기관의 지정 취소 등 [제23조의6] ① 산업통상자원부장관은 관리기관이 다음 각 호의 어느 하나에 해당하는 경우에는 그 지정을 취소하거나 1년 이내의 기간을 정하여 업무의 전부 또는 일부의 정지를 명할 수 있다. 다만 제1호 또는 제2호에 해당하는 경우에는 그 지정을 취소하여야 한다.

1. 거짓이나 그 밖의 부정한 방법으로 관리기관 지정을 받은 경우

2. 업무정지 기간에 관리업무를 계속한 경우

3. 제23조의4에 따른 지정기준에 부적합하게 된 경우

4. 제23조의5 제5항에 따른 시정명령을 이행하지 아니한 경우

② 산업통상자원부장관은 관리기관이 제1항 제3호 또는 제4호에 해당하여 업무정지를 명하여야 하는 경우로서 그 업무의 정지가 그 이용자 등에게 심한 불편을 주거나 그 밖에 공익을 해칠 우려가 있으면 그 업무정지 처분을 갈음하여 5천만원 이하의 과징금을 부과할 수 있다.

③ 제2항에 따라 과징금을 부과하는 위반행위의 종별ㆍ정도 등에 따른 과징금의 금액과 그 밖에 필요한 사항은 대통령령으로 정한다.

④ 산업통상자원부장관은 제2항에 따른 과징금을 납부하여야 할 자가 납부기한까지 그 과징금을 납부하지 아니한 때에는 국세 체납처분의 예에 따라 징수한다.

⑤ 제1항에 따른 지정 취소, 업무정지의 기준 및 절차, 그 밖에 필요한 사항은 산업통상자원부령으로 정한다.

청문 [제24조] 산업통상자원부장관은 다음 각 호에 해당하는 처분을 하려면 청문을 하여야 한다.

1. 제12조의10 제1항에 따른 공급인증기관의 지정 취소

2. 삭제

3. 제23조의6에 따른 관리기관의 지정 취소

관련 통계의 작성 등[제25조] ① 산업통상자원부장관은 기본계획 및 실행계획 등 신·재생에너지 관련 시책을 효과적으로 수립·시행하기 위하여 필요한 국내외 신·재생에너지의 수요·공급에 관한 통계자료를 조사·작성·분석 및 관리할 수 있으며, 이를 위하여 필요한 자료와 정보를 제11조 제1항에 따른 기관이나 신·재생에너지 설비의 생산자·설치자·사용자에게 요구할 수 있다.

② 산업통상자원부장관은 산업통상자원부령으로 정하는 바에 따라 *전문성이 있는 기관*을 지정하여 제1항에 따른 통계의 조사·작성·분석 및 관리에 관한 업무의 전부 또는 일부를 하게 할 수 있다.

〈**시행령**〉 상기에서 전문성이 있는 기관은 '신·재생에너지센터'로 한다.

국유재산·공유재산의 임대 등[제26조] ① 국가 또는 지방자치단체는 신·재생에너지 기술개발 및 이용·보급에 관한 사업을 위하여 필요하다고 인정하면 「국유재산법」 또는 「공유재산 및 물품 관리법」에도 불구하고 수의계약(隨意契約)에 따라 국유재산 또는 공유재산을 신·재생에너지 기술개발 및 이용·보급에 관한 사업을 하는 자에게 대부계약의 체결 또는 사용허가(이하 "임대"라 한다)를 하거나 처분할 수 있다.

② 국가 또는 지방자치단체가 제1항에 따라 국유재산 또는 공유재산을 임대하는 경우에는 「국유재산법」 또는 「공유재산 및 물품 관리법」에도 불구하고 자진철거 및 철거비용의 공탁을 조건으로 영구시설물을 축조하게 할 수 있다. 다만, 공유재산에 영구시설물을 축조하려면 조례로 정하는 절차에 따라 지방의회의 동의를 받아야 한다.

③ 제1항에 따른 국유재산 및 공유재산의 임대기간은 10년 이내로 하되, 국유재산은 종전의 임대기간을 초과하지 아니하는 범위에서 갱신할 수 있고, 공유재산은 지방자치단체의 장이 필요하다고 인정하는 경우 1회에 한하여 10년 이내의 기간에서 연장할 수 있다.

④ 제1항에 따라 국유재산 또는 공유재산을 임차하거나 취득한 자가 임대일 또는 취득일부터 2년 이내에 해당 재산에서 신·재생에너지 기술개발 및 이용·보급에 관한 사업을 시행하지 아니하는 경우에는 대부계약 또는 사용허가를 취소하거나 환매할 수 있다.

⑤ 지방자치단체가 제1항에 따라 공유재산을 임대하는 경우에는 「공유재산 및 물품 관리법」에도 불구하고 임대료를 100분의 50의 범위에서 경감할 수 있다.

보급사업[제27조] ① 산업통상자원부장관은 신·재생에너지의 이용·보급을 촉진하기 위하여 필요하다고 인정하면 대통령령으로 정하는 바에 따라 다음 각 호의 보급사업을

할 수 있다.

1. 신기술의 적용사업 및 시범사업

2. 환경친화적 신·재생에너지 집적화단지(集積化團地) 및 시범단지 조성사업

3. 지방자치단체와 연계한 보급사업

4. 실용화된 신·재생에너지 설비의 보급을 지원하는 사업

5. 그 밖에 신·재생에너지 기술의 이용·보급을 촉진하기 위하여 필요한 사업으로서 산업통상자원부장관이 정하는 사업

② 산업통상자원부장관은 개발된 신·재생에너지 설비가 설비인증을 받거나 신·재생에너지 기술의 국제표준화 또는 신·재생에너지 설비와 그 부품의 공용화가 이루어진 경우에는 우선적으로 제1항에 따른 보급사업을 추진할 수 있다.

③ 관계 중앙행정기관의 장은 환경 개선과 신·재생에너지의 보급 촉진을 위하여 필요한 협조를 할 수 있다.

신·재생에너지 기술의 사업화[제28조] ① 산업통상자원부장관은 자체 개발한 기술이나 제10조에 따른 사업비를 받아 개발한 기술의 사업화를 촉진시킬 필요가 있다고 인정하면 다음 각 호의 지원을 할 수 있다.

1. 시험제품 제작 및 설비투자에 드는 자금의 융자

2. 신·재생에너지 기술의 개발사업을 하여 정부가 취득한 산업재산권의 무상 양도

3. 개발된 신·재생에너지 기술의 교육 및 홍보

4. 그 밖에 개발된 신·재생에너지 기술을 사업화하기 위하여 필요하다고 인정하여 산업통상자원부장관이 정하는 지원사업

② 제1항에 따른 지원의 대상, 범위, 조건 및 절차, 그 밖에 필요한 사항은 산업통상자원부령으로 정한다.

재정상 조치 등[제29조] 정부는 제12조에 따라 권고를 받거나 의무를 준수하여야 하는 자, 신·재생에너지 기술개발 및 이용·보급을 하고 있는 자 또는 제13조에 따라 설비인증을 받은 자에 대하여 필요한 경우 금융상·세제상의 지원대책이나 그 밖에 필요한 지원대책을 마련하여야 한다.

신·재생에너지의 교육·홍보 및 전문인력 양성[제30조] ① 정부는 교육·홍보 등을 통하여 신·재생에너지의 기술개발 및 이용·보급에 관한 국민의 이해와 협력을 구하도록 노력하여야 한다.

② 산업통상자원부장관은 신·재생에너지 분야 전문인력의 양성을 위하여 신·재생에너지 분야 특성화대학 및 핵심기술연구센터를 지정하여 육성·지원할 수 있다.

신·재생에너지사업자의 공제조합 가입 등 [제30조의2] ① 신·재생에너지 발전사업자, 신·재생에너지 연료사업자, 신·재생에너지 설비 설치기업, 신·재생에너지 설비의 제조·수입 및 판매 등의 사업을 영위하는 자(이하 "신·재생에너지사업자"라 한다)는 신·재생에너지의 기술개발 및 이용·보급에 필요한 사업(이하 "신·재생에너지사업"이라 한다)을 원활히 수행하기 위하여 「엔지니어링산업 진흥법」 제34조에 따른 공제조합의 조합원으로 가입할 수 있다.

② 제1항에 따른 공제조합은 다음 각 호의 사업을 실시할 수 있다.

1. 신·재생에너지사업에 따른 채무 또는 의무 이행에 필요한 공제, 보증 및 자금의 융자

2. 신·재생에너지사업의 수출에 따른 공제 및 주거래은행의 설정에 관한 보증

3. 신·재생에너지사업의 대가로 받은 어음의 할인

4. 신·재생에너지사업에 필요한 기자재의 공동구매·조달 알선 또는 공동위탁판매

5. 조합원 및 조합원에게 고용된 자의 복지 향상을 위한 공제사업

6. 조합원의 정보처리 및 컴퓨터 운용과 관련된 서비스 제공

7. 조합원이 공동으로 이용하는 시설의 설치, 운영, 그 밖에 조합원의 편익 증진을 위한 사업

8. 그 밖에 제1호부터 제7호까지의 사업에 부대되는 사업으로서 정관으로 정하는 공제사업

③ 제2항에 따른 공제규정, 공제규정으로 정할 내용, 공제사업의 절차 및 운영 방법에 필요한 사항은 대통령령으로 정한다.

하자보수 [제30조의3] ① 신·재생에너지 설비를 설치한 시공자는 해당 설비에 대하여 성실하게 무상으로 하자보수를 실시하여야 하며 그 이행을 보증하는 증서를 신·재생에너지 설비의 소유자 또는 산업통상자원부령으로 정하는 자에게 제공하여야 한다. 다만, 하자보수에 관하여 「국가를 당사자로 하는 계약에 관한 법률」 또는 「지방자치단체를 당사자로 하는 계약에 관한 법률」에 특별한 규정이 있는 경우에는 해당 법률이 정하는 바에 따른다.

② 제1항에 따른 하자보수의 대상이 되는 신·재생에너지 설비 및 하자보수 기간 등은 산업통상자원부령으로 정한다.

신·재생에너지센터 [제31조] ① 산업통상자원부장관은 신·재생에너지의 이용 및 보급을 전문적이고 효율적으로 추진하기 위하여 대통령령으로 정하는 에너지 관련 기관에 신·재생에너지센터(이하 "센터"라 한다)를 두어 신·재생에너지 분야에 관한 다음 각 호의 사업을 하게 할 수 있다.

1. 제11조 제1항에 따른 신·재생에너지의 기술개발 및 이용·보급사업의 실시자에 대한 지원·관리
2. 제12조 제2항 및 제3항에 따른 신·재생에너지 이용의무의 이행에 관한 지원·관리
3. 삭제
4. 제12조의5에 따른 신·재생에너지 공급의무의 이행에 관한 지원·관리
5. 제12조의9에 따른 공급인증기관의 업무에 관한 지원·관리
6. 제13조에 따른 설비인증에 관한 지원·관리
7. 이미 보급된 신·재생에너지 설비에 대한 기술지원
8. 제20조에 따른 신·재생에너지 기술의 국제표준화에 대한 지원·관리
9. 제21조에 따른 신·재생에너지 설비 및 그 부품의 공용화에 관한 지원·관리
10. 신·재생에너지 설비 설치기업에 대한 지원·관리
11. 제23조의2에 따른 신·재생에너지 연료 혼합의무의 이행에 관한 지원·관리
12. 제25조에 따른 통계관리
13. 제27조에 따른 신·재생에너지 보급사업의 지원·관리
14. 제28조에 따른 신·재생에너지 기술의 사업화에 관한 지원·관리
15. 제30조에 따른 교육·홍보 및 전문인력 양성에 관한 지원·관리
16. 국내외 조사·연구 및 국제협력 사업
17. 제1호·제3호 및 제5호부터 제8호까지의 사업에 딸린 사업
18. 그 밖에 신·재생에너지의 이용·보급 촉진을 위하여 필요한 사업으로서 산업통상자원부장관이 위탁하는 사업

② 산업통상자원부장관은 센터가 제1항의 사업을 하는 경우 자금 출연이나 그 밖에 필요한 지원을 할 수 있다.

③ 센터의 조직·인력·예산 및 운영에 관하여 필요한 사항은 산업통상자원부령으로 정한다.

권한의 위임·위탁[제32조] ① 이 법에 따른 산업통상자원부장관의 권한은 그 일부를 대통령령으로 정하는 바에 따라 소속 기관의 장, 특별시장·광역시장·도지사 또는 특별자치도지사(이하 "시·도지사"라 한다)에게 위임할 수 있다.

② 이 법에 따른 산업통상자원부장관 또는 시·도지사의 업무는 그 일부를 대통령령으로 정하는 바에 따라 센터 또는 「에너지법」 제13조에 따른 한국에너지기술평가원에 위탁할 수 있다.

권벌칙 적용 시의 공무원 의제[제33조] 다음 각 호에 해당하는 사람은 「형법」 제129조부터 제132조까지의 규정을 적용할 때에는 공무원으로 본다.

1. 삭제
2. 공급인증서의 발급·거래 업무에 종사하는 공급인증기관의 임직원
3. 설비인증 업무에 종사하는 설비인증기관의 임직원
4. 삭제
5. 신·재생에너지 연료 품질검사 업무에 종사하는 품질검사기관의 임직원
6. 혼합의무비율 이행을 효율적으로 관리하는 업무에 종사하는 관리기관의 임직원

벌칙[제34조] ① 거짓이나 부정한 방법으로 제17조에 따른 발전차액을 지원받은 자와 그 사실을 알면서 발전차액을 지급한 자는 3년 이하의 징역 또는 지원받은 금액의 3배 이하에 상당하는 벌금에 처한다.

② 거짓이나 부정한 방법으로 공급인증서를 발급받은 자와 그 사실을 알면서 공급인증서를 발급한 자는 3년 이하의 징역 또는 3천만원 이하의 벌금에 처한다.

③ 제12조의7 제5항을 위반하여 공급인증기관이 개설한 거래시장 외에서 공급인증서를 거래한 자는 2년 이하의 징역 또는 2천만원 이하의 벌금에 처한다.

④ 법인의 대표자나 법인 또는 개인의 대리인, 사용인, 그 밖의 종업원이 그 법인 또는 개인의 업무에 관하여 제1항부터 제3항까지의 어느 하나에 해당하는 위반행위를 하면 그 행위자를 벌하는 외에 그 법인 또는 개인에게도 해당 조문의 벌금형을 과(科)한다. 다만, 법인 또는 개인이 그 위반행위를 방지하기 위하여 해당 업무에 관하여 상당한 주의와 감독을 게을리하지 아니한 경우에는 그러하지 아니하다.

과태료[제35조] ① 다음 각 호의 어느 하나에 해당하는 자에게는 1천만원 이하의 과태료를 부과한다.

1. 삭제
2. 삭제
3. 삭제
4. 제13조의2를 위반하여 보험 또는 공제에 가입하지 아니한 자
4의2. 삭제
5. 제23조의2 제2항에 따른 자료제출요구에 따르지 아니하거나 거짓 자료를 제출한 자

② 제1항에 따른 과태료는 대통령령으로 정하는 바에 따라 산업통상자원부장관이 부과·징수한다.

※ 참조1 : 신·재생에너지의 공급의무 비율 (제15조 제1항 제1호 관련)

해당 연도	2011~2012	2013	2014	2015	2016	2017	2018	2019	2020 이후
공급의무 비율 (%)	10	11	12	15	18	21	24	27	30

※ 참조2 : 별표3 (연도별 의무공급량 비율 ; 제18조의4 제1항 관련)

해당 연도	비율 (%)
2012년	2.0
2013년	2.5
2014년	3.0
2015년	3.0
2016년	3.5
2017년	4.0
2018년	5.0
2019년	6.0
2020년	7.0
2021년	8.0
2022년	9.0
2023년 이후	10.0

※ 참조3 : 별표4 (신·재생에너지의 종류 및 의무공급량 ; 제18조의4 제3항 전단 관련)
 1. 종류 : 태양에너지(태양의 빛에너지를 변환시켜 전기를 생산하는 방식에 한정한다)
 2. 연도별 의무공급량

해당 연도	의무공급량(단위 : GWh)
2012년	276
2013년	723
2014년	1,353
2015년 이후	1,971

※ 참조4 : 바이오에너지 등의 기준 및 범위

에너지원의 종류		기준 및 범위
1. 석탄을 액화·가스화한 에너지	가. 기준	석탄을 액화 및 가스화하여 얻어지는 에너지로서 다른 화합물과 혼합되지 않은 에너지
	나. 범위	1. 증기 공급용 에너지 2. 발전용 에너지
2. 중질잔사유(重質殘渣油)를 가스화한 에너지	가. 기준	1. 중질잔사유(원유를 정제하고 남은 최종 잔재물로서 감압증류 과정에서 나오는 감압잔사유, 아스팔트와 열분해 공정에서 나오는 코크, 타르 및 피치 등을 말한다)를 가스화한 공정에서 얻어지는 연료 2. 1의 연료를 연소 또는 변환하여 얻어지는 에너지
	나. 범위	합성가스
3. 바이오에너지	가. 기준	1. 생물유기체를 변환시켜 얻어지는 기체, 액체 또는 고체의 연료 2. 1의 연료를 연소 또는 변환시켜 얻어지는 에너지 * 1 또는 2의 에너지가 신·재생에너지가 아닌 석유제품 등과 혼합된 경우에는 생물유기체로부터 생산된 부분만을 바이오에너지로 본다.
	나. 범위	1. 생물유기체를 변환시킨 바이오가스, 바이오에탄올, 바이오액화유 및 합성가스 2. 쓰레기매립장의 유기성폐기물을 변환시킨 매립지가스 3. 동물·식물의 유지(油脂)를 변환시킨 바이오디젤 4. 생물유기체를 변환시킨 땔감, 목재칩, 펠릿 및 목탄 등의 고체연료
4. 폐기물 에너지	기준	1. 각종 사업장 및 생활시설의 폐기물을 변환시켜 얻어지는 기체, 액체 또는 고체의 연료 2. 1의 연료를 연소 또는 변환시켜 얻어지는 에너지 3. 폐기물의 소각열을 변환시킨 에너지 * 1부터 3까지의 에너지가 신·재생에너지가 아닌 석유제품 등과 혼합되는 경우에는 각종 사업장 및 생활시설의 폐기물로부터 생산된 부분만을 폐기물에너지로 본다.
5. 수열에너지(법 제2조제2호아목)	가. 기준	물의 표층의 열을 히트펌프(heat pump)를 사용하여 변환시켜 얻어지는 에너지
	나. 범위	해수(海水)의 표층의 열을 변환시켜 얻어지는 에너지

※ 참조5 : 2차 국가 에너지 기본계획(2014.01.14 확정)

구 분	제1차 계획	제2차 계획
계획기간	2008~2030년	2014~2035년
수립과정	정부 주도로 계획 수립 (정부초안 마련 후 의견 수렴)	개방형 프로세스 구조 (민관 거버넌스가 초안 작성)
수급기조	공급 중심형	수요관리형
수요관리	규제 중심	ICT+시장 기반
발전소 배치	대규모 집중형 발전소	분산형 발전 시스템
원전비중	41%	29%
신재생 보급	11%	11%
기타	–	• 분산형 발전비중(5→15%) • 에너지바우처 도입(2015년)
수립절차	에너지위원회 심의	에너지위원회 → 녹색성장 위원회 → 국무회의 심의

※ 참조6 : 신·재생에너지원별 가중치－산통자부 고시 '신·재생에너지 공급의무화제도 관리 및 운영지침' 별표3

구 분	공급인증서 가중치	대상에너지 및 기준	
		설치유형	세부기준
태양광 에너지	1.2	일반부지에 설치하는 경우	100 kW 미만
	1.0		100 kW부터
	0.7		3,000 kW 초과부터
	1.5	건축물 등 기존 시설물을 이용하는 경우	3,000 kW 이하
	1.0		3,000 kW 초과부터
	1.5	유지의 수면에 부유하여 설치하는 경우	
기타 신·재생 에너지	0.25	IGCC, 부생가스	
	0.5	폐기물, 매립지가스	
	1.0	수력, 육상풍력, 바이오에너지, RDF 전소발전, 폐기물 가스화 발전, 조력(방조제 有)	
	1.5	목질계 바이오매스 전소발전, 해상풍력(연계거리 5 km 이하)	
	2.0	연료전지, 조류	
	2.0	해상풍력(연계거리 5 km 초과), 지열, 조력(방조제 無)	고정형
	1.0~2.5		변동형
	5.5	ESS설비(풍력설비 연계)	2015년
	5.0		2016년
	4.5		2017년

㈜ 1. "건축물"이란 발전사업허가일 이전(단, 건축물의 용도가 버섯재배사 등 식물관련시설의 경우에 발전사업허가일로부터 1년 이전)에 건축물 사용승인을 득하여야 하며, ㉠ 지붕과 외벽이 있는 구조물이며, ㉡ 사람이 출입할 수 있어야 하며, ㉢ 사람, 동·식물을 보호 또는 물건을 보관하는 건축물의 본래의 목적에 합리적으로 사용되도록 설계·설치된 구조물을 대상으로 「건축법」 등 관련규정 준수여부 및 안전성 등을 확보할 수 있도록 공급인증기관의 장이 정하는 세부 기준을 충족하는 설비를 의미한다. 다만, 관련 법령 등에 의한 공공건축물의 외벽 등은 해당 기준을 적용할 수 있다.

2. "기존 시설물"이라 함은 「도로법」에 의한 도로의 방음벽 등 고유의 목적을 가진 시설물을 대상으로 「건축법」 등 관련규정 준수여부 및 안전성 등을 확보할 수 있도록 공급인증기관의 장이 정하는 세부 기준을 충족하는 설비를 의미한다.

3. 태양광에너지 가중치와 관련하여, 일반부지에 해당하는 가중치를 적용받는 발전소 중 인근지역(설치장소의 경계가 250미터 이내의 지역을 의미한다) 내 동일사업자의 발전소는 해당 발전소 합산용량에 해당하는 가중치를 적용하며, 공급인증기관의 장은 다음 각 호의 어느 하나에 해당하는 경우는 해당 발전설비의 일부 또는 전부에 대하여 가중치 적용을 제한할 수 있다.

① 사업자 등이 태양광에너지 발전설비 설치를 위해 일정 토지를 취득 또는 임대하고, 가중치 우대를 목적으로 해당 토지를 분할하거나 발전사업 허가용량을 분할하여 다수의 발전설비로 분할 설치하는 경우는 해당 발전설비의 일부 또는 전부에 대하여 합산용량에 따른 가중치를 적용한다.

② 태양광에너지 발전설비의 실질 소유주가 가중치 우대를 목적으로 타인 명의로 태양광에너지 발전소를 준공하여 운영하는 것이 명백하다고 인정되는 경우는 동일사업자 규정을 적용한다.

4. 태양광에너지 가중치는 전체용량에 대하여 부여하되 소수점 넷째자리에서 절사하며, 설치유형별 용량기준순으로 구분하여 구간별 해당 가중치를 아래와 같이 적용한다.

① 일반부지에 설치하는 경우

설치용량	태양광에너지 가중치 산정식
100 kW 미만	1.2
100 kW부터 3,000 kW 이하	$\dfrac{99.999 \times 1.2 + (용량 - 99.999) \times 1.0}{용량}$
3,000 kW 초과부터	$\dfrac{99.999 \times 1.2}{용량} + \dfrac{2,900.001 \times 1.0}{용량} + \dfrac{(용량 - 3,000) \times 0.7}{용량}$

② 건축물 등 기존 시설물을 이용하는 경우

설치용량	태양광에너지 합성가중치 산정식
3,000 kW 이하	1.5
3,000 kW 초과부터	$\dfrac{3,000 \times 1.5 + (용량 - 3,000) \times 1.0}{용량}$

5. "유지의 수면에 부유(浮游)하여 설치하는 경우(이하 수상태양광)"는 다음에 해당하는 유지에 설치하는 경우에 한하며, 안정성, 환경성 등을 확보할 수 있도록 공급인증기관의 장이 정하는 세부 기준을 충족하는 설비를 의미한다.
   ① 「댐건설 및 주변지역지원 등에 관한 법률」 제2조에 따른 댐
   ② 「전원개발촉진법」 제5조에 따라 전원개발사업구역으로 지정된 지역의 발전용댐
   ③ 「농어촌정비법」 제2조에 따른 농업생산기반 정비사업에 따른 저수지 및 담수호와 농업생산기반시설로서의 방조제 내측
6. "부생가스"는 2010년 4월 12일 이전에 전기사업법 제7조에 따른 발전사업 허가를 받고 2011년 12월 31일 이전에 전기사업법 제63조에 따른 사용 전 검사를 합격한 발전소에 한한다.
7. "IGCC" 및 "부생가스"의 공급인증서 가중치는 공급의무자별 의무공급량의 10% 이내 발전량에 대해서 적용하며, 이를 상회하는 발전량의 경우 공급인증서 가중치는 0을 적용한다.
8. 해상풍력에서 "연계거리"란 「측량·수로조사 및 지적에 관한 법률」 제6조 제1항 제4호에 따른 해안선과 해안선에서 가장 근접한 발전기의 중앙부 위치와의 직선거리를 의미하며 공급인증기관의 장은 발전단지 내부에서 각 풍력발전 기간의 직선거리 등을 고려하여 별도의 기준을 적용할 수 있다.
9. 바이오에너지와 목질계바이오매스 전소발전의 경우 건설 폐목재 및 사업장 폐목재 중 신축현장 폐목재, 목재파레트, 목재포장재, 전선드럼 등이 재활용이 가능한 경우와 벌채, 숲가꾸기 등 산림사업을 통해 발생한 원목 및 산지개발로 발생한 원목의 경우는 공급인증서 발급 가중치를 적용하지 않는다.
10. 고정형과 변동형 가중치는 최초 설비 확인 시 신청인이 선택할 수 있으나, 이후 변경은 불가능하며 변동형 가중치는 아래와 같이 적용한다.

대상에너지 및 기준	공급인증서 가중치 및 적용기간		
	2.5	2.0	1.0
해상풍력(5 km 초과)	1~5년차	6~15년차	16년차~
지열			
조력발전(방조제 無)	1~10년차	11~30년차	31년차~

11. 「송·변전설비 주변지역의 보상 및 지원에 관한 법률」 제2조에 의한 송전선로 주변지역 중 2014년 7월 29일 이후에 준공된 76만 5천 볼트 이상 송전선로의 주변지역 내 일반부지에 직접 설치하는 태양광발전소로서 주민참여율(토지출자를 포함하여 발전소 건설을 위한 총 사업비 대비 주민이 투자한 금액의 비율)이 30% 이상인 경우에 대해서는 일반부지에 직접 설치하는 경우의 공급인증서 가중치에 1.2를 곱한 값을 공급인증서 가중치로 적용한다. 이 경우 참여주민의 자격 및 구성, 참여율 산정 방법, 사업시행주체 등 가중치 적용을 위한 세부 사항은 공급인증기관의 장이 정하는 세부 기준을 따른다.
12. ESS설비의 가중치는 RPS대상 풍력설비와 연계된 ESS설비에 대하여 매3년 단위로 적용하되 충전된 전기 중 계절별 피크시간에 방전(ESS → 전력계통)하여 활용하는 전력량

에 한하여 적용하며 인버터 및 축전지 용량기준은 공급인증기관의 장이 정하는 세부 기준을 따른다. 계절별 피크시간은 아래의 기준을 적용하되, 국내 전력수급 여건에 따라 산업통상자원부장관이 별도로 지정하는 경우는 그 기준에 따른다.

구 분	기간	피크시간
춘계	3월 17일~6월 6일	09시~12시
하계	6월 7일~9월 20일	13시~17시
추계	9월 21일~11월 14일	18시~21시
동계	11월 15일~3월 16일	09시~12시

※ 참조7 : 수상 태양광발전 설비

1. 수상 태양광발전은 저수지, 호수 등에 발전설비를 설치한다. 수위운동(최고-최저)이 가능한 계류장치가 적용된 부유체(구조체+부력제)를 제작 설치하고 부유체 상부에 수상용 태양광모듈 및 각종 센서류를 설치하여 생산된 전력을 수중케이블 및 변전설비를 통해 전력 계통에 연계하는 발전설비이다. 그러나 수상에 설치된 발전설비는 수중생태 등 환경에 악영향을 미쳐서는 안 된다.

2. 태양광모듈, 접속반 패널, 광통신기기, 발전현황판 및 각종 관측센서를 탑재하고 계류장치를 연결하여 구조적으로 변형이 생기지 않는 구조로 제작·설치되어야 한다.

3. 상부에 설치될 태양광모듈의 지지대와 쉽게 연결될 수 있는 구조로 제작되어야 하며, 부식이 되지 않도록 방지대책을 제시하여야 한다.

4. 상부에 설치될 자재 및 작업자의 총 중량을 고려하여 충분한 부력을 가져야 한다. 상부에 설치되는 자재는 무게중심 및 복원성을 고려하여 안정성을 유지하도록 적절히 배치되어야 한다.

5. 작업 및 관리를 위한 통로는 작업자의 체중을 고려하여 충분한 규격의 격자형 망으로 시공되어야 하며, 부식이 되지 않는 재질을 사용하여야 한다.

6. 부재 조립 방식 : 볼트+보강판 결합방식

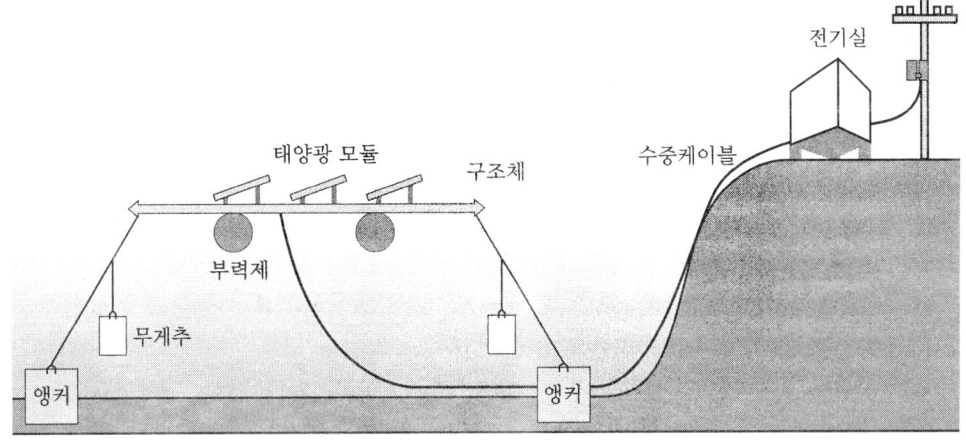

수상 태양광발전 설비 설치사례

수상 태양광발전 설비(외부전경)

1-2 「저탄소 녹색성장기본법 · 시행령」

목적[제1조] 이 법은 경제와 환경의 조화로운 발전을 위하여 저탄소(低炭素) 녹색성장에 필요한 기반을 조성하고 녹색기술과 녹색산업을 새로운 성장동력으로 활용함으로써 국민경제의 발전을 도모하며 저탄소 사회 구현을 통하여 국민의 삶의 질을 높이고 국제사회에서 책임을 다하는 성숙한 선진 일류국가로 도약하는 데 이바지함을 목적으로 한다.

용어의 정의[제2조] 1. "저탄소"란 화석연료(化石燃料)에 대한 의존도를 낮추고 청정에너지의 사용 및 보급을 확대하며 녹색기술 연구개발, 탄소흡수원 확충 등을 통하여 온실가스를 적정수준 이하로 줄이는 것을 말한다.
2. "녹색성장"이란 에너지와 자원을 절약하고 효율적으로 사용하여 기후변화와 환경훼손을 줄이고 청정에너지와 녹색기술의 연구개발을 통하여 새로운 성장동력을 확보하며 새로운 일자리를 창출해나가는 등 경제와 환경이 조화를 이루는 성장을 말한다.
3. "녹색기술"이란 온실가스 감축기술, 에너지 이용 효율화 기술, 청정생산기술, 청정에너지 기술, 자원순환 및 친환경 기술(관련 융합기술을 포함한다) 등 사회·경제 활동의 전 과정에 걸쳐 에너지와 자원을 절약하고 효율적으로 사용하여 온실가스 및 오염물질의 배출을 최소화하는 기술을 말한다.
4. "녹색산업"이란 경제·금융·건설·교통물류·농림수산·관광 등 경제활동 전반에 걸쳐 에너지와 자원의 효율을 높이고 환경을 개선할 수 있는 재화(財貨)의 생산 및 서비스의 제공 등을 통하여 저탄소 녹색성장을 이루기 위한 모든 산업을 말한다.

5. "녹색제품"이란 에너지·자원의 투입과 온실가스 및 오염물질의 발생을 최소화하는 제품을 말한다.

6. "녹색생활"이란 기후변화의 심각성을 인식하고 일상생활에서 에너지를 절약하여 온실가스와 오염물질의 발생을 최소화하는 생활을 말한다.

7. "녹색경영"이란 기업이 경영활동에서 자원과 에너지를 절약하고 효율적으로 이용하며 온실가스 배출 및 환경오염의 발생을 최소화하면서 사회적, 윤리적 책임을 다하는 경영을 말한다.

8. "지속가능발전"이란 「지속가능발전법」 제2조 제2호에 따른 지속가능발전을 말한다.

9. "온실가스"란 이산화탄소(CO_2), 메탄(CH_4), 아산화질소(N_2O), 수소불화탄소(HFCs), 과불화탄소(PFCs), 육불화황(SF_6) 및 그 밖에 대통령령으로 정하는 것으로 적외선 복사열을 흡수하거나 재방출하여 온실효과를 유발하는 대기 중의 가스 상태의 물질을 말한다.

10. "온실가스 배출"이란 사람의 활동에 수반하여 발생하는 온실가스를 대기 중에 배출·방출 또는 누출시키는 직접배출과 다른 사람으로부터 공급된 전기 또는 열(연료 또는 전기를 열원으로 하는 것만 해당한다)을 사용함으로써 온실가스가 배출되도록 하는 간접배출을 말한다.

11. "지구온난화"란 사람의 활동에 수반하여 발생하는 온실가스가 대기 중에 축적되어 온실가스 농도를 증가시킴으로써 지구 전체적으로 지표 및 대기의 온도가 추가적으로 상승하는 현상을 말한다.

12. "기후변화"란 사람의 활동으로 인하여 온실가스의 농도가 변함으로써 상당 기간 관찰되어온 자연적인 기후변동에 추가적으로 일어나는 기후체계의 변화를 말한다.

13. "자원순환"이란 「자원의 절약과 재활용촉진에 관한 법률」 제2조 제1호에 따른 자원순환을 말한다.

14. "신·재생에너지"란 「신에너지 및 재생에너지 개발·이용·보급 촉진법」 제2조 제1호 및 제2호에 따른 신에너지 및 재생에너지를 말한다.

15. "에너지 자립도"란 국내 총 소비에너지량에 대하여 신·재생에너지 등 국내 생산 에너지량 및 우리나라가 국외에서 개발(지분 취득을 포함한다)한 에너지량을 합한 양이 차지하는 비율을 말한다.

저탄소 녹색성장 추진의 기본원칙[제3조] 저탄소 녹색성장은 다음 각 호의 기본원칙에 따라 추진되어야 한다.

1. 정부는 기후변화·에너지·자원 문제의 해결, 성장동력 확충, 기업의 경쟁력 강화, 국토의 효율적 활용 및 쾌적한 환경 조성 등을 포함하는 종합적인 국가 발전전략을 추진한다.

2. 정부는 시장기능을 최대한 활성화하여 민간이 주도하는 저탄소 녹색성장을 추진한다.

3. 정부는 녹색기술과 녹색산업을 경제성장의 핵심 동력으로 삼고 새로운 일자리를 창출·확대할 수 있는 새로운 경제체제를 구축한다.

4. 정부는 국가의 자원을 효율적으로 사용하기 위하여 성장잠재력과 경쟁력이 높은 녹색기술 및 녹색산업 분야에 대한 중점 투자 및 지원을 강화한다.

5. 정부는 사회·경제 활동에서 에너지와 자원 이용의 효율성을 높이고 자원순환을 촉진한다.

6. 정부는 자연자원과 환경의 가치를 보존하면서 국토와 도시, 건물과 교통, 도로·항만·상하수도 등 기반시설을 저탄소 녹색성장에 적합하게 개편한다.

7. 정부는 환경오염이나 온실가스 배출로 인한 경제적 비용이 재화 또는 서비스의 시장가격에 합리적으로 반영되도록 조세(租稅)체계와 금융체계를 개편하여 자원을 효율적으로 배분하고 국민의 소비 및 생활 방식이 저탄소 녹색성장에 기여하도록 적극 유도한다. 이 경우 국내산업의 국제경쟁력이 약화되지 않도록 고려하여야 한다.

8. 정부는 국민 모두가 참여하고 국가기관, 지방자치단체, 기업, 경제단체 및 시민단체가 협력하여 저탄소 녹색성장을 구현하도록 노력한다.

9. 정부는 저탄소 녹색성장에 관한 새로운 국제적 동향(動向)을 조기에 파악·분석하여 국가 정책에 합리적으로 반영하고, 국제사회의 구성원으로서 책임과 역할을 성실히 이행하여 국가의 위상과 품격을 높인다.

국가의 책무 [제4조] ① 국가는 정치·경제·사회·교육·문화 등 국정의 모든 부문에서 저탄소 녹색성장의 기본원칙이 반영될 수 있도록 노력하여야 한다.
② 국가는 각종 정책을 수립할 때 경제와 환경의 조화로운 발전 및 기후변화에 미치는 영향 등을 종합적으로 고려하여야 한다.
③ 국가는 지방자치단체의 저탄소 녹색성장 시책을 장려하고 지원하며, 녹색성장의 정착·확산을 위하여 사업자와 국민, 민간단체에 정보의 제공 및 재정 지원 등 필요한 조치를 할 수 있다.
④ 국가는 에너지와 자원의 위기 및 기후변화 문제에 대한 대응책을 정기적으로 점검하여 성과를 평가하고 국제협상의 동향 및 주요 국가의 정책을 분석하여 적절한 대책을 마련하여야 한다.
⑤ 국가는 국제적인 기후변화대응 및 에너지·자원 개발협력에 능동적으로 참여하고, 개발도상국가에 대한 기술적·재정적 지원을 할 수 있다.

지방자치단체의 책무 [제5조] ① 지방자치단체는 저탄소 녹색성장 실현을 위한 국가시책에 적극 협력하여야 한다.
② 지방자치단체는 저탄소 녹색성장대책을 수립·시행할 때 해당 지방자치단체의 지역적 특성과 여건을 고려하여야 한다.

③ 지방자치단체는 관할구역 내에서의 각종 계획 수립과 사업의 집행과정에서 그 계획과 사업이 저탄소 녹색성장에 미치는 영향을 종합적으로 고려하고, 지역주민에게 저탄소 녹색성장에 대한 교육과 홍보를 강화하여야 한다.

④ 지방자치단체는 관할구역 내의 사업자, 주민 및 민간단체의 저탄소 녹색성장을 위한 활동을 장려하기 위하여 정보 제공, 재정 지원 등 필요한 조치를 강구하여야 한다.

사업자의 책무 [제6조] ① 사업자는 녹색경영을 선도하여야 하며 기업활동의 전 과정에서 온실가스와 오염물질의 배출을 줄이고 녹색기술 연구개발과 녹색산업에 대한 투자 및 고용을 확대하는 등 환경에 관한 사회적·윤리적 책임을 다하여야 한다.

② 사업자는 정부와 지방자치단체가 실시하는 저탄소 녹색성장에 관한 정책에 적극 참여하고 협력하여야 한다.

국민의 책무 [제7조] ① 국민은 가정과 학교 및 직장 등에서 녹색생활을 적극 실천하여야 한다.

② 국민은 기업의 녹색경영에 관심을 기울이고 녹색제품의 소비 및 서비스 이용을 증대함으로써 기업의 녹색경영을 촉진한다.

③ 국민은 스스로가 인류가 직면한 심각한 기후변화, 에너지·자원 위기의 최종적인 문제해결자임을 인식하여 건강하고 쾌적한 환경을 후손에게 물려주기 위하여 녹색생활 운동에 적극 참여하여야 한다.

저탄소 녹색성장 국가전략 [제9조] ① 정부는 국가의 저탄소 녹색성장을 위한 정책목표·추진전략·중점추진과제 등을 포함하는 저탄소 녹색성장 국가전략 (이하 "녹색성장 국가전략"이라 한다)을 수립·시행하여야 한다.

② 녹색성장 국가전략에는 다음 각 호의 사항이 포함되어야 한다.

1. 제22조에 따른 녹색경제 체제의 구현에 관한 사항
2. 녹색기술·녹색산업에 관한 사항
3. 기후변화대응 정책, 에너지 정책 및 지속가능발전 정책에 관한 사항
4. 녹색생활, 제51조에 따른 녹색국토, 제53조에 따른 저탄소 교통체계 등에 관한 사항
5. 기후변화 등 저탄소 녹색성장과 관련된 국제협상 및 국제협력에 관한 사항
6. 그 밖에 재원조달, 조세·금융, 인력양성, 교육·홍보 등 저탄소 녹색성장을 위하여 필요하다고 인정되는 사항

③ 정부는 녹색성장 국가전략을 수립하거나 변경하려는 경우 제14조에 따른 녹색성장위원회의 심의 및 국무회의의 심의를 거쳐야 한다. 다만, 대통령령으로 정하는 경미한 사항을 변경하는 경우에는 그러하지 아니하다.

중앙행정기관의 추진계획 수립·시행[제10조] ① 중앙행정기관의 장은 녹색성장 국가전략을 효율적·체계적으로 이행하기 위하여 대통령령으로 정하는 바에 따라 소관 분야의 추진계획(이하 "중앙추진계획"이라 한다)을 수립·시행하여야 한다.

② 중앙행정기관의 장은 중앙추진계획을 수립하거나 변경하는 때에는 대통령령으로 정하는 바에 따라 제14조에 따른 녹색성장위원회에 보고하여야 한다. 다만, 대통령령으로 정하는 경미한 사항을 변경하는 경우에는 그러하지 아니하다.

지방자치단체의 추진계획 수립·시행[제11조] ① 특별시장·광역시장·도지사 또는 특별자치도지사 (이하 "시·도지사"라 한다)는 해당 지방자치단체의 저탄소 녹색성장을 촉진하기 위하여 대통령령으로 정하는 바에 따라 녹색성장 국가전략과 조화를 이루는 지방녹색성장 추진계획(이하 "지방추진계획"이라 한다)을 수립·시행하여야 한다.

② 시·도지사는 지방추진계획을 수립하거나 변경하는 때에는 제20조에 따른 지방녹색성장위원회의 심의를 거친 후 지방의회에 보고하고 지체 없이 이를 제14조에 따른 녹색성장위원회에 제출하여야 한다. 다만, 대통령령으로 정하는 경미한 사항을 변경하는 경우에는 그러하지 아니하다.

녹색성장위원회의 구성 및 운영[제14조] ① 국가의 저탄소 녹색성장과 관련된 주요 정책 및 계획과 그 이행에 관한 사항을 심의하기 위하여 국무총리 소속으로 녹색성장위원회(이하 "위원회"라 한다)를 둔다.

② 위원회는 위원장 2명을 포함한 50명 이내의 위원으로 구성한다.

③ 위원회의 위원장은 국무총리와 제4항 제2호의 위원 중에서 대통령이 지명하는 사람이 된다.

④ 위원회의 위원은 다음 각 호의 사람이 된다.

1. 기획재정부장관, 미래창조과학부장관, 산업통상자원부장관, 환경부장관, 국토교통부장관 등 대통령령으로 정하는 공무원

2. 기후변화, 에너지·자원, 녹색기술·녹색산업, 지속가능발전 분야 등 저탄소 녹색성장에 관한 학식과 경험이 풍부한 사람 중에서 대통령이 위촉하는 사람

⑤ 위원회의 사무를 처리하게 하기 위하여 위원회에 간사위원 1명을 두며, 간사위원의 지명에 관한 사항은 대통령령으로 정한다.

⑥ 위원장은 각자 위원회를 대표하며, 위원회의 업무를 총괄한다.

⑦ 위원장이 부득이한 사유로 직무를 수행할 수 없는 때에는 국무총리인 위원장이 미리 정한 위원이 위원장의 직무를 대행한다.

⑧ 제4항 제2호의 위원의 임기는 1년으로 하되, 연임할 수 있다.

위원회의 기능 [제15조] 위원회는 다음 각 호의 사항을 심의한다.

1. 저탄소 녹색성장 정책의 기본방향에 관한 사항
2. **녹색성장 국가전략의 수립·변경·시행에 관한 사항**
3. 기후변화대응 기본계획, 에너지기본계획 및 지속가능발전 기본계획에 관한 사항
4. 저탄소 녹색성장 추진의 목표 관리, 점검, 실태조사 및 평가에 관한 사항
5. 관계 중앙행정기관 및 지방자치단체의 저탄소 녹색성장과 관련된 정책 조정 및 지원에 관한 사항
6. 저탄소 녹색성장과 관련된 법제도에 관한 사항
7. 저탄소 녹색성장을 위한 재원의 배분방향 및 효율적 사용에 관한 사항
8. 저탄소 녹색성장과 관련된 국제협상·국제협력, 교육·홍보, 인력양성 및 기반구축 등에 관한 사항
9. 저탄소 녹색성장과 관련된 기업 등의 고충조사, 처리, 시정권고 또는 의견표명
10. 다른 **법률**에서 위원회의 심의를 거치도록 한 사항
11. 그 밖에 저탄소 녹색성장과 관련하여 위원장이 필요하다고 인정하는 사항

〈저탄소 녹색성장 기본법 시행령(발췌)〉

저탄소 녹색성장 국가전략 5개년 계획 수립(제4조)

정부는 국가전략을 효율적·체계적으로 이행하기 위하여 5년마다 저탄소 녹색성장 국가전략 5개년 계획(이하 "5개년 계획"이라 한다)을 수립할 수 있다. 이 경우 법 제14조에 따른 녹색성장위원회(이하 "위원회"라 한다)의 심의 및 국무회의의 심의를 거쳐야 한다.

지방추진계획의 수립 등(제7조) ① 특별시장·광역시장·도지사 또는 특별자치도지사(이하 "시·도지사"라 한다)는 법 제11조 제1항에 따라 국가전략 및 5개년 계획이 수립되거나 변경된 날부터 6개월 이내에 다음 각 호의 사항이 포함된 지방녹색성장 추진계획(이하 "지방추진계획"이라 한다)을 5년 단위로 수립하여야 한다.

1. 특별시·광역시·도 또는 특별자치도(이하 "시·도"라 한다)별 녹색성장 추진과 관련된 현황 분석, 추진 경과 및 추진 실적
2. 국가전략, 5개년 계획 및 중앙추진계획과 연계하여 지방자치단체의 특성을 반영한 비전과 전략, 정책방향 및 정책과제에 관한 사항
3. 연차별 추진계획
4. 지방추진계획의 이행을 통한 미래상 및 기대효과
5. 관할 기초자치단체와 연계한 지방녹색성장 추진체계
6. 그 밖에 지방자치단체의 저탄소 녹색성장을 이행하기 위하여 필요한 사항

② 위원회는 지방추진계획의 수립을 효율적으로 지원하기 위하여 관련 지침을 정하여 관계 시·도지사에게 통보할 수 있다.

③ 제1항 및 제2항에서 규정한 사항 외에 지방추진계획의 수립 방법 및 절차, 추진절차 등에 관하여 필요한 사항은 조례로 정한다.

④ 법 제11조 제2항 단서에서 "대통령령으로 정하는 경미한 사항을 변경하는 경우"란 지방추진계획의 본질적인 내용에 영향을 미치지 아니하는 사항으로서 정책방향의 범위에서 정책과제 내용의 일부를 변경하는 경우를 말한다.

국가전략 등 추진상황의 점검 · 평가(제8조) ① 국무총리는 법 제12조 제1항에 따라「정부업무평가 기본법」에서 정하는 바에 따라 국가전략, 중앙추진계획의 이행사항을 매년 점검 · 평가하여야 한다.

② 관계 중앙행정기관의 장은 제1항에 따른 점검 · 평가 결과를 반영하여 소관 분야의 중앙추진계획을 수립 · 변경하거나, 관련 정책을 추진하여야 한다.

지방추진계획 추진상황의 점검 · 평가(제9조) ① 시 · 도지사는 법 제12조 제2항에 따라 지방추진계획의 이행상황을 매년 점검 · 평가하여야 한다.

② 시 · 도지사는 제1항에 따른 점검 · 평가 결과를 반영하여 시 · 도의 지방추진계획을 수립 · 변경하거나, 관련 정책을 추진하여야 한다.

③ 제1항의 평가를 위한 평가의 원칙, 대상 기관, 절차 등에 관하여 필요한 사항은 조례로 정한다.

녹색성장위원회의 구성 및 운영(제10조) ① 법 제14조 제4항 제1호에서 "기획재정부장관, 미래창조과학부장관, 산업통상자원부장관, 환경부장관, 국토교통부장관 등 대통령령으로 정하는 공무원"이란 기획재정부장관, 미래창조과학부장관, 교육부장관, 외교부장관, 안전행정부장관, 문화체육관광부장관, 농림축산식품부장관, 산업통상자원부장관, 보건복지부장관, 환경부장관, 여성가족부장관, 국토교통부장관, 해양수산부장관, 방송통신위원회위원장, 금융위원회위원장 및 국무조정실장을 말한다.

② 법 제14조 제5항에 따른 간사위원은 국무조정실장이 된다.

③ 위원장은 필요하다고 인정하는 때에는 중앙행정기관의 장으로 하여금 소관 분야의 안건과 관련하여 위원회에 참석하여 의견을 제시하게 하거나 관계 전문가를 참석하게 하여 의견을 들을 수 있다.

지방녹색성장위원회의 구성 및 운영 등(제15조) ① 법 제20조에 따른 지방녹색성장위원회는 위원장 2명을 포함한 50명 이내의 위원으로 구성한다.

② 지방녹색성장위원회의 위원장은 다음 각 호의 사람이 된다.

1.「지방자치법 시행령」제73조 제2항에 따른 행정부시장 또는 행정부지사(행정부시장 또는 행정부지사가 2명 이상인 시 · 도의 경우에는 해당 시 · 도지사가 지명하는 사람으로 한다). 다만,「지방자치법 시행령」제73조 제4항 단서에 따라 정무부시장 또는 정무부지사가 행정부시장 또는 행정부지사의 저탄소 녹색성장에 관한 업무를 분담하여 수행하는 경우에는 정무부시장 또는 정무부지사(같은 조 제5항에 따라 정

무부시장 또는 정무부지사의 명칭을 조례로 달리 정한 경우를 포함한다)

2. 제3항 제2호의 위원 중에서 시·도지사가 지명하는 사람

③ 지방녹색성장위원회의 위원은 다음 각 호의 사람이 된다.

1. 시·도 소속 실장·국장급 공무원 중 시·도지사가 임명하는 사람

2. 기후변화, 에너지·자원, 녹색기술·녹색산업, 지속가능발전 분야 등 저탄소 녹색 성장에 관한 학식과 경험이 풍부한 사람 중에서 시·도지사가 위촉하는 사람

④ 지방녹색성장위원회는 다음 각 호의 사항을 심의한다.

1. 지방자치단체의 저탄소 녹색성장의 기본방향에 관한 사항

2. 지방추진계획의 수립·변경에 관한 사항

3. 지방추진계획을 이행하기 위한 중점 추진과제 및 실행계획

4. 그 밖에 지방자치단체의 저탄소 녹색성장과 관련하여 지방녹색성장위원회 위원장 이 필요하다고 인정하는 사항

⑤ 제1항부터 제4항까지에서 규정한 사항 외에 지방녹색성장위원회의 구성·운영에 필요한 사항은 지방자치단체의 조례로 정한다.

예 · 상 · 문 · 제

1. 신 · 재생에너지 공급인증서의 유효기간은 어느 것인가?

㉮ 발급일로부터 1년
㉯ 발급일로부터 2년
㉰ 발급일로부터 3년
㉱ 발급일로부터 4년

2. 신 · 재생에너지 공급의무자가 다음 연도로 공급의무의 이행을 연기할 수 있는 공급 의무량의 양은?

㉮ 5 % 이내   ㉯ 10 % 이내
㉰ 15 % 이내   ㉱ 20 % 이내

3. 신 · 재생에너지센터의 설치 기관으로 옳은 것은?

㉮ 한국전력공사   ㉯ 한국수자원공사
㉰ 한국에너지공단   ㉱ 원자력안전위원회

4. 다음 중 가장 가벼운 벌칙에 해당하는 자는?

㉮ 거짓이나 부정한 방법으로 설비인증을 받은 자
㉯ 공급인증기관이 개설한 거래시장 외에서 공급인증서를 거래한 자
㉰ 거짓이나 부정한 방법으로 공급인증서를 발급받은 자
㉱ 거짓이나 부정한 방법인줄 알면서도 공급인증서를 발급한 자

5. 신에너지 및 재생에너지 개발 · 이용 · 보급 촉진법의 제정 목적이 아닌 것은?

㉮ 에너지원의 다양화
㉯ 에너지의 안정적인 공급
㉰ 에너지 구조의 환경친화적 전환 및 온실가스 배출의 감소
㉱ 에너지의 합리적이고 효율적인 이용의 증진

[해설] '에너지의 합리적이고 효율적인 이용의 증진'은 에너지이용합리화법의 목적에 들어간다.

6. 신재생에너지에 속하지 않는 것은?

㉮ 수소에너지
㉯ 중질잔사유 액화에너지
㉰ 연료전지
㉱ 석탄 액화에너지

[해설] ㉯는 '중질잔사유 가스화 에너지'라고 하여야 맞다.

7. 신에너지 및 재생에너지 개발 · 이용 · 보급 촉진법의 기본계획에 관련된 내용 중 틀린 것은?

㉮ 산업통상자원부장관은 기본계획을 5년마다 수립하여야 한다.
㉯ 기본계획의 계획기간은 5년 이상으로 한다.
㉰ 총 전력생산량 중 신 · 재생에너지 발전량이 차지하는 비율의 목표가 포함되어야 한다.
㉱ 온실가스의 배출 감소 목표가 포함되어야 한다.

[해설] 기본계획의 계획기간은 10년 이상으로 한다.

정답 1. ㉰   2. ㉱   3. ㉰   4. ㉮   5. ㉱   6. ㉯   7. ㉯

8. 신에너지 및 재생에너지 개발·이용·보급 촉진법상 산업통상자원부장관이 수립하는 기본계획에 포함되어야 하는 것을 모두 고르면?

> ㉠ 기본계획의 목표 및 기간
> ㉡ 신·재생에너지원별 기술개발 및 이용·보급의 목표
> ㉢ 기본계획의 추진방법
> ㉣ 신·재생에너지 기술수준의 평가와 보급전망 및 기대효과
> ㉤ 신·재생에너지 기술개발 및 이용·보급에 관한 지원 방안
> ㉥ 신·재생에너지 분야 교육훈련 계획

㉮ ㉠, ㉡, ㉢

㉯ ㉠, ㉡, ㉢, ㉣

㉰ ㉠, ㉡, ㉢, ㉣, ㉤

㉱ ㉠, ㉡, ㉢, ㉣, ㉤, ㉥

[해설] ㉥은 '신·재생에너지 분야 전문인력 양성계획'으로 고쳐야 한다.

9. 신·재생에너지정책심의회에서 심의하는 내용에 관한 설명으로 가장 잘못된 것은?

㉮ 기본계획의 수립 및 변경에 관한 사항을 심의한다.

㉯ 기본계획의 내용 중 경미한 사항을 변경하는 경우는 심의에서 제외된다.

㉰ 신·재생에너지의 기술개발 및 이용·보급에 관한 중요 사항을 심의한다.

㉱ 신·재생에너지 발전에 의한 전기의 가격에 관한 사항은 심의에서 제외된다.

[해설] '신·재생에너지 발전에 의하여 공급되는 전기의 기준가격 및 그 변경에 관한 사항'은 심의대상이다.

10. 산업통상자원부장관은 신·재생에너지 관련 사업을 효율적으로 추진하기 위하여 필요하다고 인정하면, 다음 중 어떤 기관과 협약을 맺어 그 사업을 하게 할 수 있는가?

> ㉠ 특정연구기관
> ㉡ 기업연구소
> ㉢ 산업기술연구조합
> ㉣ 지방자치단체 및 공공기관

㉮ ㉠, ㉡, ㉢

㉯ ㉡, ㉢, ㉣

㉰ ㉡, ㉢

㉱ ㉠, ㉡, ㉢, ㉣

[해설] 산업통상자원부장관이 신·재생에너지 관련 사업 추진 관련 협약을 맺어 사업을 하게 할 수 있는 기관은 아래와 같다.
① 「특정연구기관 육성법」에 따른 특정연구기관
② 「기초연구진흥 및 기술개발지원에 관한 법률」제14조 제1항 제2호에 따른 기업연구소
③ 「산업기술연구조합 육성법」에 따른 산업기술연구조합
④ 「고등교육법」에 따른 대학 또는 전문대학
⑤ 국공립연구기관
⑥ 국가기관, 지방자치단체 및 공공기관
⑦ 그 밖에 산업통상자원부장관이 기술개발 능력이 있다고 인정하는 자

11. 산업통상자원부장관이 신·재생에너지의 이용·보급을 촉진하고 신·재생에너지산업의 활성화를 위하여 필요하다고 인정하면, 신축·증축 또는 개축하는 건축물의 설계 시 산출된 예상 에너지사용량의 일정 비율 이상을 신·재생에너지를 사용하도록 의무화시킬 수 있는 대상 기관에 해당되는 것은?

> ㉠ 다중이용시설
> ㉡ 공기업
> ㉢ 정부출연기관

㉮ ㉠

㉯ ㉠, ㉡

㉰ ㉡, ㉢

㉱ ㉠, ㉡, ㉢

[해설] 산업통상자원부장관이 신·재생에너지를 사용하도록 의무화시킬 수 있는 대상 기관은 아래와 같다.
① 국가 및 지방자치단체
② 「공공기관의 운영에 관한 법률」 제5조에 따른 공기업(이하 "공기업"이라 한다)
③ 정부가 대통령령으로 정하는 금액 이상을 출연한 정부출연기관
④ 「국유재산법」 제2조 제6호에 따른 정부출자기업체
⑤ 지방자치단체 및 제2호부터 제4호까지의 규정에 따른 공기업, 정부출연기관 또는 정부출자기업체가 대통령령으로 정하는 비율 또는 금액 이상을 출자한 법인
⑥ 특별법에 따라 설립된 법인

12. 다음 중 ( )에 들어갈 알맞은 말은?

> 신축·증축·개축하는 부분의 연면적이 ( ) 이상이 되는 건축물은 예상에너지 사용량의 정해진 비율 이상을 신재생에너지로 공급해야 한다.

㉮ 1,000제곱미터   ㉯ 1,500제곱미터
㉰ 2,000제곱미터   ㉱ 3,000제곱미터

13. 산업통상자원부장관이 발전량의 일정량 이상을 의무적으로 신·재생에너지를 이용하여 공급하게 할 수 있는 자는?

㉮ 30만킬로와트 이상의 발전설비를 보유하는 자
㉯ 한국지역난방공사
㉰ 한국가스공사
㉱ 공기업

[해설] 산업통상자원부장관이 발전량의 일정량 이상을 의무적으로 신·재생에너지를 이용하여 공급하게 할 수 있는 자는 아래와 같다.
① 법 제12조의5 제1항 제1호 및 제2호에 해당하는 자로서 50만킬로와트 이상의 발전

설비(신·재생에너지 설비는 제외한다)를 보유하는 자
② 「한국수자원공사법」에 따른 한국수자원공사
③ 「집단에너지사업법」 제29조에 따른 한국지역난방공사

14. 다음 중 신·재생에너지 공급인증기관이 발행하는 공급인증서에 기재하는 사항이 아닌 것은?

㉮ 신·재생에너지 공급자
㉯ 신·재생에너지의 종류별 공급량 및 공급기간
㉰ 신·재생에너지 수급인
㉱ 유효기간

15. 산업통상자원부장관이 다른 신·재생에너지와의 형평을 고려하여 거래시장에서 해당 공급인증서가 거래될 수 없도록 할 수 있는 사유에 해당되지 않는 것은?

㉮ 공급인증서가 발전소별로 3천킬로와트를 넘는 수력을 이용하여 에너지를 공급하고 발급된 경우
㉯ 공급인증서가 기존 방조제를 활용하여 건설된 조력을 이용하여 에너지를 공급하고 발급된 경우
㉰ 공급인증서가 석탄을 액화·가스화한 에너지 또는 중질잔사유를 가스화한 에너지를 이용하여 에너지를 공급하고 발급된 경우
㉱ 공급인증서가 폐기물에너지 중 화석연료에서 부수적으로 발생하는 폐가스로부터 얻어지는 에너지를 이용하여 에너지를 공급하고 발급된 경우

[해설] 아래의 경우 공급인증서가 거래될 수 없도록 할 수 있다.

① 공급인증서가 발전소별로 5천킬로와트를 넘는 수력을 이용하여 에너지를 공급하고 발급된 경우
② 공급인증서가 기존 방조제를 활용하여 건설된 조력(潮力)을 이용하여 에너지를 공급하고 발급된 경우
③ 공급인증서가 영 별표1의 석탄을 액화·가스화한 에너지 또는 중질잔사유를 가스화한 에너지를 이용하여 에너지를 공급하고 발급된 경우
④ 공급인증서가 영 별표1의 폐기물에너지 중 화석연료에서 부수적으로 발생하는 폐가스로부터 얻어지는 에너지를 이용하여 에너지를 공급하고 발급된 경우

16. 산업통상자원부장관이 공급인증서 관련 업무를 전문적이고 효율적으로 실시하고 공급인증서의 공정한 거래를 위하여 공급인증기관으로 지정할 수 있는 기관은?

㉮ 한국에너지공단
㉯ 신·재생에너지센터
㉰ 국·공립연구기관
㉱ 한국전력공사

[해설] 산업통상자원부장관이 공급인증서 관련 업무를 전문적이고 효율적으로 실시하고 공급인증서의 공정한 거래를 위하여 공급인증기관으로 지정할 수 있는 기관은 아래와 같다.
① 제31조에 따른 신·재생에너지센터
②「전기사업법」제35조에 따른 한국전력거래소
③ 제12조의9에 따른 공급인증기관의 업무에 필요한 인력·기술능력·시설·장비 등 대통령령으로 정하는 기준에 맞는 자

17. 신·재생에너지 공급인증기관이 수행하는 업무가 아닌 것은?

㉮ 공급인증서 관련 온실가스배출권 거래
㉯ 공급인증서의 발급 및 거래에 딸린 업무

㉰ 비용의 정산에 관한 업무
㉱ 공급인증서 관련 정보의 제공

[해설] 신·재생에너지 공급인증기관은 다음 각 호의 업무를 수행한다.
① 공급인증서의 발급, 등록, 관리 및 폐기
② 국가가 소유하는 공급인증서의 거래 및 관리에 관한 사무의 대행
③ 거래시장의 개설
④ 공급의무자가 의무를 이행하는 데 지급한 비용의 정산에 관한 업무
⑤ 공급인증서 관련 정보의 제공
⑥ 그 밖에 공급인증서의 발급 및 거래에 딸린 업무

18. 신·재생에너지 설비의 인증 및 설치지원과 관련된 내용으로 옳지 않은 것은?

㉮ 산업통상자원부장관은 조성된 사업비를 신·재생에너지 설비의 성능평가 및 인증 등에 사용할 수 있다.
㉯ 신재생에너지기업이 지원을 받으려면 산업통상자원부장관에게 신고를 하여야 한다.
㉰ 신·재생에너지전문기업이 지원을 받으려면 신고기준 및 절차에 따라 3년마다 다시 신고하여야 한다.
㉱ 국유재산 또는 공유재산을 임차하거나 취득한 자가 임대일 또는 취득일부터 1년 이내에 해당 재산에서 신·재생에너지 기술개발 및 이용·보급에 관한 사업을 시행하지 아니하는 경우에는 대부계약 또는 사용허가를 취소하거나 환매할 수 있다.

[해설] 국유재산 또는 공유재산을 임차하거나 취득한 자가 임대일 또는 취득일부터 2년 이내에 해당 재산에서 신·재생에너지 기술개발 및 이용·보급에 관한 사업을 시행하지 아니하는 경우에는 대부계약 또는 사용허가를 취소하거나 환매할 수 있다.

정답 16. ㉯　17. ㉮　18. ㉱

19. 신에너지 및 재생에너지 기술개발 및 이용·보급에 관한 계획 협의 및 심의회 운영과 관련된 내용으로 옳지 않은 것은?

㉮ 신에너지 및 재생에너지 기술개발 및 이용·보급에 관한 계획을 협의하려는 자는 그 시행 사업연도 개시 6개월 전까지 산업통상자원부장관에게 계획서를 제출하여야 한다.

㉯ 산업통상자원부장관은 계획서를 받았을 때 협의를 요청한 자에게 법과의 조화성, 시의성, 중복성, 공동연구의 가능성 등에 대한 검토의견을 통보하여야 한다.

㉰ 신·재생에너지정책심의회는 위원장 1명을 포함한 20명 이내의 위원으로 구성한다.

㉱ 심의회의 위원장은 산업통상자원부 소속 에너지 분야의 업무를 담당하는 고위공무원단에 속하는 일반직공무원 중에서 산업통상자원부장관이 지명하는 사람으로 한다.

해설 신에너지 및 재생에너지 기술개발 및 이용·보급에 관한 계획을 협의하려는 자는 그 시행 사업연도 개시 4개월 전까지 산업통상자원부장관에게 계획서를 제출하여야 한다.

20. 신·재생에너지 설비의 설치에 관한 내용 중 법의 내용과 상이한 것은?

㉮ 산업통상자원부장관은 설치계획서를 받은 날부터 30일 이내에 타당성을 검토한 후 그 결과를 해당 설치의무기관의 장 또는 대표자에게 통보하여야 한다.

㉯ 설치의무기관의 장 또는 대표자는 검토 결과를 반영하여 신·재생에너지 설비를 설치하여야 하며, 설치를 완료하였을 때에는 30일 이내에 신·재생에너지 설비 설치확인신청서를 산업통상자원부장관에게 제출하여야 한다.

㉰ 공급의무자는 연도별 의무공급량의 100분의 20을 넘지 아니하는 범위에서 공급의무의 이행을 연기할 수 있다.

㉱ 공급의무자가 공급의무의 이행을 연기하려는 경우에는 연기할 의무공급량, 연기 사유 등을 산업통상자원부장관에게 당해 연도 12월 말일까지 제출하여야 한다.

해설 공급의무자가 공급의무의 이행을 연기하려는 경우에는 연기할 의무공급량, 연기 사유 등을 산업통상자원부장관에게 다음 연도 2월 말일까지 제출하여야 한다.

21. 신·재생에너지 공급인증서와 관련된 내용으로 옳지 않은 것은?

㉮ 공급인증서를 발급받으려는 자는 신·재생에너지를 공급한 날부터 90일 이내에 발급 신청을 하여야 한다.

㉯ 발급 신청을 받은 공급인증기관은 발급 신청을 한 날부터 30일 이내에 공급인증서를 발급하여야 한다.

㉰ 산업통상자원부장관이 가중치를 정할 때 '지역주민의 수용 정도'는 꼭 고려해야 하는 내용은 아니다.

㉱ 신·재생에너지의 가중치는 산업통상자원부장관이 환경, 기술개발 및 산업 활성화에 미치는 영향, 발전 원가, 부존 잠재량 등 여러 사항을 고려하여 고시하는 바에 따른다.

해설 산업통상자원부장관이 가중치를 정할 때 고려해야 하는 내용
① 환경, 기술개발 및 산업 활성화에 미치는 영향
② 발전 원가

③ 부존 (賦存) 잠재량

④ 온실가스 배출 저감 (低減)에 미치는 효과

⑤ 전력 수급의 안정에 미치는 영향

⑥ 지역주민의 수용 (受容) 정도

22. 건축물의 신·재생에너지의 공급의무 비율과 관련된 내용으로 ( ) 안에 적절한 것은?

해당 연도	2011 ~12	20 13	20 14	20 15	20 16	20 17	20 18	20 19	20 20 이후
공급 의무 비율 (%)	10	11	12	15	18	21	24	( )	( )

㉮ 26, 29 　　㉯ 27, 30

㉰ 30, 35 　　㉱ 28, 32

23. 신·재생에너지의 연도별 의무공급량 비율을 10 % 이상으로 달성하여야 하는 기준 연도는?

㉮ 2020년 이후 　㉯ 2024년 이후

㉰ 2028년 이후 　㉱ 2030년 이후

24. 신재생에너지 공급인증서 가중치가 가장 높은 것은?

㉮ 임야에 설치하는 태양광

㉯ 건축물 등 기존 시설물에 설치하는 태양광

㉰ ESS설비(풍력설비 연계)

㉱ 연료전지

25. 신재생에너지 공급인증기관으로 지정을 받으려는 자가 공급인증기관 지정신청서 제출 시 같이 첨부하여야 하는 서류가 아닌 것은?

㉮ 공급인증기관의 사업계획서

㉯ 공급인증기관의 운영계획서

㉰ 공급인증기관의 업무에 필요한 인력·기술능력·시설 및 장비 현황에 관한 자료

㉱ 정관 (법인인 경우)

해설 공급인증기관 지정신청서 제출 시 같이 첨부하여야 하는 서류에는 ㉯, ㉰, ㉱가 해당된다.

26. 신재생에너지 공급인증기관이 제정하는 공급인증서 발급 및 거래시장 운영에 관한 규칙에 포함되어야 하는 사항이 아닌 것은?

㉮ 공급인증서 가격의 결정방법에 관한 사항

㉯ 공급인증서 거래 서류의 보관·관리에 관한 사항

㉰ 공급인증서의 발급, 등록 등에 관한 정보 공개 및 분쟁조정에 관한 사항

㉱ 공급인증서의 거래방법에 관한 사항

해설 신재생에너지 공급인증기관이 제정하는 공급인증서 발급 및 거래시장 운영에 관한 규칙에 포함되어야 하는 사항

① 공급인증서의 발급, 등록, 거래 및 폐기 등에 관한 사항

② 신에너지 및 재생에너지 공급량의 증명에 관한 사항

③ 공급인증서의 거래방법에 관한 사항

④ 공급인증서 가격의 결정방법에 관한 사항

⑤ 공급인증서 거래의 정산 및 결제에 관한 사항

⑥ 정보의 공개 및 분쟁조정에 관한 사항

⑦ 그 밖에 공급인증서의 발급 및 거래시장 운영에 필요한 사항

27. 신에너지 및 재생에너지 개발·이용·

보급 촉진법에서 기본계획의 수립에 관련된 내용이다. ㉠~㉡에 적당한 숫자는?

> • 산업통상자원부장관은 관계 중앙행정기관의 장과 협의를 한 후 신·재생에너지정책심의회의 심의를 거쳐 신·재생에너지의 기술개발 및 이용·보급을 촉진하기 위한 기본계획을 (㉠)마다 수립하여야 한다.
> • 기본계획의 계획기간은 (㉡)으로 한다.

	㉠	㉡
㉮	3년	10년 이상
㉯	5년	10년 이상
㉰	3년	5년 이상
㉱	5년	5년 이상

28. 다음 중 ㉠~㉡에 들어갈 적당한 말은?

	㉠	㉡
㉮	2025년	10 %
㉯	2030년	10 %
㉰	2035년	11 %
㉱	2040년	11 %

29. 신·재생에너지 공급인증서의 발급 신청과 관련된 내용으로 ㉠~㉡에 들어갈 적당한 말은?

> • 법에 따라 공급인증서를 발급받으려는 자는 공급인증서 발급 및 거래시장 운영에 관한 규칙에서 정하는 바에 따라 신·재생에너지를 공급한 날부터 (㉠) 이내에 발급 신청을 하여야 한다.
> • 상기 제1항에 따라 발급 신청을 받은 공급인증기관은 발급 신청을 한 날부터 (㉡) 이내에 공급인증서를 발급하여야 한다.

	㉠	㉡
㉮	30일	15일
㉯	60일	20일
㉰	90일	30일
㉱	120일	60일

30. 신재생 공급인증기관이 공급인증서 발급 시에 꼭 포함시켜야 할 내용에 들어가지 않는 것은?

㉮ 신·재생에너지 공급자

㉯ 신·재생에너지의 종류별 공급량 및 거래소

㉰ 유효기간

㉱ 공급기간

해설 공급인증서에 꼭 포함시켜야 할 내용
① 신·재생에너지 공급자
② 신·재생에너지의 종류별 공급량 (가중치 감안) 및 공급기간
③ 유효기간

31. 다음은 저탄소 녹색성장 관련 추진되어야 할 기본 원칙에 대한 설명이다. ㉠~㉢에 들어갈 적당한 말은?

> • 정부는 시장기능을 최대한 활성화하여 (㉠)이/가 주도하는 저탄소 녹색성장을 추진한다.
> • 정부는 녹색기술과 (㉡)을/를 경제성장의 핵심 동력으로 삼고 새로운 일자리를 창출·확대할 수 있는 새로운 경제체제를 구축한다.
> • 정부는 사회·경제 활동에서 에너지와 자원 이용의 효율성을 높이고 (㉢)을/를 촉진한다.

	㉠	㉡	㉢
㉮	정부	녹색인재	거래
㉯	정부	녹색산업	자원순환
㉰	민간	녹색인재	거래
㉱	민간	녹색산업	자원순환

정답 **28.** ㉰ **29.** ㉰ **30.** ㉯ **31.** ㉱

32. 저탄소 녹색성장기본법에서 정하는 6대 온실가스에 들어가지 않는 것은?

㉮ 수소불화탄소   ㉯ 이산화질소

㉰ 육불화황   ㉱ 과불화탄소

[해설] 6대 온실가스 : 이산화탄소 (CO_2), 메탄 (CH_4), 아산화질소 (N_2O), 수소불화탄소 (HFCs), 과불화탄소 (PFCs), 육불화황 (SF_6)

33. '제2차 국가 에너지 기본계획'에 대한 설명 중 틀린 것은?

㉮ 계획기간은 2015년에서 2030년까지이다.

㉯ 정부의 주도보다는 개방형 프로세스 구조이다.

㉰ 공급 중심보다는 수요관리형의 수급기조이다.

㉱ 집중형보다는 분산형 발전시스템 위주가 된다.

[해설] 제2차 국가 에너지 기본계획의 계획기간은 2014년에서 2035년까지이다.

34. 산업통상자원부장관이 신·재생에너지의 이용·보급을 촉진하고 신·재생에너지산업의 활성화를 위하여 필요하다고 인정하면, 발전량의 일정량 이상을 의무적으로 신·재생에너지를 이용하여 공급하게 할 수 있는 공급의무자를 모두 고르면?

> ㉠ 30만킬로와트 이상의 발전설비를 보유하는 자
> ㉡ 한국수자원공사
> ㉢ 한국지역난방공사
> ㉣ 한국가스공사

㉮ ㉠, ㉡, ㉢, ㉣

㉯ ㉠, ㉡, ㉢

㉰ ㉡, ㉢

㉱ ㉠, ㉡

[해설] 산업통상자원부장관이 발전량의 일정량 이상을 의무적으로 신·재생에너지를 이용하여 공급하게 할 수 있는 공급의무자
① 50만킬로와트 이상의 발전설비를 보유하는 자
② 한국수자원공사
③ 한국지역난방공사

35. 저탄소 녹색성장기본법의 제정 목적으로 틀린 것은?

㉮ 저탄소 사회 구현

㉯ 녹색기술과 녹색산업을 새로운 성장동력으로 활용

㉰ 저탄소 녹색성장에 필요한 기반 조성

㉱ 에너지구조의 친환경적 전환 및 온실가스 배출의 감소

[해설] ① 저탄소 녹색성장기본법의 제정 목적 : 경제와 환경의 조화로운 발전을 위하여 저탄소 (低炭素) 녹색성장에 필요한 기반을 조성하고, 녹색기술과 녹색산업을 새로운 성장동력으로 활용함으로써 국민경제의 발전을 도모하며, 저탄소 사회 구현을 통하여 국민의 삶의 질을 높이고 국제사회에서 책임을 다하는 성숙한 선진 일류국가로 도약하는 데 이바지함을 목적으로 한다.
② 신에너지 및 재생에너지 개발·이용·보급 촉진법의 목적 : 이 법은 신에너지 및 재생에너지의 기술개발 및 이용·보급 촉진과 신에너지 및 재생에너지 산업의 활성화를 통하여 에너지원을 다양화하고, 에너지의 안정적인 공급, 에너지 구조의 환경친화적 전환 및 온실가스 배출의 감소를 추진함으로써 환경의 보전, 국가경제의 건전하고 지속적인 발전 및 국민복지의 증진에 이바지함을 목적으로 한다.

36. 다음은 신·재생에너지 공급인증기관이 수행하는 업무에 대한 설명이다. ㉠~㉤에

들어갈 적당한 말은?

> • (㉠)의 발급, 등록, 관리 및 폐기
> • 국가가 소유하는 공급인증서의 거래 및 관리에 관한 사무의 대행
> • (㉡)의 개설
> • 공급의무자가 의무를 이행하는 데 지급한 비용의 정산에 관한 업무
> • 공급인증서 관련 정보의 제공
> • 그 밖에 공급인증서의 발급 및 거래에 딸린 업무

	㉠	㉡
㉮	공급인증서	공급시스템
㉯	의무공급량	거래시장
㉰	의무공급량	공급시스템
㉱	공급인증서	거래시장

37. 저탄소 녹색성장기본법령상 소관분야의 추진계획(중앙추진계획)은 몇 년 단위로 수립하여야 하는가?

㉮ 2년 ㉯ 3년 ㉰ 4년 ㉱ 5년

38. 저탄소 녹색성장기본법과 관련된 설명으로 틀린 것은?

㉮ "저탄소"란 녹색기술 연구개발, 탄소흡수원 확충 등을 통하여 온실가스를 적정수준 이하로 줄이는 것을 말한다.

㉯ "녹색성장"이란 새로운 성장동력을 확보하며 새로운 일자리를 창출해나가는 등 경제와 환경이 조화를 이루는 성장을 말한다.

㉰ "에너지 자립도"란 국내 총 소비에너지량에 대하여 신·재생에너지 등 국내 생산에너지량 및 우리나라가 국외에서 개발(지분 취득은 미포함)한 에너지량을 합한 양이 차지하는 비율을

말한다.

㉱ "온실가스"란 이산화탄소(CO_2), 메탄(CH_4), 아산화질소(N_2O), 수소불화탄소(HFCs), 과불화탄소(PFCs), 육불화황(SF6) 및 그 밖에 대통령령으로 정하는 물질을 말한다.

[해설] "에너지 자립도"란 국내 총 소비에너지량에 대하여 신·재생에너지 등 국내 생산에너지량 및 우리나라가 국외에서 개발(지분 취득을 포함한다)한 에너지량을 합한 양이 차지하는 비율을 말한다.

39. 녹색성장 국가전략에 포함되어야 하는 사항이 아닌 것은?

㉮ 재원조달

㉯ 인력양성 및 교육

㉰ 홍보

㉱ 전문업체 발굴, 등록

[해설] 녹색성장 국가전략에는 다음 각 호의 사항이 포함되어야 한다.
① 녹색경제 체제의 구현에 관한 사항
② 녹색기술·녹색산업에 관한 사항
③ 기후변화대응 정책, 에너지 정책 및 지속가능발전 정책에 관한 사항
④ 녹색생활, 녹색국토, 저탄소 교통체계 등에 관한 사항
⑤ 기후변화 등 저탄소 녹색성장과 관련된 국제협상 및 국제협력에 관한 사항
⑥ 그 밖에 재원조달, 조세·금융, 인력양성, 교육·홍보 등 저탄소 녹색성장을 위하여 필요하다고 인정되는 사항

40. 녹색성장위원회의 구성 및 운영에 관한 설명으로 틀린 것은?

㉮ 녹색성장위원회는 국무총리 소속으로 한다.

㉯ 녹색성장위원회의 위원장은 2명으로 한다.

㉓ 구성원은 위원장 2명을 포함하여 50 명 이내이다.

㉔ 위원의 임기는 1년으로 하며, 연임은 불가하다.

[해설] 녹색성장위원회의 위원의 임기는 1년으로 하되, 연임할 수 있다.

41. 국가의 에너지기본계획의 수립에 관한 설명으로 틀린 것은?

㉮ 정부는 20년을 계획기간으로 하는 에너지기본계획을 5년마다 수립·시행하여야 한다.

㉯ 주요 에너지기본계획을 수립하는 경우에는 에너지위원회의 심의를 거친 다음 녹색성장위원회와 국무회의의 심의를 거쳐야 한다. 단, 에너지기본계획을 변경하는 경우에는 그러하지 않는다.

㉰ 에너지기본계획에는 '에너지 안전관리를 위한 대책에 관한 사항'이 포함되어야 한다.

㉱ 에너지기본계획에는 '에너지 수요 목표, 에너지원 구성, 에너지 절약 및 에너지 이용효율 향상에 관한 사항'이 포함되어야 한다.

[해설] 저탄소 녹색성장 기본법 41조에 따라, 에너지기본계획을 수립하거나 변경하는 경우에는 「에너지법」 제9조에 따른 에너지위원회의 심의를 거친 다음 위원회(녹색성장위원회)와 국무회의의 심의를 거쳐야 한다. 다만, 대통령령으로 정하는 경미한 사항을 변경하는 경우에는 그러하지 아니하다.

42. 정부가 중장기 및 단계별 목표를 설정하고 그 달성을 위하여 필요한 조치를 강구하여야 하는 사항으로 가장 부적합한 것은?

㉮ 에너지이용 합리화 목표

㉯ 온실가스 감축 목표

㉰ 에너지 절약 목표

㉱ 에너지 자립 목표

[해설] 정부가 중장기 및 단계별 목표를 설정하고 그 달성을 위하여 필요한 조치를 강구하여야 하는 사항
① 온실가스 감축 목표
② 에너지 절약 목표 및 에너지 이용효율 목표
③ 에너지 자립 목표
④ 신·재생에너지 보급 목표

43. 저탄소 녹색성장 국가전략 계획 수립에 관한 설명으로 틀린 것은?

㉮ 정부는 5년마다 저탄소 녹색성장 국가전략 5개년 계획을 수립할 수 있다. 이 경우 녹색성장위원회의 심의 및 국무회의의 심의를 거쳐야 한다.

㉯ 중앙행정기관의 장은 중앙추진계획을 수립하거나 변경하였을 때에는 3개월 이내에 위원회에 보고하여야 한다.

㉰ 시·도지사는 국가전략 및 5개년 계획이 수립되거나 변경된 날부터 6개월 이내에 지방녹색성장 추진계획을 5년 단위로 수립하여야 한다.

㉱ 지방녹색성장 추진계획에는 '지방추진계획의 이행을 통한 미래상 및 기대효과'가 포함되어야 한다.

[해설] 중앙행정기관의 장은 중앙추진계획을 수립하거나 변경하였을 때에는 2개월 이내에 위원회에 보고하여야 한다.

44. 저탄소 녹색성장기본법상 지방추진계획의 수립에 관한 설명으로 틀린 것은?

㉮ 시·도지사는 국가전략 및 5개년 계획이 수립되거나 변경된 날부터 3개월 이

내에 지방녹색성장 추진계획을 5년 단위로 수립하여야 한다.

㉯ 지방녹색성장 추진계획에는 '지방추진계획의 이행을 통한 미래상 및 기대효과'가 포함되어야 한다.

㉰ 지방녹색성장 추진계획에는 '관할 기초자치단체와 연계한 지방녹색성장 추진체계'가 포함되어야 한다.

㉱ 지방녹색성장 추진계획에는 '국가전략, 5개년 계획 및 중앙추진계획과 연계하여 지방자치단체의 특성을 반영한 비전과 전략, 정책방향 및 정책과제에 관한 사항'이 포함되어야 한다.

[해설] 시·도지사는 국가전략 및 5개년 계획이 수립되거나 변경된 날부터 6개월 이내에 지방녹색성장 추진계획을 5년 단위로 수립하여야 한다.

45. 다음은 저탄소 녹색성장 관련 추진되어야 할 기본 원칙에 대한 설명이다. ㉠~㉡에 들어갈 알맞은 말은?

> • 정부는 (㉠)와/과 녹색산업을 경제성장의 핵심 동력으로 삼고 새로운 일자리를 창출·확대할 수 있는 새로운 경제체제를 구축한다.
> • 정부는 사회·경제 활동에서 에너지와 자원 이용의 (㉡)을 높이고 자원순환을 촉진한다.

	㉠	㉡
㉮	녹색기술	경제성
㉯	녹색기술	효율성
㉰	녹색인재	경제성
㉱	녹색인재	효율성

46. 다음 중 지방녹색성장위원회가 심의하는 것이 아닌 것은?

㉮ 지방녹색성장 추진계획의 수립·변경에 관한 사항

㉯ 지방자치단체의 저탄소 녹색성장의 기본방향에 관한 사항

㉰ 지방자치단체의 신재생에너지 및 온실가스 저감목표에 관한 사항

㉱ 지방추진계획을 이행하기 위한 중점 추진과제 및 실행계획

47. 다음 중 저탄소 녹색성장기본법에서 정하는 6대 온실가스에 속하는 것은?

㉮ PBB ㉯ PBDE

㉰ Deca-BDE ㉱ PFC

[해설] 6대 온실가스 : 이산화탄소(CO_2), 메탄(CH_4), 아산화질소(N_2O), 수소불화탄소(HFCs), 과불화탄소(PFCs), 육불화황(SF6)

48. 저탄소 녹색성장기본법에서 규정하는 녹색성장위원회에 대한 다음의 설명 중 ㉠~㉣에 들어갈 적절한 숫자는?

> • 국가의 저탄소 녹색성장과 관련된 주요 정책 및 계획과 그 이행에 관한 사항을 심의하기 위하여 국무총리 소속으로 녹색성장위원회를 둔다.
> • 위원회는 위원장 (㉠)명을 포함한 (㉡)명 이내의 위원으로 구성한다.
> • 위원회의 위원장은 국무총리와 대통령이 지명하는 사람이 된다.
> • 위원회의 사무를 처리하게 하기 위하여 위원회에 간사위원 (㉢)명을 둔다.
> • 위원의 임기는 (㉣)년으로 하되, 연임할 수 있다.

	㉠	㉡	㉢	㉣
㉮	1	25	2	2
㉯	1	25	1	2
㉰	2	50	1	1
㉱	2	50	1	2

제2장 | 전기 관계 법규

2-1 「전기사업법 · 시행령 · 시행규칙」

목적[제1조] 이 법은 전기사업에 관한 기본제도를 확립하고 전기사업의 경쟁을 촉진함으로써 전기사업의 건전한 발전을 도모하고 전기사용자의 이익을 보호하여 국민경제의 발전에 이바지함을 목적으로 한다.

정의[제2조] 1. "전기사업"이란 발전사업 · 송전사업 · 배전사업 · 전기판매사업 및 구역전기사업을 말한다.

2. "전기사업자"란 발전사업자 · 송전사업자 · 배전사업자 · 전기판매사업자 및 구역전기사업자를 말한다.

3. "발전사업"이란 전기를 생산하여 이를 전력시장을 통하여 전기판매사업자에게 공급하는 것을 주된 목적으로 하는 사업을 말한다.

4. "발전사업자"란 제7조 제1항에 따라 발전사업의 허가를 받은 자를 말한다.

5. "송전사업"이란 발전소에서 생산된 전기를 배전사업자에게 송전하는 데 필요한 전기설비를 설치 · 관리하는 것을 주된 목적으로 하는 사업을 말한다.

6. "송전사업자"란 제7조 제1항에 따라 송전사업의 허가를 받은 자를 말한다.

7. "배전사업"이란 발전소로부터 송전된 전기를 전기사용자에게 배전하는 데 필요한 전기설비를 설치 · 운용하는 것을 주된 목적으로 하는 사업을 말한다.

8. "배전사업자"란 제7조 제1항에 따라 배전사업의 허가를 받은 자를 말한다.

9. "전기판매사업"이란 전기사용자에게 전기를 공급하는 것을 주된 목적으로 하는 사업을 말한다.

10. "전기판매사업자"란 제7조 제1항에 따라 전기판매사업의 허가를 받은 자를 말한다.

11. "구역전기사업"이란 **대통령령으로 정하는 규모** 이하의 발전설비를 갖추고 특정한 공급구역의 수요에 맞추어 전기를 생산하여 전력시장을 통하지 아니하고 그 공급구역의 전기사용자에게 공급하는 것을 주된 목적으로 하는 사업을 말한다.

〈시행령〉 위에서 "대통령령으로 정하는 규모"란 3만 5천킬로와트를 말한다.

12. "구역전기사업자"란 제7조 제1항에 따라 구역전기사업의 허가를 받은 자를 말한다.

13. "전력시장"이란 전력거래를 위하여 제35조에 따라 설립된 한국전력거래소(이하 "한국전력거래소"라 한다)가 개설하는 시장을 말한다.

14. "전력계통"이란 전기의 원활한 흐름과 품질유지를 위하여 전기의 흐름을 통제·관리하는 체제를 말한다.

15. "보편적 공급"이란 전기사용자가 언제, 어디서나 적정한 요금으로 전기를 사용할 수 있도록 전기를 공급하는 것을 말한다.

16. "전기설비"란 발전·송전·변전·배전 또는 전기사용을 위하여 설치하는 기계·기구·댐·수로·저수지·전선로·보안통신선로 및 그 밖의 설비(「댐건설 및 주변지역지원 등에 관한 법률」에 따라 건설되는 댐·저수지와 *선박·차량 또는 항공기에 설치되는 것*과 그 밖에 *대통령령으로 정하는 것*은 제외한다)로서 다음 각 목의 것을 말한다.

가. 전기사업용전기설비

나. 일반용전기설비

다. 자가용전기설비

〈시행령〉 1) 위에서 "선박·차량 또는 항공기에 설치되는 것"이란 해당 선박·차량 또는 항공기가 기능을 유지하도록 하기 위하여 설치되는 전기설비를 말한다.

2) 위에서 "대통령령으로 정하는 것"이란 다음 각 호의 것을 말한다.

(1) 전압 30볼트 미만의 전기설비로서 전압 30볼트 이상의 전기설비와 전기적으로 접속되어있지 아니한 것

(2) 「전기통신기본법」 제2조 제2호에 따른 전기통신설비. 다만, 전기를 공급하기 위한 수전설비는 제외한다.

16의2. "전선로"란 발전소·변전소·개폐소 및 이에 준하는 장소와 전기를 사용하는 장소 상호 간의 전선 및 이를 지지하거나 수용하는 시설물을 말한다.

17. "전기사업용전기설비"란 전기설비 중 전기사업자가 전기사업에 사용하는 전기설비를 말한다.

18. "일반용전기설비"란 산업통상자원부령으로 정하는 소규모의 전기설비로서 한정된 구역에서 전기를 사용하기 위하여 설치하는 전기설비를 말한다.

19. "자가용전기설비"란 전기사업용전기설비 및 일반용전기설비 외의 전기설비를 말한다.

20. "안전관리"란 국민의 생명과 재산을 보호하기 위하여 이 법에서 정하는 바에 따라 전기설비의 공사·유지 및 운용에 필요한 조치를 하는 것을 말한다.

보편적 공급 [제6조] ① 전기사업자는 전기의 보편적 공급에 이바지할 의무가 있다.

② 산업통상자원부장관은 다음 각 호의 사항을 고려하여 전기의 보편적 공급의 구체적 내용을 정한다.

1. 전기기술의 발전 정도

2. 전기의 보급 정도

3. 공공의 이익과 안전

4. 사회복지의 증진

사업의 허가 [제7조] ① 전기사업을 하려는 자는 전기사업의 종류별로 산업통상자원부장관의 허가를 받아야 한다. 허가받은 사항 중 산업통상자원부령으로 정하는 중요 사항을 변경하려는 경우에도 또한 같다.

② 산업통상자원부장관은 전기사업을 허가 또는 변경허가를 하려는 경우에는 미리 제53조에 따른 전기위원회(이하 "전기위원회"라 한다)의 심의를 거쳐야 한다.

③ 동일인에게는 두 종류 이상의 전기사업을 허가할 수 없다. 다만, 대통령령으로 정하는 경우에는 그러하지 아니하다.

〈시행령〉 동일인이 두 종류 이상의 전기사업을 할 수 있는 경우는 다음 각 호와 같다.

1. 배전사업과 전기판매사업을 겸업하는 경우
2. 도서지역에서 전기사업을 하는 경우
3. 「집단에너지사업법」 제48조에 따라 발전사업의 허가를 받은 것으로 보는 집단에너지사업자가 전기판매사업을 겸업하는 경우. 다만, 같은 법 제9조에 따라 허가받은 공급구역에 전기를 공급하려는 경우로 한정한다.

④ 산업통상자원부장관은 필요한 경우 사업구역 및 특정한 공급구역별로 구분하여 전기사업의 허가를 할 수 있다. 다만, 발전사업의 경우에는 발전소별로 허가할 수 있다.

⑤ 전기사업의 허가기준은 다음 각 호와 같다.

1. 전기사업을 적정하게 수행하는 데 필요한 재무능력 및 기술능력이 있을 것
2. 전기사업이 계획대로 수행될 수 있을 것
3. 배전사업 및 구역전기사업의 경우 둘 이상의 배전사업자의 사업구역 또는 구역전기사업자의 특정한 공급구역 중 그 전부 또는 일부가 중복되지 아니할 것
4. 구역전기사업의 경우 특정한 공급구역의 전력수요의 50퍼센트 이상으로서 *대통령령으로 정하는 공급능력*을 갖추고, 그 사업으로 인하여 인근 지역의 전기사용자에 대한 다른 전기사업자의 전기공급에 차질이 없을 것

〈시행령〉 "대통령령으로 정하는 공급능력"이란 해당 특정한 공급구역의 전력수요의 60퍼센트 이상의 공급능력을 말한다.

4의2. 발전소나 발전연료가 특정 지역에 편중되어 전력계통의 운영에 지장을 주지 아니할 것
5. 그 밖에 공익상 필요한 것으로서 *대통령령으로 정하는 기준*에 적합할 것

〈시행령〉 위에서 "대통령령으로 정하는 기준"이란 다음 각 호의 기준을 말한다.

1) 발전소가 특정 지역에 편중되어 전력계통의 운영에 지장을 주지 아니할 것
2) 발전연료가 어느 하나에 편중되어 전력수급에 지장을 주지 아니할 것

⑥ 제1항에 따른 허가의 세부기준·절차와 그 밖에 필요한 사항은 산업통상자원부령으로 정한다.

송전·배전용 전기설비의 이용요금 등 [제15조] ① 송전사업자 또는 배전사업자는 대통령령

으로 정하는 바에 따라 전기설비의 이용요금과 그 밖의 이용조건에 관한 사항을 정하여 산업통상자원부장관의 인가를 받아야 한다. 이를 변경하려는 경우에도 또한 같다.

〈시행령〉 전기설비의 이용요금과 그 밖의 이용조건에 대한 인가 또는 변경인가의 기준은 다음 각 호와 같다.

(1) 이용요금이 적정 원가에 적정 이윤을 더한 것일 것

(2) 전기설비의 차별 없는 이용이 보장되어있을 것

(3) 전기설비의 이용에 대한 권리의무 관계가 명확하게 규정되어있을 것

② 산업통상자원부장관은 제1항에 따른 인가를 하려는 경우에는 전기위원회의 심의를 거쳐야 한다.

전기의 공급약관 [제16조] ① 전기판매사업자는 대통령령으로 정하는 바에 따라 전기요금과 그 밖의 공급조건에 관한 약관(이하 "기본공급약관"이라 한다)을 작성하여 산업통상자원부장관의 인가를 받아야 한다. 이를 변경하려는 경우에도 또한 같다.

〈시행령〉 전기요금과 그 밖의 공급조건에 관한 약관에 대한 인가 또는 변경인가의 기준은 다음 각 호와 같다.

1) 전기요금이 적정 원가에 적정 이윤을 더한 것일 것

2) 전기요금을 공급 종류별 또는 전압별로 구분하여 규정하고 있을 것

3) 전기판매사업자와 전기사용자 간의 권리의무 관계와 책임에 관한 사항이 명확하게 규정되어있을 것

4) 전력량계 등의 전기설비의 설치주체와 비용부담자가 명확하게 규정되어있을 것

② 산업통상자원부장관은 제1항에 따른 인가를 하려는 경우에는 전기위원회의 심의를 거쳐야 한다.

③ 전기판매사업자는 그 전기수요를 효율적으로 관리하기 위하여 필요한 범위에서 기본공급약관으로 정한 것과 다른 요금이나 그 밖의 공급조건을 내용으로 정하는 약관(이하 "선택공급약관"이라 한다)을 작성할 수 있으며, 전기사용자는 기본공급약관을 갈음하여 선택공급약관으로 정한 사항을 선택할 수 있다.

④ 전기판매사업자는 선택공급약관을 포함한 기본공급약관(이하 "공급약관"이라 한다)을 시행하기 전에 영업소 및 사업소 등에 이를 갖춰두고 전기사용자가 열람할 수 있게 하여야 한다.

⑤ 전기판매사업자는 공급약관에 따라 전기를 공급하여야 한다.

구역전기사업자와 전기판매사업자의 전력거래 등 [제16조의2] ① 구역전기사업자는 사고나 그 밖에 산업통상자원부령으로 정하는 사유로 전력이 부족하거나 남는 경우에는 부족한 전력 또는 남는 전력을 전기판매사업자와 거래할 수 있다.

② 전기판매사업자는 정당한 사유 없이 제1항의 거래를 거부하여서는 아니 된다.

③ 전기판매사업자는 제1항의 거래에 따른 전기요금과 그 밖의 거래조건에 관한 사항을 내용으로 하는 약관(이하 "보완공급약관"이라 한다)을 작성하여 산업통상자원부장관의 인가를 받아야 한다. 이를 변경하는 경우에도 또한 같다.

④ 제3항에 따른 인가에 관하여는 제16조 제2항을 준용한다.

전력량계의 설치·관리[제19조] ① 다음 각 호의 자는 시간대별로 전력거래량을 측정할 수 있는 전력량계를 설치·관리하여야 한다.

1. 발전사업자(*대통령령으로 정하는 발전사업자*는 제외한다)

〈시행령〉 위에서 "대통령령으로 정하는 발전사업자"란 법 제31조 제1항 단서에 따라 전력거래를 하는 '발전사업자'를 말한다.

2. 자가용전기설비를 설치한 자(제31조 제2항 단서에 따라 전력을 거래하는 경우만 해당한다)

3. 구역전기사업자(제31조 제3항에 따라 전력을 거래하는 경우만 해당한다)

4. 배전사업자

5. 제32조 단서에 따라 전력을 직접 구매하는 전기사용자

② 제1항에 따른 전력량계의 허용오차 등에 관한 사항은 산업통상자원부장관이 정한다.

전력수급기본계획의 수립[제25조] ① 산업통상자원부장관은 전력수급의 안정을 위하여 전력수급기본계획(이하 "기본계획"이라 한다)을 수립하여야 한다.

② 산업통상자원부장관은 기본계획을 수립하거나 변경하고자 하는 때에는 관계 중앙행정기관의 장과 협의하고 공청회를 거쳐 의견을 수렴한 후 제47조의2에 따른 전력정책심의회의 심의를 거쳐 이를 확정한다. 다만, 산업통상자원부장관이 책임질 수 없는 사유로 공청회가 정상적으로 진행되지 못하는 등 대통령령으로 정하는 사유가 있는 경우에는 공청회를 개최하지 아니할 수 있으며 이 경우 대통령령으로 정하는 바에 따라 공청회에 준하는 방법으로 의견을 들어야 한다.

③ 기본계획 중 대통령령으로 정하는 경미한 사항을 변경하는 경우에는 제2항에 따른 절차를 생략할 수 있다.

④ 산업통상자원부장관은 제2항에 따라 기본계획이 확정된 때에는 지체 없이 이를 공고하고, 관계 중앙행정기관의 장에게 통보하여야 한다.

⑤ 산업통상자원부장관은 기본계획을 수립하거나 변경하는 경우 국회 소관 상임위원회에 보고하여야 한다.

⑥ 기본계획에는 다음 각 호의 사항이 포함되어야 한다.

1. 전력수급의 기본방향에 관한 사항

2. 전력수급의 장기전망에 관한 사항

3. 발전설비 계획 및 주요 송전·변전설비 계획에 관한 사항

4. 전력수요의 관리에 관한 사항

5. 직전 기본계획의 평가에 관한 사항

6. 그 밖에 전력수급에 관하여 필요하다고 인정하는 사항

⑦ 산업통상자원부장관은 기본계획이 「저탄소 녹색성장기본법」 제42조에 따른 온실가스 감축 목표에 부합하도록 노력하여야 한다.

⑧ 산업통상자원부장관은 기본계획의 수립을 위하여 필요한 경우에는 전기사업자, 한국전력거래소, 그 밖에 대통령령으로 정하는 관계 기관 및 단체에 관련 자료의 제출을 요구할 수 있다.

⑨ 기본계획의 수립에 관하여 그 밖에 필요한 사항은 대통령령으로 정한다.

전력거래[제31조] ① 발전사업자 및 전기판매사업자는 제43조에 따른 전력시장운영규칙으로 정하는 바에 따라 전력시장에서 전력거래를 하여야 한다. 다만, 도서지역 등 대통령령으로 정하는 경우에는 그러하지 아니하다.

② 자가용전기설비를 설치한 자는 그가 생산한 전력을 전력시장에서 거래할 수 없다. 다만, 대통령령으로 정하는 경우에는 그러하지 아니하다.

③ *구역전기사업자*는 대통령령으로 정하는 바에 따라 특정한 공급구역의 수요에 부족하거나 남는 전력을 전력시장에서 거래할 수 있다.

〈시행령〉 위에서 구역전기사업자는 다음 각 호의 어느 하나에 해당하는 전력을 전력시장에서 거래할 수 있다.

1) 허가받은 공급능력으로 해당 특정한 공급구역의 수요에 부족하거나 남는 전력

2) 발전기의 고장, 정기점검 및 보수 등으로 인하여 해당 특정한 공급구역의 수요에 부족한 전력

3) 제59조의2 제1호에 해당하는 자가 산업통상자원부령으로 정하는 기간 동안 해당 특정한 공급구역의 열 수요가 감소함에 따라 발전기 가동을 단축하는 경우 생산한 전력으로는 해당 특정한 공급구역의 수요에 부족한 전력

④ 전기판매사업자는 다음 각 호의 어느 하나에 해당하는 자가 생산한 전력을 제43조에 따른 전력시장운영규칙으로 정하는 바에 따라 우선적으로 구매할 수 있다.

1. *대통령령으로 정하는 규모 이하의 발전사업자*

〈시행령〉 여기서 "대통령령으로 정하는 규모 이하의 발전사업자"란 설비용량이 2만킬로와트 이하인 발전사업자를 말한다.

2. 자가용전기설비를 설치한 자(제2항 단서에 따라 전력거래를 하는 경우만 해당한다)

3. 「신에너지 및 재생에너지 개발·이용·보급 촉진법」 제2조 제1호 및 제2호에 따른 신에너지 및 재생에너지를 이용하여 전기를 생산하는 발전사업자

4. 「집단에너지사업법」 제48조에 따라 발전사업의 허가를 받은 것으로 보는 집단에너지사업자

5. 수력발전소를 운영하는 발전사업자

⑤ 「지능형전력망의 구축 및 이용촉진에 관한 법률」 제12조 제1항에 따라 지능형전력망 서비스 제공사업자로 등록한 자 중 대통령령으로 정하는 자(이하 "수요관리사업자"라 한다)는 제43조에 따른 전력시장운영규칙으로 정하는 바에 따라 전력시장에서 전력거래를 할 수 있다. 다만, 수요관리사업자 중 「독점규제 및 공정거래에 관한 법률」 제9조 제1항의 상호출자제한기업집단에 속하는 자가 전력거래를 하는 경우에는 대통령령으로 정하는 전력거래량의 비율에 관한 기준을 충족하여야 한다.

전력의 직접 구매[제32조] 전기사용자는 전력시장에서 전력을 직접 구매할 수 없다. 다만, *대통령령으로 정하는 규모 이상의 전기사용자*는 그러하지 아니하다.
〈시행령〉 위에서 "대통령령으로 정하는 규모 이상의 전기사용자"란 수전설비(受電設備)의 용량이 3만킬로볼트암페어 이상인 전기사용자를 말한다.

설립[제35조] ① 전력시장 및 전력계통의 운영을 위하여 한국전력거래소를 설립한다.
② 한국전력거래소는 법인으로 한다.
③ 한국전력거래소의 주된 사무소는 정관으로 정한다.
④ 한국전력거래소는 주된 사무소의 소재지에서 설립등기를 함으로써 성립한다.

업무[제36조] ① 한국전력거래소는 그 목적을 달성하기 위하여 다음 각 호의 업무를 수행한다.
1. 전력시장의 개설·운영에 관한 업무
2. 전력거래에 관한 업무
3. 회원의 자격 심사에 관한 업무
4. 전력거래대금 및 전력거래에 따른 비용의 청구·정산 및 지불에 관한 업무
5. 전력거래량의 계량에 관한 업무
6. 제43조에 따른 전력시장운영규칙 등 관련 규칙의 제정·개정에 관한 업무
7. 전력계통의 운영에 관한 업무
8. 제18조 제2항에 따른 전기품질의 측정·기록·보존에 관한 업무
9. 그 밖에 제1호부터 제8호까지의 업무에 딸린 업무
② 한국전력거래소는 제1항에 따른 업무 중 일부를 다른 기관 또는 단체에 위탁하여 처리하게 할 수 있다.
③ 한국전력거래소는 그가 수행하는 업무의 성격이 서로 다른 분야에 대하여는 회계를 구분하여 처리할 수 있다.

정관의 기재사항 [제37조] 한국전력거래소의 정관에는 「공공기관의 운영에 관한 법률」제16조 제1항에 따른 기재사항 외에 다음 각 호의 사항이 포함되어야 한다.

1. 자산에 관한 사항
2. 회원에 관한 사항
3. 회원의 보증금에 관한 사항
4. 회원의 지분 양도 및 반환에 관한 사항

다른 법률과의 관계 [제38조] 한국전력거래소에 대하여 이 법 및 「공공기관의 운영에 관한 법률」에 규정된 것을 제외하고는 「민법」 중 사단법인에 관한 규정(같은 법 제39조는 제외한다)을 준용한다. 이 경우 사단법인의 "사원"·"사원총회"와 "이사 또는 감사"는 각각 한국전력거래소의 "회원"·"회원총회"와 "임원"으로 본다.

회원의 자격 [제39조] 한국전력거래소의 회원은 다음 각 호의 자로 한다.

1. 전력시장에서 전력거래를 하는 발전사업자
2. 전기판매사업자
3. 전력시장에서 전력을 직접 구매하는 전기사용자
4. 전력시장에서 전력거래를 하는 자가용전기설비를 설치한 자
5. 전력시장에서 전력거래를 하는 구역전기사업자
6. 전력시장에서 전력거래를 하지 아니하는 자 중 한국전력거래소의 정관으로 정하는 요건을 갖춘 자
7. 전력시장에서 전력거래를 하는 수요관리사업자

전력산업기반조성계획의 수립·시행 [제47조] ① 산업통상자원부장관은 전력산업의 지속적인 발전과 전력수급의 안정을 위하여 전력산업의 기반조성을 위한 계획(이하 "*전력산업기반조성계획*"이라 한다)을 수립·시행하여야 한다.

〈시행령〉 위에서 1) 전력산업기반조성계획은 3년 단위로 수립·시행한다.

　2) 산업통상자원부장관은 전력산업기반조성계획을 수립하려는 경우에는 전력정책심의회의 심의를 거쳐야 한다. 이를 변경하려는 경우에도 또한 같다.

　3) 산업통상자원부장관은 전력산업기반조성계획을 수립할 때에는 「석탄산업법」 제3조에 따른 석탄산업장기계획에서의 석탄 사용량과, 발전연료로 석탄을 사용하는 발전사업자에 대한 전력거래 가격 및 발전에 따른 비용과의 차액 보전(補塡) 방안 등을 반영하여야 한다.

　4) 산업통상자원부장관은 전력산업기반조성계획을 효율적으로 추진하기 위하여 매년 시행계획을 수립하고 공고하여야 한다.

5) 산업통상자원부장관은 전력산업기반조성사업을 실시하려는 경우에는 주관기관의 장과 협약을 체결하여야 한다. 단, 협약에는 다음 각 호의 사항이 포함되어야 한다.

(1) 사업과제, 사업범위 및 사업 수행방법에 관한 사항

(2) 사업비의 지급에 관한 사항

(3) 사업시행의 결과 보고 및 그 결과의 활용에 관한 사항

(4) 협약의 변경·해약 및 위반에 관한 사항

(5) 연구개발사업인 경우 기술료의 징수에 관한 사항

(6) 그 밖에 산업통상자원부장관이 필요하다고 인정하는 사항

② 전력산업기반조성계획에는 다음 각 호의 사항이 포함되어야 한다.

1. 전력산업발전의 기본방향에 관한 사항

2. 제49조 각 호에 규정된 사업에 관한 사항

3. 전력산업전문인력의 양성에 관한 사항

4. 전력 분야의 연구기관 및 단체의 육성·지원에 관한 사항

5. 「석탄산업법」 제3조에 따른 석탄산업장기계획상 발전용 공급량의 사용에 관한 사항

6. 그 밖에 전력산업의 기반조성을 위하여 필요한 사항

③ 전력산업기반조성계획의 수립·시행에 필요한 사항은 대통령령으로 정한다.

전력정책심의회의 설치 등 [제47조의2] ① 전력수급 및 전력산업기반조성에 관한 중요 사항을 심의하기 위하여 산업통상자원부에 전력정책심의회를 둔다.

② 전력정책심의회는 다음 각 호의 사항을 심의한다.

1. 기본계획

2. 전력산업기반조성계획

3. 전력산업기반조성계획의 시행계획

4. 그 밖에 전력산업의 발전에 중요한 사항으로서 산업통상자원부장관이 심의에 부치는 사항

③ 전력정책심의회의 구성 및 운영에 필요한 사항은 대통령령으로 정한다.

기금의 설치 [제48조] 정부는 전력산업의 지속적인 발전과 전력산업의 기반조성에 필요한 재원을 확보하기 위하여 전력산업기반기금 (이하 "기금"이라 한다)을 설치한다.

기금의 사용 [제49조] 기금은 다음 각 호의 사업을 위하여 사용한다.

1. 「신에너지 및 재생에너지 개발·이용·보급 촉진법」 제2조 제1호 및 제2호에 따른 신에너지 및 재생에너지를 이용하여 전기를 생산하는 사업자에 대한 지원사업

2. 전력수요 관리사업

3. 전원개발의 촉진사업

   4. 도서·벽지의 주민 등에 대한 전력공급 지원사업

   5. 전력산업 관련 연구개발사업

   6. 전력산업과 관련된 국내의 석탄산업, 액화천연가스산업 및 집단에너지사업에 대한 지원사업

   7. 전기안전의 조사·연구·홍보에 관한 지원사업

   8. 일반용전기설비의 점검사업

   9. 「발전소주변지역 지원에 관한 법률」에 따른 주변지역에 대한 지원사업

   9의2. 「송·변전설비 주변지역의 보상 및 지원에 관한 법률」 제10조 제2항에 따른 송·변전설비 주변지역 지원사업

   10. 「지능형전력망의 구축 및 이용촉진에 관한 법률」에 따른 지능형전력망의 구축 및 이용촉진에 관한 사업

   11. 그 밖에 대통령령으로 정하는 전력산업과 관련한 중요 사업

전기위원회의 설치 및 구성[제53조] ① 전기사업의 공정한 경쟁환경 조성 및 전기사용자의 권익 보호에 관한 사항의 심의와 전기사업과 관련된 분쟁의 재정(裁定)을 위하여 산업통상자원부에 전기위원회를 둔다.

② 전기위원회는 위원장 1명을 포함한 9명 이내의 위원으로 구성하되, 위원 중 대통령령으로 정하는 수의 위원은 상임으로 한다.

③ 전기위원회의 위원장을 포함한 위원은 산업통상자원부장관의 제청으로 대통령이 임명 또는 위촉한다.

④ 전기위원회의 사무를 처리하기 위하여 전기위원회에 사무기구를 둔다.

위원의 자격 등[제54조] ① 전기위원회 위원은 다음 각 호의 어느 하나에 해당하는 사람으로 한다.

   1. 3급 이상의 공무원으로 있거나 있었던 사람

   2. 판사·검사 또는 변호사로서 10년 이상 있거나 있었던 사람

   3. 대학에서 법률학·경제학·경영학·전기공학이나 그 밖의 전기 관련 학과를 전공한 사람으로서 「고등교육법」에 따른 학교나 공인된 연구기관에서 부교수 이상으로 있거나 있었던 사람 또는 이에 상당하는 자리에 10년 이상 있거나 있었던 사람

   4. 전기 관련 기업의 대표자나 상임임원으로 5년 이상 있었거나 전기 관련 기업에서 15년 이상 종사한 경력이 있는 사람

   5. 전기 관련 단체 또는 소비자보호 관련 단체에서 10년 이상 종사한 경력이 있는 사람

② 제1항 제2호 및 제3호의 재직기간은 합산한다.

③ 공무원이 아닌 위원의 임기는 3년으로 하되, 연임할 수 있다.

위원의 신분보장[제55조] 전기위원회의 위원은 다음 각 호의 어느 하나에 해당하는 경우를 제외하고는 그 의사에 반하여 해임 또는 해촉되지 아니한다.

1. 금고 이상의 형을 선고받은 경우
2. 심신쇠약으로 장기간 직무를 수행할 수 없게 된 경우

전문위원회[제59조] ① 전기위원회는 그 업무를 효율적으로 수행하기 위하여 분야별로 전문위원회를 둘 수 있다.

② 제1항에 따른 전문위원회의 조직·기능·운영에 필요한 사항은 산업통상자원부령으로 정한다.

전기사업용전기설비의 공사계획의 인가 또는 신고[제61조] ① 전기사업자는 전기사업용전기설비의 설치공사 또는 변경공사로서 산업통상자원부령으로 정하는 공사를 하려는 경우에는 그 공사계획에 대하여 산업통상자원부장관의 인가를 받아야 한다. 인가받은 사항을 변경하려는 경우에도 또한 같다.

② 제1항 후단에도 불구하고 인가를 받은 사항 중 산업통상자원부령으로 정하는 경미한 사항을 변경하려는 경우에는 산업통상자원부장관에게 신고하여야 한다.

③ 전기사업자는 제1항에 따라 인가를 받아야 하는 공사 외의 전기사업용전기설비의 설치공사 또는 변경공사로서 산업통상자원부령으로 정하는 공사를 하려는 경우에는 공사를 시작하기 전에 산업통상자원부장관에게 신고하여야 한다. 신고한 사항을 변경하려는 경우에도 또한 같다.

④ 전기사업자는 전기설비가 사고·재해 또는 그 밖의 사유로 멸실·파손되거나 전시·사변 등 비상사태가 발생하여 부득이하게 공사를 하여야 하는 경우에는 제1항부터 제3항까지의 규정에도 불구하고 산업통상자원부령으로 정하는 바에 따라 공사를 시작한 후 지체 없이 그 사실을 산업통상자원부장관에게 신고하여야 한다.

⑤ 제1항에 따른 인가 및 제2항부터 제4항까지의 규정에 따른 신고에 필요한 사항은 산업통상자원부령으로 정한다.

전기사업용전기설비의 공사계획의 인가 또는 신고[제62조] ① 자가용전기설비의 설치공사 또는 변경공사로서 산업통상자원부령으로 정하는 공사를 하려는 자는 그 공사계획에 대하여 산업통상자원부장관의 인가를 받아야 한다. 인가받은 사항을 변경하려는 경우에도 또한 같다.

② 제1항에 따라 인가를 받아야 하는 공사 외의 자가용전기설비의 설치 또는 변경공사로서 산업통상자원부령으로 정하는 공사를 하려는 자는 공사를 시작하기 전에 시·도

지사에게 신고하여야 한다. 신고한 사항을 변경하려는 경우에도 또한 같다.

③ 제2항 전단에도 불구하고 산업통상자원부령으로 정하는 저압(低壓)에 해당하는 자가용전기설비의 설치 또는 변경공사의 경우에는 제63조에 따른 사용 전 검사(使用前檢査) 신청으로 공사계획신고를 갈음할 수 있다.

④ 자가용전기설비의 설치 또는 변경공사에 관하여는 제61조 제4항을 준용한다.

⑤ 제1항에 따른 인가 및 제2항·제4항에 따른 신고에 필요한 사항은 산업통상자원부령으로 정한다.

사용 전 검사 [제63조] 상기 제61조 및 제62조에 따라 전기설비의 설치공사 또는 변경공사를 한 자는 산업통상자원부령으로 정하는 바에 따라 산업통상자원부장관 또는 시·도지사가 실시하는 검사에 합격한 후에 이를 사용하여야 한다.

전기설비의 임시사용 [제64조] ① 산업통상자원부장관 또는 시·도지사는 제63조에 따른 검사에 불합격한 경우에도 안전상 지장이 없고 전기설비의 임시사용이 필요하다고 인정되는 경우에는 사용 기간 및 방법을 정하여 그 설비를 임시로 사용하게 할 수 있다. 이 경우 산업통상자원부장관 또는 시·도지사는 그 사용 기간 및 방법을 정하여 통지를 하여야 한다.

② 비상용 예비발전기가 완공되지 아니할 경우 등 제1항에 따른 전기설비 임시사용의 허용기준, 1년의 범위에서의 사용기간, 전기설비의 임시사용방법, 그 밖에 필요한 사항은 산업통상자원부령으로 정한다.

정기검사 [제65조] 전기사업자 및 자가용전기설비의 소유자 또는 점유자는 산업통상자원부령으로 정하는 전기설비에 대하여 산업통상자원부령으로 정하는 바에 따라 산업통상자원부장관 또는 시·도지사로부터 정기적으로 검사를 받아야 한다.

물밑선로의 보호 [제69조] ① 전기사업자는 물밑에 설치한 전선로(이하 "물밑선로"라 한다)를 보호하기 위하여 필요한 경우에는 물밑선로보호구역의 지정을 산업통상자원부장관에게 신청할 수 있다.

② 산업통상자원부장관은 제1항에 따른 신청이 있는 경우에는 물밑선로보호구역을 지정할 수 있다. 이 경우 「수산업법」에 따른 양식업 면허를 받은 지역을 물밑선로보호구역으로 지정하려는 경우에는 그 양식업 면허를 받은 자의 동의를 받아야 한다.

③ 산업통상자원부장관은 물밑선로보호구역을 지정하였을 때에는 이를 고시하여야 한다.

④ 산업통상자원부장관은 물밑선로보호구역을 지정하려는 경우에는 미리 해양수산부장관과 협의하여야 한다.

물밑선로보호구역의 선로 손상행위 금지[제70조] 누구든지 제69조에 따른 물밑선로보호구역에서는 다음 각 호의 행위를 하여서는 아니 된다. 다만, 산업통상자원부장관의 승인을 받은 경우에는 그러하지 아니하다.

1. 물밑선로를 손상시키는 행위   2. 선박의 닻을 내리는 행위
3. 물밑에서 광물·수산물을 채취하는 행위
4. 그 밖에 물밑선로를 손상하게 할 우려가 있는 행위로서 대통령령으로 정하는 행위

한국전기안전공사의 설립[제74조] ① 전기로 인한 재해를 예방하기 위하여 전기안전에 관한 조사·연구·기술개발 및 홍보업무와 전기설비에 대한 검사·점검업무를 수행하기 위하여 한국전기안전공사를 설립한다.

② 안전공사는 법인으로 한다.
③ 안전공사는 주된 사업소의 소재지에서 설립등기를 함으로써 성립한다.

안전공사의 운영 등[제75조] 안전공사의 운영에 필요한 경비는 다음 각 호의 재원으로 충당한다.

1. 제97조 제1항 제1호에 따른 검사 또는 같은 항 제2호에 따른 점검을 받으려는 자가 내는 수수료
2. 「재난 및 안전관리 기본법」에 따른 재난관리책임기관이 재난예방을 위하여 부담하는 재난예방점검비용 등
3. 기금에서의 출연금
4. 차입금 및 그 밖의 수입

임원[제76조] ① 안전공사의 임원은 사장 1명, 이사 8명 이내와 감사 1명으로 한다.
② 사장은 안전공사를 대표하고, 그 사무를 총괄한다.

사업[제78조] 안전공사는 다음 각 호의 사업을 한다.

1. 전기안전에 관한 조사 및 연구
2. 전기안전에 관한 기술개발 및 보급
3. 전기안전에 관한 전문교육 및 정보의 제공
4. 전기안전에 관한 홍보
5. 전기설비에 대한 검사·점검 및 기술지원
6. 제96조의3 제2항에 따른 전기사고의 원인·경위 등의 조사

7. 전기안전에 관한 국제기술협력

8. 전기안전을 위하여 산업통상자원부장관 또는 시·도지사가 위탁하는 사업

9. 전기설비의 안전진단과 그 밖에 전기안전관리를 위하여 필요한 사업

집단에너지사업자의 전기공급에 대한 특례[제92조의2] ① 「집단에너지사업법」 제9조에 따라 사업허가를 받은 집단에너지사업자 중 30만킬로와트 이하의 범위에서 대통령령으로 정하는 발전설비용량을 갖춘 자는 제31조 제1항에도 불구하고 「집단에너지사업법」 제9조에 따라 허가받은 공급구역에서 전기를 공급할 수 있다.

② 제1항의 집단에너지사업자는 이 법을 적용할 때에는 구역전기사업자로 본다.

전기사업법 시행규칙(발췌)

정의[제2조] 1. "변전소"란 변전소의 밖으로부터 전압 5만볼트 이상의 전기를 전송받아 이를 변성(전압을 올리거나 내리는 것 또는 전기의 성질을 변경시키는 것을 말한다)하여 변전소 밖의 장소로 전송할 목적으로 설치하는 변압기와 그 밖의 전기설비 전체를 말한다.

2. "개폐소"란 다음 각 목의 곳의 전압 5만볼트 이상의 송전선로를 연결하거나 차단하기 위한 전기설비를 말한다.

가. 발전소 상호 간

나. 변전소 상호 간

다. 발전소와 변전소 간

3. "송전선로"란 다음 각 목의 곳을 연결하는 전선로(통신용으로 전용하는 것은 제외한다. 이하 같다)와 이에 속하는 전기설비를 말한다.

가. 발전소 상호 간

나. 변전소 상호 간

다. 발전소와 변전소 간

4. "배전선로"란 다음 각 목의 곳을 연결하는 전선로와 이에 속하는 전기설비를 말한다.

가. 발전소와 전기수용설비

나. 변전소와 전기수용설비

다. 송전선로와 전기수용설비

라. 전기수용설비 상호 간

5. "전기수용설비"란 수전설비와 구내배전설비를 말한다.

6. "수전설비"란 타인의 전기설비 또는 구내발전설비로부터 전기를 공급받아 구내배전설비로 전기를 공급하기 위한 전기설비로서 수전지점으로부터 배전반(구내배전설비로 전기를 배전하는 전기설비를 말한다)까지의 설비를 말한다.

7. "구내배전설비"란 수전설비의 배전반에서부터 전기사용기기에 이르는 전선로·개폐기·차단기·분전함·콘센트·제어반·스위치 및 그 밖의 부속설비를 말한다.

8. "저압"이란 직류에서는 750볼트 이하의 전압을 말하고, 교류에서는 600볼트 이하의 전압을 말한다.

9. "고압"이란 직류에서는 750볼트를 초과하고 7천볼트 이하인 전압을 말하고, 교류에서는 600볼트를 초과하고 7천볼트 이하인 전압을 말한다.

10. "특고압"이란 7천볼트를 초과하는 전압을 말한다.

일반용전기설비의 범위[제3조] ① 「전기사업법」(이하 "법"이라 한다) 제2조 제18호에 따른 일반용전기설비는 다음 각 호의 어느 하나에 해당하는 전기설비로 한다.

1. 전압 600볼트 이하로서 용량 75킬로와트(제조업 또는 심야전력을 이용하는 전기설비는 용량 100킬로와트) 미만의 전력을 타인으로부터 수전하여 그 수전장소(담·울타리 또는 그 밖의 시설물로 타인의 출입을 제한하는 구역을 포함한다. 이하 같다)에서 그 전기를 사용하기 위한 전기설비

2. 전압 600볼트 이하로서 용량 10킬로와트 이하인 발전기

② 제1항에도 불구하고 다음 각 호의 어느 하나에 해당하는 전기설비는 일반용전기설비로 보지 아니한다.

1. 자가용전기설비를 설치하는 자가 그 자가용전기설비의 설치장소와 동일한 수전장소에 설치하는 전기설비

2. 다음 각 목의 위험시설에 설치하는 용량 20킬로와트 이상의 전기설비

　가. 「총포·도검·화약류 등 단속법」 제2조 제3항에 따른 화약류(장난감용 꽃불은 제외한다)를 제조하는 사업장

　나. 「광산보안법 시행령」 제4조 제3항에 따른 갑종탄광

　다. 「도시가스사업법」에 따른 도시가스사업장, 「액화석유가스의 안전관리 및 사업법」에 따른 액화석유가스의 저장·충전 및 판매사업장 또는 「고압가스 안전관리법」에 따른 고압가스의 제조소 및 저장소

　라. 「위험물 안전관리법」 제2조 제1항 제3호 및 제5호에 따른 위험물의 제조소 또는 취급소

3. 다음 각 목의 여러 사람이 이용하는 시설에 설치하는 용량 20킬로와트 이상의 전기설비

　가. 「공연법」 제2조 제4호에 따른 공연장

　나. 「영화 및 비디오물의 진흥에 관한 법률」 제2조 제10호에 따른 영화상영관

　다. 「식품위생법 시행령」에 따른 유흥주점·단란주점

　라. 「체육시설의 설치·이용에 관한 법률」에 따른 체력단련장

　마. 「유통산업발전법」 제2조 제3호 및 제6호에 따른 대규모점포 및 상점가

　바. 「의료법」 제3조에 따른 의료기관

사. 「관광진흥법」에 따른 호텔

아. 「소방시설 설치유지 및 안전관리에 관한 법률 시행령」에 따른 집회장

③ 제1항 제1호에 따른 심야전력(이하 "심야전력"이라 한다)의 범위는 산업통상자원부장관이 정한다.

사업허가의 신청[제4조] ① 법 제7조 제1항에 따라 전기사업의 허가를 받으려는 자는 별지 제1호 서식의 전기사업 허가신청서(전자문서로 된 신청서를 포함한다. 이하 같다)에 다음 각 호의 서류(전자문서를 포함한다. 이하 같다)를 첨부하여 산업통상자원부장관에게 제출하여야 한다. 다만, 발전설비용량이 3천킬로와트 이하인 발전사업(발전설비용량이 200킬로와트 이하인 발전사업은 제외한다)의 허가를 받으려는 자는 별지 제1호 서식의 전기사업 허가신청서에 제1호・제6호・제7호・제9호 및 제12호의 서류를 첨부하고, 발전설비용량이 200킬로와트 이하인 발전사업의 허가를 받으려는 자는 별지 제1호 서식의 전기사업 허가신청서에 제1호 및 제5호의 서류를 첨부하여 특별시장・광역시장・도지사 또는 특별자치도지사(이하 "시・도지사"라 한다)에게 제출하여야 한다.

1. 별표 1의 작성요령에 따라 작성한 사업계획서
2. 사업개시 후 5년 동안의 별지 제2호 서식의 연도별 예상사업손익산출서
3. 배전선로를 제외한 전기사업용전기설비의 개요서
4. 배전사업의 허가를 신청하는 경우에는 사업구역의 경계를 명시한 5만분의 1 지형도
5. 구역전기사업의 허가를 신청하는 경우에는 특정한 공급구역의 위치 및 경계를 명시한 5만분의 1 지형도
6. 발전사업 또는 구역전기사업의 허가를 신청하는 경우에는 송전관계 일람도(一覽圖)
7. 발전사업 또는 구역전기사업의 허가를 신청하는 경우에는 발전원가명세서
8. 신용평가의견서(「신용정보의 이용 및 보호에 관한 법률」 제2조 제4호에 따른 신용정보업자가 거래신뢰도를 평가한 것을 말한다) 및 재원 조달계획서
9. 전기설비의 운영을 위한 기술인력의 확보계획을 적은 서류
10. 신청인이 법인인 경우에는 그 정관 및 직전 사업연도 말의 대차대조표・손익계산서
11. 신청인이 설립 중인 법인인 경우에는 그 정관
12. 전기사업용 수력발전소 또는 원자력발전소를 설치하는 경우에는 발전용 수력의 사용에 대한 「하천법」 제33조 제1항의 허가 또는 발전용 원자로 및 관계시설의 건설에 대한 「원자력법」 제11조 제1항의 허가사실을 증명할 수 있는 허가서의 사본(허가신청 중인 경우에는 그 신청서의 사본)

② 제1항에 따른 신청을 받은 산업통상자원부장관 또는 시・도지사는 「전자정부법」 제36조 제1항에 따른 행정정보의 공동이용을 통하여 법인 등기사항증명서(법인인 경우만 해당한다)를 확인하여야 한다.

변경허가사항 등[제5조] ① 법 제7조 제1항 후단에서 "산업통상자원부령으로 정하는 중요사항"이란 다음 각 호의 사항을 말한다.

1. 사업구역 또는 특정한 공급구역
2. 공급전압
3. 발전사업 또는 구역전기사업의 경우 발전용 전기설비에 관한 다음 각 목의 어느 하나에 해당하는 사항
    가. 설치장소 (동일한 읍·면·동에서 설치장소를 변경하는 경우는 제외한다)
    나. 설비용량 (변경 정도가 허가 또는 변경허가를 받은 설비용량의 100분의 10 이하인 경우는 제외한다)
    다. 원동력의 종류 (허가 또는 변경허가를 받은 설비용량이 30만킬로와트 이상인 발전용 전기설비에 「신에너지 및 재생에너지 개발·이용·보급 촉진법」 제2조에 따른 신·재생에너지를 이용하는 발전용 전기설비를 추가로 설치하는 경우는 제외한다)
② 법 제7조 제1항 후단에 따라 변경허가를 받으려는 자는 별지 제3호 서식의 사업허가 변경신청서에 변경내용을 증명하는 서류를 첨부하여 산업통상자원부장관 또는 시·도지사에게 제출하여야 한다.

전압 및 주파수의 측정[제19조] ① 법 제18조 제2항에 따라 전기사업자 및 한국전력거래소는 다음 각 목의 사항을 매년 1회 이상 측정하여야 하며 측정 결과를 3년간 보존하여야 한다.
1. 발전사업자 및 송전사업자의 경우에는 전압 및 주파수
2. 배전사업자 및 전기판매사업자의 경우에는 전압
3. 한국전력거래소의 경우에는 주파수
② 전기사업자 및 한국전력거래소는 제1항에 따른 전압 및 주파수의 측정기준·측정방법 및 보존방법 등을 정하여 산업통상자원부장관에게 제출하여야 한다.

구역전기사업자에 대한 준용 [제19조의2] 구역전기사업자에 관하여는 제13조부터 제17조까지의 규정을 준용한다. 이 경우 "전기판매사업자"는 "구역전기사업자"로 본다.

기본계획의 경미한 변경[제20조] 「전기사업법 시행령」(이하 "영"이라 한다) 제15조 제3항 단서에 따라 법 제47조의2에 따른 전력정책심의회의 심의를 거치지 아니하고 변경할 수 있는 사항은 다음 각 호와 같다.
1. 전기설비 설치공사의 착공·준공 또는 공사기간을 2년 이내의 범위에서 조정하는 경우
2. 전기설비별 용량의 20퍼센트 이내의 범위에서 그 용량을 변경하는 경우
3. 신규건설 또는 폐지되는 연도별 전기설비용량의 5퍼센트 이내의 범위에서 전기설비용량을 변경하는 경우

전문위원회의 구성 등 [제26조] ① 법 제59조 제1항에 따라 전기위원회는 법률·분쟁조정 분야, 전기요금 분야, 소비자보호 분야, 전력계통 분야, 구조개편 분야 및 시장조성 분야에 관한 전문위원회를 구성할 수 있다.

② 각 전문위원회는 위원장 1명을 포함한 15명 이내의 위원으로 구성한다.

③ 각 전문위원회의 위원장 및 위원은 해당 분야에 관한 학식과 경험이 풍부한 사람 중에서 전기위원회 위원장이 위촉한다.

④ 위원의 임기는 2년으로 하며, 연임할 수 있다.

⑤ 각 전문위원회는 사무를 처리하기 위하여 간사를 둘 수 있으며, 간사는 전기위원회 소속 5급 이상 공무원 중에서 전문위원회 위원장이 임명한다.

전문위원회의 기능 및 운영[제27조] ① 전문위원회는 다음 각 호의 기능을 수행한다.

1. 해당 분야의 안건에 대한 전문적인 연구 · 검토

2. 전기위원회의 의사결정에 대한 자문

3. 그 밖에 전력 분야의 전문적인 사항에 관하여 전기위원회 위원장이 연구 · 검토를 요청하는 사항

② 전문위원회는 전문위원회 위원장이 필요하다고 인정하거나 전기위원회 위원장이 요청하는 경우 소집된다.

③ 전문위원회의 회의는 재적위원 과반수의 출석으로 개의(開議)하고, 출석위원 과반수의 찬성으로 의결한다.

인가 및 신고를 하여야 하는 공사계획[제28조] ① 법 제61조 제1항 전단 및 같은 조 제3항 전단에 따른 전기사업용전기설비의 설치공사계획 또는 변경공사계획에 대한 인가 및 신고 대상은 별표5와 같다.

② 법 제61조 제2항에서 "산업통상자원부령으로 정하는 경미한 사항"이란 별표6에 규정된 사항을 제외한 사항을 말한다.

③ 법 제62조 제1항 전단 및 같은 조 제2항 전단에 따른 자가용전기설비의 설치공사계획 또는 변경공사계획에 대한 인가 및 신고 대상은 별표7과 같다.

공사계획 인가 등의 신청[제29조] ① 법 제61조 및 법 제62조에 따른 공사계획의 인가 또는 변경인가를 신청하려는 자는 별지 제25호 서식의 공사계획 인가 (변경인가)신청서에 별표8의 공사계획의 인가신청 방법에 따라 작성한 서류를 첨부하여 제출 대상 기관에 제출하여야 한다.

② 법 제61조 및 법 제62조에 따른 공사계획의 신고 또는 변경신고를 하려는 자는 별지 제26호 서식의 공사계획 신고 (변경신고)서에 별표8의 공사계획의 신고방법에 따라 작성한 서류를 첨부하여 제출 대상 기관에 제출하여야 한다.

전기설비 검사자의 자격[제33조] 법 제63조 및 법 제65조에 따른 검사는 「국가기술자격법」에 따른 전기 · 토목 · 기계 분야의 기술자격을 가진 사람 중 다음 각 호의 어느 하나에 해당하는 사람이 수행하여야 한다.

1. 해당 분야의 기술사 자격을 취득한 사람

2. 해당 분야의 기사 자격을 취득한 사람으로서 그 자격을 취득한 후 해당 분야에서 4

년 이상 실무경력이 있는 사람

3. 해당 분야의 산업기사 자격을 취득한 사람으로서 그 자격을 취득한 후 해당 분야에서 6년 이상 실무경력이 있는 사람

물밑선로보호구역의 지정[제39조] ① 법 제69조 제1항에 따라 물밑선로보호구역의 지정을 신청하려는 자는 별지 제35호 서식의 보호구역 지정신청서에 다음 각 호의 서류를 첨부하여 산업통상자원부장관에게 제출하여야 한다.

1. 물밑선로보호구역 위치도 (축척 25만분의 1 지도)
2. 보호대상물 설치좌표 및 보호구역의 범위를 적은 서류

② 법 제69조에 따라 물밑선로보호구역의 지정을 받은 전기사업자가 지정받은 내용을 변경하려는 경우에는 별지 제35호 서식의 보호구역 변경지정신청서에 변경된 내용을 적은 서류를 첨부하여 변경지정을 받아야 한다.

안전관리업무의 대행 규모[제41조] 법 제73조 제3항 제1호에 따른 안전공사, 법 제73조 제3항 제2호에 따른 전기안전관리대행사업자(이하 "대행사업자"라 한다) 및 법 제73조 제3항 제3호에 따른 자(이하 "개인대행자"라 한다)가 안전관리업무를 대행할 수 있는 전기설비의 규모는 다음 각 호와 같다.

1. 안전공사 및 대행사업자 : 다음 각 목의 어느 하나에 해당하는 전기설비(둘 이상의 전기설비 용량의 합계가 2천500킬로와트 미만인 경우로 한정한다)
   가. 용량 1천킬로와트 미만의 전기수용설비
   나. 용량 300킬로와트 미만의 발전설비. 다만, 비상용 예비발전설비의 경우에는 용량 500킬로와트 미만으로 한다.
   다. 「신에너지 및 재생에너지 개발·이용·보급 촉진법」 제2조에 따른 태양에너지를 이용하는 발전설비(이하 "태양광발전설비"라 한다)로서 용량 1천킬로와트 미만인 것
2. 개인대행자 : 다음 각 목의 어느 하나에 해당하는 전기설비(둘 이상의 용량의 합계가 1천50킬로와트 미만인 전기설비로 한정한다)
   가. 용량 500킬로와트 미만의 전기수용설비
   나. 용량 150킬로와트 미만의 발전설비. 다만, 비상용 예비발전설비의 경우에는 용량 300킬로와트 미만으로 한다.
   다. 용량 250킬로와트 미만의 태양광발전설비

※ 정기검사대상 전기설비 및 검사시기

구 분	대 상	시 기	비 고
1. 전기사업용 전기설비 가. 기력, 내연력, 가스터빈, 복합화력, 수력(양수), 풍력, 태양광 및 연료전지발전소	(1) 증기터빈 및 내연기관 계통 (2) 가스터빈·보일러·열교환기(「집단에너지사업법」을 적용받는 보일러 및 압력용기는 제외) 및 발전기 계통 (3) 수차·발전기 계통 (4) 풍차·발전기 계통 (5) 태양전지·전기설비 계통 (6) 연료전지·전기설비 계통	4년 이내 2년 이내 4년 이내 4년 이내 4년 이내 연료전지 교체 시기마다	(1)부터 (4)까지의 설비에 부속되는 전기설비로서 사용압력이 제곱센티미터당 0킬로그램 이상의 내압부분이 있는 것을 포함한다.
2. 자가용 전기설비 가. 발전설비기력, 내연력, 가스터빈, 복합화력 및 수력, 태양광 및 연료전지발전소(비상예비발전설비는 제외한다)	(1) 증기터빈 및 내연기관 계통(발전기 계통을 포함한다) (2) 가스터빈(발전기 계통 포함), 보일러, 열교환기(보일러 및 열교환기 중 「에너지이용 합리화법」 제58조에 따라 검사를 받는 것은 제외한다) (3) 수차·발전기 계통 (4) 풍차·발전기 계통 (5) 태양전지·전기설비 계통 (6) 연료전지·전기설비 계통	4년 이내 2년 이내 4년 이내 4년 이내 4년 이내 연료전지 교체 시기마다	(1)과 (2)에 부속되는 전기설비로서 사용압력이 제곱센티미터당 0킬로그램 이상의 내압부분이 있는 것을 포함한다.
나. 전기수용설비 및 비상용 예비발전설비	(1) 의료기관, 공연장, 호텔, 대규모 점포, 예식장, 지정 문화재, 단란주점, 유흥주점, 목욕장, 노래연습장에 설치한 고압 이상의 수전설비 및 75킬로와트 이상의 비상용 예비발전설비 (2) 제40조 제1항에 따라 전기안전관리자의 선임이 면제된 제조업자 또는 제조업 관련 서비스업자의 수용설비 (3) (1) 및 (2)의 설비 외의 수용가에 설치한 고압 이상의 수전설비 및 75킬로와트 이상의 비상용 예비발전설비 (4) (3)의 규정에도 불구하고 「산업안전보건법」 제49조의2에 따른 공정안전보고서 또는 「고압가스 안전관리법」 제13조의2에 따른 안전성향상계획서를 제출하거나 갖춰둔 자의 고압 이상의 수전설비 및 용량 75킬로와트 이상의 비상용 발전설비	2년마다 2월 전후 2년마다 2월 전후 3년마다 2월 전후 4년 이내	(1)부터 (4)까지의 전기설비로서 구내발전설비로부터 전기를 공급받는 수전설비는 해당 발전기 계통과 같은 시기에 검사한다. (1)부터 (4)까지의 전기설비에는 자가용 송전·배전선로가 포함된다.

＊발전설비의 검사는 발전설비의 가동정지기간 중에 하며, 설비 고장 등 검사시기 조정 사유 발생 시 검사기관과 협의하여 2개월 이내의 범위에서 검사시기를 조정할 수 있다.

※ 전기사업용 전기설비 공사계획의 인가 및 신고의 대상

공사의 종류	인가가 필요한 것	신고가 필요한 것
1. 발전소 가. 설치공사	출력 1만킬로와트 이상의 발전소 설치	출력 1만킬로와트 미만의 발전소 설치
나. 변경공사 　1) 발전설비의 설치 　2) 발전설비의 변경공사	출력 1만킬로와트 이상의 발전설비 설치	출력 1만킬로와트 미만의 발전설비 설치
가) 원동력설비	출력 1만킬로와트 이상의 발전소로서 다음에 해당하는 것	
(1) 수력설비 　　(가) 댐	댐의 설치	(1) 출력 1만킬로와트 미만의 발전소 댐의 설치 (2) 댐을 개조하는 것으로서 본체의 강도나 안정도 또는 홍수토의 용량 변경을 수반하는 것
(나) 취수설비	취수설비의 설치	(1) 출력 1만킬로와트 미만의 발전소 취수설비 설치 (2) 개조하는 것으로서 통수 용량 또는 취수탑의 강도 변경을 수반한 것
(다) 침사지(沈砂池)	침사지의 설치 또는 개조	출력 1만킬로와트 미만의 발전소 침사지의 설치 또는 개조
(라) 도수로(導水路) 또는 방수로	도수로 또는 방수로의 설치·연장 및 개조	출력 1만킬로와트 미만의 발전소 도수로 또는 방수로의 설치·연장 및 개조
(마) 헤드탱크 또는 서지탱크 (surge tank)	헤드탱크 또는 서지탱크의 설치	(1) 출력 1만킬로와트 미만의 발전소의 헤드탱크 또는 서지탱크의 설치 (2) 개조하는 것으로서 다음과 같은 것 　(가) 여수로(餘水路)의 용량 또는 여수로의 통수 용량의 변경을 수반하는 것 　(나) 여수로 또는 여수로의 종류의 변경을 수반하는 것 　(다) 서지탱크에 영향을 미치는 것 　(라) 서지탱크의 강도의 변경을 수반하는 것
(바) 수압관로	수압관로의 설치 및 연장	(1) 출력 1만킬로와트 미만의 발전소의 수압관로 설치 및 연장 (2) 개조하는 것으로서 관 본체의 강도 변경을 수반하는 것
(사) 수차	수차의 설치	(1) 출력 1만킬로와트 미만의 발전소의 수차 설치 (2) 대체 또는 개조
(아) 양수식발전소의 양수용 펌프	펌프의 설치	(1) 출력 1만킬로와트 미만의 발전소의 펌프 설치 (2) 대체 및 개조

(자) 저수지 또는 조정지	저수지 또는 조정지의 설치	(1) 출력 1만킬로와트 미만의 발전소의 저수지 또는 조정지 설치
		(2) 개조하는 것으로서 상시 만수위(滿水位) 또는 최저수위의 변경을 수반하는 것
(2) 기력설비 (가) 증기터빈 또는 왕복기관	(1) 증기터빈 또는 왕복기관의 설치	(1) 출력 1만킬로와트 미만의 발전소의 증기터빈 또는 왕복기관 설치
	(2) 증기터빈 또는 왕복기관을 개조하는 것으로서 20퍼센트 이상의 출력변경을 수반하는 것	(2) 출력 1만킬로와트 미만의 발전소의 증기터빈 또는 왕복기관을 개조하는 것으로서 20퍼센트 이상의 출력 변경을 수반하는 것
		(3) 증기터빈을 개조하는 것으로서 다음과 같은 것 (가) 차실·원판 또는 차축의 강도 변경을 수반하는 것 (나) 조속장치 또는 비상조속장치의 종류 변경을 수반하는 것 (4) 대체
(나) 보일러	(1) 보일러의 설치	(1) 출력 1만킬로와트 미만의 발전소 보일러 설치
	(2) 보일러를 개조하는 것으로서 다음과 같은 것	(2) 출력 1만킬로와트 미만의 발전소 보일러를 개조하는 것으로서 다음과 같은 것
	(가) 최고 사용압력 또는 최고 사용온도의 20퍼센트 이상의 변경을 수반하는 것 (나) 재열기(再熱器)의 최고 사용압력 또는 최고 사용온도의 20퍼센트 이상의 변경을 수반하는 것 (다) 드럼 또는 안전밸브에 관한 것	(가) 최고 사용압력 또는 최고 사용온도의 20퍼센트 이상의 변경을 수반하는 것 (나) 재열기의 최고 사용압력 또는 최고 사용온도의 20퍼센트 이상의 변경을 수반하는 것 (다) 드럼 또는 안전밸브에 관한 것
		(3) 보일러를 개조하는 것으로서 20퍼센트 이상의 가열면적 변경을 수반하는 것 (4) 대체 (5) 수리하는 것으로서 다음과 같은 것 (가) 드럼 또는 안전밸브의 대체 (나) 드럼의 강도에 영향을 미치는 것 (다) 안전밸브의 성능에 영향을 미치는 것
(다) 연료연소설비	(1) 연료연소설비의 설치 또는 대체	(1) 출력 1만킬로와트 미만의 발전소의 연료연소설비의 설치 또는 대체
	(2) 연료연소설비를 개조하는 것으로서 연료의 종류 변경을 수반하는 것	(2) 출력 1만킬로와트 미만의 발전소의 연료연소설비를 개조하는 것으로서 연료의 종류 변경을 수반하는 것

(라) 공해방지설비	공해방지설비를 설치·개조 또는 폐지하는 것. 다만, 개조하는 것은 공해방지능력의 감소를 수반하는 것만 해당한다.	출력 1만킬로와트 미만의 발전소의 공해방지설비를 설치·개조 또는 폐지하는 것. 다만, 개조하는 것은 공해방지능력의 감소를 수반하는 것만 해당한다.
(마) 증기밸브	증기밸브의 설치 또는 대체	출력 1만킬로와트 미만의 발전소의 증기밸브의 설치 또는 대체
(바) 보조설비	제31조 제2항의 용기 및 관의 설치 또는 대체	출력 1만킬로와트 미만의 발전소로서 제31조 제2항의 용기 및 관의 설치 또는 대체
(3) 가스터빈 설치		
(가) 가스터빈	가스터빈의 설치 또는 대체	(1) 출력 1만킬로와트 미만의 발전소의 가스터빈의 설치 또는 대체 (2) 개조하는 것으로서 20퍼센트 이상의 출력 변경을 수반하는 것
(나) 공기압축기	공기압축기의 설치 또는 대체	(1) 출력 1만킬로와트 미만의 발전소의 공기압축기 설치 또는 대체 (2) 차실 또는 차축의 강도 변경을 수반하는 개조
(다) 연료연소설비	연료연소설비의 설치 또는 대체	(1) 출력 1만킬로와트 미만의 발전소의 연료연소설비 설치 및 대체 (2) 개조하는 것으로서 연료의 종류 변경을 수반하는 것
(라) 보조설비	제31조 제2항의 용기 및 관의 설치 또는 대체	출력 1만킬로와트 미만의 발전소로서 제31조 제2항의 용기 및 관의 설치 또는 대체
(4) 복합화력설비 (가) 가스터빈	가스터빈의 설치 또는 대체	(1) 출력 1만킬로와트 미만의 발전소의 가스터빈 설치 또는 대체 (2) 개조하는 것으로서 20퍼센트 이상의 출력 변경을 수반하는 것
(나) 공기압축기	공기압축기의 설치 또는 대체	(1) 출력 1만킬로와트 미만의 발전소의 공기압축기 설치 또는 대체 (2) 차실 또는 차축의 강도 변경을 수반하는 개조
(다) 연료연소설비	연료연소설비의 설치 또는 대체	(1) 출력 1만킬로와트 미만의 발전소의 연료연소설비 설치 및 대체 (2) 개조하는 것으로서 연료의 종류 변경을 수반하는 것
(라) 보일러	(1) 보일러의 설치 (2) 보일러를 개조하는 것으로서 다음과 같은 것	(1) 출력 1만킬로와트 미만의 발전소의 보일러 설치 (2) 출력 1만킬로와트 미만의 발전소 보일러를 개조하는 것으로서 다음과 같은 것

		(가) 최고 사용압력 또는 최고 사용온도의 20퍼센트 이상의 변경을 수반하는 것 (나) 재열기의 최고 사용압력 또는 최고 사용온도의 20퍼센트 이상의 변경을 수반하는 것 (다) 드럼 또는 안전밸브에 관한 것	(가) 최고 사용압력 또는 최고 사용온도의 20퍼센트 이상의 변경을 수반하는 것 (나) 재열기의 최고 사용압력 또는 최고 사용온도의 20퍼센트 이상의 변경을 수반하는 것 (다) 드럼 또는 안전밸브에 관한 것 (3) 보일러를 개조하는 것으로서 가열면적의 20퍼센트 이상의 변경을 수반하는 것 (4) 대체 (5) 수리하는 것으로서 다음과 같은 것 　(가) 드럼 또는 안전밸브의 대체 　(나) 드럼의 강도에 영향을 미치는 것 　(다) 안전밸브의 성능에 영향을 미치는 것
	(마) 공해방지설비	공해방지설비를 설치·개조 또는 폐지하는 것. 다만, 개조하는 것은 공해방지 처리능력의 감소를 수반하는 것만 해당한다.	출력 1만킬로와트 미만의 발전소의 공해방지설비를 설치·개조 또는 폐지하는 것. 다만, 개조하는 것은 공해방지처리능력의 감소를 수반하는 것만 해당한다.
	(바) 증기밸브	증기밸브의 설치 또는 대체	출력 1만킬로와트 미만의 발전소의 증기밸브 설치 또는 대체
	(사) 증기터빈	(1) 증기터빈 또는 왕복기관의 설치 (2) 증기터빈 또는 왕복기관의 개조로서 20퍼센트 이상의 출력의 변경을 수반하는 것	(1) 출력 1만킬로와트 미만의 발전소의 증기터빈 또는 왕복기관의 설치 (2) 출력 1만킬로와트 미만의 발전소의 증기터빈 또는 왕복기관의 개조로서 20퍼센트 이상의 출력 변경을 수반하는 것 (3) 증기터빈을 개조하는 것으로서 다음과 같은 것 　(가) 차실·원판 또는 차축의 강도 변경을 수반하는 것 　(나) 조속장치 또는 비상조속장치의 종류 변경을 수반하는 것 (4) 대체
	(아) 보조설비	제31조 제2항의 용기 및 관의 설치 또는 대체	출력 1만킬로와트 미만의 발전소로서 제31조 제2항의 용기 및 관의 설치 또는 대체
(5) 내연력설비 　(가) 내연기관		내연기관의 설치 또는 대체	출력 1만킬로와트 미만의 발전소의 내연기관 설치 또는 대체
(6) 풍력설비		풍차의 설치 또는 대체	출력 1만킬로와트 미만의 발전소의 풍차 설치 또는 대체
(7) 원자력설비			출력 1만킬로와트 미만의 원자력발전소로서 다음과 같은 것

(가) 증기터빈설비	(1) 증기터빈의 설치 또는 대체 (2) 증기밸브의 설치 또는 대체 (3) 습분분리재열기의 설치 또는 대체 (4) 증기터빈을 개조하는 것으로서 다음과 같은 것 　(가) 차실·원판 또는 차축의 강도 변경을 수반하는 것 　(나) 조속장치 또는 비상조속장치의 종류 변경을 수반하는 것	(1) 증기터빈의 설치 또는 대체 (2) 증기밸브의 설치 또는 대체 (3) 습분분리재열기의 설치 또는 대체 (4) 증기터빈을 개조하는 것으로서 다음과 같은 것 　(가) 차실·원판 또는 차축의 강도 변경을 수반하는 것 　(나) 조속장치 또는 비상조속장치의 종류 변경을 수반하는 것
(나) 급수설비	급수펌프의 설치 또는 대체	급수펌프의 설치 또는 대체
(다) 복수설비	복수기(復水器)의 설치 또는 대체	복수기의 설치 또는 대체
(라) 보조설비	(1) 공기압축기의 설치 또는 대체 (2) 제31조 제2항의 용기 및 관의 설치 또는 대체	(1) 공기압축기의 설치 또는 대체 (2) 제31조 제2항의 용기 및 관의 설치 또는 대체
나) 발전기계통설비 　(1) 발전기	(1) 용량 1만킬로볼트암페어 이상의 발전기 설치 또는 대체 (2) 용량 1만킬로볼트암페어 이상의 발전기를 개조하는 것으로서 20퍼센트 이상의 전압 또는 용량 변경을 수반하는 것	(1) 용량 1만킬로볼트암페어 미만의 발전기 설치 또는 대체 (2) 용량 1만킬로볼트암페어 미만의 발전기를 개조하는 것으로서 20퍼센트 이상의 전압 또는 용량 변경을 수반하는 것
(2) 변압기	전압 20만볼트 이상의 변압기 설치 또는 대체	전압 10만볼트 이상 20만볼트 미만의 변압기 설치 또는 대체(원자력발전소의 경우 1만볼트 이상 20만볼트 미만의 변압기 설치 또는 대체)
(3) 차단기		전압 20만볼트 이상의 차단기 설치 또는 대체(원자력발전소의 경우 1만볼트 이상의 차단기 설치 또는 대체)
2. 변전소 　가. 설치공사	전압 20만볼트 이상의 변전소 설치	전압 20만볼트 미만의 변전소 설치
나. 변경공사 　　1) 변압기	전압 20만볼트 이상의 변전소 설치 또는 대체	전압 20만볼트 미만의 변전소 설치 또는 대체
2) 차단기		전압 20만볼트 이상의 차단기 설치 또는 대체
3. 송전선로 　가. 설치공사	전압 20만볼트 이상의 송전선로 설치	(1) 전압 20만볼트 미만으로서 선로 길이 10킬로미터 이상의 송전선로 설치 (2) 전압 20만볼트 미만으로서 선로 길이 1킬로미터 이상의 지중(地中) 송전선로 설치
나. 변경공사 　　1) 전선로	전압 20만볼트 이상으로서 선로 길이 5킬로미터 이상의 송전선로 연장 또는 변경	전압 20만볼트 미만으로서 선로 길이 10킬로미터 이상의 송전선로 연장 또는 변경

2) 개폐소	전압 20만볼트 이상의 개폐소 설치 또는 개조	전압 20만볼트 미만의 개폐소 설치 또는 개조
4. 배전선로(공동구 또는 전력구만 해당한다)		
가. 설치공사(전력케이블 및 부대설비)		전압 1만볼트 이상으로서 선로 길이 0.5킬로미터 이상의 배전선로 설치
나. 변경공사(전력케이블 및 부대설비)		전압 1만볼트 이상으로서 선로 길이 0.5킬로미터 이상의 배전선로 연장 또는 변경

2-2 「전기공사업법 · 시행령 · 시행규칙」

목적[제1조] 이 법은 전기공사업과 전기공사의 시공·기술관리 및 도급에 관한 기본적인 사항을 정함으로써 전기공사업의 건전한 발전을 도모하고 전기공사의 안전하고 적정한 시공을 확보함을 목적으로 한다.

정의[제2조] 1. "전기공사"란 다음 각 목의 어느 하나에 해당하는 설비 등을 설치·유지·보수하는 공사 및 이에 따른 부대공사로서 *대통령령으로 정하는 것*을 말한다.
　가. 「전기사업법」 제2조 제16호에 따른 전기설비
　나. 전력 사용 장소에서 전력을 이용하기 위한 전기계장설비(電氣計裝設備)
　다. 전기에 의한 신호표지
　라. 「신에너지 및 재생에너지 개발·이용·보급 촉진법」 제2조 제3호에 따른 신·재생에너지 설비 중 전기를 생산하는 설비
　마. 「지능형전력망의 구축 및 이용촉진에 관한 법률」 제2조 제2호에 따른 지능형전력망 중 전기설비
　〈시행령〉 상기 1호에서 '대통령령으로 정하는 것'이란 다음 각 호의 공사(저수지, 수로 및 이에 수반되는 구조물의 공사는 제외한다)로 한다.
　　1) 발전·송전·변전 및 배전 설비공사
　　2) 산업시설물, 건축물 및 구조물의 전기설비공사
　　3) 도로, 공항 및 항만의 전기설비공사
　　4) 전기철도 및 철도신호의 전기설비공사
　　5) 제1호부터 제4호까지의 규정에 따른 전기설비공사 외의 전기설비공사
　　6) 제1호부터 제5호까지의 규정에 따른 전기설비 등을 유지·보수하는 공사 및 그 부대공사

2. "공사업(工事業)"이란 도급이나 그 밖에 어떠한 명칭이든 상관없이 전기공사를 업(業)으로 하는 것을 말한다.

3. "공사업자(工事業者)"란 제4조 제1항에 따라 공사업의 등록을 한 자를 말한다.

4. "발주자(發注者)"란 전기공사를 공사업자에게 도급을 주는 자를 말한다. 다만, 수급인으로서 도급받은 전기공사를 하도급 주는 자는 제외한다.

5. "도급(都給)"이란 원도급(原都給), 하도급, 위탁, 그 밖에 어떠한 명칭이든 상관없이 전기공사를 완성할 것을 약정하고, 상대방이 그 일의 결과에 대하여 대가를 지급할 것을 약정하는 계약을 말한다.

6. "하도급(下都給)"이란 도급받은 전기공사의 전부 또는 일부를 수급인이 다른 공사업자와 체결하는 계약을 말한다.

7. "수급인(受給人)"이란 발주자로부터 전기공사를 도급받은 공사업자를 말한다.

8. "하수급인(下受給人)"이란 수급인으로부터 전기공사를 하도급받은 공사업자를 말한다.

9. "전기공사기술자"란 다음 각 목의 어느 하나에 해당하는 사람으로서 제17조의2에 따라 산업통상자원부장관의 인정을 받은 사람을 말한다.

가. 「국가기술자격법」에 따른 전기 분야의 기술자격을 취득한 사람

나. 일정한 학력과 전기 분야에 관한 경력을 가진 사람

10. "전기공사관리"란 전기공사에 관한 기획, 타당성 조사·분석, 설계, 조달, 계약, 시공관리, 감리, 평가, 사후관리 등에 관한 관리를 수행하는 것을 말한다.

11. "시공책임형 전기공사관리"란 전기공사업자가 시공 이전 단계에서 전기공사관리 업무를 수행하고 아울러 시공 단계에서 발주자와 시공 및 전기공사관리에 대한 별도의 계약을 통하여 전기공사의 종합적인 계획·관리 및 조정을 하면서 미리 정한 공사금액과 공사기간 내에서 전기설비를 시공하는 것을 말한다. 다만, 「전력기술관리법」에 따른 설계 및 공사감리는 시공책임형 전기공사관리 계약의 범위에서 제외한다.

전기공사의 제한 등 [제3조] ① 전기공사는 공사업자가 아니면 도급받거나 시공할 수 없다. 다만, **_대통령령으로 정하는 경미한 전기공사_**는 그러하지 아니하다.

〈시행령〉 위에서 "대통령령으로 정하는 경미한 전기공사"

1) 꽂음접속기, 소켓, 로제트, 실링블록, 접속기, 전구류, 나이프스위치, 그 밖에 개폐기의 보수 및 교환에 관한 공사

2) 벨, 인터폰, 장식전구, 그 밖에 이와 비슷한 시설에 사용되는 소형변압기(2차 측 전압 36볼트 이하의 것으로 한정한다)의 설치 및 그 2차 측 공사

3) 전력량계 또는 퓨즈를 부착하거나 떼어내는 공사

4) 「전기용품안전 관리법」에 따른 전기용품 중 꽂음접속기를 이용하여 사용하거나 전기 기계·기구(배선기구는 제외한다. 이하 같다) 단자에 전선(코드, 캡타이어케이블 및 케이블을 포함한다. 이하 같다)을 부착하는 공사

5) 전압이 600볼트 이하이고, 전기시설 용량이 5킬로와트 이하인 단독주택 전기시설의 개선 및 보수 공사. 다만, 전기공사기술자가 하는 경우로 한정한다.

② 다음 각 호의 자는 제1항 본문에도 불구하고 그 수요에 의한 전기공사로서 **_대통령령으_**

*로 정하는 전기공사*를 직접 할 수 있다.

1. 국가
2. 지방자치단체
3. 「전기사업법」 제7조 제1항에 따라 허가를 받은 자

〈**시행령**〉 위에서 "대통령령으로 정하는 전기공사"란 다음 각 호의 공사를 말한다.

1. 전기설비가 멸실되거나 파손된 경우 또는 재해나 그 밖의 비상시에 부득이하게 하는 복구공사
2. 전기설비의 유지에 필요한 긴급보수공사

③ 제2항에 따라 전기공사를 직접 하는 경우에는 제16조, 제17조 (통지는 제외한다), 제22조 및 제27조 제2호 · 제3호 · 제4호 (통지는 제외한다) · 제5호를 준용한다.

공사업의 등록 [제4조] ① 공사업을 하려는 자는 산업통상자원부령으로 정하는 바에 따라 주된 영업소의 소재지를 관할하는 특별시장 · 광역시장 · 도지사 또는 특별자치도지사 (이하 "시 · 도지사"라 한다)에게 등록하여야 한다.

〈**시행령**〉 이때 공사업의 등록 신청이 다음 각 호의 어느 하나에 해당하는 경우를 제외하고는 등록을 해 주어야 한다.

1) 등록기준을 갖추지 아니한 경우
2) 등록을 신청한 자가 법 제5조 각 호의 어느 하나에 해당하는 경우
3) 그 밖에 법, 이 영 또는 다른 법령에 따른 제한에 위반되는 경우

② 제1항에 따른 공사업의 등록을 하려는 자는 대통령령으로 정하는 *기술능력 및 자본금 등*을 갖추어야 한다.

〈**시행령**〉 이때 공사업의 등록을 하려는 자가 갖추어야 할 기술능력, 자본금 및 사무실 등에 관한 기준은 다음 각 호와 같다.

1) 별표 3에 따른 기술능력, 자본금 및 사무실을 갖출 것
2) 산업통상자원부장관이 지정하는 금융기관 또는 「전기공사공제조합법」에 따른 전기공사공제조합이 제1호에 따른 자본금 기준금액의 100분의 25 이상에 해당하는 금액의 담보를 제공받거나 현금의 예치 또는 출자를 받은 사실을 증명하여 발행하는 확인서를 제출할 것

③ 제1항에 따라 공사업을 등록한 자 중 등록한 날부터 5년이 지나지 아니한 자는 제2항에 따른 기술능력 및 자본금 등 (이하 "등록기준"이라 한다)에 관한 사항을 *대통령령으로 정하는 기간*이 지날 때마다 산업통상자원부령으로 정하는 바에 따라 시 · 도지사에게 신고하여야 한다.

〈**시행령**〉 위에서 "대통령령으로 정하는 기간"이란 등록한 날부터 3년을 말한다.

④ 시 · 도지사는 제1항에 따라 공사업의 등록을 받으면 등록증 및 등록수첩을 내주어야 한다.

등록사항의 변경신고 등[제9조] ① 공사업자는 등록사항 중 *대통령령으로 정하는 중요 사항*이 변경된 경우에는 시·도지사에게 그 사실을 신고하여야 한다.

〈시행령〉 위에서 "대통령령으로 정하는 중요 사항"이란 다음 각 호의 사항을 말한다.
   1) 상호 또는 명칭
   2) 영업소의 소재지
   3) 대표자
   4) 자본금(공사업과 관련이 없는 자본금의 변경은 제외한다)
   5) 전기공사기술자

② 공사업자는 공사업을 폐업한 경우에는 시·도지사에게 그 사실을 신고하여야 한다.

공사업 등록증 등의 대여금지 등[제10조] 공사업자는 타인에게 자기의 성명 또는 상호를 사용하게 하여 전기공사를 수급 또는 시공하게 하거나, 등록증 또는 등록수첩을 빌려주어서는 아니 된다.

전기공사 및 시공책임형 전기공사관리의 분리발주[제11조] ① 전기공사는 다른 업종의 공사와 분리발주하여야 한다. 다만, *대통령령으로 정하는 특별한 사유가 있는 경우*에는 그러하지 아니하다.

〈시행령〉 위에서 "대통령령으로 정하는 특별한 사유가 있는 경우"란 다음 각 호의 어느 하나에 해당하는 경우를 말한다.
   1) 공사의 성질상 분리하여 발주할 수 없는 경우
   2) 긴급한 조치가 필요한 공사로서 기술관리상 분리하여 발주할 수 없는 경우
   3) 국방 및 국가안보 등과 관련한 공사로서 기밀 유지를 위하여 분리하여 발주할 수 없는 경우

② 시공책임형 전기공사관리는 「건설산업기본법」에 따른 시공책임형 건설사업관리 등 다른 업종의 공사관리와 분리발주하여야 한다. 다만, 대통령령으로 정하는 특별한 사유가 있는 경우에는 그러하지 아니하다.

전기공사의 도급계약 등[제12조] ① 도급 또는 하도급의 계약당사자는 그 계약을 체결할 때 도급 또는 하도급의 금액, 공사기간, 그 밖에 대통령령으로 정하는 사항을 계약서에 분명히 기재하여야 하며, 서명날인한 계약서를 서로 주고받아 보관하여야 한다.

〈시행령〉 여기서 공사의 도급 또는 하도급 계약서에 분명하게 적어야 하는 사항은 다음 각 호와 같다.
   1) 공사 내용

2) 도급금액과 도급금액 중 노임(勞賃)에 해당하는 금액

3) 공사의 착수 및 완성 시기

4) 도급금액의 우선(優先)지급금이나 기성금 지급을 약정한 경우에는 각각 그 지급의 시기·방법 및 금액

5) 도급계약 당사자 어느 한쪽에서 설계변경, 공사중지 또는 도급계약 해제 요청을 하는 경우 손해부담에 관한 사항

6) 천재지변이나 그 밖의 불가항력으로 인한 면책의 범위에 관한 사항

7) 설계변경, 물가변동 등에 따른 도급금액 또는 공사 내용의 변경에 관한 사항

8) 「하도급거래 공정화에 관한 법률」 제13조의2에 따른 하도급대금 지급보증서 발급에 관한 사항(하도급계약의 경우만 해당한다)

9) 「하도급거래 공정화에 관한 법률」 제14조에 따른 하도급대금의 직접 지급 사유와 그 절차

10) 「산업안전보건법」 제30조에 따른 산업안전보건관리비 지급에 관한 사항

11) 「고용보험 및 산업재해보상보험의 보험료징수 등에 관한 법률」, 「국민연금법」 및 「국민건강보험법」에 따른 보험료 등 해당 공사와 관련하여 관계법령 및 산업통상자원부장관이 정하여 고시하는 기준에 따라 부담하는 비용에 관한 사항

12) 도급목적물의 인도를 위한 검사 및 인도 시기

13) 공사가 완성된 후 도급금액의 지급시기

14) 계약 이행이 지체되는 경우의 위약금 및 지연이자 지급 등 손해배상에 관한 사항

15) 하자보수책임기간 및 하자담보방법

16) 해당 공사에서 발생된 폐기물의 처리방법과 재활용에 관한 사항

17) 그 밖에 다른 법령 또는 계약당사자 양쪽의 합의에 따라 명시되는 사항

② 공사업자는 산업통상자원부령으로 정하는 바에 따라 도급·하도급 및 시공에 관한 사항을 적은 전기공사 도급대장을 비치(備置)하여야 한다.

수급자격의 추가제한 금지[제13조] 국가·지방자치단체 또는 「공공기관의 운영에 관한 법률」 제4조에 따라 공공기관으로 지정된 기관(이하 "공공기관"이라 한다)인 발주자는 이 법 및 다른 법률에 특별한 규정이 있는 경우를 제외하고는 공사업자에 대하여 수급자격에 관한 제한을 하여서는 아니 된다.

하도급의 제한 등[제14조] ① 공사업자는 도급받은 전기공사를 다른 공사업자에게 하도급 주어서는 아니 된다. 다만, 대통령령으로 정하는 경우에는 도급받은 전기공사의 일부를 다른 공사업자에게 하도급 줄 수 있다.

〈시행령〉 여기서 도급받은 전기공사의 일부를 다른 공사업자에게 하도급 줄 수 있는 경우는 다음 각 호 모두에 해당하는 경우로 한다.

1) 도급받은 전기공사 중 공정별로 분리하여 시공하여도 전체 전기공사의 완성에 지장을

　　　주지 아니하는 부분을 하도급하는 경우

　　2) 수급인(受給人)이 법 제17조에 따른 시공관리책임자를 지정하여 하수급인을 지도 · 조정하는 경우

② 하수급인은 하도급받은 전기공사를 다른 공사업자에게 다시 하도급 주어서는 아니된다. 다만, 하도급 받은 전기공사 중에 전기기자재의 설치 부분이 포함되는 경우로서 그 전기기자재를 납품하는 공사업자가 그 전기기자재를 설치하기 위하여 전기공사를 하는 경우에는 하도급 줄 수 있다.

③ 공사업자는 제1항 단서에 따라 전기공사를 하도급 주려면 미리 해당 전기공사의 발주자에게 이를 서면으로 알려야 한다.

④ 하수급인은 제2항 단서에 따라 전기공사를 다시 하도급 주려면 미리 해당 전기공사의 발주자 및 수급인에게 이를 서면으로 알려야 한다.

하수급인의 변경 요구 등[제15조] ① 제14조 제3항 또는 제4항에 따른 통지를 받은 발주자 또는 수급인은 하수급인 또는 다시 하도급받은 공사업자가 해당 전기공사를 하는 것이 부적당하다고 인정되는 경우에는 대통령령으로 정하는 바에 따라 수급인 또는 하수급인에게 그 사유를 명시하여 하수급인 또는 다시 하도급받은 공사업자를 변경할 것을 요구할 수 있다.

〈시행령〉 여기서 발주자 또는 수급인이 하도급받거나 다시 하도급받은 공사업자의 변경을 요구할 때에는 그 사유가 있음을 안 날부터 15일 이내 또는 그 사유가 발생한 날부터 30일 이내에 서면으로 요구하여야 한다.

② 발주자 또는 수급인은 수급인 또는 하수급인이 정당한 사유 없이 제1항에 따른 요구에 따르지 아니하여 전기공사 결과에 중대한 영향을 초래할 우려가 있다고 인정되는 경우에는 그 전기공사의 도급계약 또는 하도급계약을 해지할 수 있다.

전기공사 수급인의 하자담보책임[제15조의2] ① 수급인은 발주자에 대하여 전기공사의 완공일부터 10년의 범위에서 전기공사의 종류별로 대통령령으로 정하는 기간에 해당 전기공사에서 발생하는 하자에 대하여 담보책임이 있다.

② 제1항에도 불구하고 수급인은 다음 각 호의 어느 하나의 사유로 발생하는 하자에 대하여는 담보책임이 없다.

1. 발주자가 제공한 재료의 품질이나 규격 등의 기준미달로 인한 경우
2. 발주자의 지시에 따라 시공한 경우

③ 공사에 관한 하자담보책임에 관하여 다른 법률에 특별한 규정(「민법」 제670조 및 제671조는 제외한다)이 있는 경우에는 그 법률에서 정하는 바에 따른다.

전기공사의 시공관리[제16조] ① 공사업자는 전기공사기술자가 아닌 자에게 전기공사의 시공관리를 맡겨서는 아니 된다.
② 공사업자는 전기공사의 규모별로 대통령령으로 정하는 구분에 따라 전기공사기술자로 하여금 전기공사의 시공관리를 하게 하여야 한다.

시공관리책임자의 지정[제17조] 공사업자는 전기공사를 효율적으로 시공하고 관리하게 하기 위하여 제16조 제2항에 따른 전기공사기술자 중에서 시공관리책임자를 지정하고 이를 그 전기공사의 발주자(공사업자가 하수급인인 경우에는 발주자 및 수급인, 공사업자가 다시 하도급받은 자인 경우에는 발주자ㆍ수급인 및 하수급인을 말한다)에게 알려야 한다.

전기공사기술자의 인정[제17조의2] ① 전기공사기술자로 인정을 받으려는 사람은 산업통상자원부장관에게 신청하여야 한다.
② 산업통상자원부장관은 제1항에 따른 신청인이 제2조 제9호 각 목의 어느 하나에 해당하면 전기공사기술자로 인정하여야 한다.
③ 산업통상자원부장관은 제1항에 따른 신청인을 전기공사기술자로 인정하면 전기공사기술자의 등급 및 경력 등에 관한 증명서(이하 "경력수첩"이라 한다)를 해당 전기공사기술자에게 발급하여야 한다.
④ 제1항에 따른 신청절차와 제2항에 따른 기술자격ㆍ학력ㆍ경력의 기준 및 범위 등은 대통령령으로 정한다.

전기공사기술자의 의무[제18조] 전기공사기술자는 전기공사에 따른 위험 및 장해가 발생하지 아니하도록 이 법, 「전기사업법」 제67조에 따른 기술기준(이하 "기술기준"이라 한다) 및 설계도서(設計圖書)에 적합하게 전기공사를 시공관리하여야 한다.

경력수첩의 대여 금지 등[제18조의2] 전기공사기술자는 타인에게 자기의 성명을 사용하여 공사를 수행하게 하거나 경력수첩을 빌려주어서는 아니 되며, 누구든지 타인의 경력수첩을 빌려서 사용하여서는 아니 된다.

전기공사기술자의 양성교육훈련[제19조] ① 산업통상자원부장관은 전기공사기술자의 원활한 수급과 안전한 시공을 위하여 산업통상자원부장관이 지정하는 교육훈련기관(이하 "*지정교육훈련기관*"이라 한다)이 전기공사기술자의 양성교육훈련을 실시하게 할 수 있다.

〈시행령〉1) 위의 지정교육훈련기관의 지정요건은 다음 각 호와 같다.

　　(1) 최근 3년간 전기공사 기술인력에 대한 교육실적이 있을 것

　　(2) 연면적 200제곱미터 이상의 교육훈련시설이 있을 것

　2) 산업통상자원부장관은 지정교육훈련기관이 다음 각 호의 사람에 대하여 양성교육훈련을 실시하게 하여야 한다.

　　(1) 전기공사기술자로 인정을 받으려는 사람. 다만, 별표4의2에 따른 국가기술자격자의 경우는 제외한다.

　　(2) 등급의 변경을 인정받으려는 전기공사기술자

② 제1항에 따른 교육훈련기관의 지정요건 및 감독과 전기공사기술자 양성교육훈련의 종류・대상 및 내용은 대통령령으로 정한다.

벌칙[제40조] ① 공사업자 또는 제17조에 따라 시공관리책임자로 지정된 사람으로서 제18조 또는 제22조를 위반하여 전기공사를 시공함으로써 착공 후 하자담보책임기간에 ***대통령령으로 정하는 주요 전력시설물의 주요 부분***에 중대한 파손을 일으키게 하여 사람들을 위험하게 한 자는 7년 이하의 징역 또는 7천만 원 이하의 벌금에 처한다.

〈시행령〉위에서 "대통령령으로 정하는 주요 전력시설물의 주요 부분"이란 다음 각 호의 부분을 말한다.

　1) 345킬로볼트 이상의 공중 송전설비 중 철탑 기초부분, 철탑 조립부분 및 공중전선 연결부분

　2) 345킬로볼트 이상의 변전소 개폐기 및 차단기의 연결부분

② 제1항의 죄를 범하여 사람을 상해(傷害)에 이르게 한 경우에는 1년 이상의 유기징역 또는 1천만 원 이상 2억 원 이하의 벌금에 처하며, 사망에 이르게 한 경우에는 3년 이상의 유기징역 또는 3천만 원 이상 5억 원 이하의 벌금에 처한다.

〈시행령〉산업통상자원부장관은 다음 각 호의 사항에 대하여 다음 각 호의 기준일을 기준으로 3년마다 (매 3년이 되는 해의 기준일과 같은 날 전까지를 말한다) 그 타당성을 검토하여 개선 등의 조치를 하여야 한다.

　1) 제6조 및 별표3에 따른 공사업의 등록기준 및 신고 기간 : 2014년 1월 1일

　2) 제8조에 따른 분리발주의 예외 사유 : 2014년 1월 1일

벌칙[제41조] ① 업무상 과실(過失)로 제40조 제1항의 죄를 범한 자는 3년 이하의 금고 또는 3천만원 이하의 벌금에 처한다.

② 업무상 과실로 제40조 제1항의 죄를 범하여 사람을 상해(傷害)에 이르게 한 경우에는 5년 이하의 금고 또는 5천만원 이하의 벌금에 처하며, 사망에 이르게 한 경우에는 7년 이하의 금고 또는 7천만원 이하의 벌금에 처한다.

벌칙[제42조] 다음 각 호의 어느 하나에 해당하는 자는 1년 이하의 징역 또는 1천만원 이하의 벌금에 처한다.

1. 제4조 제1항에 따른 등록을 하지 아니하고 공사업을 한 자
2. 거짓이나 그 밖의 부정한 방법으로 제4조 제1항에 따른 등록을 한 자
3. 제10조에 따른 공사업 등록증 등의 대여금지 등을 위반한 공사업자 및 그 상대방
4. 제14조 제1항 본문 또는 제2항 본문을 위반하여 하도급을 주거나 다시 하도급을 준 자 및 그 상대방
5. 제18조의2를 위반하여 경력수첩을 빌려 준 사람 또는 타인의 경력수첩을 빌려서 사용한 자
6. 제28조 제1항에 따른 영업정지처분기간에 영업을 한 자
7. 제31조 제4항에 따른 신고를 거짓으로 한 자

벌칙[제43조] 다음 각 호의 어느 하나에 해당하는 자는 500만원 이하의 벌금에 처한다.

1. 제4조 제3항에 따른 공사업의 등록기준에 관한 신고를 하지 아니하고 공사업을 한 자
2. 거짓이나 그 밖의 부정한 방법으로 제4조 제3항에 따른 공사업의 등록기준에 관한 신고를 한 자
3. 제7조 제2항에 따른 승계신고를 하지 아니하거나 거짓이나 그 밖의 부정한 방법으로 승계신고를 한 자
4. 제11조 제1항을 위반하여 전기공사를 다른 업종의 공사와 분리발주하지 아니한 자
4의2. 제11조 제2항을 위반하여 시공책임형 전기공사관리를 다른 업종의 공사관리와 분리발주하지 아니한 자
5. 제16조(제3조 제3항에서 준용하는 경우를 포함한다)의 시공관리에 관한 의무를 이행하지 아니한 자
6. 제17조(제3조 제3항에서 준용하는 경우를 포함한다)에 따른 시공관리책임자를 지정하지 아니한 자
7. 제18조를 위반하여 이 법, 기술기준 및 설계도서에 적합하게 시공관리하지 아니한 전기공사기술자
8. 제22조(제3조 제3항에서 준용하는 경우를 포함한다)를 위반하여 이 법, 기술기준 및 설계도서에 적합하게 시공하지 아니한 자
9. 제33조 2항을 위반하여 수수료 외의 금품을 받은 사람
10. 제36조를 위반하여 전기공사에 관하여 알게 된 비밀을 누설한 공사업자
11. 제37조를 위반하여 업무수행 중 알게 된 사실을 누설한 사람

양벌규정[제45조] 법인의 대표자나 법인 또는 개인의 대리인, 사용인, 그 밖의 종업원이

그 법인 또는 개인의 업무에 관하여 제40조부터 제43조까지의 어느 하나에 해당하는 위반행위를 하면 그 행위자를 벌하는 외에 그 법인 또는 개인에게도 해당 조문의 벌금형을 과(科)한다. 다만, 법인 또는 개인이 그 위반행위를 방지하기 위하여 해당 업무에 관하여 상당한 주의와 감독을 게을리하지 아니한 경우에는 그러하지 아니하다.

과태료[제46조] ① 다음 각 호의 어느 하나에 해당하는 자에게는 300만원 이하의 과태료를 부과한다.

1. 제4조 제3항에 따른 공사업의 등록기준에 관한 신고를 산업통상자원부령으로 정하는 기간 내에 하지 아니한 자

2. 제6조 제2항에 따른 통지를 하지 아니한 공사업자 또는 그 승계인

3. 제9조에 따른 신고를 하지 아니하거나 거짓으로 신고한 자

4. 제12조 제1항의 도급계약 체결 시 의무를 이행하지 아니한 자

5. 제12조 제2항에 따른 전기공사 도급대장을 비치하지 아니한 자

6. 제14조 제3항 또는 제4항에 따른 하도급 통지를 하지 아니한 자

7. 제17조에 따른 시공관리책임자의 지정 사실을 알리지 아니한 자

8. 제23조를 위반하여 공사업자임을 표시하거나 공사업자로 오인될 우려가 있는 표시를 한 자

9. 제24조 제1항에 따른 표지를 게시하지 아니한 자 또는 같은 조 제2항에 따른 표지판을 붙이지 아니하거나 설치하지 아니한 자

10. 제29조의2 제1항 제2호에 따른 조사 또는 검사를 거부·방해 또는 기피하거나, 거짓으로 보고를 한 자

② 제29조의2 제1항 제1호에 따른 보고를 하지 아니한 자에게는 100만원 이하의 과태료를 부과한다.

③ 제1항 및 제2항에 따른 과태료는 대통령령으로 정하는 바에 따라 산업통상자원부장관 또는 시·도지사가 부과·징수한다.〈개정 2013.3.23.〉

◎ **시행규칙** 등록신청 등(제3조)

① 「전기공사업법」(이하 "법"이라 한다) 제4조 제1항에 따라 전기공사업을 등록하려는 자는 별지 제8호 서식의 전기공사업 등록신청서(전자문서로 된 신청서를 포함한다)에 다음 각 호의 서류(전자문서를 포함한다)를 첨부하여 「전기공사업법 시행령」(이하 "영"이라 한다) 제15조 제2항에 따라 산업통상자원부장관이 지정하여 고시하는 공사업자단체(이하 "지정공사업자단체"라 한다)에 제출하여야 한다.

1. 신청인(외국인을 포함하되, 법인의 경우에는 대표자를 포함한 임원을 말한다)의 성명, 주민등록번호 및 주소지 등의 인적사항이 적힌 서류

2. 기업진단보고서

3. 영 제6조 제1항 제2호에 따른 확인서

4. 법 제2조 제9호에 따른 전기공사기술자(이하 "전기공사기술자"라 한다)의 명단과 해당 전기공사기술자의 경력수첩 사본

5. 사무실 사용 관련 서류 : 임대차계약서 사본(임대차인 경우만 해당한다)

6. 외국인이 전기공사업의 등록을 신청하는 경우에는 해당 국가에서 신청인(법인의 경우에는 대표자를 말한다)이 법 제5조 각 호의 결격사유와 같거나 비슷한 사유에 해당되지 아니함을 확인한 확인서

② 제1항에 따라 등록신청을 받은 지정공사업자단체는 「전자정부법」 제36조 제1항에 따른 행정정보의 공동이용을 통하여 다음 각 호의 서류를 확인하여야 한다. 다만, 제1호의 서류는 신청인이 확인에 동의하지 아니하는 경우에는 이를 제출하도록 하여야 한다.

1. 「출입국관리법」 제33조에 따른 외국인등록증(외국인인 경우만 해당하되, 법인의 경우에는 대표자를 포함한 임원을 말한다. 이하 "외국인등록증"이라 한다)

2. 법인 등기사항증명서(법인인 경우만 해당한다)

3. 사무실 사용 관련 서류

　가. 자기 소유인 경우 : 건물등기부 등본 또는 건축물대장

　나. 전세권이 설정된 경우 : 전세권이 설정되어있는 사실이 표기(表記)된 건물등기부 등본

　다. 임대차인 경우 : 건물등기부 등본 또는 건축물대장

③ 제1항 각 호의 서류는 등록신청서 제출일 전 30일 이내에 작성되거나 발행된 것이어야 한다.

④ 제1항 제2호에 따른 기업진단보고서(이하 "기업진단보고서"라 한다)는 산업통상자원부장관이 고시하는 바에 따라 작성된 것이어야 한다.

◎ **시행령 공사업의 등록기준**(제6조 제1항 관련) [별표3]

항 목	공사업의 등록기준
기술능력	• 별표4의2에 따른 전기공사기술자 3명 이상(2000년 12월 31일까지는 3명 중 1명 이상은 전기공사산업기사 이상의 국가기술자격자, 1명 이상은 전기공사기능사 이상의 국가기술자격자가 포함되어야 하고, 2001년 1월 1일 이후에는 3명 중 1명 이상은 전기공사산업기사 이상의 국가기술자격자가 포함돼야 한다)
자본금	• 2억 원 이상
사무실	• 공사업 운영을 위한 공부상 면적이 25제곱미터 이상인 사무실 확보

※ 비고

1. 기술능력

위 표 중 전기공사기술자는 별표4의2에 따른 전기공사기술자를 말하며, 상근의 임원 또는 직원 신분으로 소속돼있어야 한다. 다만, 외국인인 경우에는 「출입국관리법 시행령」 별표1 제16호부터 제18호까지의 규정에 따른 주재, 기업투자 또는 무역경영의 체류자격에 적합해야 한다.

2. 자본금

  가. 자본금은 공사업을 위한 실질자본금으로서 공사업 외의 자본금은 제외하고, 주식회사 외의 법인의 경우 "자본금"은 "출자금"으로 한다.

  나. 법인의 경우 납입자본금과 실질자본금이 각각 등록기준의 자본금 이상이어야 한다. 다만, 외국법인(외국의 법령에 따라 설립된 법인 또는 외국법인이 자본금의 100분의 50 이상을 출자했거나, 임원 수의 2분의 1 이상이 외국인인 법인을 말한다)이 지사를 설치하여 공사업을 신청하는 경우의 자본금은 국내지사 설립자본금(주된 영업소의 자본금을 말한다)을 기준으로 한다.

◎ **시행령** 전기공사기술자의 시공관리 구분 (제12조 관련) [별표4]

전기공사기술자의 구분	전기공사의 규모별 시공관리 구분
1. 별표4의2에 따른 특급 전기공사기술자 또는 고급 전기공사기술자	• 별표 1에 따른 모든 전기공사
2. 별표4의2에 따른 중급 전기공사기술자	• 별표 1에 따른 전기공사 중 사용전압이 100,000볼트 이하인 전기공사
3. 별표4의2에 따른 초급 전기공사기술자	• 별표 1에 따른 전기공사 중 사용전압이 1,000볼트 이하인 전기공사

◎ **시행령** 양성교육훈련의 교육실시기준 (제12조의4 제2항 관련) [별표4의3]

대상자	교육 시간	교육 내용
별표4의2에 따른 전기공사기술자로 인정을 받으려는 사람 및 등급의 변경을 인정받으려는 전기공사기술자	20시간	기술능력의 향상

◎ 시행규칙 표준전압·표준주파수 및 허용오차(제18조 관련) [별표3]

1. 표준전압 및 허용오차

표준전압	허용오차
110볼트	110볼트의 상하로 6볼트 이내
220볼트	220볼트의 상하로 13볼트 이내
380볼트	380볼트의 상하로 38볼트 이내

2. 표준주파수 및 허용오차

표준주파수	허용오차
60헤르츠	60헤르츠 상하로 0.2헤르츠 이내

3. 비고

제1호 및 제2호 외의 구체적인 품질유지 항목 및 그 세부기준은 산업통상자원부장관이 정하여 고시한다.

2-3 전기설비기술기준

목적[제1조] 이 고시는「전기사업법」제67조 및 같은 법 시행령 제43조에 따라 발전·송전·변전·배전 또는 전기사용을 위하여 시설하는 기계·기구·댐·수로·저수지·전선로·보안통신선로 그 밖의 시설물의 안전에 필요한 성능과 기술적 요건을 규정함을 목적으로 한다.

안전 원칙[제2조] ① 전기설비는 감전, 화재, 그 밖에 사람에게 위해(危害)를 주거나 물건에 손상을 줄 우려가 없도록 시설하여야 한다.
② 전기설비는 사용목적에 적절하고 안전하게 작동하여야 하며, 그 손상으로 인하여 전기 공급에 지장을 주지 않도록 시설하여야 한다.
③ 전기설비는 다른 전기설비, 그 밖의 물건의 기능에 전기적 또는 자기적인 장해를 주지 않도록 시설하여야 한다.

정의[제3조] ① 이 고시에서 사용하는 용어의 정의는 다음 각 호와 같다.

1. "발전소"란 발전기·원동기·연료전지·태양전지·해양에너지 그 밖의 기계기구[비상용(非常用) 예비전원을 얻을 목적으로 시설하는 것 및 휴대용 발전기를 제외한다]를 시설하여 전기를 발생시키는 곳을 말한다.

2. "변전소"란 변전소의 밖으로부터 전송받은 전기를 변전소 안에 시설한 변압기·전동발전기·회전변류기·정류기 그 밖의 기계기구에 의하여 변성하는 곳으로서 변성한 전기를 다시 변전소 밖으로 전송하는 곳을 말한다.

3. "개폐소"란 개폐소 안에 시설한 개폐기 및 기타 장치에 의하여 전로를 개폐하는 곳으로서 발전소·변전소 및 수용장소 이외의 곳을 말한다.

4. "급전소"란 전력계통의 운용에 관한 지시 및 급전조작을 하는 곳을 말한다.

5. "전선"이란 강전류 전기의 전송에 사용하는 전기 도체, 절연물로 피복한 전기 도체 또는 절연물로 피복한 전기 도체를 다시 보호 피복한 전기 도체를 말한다.

6. "전로"란 통상의 사용 상태에서 전기가 통하고 있는 곳을 말한다.

7. "전선로"란 발전소·변전소·개폐소, 이에 준하는 곳, 전기사용장소 상호 간의 전선(전차선을 제외한다) 및 이를 지지하거나 수용하는 시설물을 말한다.

8. "전기기계기구"란 전로를 구성하는 기계기구를 말한다.

9. "연접 인입선"이란 한 수용장소의 인입선에서 분기하여 지지물을 거치지 아니하고 다른 수용 장소의 인입구에 이르는 부분의 전선을 말한다. 여기에서 "인입선"이란 가공인입선[가공전선로의 지지물로부터 다른 지지물을 거치지 아니하고 수용장소의 붙임점에 이르는 가공전선(가공전선로의 전선을 말한다. 이하 같다)을 말한다] 및 수용장소의 조영물(토지에 정착한 시설물 중 지붕 및 기둥 또는 벽이 있는 시설물을 말한다. 이하 같다)의 옆면 등에 시설하는 전선으로서 그 수용장소의 인입구에 이르는 부분의 전선을 말한다.

10. "전차선"이란 전차의 집전장치와 접촉하여 동력을 공급하기 위한 전선을 말한다.

11. "전차선로"란 전차선 및 이를 지지하는 시설물을 말한다.

12. "배선"이란 전기사용 장소에 시설하는 전선(전기기계기구 내의 전선 및 전선로의 전선을 제외한다)을 말한다.

13. "약전류전선"이란 약전류 전기의 전송에 사용하는 전기 도체, 절연물로 피복한 전기 도체 또는 절연물로 피복한 전기 도체를 다시 보호 피복한 전기 도체를 말한다.

14. "약전류전선로"란 약전류전선 및 이를 지지하거나 수용하는 시설물(조영물의 옥내 또는 옥측에 시설하는 것을 제외한다)을 말한다.

15. "광섬유케이블"이란 광신호의 전송에 사용하는 보호 피복으로 보호한 전송매체를 말한다.

16. "광섬유케이블선로"란 광섬유케이블 및 이를 지지하거나 수용하는 시설물(조영물의 옥내 또는 옥측에 시설하는 것을 제외한다)을 말한다.

17. "지지물"이란 목주·철주·철근 콘크리트주 및 철탑과 이와 유사한 시설물로서 전선·약전류전선 또는 광섬유케이블을 지지하는 것을 주된 목적으로 하는 것을 말한다.

18. "조상설비"란 무효전력을 조정하는 전기기계기구를 말한다.

19. "전력보안 통신설비"란 전력의 수급에 필요한 급전·운전·보수 등의 업무에 사용되는 전화 및 원격지에 있는 설비의 감시·제어·계측·계통보호를 위해 전기적·광학적으로 신호를 송·수신하는 제 장치·전송로 설비 및 전원 설비 등을 말한다.

20. "전기철도"란 전기를 공급받아 열차를 운행하여 여객이나 화물을 운송하는 철도를 말한다.

21. 극저주파 전자계(Extremely Low Frequency Electric and Magnetic Fields ; ELF EMF)라 함은 0 Hz를 제외한 300 Hz 이하의 전계와 자계를 말한다.

22. "수로"란 취수설비, 침사지, 도수로, 헤드탱크, 서지탱크, 수압관로 및 방수로를 말한다.

23. "설계홍수위(Flood Water Level ; FWL)"란 설계홍수량이 저수지로 유입될 경우에 여수로 방류량과 저수지 내의 저류효과를 고려하여 상승할 수 있는 가장 높은 수위를 말한다. 일반적으로 설계홍수량은 빈도별 홍수유량을 기준으로 산정한다.

24. "최고수위(Maximum Water Level ; MWL)"란 가능최대홍수량이 저수지로 유입될 경우에 여수로 방류량과 저수지 내의 저류효과를 고려하여 상승할 수 있는 가장 높은 수위를 말한다. 최고수위는 설계홍수위와 같거나, 빈도홍수를 설계홍수량으로 채택한 댐의 경우는 설계홍수위보다 높다.

25. "가능최대홍수량(Probable Maximum Flood ; PMF)"이란 가능최대강수량(Probable Maximum Precipitation ; PMP)으로 인한 홍수량을 말하며, 유역에서의 가능최대강수량이란 주어진 지속시간 동안 어느 특정 위치에 주어진 유역면적에 대하여 연중 어느 지정된 기간에 물리적으로 발생할 수 있는 이론적 최대 강수량을 말한다.

26. "탈황, 탈질설비"란 연소 시 발생하는 배연가스 중 황화합물과 질소화합물의 농도를 저감하는 설비로서 보일러, 압력용기 및 배관의 부속설비에 포함한다.

27. "해양에너지발전설비"란 조력, 조류, 파력 등으로 해수를 이용해 전력을 생산하는 설비를 말한다.

② 전압을 구분하는 저압, 고압 및 특고압은 다음 각 호의 것을 말한다.

1. 저압 : 직류는 750 V 이하, 교류는 600 V 이하인 것

2. 고압 : 직류는 750 V를, 교류는 600 V를 초과하고, 7 kV 이하인 것

3. 특고압 : 7 kV를 초과하는 것

③ 특고압의 다선식 전로(중성선을 가지는 것에 한한다)의 중성선과 다른 1선을 전기적으로 접속하여 시설하는 전기설비의 사용전압 또는 최대 사용전압은 그 다선식 전로의 사용전압 또는 최대 사용전압을 말한다.

적합성 판단 [제4조] 이 고시에서 규정하는 안전에 필요한 성능과 기술적 요건은 다음 각
호의 기준을 충족할 경우 이 고시에 적합한 것으로 판단한다.
  1. 대한전기협회에 설치된 한국전기기술기준위원회(이하 이 조에서 "기준위원회"라 한
    다)에서 채택하여 산업통상자원부장관의 승인을 받은 "전기설비기술기준의 판단기준"
  2. 기준위원회에서 이 고시의 제정 취지로 보아 안전 확보에 필요한 충분한 기술적 근
    거가 있다고 인정되어 산업통상자원부장관의 승인을 받은 경우

전로의 절연 [제5조] ① 전로는 다음 각 호의 경우 이외에는 대지로부터 절연시켜야 하며,
  그 절연성능은 제27조 제3항 및 제52조에 따른 절연저항 외에도 사고 시에 예상되는
  이상전압을 고려하여 절연파괴에 의한 위험의 우려가 없는 것이어야 한다.
  1. 구조상 부득이한 경우로서 통상 예견되는 사용형태로 보아 위험이 없는 경우
  2. 혼촉에 의한 고전압의 침입 등의 이상이 발생하였을 때 위험을 방지하기 위한 접지
    접속점 그 밖의 안전에 필요한 조치를 하는 경우
  ② 변성기 안의 권선과 그 변성기 안의 다른 권선 사이의 절연성능은 사고 시에 예상되
  는 이상전압을 고려하여 절연파괴에 의한 위험의 우려가 없는 것이어야 한다.

전기설비의 접지[제6조] ① 전기설비(제3장 발전용 화력설비, 제4장 발전용 수력설비 및
  제6장 발전용 풍력설비에 의한 전기설비를 제외한다. 이하 이 장에서 같다)의 필요한
  곳에는 이상 시 전위 상승, 고전압의 침입 등에 의한 감전, 화재, 그 밖에 사람에게
  위해를 주거나 물건에 손상을 줄 우려가 없도록 접지를 하고 그 밖에 적절한 조치를
  하여야 한다. 다만, 전로에 관계되는 부분에 대해서는 제5조 제1항의 규정에서 정하
  는 바에 따라 이를 시행하여야 한다.
  ② 전기설비를 접지하는 경우에는 전류가 안전하고 확실하게 대지로 흐를 수 있도록
  하여야 한다.

전기설비의 피뢰[제6조의2] 뇌방전으로 인한 과전압으로부터 전기설비의 손상, 감전 또는
  화재의 우려가 없도록 피뢰설비를 시설하고 그 밖에 적절한 조치를 하여야 한다.

전선 등의 단선 방지[제7조] 전선, 지선(支線), 가공지선(架空地線), 약전류전선 등(약전
  류전선 및 광섬유 케이블을 말한다. 이하 같다) 그 밖에 전기설비의 안전을 위하여 시
  설하는 선은 통상 사용상태에서 단선의 우려가 없도록 시설하여야 한다.

전선의 접속 [제8조] 전선은 접속부분에서 전기저항이 증가되지 않도록 접속하고 절연성능의 저하(나전선을 제외한다) 및 통상 사용상태에서 단선의 우려가 없도록 하여야 한다.

전기기계기구의 열적강도 [제9조] 전로에 시설하는 전기기계기구는 통상 사용상태에서 그 전기기계기구에 발생하는 열에 견디는 것이어야 한다.

고압 또는 특고압 전기기계기구의 시설[제10조] ① 고압 또는 특고압의 전기기계기구는 취급자 이외의 사람이 쉽게 접촉할 우려가 없도록 시설하여야 한다. 다만, 접촉에 의한 위험의 우려가 없는 경우에는 그러하지 아니하다.
② 고압 또는 특고압의 개폐기·차단기·피뢰기 그 밖에 이와 유사한 기구로서 동작할 때에 아크가 생기는 것은 화재의 우려가 없도록 목제(木製)의 벽 또는 천장, 기타 가연성 구조물 등으로부터 이격하여 시설하여야 한다. 다만, 내화성 재료 등으로 양자 사이를 격리한 경우에는 그러하지 아니하다.

특고압을 직접 저압으로 변성하는 변압기의 시설[제11조] 특고압을 직접 저압으로 변성하는 변압기는 다음 각 호 어느 하나에 해당하는 경우에 시설할 수 있다.
1. 발전소 등 공중(公衆)이 출입하지 않는 장소에 시설하는 경우
2. 혼촉 방지 조치가 되어있는 등 위험의 우려가 없는 경우
3. 특고압 측의 권선과 저압 측의 권선이 혼촉하였을 경우 자동적으로 전로가 차단되는 장치의 시설 그 밖의 적절한 안전조치가 되어있는 경우

특고압전로 등과 결합하는 변압기 등의 시설[제12조] ① 고압 또는 특고압을 저압으로 변성하는 변압기의 저압 측 전로에는 고압 또는 특고압의 침입에 의한 저압 측 전기설비의 손상, 감전 또는 화재의 우려가 없도록 그 변압기의 적절한 곳에 접지를 시설하여야 한다. 다만, 시설방법 또는 구조상 부득이한 경우로서 변압기에서 떨어진 곳에 접지를 시설하고 그 밖에 적절한 조치를 취함으로써 저압 측 전기설비의 손상, 감전 또는 화재의 우려가 없는 경우에는 그러하지 아니하다.
② 특고압을 고압으로 변성하는 변압기의 고압 측 전로에는 특고압의 침입에 의한 고압 측 전기설비의 손상, 감전 또는 화재의 우려가 없도록 접지를 시설한 방전장치를 시설하고 그 밖에 적절한 조치를 하여야 한다.

발전소 등의 시설[제21조] ① 고압 또는 특고압의 전기기계기구·모선 등을 시설하는 발전소·변전소·개폐소 또는 이에 준하는 곳에는 위험표시를 하고 취급자 이외의 사람이 쉽게 구내에 출입할 우려가 없도록 적절한 조치를 하여야 한다.

② 발전소·변전소·개폐소 또는 이에 준하는 곳에 시설하는 배전반에 고압용 또는 특고압용의 기구 또는 전선을 시설하는 경우에는 취급자에게 위험이 없도록 방호에 필요한 공간을 확보하여야 한다.

③ 발전소·변전소·개폐소 또는 이에 준하는 곳에는 감시 및 조작을 안전하고 확실하게 하기 위하여 필요한 조명 설비를 하여야 한다.

④ 고압 또는 특고압의 전기기계기구·모선 등을 시설하는 발전소·변전소·개폐소 또는 이에 준하는 곳은 침수의 우려가 없도록 방호장치 등 적절한 시설이 갖추어진 곳이어야 한다.

⑤ 고압 또는 특고압의 전기기계기구·모선 등을 시설하는 발전소·변전소·개폐소 또는 이에 준하는 곳에 시설하는 전기설비는 자중, 적재하중, 적설 또는 풍압 및 지진 그 밖의 진동과 충격에 대하여 안전한 구조이어야 한다.

발전소 등의 부지 시설조건[제21조의2] 전기설비의 부지(敷地)의 안정성 확보 및 설비 보호를 위하여 발전소·변전소·개폐소를 산지에 시설할 경우에는 풍수해, 산사태, 낙석 등으로부터 안전을 확보할 수 있도록 다음 각 호에 따라 시설하여야 한다.

1. 부지조성을 위해 산지를 전용할 경우에는 전용하고자 하는 산지의 평균 경사도가 25도 이하여야 하며, 산지전용면적 중 산지전용으로 발생되는 절·성토 경사면의 면적이 100분의 50을 초과해서는 아니 된다.
2. 산지전용 후 발생하는 절·성토면의 수직높이는 15 m 이하로 한다. 다만, 345 kV급 이상 변전소 또는 전기사업용전기설비인 발전소로서 불가피하게 절·성토면 수직높이가 15 m 초과되는 장대비탈면이 발생할 경우에는 절·성토면의 안정성에 대한 전문용역기관(토질 및 기초와 구조분야 전문기술사를 보유한 엔지니어링 활동주체로 등록된 업체)의 검토 결과에 따라 용수, 배수, 법면보호 및 낙석방지 등 안전대책을 수립한 후 시행하여야 한다.
3. 산지전용 후 발생하는 절토면 최하단부에서 발전 및 변전설비까지의 최소이격거리는 보안울타리, 외곽도로, 수림대 등을 포함하여 6 m 이상이 되어야 한다. 다만, 옥내변전소와 옹벽, 낙석방지망 등 안전대책을 수립한 시설의 경우에는 예외로 한다.

전선로의 전선 및 절연성능[제27조] ① 저압 가공전선(중성선 다중접지식에서 중성선으로 사용하는 전선을 제외한다) 또는 고압 가공전선은 감전의 우려가 없도록 사용전압에 따른 절연성능을 갖는 절연전선 또는 케이블을 사용하여야 한다. 다만 해협 횡단·하천 횡단·산악지 등 통상 예견되는 사용 형태로 보아 감전의 우려가 없는 경우에는 그러하지 아니하다.

② 지중전선 (지중전선로의 전선을 말한다. 이하 같다)은 감전의 우려가 없도록 사용전압에 따른 절연성능을 갖는 케이블을 사용하여야 한다.

③ 저압전선로 중 절연 부분의 전선과 대지 사이 및 전선의 심선 상호 간의 절연저항은 사용전압에 대한 누설전류가 최대 공급전류의 1/2,000을 넘지 않도록 하여야 한다.

가공전선로 지지물의 승탑 및 승주 방지[제28조] 가공전선로의 지지물에는 감전 예방을 위해 취급자 이외의 사람이 쉽게 올라갈 수 없도록 적절한 조치를 하여야 한다.

가공전선 등의 높이[제29조] ① 가공전선, 가공전력보안통신선 및 가공전차선은 접촉 또는 유도 작용에 의한 감전의 우려가 없고 교통에 지장을 줄 우려가 없는 높이에 시설하여야 한다.

② 지선은 교통에 지장을 줄 우려가 없는 높이에 시설하여야 한다.

가공전선 및 지지물의 시설[제30조] ① 가공전선로의 지지물은 기 설치된 가공전선로의 전선, 가공약전류전선로의 약전류전선 또는 가공광섬유케이블선로의 광섬유케이블 사이를 관통하여 시설하여서는 아니 된다. 다만, 기 설치자의 승낙을 받은 경우에는 그러하지 아니하다.

② 가공전선은 기 설치된 가공전선로, 전차선로, 가공약전류전선로 또는 가공광섬유케이블선로의 지지물을 사이에 두고 시설하여서는 아니 된다. 다만, 동일 지지물에 시설하는 경우 또는 기 설치자의 승낙을 받은 경우에는 그러하지 아니하다.

전선의 혼촉 방지[제31조] 전선로의 전선, 전력보안 통신선 또는 전차선 등은 다른 전선이나 약전류전선 등과 접근하거나 교차하는 경우 또는 동일 지지물에 시설하는 경우에는 다른 전선 또는 약전류전선 등을 손상시킬 우려가 없고 접촉, 단선 등에 의해 생기는 혼촉에 의한 감전 또는 화재의 우려가 없도록 시설하여야 한다.

시가지 등에서 특고압 가공전선로의 시설[제35조] 특고압 가공전선로는 단선 또는 도괴에 의해 그 지역에 위험의 우려가 없도록 시설하고 그 지역으로부터의 화재에 의한 전선로의 손상에 의하여 전기사업에 관련된 전기의 원활한 공급에 지장을 줄 우려가 없도록 시설하며 동시에 기타 절연성, 전선의 강도 등에 관한 충분한 안전조치를 하는 경우에 시가지, 그 밖의 인가밀집 지역에 시설할 수 있다.

특고압 가공전선과 건조물 등의 접근 또는 교차 [제36조] ① 사용전압이 400 kV 이상의 특고압 가공전선과 건조물 사이의 수평거리는 그 건조물의 화재로 인한 그 전선의 손상 등에 의하여 전기사업에 관련된 전기의 원활한 공급에 지장을 줄 우려가 없도록 3 m 이상 이격하여야 한다. 다만, 다음 각 호의 조건을 모두 충족하는 경우에는 예외로 한다.

1. 가공전선과 건조물 상부와의 수직거리가 28 m 이상일 것
2. 사람이 거주하는 주택이 아닌 건조물로서 그 지붕이 불연성의 재료일 것
3. 폭연성 분진, 가연성 가스, 인화성물질, 석유류, 화약류 등 위험물질을 다루는 건조물이 아닐 것
4. 건조물 상부 기준으로 제17조 제1항의 규정에 따른 전계 및 자계 허용기준 이하일 것
5. 특고압 가공전선은 제7조 및 제33조의 규정에 따라 전선의 단선 및 지지물 도괴의 우려가 없도록 시설할 것

② 사용전압이 170 kV 초과의 특고압 가공전선이 건조물, 도로, 보도교, 그 밖의 시설물의 아래쪽에 시설될 때의 상호 간의 수평이격 거리는 그 시설물의 도괴 등에 의한 그 전선의 손상에 의하여 전기사업에 관련된 전기의 원활한 공급에 지장을 줄 우려가 없도록 3 m 이상 이격하여야 한다.

저압전로의 절연성능 [제52조] 전기사용 장소의 사용전압이 저압인 전로의 전선 상호 간 및 전로와 대지 사이의 절연저항은 개폐기 또는 과전류 차단기로 구분할 수 있는 전로마다 다음 표에서 정한 값 이상이어야 한다. 다만, 전동기 등 기계기구를 쉽게 분리하기 곤란한 분기회로의 경우 전로의 전선 상호 간의 절연저항에 대해서는 기기 접속 전에 측정한다.

전로의 사용전압 구분		절연저항
400 V 미만	대지전압 (접지식 전로는 전선과 대지 사이의 전압, 비접지식 전로는 전선 간의 전압을 말한다. 이하 같다)이 150 V 이하인 경우	0.1 MΩ
	대지전압이 150 V 초과 300 V 이하인 경우	0.2 MΩ
	사용전압이 300 V 초과 400 V 미만인 경우	0.3 MΩ
400 V 이상		0.4 MΩ

댐의 종류 [제129조] 댐의 종류는 다음 각 호와 같다.

1. 콘크리트 중력댐
2. 아치댐
3. 필댐

본체에 작용하는 하중 [제130조] ① 댐의 본체에 작용하는 하중은 다음 표와 같다.

댐의 종류	콘크리트 중력댐	아치댐	필댐
하중	자중, 정수압, 동수압, 퇴사압, 지진력, 양압력, 풍하중 및 온도하중	자중, 정수압, 동수압, 퇴사압, 지진력, 양압력 및 온도하중	자중, 정수압, 지진력 및 간극수압

② 제1항에 따른 하중에 대하여 극한지에서 대안거리가 짧아 큰 빙압이 가하여질 염려가 있을 경우에는 상시만수위인 경우의 하중에 빙압을 가산하여야 한다.

수압관로 [제157조] ① 수압관로는 다음 각 호에 따라 시설하여야 한다.
1. 다음 표의 하중에 의한 응력은 사용하는 재료의 허용응력을 초과하지 않을 것

수압관로의 형식	노출식	암반매설식	토중매설식
하중	정수압, 수격압 및 서징에 의한 상승수압의 합성최대수압, 관의 자중, 온도하중, 외압, 관내 물의 중량, 설하중, 지진력, 풍하중 및 관내의 유수에 의한 힘	정수압, 수격압 및 서징에 의한 상승수압의 합성최대수압, 온도하중 및 외압	정수압, 수격압 및 서징에 의한 상승수압의 합성최대수압, 토압, 재하중, 온도하중, 외압, 관내 물의 중량 및 설하중

2. 관 본체는 진동, 좌굴 및 부식에 대해 안전할 것
3. 헤드탱크 또는 서지탱크 (이들이 없는 경우는 취수설비)의 수위가 최저의 경우 최저 동수경사선 이하로 위치할 것
4. 위험한 누수가 없을 것
5. 앵커 블록은 다음에 따를 것
   가. 수압관로 본체를 확실히 고정할 것
   나. 앵커 블록은 자중, 관 본체와 그 부속설비 및 관내 물의 중량, 관내 유수에 의한 힘, 점축관에 작용하는 수압에 의한 힘, 지진력, 재하중, 설하중, 풍하중 및 온도하중에 대하여 안정되고 또한 구조상 안전할 것
6. 받침대는 다음에 따를 것
   가. 받침대는 자중, 관 본체와 그 부속설비 및 관내 물의 중량, 지진력, 재하중, 설하중 및 풍하중에 대하여 안정되고 또한 구조상 안전할 것
   나. 받침대의 받침부는 관 본체가 신축할 때에 관 본체가 안전하고 또한 원활하게 이동

　　될 수 있는 구조일 것

② 해수를 사용하는 경우에는 내식성 재료를 사용하여야 한다.

전기설비기술기준의 판단기준 (전기설비)

목적[제1조] 이 판단기준은 전기설비기술기준 (이하 "기술기준"이라 한다) 제1장 및 제2장에서 정하는 전기공급설비 및 전기사용설비의 안전성능에 대한 구체적인 기술적 사항을 정하는 것을 목적으로 한다.

정의[제2조] 1. "가공인입선"이란 가공전선로의 지지물로부터 다른 지지물을 거치지 아니하고 수용장소의 붙임점에 이르는 가공전선을 말한다.

2. "전기철도용 급전선"이란 전기철도용 변전소로부터 다른 전기철도용 변전소 또는 전차선에 이르는 전선을 말한다.

3. "전기철도용 급전선로"란 전기철도용 급전선 및 이를 지지하거나 수용하는 시설물을 말한다.

4. "옥내배선"이란 옥내의 전기사용장소에 고정시켜 시설하는 전선 [전기기계기구 안의 배선, 관등회로(管燈回路)의 배선, 엑스선관 회로의 배선, 제151조에 규정하는 전선로의 전선, 제206조 제1항, 제211조 제1항 또는 제232조 제1항 제2호에 규정하는 접촉전선, 제244조 제1항에 규정하는 소세력회로(小勢力回路) 및 제245조에 규정하는 출퇴표시등회로(出退表示燈回路)의 전선을 제외한다]을 말한다.

5. "옥측배선"이란 옥외의 전기사용장소에서 그 전기사용장소에서의 전기사용을 목적으로 조영물에 고정시켜 시설하는 전선 (전기기계기구 안의 배선, 관등회로의 배선, 제206조 제1항 또는 제211조 제1항에 규정하는 접촉 전선, 제244조 제1항에 규정하는 소세력회로 및 제245조에 규정하는 출퇴표시등회로의 전선을 제외한다)을 말한다.

6. "옥외배선"이란 옥외의 전기사용장소에서 그 전기사용장소에서의 전기사용을 목적으로 고정시켜 시설하는 전선 (옥측배선, 전기기계기구 안의 배선, 관등회로의 배선, 제206조 제1항, 제211조 제1항 또는 제232조 제1항 제2호에 규정하는 접촉전선, 제244조 제1항에 규정하는 소세력회로 및 제245조에 규정하는 출퇴표시등회로의 전선을 제외한다)을 말한다.

7. "관등회로"란 방전등용 안정기(방전등용 변압기를 포함한다. 이하 같다)로부터 방전관까지의 전로를 말한다.

8. "지중 관로"란 지중 전선로・지중 약전류전선로・지중 광섬유케이블 선로・지중에

시설하는 수관 및 가스관과 이와 유사한 것 및 이들에 부속하는 지중함 등을 말한다.

9. "제1차 접근상태"란 가공전선이 다른 시설물과 접근(병행하는 경우를 포함하며 교차하는 경우 및 동일 지지물에 시설하는 경우를 제외한다. 이하 같다)하는 경우에 가공전선이 다른 시설물의 위쪽 또는 옆쪽에서 수평거리로 가공전선로의 지지물의 지표상의 높이에 상당하는 거리 안에 시설(수평 거리로 3 m 미만인 곳에 시설되는 것을 제외한다)됨으로써 가공전선로의 전선의 절단, 지지물의 도괴 등의 경우에 그 전선이 다른 시설물에 접촉할 우려가 있는 상태를 말한다.

10. "제2차 접근상태"란 가공전선이 다른 시설물과 접근하는 경우에 그 가공전선이 다른 시설물의 위쪽 또는 옆쪽에서 수평 거리로 3 m 미만인 곳에 시설되는 상태를 말한다.

11. "접근상태"란 제1차 접근상태 및 제2차 접근상태를 말한다.

12. "이격거리"란 떨어져야 할 물체의 표면 간의 최단거리를 말한다.

13. "가섭선(架涉線)"이란 지지물에 가설되는 모든 선류를 말한다.

14. "분산형 전원"이란 중앙급전 전원과 구분되는 것으로서 전력소비지역 부근에 분산하여 배치 가능한 전원(상용전원의 정전 시에만 사용하는 비상용 예비전원을 제외한다)을 말하며, 신·재생에너지 발전설비 등을 포함한다.

15. "계통연계"란 분산형 전원을 송전사업자나 배전사업자의 전력계통에 접속하는 것을 말한다.

16. "단독운전"이란 전력계통의 일부가 전력계통의 전원과 전기적으로 분리된 상태에서 분산형 전원에 의해서만 가압되는 상태를 말한다.

17. "인버터"란 전력용 반도체소자의 스위칭 작용을 이용하여 직류전력을 교류전력으로 변환하는 장치를 말한다.

18. "접속설비"란 공용 전력계통으로부터 특정 분산형 전원 설치자의 전기설비에 이르기까지의 전선로와 이에 부속하는 개폐장치, 모선 및 기타 관련 설비를 말한다.

19. "리플프리직류"는 교류를 직류로 변환할 때 리플성분이 10 %(실효값) 이하 포함된 직류를 말한다.

20. "단순 병렬운전"이란 자가용 발전설비를 배전계통에 연계하여 운전하되, 생산한 전력의 전부를 자체적으로 소비하기 위한 것으로서 생산한 전력이 연계계통으로 유입되지 않는 병렬 형태를 말한다.

전로의 절연저항 및 절연내력[제13조] ① 사용전압이 저압인 전로에서 정전이 어려운 경우 등 절연저항 측정이 곤란한 경우에는 누설전류를 1 mA 이하로 유지하여야 한다.

② 고압 및 특고압의 전로(제12조 각 호의 부분, 회전기, 정류기, 연료전지 및 태양전지 모듈의 전로, 변압기의 전로, 기구 등의 전로 및 직류식 전기철도용 전차선을 제외한다)는 〈표 13-1〉에서 정한 시험전압을 전로와 대지 사이(다심케이블은 심선 상호 간 및 심선과 대지 사이)에 연속하여 10분간 가하여 절연내력을 시험하였을 때에 이에 견디어야 한다. 다만, 전선에 케이블을 사용하는 교류 전로로서 〈표 13-1〉에서

정한 시험전압의 2배의 직류전압을 전로와 대지 사이(다심케이블은 심선 상호 간 및 심선과 대지 사이)에 연속하여 10분간 가하여 절연내력을 시험하였을 때에 이에 견디는 것에 대하여는 그러하지 아니하다.

〈표 13-1〉

전로의 종류	시험전압
1. 최대사용전압 7 kV 이하인 전로	최대사용전압의 1.5배의 전압
2. 최대사용전압 7 kV 초과 25 kV 이하인 중성점 접지식 전로(중성선을 가지는 것으로서 그 중성선을 다중접지 하는 것에 한한다)	최대사용전압의 0.92배의 전압
3. 최대사용전압 7 kV 초과 60 kV 이하인 전로(2란의 것을 제외한다)	최대사용전압의 1.25배의 전압(10,500 V 미만으로 되는 경우는 10,500 V)
4. 최대사용전압 60 kV 초과 중성점 비접지식전로(전위 변성기를 사용하여 접지하는 것을 포함한다)	최대사용전압의 1.25배의 전압
5. 최대사용전압 60 kV 초과 중성점 접지식 전로(전위 변성기를 사용하여 접지하는 것 및 6란과 7란의 것을 제외한다)	최대사용전압의 1.1배의 전압(75 kV 미만으로 되는 경우에는 75 kV)
6. 최대사용전압이 60 kV 초과 중성점 직접 접지식 전로(7란의 것을 제외한다)	최대사용전압의 0.72배의 전압
7. 최대사용전압이 170 kV 초과 중성점 직접 접지식 전로로서 그 중성점이 직접 접지되어있는 발전소 또는 변전소 혹은 이에 준하는 장소에 시설하는 것	최대사용전압의 0.64배의 전압
8. 최대사용전압이 60 kV를 초과하는 정류기에 접속되고 있는 전로	교류 측 및 직류 고전압 측에 접속되고 있는 전로는 교류 측의 최대사용전압의 1.1배의 직류전압
	직류 측 중성선 또는 귀선이 되는 전로(이하 이 장에서 직류 저압 측 전로라 한다)는 아래에 규정하는 계산식에 의하여 구한 값

〈표 13-1〉의 제8호에 따른 직류 저압 측 전로의 절연내력시험 전압의 계산방법은 다음과 같이 한다.

$$E= V\times \frac{1}{\sqrt{2}}\times 0.5\times 1.2$$

* E : 교류 시험 전압(V를 단위로 한다)

V : 역변환기의 전류(轉流) 실패 시 중성선 또는 귀선이 되는 전로에 나타나는 교류성 이상전압

의 파고 값(V를 단위로 한다). 다만, 전선에 케이블을 사용하는 경우 시험전압은 E의 2배의 직류전압으로 한다.

③ 최대사용전압이 60 kV를 초과하는 중성점 직접 접지식 전로에 사용되는 전력케이블은 정격전압을 24시간 가하여 절연내력을 시험하였을 때 이에 견디는 경우, 제2항의 규정에 의하지 아니할 수 있다(참고표준 : IEC 62067 및 IEC 60840).

④ 최대사용전압이 170 kV를 초과하고 양단이 중성점 직접 접지되어있는 지중전선로는, 최대사용전압의 0.64배의 전압을 전로와 대지 사이(다심케이블에 있어서는, 심선 상호 간 및 심선과 대지 사이)에 연속 60분간 절연내력시험을 했을 때 견디는 것인 경우 제2항의 규정에 의하지 아니할 수 있다.

⑤ 특고압전로와 관련되는 절연내력에 있어 한국전기기술기준위원회 표준 KECS 1201-2011(전로의 절연내력 확인방법)에서 정하는 방법에 따르는 경우는 제2항〈표 13-1〉의 제1호를 제외한다)의 규정에 의하지 아니할 수 있다.

⑥ 고압 및 특고압의 전로에 전선으로 사용하는 케이블의 절연체가 XLPE 등 고분자재료인 경우 0.1 Hz 정현파전압을 상전압의 3배 크기로 전로와 대지 사이에 연속하여 1시간 가하여 절연내력을 시험하였을 때에 이에 견디는 것에 대하여는 제2항의 규정에 따르지 아니할 수 있다.

회전기 및 정류기의 절연내력[제14조] 회전기 및 정류기는 〈표 14-1〉에서 정한 시험방법으로 절연내력을 시험하였을 때에 이에 견디어야 한다. 다만, 회전변류기 이외의 교류의 회전기로 〈표 14-1〉에서 정한 시험전압의 1.6배의 직류전압으로 절연내력을 시험하였을 때 이에 견디는 것을 시설하는 경우에는 그러하지 아니하다.

〈표 14-1〉

종류		시험전압	시험방법
회전기	발전기·전동기·조상기·기타 회전기(회전변류기를 제외한다)	최대사용전압 7 kV 이하	최대사용전압의 1.5배의 전압(500 V 미만으로 되는 경우에는 500 V)	권선과 대지 사이에 연속하여 10분간 가한다.
		최대사용전압 7 kV 초과	최대사용전압의 1.25배의 전압(10,500 V 미만으로 되는 경우에는 10,500 V)	
	회전변류기		직류 측의 최대사용전압의 1배의 교류전압(500 V 미만으로 되는 경우에는 500 V)	

| 정류기 | 최대사용전압 60 kV 이하 | 직류 측의 최대사용전압의 1배의 교류전압(500 V 미만으로 되는 경우에는 500 V) | 충전부분과 외함 간에 연속하여 10분간 가한다. |
| | 최대사용전압 60 kV 초과 | 교류 측의 최대사용전압의 1.1배의 교류전압 또는 직류 측의 최대사용전압의 1.1배의 직류전압 | 교류 측 및 직류고전압 측 단자와 대지 사이에 연속하여 10분간 가한다. |

연료전지 및 태양전지 모듈의 절연내력[제15조] 연료전지 및 태양전지 모듈은 최대사용전압의 1.5배의 직류전압 또는 1배의 교류전압(500 V 미만으로 되는 경우에는 500 V)을 충전부분과 대지 사이에 연속하여 10분간 가하여 절연내력을 시험하였을 때에 이에 견디는 것이어야 한다.

변압기 전로의 절연내력[제16조] ① 변압기(방전등용 변압기·엑스선관용 변압기·흡상변압기·시험용 변압기·계기용 변성기와 제246조 제1항에 규정하는 전기집진 응용 장치용의 변압기 기타 특수 용도에 사용되는 것을 제외한다. 이하 이 장에서 같다)의 전로는 〈표 16-1〉에서 정하는 시험전압 및 시험방법으로 절연내력을 시험하였을 때에 이에 견디어야 한다.

〈표 16-1〉

권선의 종류	시험전압	시험방법
1. 최대사용전압 7 kV 이하	최대사용전압의 1.5배의 전압(500 V 미만으로 되는 경우에는 500 V). 다만, 중성점이 접지되고 다중접지된 중성선을 가지는 전로에 접속하는 것은 0.92배의 전압(500 V 미만으로 되는 경우에는 500 V)	시험되는 권선과 다른 권선, 철심 및 외함 간에 시험전압을 연속하여 10분간 가한다.

534 제 5 편 신재생에너지 관련 법규

2. 최대사용전압 7 kV 초과 25 kV 이하의 권선으로서 중성점 접지식 전로(중 선선을 가지는 것으로서 그 중성선에 다중접지를 하는 것에 한한다)에 접 속하는 것	최대사용전압의 0.92배의 전압	
3. 최대사용전압 7 kV 초과 60 kV 이하의 권선(2란 의 것을 제외한다)	최대사용전압의 1.25배의 전압(10,500 V 미만으로 되는 경우에는 10,500 V)	
4. 최대사용전압이 60 kV를 초과하는 권선으로서 중성 점 비접지식 전로(전위 변 성기를 사용하여 접지하는 것을 포함한다. 8란의 것을 제외한다)에 접속하는 것	최대사용전압의 1.25배의 전압	
5. 최대사용전압이 60 kV 를 초과하는 권선(성형결 선 또는 스콧결선의 것에 한한다)으로서 중성점 접 지식 전로(전위 변성기를 사용하여 접지하는 것, 6 란 및 8란의 것을 제외한 다)에 접속하고 또한 성 형결선(星形結船)의 권선 의 경우에는 그 중성점에, 스콧결선의 권선의 경우 에는 T좌 권선과 주좌 권 선의 접속점에 피뢰기를 시설하는 것	최대사용전압의 1.1배의 전 압(75 kV 미만으로 되는 경 우에는 75 kV)	시험되는 권선의 중성점 단자 (스콧결선의 경우에는 T좌권 선과 주좌권선의 접속점 단자, 이하 이 표에서 같다) 이외의 임의의 1단자, 다른 권선(다 른 권선이 2개 이상 있는 경 우에는 각 권선)의 임의의 1단자, 철심 및 외함을 접지 하고 시험되는 권선의 중성점 단자 이외의 각 단자에 3상교 류의 시험 전압을 연속하여 10 분간 가한다. 다만, 3상교류의 시험전압을 가하기 곤란할 경우에는 시 험되는 권선의 중성점 단자 및 접지되는 단자 이외의 임 의의 1단자와 대지 사이에 단상 교류의 시험전압을 연 속하여 10분간 가하고 다시 중성점 단자와 대지 사이에 최대사용전압의 0.64배(스콧 결선의 경우에는 0.98배)의 전압을 연속하여 10분간 가 할 수 있다.

6. 최대사용전압이 60 kV를 초과하는 권선(성형결선의 것에 한한다. 8란의 것을 제외한다)으로서 중성점 직접 접지식 전로에 접속하는 것. 다만, 170 kV를 초과하는 권선에는 그 중성점에 피뢰기를 시설하는 것에 한한다.	최대사용전압의 0.72배의 전압	시험되는 권선의 중성점단자, 다른 권선(다른 권선이 2개 이상 있는 경우에는 각 권선)의 임의의 1단자, 철심 및 외함을 접지하고 시험되는 권선의 중성점 단자 이외의 임의의 1단자와 대지 사이에 시험전압을 연속하여 10분간 가한다. 이 경우에 중성점에 피뢰기를 시설하는 것에 있어서는 다시 중성점 단자의 대지 간에 최대사용전압의 0.3배의 전압을 연속하여 10분간 가한다.
7. 최대사용전압이 170 kV를 초과하는 권선(성형결선의 것에 한한다. 8란의 것을 제외한다)으로서 중성점 직접 접지식 전로에 접속하고 또한 그 중성점을 직접 접지하는 것	최대사용전압의 0.64배의 전압	시험되는 권선의 중성점 단자, 다른 권선(다른 권선이 2개 이상 있는 경우에는 각 권선)의 임의의 1단자, 철심 및 외함을 접지하고 시험되는 권선의 중성점 단자 이외의 임의의 1단자와 대지 사이에 시험전압을 연속하여 10분간 가한다.
8. 최대사용전압이 60 kV를 초과하는 정류기에 접속하는 권선	정류기의 교류 측의 최대사용전압의 1.1배의 교류전압 또는 정류기의 직류 측의 최대사용전압의 1.1배의 직류전압	시험되는 권선과 다른 권선, 철심 및 외함 간에 시험전압을 연속하여 10분간 가한다.
9. 기타 권선	최대사용전압의 1.1배의 전압(75 kV 미만으로 되는 경우는 75 kV)	시험되는 권선과 다른 권선, 철심 및 외함 간에 시험전압을 연속하여 10분간 가한다.

② 특고압전로와 관련되는 절연내력에 있어 한국전기기술기준위원회 표준 KECS 1201-2011(전로의 절연내력 확인방법)에서 정하는 방법에 따르는 경우는 제1항의 규정에 의하지 아니할 수 있다.

기구 등의 전로의 절연내력[제17조] ① 개폐기·차단기·전력용 커패시터·유도전압조정기·계기용 변성기 기타의 기구의 전로 및 발전소·변전소·개폐소 또는 이에 준하는 곳에 시설하는 기계기구의 접속선 및 모선(전로를 구성하는 것에 한한다. 이하 이 조에서 "기구 등의 전로"라 한다)은 〈표 17-1〉에서 정하는 시험전압을 충전 부분과 대지 사이(다심케이블은 심선 상호 간 및 심선과 대지 사이)에 연속하여 10분간 가하여 절연내력을 시험하였을 때에 이에 견디어야 한다. 다만, 접지형 계기용 변압기·전력선 반송용 결합커패시터·뇌서지 흡수용 커패시터·지락검출용 커패시터·재기전압 억제용 커패시터·피뢰기 또는 전력선반송용 결합리액터로서 다음 각 호에 따른 표준에 적합한 것 혹은 전선에 케이블을 사용하는 기계기구의 교류의 접속선 또는 모선으로서 〈표 17-1〉에서 정한 시험전압의 2배의 직류전압을 충전 부분과 대지 사이(다심케이블에서는 심선 상호 간 및 심선과 대지 사이)에 연속하여 10분간 가하여 절연내력을 시험하였을 때에 이에 견디도록 시설할 때에는 그러하지 아니하다.

〈표 17-1〉

종 류	시험전압
1. 최대사용전압이 7 kV 이하인 기구 등의 전로	최대사용전압이 1.5배의 전압(직류의 충전 부분에 대하여는 최대사용전압의 1.5배의 직류전압 또는 1배의 교류전압)(500 V 미만으로 되는 경우에는 500 V)
2. 최대사용전압이 7 kV를 초과하고 25 kV 이하인 기구 등의 전로로서 중성점 접지식 전로(중성선을 가지는 것으로서 그 중성선에 다중접지하는 것에 한한다)에 접속하는 것	최대사용전압의 0.92배의 전압
3. 최대사용전압이 7 kV를 초과하고 60 kV 이하인 기구 등의 전로(2란의 것을 제외한다)	최대사용전압의 1.25배의 전압(10,500 V 미만으로 되는 경우에는 10,500 V)
4. 최대사용전압이 60 kV를 초과하는 기구 등의 전로로서 중성점 비접지식 전로(전위변성기를 사용하여 접지하는 것을 포함한다. 8란의 것을 제외한다)에 접속하는 것	최대사용전압의 1.25배의 전압
5. 최대사용전압이 60 kV를 초과하는 기구 등의 전로로서 중성점 접지식전로(전위변성기를 사용하여 접지하는 것을 제외한다)에 접속하는 것(7란과 8란의 것을 제외한다)	최대사용전압의 1.1배의 전압(75 kV 미만으로 되는 경우에는 75 kV)

6. 최대사용전압이 170 kV를 초과하는 기구 등의 전로로서 중성점 직접 접지식 전로 중 중성점이 직접 접지되어있는 발전소 또는 변전소 혹은 이에 준하는 장소의 전로에 접속하는 것 (8란의 것을 제외한다)	최대사용전압의 0.72배의 전압
7. 최대사용전압이 170 kV를 초과하는 기구 등의 전로로서 중성점 직접 접지식 전로 중 중성점이 직접 접지되어있는 발전소 또는 변전소 혹은 이에 준하는 장소의 전로에 접속하는 것 (8란의 것을 제외한다).	최대사용전압의 0.64배의 전압
8. 최대사용전압이 60 kV를 초과하는 정류가 교류 측 및 직류 측 전로에 접속하는 기구 등의 전로	교류 측 및 직류 고전압 측에 접속하는 기구 등의 전로는 교류 측의 최대사용전압의 1.1배의 교류전압 또는 직류 측의 최대사용전압의 1.1배의 직류전압
	직류 저압 측 전로에 접속하는 기구 등의 전로는 제13조 제2항에 규정하는 계산식으로 구한 값

1. 단서의 규정에 의한 접지형 계기용 변압기의 표준은 KS C 1706 (2007) "계기용 변성기(표준용 및 일반 계기용)"의 "6.2.3 내전압" 또는 KS C 1707 (2007) "계기용 변성기(전력수급용)"의 "6.2.4 내전압"에 적합할 것

2. 단서의 규정에 의한 전력선 반송용 결합커패시터의 표준은 고압단자와 접지된 저압단자 간 및 저압단자와 외함 간의 내전압이 각각 KS C 1706 (2007) "계기용 변성기(표준용 및 일반 계기용)"의 "6.2.3 내전압"에 규정하는 커패시터형 계기용 변압기의 주 커패시터 단자 간 및 1차접지 측 단자와 외함 간의 내전압의 표준에 준할 것

3. 단서의 규정에 의한 뇌서지 흡수용 커패시터·지락검출용 커패시터·재기전압억제용 커패시터의 표준은 다음과 같다.

   가. 사용전압이 고압 또는 특고압일 것

   나. 고압단자 또는 특고압단자 및 접지된 외함 사이에 〈표 17-2〉에서 정하고 있는 공칭전압의 구분 및 절연계급의 구분에 따라 각각 같은 표에서 정한 교류전압 및 직류전압을 다음과 같이 일정시간 가하여 절연내력을 시험하였을 때에 이에 견디는 것일 것

   (1) 교류전압에서는 1분간

   (2) 직류전압에서는 10초간

〈표 17-2〉

공칭전압의 구분 (kV)	절연계급의 구분	시험전압	
		교류 (kV)	직류 (kV)
3.3	A	16	45
	B	10	30
6.6	A	22	60
	B	16	45
11	A	28	90
	B	28	75
22	A	50	150
	B	50	125
	C	50	180
33	A	70	200
	B	70	170
	C	70	240
66	A	140	350
	C	140	420
77	A	160	400
	C	160	480

* A : B 또는 C 이외의 경우

B : 뇌서지전압의 침입이 적은 경우 또는 피뢰기 등의 보호장치에 의해서 이상전압이 충분히 낮게 억제되는 경우

C : 피뢰기 등의 보호장치의 보호범위 외에 시설되는 경우

4. 단서의 규정에 의한 직렬 갭이 있는 피뢰기의 표준은 다음과 같다.

　가. 건조 및 주수상태에서 2분 이내의 시간 간격으로 10회 연속하여 상용주파 방전개시전압을 측정하였을 때 〈표 17-3〉의 상용주파 방전개시전압의 값 이상일 것

　나. 직렬 갭 및 특성요소를 수납하기 위한 자기용기 등 평상시 또는 동작 시에 전압이 인가되는 부분에 대하여 〈표 17-3〉의 "상용주파전압"을 건조상태에서 1분간, 주수 상태에서 10초간 가할 때 섬락 또는 파괴되지 아니할 것

　다. 나목과 동일한 부분에 대하여 〈표 17-3〉의 "뇌임펄스전압"을 건조 및 주수상태에서 정·부양극성으로 뇌임펄스전압 (파두장 $0.5\,\mu s$ 이상 $1.5\,\mu s$ 이하, 파미장 $32\,\mu s$ 이상 $48\,\mu s$ 이하인 것. 이하 이 호에서 같다)에서 각각 3회 가할 때 섬락 또는 파괴되지 아니할 것

　라. 건조 및 주수상태에서 〈표 17-3〉의 "뇌임펄스 방전개시전압 (표준)"을 정·부양극성으로 각각 10회 인가하였을 때 모두 방전하고, 또한 정·부양극성의 뇌임펄스전

압에 의하여 방전개시전압과 방전개시시간의 특성을 구할 때 $0.5\,\mu s$ 에서의 전압 값은 같은 표의 "뇌임펄스방전개시전압 $(0.5\,\mu s)$"의 값 이하일 것

　　마. 정·부양극성의 뇌임펄스전류(파두장 $0.5\,\mu s$ 이상 $1.5\,\mu s$ 이하, 파미장 $32\,\mu s$ 이상 $48\,\mu s$ 이하의 파형인 것)에 의하여 제한전압과 방전전류와의 특성을 구할 때, 공칭방전전류에서의 전압 값은 〈표 17-3〉의 "제한전압"의 값 이하일 것

각종 접지공사의 세목 [제19조]

① 제18조 제1항의 접지공사의 접지선[제2항에서 규정하는 것 및 제211조 제6항(제224조 제8항에서 준용하는 경우를 포함한다)에서 규정하는 것을 제외한다]은 〈표 19-1〉에서 정한 굵기의 연동선 또는 이와 동등 이상의 세기 및 굵기의 쉽게 부식하지 않는 금속선으로서 고장 시 흐르는 전류를 안전하게 통할 수 있는 것을 사용하여야 한다.

〈표 19-1〉

접지공사의 종류	접지선의 굵기
제1종 접지공사	공칭단면적 $6\,\text{mm}^2$ 이상의 연동선
제2종 접지공사	공칭단면적 $16\,\text{mm}^2$ 이상의 연동선(고압전로 또는 제135조 제1항 및 제4항에 규정하는 특고압 가공전선로의 전로와 저압전로를 변압기에 의하여 결합하는 경우에는 공칭단면적 $6\,\text{mm}^2$ 이상의 연동선)
제3종 접지공사 및 특별 제3종 접지공사	공칭단면적 $2.5\,\text{mm}^2$ 이상의 연동선

② 이동하여 사용하는 전기기계기구의 금속제 외함 등에 제18조 제1항의 접지공사를 하는 경우에는 각 접지공사의 접지선 중 가요성을 필요로 하는 부분에는 〈표 19-2〉에서 정한 값 이상의 단면적을 가지는 접지선으로서 고장 시에 흐르는 전류를 안전하게 통할 수 있는 것을 사용하여야 한다.

〈표 19-2〉

접지공사의 종류	접지선의 종류	접지선의 단면적
제1종 접지공사 및 제2종 접지공사	3종 및 4종 클로로프렌 캡타이어 케이블, 3종 및 4종 클로로설포네이트 폴리에틸렌 캡타이어 케이블의 일심 또는 다심 캡타이어 케이블의 차폐 기타의 금속체	$10\,\text{mm}^2$
제3종 접지공사 및 특별 제3종 접지공사	다심 코드 또는 다심 캡타이어 케이블의 일심	$0.75\,\text{mm}^2$
	다심 코드 및 다심 캡타이어 케이블의 일심 이외의 가요성이 있는 연동연선	$1.5\,\text{mm}^2$

③ 제1종 접지공사 또는 제2종 접지공사에 사용하는 접지선을 사람이 접촉할 우려가 있는 곳에 시설하는 경우에는 제2항의 경우 이외에는 다음 각 호에 따라야 한다. 다만, 발전소·변전소·개폐소 또는 이에 준하는 곳에 접지극을 제27조 제1항 제1호의 규정에 준하여 시설하는 경우에는 그러하지 아니하다.

1. 접지극은 지하 75 cm 이상으로 하되 동결 깊이를 감안하여 매설할 것

2. 접지선을 철주 기타의 금속체를 따라서 시설하는 경우에는 접지극을 철주의 밑면 (底面)으로부터 30 cm 이상의 깊이에 매설하는 경우 이외에는 접지극을 지중에서 그 금속체로부터 1 m 이상 떼어 매설할 것

3. 접지선에는 절연전선 (옥외용 비닐절연전선을 제외한다), 캡타이어 케이블 또는 케이블 (통신용 케이블을 제외한다)을 사용할 것. 다만, 접지선을 철주 기타의 금속체를 따라서 시설하는 경우 이외의 경우에는 접지선의 지표상 60 cm를 초과하는 부분에 대하여는 그러하지 아니하다.

4. 접지선의 지하 75 cm로부터 지표상 2 m까지의 부분은 「전기용품안전 관리법」의 적용을 받는 합성수지관 (두께 2 mm 미만의 합성수지제 전선관 및 난연성이 없는 콤바인덕트관을 제외한다) 또는 이와 동등 이상의 절연효력 및 강도를 가지는 몰드로 덮을 것

④ 제1종 접지공사 또는 제2종 접지공사에 사용하는 접지선을 시설한 지지물에는 피뢰침용 지선을 시설하여서는 아니 된다.

⑤ 제18조 제6항·제7항 및 제22조의2에 따라 접지공사를 하는 경우의 보호도체(PE) 단면적은 다음 각 호에 따라 결정한 것으로서 고장 시에 흐르는 전류가 안전하게 통과할 수 있는 것을 사용하여야 한다. 다만 불평형 부하, 고조파전류 등을 고려하는 경우는 상도체와 같게 하고, 이때 전압강하에 의한 단면적 증가는 고려하지 않는다.

1. 〈표 19-3〉에서 정한 값 이상의 단면적

〈표 19-3〉

상도체의 단면적 $S(\text{mm}^2)$	대응하는 보호도체의 최소 단면적(mm^2)	
	보호도체의 재질이 상도체와 같은 경우	보호도체의 재질이 상도체와 다른 경우
$S \leq 16$	S	$\dfrac{k_1}{k_2} \times S$
$16 < S \leq 35$	16^a	$\dfrac{k_1}{k_2} \times 16$
$S > 35$	$\dfrac{S^a}{2}$	$\dfrac{k_1}{k_2} \times \dfrac{S}{2}$

여기서, k_1 : 도체 및 절연의 재질에 따라 KS C IEC 60364-5-54 부속서 A (규정)의 표 A54.1 또는 IEC 60364-4-43의 표 43A에서 선정된 상도체에 대한 k값

k_2 : KS C IEC 60364-5-54 부속서 A (규정)의 표 A54.2~A54.6에서 선정된 보호
도체에 대한 k 값

[a] PEN도체의 경우 단면적의 축소는 중성선의 크기결정에 대한 규칙에만 허용된다.

2. 계산식에서 정한 값 이상의 단면적

차단 시간이 5초 이하인 경우에만 다음 계산식을 적용한다.

$$S = \frac{\sqrt{I^2 t}}{k}$$

여기서, S : 단면적(mm^2)

I : 보호장치를 통해 흐를 수 있는 예상고장전류 (A)

t : 자동차단을 위한 보호장치 동작시간 (s)

[비고] 회로 임피던스에 의한 전류제한 효과와 보호장치의 $I^2 t$ 의 한계를 고려해야 한다.

k : 보호도체, 절연, 기타 부위의 재질 및 초기온도와 최종온도에 따라 정해지는 계수
(k값의 계산은 KS C IEC 60364-5-54 부속서 A 참조)

⑥ 제18조 제6항 및 제7항에 따라 접지공사를 하는 경우 사람이 접촉할 우려가 있는
범위(수평방향 2.5 m, 높이 2.5 m)에 있는 모든 고정설비의 노출 도전성 부분 및 계
통 외 도전성 부분은 등전위본딩(Equipotential Bonding)을 하여야 한다.

제3종 접지공사 등의 특례[제20조] ① 제3종 접지공사를 하여야 하는 금속체와 대지 사이
의 전기저항 값이 100 Ω 이하인 경우에는 제3종 접지공사를 한 것으로 본다.

② 특별 제3종 접지공사를 하여야 하는 금속체와 대지 사이의 전기저항 값이 10 Ω 이
하인 경우에는 특별 제3종 접지공사를 한 것으로 본다.

수도관 등의 접지극 [제21조] ① 지중에 매설되어있고 대지와의 전기저항 값이 3 Ω 이하
의 값을 유지하고 있는 금속제 수도관로는 이를 제1종 접지공사·제2종 접지공사·제
3종 접지공사·특별 제3종 접지공사 기타의 접지공사의 접지극으로 사용할 수 있다.

② 제1항의 규정에 의하여 금속제 수도관로를 접지공사의 접지극으로 사용하는 경우에
는 다음 각 호에 따라야 한다.

1. 접지선과 금속제 수도관로의 접속은 안지름 75 mm 이상인 금속제 수도관의 부분
또는 이로부터 분기한 안지름 75 mm 미만인 금속제 수도관의 분기점으로부터 5 m
이내의 부분에서 할 것. 다만, 금속제 수도관로와 대지 사이의 전기저항 값이 2 Ω
이하인 경우에는 분기점으로부터의 거리는 5 m를 넘을 수 있다.

2. 접지선과 금속제 수도관로의 접속부를 수도계량기로부터 수도 수용가 측에 설치하
는 경우에는 수도계량기를 사이에 두고 양측 수도관로를 전기적으로 확실하게 연결
할 것

3. 접지선과 금속제 수도관로의 접속부를 사람이 접촉할 우려가 있는 곳에 설치하는 경우에는 손상을 방지하도록 방호장치를 설치할 것

4. 접지선과 금속제 수도관로의 접속에 사용하는 금속제는 접속부에 전기적 부식이 생기지 아니하는 것일 것

③ 대지와의 사이에 전기저항 값이 2 Ω 이하인 값을 유지하는 건물의 철골 기타의 금속제는 이를 비접지식 고압전로에 시설하는 기계기구의 철대(鐵臺) 또는 금속제 외함에 실시하는 제1종 접지공사나 비접지식 고압전로와 저압전로를 결합하는 변압기의 저압전로에 시설하는 제2종 접지공사의 접지극으로 사용할 수 있다.

④ 제1항 또는 제3항의 규정에 의하여 금속제 수도관로 또는 철골 기타의 금속체를 접지극으로 사용한 제1종 접지공사 또는 제2종 접지공사는 제19조 제3항의 규정에 의하지 아니할 수 있다. 이 경우에 접지선은 제193조 제1항 (제4호 및 제5호를 제외한다)의 규정에 준하여 시설하여야 한다.

수용장소의 인입구의 접지[제22조] ① 수용장소의 인입구 부근에서 다음 각 호의 것을 접지극으로 사용하여 이를 제2종 접지공사를 한 저압전선로의 중성선 또는 접지 측 전선에 추가로 접지공사를 할 수 있다.

1. 제21조 제1항의 금속제 수도관로가 있는 경우

2. 대지 사이의 전기저항 값이 3 Ω 이하인 값을 유지하는 건물의 철골이 있는 경우

3. 제22조의2에 따라 TN-C-S 접지계통으로 시설하는 저압수용장소의 접지극

② 제1항의 규정에 의하여 접지공사를 할 경우의 접지선은 공칭단면적 $6\ mm^2$ 이상의 연동선 또는 이와 동등 이상의 세기 및 굵기의 쉽게 부식하지 않는 금속선으로서 고장 시 흐르는 전류를 안전하게 통할 수 있는 것이어야 한다. 이 경우에 접지선을 사람이 접촉할 우려가 있는 곳에 시설할 때에는 접지선은 제193조 제1항 (제4호 및 제5호는 제외한다)의 규정에 준하여 시설하여야 한다.

전로의 중성점의 접지[제27조] ① 전로의 보호장치의 확실한 동작의 확보, 이상 전압의 억제 및 대지전압의 저하를 위하여 특히 필요한 경우에 전로의 중성점에 접지공사를 할 경우에는 다음 각 호에 따라야 한다.

1. 접지극은 고장 시 그 근처의 대지 사이에 생기는 전위차에 의하여 사람이나 가축 또는 다른 시설물에 위험을 줄 우려가 없도록 시설할 것

2. 접지선은 공칭단면적 $16\ mm^2$ 이상의 연동선 또는 이와 동등 이상의 세기 및 굵기의 쉽게 부식하지 아니하는 금속선(저압전로의 중성점에 시설하는 것은 공칭단면적 $6\ mm^2$ 이상의 연동선 또는 이와 동등 이상의 세기 및 굵기의 쉽게 부식하지 않는 금속선)으로서 고장 시 흐르는 전류가 안전하게 통할 수 있는 것을 사용하고 또한 손상을 받을 우려가 없도록 시설할 것

3. 접지선에 접속하는 저항기·리액터 등은 고장 시 흐르는 전류를 안전하게 통할 수 있는 것을 사용할 것

4. 접지선·저항기·리액터 등은 취급자 이외의 자가 출입하지 아니하도록 설비한 곳에 시설하는 경우 이외에는 사람이 접촉할 우려가 없도록 시설할 것

② 제1항에 규정하는 경우 이외의 경우로서 저압전로에 시설하는 보호장치의 확실한 동작을 확보하기 위하여 특히 필요한 경우에 전로의 중성점에 접지공사를 할 경우(저압전로의 사용전압이 300 V 이하의 경우에 전로의 중성점에 접지공사를 하기 어려울 때에 전로의 1단자에 접지공사를 시행할 경우를 포함한다) 접지선은 공칭단면적 6 mm^2 이상의 연동선 또는 이와 동등 이상의 세기 및 굵기의 쉽게 부식하지 않는 금속선으로서 고장 시 흐르는 전류가 안전하게 통할 수 있는 것을 사용하고 또한 제19조 제3항의 규정에 준하여 시설하여야 한다.

③ 변압기의 안정권선(安定卷線)이나 유휴권선(遊休卷線) 또는 전압조정기의 내장권선(內藏卷線)을 이상전압으로부터 보호하기 위하여 특히 필요할 경우에 그 권선에 접지공사를 할 때에는 제1종 접지공사를 하여야 한다.

④ 특고압의 직류전로의 보호장치의 확실한 동작의 확보 및 이상전압의 억제를 위하여 특히 필요한 경우에 대해 그 전로에 접지공사를 시설할 때에는 제1항 각 호에 따라 시설하여야 한다.

⑤ 연료전지에 대하여 전로의 보호장치의 확실한 동작의 확보 또는 대지전압의 저하를 위하여 특히 필요할 경우에 연료전지의 전로 또는 이것에 접속하는 직류전로에 접지공사를 할 때에는 제1항 각 호에 따라 시설하여야 한다.

⑥ 계속적인 전력공급이 요구되는 화학공장·시멘트공장·철강공장 등의 연속공정설비 또는 이에 준하는 곳의 전기설비로서 지락전류를 제한하기 위하여 저항기를 사용하는 중성점 고저항 접지계통은 다음 각 호에 따를 경우 300 V 이상 1 kV 이하의 3상 교류계통에 적용할 수 있다.

1. 자격을 가진 기술원("계통 운전에 필요한 지식 및 기능을 가진 자"를 말한다)이 설비를 유지 관리할 것

2. 계통에 지락검출장치가 시설될 것

3. 전압선과 중성선 사이에 부하가 없을 것

4. 고저항 중성점 접지계통은 다음 각 목에 적합할 것

　가. 접지저항기는 계통의 중성점과 접지극 도체와의 사이에 설치할 것. 중성점을 얻기 어려운 경우에는 접지변압기에 의한 중성점과 접지극 도체 사이에 접지저항기를 설치한다.

　나. 변압기 또는 발전기의 중성점에서 접지저항기에 접속하는 점까지의 중성선은 동선 10 mm^2 이상, 알루미늄선 또는 동복 알루미늄선은 16 mm^2 이상의 절연전선으로서 접지저항기의 최대정격전류 이상일 것

　다. 계통의 중성점은 접지저항기를 통하여 접지할 것

라. 변압기 또는 발전기의 중성점과 접지저항기 사이의 중성선은 별도로 배선할 것

마. 최초 개폐장치 또는 과전류장치와 접지저항기의 접지 측 사이의 기기 본딩 점퍼(기기접지도체와 접지저항기 사이를 잇는 것)는 도체에 접속점이 없어야 한다.

바. 접지 극 도체는 접지저항기의 접지 측과 최초 개폐장치의 접지 접속점 사이에 시설할 것

사. 기기 본딩 점퍼의 굵기는 다음의 (1) 또는 (2)에 의할 것

(1) 접지극 도체를 접지저항기에 연결할 때는 기기 접지 점퍼는 다음 ㉮, ㉯, ㉰의 예외사항을 제외하고 〈표 27-1〉에 의한 굵기일 것

㉮ 접지극 전선이 접지봉, 관, 판으로 연결될 때는 16 mm² 이상일 것

㉯ 콘크리트 매입 접지극으로 연결될 때는 25 mm² 이상일 것

㉰ 접지링으로 연결되는 접지극 전선은 접지링과 같은 굵기 이상일 것

〈표 27-1〉

상전선 최대 굵기(mm²)	접지극 전선 (mm²)
30 이하	10
38 또는 50	16
60 또는 80	25
80 초과 175까지	35
175 초과 300까지	50
300 초과 550까지	70
550 초과	95

(2) 접지극 도체가 최초 개폐장치 또는 과전류장치에 접속될 때는 기기 본딩 점퍼의 굵기는 10 mm² 이상으로서 접지저항기의 최대전류 이상의 허용전류를 갖는 것일 것

기계기구의 철대 및 외함의 접지[제33조] ① 전로에 시설하는 기계기구의 철대 및 금속제 외함 (외함이 없는 변압기 또는 계기용 변성기는 철심)에는 다음 각 호의 어느 하나에 따라 접지공사를 하여야 한다.

1. 〈표 33-1〉에서 정한 접지공사

〈표 33-1〉

기계기구의 구분	접지공사의 종류
400 V 미만인 저압용의 것	제3종 접지공사
400 V 이상의 저압용의 것	특별 제3종 접지공사
고압용 또는 특고압용의 것	제1종 접지공사

2. 제18조 제6항·제7항, 제22조의2 및 제249조에 따른 접지공사

② 다음 각 호의 어느 하나에 해당하는 경우에는 제1항 제1호의 규정에 따르지 않을 수 있다.

1. 사용전압이 직류 300 V 또는 교류 대지전압이 150 V 이하인 기계기구를 건조한 곳에 시설하는 경우

2. 저압용의 기계기구를 건조한 목재의 마루 기타 이와 유사한 절연성 물건 위에서 취급하도록 시설하는 경우

3. 저압용이나 고압용의 기계기구, 제29조에 규정하는 특고압 전선로에 접속하는 배전용 변압기나 이에 접속하는 전선에 시설하는 기계기구 또는 제135조 제1항 및 제4항에 규정하는 특고압 가공전선로의 전로에 시설하는 기계기구를 사람이 쉽게 접촉할 우려가 없도록 목주 기타 이와 유사한 것의 위에 시설하는 경우

4. 철대 또는 외함의 주위에 적당한 절연대를 설치하는 경우

5. 외함이 없는 계기용 변성기가 고무·합성수지 기타의 절연물로 피복한 것일 경우

6. 「전기용품안전 관리법」의 적용을 받는 2중 절연구조로 되어있는 기계기구를 시설하는 경우

7. 저압용 기계기구에 전기를 공급하는 전로의 전원 측에 절연변압기(2차 전압이 300 V 이하이며, 정격용량이 3 kVA 이하인 것에 한한다)를 시설하고 또한 그 절연변압기의 부하 측 전로를 접지하지 않은 경우

8. 물기 있는 장소 이외의 장소에 시설하는 저압용의 개별 기계기구에 전기를 공급하는 전로에 「전기용품안전 관리법」의 적용을 받는 인체감전보호용 누전차단기(정격감도전류가 30 mA 이하, 동작시간이 0.03초 이하의 전류동작형에 한한다)를 시설하는 경우

9. 외함을 충전하여 사용하는 기계기구에 사람이 접촉할 우려가 없도록 시설하거나 절연대를 시설하는 경우

개폐기의 시설[제37조] ① 전로 중에 개폐기를 시설하는 경우(이 기준에서 개폐기를 시설하도록 정하는 경우에 한한다)에는 그곳의 각 극에 설치하여야 한다. 다만, 다음의 경우에는 그러하지 아니하다.

1. 제176조 제1항 제2호 단서(제176조 제2항에서 준용하는 경우를 포함한다)의 규정에 의하여 개폐기를 시설하는 경우

2. 제179조 제2항(제218조 제1항에서 준용하는 경우를 포함한다) 및 제3항(제218조 제1항에서 준용하는 경우를 포함한다)의 규정에 의하여 개폐기를 시설하는 경우

3. 제135조 제1항 및 제4항에 규정하는 특고압 가공전선로로서 다중 접지를 한 중성선을 가지는 것의 그 중성선 이외의 각 극에 개폐기를 시설하는 경우

4. 제어회로 등에 조작용 개폐기를 시설하는 경우

② 고압용 또는 특고압용의 개폐기는 그 작동에 따라 그 개폐상태를 표시하는 장치가 되어있는 것이어야 한다. 다만, 그 개폐상태를 쉽게 확인할 수 있는 것은 그러하지 아니하다.

③ 고압용 또는 특고압용의 개폐기로서 중력 등에 의하여 자연히 작동할 우려가 있는 것은 자물쇠장치 기타 이를 방지하는 장치를 시설하여야 한다.

④ 고압용 또는 특고압용의 개폐기로서 부하전류를 차단하기 위한 것이 아닌 개폐기는 부하전류가 통하고 있을 경우에는 개로(開路)할 수 없도록 시설하여야 한다. 다만, 개폐기를 조작하는 곳의 보기 쉬운 위치에 부하전류의 유무를 표시한 장치 또는 전화기 기타의 지령 장치를 시설하거나 터블렛 등을 사용함으로써 부하전류가 통하고 있을 때에 개로조작을 방지하기 위한 조치를 하는 경우는 그러하지 아니하다.

⑤ 전로에 이상이 생겼을 때 자동적으로 전로를 개폐하는 장치를 시설하는 경우에는 그 개폐기의 자동 개폐 기능에 장해가 생기지 않도록 시설하여야 한다.

고압 및 특고압 전로 중의 과전류 차단기의 시설[제39조] ① 과전류 차단기로 시설하는 퓨즈 중 고압전로에 사용하는 포장퓨즈(퓨즈 이외의 과전류 차단기와 조합하여 하나의 과전류 차단기로 사용하는 것을 제외한다)는 정격전류의 1.3배의 전류에 견디고 또한 2배의 전류로 120분 안에 용단되는 것 또는 다음에 적합한 고압전류제한퓨즈이어야 한다.

※ 포장퓨즈 : 가용체를 절연물 또는 금속으로 충분히 포장한 구조의 통형퓨즈 또는 플러그퓨즈로서 정격차단용량 이내의 전류를 용융금속 또는 아크를 방출하지 아니하고 안전하게 차단할 수 있는 것을 말한다 (↔비포장퓨즈).

1. 구조는 KS C 4612 (2006) "고압전류제한퓨즈"의 "7. 구조"에 적합한 것일 것
2. 완성품은 KS C 4612 (2006) "고압전류제한퓨즈"의 "8. 시험방법"에 의해서 시험하였을 때 "6. 성능"에 적합한 것일 것

② 과전류 차단기로 시설하는 퓨즈 중 고압전로에 사용하는 비포장퓨즈는 정격전류의 1.25배의 전류에 견디고 또한 2배의 전류로 2분 안에 용단되는 것이어야 한다.

③ 고압 또는 특고압의 전로에 단락이 생긴 경우에 동작하는 과전류 차단기는 이것을 시설하는 곳을 통과하는 단락전류를 차단하는 능력을 가지는 것이어야 한다.

④ 고압 또는 특고압의 과전류 차단기는 그 동작에 따라 그 개폐상태를 표시하는 장치가 되어있는 것이어야 한다. 다만, 그 개폐상태가 쉽게 확인될 수 있는 것은 적용하지 않는다.

과전류 차단기의 시설 제한 [제40조] 접지공사의 접지선, 다선식 전로의 중성선 및 제23조 제1항부터 제3항까지의 규정에 의하여 전로의 일부에 접지공사를 한 저압 가공전선로의 접지 측 전선에는 과전류 차단기를 시설하여서는 안 된다. 다만, 다선식 전로의 중성선에 시설한 과전류 차단기가 동작한 경우에 각 극이 동시에 차단될 때 또는 제27

조 제1항(제27조 제4항에서 준용하는 경우를 포함한다)의 규정에 의한 저항기 · 리액터 등을 사용하여 접지공사를 한 때에 과전류 차단기의 동작에 의하여 그 접지선이 비접지 상태로 되지 아니할 때는 적용하지 않는다.

지락차단장치 등의 시설[제41조] ① 금속제 외함을 가지는 사용전압이 60 V를 초과하는 저압의 기계 기구로서 사람이 쉽게 접촉할 우려가 있는 곳에 시설하는 것에 전기를 공급하는 전로(제2항, 제166조 제2항 제2호, 제189조 제1항 제8호, 제202조 제2항, 제225조 제4항, 제234조 제4항, 제235조 제1항 제9호, 제3항 및 제4항, 제236조 제1항 제9호, 제2항, 제3항 및 제4항, 제237조 제3항 제2호 및 제4항 제3호, 제241조 제1항 제6호, 제249조 제3항에 규정하는 것 및 관등회로를 제외한다. 이하 이 항에서 같다)에는 전로에 지락이 생겼을 때에 자동적으로 전로를 차단하는 장치를 하여야 한다. 다만, 다음 각 호의 어느 하나에 해당하는 경우는 적용하지 않는다.

1. 기계기구를 발전소 · 변전소 · 개폐소 또는 이에 준하는 곳에 시설하는 경우
2. 기계기구를 건조한 곳에 시설하는 경우
3. 대지전압이 150 V 이하인 기계기구를 물기가 있는 곳 이외의 곳에 시설하는 경우
4. 「전기용품안전 관리법」의 적용을 받는 2중 절연구조의 기계기구를 시설하는 경우
5. 그 전로의 전원 측에 절연변압기(2차 전압이 300 V 이하인 경우에 한한다)를 시설하고 또한 그 절연변압기의 부하 측의 전로에 접지하지 아니하는 경우
6. 기계기구가 고무 · 합성수지 기타 절연물로 피복된 경우
7. 기계기구가 유도전동기의 2차 측 전로에 접속되는 것일 경우
8. 기계기구가 제12조 제8호에 규정하는 것일 경우
9. 기계기구 내에 「전기용품안전관리법」의 적용을 받는 누전차단기를 설치하고 또한 기계기구의 전원연결선이 손상을 받을 우려가 없도록 시설하는 경우

② 특고압전로 또는 고압전로에 변압기에 의하여 결합되는 사용전압 400 V 이상의 저압전로 또는 발전기에서 공급하는 사용전압 400 V 이상의 저압전로(발전소 및 변전소와 이에 준하는 곳에 있는 부분의 전로를 제외한다. 이하 이 항에서 같다)에는 전로에 지락이 생겼을 때에 자동적으로 전로를 차단하는 장치를 시설하여야 한다.

③ 고압 및 특고압 전로 중 다음 각 호에 열거하는 곳 또는 이에 근접한 곳에는 전로(제2호의 곳 또는 이에 근접한 곳에 시설하는 경우에는 수전점의 부하 측의 전로, 제3호의 곳 또는 이에 근접한 곳에 시설하는 경우에는 배전용 변압기의 부하 측의 전로, 이하 이 항 및 제4항에서 같다)에 지락(전기철도용 급전선에 있어서는 과전류)이 생겼을 때에 자동적으로 전로를 차단하는 장치를 시설하여야 한다. 다만, 전기사업자로부터 공급을 받는 수전점에서 수전하는 전기를 모두 그 수전점에 속하는 수전장소에서 변성하거나 또는 사용하는 경우는 그러하지 아니하다.

1. 발전소 · 변전소 또는 이에 준하는 곳의 인출구

2. 다른 전기사업자로부터 공급받는 수전점

3. 배전용 변압기(단권변압기를 제외한다)의 시설 장소

④ 저압 또는 고압전로로서 비상용 조명장치·비상용승강기·유도등·철도용 신호장치, 300 V 초과 1 kV 이하의 비접지 전로, 제27조 제6항의 규정에 의한 전로, 기타 그 정지가 공공의 안전 확보에 지장을 줄 우려가 있는 기계기구에 전기를 공급하는 것에는 전로에 지락이 생겼을 때에 이를 기술원 감시소에 경보하는 장치를 설치한 때에는 제1항부터 제3항까지에 규정하는 장치를 시설하지 않을 수 있다.

⑤ 독립된 무인 통신중계소, 무인 기지국 또는 이에 준하는 곳에 전기를 공급하기 위한 전로에는 전기용품안전기준 "K60947-2의 부속서 P"에 적용을 받는 자동재폐로 기능을 갖는 누전차단기를 시설할 수 있다.

피뢰기의 시설[제42조] ① 고압 및 특고압의 전로 중 다음 각 호에 열거하는 곳 또는 이에 근접한 곳에는 피뢰기를 시설하여야 한다.

1. 발전소·변전소 또는 이에 준하는 장소의 가공전선 인입구 및 인출구

2. 가공전선로에 접속하는 제29조의 배전용 변압기의 고압 측 및 특고압 측

3. 고압 및 특고압 가공전선로로부터 공급을 받는 수용장소의 인입구

4. 가공전선로와 지중전선로가 접속되는 곳

② 다음 각 호의 어느 하나에 해당하는 경우에는 제1항의 규정에 의하지 아니할 수 있다.

1. 제1항 각 호의 곳에 직접 접속하는 전선이 짧은 경우

2. 제1항 각 호의 경우 피보호기기가 보호범위 내에 위치하는 경우

피뢰기의 접지[제43조] 고압 및 특고압의 전로에 시설하는 피뢰기에는 제1종 접지공사를 하여야 한다. 다만, 고압가공전선로에 시설하는 피뢰기(제42조 제1항의 규정에 의하여 시설하는 것을 제외한다. 이하 이 조에서 같다)를 제23조 제2항 및 제3항의 규정에 의하여 제2종 접지공사를 한 변압기에 근접하여 시설하는 경우에는 다음 각 호의 어느 하나에 해당할 때 또는 고압가공전선로에 시설하는 피뢰기(제23조 제1항부터 제3항까지의 규정에 의하여 제2종 접지공사를 한 변압기에 근접하여 시설하는 것을 제외한다)의 제1종 접지공사의 접지선이 그 제1종 접지공사 전용의 것인 경우에 그 제1종 접지공사의 접지저항 값이 30 Ω 이하인 때에는 그 제1종 접지공사의 접지저항 값에 관하여는 제18조 제1항의 규정을 적용하지 아니한다.

1. 피뢰기의 제1종 접지공사의 접지극을 변압기의 제2종 접지공사의 접지극으로부터 1 m 이상 격리하여 시설하는 경우에 그 제1종 접지공사의 접지저항 값이 30 Ω 이하인 때

2. 피뢰기의 제1종 접지공사의 접지선과 변압기의 제2종 접지공사의 접지선을 변압기에 근접한 곳에서 접속하여 다음에 의하여 시설하는 경우에 그 제1종 접지공사의 접지저항 값이 75 Ω 이하인 때 또는 그 제2종 접지공사의 접지저항 값이 65 Ω 이하인 때

가. 변압기를 중심으로 하는 반지름 50 m의 원과 반지름 300 m의 원으로 둘러싸이는 지역에서 그 변압기에 접속하는 제2종 접지공사가 되어있는 저압 가공전선(인장강도 5.26 kN 이상인 것 또는 지름 4 mm 이상의 경동선에 한한다)의 한 곳 이상에 제19조 제3항 및 제4항의 규정에 준하는 접지공사(접지선으로 공칭단면적 6 mm^2 이상인 연동선 또는 이와 동등 이상의 세기 및 굵기의 쉽게 부식하지 않는 금속선을 사용하는 것에 한한다)를 할 것. 다만, 그 제2종 접지공사의 접지선이 제23조 제3항 및 제4항에 규정하는 가공 공동지선(그 변압기를 중심으로 하는 지름 300 m의 원 안에서 제2종 접지공사가 되어있는 것에 한한다)인 경우에는 그러하지 아니하다.

나. 피뢰기의 제1종 접지공사, 변압기의 제2종 접지공사, "가"의 규정에 의하여 저압가공전선에 제19조 제3항 및 제4항의 규정에 준하여 행한 접지공사 및 "가" 단서의 가공 공동지선에서의 합성 접지저항 값은 20 Ω 이하일 것

3. 피뢰기의 제1종 접지공사의 접지선과 제23조 제2항 및 제3항에 의하여 제2종 접지공사가 시설된 변압기의 저압가공전선 또는 가공공동지선과를 그 변압기가 시설된 지지물 이외의 지지물에서 접속하고 또한 다음에 의하여 시설하는 경우에 그 제1종 접지공사의 접지저항 값이 65 Ω 이하인 때

가. 변압기에 접속하는 저압가공전선 및 그것에 시설하는 접지공사 또는 그 변압기에 접속하는 가공공동지선은 제2호 "가"의 규정에 의하여 시설할 것

나. 피뢰기의 제1종 접지공사는 변압기를 중심으로 하는 반지름 50 m 이상의 지역으로 또한 그 변압기와 "가"의 규정에 의하여 시설하는 접지공사와의 사이에 시설할 것. 다만, 가공공동지선과 접속하는 그 피뢰기의 제1종 접지공사는 변압기를 중심으로 하는 반지름 50 m 이내 지역에 시설할 수 있다.

다. 피뢰기의 제1종 접지공사, 변압기의 제2종 접지공사, "가"의 규정에 의하여 저압가공전선에 시설한 접지공사 및 "가"의 규정에 의한 가공공동지선의 합성저항 값은 16 Ω 이하일 것

발전소 등의 울타리·담 등의 시설[제44조] ① 고압 또는 특고압의 기계기구·모선 등을 옥외에 시설하는 발전소·변전소·개폐소 또는 이에 준하는 곳에는 다음 각 호에 따라 구내에 취급자 이외의 사람이 들어가지 아니하도록 시설하여야 한다. 다만, 토지의 상황에 의하여 사람이 들어갈 우려가 없는 곳은 그러하지 아니하다.

1. 울타리·담 등을 시설할 것
2. 출입구에는 출입금지의 표시를 할 것
3. 출입구에는 자물쇠장치 기타 적당한 장치를 할 것

② 제1항의 울타리·담 등은 다음의 각 호에 따라 시설하여야 한다.

1. 울타리·담 등의 높이는 2 m 이상으로 하고 지표면과 울타리·담 등의 하단 사이의 간격은 15 cm 이하로 할 것

2. 울타리·담 등과 고압 및 특고압의 충전 부분이 접근하는 경우에는 울타리·담 등의 높이와 울타리·담 등으로부터 충전 부분까지 거리의 합계는 〈표 44-1〉에서 정한 값 이상으로 할 것

〈표 44-1〉

사용전압의 구분	울타리·담 등의 높이와 울타리·담 등으로부터 충전 부분까지의 거리의 합계
35 kV 이하	5 m
35 kV 초과 160 kV 이하	6 m
160 kV 초과	6 m에 160 kV를 초과하는 10 kV 또는 그 단수마다 12 cm를 더한 값

③ 고압 또는 특고압의 기계기구, 모선 등을 옥내에 시설하는 발전소·변전소·개폐소 또는 이에 준하는 곳에는 다음 각 호의 어느 하나에 의하여 구내에 취급자 이외의 자가 들어가지 아니하도록 시설하여야 한다. 다만, 제1항의 규정에 의하여 시설한 울타리·담 등의 내부는 그러하지 아니하다.

1. 울타리·담 등을 제2항의 규정에 준하여 시설하고 또한 그 출입구에 출입금지의 표시와 자물쇠장치 기타 적당한 장치를 할 것

2. 견고한 벽을 시설하고 그 출입구에 출입금지의 표시와 자물쇠장치 기타 적당한 장치를 할 것

④ 고압 또는 특고압 가공전선 (전선에 케이블을 사용하는 경우는 제외함)과 금속제의 울타리·담 등이 교차하는 경우에 금속제의 울타리·담 등에는 교차점과 좌, 우로 45 m 이내의 개소에 제1종 접지공사를 하여야 한다. 또한 울타리·담 등에 문 등이 있는 경우에는 접지공사를 하거나 울타리·담 등과 전기적으로 접속하여야 한다. 다만, 토지의 상황에 의하여 제1종 접지저항 값을 얻기 어려울 경우에는 제3종 접지공사에 의하고 또한 고압 가공전선로는 고압 보안공사, 특고압 가공전선로는 제2종 특고압 보안공사에 의하여 시설할 수 있다.

⑤ 공장 등의 구내(구내 경계 전반에 울타리, 담 등을 시설하고, 일반인이 들어가지 않게 시설한 것에 한한다)에 있어서 옥외 또는 옥내에 고압 또는 특고압의 기계기구 및 모선 등을 시설하는 발전소·변전소·개폐소 또는 이에 준하는 곳에는 "위험" 경고 표지를 하고 제31조 및 제36조 규정에 준하여 시설하는 경우에는 제1항 및 제3항의 규정에 의하지 아니할 수 있다.

⑥ 기술기준 제21조 제5항에 따라 내진설계를 하는 경우에는 한국전기기술기준위원회 표준 KECG 9701-2014 및 KECC 7701-2014를 참고할 수 있다.

특고압용 변압기의 보호장치[제48조] 특고압용의 변압기에는 그 내부에 고장이 생겼을 경우에 보호하는 장치를 〈표 48-1〉과 같이 시설하여야 한다. 다만, 변압기의 내부에 고장이 생겼을 경우에 그 변압기의 전원인 발전기를 자동적으로 정지하도록 시설한 경우에는 그 발전기의 전로로부터 차단하는 장치를 하지 아니하여도 된다.

〈표 48-1〉

뱅크용량의 구분	동작조건	장치의 종류
5,000 kVA 이상 10,000 kVA 미만	변압기 내부고장	자동차단장치 또는 경보장치
10,000 kVA 이상	변압기 내부고장	자동차단장치
타냉식 변압기(변압기의 권선 및 철심을 직접 냉각시키기 위하여 봉입한 냉매를 강제 순환시키는 냉각 방식을 말한다)	냉각장치에 고장이 생긴 경우 또는 변압기의 온도가 현저히 상승한 경우	경보장치

조상설비의 보호장치[제49조] 조상설비에는 그 내부에 고장이 생긴 경우에 보호하는 장치를 표 〈49-1〉과 같이 시설하여야 한다.

〈표 49-1〉

설비종별	뱅크용량의 구분	자동적으로 전로로부터 차단하는 장치
전력용 커패시터 및 분로리액터	500 kVA 초과 15,000 kVA 미만	내부에 고장이 생긴 경우에 동작하는 장치 또는 과전류가 생긴 경우에 동작하는 장치
	15,000 kVA 이상	내부에 고장이 생긴 경우에 동작하는 장치 및 과전류가 생긴 경우에 동작하는 장치 또는 과전압이 생긴 경우에 동작하는 장치
조상기(調相機)	15,000 kVA 이상	내부에 고장이 생긴 경우에 동작하는 장치

배전반의 시설[제53조] ① 발전소·변전소·개폐소 또는 이에 준하는 곳에 시설하는 배전반에 붙이는 기구 및 전선(관에 넣은 전선 및 제136조 제4항 제2호에 규정하는 개장한 케이블을 제외한다)은 점검할 수 있도록 시설하여야 한다.

② 제1항의 배전반에 고압용 또는 특고압용의 기구 또는 전선을 시설하는 경우에는 취급자에게 위험이 미치지 아니하도록 적당한 방호장치 또는 통로를 시설하여야 하며, 기기조작에 필요한 공간을 확보하여야 한다.

태양전지 모듈 등의 시설[제54조] ① 태양전지 발전소에 시설하는 태양전지 모듈, 전선 및 개폐기 기타 기구는 다음의 각 호에 따라 시설하여야 한다.

1. 충전부분은 노출되지 아니하도록 시설할 것

2. 태양전지 모듈에 접속하는 부하 측의 전로(복수의 태양전지 모듈을 시설한 경우에는 그 집합체에 접속하는 부하 측의 전로)에는 그 접속점에 근접하여 개폐기 기타 이와 유사한 기구(부하전류를 개폐할 수 있는 것에 한한다)를 시설할 것

3. 태양전지 모듈을 병렬로 접속하는 전로에는 그 전로에 단락이 생긴 경우에 전로를 보호하는 과전류 차단기 기타의 기구를 시설할 것. 다만, 그 전로가 단락전류에 견딜 수 있는 경우에는 그러하지 아니하다.

4. 전선은 다음에 의하여 시설할 것. 다만, 기계기구의 구조상 그 내부에 안전하게 시설할 수 있을 경우에는 그러하지 아니하다.

   가. 전선은 공칭단면적 $2.5\,mm^2$ 이상의 연동선 또는 이와 동등 이상의 세기 및 굵기의 것일 것

   나. 옥내에 시설할 경우에는 합성수지관공사, 금속관공사, 가요전선관공사 또는 케이블공사로 제183조, 제184조, 제186조 또는 제193조, 제195조 제2항 및 제196조 제2항, 제3항의 규정에 준하여 시설할 것

   다. 옥측 또는 옥외에 시설할 경우에는 합성수지관공사, 금속관공사, 가요전선관공사 또는 케이블공사로 제183조, 제184조, 제186조 또는 제218조 제1항 제7호 및 제195조 제2항, 제196조 제2항 및 제3항의 규정에 준하여 시설할 것

5. 태양전지 모듈 및 개폐기 그 밖의 기구에 전선을 접속하는 경우에는 나사 조임 그 밖에 이와 동등 이상의 효력이 있는 방법에 의하여 견고하고 또한 전기적으로 완전하게 접속함과 동시에 접속점에 장력이 가해지지 아니하도록 할 것

② 태양전지 모듈의 지지물은 자중, 적재하중, 적설 또는 풍압 및 지진 기타의 진동과 충격에 대하여 안전한 구조의 것이어야 한다.

풍압하중의 종별과 적용[제62조] ① 가공전선로에 사용하는 지지물의 강도 계산에 적용하는 풍압하중은 다음의 3종으로 한다.

1. 갑종 풍압하중 : 〈표 62-1〉에서 정한 구성재의 수직 투영면적 $1\,m^2$에 대한 풍압을 기초로 하여 계산한 것

〈표 62-1〉

풍압을 받는 구분				구성재의 수직 투영면적 1 m²에 대한 풍압
목주				588 Pa
지지물	철주	원형의 것		588 Pa
		삼각형 또는 마름모형의 것		1,412 Pa
		강판에 의하여 구성되는 4각형의 것		1,117 Pa
		기타의 것		복재(復材)가 전·후면에 겹치는 경우엔 1,627 Pa, 기타의 경우엔 1,784 Pa
	철근 콘크리트주	원형의 것		588 Pa
		기타의 것		882 Pa
	철탑	단주 (완철류는 제외함)	원형의 것	588 Pa
			기타의 것	1,117 Pa
		강관으로 구성되는 것 (단주는 제외함)		1,255 Pa
		기타의 것		2,157 Pa
전선 기타 가섭선	다도체(구성하는 전선이 2가닥마다 수평으로 배열되고 또한 그 전선 상호 간의 거리가 전선의 바깥지름의 20배 이하인 것에 합한다. 이하 같다)를 구성하는 전선			666 Pa
	기타의 것			745 Pa
애자장치(특고압 전선용의 것에 한한다)				1,039 Pa
목주·철주 (원형의 것에 한한다) 및 철근 콘크리트주의 완금류 (특고압 전선로용의 것에 한한다)				단일재로서 사용하는 경우에는 1,198 Pa, 기타의 경우에는 1,627 Pa

2. 을종 풍압하중 : 전선 기타의 가섭선 (架涉線) 주위에 두께 6 mm, 비중 0.9의 빙설이 부착된 상태에서 수직 투영면적 372 Pa (다도체를 구성하는 전선은 333 Pa), 그 이외의 것은 제1호 풍압의 2분의 1을 기초로 하여 계산한 것

※ 가섭선 (架涉線)이란 지지물에 가설되는 모든 선류를 말한다.

3. 병종 풍압하중 : 제1호의 풍압의 2분의 1을 기초로 하여 계산한 것

② 제1항의 각 호의 풍압은 가공전선로의 지지물의 형상에 따라 다음과 같이 가하여지는 것으로 한다.

1. 단주형상의 것

　가. 전선로와 직각의 방향에서는 지지물·가섭선 및 애자장치에 제1항의 풍압의 1배

　나. 전선로의 방향에서는 지지물·애자장치 및 완금류에 제1항의 풍압의 1배

2. 기타 형상의 것

가. 전선로와 직각의 방향에서는 그 방향에서의 전면 결구(結構)·가섭선 및 애자장치
　에 제1항의 풍압의 1배
나. 전선로의 방향에서는 그 방향에서의 전면 결구 및 애자장치에 제1항의 풍압의 1배
③ 제1항 풍압하중의 적용은 다음 각 호에 따른다.
1. 빙설이 많은 지방 이외의 지방에서는 고온계절에는 갑종 풍압하중, 저온계절에는
　병종 풍압하중
2. 빙설이 많은 지방(제3호의 지방은 제외한다)에서는 고온계절에는 갑종 풍압하중,
　저온계절에는 을종 풍압하중
3. 빙설이 많은 지방 중 해안지방 기타 저온계절에 최대풍압이 생기는 지방에서는 고
　온계절에는 갑종 풍압하중, 저온계절에는 갑종 풍압하중과 을종 풍압하중 중 큰 것
④ 인가가 많이 연접되어있는 장소에 시설하는 가공전선로의 구성재 중 다음 각 호의
풍압하중에 대하여는 제3항의 규정에도 불구하고 갑종 풍압하중 또는 을종 풍압하중
대신에 병종 풍압하중을 적용할 수 있다.
1. 저압 또는 고압 가공전선로의 지지물 또는 가섭선
2. 사용전압이 35 kV 이하의 전선에 특고압 절연전선 또는 케이블을 사용하는 특고압
　가공전선로의 지지물, 가섭선 및 특고압 가공전선을 지지하는 애자장치 및 완금류

가공전선로 지지물의 기초의 안전율[제63조] 가공전선로의 지지물에 하중이 가하여지는 경우
에 그 하중을 받는 지지물의 기초의 안전율은 2(제117조 제1항에 규정하는 이상 시 상
정하중이 가하여지는 경우의 그 이상 시 상정하중에 대한 철탑의 기초에 대하여는 1.33)
이상이어야 한다. 다만, 다음 각 호에 따라 시설하는 경우에는 그러하지 아니하다.
1. 강관을 주체로 하는 철주(이하 "강관주"라 한다.) 또는 철근 콘크리트주로서 그 전
　체길이가 16 m 이하, 설계하중이 6.8 kN 이하인 것 또는 목주를 다음에 의하여 시
　설하는 경우
　가. 전체의 길이가 15 m 이하인 경우는 땅에 묻히는 깊이를 전체길이의 6분의 1 이상
　　으로 할 것
　나. 전체의 길이가 15 m를 초과하는 경우는 땅에 묻히는 깊이를 2.5 m 이상으로 할 것
　다. 논이나 그 밖의 지반이 연약한 곳에서는 견고한 근가(根架)를 시설할 것
2. 철근 콘크리트주로서 그 전체의 길이가 16 m 초과 20 m 이하이고, 설계하중이 6.8
　kN 이하의 것을 논이나 그 밖의 지반이 연약한 곳 이외에 그 묻히는 깊이를 2.8 m
　이상으로 시설하는 경우
3. 철근 콘크리트주로서 전체의 길이가 14 m 이상 20 m 이하이고, 설계하중이 6.8
　kN 초과 9.8 kN 이하의 것을 논이나 그 밖의 지반이 연약한 곳 이외에 시설하는 경
　우 그 묻히는 깊이는 제1호 "가" 및 "나"에 의한 기준보다 30 cm를 가산하여 시설하
　는 경우

4. 철근 콘크리트주로서 그 전체의 길이가 14 m 이상 20 m 이하이고, 설계하중이 9.81 kN 초과 14.72 kN 이하의 것을 논이나 그 밖의 지반이 연약한 곳 이외에 다음과 같이 시설하는 경우

　가. 전체의 길이가 15 m 이하인 경우에는 그 묻는 깊이를 제1호 "가"에 규정한 기준보다 50 cm를 더한 값 이상으로 할 것

　나. 전체의 길이가 15 m 초과 18 m 이하인 경우에는 그 묻히는 깊이를 3 m 이상으로 할 것

　다. 전체의 길이가 18 m를 초과하는 경우에는 그 묻히는 깊이를 3.2 m 이상으로 할 것

가공 약전류전선로의 유도장해 방지[제68조] ① 저압 가공전선로(전기철도용 급전선로는 제외한다) 또는 고압 가공전선로(전기철도용 급전선로는 제외한다)와 기설 가공약전류전선로가 병행하는 경우에는 유도작용에 의하여 통신상의 장해가 생기지 아니하도록 전선과 기설약전류전선 간의 이격거리는 2 m 이상이어야 한다. 다만, 저압 또는 고압의 가공전선이 케이블인 경우 또는 가공약전류전선로의 관리자의 승낙을 받은 경우에는 그러하지 아니하다.

② 제1항 본문에 따라 시설하더라도 기설 가공약전류전선로에 장해를 줄 우려가 있는 경우에는 다음 각 호 중 한 가지 또는 두 가지 이상을 기준으로 하여 시설하여야 한다.

1. 가공전선과 가공약전류전선 간의 이격거리를 증가시킬 것
2. 교류식 가공전선로의 경우에는 가공전선을 적당한 거리에서 연가할 것
3. 가공전선과 가공약전류전선 사이에 인장강도 5.26 kN 이상의 것 또는 지름 4 mm 이상인 경동선의 금속선 2가닥 이상을 시설하고 이에 제3종 접지공사를 할 것

가공케이블의 시설[제69조] ① 저압 가공전선[저압 옥측전선로(저압의 인입선 및 연접인입선의 옥측 부분을 제외한다. 이하 이 장에서 같다) 또는 제151조 제2항의 규정에 의하여 시설하는 저압 전선로에 인접하는 1경간의 전선, 가공 인입선 및 연접 인입선의 가공부분을 제외한다. 이하 이 절에서 같다] 또는 고압 가공전선[고압 옥측전선로(고압 인입선의 옥측 부분을 제외한다. 이하 이 장에서 같다) 또는 제151조 제2항의 규정에 의하여 시설하는 고압 전선로에 인접하는 1경간의 전선 및 가공 인입선을 제외한다. 이하 이 절에서 같다]에 케이블을 사용하는 경우에는 다음 각 호에 따라 시설하여야 한다.

1. 케이블은 조가용선에 행거로 시설할 것. 이 경우에는 사용전압이 고압인 때에는 그 행거의 간격을 50 cm 이하로 시설하여야 한다.
2. 조가용선은 인장강도 5.93 kN 이상의 것 또는 단면적 22 mm^2 이상인 아연도강연선일 것

3. 조가용선 및 케이블의 피복에 사용하는 금속체에는 제3종 접지공사를 할 것. 다만, 저압 가공전선에 케이블을 사용하고 조가용선에 절연전선 또는 이와 동등 이상의 절연내력이 있는 것을 사용할 때에 조가용선에 제3종 접지공사를 하지 아니할 수 있다.

4. 고압 가공전선에 케이블을 사용하는 경우의 조가용선은 제71조 제1항의 규정에 준하여 시설할 것. 이 경우에 조가용선의 중량 및 조가용선에 대한 수평풍압에는 각각 케이블의 중량[제71조 제1항 제2호 또는 제3호에 규정하는 빙설이 부착한 경우에는 그 피빙전선(被氷電線)의 중량] 및 케이블에 대한 수평풍압 (제71조 제1항 제2호 또는 제3호에 규정하는 빙설이 부착한 경우에는 그 피빙전선에 대한 수평풍압)을 가산한다.

② 조가용선의 케이블에 접촉시켜 그 위에 쉽게 부식하지 아니하는 금속 테이프 등을 20 cm 이하의 간격을 유지하며 나선상으로 감는 경우, 조가용선을 케이블의 외장에 견고하게 붙이는 경우 또는 조가용선과 케이블을 꼬아 합쳐 조가하는 경우에 그 조가용선이 인장강도 5.93 kN 이상의 금속선의 것 또는 단면적 22 mm^2 이상인 아연도강 연선의 경우에는 제1항 제1호 및 제2호의 규정에 의하지 아니할 수 있다.

③ 고압 가공전선에 반도전성 외장 조가용 고압케이블을 사용하는 경우는 제1항 제2호부터 제4호까지의 규정에 준하여 시설하는 이외에 조가용선을 반도전성 외장조가용 고압 케이블에 접속시켜 그 위에 쉽게 부식하지 아니하는 금속 테이프를 6 cm 이하의 간격을 유지하면서 나선상으로 감아 시설하여야 한다.

④ 제3항에서 규정하는 반도전성 외장 조가용 고압케이블은 KS C IEC 60502에 적합한 것이어야 한다.

저고압 가공전선의 굵기 및 종류 [제70조] ① 저압 가공전선은 나전선 (중성선 또는 다중접지된 접지 측 전선으로 사용하는 전선에 한한다), 절연전선, 다심형 전선 또는 케이블을, 고압 가공전선은 고압 절연전선, 특고압 절연전선, 또는 케이블 (제69조 제3항에 규정하는 반도전성 외장 조가용 고압 케이블을 포함한다. 이하 이 절 및 제102조에서 같다)을 사용하여야 한다.

② 사용전압이 400 V 미만인 저압 가공전선은 케이블인 경우를 제외하고는 인장강도 3.43 kN 이상의 것 또는 지름 3.2 mm (절연전선인 경우는 인장강도 2.3 kN 이상의 것 또는 지름 2.6 mm 이상의 경동선) 이상의 것이어야 한다.

③ 사용전압이 400 V 이상인 저압 가공전선 또는 고압 가공전선은 케이블인 경우 이외에는 시가지에 시설하는 것은 인장강도 8.01 kN 이상의 것 또는 지름 5 mm 이상의 경동선, 시가지 외에 시설하는 것은 인장강도 5.26 kN 이상의 것 또는 지름 4 mm 이상의 경동선이어야 한다.

④ 사용전압이 400 V 이상인 저압 가공전선에는 인입용 비닐절연전선 또는 다심형 전선을 사용하여서는 아니 된다.

⑤ 사용전압이 400 V 미만인 저압 가공전선에 다심형 전선을 사용하는 경우에 그 절연물로 피복되어있지 아니한 도체는 제2종 접지공사를 한 중성선이나 접지 측 전선 또는 제3종 접지공사를 한 조가용선으로 사용하여야 한다.

저고압 가공전선의 안전율[제71조] ① 고압 가공전선은 케이블인 경우 이외에는 다음 각 호에 규정하는 경우에 그 안전율이 경동선 또는 내열 동합금선은 2.2 이상, 그 밖의 전선은 2.5 이상이 되는 이도 (弛度)로 시설하여야 한다.

1. 빙설(氷雪)이 많은 지방 이외의 지방에서는 그 지방의 평균온도에서 전선의 중량과 그 전선의 수직 투영면적 $1 \, m^2$ 에 대하여 745 Pa의 수평풍압과의 합성하중을 지지하는 경우 및 그 지방의 최저온도에서 전선의 중량과 그 전선의 수직 투영면적 $1 \, m^2$ 에 대하여 372 Pa의 수평풍압과의 합성하중을 지지하는 경우

2. 빙설이 많은 지방 (제3호의 지방을 제외한다)에서는 그 지방의 평균온도에서 전선의 중량과 그 전선의 수직 투영면적 $1 \, m^2$에 대하여 745 Pa의 수평풍압과의 합성하중을 지지하는 경우 및 그 지방의 최저온도에서 전선의 주위에 두께 6 mm, 비중 0.9의 빙설이 부착한 때의 전선 및 빙설의 중량과 그 피빙전선의 수직 투영면적 $1 \, m^2$에 대하여 372 Pa의 수평풍압과의 합성하중을 지지하는 경우

3. 빙설이 많은 지방 중 해안지방, 기타 저온계절에 최대풍압이 생기는 지방에서는 그 지방의 평균온도에서 전선의 중량과 그 전선의 수직 투영면적 $1 \, m^2$에 대하여 745 Pa의 수평풍압과의 합성하중을 지지하는 경우 및 그 지방의 최저온도에서 전선의 중량과 그 전선의 수직 투영면적 $1 \, m^2$ 에 대하여 745 Pa의 수평풍압과의 합성하중 또는 전선의 주위에 두께 6 mm, 비중 0.9의 빙설이 부착한 때의 전선 및 빙설의 중량과 그 피빙전선의 수직 투영면적 $1 \, m^2$에 대하여 372 Pa의 수평풍압과의 합성하중 중 어느 것이나 큰 것을 지지하는 경우

② 저압 가공전선이 다음 각 호의 어느 하나에 해당하는 경우에는 제1항의 규정에 준하여 시설하여야 한다.

1. 다심형 전선인 경우
2. 사용전압이 400 V 이상인 경우

고압 가공전선로의 가공지선[제73조] 고압 가공전선로에 사용하는 가공지선은 인장강도 5.26 kN 이상의 것 또는 지름 4 mm 이상의 나경동선을 사용하고 또한 이를 제71조 제1항의 규정에 준하여 시설하여야 한다.

저고압 가공전선로의 지지물의 강도 등[제74조] ① 저압 가공전선로의 지지물은 목주인 경우에는 풍압하중의 1.2배의 하중, 기타의 경우에는 풍압하중에 견디는 강도를 가지는

것이어야 한다.

② 고압 가공전선로의 지지물로서 사용하는 목주는 다음 각 호에 따라 시설하여야 한다.

1. 풍압하중에 대한 안전율은 1.3 이상일 것

2. 굵기는 말구(末口) 지름 12 cm 이상일 것

③ 제63조 단서의 규정에 의하여 시설하는 철주(이하 "A종 철주"라 한다) 또는 철근 콘크리트주(이하 "A종 철근 콘크리트주"라 한다) 중 복합 철근 콘크리트주로서 고압 가공전선로의 지지물로 사용하는 것은 풍압하중 및 제116조 제1항 제1호 "가"에 규정하는 수직하중에 견디는 강도를 가지는 것이어야 한다.

④ A종 철근 콘크리트주 중 복합 철근 콘크리트주 이외의 것으로서 고압 가공전선로의 지지물로 사용하는 것은 풍압하중에 견디는 강도를 가지는 것이어야 한다.

⑤ A종 철주 이외의 철주(이하 "B종 철주"라 한다)·A종 철근 콘크리트주 이외의 철근 콘크리트주(이하 "B종 철근 콘크리트주"라 한다) 또는 철탑으로서 고압 가공전선로의 지지물로 사용하는 것은 제116조 제1항에 규정하는 상시 상정하중에 견디는 강도를 가지는 것이어야 한다.

고압 가공전선로 경간의 제한[제76조] ① 고압 가공전선로의 경간은 〈표 76-1〉에서 정한 값 이하이어야 한다.

〈표 76-1〉

지지물의 종류	경간
목주·A종 철주 또는 A종 철근 콘크리트주	150 m
B종 철주 또는 B종 철근 콘크리트주	250 m
철탑	600 m

② 고압 가공전선로의 경간이 100 m를 초과하는 경우에는 그 부분의 전선로는 다음 각 호에 따라 시설하여야 한다.

1. 고압 가공전선은 인장강도 8.01 kN 이상의 것 또는 지름 5 mm 이상의 경동선일 것

2. 목주의 풍압하중에 대한 안전율은 1.5 이상일 것

③ 고압 가공전선로의 전선에 인장강도 8.71 kN 이상의 것 또는 단면적 22 mm² 이상의 경동연선의 것을 다음 각 호에 따라 지지물을 시설하는 때에는 제1항의 규정에 의하지 아니할 수 있다. 이 경우에 그 전선로의 경간은 그 지지물에 목주·A종 철주 또는 A종 철근 콘크리트주를 사용하는 경우에는 300 m 이하, B종 철주 또는 B종 철근 콘크리트주를 사용하는 경우에는 500 m 이하이어야 한다.

1. 목주·A종 철주 또는 A종 철근 콘크리트주에는 전 가섭선마다 각 가섭선의 상정 최대장력의 3분의 1에 상당하는 불평균 장력에 의한 수평력에 견디는 지선을 그 전선로의 방향으로 양쪽에 시설할 것. 다만, 토지의 상황에 의하여 그 전선로 중의 경

간에 근접하는 곳의 지지물에 그 지선을 시설하는 경우에는 그러하지 아니하다.
2. B종 철주 또는 B종 철근 콘크리트주에는 제115조 제1항 또는 제2항의 규정에 준하
   는 강도를 가지는 제114조 제4호의 규정에 준하는 내장형의 철주나 철근 콘크리트주
   혹은 이와 동등 이상의 강도를 가지는 형식의 철주나 철근 콘크리트주를 사용하거나
   제1호 본문의 규정에 준하는 지선을 시설할 것. 다만, 토지의 상황에 의하여 그 전선
   로 중의 경간에 근접하는 곳의 지지물에 그 철주나 철근 콘크리트주를 사용하거나
   그 지선을 시설하는 경우에는 그러하지 아니하다.
3. 철탑에는 제115조 제3항의 규정에 준하는 강도를 가지는 형식의 것을 사용할 것

저압 가공전선 상호 간의 접근 또는 교차 [제84조] 저압 가공전선이 다른 저압 가공전선과
접근상태로 시설되거나 교차하여 시설되는 경우에는 저압 가공전선 상호 간의 이격거
리는 60 cm(어느 한쪽의 전선이 고압 절연전선, 특고압 절연전선 또는 케이블인 경
우에 30 cm) 이상, 하나의 저압 가공전선과 다른 저압 가공전선로의 지지물 사이의
이격거리는 30 cm 이상이어야 한다.

고압 가공전선 등과 저압 가공전선 등의 접근 또는 교차 [제85조] ① 고압 가공전선이 저압
가공전선 또는 고압 전차선(이하 이 조에서 "저압 가공전선 등"이라 한다)과 접근상
태로 시설되거나 고압 가공전선이 저압 가공전선 등과 교차하는 경우에 고압 가공전
선 등의 위에 시설되는 때에는 다음 각 호에 따라야 한다.
1. 고압 가공전선로는 고압 보안공사에 의할 것. 다만, 그 전선로의 전선이 제23조 제1
   항부터 제3항까지의 규정에 의하여 전선로의 일부에 접지공사를 한 저압 가공전선
   과 접근하는 경우에는 그러하지 아니하다.
2. 고압 가공전선과 저압 가공전선 등 또는 그 지지물 사이의 이격거리는 〈표 85-1〉
   에서 정한 값 이상일 것

〈표 85-1〉

저압 가공전선 등 또는 그 지지물의 구분	이격거리
저압 가공전선 등	80 cm (고압 가공전선이 케이블인 경우에는 40 cm)
저압 가공전선 등의 지지물	60 cm (고압 가공전선이 케이블인 경우에는 30 cm)

② 고압 가공전선 또는 고압 전차선(이하 이 조에서 "고압 가공전선 등"이라 한다)이
저압 가공전선과 접근하는 경우에는 고압 가공전선 등은 저압 가공전선의 아래쪽에 수
평거리로 그 저압 가공전선로의 지지물의 지표상의 높이에 상당하는 거리 안에 시설하

여서는 아니 된다. 다만, 기술상의 부득이한 경우에 저압 가공전선이 다음 각 호에 따라 시설되는 경우 또는 고압 가공전선 등과 저압 가공전선과의 수평거리가 2.5 m 이상인 때에 저압 가공전선로의 전선 절단·지지물의 도괴 등에 의하여 저압 가공전선이 고압 가공전선 등에 접촉할 우려가 없는 경우에는 그러하지 아니하다.

1. 저압 가공전선로는 저압 보안공사에 의할 것. 다만, 제23조 제1항부터 제3항까지의 규정에 의하여 전로의 일부에 접지공사를 한 경우에는 그러하지 아니하다.

2. 저압 가공전선과 고압 가공전선 등 또는 그 지지물 사이의 이격거리는 〈표 85-2〉에서 정한 값 이상일 것

〈표 85-2〉

고압 가공전선 등 또는 그 지지물의 구분	이격거리
고압 가공전선	80 cm (고압 가공전선이 케이블인 경우에는 40 cm)
고압 전차선	1.2 m
고압 가공전선 등의 지지물	30 cm

3. 저압 가공전선로의 지지물과 고압 가공전선 등 사이의 이격거리는 60 cm (고압 가공전선로가 케이블인 경우에는 30 cm) 이상일 것

③ 저압 가공전선과 고압 가공전선 등 사이의 수평거리가 2.5 m 이상인 경우 또는 수평거리가 1.2 m 이상이고 또한 수직거리가 수평거리의 1.5배 이하인 경우에는 제2항 제1호 본문의 규정에도 불구하고 저압 가공전선로는 저압 보안공사(전선에 관한 부분에 한한다)에 의하지 아니할 수 있다.

④ 고압 가공전선 등이 저압 가공전선과 교차하는 경우에는 고압 가공전선 등은 저압 가공전선의 아래에 시설하여서는 아니 된다. 이 경우에 제2항 단서의 규정을 준용한다.

고압 가공전선 상호 간의 접근 또는 교차[제86조] 고압 가공전선이 다른 고압 가공전선과 접근상태로 시설되거나 교차하여 시설되는 경우에는 다음 각 호에 따라 시설하여야 한다.

1. 위쪽 또는 옆쪽에 시설되는 고압 가공전선로는 고압 보안공사에 의할 것

2. 고압 가공전선 상호 간의 이격거리는 80 cm (어느 한쪽의 전선이 케이블인 경우에는 40 cm) 이상, 하나의 고압 가공전선과 다른 고압 가공전선로의 지지물 사이의 이격거리는 60 cm (전선이 케이블인 경우에는 30 cm) 이상일 것

저압 가공전선과 다른 시설물의 접근 또는 교차[제87조] ① 저압 가공전선이 건조물·도로·횡단보도교·철도·궤도·삭도·가공약전류전선로 등·안테나·교류 전차선 등·

저압 또는 고압의 전차선·다른 저압 가공전선·고압 가공전선 및 특고압 가공전선 이외의 시설물(이하 이 조에서 "다른 시설물"이라 한다)과 접근상태로 시설되는 경우에는 저압 가공전선과 다른 시설물 사이의 이격거리는 〈표 87-1〉에서 정한 값 이상이어야 한다.

〈표 87-1〉

다른 시설물의 구분	접근형태	이격거리
조영물의 상부조영재	위쪽	2 m (전선이 고압 절연전선, 특고압 절연전선 또는 케이블인 경우에는 1 m)
	옆쪽 또는 아래쪽	60 cm (전선이 고압 절연전선, 특고압 절연전선 또는 케이블인 경우에는 30 cm)
조영물의 상부조영재 이외의 부분 또는 조영물 이외의 시설물		60 cm (전선이 고압 절연전선, 특고압 절연전선 또는 케이블인 경우에는 30 cm)

② 저압 가공전선이 다른 시설물의 위에서 교차하는 경우에는 제1항의 규정에 준하여 시설하여야 한다.

③ 저압 가공전선이 다른 시설물과 접근하는 경우에 저압 가공전선이 다른 시설물의 아래쪽에 시설되는 때에는 상호 간의 이격거리를 60 cm (전선이 고압 절연전선, 특고압 절연전선 또는 케이블인 경우에 30 cm) 이상으로 하고 또한 위험의 우려가 없도록 시설하여야 한다.

④ 저압 가공전선을 다음 각 호의 어느 하나에 따라 시설하는 경우에는 제1항부터 제3항까지(이격거리에 관한 부분에 한한다)의 규정에 의하지 아니할 수 있다.

1. 저압 방호구에 넣은 저압 가공나전선을 건축 현장의 비계틀 또는 이와 유사한 시설물에 접촉하지 아니하도록 시설하는 경우

2. 저압 방호구에 넣은 저압 가공절연전선 등을 조영물에 시설된 간이한 돌출간판 기타 사람이 올라갈 우려가 없는 조영재 또는 조영물 이외의 시설물에 접촉하지 아니하도록 시설하는 경우

3. 저압 절연전선 또는 저압 방호구에 넣은 저압 가공나전선을 조영물에 시설된 간이한 돌출간판 기타 사람이 올라갈 우려가 없는 조영재에 30 cm 이상 이격하여 시설하는 경우

고압 가공전선과 다른 시설물의 접근 또는 교차[제88조] ① 고압 가공전선이 건조물·도로·횡단보도교·철도·궤도·삭도·가공약전류전선 등·안테나·교류 전차선 등·저압 또는 전차선·저압 가공전선·다른 고압 가공전선 및 특고압 가공전선 이외의 시설물(이하 이 조에서 "다른 시설물"이라 한다)과 접근상태로 시설되는 경우에는 고압 가공전선과

다른 시설물의 이격거리는 〈표 88-1〉에서 정한 값 이상으로 하여야 한다. 이 경우에 고압 가공전선로의 전선의 절단, 지지물이 도괴 등에 의하여 고압 가공전선이 다른 시설물과 접촉함으로써 사람에게 위험을 줄 우려가 있을 때에는 고압 가공전선로는 고압 보안공사에 의하여야 한다.

〈표 88-1〉

다른 시설물의 구분	접근형태	이격거리
조영물의 상부조영재	위쪽	2 m (전선이 케이블인 경우에는 1 m)
	옆쪽 또는 아래쪽	80 cm (전선이 케이블인 경우에는 40 cm)
조영물의 상부조영재 이외의 부분 또는 조영물 이외의 시설물		80 cm (전선이 케이블인 경우에는 40 cm)

② 고압 가공전선이 다른 시설물의 위에서 교차하는 경우에는 제1항의 규정에 준하여 시설하여야 한다.

③ 고압 가공전선이 다른 시설물과 접근하는 경우에 고압 가공전선이 다른 시설물의 아래쪽에 시설되는 때에는 상호 간의 이격거리를 80 cm (전선이 케이블인 경우에는 40 cm) 이상으로 하고 위험의 우려가 없도록 시설하여야 한다.

④ 고압 방호구에 넣은 고압 가공절연전선을 조영물에 시설된 간이한 돌출간판 기타 사람이 올라갈 우려가 없는 조영재 또는 조영물 이외의 시설물에 접촉하지 아니하도록 시설하는 경우에는 제1항부터 제3항까지(이격거리에 관한 부분에 한한다)의 규정에 의하지 아니할 수 있다.

저고압 가공전선과 식물의 이격거리[제89조] 저압 또는 고압 가공전선은 상시 부는 바람 등에 의하여 식물에 접촉하지 않도록 시설하여야 한다. 다만, 저압 또는 고압 가공절연전선을 방호구에 넣어 시설하거나 절연내력 및 내마모성이 있는 케이블을 시설하는 경우는 그러하지 아니하다.

저고압 옥측전선로 등에 인접하는 가공전선의 시설[제90조] ① 저압 옥측전선로 또는 제151조 제2항의 규정에 의하여 시설하는 저압 전선로에 인접하는 1경간의 가공전선은 제100조의 규정에 준하여 시설하여야 한다.

② 고압 옥측전선로 또는 제151조 제2항의 규정에 의하여 시설하는 고압 전선로에 인접하는 1경간의 가공전선은 제102조의 규정에 준하여 시설하여야 한다.

저고압 가공전선과 가공약류전선 등의 공가 [제91조] 저압 가공전선 또는 고압 가공전선과 가공약류전선 등 (전력보안 통신용의 가공약류전선은 제외한다. 이하 이 조에서 같다)을 동일 지지물에 시설하는 경우에는 다음 각 호에 따라 시설하여야 한다.

1. 전선로의 지지물로서 사용하는 목주의 풍압하중에 대한 안전율은 1.5 이상일 것.

2. 가공전선을 가공약류전선 등의 위로 하고 별개의 완금류에 시설할 것. 다만, 가공약류전선로의 관리자의 승낙을 받은 경우에 저압 가공전선에 고압 절연전선, 특고압 절연전선 또는 케이블을 사용하는 때에는 그러하지 아니하다.

3. 가공전선과 가공약류전선 등 사이의 이격거리는 가공전선에 유선 텔레비전용 급전 겸용 동축케이블을 사용한 전선으로서 그 가공전선로의 관리자와 가공약류전선로 등의 관리자가 같을 경우 이외에는 저압 (다중 접지된 중성선을 제외한다)은 75 cm 이 상, 고압은 1.5 m 이상일 것. 다만, 가공약류전선 등이 절연전선과 동등 이상의 절 연효력이 있는 것 또는 통신용 케이블인 경우에 이격거리를 저압 가공전선이 고압 절 연전선, 특고압 절연전선 또는 케이블인 경우에는 30 cm, 고압 가공전선이 케이블인 때에는 50 cm까지, 가공약류전선로 등의 관리자의 승낙을 얻은 경우에는 이격거리 를 저압은 60 cm, 고압은 1 m까지로 각각 감할 수 있다.

4. 가공약류전선 등의 관리자의 승낙을 얻은 경우에 가공약류전선 등이 광섬유케 이블이고 제155조 제1항 제2호·제3호 및 제161조 제1항의 규정에 준하여 시설하는 경우에는 제3호의 규정에 의하지 아니할 수 있다.

5. 가공전선이 가공약류전선에 대하여 유도작용에 의한 통신상의 장해를 줄 우려가 있는 경우에는 제68조 제2항의 규정에 준하여 시설할 것

6. 가공전선로의 수직배선 [지지물의 길이의 방향으로 시설되는 약류전선 및 광섬유 케이블 (이하 "약류 전선 등"이라 한다) 및 전선과 그 부속물을 말한다. 이하 같다] 은 다음과 같이 시설할 것

   가. 가공전선로의 수직배선과 가공약류전선로 등의 수직배선을 동일 지지물에 시설 하는 경우에는 지지물을 사이에 두고 시설하고 또한 지표상 4.5 m 안에 있어서는 가공전선로의 수직배선을 도로 측에 돌출시키지 아니할 것. 다만, 가공전선로의 수 직배선이 가공약류전선로 등의 수직배선으로부터 1 m 이상 떨어져 있을 때 또는 가공전선로의 수직배선과 가공약류전선 등의 수직배선이 케이블인 경우에 이들이 직접 접촉될 우려가 없도록 지지물이나 완금류에 견고하게 시설한 때에는 지지물의 같은 쪽에 시설할 수 있다.

   나. 지지물의 표면에 붙이는 가공전선로의 수직배선에는 가공약류전선 등의 시설자 가 지지물에 시설한 것의 1 m 위로부터 전선로의 수직배선의 맨 아래까지의 사이에 는 저압은 절연전선 또는 케이블, 고압은 케이블을 사용할 것

   다. 지지물의 표면에 붙이는 가공약류전선 등의 수직배선에는 가공약류전선 등의 관 리자와 가공전선로의 관리자가 상호 승낙을 받았을 경우에 가공약류전선 등의 수직

배선을 케이블 또는 충분한 절연내력이 있는 것에 넣어 가공전선과 직접 접촉할 우려가 없도록 지지물 또는 완금류에 견고하게 시설할 경우에는 제2호 및 제3호에 의하지 아니할 수 있다.

7. 가공전선로의 접지선에 절연전선 또는 케이블을 사용하고 또한 가공전선로의 접지선 및 접지극과 가공약전류전선로 등의 접지선 및 접지극과는 각각 별개로 시설할 것

8. 전선로의 지지물은 그 전선로의 공사, 유지 및 운용에 지장을 줄 우려가 없도록 시설할 것

구내에 시설하는 저압 가공전선로 [제93조] ① 1구내에만 시설하는 사용전압이 400 V 미만인 저압 가공전선로의 전선이 건조물의 위에 시설되는 경우, 도로 (폭이 5 m를 초과하는 것에 한한다) · 횡단보도교 · 철도 · 궤도 · 삭도 · 가공약전류전선 등 · 안테나 · 다른 가공전선 또는 전차선과 교차하여 시설되는 경우 및 이들과 수평거리로 그 저압 가공전선로의 지지물의 지표상 높이에 상당하는 거리 이내에 접근하여 시설되는 경우 이외에 한하여 다음 각 호에 따라 시설하는 때에는 제70조 및 제87조 제1항부터 제3항까지의 규정에 의하지 아니할 수 있다.

1. 전선은 지름 2 mm 이상의 경동선의 절연전선 또는 이와 동등 이상의 세기 및 굵기의 절연전선일 것. 다만, 경간이 10 m 이하인 경우에 한하여 공칭단면적 4 mm^2 이상의 연동 절연전선을 사용할 수 있다.

2. 전선로의 경간은 30 m 이하일 것

3. 전선과 다른 시설물과의 이격거리는 〈표 93-1〉에서 정한 값 이상일 것

〈표 93-1〉

다른 시설물의 구분	접근형태	이격거리
조영물의 상부조영재	위쪽	1 m
	옆쪽 또는 아래쪽	60 cm (전선이 고압 절연전선, 특고압 절연전선 또는 케이블인 경우에는 30 cm)
조영물의 상부조영재 이외의 부분 또는 조영물 이외의 시설물		60 cm (전선이 고압 절연전선, 특고압 절연전선 또는 케이블인 경우에는 30 cm)

② 1구내에만 시설하는 사용전압이 400 V 미만인 저압 가공전선로의 전선은 그 저압 가공전선이 도로 (폭이 5 m를 초과하는 것에 한한다) · 횡단보도교 · 철도 또는 궤도를 횡단하여 시설하는 경우 이외의 경우에 한하여 다음 각 호에 따라 시설하는 때에는 제72조 제1항의 규정에 의하지 아니할 수 있다.

1. 도로를 횡단하는 경우에는 4 m 이상이고 교통에 지장이 없는 높이일 것
2. 제1호 이외의 경우에는 3 m 이상의 높이일 것

저압 옥측전선로의 시설[제94조] ① 저압 옥측전선로는 다음 각 호의 어느 하나에 해당하는 경우에 한하여 시설할 수 있다.

1. 1구내 또는 동일 기초구조물 및 여기에 구축된 복수의 건물과 구조적으로 일체화된 하나의 건물(이하 이 조에서 "1 구내 등"이라 한다)에 시설하는 전선로의 전부 또는 일부로 시설하는 경우

2. 1구내 등 전용의 전선로 중 그 구내에 시설하는 부분의 전부 또는 일부로 시설하는 경우

② 저압 옥측전선로는 다음 각 호에 따라 시설하여야 한다.

1. 저압 옥측전선로는 다음 각 목의 어느 하나에 의할 것

   가. 애자사용공사(전개된 장소에 한한다)

   나. 합성수지관공사

   다. 금속관공사(목조 이외의 조영물에 시설하는 경우에 한한다)

   라. 버스덕트공사[목조 이외의 조영물(점검할 수 없는 은폐된 장소를 제외한다)에 시설하는 경우에 한한다]

   마. 케이블공사(연피 케이블·알루미늄 피 케이블 또는 미네럴인슈레이션케이블을 사용하는 경우에는 목조 이외의 조영물에 시설하는 경우에 한한다)

2. 애자사용공사에 의한 저압 옥측전선로는 제195조 제1항과 다음에 의하고 또한 사람이 쉽게 접촉할 우려가 없도록 시설할 것

   가. 전선은 공칭단면적 4 mm^2 이상의 연동 절연전선(옥외용 비닐절연전선 및 인입용 절연전선을 제외한다)일 것

   나. 전선 상호 간의 간격 및 전선과 그 저압 옥측전선로를 시설하는 조영재 사이의 이격거리는 〈표 94-1〉에서 정한 값 이상일 것

〈표 94-1〉

시설장소	전선 상호 간의 간격		전선과 조영재 사이의 이격거리	
	사용전압이 400 V 미만인 경우	사용전압이 400 V 이상인 경우	사용전압이 400 V 미만인 경우	사용전압이 400 V 이상인 경우
비나 이슬에 젖지 아니하는 장소	6 cm	6 cm	2.5 cm	2.5 cm
비나 이슬에 젖는 장소	6 cm	12 cm	2.5 cm	4.5 cm

다. 전선의 지지점 간의 거리는 2 m 이하일 것

라. 전선에 인장강도 1.38 kN 이상의 것 또는 지름 2 mm 이상의 경동선을 사용하고 또한 전선 상호 간의 간격을 20 cm 이상, 전선과 저압 옥측전선로를 시설한 조영재 사이의 이격거리를 30 cm 이상으로 하여 시설하는 경우에 한하여 옥외용 비닐절연전선을 사용하거나 지지점 간의 거리를 2 m 초과, 15 m 이하로 할 수 있다.

마. 사용전압이 400 V 미만인 경우에 다음에 의하고 또한 전선을 손상할 우려가 없도록 시설할 때에는 "가" 및 "나" (전선 상호 간의 간격에 관한 것에 한한다)에 의하지 아니할 수 있다.

(1) 전선은 공칭단면적 4 mm^2 이상의 연동 절연전선 또는 지름 2 mm 이상의 인입용 비닐절연전선일 것

(2) 전선을 바인드선에 의하여 애자에 붙이는 경우에는 각각의 선심을 애자의 다른 홈에 넣고 또한 다른 바인드선으로 선심 상호 간 및 바인드선 상호 간이 접촉하지 아니하도록 견고하게 시설할 것

(3) 전선을 접속하는 경우에는 각각의 선심의 접속점은 5 cm 이상 띄울 것

(4) 전선과 그 저압 옥측전선로를 시설하는 조영재 사이의 이격거리는 3 cm 이상일 것

바. "마"에 의하는 경우로 전선과 그 저압 옥측전선로를 시설하는 조영재 사이의 이격거리를 30 cm 이상으로 시설하는 경우에는 지지점 간의 거리를 2 m 초과, 15 m 이하로 할 수 있다.

사. 애자는 절연성·난연성 및 내수성이 있는 것일 것

3. 합성수지관공사에 의한 저압 옥측전선로는 제183조 및 제195조 제2항의 규정에 준하여 시설할 것

4. 금속관공사에 의한 저압 옥측전선로는 제184조의 규정에 준하여 시설할 것

5. 버스덕트공사에 의한 저압 옥측전선로는 제188조의 규정에 준하여 시설하는 이외의 덕트는 물이 스며들어 고이지 아니하는 것일 것

6. 케이블 공사에 의한 저압 옥측전선로는 제195조 제2항의 규정에 준하여 시설하고 또한 다음 각 목의 어느 하나에 의하여 시설할 것

가. 케이블을 조영재에 따라서 시설할 경우에는 제193조 제1항의 규정에 준하여 시설할 것

나. 케이블을 조가용선에 조가하여 시설할 경우에는 제69조 (제1항 제4호 및 제3항을 제외한다)의 규정에 준하여 시설하고 또한 저압 옥측전선로에 시설하는 전선은 조영재에 접촉하지 아니하도록 시설할 것

③ 저압 옥측전선로의 전선이 그 저압 옥측전선로를 시설하는 조영물에 시설하는 다른 저압 옥측전선 (저압 옥측전선로의 전선·저압의 인입선 및 연접 인입선의 옥측 부분과 저압 옥측배선을 말한다. 이하 같다)·관등회로의 배선·약전류전선 등 또는 수관·가스관이나 이들과 유사한 것과 접근하거나 교차하는 경우에는 제196조의 규정에 준하여 시설하여야 한다.

④ 제3항의 경우 이외에는 애자사용공사에 의한 저압 옥측전선로의 전선이 다른 시설물[그 저압 옥측전선로를 시설하는 조영재·가공전선·고압 옥측전선(고압 옥측전선로의 전선·고압 인입선의 옥측 부분 및 고압 옥측배선을 말한다. 이하 같다)·특고압 옥측전선(특고압 옥측전선로의 전선·특고압 인입선의 옥측 부분 및 특고압 옥측배선을 말한다. 이하 같다) 및 옥상전선을 제외한다. 이하 이 항에서 같다]과 접근하는 경우 또는 애자사용공사에 의한 저압 옥측전선로의 전선이 다른 시설물의 위나 아래에 시설되는 경우에 저압 옥측전선로의 전선과 다른 시설물 사이의 이격거리는 〈표 94-2〉에서 정한 값 이상이어야 한다.

〈표 94-2〉

다른 시설물의 구분	접근형태	이격거리
조영물의 상부조영재	위쪽	2 m (전선이 고압 절연전선, 특고압 절연전선 또는 케이블인 경우에는 1 m)
	옆쪽 또는 아래쪽	60 cm (전선이 고압 절연전선, 특고압 절연전선 또는 케이블인 경우에는 30 cm)
조영물의 상부조영재 이외의 부분 또는 조영물 이외의 시설물		60 cm (전선이 고압 절연전선, 특고압 절연전선 또는 케이블인 경우에는 30 cm)

⑤ 애자사용공사에 의한 저압 옥측전선로의 전선과 식물 사이의 이격거리는 20 cm 이상이어야 한다. 다만, 저압 옥측전선로의 전선이 고압 절연전선 또는 특고압 절연전선인 경우에 그 전선을 식물에 접촉하지 아니하도록 시설하는 때에는 그러하지 아니하다.

고압 옥측전선로의 시설[제95조] ① 고압 옥측전선로는 다음 각 호의 어느 하나에 해당하는 경우에 한하여 시설할 수 있다.

1. 1구내 또는 동일 기초 구조물 및 여기에 구축된 복수의 건물과 구조적으로 일체화된 하나의 건물(이하 이 조문에서 "1구내 등"이라 한다)에 시설하는 전선로의 전부 또는 일부로 시설하는 경우
2. 1구내 등 전용의 전선로 중 그 구내에 시설하는 부분의 전부 또는 일부로 시설하는 경우
3. 옥외에 시설한 복수의 전선로에서 수전하도록 시설하는 경우

② 고압 옥측전선로는 전개된 장소에 제195조 제2항의 규정에 준하여 시설하고 또한 다음 각 호에 따라 시설하여야 한다.

1. 전선은 케이블일 것

2. 케이블은 견고한 관 또는 트라프에 넣거나 사람이 접촉할 우려가 없도록 시설할 것

3. 케이블을 조영재의 옆면 또는 아랫면에 따라 붙일 경우에는 케이블의 지지점 간의 거리를 2 m (수직으로 붙일 경우에는 6 m) 이하로 하고 또한 피복을 손상하지 아니 하도록 붙일 것

※ 조영재(造營材) : 건축물 등의 기둥, 벽, 천장, 지붕 등을 말함

4. 케이블을 조가용선에 조가하여 시설하는 경우에 제69조 (제3항을 제외한다)의 규정에 준하여 시설하고 또한 전선이 고압 옥측전선로를 시설하는 조영재에 접촉하지 아니하도록 시설할 것

5. 관 기타의 케이블을 넣는 방호장치의 금속제 부분·금속제의 전선 접속함 및 케이블의 피복에 사용하는 금속제에는 이들의 방식조치를 한 부분 및 대지와의 사이의 전기저항 값이 10 Ω 이하인 부분을 제외하고 제1종 접지공사 (사람이 접촉할 우려가 없도록 시설할 경우에는 제3종 접지공사)를 할 것

③ 고압 옥측전선로의 전선이 그 고압 옥측전선로를 시설하는 조영물에 시설하는 특고압 옥측전선·저압 옥측전선·관등회로의 배선·약전류전선 등이나 수관·가스관 또는 이와 유사한 것과 접근하거나 교차하는 경우에는 고압 옥측전선로의 전선과 이들 사이의 이격거리는 15 cm 이상이어야 한다.

④ 제3항의 경우 이외에는 고압 옥측전선로의 전선이 다른 시설물 (그 고압 옥측전선로를 시설하는 조영물에 시설하는 다른 고압 옥측전선, 가공전선 및 옥상전선을 제외한다. 이하 이 조에서 같다)과 접근하는 경우에는 고압 옥측전선로의 전선과 이들 사이의 이격거리는 30 cm 이상이어야 한다.

⑤ 고압 옥측전선로의 전선과 다른 시설물 사이에 내화성이 있는 견고한 격벽(隔壁)을 설치하여 시설하는 경우 또는 고압 옥측전선로의 전선을 내화성이 있는 견고한 관에 넣어 시설하는 경우에는 제3항 및 제4항의 규정에 의하지 아니할 수 있다.

특고압 옥상전선로의 시설[제99조] 특고압 옥상전선로 (특고압의 인입선의 옥상부분을 제외한다)는 시설하여서는 아니 된다.

저압 인입선의 시설[제100조] ① 저압 가공인입선은 제79조부터 제84조까지·제87조 및 제89조의 규정에 준하여 시설하는 이외에 다음 각 호에 따라 시설하여야 한다.

1. 전선이 케이블인 경우 이외에는 인장강도 2.30 kN 이상의 것 또는 지름 2.6 mm 이상의 인입용 비닐절연전선일 것. 다만, 경간이 15 m 이하인 경우는 인장강도 1.25 kN 이상의 것 또는 지름 2 mm 이상의 인입용 비닐절연전선일 것

2. 전선은 절연전선, 다심형 전선 또는 케이블일 것

3. 전선이 옥외용 비닐절연전선인 경우에는 사람이 접촉할 우려가 없도록 시설하고,

옥외용 비닐절연전선 이외의 절연전선인 경우에는 사람이 쉽게 접촉할 우려가 없도록 시설할 것

4. 전선이 케이블인 경우에는 제69조 (제1항 제4호는 제외한다)의 규정에 준하여 시설할 것. 다만, 케이블의 길이가 1 m 이하인 경우에는 조가하지 아니하여도 된다.

5. 전선의 높이는 다음에 의할 것

　가. 도로(차도와 보도의 구별이 있는 도로인 경우에는 차도)를 횡단하는 경우에는 노면상 5 m(기술상 부득이한 경우에 교통에 지장이 없을 때에는 3 m) 이상

　나. 철도 또는 궤도를 횡단하는 경우에는 레일면상 6.5 m 이상

　다. 횡단보도교의 위에 시설하는 경우에는 노면상 3 m 이상

　라. "가", "나", 및 "다" 이외의 경우에는 지표상 4 m(기술상 부득이한 경우에 교통에 지장이 없을 때에는 2.5 m) 이상

② 저압 가공인입선을 직접 인입한 조영물에 대하여는 위험의 우려가 없을 경우에 한하여 제1항에서 준용하는 제79조 제1항 제2호 및 제87조 제1항의 규정은 적용하지 아니한다.

③ 기술상 부득이한 경우에 저압 가공인입선을 직접 인입한 조영물 이외의 시설물(도로·횡단보도교·철도·궤도·삭도·교류 전차선 저압 및 고압의 전차선·저압 가공전선·고압 가공전선 및 특고압 가공전선을 제외한다. 이하 이 항에서 "다른 시설물"이라 한다)에 대하여는 위험의 우려가 없는 경우에 한하여 제1항에서 준용하는 제79조 (제3항은 제외한다)·제80조부터 제84조까지·제87조 (제4항은 제외한다)의 규정은 적용하지 아니한다. 이 경우에 저압 가공인입선과 다른 시설물 사이의 이격거리는 〈표 100-1〉에서 정한 값 이상이어야 한다.

〈표 100-1〉

다른 시설물의 구분	접근형태	이격거리
조영물의 상부 조영재	위쪽	2 m(전선이 다심형 전선, 옥외용 비닐절연전선 이외의 저압 절연전선인 경우에는 1 m, 고압 절연전선, 특고압 절연전선 또는 케이블인 경우에는 50 cm)
	옆쪽 또는 아래쪽	30 cm(전선이 고압 절연전선, 특고압 절연전선 또는 케이블인 경우에는 15 cm)
조영물의 상부 조영재 이외의 부분 또는 조영물 이외의 시설물		30 cm(전선이 고압 절연전선, 특고압 절연전선 또는 케이블인 경우에는 15 cm)

④ 저압 인입선의 옥측 부분 또는 옥상 부분은 제94조 제2항부터 제4항까지의 규정에 준하여 시설하여야 한다.

⑤ 제93조에서 규정하는 저압 가공전선에 직접 접속하는 가공인입선은 제1항의 규정에도 불구하고 제93조의 규정에 준하여 시설할 수 있다.

저압 연접인입선의 시설[제101조] 저압 연접인입선은 제100조의 규정에 준하여 시설하는 이외에 다음 각 호에 따라 시설하여야 한다.

1. 인입선에서 분기하는 점으로부터 100 m를 초과하는 지역에 미치지 아니할 것
2. 폭 5 m를 초과하는 도로를 횡단하지 아니할 것
3. 옥내를 통과하지 아니할 것

㊟ **연접인입선** : 한 수용장소의 인입선에서 분기하여 지지물을 거치지 아니하고 다른 수용 장소의 인입구에 이르는 부분의 전선을 말한다.

고압 인입선 등의 시설[제102조] ① 고압 가공인입선은 제72조·제79조부터 제83조까지·제85조·제86조·제88조 및 제89조의 규정에 준하여 시설하는 이외에 전선에는 인장강도 8.01 kN 이상의 고압 절연전선, 특고압 절연전선 또는 지름 5 mm 이상의 경동선의 고압 절연전선, 특고압 절연전선 또는 제36조 제1항 제2호에서 규정하는 인하용 절연전선을 애자사용공사에 의하여 시설하거나 케이블을 제69조의 규정에 준하여 시설하여야 한다.

② 고압 가공인입선을 직접 인입한 조영물에 관하여는 위험의 우려가 없는 경우에 한하여 제1항에서 준용하는 제79조 제1항 제3호 및 제88조 제1항의 규정은 적용하지 아니한다.

③ 고압 가공인입선의 높이는 제1항에서 준용하는 제72조 제1항 제4호의 규정에도 불구하고 지표상 3.5 m까지로 감할 수 있다. 이 경우에 그 고압 가공인입선이 케이블 이외의 것인 때에는 그 전선의 아래쪽에 위험 표시를 하여야 한다.

④ 고압 인입선의 옥측 부분 또는 옥상 부분은 제95조 제2항부터 제5항까지의 규정에 준하여 시설하여야 한다.

⑤ 고압 연접인입선은 시설하여서는 아니 된다.

특고압 가공전선의 굵기 및 종류[제107조] 특고압 가공전선(특고압 옥측 전선로 또는 제151조 제2항의 규정에 의하여 시설하는 특고압 전선로에 인접하는 1경간의 가공전선 및 특고압 가공인입선을 제외한다. 이하 이 절에서 같다)은 케이블인 경우 이외에는 인장강도 8.71 kN 이상의 연선 또는 단면적이 $22\,mm^2$ 이상의 경동연선이어야 한다.

특고압 가공전선과 지지물 등의 이격거리[제108조] 특고압 가공전선(케이블 및 제135조 제1항에 규정하는 특고압 가공전선로의 전선은 제외한다)과 그 지지물·완금류·지주 또

는 지선 사이의 이격거리는 〈표 108-1〉에서 정한 값 이상이어야 한다. 다만, 기술상 부득이한 경우에 위험의 우려가 없도록 시설한 때에는 〈표 108-1〉에서 정한 값의 0.8배까지 감할 수 있다.

〈표 108-1〉

사용전압	이격거리(cm)
15 kV 미만	15
15 kV 이상 25 kV 미만	20
25 kV 이상 35 kV 미만	25
35 kV 이상 50 kV 미만	30
50 kV 이상 60 kV 미만	35
60 kV 이상 70 kV 미만	40
70 kV 이상 80 kV 미만	45
80 kV 이상 130 kV 미만	65
130 kV 이상 160 kV 미만	90
160 kV 이상 200 kV 미만	110
200 kV 이상 230 kV 미만	130
230 kV 이상	160

특고압 가공전선의 높이[제110조] ① 특고압 가공전선(제135조 제1항에 규정하는 특고압 가공전선로의 중성선으로서 다중 접지를 한 것을 제외한다)의 지표상(철도 또는 궤도를 횡단하는 경우에는 레일면상, 횡단보도교를 횡단하는 경우에는 그 노면상)의 높이는 〈표 110-1〉에서 정한 값 이상이어야 한다.

〈표 110-1〉

사용전압의 구분	지표상의 높이
35 kV 이하	5 m(철도 또는 궤도를 횡단하는 경우에는 6.5 m, 도로를 횡단하는 경우에는 6 m, 횡단보도교의 위에 시설하는 경우로서 전선이 특고압 절연전선 또는 케이블인 경우에는 4 m)
35 kV 초과 160 kV 이하	6 m[철도 또는 궤도를 횡단하는 경우에는 6.5 m, 산지(山地) 등에서 사람이 쉽게 들어갈 수 없는 장소에 시설하는 경우에는 5 m, 횡단보도교의 위에 시설하는 경우 전선이 케이블인 때는 5 m]
160 kV 초과	6 m(철도 또는 궤도를 횡단하는 경우에는 6.5 m 산지 등에서 사람이 쉽게 들어갈 수 없는 장소를 시설하는 경우에는 5 m)에 160 kV를 초과하는 10 kV 또는 그 단수마다 12 cm를 더한 값

② 특고압 가공전선을 수면상에서 시설하는 경우에는 전선의 수면상의 높이를 선박의 항해 등에 위험을 주지 아니하도록 유지하여야 한다.

③ 특고압 가공전선로를 빙설이 많은 지방에 시설하는 경우에는 전선의 적설상의 높이를 사람 또는 차량의 통행 등에 위험을 주지 아니하도록 유지하여야 한다.

특고압 가공전선로의 가공지선[제111조] 특고압 가공전선로에 사용하는 가공지선(架空地線)은 다음 각 호에 따라 시설하여야 한다.

1. 가공지선에는 인장강도 8.01 kN 이상의 나선 또는 지름 5 mm 이상의 나경동선을 사용하고 또한 이를 제71조 제1항의 규정에 준하여 시설할 것
2. 지지점 이외의 곳에서 특고압 가공전선과 가공지선 사이의 간격은 지지점에서의 간격보다 적게 하지 아니할 것
3. 가공지선 상호를 접속하는 경우에는 접속관 기타의 기구를 사용할 것

---

25 kV 이하인 특고압 가공전선로의 시설[제135조] ① 사용전압이 15 kV 이하인 특고압 가공전선로(중성선 다중접지식의 것으로서 전로에 지락이 생겼을 때 2초 이내에 자동적으로 이를 전로로부터 차단하는 장치가 되어있는 것에 한한다. 이하 제1항부터 제3항까지에서 같다)는 그 전선에 고압 절연전선(중성선은 제외한다), 특고압 절연전선(중성선은 제외한다) 또는 케이블을 사용하고 또한 제79조부터 제83조까지, 제85조, 제86조, 제88조 및 제89조의 고압 가공전선로의 규정에 준하여 시설하는 경우에는 제104조, 제126조 제1항, 제2항 및 제4항, 제127조 제1항 제1호, 제2항 제1호, 제3항 및 제4항, 제128조 제1항부터 제5항까지, 제129조 제1항부터 제3항까지 및 제6항, 제130조 제1항, 제131조 제1항부터 제4항까지, 제132조 제1항 및 제2항 및 제133조의 규정에 의하지 아니할 수 있다.

② 사용전압이 15 kV 이하인 특고압 가공전선로의 중성선의 다중접지 및 중성선의 시설은 다음에 의할 것

1. 접지선은 공칭단면적 6 mm^2 이상의 연동선 또는 이와 동등 이상의 세기 및 굵기의 쉽게 부식하지 않는 금속선으로서 고장 시에 흐르는 전류를 안전하게 통할 수 있는 것일 것
2. 접지공사는 제19조 제3항의 규정에 준하고 또한 접지한 곳 상호 간의 거리는 전선로에 따라 300 m 이하일 것
3. 각 접지선을 중성선으로부터 분리하였을 경우의 각 접지점의 대지 전기저항 값과 1 km마다의 중성선과 대지 사이의 합성 전기저항 값은 〈표 135-1〉에서 정한 값 이하일 것

〈표 135-1〉

각 접지점의 대지 전기저항 값	1 km마다의 합성 전기저항 값
300 Ω	30 Ω

4. 특고압 가공전선로의 다중접지를 한 중성선은 제71조 제2항·제72조·제75조·제79
   조부터 제84조까지·제86조 및 제89조의 저압 가공전선의 규정에 준하여 시설할 것

5. 다중접지한 중성선은 저압전로의 접지 측 전선이나 중성선과 공용할 것

③ 사용전압이 15 kV 이하의 특고압 가공전선로의 전선과 저압 또는 고압의 가공전선
과를 동일 지지물에 시설하는 경우에 다음 각 호에 따라 시설할 때는 제120조 제1항의
규정에 의하지 아니할 수 있다.

1. 특고압 가공전선과 저압 또는 고압의 가공전선 사이의 이격거리는 75 cm 이상일 것.
   다만, 각도주, 분기주 등에서 혼촉할 우려가 없도록 시설할 때는 그러하지 아니하다.

2. 특고압 가공전선은 저압 또는 고압의 가공전선의 위로 하고 별개의 완금류에 시설할 것

④ 사용전압이 15 kV를 초과하고 25 kV 이하인 특고압 가공전선로(중성선 다중접지
식의 것으로서 전로에 지락이 생겼을 때에 2초 이내에 자동적으로 이를 전로로부터 차
단하는 장치가 되어있는 것에 한한다. 이하 제4항 및 제5항에서 같다)를 다음 각 호에
따라 시설하는 경우에는 제104조, 제126조, 제127조, 제128조, 제129조, 제130조 제
1항, 제131조, 제132조 및 제133조의 규정에 의하지 아니할 수 있다.

1. 특고압 가공전선이 건조물·도로·횡단보도교·철도·궤도·삭도·가공약전류전
   선 등·안테나·저압이나 고압의 가공전선 또는 저압이나 고압의 전차선과 접근 또
   는 교차상태로 시설되는 경우의 경간은 〈표 135-2〉에서 정한 값 이하일 것. 다만,
   특고압 가공전선이 인장강도 14.51 kN 이상의 것 또는 지름 38 mm^2 이상의 경동연
   선으로서 지지물에 B종 철주 또는 B종 철근 콘크리트주 또는 철탑을 사용하는 때에
   는 제76조의 규정에 의할 수 있다.

〈표 135-2〉

지지물의 종류	경간
목주·A종 철주 또는 A종 철근 콘크리트주	100 m
B종 철주 또는 B종 철근 콘크리트주	150 m
철탑	400 m

2. 특고압 가공전선(다중접지를 한 중성선을 제외한다. 이하 이 조에서 같다)이 건조
   물과 접근하는 경우에 특고압 가공전선과 건조물의 조영재 사이의 이격거리는 〈표
   135-3〉에서 정한 값 이상일 것

〈표 135-3〉

건조물의 조영재	접근형태	전선의 종류	이격거리
상부 조영재	위쪽	나전선	3 m
		특고압 절연전선	2.5 m
		케이블	1.2 m

		나전선	1.5 m
	옆쪽 또는 아래쪽	특고압 절연전선	1.0 m
		케이블	0.5 m
기타의 조영재		나전선	1.5 m
		특고압 절연전선	1.0 m
		케이블	0.5 m

3. 특고압 가공전선이 도로, 횡단보도교, 철도, 궤도 (이하 이 호에서 "도로 등"이라 한다)와 접근하는 경우에는 다음에 의할 것

가. 특고압 가공전선이 도로 등과 접근상태로 시설되는 경우 도로 등 사이의 이격거리 (노면상 또는 레일면상의 이격거리를 제외한다)는 3 m 이상일 것. 다만, 특고압 가공전선이 특고압 절연전선인 경우 수평 이격거리를 1.5 m 이상, 케이블인 경우 수평 이격거리를 1.2 m 이상으로 시설하는 경우에는 그러하지 아니하다.

나. 특고압 가공전선이 도로 등의 아래쪽에서 접근하여 시설될 때에는 상호 간의 이격거리는 〈표 135-4〉에서 정한 값 이상으로 하고 또한 위험의 우려가 없도록 시설할 것

〈표 135-4〉

전선의 종류	이격거리
나전선	1.5 m
특고압 절연전선	1.0 m
케이블	0.5 m

4. 특고압 가공전선이 삭도와 접근 또는 교차하는 경우에는 다음에 의할 것

가. 특고압 가공전선이 삭도와 접근상태로 시설되는 경우에 삭도 또는 그 지주 사이의 이격거리는 〈표 135-5〉에서 정한 값 이상일 것

〈표 135-5〉

전선의 종류	이격거리
나전선	2.0 m
특고압 절연전선	1.0 m
케이블	0.5 m

나. 특고압 가공전선이 삭도의 아래쪽에서 접근하여 시설될 때에는 가공전선은 수평거리로 삭도의 지지물 또는 지주의 지표상의 높이에 상당하는 거리 안에 시설하지 아니할 것. 다만, 다음의 경우에는 그러하지 아니하다.

(1) 특고압 가공전선과 삭도의 수평거리가 2.5 m 이상이고 삭도의 지지물이나 지주가 도괴되었을 경우에 삭도가 특고압 가공전선에 접촉할 우려가 없는 경우

(2) 특고압 가공전선이 삭도와 수평거리로 3 m 미만에 접근하는 경우에 특고압 가공전
선과 삭도 또는 그 지주 사이의 이격거리를 1.5 m 이상으로 하고 특고압 가공전선
의 위쪽에 〈표 135-6〉에서 정한 값 이상의 거리에 견고한 방호장치를 설치하고, 그
금속제 부분에 제3종 접지공사를 하고 또한 위험의 우려가 없도록 시설하는 경우

〈표 135-6〉

전선의 종류	이격거리
나전선, 특고압 절연전선	75 m
케이블	50 m

다. 특고압 가공전선이 삭도와 교차하는 경우에 특고압 가공전선이 삭도의 위에 시설
될 때는 "가"의 규정에 준하여 시설하여야 한다.

라. 특고압 가공전선은 삭도의 아래에서 삭도와 교차하여서는 아니 된다. 다만, "나"의
(2)의 규정에 준하여 시설하는 경우에는 그러하지 아니하다.

5. 특고압 가공전선이 가공약전류전선 등·저압 또는 고압의 가공전선·안테나 (가섭
선에 의하여 시설하는 것을 포함한다. 이하 이 호에서 같다) 저압 또는 고압의 전차
선 (이하 이 호에서 "저고압 가공전선 등"이라 한다)과 접근 또는 교차하는 경우에는
다음에 의할 것

가. 특고압 가공전선이 저고압 가공전선 등과 접근상태로 시설되는 경우에 이의 이격
거리(가공약전류전선 등과 가섭선에 의하여 시설하는 안테나는 수평 이격거리)는
〈표 135-7〉에서 정한 값 이상일 것. 다만, 가공약전류전선 등이 다음의 어느 하나
에 해당하는 경우에는 그러하지 아니하다.

(1) 특고압 가공전선과 가공약전류전선 등의 수직 이격거리가 6 m 이상인 때

(2) 가공약전류전선로 등의 관리자의 승낙을 얻은 경우에 특고압 가공전선과 가공약
전류전선 등과의 이격거리가 2.0 m 이상인 때

〈표 135-7〉

구분	가공전선의 종류	이격(수평이격)거리
가공약전류전선 등·저압 또는 고압의 가공전선·저압 또는 고압의 전차선·안테나	나전선	2.0 m
	특고압 절연전선	1.5 m
	케이블	0.5 m
가공약전류전선로 등·저압 또는 고압의 가공전선로·저압 또는 고압의 전차선로의 지지물	나전선	1.0 m
	특고압 절연전선	0.75 m
	케이블	0.5 m

나. 특고압 가공전선이 저고압 가공전선 등의 아래쪽에 시설될 때에는 특고압 가공전
선은 수평거리로 저고압 가공전선 등의 지지물 또는 지주의 지표상의 높이에 상당

하는 거리 안에 시설하지 아니할 것. 다만, 전차선을 제외한 저고압 가공전선 등을 다음에 의하고 또한 위험의 우려가 없도록 시설하는 경우 또는 특고압 가공전선과 저고압 가공전선 등 사이의 수평거리가 2.5 m 이상이고 또한 저고압 가공전선 등의 지지물 또는 지주의 도괴 등에 의하여 저고압 가공전선 등이 특고압 가공전선에 접촉할 우려가 없는 경우에는 그러하지 아니하다.

(1) 특고압 가공전선과 저고압 가공전선 등 사이의 이격거리는 "가" 본문에 준할 것

(2) 가공약전류전선로 등 또는 저압 가공전선로는 제129조 제6항 제1호 "나", "다" 및 "라"의 규정에 준하여 시설할 것

(3) 특고압 가공전선이 가공약전류전선 등 또는 가섭선에 의하여 시설하는 안테나와 수평거리로 2.5 m 미만으로 접근하는 경우에는 특고압 가공전선의 위쪽에 제129조 제4항의 규정에 준하는 보호망을 특고압 가공전선이나 가공약전류전선 등 또는 가섭선에 의하여 시설되는 안테나와 수직 이격거리가 60 cm (가공약전류전선로 등 가섭선에 의하여 시설되는 안테나의 관리자의 승낙을 얻은 경우에는 30 cm) 이상이 되도록 떼어서 시설할 것. 다만, 다음 중 어느 하나에 해당하는 경우에는 그러하지 아니하다.

　㈎ 특고압 가공전선과 가공약전류전선 등 사이의 수평거리가 2.0 m 이상이고, 수직거리가 수평거리의 1.5배 이하인 경우

　㈏ 특고압 가공전선과 가공약전류전선 등 또는 가섭선에 의하여 시설하는 안테나 사이의 수직거리가 6 m 이상이고 또한 가공약전류전선 등이나 가섭선에 의하여 시설하는 안테나가 인장강도 8.01 kN 이상의 것 또는 지름 5.0 mm 이상의 경동선이나 통신용 케이블인 경우

　㈐ 특고압 가공전선이 특고압 절연전선 또는 케이블인 경우

(4) 저압 가공전선로는 저압 보안공사, 고압 가공전선로는 고압 보안공사에 의할 것

다. 특고압 가공전선이 저고압 가공전선 등 (안테나는 가섭선에 의하여 시설하는 것에 한한다)과 교차하는 경우로서 특고압 가공전선이 저고압 가공전선 등의 위에 시설되는 때에는 다음과 같이 시설할 것

(1) 특고압 가공전선과 저고압 가공전선 등 사이의 이격거리는 "가" 본문에 의할 것. 다만, 가공약전류전선 등 및 가섭선에 의하여 시설하는 안테나의 경우 수평 이격거리는 이격거리로 본다.

(2) 특고압 가공전선과 가공약전류전선로 등 및 저압이나 고압의 가공전선로의 지지물 사이의 이격거리는 "가" 본문에 준할 것

(3) 특고압 가공전선과 가공약전류전선 등 또는 가섭선에 의하여 시설하는 안테나와의 사이에는 다음 중 어느 하나에 해당하는 경우 이외에는 제129조 제4항의 규정에 준하는 보호망, 제129조 제3항 제3호 본문 및 제5항의 규정에 준하는 보호선 또는 제129조 제3항 제3호 본문 및 제5항의 규정에 준하는 금속선을 특고압 가공전선과 가공약전류전선 등 또는 가섭선에 의하여 시설하는 안테나 사이의 수직 이

격거리가 60 cm (가공약전류전선로 등 및 가섭선에 의하여 시설하는 안테나의 관리자의 승낙을 얻은 경우에는 30 cm) 이상이 되도록 시설할 것

㈎ 특고압 가공전선이 특고압 절연전선 또는 케이블인 경우

㈏ 가공약전류전선에 통신케이블을 사용하는 경우

㈐ 가공약전류전선 등 (수직으로 2가닥 이상 있는 경우에는 맨 위의 것)이 인장강도 8.01 kN 이상의 것 또는 지름 5 mm 이상의 경동선이나 통신용케이블인 경우

㈑ 가공약전류전선 등 (수직으로 2가닥 있는 경우에는 맨 위의 것)이 인장강도 3.64 kN 이상의 것 또는 지름 4 mm 이상의 아연도철선으로 조가하여 시설되는 경우

㈒ 특고압 가공전선과 가공약전류전선 등 또는 가섭선에 의하여 시설하는 안테나 사이의 수직거리가 6 m 이상인 경우

㈓ 특고압 가공전선과 가공약전류전선 등 또는 가섭선에 의하여 시설하는 안테나와의 사이에 2가닥 이상의 가공전선 (절연전선을 사용하는 것에 한한다)이 있는 경우

라. 특고압 가공전선은 저고압 가공전선 등 (전차선을 제외하며 안테나는 가섭선에 의하여 시설하는 것에 한한다)과 교차하는 경우에 특고압 가공전선은 이들의 아래에서 교차하여서는 아니 된다. 다만, 전차선을 제외한 저고압 가공전선 등을 다음에 의하여 시설하는 경우에는 그러하지 아니하다.

(1) 가공약전류전선로 등 및 저압 가공전선로는 제129조 제6항 제1호 "나", "다" 및 "라"의 규정에 준하여 시설할 것

(2) 안테나의 지지물은 제63조·제74조 제2항부터 제5항까지 및 제67조 제6항의 규정에 준하여 시설할 것

(3) 특고압 가공전선과 가공약전류전선 등 가섭선에 의하여 시설하는 안테나 및 저압이나 고압의 가공전선 사이의 이격거리 및 특고압 가공전선과 가공약전류전선로 등 및 저압이나 고압의 가공전선로의 지지물 사이의 이격거리는 "가" 본문에 준할 것. 다만, 가공약전류전선 등의 경우 수평 이격거리는 이격거리로 본다.

(4) 저압 가공전선로는 저압 보안공사, 고압 가공전선로는 고압 보안공사에 의할 것

(5) 특고압 가공전선이 가공약전류전선 등의 아래쪽에서 교차하는 경우에는 특고압 가공전선의 위에 제129조 제4항에서 규정하는 보호망을, 특고압 가공전선과 가공약전류전선 등 사이의 수직 이격거리가 60 cm (가공약전류전선로 등의 관리자의 승낙을 얻은 경우에는 30 cm) 이상이 되도록 시설할 것. 다만, 다음 중 어느 하나에 해당하는 경우에는 보호망을 생략할 수 있다.

㈎ 특고압 가공전선이 특고압 절연전선 또는 케이블인 경우

㈏ 특고압 가공전선과 가공약전류전선 등 또는 가섭선에 의하여 시설하는 안테나 사이의 수직거리가 6 m 이상이고 또한 가공약전류전선 등이나 가섭선에 의하여 시설하는 안테나가 인장강도 8.01 kN 이상의 것 또는 지름 5.0 mm 이상의 경동선이나 통신용 케이블인 경우

㈐ 특고압 가공전선이 가공약전류전선 등 또는 가섭선에 의하여 시설하는 안테나와

45도를 초과하는 수평각도로 교차하는 경우에 특고압 가공전선과 가공약전류전선 등 또는 가섭선에 의하여 시설하는 안테나 사이에 제129조 제3항 제3호 본문의 규정에 준하는 금속선을, 특고압 가공전선과 가공약전류전선 등 사이의 수직 이격거리를 60 cm (가공약전류전선로 등의 관리자의 승낙을 얻은 경우에는 30 cm) 이상으로 시설하는 경우

　㈀ 가공약전류전선 등이 광섬유케이블인 경우

6. 특고압 가공전선이 교류 전차선 등과 접근 또는 교차하는 경우에는 다음에 의할 것
  가. 특고압 가공전선이 교류 전차선 등과 접근하는 경우에 특고압 가공전선을 교류 전차선의 위쪽에 시설하여서는 아니 된다. 다만, 특고압 가공전선과 교류 전차선 등 사이의 수평거리가 3 m 이상인 경우로서 다음 중 어느 하나에 의하여 시설하는 경우에는 그러하지 아니하다.
　(1) 특고압 가공전선로의 전선의 절단 지지물의 도괴 등의 경우에 특고압 가공전선이 교류 전차선 등과 접촉할 우려가 없는 경우
　(2) 특고압 가공전선로의 지지물(철탑은 제외한다)에는 교류 전차선 등과 접근하는 반대쪽에 지선을 시설하는 경우, 다만, 제116조에서 규정하는 상시 상정하중에 1.96 kN의 수평횡하중을 가산한 하중에 의하여 나타나는 부재응력의 1배의 응력에 견디는 B종 철주 또는 B종 철근 콘크리트주를 지지물로 사용하는 경우에는 지선을 생략할 수 있다.
  나. 특고압 가공전선이 교류 전차선 등과 접근하는 경우에 특고압 가공전선은 교류 전차선 등의 옆쪽 또는 아래쪽에 수평거리로 교류 전차선 등의 지지물의 지표상의 높이에 상당하는 거리 이내에 시설하여서는 아니 된다. 다만, 다음 중 어느 하나에 의하여 시설하는 경우에는 그러하지 아니하다.
　(1) 특고압 가공전선과 교류 전차선 등의 수평거리가 3 m 이상으로서 교류 전차선 등의 지지물에 철근 콘크리트주 또는 철주를 사용하고 또한 지지물의 경간이 60 m 이하이거나 교류 전차선 등의 지지물의 도괴 등의 경우 교류 전차선 등이 특고압 가공전선에 접촉할 우려가 없는 경우
　(2) 특고압 가공전선과 교류 전차선 사이의 수평거리가 3 m 미만일 때에 다음에 의하여 시설하는 경우
　　㈎ 교류 전차선로의 지지물에는 철주 또는 철근 콘크리트주를 사용하고 또한 그 경간이 60 m 이하일 것
　　㈏ 교류 전차선로의 지지물(문형 구조의 것은 제외한다)에는 특고압 가공전선과 접근하는 쪽의 반대쪽에 지선을 시설할 것. 다만, 지지물로 기초의 안전율이 2 이상인 철주 또는 철근 콘크리트주를 사용하는 경우에 그 철주 또는 철근 콘크리트주가 제116조에 규정하는 상시 상정하중에 1.96 kN의 수평횡하중을 가산한 하중에 의하여 나타나는 부재응력의 1배의 응력에 견디는 것인 경우에는 그러하지 아니하다.
　　㈐ 특고압 가공전선과 교류 전차선 등 사이의 수평 이격거리는 2 m 이상일 것. 다만,

특고압 가공전선과 교류 전차선 등 사이의 이격거리가 2 m 이상인 경우에 보호망이 특고압 가공전선의 위쪽에 제129조 제4항의 규정에 준하여 시설되는 경우에는 그러하지 아니하다.

다. 특고압 가공전선이 교류 전차선과 교차하는 경우에 특고압 가공전선이 교류 전차선의 위에 시설되는 경우에는 다음에 의하여야 한다.

(1) 특고압 가공전선은 케이블인 경우 이외에는 인장강도 14.5 kN 이상의 것 또는 단면적 38 mm^2 이상의 경동선(교류 전차선과 교차하는 부분을 포함하는 경간에 접속점이 없는 것에 한한다)일 것

(2) 특고압 가공전선이 케이블인 경우에는 이를 인장강도가 19.61 kN 이상의 것 또는 단면적 38 mm^2 이상의 강연선인 것(교류 전차선과 교차하는 부분을 포함하는 경간에 접속점이 없는 것에 한한다)으로 조가하여 시설할 것

(3) "(2)"의 조가용선은 제69조 제1항 제4호의 규정에 준하는 이외에 이를 교류 전차선 등과 교차하는 부분의 양쪽의 지지물에 견고하게 인류하여 시설할 것

(4) 케이블 이외의 것을 사용하는 특고압 가공전선 상호 간의 간격은 65 cm 이상일 것

(5) 특고압 가공전선로의 지지물은 전선이 케이블인 경우 이외에는 내장 애자장치가 되어있는 것일 것

(6) 특고압 가공전선로의 지지물에 사용하는 목주의 풍압하중에 대한 안전율은 2.0 이상일 것

(7) 특고압 가공전선로의 경간은 〈표 135-8〉에서 정한 값 이하일 것

〈표 135-8〉

지지물의 종류	경 간
목주 · A종 철주 · A종 철근 콘크리트주	60 m
B종 철주 · B종 철근 콘크리트주	120 m

(8) 특고압 가공전선로의 완금류에는 견고한 금속제의 것을 사용하고 이에 제3종 접지공사를 할 것

(9) 특고압 가공전선로의 지지물(철탑은 제외한다)에는 특고압 가공전선로의 방향에 교류 전차선과 교차하는 쪽의 반대쪽 및 특고압 가공전선로와 직각 방향으로 그 양쪽에 지선을 시설할 것. 다만, 특고압 가공전선로가 전선로의 방향에 대하여 10도 이상의 수평각도를 이루는 경우에 특고압 가공전선로의 방향에 교류 전차선과 교차하는 쪽의 반대쪽 및 수평각도를 이루는 쪽의 반대쪽에 지선을 시설하는 경우 또는 제116조에 규정하는 상시 상정하중에 1.96 kN의 수평횡하중을 가산한 하중에 의하여 나타나는 부재응력의 1배의 응력에 대하여 견디는 B종 철주 또는 B종 철근 콘크리트주를 지지물로 사용하는 경우에는 그러하지 아니하다.

(10) 특고압 가공전선로의 전선, 완금류, 지지물, 지선 또는 지주와 교류 전차선 사이의 이격거리는 2.5 m 이상일 것

7. 특고압 가공전선로가 상호 간 접근 또는 교차하는 경우에는 다음에 의할 것

가. 특고압 가공전선이 다른 특고압 가공전선과 접근 또는 교차하는 경우의 이격거리는 〈표 135-9〉에서 정한 값 이상일 것

〈표 135-9〉

사용전선의 종류	이격거리
어느 한쪽 또는 양쪽이 나전선인 경우	1.5 m
양쪽이 특고압 절연전선인 경우	1.0 m
한쪽이 케이블이고 다른 한쪽이 케이블이거나 특고압 절연전선인 경우	0.5 m

나. 특고압 가공전선과 다른 특고압 가공전선로의 지지물 사이의 이격거리는 1 m(사용전선이 케이블인 경우에는 60 cm) 이상일 것

8. 특고압 가공전선이 건조물·도로·횡단보도교·철도·궤도·삭도·가공약전류전선로 등·안테나·저압 또는 고압의 전차선로·저압 또는 고압의 가공전선로 및 다른 특고압 가공전선로 이외의 시설물(이하 이 호에서 "다른 시설물"이라 한다)과 접근 또는 교차하는 경우에는 다음에 의할 것

가. 특고압 가공전선이 다른 시설물과 접근상태로 시설되는 경우 또는 다른 시설물의 위쪽으로 교차하여 시설되는 경우의 이격거리는 제2호의 규정에 준하여 시설할 것. 이 경우에 지지물의 경간은 특고압 가공전선로의 전선의 절단, 지지물의 도괴 등에 의하여 특고압 가공전선이 다른 시설물과 접촉하는 것에 의하여 사람에게 위험을 줄 우려가 있을 경우에는 제1호의 규정에 준하여 시설할 것

나. 특고압 가공전선을 다음 중 어느 하나에 의하여 시설하는 경우에는 "가"의 이격거리 규정에 의하지 아니할 수 있다.

(1) 고압 방호구에 넣은 나전선 등을 사용하는 특고압 가공전선을 건축현장의 비계틀 또는 이와 유사한 시설물에 접촉할 우려가 없도록 시설하는 경우

(2) 고압 방호구에 넣은 나전선 등을 사용하는 특고압 가공전선을 조영물에 시설되는 간이한 돌출 간판, 기타 사람이 올라갈 우려가 없는 조영재와 75 cm 이상 떼어서 시설하는 경우

다. 특고압 가공전선이 다른 시설물과 접근하는 경우에 특고압 가공전선로가 다른 시설물의 아래쪽에 시설되는 경우 상호 간의 이격거리는 〈표 135-10〉에서 정한 값 이상으로 하고 또한 위험의 우려가 없도록 시설할 것

〈표 135-10〉

사용전선의 종류	이격거리
나전선	2.0 m
특고압 절연전선	1.0 m
케이블	0.5 m

9. 특고압 가공전선과 식물 사이의 이격거리는 1.5 m 이상일 것. 다만, 특고압 가공전선이 특고압 절연전선이거나 케이블인 경우로서 특고압 가공전선을 식물에 접촉하지 아니하도록 시설하는 경우에는 그러하지 아니하다.

10. 특고압 가공전선로의 중성선의 다중 접지는 다음에 의할 것
  가. 접지선은 공칭단면적 6 mm^2 이상의 연동선 또는 이와 동등 이상의 세기 및 굵기의 쉽게 부식하지 않는 금속선으로서 고장 시에 흐르는 전류가 안전하게 통할 수 있는 것일 것
  나. 접지공사는 제19조 제3항의 규정에 준하고 또한 각각 접지한 곳 상호 간의 거리는 전선로에 따라 150 m 이하일 것
  다. 각 접지선을 중성선으로부터 분리하였을 경우의 각 접지점의 대지전기저항 값과 1 km마다 중성선과 대지 사이의 합성전기저항 값은 〈표 135-11〉에서 정한 값 이하일 것

〈표 135-11〉

각 접지점의 대지전기저항 값	1 km마다의 합성전기저항 값
300 Ω	15 Ω

11. 특고압 가공전선로의 다중접지를 한 중성선은 제71조 제2항·제72조·제75조·제79조부터 제84조까지·제87조 및 제89조의 저압 가공전선의 규정에 준하여 시설할 것

12. 특고압 가공전선의 세기, 굵기의 종류는 제107조, 전선의 높이는 제110조, 전선로의 경간(제1호의 경우를 제외한다)은 제124조의 규정에 준하여 시설할 것

⑤ 특고압 가공전선과 저압 또는 고압의 가공전선을 동일 지지물에 병가하여 시설하는 경우로서 다음 각 호에 따라 시설하는 경우에는 제120조 제1항의 규정에 의하지 아니할 수 있다. 다만, 특고압 가공전선의 다중접지한 중성선은 저압전선의 접지 측 전선이나 중성선과 공용할 수 있다.

1. 특고압 가공전선과 저압 또는 고압의 가공전선 사이의 이격거리는 1 m 이상일 것. 다만. 특고압 가공전선이 케이블이고 저압 가공전선이 저압 절연전선이거나 케이블인 때 또는 고압 가공전선이 고압 절연전선이거나 케이블인 때에는 50 cm까지 감할 수 있다.

2. 각도주, 분기주 등에서 혼촉의 우려가 없도록 시설하는 경우에는 제1호의 규정에 의하지 아니할 수 있다.

3. 특고압 가공전선은 저압 또는 고압의 가공전선 위로 하고 별개의 완금류로 시설할 것

지중전선로의 시설[제136조] ① 지중전선로는 전선에 케이블을 사용하고 또한 관로식·암거식(暗渠式) 또는 직접 매설식에 의하여 시설하여야 한다.

② 지중전선로를 관로식 또는 암거식에 의하여 시설하는 경우에는 견고하고 차량 기타 중량물의 압력에 견디는 것을 사용하여야 한다.

③ 지중전선을 냉각하기 위하여 케이블을 넣은 관내에 물을 순환시키는 경우에는 지중전선로는 순환수 압력에 견디고 또한 물이 새지 아니하도록 시설하여야 한다.

④ 지중전선로를 직접 매설식에 의하여 시설하는 경우에는 매설 깊이를 차량 기타 중량물의 압력을 받을 우려가 있는 장소에는 1.2 m 이상, 기타 장소에는 60 cm 이상으로 하고 또한 지중전선을 견고한 트라프 기타 방호물에 넣어 시설하여야 한다.

수상전선로의 시설[제145조] ① 수상전선로를 시설하는 경우에는 그 사용전압은 저압 또는 고압인 것에 한하며 다음 각 호에 따르고 또한 위험의 우려가 없도록 시설하여야 한다.

1. 전선은 전선로의 사용전압이 저압인 경우에는 클로로프렌 캡타이어 케이블이어야 하며, 고압인 경우에는 캡타이어 케이블일 것

2. 수상전선로의 전선을 가공전선로의 전선과 접속하는 경우에는 그 부분의 전선은 접속점으로부터 전선의 절연피복 안에 물이 스며들지 아니하도록 시설하고 또한 전선의 접속점은 다음의 높이로 지지물에 견고하게 붙일 것

   가. 접속점이 육상에 있는 경우에는 지표상 5 m 이상. 다만, 수상전선로의 사용전압이 저압인 경우에 도로상 이외의 곳에 있을 때에는 지표상 4 m까지로 감할 수 있다.

   나. 접속점이 수면상에 있는 경우에는 수상전선로의 사용전압이 저압인 경우에는 수면상 4 m 이상, 고압인 경우에는 수면상 5 m 이상

3. 수상전선로에 사용하는 부대(浮臺)는 쇠사슬 등으로 견고하게 연결한 것일 것

4. 수상전선로의 전선은 부대의 위에 지지하여 시설하고 또한 그 절연피복을 손상하지 아니하도록 시설할 것

② 제1항의 수상전선로에는 이와 접속하는 가공전선로에 전용개폐기 및 과전류 차단기를 각 극 (과전류 차단기는 다선식 전로의 중성극을 제외한다)에 시설하고 또한 수상전선로의 사용전압이 고압인 경우에는 전로에 지락이 생겼을 때에 자동적으로 전로를 차단하기 위한 장치를 시설하여야 한다.

물밑전선로의 시설[제146조] ① 물밑전선로는 손상을 받을 우려가 없는 곳에 위험의 우려가 없도록 시설하여야 한다.

② 저압 또는 고압의 물밑전선로의 전선은 제4항부터 제5항까지에서 표준에 적합한 물밑케이블 또는 제136조 제4항 제5호부터 제7호까지에서 정하는 구조로 개장한 케이블이어야 한다. 다만, 다음 각 호 어느 하나에 의하여 시설하는 경우에는 그러하지 아니하다.

1. 전선에 케이블을 사용하고 또한 이를 견고한 관에 넣어서 시설하는 경우

2. 전선에 지름 4.5 mm 아연도철선 이상의 기계적 강도가 있는 금속선으로 개장한 케이블을 사용하고 또한 이를 물밑에 매설하는 경우

3. 전선에 지름 4.5 mm (비행장의 유도로 등 기타 표지 등에 접속하는 것은 지름 2 mm) 아연도철선 이상의 기계적 강도가 있는 금속선으로 개장하고 또한 개장 부위에 방식피복을 한 케이블을 사용하는 경우

③ 특고압 물밑전선로는 다음 각 호에 따라 시설하여야 한다.

1. 전선은 케이블일 것

2. 케이블은 견고한 관에 넣어 시설할 것. 다만, 전선에 지름 6 mm의 아연도철선 이상의 기계적 강도가 있는 금속선으로 개장한 케이블을 사용하는 경우에는 그러하지 아니하다.

④ 제2항 (제218조에서 준용하는 경우를 포함한다)에 의한 물밑케이블의 표준은 제5항에 규정하는 것을 제외하고는 다음과 같다.

1. 도체는 KS C IEC 60228 '절연 케이블용 도체'에서 정하는 연동선을 소선으로 한 연선(절연체에 부틸 고무혼합물 또는 에틸렌프로필렌 고무혼합물을 사용하는 것은 주석이나 납 또는 이들의 합금으로 도금한 것에 한한다)일 것

2. 절연체는 다음에 적합한 것일 것

가. 재료는 폴리에틸렌 혼합물·부틸고무 혼합물 또는 에틸렌프로필렌 고무혼합물로서 KS C IEC 60811-1-1의 "9. 절연체 및 시스의 기계적 특성시험"에 규정하는 시험을 한 때에 이에 적합한 것일 것

나. 두께는 〈표 146-1〉에 규정하는 값 (도체에 접하는 부분에 반도전층을 입힌 경우에는 그 두께를 감한 값) 이상일 것

〈표 146-1〉

사용전압구분 (V)	도체의 공칭 단면적 (mm^2)	절연체의 두께(mm)	
		폴리에틸렌혼합물 또는 에틸렌프로필렌 고무혼합물의 경우	부틸고무 혼합물의 경우
600 이하	8 이상 80 이하 80 초과 100 이하 100 초과 325 이하	2.0 2.5 2.5	2.5 2.5 2.5
600 초과 3,500 이하	8 이상 100 이하 100 초과 325 이하	3.5 3.5	4.5 4.5
3,500 초과	8 이상 325 이하	5.0	6.0

3. 개장은 2본 또는 3본의 선심을 쥬트 기타의 섬유질의 물질과 함께 꼬아서 원형으로 다듬질한 것 위에 방부처리를 한 쥬트 또는 폴리에틸렌혼합물·폴리프로필렌혼합물

이나 비닐혼합물의 섬유질의 것 (이하 이 조에서 "쥬트 등" 이라 한다)을 두께 2 mm 이상으로 감고 그 위에 지름 6 mm 이상의 방식성 콤파운드를 도포한 아연도금 철선을 사용하고 또한 쥬트 등을 두께 3.5 mm 이상으로 감은 것일 것. 이 경우에 쥬트를 감은 경우는 아연도금 철선의 상부 및 최외층은 방부성 콤파운드를 도포한 것이어야 한다.

4. 완성품은 맑은 물속에 1시간 담근 후 도체 상호 간 및 도체와 대지 사이에 18 kV (사용전압이 600 V 이하인 것은 3 kV, 600 V를 초과하고 3,500 V 이하인 것은 10 kV)의 교류전압을 연속하여 10분간 가하였을 때 이에 견디고 다시 도체와 대지 사이에 100 V의 직류전압을 1분간 가한 후 측정한 절연체의 절연저항이 한국전기기술기준위원회 표준 KECS 1501-2009의 표 A2-8에 규정하는 값 이상의 것일 것

⑤ 제2항 (제218조 제3항에서 준용하는 경우를 포함한다)의 규정에 의한 물밑 케이블 (전력보안 통신선을 복합하는 것에 한한다)의 표준은 다음과 같다.

1. 고압 전선의 도체는 KS C IEC 60228 "절연 케이블용 도체"에서 정하는 연동선을 소선으로 한 연선 (절연체에 부틸고무 혼합물 또는 에틸렌프로필렌 고무혼합물을 사용하는 것은 주석이나 납 또는 이들의 합금으로 도금한 것에 한한다)일 것

2. 고압 전선의 절연체는 다음에 적합한 것일 것
   가. 재료는 폴리에틸렌혼합물, 부틸고무 혼합물 또는 에틸렌프로필렌 고무혼합물로서 KS C IEC 60811-1-1의 "9. 절연체 및 시스의 기계적 특성시험"에 규정하는 시험을 하였을 때 이에 적합한 것일 것
   나. 두께는 〈표 146-1〉에서 정한 값 (도체에 접하는 부분에 반 도전층을 두는 경우는 그 두께를 감한 값) 이상일 것

3. 개장은 고압 전선에 사용하는 2줄 또는 3줄의 선심을 쥬트 기타 섬유질의 것과 함께 꼬아서 원형으로 만든 것 위에 방부처리를 한 쥬트 등을 두께 2 mm 이상으로 감고 그 위에 지름 6 mm 이상의 방식성 콤파운드를 도포한 아연도금 철선을 입힌 뒤 다시 쥬트 등을 두께 3.5 mm 이상으로 감은 것. 이 경우에 쥬트를 감은 것은 아연도금 철선의 윗부분 및 최외층은 방부성 콤파운드를 도포한 것이어야 한다.

4. 완성품은 다음에 적합한 것일 것
   가. 고압 전선에 사용하는 선심의 절연저항은 KS C IEC 60502-2에서 정하는 시험전압으로 시험하였을 때 그 요건을 충족하는 것일 것
   나. 전력보안 통신선에 사용하는 선심은 맑은 물속에 1시간 담근 후 도체 상호 간 및 차폐가 있는 경우에는 도체와 차폐 사이에 2 kV의 교류전압을 연속하여 1분간 가하였을 때 이에 견디고, 다시 도체와 대지 및 차폐가 있는 경우에는 차폐와 대지 사이에 4 kV의 교류전압을 연속하여 1분간 가하였을 때 이에 견디는 것일 것

가공 통신선의 높이[제156조] ① 전력 보안 가공통신선 (이하 이 장에서 "가공통신선"이라

한다)의 높이는 제2항에 규정하는 경우 이외에는 다음 각 호에 따른다.

1. 도로(차도와 도로의 구별이 있는 도로는 차도) 위에 시설하는 경우에는 지표상 5 m 이상. 다만, 교통에 지장을 줄 우려가 없는 경우에는 지표상 4.5 m까지로 감할 수 있다.

2. 철도의 궤도를 횡단하는 경우에는 레일면상 6.5 m 이상

3. 횡단보도교 위에 시설하는 경우에는 그 노면상 3 m 이상

4. 제1호부터 제3호까지 이외의 경우에는 지표상 3.5 m 이상

② 가공전선로의 지지물에 시설하는 통신선 또는 이에 직접 접속하는 가공통신선의 높이는 다음 각 호에 따라야 한다.

1. 도로를 횡단하는 경우에는 지표상 6 m 이상. 다만, 저압이나 고압의 가공전선로의 지지물에 시설하는 통신선 또는 이에 직접 접속하는 가공통신선을 시설하는 경우에 교통에 지장을 줄 우려가 없을 때에는 지표상 5 m까지로 감할 수 있다.

2. 철도 또는 궤도를 횡단하는 경우에는 레일면상 6.5 m 이상

3. 횡단보도교의 위에 시설하는 경우에는 그 노면상 5 m 이상. 다만, 다음 중 1에 해당하는 경우에는 그러하지 아니하다.

　가. 저압 또는 고압의 가공전선로의 지지물에 시설하는 통신선 또는 이에 직접 접속하는 가공통신선을 노면상 3.5 m(통신선이 절연전선과 동등 이상의 절연효력이 있는 것인 경우에는 3 m) 이상으로 하는 경우

　나. 특고압 전선로의 지지물에 시설하는 통신선 또는 이에 직접 접속하는 가공통신선으로서 광섬유케이블을 사용하는 것을 그 노면상 4 m 이상으로 하는 경우

4. 제1호부터 제3호까지 이외의 경우에는 지표상 5 m 이상. 다만, 저압이나 고압의 가공전선로의 지지물에 시설하는 통신선 또는 이에 직접 접속하는 가공통신선이 다음 중 1에 해당하는 경우에는 그러하지 아니하다.

　가. 횡단보도교의 하부 기타 이와 유사한 곳(차도를 제외한다)에 시설하는 경우에 통신선에 절연전선과 동등 이상의 절연효력이 있는 것을 사용하고 또한 지표상 4 m 이상으로 할 때

　나. 도로 이외의 곳에 시설하는 경우에 지표상 4 m(통신선이 광섬유케이블인 경우에는 3.5 m) 이상으로 할 때나 광섬유케이블인 경우에는 3.5 m 이상으로 할 때

③ 가공통신선을 수면상에 시설하는 경우에는 그 수면상의 높이를 선박의 항해 등에 지장을 줄 우려가 없도록 유지하여야 한다.

분기회로의 시설[제176조] ① 저압 옥내간선에서 분기하여 전기사용기계기구에 이르는 저압 옥내전로는 다음 각 호에 따라 시설하여야 한다.

1. 저압 옥내간선과의 분기점에서 전선의 길이가 3 m 이하인 곳에 개폐기 및 과전류 차단기를 시설할 것. 다만, 분기점에서 개폐기 및 과전류 차단기까지의 전선의 허용

전류가 그 전선에 접속하는 저압 옥내간선을 보호하는 과전류 차단기의 정격전류의 55 %(분기점에서 개폐기 및 과전류 차단기까지의 전선의 길이가 8 m 이하인 경우에는 35 %) 이상일 경우에는 분기점에서 3 m를 초과하는 곳에 시설할 수 있다.

2. 제1호의 개폐기는 각 극에 시설할 것. 다만, 다음의 전선의 극에는 이를 시설하지 아니할 수 있다.

가. 제23조 제1항부터 제3항까지 또는 제27조의 규정에 의하여 접지공사를 한 저압 전로에 접속하는 옥내배선의 중성선 또는 접지 측 전선에 접속하는 분기회로의 전선으로서 분기 회로용 배전반(저압 옥내간선에서 옥내전로를 분기하기 위하여 시설하는 분전반 및 캐비닛을 말한다. 이하 같다)의 내부에 그 옥내배선의 인입구 측의 각 극에 개폐기를 시설할 것

나. 제22조·제23조 제1항부터 제3항까지 또는 제27조의 규정에 의하여 접지공사를 한 저압 전로(전로에 지락이 생겼을 때에 자동적으로 전로를 차단하는 장치를 시설하지 아니할 경우에는 접지공사의 접지저항 값이 3 Ω 이하인 것에 한한다)에 접속하는 옥내배선의 중성선 또는 접지 측 전선에 접속하는 분기회로의 전선으로서 개폐기의 시설 장소에 중성선 또는 접지 측 전선에 전기적으로 완전히 접속하고 또한 중성선 또는 접지 측 전선으로부터 쉽게 분리시킬 수 있는 것

3. 제1호의 과전류 차단기에 플러그 퓨즈를 사용하는 등 절연저항의 측정 등을 할 때에 그 저압 옥내전로를 개폐할 수 있도록 하는 경우에는 제1호의 개폐기의 시설을 하지 아니하여도 된다.

4. 제1호의 과전류 차단기는 각 극(다선식 전로의 중성극 및 제2호 단서의 접지 측 전선의 극을 제외한다)에 시설할 것. 다만, 대지 전압이 150 V 이하인 저압 옥내전로의 접지 측 전선 이외의 전선에 시설한 과전류 차단기가 동작한 경우에 각 극이 동시에 차단될 때에는 그 전로의 접지 측 전선에 과전류 차단기를 시설하지 아니할 수 있다.

5. 정격전류가 50 A를 초과하는 하나의 전기사용기계기구(전동기 등을 제외한다. 이하 이 호에서 같다)에 이르는 저압 옥내전로는 다음에 의하여 시설할 것

가. 저압 옥내 전로에 시설하는 제1호의 과전류 차단기는 그 정격전류가 그 전기사용기계기구의 정격전류를 1.3배 한 값을 넘지 아니하는 것(그 값이 과전류 차단기의 표준 정격에 해당하지 아니할 때에는 그 값에 가장 가까운 상위의 정격의 것을 포함한다)일 것

나. 저압 옥내전로에 그 전기사용기계기구 이외의 부하를 접속시키지 아니할 것

다. 저압 옥내배선의 허용전류는 그 전기사용기계기구 및 그 저압 옥내전로에 시설하는 제1호의 과전류 차단기의 정격전류 이상일 것

6. 전동기 등에만 이르는 저압 옥내 전로는 다음에 의하여 시설할 것

가. 제1호의 과전류 차단기는 그 과전류 차단기에 직접 접속하는 부하 측의 전선의 허용전류를 2.5배(제38조 제3항에 규정하는 과전류 차단기에 있어서는 1배)한 값 이하인 정격전류의 것(그 전선의 허용전류가 100 A를 넘을 경우로서 그 값이 과전류

차단기의 표준 정격에 해당하지 아니할 때에는 그 값에 가장 가까운 상위의 정격의 것을 포함한다)일 것

나. 전선은 간헐사용(間歇使用) 기타의 특수한 사용 방법에 의할 경우 이외에는 저압 옥내배선의 각 부분마다 그 부분을 통하여 공급되는 전동기 등의 정격전류의 합계의 1.25배(그 전동기 등의 정격전류의 합계가 50 A를 넘을 경우에는 1.1배)의 값 이상인 허용전류의 것일 것

7. 제5호 및 제6호에 규정하는 저압 옥내전로 이외의 저압 옥내전로는 다음에 의하여 시설할 것

가. 저압 옥내전로에 시설하는 제1호의 과전류 차단기의 정격전류는 50 A 이하일 것

나. 저압 옥내전로에 접속하는 콘센트·나사 접속기 및 소켓은 〈표 176-1〉에서 정한 것일 것

〈표 176-1〉

저압 옥내전로의 종류	콘센트	나사 접속기 또는 소켓
정격전류가 15 A 이하인 과전류 차단기로 보호되는 것	정격전류가 15 A 이하인 것	나사형의 소켓으로서 공칭 지름이 39 mm 이하인 것이나 나사형 이외의 소켓 또는 공칭 지름이 39 mm 이하인 나사 접속기
정격전류가 15 A를 초과하고 20 A 이하인 배선용 차단기로 보호되는 것	정격전류가 20 A 이하인 것	
정격전류가 15 A를 초과하고 20 A 이하인 과전류 차단기(배선용 차단기를 제외한다)로 보호되는 것	정격전류가 20 A인 것 (정격전류가 20 A 미만의 꽂임 플러이 접속될 수 있는 것은 제외한다)	할로겐 전구용의 소켓이나 할로겐 전구용 이외의 백열전등용·방전등용의 소켓으로서 공칭 지름이 39 mm인 것 또는 공칭 지름이 39 mm인 나사 접속기
정격전류가 20 A를 초과하고 30 A 이하의 과전류 차단기로 보호되는 것	정격전류가 20 A 이상 30 A 이하의 것 (정격전류가 20 A 미만의 꽂임 플러이 접속될 수 있는 것은 제외한다)	
정격전류가 30 A를 초과하고 40 A 이하인 과전류 차단기로 보호되는 것	정격전류가 30 A 이상 40 A 이하인 것	
정격전류가 40 A를 초과하고 50 A 이하인 과전류 차단기로 보호되는 것	정격전류가 40 A 이상 50 A 이하인 것	

다. 저압 옥내배선은 〈표 176-2〉에서 정한 굵기의 연동선 또는 이와 동등 이상의 허용전류가 있는 것일 것. 다만, 저압 옥내전로 중 하나의 나사 접속기, 하나의 소켓 또는 하나의 콘센트에서 그 분기점에 이르는 부분의 전선(그 부분의 전선의 길이가 3

m 이하인 것에 한한다)에 〈표 176-2〉에서 열거한 굵기의 연동선이나 이와 동등 이상의 허용전류가 있는 것을 사용하는 경우 또는 저압 옥내전로의 사용전압이 400 V 미만인 경우에 제168조 제2항 각 호의 어느 하나에 해당하는 때에는 그러하지 아니하다.

〈표 176-2〉

저압 옥내전로의 종류	저압 옥내배선의 굵기	하나의 나사 접속기, 하나의 소켓 또는 하나의 콘센트에서 그 분기점에 이르는 부분의 전선의 굵기
정격전류가 15 A 이하인 과전류 차단기로 보호되는 것	단면적 2.5 mm² (미네럴인슈레이션 케이블은 단면적 1 mm²)	단면적 2.5 mm² (미네럴인슈레이션 케이블은 단면적 1 mm²)
정격전류가 15 A를 초과하고 20 A 이하인 배선용 차단기로 보호되는 것		
정격전류가 15 A를 초과하고 20 A 이하인 과전류 차단기(배선용 차단기를 제외한다)로 보호되는 것	단면적 4 mm² (미네럴인슈레이션 케이블은 단면적 1.5 mm²)	
정격전류가 20 A를 초과하고 30 A 이하인 과전류 차단기로 보호되는 것	단면적 6 mm² (미네럴인슈레이션 케이블은 단면적 2.5 mm²)	
정격전류가 30 A를 초과하고 40 A 이하인 과전류 차단기로 보호되는 것	단면적 10 mm² (미네럴인슈레이션 케이블은 단면적 6 mm²)	단면적 4 mm² (미네럴인슈레이션 케이블은 단면적 1.5 mm²)
정격전류가 40 A를 초과하고 50 A 이하인 과전류 차단기로 보호되는 것	단면적 16 mm² (미네럴인슈레이션 케이블은 단면적 10 mm²)	

② 제1항의 규정은 인입구에서 저압 옥내간선을 거치지 아니하고 전기사용기계기구에 이르는 저압 옥내전로에 준용한다.

고압 옥내배선 등의 시설[제209조] ① 고압 옥내배선은 다음 각 호에 따라 시설하여야 한다.
1. 고압 옥내배선은 다음 중 1에 의하여 시설할 것
　가. 애자사용공사 (건조한 장소로서 전개된 장소에 한한다)
　나. 케이블공사
　다. 케이블트레이공사

2. 애자사용공사에 의한 고압 옥내배선은 다음에 의하고, 또한 사람이 접촉할 우려가 없도록 시설할 것

　가. 전선은 공칭단면적 $6 \, \text{mm}^2$ 이상의 연동선 또는 이와 동등 이상의 세기 및 굵기의 고압 절연전선이나 특고압 절연전선 또는 제36조 제2항에 규정하는 인하용 고압 절연전선일 것

　나. 전선의 지지점 간의 거리는 $6 \, \text{m}$ 이하일 것. 다만, 전선을 조영재의 면을 따라 붙이는 경우에는 $2 \, \text{m}$ 이하이어야 한다.

　다. 전선 상호 간의 간격은 $8 \, \text{cm}$ 이상, 전선과 조영재 사이의 이격거리는 $5 \, \text{cm}$ 이상일 것

　라. 애자사용공사에 사용하는 애자는 절연성·난연성 및 내수성의 것일 것

　마. 고압 옥내배선은 저압 옥내배선과 쉽게 식별되도록 시설할 것

　바. 전선이 조영재를 관통하는 경우에는 그 관통하는 부분의 전선을 전선마다 각각 별개의 난연성 및 내수성이 있는 견고한 절연관에 넣을 것

3. 케이블공사에 의한 고압 옥내배선은 제193조 제1항 제2호 및 제3호 (전선을 건조물의 전기 배선용 파이프 샤프트 내의 수직으로 매어 달아 시설하는 경우에는 제193조 제3항)의 규정에 준하여 시설하는 이외에 전선에 케이블을 사용하고 또한 관 기타의 케이블을 넣는 방호장치의 금속제 부분, 금속제의 전선 접속함 및 케이블의 피복에 사용하는 금속체에는 제1종 접지공사를 할 것. 다만, 사람이 접촉할 우려가 없도록 시설하는 경우에는 제3종 접지공사에 의할 수 있다.

4. 케이블트레이공사에 의한 고압 옥내배선은 제194조 (케이블트레이공사) 제1항 제3호, 제4호, 제5호, 제2항 (제7호 및 제8호를 제외한다)의 규정에 준하여 시설하는 외에 다음에 의하여 시설하여야 한다.

　가. 전선은 연피 케이블, 알루미늄피 케이블 등 난연성 케이블, 기타 케이블 (적당한 간격으로 연소 (延燒)방지 조치를 하여야 한다)을 사용하여야 한다.

　나. 금속제 케이블트레이 계통은 기계적 및 전기적으로 완전하게 접속하여야 하며 금속제 트레이에는 제1종 접지공사로 접지하여야 한다.

　다. 동일 케이블트레이 내에 시설하는 케이블의 수는 단심 및 다심 케이블들의 지름 (완성품의 바깥지름을 말한다. 이하 이 조에서 같다)의 합계가 케이블트레이의 내측 폭 이하가 되도록 하고 케이블은 단층으로 시설할 것. 단심 케이블을 트리플렉스형, 쿼드라플렉스형으로 하거나 또는 회로군으로 일괄하여 묶은 경우에는 이들 단심 케이블의 지름의 합계가 케이블트레이의 내측 폭 이하가 되도록 하고 단층배열로 시설하여야 한다.

② 고압 옥내배선이 다른 고압 옥내배선·저압 옥내전선·관등회로의 배선·약전류전선 등 또는 수관·가스관이나 이와 유사한 것과 접근하거나 교차하는 경우에는 고압 옥내배선과 다른 고압 옥내배선·저압 옥내전선·관등회로의 배선·약전류전선 등 또는 수관·가스관이나 이와 유사한 것 사이의 이격거리는 $15 \, \text{cm}$ (애자사용공사에 의하여 시설하는 저압 옥내전선이나 전선인 경우에는 $30 \, \text{cm}$, 가스계량기 및 가스관의 이

음부와 전력량계 및 개폐기와는 60 cm) 이상이어야 한다. 다만, 고압 옥내배선을 케이블공사에 의하여 시설하는 경우에 케이블과 이들 사이에 내화성이 있는 견고한 격벽을 시설할 때, 케이블을 내화성이 있는 견고한 관에 넣어 시설할 때 또는 다른 고압 옥내배선의 전선이 케이블일 때에는 그러하지 아니하다.

③ 제195조·제199조부터 제201조까지의 규정은 옥내에 시설하는 고압 전기설비(이동전선·접촉전선·방전등 및 제151조 제1항에 규정하는 전선로를 제외한다)에 준용한다.

저압 계통연계 시 직류유출방지 변압기의 시설[제281조] 분산형 전원을 인버터를 이용하여 배전사업자의 저압 전력계통에 연계하는 경우 인버터로부터 직류가 계통으로 유출되는 것을 방지하기 위하여 접속점(접속설비와 분산형 전원 설치자 측 전기설비의 접속점을 말한다)과 인버터 사이에 상용주파수 변압기(단권변압기를 제외한다)를 시설하여야 한다. 다만, 다음 각 호를 모두 충족하는 경우에는 예외로 한다.

1. 인버터의 직류 측 회로가 비접지인 경우 또는 고주파 변압기를 사용하는 경우
2. 인버터의 교류출력 측에 직류 검출기를 구비하고, 직류 검출 시에 교류출력을 정지하는 기능을 갖춘 경우

단락전류 제한장치의 시설[제282조] 분산형 전원을 계통연계하는 경우 전력계통의 단락용량이 다른 자의 차단기의 차단용량 또는 전선의 순시허용전류 등을 상회할 우려가 있을 때에는 그 분산형 전원 설치자가 한류리액터 등 단락전류를 제한하는 장치를 시설하여야 하며, 이러한 장치로도 대응할 수 없는 경우에는 그 밖에 단락전류를 제한하는 대책을 강구하여야 한다.

계통연계용 보호장치의 시설[제283조] ① 계통연계하는 분산형 전원을 설치하는 경우 다음 각 호의 1에 해당하는 이상 또는 고장 발생 시 자동적으로 분산형 전원을 전력계통으로부터 분리하기 위한 장치를 시설하여야 한다.

1. 분산형 전원의 이상 또는 고장
2. 연계한 전력계통의 이상 또는 고장
3. 단독운전 상태

② 제1항 제2호에 따라 연계한 전력계통의 이상 또는 고장 발생 시 분산형 전원의 분리 시점은 해당 계통의 재폐로 시점 이전이어야 하며, 이상 발생 후 해당 계통의 전압 및 주파수가 정상 범위 내에 들어올 때까지 계통과의 분리상태를 유지하는 등 연계한 계통의 재폐로방식과 협조를 이루어야 한다.

특고압 송전 계통연계 시 분산형 전원 운전제어 장치의 시설[제284조] 분산형 전원을 송전사업자의 특고압 전력계통에 연계하는 경우 계통안정화 또는 조류억제 등의 이유로 운전제어가 필요할 때에는 그 분산형 전원에 필요한 운전제어 장치를 시설하여야 한다.

연계용 변압기 중성점의 접지[제285조] 분산형 전원을 특고압 전력계통에 계통연계하는 경우 연계용 변압기 중성점의 접지는 전력계통에 연결되어있는 다른 전기설비의 정격을 초과하는 과전압을 유발하거나 전력계통의 지락고장 보호협조를 방해하지 않도록 시설하여야 한다.

저압 옥내직류 전기설비의 접지[제289조] ① 저압 옥내직류 전기설비는 전로보호장치의 확실한 동작의 확보, 이상전압 및 대지전압의 억제를 위하여 직류 2선식의 임의의 한 점 또는 변환장치의 직류 측 중간점, 태양전지의 중간점 등을 접지하여야 한다. 다만, 직류 2선식을 다음 각 호에 의하여 시설하는 경우는 그러하지 아니하다.
1. 사용전압이 60 V 이하인 경우
2. 접지검출기를 설치하고 특정구역 내의 산업용 기계기구에만 공급하는 경우
3. 제23조의 규정에 적합한 교류계통으로부터 공급을 받는 정류기에서 인출되는 직류계통
4. 최대전류 30 mA 이하의 직류화재경보회로
② 제1항의 접지공사는 제21조, 제22조, 제22조의2 및 제27조 제2항을 준용하여 접지하여야 한다.
③ 직류전기설비의 접지시설을 양(+)도체를 접지하는 경우는 감전에 대한 보호를 하여야 한다.
④ 직류전기설비의 접지시설을 음(−)도체를 접지하는 경우는 제293조에 준용하여 전기부식방지를 하여야 한다.
⑤ 직류접지계통은 교류접지계통과 같은 방법으로 금속제 외함, 교류접지선 등과 본딩하여야 하며 교류접지가 피뢰설비, 통신접지 등과 통합접지되어 있는 경우는 제18조 제7항에 따라 시설하여야 한다.

저압 직류과전류차단장치[제290조] ① 제38조에 의하여 직류전로에 과전류 차단기를 설치하는 경우 직류단락전류를 차단하는 능력을 가지는 것이어야 하고 "직류용" 표시를 하여야 한다.
② 다중전원전로의 과전류 차단기는 모든 전원을 차단할 수 있도록 시설하여야 한다.

저압 직류지락차단장치[제291조] 제41조 및 제166조 제4항 제1호에 의하여 직류전로에는 지락이 생겼을 때에 자동으로 전로를 차단하는 장치를 시설하여야 하며, "직류용" 표시를 하여야 한다.

저압 직류개폐장치[제292조] ① 직류전로에 사용하는 개폐기는 직류전로 개폐 시 발생하는 아크에 견디는 구조이어야 한다.
② 다중전원전로의 개폐기는 개폐할 때 모든 전원이 개폐될 수 있도록 시설하여야 한다.

저압 직류전기설비의 전기부식방지[제293조] 제289조에 의하여 직류전로를 접지하는 경우는 직류누설전류의 전기부식작용으로 다른 금속체에 손상의 위험이 없도록 시설하여야 한다. 다만, 제291조의 직류지락차단장치를 시설한 경우는 그러하지 아니하다.

축전지실 등의 시설[제294조] ① 30 V를 초과하는 축전지는 비접지 측 도체에 쉽게 차단할 수 있는 곳에 개폐기를 시설하여야 한다.
② 옥내전로에 연계되는 축전지는 비접지 측 도체에 과전류보호장치를 시설하여야 한다.
③ 축전지실 등은 폭발성의 가스가 축적되지 않도록 환기장치 등을 시설하여야 한다.

예·상·문·제

1. 전기사업법에서 규정하는 용어에 대한 설명으로 틀린 것은?

㉮ "구역전기사업"이란 대통령령으로 정하는 규모 이하의 발전설비를 갖추고 특정한 공급구역의 수요에 맞추어 전기를 생산하여 전력시장을 통하여 그 공급구역의 전기사용자에게 공급하는 것을 주된 목적으로 하는 사업을 말한다.

㉯ "전기설비"란 발전·송전·변전·배전 또는 전기사용을 위하여 설치하는 기계·기구·댐·수로·저수지·전선로·보안통신선로 및 그 밖의 설비를 말한다.

㉰ "전선로"란 발전소·변전소·개폐소 및 이에 준하는 장소와 전기를 사용하는 장소 상호 간의 전선 및 이를 지지하거나 수용하는 시설물을 말한다.

㉱ "일반용전기설비"란 산업통상자원부령으로 정하는 소규모의 전기설비로서 한정된 구역에서 전기를 사용하기 위하여 설치하는 전기설비를 말한다.

[해설] "구역전기사업"이란 대통령령으로 정하는 규모 이하의 발전설비를 갖추고 특정한 공급구역의 수요에 맞추어 전기를 생산하여 전력시장을 통하지 아니하고 그 공급구역의 전기사용자에게 공급하는 것을 주된 목적으로 하는 사업을 말한다.

2. 다음 중 전기사업의 허가기준으로 맞지 않는 것은?

㉮ 전기사업을 적정하게 수행하는 데 필요한 재무능력 및 기술능력이 있을 것

㉯ 둘 이상의 배전사업자의 사업구역 또는 구역전기사업자의 특정한 공급구역 중 그 전부 또는 일부가 중복되지 아니할 것

㉰ 구역전기사업의 경우 특정한 공급구역의 전력수요의 30퍼센트 이상으로서 대통령령으로 정하는 공급능력을 갖출 것

㉱ 전기사업이 계획대로 수행될 수 있을 것

[해설] 구역전기사업의 경우 특정한 공급구역의 전력수요의 50퍼센트 이상으로서 대통령령으로 정하는 공급능력(60 %)을 갖추고, 그 사업으로 인하여 인근 지역의 전기사용자에 대한 다른 전기사업자의 전기공급에 차질이 없어야 한다.

3. 전력수급 기본계획에 포함되어야 하는 사항이 아닌 것은?

㉮ 전력수급의 기본방향

㉯ 전력수급의 장기전망

㉰ 송배전망 구축 계획

㉱ 전력수요의 관리

[해설] 전기사업법 제25조 제6항 : 기본계획에는 다음 각 호의 사항이 포함되어야 한다.
① 전력수급의 기본방향에 관한 사항
② 전력수급의 장기전망에 관한 사항
③ 발전설비계획 및 주요 송전·변전설비계획에 관한 사항
④ 전력수요의 관리에 관한 사항
⑤ 직전 기본계획의 평가에 관한 사항
⑥ 그 밖에 전력수급에 관하여 필요하다고 인정하는 사항

4. 다음 중 전기판매사업자가 우선적으로 구매할 수 있는 전력을 생산하는 사업자가 아닌 것은?

㉮ 대통령령으로 정하는 규모 이상의 발전사업자

㉯ 수력발전소를 운영하는 발전사업자

㉰ 신재생에너지를 이용하여 전기를 생산하는 발전사업자

㉱ 집단에너지사업자

해설 전기판매사업자가 우선적으로 구매할 수 있는 전력을 생산하는 사업자
  ① 대통령령으로 정하는 규모 이하의 발전사업자
  ② 자가용전기설비를 설치한 자(제2항 단서에 따라 전력거래를 하는 경우만 해당한다)
  ③ 「신에너지 및 재생에너지 개발·이용·보급 촉진법」 제2조 제1호 및 제2호에 따른 신에너지 및 재생에너지를 이용하여 전기를 생산하는 발전사업자
  ④ 「집단에너지사업법」 제48조에 따라 발전사업의 허가를 받은 것으로 보는 집단에너지사업자
  ⑤ 수력발전소를 운영하는 발전사업자

5. 한국전력거래소의 회원의 자격을 갖춘 자를 모두 고르면?

> ㉠ 전기판매사업자
> ㉡ 전력시장에서 전력을 직접 구매하는 전기사용자
> ㉢ 전력시장에서 전력거래를 하는 구역전기사업자
> ㉣ 전력시장에서 전력거래를 하지 아니하는 자 중 발전사업자
> ㉤ 전력시장에서 전력거래를 하는 수요관리사업자

㉮ ㉠, ㉡, ㉣, ㉤

㉯ ㉠, ㉡, ㉢, ㉤

㉰ ㉠, ㉡, ㉢, ㉣

㉱ ㉠, ㉡, ㉢, ㉣, ㉤

해설 한국전력거래소의 회원은 다음 각 호의 자로 한다.
  ① 전력시장에서 전력거래를 하는 발전사업자
  ② 전기판매사업자
  ③ 전력시장에서 전력을 직접 구매하는 전기사용자
  ④ 전력시장에서 전력거래를 하는 자가용전기설비를 설치한 자
  ⑤ 전력시장에서 전력거래를 하는 구역전기사업자
  ⑥ 전력시장에서 전력거래를 하지 아니하는 자 중 한국전력거래소의 정관으로 정하는 요건을 갖춘 자
  ⑦ 전력시장에서 전력거래를 하는 수요관리사업자

6. 한국전력거래소에 관한 설명으로 맞는 것을 모두 고르면?

> ㉠ 한국전력거래소는 법인으로 한다.
> ㉡ 전력시장 및 전력계통의 운영을 위하여 설립되었다.
> ㉢ 한국전력거래소의 주된 사무소는 정관으로 정한다.
> ㉣ 전기품질의 측정·기록·보존에 관한 업무를 한다.

㉮ ㉠, ㉢, ㉣

㉯ ㉠, ㉡, ㉣

㉰ ㉠, ㉡, ㉢

㉱ ㉠, ㉡, ㉢, ㉣

7. 전력산업기반 조성에 관한 설명으로 틀린 것은?

㉮ 전력수급 및 전력산업기반조성에 관한 중요 사항을 심의하기 위하여 산업통상자원부에 전력정책심의회를 둔다.

㉯ 전력정책심의회는 전력산업기반조성계획의 시행계획을 심의할 수 있다.

㉰ 조성된 기금은 일반용전기설비의 점검사업을 위해서는 사용할 수 없다.

㉱ 조성된 기금은 송·변전설비 주변지역 지원사업에 사용할 수 있다.

해설 조성된 기금은 일반용전기설비의 점검사업을 위해서 사용할 수 있다.

8. 전기위원회에 관련된 내용 중 맞지 않는

것은?

㉮ 위원장 1명을 포함한 9명 이내의 위원으로 구성한다.

㉯ 4급 이상의 공무원으로 있거나 있었던 사람은 위원이 될 수 있다.

㉰ 공무원이 아닌 위원의 임기는 3년으로 하되, 연임할 수 있다.

㉱ 전기위원회는 업무를 효율적으로 수행하기 위하여 분야별로 전문위원회를 둘 수 있다.

[해설] 3급 이상의 공무원으로 있거나 있었던 사람은 위원이 될 수 있다.

9. 물밑선로보호구역에 대한 설명으로 틀린 것은?

㉮ 물밑선로보호구역에서는 광물·수산물을 채취하는 행위를 할 수 없다.

㉯ 식업 면허를 받은 지역을 물밑선로보호구역으로 지정하려는 경우에는 그 양식업 면허를 받은 자의 동의를 받아야 한다.

㉰ 산업통상자원부장관은 물밑선로보호구역을 지정하려는 경우에는 미리 해양수산부장관과 협의하여야 한다.

㉱ 물밑선로보호구역에서 선박의 경우 닻을 내리는 행위는 할 수 있다.

[해설] 물밑선로보호구역에서는 아래의 행위를 하여서는 아니 된다.
① 물밑선로를 손상시키는 행위
② 선박의 닻을 내리는 행위
③ 물밑에서 광물·수산물을 채취하는 행위
④ 그 밖에 물밑선로를 손상하게 할 우려가 있는 행위로서 대통령령으로 정하는 행위

10. 한국전기안전공사에 대한 설명 중 맞지 않는 것은?

㉮ 안전공사의 임원은 사장 1명, 이사 10명 이내와 감사 1명으로 한다.

㉯ 안전공사는 법인으로 한다.

㉰ 안전공사는 주된 사업소의 소재지에서 설립등기를 함으로써 성립한다.

㉱ 재난관리책임기관이 재난예방을 위하여 부담하는 재난예방점검비용을 재원으로 충당할 수 있다.

[해설] 한국전기안전공사의 임원은 사장 1명, 이사 8명 이내와 감사 1명으로 한다.

11. 다음 설명 중 올바르지 못한 것은?

㉮ 구역전기사업은 3만 5천킬로와트 이하의 발전설비를 갖추고 사업을 하는 경우이다.

㉯ 전압 50볼트 미만의 설비는 원칙적으로 전기설비로 보지 않는다.

㉰ 전기통신설비는 원칙적으로 전기설비로 보지 않는다.

㉱ 동일인이 배전사업과 전기판매사업을 겸업할 수 있다.

[해설] 전압 30볼트 미만의 설비는 원칙적으로 전기설비로 보지 않는다.

12. 전기사업의 허가기준에 대한 설명으로 틀린 것은?

㉮ 배전사업 및 구역전기사업의 경우 둘 이상의 배전사업자의 사업구역 또는 구역전기사업자의 특정한 공급구역 중 그 전부 또는 일부가 중복되지 아니하여야 한다.

㉯ 구역전기사업은 해당 특정한 공급구역의 전력수요의 60퍼센트 이상의 공급능력을 갖추어야 한다.

㉰ 발전연료는 어느 하나의 연료에 집중시

켜 발전단가를 낮추도록 하여야 한다.

라 발전소가 특정 지역에 편중되어 전력계통의 운영에 지장을 주지 아니하여야 한다.

해설 발전연료가 어느 하나에 편중되어 전력수급에 지장을 주지 아니하여야 한다.

13. 전기사업의 약관에 관한 설명으로 틀린 것은?

가 전기요금은 공급 종류에 관계없이 통합적 평균요금으로 규정하고 있을 것

나 전기요금은 적정 원가에 적정 이윤을 더한 것일 것

다 전기판매사업자와 전기사용자 간의 권리의무 관계와 책임에 관한 사항이 명확하게 규정되어있을 것

라 전력량계 등의 전기설비의 설치주체와 비용부담자가 명확하게 규정되어있을 것

해설 전기요금은 공급 종류별 또는 전압별로 구분하여 규정하고 있어야 한다.

14. 다음 중 전력의 거래에 관한 설명으로 틀린 것은?

가 구역전기사업자는 허가받은 공급능력으로 해당 특정한 공급구역의 수요에 부족하거나 남는 전력을 거래할 수 있다.

나 전기판매사업자는 설비용량이 2만킬로와트 이하인 발전사업자가 생산하는 전력을 우선적으로 구매할 수 있다.

다 수전설비의 용량이 3만킬로볼트암페어 이상인 전기사용자는 전력시장에서 전력을 직접 구매할 수 있다.

라 전기사용자의 이익을 보호하기 위하여 필요한 경우에는 전기위원회의 심의를 생략하고 조기에 전력거래가격의 상한을 정하여 고시할 수 있다.

해설 전기사용자의 이익을 보호하기 위하여 필요한 경우에는 전력거래가격의 상한을 정하여 고시할 수 있다. 이 경우 산업통상자원부장관은 미리 전기위원회의 심의를 거쳐야 한다.

15. 전력산업기반조성계획에 관한 설명으로 틀린 것은?

가 전력산업기반조성계획은 3년 단위로 수립·시행한다.

나 산업통상자원부장관은 전력산업기반조성계획을 수립하려는 경우에는 전력정책심의회의 심의를 거쳐야 한다. 단, 일부 변경하려는 경우에는 심의를 생략할 수 있다.

다 석탄산업장기계획에서의 석탄 사용량과, 발전연료로 석탄을 사용하는 발전사업자에 대한 전력거래 가격 및 발전에 따른 비용과의 차액 보전방안 등을 반영하여야 한다.

라 매년 시행계획을 수립하고 공고하여야 한다.

해설 산업통상자원부장관은 전력산업기반조성계획을 수립하려는 경우에는 전력정책심의회의 심의를 거쳐야 한다. 이를 변경하려는 경우에도 또한 같다.

16. 산업통상자원부장관이 전력산업기반조성사업을 실시하려는 경우 주관기관의 장과 협약 체결 시 포함되어야 할 내용이 아닌 것은?

가 기술인력 양성에 관한 사항

나 사업비의 지급에 관한 사항

다 협약의 변경·해약 및 위반에 관한 사항

정답 13. 가 14. 라 15. 나 16. 가

㉑ 기술료의 징수에 관한 사항

[해설] 산업통상자원부장관은 전력산업기반조성사업을 실시하려는 경우에는 주관기관의 장과 협약을 체결하여야 한다. 단, 협약에는 다음 각 호의 사항이 포함되어야 한다.
① 사업과제, 사업범위 및 사업 수행방법에 관한 사항
② 사업비의 지급에 관한 사항
③ 사업시행의 결과 보고 및 그 결과의 활용에 관한 사항
④ 협약의 변경·해약 및 위반에 관한 사항
⑤ 연구개발사업인 경우 기술료의 징수에 관한 사항
⑥ 그 밖에 산업통상자원부장관이 필요하다고 인정하는 사항

17. 전력정책심의회에 관한 설명으로 틀린 것은?

㉮ 전력정책심의회는 위원장 1명을 포함한 20명 이내의 위원으로 구성한다.

㉯ 관계 중앙행정기관의 3급 공무원 또는 고위공무원단에 속하는 일반직 공무원 중 소속 기관의 장이 지정하는 사람은 위원이 될 수 있다.

㉰ 위원의 임기는 2년으로 하며, 연임할 수 있다.

㉱ 전기사업자, 전력산업에 관한 학식과 경험이 풍부한 사람 또는 시민단체가 추천하는 사람 중 산업통상자원부장관이 위촉하는 사람은 위원이 될 수 있다.

[해설] 전력정책심의회는 위원장 1명을 포함한 30명 이내의 위원으로 구성한다.

18. 전기사업법 관련 용어에 대한 설명으로 올바르지 못한 것은?

㉮ "변전소"란 변전소의 밖으로부터 전압 5만볼트 이상의 전기를 전송받아 이를 변성하여 전송하는 곳이다.

㉯ "전기수용설비"란 수전설비와 구내배전설비를 말한다.

㉰ "수전설비"란 구내배전설비로 전기를 공급하기 위한 전기설비로서 수전지점으로부터 배전반까지의 설비를 말한다.

㉱ "개폐소"란 전압 2만볼트 이상의 송전선로를 연결하거나 차단하기 위한 전기설비를 말한다.

[해설] "개폐소"란 전압 5만볼트 이상의 송전선로를 연결하거나 차단하기 위한 전기설비를 말한다.

19. 전기사업법상 "배전선로"에 들어가는 것은?

㉮ 발전소와 전기수용설비 간 전선로

㉯ 변전소 상호 간 전선로

㉰ 발전소와 변전소 간 전선로

㉱ 발전소 상호 간 전선로

[해설] "배전선로"의 4가지 유형
① 발전소와 전기수용설비
② 변전소와 전기수용설비
③ 송전선로와 전기수용설비
④ 전기수용설비 상호 간

20. 일반용전기설비의 범위에 들어가지 않는 것은?

㉮ 전압 600볼트 이하로서 용량 75킬로와트 미만의 전력을 타인으로부터 수전하여 그 수전장소에서 그 전기를 사용하기 위한 전기설비

㉯ 전압 600볼트 이하로서 용량 10킬로와트 이하인 발전기

㉰ 자가용전기설비의 설치장소와 동일한 수전장소에 설치하는 전기설비

㉱ 제조업 부문에서 전압 600볼트 이하,

용량 100킬로와트 미만의 전력을 타인으로부터 수전하여 그 수전장소에서 그 전기를 사용하기 위한 전기설비

[해설] 자가용전기설비의 설치장소와 동일한 수전장소에 설치하는 전기설비는 일반용전기설비로 보지 아니한다.

21. 전기사업허가의 신청에 관한 설명으로 틀린 것은?

㉮ 발전설비용량이 200킬로와트 이하인 발전사업의 허가를 받으려는 자는 허가신청서에 사업계획서만 첨부하여 제출하면 된다.

㉯ 발전설비용량이 3천킬로와트 이하인 발전사업의 허가를 받으려는 자는 허가신청서에 사업계획서, 송전관계 일람도, 발전원가명세서 등을 첨부하여야 한다.

㉰ 발전설비용량이 3천킬로와트 초과인 발전사업자가 허가를 받으려면 허가신청서에는 5개년간 예상사업손익산출서, 전기설비의 개요서 등의 서류도 첨부하여 제출하여야 한다.

㉱ 발전설비용량이 3천킬로와트 초과인 발전사업자가 허가를 받으려면 허가신청서 및 첨부서류를 특별시장·광역시장·도지사 또는 특별자치도지사에게 제출한다.

[해설] 발전설비용량이 3천킬로와트 초과인 발전사업자가 허가를 받으려면 허가신청서 및 첨부서류를 산업통상자원부장관에게 제출하여야 한다.

22. 전기공사업법상의 "전기공사"가 아닌 것은?

㉮ 도로, 공항 및 항만의 전기설비공사

㉯ 수력발전을 위한 저수지, 수로 및 이에 수반되는 구조물의 공사

㉰ 전기철도 및 철도신호의 전기설비공사

㉱ 전기설비 등을 유지·보수하는 공사 및 그 부대공사

[해설] 전기공사의 범위(단, 저수지, 수로 및 이에 수반되는 구조물의 공사는 제외)
① 발전·송전·변전 및 배전 설비공사
② 산업시설물, 건축물 및 구조물의 전기설비공사
③ 도로, 공항 및 항만의 전기설비공사
④ 전기철도 및 철도신호의 전기설비공사
⑤ 제1호부터 제4호까지의 규정에 따른 전기설비공사 외의 전기설비공사
⑥ 제1호부터 제5호까지의 규정에 따른 전기설비 등을 유지·보수하는 공사 및 그 부대공사

23. 전기공사업자가 아니어도 시공할 수 있는 경미한 전기공사가 아닌 것은?

㉮ 접속기, 전구류, 나이프스위치, 그 밖에 개폐기의 보수 및 교환에 관한 공사

㉯ 벨, 인터폰, 장식전구, 그 밖에 이와 비슷한 시설에 사용되는 소형변압기(2차 측 전압 50볼트 이하의 것으로 한정한다)의 설치 및 그 2차 측 공사

㉰ 전력량계 또는 퓨즈를 부착하거나 떼어내는 공사

㉱ 전압이 600볼트 이하이고, 전기시설용량이 5킬로와트 이하인 단독주택 전기시설의 개선 및 보수 공사

[해설] 벨, 인터폰, 장식전구, 그 밖에 이와 비슷한 시설에 사용되는 소형변압기(2차 측 전압 36볼트 이하의 것으로 한정한다)의 설치 및 그 2차 측 공사

24. 전기공사업법의 등록에 관한 설명으로

틀린 것은 ?

㉮ 국가 및 지방자치단체는 전기공사업 등록과는 무관하게 전기설비의 유지에 필요한 긴급보수공사 등을 직접 시공할 수 있다.

㉯ 전기공사업을 등록한 자 중 등록한 날부터 5년이 지나지 아니한 자는 기술능력 및 자본금 등에 관한 사항을 등록한 날부터 2년마다 시·도지사에 신고하여야 한다.

㉰ 전기공사업 등록 후 상호 또는 명칭, 영업소의 소재지, 대표자가 변경된 경우에는 시·도지사에게 신고하여야 한다.

㉱ 전기공사업 등록 후 자본금, 전기공사기술자가 변경된 경우에는 시·도지사에게 신고하여야 한다.

[해설] 전기공사업을 등록한 자 중 등록한 날부터 5년이 지나지 아니한 자는 기술능력 및 자본금 등에 관한 사항을 등록한 날부터 3년마다 시·도지사에 신고하여야 한다.

25. 전기공사를 분리발주하지 않아도 되는 경우가 아닌 것은 ?

㉮ 공사의 성질상 분리하여 발주할 수 없는 경우

㉯ 긴급한 조치가 필요한 공사로서 기술관리상 분리하여 발주할 수 없는 경우

㉰ 대통령령이나 조례 등으로 정하는 특별한 사유가 있는 경우

㉱ 국방 및 국가안보 등과 관련한 공사로서 기밀 유지를 위하여 분리하여 발주할 수 없는 경우

[해설] ㉰는 '대통령령으로 정하는 특별한 사유가 있는 경우'로 고쳐야 한다.

26. 전기공사에 대한 도급 또는 하도급의 계약당사자가 계약서에 분명하게 적어야 하는 사항이 아닌 것은 ?

㉮ 설계변경, 물가변동 등에 따른 도급금액 또는 공사 내용의 변경에 관한 사항

㉯ 산업안전보건관리비 지급에 관한 사항

㉰ 해당 공사에서 발생된 폐기물의 처리방법과 재활용에 관한 사항

㉱ 공사 중 문화재 발견 시 처리방법에 관한 사항

[해설] 공사의 도급 또는 하도급 계약서에 분명하게 적어야 하는 사항은 다음 각 호와 같다.

① 공사 내용

② 도급금액과 도급금액 중 노임(勞賃)에 해당하는 금액

③ 공사의 착수 및 완성 시기

④ 도급금액의 우선(優先)지급금이나 기성금 지급을 약정한 경우에는 각각 그 지급의 시기·방법 및 금액

⑤ 도급계약 당사자 어느 한쪽에서 설계변경, 공사중지 또는 도급계약 해제 요청을 하는 경우 손해부담에 관한 사항

⑥ 천재지변이나 그 밖의 불가항력으로 인한 면책의 범위에 관한 사항

⑦ 설계변경, 물가변동 등에 따른 도급금액 또는 공사 내용의 변경에 관한 사항

⑧ 「하도급거래 공정화에 관한 법률」 제13조의2에 따른 하도급대금 지급보증서 발급에 관한 사항 (하도급계약의 경우만 해당한다)

⑨ 「하도급거래 공정화에 관한 법률」 제14조에 따른 하도급대금의 직접 지급 사유와 그 절차

⑩ 「산업안전보건법」 제30조에 따른 산업안전보건관리비 지급에 관한 사항

⑪ 「고용보험 및 산업재해보상보험의 보험료징수 등에 관한 법률」, 「국민연금법」 및 「국민건강보험법」에 따른 보험료 등 해당 공사와 관련하여 관계법령 및 산업통상자원부장관이 정하여 고시하는 기준에 따라 부담하는 비용에 관한 사항

⑫ 도급목적물의 인도를 위한 검사 및 인도 시기

⑬ 공사가 완성된 후 도급금액의 지급시기

⑭ 계약 이행이 지체되는 경우의 위약금 및 지연이자 지급 등 손해배상에 관한 사항
⑮ 하자보수책임기간 및 하자담보방법
⑯ 해당 공사에서 발생된 폐기물의 처리방법과 재활용에 관한 사항
⑰ 그 밖에 다른 법령 또는 계약당사자 양쪽의 합의에 따라 명시되는 사항

27. 다음 중 전기공사업법에 관한 설명으로 틀린 것은?

[가] 분리발주의 예외 사유에 대해서는 매 5년마다 산업통상자원부장관이 그 타당성을 검토하여 개선 등의 조치를 하여야 한다.
[나] 산업통상자원부장관으로부터 지정교육훈련기관으로 지정받기 위해서는 최근 3년간 전기공사 기술인력에 대한 교육 실적이 있어야 한다.
[다] 산업통상자원부장관으로부터 지정교육훈련기관으로 지정받기 위해서는 연면적 200제곱미터 이상의 교육훈련시설이 있어야 한다.
[라] 발주자 또는 수급인이 하도급받거나 다시 하도급받은 공사업자의 변경을 요구할 때에는 그 사유가 있음을 안 날부터 15일 이내 또는 그 사유가 발생한 날부터 30일 이내에 서면으로 요구하여야 한다.

[해설] '분리발주의 예외 사유 및 공사업의 등록기준 및 신고 기간'에 대해서는 매 3년마다 산업통상자원부장관이 그 타당성을 검토하여 개선 등의 조치를 하여야 한다.

28. 전기공사기술자로 인정을 받으려는 사람 및 등급의 변경을 인정받으려는 전기공사기술자는 양성교육훈련 교육을 몇 시간 이상 받아야 하는가?

[가] 20시간 [나] 30시간
[다] 40시간 [라] 50시간

29. 전기공사업법상 허용오차로 맞는 것은?

[가] 110볼트의 허용오차는 '상하로 6볼트 이내'이다.
[나] 220볼트의 허용오차는 '상하로 8볼트 이내'이다.
[다] 380볼트의 허용오차는 '상하로 13볼트 이내'이다.
[라] 60헤르츠의 허용오차는 '상하로 2헤르츠 이내'이다.

[해설] 전기공사업법상 허용오차는 아래와 같다.

표준전압	허용오차
110볼트	110볼트의 상하로 6볼트 이내
220볼트	220볼트의 상하로 13볼트 이내
380볼트	380볼트의 상하로 38볼트 이내

표준주파수	허용오차
60헤르츠	60헤르츠 상하로 0.2헤르츠 이내

30. 전기설비기술기준에 관한 설명으로 틀린 것은?

[가] 전기설비기술기준은 「전기사업법」에 따른 각종 시설물의 안전에 필요한 성능과 기술적 요건을 규정함을 목적으로 한다.
[나] "발전소"란 발전기 · 원동기 · 연료전지 · 태양전지 · 해양에너지 그 밖의 기계기구(비상용 예비전원을 얻을 목적으로 시설하는 것 및 휴대용 발전기를 포함)를 시설하여 전기를 발생시키는 곳을 말한다.
[다] "개폐소"란 개폐소 안에 시설한 개폐기 및 기타 장치에 의하여 전로를 개폐하

[정답] 27. [가] 28. [가] 29. [가] 30. [나]

는 곳으로서 발전소·변전소 및 수용장소 이외의 곳을 말한다.

㉲ "급전소"란 전력계통의 운용에 관한 지시 및 급전조작을 하는 곳을 말한다.

[해설] "발전소"란 발전기·원동기·연료전지·태양전지·해양에너지 그 밖의 기계기구 [비상용 (非常用) 예비전원을 얻을 목적으로 시설하는 것 및 휴대용 발전기를 제외한다]를 시설하여 전기를 발생시키는 곳을 말한다.

31. 전기설비기술기준에서 규정한 내용 중 잘못 설명된 것은?

㉮ 전선은 접속 부분에서 전기저항이 증가되도록 접속하고 절연성능의 저하 및 통상 사용상태에서 단선의 우려가 없도록 하여야 한다.

㉯ 전로의 경우 구조상 부득이한 경우로서 통상 예견되는 사용형태로 보아 위험이 없는 경우 대지로부터 절연시키지 않아도 된다.

㉰ 발전소의 부지 조성을 위해 산지를 전용할 경우에는 전용하고자 하는 산지의 평균 경사도가 25도 이하여야 한다.

㉱ 저압전선로 중 절연 부분의 전선과 대지 사이 및 전선의 심선 상호 간의 절연저항은 사용전압에 대한 누설전류가 최대 공급전류의 1/2,000을 넘지 않도록 하여야 한다.

[해설] 전선은 접속 부분에서 전기저항이 증가되지 않도록 접속하고 절연성능의 저하(나전선을 제외한다) 및 통상 사용상태에서 단선의 우려가 없도록 하여야 한다.

32. 특고압을 직접 저압으로 변성하는 변압기를 시설할 수 있는 경우로 가장 적절하지 않은 것은?

㉮ 저압 측의 권선이 혼촉되는 등의 경우에도 적절한 안전조치가 되어있는 경우

㉯ 발전소 등 공중(公衆)의 출입이 잦고 상시 감시가 이루어지는 장소에 설치하는 경우

㉰ 혼촉 방지 조치가 되어있는 등 위험의 우려가 없는 경우

㉱ 특고압 측의 권선과 저압 측의 권선이 혼촉하였을 경우 자동적으로 전로가 차단되는 등의 시설이 되어있는 경우

[해설] ㉯는 '발전소 등 공중(公衆)이 출입하지 않는 장소에 시설하는 경우'로 고쳐야 한다.

33. 전기설비기술기준에 관한 설명으로 적합하지 않은 것은?

㉮ 가공전선로의 지지물은 기 설치된 가공전선로의 전선 등을 관통하여 시설하여서는 아니 된다.

㉯ 사용전압이 400 kV 이상의 특고압 가공전선과 건조물 사이의 수평거리는 5 m 이상 이격하여야 한다.

㉰ 사용전압이 170 kV 초과의 특고압 가공전선이 건조물, 도로, 보도교, 그 밖의 시설물의 아래쪽에 시설될 때의 상호 간의 수평 이격거리는 3 m 이상 이격하여야 한다.

㉱ 댐의 종류로는 콘크리트 중력댐, 아치댐, 필댐 등이 있다.

[해설] 사용전압이 400 kV 이상의 특고압 가공전선과 건조물 사이의 수평거리는 3 m 이상 이격하여야 한다.

34. '전기설비기술기준의 판단기준'에 관한 설명으로 틀린 것은?

㉮ "지중관로"란 지중전선로·지중 약전류

전선로 · 지중 광섬유케이블 선로 · 지중에 시설하는 수관 및 가스관과 이와 유사한 것 및 이들에 부속하는 지중함 등을 말한다.

㉯ "제1차 접근상태"란 가공전선이 다른 시설물과 접근하는 경우에 가공전선로의 전선의 절단, 지지물의 도괴 등의 경우에 그 전선이 다른 시설물에 접촉할 우려가 있는 상태를 말한다.

㉰ "제2차 접근상태"란 가공전선이 다른 시설물과 접근하는 경우에 그 가공전선이 다른 시설물의 위쪽 또는 옆쪽에서 수평 거리로 3 m 미만인 곳에 시설되는 상태를 말한다.

㉱ 최대 사용 전압이 7 kV 이하인 전로는 최대 사용 전압의 0.92배의 전압으로 10분간 가하여 절연내력시험을 한다.

[해설] 최대 사용 전압이 7 kV 이하인 전로는 최대 사용 전압의 1.5배의 전압으로 10분간 가하여 절연내력시험을 한다.

35. '전기설비기술기준의 판단기준'에 관한 설명으로 틀린 것은?

㉮ 제1종 접지공사에는 공칭단면적 6 SQ 이상의 연동선을 사용할 수 있다.

㉯ 특별 제3종 접지공사에는 공칭단면적 2.5 SQ 이상의 연동선을 사용할 수 있다.

㉰ 제1종 접지공사 또는 제2종 접지공사에 사용하는 접지선을 사람이 접촉할 우려가 있는 곳에 시설하는 경우에 접지극은 지하 2 m 이상으로 하되 동결 깊이를 감안하여 매설해야 한다.

㉱ 제1종 접지공사 또는 제2종 접지공사에 사용하는 접지선을 사람이 접촉할 우려가 있는 곳에 시설하는 경우에 접

지선의 지하 75 cm로부터 지표상 2 m 까지의 부분은 「전기용품안전 관리법」의 적용을 받는 합성수지관 또는 이와 동등 이상의 절연효력 및 강도를 가지는 몰드로 덮어야 한다.

[해설] 제1종 접지공사 또는 제2종 접지공사에 사용하는 접지선을 사람이 접촉할 우려가 있는 곳에 시설하는 경우에 접지극은 지하 75 cm 이상으로 하되 동결 깊이를 감안하여 매설해야 한다.

36. '전기설비기술기준의 판단기준'에 관한 설명으로 틀린 것은?

㉮ 지중에 매설되어있고 대지와의 전기저항 값이 3 Ω 이하의 값을 유지하고 있는 금속제 수도관로는 이를 제1종 접지공사 · 제2종 접지공사 · 제3종 접지공사 · 특별 제3종 접지공사 기타의 접지공사의 접지극으로 사용할 수 있다.

㉯ 수용장소의 인입구 부근에서 대지 사이의 전기저항 값 3 Ω 이하인 건물의 철골을 접지극으로 사용하여 이를 제2종 접지공사를 한 저압전선로의 중성선 또는 접지 측 전선에 추가로 접지공사를 할 수 있다.

㉰ 전로의 중성점을 접지할 경우에는 고장 시 그 근처의 대지 사이에 생기는 전위차에 의하여 사람이나 가축 또는 다른 시설물에 위험을 줄 우려가 없도록 시설해야 한다.

㉱ 전로의 중성점을 접지할 경우에 접지선은 공칭단면적 2.5 mm^2 이상의 연동선 또는 이와 동등 이상의 세기 및 굵기의 쉽게 부식하지 아니하는 금속선으로 시설한다.

[해설] 전로의 중성점을 접지할 경우에 접지선은

공칭단면적 16 mm² 이상의 연동선 또는 이와 동등 이상의 세기 및 굵기의 쉽게 부식하지 아니하는 금속선(저압전로의 경우에는 공칭단면적 6 mm² 이상)으로 시설한다.

37. 전로에 시설하는 기계기구의 철대 및 금속제 외함에 설치해야 하는 접지공사의 종류가 틀리게 짝지어진 것은?

㉮ 특고압용 기계기구 – 제1종 접지공사
㉯ 고압용 기계기구 – 제2종 접지공사
㉰ 400 V 이상의 저압용 기계기구 – 특별 제3종 접지공사
㉱ 400 V 미만의 저압용 기계기구 – 제3종 접지공사

해설

기계기구의 구분	접지공사의 종류
400 V 미만인 저압용의 것	제3종 접지공사
400 V 이상의 저압용의 것	특별 제3종 접지공사
고압용 또는 특고압용의 것	제1종 접지공사

38. 전로에 시설하는 기계기구의 철대 및 금속제 외함(외함이 없는 변압기 또는 계기용 변성기는 철심)에 접지공사를 하는 경우 법 규정을 따르지 않아도 되는 경우가 아닌 것은?

㉮ 사용전압이 직류 300 V 또는 교류 대지 전압이 150 V 이하인 기계기구를 건조한 곳에 시설하는 경우
㉯ 물기 있는 장소 이외의 장소에 시설하는 저압용의 개별 기계기구에 전기를 공급하는 전로에 「전기용품안전 관리법」의 적용을 받는 인체감전보호용 누전차단기(정격감도전류 30 mA 이하, 동작시간 0.3초 이하)를 시설하는 경우

㉰ 저압용 기계기구에 전기를 공급하는 전로의 전원 측에 절연변압기(2차 전압이 300 V 이하이며, 정격용량이 3 kVA 이하인 것에 한한다)를 시설하고 또한 그 절연변압기의 부하 측 전로를 접지하지 않은 경우
㉱ 저압용의 기계기구를 건조한 목재의 마루 기타 이와 유사한 절연성 물건 위에서 취급하도록 시설하는 경우

해설 ㉯는 '물기 있는 장소 이외의 장소에 시설하는 저압용의 개별 기계기구에 전기를 공급하는 전로에 「전기용품안전 관리법」의 적용을 받는 인체감전보호용 누전차단기(정격감도전류 30 mA 이하, 동작시간 0.03초 이하)를 시설하는 경우'로 고쳐야 한다.

39. '전기설비 기술기준의 판단기준'상 전로 중에 개폐기를 시설하는 경우에 대한 설명으로 틀린 것은?

㉮ 고압용 또는 특고압용의 개폐기로서 중력 등에 의하여 자연히 작동할 우려가 있는 곳에는 자물쇠장치 등을 생략할 수 있다.
㉯ 개폐기는 반드시 각 극에 모두 설치하여야 하는 것은 아니다.
㉰ 고압용 또는 특고압용의 개폐기는 그 작동에 따라 그 개폐상태를 표시하는 장치가 되어있는 것이어야 한다.
㉱ 전로에 이상이 생겼을 때 자동적으로 전로를 개폐하는 장치를 시설하는 경우에는 그 개폐기의 자동 개폐 기능에 장해가 생기지 않도록 시설하여야 한다.

해설 ㉮는 '고압용 또는 특고압용의 개폐기로서 중력 등에 의하여 자연히 작동할 우려가 있는 곳에는 자물쇠장치 기타 이를 방지하는 장치를 시설하여야 한다.'로 고쳐야 한다.

40. '전기설비 기술기준의 판단기준'상 고압 및 특고압 전로 중의 과전류 차단기를 시설하는 경우에 대한 설명으로 잘못된 것은?

㉮ 과전류 차단기로 시설하는 퓨즈 중 고압전로에 사용하는 포장퓨즈는 정격전류의 1.3배의 전류에 견디어야 한다.

㉯ 접지공사의 접지선, 다선식 전로의 중성선 및 전로의 일부에 접지공사를 한 저압 가공전선로의 접지 측 전선에는 과전류 차단기를 시설하여서는 안 된다.

㉰ 과전류 차단기로 시설하는 퓨즈 중 고압전로에 사용하는 포장퓨즈는 1.5배의 전류로 120분 안에 용단되어야 한다.

㉱ 금속제 외함을 가지는 사용전압이 60 V를 초과하는 저압의 기계 기구로서 사람이 쉽게 접촉할 우려가 있는 곳에 시설하는 것에 전기를 공급하는 전로에는 지락 시 자동적으로 차단하는 장치를 하여야 한다.

[해설] ㉰는 '과전류 차단기로 시설하는 퓨즈 중 고압전로에 사용하는 포장퓨즈는 2배의 전류로 120분 안에 용단되어야 한다.'로 고쳐야 한다.

41. 고압 또는 특고압의 기계기구·모선 등을 옥외에 시설하는 발전소·변전소·개폐소 또는 이에 준하는 곳에 시설해야 하는 사항으로 틀린 것은?

㉮ 울타리·담 등의 높이는 2 m 이상으로 하고 지표면과 울타리·담 등의 하단 사이의 간격은 15 cm 이하로 할 것

㉯ 출입구에는 출입금지의 표시를 할 것

㉰ 출입구에는 자물쇠장치 기타 적당한 장치를 할 것

㉱ 울타리·담 등과 고압 및 특고압의 충전 부분이 접근하는 경우에는 울타리·담 등의 높이와 울타리·담 등으로부터 충전 부분까지 거리의 합계는 사용전압이 100 kV일 경우에는 5 m 이상으로 해야 한다.

[해설]

사용전압의 구분	울타리·담 등의 높이와 울타리·담 등으로부터 충전 부분까지의 거리의 합계
35 kV 이하	5 m
35 kV 초과 160 kV 이하	6 m
160 kV 초과	6 m에 160 kV를 초과하는 10 kV 또는 그 단수마다 12 cm를 더한 값

42. 고압 및 특고압의 전로 중 피뢰기를 시설하여야 하는 곳이 아닌 것은?

㉮ 발전소·변전소 또는 이에 준하는 장소의 가공전선 인입구 및 인출구

㉯ 가공전선로에 접속하는 배전용 변압기의 저압 측

㉰ 고압 및 특고압 가공전선로부터 공급을 받는 수용장소의 인입구

㉱ 가공전선로와 지중전선로가 접속되는 곳

[해설] ㉯는 '가공전선로에 접속하는 배전용 변압기의 고압 측 및 특고압 측'으로 고쳐야 한다.

43. 가공전선로에 사용하는 지지물의 강도 계산에 적용하는 풍압하중에 관한 설명으로 잘못된 것은?

㉮ 을종 풍압하중은 전선 기타의 가섭선 (架渉線) 주위에 두께 5 mm, 비중 0.9

의 빙설이 부착된 상태에서 수직 투영면적 372 Pa, 그 이외의 것은 갑종 풍압하중의 2분의 1을 기초로 하여 계산한다.

㉯ 병종 풍압하중은 갑종 풍압하중의 2분의 1을 기초로 하여 계산한다.

㉰ 빙설이 많은 지방 이외의 지방에서는 고온계절에는 갑종 풍압하중, 저온계절에는 병종 풍압하중을 적용한다.

㉱ 빙설이 많은 지방에서는 고온계절에는 갑종 풍압하중, 저온계절에는 을종 풍압하중을 적용한다.

해설 을종 풍압하중은 전선 기타의 가섭선 (架涉線) 주위에 두께 6 mm, 비중 0.9의 빙설이 부착된 상태에서 수직 투영면적 372 Pa, 그 이외의 것은 갑종 풍압하중의 2분의 1을 기초로 하여 계산한다.

해설

뱅크용량의 구분	동작조건	장치의 종류
5,000 kVA 이상 10,000 kVA 미만	변압기 내부 고장	자동차단장치 또는 경보장치
10,000 kVA 이상	변압기 내부 고장	자동차단장치
타냉식 변압기(변압기의 권선 및 철심을 직접 냉각시키기 위하여 봉입한 냉매를 강제 순환시키는 냉각 방식)	냉각장치에 고장이 생긴 경우 또는 변압기의 온도가 현저히 상승한 경우	경보장치

44. 특고압용 변압기의 보호장치에 관련된 설명으로 가장 틀린 것은?

㉮ 특고압용의 변압기에는 그 내부에 고장이 생겼을 경우에 뱅크용량이 10,000 kVA 이상의 경우에는 자동차단장치 혹은 경보장치를 설치하여야 한다.

㉯ 특고압용의 변압기 내부에 고장이 생겼을 경우에 그 변압기의 전원인 발전기를 자동적으로 정지하도록 시설한 경우에는 그 발전기의 전로로부터 차단하는 장치를 하지 아니하여도 된다.

㉰ 특고압용의 변압기 내부에 고장이 생겼을 경우 타냉식 변압기의 경우 경보장치를 설치해야 한다.

㉱ 특고압용의 변압기에는 그 내부에 고장이 생겼을 경우에 뱅크용량이 5,000 kVA 이상의 경우에 경보장치를 설치할 수 있다.

45. 풍압하중 등의 안전 설계에 관한 내용 중에서 잘못된 것은?

㉮ 빙설이 많은 지방 중 해안지방 기타 저온계절에 최대풍압이 생기는 지방에서는 고온계절에는 갑종 풍압하중, 저온계절에는 갑종 풍압하중과 을종 풍압하중 중 큰 것을 적용한다.

㉯ 인가가 많이 연접되어있는 장소에 시설하는 저압 또는 고압 가공전선로의 지지물 또는 가섭선에 대해서는 병종 풍압하중을 적용할 수 있다.

㉰ 인가가 많이 연접되어있는 장소에 시설하는 경우 사용전압이 35 kV 이하의 전선에 특고압 절연전선 또는 케이블을 사용하는 특고압 가공전선로의 지지물, 가섭선 및 특고압 가공전선을 지지하는 애자장치 및 완금류에 대해서는 병종 풍압하중을 적용할 수 있다.

㉱ 가공전선로의 지지물에 하중이 가하여

정답 44. ㉮ 45. ㉱

지는 경우에 그 하중을 받는 지지물의 기초의 안전율은 1.2 이상이어야 한다.

[해설] 가공전선로의 지지물에 하중이 가하여지는 경우에 그 하중을 받는 지지물의 기초의 안전율은 2 이상이어야 한다.

46. 가공케이블을 사용하는 경우에 대한 설명으로 올바르지 못한 것은?

㉮ 고압 가공전선에 반도전성 외장 조가용 고압케이블을 사용하는 경우는 조가용선을 반도전성 외장 조가용 고압케이블에 접속시키고, 그 위에 쉽게 부식하지 아니하는 금속 테이프를 5 cm 이하의 간격을 유지하면서 나선상으로 감아 시설하여야 한다.

㉯ 가공케이블의 전압이 고압인 때에는 행거의 간격을 50 cm 이하로 시설하여야 한다.

㉰ 조가용선은 인장강도 5.93 kN 이상의 것 또는 단면적 22 mm^2 이상인 아연도 강연선이어야 한다.

㉱ 조가용선 및 케이블의 피복에 사용하는 금속체에는 제3종 접지공사를 해야 한다.

[해설] 고압 가공전선에 반도전성 외장 조가용 고압케이블을 사용하는 경우는 조가용선을 반도전성 외장 조가용 고압케이블에 접속시키고, 그 위에 쉽게 부식하지 아니하는 금속 테이프를 6 cm 이하의 간격을 유지하면서 나선상으로 감아 시설하여야 한다.

47. 고압 가공전선의 안전과 이격거리에 관한 설명으로 틀린 것은?

㉮ 고압 가공전선은 케이블인 경우 이외에는 그 안전율이 경동선 또는 내열 동합금선은 2.2 이상, 그 밖의 전선은 2.5 이상이 되는 이도(弛度)로 시설하여야 한다.

㉯ 고압 가공전선 상호 간의 이격거리는 80 cm이고, 어느 한쪽의 전선이 케이블인 경우에는 40 cm 이상으로 설치해야 한다.

㉰ 하나의 고압 가공전선과 다른 고압 가공전선로의 지지물 사이의 이격거리는 50 cm 이상으로 설치해야 한다.

㉱ 하나의 고압 가공케이블과 다른 고압 가공전선로의 지지물 사이의 이격거리는 30 cm 이상으로 설치해야 한다.

[해설] 하나의 고압 가공전선과 다른 고압 가공전선로의 지지물 사이의 이격거리는 60 cm 이상으로 설치해야 한다.

48. 애자사용공사에 의한 저압 옥측전선로에 관한 설명으로 맞지 않는 것은?

㉮ 전선의 지지점 간의 거리는 2 m 이하로 해야 한다.

㉯ 전선에 인장강도 2.38 kN 이상의 것 또는 지름 2 mm 이상의 경동선을 사용할 경우에는 옥외용 비닐절연전선을 사용할 수 있다.

㉰ 애자사용공사에 의한 저압 옥측전선로의 전선은 공칭단면적 4 mm^2 이상의 연동 절연전선을 사용하여야 한다.

㉱ 사용전압이 400 V 미만인 경우에 전선은 공칭단면적 4 mm^2 이상의 연동 절연전선 또는 지름 2 mm 이상의 인입용 비닐절연전선을 사용할 수 있다.

[해설] 전선에 인장강도 1.38 kN 이상의 것 또는 지름 2 mm 이상의 경동선을 사용하고 또한 전선 상호 간의 간격을 20 cm 이상, 전선과 저압 옥측전선로를 시설한 조영재 사이의 이격거리를 30 cm 이상으로 하여 시설하는 경우에 한하여 옥외용 비닐절연전선을 사용하거나 지지점 간의 거리를 2 m 초과, 15 m 이하로 할 수 있다.

정답 **46.** ㉮ **47.** ㉰ **48.** ㉯

49. 고압 옥측전선로에 대한 설명으로 잘못된 것은?

㉮ 전선은 케이블일 것

㉯ 케이블은 견고한 관 또는 트라프에 넣거나 사람이 접촉할 우려가 없도록 시설할 것

㉰ 케이블을 조영재의 옆면 또는 아랫면에 따라 붙일 경우에는 케이블의 지지점 간의 거리를 2 m 이하로 할 것

㉱ 케이블을 조영재의 옆면 또는 아랫면에 따라 수직으로 붙일 경우에는 케이블의 지지점 간의 거리를 4 m 이하로 할 것

[해설] ㉱는 '케이블을 조영재의 옆면 또는 아랫면에 따라 수직으로 붙일 경우에는 케이블의 지지점 간의 거리를 6 m 이하로 할 것'으로 고쳐야 옳다.

50. 저압 인입선의 시설에 관련된 설명으로 잘못된 것은?

㉮ 전선이 케이블인 경우 이외에는 인장강도 2.30 kN 이상의 것 또는 지름 2.6 mm 이상의 인입용 비닐절연전선일 것

㉯ 경간이 15 m 이하인 경우는 인장강도 1.25 kN 이상의 것 또는 지름 2 mm 이상의 인입용 비닐절연전선일 것

㉰ 전선은 절연전선, 다심형 전선 또는 케이블일 것

㉱ 전선이 케이블이고, 케이블의 길이가 2 m 이하인 경우에는 조가하지 아니하여도 된다.

[해설] 전선이 케이블이고, 케이블의 길이가 1 m 이하인 경우에는 조가하지 아니하여도 된다.

51. 연접인입선의 시설에 관한 설명으로 틀린 것은?

㉮ 저압 연접인입선에서 분기하는 점으로부터 100 m를 초과하는 지역에 미치지 아니할 것

㉯ 저압 연접인입선은 폭 6 m를 초과하는 도로를 횡단하지 아니할 것

㉰ 저압 연접인입선은 옥내를 통과하지 아니할 것

㉱ 고압 연접인입선은 시설하지 아니할 것

[해설] ㉯는 '저압 연접 인입선은 폭 5 m를 초과하는 도로를 횡단하지 아니할 것'으로 고쳐야 옳다.

52. 특고압 가공전선과 지지물 등의 이격거리에 관한 설명으로 틀린 것은?

㉮ 특고압 가공전선과 그 지지물·완금류·지주 또는 지선 사이의 이격거리는 사용전압이 15 kV 미만인 경우에 15 cm 이상이어야 한다.

㉯ 특고압 가공전선과 그 지지물·완금류·지주 또는 지선 사이의 이격거리는 사용전압이 230 kV 이상일 경우에 160 cm 이상이어야 한다.

㉰ 양쪽 특고압 절연전선의 이격거리는 1.5 m이다.

㉱ 지중전선로는 전선에 케이블을 사용하고 또한 관로식·암거식(暗渠式) 또는 직접 매설식에 의하여 시설하여야 한다.

[해설]

사용전선의 종류	이격거리
어느 한쪽 또는 양쪽이 나전선인 경우	1.5 m
양쪽이 특고압 절연전선인 경우	1.0 m
한쪽이 케이블이고 다른 한쪽이 케이블이거나 특고압 절연전선인 경우	0.5 m

53. 가공 통신선의 높이에 관한 설명 중 잘못된 것은?

㉮ 도로(차도와 도로의 구별이 있는 도로는 차도) 위에 시설하는 경우에는 지표상 5 m 이상일 것

㉯ 도로 위에 시설하면서 교통에 지장을 줄 우려가 없는 경우에는 지표상 4 m 이상일 것

㉰ 철도의 궤도를 횡단하는 경우에는 레일면상 6.5 m 이상일 것

㉱ 횡단보도교 위에 시설하는 경우에는 그 노면상 3 m 이상일 것

해설 ㉯는 '도로 위에 시설하면서 교통에 지장을 줄 우려가 없는 경우에는 지표상 4.5 m 이상일 것'으로 고쳐야 옳다.

54. 저압 옥내간선의 분기회로의 시설에 관한 설명으로 잘못된 것은?

㉮ 정격전류가 50 A를 초과하는 하나의 전기사용기계기구(전동기 등을 제외)에 이르는 저압 옥내전로에 설치하는 과전류 차단기는 그 정격전류가 그 전기사용기계기구의 정격전류를 1.3배 한 값을 넘지 아니할 것

㉯ 전동기 등에만 이르는 저압 옥내전로에 설치하는 과전류 차단기는 그 과전류 차단기에 직접 접속하는 부하 측의 전선의 허용전류를 2.5배한 값 이하인 정격전류의 것일 것

㉰ 전선은 저압 옥내배선의 각 부분마다 그 부분을 통하여 공급되는 전동기 등의 정격전류의 합계의 1.25배의 값 이상인 허용전류의 것일 것

㉱ 전선은 저압 옥내배선의 각 부분마다 그 부분을 통하여 공급되는 전동기 등의 정격전류의 합계가 50 A를 넘을 경우에는 1.5배의 값 이상인 허용전류의 것일 것

해설 ㉱는 '전선은 저압 옥내배선의 각 부분마다 그 부분을 통하여 공급되는 전동기 등의 정격전류의 합계가 50 A를 넘을 경우에는 1.1배의 값 이상인 허용전류의 것일 것'으로 고쳐야 옳다.

55. 애자사용공사에 의한 고압 옥내배선 시설에 관한 설명으로 잘못된 것은?

㉮ 전선 상호 간의 간격은 8 cm 이상, 전선과 조영재 사이의 이격거리는 6 cm 이상일 것

㉯ 전선의 지지점 간의 거리는 6 m 이하일 것. 다만, 전선을 조영재의 면을 따라 붙이는 경우에는 2 m 이하이어야 한다.

㉰ 전선은 공칭단면적 6 mm² 이상의 연동선 또는 이와 동등 이상의 세기 및 굵기의 고압 절연전선이나 특고압 절연전선 또는 규정된 인하용 고압 절연전선일 것

㉱ 애자사용공사에 사용하는 애자는 절연성·난연성 및 내수성의 것일 것

해설 애자사용공사에 의한 고압 옥내배선 시설에서 전선 상호 간의 간격은 8 cm 이상, 전선과 조영재 사이의 이격거리는 5 cm 이상이어야 한다.

56. 분산형 전원 계통연계설비의 시설에 관한 설명으로 틀린 것은?

㉮ 인버터로부터 직류가 계통으로 유출되는 것을 방지하기 위하여 접속점과 인버터 사이에 상용주파수 변압기(단권변압기를 포함한다) 등을 시설하여야 한다.

㉯ 전력계통의 이상 또는 고장 발생 시 분산형 전원의 분리시점은 해당 계통의 재폐로 시점 이전이어야 한다.

정답 53. ㉯ 54. ㉱ 55. ㉮ 56. ㉮

대 이상 발생 후 해당 계통의 전압 및 주
파수가 정상 범위 내에 들어올 때까지
계통과의 분리상태를 유지하여야 한다.
라 분산형 전원은 연계한 계통의 재폐로
방식과 협조를 이루어야 한다.

해설 인버터로부터 직류가 계통으로 유출되는
것을 방지하기 위하여 접속점과 인버터 사이
에 상용주파수 변압기(단권변압기를 제외한
다) 등을 시설하여야 한다.

57. 다음은 전기사업법상 전기사업의 허가
기준이다. ㉠~㉡에 들어갈 적당한 말 혹
은 숫자는?

- 전기사업을 적정하게 수행하는 데 필요
한 재무능력 및 (㉠)이 있을 것
- 전기사업이 계획대로 수행될 수 있을 것
- 배전사업 및 구역전기사업의 경우 둘 이
상의 배전사업자의 사업구역 또는 구역전
기사업자의 특정한 공급구역 중 그 전부
또는 일부가 중복되지 아니할 것
- 구역전기사업의 경우 특정한 공급구역의
전력수요의 (㉡)퍼센트 이상으로서 대통
령령으로 정하는 공급능력을 갖추고, 그
사업으로 인하여 인근 지역의 전기사용자
에 대한 다른 전기사업자의 전기공급에
차질이 없을 것

	㉠	㉡
가	기술능력	50
나	기술능력	40
다	공사실적	40
라	공사실적	30

58. 저압 옥내직류 전기설비는 전로보호장치
의 확실한 동작의 확보 등을 위하여 접지를
하여야 하는데 이를 생략할 수 있는 경우가
아닌 것은?

가 사용전압이 60 V 이하인 경우

나 접지검출기를 설치하고 특정구역 내의
산업용 기계기구에만 공급하는 경우
다 규정에 적합한 교류계통으로부터 공급
을 받는 정류기에서 인출되는 직류계통
라 최대전류 50 mA 이하의 직류화재경
보회로

해설 라는 '최대전류 30 mA 이하의 직류화재
경보회로'로 고쳐야 한다.

59. 다음은 전기사업법상 전기요금과 그 밖
의 공급조건에 관한 약관에 대한 인가 또
는 변경인가와 관련된 내용이다. ㉠~㉡에
들어갈 적당한 말 혹은 숫자는?

- 전기요금이 적정 원가에 적정 (㉠)을/
를 더한 것일 것
- 전기요금을 공급 종류별 또는 (㉡)별로
구분하여 규정하고 있을 것
- 전기판매사업자와 전기사용자 간의 권리
의무 관계와 책임에 관한 사항이 명확하
게 규정되어있을 것
- 전력량계 등의 전기설비의 설치주체와 비
용부담자가 명확하게 규정되어있을 것

	㉠	㉡
가	관리비	전압
나	관리비	전력
다	유지비	전력
라	이윤	전압

60. 전력의 직접 구매와 관련하여 ( ) 안
에 들어갈 적당한 숫자는?

전력시장에서 전력을 직접 구매할 수 있는
전기사용자는 ( )킬로볼트암페어 이상의
전기사용자이다.

가 10,000	나 20,000
다 30,000	라 50,000

61. 전기판매사업자는 다음 각 호의 어느 하나에 해당하는 자가 생산한 전력을 전력시장운영규칙으로 정하는 바에 따라 우선적으로 구매할 수 있다. ㉠~㉢에 들어갈 적당한 말 혹은 숫자는?

- 설비용량이 (㉠)킬로와트 이하인 발전사업자
- 자가용전기설비를 설치한 자
- (㉡)를 이용하여 전기를 생산하는 발전사업자
- 집단에너지사업자
- (㉢)을/를 운영하는 발전사업자

	㉠	㉡	㉢
㉮	10,000	신재생에너지	구역전기사업
㉯	10,000	재생에너지	수력발전소
㉰	20,000	신재생에너지	수력발전소
㉱	20,000	재생에너지	구역전기사업

62. 전기공사의 하도급 기준에 관한 내용으로 ㉠~㉡에 들어갈 적당한 숫자의 조합은?

발주자 또는 수급인이 하도급받거나 다시 하도급받은 공사업자의 변경을 요구할 때에는 그 사유가 있음을 안 날부터 (㉠)일 이내 또는 그 사유가 발생한 날부터 (㉡)일 이내에 서면으로 요구하여야 한다.

	㉠	㉡
㉮	15	40
㉯	15	30
㉰	10	30
㉱	7	14

63. 다음은 전기공사업법상 공사업자가 아니어도 도급받거나 직접 시공할 수 있는 경미한 전기공사이다. ㉠~㉢에 들어갈 적당한 숫자의 조합은?

- 꽂음접속기, 소켓, 로제트, 실링블록, 접속기, 전구류, 나이프스위치, 그 밖에 개폐기의 보수 및 교환에 관한 공사
- 벨, 인터폰, 장식전구, 그 밖에 이와 비슷한 시설에 사용되는 소형변압기의 설치 및 그 2차 측 공사. 단, 소형변압기의 경우 2차 측 전압 (㉠)볼트 이하의 것으로 한정한다.
- 전력량계 또는 퓨즈를 부착하거나 떼어내는 공사
- 전기용품 중 꽂음접속기를 이용하여 사용하거나 전기기계·기구(배선기구는 제외) 단자에 전선(코드, 캡타이어케이블 및 케이블을 포함)을 부착하는 공사
- 전압이 (㉡)볼트 이하이고, 전기시설 용량이 (㉢)킬로와트 이하인 단독주택 전기시설의 개선 및 보수 공사. 다만, 전기공사기술자가 하는 경우로 한정한다.

	㉠	㉡	㉢
㉮	36	750	10
㉯	36	600	5
㉰	56	750	5
㉱	56	600	10

64. 최대 사용 전압이 6,600 V인 3상 유도전동기의 권선과 대지 사이의 절연내력시험전압은?

㉮ 7,260 V   ㉯ 7,920 V
㉰ 8,250 V   ㉱ 9,900 V

해설 회전기 및 정류기의 절연내력(전기설비기술기준 제14조)

① 회전기 : 권선과 대지 사이에 연속하여 10분간 가한다.

㉮ 발전기·전동기·조상기·기타 회전기(회전변류기를 제외한다)

㉠ 최대 사용 전압 7 kV 이하 : 최대 사용 전압의 1.5배의 전압(500 V 미만으로

되는 경우에는 500 V)

    ⓒ 최대 사용 전압 7 kV 초과 : 최대 사용 전압의 1.25배의 전압 (10,500 V 미만으로 되는 경우에는 10,500 V)

  ㈏ 회전변류기 : 직류 측의 최대 사용 전압의 1배의 교류전압 (500 V 미만으로 되는 경우에는 500 V)

② 정류기

  ㈎ 최대 사용 전압이 60 kV 이하·직류 측의 최대 사용 전압의 1배의 교류전압 (500 V 미만으로 되는 경우에는 500 V)

    • 충전부분과 외함 간에 연속하여 10분간 가한다.

  ㈏ 최대 사용 전압 60 kV 초과·교류 측의 최대 사용 전압의 1.1배의 교류전압 또는 직류 측의 최대 사용 전압의 1.1배의 직류전압

    • 교류 측 및 직류고전압 측 단자와 대지 사이에 연속하여 10분간 가한다.

65. 도급받은 전기공사의 일부를 다른 공사업자에게 하도급 줄 수 있는 경우는 다음 각 호 모두에 해당하는 경우로 한다. ㉠~㉡에 들어갈 말은?

> • 도급받은 전기공사 중 (㉠)별로 분리하여 시공하여도 전체 전기공사의 완성에 지장을 주지 아니하는 부분을 하도급 하는 경우
> • 수급인이 (㉡)를 지정하여 하수급인을 지도·조정하는 경우

      ㉠   ㉡

㉮ 공정   시공관리책임자

㉯ 공정   책임감리

㉰ 공사   책임감리

㉱ 공사   시공관리책임자

66. 다음은 전기공사업법상 표준전압의 허용오차 관련 테이블이다. ㉠~㉡에 들어갈 적당한 숫자는?

표준전압	허용오차
110볼트	110볼트의 상하로 6볼트 이내
220볼트	220볼트의 상하로 (㉠)볼트 이내
380볼트	380볼트의 상하로 (㉡)볼트 이내

      ㉠   ㉡

㉮ 12   48

㉯ 13   38

㉰ 14   58

㉱ 15   68

67. 다음은 전기공사업법상 표준주파수의 허용오차 관련 테이블이다. ( ) 안에 들어갈 적당한 숫자는?

표준주파수	허용오차
60헤르츠	60헤르츠 상하로 ( )헤르츠 이내

㉮ 0.2   ㉯ 0.3

㉰ 0.4   ㉱ 0.5

 **MEMO**

부록

과년도 출제문제

2013년도 시행 문제

☐ 신재생에너지 발전설비 기사　　　▶ 2013. 9. 28 시행

제1과목 : 태양광발전 시스템 이론

1. 어떤 태양전지 모듈의 특성 값이 다음 표와 같다. 일사강도 1000 W/m², 분광분포가 AM 1.5, 모듈 표면온도가 50℃일 때, 이 모듈의 출력은 약 얼마인가?

> Voc : 44.90 V
>
> $Vmpp$: 36.40 V
>
> Isc : 8.55 A
>
> $Impp$: 8.11 A
>
> Voc 온도계수 : −0.4 %/℃

㉮ 266 W　㉯ 280 W　㉰ 295 W　㉱ 345 W

해설　$Pmax = Vmpp \times Impp$
　　　　　$= 36.4 \times 8.11 = 295.2 \ W$
표준온도(25℃)가 아닌 경우의 최대출력($P'max$)
$P'max = Pmax \times (1 + \gamma \cdot \theta)$의 공식에서,
여기서, γ : Pmax온도계수
　　　　　θ : STC조건 온도편차
　　　$P'max = 295.2 \times (1 - 0.004 \times (50 - 25))$
　　　　　$= 265.5$

2. 태양전지 모듈에 다른 태양전지회로나 축전지에서 전류가 돌아 들어가는 것을 방지하기 위하여 설치하는 것은?

㉮ 바이패스 다이오드

㉯ ZNR

㉰ SPD

㉱ 역류방지 다이오드

3. 다음 중 태양전지 모듈에 그림자가 생겼을 때 출력감소를 최소화하는 대비책으로 설치하는 것은?

㉮ 바이패스 다이오드

㉯ 역류 다이오드

㉰ 제너 다이오드

㉱ 발광 다이오드

4. 다음 그림과 같이 축전지회로가 구성되어 있다. 단자 A, B 사이에 나타나는 출력전압과 축전지 용량은?

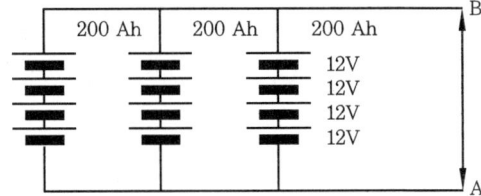

㉮ DC 48 V, 200 Ah　㉯ DC 48 V, 600 Ah

㉰ DC 12 V, 200 Ah　㉱ DC 12 V, 600 Ah

해설　① A, B 사이에 나타나는 출력전압
　　　　　$= 12 \ V \times 4 = 48 \ V$
　　　② A, B 사이의 축전지 용량
　　　　　$= 200 \ Ah \times 3 = 600 \ Ah$

5. 태양광 전지에서 생산된 전력 125 W가 인버터에 입력되어 인버터 출력이 100 W가 되면 인버터의 변환효율은 몇 %인가?

㉮ 45 %　㉯ 64 %　㉰ 80 %　㉱ 92 %

해설　$\dfrac{100}{125} \times 100 = 80 \ \%$

6. 실리콘 태양전지와 비교해서 화합물 반도체 태양전지인 GaAs (갈륨비소)의 특징은?

㉮ 모든 파장 영역에서 빛의 흡수율이 떨어진다.

㉯ 접합 영역에서 전자와 정공의 재결합이

해답 **1.** ㉮　**2.** ㉱　**3.** ㉮　**4.** ㉯　**5.** ㉰　**6.** ㉰

낮다.

㉓ 빛의 흡수가 뛰어나 후면에서 재결합이 거의 발생하지 않는다.

㉣ 접합 영역이나 표면에서의 재결합보다 내부에서의 재결합이 많이 발생한다.

[해설] GaAs (갈륨비소) : Ⅲ-Ⅴ족 화합물 반도체, 에너지 밴드갭이 1.4 eV (전자볼트)로서 단일 전지로는 최대효율, 우수한 광 흡수율 (직접 천이형), 후면 재결합 거의 없음

7. 다음 설명은 인버터의 효율 중 어떤 효율에 관한 것인가?

> 태양광 모듈의 출력이 최대가 되는 최대전력점(MPP ; Maximum Power Point)을 찾는 기술에 대한 성능 지표이다.

㉮ 정격 효율   ㉯ 추적 효율
㉰ 유로 효율   ㉱ 변환 효율

8. 어떤 전지의 외부회로 저항은 5 Ω이고 전류는 8 A가 흐른다. 외부회로에 5 Ω 대신에 15 Ω의 저항을 접속하면 4 A로 떨어진다. 전지의 기전력은?

㉮ 100 V   ㉯ 80 V   ㉰ 60 V   ㉱ 40 V

[해설] 기전력 $V = I \times$(외부저항 R + 내부저항 r)
$= 8 \times (5+r) = 4 \times (15+r)$에서,
내부저항 $r = 5$
따라서,
기전력 $V = I \times$(외부저항 R + 내부저항 r)
$= 8 \times (5+5) = 80$ V

9. 태양광발전 시스템의 분류 중 섬, 낙도 등에 사용하는 방식은?

㉮ 계통연계형   ㉯ 독립형
㉰ 추적식   ㉱ 고정식

10. 태양전지의 직류 출력을 상용주파수의 교류로 변환한 후 변압기에서 절연하는 방식은?

㉮ 트랜스리스 방식

㉯ 고주파 변압기 절연방식
㉰ PAM 방식
㉱ 상용주파 변압기 절연방식

11. 태양광발전 시스템과 계통 연계 시 계통 측에 정전이 발생한 경우 계통 측으로 전력이 공급되는 것을 방지하는 인버터의 기능은?

㉮ 자동운전 정지기능
㉯ 최대전력 추종제어기능
㉰ 단독운전 방지기능
㉱ 자동전류 조정기능

12. 저항 50 Ω, 인덕턴스 200 mH의 직렬회로에 주파수 50 Hz의 교류를 접속하였다면, 이 회로의 역률(%)은?

㉮ 약 82.3   ㉯ 약 72.3
㉰ 약 62.3   ㉱ 약 52.3

[해설] 인덕턴스에 의한 리액턴스
$X = 2\pi f L = 2 \times 3.14 \times 50 \times 0.2 = 62.8$ Ω
임피던스 회로에서의 역률은
$$\cos\theta = \frac{R}{\sqrt{(R^2 + X^2)}} = \frac{50}{\sqrt{(50^2 + 62.8^2)}}$$
$= 62.29$ %

13. 태양광 인버터의 단독운전 방지기능에서 능동적인 검출방식이 아닌 것은?

㉮ 전압위상 도약 검출방식
㉯ 주파수 시프트방식
㉰ 부하 변동방식
㉱ 무효전력 변동방식

[해설] 단독운전 방지기능
① 정의 : 한전계통의 정전에 의한 단독운전 발생 시 배전망에 전기가 공급되어 보수점 검자에 위해를 끼칠 수 있으므로, 한전계통 정전 시에는 이를 수동적 혹은 능동적 방식으로 검출하여 태양광발전 시스템을 안전하게 정지하게 하는 기능을 말한다.
② 수동적 방식(검출시한 0.5초 이내, 유지시간 5~10초)
㉮ 전압위상 도약 검출방식

해답 7. ㉯   8. ㉯   9. ㉯   10. ㉱   11. ㉰   12. ㉰   13. ㉮

㉯ 제3차 고조파 전압 검출방식

㉰ 주파수 변화율 검출방식

③ 능동적 방식(검출시한 0.5~1초)

㉮ 주파수 시프트방식

㉯ 유효전력 변동방식

㉰ 무효전력 변동방식

㉱ 부하 변동방식

14. 뇌서지 등의 피해로부터 PV시스템을 보호하기 위한 대책으로 적합하지 않은 것은?

㉮ 피뢰소자를 어레이 주회로 내에 분산시켜 설치함과 동시에 접속함에도 설치한다.

㉯ 뇌우의 발생지역에서는 직류전원 측에 내뢰 트랜스를 설치하여 보다 안전한 대책을 취한다.

㉰ 뇌우의 발생지역에서는 교류전원 측에 내뢰 트랜스를 설치하여 보다 안전한 대책을 취한다.

㉱ 저압 배전선으로부터 침입하는 뇌서지에 대해서는 분전반에 피뢰소자를 설치한다.

해설 내뢰 트랜스

① 교류전원 측에 설치하여 낙뢰에 의한 충격성 과전압을 전기설비 규정 이내로 감소시킴

② 상용계통과 완전 절연 및 뇌서지 완전 차단 가능함(설치비용이 고가)

③ 1차 측과 2차 측 간에 실드판이 있고, 이 판수가 많을수록 뇌서지에 대한 억제효과가 큼

15. 태양전지 모듈(슈퍼 스트레이트형)의 구조 등에 관한 설명으로 옳지 않은 것은?

㉮ 충진재로 봉한 태양전지 셀을 수광면의 프론트 커버와 뒷면 백커버 사이에 끼운 구조이다.

㉯ 프론트 커버는 90 % 이상의 투과율과 높은 내충격력을 보유한 약 3 mm 정도의 백판 열처리 유리를 사용한다.

㉰ 태양전지 셀 사이의 내부연결을 위하여

절연전선을 사용하여 접속한다.

㉱ 프레임은 알루마이트 내식처리를 한 알루미늄 표면에 아크릴 도장을 한 프레임재를 사용한다.

해설 태양전지 셀 사이의 내부 연결을 위하여 주로 인터커넥터(금속리본)을 사용한다.

16. 트랜스리스 방식의 인버터를 선정할 경우 특히 주의해야 할 점은?

㉮ 계통의 전압, 주파수, 상수특성 분석

㉯ 태양광 모듈의 출력특성 분석

㉰ 계통연계 보호장치

㉱ 출력 측의 전압과 결선방식

해설 트랜스리스 방식의 인버터는 출력 측에 변압기를 사용하지 않기 때문에 출력 측의 안전장치 및 제어에 특히 주의를 기울여야 한다.

17. 태양광발전 시스템의 특징이 아닌 것은?

㉮ 구름이 낀 날이나 비 오는 날에는 발전이 불가능하다.

㉯ 발전량은 기상 조건의 영향을 받는다.

㉰ 빛을 전기로 직접 변환한다.

㉱ 분산형 시스템이다.

18. 전체 태양광발전 시스템의 성능에 영향을 미치는 인버터의 효율에 관한 설명으로 가장 옳은 것은?

㉮ 태양광 인버터의 효율은 중요하지 않다.

㉯ 변환 효율만이 시스템 성능에 영향을 미친다.

㉰ 추적 효율만이 시스템 성능에 영향을 미친다.

㉱ 변환 효율과 추적 효율을 같이 고려해야 한다.

19. 지표면에서 태양을 올려 보는 각(Angle of Elevation)이 30℃인 경우에 AM (Air Mass)

값은?

㉮ 0 ㉯ 1 ㉰ 1.5 ㉱ 2

해설 AM (Air Mass) : $AM\left(\dfrac{1}{\sin\theta}\right)$ 로 표현하여 입사각에 따른 일사에너지의 강도를 표현하는 방법이다. 주어진 문제에서, $AM\left(\dfrac{1}{\sin30}\right)=$ AM2가 된다. 참고로 아래는 STC조건 (표준조건)이다.

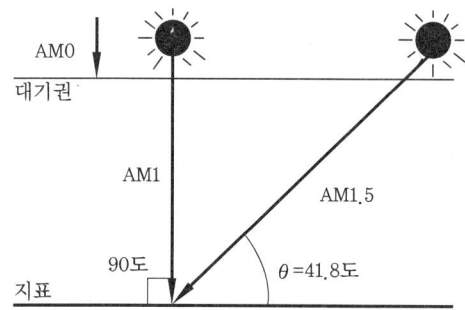

20. 태양전지 모듈에 입사된 빛 에너지가 변환되어 발생하는 전기적 출력을 특성곡선으로 나타낸 것은?

㉮ 전압-전류 특성 ㉯ 전압-저항 특성
㉰ 전류-온도 특성 ㉱ 전압-온도 특성

제2과목 : 태양광발전 시스템 설계

21. 태양광발전 시스템의 설계에 있어서 태양전지 어레이의 레이아웃 배치검토에 필요한 자료가 아닌 것은?

㉮ 설치예정지의 면적, 토지의 굴곡상태의 데이터
㉯ 설치예정지의 위도경도에 따른 동지 날의 해 그림자 거리
㉰ 사용 예정인 태양전지 모듈 및 인버터의 카탈로그
㉱ 태양전지 어레이의 가대에 대한 구조계산서

22. 그림은 태양광발전 설비와 태양전지판의 크기를 나타낸 것이다. 햇빛이 지표면에 수직으로 입사할 때 $1\,m^2$의 지표면에서 단위 시간당 받는 빛 에너지가 1000 W이고 태양전지의 변환효율이 15 %일 때, 이 태양광발전 시설이 2시간 동안 생산하는 전력량은 몇 Wh인가? (단, 햇빛은 2시간 내내 동일하게 지면에 수직으로 입사하며, 태양전지 표면에서 빛의 반사는 일어나지 않는다.)

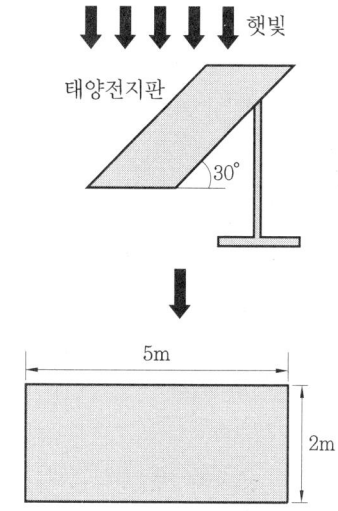

㉮ 3000 ㉯ $1500\sqrt{3}$
㉰ $1000\sqrt{3}$ ㉱ 1500

해설 경사면 일조강도
= 법선면 일조강도×$\sin\gamma$
여기서, γ : 경사면 입사각
전력 생산량
= $1000\,W \times \sin60 \times (2\times5)m^2 \times 15\,\% \times 2$시간
= $1500\sqrt{3}$ Wh

23. 태양광발전 시스템의 어레이 설계 시 고려사항으로 적당하지 않은 것은?

㉮ 방위각 ㉯ 부하의 종류
㉰ 음영 ㉱ 경사각

24. 태양광발전 시스템에서 계통으로 유입되

는 고조파 전류(Total Harmonic Distortion) 는 종합 몇 %를 초과하면 안 되는가?

㉮ 2 %   ㉯ 3 %   ㉰ 4 %   ㉱ 5 %

25. 태양전지 어레이(길이 2.58 m, 경사각 30°)가 남북방향으로 설치되어 있으며, 앞면 어레이의 높이는 약 1.5 m, 뒷면 어레이에 태양입사각이 45°일 때, 앞면 어레이의 그림자 길이(m)는?

㉮ 1.5 m   ㉯ 2.5 m   ㉰ 3.5 m   ㉱ 4.5 m

[해설] $\tan\beta = H/D'$ 에서, 앞면 어레이 그림자 길이
$$D' = H/\tan\beta = 1.5/\tan45 = 1.5 \text{m}$$

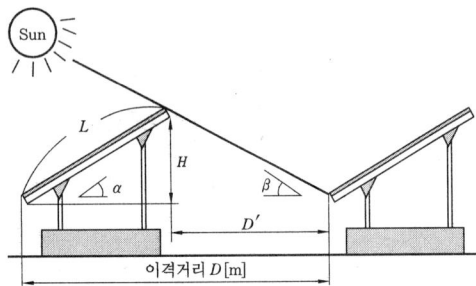

이격거리 D[m]

26. 다음과 같은 조건일 때 어레이와 어레이 간의 최소 이격거리(m)는 얼마인가? (단, 경사고정식으로 정남향이다.)

- L : 모듈 어레이 길이 3 m
- θ : 모듈 어레이 경사각 30°
- lat : 설치지역의 위도 35.5°

㉮ 6 m   ㉯ 5 m   ㉰ 4 m   ㉱ 3 m

[해설] 상기 문제 25번 해설의 그림에서,
① $\beta = 90 - (\text{lat} + 23.5)$
　　$= 90 - 35.5 - 23.5 = 31°$
＊ 23.5 → 태양의 적위

이격거리 $D = \dfrac{\sin(180° - \alpha - \beta)}{\sin\beta} \times L$

② 이격거리 $D = \dfrac{\sin(180° - 30 - 31)}{\sin31} \times 3$
　　$= 5.09 \text{ m}$

27. 태양광발전 사업을 하고자 하는 경우 일

반적으로 경제성 분석평가를 실시하는데, 경제성 분석기준으로 옳지 않은 것은?

㉮ 순현가   ㉯ 할인율
㉰ 비용·편익비   ㉱ 내부수익률

[해설] 할인율은 경제성 분석평가를 위한 기초자료이고, 분석평가 기준 그 자체는 아니다.

28. 주택용 태양광발전 시스템의 설계 표준절차의 순서로 옳은 것은?

㉮ 어레이의 설치·설계 → 태양전지의 모듈 선정 → 태양전지 어레이 발전량 산출 → 기기 선정

㉯ 태양전지의 모듈 선정 → 어레이의 설치·설계 → 태양전지 어레이 발전량 산출 → 기기 선정

㉰ 태양전지 어레이 발전량 산출 → 어레이의 설치·설계 → 태양전지의 모듈 선정 → 기기 선정

㉱ 어레이의 설치·설계 → 태양전지의 모듈 선정 → 기기 선정 → 태양전지 어레이 발전량 산출

[해설] 태양광발전 시스템의 설계에서 제일 먼저 해야 할 일은 '태양전지의 모듈 선정'이다.

29. 태양광발전 시스템을 1000 m² 부지에 하나의 어레이로 설치할 때, 모듈 효율 15 %, 일사량 500 W/m²이면 생산되는 전력은? (단, 기타 조건은 무시한다.)

㉮ 75 kW   ㉯ 750 kW
㉰ 7500 kW   ㉱ 75000 kW

[해설] 전력 생산량 = 500 W/m² × 1,000 m² × 15 %
　　= 75,000 W = 75 kW

30. 지상에서의 길이 5 m를 축척 1/200로 도면에 나타낼 때 그 길이는?

㉮ 2.5 mm   ㉯ 10 mm
㉰ 20 mm   ㉱ 25 mm

[해설] 5 m = 5,000 mm

따라서, $\dfrac{5,000}{200} = 25$ mm

31. 계통연계 운전 중 송전이나 수전 시 시스템 보호를 위한 보호계전기의 종류가 아닌 것은?

㉮ 부족전압 계전기(UVR)

㉯ 부족주파수 계전기(UFR)

㉰ 역전력 계전기(RPR)

㉱ 과전압 계전기(OVR)

해설 역전력 계전기(RPR ; Reverse Power Relay) : 단순병렬(한전역송불가) 조건을 이행하는지 확인하기 위한 계전기로서 발전전력이 계통으로 역송되면 감지하여 발전기를 계통에서 분리하는 계전기이다.

32. 표준 상태에서 태양전지 어레이의 변환효율을 산출하는 계산식으로 옳은 것은?

> - P_{AS} : 태양전지 어레이 출력전력(kW)
> - G_S : 경사면 일사량 (kW/m^2)
> - G_H : 수평면 일사량 (kW/m^2)
> - A : 태양전지 어레이 면적(m^2)

㉮ $\eta = \dfrac{P_{AS}}{G_S \times A} \times 100 \,(1\%)$

㉯ $\eta = \dfrac{G_S}{P_{AS} \times A} \times 100 \,(1\%)$

㉰ $\eta = \dfrac{P_{AS} \times A}{G_H} \times 100 \,(1\%)$

㉱ $\eta = \dfrac{G_S \times A}{P_{AS}} \times 100 \,(1\%)$

해설 태양전지 어레이의 변환효율 산출 시 수평면 일사량이 아닌 경사면 일사량(일조강도)을 기준으로 한다.

33. 태양광발전 시스템은 전력계통 유무 및 타 에너지원에 의한 발전시스템으로 구분하고 있다. 태양광발전 시스템의 종류가 아닌 것은?

㉮ 독립형

㉯ 하이브리드형

㉰ 열병합

㉱ 계통연계형

34. 태양전지 어레이의 이격거리 산출 시 적용하는 설계요소가 아닌 것은?

㉮ 구조물 형상

㉯ 남북향간 길이

㉰ 강재의 강도 및 판 두께

㉱ 태양광발전 위치에 대한 위도

35. 독립형 태양광 인버터의 시험항목이 아닌 것은?

㉮ 효율시험

㉯ 출력 측 단락시험

㉰ 절연저항시험

㉱ 교류출력전류 변형률 시험

해설 교류출력전류 변형률 시험은 계통연계형 인버터의 시험항목이다.

36. 태양광발전 사업허가 신청서에 포함되는 필요서류 목록이 아닌 것은? (단, 3000 kW 미만인 경우이다.)

㉮ 전기사업법 시행규칙에 따른 사업계획서

㉯ 송전관계 일람도 및 발전원가 명세서

㉰ 전력계통의 조류 계산서

㉱ 발전설비 운영을 위한 기술인력 확보계획을 기재한 서류

37. 일반적으로 구조물이나 시설물 등을 공사 또는 제작할 목적으로 상세하게 작성된 도면은?

㉮ 상세도

㉯ 시방서

㉰ 간트도표

㉱ 내역서

참조 간트도표 혹은 간트 차트 (Gantt Chart) : 미국의 간트가 창안한 일종의 작업진도 도표로서 작업의 계획이나 진척도를 나타내는 관리도표를 말한다. 이러한 도표를 이용하면 작업의

진척상황을 한눈에 알 수 있고, 작업의 진척 정도에 따라 작업 간에 인력과 장비와 같은 자원을 재할당할 수 있다.

38. 태양광발전 통합모니터링 시스템의 구성 요소가 아닌 것은?

㉮ 전력변환장치 감시제어 장치(AIS)

㉯ 태양광모듈 계측 메인장치(SCS)

㉰ 자동기상 관측 장치(AWS)

㉱ 자동고장전류 계산 장치(ACS)

39. 설계도서의 의미를 가장 적합하게 설명한 것은?

㉮ 구조물 등을 그린 도면으로 건축물, 시설물, 기타 각종 사물의 예정된 계획을 공학적으로 나타낸 도면이다.

㉯ 설계, 공사에 대한 시공 중의 지시 등 도면으로 표현될 수 없는 문장이나 수치 등을 표현한 것으로 공사수행에 관련된 제반 규정 및 요구사항을 표시한 것이다.

㉰ 공사계약에 있어 발주자로부터 제시된 도면 및 그 시공기준을 정한 시방서류로서 설계도면, 표준시방서, 특기시방서, 현장설명서 및 현장설명에 대한 질문 회답서 등을 총칭하는 것이다.

㉱ 각종 기계·장치 등의 요구조건을 만족시키고, 또한 합리적, 경제적인 제품을 만들기 위해 그 계획을 종합하여 설계하고 구체적인 내용을 명시하는 일을 일컫는다.

40. 태양광 어레이 구조물 중 일반 철골구조에 비교하여 파워볼트 시스템(Power Bolt System)의 장점이 아닌 것은?

㉮ 필요한 응력에 의한 자재 사용으로 경제적인 설계를 할 수 있다.

㉯ 제품의 규격이 정교하여 구조물의 마감

처리를 정밀하게 할 수 있다.

㉰ 조립 및 해체가 간단하여 타 장소에 이설 설치가 가능하다.

㉱ 모듈이 적고 짧은 스팬(Span) 구조물에 유리하다.

제3과목 : 태양광발전 시스템 시공

41. 굵기가 다른 케이블을 배선할 경우 전선관의 두께는 전선의 피복 절연물을 포함한 단면적이 전선관의 몇 % 이하가 되어야 하는가?

㉮ 20 %   ㉯ 32 %   ㉰ 48 %   ㉱ 52 %

42. KS C IEC 60364의 저압계통의 접지방식이 아닌 것은?

㉮ TT 방식   ㉯ TN-C 방식

㉰ TT-C 방식   ㉱ IT 방식

해설 KS C IEC 60364의 저압계통의 접지방식에는 TT, TN-C, TN-S, TN-C-S, IT 방식 등이 있다.

43. 감리원은 시공된 공사가 품질확보 미흡 또는 중대한 위해를 발생시킬 수 있다고 판단되거나, 안전상 중대한 위험이 발생한 경우 공사 중지를 지시할 수 있는데, 다음 중 전면중지에 해당하는 것은?

㉮ 공사업자가 공사의 부실 발생 우려가 짙은 상황에서 적절한 조치를 취하지 않은 채 공사를 계속 진행할 때

㉯ 동일 공정에 있어 3회 이상 시정지시가 이행되지 않을 때

㉰ 안전시공상 중대한 위험이 예상되어 물적, 인적 중대한 피해가 예견될 때

㉱ 재시공 지시가 이행되지 않는 상태에서 다음 단계의 공정이 진행됨으로써 하자 발생이 될 수 있다고 판단될 때

---

44. 분산형 전원을 배전계통 연계 시 승압용 변압기의 2차 결선방식은 어떻게 하면 되는가? (단, 인버터는 3상이며, 절연변압기를 사용하는 경우이다.)

㉮ Y결선   ㉯ △결선
㉰ V결선   ㉱ 스코트

[해설] 승압용 변압기의 2차 결선방식은 주로 Y결선 방식이며, 고조파를 저감하기 위해 △결선을 삽입하기도 한다.

45. 감리원이 설계도서 등에 대하여 현장 시공을 주안으로 하여 해당 공사 시작 전에 검토하여야 할 사항으로 옳지 않은 것은?

㉮ 시공의 실제 가능 여부
㉯ 현장조건에 부합하는지 여부
㉰ 설계도서의 누락, 오류 등 불명확 부분의 존재 여부
㉱ 착공부터 완공까지의 공사기간 여부

46. 케이블 트레이 시공방식의 장점이 아닌 것은?

㉮ 방열특성이 좋다.
㉯ 허용전류가 크다.
㉰ 장래부하 증설 시 대응력이 크다.
㉱ 재해의 영향을 거의 받지 않는다.

[해설] 케이블 트레이를 사용하면 방열특성 우수, 허용전류가 큼, 부하 증설 시 대응력 우수, 시공 용이 등의 장점이 있으나, 케이블 노출에 따른 자연재해나 인축의 영향을 받기 쉽다는 단점도 있다.

47. 접지공사 시공방법에 관한 설명으로 틀린 것은?

㉮ 제1종 및 특별 제3종 접지공사의 접지저항 값은 10 Ω 이하로 한다.
㉯ 제2종 접지공사는 변압기의 고압 측 혹은 특별고압 측 전로의 1선 지락전류의 암페어 수로 150을 나눈 값과 같은 접지

저항 값 이하로 한다.
㉰ 제3종 접지공사는 접지저항 값을 100 Ω 이하로 한다.
㉱ 태양전지에서 인버터까지의 직류전로(어레이 주회로)에는 특별 제3종 접지공사를 한다.

[해설] 인버터는 절연변압기를 시설하는 경우가 드물기 때문에 일반적으로는 직류 측 회로(태양전지 어레이에서 인버터까지의 직류 주전로)를 비접지로 하고 있다.

48. 태양전지 모듈의 배선공사가 끝나고 확인할 사항이 아닌 것은?

㉮ 극성 확인   ㉯ 전압 확인
㉰ 단락전류 확인   ㉱ 양극접지 확인

49. 지붕 건재형 태양전지 모듈의 설치장소를 고려한 설치사항으로 옳지 않은 것은?

㉮ 태양전지 모듈의 하중에 견딜 수 있는 강도를 가질 것
㉯ 풍력계수는 처마 끝이나 지붕 중앙부나 똑같이 하여 시설할 것
㉰ 인접 가옥의 화재에 대한 방화대책을 세워 시설할 것
㉱ 눈이 많은 지역에서는 적설 방지대책을 강구하여 시설할 것

[해설] 풍력계수는 처마 끝이나 지붕 중앙부 등 각각 다르게 적용하여야 한다.

50. 태양광발전 시스템의 구조물설치 계획단계에서 고려해야 할 사항으로 틀린 것은?

㉮ 지지대의 재질
㉯ 지지대의 모양
㉰ 지지대의 강도
㉱ 지지대의 내용연수

[해설] 지지대의 모양(디자인)은 계획단계의 고려사항이 아니다.

해답 44. ㉮   45. ㉱   46. ㉱   47. ㉱   48. ㉱   49. ㉯   50. ㉯

51. 태양광발전 시스템 구조물의 설치공사 순서를 올바르게 나타낸 것은?

㉮ 어레이 기초공사 → 어레이 가대공사 → 어레이 설치공사 → 배선공사 → 검사

㉯ 어레이 가대공사 → 어레이 기초공사 → 어레이 설치공사 → 배선공사 → 검사

㉰ 배선공사 → 어레이 기초공사 → 어레이 가대공사 → 어레이 설치공사 → 검사

㉱ 배선공사 → 어레이 가대공사 → 어레이 기초공사 → 어레이 설치공사 → 검사

52. 변전소의 설치 목적이 아닌 것은?

㉮ 전력의 발생과 계통의 주파수를 변환시킨다.

㉯ 발전 전력을 집중 연계한다.

㉰ 수용가에 배분하고 정전을 최소화한다.

㉱ 경제적인 이유에서 전압을 승압 또는 강압한다.

해설 전력의 발생과 계통의 주파수를 변환하는 것은 변전소가 아닌 발전소의 역할이다.

53. 다음 중 송전선로에 대한 설명으로 옳지 않은 것은?

㉮ 송전설비는 발전소 상호 간, 변전소 상호 간, 발전소와 변전소 간을 연결하는 전선로와 전기설비를 말한다.

㉯ 송전선로는 발전소, 1차변전소, 배전용 변전소로 구성된다.

㉰ 송전 방식은 교류 송전방식만이 사용된다.

㉱ 송전 계통의 개요는 송전선로, 급전설비, 운영설비이다.

해설 송전 방식은 크게 직류 송전방식과 교류 송전방식으로 나뉜다.

54. 태양광 모듈에서 인버터까지 전압강하 계산식은? [단, A : 전선의 단면적(mm^2), I :

전류(A), L : 전선 1가닥의 길이(m)이다.]

㉮ $\dfrac{17.8 \times L \times I}{1000 \times A}$ ㉯ $\dfrac{30.8 \times L \times I}{1000 \times A}$

㉰ $\dfrac{35.6 \times L \times I}{1000 \times A}$ ㉱ $\dfrac{38.8 \times L \times I}{1000 \times A}$

55. 태양광발전 설비의 준공 후 감리원이 발주자에게 인수·인계할 목록에 반드시 포함되어야 하는 서류로서 옳지 않은 것은?

㉮ 기자재 구매서류

㉯ 시설물 인수·인계서

㉰ 안전교육 실적표

㉱ 품질시험 및 검사성과 총괄표

56. 감리용역 계약문서가 아닌 것은?

㉮ 기술용역 입찰유의서

㉯ 과업지시서

㉰ 감리비 산출내역서

㉱ 설계도서

57. 설계 감리원이 설계업자로부터 착수신고서를 제출받아 적정성 여부를 검토하여 보고하여야 하는 것은?

㉮ 근무상황부 ㉯ 설계감리기록부

㉰ 설계감리일지 ㉱ 예정공정표

해설 설계 감리원이 설계업자로부터 착수신고서를 제출받아 적정성 여부를 검토하여 보고하여야 하는 것은 '예정공정표', '과업수행계획 등 그 밖에 필요한 사항'이다.

58. 감리원은 공사업자 등이 제출한 시설물의 유지관리지침자료를 검토하여 공사 준공 후 며칠 이내에 발주자에게 제출하여야 하는가?

㉮ 7일 ㉯ 14일 ㉰ 20일 ㉱ 30일

59. 태양광발전 시스템의 전기배선에 관한 설명으로 옳지 않은 것은?

㉮ 태양전지에서 옥내에 이르는 배선에 쓰

이는 전선은 모듈 전용선을 사용하여야 한다.

㉯ 전선이 지면을 통과하는 경우에는 피복에 손상이 발생되지 않도록 조치를 취하여야 한다.

㉰ 인버터출력단과 계통연계점 간의 전압강하는 5 % 이하로 하여야 한다.

㉱ 태양전지판의 출력배선은 군별, 극성별로 확인할 수 있도록 표시하여야 한다.

해설 태양전지판에서 인버터입력단간 및 인버터출력단과 계통연계점 간의 전압강하는 각 3 %를 초과하여서는 아니 된다. 단, 전선 길이가 60 m를 초과할 경우에는 다음표에 따라 시공할 수 있다. 전압강하 계산서(또는 측정치)를 설치확인 신청서에 제출하여야 한다.

전선 길이	전압강하 (%)
120 m 이하	5
200 m 이하	6
200 m 초과	7

60. 누전에 의한 감전과 화재 등을 방지하기 위하여 태양전지 어레이 출력전압이 400 V 미만인 경우 몇 종 접지공사를 하여야 하는가?

㉮ 제1종 접지공사

㉯ 제2종 접지공사

㉰ 제3종 접지공사

㉱ 특별 제3종 접지공사

제4과목 : 태양광발전 시스템 운영

---

61. 태양전지 어레이의 전기적 회로 구성요소가 아닌 것은?

㉮ 스트링   ㉯ 바이패스 다이오드

㉰ 환류 다이오드   ㉱ 접속함

해설 인버터는 스위칭 소자를 정해진 순서대로

ON 및 OFF 함으로써 직류입력을 교류출력으로 변환하는데, ON/OFF 시 인덕터 양단에 나타나는 역기전력에 의한 스위칭 소자의 소손을 방지하기 위해 설치하는 것이 '환류 다이오드'이다.

62. 태양광전원의 연계용 변압기의 용량이 1 MVA인 경우, 5 %의 임피던스를 가지고 있다면 100 MVA를 기준으로 한 % 임피던스는?

㉮ 300 %   ㉯ 400 %   ㉰ 500 %   ㉱ 60 %

해설 ① %Z(%임피던스)
  ㉮ 하나의 LOOP를 이루는 전기회로에서 특정 설비가 가지고 있는 부하비율을 백분율로 표시한 값이다.
  ㉯ 하나의 LOOP 전체의 %임피던스의 총합이 항상 100 %가 된다.
  ㉰ %Z를 산정하는 계통의 폐 LOOP를 어디로 잡는가에 따라서 그 비율이 달라진다.
② 계산 : %Z = 100 MVA/1 MVA×5 % = 500 %

63. 태양광발전 어레이가 받는 일조량과 같은 크기의 일조량을 받는 데 필요한 일조시간은?

㉮ 등가 1일 일조시간

㉯ 어레이 가동시간

㉰ 적산 일조시간

㉱ 최적 일조시간

해설 ① 등가 1일 일조시간 (Reference Yield) : 일조강도가 기준 일조강도라고 할 경우, 실제로 태양광발전 어레이가 받는 일조량과 같은 크기의 일조량을 받는 데 필요한 일조시간
② 어레이 등가 가동시간 (Array Yield) : 태양광발전 어레이가 단위 정격용량당 발전한 출력에너지를 시간으로 나타낸 것

64. 화합물반도체를 이용한 태양전지의 대표에는 CIGS, CdTe, GaAs 등의 태양전지가 있다. 결정질실리콘 대비 이들 태양전지의 특징으로 가장 옳지 않은 것은?

㉮ 온도계수가 작아 고온에서 출력 감소가 적다.

해답 60. ㉰   61. ㉰   62. ㉰   63. ㉮   64. ㉱

㉰ 에너지갭은 크나 직접 천이 에너지갭으로 광 특성이 우수하다.

㉱ CdTe는 에너지갭이 실리콘보다 커 고온환경의 박막 태양전지로 많이 응용되고 있다.

㉲ 큰 에너지갭으로 인해 보다 짧은 파장대역보다는 파장이 긴 대역의 빛을 흡수할 수 있다.

해설 ㉲는 "큰 에너지갭으로 인해 보다 긴 파장대역보다는 파장이 짧은 대역의 빛을 흡수할 수 있다."로 고쳐야 한다. 즉, 에너지 밴드갭과 파장은 반비례 관계이다.

65. 파워컨디셔너의 단독운전방지기능에서 능동적 방식에 속하지 않는 것은?

㉮ 유효전력 변동방식

㉯ 무효전력 변동방식

㉰ 주파수 시프트방식

㉱ 주파수 변화율 검출방식

66. 신재생에너지 설치의무화 제도 및 대상기관이 아닌 곳은?

㉮ 국가 및 지방자치단체

㉯ 특별법에 따라 설립된 법인

㉰ 납입자본금으로 연간 50억 원 이상을 출자한 법인

㉱ 대통령으로 정하는 10억 원 이상을 출연한 정부출연기관

해설 「신에너지 및 재생에너지 개발·이용·보급 촉진법」 12조에 '정부가 대통령으로 정하는 금액(연간 50억 원) 이상을 출연한 정부출연기관'으로 명시되어있다.

67. 태양광발전용 인버터의 정격 입력전압이 제조사로부터 규정되지 않은 경우 정격 입력전압 기준은? (단, 허용되는 최대 입력전압은 V_L, 발전을 시작하기 위한 최소 입력전압은 V_s이다.)

㉮ $\dfrac{V_L \cdot V_s}{2}$ ㉯ $\dfrac{V_L^2 + V_s^2}{2}$

㉰ $\dfrac{V_L - V_s}{2}$ ㉱ $\dfrac{V_L + V_s}{2}$

해설 인버터의 정격 입력전압이 제조사로부터 규정되지 않은 경우 정격 입력전압은 V_L(허용되는 최대 입력전압)과 V_s(발전을 시작하기 위한 최소 입력전압)의 산술평균값으로 도출한다.

68. 태양광발전 시스템 출력 에너지를 태양광발전 어레이의 정격출력과 가동시간의 곱으로 나눈 값은?

㉮ 주변기기 효율 ㉯ 종합시스템 효율

㉰ 시스템 이용률 ㉱ 어레이 기여율

69. Ribbon 재료로 사용되고 있는 부품은 대부분 주석-납-은 계열을 사용하나 현재 Pb-Free (납 제거)의 물질들이 개발 중이다. 리본재료의 설명으로 가장 부적절한 것은?

㉮ 수분침투에 의해 노출되면 쉽게 산화하여 Rs (직렬등가저항)의 증가 및 Rsh (병렬등가저항)를 감소시켜 출력 감소의 원인이 된다.

㉯ 리본 연결공정에서 진공에 의해 압착은 하나 계면부위에서 기포가 완전히 제거되지 않으면 시간에 따라 산화에 의해 셀의 Rsh (병렬등가저항)가 감소하여 출력이 감소한다.

㉰ 리본 연결공정의 조건 및 물질과 공정 온도에 따라 셀의 휨 현상(Bowing)은 없으나 직렬저항에 직접적인 영향을 미친다.

㉱ 납 성분의 리본은 유해하나 접촉저항 감소 및 유연성 측면에 유리하며 순간적인 고온에서 공정이 진행되어 셀에 열적 스트레스를 적게 준다.

해설 리본 연결공정의 조건 및 물질과 공정 온

해답 65. ㉱ 66. ㉱ 67. ㉱ 68. ㉰ 69. ㉰

도에 따라 셀의 휨 현상(Bowing)이 발생할 수 있다.

70. 태양광발전 시스템의 계측·표시에 관한 설명으로 틀린 것은?

㉮ 계측기의 소비전력을 최대한 높여야 한다.

㉯ 시스템의 운전상태 감시를 위한 계측 또는 표시이다.

㉰ 시스템 기기 및 시스템 종합평가를 위한 계측이다.

㉱ 홍보용으로 표시장치를 설치하기도 한다.

해설 계측기는 24시간 사용하므로 소비전력이 가능한 낮은 것으로 선정하여야 한다.

71. 인버터의 전압 왜란(Distortion)을 측정하기 위한 방법이 아닌 것은?

㉮ 인버터 수치 읽기

㉯ AC 회로시험

㉰ 전력망 분석

㉱ I-V 곡선

해설 인버터의 전압 왜란(Distortion)을 측정하기 위한 방법에는 AC 회로시험, 인버터 수치 읽기, 전력망 분석 등이 있다.

72. 중·대형 태양광발전용 인버터의 누설전류 시험에 대한 설명이 아닌 것은?

㉮ 정격 주파수로 운전한다.

㉯ 인버터를 정격출력에서 운전한다.

㉰ 판정기준은 누설전류가 5 mA 이하이다.

㉱ 인버터의 기체와 대지 사이에 100 Ω 이상의 저항을 접속한다.

해설 인버터의 기체와 대지 사이에 1 kΩ 이상의 저항을 접속한다.

73. 인버터 고장 시 고장부분 점검 후 정상동작 시 5분 후에 재기동하지 않아도 되는 경우는?

㉮ 과전압   ㉯ 저전압

㉰ 저주파수   ㉱ 전자접촉기

74. 30°의 고정식 태양광발전소 운전 시 우리나라의 남해안에서 연중 대비 5~6월에 발생하는 현상으로 가장 옳은 설명은?

㉮ 태양의 고도가 연중 제일 높아 출력이 가장 높다.

㉯ 온도 상승에 의한 출력 감소가 연중 제일 높다.

㉰ 일사량(시간)에 의한 발전은 7, 8월 대비 두 번째로 높다.

㉱ 양축식 대비 단축식의 출력이 연중 가장 높다.

75. 독립형 태양광발전 시스템의 주요 구성장치로 볼 수 없는 것은?

㉮ 태양광(PV) 모듈

㉯ 충방전 제어기

㉰ 축전지 또는 축전지 뱅크

㉱ 송전설비

76. 태양광(PV) 모듈의 접촉점의 장애를 발견하기 위한 점검 및 측정방법은?

㉮ 다기능 측정   ㉯ 접지저항 측정

㉰ 절연저항 측정   ㉱ 과/저전압 측정

77. 방향과 경사가 서로 다른 하부 어레이들로 구성된 태양광발전 시스템의 인버터 운영방식으로 적합한 것은?

㉮ 중앙집중형   ㉯ 분산형

㉰ 모듈형   ㉱ 마스터 슬래브형

78. 태양광발전 시스템 유지보수점검 시 보통 유지해야 할 절연저항은 몇 MΩ 이상인가?

㉮ 1.0   ㉯ 2.0   ㉰ 3.0   ㉱ 4.0

79. 태양전지 어레이 출력 확인을 위해 개방

전압을 측정할 때의 순서를 올바르게 나열한 것은?

> ㉠ 각 모듈이 그늘로 되어있지 않은 것을 확인한다.
> ㉡ 접속함의 각 스트링 MCCB 또는 퓨즈를 OFF 한다.
> ㉢ 접속함의 주개폐기를 OFF 한다.
> ㉣ 측정하려는 스트링의 MCCB 또는 퓨즈를 ON 하여 측정한다.

㉮ ㉠→㉡→㉢→㉣
㉯ ㉠→㉢→㉡→㉣
㉰ ㉡→㉢→㉠→㉣
㉱ ㉢→㉡→㉠→㉣

80. 태양광발전용 접속함의 성능시험 방법이 아닌 것은?

㉮ 내전압
㉯ 절연저항
㉰ 자동 차단성능시험
㉱ 수동조작 차단성능시험

해설 ㉰는 '자동전압 투입시험' 혹은 '자동전압 트립 성능시험'으로 고쳐야 한다.

제5과목 : 신재생에너지 관련 법규

81. 신·재생에너지정책심의회의 심의를 거쳐 신·재생에너지의 기술개발 및 이용·보급을 촉진하기 위한 기본계획을 수립하는 자는?

㉮ 안전행정부장관
㉯ 산업통상자원부장관
㉰ 고용노동부장관
㉱ 환경부장관

해설 「신에너지 및 재생에너지 개발·이용·보급촉진법」 제5조 참조

82. 전로의 보호 장치의 확실한 동작의 확보,

이상전압의 억제 및 대지전압의 저하를 위하여 저압전로의 중성점에서 시설할 경우 접지선의 공칭단면적은 몇 mm^2 이상의 연동선으로 하여야 하는가?

㉮ 16   ㉯ 10   ㉰ 6   ㉱ 4

해설 「전기설비기술기준의 판단기준」 제27조 참조

83. 신·재생에너지에 해당되지 않는 것은?

㉮ 풍력   ㉯ 원자력
㉰ 연료전지   ㉱ 태양에너지

84. 태양광발전 설비공사의 철근콘크리트 또는 철골구조부를 제외한 시설공사의 하자담보책임기간은?

㉮ 1년   ㉯ 3년   ㉰ 5년   ㉱ 7년

85. 고압 가공전선 상호 간의 이격거리는 몇 cm 이상이어야 하는가?

㉮ 150   ㉯ 120   ㉰ 100   ㉱ 80

해설 「전기설비기술기준의 판단기준」 제86조 참조

86. 고압 가공전선으로 내열 동합금선을 사용하는 경우 안전율이 몇 이상이 되는 이도로 시설하여야 하는가?

㉮ 2.0   ㉯ 2.2   ㉰ 2.5   ㉱ 4.0

해설 「전기설비기술기준의 판단기준」 제71조 참조

87. 「신에너지 및 재생에너지 개발·이용·보급촉진법」에서 정한 공급의무자가 아닌 것은?

㉮ 한국중부발전주식회사
㉯ 한국수자원공사
㉰ 한국가스공사
㉱ 한국지역난방공사

해설 「신에너지 및 재생에너지 개발·이용·보급촉진법 시행령」(제18조의3) 참조

88. 「저탄소 녹색성장기본법」에 규정된 저탄소 녹색성장 추진의 기본원칙이 아닌 것은?

해답 80. ㉰   81. ㉯   82. ㉰   83. ㉯   84. ㉯   85. ㉱   86. ㉯   87. ㉰   88. ㉮

㉮ 정부는 저탄소 녹색성장의 시급성과 긴박성을 인식하고 정부 주도하에 저탄소 녹색성장 정책을 최우선적으로 추진한다.

㉯ 정부는 녹색기술과 녹색산업을 경제성장의 핵심동력으로 삼고 새로운 일자리를 창출·확대할 수 있는 새로운 경제체제를 구축한다.

㉰ 정부는 사회·경제 활동에서 에너지와 자원 이용의 효율성을 높이고 자원순환을 촉진한다.

㉱ 정부는 국가의 자원을 효율적으로 사용하기 위하여 성장잠재력과 경쟁력이 높은 녹색기술 및 녹색산업 분야에 대한 중점 투자 및 지원을 강화한다.

해설 「저탄소 녹색성장기본법」 제3조 참조

89. 3상4선식 22.9 kV 중성점 다중 접지식 가공 전선로의 전로와 대지사이의 절연내력 시험전압 V는?

㉮ 28625 　　㉯ 22900

㉰ 21068 　　㉱ 16488

해설 「전기설비기술기준의 판단기준」 제12조 [표 13-1] 참조

$$22,900 \times 0.92 = 21,068\,V$$

90. 전기설비의 일반사항에 대한 내용으로 잘못된 것은?

㉮ 고전압의 침입 등에 의한 감전, 화재 등으로 사람에게 손상을 줄 우려가 없도록 접지를 실시한다.

㉯ 뇌방전으로 인한 과전압으로부터 전기설비의 손상, 감전 등의 우려가 없도록 피뢰설비를 시설한다.

㉰ 전로에 시설하는 전기기계기구는 통상사용상태에서 발생하는 열에 견디는 것이어야 한다.

㉱ 전선의 접속 부분에는 전기저항이 증가

되도록 접속하고 절연성능이 저하되지 않도록 하여야 한다.

해설 「전기설비기술기준 및 판단기준」 제8조 참조

91. 다음 중 온실가스가 아닌 것은?

㉮ 메탄 　　　㉯ 이산화탄소

㉰ 아산화질소 ㉱ 과산화질소

해설 「저탄소 녹색성장기본법」 제2조 (정의) 참조

92. 전기를 생산하여 이를 전력시장을 통하여 전기판매업자에게 공급하는 것을 주된 목적으로 하는 사업은?

㉮ 송전사업 　㉯ 배전사업

㉰ 발전사업 　㉱ 변전사업

93. 지중에 매설되어있고 대지와의 전기저항 값이 몇 Ω 이하의 값을 유지하고 있는 금속제 수도관을 접지전극으로 사용할 수 있는가?

㉮ 2 　㉯ 3 　㉰ 4 　㉱ 5

해설 「전기설비기술기준의 판단기준」 제21조 참조

94. 태양광발전소의 태양전지 모듈, 전선 및 개폐기 등의 기구를 시설할 때 고려해야 할 사항이 아닌 것은?

㉮ 충전부분이 노출되지 아니하도록 시설할 것

㉯ 태양전지 모듈에 접속하는 부하 측의 전로에는 그 접속점과 떨어진 부분에 개폐기를 시설할 것

㉰ 태양전지 모듈을 병렬로 접속하는 전로에 단락이 생긴 경우에 전로를 보호하는 과전류 차단기 등의 기구를 시설할 것

㉱ 태양전지 모듈 및 개폐기 등에 전선을 접속하는 경우 접속점에 장력이 가해지지 않도록 할 것

해설 「전기설비기술기준의 판단기준」 제54조 (태양전지 모듈 등의 시설) 1항 2호 참조

해답 **89.** ㉰ **90.** ㉱ **91.** ㉱ **92.** ㉰ **93.** ㉯ **94.** ㉯

95. 물밑전선로의 시설에 대한 설명으로 틀린 것은?

㉮ 전선에 케이블을 사용하고 이를 견고한 관에 넣어 시설하였다.

㉯ 전선에 지름 3.5 mm 아연도철선 이상의 기계적 강도가 있는 금속선으로 개장한 케이블을 사용하였다.

㉰ 특고압인 경우 전선으로 케이블을 사용하였다.

㉱ 폴리에틸렌 혼합물·부틸고무 혼합물의 절연재료로 구성된 케이블을 사용하였다.

해설 「전기설비기술기준의 판단기준」 제146조 (물밑전선로의 시설) 참조

　　3.5 mm 아연도철선 → 4.5 mm 아연도철선

96. 「신에너지 및 재생에너지 개발·이용·보급촉진법」에서 정한 공급의무자는 지난 연도 총전력생산량의 합계에 일정비율을 곱한 의무공급량 이상을 신·재생에너지로 공급하여야 한다. 다음 중 2013년도 의무공급량 비율은?

㉮ 2.0 %　　　　㉯ 2.5 %

㉰ 3.0 %　　　　㉱ 3.5 %

해설 연도별 의무공급량 비율

해당 연도	비율 (%)	해당 연도	비율 (%)
2012	2.0	2019	5.0
2013	2.5	2020	6.0
2014	3.0	2021	7.0
2015	3.0	2022	8.0
2016	3.5	2023	9.0
2017	4.0	2024 이후	10.0
2018	4.5		

97. 신·재생에너지발전사업자가 도서지역에서 생산한 전력을 전력시장에서 거래하지 않아도 되는 발전설비용량은?

㉮ 1000 kW 이하　　㉯ 2000 kW 이하

㉰ 3000 kW 이하　　㉱ 4000 kW 이하

해설 소규모 신·재생에너지발전전력의 거래에 관한 지침 : 발전설비용량 1000 kW 이하의 발전사업자 및 자가용발전설비 설치자는 생산한 전력을 전력시장을 통하지 아니하고 전기판매업자와 거래할 수 있다. 다만, 자가용발전설비 설치자는 자기가 생산한 전력의 연간 총 생산량의 50 % 미만의 범위 안에서 거래하는 경우로 한다.

98. 「저탄소 녹색성장기본법」에 의해 정부는 에너지 기본계획의 수립을 몇 년마다 수립·시행하여야 하는가?

㉮ 2년　　㉯ 3년　　㉰ 4년　　㉱ 5년

해설 「저탄소 녹색성장기본법」 제41조 참조

99. 신에너지 및 재생에너지의 활성화 방안과 맞지 않는 것은?

㉮ 에너지의 환경친화적 전환

㉯ 에너지의 안정적 공급

㉰ 온실가스 배출의 감소

㉱ 에너지원의 단일화

해설 「신에너지 및 재생에너지 개발·이용·보급촉진법」 제1조 참조

100. 전기안전관리업무를 개인대행자가 대행할 수 있는 태양광발전 설비의 용량은?

㉮ 200 kW 미만　　㉯ 250kW 미만

㉰ 300 kW 미만　　㉱ 350kW 미만

해설 「전기사업법 시행규칙」 제41조 참조

☐ **신재생에너지 발전설비 산업기사** ▶ **2013. 9. 28 시행**

제1과목 : 태양광발전 시스템 이론

1. 태양전지 표준모듈의 프레임 구조에 해당하지 않는 것은?

㉮ EVA ㉯ 전지 ㉰ EPDM ㉱ Glass

해설 태양전지의 전면에는 보통 투과율이 좋은 강화유리(Glass)를 사용하고, 뒷면에는 Tedlar를 설치하며, 태양전지와 앞뒷면의 유리, 테들러는 EVA를 사용하여 접합시키는데 이를 'Lamination 공정'이라 한다.

2. 태양광발전 시스템의 직류 측 보호를 위한 장치로서 옳지 않은 것은?

㉮ ACB
㉯ 직렬회로용 퓨즈
㉰ 역전류방지 다이오드
㉱ 바이패스 다이오드

해설 ACB (Air Circuit Breaker ; 기중차단기) : 주로 교류 저압용 차단기로서 대기 중에서 개폐 동작이 행해지는 차단기이다.

3. 다음 그림은 PV (Photovoltaic) 어레이 구성도를 나타내고 있다. 전류 I'와 단자 A, B 사이의 전압은?

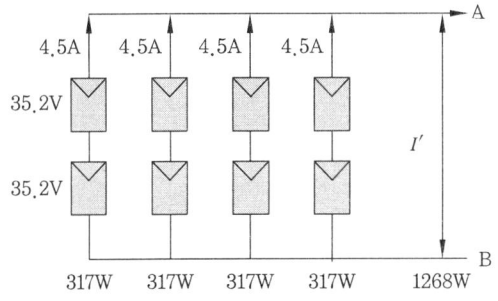

㉮ 4.5 A, 35.2 V   ㉯ 18 A, 70.4 V
㉰ 4.5 A, 70.4 V   ㉱ 18 A, 35.2 V

해설 ① A, B 사이의 출력전류 : 4.5×4 = 18 A
② A, B 사이의 출력전압 : 35.2×2 = 70.4 V

4. 신재생에너지 중 재생에너지의 특징이 아닌 것은?

㉮ 비고갈성 에너지이다.
㉯ 친환경 청정에너지이다.
㉰ 온실효과의 영향이 있다.
㉱ 기술주도형 자원이다.

5. 접속함에 설치되는 부품을 모두 나열한 것은?

> ㉠ 직류출력 개폐기
> ㉡ 피뢰소자
> ㉢ 역류방지 소자
> ㉣ 바이패스 소자
> ㉤ 과전압계전기

㉮ ㉠, ㉡, ㉢   ㉯ ㉠, ㉢, ㉣
㉰ ㉢, ㉣, ㉤   ㉱ ㉠, ㉣, ㉤

해설 ① 바이패스 소자 : 모듈 후면의 단자함에 설치
② 과전압 계전기 : 송전패널에 설치

6. PWM 인버터에 관한 설명으로 옳은 것은?

㉮ 정류부에서 일정 직류전압을 만들고, 정현파에 가까운 파형이 되도록 전압과 주파수를 동시에 가변한다.
㉯ 정현파의 양단 부근에는 전압의 폭을 넓히고, 중앙부는 폭을 좁혀서 반사이클 사이에 몇 회 같은 방향으로 동작하게 된다.
㉰ 정류부에서 전류를 가변하여 리액터로 일정 전류를 만든다.
㉱ PWM 인버터는 전압원 인버터밖에 없다.

해설 PWM 인버터
① 정류부 (혹은 컨버터) : 교류를 직류로 변환
② 인버터부 : 직류를 교류로 변환

7. 태양광이 가려지는 음영 공간이 있는 건물

해답 1. ㉰ 2. ㉮ 3. ㉯ 4. ㉰ 5. ㉮ 6. ㉮ 7. ㉰

의 외벽 등의 소형 태양발전 시스템에 사용되는 인버터는?

㉮ 중앙집중식 인버터

㉯ 마스터 슬래브 제어형 인버터

㉰ 모듈 인버터

㉱ 고전압 방식의 인버터

8. 공칭 태양전지 동작온도(NOCT)의 영향요소가 아닌 것은?

㉮ 전지 표면의 방사조도

㉯ 주위 온도

㉰ 풍속

㉱ 주변 습도

9. 태양광 모듈의 출력은 일사강도와 태양전지 표면의 온도에 따라 변동한다. 실시간으로 변화하는 일사강도에 따라 인버터가 최대 출력점에서 동작하도록 하는 기능은?

㉮ 자동운전 정지기능

㉯ 최대전력 추종제어기능

㉰ 단독운전 방지기능

㉱ 자동전류 조정기능

10. 태양광발전 시스템의 접속함에 관한 설명으로 틀린 것은?

㉮ 피뢰기(LA)가 설치되어있다.

㉯ 역류방지 소자가 설치되어 있다.

㉰ 스트링 배선을 하나로 모아 인버터에 보내는 기기이다.

㉱ 보수, 점검 시 회로를 분리하여 점검을 용이하게 한다.

해설 ① 피뢰소자(서지보호장치, SPD) : 접속함에 설치

② 피뢰기(LA ; Lightning Arrester) : 교류 측 전로에 설치

11. 시스템 전압 24 V, 축전지 설비용량 14,400 Wh일 때, 축전지 용량(Ah)은?

㉮ 600 Ah ㉯ 500 Ah

㉰ 400 Ah ㉱ 300 Ah

해설 축전지 용량(Ah)

= (축전지 설비용량 14,400 Wh)÷(시스템 전압 24 V)

= 600 Ah

12. "수십 장의 태양전지 셀을 직렬로 연결하여 일정한 틀에 고정하여 구성한 것"을 무엇이라고 하는가?

㉮ 태양전지 어레이 ㉯ 태양전지 모듈

㉰ 태양전지 프레임 ㉱ 태양전지 단자함

13. 다결정 실리콘 태양전지에 관한 설명으로 옳지 않은 것은?

㉮ 재료가 저렴하다.

㉯ 단결정에 비해 효율이 좋다.

㉰ 가장 많이 사용하는 태양전지이다.

㉱ 반도체 IC 제조과정에서 발생한 불량 실리콘을 재이용한 것이다.

14. 다음 태양광발전 시스템에서 A의 명칭은?

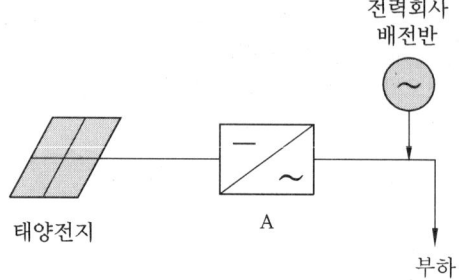

㉮ 축전지 ㉯ 어레이

㉰ 컨버터 ㉱ 인버터

15. 실효값이 120 V인 교류전압을 1200 Ω의 저항에 인가할 경우 소비되는 전력은?

㉮ 0.1 W ㉯ 10 W ㉰ 12 W ㉱ 14.4 W

해설 $P = I^2 R = \dfrac{V^2}{R} = \dfrac{120^2}{1200} = 12$ W

해답 8. ㉱ 9. ㉯ 10. ㉮ 11. ㉮ 12. ㉯ 13. ㉯ 14. ㉱ 15. ㉰

16. 태양전지 모듈의 전류-전압 특성곡선과 관계없는 것은?

　㉮ 개방전압

　㉯ 최대출력 동작전류

　㉰ 정격 투입전류

　㉱ 최대출력 동작전압

　해설 '정격 투입전류'는 차단기류, 주변기기류 등의 규격을 결정할 때 사용된다.

17. PN접합 다이오드의 순 바이어스란?

　㉮ P형 반도체에 +, N형 반도체에 −의 전압을 인가한다.

　㉯ P형 반도체에 −, N형 반도체에 +의 전압을 인가한다.

　㉰ 반도체의 종류에 관계없이 같은 극성의 전압을 인가한다.

　㉱ 인가전압의 극성과는 관계없다.

　해설 ① 순방향 전류 (Forward Bias) : 전원을 PN접합 다이오드의 P형 쪽에 +극을, N형 쪽에 −극을 연결할 때 순방향 전압 (Forward Voltage) 또는 순방향 바이어스(Forward Bias)가 걸렸다고 말한다. 이때 다이오드를 통하여 큰 전류, 즉 순방향 전류(Forward Current)가 흐른다. P영역의 Hole이 N영역으로, N영역의 전자가 P영역으로 활발히 흐름으로 인해 P영역에서 N영역으로 큰 전류가 흐르게 된다.

② 역방향 전류 (Reverse Bias) : PN접합 다이오드에 외부전압이 N형 쪽에 +, P형 쪽에 −가 되도록 가해질 때 역방향 전압 (Reverse Voltage) 또는 역방향 바이어스 Reverse (Bias)가 걸렸다고 말한다. 이때 다이오드를 통해 극히 미약한 전류, 즉 역포화전류 (Reverse Saturation Current)가 N영역에서 P영역으로 흐른다 (캐리어들이 각 극성에 달라붙어 공핍층이 넓어짐). 이 전류는 낮은 역방향 전압에서 쉽게 최대치에 도달하며 역방향 전압을 높여도 그 이상 더 커지지 않으므로 '역포화전류'라고 부른다.

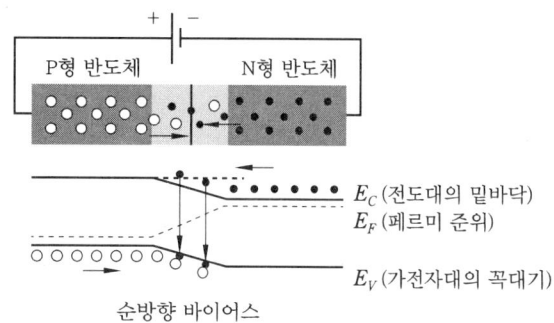

순방향 바이어스

E_C (전도대의 밑바닥)
E_F (페르미 준위)
E_V (가전자대의 꼭대기)

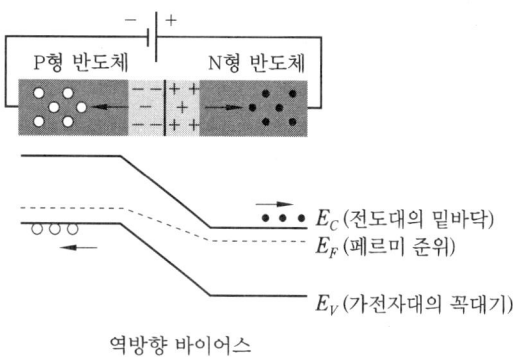

역방향 바이어스

E_C (전도대의 밑바닥)
E_F (페르미 준위)
E_V (가전자대의 꼭대기)

18. 서지보호장치(SPD)의 설명으로 옳지 않은 것은?

　㉮ SPD는 반도체형과 갭형이 있고, 기능 면으로 구별하면 억제형과 차단형으로 구분된다.

　㉯ SPD 소자로서 탄화규소, 산화아연 등이 있다.

　㉰ 통신용 및 전원용이 있다.

　㉱ 단락전류 차단기능이 있다.

19. 뇌서지 등에 의한 피해로부터 태양광발전 시스템을 보호하기 위한 대책으로 옳지 않은 것은?

　㉮ 피뢰소자를 어레이 주회로 내에 분산시켜 설치함과 동시에 접속함에도 설치한다.

　㉯ 뇌서지가 내부로 침입하지 못하도록 피뢰소자를 설비 인입구에서 먼 장소에 설치한다.

──────────────────────────

해답　16. ㉰　17. ㉮　18. ㉱　19. ㉯

때 뇌우의 발생지역에서는 교류전원 측에 내뢰 트랜스를 설치한다.

라 저압 배전선으로부터 침입하는 뇌서지에 대해서는 분전반에 피뢰소자를 설치한다.

해설 뇌서지가 내부로 침입하지 못하도록 피뢰소자를 설비 인입구에서 가까운 장소에 설치한다.

20. RL 직렬회로에 $V = 100\sin(120\pi t)$ [V]의 전원을 연결하여 $I = 2\sin(120\pi t - 45°)$ [A]의 전류가 흐르도록 하려면, 저항 R[Ω]은?

가 50

나 $\dfrac{50}{\sqrt{2}}$

다 $50\sqrt{2}$

라 100

해설 $I = 2\sin(120\pi t - 45°)$ [A]에서 전류가 전압보다 45° 늦음을 알 수 있으므로 (지상), 저항

$$Z = \frac{V}{I} = \frac{100\sin(120\pi t)}{2\sin(120\pi t - 45°)}$$
$$= 50(\cos 45° + j\sin 45°)$$
$$= \frac{50}{\sqrt{2}} + \frac{j50}{\sqrt{2}} \ (\text{허수부 ; 리액턴스})$$

따라서. 저항 R은 $\dfrac{50}{\sqrt{2}}$ 이다.

제2과목 : 태양광발전 시스템 시공

21. 태양전지 모듈 간 배선 시 단락전류를 충분히 견딜 수 있는 전선의 최소 굵기로 적당한 것은?

가 0.75 mm² 이상　나 2.5 mm² 이상

다 4.0 mm² 이상　라 6.0 mm² 이상

22. 접속함에서 인버터까지 배선의 전압강하율은 몇 % 이내로 권장하고 있는가?

가 1~2 %　나 3~4 %　다 4~5 %　라 6~7 %

23. 케이블의 방화구획 관통부 처리에서 불필요한 것은?

가 난연성　　　　나 내열성

다 내화구조　　　라 단열구조

해설 단열구조 : 단열구조는 보온과 관련되며, 화재 전파 방지와는 무관하다.

24. 태양전지 모듈의 배선 연결 후, 확인 점검 사항이 아닌 것은?

가 각 모듈의 극성 확인

나 전압 확인

다 플리커 확인

라 단락전류의 측정

해설 태양전지 모듈의 배선 연결 후, 확인 점검 사항에 플리커(깜박임) 확인은 해당되지 않는다.

25. 계약자가 단위 업무별 가중치와 월별 공정률을 표시하여 공사 착공 전에 발주처에 사전 검토 및 확인을 받아야 하는 것은?

가 투입인원 건강기록부

나 설계감리 확인서

다 시공 예정공정표

라 감리일지

26. 감리원은 하도급 계약통지서에 관한 적정성 여부를 검토하여 발주자에게 며칠 이내에 의견을 제출하는가?

가 7일 이내　　　나 10일 이내

다 15일 이내　　　라 30일 이내

27. 간선의 굵기를 산정하는 데 결정요소가 아닌 것은?

가 불평형 전류　　나 허용전류

다 전압강하　　　라 고조파

해설 간선의 굵기를 산정하는 데 결정요소 : 허용전류, 전압강하, 고조파, 기계적 강도 등

해답 20. 나　21. 나　22. 가　23. 라　24. 다　25. 다　26. 가　27. 가

28. 자가용전기설비의 검사를 받으려면 신청인은 안전공사에 검사희망일 며칠 전까지 사용 전 검사를 신청하여야 하는가?

㉮ 5일　㉯ 7일　㉰ 14일　㉱ 30일

29. 지붕에 설치하는 태양전지 모듈의 설치방법으로 옳지 않은 것은?

㉮ 시공, 유지보수 등의 작업을 하기 쉽도록 한다.

㉯ 온도 상승을 방지하기 위해 지붕과 모듈의 간격을 둔다.

㉰ 모듈 고정용 볼트, 너트 등은 상부에서 조일 수 있어야 한다.

㉱ 태양전지 모듈의 설치방법 중 세로깔기는 모듈의 긴 쪽이 상하가 되도록 설치한다.

[해설] 태양전지 모듈의 세로깔기는 모듈의 긴 쪽이 좌우가 되도록 설치하는 방법이며, 모듈의 긴 쪽이 상하가 되도록 설치하는 방법은 가로깔기이다.

30. 가교폴리에틸렌 케이블 단말처리를 위해 사용하는 절연테이프의 종류는?

㉮ 고무 절연테이프

㉯ 비닐 절연테이프

㉰ 자기융착 절연테이프

㉱ 폴리에틸렌 절연테이프

31. 태양전지 모듈과 인버터 간의 지중 배선 시 알맞은 방법은?

㉮ 중량물의 압력을 받을 우려가 있는 경우 1.0 m 이상, 일반장소는 0.5 m 이상 깊이로 매설한다.

㉯ 중량물의 압력을 받을 우려가 있는 경우 1.2 m 이상, 일반장소는 0.5 m 이상 깊이로 매설한다.

㉰ 중량물의 압력을 받을 우려가 있는 경우 1.0 m 이상, 일반장소는 0.6 m 이상 깊이로 매설한다.

㉱ 중량물의 압력을 받을 우려가 있는 경우 1.2 m 이상, 일반장소는 0.6 m 이상 깊이로 매설한다.

32. 태양광발전 시스템의 기획 및 설계 시 조사할 항목과 연결이 잘못된 것은?

㉮ 사전조사 – 각 지자체 조례 등

㉯ 환경조건의 조사 – 빛, 염해, 공해

㉰ 설치조건의 조사 – 설치장소, 재료의 반입경로

㉱ 설계조건의 검토 – 전기안전관리자 이력검토

[해설] 설계조건의 검토 – 부지 면적, 계통연계 가능 용량, 지질 및 지반의 상태 등

33. 태양전지 모듈 설치 시 감전방지책으로 옳은 것은?

㉮ 작업 시에는 일반 장갑을 착용한다.

㉯ 태양전지 모듈은 저압이기 때문에 공구는 반드시 절연처리될 필요가 없다.

㉰ 강우 시 발전이 없기 때문에 작업을 해도 무관하다.

㉱ 태양광 모듈을 수리할 경우 표면을 차광시트로 씌워야 한다.

34. 태양광발전소 등의 전력시설물 감리업무를 무엇이라 하는가?

㉮ 검측감리　　　㉯ 시공감리

㉰ 책임감리　　　㉱ 설계감리

[해설] 책임감리(원) : 감리업자를 대표하여 현장에 상주하면서 해당 공사 전반에 관하여 책임감리 등의 업무를 총괄하는 업무(사람)

35. 접지극의 물리적인 접지저항 저감방법이 아닌 것은?

㉮ 접지극의 직렬접속

㉯ 접지극의 치수 확대

㉰ 접지극을 깊이 매설

해답 28. ㉯　29. ㉱　30. ㉰　31. ㉱　32. ㉱　33. ㉱　34. ㉰　35. ㉮

라 MESH 공법

해설 접지극의 물리적인 접지저항 저감방법으로는 접지극의 병렬접속, 접지극의 치수 확대, 접지극을 깊이 매설, MESH 공법 등이 있다.

36. 역률을 개선하였을 경우 그 효과로 맞지 않는 것은?

㉮ 전력손실의 감소

㉯ 설비용량의 무효분 증가

㉰ 전압강하의 감소

㉱ 각종 기기의 수명 연장

해설 역률 개선의 효과 : 전력손실의 감소, 설비 용량의 여유분 증가, 전압강하의 감소, 기기의 수명 연장, 전기요금 절감 등

37. 태양광설비의 전기배선 기준으로 옳지 않은 것은?

㉮ 태양전지판의 접속 배선함 연결부위는 일체형 전용 커넥터를 사용한다.

㉯ 태양전지에서 옥내에 이르는 전선은 비닐절연전선 또는 TFR-CV선을 사용한다.

㉰ 태양전지판의 배선은 바람에 흔들림이 없도록 케이블타이 등으로 단단히 고정한다.

㉱ 태양전지판의 출력배선은 극성을 확인할 수 있도록 표시를 한다.

해설 태양전지에서 옥내에 이르는 전선 : 모듈 전용선, XLPE케이블, 직류용 전선, UV케이블 (옥외 사용 시) 등

38. 모듈에서 접속함 직류배선이 50 m이며, 모듈 어레이 전압이 600 V, 전류가 8 A일 때, 전압강하는 몇 V인가? (단, 전선의 단면적은 4.0 mm²이다.)

㉮ 1.56 V ㉯ 2.56 V ㉰ 3.56 V ㉱ 4.56 V

해설 전압강하 $e = \dfrac{35.6 \times 50 \times 8}{1000 \times 4} = 3.56$ V

39. 배전선로의 손실 경감과 관계없는 것은?

㉮ 승압

㉯ 다중 접지방식의 채용

㉰ 부하의 불평형 방지

㉱ 역률 개선

해설 배전선로의 손실 경감 대책 : 승압, 부하의 불평형 방지, 역률 개선, 고조파 저감대책 등

40. 태양광발전 시스템의 시공절차에 포함되지 않는 것은?

㉮ 어레이 기초공사

㉯ 전기배선공사

㉰ 태양광 어레이의 발전량 산출

㉱ 태양전지 모듈의 설치공사

해설 태양광 어레이의 발전량 산출 : 기획, 설계 혹은 유지관리 시의 업무

제3과목 : 태양광발전 시스템 운영

41. 준공 시 태양전지 어레이의 점검항목이 아닌 것은?

㉮ 프레임 파손 및 변형 유무

㉯ 가대 접지상태

㉰ 표면의 오염 및 파손상태

㉱ 전력량계 설치유무

42. 태양전지 모듈, 전선 및 개폐기 등의 유지관리 사항 중 틀린 것은?

㉮ 전선의 공칭단면적 2.0 mm² 이상의 연동선 또는 동등 이상의 세기 및 굵기인지 확인한다.

㉯ 전기적으로 완전한 접속과 동시에 접속점 장력이 가해지지 않도록 한다.

㉰ 충전 부분이 노출되었는지 확인한다.

㉱ 전로에 단락이 생긴 경우 전로를 보호하는 과전류 차단기 시설을 확인한다.

해설 전선의 공칭단면적 2.5 mm² 이상의 연동선 또는 동등 이상의 세기 및 굵기인지 확인한다.

43. 태양광발전 시스템의 단락전류 측정 시 가장 높게 측정되는 경우는?

㉮ 한여름 낮(태양전지 어레이 표면온도 70℃)

㉯ 한여름 아침(태양전지 어레이 표면온도 20℃)

㉰ 한겨울 낮(태양전지 어레이 표면온도 40℃)

㉱ 한겨울 아침(태양전지 어레이 표면온도 −10℃)

해설 태양광발전 시스템의 단락전류 : 태양전지 어레이의 표면온도에 비례

44. 운영계획 수립 시 주기와 점검내용이 맞지 않는 것은?

㉮ 일간점검 : 태양광모듈 주위의 그림자를 발생하는 물체 유무

㉯ 주간점검 : 태양광모듈의 표면에 불순물 유무

㉰ 월간점검 : 태양광모듈 외부의 변형 발생 유무

㉱ 연간점검 : 태양광모듈의 결선상 탈선 부분의 발생 유무

해설 • 태양광모듈의 결선상 탈선 부분의 발생 유무 : 태양광모듈 제조 시의 점검사항
• 나머지 항목 (㉮, ㉯, ㉰) : 일상점검 혹은 정기점검 항목으로 가능함

45. 태양전지 어레이의 절연저항 측정값으로 옳은 것은?

㉮ 400 V를 초과하는 경우 0.4 MΩ

㉯ 400 V 이하의 경우 0.1 MΩ 이하

㉰ 400 V 초과하는 경우 0.3 MΩ 이하

㉱ 대지전압 150 V 초과, 300 V 이하인 경우 0.1 MΩ 이하

46. 태양광발전소의 정기검사는 몇 년마다 받아야 하는가?

㉮ 2년 ㉯ 3년 ㉰ 4년 ㉱ 5년

해설 전기사업법 시행규칙 '별표10' 참조

47. 태양광모듈에 설치되어있는 바이패스 다이오드(Bypass Diode)의 역할과 거리가 먼 것은?

㉮ 그림자 효과가 발생할 때 쉽게 동작한다.

㉯ 내부의 직렬저항이 커질 때 작동한다.

㉰ 전지 내부의 병렬저항이 작아질 때 쉽게 작동한다.

㉱ 병렬 다이오드의 개수가 증가할수록 쉽게 작동한다.

해설 태양전지 셀에 음영, 기타 오염 등이 발생하여 셀의 저항이 높아지면 (직렬저항이 클 때, 병렬저항이 작을 때) 열점(Hot Spot)이 발생한다. 이런 문제점에 대비하여 바이패스 다이오드를 설치한다.

48. 다음 중 태양광 모듈의 유지관리 사항이 아닌 것은?

㉮ 모듈의 유리표면 청결 유지

㉯ 음영이 생기지 않도록 주변 정리

㉰ 케이블 극성 유의 및 방수 커넥터 사용 여부

㉱ 셀이 병렬로 연결되었는지 여부

49. 어레이(단자함) 및 접속함 점검내용이 아닌 것은?

㉮ 어레이 출력 확인

㉯ 절연저항 측정

㉰ 퓨즈 및 다이오드 손상 여부

㉱ 온도센서 동작 확인

50. 태양광 인버터 이상신호 해결 후 재기동시킬 때 인버터를 ON 한 후 몇 분 후에 재기동하여야 하는가?

㉮ 즉시 기동 ㉯ 1분 후

㉰ 3분 후 ㉱ 5분 후

해답 43. ㉮ 44. ㉱ 45. ㉮ 46. ㉰ 47. ㉱ 48. ㉱ 49. ㉱ 50. ㉱

51. 다음 중 파워컨디셔너의 일상점검 항목이 아닌 것은?

㉮ 외함의 부식 및 파손

㉯ 외부 배선의 손상여부

㉰ 이상음, 악취 및 과열 상태

㉱ 가대의 부식 및 오염 상태

해설 가대의 부식 및 오염 상태는 태양전지 어레이의 점검항목이다.

52. 태양광발전소 운전 시 모듈에서 Hot Spot 발생의 원인과 설명으로 가장 적절한 것은?

㉮ 전지의 직렬(Rs) 및 병렬(Rsh) 저항이 증가한다.

㉯ 전지의 직렬(Rs) 및 병렬(Rsh) 저항이 감소한다.

㉰ 전지의 직렬(Rs) 저항이 증가하고, 병렬(Rsh) 저항이 감소한다.

㉱ 전지의 직렬(Rs) 저항이 감소하고, 병렬(Rsh) 저항이 증가한다.

해설 '47번' 문제의 해설 참조

53. 태양광발전 시스템에 있어 운전 정지 후에 해야 하는 점검사항은?

㉮ 부하 전류 확인

㉯ 단자의 조임상태 확인

㉰ 계기류의 이상 유무 확인

㉱ 각 선간접압 확인

해설 ㉮, ㉰, ㉱ : 운전 중에 점검할 수 있는 항목이다.

54. 자가용 태양광발전설비의 사용 전 검사 내용이 아닌 것은?

㉮ 부하운전시험검사

㉯ 변압기 본체검사

㉰ 전력변환장치항목 검사

㉱ 종합연동시험검사

해설 변압기 본체검사 : 사업용 태양광설비의 사용 전 검사 5대항목(태양광전지 검사, 전력변환 장치 검사, 변압기 검사, 차단기 검사, 전선로 검사)에 속한다.

55. 태양광발전 시스템 장애나 실패 원인 중 가장 발생빈도가 높은 원인은?

㉮ 인버터 고장

㉯ 느슨한 결선

㉰ 스트링 퓨즈의 결함

㉱ 서지전압 보고기 결함

해설 인버터 고장 : 태양광발전 시스템의 고장요인의 가장 큰 부분이므로 정기적인 점검을 철저히 해야 함

56. 실리콘 단결정과 다결정 태양전지의 일반적인 설명 중 틀린 것은?

㉮ 고온 작동 시 다결정의 출력 감소가 크다.

㉯ 단결정의 직렬저항 성분이 작다.

㉰ 다결정 전지의 병렬성분이 작다.

㉱ Voc (open circuit voltage) 크기의 차는 작다.

해설 단결정은 온도가 높아지면 개방전압과 최대출력이 선형으로 감소하므로 단결정의 출력 감소가 다결정보다 더 크다.

57. 독립형 태양광발전 시스템의 주요 구성장치가 아닌 것은?

㉮ 태양광 (PV) 모듈

㉯ 충방전 제어기

㉰ 축전지 또는 축전지 뱅크

㉱ 배전시스템 및 송전설비

해설 배전시스템 및 송전설비 : 독립형 태양광발전 시스템의 구성장치가 아니라, 송배전설비이다.

58. 인버터 변환효율을 구하는 식은? (단, PAC는 교류 입력전력, PDC는 직류 입력전력이다.)

㉮ $\dfrac{PAC}{PDC}$　　　　㉯ $\dfrac{PDC}{PAC}$

해답 51. ㉱ 52. ㉰ 53. ㉯ 54. ㉯ 55. ㉮ 56. ㉮ 57. ㉱ 58. ㉮

$$\text{덴} \ \frac{PDC}{PAC+PDC} \qquad \text{덴} \ \frac{PAC}{PAC+PDC}$$

해설 인버터 변환효율은 '$\frac{PAC}{PDC}\times100\,\%$'으로 계산하며, 보통 부하 70 %에서 최고의 효율을 나타낸다.

59. 태양광발전 시스템에서는 좋은 신뢰성을 갖도록 인버터 용량을 크게 하고 있다. 인버터의 단위용량을 크게 할 때의 설명으로 틀린 것은?

㉮ 어레이 구성면적이 넓어진다.
㉯ 선로의 누설전류가 증가한다.
㉰ 정전용량이 감소한다.
㉱ 경제적이다.

해설 인버터의 단위용량을 크게 할 때 선로의 누설전류가 증가하므로 (대지)정전용량도 증가한다.

60. 태양광발전설비의 접속함 점검사항이 아닌 것은?

㉮ 역전류 방지 다이오드 이상 유무
㉯ 접속부의 볼트 조임상태 및 발열상태
㉰ 퓨즈 상태 확인
㉱ 조도계 센서 동작여부

제4과목 : 신재생에너지 관련법규

61. 교류에서 저압의 한계는 몇 V인가?

㉮ 380 ㉯ 440 ㉰ 600 ㉱ 750

해설 「전기사업법 시행규칙」 제2조 참조
① "고압"이란 직류에서는 750볼트를 초과하고 7천볼트 이하인 전압을 말하고, 교류에서는 600볼트를 초과하고 7천볼트 이하인 전압을 말한다.
② "특고압"이란 7천볼트를 초과하는 전압을 말한다.
③ "저압"이란 교류 600볼트, 직류 750볼트 이하를 말한다.

62. 저압 연접인입선의 시설 규정으로 틀린 것은?

㉮ 경간이 20 m인 곳에서 DV전선을 사용하였다.
㉯ 인입선에서 분기하는 점에서부터 100 m를 넘지 않았다.
㉰ 폭 4.5 m의 도로를 횡단하였다.
㉱ 옥내를 통과하지 않도록 했다.

해설 전기설비기술기준의 판단기준
① 제101조(저압 연접인입선의 시설) 저압 연접인입선은 제100조의 규정에 준하여 시설하는 이외에 다음 각 호에 따라 시설하여야 한다.
1. 인입선에서 분기하는 점으로부터 100 m를 초과하는 지역에 미치지 아니할 것
2. 폭 5 m을 초과하는 도로를 횡단하지 아니할 것
3. 옥내를 통과하지 아니할 것
② DV전선 : Poly Vinyl Chloride Insulated Drop Wire(인입용 비닐절연전선, KS C 3315)

63. 신·재생에너지의 기술개발 및 이용·보급을 촉진하기 위한 기본계획에 대한 설명으로 옳지 않은 것은?

㉮ 기본계획의 계획기간은 10년 이상으로 한다.
㉯ 총 에너지생산량 중 신·재생에너지가 차지하는 비율의 목표가 포함된다.
㉰ 신·재생에너지 분야 전문인력 양성계획이 포함된다.
㉱ 온실가스 배출 감소 목표가 포함된다.

해설 「신에너지 및 재생에너지 개발·이용·보급 촉진법」 제5조 참조
㉯는 '총 전력생산량 중 신·재생에너지 발전량이 차지하는 비율의 목표가 포함된다.'로 고쳐야 한다.

64. 태양전지 어레이의 출력전압이 400 V 미만인 경우 기계기구의 철대 및 금속제 외함에는 몇 종 접지공사를 하여야 하는가?

㉮ 제1종 접지공사

해답 59. ㉰ 60. ㉱ 61. ㉰ 62. ㉮ 63. ㉯ 64. ㉰

나 제2종 접지공사

다 제3종 접지공사

라 특별 제3종 접지공사

해설 「전기설비기술기준의 판단기준」〈표 33-1〉

기계기구의 구분	접지공사의 종류
400 V 미만인 저압용의 것	제3종 접지공사
400 V 이상의 저압용의 것	특별 제3종 접지공사
고압용 또는 특고압용의 것	제1종 접지공사

65. 빙설이 적고 인가가 일정한 도시에서 시설하는 고압 가공선로 설계에 사용하는 풍압하중은?

가 갑종 풍압하중

나 을종 풍압하중

다 병종 풍압하중

라 갑종 풍압하중과 을종 풍압하중을 각 설비에 따라 혼용

해설 '전기설비기술기준의 판단기준' 제62조 참조

④ 인가가 많이 연접되어있는 장소에 시설하는 가공전선로의 구성재 중 다음 각 호의 풍압하중에 대하여는 갑종 풍압하중 또는 을종 풍압하중 대신에 병종 풍압하중을 적용할 수 있다.

1. 저압 또는 고압 가공전선로의 지지물 또는 가섭선

2. 사용전압이 35 kV 이하의 전선에 특고압 절연전선 또는 케이블을 사용하는 특고압 가공전선로의 지지물, 가섭선 및 특고압 가공전선을 지지하는 애자장치 및 완금류

66. 신·재생에너지 공급인증서를 발급받으려는 자는 공급인증서 발급 및 거래시장 운영에 관한 규칙에 의거 신·재생에너지를 공급한 날부터 며칠 이내에 공급인증서 발급 신청을 하여야 하는가?

가 15일   나 30일   다 60일   라 90일

해설 「신에너지 및 재생에너지 개발·이용·보급 촉진

법」시행령

• 제18조의8(신·재생에너지 공급인증서의 발급 신청 등)

① 법 제12조의7 제2항에 따라 공급인증서를 발급받으려는 자는 법 제12조의9 제2항에 따른 공급인증서 발급 및 거래시장 운영에 관한 규칙에서 정하는 바에 따라 신·재생에너지를 공급한 날부터 90일 이내에 발급 신청을 하여야 한다.

② 제1항에 따라 발급 신청을 받은 공급인증기관은 발급 신청을 한 날부터 30일 이내에 공급인증서를 발급하여야 한다.

67. 200 kW 이하의 발전설비용량의 발전사업 허가를 받으려는 자는 누구에게 전기사업 허가신청서를 제출하여야 하는가?

가 안전행정부장관

나 대통령

다 산업통상자원부장관

라 해당 특별시장·광역시장·도지사

해설 3000 kW 이하의 발전설비용량의 발전사업허가를 받으려는 자 : 해당 특별시장·광역시장·도지사 또는 특별자치도지사 (이하 '시·도지사'라 한다)에게 허가신청서를 제출한다.

68. 발전사업자가 의무적으로 전압 및 주파수를 측정하여야 하는 횟수와 측정결과 보존기간은?

가 매월 1회 이상 측정하고 1년간 보존

나 매월 1회 이상 측정하고 3년간 보존

다 매년 1회 이상 측정하고 3년간 보존

라 매년 1회 이상 측정하고 1년간 보존

해설 전기사업법 시행규칙

• 제19조(전압 및 주파수의 측정) ① 법 제18조 제2항에 따라 전기사업자 및 한국전력거래소는 다음 각 목의 사항을 매년 1회 이상 측정하여야 하며 측정 결과를 3년간 보존하여야 한다.

1. 발전사업자 및 송전사업자의 경우에는 전압 및 주파수

2. 배전사업자 및 전기판매사업자의 경우에

해답   65. 다   66. 라   67. 라   68. 다

는 전압

　3. 한국전력거래소의 경우에는 주파수

69. 제1종 접지공사에 사용하는 접지선을 사람이 접촉할 우려가 있는 곳에 시설하는 경우 접지선은 최소 어느 부분까지 합성수지관 또는 이와 동등 이상의 절연효력 및 강도를 가지는 몰드로 덮게 되어있는가?

㉮ 지하 30 cm로부터 지표상 1.5 m까지의 부분

㉯ 지하 10 cm로부터 지표상 1.6 m까지의 부분

㉰ 지하 75 cm로부터 지표상 2.0 m까지의 부분

㉱ 지하 90 cm로부터 지표상 2.5 m까지의 부분

해설 「전기설비기술기준의 판단기준」 제19조 3항 참조
"4. 접지선의 지하 75 cm로부터 지표상 2 m까지의 부분은 「전기용품안전 관리법」의 적용을 받는 합성수지관(두께 2 mm 미만의 합성수지제 전선관 및 난연성이 없는 콤바인덕트관을 제외한다) 또는 이와 동등 이상의 절연효력 및 강도를 가지는 몰드로 덮을 것"

70. 「신에너지 및 재생에너지 개발·이용·보급 촉진법」에서 정의하고 있는 신재생에너지에 포함되지 않는 것은?

㉮ 수력　　　　㉯ 폐기물에너지
㉰ 원자력　　　㉱ 연료전지

71. 발전사업자 등에게 총 전력생산량의 일부를 의무적으로 신재생에너지로 공급하게 하는 제도에서 정하고 있는 2013년도 신재생에너지 의무공급량 비율은?

㉮ 2 %　　㉯ 2.5 %　　㉰ 3 %　　㉱ 3.5 %

72. 전력시장에서 전력을 직접 구매할 수 있는 전기사용자의 수전설비용량 기준은?

㉮ 10,000 kVA　　㉯ 20,000 kVA

㉰ 30,000 kVA　　㉱ 50,000 kVA

해설 전기사업법 시행령

• 제20조 (전력의 직접 구매) 법 제32조 단서에서 "대통령령으로 정하는 규모 이상의 전기사용자"란 수전설비(受電設備)의 용량이 3만킬로볼트암페어 이상인 전기사용자를 말한다.

73. 태양전자 모듈은 최대 사용 전압 몇 배의 직류전압을 충전 부분과 대지 사이에 연속하여 10분간 가하여 절연내력을 시험하였을 때 이에 견디어야 하는가?

㉮ 0.92　　㉯ 1　　㉰ 1.25　　㉱ 1.5

해설 태양전지 어레이 회로의 절연내력 측정
절연저항 측정회로와 같은 조건에서 표준태양전지 어레이 개방조건을 최대 사용 전압으로 간주하여 최대 사용 전압의 1.5배의 직류전압 혹은 1배의 교류전압(500 V 미만일 때는 500 V)을 10분간 인가하여 절연파괴 등의 이상이 발생하지 않는 것을 확인한다.

74. 저탄소 녹색성장기본법에서 정의하는 용어의 뜻이 잘못된 것은?

㉮ 저탄소 : 화석연료 의존도를 높이고 청정에너지의 사용 및 보급을 확대하여 온실가스를 최소한으로 줄이는 것

㉯ 녹색기술 : 온실가스 감축기술, 에너지 이용효율화 등 사회·경제활동의 전 과정에 걸쳐 에너지와 자원을 절약하고 효율적으로 사용하여 온실가스 및 오염물질의 배출을 최소화하는 기술

㉰ 녹색제품 : 에너지·자원의 투입과 온실가스 및 오염물질의 발생을 최소화하는 제품

㉱ 녹색경영 : 온실가스 배출 및 환경오염의 발생을 최소화하면서 사회적, 윤리적 책임을 다하는 경영

해설 저탄소 : 화석연료 의존도를 낮추고 청정에너지의 사용 및 보급을 확대하며 녹색기술 연

구 개발, 탄소흡수원 확충 등을 통하여 온실가스를 적정수준 이하로 줄이는 것

75. 전기공사기술자의 등급 및 경력 등에 관한 증명서를 발급하는 자는?

㉮ 산업통상자원부장관
㉯ 한국산업인력공단
㉰ 시·도지사
㉱ 전기공사협회

76. 다음 중 신·재생에너지 통계전문기관은?

㉮ 신·재생에너지협회
㉯ 신·재생에너지센터
㉰ 통계청
㉱ 한국에너지기술 연구원

해설 「신에너지 및 재생에너지 개발·이용·보급 촉진법」 시행규칙
제14조 (신·재생에너지 통계의 전문기관) 법 제25조 제2항에 따른 통계에 관한 업무를 수행하는 전문성이 있는 기관은 법 제31조 제1항에 따른 신·재생에너지센터(이하 "센터"라 한다)로 한다.

77. 전기사업의 허가를 신청하는 자가 사업계획서를 작성할 때 태양광설비의 개요로 기재하여야 할 내용이 아닌 것은?

㉮ 태양전지 및 인버터의 효율, 변환방식, 교류주파수
㉯ 태양전지의 종류, 정격용량, 정격전압 및 정격출력
㉰ 인버터의 종류, 입력전압, 출력전압 및 정격출력
㉱ 집광판(集光板)의 면적

78. 전기공사업법에 규정된 전기공사 기술자의 양성교육훈련의 교육시간은?

㉮ 20시간 ㉯ 30시간
㉰ 40시간 ㉱ 60시간

해설 전기공사기술자로 인정을 받으려는 사람 및 등급의 변경을 인정받으려는 전기공사 기술자는 기술능력 향상을 목적으로 20시간의 교육을 받아야 한다.

79. 대통령령으로 정하는 일정 규모 이상의 건축물은 산업통상자원부와 국토교통부가 공동부령으로 정하는 건축물로서 연면적 몇 제곱미터 이상의 건축물이 신·재생에너지 이용 인증대상 건축물인가?

㉮ 1천제곱미터 이상
㉯ 2천제곱미터 이상
㉰ 3천제곱미터 이상
㉱ 5천제곱미터 이상

80. 전기공사업 등록증 및 등록수첩을 발급하는 자는?

㉮ 대통령
㉯ 산업통상자원부장관
㉰ 시·도지사
㉱ 지정 공사업자 단체

해답 75. ㉮ 76. ㉯ 77. ㉮ 78. ㉮ 79. ㉮ 80. ㉰

 **2014년도 시행 문제**  Recent Test

---

□ **신재생에너지 발전설비 기사** ▶ **2014. 9. 20 시행**

제1과목 : 태양광발전 시스템 이론

1. 교류의 파형률이란?

㉮ 실효값÷평균값 ㉯ 평균값÷실효값

㉰ 실효값÷최댓값 ㉭ 최댓값÷실효값

[해설] ① 파형률 = $\dfrac{실효값}{평균값}$

- 실효값 : 직류와 교류를 같은 저항에 흘려 열 에너지를 구할 경우 일정주기 동안의 에너지가 서로 같아지는 교류값
- 평균값 : 교류파형의 면적을 주기로 나눈값으로 정의되며 정현파형은 한주기 동안의 평균값이 0이 되므로 반주기로 평균값을 산출하게 된다.

② 파고율 = $\dfrac{최댓값}{실효값}$

③ 왜형률 = $\dfrac{고조파의\ 실효값}{기본파의\ 실효값}$ →찌그러짐의 정도를 말한다.

2. 2500 W 인버터의 입력전압범위가 22~32 V 이고, 최대 출력에서 효율은 88 %이다. 최대 정격에서 인버터의 최대 입력전류는?

㉮ 129 A ㉯ 100 A

㉰ 89 A ㉭ 69 A

[해설] 최대 정격에서 인버터의 최대 입력전류는 전압이 가장 낮은 경우이다. 따라서, 인버터의 최대 입력전류 = 2500 W÷(22 V×0.88) = 129.1

3. 투명유리 위에 코팅된 투명전극과 그 위에 접착되어있는 나노입자로 구성된 태양전지는?

㉮ 단결정 실리콘 태양전지

㉯ 박막 태양전지

㉰ 염료감응형 태양전지

㉭ CIGS계 태양전지

[해설] TiO₂를 이용한 염료감응형 태양전지 : 표면(투명유리 위에 코팅된 투명전극, Working Electrode)에 염료 분자가 화학적으로 흡착된 n-형 나노입자 반도체(TiO₂를 주성분으로 하는 반도체 나노입자, Working Material)에 태양빛(가시광선)이 흡수되면 염료분자(태양광 흡수용 염료 고분자, Dye)는 전자-정공 쌍을 생성하며, 전자는 반도체 산화물의 전도띠로 주입된다. 반도체 산화물 전극으로 주입된 전자는 나노입자 간 계면을 통하여 전도성막(투명전극, Counter Electrode)으로 전달되어 전류를 발생시키게 된다.

4. 태양열발전 시스템에 대한 설명으로 잘못된 것은?

㉮ 홈통형은 공정열이나 화학반응을 위해 열을 제공한다.

㉯ 파라볼라 접시형은 집열기에서 태양열 에너지를 직접 변환시켜 열로 이용한다.

㉰ 진공관형은 집열관 내의 가열된 열매체가 파이프를 통해 열교환기로 수송되어 증기를 생산한다.

㉭ 파워 타워형의 집광비는 300~1500 sun 정도이며, 1500℃ 이상에서도 동작이 가능하다.

[해설] ① ㉰ : 진공관형은 집열관 내의 가열된 열매체를 이용하여 증기를 생산하는 것이 아니고, 온수를 생산한다.

② 집광비 : 집광형 채광기기에서 수광부와 집광부의 면적 비율, 단위 : sun (1sun hours/ day = 41.666 W/m²)

해답 1. ㉮ 2. ㉮ 3. ㉰ 4. ㉰

5. 태양광발전 설비가 개방된 곳에 설치되어 있다면 낙뢰로부터 보호하기 위해 설치하는 것은?

㉮ 피뢰침 ㉯ 역류방지장치
㉰ 바이패스장치 ㉱ 발광다이오드

6. 태양광발전 설계에서 AM = 1.5가 적용되는 경우 태양과 지표와의 각도는 약 몇 도(°)인가?

㉮ 90° ㉯ 60° ㉰ 42° ㉱ 30°

해설 대기질량 $AM = 1.5 = \dfrac{1}{\sin\theta}$

따라서, $\sin\theta = \dfrac{1}{1.5}$

$\theta = \sin{-1}\left(\dfrac{1}{1.5}\right) = 41.8$

7. 태양전지 모듈은 나뭇잎 등의 부착이나 앞면의 어레이 등으로 인해 그늘이 지면 거의 대부분 발전되지 않는다. 이때 태양전지 어레이나 스트링이 병렬회로로 구성되어있다고 하면, 태양전지 어레이의 스트링 사이에 출력전압의 불균형이 발생할 때 부하가 되는 것을 방지하기 위한 목적으로 사용되는 소자는?

㉮ 피뢰소자 ㉯ 바이패스 소자
㉰ 역류방지 소자 ㉱ 정류 다이오드

해설 ① 바이패스 다이오드 (Bypass Diode) : 낙엽, 그늘, 음영, 태양전지 자체의 결함, 기타 오염 등으로 인한 태양전지의 부분적인 열화 현상이 생기면, 그 태양전지 셀에는 다른 태양전지 셀에서 발생한 모든 전압이 인가되어 열점(Hot Spot)이 발생한다. 이런 문제점을 대비하여 태양전지 모듈 내의 약 18~20개마다 셀의 전류방향과 반대로 바이패스 다이오드를 설치한다.
② 역류방지 소자 (Blocking Diode) : 다수의 병렬회로로 구성된 어레이에서는 어떤 모듈이 고장인 경우 정상적인 모듈의 전류가 고장점으로 역류해서 집중하는 것을 방지하기 위하여 사용되며, 반드시 정격 순방향 전류, 역내전압, 최고 주위온도와 같은 파라미터를 고려하여 설계하여야 한다.

8. 태양광발전 시스템에서 추적제어 방식에 따른 분류가 아닌 것은?

㉮ 프로그램 추적법(Program Tracking)
㉯ 감지식 추적법(Sensor Tracking)
㉰ 양방향 추적법(Double Axis Tracking)
㉱ 혼합식 추적법(Mixed Tracking)

해설 추적방향에 따른 분류 : 단방향 추적식, 양방향 추적식

9. 태양전지의 전기적 특성에 대한 설명으로 틀린 것은?

㉮ 출력전압은 절대적으로 입사광 세기에 비례한다.
㉯ 최대 밝기의 1/5 정도 되는 흐린 날에도 전압이 나온다.
㉰ 태양전지의 전압출력은 온도에 따라 영향을 받는다.
㉱ 태양전지의 전류출력은 입사되는 빛의 세기에 비례한다.

해설 출력전압과 입사광 세기는 약한 반비례 관계 혹은 큰 영향이 없다고 표현되어야 옳다.

10. 태양전지 제조 과정 중 표면 조직화에 대한 설명으로 틀린 것은?

㉮ 표면 조직화는 표면 반사손실을 줄이거나 입사경로를 증가시킬 목적이다.
㉯ 표면 조직화는 광흡수율을 높여 단락전류를 높이기 위함이다.
㉰ 태양전지의 표면을 피라미드 또는 요철 구조로 형성화하는 방법이다.
㉱ 표면 조직화는 태양전지의 곡선인자 값을 향상시키게 된다.

해설 곡선인자 (Fill factor, FF)를 향상시키는 것은 파워컨디셔너의 제어장치가 담당하는 기능이다 (최대전력 추종제어).

11. BIPV (Building Integrated PV System)에 대한 설명으로 틀린 것은?

[가] 건축 재료와 발전기능을 동시에 발휘하는 방식이다.

[나] 경제적이며 에너지 효율성이 우수하다.

[다] 태양광발전 시스템 설계 시 건축가와 사전협의가 필요하다.

[라] 태양광모듈을 지붕·파사드·블라인드 등 건물외피에 적용하는 방식이다.

[해설] BIPV (Building Integrated PV System)는 건축 재료와 발전기능을 동시에 발휘할 수 있다는 큰 장점이 있지만, 태양전지 각도의 제한, 음영 발생 등으로 인하여 경제성 및 에너지 효율성이 떨어진다는 가장 큰 단점이 있다.

12. **전압계가 일반적으로 가지고 있어야 하는 특성은?**

[가] 높은 내부저항

[나] 낮은 외부저항

[다] 높은 감도

[라] 큰 전류를 잘 견딜 능력

[해설] 전압계의 일반적인 기본 특성을 묻는 문제이므로 '높은 내부저항'이 옳다.

13. **계통연계용 태양전지 시스템의 방재 대응형 축전지를 다음 조건에 의해 설치하려 한다. 설치용량으로 가장 적합한 것은?**

- 평균부하 용량 : 5 kW
- PCS 직류입력전압 : 200 V
- PCS 축전지 간 전압강하 : 2 V
- PCS 효율 : 95 %
- 보수율 : 0.8
- 용량환산시간 : 24.5

[가] 600 Ah [나] 700 Ah

[다] 800 Ah [라] 900 Ah

[해설] ① I(평균 방전전류, PCS 직류입력전류)

$$= \frac{1000P}{(Vi + Vd) \cdot Ef}$$

$$= \frac{1000 \times 5}{(200+2) \times 0.95} = 26.055 \text{ A}$$

② 축전지 용량

$$C = \frac{K \cdot I}{L} = \frac{24.5 \times 26.055}{0.8} = 797.94 \text{ Ah}$$

14. **태양광발전 시스템에서 지락 발생 시 누전차단기로 보호할 수 없는 경우가 발생하는 이유는?**

[가] 지락전류에 직류성분이 포함되어있기 때문에

[나] 태양전지에서 발생하는 지락전류의 크기가 매우 크기 때문에

[다] 인버터의 축력이 직접 계통에 접속되기 때문에

[라] 태양전지와 계통 측이 절연되어있지 않기 때문에

[해설] 태양광발전 시스템에서 지락 발생 시 지락전류에 직류성분이 포함되어있기 때문에 누전차단기로 보호할 수 없으며, 보통 비접지로 시공함을 원칙으로 한다.

15. **독립형 태양광발전 시스템은 매일 충·방전을 반복해야 한다. 이 경우 축전지의 수명(충·방전 Cycle)에 직접적으로 영향을 미치는 것은?**

[가] 용량환산계수 [나] 보수율

[다] 평균 방전전류 [라] 방전심도

[해설] 방전심도는 잔존용량의 반대 개념 : 방전심도를 30~40 % 정도로 낮게 설정하면 축전지 수명이 길어지고, 방전심도를 70~80 % 이상으로 설정하면 축전지 이용률은 높아지는 대신 그만큼 축전지의 수명이 단축된다.

16. **태양광전지 모듈의 출력특성을 평가할 경우, 표준시험기준에 해당하지 않는 것은?**

[가] 모듈표면온도 : 25℃

[나] 모듈표면압력 : 1기압

[다] 분광분포 : AM1.5

[라] 방사조도 : 1000 W/m^2

[해설] 압력 혹은 대기압 조건은 모듈의 표준시험기준과 무관하다.

[해답] 12. [가] 13. [다] 14. [가] 15. [라] 16. [나]

17. 태양전지 제조 가격을 줄이기 위해 실리콘 웨이퍼의 두께를 줄이게 되면 개방전압 (Voc)이 감소하여 효율저하가 발생한다. 이를 방지하기 위한 대책으로 옳은 것은?

㉮ 선택적 도핑

㉯ 표면 패시베이션 (Passivation)

㉰ 표면 고반사막

㉱ 저저항 메탈 전극

[해설] 표면 패시베이션 (Passivation) : 광전효과로 생성된 소수 캐리어의 재결합을 줄임으로써 효율을 높이는 방법으로, 단락전류와 개방전압을 동시에 높일 수 있기 때문에 태양전지 고효율화에 아주 중요한 기술이라고 할 수 있다.

18. 피뢰기가 구비해야 할 조건으로 잘못 설명된 것은?

㉮ 속류의 차단능력이 충분할 것

㉯ 상용주파 방전 개시 전압이 높을 것

㉰ 충격 방전 개시 전압이 낮을 것

㉱ 방전내량이 작으면서 제한전압이 높을 것

[해설] 피뢰기는 방전내량이 커야 한다.

19. 어떤 모듈의 특성치가 다음 표와 같다. 이 모듈의 광변환 효율은 약 몇 %인가?

- Voc : 45.10 V
- Isc : 8.57 A
- $Vmpp$: 35.70 V
- $Impp$: 8.27 A
- Dimensions : 1956×992×40 mm

㉮ 15.2　㉯ 14.9　㉰ 14.6　㉱ 14.3

[해설] 모듈변환효율

$$= \frac{모듈출력(W)}{모듈면적(m^2) \times 1{,}000(W/m^2)} \times 100 \%$$

$$= \frac{Vmpp \times Impp}{모듈면적(m^2) \times 1{,}000(W/m^2)} \times 100 \%$$

$$= 35.70 \times 8.27 \div (1.956 \times 0.992 \times 1000) \times 100 \%$$

$$= 15.2 \%$$

20. 인버터의 직류 동작전압을 일정 시간 간격으로 약간 변동시켜 그때의 태양전지 출력전력을 계측하여 사전에 발생한 부분과 비교하게 되고 항상 전력이 크게 되는 방향으로 인버터의 직류전압을 변화시키는 기능은?

㉮ 자동운전 정지제어기능

㉯ 직류 검출제어기능

㉰ 최대전력 추종제어기능

㉱ 자동전압 조정기능

제2과목 : 태양광발전 시스템 설계

21. 태양전지 어레이 설계 시의 고려사항 중 발전설비용량 결정의 기술적 측면으로 옳지 않은 것은?

㉮ 사업부지의 면적

㉯ 어레이의 직렬 모듈 수 및 구성방식

㉰ 어레이별 이격거리

㉱ 전기안전관리자 상주 여부

22. 태양광발전 시스템 부지 선정 시 일반적 고려사항으로 틀린 것은?

㉮ 일사량이 좋은 지역이고 동향인지 확인

㉯ 부지의 가격은 저렴한 곳인지 확인

㉰ 바람이 잘 들 수 있는 부지인지 확인

㉱ 토사, 암반의 지내력 등 지반지질 상태 확인

[해설] ㉮는 '일사량이 좋은 지역이고 남향인지 확인'으로 고쳐야 옳다.

23. 태양전지 셀과 태양광 모듈에 관한 변환 효율의 관계를 옳게 나타낸 것은?

- ηc : 태양전지 셀의 효율
- ηm : 태양전지 모듈의 효율
- ηa : 태양전지 어레이의 효율

㉮ $\eta a > \eta m > \eta c$　　㉯ $\eta m > \eta c > \eta a$

㉰ $\eta c > \eta a > \eta m$　　㉱ $\eta c > \eta m > \eta a$

해설 태양전지 셀(cell)만의 효율이 가장 큰 값이 되며, 사이즈가 커질수록 손실 및 최적화 문제로 다소 감소한다.

24. 독립형 EES용 축전지의 설계 시 1일 적산 부하전력량이 2.4 kWh, 부조일수 10일, 보수율 0.8, 방전심도 65 %, 축전지 개수가 48개일 때 축전지의 용량(Ah)은? (단, 축전지 전압은 2 V이다.)

> ㉮ 281 Ah   ㉯ 381 Ah
>
> ㉰ 481 Ah   ㉱ 581 Ah

해설 ① 계산공식

독립형 전원시스템용 축전지이므로,

$$C = \frac{Ld \times Dr \times 1000}{L \times Vb \times N \times DOD} \text{ (Ah)}$$

여기서, Ld : 1일 적산 부하전력량(kWh)

        Dr : 불일조 일수

        L : 보수율

        Vb : 공칭 축전지 전압 (V)

        N : 축전기 개수

        DOD : 방전심도 (일조가 없는 날의 마지막 날을 기준으로 결정)

② 상기 식으로부터

$$C = \frac{2.4 \times 10 \times 1000}{(0.8 \times 2 \times 48 \times 0.65)}$$
$$= 480.77 \text{ Ah}$$

25. 단독운전 방지기능에 대한 설명으로 틀린 것은?

> ㉮ 비동기에 의한 고장이 발생하지 않도록 한다.
>
> ㉯ 일부 구간의 부하에만 전력을 공급하는 단독운전 상태검출기능이다.
>
> ㉰ 계통의 정상운전, 설비운전, 공공 인축 안정 등에 영향을 미치지 않도록 한다.
>
> ㉱ 최대 0.5초 이내의 순간에 태양광발전 설비를 분리시킨다.

해설 단독운전 방지기능은 계통의 정전 시 이를 검출하여 발전설비를 분리시키는 기능이며, '비동기에 의한 고장'과는 무관하다.

26. 1000 kW 태양광발전 시스템의 직·병렬 구성으로 가장 적합한 것은? (단, 인버터의 MPPT는 450~820 V이며, 기타 조건은 표준상태이다.)

• $Pmpp$: 250 W	• $Vmpp$: 30.8 V
• $Impp$: 8.13 A	• Voc : 38.3 V
• Isc : 8.62 A	

> ㉮ 18직렬 200병렬   ㉯ 20직렬 211병렬
>
> ㉰ 20직렬 200병렬   ㉱ 18직렬 240병렬

해설 ① 모듈의 최적 직렬 수 계산 방법(표준상태로 가정)

  ㉮ 최대 직렬 수 = PCS 입력전압 변동범위의 최고값 (최대입력전압)/표준상태(25℃)에서의 Voc $= \frac{820}{38.3} = 21.4$ 이하 → 21매

  ㉯ 최저 직렬 수

$$= \frac{PCS \text{ 입력전압 변동범위의 최저값}}{\text{표준 상태의 } Vmpp}$$
$$= \frac{450}{30.8} = 14.6 \text{ 이상} \rightarrow 15\text{매}$$

  ㉰ 직렬 매수 : 15~21장

② 모듈 최대 매수 계산

$$\text{모듈 최대 매수} = \frac{1000\text{kW}}{250\text{W}} = 400\text{매}$$

③ 최적 직·병렬 구성

  ㉮ 직렬 21매일 경우 : 병렬 수

$$= \frac{4000}{21} = 190.48 \rightarrow 190\text{개}$$

  ㉯ 직렬 20매일 경우 : 병렬 수

$$= \frac{4000}{20} = 200 \rightarrow 200\text{개} \rightarrow \text{소수점 없는 것}$$

이 최적 선정임

  ㉰ 직렬 18매일 경우 : 병렬 수

$$= \frac{4000}{18} = 222.22 \rightarrow 222\text{개}$$

27. 분산형 전원 계통연계 기술기준에서 전력품질에 들어가지 않는 항목은?

> ㉮ 전압 관리   ㉯ 주파수 관리
>
> ㉰ 역률 관리   ㉱ 발전량 관리

해설 분산형 전원 계통연계 기술기준에서 전력품질 : 전압, 주파수, 역률 등

해답 **24.** ㉰   **25.** ㉮   **26.** ㉰   **27.** ㉱

28. 태양광발전 시스템 어레이 기초시설 중 내력벽 또는 조적벽을 지지하는 기초로 벽체 양 옆에 캔틸레버 작용으로 하중을 분산시키는 기초는?

㉮ 독립기초 ㉯ 연속기초

㉰ 온통기초 ㉱ 파일기초

29. 신재생에너지 계통연계 요건으로 저압 배전선로 연계 시 전압변동률 유지기준으로 옳은 것은?

㉮ 상시 2 %, 순시 2 % 이하

㉯ 상시 2 %, 순시 3 % 이하

㉰ 상시 3 %, 순시 4 % 이하

㉱ 상시 3 %, 순시 5 % 이하

[해설] 저압 일반선로에서 분산형 전원의 상시 전압변동률은 3 %(순시 4 %)를 초과하지 않아야 한다(단, 계통병입 시 돌입전류를 필요로 하는 발전원에 대해서 계통 병입에 의한 순시 전압변동률이 6 %를 초과하지 않아야 한다).

30. 전력 계통이 없는 섬, 기타 도서지역에 많이 사용하는 태양광발전소 종류의 형식은?

㉮ 계통연계형 ㉯ 연산형

㉰ 독립형 ㉱ 추적형

[해설] 전력 계통이 없는 섬, 기타 도서지역에 많이 사용하는 태양광발전소는 주로 독립형으로 설치되며, 보통 축전지를 부착한 형태로 실치된다.

31. 단독운전 방지기능이 없는 10 kW 태양광발전 시스템이 380 V, 60 Hz의 계통전원에 연결되어 운전될 경우, 태양광발전 시스템의 출력이 10 kW, 부하가 유효전력 10 kW, 지상무효전력이 +9.5 kVar, 진상무효전력이 −10 kVar일 때 단독운전이 일어날 경우 예상되는 주파수 값은?

㉮ 60.0 Hz ㉯ 61.38 Hz

㉰ 58.48 Hz ㉱ 59.32 Hz

[해설] 주파수 특성

① 발전기 출력의 주파수 특성

$$k_G = \frac{\Delta P}{fn} = \frac{10}{60} = 0.166667 \text{ VA/Hz}$$

② 부하의 주파수 특성

$$k_L = \frac{\Delta P}{fn} = \frac{\sqrt{(10^2 + (-0.5)^2}}{60}$$

$$= 0.166875 \text{ VA/Hz}$$

③ $k_T = k_G + k_L = 0.333542 \text{ VA/Hz}$

④ 부하와 출력의 차이

$$\Delta P = (10 - j0.5) - 10 = -j0.5$$

⑤ 주파수 변동량

$$\Delta f = \frac{\Delta P}{k_G + k_L} = \frac{-0.5}{0.333542}$$

$$= -1.49906$$

∴ 예상되는 주파수 값

$$= 60 - 1.49906 = 약 58.5 \text{ Hz}$$

32. 태양광발전 설비용량과 부하에서 소비하는 전력량의 관계를 올바르게 나타낸 것은?

- P_{AS} : 표준상태에서의 태양광 어레이의 출력(kW)
- H_A : 태양광 어레이면 일사량 (kW/m² · 기간)
- G_S : 표준상태에서의 일사강도 (kW/m²)
- E_L : 부하소비전력량 (kWh/기간)
- D : 부하의 태양광발전 시스템에 대한 의존율
- R : 설계여유계수
- K : 종합설계계수

㉮ $P_{AS} = \dfrac{E_L \times G_S \times R}{\dfrac{H_A}{D} \times K}$

㉯ $P_{AS} = \dfrac{E_L \times D \times R}{\dfrac{H_A}{G_S} \times K}$

㉰ $P_{AS} = \dfrac{E_L \times G_S \times R \times K}{\dfrac{H_A}{D}}$

[해답] 28. ㉯ 29. ㉰ 30. ㉰ 31. ㉰ 32. ㉯

라 $P_{AS}=\dfrac{D\times R\times K}{\dfrac{H_A}{E_L}\times G_S}$

해설 • R(설계여유계수) : 설계치와 실제 값과의 차이의 위험에 대한 보정값 (>1.0)
• K(종합설계계수) : 태양전지 모듈 출력의 불균형 보정, 회로손실, 기기에 의한 손실 등을 포함 (<1.0)

33. 설계도서의 종류에 포함되지 않는 것은?

가 설계도면

나 표준 및 특기시방서

다 내역서

라 제품 소개서

해설 "설계도서"라 함은 건축물의 건축 등에 관한 공사용의 도면과 구조계산서 및 시방서 기타 다음 각 호의 서류를 말한다.
① 건축설비계산 관계서류
② 토질 및 지질 관계서류
③ 기타 공사에 필요한 서류

34. 태양전지 모듈의 배선 설계 시 확인해야 하는 사항으로 틀린 것은?

가 주파수 확인   나 비접지 확인

다 전압극성 확인   라 단락전류 확인

해설 태양전지 모듈의 배선은 직류 계통이므로 주파수는 확인할 필요가 없다.

35. 태양광발전 모니터링 시스템의 주요 기능이 아닌 것은?

가 무인으로 태양광발전소 운전 현황을 실시간으로 확인할 수 있다.

나 발전 현황을 모니터링 화면이나 모바일 기기에서도 실시간으로 확인할 수 있다.

다 기상관측 장치의 데이터를 수집하여 발전소의 기상 현황을 확인할 수 있다.

라 모듈 직렬회로에서 음영에 의한 손실량 기록을 확인할 수 있다.

해설 모듈 직렬회로에서 음영에 의한 손실량 기록 :

각 스트링별로 별도 측정 필요

36. 태양광발전 시스템 구조물의 지진하중 산출식 '$K=C_L\times G$'에서, G는 무엇을 의미하는가?

가 풍압하중   나 고정하중

다 유동하중   라 적설하중

해설 지진하중 $K=C_L\times G$에서,
• C_L : 지지층 전단력 계수
• G : 고정하중 (N)

37. 시방서의 역할 및 명기사항이 아닌 것은?

가 주요 기자재에 대한 규격, 수량 및 납기일을 기재한다.

나 시공상에 필요한 품질 및 안전관리 계획, 시공상에서 특별히 주의해야 할 특기 사항들을 포함한다.

다 시공상에 필요한 기술기준을 규정하는 것으로 계약서류에 포함되는 설계도서의 일부로 법적인 구속력을 갖는다.

라 설계도면에 표시하지 못한 상세 내용, 즉 공정별 적용되는 국내외 표준기준, 시공방법, 허용오차 등의 기술적 내용을 기재한다.

해설 주요 기자재에 대한 수량 및 납기일 등은 시방서에 포함할 내용이 아니다.

38. 태양광발전 시스템의 DC케이블의 굵기 산정을 위한 DC전원케이블에 흐르는 허용전류는 태양전지 어레이 단락전류의 몇 배를 곱하여 산출하는가?

가 1.15배 나 1.25배 다 1.35배 라 1.50배

39. 태양광발전 시스템의 기초설계 단계에서 설계자의 업무가 아닌 것은?

가 토목설계   나 구조물설계

다 전기설계   라 자금조달

해설 '자금조달'은 설계자의 업무라고 할 수 없다.

해답 33. 라 34. 가 35. 라 36. 나 37. 가 38. 나 39. 라

40. 3000kW를 초과하는 태양광발전 사업 허가절차를 올바르게 나타낸 것은?

> ㉠ 발전사업 신청서 접수
> ㉡ 전기사업 허가증 발급
> ㉢ 발전사업 신청서 작성
> ㉣ 신청자에 통지
> ㉤ 전기위원회 심의
> ㉥ 전기안전공사 심의
> ㉦ 태양광발전 산업협회 심의

㉮ ㉢→㉠→㉤→㉡→㉣

㉯ ㉠→㉢→㉥→㉡→㉣

㉰ ㉢→㉠→㉡→㉦→㉣

㉱ ㉡→㉠→㉦→㉡→㉣

제3과목 : 태양광발전 시스템 시공

41. 직류전원을 이용한 분산형 전원에서 인버터로부터 직류가 교류계통으로 유입되는 것을 방지하기 위하여 설치하는 것은?

㉮ 직류 차단장치

㉯ 리액터

㉰ 상용주파 변압기

㉱ 고조파 변압기

[해설] 인버터의 상용주파 절연방식의 특징
① 태양전지 직류출력을 상용주파의 교류로 변환한 후 변압기로 절연한다.
② 제어부가 가장 간단하여 안정성이 우수하다.
③ 내뢰성 및 노이즈 커트 특성이 우수하다.
④ 변압기 때문에 효율이 떨어지고 부피와 무게가 커진다.
⑤ 3상 10 kW 이상에 주로 적용한다 (주로 복권변압기 적용 방식이다).
⑥ 직류가 교류계통으로 유입되는 것을 방지하기 용이하다.

42. 직접 접지계통의 특징이 아닌 것은?

㉮ 지락전류가 크다.

㉯ 과도안정도가 좋다.

㉰ 이상전압을 억제한다.

㉱ 유도장해가 크다.

[해설] 직접 접지계통은 지락전류가 커서 과도안정도가 좋지 못하고 유도장해가 크다.

43. 태양광발전 설비의 준공검사 후 현장문서 인수인계 사항이 아닌 것은?

㉮ 준공 사진첩

㉯ 품질시험 및 검사성과 총괄표

㉰ 시설물 인수인계서

㉱ 공사계획서

[해설] 공사계획서는 공사 준공단계가 아니라, 공사 착수단계에 챙기는 서류이다.

44. 최대수용전력이 1000 kVA이고, 설비용량은 전등부하 500 kW, 동력부하 700 kVA이다. 이때 수용률은?

㉮ 83.3 % ㉯ 86.6 % ㉰ 88.3 % ㉱ 90.6 %

[해설] 수용률 = (최대수용전력÷설비용량)×100 %
= 1000 kVA÷(500 kW+700 kVA)×100 %
= 83.33 %

45. 다음 (   ) 안의 내용으로 알맞은 것은?

> 태양광 모듈의 배열 및 결선방법은 출력전압과 설치장소 등이 다르기 때문에 (   )를 이용하여 시공 전과 시공완료 후에 확인하는 것이 좋다.

㉮ 체크리스트   ㉯ 부품 사양서

㉰ 단선 결선도   ㉱ 고정식 계통도

[해설] 시공 전·후 '체크리스트'를 이용하여 꼼꼼히 체크하고, 잘못된 부문이나 필요 시 배열 및 결선 등을 조정한다.

46. 자가용전기설비 사용 전 검사 전후 신청인 및 전기안전관리자 등 검사 입회자에게 회의를 통해 설명하고 확인시켜야 할 사항이 아닌 것은?

㉮ 검사의 목적과 내용

㉯ 검사의 절차 및 방법

㉰ 준공표지판 설치

㉱ 검사에 필요한 안전자료 검토 및 확인

해설 자가용 전기설비 사용 전 검사 전후 입회자에게 설명해야 할 사항 관련하여 '안전자료'는 주요 설명 · 확인 필요사항이 아니다.

47. 저압 배전선로의 역조류로 계통이 개방되어 단독운전 상태가 된 경우의 검출방식이 아닌 것은?

㉮ 과전압 계전기

㉯ 과전류 계전기

㉰ 부족전압 계전기

㉱ 주파수 저하 계전기

해설 '과전류 계전기'는 이상전류에 대한 차단기능을 하는 것으로 단독운전 여부와는 관련이 없다.

48. 태양광발전 시스템 시공절차에 대한 순서로 올바른 것은?

㉮ 현장여건 분석 → 시스템 설계 → 구성요소 제작 → 기초공사 → 구조물 설치 → 간선공사 → 모듈 설치 → 인버터 설치 → 시운전 → 운전 개시

㉯ 현장여건 분석 → 시스템 설계 → 기초공사 → 구성요소 제작 → 구조물 설치 → 간선공사 → 모듈 설치 → 인버터 설치 → 시운전 → 운전 개시

㉰ 현장여건 분석 → 시스템 설계 → 구성요소 제작 → 기초공사 → 구조물 설치 → 모듈 설치 → 간선공사 → 인버터 설치 → 시운전 → 운전 개시

㉱ 현장여건 분석 → 시스템 설계 → 구성요소 제작 → 기초공사 → 구조물 설치 → 모듈 설치 → 인버터 설치 → 간선공사 → 시운전 → 운전 개시

해설 태양광발전 시스템 시공절차

① 구조물 설치 및 모듈부터 설치하여야 비

로소 간선공사가 가능해진다.

② 간선공사기 끝나야 인버터 설치 및 시운전이 가능해진다.

49. 설계 감리원의 설계도면 적정성 검토 사항이 틀린 것은?

㉮ 설계결과물(도면)이 입력자료와 비교해서 합리적으로 표시되었는지 여부

㉯ 도면상에 작업장 방위각이 표시되었는지 확인 여부

㉰ 설계 입력자료가 도면에 맞게 표시되었는지 여부

㉱ 도면이 적정하게, 해석 가능하게, 실시 가능하며 지속성 있게 표현되었는지 여부

해설 만약 도면상에 작업장 방위각이 표시되지 않았다면, 지면상 아래쪽을 남쪽으로 보면 된다.

50. 수용설비와 부하와의 관계를 나타내는 수용률, 부등률, 부하율 및 전일 효율에 대한 설명이다. 틀린 것은?

㉮ 수용률은 수용가의 최대 수요 전력과 그 수용가가 설치하고 있는 설비 용량의 합계와의 비를 말한다.

㉯ 부등률은 최대 전력의 발생 시각 또는 발생 시기의 분산을 나타내는 지표를 말한다.

㉰ 부하율은 어느 일정 기간 중 평균 수요 전력과 최대 수요 전력과의 비를 나타낸 것으로 부하율이 낮을수록 설비가 효율적으로 사용된다고 할 수 있다.

㉱ 전일 효율은 하루 동안의 에너지 효율로서 24시간 중의 출력에 상당한 전력량을 그 전력량과 그날의 손실 전력량의 합으로 나눈 것을 말한다.

해설 ① 부하율이 높을수록 설비가 효율적으로 사용된다고 할 수 있다.

② 전력사용 지표

해답 47. ㉯ 48. ㉰ 49. ㉯ 50. ㉰

㉮ 부하율 = $\dfrac{\text{평균 수용 전력}}{\text{최대 수용 전력}} \times 100\%$

㉯ 수용률 = $\dfrac{\text{최대 수용 전력}}{\text{설비 용량}} \times 100\%$

㉰ 부등률

= $\dfrac{\text{부하 각각의 최대 수용 전력의 합}}{\text{합성 최대 수용 전력}}$

㉱ 설비 이용률

= $\dfrac{\text{평균 발전 또는 수전 전력}}{\text{발전소 또는 변전소의 설비 용량}} \times 100\%$

㉲ 전일 효율

= $\dfrac{\text{1일 중의 공급 전력량}}{\text{1일 중의 공급 전력량 + 손실 전력량}} \times 100\%$

51. 태양전지 모듈 공사 시 금속부재 절단 작업에 필요한 장비가 아닌 것은?

㉮ 보호안경   ㉯ 방진마스크
㉰ 헬멧   ㉱ 절연장갑

해설 절연장갑은 금속부재 절단 작업이 아니고, 전기작업 시 사용하는 장비이다.

52. 피뢰시스템 중 뇌격전류를 안전하게 대지로 전송하는 시스템은?

㉮ 수뢰 시스템   ㉯ 인하도선 시스템
㉰ 접지 시스템   ㉱ 감시 시스템

53. 가공 송전선에 댐퍼를 설치하는 이유는?

㉮ 코로나 방지
㉯ 현수애자 경사 방지
㉰ 잔자유도 감소
㉱ 전선 진동 방지

54. 태양광발전 시스템을 계통에 연계할 때 동기화를 고려하지 않아도 되는 것은?

㉮ 주파수차   ㉯ 전압차
㉰ 위상차   ㉱ 전류차

해설 전류는 계통연계 시 동기화와는 무관하며, 전선의 굵기 및 변압기 용량 선정 등의 경우에만 고려한다.

55. 분산형 전원을 배전계통 연계 시 승압용

변압기의 1차 결선방식으로 옳은 것은? (단, 인버터는 3상이며, 절연변압기를 사용하는 조건이다.)

㉮ Y결선
㉯ △ 결선
㉰ V결선
㉱ 스코트 (scot) 결선

56. 접지저항을 감소시키는 접지저항 저감제가 갖추어야 할 조건이 아닌 것은?

㉮ 사람과 가축에 안전할 것
㉯ 전기적으로 양호한 부도체일 것
㉰ 접지전극을 부식시키지 않을 것
㉱ 경제적일 것

해설 접지저항 저감제는 전기적으로 양호한 '도체'이어야 한다.

57. 태양광설비 시공기준 중 태양전지판에 관한 설명으로 틀린 것은?

㉮ 태양광 모듈 설치열이 2열 이상일 경우 앞쪽 열의 음영이 뒤쪽 열에 미치지 않도록 설치하여야 한다.
㉯ 설치용량은 사업계획서상의 설계용량 이상이어야 하며, 설계용량의 103%를 초과하지 않아야 한다.
㉰ 장애물로 인한 음영에도 불구하고 일사시간은 1일 5시간 [춘분 (3~5월), 추분 (9~11월) 기준] 이상이어야 한다.
㉱ 전기선, 피뢰침, 안테나 등의 경미한 음영도 장애물로 취급한다.

해설 전기선, 피뢰침, 안테나 등의 경미한 음영은 장애물로 취급하지 않는다.

58. 어레이 용량은 3~5 kW이며, 경사각은 0°로 고정되어 태양이 움직이는 시간에 따라 동서로 추적하는 모듈 설비방식은?

㉮ 고정형   ㉯ 경사 가변형

해답 51. ㉱   52. ㉯   53. ㉱   54. ㉱   55. ㉮   56. ㉯   57. ㉱   58. ㉰

[다] 단축 추적형　　[라] 양축 추적형

[해설] 태양광 어레이의 분류
① 설치방식에 따른 분류
㉮ 고정형 어레이
㉯ 경사 가변형 어레이
㉰ 추적식 어레이
㉱ BIPV (건물통합형)
② 추적방식에 따른 분류
㉮ 감지식 추적법
㉯ 프로그램식 추적법
㉰ 혼합 추적식
③ 추적방향에 따른 분류
㉮ 단방향 (단축) 추적형
㉯ 양방향 (양축) 추적형

59. 다음은 절연저항의 측정 시 전로전압에 대한 절연 저항값이다. (　) 안에 알맞은 내용으로 옳은 것은?

전로의 사용전압 구분	절연저항치[MΩ]
대지전압이 150 V 이하인 경우	0.1 이상
대지전압이 150 V 초과 300 V 이하인 경우	0.2 이상
사용전압이 300 V 초과 (　) V 미만의 경우	0.3 이상
사용전압이 (　) V 이상	0.4 이상

[가] 380　　[나] 400
[다] 440　　[라] 600

60. 접지공사에서 접지선의 굵기가 공칭단면적 16 mm^2 이상의 연동선(고압전로 또는 특고압 가공전로의 전로와 저압 전로를 변압기에 의하여 결합하는 경우 공칭단면적 6 mm^2 이상의 연동선)을 사용하여야 하는 접지공사의 종류는?

[가] 제1종 접지공사
[나] 제2종 접지공사
[다] 제3종 접지공사
[라] 특별 제3종 접지공사

제4과목 : 태양광발전 시스템 운영

61. 태양광발전의 스트링 및 모듈에서 태양전지의 출력이 서로 달라 출력의 회로 내부에 전기적 출력의 부조화 등이 발생한다. 다음 중 핫스팟(Hot Spot) 현상에 관한 일반적인 설명으로 가장 적절한 것은?

[가] 모듈 내의 태양전지의 Voc는 같으나 Isc가 달라 전기적 출력 차로 핫스팟(Hot Spot)이 발생한다.
[나] 직렬연결의 경우 낮은 출력이 발생하는 태양전지에 핫스팟(Hot Spot)이 발생한다.
[다] 병렬연결의 경우 높은 출력이 발생하는 태양전지에 핫스팟(Hot Spot)이 발생한다.
[라] 핫스팟(Hot Spot)은 모듈 내의 전 태양전지에 동일한 크기로 발생한다.

[해설] 음영, 오염, 제조적 결함 등에 의해 낮은 전압 및 출력이 발생하는 태양전지에 핫스팟이 발생한다.

62. 발전용량 3 MW를 초과하는 전기사업 허가를 신청하는 곳은?

[가] 산업통상자원부
[나] 미래창조과학부
[다] 고용노동부
[라] 특별시장 등 지방자치단체장

[해설] 전기(발전)사업 허가권자
① 3,000 kW 초과 설비 : 산업통상자원부장관 (전기위원회 총괄팀)
② 3,000 kW 이하 설비 : 시·도지사
* 단, 제주특별자치도는 제주국제자유도시 특별법에 따라 3,000 kW 이상의 발전설비도 제주특별자치도지사의 허가사항임

63. 태양광발전 설비시스템 정기점검에 대한 설명으로 틀린 것은?

[가] 점검·시험은 원칙적으로 지상에서 실시한다.

[해답] 59. [나]　60. [나]　61. [나]　62. [가]　63. [다]

㉯ 100 kW 미만의 경우는 매년 2회 이상 점검하여야 한다.

㉰ 100 kW 이상의 경우는 매월 1회 이상 점검하여야 한다.

㉱ 3 kW 미만의 태양광발전 시스템은 법적으로 정기점검을 하지 않아도 된다.

해설 100 kW 이상의 경우에는 격월 1회 이상 혹은 '전기사업법 시행규칙 별표 13'에 따른다.

64. 태양전지 어레이의 점검항목 중 육안점검 사항이 아닌 것은?

㉮ 단자대의 나사 풀림

㉯ 지붕재의 파손

㉰ 가대의 접지

㉱ 표면의 오염 및 파손

해설 단자대의 나사 풀림은 육안으로는 정확한 확인이 안 되며, 전원을 OFF 한 후 공구를 이용하여 확인하여야 할 사항이다.

65. 한전에서 사용하고 있는 분산전원 계통연계 가이드라인에서 태양광전원의 연계지점의 역률 유지기준은?

㉮ 지상 80 %　　㉯ 지상 90 %

㉰ 진상 80 %　　㉱ 진상 90 %

66. 태양광발전 설비에 설치된 퓨즈의 고장을 점검하기 위한 방법으로 적당하지 않은 것은?

㉮ 육안검사　　㉯ 다기능 측정

㉰ 전력망 분석　　㉱ 입출력 측정

해설 전력망 분석 : 인버터의 효율 측정, 전압 왜란 (Distortion) 측정 등 다소 복잡하고 종합적인 계측을 위해 주로 사용되는 방법이다.

67. 태양광발전 설비 중 주로 발청 현상으로 인한 페인트나 은분의 도포가 필요한 곳은?

㉮ 배전반　　㉯ 인버터

㉰ 모듈　　㉱ 구조물

해설 방식을 위해 페인트나 은분의 도포가 필요한 곳은 주로 가대, 프레임, 기초 등의 구조물이다.

68. 태양전지에서 사막과 같이 주위 온도가 매우 높은 지역에서 나타나는 현상으로 옳은 것은?

㉮ *Voc* (Open Circuit Voltage)가 증가한다.

㉯ *Isc* (Short Circuit Current)는 불변한다.

㉰ 전기적 출력(*P*max)은 거의 불변한다.

㉱ *FF* (Fill Factor)가 감소한다.

해설 태양전지의 *I*－*V*특성 : 모듈 표면온도 상승 → 전압 급감소(전류는 조금 증가) → 전력 및 *FF*(Fill Factor) 급감소

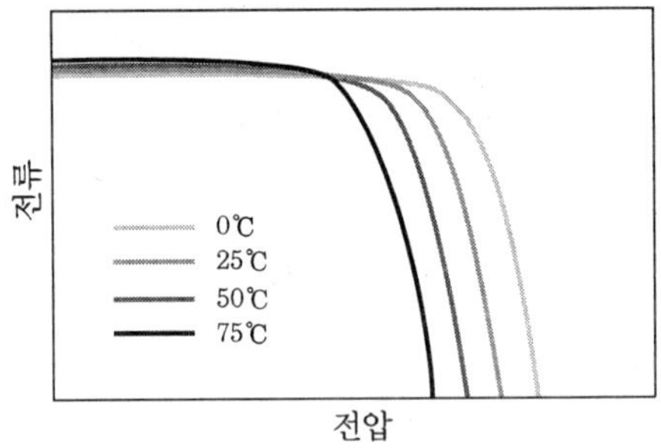

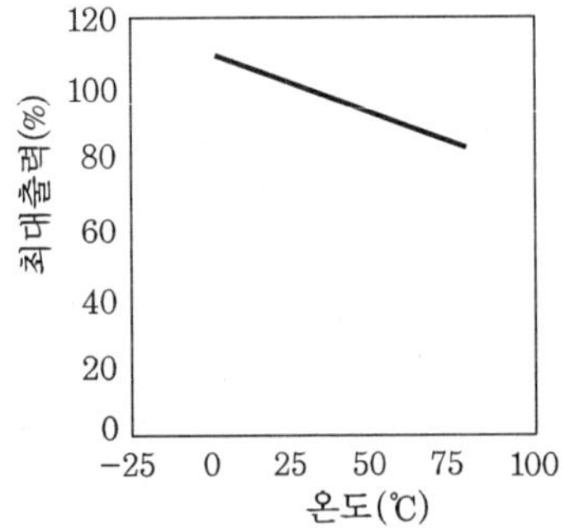

69. 태양광발전 시스템의 접지저항 측정으로 옳은 것은?

㉮ 특별 제3종 접지공사로 50 Ω 이하이다.

해답 64. ㉮　65. ㉯　66. ㉰　67. ㉱　68. ㉱　69. ㉱

㉯ 제1종 접지공사로 100 Ω 이하이다.

㉰ 특별 제3종 접지공사로 100 Ω 이하이다.

㉱ 제3종 접지공사로 100 Ω 이하이다.

70. 자가용태양광발전 설비의 정기적인 검사 주기는?

㉮ 1년 ㉯ 2년 ㉰ 3년 ㉱ 4년

71. 독립형 태양광발전 시스템에서 사용되는 축전지가 갖추어야 할 특징으로 적당하지 않은 것은?

㉮ 충분히 긴 사용수명

㉯ 높은 자기 방전과 높은 에너지 효율

㉰ 높은 에너지와 전력밀도

㉱ 낮은 유지보수 요건

해설 태양광발전 시스템에서 사용되는 축전지는 에너지 손실을 줄이기 위해 '낮은 자기 방전'이 필요하다.

72. 다음 중 인버터의 회로방식에 따른 종류가 아닌 것은?

㉮ 고주파 변압기 절연방식

㉯ 트랜스리스 방식

㉰ 상용주파 변압기 절연방식

㉱ 무전류 절연방식

해설 인버터의 회로방식 3종류 : 고주파 변압기 절연방식, 트랜스리스 방식(무변압기 방식), 상용주파 변압기 절연방식

73. 다음 중 태양전지 모듈인증 시험 절차가 아닌 것은?

㉮ 육안검사 ㉯ 온도계수 측정

㉰ 습도-결빙 시험 ㉱ I-V특성 시험

74. 태양전지 어레이 점검 시 가장 먼저 점검해야 하는 것은?

㉮ 단락전류 ㉯ 정격전류

㉰ 개방전압 ㉱ 단락전압

75. 인버터의 효율을 측정하기 위한 방법으로 적합하지 않은 것은?

㉮ 입출력 측정 ㉯ AC 회로시험

㉰ 전력망 분석 ㉱ 절연저항 측정

해설 인버터의 절연저항은 효율과는 무관하며, 안전성에 관한 인자이다.

76. 최근 효율 20 % 이상의 고효율 태양전지 및 모듈이 연구되고 있고 생산 중이다. P-type 및 N-type의 전지의 설명으로 가장 부적절한 것은?

㉮ 전자의 이동도가 홀 대비 수배 빠르다.

㉯ 동일한 불순물 농도에서는 P-type이 N-type 대비 비저항이 작다.

㉰ N-type 기판에는 고농도의 P-type 불순물(B)을 주입하여 셀의 접합을 형성하고 있다.

㉱ 최근 국내외 각 회사들에서 N-type 기반의 양면수광형 태양전지 모듈의 생산 및 고효율화 연구가 진행 중이다.

해설 동일한 불순물 농도에서는 P-type이 N-type 대비 비저항이 크다.

77. 태양광발전 시스템의 성능평가를 위한 측정요소가 아닌 것은?

㉮ 경제성 ㉯ 정확성

㉰ 신뢰성 ㉱ 발전성능

해설 정확성은 태양광발전 시스템의 성능평가 항목과는 거리가 멀다.

78. 태양광전원이 연계된 배전계통에서 사고가 발생하는 경우, 배전계통을 보호하는 보호협조 기기에 해당하는 것이 아닌 것은?

㉮ 배전용변전소 차단기

㉯ 리클로저(Recloser)

㉰ 인터럽터스위치

㉱ 고조파 계전기

해설 인터럽터스위치 : 수동조작만 가능하고, 과

부하 시 자동으로 개폐할 수 없고, 돌입전류 억제기능을 가지고 있지 않으며, 용량 300 KVA 이하의 ASS (Auto Section Switch) 대신에 주로 사용되고 있다. 보호협조 기기라고 할 수 없다.

79. BIPV용의 See Through 구조나 Glass to Glass 구조에 대한 설명으로 가장 적절한 것은?

㉮ 모듈의 단위면적당 출력은 기존 발전소 대비 일정하다.

㉯ EVA를 사용하지 않는 저진공 형태 Glass to Glass의 경우 모듈의 출력은 온도 대비 매우 우수하다.

㉰ See Through 형태의 경우 Laser 가공비에 의한 비용 증가는 있으나 투시도가 좋아진다.

㉱ BIPV용으로 북반구에서 정남향으로 90도 각도로 설치한 경우 출력은 거의 0이다.

80. 개인 주택용 등에 사용되는 소용량의 인버터용량은 보통 몇 kW인가?

㉮ 3   ㉯ 10   ㉰ 50   ㉱ 100

제5과목 : 신재생에너지 관련법규

81. 사용전압 35 kV 이하의 특고압 가공전선이 도로를 횡단하는 경우 지표상 높이는 몇 m 이상이어야 하는가?

㉮ 5   ㉯ 5.5   ㉰ 6   ㉱ 6.5

82. 제1종 접지공사의 접지저항 값은 몇 Ω 이하인가?

㉮ 3   ㉯ 5   ㉰ 10   ㉱ 100

해설 접지의 종류별 접지저항 값

접지공사의 종류	접지저항
제1종 접지공사	10Ω
제2종 접지공사	변압기 고압 측 또는 특별 고압 측 전로의 1선 지락 전류 암페어 수에서 150을 나눈 값의 옴 수
제3종 접지공사	100Ω
특별 제3종 접지공사	10Ω

83. 신·재생에너지 기술개발 및 이용·보급에 관한 계획을 수립·시행하려는 자는 대통령령으로 정하는 바에 따라 미리 산업통상자원부장관과 협의하여야 한다. 다음 중 해당되지 않는 것은?

㉮ 국가기관

㉯ 지방자치단체

㉰ 민간기관

㉱ 정부로부터 출연금을 받은 자

해설 신에너지 및 재생에너지 개발·이용·보급 촉진법(제7조)

① 국가기관, 지방자치단체, 공공기관, 그 밖에 대통령령으로 정하는 자가 신·재생에너지 기술개발 및 이용·보급에 관한 계획을 수립·시행하려면 대통령령으로 정하는 바에 따라 미리 산업통상자원부장관과 협의하여야 한다.

② 상기 법 제7조에 따라 신에너지 및 재생에너지(이하 "신·재생에너지"라 한다) 기술개발 및 이용·보급에 관한 계획을 협의하려는 자는 그 시행 사업연도 개시 4개월 전까지 산업통상자원부장관에게 계획서를 제출하여야 한다.

84. 발·변전소 또는 이에 준하는 곳에 시설하는 배전반에 고압용 기구 또는 전선을 시설하는 경우 적당하지 않은 것은?

㉮ 취급에 위험을 주지 않도록 방호장치를 할 것

대 점검이 용이하게 통로를 시설할 것

대 회로 설비는 반드시 관에 넣어 시설할 것

라 기기 조작에 필요한 공간을 확보할 것

해설 회로 설비는 반드시 관에 넣을 필요는 없다.

85. 다음 ( ) 안에 알맞은 용어는?

> 전기설비기술기준은 발전·송전·변전·배전 또는 전기 사용을 위하여 시설하는 기계·기구, ( )·( ) 및 기타 시설물의 안전에 필요한 기술기준을 규정한 것이다.

⑦ 급전소, 개폐소

대 전선로, 보안통신선로

대 궤전선로, 약전류전선로

라 옥내배선, 옥외배선

해설 전기설비기술기준의 제1장 총칙

이 고시의 목적(제1조) : 이 고시는 「전기사업법」 제67조 및 같은 법 시행령 제43조에 따라 발전·송전·변전·배전 또는 전기사용을 위하여 시설하는 기계·기구·댐·수로·저수지·전선로·보안통신선로 그 밖의 시설물의 안전에 필요한 성능과 기술적 요건을 규정함을 목적으로 한다.

86. 수상전선로의 전선을 가공전선로의 전선과 육상에서 접속하는 경우 접속점의 높이는?

⑦ 지표상 4 m 이상　대 지표상 5 m 이상

대 지표상 6 m 이상　라 지표상 7 m 이상

해설 전기설비기술기준의 판단기준 145조 (수상전선로의 시설)

수상전선로의 전선을 가공전선로의 전선과 접속하는 경우에는 그 부분의 전선은 접속점으로부터 전선의 절연 피복 안에 물이 스며들지 아니하도록 시설하고 또한 전선의 접속점은 다음의 높이로 지지물에 견고하게 붙일 것

가. 접속점이 육상에 있는 경우에는 지표상 5 m 이상. 다만, 수상전선로의 사용전압이 저압인 경우에 도로상 이외의 곳에 있을 때에는 지표상 4 m까지로 감할 수 있다.

나. 접속점이 수면상에 있는 경우에는 수상

전선로의 사용전압이 저압인 경우에는 수면상 4 m 이상, 고압인 경우에는 수면상 5 m 이상

87. 신·재생에너지 공급인증서에 표기되는 공급량 계산 시 적용되는 신·재생에너지 가중치 결정의 고려사항이 아닌 것은?

⑦ 발전원가

대 부존 잠재량

대 수입대체 효과

라 온실가스 배출 저감에 미치는 효과

해설 산업통상자원부장관이 가중치를 정할 때 고려해야 하는 내용

① 환경, 기술개발 및 산업 활성화에 미치는 영향

② 발전원가

③ 부존(賦存) 잠재량

④ 온실가스 배출 저감(低減)에 미치는 효과

⑤ 전력 수급의 안정에 미치는 영향

⑥ 지역 주민의 수용(受容) 정도

88. 산업통상자원부장관은 신·재생에너지 사업을 효율적으로 추진하기 위하여 필요하다고 인정하면 해당하는 자와 협약을 맺어 그 사업을 하게 할 수 있다. 협약을 맺어 그 사업을 할 수 있는 자가 아닌 것은?

⑦ 특정연구기관 육성법에 따른 특정연구기관

대 산업기술연구조합 육성법에 따른 산업기술연구조합

대 고등교육법에 따른 대학 또는 전문대학

라 전기공사업에 따른 전기사업자

해설 신에너지 및 재생에너지 개발·이용·보급 촉진법 제11조 (사업의 실시)

① 산업통상자원부장관은 제10조 각 호의 사업을 효율적으로 추진하기 위하여 필요하다고 인정하면 다음 각 호의 어느 하나에 해당하는 자와 협약을 맺어 그 사업을 하게 할 수 있다.

1. 「특정연구기관 육성법」에 따른 특정연

해답　85. 대　86. 대　87. 대　88. 라

구기관

2. 「기초연구진흥 및 기술개발지원에 관한 법률」 제14조 제1항 제2호에 따른 기업연구소

3. 「산업기술연구조합 육성법」에 따른 산업기술연구조합

4. 「고등교육법」에 따른 대학 또는 전문대학

5. 국공립연구기관

6. 국가기관, 지방자치단체 및 공공기관

7. 그 밖에 산업통상자원부장관이 기술개발능력이 있다고 인정하는 자

89. 전기사용장소의 사용전압이 380 V인 전로의 전선 상호 간 및 전로와 대지 사이의 절연저항은 개폐기 또는 과전류 차단기로 구분할 수 있는 전로마다 몇 MΩ 이상이어야 하는가？

㉮ 0.1　　　　　㉯ 0.2
㉰ 0.3　　　　　㉭ 0.4

해설

전로의 사용전압 구분		절연저항치 [MΩ]
400 V 미만	대지전압(접지식 전로는 전선과 대지 간의 전압, 비접지식 전로는 전선 간의 전압을 말한다. 이하 같다)이 150 V 이하의 경우	0.1 이상
	대지전압 150 V 초과 300 V 이하인 경우(전압 측 전선과 중선선 또는 대지 간의 절연저항)	0.2 이상
	사용전압이 300 V 초과 400 V 미만의 경우	0.3 이상
400 V 이상	-	0.4 이상

90. 전압의 종별을 구분할 때 직류는 몇 V 이하의 전압을 저압으로 구분하는가？

㉮ 600　　　　　㉯ 700
㉰ 750　　　　　㉭ 800

해설 전압의 종별

① 저압 : 직류 750 V 이하, 교류 600 V 이하
② 고압
　㉮ 직류 750 V 초과～7,000 V 이하
　㉯ 교류 600 V 초과～7,000 V 이하
③ 특고압 : 7,000 V 초과

91. 신 · 재생에너지 기술개발 및 이용 · 보급 목적의 사업비 용도에 맞지 않는 것은？

㉮ 신 · 재생에너지 연구개발 및 기술평가
㉯ 신 · 재생에너지 설비의 성능평가 · 인증
㉰ 신 · 재생에너지 기술의 국내 표준화 지원
㉭ 신 · 재생에너지 시범사업 및 보급사업

해설 신에너지 및 재생에너지 개발 · 이용 · 보급 촉진법 제10조 (조성된 사업비의 사용)
산업통상자원부장관은 제9조에 따라 조성된 사업비를 다음 각 호의 사업에 사용한다.

1. 신 · 재생에너지의 자원 조사, 기술수요 조사 및 통계작성
2. 신 · 재생에너지의 연구 · 개발 및 기술평가
3. 신 · 재생에너지 이용 건축물의 인증 및 사후관리
4. 신 · 재생에너지 공급의무화 지원
5. 신 · 재생에너지 설비의 성능평가 · 인증 및 사후관리
6. 신 · 재생에너지 기술정보의 수집 · 분석 및 제공
7. 신 · 재생에너지 분야 기술지도 및 교육 · 홍보
8. 신 · 재생에너지 분야 특성화대학 및 핵심 기술연구센터 육성
9. 신 · 재생에너지 분야 전문인력 양성
10. 신 · 재생에너지 설비 설치전문기업의 지원
11. 신 · 재생에너지 시범사업 및 보급사업
12. 신 · 재생에너지 이용의무화 지원
13. 신 · 재생에너지 관련 국제협력
14. 신 · 재생에너지 기술의 국제 표준화 지원
15. 신 · 재생에너지 설비 및 그 부품의 공용화 지원
16. 그 밖에 신 · 재생에너지의 기술개발 및 이용 · 보급을 위하여 필요한 사업으로서 대통령령으로 정하는 사업

해답 89. ㉰　90. ㉰　91. ㉰

92. 태양전지 모듈의 절연내력시험 시 10분 간 연속적으로 인가하는 직류전압 또는 교류전압(500 V 미만으로 되는 경우는 500 V)은 최대 사용 전압의 몇 배인가?

㉮ 직류 1.5배, 교류 1.5배

㉯ 직류 1.5배, 교류 1배

㉰ 직류 1배, 교류 1.5배

㉱ 직류 1배, 교류 1배

93. 신·재생에너지 보급의 촉진을 위하여 공공기관이 신축, 증축, 개축하는 건축물에 대하여 총 에너지사용량의 일정부분을 신·재생에너지로 설치하도록 규정하고 있다. 이에 적용을 받는 설치 연면적은 몇 m² 이상인가?

㉮ 5000 ㉯ 3000

㉰ 2000 ㉱ 1000

94. 저압용 기계기구의 철대 및 외함 접지에서 전기를 공급하는 전로에 누전차단기를 시설하면 외함의 접지를 생략할 수 있다. 이 경우의 누전차단기의 정격이 기술기준에 적합한 것은?

㉮ 정격 감도 전류 15 mA 이하, 동작시간 0.1초 이하의 전류 동작형

㉯ 정격 감도 전류 15 mA 이하, 동작시간 0.03초 이하의 전압 동작형

㉰ 정격 감도 전류 30 mA 이하, 동작시간 0.1초 이하의 전류 동작형

㉱ 정격 감도 전류 30 mA 이하, 동작시간 0.03초 이하의 전류 동작형

95. 전기사업의 허가를 신청하려는 자가 사업계획서를 작성할 때 태양광설비의 개요에 포함해야 할 내용으로 적합하지 않은 것은?

㉮ 태양전지의 종류, 정격용량, 정격전압 및 정격출력

㉯ 태양전지 및 인버터의 효율, 변환특성, 교류주파수

㉰ 인버터의 종류, 입력전압, 출력전압 및 정격출력

㉱ 집광판의 면적

해설 태양전지 및 인버터의 효율, 변환특성, 교류주파수 등은 사업계획서의 개요에 포함할 필요가 없다.

96. 신·재생에너지 공급의무자에 해당하는 전기사업자가 아닌 것은?

㉮ 배전사업자

㉯ 송전사업자

㉰ 구역전기사업자

㉱ 자가용발전사업자

해설 신·재생에너지 공급의무자

① 50만킬로와트 이상의 발전설비(신·재생에너지 설비는 제외)를 보유한 발전사업자(전기사업의 종류별 산업통상자원부장관의 허가를 받은 자). 단, 여기서 '전기사업'이란 발전사업·송전사업·배전사업·전기판매사업 및 구역전기사업을 말한다.

② 한국수자원공사

③ 한국지역난방공사

97. 분산형 전원을 계통에 연계하는 경우 전력계통의 단락용량이 전선의 순시 허용전류를 상회할 경우 시설해야 하는 장치로 가장 알맞은 것은?

㉮ 과전류 차단기 ㉯ 지락 차단기

㉰ 영상변류기 ㉱ 한류 리액터

해설 한류 리액터(Current Limiting Reactor, 限流-): 단락 고장에 대하여 고장 전류를 제한하기 위해서 회로에 직렬로 접속되는 리액터이다. 단락 전류에 의한 기계의 기계적·열적 장해를 방지하고, 차단해야 할 전류를 제한하여 차단기의 소요 차단 용량을 경감하는 용도에 사용된다. 일반적으로 불변 인덕턴스를 갖는 공심형(空心形) 건식(乾式)이나 유입식이 사용된다.

해답 92. ㉯ 93. ㉱ 94. ㉱ 95. ㉯ 96. ㉱ 97. ㉱

98. 「전기사업법」에서 '구역전기사업자'는 몇 kW까지 전기를 생산하여 전력시장을 통하지 않고 그 공급구역의 전기사용자에게 전기를 공급할 수 있는가?

㉮ 20000 　　㉯ 25000

㉰ 30000 　　㉱ 35000

99. 태양에너지 전문기업으로 신고할 경우 자본금 및 국가기술자격법에 따른 기술 인력으로 바르게 제시된 것은?

㉮ 자본금 1억 원 이상, 기계, 화공, 전기 분야의 기사 2명 이상

㉯ 자본금 2억 원 이상, 기계, 전기, 건축 분야의 기사 2명 이상

㉰ 자본금 1억 원 이상, 기계, 전기, 건축 분야의 기사 2명 이상

㉱ 자본금 2억 원 이상, 기계, 전기, 토목 분야의 기사 3명 이상

100. 신·재생에너지 공급인증서에 관한 내용 중 옳은 것을 모두 선택한 것은?

> ㉠ 공급인증서는 산업통상자원부장관이 지정하는 공급인증기관에서만 발급할 수 있다.
> ㉡ 공급인증서를 발급받으려는 자는 대통령령이 정하는 바에 따라 신청할 수 있다.
> ㉢ 공급인증서의 유효기간은 발급받은 날로부터 5년이다.
> ㉣ 공급인증서는 공급인증기관이 개설한 거래시장에서 거래할 수 있다.

㉮ ㉠, ㉡, ㉢ 　　㉯ ㉠, ㉡, ㉣

㉰ ㉠, ㉢, ㉣ 　　㉱ ㉡, ㉢, ㉣

해설 공급인증서의 유효기간은 발급받은 날부터 3년으로 하되, 공급의무자가 구매하여 의무공급량에 충당하거나 발급받아 산업통상자원부장관에게 제출한 공급인증서는 그 효력을 상실한다. 이 경우 유효기간이 지나거나 효력을 상실한 해당 공급인증서는 폐기하여야 한다.

해답 **98.** ㉱ 　**99.** ㉰ 　**100.** ㉯

☐ **신재생에너지 발전설비 산업기사** ▶ **2014. 9. 20 시행**

제1과목 : 태양광발전 시스템 이론

1. 태양전지의 변환효율을 높이기 위한 방법으로 틀린 것은?

㉮ 가급적 많은 빛이 반도체 내부에서 흡수되도록 하여야 한다.

㉯ 입사 태양광에너지를 높이고 온도를 높게 유지해야 한다.

㉰ 빛에 의해 생성된 전자와 정공쌍이 소멸되지 않고 외부회로까지 전달되도록 해야 한다.

㉱ PN 접합부에 큰 전기장이 발생하도록 소재 및 공정을 설계해야 한다.

해설 ㉯는 '입사 태양광에너지를 높이고 온도를 낮게 유지해야 한다.'로 고쳐야 옳다.

2. 역류방지 다이오드(Blocking Diode)의 용량은 모듈 단락전류의 몇 배 이상으로 설계하는가?

㉮ 1.0배 ㉯ 2.0배 ㉰ 3.0배 ㉱ 4.0배

3. 계통연계형 인버터의 직류를 교류로 변환할 때 발생하는 변환효율 계산식은?

㉮ PAC입력전력/PDC입력전력

㉯ PDC입력전력/PAC출력전력

㉰ PDC순간입력전력/PPV최대순간 PV어레이 전력

㉱ PAC순간출력전력/PPV최대순간 PV어레이 전력

해설 계통연계형 인버터의 변환효율
= PAC입력(출력)전력/PDC입력전력

4. 태양광발전 시스템을 계통에 접속하여 역송전 운전을 하는 경우에 전력전송을 위한 수전점의 전압이 상승하여 전력회사의 운용범위를 넘지 못하게 하는 인버터의 기능은?

㉮ 자동운전 정지기능

㉯ 계통연계 보호기능

㉰ 단독운전 방지기능

㉱ 자동전압 조정기능

5. 부하의 허용 최저 전압이 92 V, 축전지와 부하 간 접속선의 전압강하가 3 V일 때, 직렬로 접속한 축전지의 개수가 50개라면 축전지 한 개의 허용 최저 전압은?

㉮ 1.5 V/cell ㉯ 1.6 V/cell

㉰ 1.8 V/cell ㉱ 1.9 V/cell

해설 축전지 한 개의 허용 최저 전압
= (92V + 3V) ÷ 50개 = 1.9 V/cell

6. 가장 일반적으로 사용되는 태양광 모듈의 단면 구조를 올바르게 나열한 것은?

㉮ Glass-EVA-Cell-Back Layer

㉯ Glass-Cell-EVA-Back Layer

㉰ Glass-EVA-Cell-Glass-Back Layer

㉱ Glass-EVA-Cell-EVA-Back Layer

7. 신재생에너지의 중요성에 대한 설명과 무관한 것은?

㉮ 화석연료의 고갈문제 해결

㉯ CO_2 발생 증가

㉰ 기후변화 협약

㉱ 최근 유가의 불안전

해설 ㉯는 'CO_2 발생 증가에 대한 대책 필요'로 고쳐야 한다.

8. 태양전지의 전류-전압 특성의 측정으로부터 계산된 파라미터가 아닌 것은?

㉮ 직렬저항(Series Resistance)

㉯ 개방전압(Open Circuit Voltage)

㉰ 단락전류(Short Circuit Current)

해답 1. ㉯ 2. ㉯ 3. ㉮ 4. ㉱ 5. ㉱ 6. ㉱ 7. ㉯ 8. ㉮

라 곡선인자 (Fill Factor)

[해설] 직렬저항 (Series Resistance)은 전류 – 전압 특성시험과 직접적인 관련이 없다.

9. 태양광 모듈의 최대출력(Pmpp)의 의미를 옳게 표시한 것은?

가 $Impp \times V$　　나 $I \times Vmpp$
다 $Impp \times Vmpp$　　라 $I \times V$

[해설] '전류–전압 특성'에서 최대출력($Pmpp$)
$= Impp \times Vmpp$

10. 인버터의 단독운전 방지기능 중 능동적 방식에 해당하지 않는 것은?

가 전압위상 도약 검출방식
나 무효전력 변동방식
다 부하 변동방식
라 주파수 시프트방식

[해설] ① 수동적 방식
　가 전압위상 도약 검출방식
　나 제3차 고조파 전압 검출방식
　다 주파수 변화율 검출방식
② 능동적 방식
　가 주파수 (Hz) 시프트방식
　나 유효전력(Pe) 변동방식
　다 무효전력(Pr) 변동방식
　라 부하 (P) 변동방식

11. 태양에너지의 장점으로 옳은 것은?

가 청정에너지로 석유나 석탄같이 환경오염이 없다.
나 고급 에너지이나 에너지 밀도가 낮다.
다 에너지 생산이 간헐적이다.
라 모든 지역에서 발전량이 동일하다.

12. 낙뢰로 인한 내부 전기 · 전자 시스템을 보호하기 위한 LPMS의 기본보호 대책이 아닌 것은?

가 접지 및 본딩　　나 협조된 SPD 보호
다 수뢰부 System　　라 자기차폐

[해설] LPMS : Lightning Protection Measures

System의 약어로 뇌서지에 대한 보호 및 측정 시스템을 말한다 (접지 및 본딩, SPD 보호, 자기차폐 등).

13. 태양광발전 시스템에 사용하는 인버터는 전력을 변환시키는 것뿐만 아니라 태양전지의 성능을 최대한으로 끌어내기 위한 여러 가지 기능이 있는데, 다음 중 그 기능에 해당되지 않는 것은?

가 자동운전 정지기능
나 최대전력 추종제어기능
다 역률 제어기능
라 단독운전 방지기능

14. n개의 태양전지를 직병렬로 접속한 경우의 설명으로 옳은 것은?

가 태양전지를 직렬로 접속하면 전압은 n배로 높아진다.
나 태양전지를 직렬로 접속하면 전류는 n배로 높아진다.
다 태양전지를 병렬로 접속하면 전압은 n배로 높아진다.
라 태양전지를 병렬로 접속하면 전류는 변하지 않는다.

15. 태양광설비 3 MWp, 일일 발전시간이 4.6 시간인 경우 연간 발전량은?

가 1095 MWh　　나 13.7 MWh
다 5037 MWh　　라 328.8 MWh

[해설] 연간 발전량 = 3 MWp × 4.6시간 × 365일
$= 5037$ MWh

16. 무변압기형 인버터의 장점이 아닌 것은?

가 전자기 간섭 감소　나 높은 효율
다 무게 감소　　라 크기 감소

17. 가로 길이가 1.6 m, 세로 길이가 1 m이고, 변환효율이 15 %인 태양전지 모듈의 FF (충진율)는? (단, $Voc = 40V$, $Isc = 8 A$이다.)

⑦ 0.65　　㉯ 0.70　　㉰ 0.75　　㉺ 0.80

해설 ① Wp (태양전지 모듈의 최대 출력) = 1,000

W/m^2×1.6m×1m×15 % = 240 W

② FF (충진율) = Wp÷(Voc×Isc) = 240 W÷(40

V×8 A) = 0.75

18. 분산형 전원 배전계통 연계기술 기준 중 단독운전 방지를 위한 가압중지 시간은 몇 초 이내로 하여야 하는가?

⑦ 0.1　　㉯ 0.2　　㉰ 0.5　　㉺ 1.0

19. 장거리 전력 전송에 고전압이 사용되는 이유는?

⑦ 저전압보다 조절하기가 더 쉽다.

㉯ 손실(I^2R)이 감소한다.

㉰ 전자기장이 강하다.

㉺ 작은 변압기가 사용된다.

해설 장거리 전력 전송에 고전압이 사용되는 이유는 전압 강하와 손실에너지(I^2R)를 줄이고, 전선의 굵기를 얇게 하여 건설 투자비용을 줄이기 위함이다.

20. 태양광 모듈의 후면이 환기되지 않을 경우에 발생되는 발전량 손실은 약 몇 %인가?

⑦ 5　　㉯ 10　　㉰ 15　　㉺ 20

제2과목 : 태양광발전 시스템 시공

21. 태양전지 어레이의 출력이 500 W 이하일 때 접지선의 두께는 몇 mm^{2}인가?

⑦ 1　　㉯ 1.5　　㉰ 2　　㉺ 2.5

해설 태양전지 어레이용 전기회로 설계표준에 따른 접지선의 두께

태양전지 어레이 출력	접지선의 굵기
500 W 이하	1.5 mm^2
500 W 초과~2 kW 이하	2.5 mm^2
2 kW를 초과하는 경우	4.0 mm^2

22. 설계감리원이 필요한 경우 비치하여야 할 문서가 아닌 것은?

⑦ 근무상황부　　㉯ 설계감리 지시부

㉰ 설계기록부　　㉺ 준공검사원

해설 '준공검사원'은 설계감리원의 필요 서류가 아니고, 시공감리원과 관련된 서류이다.

23. 보조전극을 이용한 접지저항 측정 시 보조전극의 간격은 몇 m 이상으로 이격하는가?

⑦ 1　　㉯ 2　　㉰ 5　　㉺ 10

해설 전위차계 접지저항계의 측정도

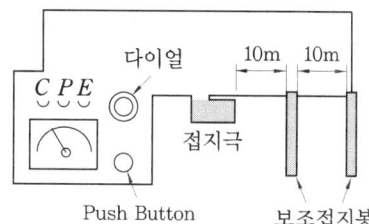

24. 태양광발전 시스템과 분산전원의 전력계통 연계 시 장점이 아닌 것은?

⑦ 배전선로 이용률이 향상된다.

㉯ 공급 신뢰도가 향상된다.

㉰ 고장 시의 단락 용량이 줄어든다.

㉺ 부하율이 향상된다.

해설 고장 시의 단락 용량은 '전력계통 연계 시의 장점'과 무관하다.

25. 태양광발전 시스템의 시공절차에 대한 순서로 옳은 것은?

⑦ 기초공사→자재 주문→시스템 설계→ 모듈 설치→계통공사→시운전 및 점검

㉯ 시스템 설계→자재 주문→기초공사→ 계통공사→모듈 설치→시운전 및 점검

㉰ 자재 주문→시스템 설계→기초공사→ 모듈 설치→계통공사→시운전 및 점검

㉺ 시스템 설계→자재 주문→기초공사→ 모듈 설치→계통공사→시운전 및 점검

해답 **18.** ㉰　**19.** ㉯　**20.** ㉯　**21.** ㉯　**22.** ㉺　**23.** ㉺　**24.** ㉰　**25.** ㉺

26. 전압 동요에 의한 플리커의 경감대책으로 전원 측에 실시하는 대책으로 틀린 것은?

㉮ 전용 계통으로 공급한다.

㉯ 단락 용량이 적은 계통에서 공급한다.

㉰ 전용 변압기로 공급한다.

㉱ 공급 전압을 승압한다.

[해설] 전압 동요에 의한 플리커는 단락 용량(전류)과는 무관하다.

27. 태양광발전 시스템의 모니터링 시스템 프로그램 기능이 아닌 것은?

㉮ 데이터 수집기능 ㉯ 데이터 저장기능

㉰ 데이터 분석기능 ㉱ 데이터 예측기능

[해설] 태양광발전 시스템의 모니터링 시스템 프로그램 기능 : 데이터 수집기능, 데이터 저장기능, 데이터 분석기능, 데이터 통계기능

28. 시공감리 사항 중 공정관리에서 감리원이 공사 시작일부터 30일 이내에 공사업자로부터 제출받아야 하며, 제출받은 날로부터 14일 이내에 검토하여 승인하고 발주자에게 제출하여야 하는 것은?

㉮ 상세공정표 ㉯ 검사요청서

㉰ 설계설명서 ㉱ 공정관리계획서

29. 밀폐형 건축물의 구조골조용 풍하중과 관련이 없는 것은?

㉮ 설계풍력 ㉯ 외압계수

㉰ 노출계수 ㉱ 유효수압면적

[해설] 노출계수는 풍하중 관련 사항이 아니고, 적설하중 계산 시의 고려사항이다.

30. 접지극의 물리적인 접지저항 저감방법 중에서 수평공법이 아닌 것은?

㉮ 접지극의 병렬접속

㉯ MESH공법

㉰ 접지극의 치수 확대

㉱ 보링공법

[해설] 대지 저항률이 낮으면 접지저항도 낮게 된다. 대지가 다층 구조의 경우는 대지 저항률이 낮은 지층에 접지 전극을 매설하는 것으로 유효한 접지를 얻을 수 있다. 그러므로 대지 파라미터를 충분히 파악하는 것에 의해 접지 전극을 지표면 가까이 얕게 매설하는 공법 또는 깊게 매설하는 공법(심타공법, 보링공법 등) 등의 선정이 가능하다.

31. 경사도 계수 0.7, 노출계수 0.9, 기본 지붕 적설하중 0.7, 적설면적이 100 m²일 때 적설하중은 얼마인가?

㉮ 40.1 ㉯ 44.1 ㉰ 48.2 ㉱ 54.4

[해설] ① 단위 면적당 적설하중 (kN/m²)

$= Cs \times Cb \times Ce \times Ct \times Is \times Sg$

여기서, Cs : 지붕 경사도 계수

Cb : 기본 적설하중 계수 (보통 0.7)

Ce : 노출계수

Ct : 온도계수

Is : 건물 용도별 중요도 계수

Sg : 지상 적설하중 (kN/m²)

② 주어진 문제에서, 적설하중 (kN)

= 지상 (지붕) 적설하중 (kN/m²)×지붕 경사도 계수×노출계수×적설면적

$= 0.7 \, kN/m^2 \times 0.7 \times 0.9 \times 100 \, m^2 = 44.1 kN$

32. 태양전지 어레이 설계 시 커넥터, 단자대, 개폐기 등 관련 부품이 어레이 회로의 몇 배 이상의 출력전압에 견디어야 하는가?

㉮ 1.1배 ㉯ 1.3배 ㉰ 1.5배 ㉱ 1.7배

[해설] 커넥터, 단자대, 개폐기 등 관련 부품이 어레이 회로의 1.3배 이상의 출력전압에 이상 없이 견디어야 한다.

33. 태양광발전 시스템 중 접속반에 설치되어야 하는 주요 부품이 아닌 것은?

㉮ 역류방지 다이오드

㉯ 직류출력 개폐기

㉰ 서지보호장치

㉱ 자기융착 절연테이프

34. 태양전지 모듈과 인버터, 인버터와 계통연

해답 26. ㉯ 27. ㉱ 28. ㉱ 29. ㉰ 30. ㉱ 31. ㉯ 32. ㉯ 33. ㉱ 34. ㉮

계점 간의 전압강하는 각 몇 %를 초과하지 않아야 하는가?

㉮ 3 　　㉯ 5 　　㉰ 7 　　㉱ 8

35. 건설공사에 관한 기획, 타당성 조사, 분석, 설계, 조달, 계약, 시공관리, 감리평가, 사후관리 등에 관한 업무의 전부 또는 일부를 수행하는 건설용역업은?

㉮ Construction Management

㉯ Project Management

㉰ Design Management

㉱ Agency Management

해설 Construction Management : 줄여서 CM (건설사업관리)이라고 하며, 발주자가 CM (Construction Manager)을 대리인으로 선정하여 건설사업 전반에 걸쳐 '타당성 조사→설계→계획→발주→시공→사용'의 전 단계를 담당하게 한다.

36. 과도 과전압을 제한하고, 서지전류를 우회시키는 장치는?

㉮ 누전차단기 　　㉯ 분전반

㉰ 서지보호장치 　　㉱ 주개폐기

해설 SPD (서지보호소자, 서지보호장치) : 뇌서지로부터의 보호를 위하여 접속반과 분전함 내부에 설치한다.

37. 3상3선식 태양광발전 시스템의 전압강하 계산식으로 옳은 것은? [단, e : 각 전선의 전압강하 (V), A : 전선의 단면적(mm²), L : 전선 1본의 길이(m), I : 전류 (A)이다.]

㉮ $e = \dfrac{35.6 \times L \times I}{1000 \times A}$

㉯ $e = \dfrac{17.8 \times L \times I}{1000 \times A}$

㉰ $e = \dfrac{30.8 \times L \times I}{1000 \times A}$

㉱ $e = \dfrac{40.1 \times L \times I}{1000 \times A}$

해설 전압강하 계산식

배전방식	전압강하	대상 전압강하
직류2선식 교류2선식	$e = \dfrac{35.6 \times L \times I}{1000 \times A}$	선간
3상3선식	$e = \dfrac{30.8 \times L \times I}{1000 \times A}$	선간
단상3선식	$e = \dfrac{17.8 \times L \times I}{1000 \times A}$	대지간
3상4선식	$e = \dfrac{17.8 \times L \times I}{1000 \times A}$	대지간

38. 지중전선로의 장점으로 틀린 것은?

㉮ 고장이 적다.

㉯ 보안상의 위험이 적다.

㉰ 공사 및 보수가 용이하다.

㉱ 설비의 안정상에 있어서 유리하다.

해설 지중전선로는 초기 건설비가 많이 들고, 공사 및 보수에 노력이 많이 드나, 고장이 적고 안정적인 장점이 있다.

39. 선로 구분 기능을 갖고 있는 개폐기에 수용가 측의 사고 발생 시 사고전류를 감지하여 자동으로 접점을 분리시켜 사고구간을 분리하는 것은?

㉮ 자동부하전환개폐기(ATLS)

㉯ 자동고장구분개폐기(ASS)

㉰ 리클로저(R/C)

㉱ 선로개폐기(LS)

해설 자동고장구분개폐기(ASS) : Automatic Section Switch는 수용가구 내에 사고를 자동 분리하여 사고의 파급 확대를 방지하고, 수용가 구내설비의 피해를 최소한으로 억제하기 위하여 개발된 개폐기로 공급변전소 CB와 리클로저(Recloser)와 협조하여 사고발생 시 고장구간을 자동 분리한다.

40. 태양전지 어레이의 출력전압이 400 V 미만의 경우 접지공사의 종류는?

㉮ 제1종 접지공사

㉯ 제2종 접지공사

해답 **35.** ㉮ 　**36.** ㉰ 　**37.** ㉰ 　**38.** ㉰ 　**39.** ㉯ 　**40.** ㉰

［다］ 제3종 접지공사

［라］ 특별 제3종 접지공사

［해설］

기계기구의 구분	접지공사
400 V 미만의 저압용	제3종 접지공사
400 V 이상의 저압용	특별 제3종 접지공사
고압용 또는 특별고압용	제1종 접지공사

제3과목 : 태양광발전 시스템 운영

41. 태양광발전 설비의 접지공사에 대한 설명 중 틀린 것은?

［가］ 태양광발전 설비의 접지는 모듈이나 패널을 하나 제거하더라도 태양광발전 시스템의 전원 회로에 접속된 접지 도체의 연속성에 영향을 주지 않아야 한다.

［나］ 태양전지 어레이의 출력 전압이 400 V 미만인 경우 특별 제3종 접지공사를 실시한다.

［다］ 태양광발전 설비의 접지공사는 전기설비기술기준에 따라 접지공사를 한다.

［라］ 접지선은 공칭단면적 $2.5\ mm^2$ 이상의 연동선을 사용한다.

［해설］ 상기 40번 문제의 '해설' 참조

42. 태양광발전 시스템 준공 시 점검할 부분이 아닌 곳은?

［가］ 인버터(파워컨디셔너) 점검

［나］ 중계단자함 (접속함) 점검

［다］ 태양전지(어레이) 점검

［라］ 부하 점검

43. 단결정 실리콘 태양전지에서 가장 많은 전류를 생성하는 파장대역은?

［가］ 자외선　　　　［나］ 가시광선

［다］ 적외선　　　　［라］ 원적외선

44. 가정용 계통연계형 태양광발전 설비의 장애 및 고장의 경우로 볼 수 없는 것은?

［가］ 날씨가 좋고 부하 사용이 많지 않을 때 계량기 역회전이 없다.

［나］ 날씨가 좋은 날 인버터가 동작하지 않는다.

［다］ 추가 전기사용이 없는데도 전기요금이 평상시보다 많이 부과됐다.

［라］ 가정용 전기의 수전전압이 10 V 떨어졌다.

［해설］ 표준전압 및 허용오차

표준전압	허용오차
110볼트	110볼트의 상하로 6볼트 이내
220볼트	220볼트의 상하로 13볼트 이내
380볼트	380볼트의 상하로 38볼트 이내

45. 태양광 모듈의 고장 원인이 아닌 것은?

［가］ 모듈 극성의 오결선

［나］ 유리 표면의 오염

［다］ 외부 충격

［라］ 낙뢰 및 서지

［해설］ '유리 표면의 오염'은 고장의 원인이라기보다는 효율 저하의 원인이다.

46. 태양광발전 시스템에 사용된 서지전압 보호기의 결함을 측정하기 위한 방법으로 적당하지 않은 것은?

［가］ 다기능 측정　　　［나］ 절연저항 측정

［다］ 과·저전압 측정　［라］ $I-V$ 곡선 측정

［해설］ '$I-V$ 곡선 측정'은 표준조건에서의 태양전지 모듈의 특성을 측정하는 시험이다.

47. 태양광발전 시스템의 계측과 표시의 목적으로 잘못된 것은?

［가］ 시스템의 운전상태 감시를 위한 계측 또는 표시

해답 41. ［나］　42. ［라］　43. ［나］　44. ［라］　45. ［나］　46. ［라］　47. ［나］

나 사업자의 추가 설비 투자 산출을 위한 계측

다 시스템에 의한 발전 전력량을 알기 위한 계측

라 시스템 기기 또는 시스템 종합평가를 위한 계측

해설 계측기구 및 표시장치 설치목적
① 시스템의 운전상태를 감시하기 위한 계측 또는 표시
② 시스템에 의한 발전 전력량을 알기 위한 계측
③ 시스템 기기 또는 시스템에 대한 종합평가를 위한 계측
④ 홍보용으로 표시장치를 설치하는 경우도 있음

48. 분산형 전원 발전설비의 역률은 계통 연계 지점에서 원칙적으로 얼마 이상으로 유지하여야 하는가?

가 0.8 나 0.85 다 0.9 라 0.95

49. 태양광발전소 운영 시 일부 스트링의 모듈 출력이 갑작스럽게 떨어졌을 경우 예측되는 상황과 거리가 먼 것은?

가 모듈 일부에 외부 환경에 의하여 그림자 효과가 발생하였다.

나 바이패스 다이오드(bypass diode)가 환경변화 요인으로 작용하여 출력의 불균일이 발생하였다.

다 외부 충격에 의해 셀 및 모듈의 일부가 파손되어 출력이 감소하였다.

라 충진재로 수분 침투에 의해 금속전극의 부식이 발생하여 직렬저항이 증가하였다.

해설 라는 '모듈 출력이 갑작스럽게 떨어졌을 경우'와는 거리가 다소 있다.

50. 태양전지 및 어레이의 점검 내용이 아닌 것은?

가 프레임 파손 및 변형

나 유리 표면의 오염 및 파손

다 보호계전기의 설정

라 지지대의 접지 및 고정

해설

	점검항목	점검요령
육안점검	표면의 오염 및 파손	오염 및 파손의 유무
	프레임의 파손 및 변형	파손 및 두드러진 변형이 없을 것
	가대의 부식 및 녹 발생	부식 및 녹이 없을 것(녹의 진행이 없고, 도금강판의 끝 부분은 제외)
	가대의 고정	볼트 및 너트의 풀림이 없을 것
	가대접지	배선공사 및 접지접속이 확실할 것
	코킹	코킹의 망가짐 및 불량이 없을 것
	지붕재의 파손	지붕재의 파손, 어긋남, 뒤틀림, 균열이 없을 것
측정	접지저항	접지저항 100 Ω 이하(제3종 접지)

51. 태양광발전 설비의 구성요소가 아닌 것은?

가 인버터 나 모듈
다 BIPV 라 접속함

해설 BIPV는 태양광발전 설비의 구성요소가 아니라, 하나의 종류에 속한다.

52. 인버터의 제어특성을 측정하기 위한 방법으로 옳지 않은 것은?

가 입출력 측정 나 과/저전압 측정
다 AC 회로 시험 라 $I-V$ 곡선

53. 태양광발전 시스템에서 모듈의 적층판 파괴를 발견하기 위한 점검 및 측정방법으로 적당하지 않은 것은?

㉮ 육안검사 ㉯ 다기능 측정
㉰ *I-V* 곡선 ㉱ 전력망 분석

해설 전력망 분석 : 교류에서 발생하는 인버터의 전압 왜란(Distortion)을 측정하기 위한 AC 측정 및 분석법(AC회로시험, 인버터 수치 읽기, 전력망 분석) 중의 하나이다.

54. 태양광발전 시스템에서 모듈 선정 시의 변환효율식은? (단, 최대출력은 $P_{\max}$ [W], 모듈 전면적은 At [m²], 방사속도는 G [W/m²]이다.)

㉮ $\dfrac{P_{\max}}{At \times G} \times 100\ \%$

㉯ $\dfrac{P_{\max} \times At}{G} \times 100\ \%$

㉰ $\dfrac{P_{\max} \times G}{At} \times 100\ \%$

㉱ $\dfrac{At \times G}{P_{\max}} \times 100$

55. 태양광발전 시스템 공사계획을 사전인가 받아야 하는 설비용량은 몇 kW인가?

㉮ 10000 ㉯ 20000
㉰ 30000 ㉱ 40000

해설 전기사업용 전기설비 공사계획의 인가 및 신고의 대상 (발전소)
① 인가가 필요한 것 : 출력 1만킬로와트 이상의 발전소 설치 및 변경공사(발전설비 설치)
② 신고가 필요한 것 : 출력 1만킬로와트 미만의 발전소 설치 및 변경공사(발전설비 설치)

56. 태양광발전 시스템에서 모듈의 결함을 발견하기 위한 점검 및 측정방법으로 옳지 않은 것은?

㉮ 육안검사 ㉯ 다기능 측정
㉰ 절연저항 측정 ㉱ 입출력 측정

해설 입출력 측정은 인버터와 다이오드 등의 소자에 대한 시험(측정)방법이다.

57. 태양광발전 시스템에서 전력 1 kW 발전에 필요한 모듈의 면적은 재질에 따라 다르다. 가장 적은 면적을 차지하는 재질로 옳은 것은?

㉮ 단결정 셀
㉯ 다결정 셀
㉰ 카드뮴 텔루라이드 (CdTe)
㉱ 박막 필름형 아몰퍼스

58. 태양광발전 시스템에 사용된 스트링 다이오드의 결함을 점검하기 위한 방법으로 옳은 것은?

㉮ 육안검사 ㉯ 접지저항 측정
㉰ 입출력 측정 ㉱ 전력망 측정

59. 태양광발전 시스템의 준공 시 400 V 미만의 태양전지 및 어레이의 점검사항으로 접지저항 값이 옳은 것은?

㉮ 10 MΩ 이하 ㉯ 1 MΩ 이하
㉰ 1000 Ω 이하 ㉱ 100 Ω 이하

해설 400 V 미만은 제3종 접지에 해당하므로 '100 Ω 이하'가 맞다.

60. 태양광발전 설비 응급조치 순서 중 차단과 투입순서가 옳은 것은?

| 1. 한전차단기 |
| 2. 접속함 내부 차단기 |
| 3. 인버터 |

㉮ 1-2-3-3-2-1 ㉯ 1-3-2-2-3-1
㉰ 2-3-1-1-3-2 ㉱ 3-2-1-1-2-3

제4과목 : 신재생에너지 관련법규

61. 전기사업자가 사업개시 신고서를 산업통상자원부장관이 아닌 시·도지사에게 제출할 수 있는 발전시설용량은?

㉮ 300 kW 이하 ㉯ 500 kW 이하
㉰ 3000 kW 이하 ㉱ 5000 kW 이하

해답 54. ㉮ 55. ㉮ 56. ㉱ 57. ㉮ 58. ㉰ 59. ㉱ 60. ㉰ 61. ㉰

62. 신재생에너지 품질검사기관이 아닌 곳은?

㉮ 석유 및 석유대체연료 사업법에 따라 설립된 한국석유관리원

㉯ 고압가스 안전관리법에 따라 설립된 한국가스안전공사

㉰ 임업 및 산촌 진흥촉진에 관한 법률에 따라 설립된 한국임업진흥원

㉱ 전기사업법에 따라 설립된 한국전력공사

해설 신에너지 및 재생에너지 개발·이용·보급 촉진법(시행령)

제18조의13 (신·재생에너지 품질검사기관)

1. 「석유 및 석유대체연료 사업법」 제25조의2에 따라 설립된 한국석유관리원
2. 「고압가스 안전관리법」 제28조에 따라 설립된 한국가스안전공사
3. 「임업 및 산촌 진흥촉진에 관한 법률」 제29조의2에 따라 설립된 한국임업진흥원

63. 전기사업에 종사하는 자로서 정당한 사유 없이 전기사업용 전기설비의 유지 또는 운용 업무를 수행하지 아니함으로써 발전·송전·변전 또는 배전에 장애를 발생하게 한 자에 대한 전기사업법상 벌칙 기준은?

㉮ 2년 이하의 징역 또는 1천만 원 이하의 벌금

㉯ 3년 이하의 징역 또는 2천만 원 이하의 벌금

㉰ 5년 이하의 징역 또는 3천만 원 이하의 벌금

㉱ 10년 이하의 징역 또는 5천만 원 이하의 벌금

64. 전기를 생산하여 이를 전력시장을 통하여 전기판매사업자에게 공급하는 것을 주된 목적으로 하는 사업은?

㉮ 배전사업   ㉯ 송전사업
㉰ 발전사업   ㉱ 변전사업

65. 다음 중 신에너지에 해당되지 않는 것은?

㉮ 수소에너지

㉯ 연료전지

㉰ 석탄 액화·가스화한 에너지

㉱ 해양에너지

해설 해양에너지는 신에너지가 아니라 재생에너지에 속한다.

66. 바이오에너지 등의 기준 및 범위에서 에너지원의 종류와 기준 및 범위의 연결이 틀린 것은?

㉮ 바이오에너지 : 생물유기체를 변환시킨 땔감

㉯ 폐기물에너지 : 유기성 폐기물을 변환시킨 매립지가스

㉰ 석탄 액화·가스화한 에너지 : 증기 공급용 에너지

㉱ 중질잔사유를 가스화한 에너지 : 합성가스

해설 바이오에너지 등의 기준 및 범위

① 바이오에너지

㉮ 기준

ㄱ 생물유기체를 변환시켜 얻어지는 기체, 액체 또는 고체의 연료

ㄴ 제1호의 연료를 연소 또는 변환시켜 얻어지는 에너지

* 제1호 또는 제2호의 에너지가 신·재생에너지가 아닌 석유제품 등과 혼합된 경우에는 생물유기체로부터 생산된 부분만을 바이오에너지로 본다.

㉯ 범위

ㄱ 생물유기체를 변환시킨 바이오가스, 바이오에탄올, 바이오액화유 및 합성가스

ㄴ 쓰레기매립장의 유기성 폐기물을 변환시킨 매립지가스

ㄷ 동물·식물의 유지(油脂)를 변환시킨 바이오디젤

ㄹ 생물유기체를 변환시킨 땔감, 목재칩, 펠릿 및 목탄 등의 고체연료

② 석탄을 액화·가스화한 에너지

㉮ 기준 : 석탄을 액화 및 가스화하여 얻어지는 에너지로서 다른 화합물과 혼합되

해답 62. ㉱   63. ㉰   64. ㉰   65. ㉱   66. ㉯

지 않은 에너지

㈏ 범위

㉠ 증기 공급용 에너지

㉡ 발전용 에너지

③ 중질잔사유를 가스화한 에너지

㈎ 기준

㉠ 중질잔사유를 가스화한 공정에서 얻어지는 연료

㉡ 제1호의 연료를 연소 또는 변환하여 얻어지는 에너지

* "중질잔사유"란 원유를 정제하고 남은 최종 잔재물로서 감압증류 과정에서 나오는 감압잔사유, 아스팔트와 열분해 공정에서 나오는 코크, 타르 및 피치 등을 말한다.

㈏ 범위 : 합성가스

④ 폐기물에너지

㈎ 기준

㉠ 각종 사업장 및 생활시설의 폐기물을 변환시켜 얻어지는 기체, 액체 또는 고체의 연료

㉡ 제1호의 연료를 연소 또는 변환시켜 얻어지는 에너지

㉢ 폐기물의 소각열을 변환시킨 에너지

* 제1호부터 제3호까지의 에너지가 신·재생에너지가 아닌 석유제품 등과 혼합되는 경우에는 각종 사업장 및 생활시설의 폐기물로부터 생산된 부분만을 폐기물에너지로 본다.

67. 400 V 이상의 저압용 전로에 시설하는 기계 기구의 철대 및 금속제 외함의 접지공사는?

[가] 제1종 접지공사

[나] 제2종 접지공사

[다] 제3종 접지공사

[라] 특별 제3종 접지공사

[해설]

기계기구의 구분	접지공사
400 V 미만의 저압용	제3종 접지공사
400 V 이상의 저압용	특별 제3종 접지공사
고압용 또는 특별고압용	제1종 접지공사

68. 전압에 관계없이 모든 전기공사를 시공관리할 수 있는 전기공사의 기술자는?

[가] 초급전기공사기술자 또는 고급전기공사기술자

[나] 중급전기공사기술자 또는 고급전기공사기술자

[다] 중급전기공사기술자 또는 특급전기공사기술자

[라] 고급전기공사기술자 또는 특급전기공사기술자

69. 신·재생에너지 설비의 설치계획서를 받은 산업통상자원부 장관이 설치계획서를 받은 날부터 타당성을 검토한 후 그 결과를 해당 설치의무기관의 장 또는 대표자에게 통보하여야 할 일수로 옳은 것은?

[가] 10일 [나] 20일 [다] 30일 [라] 40일

70. 저압 가공전선이 다른 저압 가공전선과 접근상태로 시설되거나 교차하여 시설되는 경우 저압 가공전선 상호 간의 이격거리는 몇 cm 이상인가?

[가] 60 [나] 50 [다] 40 [라] 20

71. 예외적으로 전력시장에서 전기를 직접 구매할 수 있는 전기사용자는 수전설비의 용량이 몇 킬로볼트암페어 이상인 경우인가?

[가] 3만 [나] 4만 [다] 5만 [라] 6만

72. 태양전지 모듈의 시설에 관한 내용 중 잘못된 것은?

[가] 충전 부분은 노출되지 아니하도록 시설한다.

[나] 태양전지 모듈을 병렬로 접속하는 전로에는 과전류 차단기를 설치한다.

[다] 태양전지 모듈의 지지물은 진동과 충격에 대하여 안전한 구조이어야 한다.

[라] 옥측 또는 옥외에 시설하는 경우에는 합

[해답] 67. [라] 68. [라] 69. [다] 70. [가] 71. [가] 72. [라]

성수지관공사, 케이블공사 및 금속몰드공사로 시설한다.

해설 사람이 접촉할 우려가 없는 은폐된 장소에 합성수지관공사, 금속관공사 및 케이블공사에 의하여 시설하거나, 사람이 접촉할 우려가 없도록 케이블공사에 의하여 시설하고 전선에 적당한 방호장치를 시설해야 한다.

73. 전압을 구분하는 경우 직류전압의 저압은?

㉮ 600 V 이하   ㉯ 750 V 이하
㉰ 800 V 이하   ㉱ 850 V 이하

해설 전압의 종별
① 저압 : 직류 750 V 이하, 교류 600 V 이하
② 고압
  ㉮ 직류 750 V 초과～7,000 V 이하
  ㉯ 교류 600 V 초과～7,000 V 이하
③ 특고압 : 7,000 V 초과

74. 저탄소 녹색성장기본법에서 정부는 기후변화대응의 기본원칙에 따라 20년을 계획기간으로 하는 기후변화대응 기본계획을 몇 년마다 수립·시행하여야 하는가?

㉮ 2년   ㉯ 3년   ㉰ 4년   ㉱ 5년

75. 태양전지 모듈의 절연내력시험에 대한 시험기준으로 옳은 것은?

㉮ 최대사용전압의 1.5배의 직류전압 또는 1배의 교류전압을 충전 부분과 대지 사이에 10분간 가하여 전열내력시험을 견딜 것
㉯ 최대사용전압의 2배의 직류전압 또는 1배의 교류전압을 충전 부분과 대지 사이에 10분간 가하여 전열내력시험을 견딜 것
㉰ 최대사용전압의 1.5배의 직류전압 또는 2배의 교류전압을 충전 부분과 대지 사이에 10분간 가하여 전열내력시험을 견딜 것
㉱ 최대사용전압의 1.2배의 직류전압 또는 1배의 교류전압을 충전 부분과 대지 사이에 10분간 가하여 전열내력시험을 견딜 것

76. 다음 설명의 ( ) 안에 알맞은 내용은?

발전사업자가 발전용 전기설비용량을 변경하려 할 때 허가 또는 변경허가 용량의 ( ) 이하인 경우에는 주무부처 장관의 변경허가사항에 속하지 아니한다.

㉮ 100분의 1   ㉯ 100분의 5
㉰ 100분의 10   ㉱ 100분의 20

77. 「신에너지 및 재생에너지 개발·이용·보급 촉진법」에서 신·재생에너지 설비가 아닌 것은?

㉮ 태양에너지 설비
㉯ 풍력 설비
㉰ 전기에너지 설비
㉱ 바이오에너지 설비

78. 온실가스에 해당되지 않는 것은?

㉮ 메탄   ㉯ 아산화질소
㉰ 일산화탄소   ㉱ 수소불화탄소

해설 "온실가스"란 이산화탄소 (CO_2), 메탄 (CH_4), 아산화질소 (N_2O), 수소불화탄소 (HFCs), 과불화탄소 (PFCs), 육불화황 (SF6) 및 그 밖에 대통령령으로 정하는 것으로 적외선 복사열을 흡수하거나 재방출하여 온실효과를 유발하는 대기 중의 가스 상태의 물질을 말한다.

79. 고압 옥측전선로의 전선으로 사용할 수 있는 것은?

㉮ 케이블   ㉯ 절연전선
㉰ 다심형 전선   ㉱ 나경동선

80. 접지공사에서 접지선의 지하 7 cm로부터 지표상 2 m까지의 부분을 전기용품안전관리법상 적용을 받는 보호물로 적합한 것은?

㉮ 금속몰드   ㉯ 합성수지관
㉰ 게이블덕트   ㉱ 금속전선관

해답 73. ㉯   74. ㉱   75. ㉮   76. ㉰   77. ㉰   78. ㉰   79. ㉮   80. ㉯

2015년도 시행 문제

□ **신재생에너지 발전설비 기사** ▶ **2015. 5. 31 시행**

제1과목 : 태양광발전 시스템 이론

1. 인버터는 태양전지에서 출력되는 직류전력을 교류전력으로 변환하고 교류계통으로 접속된 부하설비에 전력을 공급하는 기능을 한다. 그림과 같은 인버터 회로방식의 명칭으로 옳은 것은?

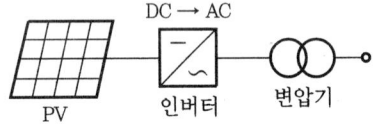

㉮ 상용주파 변압기 절연방식
㉯ 고주파 변압기 절연방식
㉰ 트랜스리스 방식
㉱ 트랜스 방식

해설 상용주파 변압기 절연방식 : 태양전지 직류 출력을 상용주파의 교류로 변환한 후 변압기로 절연하는 방식(저주파 변압기 때문에 효율이 떨어지고 부피와 무게가 커진다는 단점이 있다)

2. 인버터 각 시스템 방식 중 PV 분전함이 없어도 되고, PV 어레이 근처에 설치되는 인버터 연결방식은?

㉮ 병렬 운전방식
㉯ 모듈 인버터방식
㉰ 스트링 인버터방식
㉱ 중앙집중형 인버터방식

해설 스트링 인버터방식 : 스트링별 별도 설치가 가능하므로 PV 분전함이 없어도 되며, 주로 소형 발전방식에서 많이 채택된다.

3. 태양전지에서 직렬저항이 발생하는 원인이 아닌 것은?

㉮ 태양전지 내의 누설전류
㉯ 전면 및 후면 금속전극의 저항
㉰ 금속전극과 에미터, 베이스 사이의 접촉저항
㉱ 태양전지의 에미터와 베이스를 통한 전류 흐름

해설 태양전지에서 직렬저항은 태양전지 내의 누설전류와는 무관하다.

4. 신·재생에너지에 관한 설명으로 틀린 것은?

㉮ 조력발전은 밀물과 썰물로 발생하는 조류를 이용한 것이다.
㉯ 폐기물에너지는 가연성폐기물에서 발생되는 발열량을 이용한 것이다.
㉰ 파력발전은 표층과 심층의 해수온도차를 이용한 것이다.
㉱ 바이오에너지는 생물자원을 변환시켜 이용하는 것이다.

해설 ① 파력발전 : 연안 또는 심해의 파랑에너지를 이용하여 전기를 생산(입사하는 파랑에너지를 기계적 에너지로 변환)하는 기술이며, 타 방식 대비 에너지밀도가 작은 편이다.
② 온도차발전 : 표층과 심층의 해수온도차를 이용한 것이다.

5. 인버터의 설명으로 틀린 것은?

㉮ PWM 원리로 정현파를 재생한다.
㉯ 무변압기 인버터는 효율이 나쁘다.
㉰ MPPT를 이용한 최대전력을 생산한다.

㉠ 추적효율은 최적 동작점을 조정하는 것이다.

[해설] 무변압기 방식의 인버터(트랜스리스 방식의 인버터) : 저주파 변압기를 사용하지 않기 때문에 효율이 높고, 소형경량화 및 저가화에 가장 유리한 방식이다.

6. 출력전압의 파형을 기준으로 할 때 독립형 인버터에 해당되지 않는 것은?

㉮ 구형파 인버터

㉯ 유사 사인파 인버터

㉰ 사인파 인버터

㉱ 여현파 인버터

[해설] ① 구형파 : 직류를 번갈아 단속한 것과 같은 파형으로, 머리 부분과 밑 부분의 기간이 같은 파형(시간에 대해서 진폭 곡선을 그리면 그 모양이 구형으로 되는 파)
② 정현파 (사인파) : 교류파형의 가장 기본적인 형태이며, $\sin\theta$의 값을 $\theta = 0 \sim 360$도에 걸쳐 그려서 표현한 형태의 파형
③ 여현파 : 정현파의 파형 대비 90도 위상 차이가 나는 지연된 파형 혹은 앞선 파형

7. 연료전지의 특징에 대한 설명으로 적합하지 않은 것은?

㉮ 간헐성의 특징에 따른 축전지설비가 필요하다.

㉯ 등유, LNG, 메탄올 등 연료의 다양화가 가능하다.

㉰ 발전소의 건설비용이 크며 수명과 신뢰성 향상을 위한 기술연구가 필요하다.

㉱ 다양한 발전용량의 제작이 가능하다.

[해설] 축전지설비 : 태양광발전, 풍력발전 등에서처럼 태양에너지의 불안정성을 보완하기 위한 수요관리 설비(연료전지와는 무관)

8. 태양전지 측정 STC 조건에 따른 최적의 일사량과 표면온도는?

㉮ 1000 W/m², 25℃ ㉯ 1800 W/m², 35℃

㉰ 1500 W/m², 45℃ ㉱ 2500 W/m², 55℃

[해설] 태양전지 측정 STC 조건 : 1000 W/m², 25℃, AM1.5

9. 연(납)축전지의 정격용량 100 Ah, 상시부하 8 kW, 표준전압 100 V인 부동충전 방식 충전기의 2차 전류(충전전류) 값은 몇 A인가? (단, 상시부하의 역률은 1로 한다.)

㉮ 50 ㉯ 60

㉰ 80 ㉱ 90

[해설] 2차 전류 (충전전류)

$$= \frac{정격용량}{정격 \ 방전율} + \frac{부하용량}{표준전압}$$

$$= \frac{100}{10} + \frac{(8 \times 1000)}{100} = 90 \ A$$

(※ 정격 방전율 : 연축전지 = 10 h, 알칼리 축전지 = 5 h)

10. 태양전지 모듈을 구성하는 직렬 셀에 음영이 생길 경우 발생하는 출력 저하 및 발열을 억제하기 위해 설치하는 소자는?

㉮ 바이패스 다이오드

㉯ 역전류 방지 다이오드

㉰ 역전류 방지 퓨즈

㉱ 정류 다이오드

[해설] ① 바이패스 다이오드 (Bypass Diode) : 낙엽, 그늘, 음영, 태양전지 자체의 결함, 기타 오염 등으로 태양전지에 부분적인 열화현상이 생기면, 그 태양전지 셀에는 다른 태양전지 셀에서 발생한 모든 전압이 인가되어 열점(Hot Spot)이 발생한다. 이런 문제점을 대비하여 태양전지 모듈 내의 약 18~20개마다 셀의 전류방향과 반대로 바이패스 다이오드를 설치한다.
② 역류방지 소자 (Blocking Diode) : 다수의 병렬회로로 구성된 어레이에서는 어떤 모듈이 고장인 경우 정상적인 모듈의 전류가 고장점으로 역류해서 집중하는 것을 방지하기 위하여 사용되며, 반드시 정격 순방향 전류, 역내전압, 최고 주위온도와 같은 파라미터를 고려하여 설계하여야 한다.

해답 6. ㉱ 7. ㉮ 8. ㉮ 9. ㉱ 10. ㉮

11. 태양광발전용 축전지의 방전심도에 대한 설명으로 틀린 것은?

㉮ 방전심도를 낮게 설정하면, 전지수명이 증가한다.

㉯ 방전심도를 낮게 설정하면, 잔존용량이 감소한다.

㉱ 방전심도를 깊게 설정하면, 전지 이용률이 증가한다.

㉲ 방전심도를 깊게 설정하면, 전지수명이 단축된다.

해설 방전심도를 낮게 설정하면, 잔존용량이 커진다.

12. 태양광발전시설의 발전량을 예측하기 위해 경사면에서 복사량을 계산할 때 지표에 반사성분인 알베도가 포함된다. 일반적인 알베도 값은?

㉮ 0.15 　　　㉯ 0.20

㉱ 0.25 　　　㉲ 0.30

13. PN접합 다이오드에 역방향 바이어스 전압을 인가할 때의 설명으로 틀린 것은?

㉮ 전위장벽이 높아진다.

㉯ 전계가 강해진다.

㉱ P형에 (+)전압, N형에 (−)전압을 연결한다.

㉲ 공간전하 영역의 폭이 넓어진다.

해설 ① 순방향 전류 (Forward Bias) : 전원을 pn접합 다이오드의 P형 쪽에 +극을, N형 쪽에 −극을 연결할 때 순방향전압 (Forward Voltage) 또는 순방향 바이어스 (Forward Bias)가 걸렸다고 말한다. 이때 다이오드를 통하여 큰 전류, 즉 순방향 전류(Forward Current)가 흐른다. P영역의 hole이 N영역으로, N영역의 전자가 P영역으로 활발히 흐름으로 인해 P영역에서 N영역으로 큰 전류가 흐르게 된다.

② 역방향 전류 (reverse bias) : pn접합 다이오드에 외부전압이 N형 쪽에 +, P형 쪽에

−가 되도록 가해질 때 역방향전압 (Reverse Voltage) 또는 역방향 바이어스 (Bias)가 걸렸다고 말한다. 이때 다이오드를 통해 극히 미약한 전류, 즉 역포화전류 (Reverse Saturation Current)가 N영역에서 P영역으로 흐른다 (캐리어들이 각 극성에 달라붙어 공핍층이 넓어짐). 이 전류는 낮은 역방향전압에서 쉽게 최대치에 도달하며 역방향 전압을 높여도 그 이상 더 커지지 않으므로 역포화전류라고 부른다.

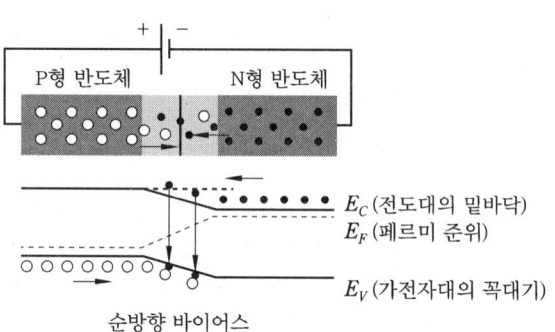

순방향 바이어스

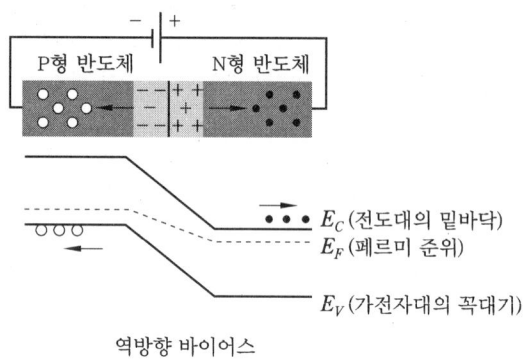

역방향 바이어스

14. 다음 태양광발전 시스템의 종류 중 에너지 효율이 가장 좋은 방식은?

㉮ 고정형 시스템

㉯ 반고정형 시스템

㉱ 추적형 시스템

㉲ 건물 일체형 시스템

해설 에너지효율이 우수한 정도 (순서) : 추적형 시스템＞반고정형 시스템＞고정형 시스템

해답 11. ㉯　 12. ㉯　 13. ㉱　 14. ㉱

15. 축전지 설비의 설치기준에서 큐비클과 이 외의 변전설비, 발전설비 및 축전지 설비와의 거리는 몇 m 이상으로 하여야 하는가?

㉮ 0.5 ㉯ 1.0 ㉰ 1.5 ㉱ 2.0

해설 축전지 설비의 이격거리

대상	이격거리(m)
큐비클 이외의 발전설비와의 사이	1.0
큐비클 이외의 변전설비와의 사이	1.0
옥외에 설치할 경우 건물과의 사이	2.0
전면 또는 조작면	1.0
점검면	0.6
환기면(환기구 설치면)	0.2

16. 다음 중 태양광발전 시스템의 손실 인자가 아닌 것은?

㉮ 모듈의 오염 ㉯ 모듈의 온도
㉰ 음영 ㉱ 효율

해설 태양광발전 시스템의 손실 인자 : 모듈의 오염, 모듈의 온도, 음영, 환기의 부족 등

17. 태양광발전 시스템에 풍력발전, 열병합발전 등 타 에너지원의 발전시스템과 결합하여 축전지·부하 및 상용계통에 전력을 공급하는 시스템은?

㉮ 독립형 시스템
㉯ 하이브리드 시스템
㉰ 계통연계형 시스템
㉱ 집광형 시스템

해설 태양광발전 시스템이 타 에너지원의 발전시스템과 결합된 형태를 '하이브리드 발전시스템' 이라고 한다.

18. 과부하 또는 단락이 발생하면 계통으로부터 PV 시스템을 자동으로 차단시키는 과전류보호 장치는?

㉮ 스트링 퓨즈
㉯ 배선용 차단기
㉰ 누전 차단기
㉱ 바이패스 다이오드

19. STC조건에서 최대전압이 45 V, 전압온도계수가 −0.2 V/℃인 결정질 태양전지 모듈 10장이 직렬로 연결되어있다. 외기 온도가 −25℃일 때 최대전압은 몇 V인가?

㉮ 350 ㉯ 450 ㉰ 550 ㉱ 650

해설 표준온도(25℃)가 아닌 경우의 전압(V') 계산
$$V' = V + \gamma \times \theta$$
$$= (45 \times 10)V + (-0.2 \times 10장) \times (-25 - 25)$$
$$= 550$$
여기서, V : 표준 상태(25℃)에서의 전압
γ : 모듈 전압(V)의 온도계수
θ : STC조건 온도편차 ($T_{cell} - 25$℃)

20. 변압기에서 1차 전압이 120 V, 2차 전압이 12 V일 때 1차 권선수가 400회라면 2차 권선 수는?

㉮ 10 ㉯ 40 ㉰ 400 ㉱ 4000

해설 $\frac{N2}{N1} = \frac{V2}{V1}$ 에서, $\frac{N2}{400회} = \frac{12V}{120V}$
그러므로, $N2 = 40회$

제2과목 : 태양광발전 시스템 설계

21. 설계도서의 해석의 우선순위로 옳은 것은?

㉮ 공사시방서 → 설계도면 → 전문시방서 → 표준시방서 → 산출내역서 → 승인된 상세 시공도면 → 관계법령의 유권해석 → 감리자의 지시사항
㉯ 공사시방서 → 설계도면 → 표준시방서 → 전문시방서 → 산출내역서 → 승인된 상세 시공도면 → 관계법령의 유권해석 → 감리자의 지시사항

해답 15. ㉯ 16. ㉱ 17. ㉯ 18. ㉯ 19. ㉰ 20. ㉯ 21. ㉮

대 공사시방서 → 설계도면 → 전문시방서 → 산출내역서 → 표준시방서 → 승인된 상세 시공도면 → 관계법령의 유권해석 → 감리 자의 지시사항

라 공사시방서 → 설계도면 → 표준시방서 → 산출내역서 → 전문시방서 → 승인된 상세 시공도면 → 관계법령의 유권해석 → 감리 자의 지시사항

해설 1순위 : 공사시방서
2순위 : 설계도면
3순위 : 전문시방서
4순위 : 표준시방서
5순위 : 산출내역서
6순위 : 승인된 상세시공도면
7순위 : 관계법령의 유권해석
8순위 : 감리자의 지시사항

22. 다음 중 평균 일조시간이 가장 긴 지역은?

가 대전 나 인천 다 서울 라 목포

해설 최근 30년간 일조합 (hr) 연평년값 (1981~2010년)

108 서울	2066.0	136 안동	2193.6
112 인천	2314.9	138 포항	2229.6
114 원주	2124.6	140 군산	2111.7
115 울릉도	1856.1	143 대구	2266.0
119 수원	2162.8	146 전주	2054.5
121 영월	2090.9	152 울산	2188.8
127 충주	2310.3	155 창원	2145.0
129 서산	2178.8	156 광주	2136.3
130 울진	2373.2	159 부산	2327.3
131 청주	2212.6	162 통영	2310.4
133 대전	2138.7	165 목포	2135.4
135 추풍령	2176.4		

23. 다음과 같은 태양광발전 시스템의 어레이 설계 시 직병렬 수량은?

- 모듈 최대 출력 : 250 Wp
- 1스트링 직렬매수 : 10직렬
- 시스템 출력 전력 : 50000 W

가 10직렬－10병렬   나 10직렬－15병렬
다 10직렬－20병렬   라 10직렬－25병렬

해설 병렬 수량 = 50,000 W ÷ (250 Wp × 10직렬)
= 20병렬

24. 기계기구의 구분에 따른 접지공사의 종류 중 틀린 것은?

가 400 V 미만인 저압용 － 제3종 접지공사
나 400 V 이상의 저압용 － 특별 제3종 접지 공사
다 600 V 이하의 저압용 － 제2종 접지공사
라 고압용 또는 특고압용 － 제1종 접지공사

해설 기계기구의 구분에 의한 접지공사의 적용 원칙

기계기구의 구분	접지공사
400 V 미만의 저압용	제3종 접지공사
400 V 이상의 저압용	특별 제3종 접지공사
고압용 또는 특별고압용	제1종 접지공사

※ 고압 또는 특고압과 저압을 결합한 변압기 의 저압 측의 중성점에는 고저압의 혼촉에 의한 위험을 예방하기 위하여 제2종 접지공 사를 한다. 이때 300 V 이하의 것은 저압 측 의 1단자를 접지할 수 있다.

25. 다음 중 축전지가 갖추어야 할 요구조건이 아닌 것은?

가 과충전, 과방전에 강할 것
나 중량 대비 효율이 높을 것
다 환경변화에 안정적일 것
라 에너지 저장 밀도가 낮을 것

해설 축전지는 에너지 저장 밀도가 높아야 한다.

26. 태양광발전소의 부지 타당성 조사 시 고 려하여야 할 부지 내 경미한 음영의 종류가 아닌 것은?

가 송전철탑   나 TV 안테나
다 전깃줄   라 피뢰침

27. 다음 중 표준시험조건 (STC) 기준으로 틀린 것은?

㉮ 수광 조건은 대기 질량정수 (AM : Air Mass)1.5의 지역을 기준으로 한다.

㉯ 빛의 일조 강도는 1000 W/m²를 기준으로 한다.

㉰ 모든 시험의 풍속조건은 10 m/s로 한다.

㉱ 모든 시험의 기준온도는 25로 한다.

해설 표준시험조건 (STC ; Standard Test Conditions)

① 태양광 발전소자 접합온도 : 25±2℃

② 대기질량 : AM1.5

③ 광 조사강도 : 1 kW/m²

28. 태양광발전 시스템의 인버터회로 방식이 아닌 것은?

㉮ 저주파수 변압기형

㉯ 부하 시 탭 절환형

㉰ 고주파 변압기 절연형

㉱ 무변압기형

29. 전압 48 V로 120000 Wh의 전력을 공급하는 부하의 경우 축전지용량은 Ah로 하면 되는가?

㉮ 1000   ㉯ 2500   ㉰ 5000   ㉱ 120000

해설 $120,000 \text{ Wh} \div 48 \text{ V} = 2500 \text{ Ah}$

30. 22.9 kV 연계형 태양광발전 사업자를 위한 인허가 및 신고사항에 대한 설명으로 틀린 것은?

㉮ 송·배전선로 이용 신청은 한국전력공사

㉯ 발전용량이 50000 kW 이상인 경우 환경영향평가의 대상으로 지자체 허가신청

㉰ 공사계획 인가 및 신고는 10000 kW 이상은 산업통상자원부 인가, 10000 kW 미만은 각 지자체에 신고

㉱ 발전사업 허가신청은 3000 kW 초과설비는 산업통상자원부 및 제주도청, 3000

kW 이하는 각 지자체

해설 발전용량이 100,000 kW 이상일 경우에 환경영향평가의 대상이 된다.

31. 태양전지 어레이 직병렬 설계 시 인버터의 사양 중 고려되지 않는 것은?

㉮ MPPT 전압 범위   ㉯ 최대 입력전압

㉰ 전압 온도계수   ㉱ 전류 온도계수

해설 인버터의 사양 중 '전류 온도계수'는 고려되지 않는다.

32. 22.9 kV, 3상 선로의 차단기 설치점에서 전원 측으로 바라본 합성 %Z가 100 MVA 기준으로 22 %일 때 단락전류 kA는? (단, 기기의 정격전압은 24 kV로 한다.)

㉮ 7.5   ㉯ 10.9   ㉰ 11.5   ㉱ 12.6

해설 ① 기기 최대 허용전류

$$\text{In} = \frac{100\text{MVA}}{(\sqrt{3} \times 22.9\text{kV})} = 2.52 \text{ kA}$$

② 차단기 단락전류

$$\text{Is} = \left(\frac{100\%}{\%Z}\right) \times \text{In} = \left(\frac{100\%}{22\%}\right) \times 2.52 \text{ kA}$$
$$= 11.5\text{kA}$$

33. 계통연계형 태양광 인버터의 시험항목이 아닌 것은?

㉮ 효율시험

㉯ 온도상승시험

㉰ 단독운전 방지시험

㉱ 부하불평형시험

해설 부하불평형시험은 독립형 태양광 인버터에 대한 시험이며, 3상 인버터에만 적용한다.

34. 축전지의 방전심도에 관한 설명으로 틀린 것은?

㉮ 축전지의 잔존용량으로도 표현한다.

㉯ 방전심도는 실제 방전량과 축전지의 정격용량의 비로 나타낸다.

㉰ 방전심도를 낮게 설정하면 전지수명이 짧아진다.

해답 27. ㉰   28. ㉯   29. ㉯   30. ㉯   31. ㉱   32. ㉰   33. ㉱   34. ㉰

라 방전심도를 높게 설정하면 전지 이용률은 높아진다.

해설 방전심도를 낮게 설정하면 전지수명이 길어진다.

35. 태양광발전 시스템과 전력계통선과의 연계를 위한 송수전설비에서 중요한 송전용 변압기의 용량산정에 고려사항이 아닌 것은?

가 변압기 효율과 부하율의 관계
나 변압기 뱅크방식에 따른 송전방식
다 DC 케이블선의 굵기
라 인버터 종류에 따른 변압기의 결선방식

36. 설계도서에 해당되지 않는 것은?

가 시방서　　나 시공상세도
다 설계도면　　라 내역서

해설 시공상세도는 현장 시공 시 그려지는 'Shop Drawing'이라고 하며, 설계도서에 포함되지는 않는다.

37. 다음 중 모니터링 시스템의 주요 구성 요소가 아닌 것은?

가 발전소 내 감시용 CCTV
나 LOCAL 및 Web Monitoring
다 기상관측 장치
라 LBS

해설 LBS (Load Breaker Switch ; 부하개폐기) : 수변전 설비의 인입구 개폐기로 사용되며, 부하전류를 개폐할 수 있으나 (정상 상태에서 소정의 전류를 투입, 차단, 통전하고 그 전로의 단락상태에서 이상전류까지 투입 가능), 고장전류를 차단할 수 없으므로 한류퓨즈와 직렬로 사용하는 것이 좋다.

38. 셀의 직렬연결 시 음영에 의한 출력은 몇 W인가? (단, 셀은 모두 5 W×10개이고, 음영에 의해 출력이 저하한 셀은 3.5 W×4개이다.)

가 50　　나 44　　다 35　　라 28

해설 직렬연결에서 출력은 적은 값 기준으로 형성되므로, 3.5 W×10개 = 35 W

39. 태양광발전사업 허가기준에 대한 설명으로 맞지 않는 것은?

가 전기사업 수행에 필요한 재무능력 및 기술 능력이 있을 것
나 전기사업이 계획대로 수행될 수 있을 것
다 일정지역에 편중되어 전력계통의 운영에 지장을 초래해서는 아니 될 것
라 태양광발전사업 허가신청 시 환경영향평가를 반드시 받아야 될 것

해설 태양광 발전사업 허가신청 시 환경영향평가는 발전용량이 100,000 kW 이상일 경우에만 대상이 된다.

40. 변환효율 13 %의 100 W급의 태양전지 모듈을 이용하여 10 kW급 태양전지 어레이를 구성하는 데 필요한 설치면적(m^2)으로 적당한 것은? (단, STC 조건이다.)

가 50　　나 80　　다 100　　라 150

해설 모듈변환효율
$$= \frac{모듈출력(W)}{모듈면적(m^2) \times 1000(W/m^2)}$$ 식에서,
모듈면적(m^2)
$$= \frac{모듈출력(W)}{모듈변환효율 \times 1000(W/m^2)}$$
$$= \frac{10000W}{0.13 \times 1000W/m^2} = 76.9\ m^2$$

제3과목 : 태양광발전 시스템 시공

41. 태양전지 모듈의 배선 후 확인할 사항 중 태양전지 어레이 검사항목이 아닌 것은?

가 사양서에 기초한 전압 확인
나 고조파전류 측정
다 단락전류 측정
라 비접지 확인

해답 35. 다 　36. 나 　37. 라 　38. 다 　39. 라 　40. 나 　41. 나

해설 고조파전류는 주로 배전계통 연계 측에서의 관리항목이다.

42. 태양광발전 시스템 구조물의 종류가 아닌 것은?

㉮ 고정식 ㉯ 단축식

㉰ 양축식 ㉱ 일자식

해설 태양광 어레이의 분류
① 설치방식에 따른 분류
  ㉮ 고정형 어레이
  ㉯ 경사가변형 어레이
  ㉰ 추적식 어레이
  ㉱ BIPV(건물통합형)
② 추적방식에 따른 분류
  ㉮ 감지식 추적법
  ㉯ 프로그램식 추적법
  ㉰ 혼합 추적식
③ 추적방향에 따른 분류
  ㉮ 단방향(단축) 추적형
  ㉯ 양방향(양축) 추적형

43. 태양광발전 시스템의 접속단자함에 설치되는 퓨즈용량은 스트링 정격전류의 몇 배 이상을 설치하여야 하는가?

㉮ 1.25배 ㉯ 1.5배

㉰ 2.0배 ㉱ 2.5배

해설 태양광발전 시스템의 접속단자함에 설치되는 퓨즈용량은 직렬연결의 최대 크기인 스트링 정격전류의 1.25배 이상을 설치해야 한다.

44. 태양광발전 인허가 절차 중 사전환경성 검토, 협의 내용으로 옳은 것은?

㉮ 50000 kW 미만 : 환경영향평가, 50000 kW 이상 : 사전환경성 검토

㉯ 50000 kW 미만 : 사전환경성 검토, 50000 kW 이상 : 환경영향평가

㉰ 100000 kW 미만 : 환경영향평가, 100000 kW 이상 : 사전환경성 검토

㉱ 100000 kW 미만 : 사전환경성 검토, 100000 kW 이상 : 환경영향평가

45. 태양광발전 시스템의 시공 시 감전방지 대책으로 틀린 것은?

㉮ 안전띠를 착용하여 작업한다.

㉯ 절연처리가 된 공구를 사용한다.

㉰ 강우 시에는 작업을 하지 않는다.

㉱ 작업 전에 태양전지 모듈의 표면에 차광시트를 붙여 태양광을 차단한다.

해설 안전띠(안전대)는 추락 방지용(떨어지거나 구르는 것을 방지함)으로 '감전방지'와는 무관하다.

46. 태양전지 전지판 연결공사에 대한 설명으로 틀린 것은?

㉮ 전선의 연결부위는 전선관 내에서 연결하여야 한다.

㉯ 전선관은 전기적, 기계적으로 확실히 접속한다.

㉰ 태양광 모듈 결선 시 Junction Box Hole에 맞는 방수커넥터를 사용한다.

㉱ 태양전지에서 옥내에 이르는 배선은 모듈전용선, F-CV선, TFR-CV선 등을 사용한다.

해설 전선의 연결부위는 전선관 내에서 연결시켜서는 안 된다.

47. 다음 중 송전선로의 안정도 증진방법으로 틀린 것은?

㉮ 계통을 연계한다.

㉯ 전압변동을 적게 한다.

㉰ 직렬 리액턴스를 크게 한다.

㉱ 중간 조상방식을 채택한다.

해설 리액턴스는 저항과 같이 전류의 흐름을 방해하는 역할을 하며, 접속된 전압과 흐르는 전류의 위상이 서로 다르게 하여 송전선로의 안정도가 떨어진다.

48. 구조물 시공의 주요 적용기준에 해당하지 않는 것은?

해답 42. ㉱ 43. ㉮ 44. ㉱ 45. ㉮ 46. ㉮ 47. ㉰ 48. ㉮

㉮ 토목구조 설계기준
㉯ 콘크리트구조 설계기준
㉰ 강구조 설계기준, 하중저항계수 설계법
㉱ 건축법 및 동 시행령, 건축물의 구조기준 등에 관한 규칙

해설 토목구조 설계기준은 주로 교량, 도로, 하천, 댐, 상수도, 하수도 등에 관한 것이므로 태양광 관련 구조물과는 관련성이 적다.

49. 태양광발전 시스템의 배선공사에 사용되는 케이블 중 내연성이 가장 좋은 케이블은?
㉮ ACSR (강심 알루미늄 연선)
㉯ VV (비닐절연 비닐시스 케이블)
㉰ CV (가교 폴리에틸렌 절연비닐 시스케이블)
㉱ PNCT (고무 절연 클로로플렌 시스 캡타이어 케이블)

50. 다음 ㉠~㉡에 알맞은 숫자는?

> 전선관의 굵기는 동일 전선의 경우에는 피복을 포함하여 총합계의 관의 내단면적의 (㉠) % 이하로 할 수 있으며, 서로 다른 굵기의 전선을 동일 관의 내단면적의 (㉡) % 이하가 되도록 선정하는 게 일반적인 원칙이다.

	㉠	㉡
㉮	24,	48
㉯	32,	24
㉰	32,	48
㉱	48,	32

해설 전선관의 굵기는 전선 피복을 포함하여 단면적 합계가 48 % 이하가 되도록 선정해야 한다 (단, 굵기가 서로 다른 케이블을 같은 전선관 속에 넣을 때에는 32 % 이하가 되도록 한다).

51. 책임 설계감리원이 발주자에게 설계감리의

기성 및 준공을 처리할 때 제출하는 서류 중 감리기록서류에 해당하지 않는 것은?
㉮ 설계감리 일지
㉯ 설계감리 지시부
㉰ 설계감리 결과보고서
㉱ 설계자와 협의사항 기록부

52. 발주자에게 책임감리원이 제출하는 분기 보고서에 포함되지 않는 사항은?
㉮ 작업 변경 현황
㉯ 공사 추진 현황
㉰ 감리원 업무일지
㉱ 주요 기자재 검사 및 수불내용

해설 분기 감리보고서 포함 내용
① 공사 추진 현황(공사개요, 계획 및 실적, 공정현황, 감리용역 현황, 감리조직, 감리원 조치내역 등)
② 감리원 업무일지
③ 품질검사 및 관리현황
④ 검사요청 및 결과 통보내용
⑤ 주요 기자재 검사 및 수불내용
⑥ 설계변경 현황
⑦ 그 밖에 책임감리원이 감리에 관하여 중요하다고 인정되는 사항

53. 사용 전 검사 및 법정검사에 대한 설명으로 틀린 것은?
㉮ 법정검사의 목적은 전기설비가 공사계획대로 설계 시공되었는가를 확인하는 것이다.
㉯ 사용 전 검사는 전기설비의 설치공사 또는 변경공사를 한 자는 산업통상자원부령이 정하는 바에 따라 산업통상자원부장관 또는 시·도지사가 실시하는 검사에 합격한 후에 이를 이용하여야 한다.
㉰ 법정검사 수행절차 시 불합격 시정기한은 사용 전 검사는 15일, 정기검사는 3개월이다.

🔄 전기안전에 지장이 없는 경우에 발전기 인가 출력보다 낮고 저출력 운전 시에는 임시사용이 불가능하다.

해설 전기설비의 임시사용 허용기준
① 발전기의 출력이 인가를 받거나 신고한 출력보다 낮으나 사용상 안전에 지장이 없다고 인정되는 경우
② 송전·수전과 직접적인 관련이 없는 보호 울타리 등이 시공되지 아니한 상태이나 사람이 접근할 수 없도록 안전조치를 한 경우
③ 공사계획을 인가받거나 신고한 전기설비 중 교대성·예비성 설비 또는 비상용 예비발전기가 완공되지 아니한 상태이나 주된 전기설비가 전기의 사용상이나 안전에 지장이 없다고 인정되는 경우

54. 태양광발전설비의 특별 제3종 접지공사의 접지 저항값은 몇 Ω 이하인가?

㉮ 3 Ω 　　　㉯ 5 Ω
㉰ 10 Ω 　　㉱ 100 Ω

해설 접지의 종류별 접지저항값

접지공사의 종류	접지저항
제1종 접지공사	10 Ω
제2종 접지공사	변압기 고압 측 또는 특별고압 측 전로의 1선 지락전류 암페어 수에서 150을 나눈 값의 옴 수
제3종 접지공사	100 Ω
특별 제3종 접지공사	10 Ω

55. 접지공사의 종류에 따른 접지선의 굵기로 틀린 것은?

㉮ 제1종 접지공사 : 공칭단면적 6 mm^2 이상의 연동선

㉯ 제2종 접지공사 : 공칭단면적 10 mm^2 이상의 연동선

㉰ 제3종 접지공사 : 공칭단면적 2.5 mm^2 이

상의 연동선

㉱ 특별 제3종 접지공사 : 공칭단면적 2.5 mm^2 이상의 연동선

해설 제2종 접지공사 : 접지공사에서 접지선의 굵기가 공칭단면적 16 mm^2 이상의 연동선 (고압전로 또는 특고압 가공전로의 전로와 저압전로를 변압기에 의하여 결합하는 경우 공칭단면적 6 mm^2 이상의 연동선)을 사용하여야 한다.

56. 총 설비용량 80 kW, 수용률 75 %, 부하율 80 %인 수용가의 평균전력은 몇 kW인가?

㉮ 30 　　　㉯ 36
㉰ 42 　　　㉱ 48

해설 · 최대 수용 전력 = 수용률×설비용량
　　　　　　　 = 0.75×80 kW = 60 kW
· 평균 수용 전력 = 부하율×최대 수용 전력
　　　　　　　 = 0.8×60 kW = 48 kW

참조 전력사용 지표

① 부하율 = $\frac{평균 수용 전력}{최대 수용 전력}$ ×100 %

② 수용률 = $\frac{최대 수용 전력}{설비 용량}$ ×100 %

③ 부등률 = $\frac{부하 각각의 최대수용전력의 합}{합성 최대 수용 전력}$

④ 설비 이용률
　= $\frac{평균 발전 또는 수전 전력}{발전소 또는 변전소의 설비용량}$ ×100 %

⑤ 전일 효율
　= $\frac{1일 공급 전력량}{1일 공급 전력량+1일 손실 전력량}$ ×100 %

57. 다음 중 이도를 크게 할 경우의 단점이 아닌 것은?

㉮ 지지물이 높아진다.
㉯ 전선접촉사고가 많아진다.
㉰ 진동을 방지한다.
㉱ 단선의 우려가 있다.

해설 이도를 크게 할 경우의 장단점

해답 54. ㉰　55. ㉯　56. ㉱　57. ㉰

장점	단점
1. 안정도 증가 2. 진동 방지 3. 지지물에 가해지는 장력이 감소	1. 지지물이 높아짐 2. 전선접촉사고가 많아짐

58. 케이블 단말처리 시공 시 테이프 폭이 3/4로부터 2/3 정도로 중첩해 감아놓으면 시간이 지남에 따라 융착하여 일체화하는 절연테이프 종류는?

㉮ 자기융착 절연테이프

㉯ 비닐 절연테이프

㉰ 보호테이프

㉱ 노튼테이프

59. 감리원이 공사업자로부터 물가변동에 따른 계약금액 조정요청을 받은 경우에 작성, 제출하도록 되어있는 서류가 아닌 것은?

㉮ 물가변동 조정 요청서

㉯ 계약금액 조정 요청서

㉰ 품목조정률 또는 지수조정률에 대한 산출근거

㉱ 안전관리비 집행근거 서류

해설 물가변동에 따른 계약금액 조정 시 감리원은 공사업자로부터 제출된 서류(물가변동 조정 요청서, 계약금액 조정 요청서, 품목조정률이나 지수조정률의 산출근거, 계약금액 조정 산출근거, 기타 필요 서류 등)를 검토·확인 후 조정요청을 받은 날로부터 14일 이내에 검토의견을 첨부하여 발주자에게 보고한다.

60. 태양광발전 시스템 구조물의 설치공사 순서를 바르게 나열한 것은?

㉠ 어레이 가대공사	㉡ 어레이 기초공사
㉢ 어레이 설치공사	㉣ 배선공사
㉤ 점검 및 검사	

㉮ ㉡→㉠→㉢→㉣→㉤

㉯ ㉠→㉡→㉢→㉣→㉤

㉰ ㉣→㉡→㉠→㉢→㉤

㉱ ㉣→㉠→㉡→㉢→㉤

제4과목 : 태양광발전 시스템 운영

61. 인버터의 제어특성을 점검하기 위한 측정 및 시험방법으로 적당하지 않은 것은?

㉮ 입출력 측정   ㉯ 과/저전압 측정

㉰ AC 회로시험   ㉱ 육안검사

해설 육안검사는 인버터의 제어특성 관련 측정 및 시험방법과 무관하다.

62. 태양광발전설비 점검 시 비치해야 하는 전기안전관리 장비가 아닌 것은?

㉮ 온도계

㉯ 클램프 미터

㉰ 적외선 온도측정기

㉱ 습도계

해설 일반적으로 습도계는 태양광발전설비의 점검용 장비가 아니다.

63. 태양전지 어레이 개방전압 측정 시 주의사항으로 틀린 것은?

㉮ 각 스트링의 측정은 안정된 일사강도가 얻어질 때 실시한다.

㉯ 측정시각은 맑은 날, 해가 남쪽에 있을 때 1시간 동안 실시한다.

㉰ 셀은 비 오는 날에도 미소한 전압이 발생하고 있으니 주의한다.

㉱ 측정은 직류전류계로 측정한다.

해설 개방전압의 특정에는 보통 멀티테스터(멀티메터)가 사용된다.

64. 다결정 실리콘 태양광모듈을 이용하여 사막과 같은 고온 환경에서 작동시킬 때, 단결정 실리콘 대비 차이점에 대한 설명으로 가장 옳지 않은 것은?

해답 58. ㉮   59. ㉱   60. ㉮   61. ㉱   62. ㉱   63. ㉱   64. ㉱

[가] 상대적으로 온도계수가 작아 출력이 크다.

[나] 기판의 이동도가 떨어져 동일용량 설계 시보다 큰 면적을 필요로 한다.

[다] 기판의 결정 구조에 따라 디자인 측면에서 건축물에 적용이 우수하다.

[라] 물질의 고유특성인 에너지 갭이 작아 온도에 대한 특성은 우수하다.

[해설] 다결정 실리콘 태양전지는 에너지 갭이 커서 대체로 높은 Voc 값을 가지며, 고온환경에 유리하다.

65. **독립형 태양광발전설비 유지보수 중 일상점검 항목이 아닌 것은?**

[가] 접속함의 개방전압

[나] 인버터의 이상 과열

[다] 축전기의 액면 저하

[라] 지지대의 부식

[해설] 접속함의 주요 '일상점검' 항목

점검항목		점검요령
육안점검	외함의 부식 및 손상	부식 및 파손이 없을 것
	외부배선 (접속케이블)의 손상	접속케이블에 손상이 없을 것

66. **태양광발전 시스템 정기점검 사항 중 인버터의 투입저지 시한 타이머(동작시험) 관련 인버터가 정지하여 자동 기동할 때는 몇 분 정도 시간이 소요되는가?**

[가] 1분 [나] 3분 [다] 5분 [라] 10분

67. **태양광전원의 용량이 50 MVA에 대하여, 15 %의 임피던스를 가지는 경우, 100 MVA를 기준으로 한 % 임피던스는?**

[가] 30 [나] 40 [다] 50 [라] 60

[해설] $\%Z = \dfrac{100\text{MVA}}{50\text{MAV}} \times 15\ \% = 30\ \%$

68. **독립형 태양광발전 시스템의 구성장치가 아닌 것은?**

[가] 충 · 방전제어기

[나] 단독운전방지 시스템

[다] 축전지 또는 축전지뱅크

[라] 인버터

[해설] 단독운전방지 시스템은 '계통연계형 태양광발전 시스템'의 구성장치이다.

69. **태양전지의 결정질 실리콘 전지는 단결정 전지와 다결정 전지로 구분되는데, 다결정 전지에 속하지 않는 것은?**

[가] 다결정 파워 전지

[나] 다결정 밴드 전지

[다] 다결정 박막 전지

[라] 다결정 염료 전지

[해설] 염료 (감응형)전지는 비실리콘 계열의 태양전지이다.

70. **태양광전원이 배전선로에 연계되어 운용되는 경우, 수용가의 전압을 일정하게 유지시키는 데 가장 중요한 역할을 하는 것은?**

[가] 변전소 계전기 [나] 리클로저

[다] 주상변압기 [라] 선로전압조정기

71. **실리콘 태양전지는 200에서 100마이크로 단위의 얇은 형태로 지속적인 연구개발이 진행되고 있다. 향후 실제 모듈화 및 발전소 운영 시에 대한 설명으로 틀린 것은?**

[가] 소재의 감소는 있으나 발전소 운영 시 외부 충격에 의해 쉽게 물리적인 미소결함의 가능성이 높다.

[나] 모듈화 진행 시 낮은 압력으로 공정이 진행되면 파손에 의한 생산성의 감소는 줄일 수 있으나 기포나 수분 제거 시 어려움이 있다.

[다] 모듈화 진행 시 얇아질수록 쉽게 금속배선작업 등에 의하여 휨 현상은 줄일 수

[해답] 65. [가] 66. [다] 67. [가] 68. [나] 69. [라] 70. [라] 71. [다]

있으나 셀과 셀 연결 시 파손의 위험이 증가한다.

㉺ 확산 공정 시 접합형성을 위한 동일 깊이 및 동일 불순물농도의 주입시간은 두께와 관계가 없다.

해설 얇은 태양전지에서 휨현상은 더 심해질 수 있다.

72. 태양광발전 시스템 유지보수 시 일반적인 점검 종류가 아닌 것은?

㉮ 일상점검 ㉯ 정기점검
㉰ 임시점검 ㉱ 특수점검

해설 태양광발전 시스템 유지보수 시 일반적으로 행해지는 점검은 일상점검, 정기점검, 임시점검 등이다.

73. 발전사업 허가 제출서류 중 발전용량 3000 kW 이하 시 제출하지 않아도 되는 서류는?

㉮ 전기사업허가신청서
㉯ 발전원가명세서
㉰ 신용평가 의견서
㉱ 송전관계 일람도

해설 전기사업법 시행규칙 제4조 제1항(별표1의2) : 발전설비용량이 200킬로와트 초과 3천킬로와트 이하인 발전사업의 허가를 신청하는 경우 제출서류는 아래와 같다.
① 전기사업허가신청서
② 사업계획서
③ 전기설비 건설 및 운영 계획 관련 증명서류
④ 송전관계 일람도(一覽圖)
⑤ 발전원가명세서
⑥ 발전용 수력의 사용에 대한 허가서 또는 발전용 원자로 및 관계시설의 건설에 대한 허가서의 사본

74. 태양광(PV) 모듈의 적층판 파괴를 발견하기 위한 방법으로 적당한 것은?

㉮ 다기능 측정 ㉯ 입출력 측정
㉰ 절연저항 측정 ㉱ 과/저전압 측정

해설 다기능 측정 : 태양광 모듈의 접촉점의 장애를 발견하기 위한 점검 및 측정으로서, 만약 모듈의 접촉점이 끊어졌을 경우 저항값이 증가하므로 I-V곡선을 측정하고 모듈의 명판에 나와있는 값과 비교하여 차이가 날 경우 '접촉점의 장애'로 판단할 수 있다.

75. 1200 W 태양광전원이 부하 400 W, 역률 1인 선로말단 부하 측에 연계된 경우 부하 측 수용가의 전압(V)은? (단, 전원 측에서 말단까지 선로임피던스를 5 Ω, 전원 측 전원은 227.8 V 이다.)

㉮ 240.5 ㉯ 227.8 ㉰ 245.4 ㉱ 210.0

해설 • $I = \dfrac{400\text{W}}{227.8\text{V}} = 1.756$ A

• 단상 2선식에서 전압강하
$e = 2\,IR = 2 \times 1.756\,\text{A} \times 5\,\Omega = 17.56$ V

• 부하 측 수용가의 전압(V)
$= 227.8\,\text{V} + 17.56\,\text{V} = 245.4$ V

76. 태양전지 어레이의 절연내압시험 조건 중 옳은 측정법은?

㉮ 최대 사용 전압의 1.5배의 직류전압 혹은 1배의 교류전압을 10분간 인가
㉯ 최대 사용 전압의 1.5배의 직류전압 혹은 2배의 교류전압을 10분간 인가
㉰ 최대 사용 전압의 2배의 직류전압 혹은 1배의 교류전압을 10분간 인가
㉱ 최대 사용 전압의 2배의 직류전압 혹은 2배의 교류전압을 10분간 인가

77. 사업용 태양광발전설비 정기검사 항목 중 필수 항목이 아닌 것은?

㉮ 태양전지 ㉯ 전력변환장치
㉰ 차단기 ㉱ 접속함

해설 사업용 태양광발전설비 정기검사
① 5대 검사항목 : 태양광전지 검사, 전력변환장치 검사, 변압기 검사, 차단기 검사, 전선로(모선) 검사 등
② 통상 상기 5대 검사항목 외 발전설비표, 접

지설비, 비상발전기, 종합연동, 부하운전 등
에 대한 검사도 진행한다.

78. 한전계통에 순간정전이 발생하여 태양광
발전 시스템 인버터가 정지할 때 동작되는
계전기는?

㉮ 주파수 계전기 　㉯ 과전압 계전기
㉰ 저전압 계전기 　㉱ 역상 계전기

79. 사업용 태양광발전설비 정기검사 항목 중
전력변환장치 검사내용이 아닌 것은?

㉮ 외관검사
㉯ 접지저항 측정
㉰ 단독운전 방지시험
㉱ 제어회로 및 경보장치 시험

해설 사업용 태양광발전설비 정기검사 항목 중 전력
변환장치 검사내용 : 규격확인, 외관검사, 절연
저항, 제어회로 및 경보장치, 단독운전 방지
시험, 인버터 운전시험, 보호장치시험, 축전
지(시설상태, 전해액약, 환기시설)시험 등

80. 태양광발전 시스템 사용 전 검사 및 정
기검사, 안전관리자 선임과 관련된 법은?

㉮ 전기사업법 　㉯ 전기공사업법
㉰ 전력기술관리법 ㉱ 한국전력공사규정

제5과목 : 신재생에너지 관련법규

81. 특별 제3종 접지공사의 접지 저항값은?

㉮ 10 Ω 이하 　㉯ 5 Ω 이하
㉰ 100 Ω 이하 ㉱ 150 Ω 이하

해설 특별 제3종 접지공사와 제1종 접지공사의 접지
저항값 : 10 Ω 이하

82. 주택의 태양전지 모듈에 접속하는 부하
측 옥내배선을 시설하는 경우에 주택의 옥내
전로의 대지전압은 직류 몇 V 이하인가?

㉮ 200 　㉯ 300 　㉰ 500 　㉱ 600

해설 전기설비기술기준의 판단기준 제166조 : 주택
의 태양전지모듈에 접속하는 부하측 옥내배선
(복수의 태양전지모듈을 시설하는 경우에는
그 집합체에 접속하는 부하측의 배선)을 다음
각 호에 따라 시설하는 경우에 주택의 옥내전
로의 대지전압은 직류 600 V 이하일 것
① 전로에 지락이 생겼을 때 자동적으로 전
로를 차단하는 장치를 시설할 것
② 사람이 접촉할 우려가 없는 은폐된 장소
에 합성수지관공사, 금속관공사 및 케이블
공사에 의하여 시설하거나, 사람이 접촉
할 우려가 없도록 케이블 공사에 의하여
시설하고 전선에 적당한 방호장치를 시설
할 것

83. 발전사업의 정의로 옳은 것은?

㉮ 전기를 생산하여 전기수용가에 공급하
는 사업
㉯ 생산된 전기를 배전사업자에게 송전하
는 데 필요한 전기설비를 설치·관리하
는 사업
㉰ 송전된 전기를 전기사용자에게 배전하
는 데 필요한 전기설비를 설치·운용하
는 사업
㉱ 전기를 생산하여 전력시장을 통하여 전
기판매사업자에게 공급하는 사업

해설 "발전사업"의 법적 정의(전기사업법) : 전기를
생산하여 이를 전력시장을 통하여 전기판매
사업자에게 공급하는 것을 주된 목적으로 하
는 사업을 말한다.

84. 다음 중 신·재생에너지 설비 인증을 함
에 있어 설비심사기준으로 적합하지 않은 것
은 어느 것인가?

㉮ 설비의 생산성
㉯ 설비의 효율성
㉰ 설비의 내구성
㉱ 국제 또는 국내의 성능 및 규격에의 적
합성

해답 78. ㉰ 79. ㉯ 80. ㉮ 81. ㉮ 82. ㉱ 83. ㉱ 84. ㉮

해설 설비의 생산성은 심사기준이 아니고, 제조 회사와 관련된 문제이다.

85. 지방자치단체의 저탄소 녹색성장 시책을 장려하고 지원하며, 녹색성장의 정착·확산을 위하여 사업자와 국민, 민간단체에 정보의 제공 및 재정 지원 등 필요한 조치를 할 수 있는 기관은?

㉮ 대기업   ㉯ 국민
㉰ 민간단체   ㉱ 국가

해설 국가의 책무 (저탄소 녹색성장기본법 제4조) : 국가는 지방자치단체의 저탄소 녹색성장 시책을 장려하고 지원하며, 녹색성장의 정착·확산을 위하여 사업자와 국민, 민간단체에 정보의 제공 및 재정 지원 등 필요한 조치를 할 수 있다.

86. 전기공사의 종류가 아닌 것은?

㉮ 저수지, 수로 및 이에 수반되는 구조물 공사
㉯ 발전·송전·변전 및 배전 설비공사
㉰ 산업시설물, 건축물 및 구조물의 전기 설비공사
㉱ 전기철도 및 철도신호의 전기설비공사

해설 저수지, 수로 및 이에 수반되는 '구조물' 자체의 공사는 전기공사가 아니라, 토목공사에 해당한다.

87. 발전소 등의 부지 시설조건에 대한 설명 중 틀린 것은?

㉮ 산지전용 후 발생하는 절·성토면의 수직높이는 15 m 이하로 한다.
㉯ 부지조성을 위해 산지를 전용할 경우에는 산지의 평균 경사도가 25도 이하여야 한다.
㉰ 산지전용면적 중 산지전용으로 발생되는 절·성토 경사면의 면적이 100분의 50을 초과해서는 안 된다.

㉱ 산지전용 후 발생되는 절토면 최하단부에서 발전 및 변전실까지의 최소이격거리는 보안울타리, 외곽도로, 수림대 등을 포함하여 5 m 이상이어야 한다.

해설 발전소 등의 부지 시설조건 (전기설비기술기준 제21조의2) : 산지전용 후 발생하는 절토면 최하단부에서 발전 및 변전설비까지의 최소이격거리는 보안울타리, 외곽도로, 수림대 등을 포함하여 6 m 이상이 되어야 한다. 다만, 옥내변전소와 옹벽, 낙석방지망 등 안전대책을 수립한 시설의 경우에는 예외로 한다.

88. 산업통상자원부장관은 관계 중앙행정기관의 장과 협의를 한 후 신·재생에너지정책심의회의 심의를 거쳐 신·재생에너지의 기술개발 및 이용·보급을 촉진하기 위한 기본계획을 몇 년마다 수립하여야 되는가?

㉮ 1년   ㉯ 3년
㉰ 5년   ㉱ 10년

해설 기본계획의 수립 (신에너지 및 재생에너지 개발·이용·보급 촉진법 제5조 1항) : 산업통상자원부장관은 관계 중앙행정기관의 장과 협의를 한 후 제8조에 따른 신·재생에너지정책심의회의 심의를 거쳐 신·재생에너지의 기술개발 및 이용·보급을 촉진하기 위한 기본계획을 5년마다 수립하여야 한다.

89. 저압의 전선로 중 절연 부분의 전선과 대지 사이의 절연저항은 사용 전압에 대한 누설전류가 최대 공급 전류의 몇 분의 1을 넘지 않도록 유지하는가?

㉮ 1/1000   ㉯ 1/2000
㉰ 1/3000   ㉱ 1/4000

90. 심의회의 원활한 심의를 위하여 필요한 경우에는 심의회에 신·재생에너지전문 위원회를 둘 수 있다. 전문위원회의 위원은 신·재생에너지 분야에 관한 전문지식을 가진 사람으로서 누가 위촉하는 사람인가?

해답 85. ㉱   86. ㉮   87. ㉱   88. ㉰   89. ㉯   90. ㉮

㉮ 산업통상자원부장관

㉯ 국무총리

㉰ 미래창조과학부장관

㉱ 행정안전부장관

91. 태양광발전설비에서 용량에 관계없이 전기안전관리자를 선임할 수 있는 기준으로 맞는 것은?

㉮ 전기기사 또는 전기기능장 자격 소지자로 실무경력 2년 이상인 자

㉯ 전기기사 또는 전기기능장 자격 소지자로 실무경력 3년 이상인 자

㉰ 전기기사 또는 전기기능장 자격 소지자로 실무경력 4년 이상인 자

㉱ 전기기사 또는 전기기능장 자격 소지자로 실무경력 5년 이상인 자

92. 과전류 차단기로서 저압전로에 사용하는 100 A 퓨즈는 수평으로 붙여서 시험할 때 1.6배의 전류를 통하는 경우와 2배의 전류를 통하는 경우에 각각 몇 분 안에 용단되어야 하는가?

㉮ 30분, 2분 ㉯ 60분, 4분

㉰ 120분, 6분 ㉱ 120분, 8분

93. 태양전지 모듈에 시설하는 전선은 공칭단면적 얼마 이상의 연동선 또는 이와 동등 이상의 세기 및 굵기(mm^2)의 전선을 사용해야 하는가?

㉮ 2.5 ㉯ 4

㉰ 6 ㉱ 8

94. 에너지원을 다양화하고, 에너지의 안정적인 공급, 에너지 구조의 환경친화적 전환 및 온실가스 배출의 감소를 추진함으로써 환경의 보전, 국가경제의 건전하고 지속적인 발전 및 국민복지의 증진에 이바지함을 목적으로 하는

법은?

㉮ 전기공사업법

㉯ 에너지이용효율화법

㉰ 신에너지 및 재생에너지 개발 · 이용 · 보급 촉진법

㉱ 저탄소 녹색성장기본법

해설 신에너지 및 재생에너지 개발 · 이용 · 보급 촉진법 제1조 (이 법의 목적) 참조

95. 고압 및 특별고압의 전로에 피뢰기를 설치하지 않아도 되는 것은?

㉮ 변전소 또는 이에 준하는 장소의 가공전선인입구 및 인출구

㉯ 고압 및 특고압 가공전선로로부터 공급을 받는 수용장소의 인입구

㉰ 지중전선로에 연결된 구내 수전설비 2차 측 선로

㉱ 가공전선로와 지중전선로가 접속되는 곳

해설 피뢰기의 시설(전기설비기술기준의 판단기준 제42조)

고압 및 특고압의 전로 중 다음 각 호에 열거하는 곳 또는 이에 근접한 곳에는 피뢰기를 시설하여야 한다.

1. 발전소 · 변전소 또는 이에 준하는 장소의 가공전선 인입구 및 인출구

2. 가공전선로에 접속하는 배전용 변압기의 고압측 및 특고압측

3. 고압 및 특고압 가공전선로로부터 공급을 받는 수용장소의 인입구

4. 가공전선로와 지중전선로가 접속되는 곳

96. 「전기사업법」 제2조 제4호에 따른 발전사업자 또는 같은 조 제19호에 따른 자가용 전기설비를 설치한 자로서 신 · 재생에너지 발전을 하는 사업자는?

㉮ 에너지발전 사업자

㉯ 에너지송전 사업자

㉰ 에너지배전 사업자

㉱ 신 · 재생에너지 발전사업자

해답 91. ㉮ 92. ㉰ 93. ㉮ 94. ㉰ 95. ㉰ 96. ㉱

97. 전로의 중성점을 접지하는 목적에 해당하지 않는 것은?

㉠ 보호장치의 확실한 동작의 확보

㉡ 부하전류의 일부를 대지로 흐르게 함으로써 전선 절약

㉢ 이상전압의 억제

㉣ 대지전압의 저하

해설 전로의 중성점을 접지하는 것은 부하전류가 아닌 이상전류를 대지로 흐르게 하여 안전을 확보하기 위함이다.

98. 정부가 수립·시행하여야 하는 에너지정책 및 에너지와 관련된 계획의 기본원칙으로 가장 적절하지 못한 것은?

㉠ 석유·석탄 등 화석연료의 사용을 단계적으로 축소하고 에너지 자립도를 획기적으로 향상시킨다.

㉡ 에너지 수요관리를 강화하여 지구온난화를 예방하고 환경을 보전한다.

㉢ 신·재생에너지의 개발·생산·이용 및 보급을 확대하고 에너지 공급원을 다변화한다.

㉣ 에너지가격 및 에너지산업에 대한 규제를 강화하고 거래제도를 도입하여 새로운 시장을 창출한다.

해설 정부는 에너지가격 및 에너지산업에 대한 규제를 강화하는 것이 아니라 완화해나가야 한다.

99. 신재생에너지 우수 전문기업의 선정을 위한 평가기준에 해당하지 않는 것은?

㉠ 기술인력

㉡ 시공 능력

㉢ 기업의 신용 상태

㉣ 품질 및 사후관리 실적

해설 신·재생에너지 우수 전문기업의 선정을 위한 평가기준
① 기술인력
② 시공 실적
③ 기업의 신용 상태
④ 품질 및 사후관리 실적
⑤ 그 밖에 산업통상자원부장관이 필요하다고 인정하는 기준

100. 저압 가공전선을 가공 전화선에 접근하여 시설하는 경우 수평 이격거리의 최소값 (m)은?

㉠ 0.3 ㉡ 0.6

㉢ 1 ㉣ 1.5

해설 저압 가공전선을 가공 전화선에 접근하여 시설하는 경우 : 0.6 m 이상 이격시킬 것

해답 97. ㉡ 98. ㉣ 99. ㉡ 100. ㉡

□ **신재생에너지 발전설비 산업기사** ▶ **2015. 5. 31 시행**

| 제1과목 : 태양광발전 시스템 이론 |

1. 줄의 법칙을 이용한 발열량(cal) 계산식으로 옳은 것은? (단, I는 전류(A), R은 저항(Ω), t는 시간(sec)이다.)

㉮ $H = 0.24I^2R$ ㉯ $H = 0.24I^2Rt$

㉰ $H = 0.024I^2Rt$ ㉱ $H = 0.024I^2R^2$

2. 태양전지의 직렬저항 증가에 의해 영향을 받는 요소는?

㉮ 개방전압 감소 ㉯ 누설전류 증가

㉰ 단락전류 증가 ㉱ 충진율 감소

해설 태양전지의 직렬저항이 증가하면 전류 및 출력의 감소로 충진율이 저하된다.

3. 온실효과에 대한 설명으로 틀린 것은?

㉮ 온도효과 가스가 존재하지 않는다면 평균기온은 −18℃에 이른다.

㉯ 석탄 등 화석연료 대량소비는 CO_2 발생의 주원인이다.

㉰ CO_2 발생 증가는 지구온난화에 영향을 준다.

㉱ 지구 온난화는 연간 강수량을 증가시킨다.

해설 지구온난화는 강수량의 증가보다는 강수의 패턴의 변화를 야기한다.

4. 일사량과 어레이 경사각에 대한 설명으로 틀린 것은?

㉮ 경사면 일사량은 어레이 경사각을 결정한다.

㉯ 지표면 확산 일사는 태양으로부터 산란, 반사 후 지상에 도달하는 일사이다.

㉰ 지표면 직달 일사는 태양으로부터 지상의 관측지점으로 직접 도달하는 일사이다.

㉱ 태양전지는 많은 일사량을 받도록 지면과 수평면에 설치한다.

해설 태양전지는 많은 일사량을 받도록 지면과 약 30~40℃의 각도로 설치하는 것이 좋다.

5. 실리콘 태양전지 모듈의 출력 특성에 대한 설명으로 틀린 것은?

㉮ 태양광 모듈의 표면온도가 높아지면 출력이 약간 증가한다.

㉯ 태양의 일사강도가 동일한 경우, 여름철에 비해 겨울철의 출력이 높다.

㉰ 단락전류는 일사강도에 비례하는 특성을 보인다.

㉱ 모듈 온도가 높아지면 개방전압은 일반적으로 감소한다.

해설 태양광 모듈의 표면온도가 높아지면 출력이 많이 감소한다.

6. 계통연계형 인버터의 기능에 해당하지 않는 것은?

㉮ 자동운전 정지기능

㉯ 자동전류 조정기능

㉰ 단독운전 방지기능

㉱ 최대출력 추종제어기능

해설 ㉯의 '자동전류 조정기능'→'자동전압 조정기능'으로 수정해야 한다.

7. 종합출력에 영향을 미치는 손실 요소가 아닌 것은?

㉮ 모듈의 온도

㉯ 실측 경사면 일사량

㉰ MPP 불일치

㉱ 인버터 손실

해설 실측 경사면의 일사량은 손실 요소가 아니고 환경 요소에 해당한다.

해답 1. ㉯ 2. ㉱ 3. ㉱ 4. ㉱ 5. ㉮ 6. ㉯ 7. ㉯

8. 다음 중 그림과 같이 설명되는 인버터 회로 방식은?

> 태양전지의 직류출력을 DC-DC 컨버터로 승압하고, 인버터로 상용주파의 교류로 변환하는 방식이며, 회로구성은 태양전지셀, 컨버터, 인버터로 구성되어있다.
>
>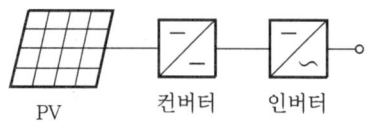
>
> PV   컨버터   인버터

㉮ 상용주파 변압기 절연방식

㉯ 고주파 변압기 절연방식

㉰ 트랜스리스 방식

㉱ 트랜스 방식

[해설] 트랜스리스 방식

① 태양전지의 직류출력을 DC-DC 컨버터로 승압하고 DC/AC 인버터로 상용주파수의 교류로 변환한다.

② 저주파 변압기를 사용하지 않기 때문에 고효율화, 소형경량화, 저가화에 가장 유리하다.

③ 주택용 (3 kW 이하)에 많이 적용되는 절연방식이다.

④ 변압기를 사용하지 않기 때문에 안정성에 불리하다 (복잡한 안정성 제어가 필요).

9. 태양광발전 시스템의 분전함 (접속함)에 설치되는 구성요소가 아닌 것은?

    ㉮ 직류출력 개폐기

    ㉯ 누전 차단기

    ㉰ 피뢰소자

    ㉱ 역류방지소자

10. 태양광 모듈 내부의 전지를 기계적 충격, 온도 및 습도로부터 보호하고 전기적으로 절연시키기 위해 사용되는 캡슐화 재료가 아닌 것은?

    ㉮ PVF (Poly-Vinyl Fluoride)

    ㉯ EVA (Ethylene-Vinyl Acetate)

    ㉰ PVB (Poly-Vinyl Butyral)

    ㉱ PO (Poly-Olefin)

[해설] PVF는 절연용 캡슐화 재료가 아니고, 태양전지 후면의 백시트 재료이다.

11. 태양광발전 시스템 인버터의 기능이 아닌 것은?

    ㉮ 자동운전정지   ㉯ 자동전압 조정

    ㉰ 직류 검출   ㉱ 고조파 검출

[해설] 태양광 발전의 인버터 기능에는 자동운전정지, 자동전압조정, 직류검출, 단독운전방지, 최대전력 추종, 직류지락 검출 등이 있다.

12. 다음에서 설명하고 있는 운전상태는?

> 태양광발전 시스템이 계통과 연계되어있는 상태에서 계통 측에 정전이 발생하면, 부하전력이 인버터의 출력과 동일하게 되므로, 인버터의 출력전압, 주파수는 변하지 않고 전압, 주파수 계전기에서는 정전을 검출할 수 없게 된다. 그 때문에 계속해서 태양광발전 시스템에서 계통으로 전력이 공급될 가능성이 있게 된다.

    ㉮ 자동운전   ㉯ 단독운전

    ㉰ 병렬운전   ㉱ 추종운전

13. 바이오에너지의 범위에 대한 설명으로 틀린 것은?

    ㉮ 동·식물의 유지를 변화시킨 바이오디젤

    ㉯ 쓰레기매립장의 무기성폐기물을 변환시킨 매립지가스

    ㉰ 생물유기체를 변환시킨 땔감·우드칩·펠릿 및 목탄 등의 고체연료

    ㉱ 생명유기체를 변환시킨 바이오가스·바이오에탄올·바이오액화유 및 합성가스

[해설] 쓰레기매립장의 무기성폐기물을 변환시킨 매립지가스는 '폐기물에너지'이다.

14. 각종 태양전지의 특징 중 장점이 아닌 것

해답   8. ㉰   9. ㉯   10. ㉮   11. ㉱   12. ㉯   13. ㉯   14. ㉱

은 어느 것인가?

㉮ CIGS는 실리콘 재료에 영향을 받지 않고 색이 좋다.

㉯ 염료감응형은 색을 선택할 수 있고 저렴하다.

㉰ 단결정 실리콘은 변환효율이 높다.

㉱ HIT는 변환효율이 낮다.

[해설] HIT(Heterojunction with intrinsic thin layer) 태양전지는 변환효율이 높고 가격이 저렴한 편이다.

15. 풍력발전 시스템 부품 중 저속의 블레이드 회전수를 발전기용 고속회전수로 변환시키는 장치는?

㉮ 감속기 ㉯ 로터

㉰ 증속기 ㉱ 인버터

16. 단결정 태양전지의 제조공정 순서를 옳게 나열한 것은?

㉮ 폴리실리콘→Czochralski공정→웨이퍼 슬라이싱→반사방지막→전/후면 전극→인 도핑

㉯ Czochralski공정→폴리실리콘→웨이퍼 슬라이싱→반사방지막→전/후면 전극→인 도핑

㉰ 폴리실리콘→Czochralski공정→웨이퍼 슬라이싱→인 도핑→전/후면 전극→반사방지막

㉱ 폴리실리콘→Czochralski공정→웨이퍼 슬라이싱→인 도핑→반사방지막→전/후면 전극

17. 계통연계 보호장치 중 인버터 내부에 내장되지 않는 계전기는?

㉮ 과전압 계전기

㉯ 저전압 계전기

㉰ 과주파수 계전기

㉱ 지락 과전압 계전기

[해설] 인버터에 내장되는 계통연계 보호장치로는 과전압 계전기, 저전압 계전기, 과주파수 계전기, 저주파수 계전기 등이 있다.

18. 다음 설명 중 틀린 것은?

㉮ 옴의 법칙에서 전압은 저항에 반비례함을 의미한다.

㉯ 온도의 상승에 따라 도체의 전기저항은 증가한다.

㉰ 도선의 저항은 길이에 비례하고 단면적에 반비례한다.

㉱ 전기가 누설되지 않도록 하는 것을 '절연'이라고 하며 그 재료를 '절연물'이라고 한다.

[해설] 옴의 법칙에서 전압은 저항에 비례한다 ($V = IR$).

19. 태양광발전용 축전지가 갖추어야 할 요구조건이 아닌 것은?

㉮ 자기 방전율이 높을 것

㉯ 에너지 저장 밀도가 높을 것

㉰ 중량 대비 효율이 높을 것

㉱ 과충전, 과방전에 강할 것

[해설] 태양광발전용 축전지는 '자기 방전율'이 낮아야 한다.

20. 태양광발전설비에서 1스트링의 직렬 매수 산정식에 해당하는 것은? (단, 주변온도를 고려하지 않은 경우이다.)

㉮ $\dfrac{\text{인버터 직류입력전압}}{\text{모듈최대출력 동작전압}}$

㉯ $\dfrac{\text{인버터 직류입력전류}}{\text{모듈최대출력 동작전압}}$

㉰ $\dfrac{\text{인버터 직류입력전압}}{\text{모듈최대출력 동작전류}}$

㉱ $\dfrac{\text{인버터 직류입력전류}}{\text{모듈최대출력 동작전류}}$

해답 15. ㉰ 16. ㉱ 17. ㉱ 18. ㉮ 19. ㉮ 20. ㉮

제2과목 : 태양광발전 시스템 시공

21. 지붕설치형 태양전지 모듈의 설치방법 중 유의할 사항으로 틀린 것은?

㉮ 모듈 교환이 쉬울 것

㉯ 지붕과 태양전지 모듈 간은 간격이 없도록 할 것

㉰ 지지기구 등의 노출부를 가능한 줄일 것

㉱ 적설량이 많은 곳에서는 적설하중을 고려할 것

해설 지붕설치형 태양전지 : 지붕과 태양전지 모듈 간은 간격을 유지하여 환기가 잘되도록 해주어야 온도 상승에 의한 효율의 저하를 막을 수 있다.

22. 태양전지 모듈 조립 시 주의사항으로 적합하지 않은 것은?

㉮ 태양전지 모듈의 파손방지를 위해 충격이 가지 않도록 한다.

㉯ 태양전지 모듈의 인력 이동 시 2인 1조로 한다.

㉰ 태양전지 모듈과 가대의 접합 시 가스켓 등은 사용하지 않는다.

㉱ 접속하지 않은 모듈의 리드선은 빗물 등 이물질이 유입되지 않도록 보호테이프로 감는다.

해설 태양전지 모듈과 가대의 접합 시 반드시 가스켓 등을 사용하여 부식(전식)을 방지해주어야 한다.

23. 기초판과 기둥으로 형성되어있으며, 기둥과 보로 구성되어있는 건축물에 적용되는 기초의 종류는?

㉮ 말뚝기초   ㉯ 독립기초

㉰ 복합기초   ㉱ 연속기초

24. 태양광 모듈 배선이 끝난 후 검사하는 항목이 아닌 것은?

㉮ 극성 확인   ㉯ 단락전류 측정

㉰ 전압 확인   ㉱ 일사량 측정

25. 태양광발전(3 kW 이하)의 에너지 공급 인증서 가중치 중 건축물 등 기존 시설물을 이용할 경우 가중치는?

㉮ 0.5   ㉯ 1.0

㉰ 1.25   ㉱ 1.5

해설 신·재생에너지원별 가중치-산통자부 고시 '신·재생에너지 공급의무화제도 관리 및 운영지침' 별표3) 참조

26. 감리원은 공사가 시작된 경우에는 공사업자로부터 착공신고서를 제출받아 적정성 여부를 검토해야 한다. 그 서류가 아닌 것은?

㉮ 품질관리 계획서

㉯ 안전관리 계획서

㉰ 공사도급 계약서 사본 및 산출내역서

㉱ 기술계산서

해설 착공신고서 검토 내용 : 시공관리 책임자 지정 통지서, 공사예정공정표, 품질관리 계획서, 공사 도급 계약서 사본 및 산출내역서, 착공 전 사진, 현장기술자 경력사항 확인서 및 자격증 사본, 안전관리 계획서, 작업인원 및 장비투입 계획서, 기타 발주자 지정사항 등

27. 태양광발전설비 시공기준 중 인버터에 관한 설명으로 옳은 것은?

㉮ 옥내용을 옥외에 설치하는 경우는 10 kW 이상이어야 한다.

㉯ 모듈의 설치용량은 인버터의 설치용량의 105 % 이내이어야 한다.

㉰ 각 직렬군의 태양전지 최대전압은 입력전압 범위 안에 있어야 한다.

㉱ 인버터의 출력단 표시사항은 전압, 전류만 표시된다.

해설 모듈의 설치용량≤인버터 설치 용량×1.05

해답   21. ㉯   22. ㉰   23. ㉯   24. ㉱   25. ㉱   26. ㉱   27. ㉯

28. 태양전지 모듈 간의 배선 시 단락전류에 충분히 견딜 수 있는 전선의 최소 굵기로 적당한 것은?

㉮ $0.75\,mm^2$ ㉯ $2.5\,mm^2$
㉰ $4.0\,mm^2$ ㉭ $6.0\,mm^2$

29. 태양광발전설비 사용 전 검사에 필요한 서류가 아닌 것은?

㉮ 공사 내역서
㉯ 공사 계획신고서
㉰ 감리원 배치 확인서
㉭ 태양광 전지 규격서 및 성적서

해설 사용 전 검사 필요서류 : 사용 전 검사 신청서, 태양광발전 설비개요, 공사계획 신고서, 태양전지 규격 및 성적서, 감리원 배치 확인서 등

30. 태양광발전 시스템 시공 시 필요한 대형 장비에 해당하지 않는 것은?

㉮ 굴삭기 ㉯ 콤프레샤
㉰ 지게차 ㉭ 크레인

해설 태양광 설치공사 시 주로 사용하는 대형장비에는 굴삭기, 크레인, 지게차 등이 있다.

31. 태양광발전설비 전기공사 중 옥외공사에 해당하지 않는 것은?

㉮ 접속함 설치
㉯ 전력량계 설치
㉰ 분전반의 개조
㉭ 태양전지 모듈 간의 배선

해설 전기공사의 절차 : 분전반의 개조는 옥내공사에 해당한다.

32. 전력계통의 무효전력을 조정하여 전압조정 및 전력손실의 경감을 도모하기 위한 설비는?

㉮ 조상설비
㉯ 보호계전장치

㉰ 부하시 Tap 절환장치
㉭ 계기용 변성기

해설 "조상설비"의 법적 정의 : 무효전력을 조정하는 전기기계기구를 말한다.

33. 태양광발전설비의 공사감리 법적 근거는?

㉮ 전기사업법
㉯ 전기설비기술기준
㉰ 전력기술관리법
㉭ 전기공사업법

34. 태양전지 모듈과 인버터, 인버터와 계통 연계점 간의 전압강하는 각각 몇 %를 초과하지 않아야 하는가? (단, 전선길이는 60 m 이하이다.)

㉮ 3 % ㉯ 5 %
㉰ 7 % ㉭ 8 %

해설 태양전지판에서 인버터입력단간 및 인버터 출력단과 계통연계점 간의 전압강하는 각 3 %를 초과하여서는 안 된다. 단, 전선길이가 60 m를 초과할 경우에는 다음 표에 따라 시공할 수 있다. 전압강하 계산서(또는 측정치)를 설치확인 신청서에 제출하여야 한다.

전선길이	전압강하 (%)
120 m 이하	5
200 m 이하	6
200 m 초과	7

35. 제3종 및 특별 제3종 접지공사의 시설방법이 아닌 것은?

㉮ 사람이 접촉할 우려가 있는 경우에는 금속관을 사용하여 방호할 수 있다.
㉯ 접지하는 전기기계기구의 금속제 외함, 배관 등과 전기적으로나 기계적으로 확실히 시설되어야 한다.
㉰ 접지저항값은 저압전로에 누전차단기 등의 지락차단장치(정격감도전류 30 mA,

해답 28. ㉯ 29. ㉮ 30. ㉯ 31. ㉰ 32. ㉮ 33. ㉰ 34. ㉮ 35. ㉮

0.5초 이내에 동작하는 것)를 설치하면 500 Ω까지 완화할 수 있다.

㉹ 접지선이 외상을 입을 염려가 있을 경우 접지할 기계기구에서 60 cm 이내의 부분 및 지중 부분을 제외하고 합성수지관 등에 넣어 보호하여야 한다.

해설 사람이 접촉할 우려가 없는 은폐된 장소에 합성수지관 공사, 금속관 공사 및 케이블 공사에 의하여 시설하거나, 사람이 접촉할 우려가 없도록 케이블 공사에 의하여 시설하고 전선에 적당한 방호장치를 시설해야 한다.

36. 공사감리 분기보고서는 누가 작성하여 누구에게 제출하여야 하는가?

㉮ 책임감리원이 작성하여 발주자에게 제출

㉯ 책임감리원이 작성하여 감리업자에게 제출

㉰ 공사업자가 작성하여 발주자에게 제출

㉱ 공사업자가 작성하여 감리업자에게 제출

37. 방화구획 관통부의 처리에 관한 설명으로 틀린 것은?

㉮ 전선배관의 관통부에서는 다른 설비로 불길이 번지거나 확대되는 것을 방지한다.

㉯ 관통부의 충전재, 내열씰재의 전열에 의해 뒷면이 연소할 위험이 있는 온도가 되지 않아야 한다.

㉰ 내열성이란 관통부의 충전재, 케이블, 배관재의 변형, 파손, 탈락, 소실로 뒷면에 화염, 연기가 발생하지 않도록 하는 것이다.

㉱ 내화구조물 배선, 배관 등으로 관통한 경우의 되메우기 충전재는 관통하기 전과 같거나 그 이상의 내화구조로 하지 않으면 안 된다.

해설 ① 방화구획 관통부의 처리 : 방화구획 관통부의 처리는 화재 발생 시의 방화 대책물

인 벽, 바닥, 기둥 등을 통과하는 전선배관의 관통 부분에서 다른 설비로 불길이 번지거나 확대하는 것을 방지하기 위해서이다. 배선을 옥외에서 옥내로 끌어들인 관통 부분의 처리 방법으로 다음 사항을 충족해야 한다.

㉮ 난연성 측면 : 관통 부분의 충전재, 케이블, 배관재의 변형, 파손, 탈락, 소실로 인해 뒷면에 화염, 연기가 나지 않을 것

㉯ 내열성 측면 : 관통 부분의 충전재, 내열씰재의 전열에 의해 뒷면이 연소할 위험이 있는 온도가 되지 않을 것

② 관통부의 방화처리에 대한 관계법령 : 관통부분의 시공방법에 대한 법령으로 건축법시행령 제56조(건축물의 내화구조)를 적용하고 있다.

38. 책임감리원이 발주자에게 제출하는 최종 감리보고서 중 공사추진 실적현황과 관련이 없는 것은?

㉮ 하도급 현황

㉯ 지시사항 처리

㉰ 감리용역 개요

㉱ 기성 및 준공검사 현황

39. 전선을 지중 매설할 경우 중량물의 압력을 받을 위험이 있는 경우 매설 깊이는?

㉮ 0.6 m 이상 ㉯ 1.0 m 이상

㉰ 1.2 m 이상 ㉱ 1.5 m 이상

해설 태양전지 모듈과 인버터 간의 지중 배선 시 중량물의 압력을 받을 우려가 있는 경우 1.2 m 이상, 일반 장소는 0.6 m 이상 깊이로 매설한다.

40. 다음 중 주택지붕형 태양전지 모듈 어레이를 설치하기 위해 가장 중요하게 고려해야 하는 사항은?

㉮ 냉각조건 ㉯ 음영

㉰ 설치높이 ㉱ 설치각도

제3과목 : 태양광발전 시스템 운영

41. 분산형 전원 발전설비는 전력계통 연계지점에서 발전기 용량 정격 최대전류의 몇 % 이상인 직류전류를 전력계통으로 유입해서는 안 되는가?

㉮ 2　　㉯ 1　　㉰ 0.5　　㉱ 0.3

42. 독립형 태양광발전 시스템의 구성요소가 아닌 것은?

㉮ 태양전지 어레이　㉯ 인버터

㉰ 계통연계기　　　㉱ 축전지

해설 계통연계기는 계통연계형 태양광발전시스템의 구성요소이다.

43. 모듈의 온도에 따른 I-V 특성곡선에서 태양전지 특징을 설명한 것 중 옳은 것은?

㉮ 태양전지 전압은 온도에 반비례한다.

㉯ 태양전지 온도가 올라가면 발전량이 증가한다.

㉰ 태양전지 전압은 온도에 비례한다.

㉱ 태양전지 온도와 발전량은 상관관계가 없다.

44. 태양광발전(PV) 모듈 안전조건 시험요건에 해당하지 않는 것은?

㉮ 전기충격 위험시험

㉯ 화재 위험시험

㉰ 역전압 과부하시험

㉱ 기계적 응력시험

해설 KS C IEC 61730-2 (태양광발전 모듈 안전조건 : 제2부-시험요건) 참조

45. 분산형 전원 발전설비는 고장에 의한 단독운전상태가 발생했을 경우 몇 초 이내에 전력계통으로부터 분리시켜야 하는가?

㉮ 0.5　　㉯ 0.3　　㉰ 0.1　　㉱ 1.0

해설 분산형 발전설비의 단독운전 방지(Anti-Islanding) 기능 : 연계계통의 고장으로 단독운전상 분산형 전원 발전설비는 이러한 단독운전 상태를 빨리 검출하여 전력계통으로부터 분산형 전원 발전설비를 분리시켜야 한다 (최대한 0.5초 이내).

46. 태양광발전은 큰 전류를 생성하는 소자들의 결합 구조물이다. 단결정 실리콘 태양전지의 경우 무려 8~9 A까지 생성하는 특성이나 Voc (Open Circuit Voltage)는 0.6~0.65 V밖에 안 되어 출력은 4~5 W로 측정된다. 일반적으로 Isc의 전류에는 영향을 미치나 Voc를 높일 수 있는 방법으로 가장 적절한 설명은?

㉮ 작동 전류를 감소시킨다.

㉯ 기판 대비 불순물의 농도를 높게 주입하여 제조한다.

㉰ 기판의 불순물 농도를 낮은 것으로 선택하여 제조한다.

㉱ Voc를 높게 제조하기 위해서는 저온의 공정으로 진행한다.

47. 태양광발전 시스템의 단락전류 측정 시 가장 낮게 측정되는 경우는?

㉮ 한여름 낮(태양전지 어레이 표면온도 70℃)

㉯ 한여름 아침(태양전지 어레이 표면온도 20℃)

㉰ 한겨울 낮(태양전지 어레이 표면온도 40℃)

㉱ 한겨울 아침(태양전지 어레이 표면온도 -10℃)

해설 태양광발전 시스템의 단락전류 : 태양전지 어레이의 표면온도에 비례

48. 태양전지 발전 원리로 가장 적절한 것은?

㉮ 광전효과 (Photovoltaic Effect)

㉯ 제만효과 (Zeeman Effect)

정답 41. ㉰　42. ㉰　43. ㉮　44. ㉰　45. ㉮　46. ㉯　47. ㉱　48. ㉮

[다] 슈타르크효과 (Stark Effect)

[라] 1차 전기광효과 (Pockels Effect)

[해설] ① 광전효과의 정의 : 아인슈타인이 빛의 입자성을 이용하여 설명한 현상으로 금속 등의 물질에 일정한 진동수 이상의 빛을 비추었을 때, 물질의 표면에서 전자가 튀어나오는 현상

② 광전효과는 단파장 조사 시 외부에 자유전자가 방출되는 외부광전효과 (광전관, 빛의 검출/측정 등에 사용)와 내부광전효과 (전자 및 정공이 발생)로 나누어진다.

49. 태양광발전 시스템 저압배전선과의 계통연계 시 필요한 보호장치 중 발전설비의 고장을 보호하기 위한 보호장치는?

[가] 과전압보호 계전기

[나] 과주파수 계전기

[다] 부족주파수 계전기

[라] 단락방향 계전기

[해설] 과전압보호 계전기 : 'OVR (Over Voltage Relay)'이라고 하며, 과전압에 대한 감시 및 동작으로 계통연계 시 발전설비의 고장을 보호할 수 있다.

50. 독립형 태양광발전 시스템에서 부조일수의 설명으로 가장 옳은 것은?

[가] 정전된 일수를 말한다.

[나] 유지 보수를 위한 일수를 말한다.

[다] 연속적으로 발전이 가능한 일수를 말한다.

[라] 연속적으로 발전이 불가능한 일수를 말한다.

51. 절연내압 측정 시 최대 사용 전압의 몇 배의 직류전압을 인가하는가? (단, 표준태양전지 어레이 개방전압은 최대사용전압으로 본다.)

[가] 1 [나] 1.5

[다] 2 [라] 3

52. 태양전지 모듈 – 접지선 간 절연저항을 직류전압 500 V로 측정 시의 절연저항치(MΩ)는 얼마 이상이어야 하는가?

[가] 0.1 [나] 0.2 [다] 0.4 [라] 1.0

[해설] 접속함 (중간 단자함) 점검방법

점검항목		점검요령
육안점검	외함의 부식 및 파손	부식 및 파손이 없을 것
	방수처리	전선 인입구가 실리콘 등으로 방수처리 되어있을 것
	배선의 극성	태양전지에서 배선의 극성이 바뀌어있지 않을 것
	단자대 풀림	확실하게 취부되고 나사의 풀림이 없을 것
측정	절연저항(태양전지 – 접지 간)	0.2 MΩ 이상 측정전압 DC500 V (각 회로마다 전부 측정)
	절연저항(중간단자함 출력단자 – 접지 간)	1 MΩ 이상 측정전압 DC500 V
	개방전압 및 극성	규정 전압이어야 하고 극성이 올바를 것

53. 태양광발전설비의 전력 케이블로 적당하지 않은 것은?

[가] FR–CV [나] UV케이블

[다] EM케이블 [라] FR–CVVS

[해설] FR–CVVS는 전력케이블이 아니고, '아날로그 계측 제어 신호용 케이블'이다.

54. 태양광발전 시스템에서 고장 빈도가 가장 높고 출력에 영향을 미치는 기기는?

[가] 인버터 [나] PV 어레이

[다] 퓨즈 [라] 차단기

[해설] 태양광발전 시스템에서 고장 빈도가 가장 높고 출력에 영향을 많이 미칠 수 있는 기기는 인버터 혹은 전력변환장치이다.

[해답] 49. [가] 50. [라] 51. [나] 52. [나] 53. [라] 54. [가]

55. 태양광 시스템이 설치가 되면 사용 전에 허가를 받아야 한다. 이때 받아야 하는 검사는 무엇인가?

㉮ 정기 검사
㉯ 일상점검
㉰ 사용 전 검사
㉱ 특별검사

해설 '전기사업법'에 근거하여 검사기관(한국전기안전공사 법정검사팀)으로부터 사용 전 검사를 받는다(검사를 받고자 하는 날의 7일 전까지 신청해야 함).

56. 현재 상업화되어있는 태양전지 중 가장 높은 온도계수 특성을 지니고 있어 출력의 감소가 가장 큰 태양전지는?

㉮ 단결정 실리콘 태양전지
㉯ 다결정 실리콘 태양전지
㉰ 박막 실리콘 태양전지
㉱ CIGS 태양전지

해설 단결정 실리콘 태양전지는 상업화된 태양전지 중 효율은 가장 높은 것으로 평가되지만, 높은 온도계수 특성을 지니고 있어 출력의 감소가 가장 큰 편이다.

57. 태양광발전에서 수명 감소는 충진재(Encapsulant)의 특성변화에 기인한다. 충진재 중 EVA(Ethylene Vinyl Acetate)에 대한 설명으로 가장 부적절한 것은?

㉮ 겔(Gel) 함량과 Curing 온도에 따라 가교율에 의해 강도가 달라진다.
㉯ 가교율이 높으면 강도가 증가하고 미소 충격에 의해 태양전지의 균열로 이어질 수 있다.
㉰ 빛과 수분을 동시에 일부 차단한다.
㉱ 장기간 적외선에 노출되어 변색이 급격히 진행된다.

해설 ㉱는 '장기간 자외선에 노출되어 변색이 급격히 진행된다.'로 고쳐야 한다.

58. 태양광발전 시스템의 용량이 100 kW 미

만인 경우의 정기점검은?

㉮ 매월 1회 이상
㉯ 매월 2회 이상
㉰ 매년 1회 이상
㉱ 매년 2회 이상

해설 전기용량별 정기점검 횟수
① 3 kW 미만의 경우 : 법적으로 정기점검을 하지 않아도 된다.
② 100 kW 미만의 경우 : 매년 2회 이상 점검
③ 100 kW 이상의 경우 : 격월 1회 이상 혹은 '전기사업법 시행규칙 별표 13에' 따른다.

59. 태양광발전 시스템에 필요한 설비는 시험·인증을 받아야 한다. 시험·인증 절차로 옳은 것은?

㉮ 인증신청 → 서류심사 → 성능심사 → 공장심사 → 인증서 발급
㉯ 인증신청 → 성능심사 → 서류심사 → 공장심사 → 인증서 발급
㉰ 인증신청 → 서류심사 → 공장심사 → 성능검사 → 인증서 발급
㉱ 인증신청 → 공장심사 → 서류검사 → 성능심사 → 인증서 발급

60. 태양광발전설비 운영자 숙지사항 중 옳은 것은?

㉮ 계통연계형의 경우 한전전원이 OFF일 때 인버터가 자동정지하고 한전이 복전되었을 때 즉시 재기동한다.
㉯ 접속함 차단기를 차단하면 전압이 유기되지 않으므로 감전에 주의할 필요가 없다.
㉰ 계통연계형의 경우 한전전원이 OFF일 때 역송전이 불가하다.
㉱ 먼지나 이물질이 태양전지에 부착된 경우 전력생산의 저하 및 수명에 영향을 미치지 않는다.

해답 55. ㉰ 56. ㉮ 57. ㉱ 58. ㉱ 59. ㉰ 60. ㉰

제4과목 : 신재생에너지 관련법규

61. 신재생에너지 공급의무자에 해당하지 않는 것은?

㉮ 한국수자원공사

㉯ 한국석유공사

㉰ 한국지역난방공사

㉱ 50만 kW 이상의 발전설비(신재생에너지 설비는 제외한다)를 보유하는 자

62. 신·재생에너지 기술개발 및 이용·보급 사업비의 사용처가 아닌 것은?

㉮ 신·재생에너지 분야 기술지도 및 교육·홍보

㉯ 신·재생에너지를 생산하는 사업자에 대한 지원

㉰ 신·재생에너지 기술의 국제표준화 지원

㉱ 신·재생에너지 관련 국제협력

[해설] 신에너지 및 재생에너지 개발·이용·보급 촉진법 제10조(조성된 사업비의 사용)

산업통상자원부장관은 제9조에 따라 조성된 사업비를 다음 각 호의 사업에 사용한다.

1. 신·재생에너지의 자원조사, 기술수요조사 및 통계작성
2. 신·재생에너지의 연구·개발 및 기술평가
3. 신·재생에너지 이용 건축물의 인증 및 사후관리
4. 신·재생에너지 공급의무화 지원
5. 신·재생에너지 설비의 성능평가·인증 및 사후관리
6. 신·재생에너지 기술정보의 수집·분석 및 제공
7. 신·재생에너지 분야 기술지도 및 교육·홍보
8. 신·재생에너지 분야 특성화대학 및 핵심 기술연구센터 육성
9. 신·재생에너지 분야 전문인력 양성
10. 신·재생에너지 설비 설치전문기업의 지원
11. 신·재생에너지 시범사업 및 보급사업
12. 신·재생에너지 이용의무화 지원
13. 신·재생에너지 관련 국제협력
14. 신·재생에너지 기술의 국제표준화 지원
15. 신·재생에너지 설비 및 그 부품의 공용화 지원
16. 그 밖에 신·재생에너지의 기술개발 및 이용·보급을 위하여 필요한 사업으로서 대통령령으로 정하는 사업

63. 발전소를 건설하는 공사에서 철근콘크리트 또는 철골구조부를 제외한 발전설비공사의 하자담보 책임기간은 몇 년인가?

㉮ 1년   ㉯ 3년   ㉰ 5년   ㉱ 7년

64. 400 V 미만의 전로에 시설하는 기계기구의 철대 또는 외함에 시설하는 접지의 종류는?

㉮ 제1종 접지공사

㉯ 제2종 접지공사

㉰ 제3종 접지공사

㉱ 특별 제3종 접지공사

[해설]

기계기구의 구분	접지공사의 종류
400 V 미만인 저압용의 것	제3종 접지공사
400 V 이상의 저압용의 것	특별 제3종 접지공사
고압용 또는 특고압용의 것	제1종 접지공사

65. 신·재생에너지의 기술개발 및 이용·보급 촉진을 위한 기본계획의 계획기간은?

㉮ 3년 이상   ㉯ 5년 이상

㉰ 10년 이상   ㉱ 20년 이상

66. 전기설비의 제2차 접근상태는 가공전선이 다른 시설물과 접근하는 경우 그 가공전선이 다른 시설물의 위쪽 또는 옆쪽에서 수평 거리로 몇 m 미만인 곳에 시설되는 상태를 말하는가?

㉮ 0.5   ㉯ 1   ㉰ 2   ㉱ 3

해답 61. ㉯   62. ㉯   63. ㉯   64. ㉰   65. ㉰   66. ㉱

67. 전기설비의 종류에 해당되지 않는 것은?

㉮ 전기사업용전기설비

㉯ 일반용전기설비

㉰ 특수용전기설비

㉱ 자가용전기설비

68. 태양전지 모듈 등의 시설 시 옥측 또는 옥외에 시설하는 공사법이 아닌 것은?

㉮ 합성수지관공사   ㉯ 애자사용공사

㉰ 금속관공사   ㉱ 가요전선관공사

69. 국유재산 또는 공유재산을 임차하거나 취득한 자가 해당 재산에서 신·재생에너지 기술개발 및 이용·보급에 관한 사업을 취득일로부터 얼마의 기간 이내에 시행하지 아니하는 경우 대부계약 또는 사용허가를 취소하거나 환매할 수 있는가?

㉮ 3개월   ㉯ 6개월

㉰ 1년   ㉱ 2년

70. 다음 중 저탄소 녹색성장대책을 수립·시행할 때 지역적 특성과 여건을 고려하여야 하는 기관은?

㉮ 대기업   ㉯ 국민

㉰ 국가   ㉱ 지방자치단체

71. 전기공사업의 등록기준으로 틀린 것은?

㉮ 전기공사기술자 3명 이상

㉯ 자본금의 25 % 이상의 현금 예치 또는 출자 증명

㉰ 자본금 1억 원 이상

㉱ 공부상 면적이 25제곱미터 이상인 사무실 확보

해설 공사업의 등록을 하려는 자가 갖추어야 할 기술능력, 자본금 및 사무실 등에 관한 기준은 다음 각 호와 같다.

① 아래 기술능력, 자본금 및 사무실을 갖출 것

항 목	공사업의 등록기준
기술능력	전기공사기술자 3명 이상(2000년 12월 31일까지는 3명 중 1명 이상은 전기공사산업기사 이상의 국가기술자격자, 1명 이상은 전기공사기능사 이상의 국가기술자격자가 포함되어야 하고, 2001년 1월 1일 이후에는 3명 중 1명 이상은 전기공사산업기사 이상의 국가기술자격자가 포함돼야 한다).
자본금	2억 원 이상
사무실	공사업 운영을 위한 공부상 면적이 25제곱미터 이상인 사무실 확보

② 산업통상자원부장관이 지정하는 금융기관 또는 「전기공사공제조합법」에 따른 전기공사공제조합이 제1호에 따른 자본금 기준금액의 100분의 25 이상에 해당하는 금액의 담보를 제공받거나 현금의 예치 또는 출자를 받은 사실을 증명하여 발행하는 확인서를 제출할 것

72. 중성점 직접접지식 전로에 접속하는 것으로 성형 결선으로 된 변압기의 최대 사용 전압이 345 kV라 하면 이 변압기의 시험전압 (V)은 얼마가 되는가?

㉮ 220800   ㉯ 248400

㉰ 379500   ㉱ 431250

해설 전로의 절연저항 및 절연내력(13조) 참조

따라서, $345 \text{ kV} \times 0.64 = 220,800 \text{ V}$

73. 시간대별로 전력거래량을 측정할 수 있는 전력량계를 설치·관리하여야 하는 자가 아닌 것은?

㉮ 발전사업자

㉯ 송전사업자

㉰ 구역전기사업자

㉱ 자가용전기설비를 설치한 자

74. ( ) 안에 들어갈 가장 적당한 용어는?

전기설비기술기준에서 "발전소"란 발전기
·원동기·연료전지·( )·해양에너지 그
밖의 기계기구를 시설하여 전기를 발생시
키는 곳을 말한다.

㉮ 태양광   ㉯ 태양전지
㉰ 태양열   ㉱ 집광판 (集光板)

75. 태양의 빛에너지를 변환시켜 전기를 생산
하거나 채광 (採光)에 이용하는 설비는?

㉮ 태양열 설비   ㉯ 지열 설비
㉰ 풍력 설비   ㉱ 태양광 설비

76. 발전기, 전동기 등 회전기의 절연 내력은
규정된 시험전압을 권선과 대지 사이에 계속
하여 몇 분간 가하여 견디어야 하는가?

㉮ 5분   ㉯ 10분   ㉰ 15분   ㉱ 20분

77. 태양전지 발전소에 시설하는 태양전지 모
듈 및 전선 기타 기구 등의 시설방법으로 틀
린 것은?

㉮ 전선은 공칭 단면적 $6\,mm^2$ 이상의 연동
  선 또는 이와 동등 이상의 세기 및 굵기
  의 것일 것
㉯ 태양전지 모듈을 병렬로 접속하는 전
  로에는 과전류 차단기를 시설할 것
㉰ 충전부분은 노출되지 않도록 시설할 것
㉱ 태양 전지 모듈의 지지물은 자중, 적재
  하중, 적설 또는 풍압의 진동과 충격에
  대하여 안전한 구조의 것일 것

해설 전선의 공칭 단면적 $2.5\,mm^2$ 이상의 연동
  선 또는 이와 동등 이상의 세기 및 굵기의
  것일 것

78. 다음 중 저탄소 녹색성장기본법에서 정한
저탄소 녹색성장 추진의 기본원칙이라 할 수
없는 것은?

㉮ 정부는 저탄소 녹색성장의 시급성과 긴
  박성을 인식하고 정부 주도로 저탄소 녹

색성장을 최우선적으로 추진한다.

㉯ 정부는 녹색기술과 녹색산업을 경제성
  장의 핵심동력으로 삼고 새로운 일자리
  를 창출·확대할 수 있는 새로운 경제체
  제를 구축한다.
㉰ 정부는 국가의 자원을 효율적으로 사용
  하기 위하여 성장잠재력과 경쟁력이 높
  은 녹색기술 및 녹색산업 분야에 대한
  중점투자 및 지원을 강화한다.
㉱ 정부는 사회·경제활동에서 에너지와 자
  원 이용의 효율성을 높이고 자원순환을
  촉진한다.

해설 저탄소 녹색성장기본법의 원칙은 정부 주
  도형이 아니라 민간 주도형이다.

79. 고압 또는 특고압의 기계기구 모선 등을
옥외에 시설하는 발전소, 개폐소 또는 이에
준하는 곳에 시설하는 울타리·담 등에 대한
판단기준으로 적합하지 않은 것은?

㉮ 출입구에는 출입금지의 표시를 할 것
㉯ 출입구에는 자물쇠장치 기타 적당한 장
  치를 할 것
㉰ 울타리·담 등의 높이는 $1.8\,m$ 이상으
  로 할 것
㉱ 지표면과 울타리·담 등의 하단 사이의
  간격은 $15\,cm$ 이하로 할 것

해설 울타리·담 등의 높이는 $2\,m$ 이상으로 하
  고 지표면과 울타리·담 등의 하단 사이의
  간격은 $15\,cm$ 이하로 해야 한다.

80. 특고압 가공전선로에서 발생하는 극저주파
전자계는 지표상 $1\,m$에서 전계강도가 몇 kV/
m가 되도록 시설하여야 하는가?

㉮ 3.5   ㉯ 4.5   ㉰ 5.5   ㉱ 6.5

해설 '극저주파 전자계(Extremely Low Frequency
  Electric and Magnetic Fields : ELF EMF)'라
  함은 0 Hz를 제외한 300 Hz 이하의 전계와 자
  계를 말하며, 지표상 $1\,m$에서 전계강도가 3.5
  kV/m 이하가 되도록 시설하여야 한다.

해답 75. ㉱   76. ㉯   77. ㉮   78. ㉮   79. ㉰   80. ㉮

□ **신재생에너지 발전설비 기사** ▶ **2015. 11. 7 시행**

제1과목 : 태양광발전 시스템 이론

1. 결정계 실리콘 태양전지 모듈에서 표면온도와 출력의 관계를 옳게 나타낸 것은?

㉮ 표면온도가 높아지면 출력이 증가한다.

㉯ 표면온도가 높아지면 출력이 감소한다.

㉰ 표면온도가 낮아지면 출력이 감소한다.

㉱ 표면온도가 높든지 낮든지 출력에는 영향이 없다.

[해설] 결정계 혹은 비결정계 실리콘 태양전지는 표면온도가 높아지면 출력이 감소하고, 표면온도가 낮아지면 출력이 증가한다.

2. 면적이 200 cm²이고, 변환효율이 20 %인 태양전지에 AM1.5의 빛을 입사시킬 경우에 생산되는 전력(W)은? (단, 수직복사 E는 1000 W/m²이다.)

㉮ 3   ㉯ 4   ㉰ 5   ㉱ 6

[해설] 200 cm² = 0.02 m²이므로, 생산되는 전력(W)
= 0.02 m² × 1000 W/m² × 20 %
= 20 × 0.2 = 4 W

3. 다음 중 독립형 태양광발전설비의 종류가 아닌 것은?

㉮ 복합형

㉯ 계통연계형

㉰ 축전지가 없는 형

㉱ 축전지가 있는 형

[해설] 계통연계형 태양광발전설비는 독립형 태양광발전설비와 반대의 개념으로 일반 송전선로와 연계하는 방식이다.

4. 태양전지 모듈의 공칭 태양전지 동작온도 (NOCT ; Nominal Operating Cell Temperature)에서의 측정조건이 아닌 것은?

㉮ 습도 35 %

㉯ 풍속 1 m/s

㉰ 외기온도 20℃

㉱ 총 방사조도 800 W/m²

[해설] 태양전지 모듈의 공칭 태양전지 동작온도 (NOCT)는 '습도'와 무관하다.

5. 회로에서 입력전압 24 V, 스위칭 주기 50 μs, 듀티비 0.6, 부하저항이 10 Ω일 때, 출력전압 V_o는 몇 V인가? (단, 인덕터의 전류는 일정하고, 커패시터의 C는 출력 전압의 리플성분을 무시할 수 있을 정도로 매우 크다.)

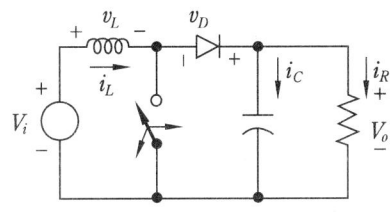

㉮ 20   ㉯ 40

㉰ 60   ㉱ 80

[해설] ① 처음 Switch off 시에는 $V_o = V_i = 24$ V

② 이후 Switch on/off 시(부하저항은 C가 매우 크므로 무시)

따라서,

$$V_o = V_i \left(1 + \frac{D}{1-D}\right)$$

$$= 24 \times \left(1 + \frac{0.6}{1-0.6}\right)$$

$$= 24 \times 2.5 = 60 \text{ V}$$

6. 태양광발전 시스템에서 인버터의 기능으로 틀린 것은?

㉮ 계통보호를 위한 단독운전 방지기능이 있다.

㉯ 태양전지의 온도가 높이 올라가면 자동적으로 온도를 조정하는 기능이 있다.

㉰ 태양전지의 출력을 가능한 범위 내에서 유효하게 끌어내기 위한 자동운전 정지

해답 1. ㉯   2. ㉯   3. ㉯   4. ㉮   5. ㉰   6. ㉯

기능이 있다.

㉣ 계통과 인버터에 이상이 있을 때 안전하게 분리하거나 인버터를 정지시키는 기능이 있다.

해설 ㉯는 일반적인 태양광 인버터의 기능이 아니다.

7. 모듈의 +COMMON은 접지와 연결되어 있고, 지락 발생 시 직렬모듈 전체 전압 변화로 모듈의 지락상태 및 위치를 파악할 수 있는 그림이다. 접속반 채널이 정상상태인 경우 단자 A와 B 사이의 전압은 몇 V인가?

54.7V 54.7V 54.7V 54.7V 54.7V 54.7V

G1 G2 G3 G4 G5

+B

−A

㉮ DC 54.7 V ㉯ DC 164.1 V
㉰ DC 273.5 V ㉱ DC 328.2 V

해설 정상상태일 경우 직렬모듈 전체 전압은 각 모듈 간 전압의 합과 같으므로, DC 54.7 V×6개 = DC 328.2 V

8. 일반적인 전지와 비교하여 태양전지의 특징을 설명한 내용 중 옳은 것은?

㉠ 태양전지가 전달하는 전력은 입사하는 빛의 세기에 따라 달라짐
㉡ 태양전지로부터의 전류값은 부하저항에 따라 변하지 않음
㉢ 태양전지로부터 얻을 수 있는 전력은 부하저항에 따라 변하지 않음
㉣ 빛에 의한 전기화학적인 전위의 일시적인 변화로부터 emf(기전력)를 유도함

㉮ ㉠, ㉡ ㉯ ㉠, ㉡, ㉢
㉰ ㉠, ㉣ ㉱ ㉡, ㉢, ㉣

해설 태양전지로부터의 전류 및 전력은 일사량, 모듈의 온도 등에 따라서 변할 뿐만 아니라, 부하저항에 따라서도 많이 변한다(실제로, 단락전류는 부하저항이 줄어들어 0이 될 때 생산되는 최대의 전류이다).

9. 태양광발전 시스템의 어레이 추적방식이 아닌 것은?

㉮ 감지식 추적방식
㉯ 혼합식 추적방식
㉰ 집광식 추적방식
㉱ 프로그램 추적방식

해설 태양광발전 시스템은 추적방식에 따라 감지식, 프로그램식, 혼합식의 3가지로 나눌 수 있다.

10. 실리콘형 태양전지의 재료 중 P형 반도체의 특성으로 맞는 것은?

㉮ 정공이 다수 캐리어이다.
㉯ 전자가 다수 캐리어이다.
㉰ 전자·정공 모두 다수 캐리어이다.
㉱ 전자·정공 모두 소수 캐리어이다.

해설 P형 반도체는 정공이 다수 캐리어가 되어 +극을 형성한다.

11. 태양광발전의 장점으로 옳은 것은?

㉮ 전력생산량이 지역별 일사량에 의존한다.
㉯ 에너지밀도가 낮아 넓은 설치면적이 필요하다.
㉰ 설치장소가 한정적이며, 시스템 비용이 고가이다.
㉱ 에너지의 원료인 태양의 빛은 무료이며, 무한하다.

해설 ㉮, ㉯, ㉰는 태양광발전의 단점이다.

12. 다음 조건과 같은 태양광발전 독립형 전원시스템의 축전지 용량(Ah)은?

• 1일 정격소비량 : 2.4 kWh
• 보수율 : 0.8
• 일조가 없는 날 : 10일
• 방전심도 : 65 %
• 공칭축전지 전압 : 2 V
• 축전지 개수 : 48개

해답 7. ㉱ 8. ㉰ 9. ㉰ 10. ㉮ 11. ㉱ 12. ㉯

㉮ 560   ㉯ 481   ㉰ 440   ㉱ 390

해설 ① 계산공식

독립형 전원시스템용 축전지이므로,

$$C = \frac{Ld \times Dr \times 1000}{L \times Vb \times N \times DOD} \text{(Ah)}$$

여기서, Ld : 1일 적산 부하전력량 (kWh)

Dr : 불일조 일수

L : 보수율

Vb : 공칭 축전지 전압 (V)

N : 축전기 개수

DOD : 방전심도 (일조가 없는 날의 마지막 날을 기준으로 결정)

② 상기 식으로부터

$$C = \frac{2.4 \times 10 \times 1{,}000}{0.8 \times 2 \times 48 \times 0.65}$$

$$= 480.77 \text{ Ah}$$

13. 태양광발전용 인버터의 회로방식으로 적당하지 않은 것은?

㉮ 트랜스리스 방식

㉯ 상용주파 변압기 절연방식

㉰ 고주파 변압기 절연방식

㉱ 단권 변압기 절연방식

해설 태양광발전용 인버터의 회로방식은 상용주파 변압기 절연방식, 고주파 변압기 절연방식, 트랜스리스 방식(무변압기 방식)의 3가지로 나누어진다.

14. 태양전지에 입사되는 광에너지에 의하여 출력되는 전기에너지의 비율은?

㉮ 결합효율   ㉯ 규약효율

㉰ 평균동작효율   ㉱ 광전변환효율

해설 태양전지에 입사되는 광에너지에 의하여 출력되는 전기에너지의 비율은 전력변환효율, 모듈변환효율, 광전변환효율 등으로 불린다.

15. 다음 중 연료전지의 종류가 아닌 것은?

㉮ 인산형(PAFC)

㉯ 용융탄산염형(MCFC)

㉰ 분산전해질형(PEFC)

㉱ 고체산화물형(SOFC)

해설 ㉰는 '분산전해질형'이 아니라 '고분자 전해질형(PEMFC : Polymer Electrolyte Membrane Cell)'으로 고쳐야 옳다.

16. 집광형 태양광발전 시스템에 관한 설명으로 틀린 것은?

㉮ 주로 확산광(diffused light)을 집광한다.

㉯ 렌즈 혹은 거울(mirror)을 사용하여 집광한다.

㉰ 높은 전류값으로 인해 전극에서의 손실을 줄이는 것이 중요하다.

㉱ 집광된 빛이 입사될 경우 셀의 온도가 일정하면 변환효율은 낮아지지 않고 유지된다.

해설 집광형 태양광발전 시스템은 주로 확산광이 아닌 직사광을 돋보기의 원리로 집광하여 이용한다.

17. 태양전지의 변환효율을 상승시키기 위한 방법이 아닌 것은?

㉮ 반도체 내부에서 빛이 흡수되도록 한다.

㉯ 빛에 의해 생성된 전자와 정공쌍이 소멸되지 않고 외부회로까지 전달되도록 한다.

㉰ PN 접합부에 전기장이 발생하도록 소재 및 공정을 설계한다.

㉱ 태양전지를 설치할 때 가능한 한 온도가 상승되도록 한다.

해설 태양전지의 변환효율을 상승시키기 위해서는 태양전지를 설치할 때 가능한 한 온도가 낮아지도록 한다.

18. 태양전지 모듈의 일부에 그늘이 발생함으로써 나타나는 현상이 아닌 것은?

㉮ 그늘진 곳에 위치한 태양전지의 단락전류가 작아진다.

㉯ 그늘진 곳에 위치한 태양전지는 역방향 바이어스 상태가 된다.

㉰ 그늘진 곳에 위치한 태양전지의 개방

해답   13. ㉱   14. ㉱   15. ㉰   16. ㉮   17. ㉱   18. ㉰

전압이 높아진다.

㉣ 그늘진 곳에 위치한 태양전지는 전기를 소비한다.

해설 개방전압은 회로가 완전히 Open된 상태의 전압이므로 그늘이 있어도 크게 변화가 없다.

19. 태양광발전 시스템 출력전력이 30,000 W이고, 모듈 최대 출력이 140 W이며, 1스트링 직렬매수가 15개인 경우 태양전지 모듈의 병렬회로수는?

㉮ 12   ㉯ 15   ㉰ 17   ㉱ 19

해설 $\dfrac{30,000\,\text{W}}{140\,\text{W} \times 15개} = 14.3$

∴ 15회로가 되어야 30,000 W의 출력이 가능하다.

20. 이상적인 변압기에 대한 설명 중 옳은 것은 어느 것인가?

㉮ 단자전류의 비 $\dfrac{I_2}{I_1}$는 권수비와 같다.

㉯ 단자전압의 비 $\dfrac{V_2}{V_1}$는 코일의 권수비와 같다.

㉰ 1차 측 복소전력은 2차 측 부하의 복소전력과 같다.

㉱ 1차 단자에서 본 전체 임피던스는 부하 임피던스에 권수비의 자승의 역수를 곱한 것과 같다.

해설 변압기의 권수비(a)는 아래와 같은 관계가 성립된다.

$a = \dfrac{N_1}{N_2} = \dfrac{V_1}{V_2} = \dfrac{I_2}{I_1}$

제2과목 : 태양광발전 시스템 설계

21. 태양전지의 기초 종류와 적용 목적이 올바르게 설명된 것은?

㉮ 직접 기초 : 지지층이 얕을 경우 사용

㉯ 말뚝 기초 : 하중이 큰 경우 사용

㉰ 연속 기초 : 하천 내의 교량 등에 사용

㉱ 주춧돌 기초 : 지지층이 깊을 경우 사용

해설 직접 기초 (혹은 얕은 기초)는 보통 기초의 깊이(Df)와 폭 (Bf)의 비(Df/Bf)가 1 이하인 경우로, 독립 Footing 기초, 연속 Footing 기초, 복합 Footing 기초, 전면 기초 등이 있다.

22. 태양광발전 시스템 어레이 지지대 구조물에 미치는 영향인자 내용으로 틀린 것은?

㉮ 모듈자중 (15~20 kg/m²)

㉯ 지역별 기본풍속 (0.5~1.5 m/s)

㉰ 지내력(보통 토사 10~15 ton/m²)

㉱ 설하중 (지역별 50 cm : 1.0 kg/cm)

해설 풍하중 산출 시 사용되는 지역별 풍속

지역	풍속 (m/s)	지역	풍속 (m/s)	지역	풍속 (m/s)
서울, 경기	25~30	충청	25~35	전라	25~35
강원	25~40	경상	25~45	제주	40

23. 250 W 태양전지(8 A, 40 V)가 14직렬, 10병렬로 설치된 PV 어레이 단자함에서 인버터까지 거리가 100 m, 전선의 단면적이 16 mm²일 때 전압강하율(%)은? (단, 어레이에서 어레이 단자함까지의 모듈 한 장당 전압강하는 0.5 V이다.)

㉮ 2.1   ㉯ 2.8   ㉰ 3.3   ㉱ 3.9

해설 ① 전류 = 8 A×10병렬 = 80 A

어레이 전압 = (40−0.5) V×14직렬 = 553 V

(어레이 단자함 전압 = 560 V−0.5 V×14직렬)

② 전압강하 (e)를 계산하면,

$e = \dfrac{35.6 \times L \times I}{1,000 \times A} = \dfrac{35.6 \times 100 \times 80}{1,000 \times 16}$

$= 17.8\,\text{V}$

③ 전압강하율 $= \dfrac{17.8}{553 - 17.8} \times 100$

$= 3.33\,\%$

24. 태양광발전 시스템의 연간 예상발전량의

해답   19. ㉯   20. ㉮   21. ㉮   22. ㉯   23. ㉰   24. ㉱

산출식으로 적합한 것은?

㉮ 설치장소의 연간 강우량×시스템성능계수×표준상태의 태양전지 설치용량(kWh/년)

㉯ 설치장소의 연간 일사량×일사계수×표준상태의 태양전지 설치용량(kWh/년)

㉰ 설치장소의 연간 일사량×시스템성능계수×표준상태의 인버터 설치용량(kWh/년)

㉱ 설치장소의 연간 일사량×시스템성능계수×표준상태의 태양전지 설치용량(kWh/년)

25. 대기질량(Air Mass, AM)에 대한 설명이 아닌 것은?

㉮ AM 0은 대기권 밖일 때

㉯ AM 2.0은 태양빛이 30°로 비추는 상태일 때

㉰ AM 1.0은 바다 표면에 태양빛이 90°로 비추는 상태일 때

㉱ AM 1.5는 태양빛이 180°로 비추는 스펙트럼일 때

해설 AM 1.5는 태양빛의 경사각이 41.8°로 비추는 경우, 즉 AM(1/SIN41.8) = AM 1.5가 되는 것이다.

26. 피뢰시스템의 보호각법에서 Ⅱ 레벨의 회전구체반경 r (m)의 최대값은?

㉮ 10 ㉯ 20 ㉰ 30 ㉱ 45

해설 피뢰시스템의 레벨등급

피뢰시스템의 레벨	보호법	
	회전구체의 반경(m)	메시치수 (m)
레벨 Ⅰ	20	5×5
레벨 Ⅱ	30	10×10
레벨 Ⅲ	45	15×15
레벨 Ⅳ	60	20×20

27. 어레이 설계 시 어레이 구조 결정의 기술적 측면에서의 고려사항으로 맞지 않는 것은?

㉮ 구조 안정성

㉯ 조화로움 및 경제성

㉰ 풍속, 풍압, 지진 고려

㉱ 건축물과의 결합 (기초)방법 결정

해설 조화로움 및 경제성은 '기술적 측면에서의 고려사항'이 아니라, '디자인 및 경제적 측면에서의 고려사항'이다.

28. 구조물 이격거리 산정 시 고려사항이 아닌 것은?

㉮ 상부구조물의 하중

㉯ 가대의 경사도와 높이

㉰ 설치될 장소의 경사도

㉱ 동지 시 발전 가능 한계 시간에서 태양의 고도

해설 구조물 이격거리는 주로 구조물의 음영(그림자)에 관계되는 문제이므로 구조물의 하중과는 무관하다.

29. 태양광발전 시스템의 분류 방법에는 발전량의 향상을 위하여 다양한 추적방식이 있는데 다음 중 발전효율이 가장 높은 방법은?

㉮ 단축 추적식 ㉯ 양축 추적식

㉰ 고정 경사가변식 ㉱ 고정 경사고정형

해설 발전효율의 순서 : 양축 추적식>단축 추적식>고정 경사가변식>고정 경사고정형

30. 태양광발전 시스템 전기 설계를 위한 기본계획 설계 흐름도를 올바르게 나타낸 것은?

㉮ 설치면적 결정→모듈 선정→인버터 선정→직렬 결선수 선정→병렬수와 어레이 용량 선정

㉯ 설치면적 결정→모듈 선정→인버터 선정→병렬수와 어레이 용량 선정→직렬 결선수 선정

㉰ 설치면적 결정→직렬 결선수 선정→

병렬수와 어레이 용량 선정 → 인버터 선정 → 모듈 선정

라 설치면적 결정 → 인버터 선정 → 모듈 선정 → 병렬수와 어레이 용량 선정 → 직렬결선수 선정

31. 독립형 전원시스템의 축전지 선정 시 고려사항이 아닌 것은?

가 보수율　　　　나 방전심도

다 방전단위밀도　　라 방전종지전압

해설 독립형 전원시스템의 축전지 선정 시 고려사항 : 보수율, 방전심도, 방전종지전압, 1일 적산 부하전력량, 불일조 일수 등

32. 그림 (A), (B)에서 각 모듈별 음영 발생 시 발전량을 바르게 나타낸 것은? (단, 음영 부분의 발전량은 80 Wp이다.)

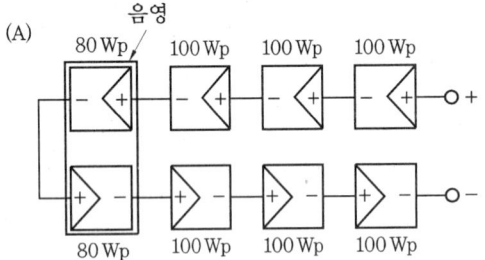

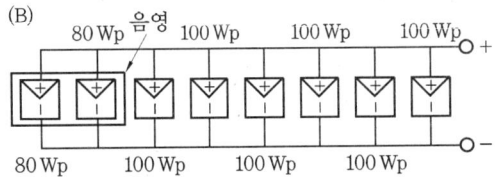

가 (A) 640 Wp, (B) 760 Wp

나 (A) 660 Wp, (B) 740 Wp

다 (A) 640 Wp, (B) 740 Wp

라 (A) 660 Wp, (B) 760 Wp

해설 (A) : 직렬연결은 가장 낮은 출력을 기준으로 80 Wp×8 = 640 Wp

　　(B) : 병렬연결은 모두 더하면 되므로 (80 Wp ×2)+(100 Wp×6) = 760 Wp

33. 태양광발전설비를 이상전압으로부터 보호하기 위한 과전압 보호장치(SPD) 선정으로 틀린 것은? (단, LPZ는 Lightning Protection Zone이다.)

가 접속함에서 인버터까지의 전선로에는 LPZⅡ (8/20 μs, I_{max} < 10 kA)로 교류용을 선정한다.

나 유도뢰만 있는 어레이에서는 LPZⅢ (전압 1.2/50 μs+전류 8/20 μs를 조합)을 사용 가능하다.

다 한전 계통인입부에서는 외부의 직격뢰 침입을 고려하여 LPZⅠ (3/350 μs, I_{max} < 15 kA) 이상을 선정한다.

라 피뢰설비로부터 직격뢰 전류가 침입 가능한 위치에 설치된 어레이에는 LPZⅠ (3/350 μs, I_{max} < 15 kA)을 선정한다.

해설 가는 '교류용'→'직류용'으로 고쳐야 한다.

34. 태양광발전 시스템 설계 시 갖추어야 할 기초자료가 아닌 것은?

가 청명일수

나 최대 폭설량

다 지질조사 기록

라 순간풍속 및 최대풍속

35. 태양광발전 시스템에서 인버터가 가져야 할 중요한 기능과 특성으로서 가장 적합한 것은?

가 모니터링 및 전압상승억제 기능을 가져야 한다.

나 인버터는 전력변환 효율보다는 외관이 수려하여야 한다.

다 경제성을 고려하여 기능을 간소화하고 고가화의 차별화기술이 필요하다.

라 최대출력 제어 및 단독운전방지 기능을 가지고 전력품질과 공급의 안정성을 확보하여야 한다.

해답 **31.** 다　**32.** 가　**33.** 가　**34.** 가　**35.** 라

해설 ① 태양광발전 시스템용 인버터의 중요한 기능 : 최대출력 제어기능(MPPT), 단독운전방지기능, 자동운전 정지기능, 자동전압 조정기능, 직류 검출기능 등
② 태양광발전 시스템용 인버터의 중요한 특성 : 전력의 품질, 공급의 안정성 등

36. 시방서의 목적으로 틀린 것은?

㉮ 시공자가 하여야 할 사항을 규정

㉯ 시공에 대한 모든 지시사항의 규정

㉰ 주요 기자재에 대한 특정규격, 수량 및 납기일의 규정

㉱ 설계와 공사에 대하여 도면에 표현하기 어려운 사항을 규정

해설 주요 기자재에 대한 특정규격, 수량은 설계 관련 사항이므로 도면 혹은 내역서 표기 내용이고, 납기일은 설계도서에 특기하지 않아도 된다.

37. 다음 조건에서 태양전지 모듈의 직렬연결 개수는?

- 인버터 최대입력전압(V_{max}) : 500 V
- 개방전압(V_{oc}) : 42.5 V
- 전압온도계수(K_t) : -0.35 %/℃
- 최저온도(T_{min}) : -25℃
- 최고온도(T_{max}) : 60℃

㉮ 8개 ㉯ 9개

㉰ 10개 ㉱ 11개

해설 ① 모듈 최저인 상태의 개방전압 = 표준상태(25℃)에서의 V_{oc} × (1+개방전압 온도계수 × 온도차) = 42.5 × {1+(-0.0035) × (-25-50)} = 49.9375
② 태양전지 모듈의 직렬연결 개수 = 인버터 최대입력전압(V_{max}) ÷ 모듈 최저인 상태의 개방전압 = 500 V ÷ 49.9375 = 10.01 → 10개로 선정

38. 태양광발전 시스템의 인버터와 저압 계통

연계방법으로 옳은 것은?

㉮ 인버터의 직류 측 회로에 접지를 견고히 시설하여 연계한다.

㉯ 인버터와 접속점 사이에 상용주파수 변압기를 시설하여 연계한다.

㉰ 인버터와 접속점 사이에 단권변압기를 시설하여 연계한다.

㉱ 인버터의 직류입력 측에 직류 검출기를 직접 시설하고 교류출력을 정지하는 기능을 갖추어 연계한다.

해설 인버터와 접속점 사이에는 상용주파수 변압기, 고주파변압기, 무변압기(트랜스리스) 방식으로 연계한다.

39. 태양광어레이 전선 굵기를 산정하기 위한 기준이 아닌 것은?

㉮ 전압 ㉯ 역률

㉰ 전류 ㉱ 전력손실

해설 태양광어레이의 전선 굵기를 산정하기 위해서는 전압, 전류, 전력손실, 전선의 길이 등을 고려하여야 한다.

40. 태양광발전 시스템의 22.9 kW 특별고압 가공선로 1회선에 연계 가능한 용량으로 옳은 것은?

㉮ 30 kW 이하 ㉯ 100 kW 이하

㉰ 10,000 kW 이하 ㉱ 30,000 kW 이하

해설 공급방식 및 공급전압

계약전력	공급방식 및 공급전압
1,000 kW 미만	교류 단상 220 V 또는 교류 삼상 380 V 중 한전이 적당하다고 결정한 한 가지 공급방식 및 공급전압
1,000 kW 이상 10,000 kW 이하	교류 삼상 22,900 V
10,000 kW 이상 400,000 kW 이하	교류 삼상 154,000 V
400,000 kW 초과	교류 삼상 345,000 V 이상

해답 36. ㉰ 37. ㉰ 38. ㉯ 39. ㉯ 40. ㉰

제3과목 : 태양광발전 시스템 시공

41. 다음 그림은 태양광발전 시스템의 일반적인 시공절차이다. A, B, C에 알맞은 내용을 올바르게 나타낸 것은?

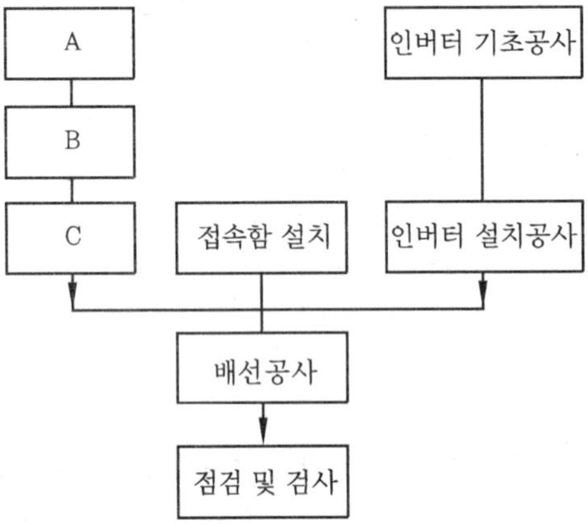

[가] A : 어레이 가대공사, B : 어레이 설치공사, C : 어레이 기초공사
[나] A : 어레이 기초공사, B : 어레이 가대공사, C : 어레이 설치공사
[다] A : 어레이 기초공사, B : 어레이 배선공사, C : 어레이 가대공사
[라] A : 어레이 배선공사, B : 어레이 가대공사, C : 어레이 설치공사

[해설] 태양광발전 시스템의 일반 시공절차 : 본문 230쪽 그림 참조

42. 태양전지 어레이 출력을 접속함 내부의 1개소에서 통합한 후 인버터로 가는 회로 중간에 설치하는 것은?

[가] 인덕터 [나] 증폭기
[다] 변압기 [라] 주개폐기

[해설] 본문 126쪽 그림 참조

43. 전력계통에서 3권선 변압기(Y−Y−Δ)를 사용하는 주된 이유는?

[가] 승압용 [나] 노이즈 제거
[다] 제3고조파 제거 [라] 2가지 용량 사용

[해설] 3권선 변압기(Y−Y−Δ)의 특징
① 1, 2차 권선에 3차 권선을 설치한 변압기로 권수비에 따라 1조의 변압기로 2종류의 전압 용량을 얻을 수 있다. 따라서, 설치장소가 좁아 변압기 2대를 설치하지 못하는 경우 2종류의 전원이 필요한 곳에 많이 사용한다.
② 안정권선 Δ결선을 삽입하여 Y−Y결선의 제3고조파를 제거할 수 있다.
③ 1차 또는 2차에서 Surge 침입 시 안정권선이 흡수하게 되므로 고전압이 유기되어 절연이 파괴되기 쉽다.

44. 태양광발전 시스템의 준공 시 점검요령이 아닌 것은?

[가] 인버터 취부상태를 확인할 것
[나] 송전 시 전력량계(거래용 계량기)의 회전을 확인할 것
[다] 발전사업자의 경우 전력회사에 지급한 전력량계 사용 여부를 확인할 것
[라] 전문가에게 시설물에서 소리, 냄새 등이 나는지 확인을 의뢰할 것

[해설] 준공 시 이상음 등에 대한 점검 요령 : 운전 중 이상음, 진동, 악취 등이 없는지 육안점검 수준으로 점검한다.

45. 옥상 또는 지붕 위에 설치한 태양전지 어레이로부터 접속함으로 배선할 경우 그림과 같이 케이블의 곡률반경은 케이블 외경의 몇 배 이상의 반경으로 배선하여야 하는가?

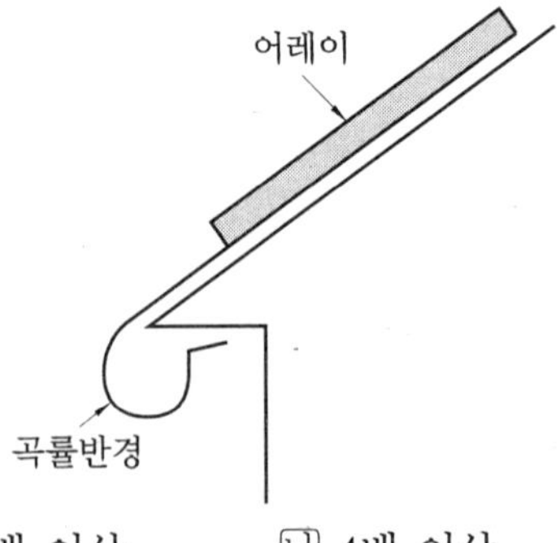

[가] 2배 이상 [나] 4배 이상

해답 41. [나] 42. [라] 43. [다] 44. [라] 45. [다]

㉰ 6배 이상 ㉱ 8배 이상

46. 태양전지 모듈 2차 측 회로를 비접지 방식으로 할 경우 비접지 확인 방법이 아닌 것은?

㉮ 검전기로 확인

㉯ 전류계로 확인

㉰ 회로시험기로 확인

㉱ 간이측정기로 확인

해설 전류계로는 비접지 여부를 확인할 수 없으며, 테스터, 검전기, 회로시험기, 간이측정기 등으로 확인해야 한다.

47. 특고압 배전선로에 태양광발전 시스템 연계 시 설비보호를 위해 설치하는 보호계전기가 아닌 것은?

㉮ 과전압계전기 ㉯ 비율차동계전기

㉰ 부족전압계전기 ㉱ 부족주파수계전기

해설 특고압 배전선로 연계 시의 보호계전기 : 과전압계전기(OVR), 부족전압계전기(UVR), 과주파수계전기(OFR), 부족주파수계전기(UFR), 지락 과전류 계전기(OCGR) 등

48. 설비용량 2 MW인 태양광발전소의 발전사업 허가를 위해 필요한 서류가 아닌 것은?

㉮ 송전관계 일람표

㉯ 전기사업허가 신청서

㉰ 전기사업법에 의한 사업계획서

㉱ 신용평가 의견서 및 소요재원 조달계획서

해설 발전 사업 허가 신청 시 제출서류

① 200 kW 이하 : 사업허가 신청서, 사업계획서, 송전관계 일람표

② 3,000 kW 이하 : 상기 ①+발전원가명세서, 기술인력 확보계획, 수력(하천점용허가서), 원자력(건설허가서)

③ 3,000 kW 초과 : 상기 ②+5년간 예상 손익 산출서, 전기설비 개요서, 공급구역 5만분의 1 지도, 신용평가 의견서, 소요재원 조달계획, 법인은 정관/등기부등본/직전년도 손익계산서, 대차대조표

49. 서지 보호를 위해 SPD 설치 시 접속도체의 길이는 몇 m 이하가 되도록 하여야 하는가?

㉮ 0.3 ㉯ 0.5 ㉰ 0.8 ㉱ 1.0

50. 매설 혹은 심타 접지극의 종류로 동판을 사용하는 경우 알맞은 치수는?

㉮ 두께 0.6 mm 이상, 면적 800 cm^2 이상

㉯ 두께 0.6 mm 이상, 면적 900 cm^2 이상

㉰ 두께 0.7 mm 이상, 면적 900 cm^2 이상

㉱ 두께 0.8 mm 이상, 면적 800 cm^2 이상

해설 접지공사에서 매설 또는 타입식 접지극으로 주로 사용하는 동판의 규격 : 두께(0.7 mm 이상), 면적(300 mm×300 mm 이상) 일 것

51. 태양광발전 시스템에 사용되는 제3종 접지공사 시설방법 중 틀린 것은?

㉮ 접지선은 반드시 금속관에 넣어 보호해야 한다.

㉯ 접속 부분에 부식 방지를 위해서 컴파운드를 도포한다.

㉰ 접지선과 외함 등과의 접속은 전기적으로 확실히 접촉되어야 한다.

㉱ 접지저항 값은 지락이 생겼을 때 0.5초 이내에 차단하는 장치를 설치하면 자동차단기의 정격감도전류에 따라 500 Ω까지 완화할 수 있다.

해설 접지선이 외상을 입을 염려가 있을 경우에는 접지할 기계기구에서 6 cm 이내의 부분 및 지중 부분을 제외하고 합성수지관(두께 2 mm 미만의 합성수지제 전선관, CD관은 제외), 금속관 등에 넣어 보호한다.

52. 태양전지 모듈에서 접속함까지 직류배선이 100 m이며, 모듈 어레이 전압이 610 V, 전류가 9 A일 때, 전압강하는 몇 V인가? (단, 전선의 단면적은 4.0 mm^{2}이다.)

㉮ 8.01 ㉯ 9.01 ㉰ 10.01 ㉱ 11.01

해답 46. ㉯ 47. ㉯ 48. ㉱ 49. ㉯ 50. ㉰ 51. ㉮ 52. ㉮

해설 전압강하 (e)를 계산하면,

$$e = \frac{35.6 \times L \times I}{1,000 \times A} = \frac{35.6 \times 100 \times 9}{1,000 \times 4} = 8.01 \text{ V}$$

53. 감리원은 공사가 시작된 경우에 공사업자로부터 착공신고서를 제출받아 적정성 여부를 검토 후 며칠 이내에 발주자에게 보고하여야 하는가?

㉮ 5일 ㉯ 7일 ㉰ 10일 ㉱ 14일

54. 독립형 전원시스템용 축전지 선정 시 고려사항으로 옳은 것은?

㉮ 자기방전이 클 것
㉯ 과충전이 우수할 것
㉰ 충방전 사이클 특성이 우수할 것
㉱ 온도저하 시 입력특성이 우수할 것

55. 계통연계 운전 중인 태양광발전 시스템이 단독운전하는 경우 전력계통으로부터 최대 몇 초 이내에 분리시켜야 하는가?

㉮ 0.2초 ㉯ 0.3초 ㉰ 0.4초 ㉱ 0.5초

56. 전등 설비 250 W, 전열 설비 800 W, 전동기 설비 200 W, 기타 150 W인 수용가가 있다. 이 수용가의 최대수용전력이 910 W이면 수용률은 얼마인가?

㉮ 65 % ㉯ 70 % ㉰ 75 % ㉱ 80 %

해설 수용률 $= \dfrac{\text{최대 수용 전력}}{\text{설비 용량}} \times 100\%$

따라서, 수용률 $= \dfrac{910}{250 + 800 + 200 + 150}$
$= 65\%$

57. 태양광발전 시스템에 일반적으로 적용하는 CV케이블의 장점으로 틀린 것은?

㉮ 내열성이 우수하다.
㉯ 내수성이 우수하다.
㉰ 내후성이 우수하다.
㉱ 도체의 최고허용온도는 연속사용의 경우

90℃, 단락 시에는 230℃이다.

해설 ① CV 케이블(XLPE Insulated PVC Sheathed Cable ; 가교 폴리에틸렌 절연 비닐 시스 케이블) : 폴리에틸렌의 단점을 보완한 가교 폴리에틸렌(가로 방향으로 된 폴리에틸렌을 세로 방향으로 다시 연결한 구조의 폴리에틸렌)을 사용하여 내열성 및 내수성이 우수하고 난연성인 관계로 연소성이 없어 열에 대하여 강한 장점이 있는 대신에 기름이나 알칼리 등에 의하여 경화를 일으키는 단점도 있다.
② RN 케이블(Rubber Insulated Chloropren Sheathed Cable ; 고무절연 클로로프렌 시스 케이블) : 내후성 및 기계적 특성이 우수, 사용조건이 가혹한 곳에서도 잘 견딘다.

58. 태양전지 모듈의 취부방향에서 모듈의 긴 방향을 종으로 설치하는 이유가 아닌 것은?

㉮ 발전부지가 적게 되므로
㉯ 세정효과가 좋아지므로
㉰ 적설지대에 적합하므로
㉱ 먼지, 꽃가루 등이 많은 지역에 적합하므로

해설 태양전지 모듈의 취부방향에서 모듈의 긴 방향을 종으로 설치하는 것은 '발전부지' 문제와는 관계가 없다.

59. 태양전지 모듈의 설치방법 검토 항목으로 적당하지 않는 것은?

㉮ 시공 · 유지보수 등을 고려하여 작업하기 쉽게 한다.
㉯ 모듈 고정용 볼트, 너트 등은 상부에서 조일 수 있어야 한다.
㉰ 미관 및 안전상 가대와 지지기구 등의 노출부를 가능한 크게 한다.
㉱ 태양전지 모듈 온도상승 억제를 위해 지붕과 태양전지 사이에 간격을 둔다.

해설 가대와 지지기구 등의 노출부를 가능한 작게 하는 것이 유리하다.

해답 53. ㉯ 54. ㉰ 55. ㉱ 56. ㉮ 57. ㉰ 58. ㉮ 59. ㉰

60. 역률 0.8, 소비전력 480 kW의 부하에 전원을 공급하는 변전소에 전력용 콘덴서 220 kVA를 설치하면 역률은 몇 %로 개선할 수 있는가?

㉮ 94 % ㉯ 96 %

㉰ 98 % ㉱ 99 %

해설 콘덴서를 설치해서 역률을 $\cos\theta$로부터 $\cos\phi$로 개선하는 데에 요구되는 콘덴서 용량 Q[kV]은

$Q =$ 부하전력[kW]

$\times \left\{ \sqrt{\dfrac{1}{\cos^2\theta} - 1} - \sqrt{\dfrac{1}{\cos^2\phi} - 1} \right\}$ [kVA]

이므로,

$220 \text{ kVA} = 480 \text{ kW}$

$\times \left\{ \sqrt{\dfrac{1}{0.8^2} - 1} - \sqrt{\dfrac{1}{x^2} - 1} \right\}$

$x^2 = 0.9216$

$x = 0.96$

제4과목 : 태양광발전 시스템 운영

61. 다음 중 유지보수 전 취하는 안전조치로 틀린 것은?

㉮ 해당 단로기를 닫고 주회로에 무전압이 되게 한다.

㉯ 차단기 앞에 "점검 중" 표지판을 설치한다.

㉰ 잔류전압을 방전시키기 위해 접지를 시킨다.

㉱ 검전기로 무전압 상태를 확인한다.

해설 해당 단로기를 열어(OFF) → 주회로에 무전압이 되게 한다.

62. 태양전지 모듈 어레이의 개방전압 측정의 목적이 아닌 것은?

㉮ 인버터의 오작동 여부 검출

㉯ 동작 불량의 태양전지 모듈 검출

㉰ 직렬 접속선의 결선 누락 사고 검출

㉱ 태양전지 모듈의 잘못 연결된 극성 검출

해설 태양전지 모듈 어레이의 개방전압 측정과 인버터의 오동작과는 직접적인 관련성이 없다.

63. 최대출력 결정시험에 대한 설명 중 틀린 것은?

㉮ 해당 태양광 모듈의 최대출력을 측정할 것

㉯ 시험시료의 최대출력은 정격출력 이상이어야 할 것

㉰ 시험시료의 출력균일도는 평균출력의 3 % 이내일 것

㉱ 시험시료의 최종 환경시험 후 최종출력의 열화는 최초 최대출력의 −8 %를 초과하지 않을 것

해설 해당 태양광 모듈의 최대출력을 측정하되, 시험시료의 평균출력은 정격출력 이상이어야 한다.

64. 다음 중 태양광발전소 일상점검요령으로 틀린 것은?

㉮ 인버터 통풍구가 막혀 있을 것

㉯ 접속함 외함에 파손이 없을 것

㉰ 태양전지 어레이에 오염이 없을 것

㉱ 인버터 운전 시 이상 냄새가 없을 것

해설 인버터 통풍구가 열려 있어 환기가 이루어져야 한다.

65. 태양광발전 시스템의 계측기나 표시장치가 아닌 것은?

㉮ 전력량계 ㉯ LED

㉰ 인버터 ㉱ 일사계

해설 인버터는 태양광발전 시스템의 주요 구성품이다.

66. 배전반의 저압회로에서 대지전압이 200 V인 경우 절연저항값 (MΩ)은?

㉮ 0.1 ㉯ 0.2 ㉰ 0.3 ㉱ 0.4

해설 배전반 저압회로의 절연저항 기준치

전로의 사용전압 구분		절연저항치 [MΩ]
400 V 미만	대지전압(접지식 전로는 전선과 대지간의 전압, 비접지식 전로는 전선간의 전압을 말한다. 이하 같다)이 150 V 이하의 경우	0.1 이상
	대지전압 150 V 초과 300 V 이하인 경우(전압측 전선과 중선선 또는 대지간의 절연저항)	0.2 이상
	사용전압이 300 V 초과 400 V 미만의 경우	0.3 이상
400 V 이상	-	0.4 이상

67. 태양광발전 시스템의 운영에 있어 계측기기나 표시장치의 사용목적이 아닌 것은?

㉮ 시스템의 성능 예측
㉯ 시스템의 운전상태 감시
㉰ 시스템의 발전전력량 파악
㉱ 시스템의 성능을 평가하기 위한 데이터 수집

해설 계측기기나 표시장치의 사용목적
① 시스템의 운전상태 감시를 위한 계측 또는 표시
② 시스템의 발전전력량을 알기 위한 계측
③ 시스템기기 및 시스템 종합평가를 위한 계측
④ 시스템의 운전상황을 견학자에게 보여주고, 시스템의 홍보를 위한 계측 또는 표시

68. 태양광발전 시스템 운영 시 비치서류가 아닌 것은?

㉮ 건설 관련 도면
㉯ 구조물의 구조계산서
㉰ 송전관계 일람표
㉱ 시방서 및 계약서 사본

해설 태양광발전 시스템 운영 시 비치서류
① 태양광발전 시스템 계약서 사본

② 태양광발전 시스템 시방서
③ 태양광발전 시스템 건설 관련 도면
④ 태양광발전 시스템 구조물의 구조계산서
⑤ 태양광발전 시스템 운영 매뉴얼
⑥ 태양광발전 시스템의 한전 계통연계 관련 서류
⑦ 태양광발전 시스템에 사용된 핵심기기의 매뉴얼
⑧ 태양광발전 시스템에 사용된 기기 및 부품의 카탈로그
⑨ 태양광발전 시스템 일반 점검표
⑩ 태양광발전 시스템 긴급복구 안내문
⑪ 태양광발전 시스템 안전교육 표지판
⑫ 전기안전 관련 주의 명판 및 안전 경고표시 위치도
⑬ 전기안전 관리용 정기 점검표

69. 태양광발전 시스템 중 설비 종류에 따른 육안 점검 항목이 아닌 것은?

㉮ 유리 등 표면의 오염 및 파손 확인
㉯ 가대의 부식 및 녹 확인
㉰ 프레임 파손 및 변형 확인
㉱ 볼트가 규정된 토크 수치로 조여져 있는지 확인

해설 육안으로는 볼트가 규정된 토크 수치로 조여져 있는지 확인 불가하다.

70. 다음 중 설비용량 20 kW 이하의 태양광발전 시스템 전기설비를 운영하기 위한 법정 필수요원은?

㉮ 모니터링 요원 ㉯ 전기안전관리자
㉰ 유지보수 요원 ㉱ REC 관리자

해설 태양광발전설비 용량에 따른 안전관리자 선임 기준

발전 용량	안전관리자 선임
10 kW 이하	미선임
10 kW 초과	안전관리자 선임
1,000 kW 이하	안전관리 대행업자 대행 가능 (단, 250 kW 미만은 개인대행자 대행 가능)
1,000 kW 초과	상주 안전관리자 선임

해답 67. ㉮ 68. ㉰ 69. ㉱ 70. ㉯

71. 태양광발전 시스템의 안전관리 예방업무가 아닌 것은?

㉮ 시설물 및 작업장 위험 방지

㉯ 안전작업 관련 훈련 및 교육

㉰ 안전관리비 실행 집행 및 관리

㉱ 안전장구, 보호구, 소화설비의 설치, 점검, 정비

[해설] 안전관리비 실행 집행 및 관리는 태양광발전 시스템의 시공 시 관리항목이다.

72. 배전반 외부에서 이상한 소리, 냄새, 손상 등을 점검항목에 따라 점검하며, 이상 상태 발견 시 배전반 문을 열고 이상 정도를 확인하는 점검은?

㉮ 일시점검 ㉯ 정기점검

㉰ 임시점검 ㉱ 일상순시점검

[해설] 본문 404쪽 그림 참조

73. 태양전지 모듈의 출력이 부하보다 많아서 역조류가 발생하고 용량성 부하로 구성되면 어떤 현상이 발생하는가?

㉮ 전압에 무관함

㉯ 전압강하만 발생함

㉰ 전압상승만 발생함

㉱ 전압강하와 전압상승이 발생함

[해설] 태양전지 모듈의 출력이 부하보다 많아서 역조류가 발생하고, 용량성 부하로 구성되면 전압상승이 발생하고 태양전지 모듈의 출력이 부하보다 적어서 유도성 부하로 구성되면 전압강하가 발생한다.

74. 송변전설비의 유지관리 시 점검 후의 유의사항으로 옳은 것은?

㉮ 준비철저 및 연락

㉯ 회로도에 의한 검토

㉰ 무전압 상태확인 및 안전조치

㉱ 접지선 제거 및 최종확인

[해설] ㉱의 '접지선 제거 및 최종확인'은 '점검

후의 유의사항'이고, 나머지는 '점검 전의 유의사항'이다.

75. 태양광 인버터의 회로에 대한 절연저항의 측정방법으로 틀린 것은?

㉮ 정격전압이 입출력에서 다를 경우에는 높은 측의 전압을 절연저항계의 선택기준으로 한다.

㉯ 입출력 단자에 주회로 이외의 제어단자 등이 있는 경우에는 분리시키고 측정한다.

㉰ 서지 업서버 등의 정격에 약한 회로에 관해서는 회로에서 분리시킨다.

㉱ 무변압기형 인버터의 경우에는 제조업자가 추천하는 방법에 따라 측정한다.

[해설] 입출력 단자에 주회로 이외의 제어단자 등이 있는 경우는 이것을 포함해서 측정하도록 한다.

76. 태양광발전 시스템용 독립형 인버터의 시험항목으로 옳은 것은?

㉮ 출력 측 단락시험

㉯ 자동기동, 정지시험

㉰ 단독운전 방지기능시험

㉱ 교류출력전류 변형률 시험

[해설] 태양광발전 시스템용 독립형 인버터의 시험항목 중 '외부사고시험' 항목에는 출력 측 단락시험과 부하차단시험이 있다.

77. 태양전지 모듈의 핫 스팟(Hot Spot) 현상에 대한 유해한 결과를 제한하기 위한 시험은?

㉮ 고온고습 시험

㉯ UV 전처리 시험

㉰ 온도사이클 시험

㉱ 바이패스 다이오드 열시험

[해설] 태양전지 모듈의 핫 스팟(Hot Spot) 현상에 의한 모듈의 출력 저하를 방지하기 위해서 '바이패스 다이오드 열시험'을 행한다.

해답 71. ㉰ 72. ㉱ 73. ㉰ 74. ㉱ 75. ㉯ 76. ㉮ 77. ㉱

78. 전기재해를 예방하는 전기안전 규칙에 관한 설명 중 틀린 것은?

㉮ 통전표시기를 전선에 설치하여 전원의 투입상태를 감시할 것

㉯ 전기작업을 할 때에는 되도록 두 손으로 안전하게 작업할 것

㉰ 전원을 차단했더라도 전기설비 및 전기선로에는 전기가 흐른다는 생각으로 작업에 임할 것

㉱ 배선용 차단기, 누전차단기 등이 작업자의 안전을 보호하지 못하므로 정상 동작상태를 확인할 것

[해설] 전기작업 시 감전사고 방지를 위해 양손을 사용하지 말고, 한 손으로 작업하는 것이 좋다.

79. 송변전설비 유지관리 시 배전반의 일상순시점검 대상이 아닌 것은?

㉮ 외함　　　　　㉯ 접지

㉰ 주회로 단자부　㉱ 모선 및 지지물

[해설] 일상순시점검은 주로 육안, 소리, 냄새 등을 이용한 점검방법이며, 주회로 단자부는 준공 시의 점검이나 정기점검 시의 대상이다.

80. 태양광발전 시스템 절연저항 측정 시 필요한 시험 기자재가 아닌 것은?

㉮ 온도계　　　㉯ 습도계

㉰ 접지저항계　㉱ 절연저항계

[해설] 접지저항계는 접지저항 측정 시 필요한 시험 기자재이다.

제5과목 : 신재생에너지 관련법규

81. 신·재생에너지 연료의 기준 및 범위에 해당되지 않는 것은?

㉮ 중질잔사유를 가스화한 공정에서 얻어지는 합성가스

㉯ 생물유기체를 변환시킨 바이오가스, 바이오에탄올, 바이오액화유 및 합성가스

㉰ 동물·식물의 유지(油脂)를 변환시킨 바이오디젤

㉱ 생물유기체를 변환시킨 펠릿 및 목탄 등의 기체연료

[해설] ㉱는 생물유기체를 변환시킨 땔감, 목재칩, 펠릿 및 목탄 등의 고체연료(바이오 에너지)로 고쳐야 정확하다.

82. 사용전압 400 V 미만의 전로에 시설하는 기계기구의 철대 및 금속제 외함에는 제 몇 종 접지공사를 하여야 하는가?

㉮ 제1종 접지공사

㉯ 제2종 접지공사

㉰ 제3종 접지공사

㉱ 특별 제3종 접지공사

[해설] 접지공사의 적용

기계기구의 구분	접지공사
400 V 미만의 저압용	제3종 접지공사
400 V 이상의 저압용	특별 제3종 접지공사
고압용 또는 특별고압용	제1종 접지공사

83. 아크가 발생하는 고압용 차단기를 시설하는 경우 가연성 물질로부터의 이격거리는 몇 m 이상인가?

㉮ 0.5　㉯ 1.0　㉰ 1.5　㉱ 2.0

[해설] 아크를 발생하는 기구의 시설(전기설비기술기준의 판단기준 ; 전기설비 제35조)

기구 등의 구분	이격거리
고압용의 것	1 m 이상
특고압용의 것	2 m 이상(사용전압이 35 kV 이하의 특고압용의 기구 등으로서 동작할 때에 생기는 아크의 방향과 길이를 화재가 발생할 우려가 없도록 제한하는 경우에는 1 m 이상)

해답 78. ㉯　79. ㉰　80. ㉰　81. ㉱　82. ㉰　83. ㉯

84. 전선을 접속하는 경우 전선의 세기를 몇 % 이상 감소시키지 않아야 하는가?

㉮ 10   ㉯ 20   ㉰ 30   ㉱ 40

[해설] 전선을 접속하는 경우에는 전선의 세기(인장하중 ; 引張荷重)를 20 % 이상 감소시키지 아니할 것. 다만, 점퍼선을 접속하는 경우와 기타 전선에 가하여지는 장력이 전선의 세기에 비하여 현저히 작을 경우에는 그러하지 아니하다 (전기설비기술기준의 판단기준 ; 전기설비 제11조).

85. 신·재생에너지 기술개발과 이용·보급에 관한 계획을 협의하려는 자가 제출한 계획서를 산업통상자원부장관이 검토하여 통보하여야 할 사항이 아닌 것은?

㉮ 신·재생에너지의 기술개발 기본계획과의 조화성

㉯ 시의성(時宜性)

㉰ 다른 계획과의 중복성

㉱ 단독연구의 가능성

[해설] 신에너지 및 재생에너지 개발·이용·보급 촉진법 7조의 시행령
① 법 제5조에 따른 신·재생에너지의 기술개발 및 이용·보급을 촉진하기 위한 기본계획(이하 "기본계획"이라 한다)과의 조화성
② 시의성(時宜性)
③ 다른 계획과의 중복성
④ 공동연구의 가능성

86. 다음 중 녹색기술에 해당되지 않는 것은?

㉠ 온실가스 감축기술

㉡ 에너지 이용 효율화 기술

㉢ 청정소비기술

㉣ 청정에너지 기술

[해설] "녹색기술"이란 온실가스 감축기술, 에너지 이용 효율화 기술, 청정생산기술, 청정에너지 기술, 자원순환 및 친환경 기술 (관련 융합기술을 포함한다) 등 사회·경제 활동의 전 과정에 걸쳐 에너지와 자원을 절약하고 효율적으로 사용하여 온실가스 및 오염물질의 배출을 최소화하는 기술을 말한다 (저탄소 녹색성장기본법 제2조).

87. ( ) 안에 가장 적합한 내용은?

전기설비기술기준에서 "발전소"란 발전기·원동기·연료전지·( )·해양에너지 그 밖의 기계기구를 시설하여 전기를 발생시키는 곳을 말한다.

㉮ 태양광   ㉯ 태양전지
㉰ 태양열   ㉱ 집광판

88. 전기사업자가 전기품질을 유지하기 위해서 지켜야 하는 표전전압, 표준주파수와 허용오차에 관한 설명으로 틀린 것은?

㉮ 표준전압 110볼트의 상하로 6볼트 이내

㉯ 표준전압 220볼트의 상하로 13볼트 이내

㉰ 표준전압 380볼트의 상하로 20볼트 이내

㉱ 표준주파수 60헤르츠 상하로 0.2헤르츠 이내

[해설] 전기공사업법상 허용오차는 아래와 같다.

표준전압	허용오차
110볼트	110볼트의 상하로 6볼트 이내
220볼트	220볼트의 상하로 13볼트 이내
380볼트	380볼트의 상하로 38볼트 이내

표준주파수	허용오차
60헤르츠	60헤르츠 상하로 0.2헤르츠 이내

89. 신·재생에너지의 기술개발 및 이용·보급과 신·재생에너지 발전에 의한 전기의 공급에 관한 실행계획은 몇 년마다 수립·시행되어야 하는가?

㉮ 1년   ㉯ 3년   ㉰ 5년   ㉱ 7년

[해설] 산업통상자원부장관은 기본계획에서 정한 목표를 달성하기 위하여 신·재생에너지의 종류별로 신·재생에너지의 기술개발 및 이용·보급과 신·재생에너지 발전에 의한 전기의 공급에 관한 실행계획을 매년 수립·시

해답 84. ㉯ 85. ㉱ 86. ㉰ 87. ㉯ 88. ㉰ 89. ㉮

행하여야 한다(신에너지 및 재생에너지 개발·이용·보급 촉진법 제6조).

90. 연료전지 및 태양전지 모듈의 절연내력 시험 시 최대사용전압의 1.5배의 직류전압을 몇 분간 인가하는가?

㉮ 5분 ㉯ 10분 ㉰ 15분 ㉱ 20분

해설 절연내력 시험 : 개방전압을 최대 사용전압으로 간주하여 최대 사용전압의 1.5배의 직류전압이나, 1배의 교류전압(500 V 미만일 때에는 500 V)을 10분간 인가하여 절연파괴 등의 이상이 발생하지 않을 것

91. 전기공사업자의 등록을 반드시 취소해야 하는 사항으로 틀린 것은?

㉮ 공사업의 등록을 한 후 1년 이내에 영업을 시작하지 아니하거나 계속하여 1년 이상 공사업을 휴업한 경우

㉯ 영업정지 처분기간에 영업을 하거나 최근 5년간 3회 이상 영업정지 처분을 받은 경우

㉰ 거짓이나 그 밖의 부정한 방법으로 공사업을 등록 신고한 경우

㉱ 하도급 관계법령을 위반하여 하도급을 주거나 다시 하도급을 준 경우

해설 전기공사업자의 등록을 반드시 취소해야 하는 사항 (전기공사업법 제28조)
1. 거짓이나 그 밖의 부정한 방법으로 다음 각 목의 어느 하나에 해당하는 행위를 한 경우
  가. 전기공사업법 제4조제1항에 따른 공사업의 등록
  나. 전기공사업법 제4조제3항에 따른 공사업의 등록기준에 관한 신고
3. 전기공사업법 제5조 각 호의 결격사유 (피성년후견인, 파산선고를 받고 복권되지 아니한 자 외) 중 어느 하나에 해당하게 된 경우
4. 전기공사업법 제10조를 위반하여 타인에게 성명·상호를 사용하게 하거나 등록증

또는 등록수첩을 빌려 준 경우
7. 공사업의 등록을 한 후 1년 이내에 영업을 시작하지 아니하거나 계속하여 1년 이상 공사업을 휴업한 경우
8. 영업정지처분기간에 영업을 하거나 최근 5년간 3회 이상 영업정지처분을 받은 경우

92. 연면적 1,500 m²의 공공도서관을 신축하기 위해 2014년 7월에 건축허가를 신청하였다. 이 건물의 예상 에너지사용량에 대한 신·재생에너지의 공급 의무 비율은 몇 % 이상이어야 하는가?

㉮ 10 ㉯ 11 ㉰ 12 ㉱ 13

해설 신·재생에너지의 공급의무 비율

해당 연도	공급의무 비율(%)	해당 연도	공급의무 비율(%)
2011~2012	10	2017	21
2013	11	2018	24
2014	12	2019	27
2015	15	2020 이후	30
2016	18		

93. 신재생에너지 공급 의무화에서 공급의무자가 의무적으로 신재생에너지를 이용하여야 하는 발전량의 합계는 총전력량의 몇 % 범위 이내에서 대통령령으로 정하는가?

㉮ 6 ㉯ 8 ㉰ 10 ㉱ 15

해설 연도별 의무공급량 비율 (10 % 범위 이내에서 정함)

해당 연도	비율(%)	해당 연도	비율(%)
2012	2.0	2019	5.0
2013	2.5	2020	6.0
2014	3.0	2021	7.0
2015	3.0	2022	8.0
2016	3.5	2023	9.0
2017	4.0	2024 이후	10.0
2018	4.5		

94. 전압에 관계없이 모든 전기공사를 시공 관리할 수 있는 전기공사기술자는?

㉮ 저압전기공사기술자 또는 중급전기공사 기술자

㉯ 중급전기공사기술자 또는 고급전기공사 기술자

㉰ 중급전기공사기술자 또는 특급전기공사 기술자

㉱ 고급전기공사기술자 또는 특급전기공 사기술자

95. 신재생에너지 정책심의회의 심의사항이 아 닌 것은?

㉮ 신재생에너지 기본계획 수립 및 변경에 관한 사항

㉯ 신재생에너지의 기술개발 및 이용·보 급에 관한 사항

㉰ 송배전 등 전기의 기준가격 및 변경에 관한 사항

㉱ 산업통상자원부장관이 필요하다고 인정 하는 사항

해설 신재생에너지 정책심의회는 다음 각 호의 사항을 심의한다 (신에너지 및 재생에너지 개발·이용·보급 촉진법 제8조).

1. 기본계획의 수립 및 변경에 관한 사항. 다 만, 기본계획의 내용 중 대통령령으로 정 하는 경미한 사항을 변경하는 경우는 제외 한다.

2. 신·재생에너지의 기술개발 및 이용·보급 에 관한 중요 사항

3. 신·재생에너지 발전에 의하여 공급되는 전 기의 기준가격 및 그 변경에 관한 사항

4. 그 밖에 산업통상자원부장관이 필요하다고 인정하는 사항

96. 태양전지 모듈을 병렬로 접속하는 전로 에 단락이 생긴 경우 전로를 보호하기 위하 여 설치하는 것은?

㉮ 개폐기 ㉯ 과전류차단기

㉰ 누전차단기 ㉱ 전류검출기

해설 전기설비기술기준의 판단기준 제54조 "태 양전지 모듈 등의 시설"

① 태양전지 발전소에 시설하는 태양전지 모듈, 전선 및 개폐기 기타 기구는 다음 의 각 호에 따라 시설하여야 한다.

1. 충전부분은 노출되지 아니하도록 시설할 것

2. 태양전지 모듈에 접속하는 부하측의 전로 (복수의 태양전지 모듈을 시설한 경우에는 그 집합체에 접속하는 부하측의 전로)에는 그 접속점에 근접하여 개폐기 기타 이와 유사한 기구 (부하전류를 개폐할 수 있는 것에 한한다)를 시설할 것

3. 태양전지 모듈을 병렬로 접속하는 전로에 는 그 전로에 단락이 생긴 경우에 전로를 보호하는 과전류차단기 기타의 기구를 시 설할 것. 다만, 그 전로가 단락전류에 견딜 수 있는 경우에는 그러하지 아니하다.

97. 옥내전로의 대지전압에서 주택의 태양전 지 모듈에 접속하는 부하 측 옥내배선을 시 설하는 경우 주택의 옥내전로의 대지전압으 로 맞는 것은?

㉮ 직류 450 V 이하

㉯ 직류 500 V 이하

㉰ 직류 600 V 이하

㉱ 직류 750 V 이하

해설 주택의 태양전지모듈에 접속하는 부하 측 옥내배선 (복수의 태양전지모듈을 시설하는 경우에는 그 집합체에 접속하는 부하 측의 배선)을 다음 각 호에 따라 시설하는 경우에 주택의 옥내전로의 대지전압은 직류 600 V 이하일 것 (전기설비기술기준의 판단기준 제 166조).

1. 전로에 지락이 생겼을 때 자동적으로 전로 를 차단하는 장치를 시설할 것

2. 사람이 접촉할 우려가 없는 은폐된 장소에 합성수지관공사, 금속관공사 및 케이블 공 사에 의하여 시설하거나, 사람이 접촉할 우 려가 없도록 케이블 공사에 의하여 시설하 고 전선에 적당한 방호장치를 시설할 것

해답 94. ㉱ 95. ㉰ 96. ㉯ 97. ㉰

98. 저압전로 중의 과전류차단기의 시설과 관련하여 저압전로에 사용하는 퓨즈는 수평으로 붙인 경우에 정격전류의 몇 배의 전류에 견뎌야 하는가?

㉠ 1.1 ㉯ 1.25

㉢ 1.5 ㉣ 1.9

해설 과전류차단기로 저압전로에 사용하는 퓨즈(「전기용품안전 관리법」의 적용을 받는 것, 배선용차단기와 조합하여 하나의 과전류차단기로 사용하는 것 및 제5항에 규정하는 것을 제외한다)는 수평으로 붙인 경우(판상 퓨즈는 판면을 수평으로 붙인 경우)에 다음 각 호에 적합한 것이어야 한다(전기설비기술기준의 판단기준 제38조).
1. 정격전류의 1.1배의 전류에 견딜 것

99. 고압 및 특고압의 전로에 시설하는 피뢰기에는 몇 종 접지공사를 하여야 하는가?

㉠ 제1종 접지공사

㉯ 제2종 접지공사

㉢ 제3종 접지공사

㉣ 특별 제3종 접지공사

해설 전기설비기술기준의 판단기준 제33조

기계기구의 구분	접지공사의 종류
400 V 미만인 저압용의 것	제3종 접지공사
400 V 이상의 저압용의 것	특별 제3종 접지공사
고압용 또는 특고압용의 것	제1종 접지공사

100. 발전기의 용량에 관계없이 자동적으로 이를 전로로부터 차단하는 장치를 시설하여야 하는 경우는?

㉠ 베어링 과열

㉯ 유압의 과팽창

㉢ 발전기의 내부고장

㉣ 과전류 또는 과전압 발생

해설 발전기에는 다음 각 호의 경우에 자동적으로 이를 전로로부터 차단하는 장치를 시설하여야 한다(전기설비기술기준의 판단기준 제47조).
1. 발전기에 과전류나 과전압이 생긴 경우
2. 용량이 500 kVA 이상의 발전기를 구동하는 수차의 압유 장치의 유압 또는 전동식 가이드밴 제어장치, 전동식 니이들 제어장치 또는 전동식 디플렉터 제어장치의 전원전압이 현저히 저하한 경우
3. 용량 100 kVA 이상의 발전기를 구동하는 풍차(風車)의 압유장치의 유압, 압축 공기 장치의 공기압 또는 전동식 브레이드 제어장치의 전원전압이 현저히 저하한 경우
4. 용량이 2,000 kVA 이상인 수차 발전기의 스러스트 베어링의 온도가 현저히 상승한 경우
5. 용량이 10,000 kVA 이상인 발전기의 내부에 고장이 생긴 경우
6. 정격출력이 10,000 kW를 초과하는 증기터빈은 그 스러스트 베어링이 현저하게 마모되거나 그의 온도가 현저히 상승한 경우

해답 **98.** ㉠ **99.** ㉠ **100.** ㉣

□ 신재생에너지 발전설비 산업기사 ▶2015. 11. 7 시행

제1과목 : 태양광발전 시스템 이론

1. 결정질 실리콘 태양전지의 일반적인 제조공정이 아닌 것은?

[가] 확산 [나] 측면접합
[다] 웨이퍼장착 [라] 반사방지막 코팅

[해설] 일반적인 결정질 실리콘 태양전지의 제조공정 : 폴리실리콘 → 잉곳 (블록) 생산 및 측면절단 → 웨이퍼장착 (웨이퍼링) → 인확산 → 반사방지막 코팅 → 전면 및 후면적극 접합

2. 전력변환장치(PCS)의 기능에 대한 설명으로 틀린 것은?

[가] 단독운전 방지기능
[나] 계통연계 운전기능
[다] 전류 자동조절기능
[라] 최대전력 추종제어기능

[해설] [다]의 '전류 자동조절기능'은 '전압 자동조절기능 (혹은, 자동전압 조정기능)'으로 바꿔야 옳다.

3. 지표면 1 m^2당 도달하는 태양광 에너지의 양을 나타낸 것은?

[가] 방사각 [나] 분광분포
[다] 방사조도 [라] 대기통과량

[해설] 방사조도 (일사강도, 일조강도 ; W/m^2) : 지표면 1 m^2당 도달하는 태양광 에너지의 양을 나타내는 용어이며, 이를 시간으로 적산한 일사량 (Wh/m^2)과는 다름에 주의를 요한다.

4. 태양광발전시스템과 하위 전자기기를 용량, 유도결합과 그리드 과전압으로부터 보호하기 위해 설치하는 것은?

[가] 피뢰침 [나] 종단저항
[다] 서지흡수기 [라] 바이패스 장치

[해설] 서지흡수기(서지 업서버)

① 전선로에 침입한 이상전압의 높이를 완화시키고 파고치를 저하시키는 피뢰소자이다.
② 최대 허용 DC전압 이상의 것으로 선정
③ 유도 뇌서지 전류로서 1,000 A (8/20 μs)에서 제한전압이 2,000 V 이하로 선정
④ 방전내량이 최저 4 kA 이상이며, 탈착이 용이하고 서비스성이 좋을 것
⑤ 어레이 주회로 내에 설치하는 피뢰소자이다 (주로 방전내량이 작은 것으로 선정함).
⑥ 선로의 개폐서지, 그리드 과전압 등으로 인한 피해를 방지할 수 있음

5. 태양광발전의 특징으로 옳지 않은 것은?

[가] 무인화 기능
[나] 청정발전방식
[다] 운영유지비 많음
[라] 무한정한 에너지

[해설] 태양광발전설비는 타 발전설비 대비하여 운전유지 측면에서 간편하고, 운영유지비가 적게 소요되는 특징이 있다.

6. 다음 중 납축전지(연축전지)의 공칭전압은 몇 V인가?

[가] 1.2 [나] 2.0
[다] 3.0 [라] 4.0

[해설] 공칭 축전지 전압 (V)은 보통 납축전지는 2 V, 알칼리 축전지는 1.2 V이다.

7. 인버터 데이터 중 모니터링 화면에 전송되는 것이 아닌 것은?

[가] 일사량
[나] 발전량
[다] 입력 측 전압, 전류, 전력
[라] 출력 측 전압, 전류, 전력

[해설] 일사량은 일사량계에 의해서 별도로 측정된다.

[해답] 1. [나] 2. [다] 3. [다] 4. [다] 5. [다] 6. [나] 7. [가]

8. 태양전지는 어떤 효과를 이용하는가?

㉮ 광전도 효과

㉯ 광증폭 효과

㉰ 방전자 방출효과

㉱ 광기전력 효과

해설 태양전지는 아래와 같은 2가지 효과를 이용한다.

① 광전효과 : 아인슈타인이 빛의 입자성을 이용하여 설명한 현상으로 금속 등의 물질에 일정한 진동수 이상의 빛을 비추었을 때, 물질의 표면에서 전자가 튀어나오는 현상을 말하며, 단파장 조사 시 외부에 자유전자가 방출되는 외부광전효과(광전관, 빛의 검출/측정 등에 사용)와 내부광전효과(전자 및 정공 발생)로 나누어진다.

② 광기전력효과 : 어떤 종류의 반도체에 빛을 조사하면 조사된 부분과 조사되지 않은 부분 사이에 전위차(광기전력)를 발생시키는 효과이다.

9. 태양광발전 시스템의 구성요소에 대한 설명으로 틀린 것은?

㉮ 태양전지 모듈에서 생산된 전기를 저장하기 위해 축전지를 사용하기도 한다.

㉯ 인버터는 태양전지 모듈에서 생산된 교류 전기를 직류 전기로 변환시키는 역할을 한다.

㉰ 태양전지 모듈 제작 시 발생전압을 증가시키기 위해 여러 장의 셀을 직렬로 연결한다.

㉱ 태양전지 어레이는 태양전지 모듈의 집합체로 스트링, 역류방지 다이오드, 바이패스 다이오드, 접속함 등으로 구성된다.

해설 ㉯는 "인버터는 태양전지 모듈에서 생산된 직류 전기를 교류 전기로 변환시키는 역할을 한다."로 고쳐야 옳다.

10. 태양광발전 시스템을 완성하기 위하여 필요한 모듈을 직·병렬로 구성하게 되는데, 직

렬로 접속한 모듈 집합체의 회로를 무엇이라고 부르는가?

㉮ 셀   ㉯ 모듈

㉰ 스트링   ㉱ 어레이

해설 셀(Cell)을 직렬연결하여 모듈(Module)을 만들고, 모듈을 직렬연결하여 스트링(String)을 만들고, 스트링을 병렬연결하여 어레이(Array)를 만든다(본문 96쪽 그림 참조).

11. 태양전지 모듈의 표준상태로 맞는 것은?

㉮ 모듈 표면온도 20℃, 분광분포 AM 1.0, 방사조도 1,000 W/m²

㉯ 모듈 표면온도 20℃, 분광분포 AM 1.5, 방사조도 1,500 W/m²

㉰ 모듈 표면온도 25℃, 분광분포 AM 1.0, 방사조도 1,500 W/m²

㉱ 모듈 표면온도 25℃, 분광분포 AM 1.5, 방사조도 1,000 W/m²

해설 ㉱의 조건이 태양전지 모듈의 'KS 표준상태의 조건(STC조건)'에 해당된다.

12. 2Ω, 3Ω, 5Ω의 저항 3개가 직렬로 접속된 회로에 5 A의 전류가 흐르면 공급전압은 몇 V인가?

㉮ 30   ㉯ 50   ㉰ 70   ㉱ 100

해설 합성저항 = 2Ω+3Ω+5Ω = 10Ω

공급전압 = 전류(I)×저항(R) = 5 A×10Ω

= 50 V

13. 태양전지 모듈 선정 시 고려사항에 해당되지 않는 것은?

㉮ 경제성

㉯ 신뢰성

㉰ 변환효율

㉱ 태양전지 셀의 크기

해설 모두 답이 될 수 있지만, ㉱의 '태양전지 셀의 크기'는 ㉰의 '변환효율'에 이미 내포된 내용이므로, 4개의 보기 중 의미가 가장 약하다.

해답 8. ㉱   9. ㉯   10. ㉰   11. ㉱   12. ㉯   13. ㉱

14. 교토의정서에서 정한 지구 온난화 방지를 위한 감축대상 가스가 아닌 것은?

㉮ CH_4 ㉯ N_2O ㉰ SF_6 ㉱ NFC

[해설] '온실가스'란 이산화탄소(CO_2), 메탄(CH_4), 아산화질소(N_2O), 수소불화탄소(HFCs), 과불화탄소(PFCs), 육불화황(SF_6) 및 그 밖에 대통령령으로 정하는 것으로, 적외선 복사열을 흡수하거나 재방출하여 온실효과를 유발하는 대기 중의 가스 상태 물질을 말한다.

15. 태양광발전설비용 인버터 선정 시 전력 품질 안정성 부분에 대한 고려사항이 아닌 것은?

㉮ 교류분이 적을 것

㉯ 노이즈의 발생이 적을 것

㉰ 고조파의 발생이 적을 것

㉱ 기동, 정지가 안정적일 것

[해설] ㉮는 '직류분이 적을 것'으로 고쳐야 한다.

16. STC 조건하에서 다음과 같은 특성을 가진 결정질 태양전지 모듈의 온도가 −15℃일 때, 최대 전압은 몇 V인가? (단, 개방전압은 40 V, 전압온도계수는 −0.25 V/℃이다.)

㉮ 50 ㉯ 60 ㉰ 70 ㉱ 80

[해설] 모듈의 온도가 −15℃일 때,

최대 전압 = 표준 상태(25℃)에서의 V_{oc} + (개방전압 온도계수(V/℃)×표면 온도차)

$= 40\,V + (-0.25\,V/℃) \times (-15℃ - 25℃)$

$= 50\,V$

17. "임의의 폐회로에서 기전력의 총합은 저항에서 발생하는 전압강하의 총합과 같다."는 법칙은?

㉮ 패러데이의 법칙

㉯ 플레밍의 오른손 법칙

㉰ 키르히호프의 제1법칙

㉱ 키르히호프의 제2법칙

[해설] 키르히호프의 제2법칙(전압법칙 ; KVL)

① 이 법칙을 키르히호프의 두 번째 법칙, 키르히호프의 루프의 법칙, 에너지 보전의 원칙이라고도 부른다.

② 닫혀진 하나의 루프 안 전압(전위차)의 합은 0이다. 다르게 표현하면, 폐쇄된 회로의 인가된 전원의 합과 분배된 전위의 차의 합은 그 루프 안에서 등가한다.

③ 하나의 루프 안에서 도체에 인가된(걸린) 전압의 대수의 합과 그 루프에 인가한(공급된) 전체 전원 대수의 합은 같다. 식으로 표현하면 아래와 같다.

$$\sum_{k=1}^{n} V_k = 0$$

여기서, n은 측정된 전체 전압의 개수이다.

④ 응용 : 이 법칙은 에너지의 인가와 출력, 공급과 소비의 포텐셜장(에너지보유장) 기초 원칙이 된다(루프 안에서의 에너지는 소멸되지 않는다는 가정하에서이다).

18. 태양전지 모듈 전면적 1,000 m^2에서 방사조도 1,000 W/m^2이고, 최대출력이 100 kW이면 변환효율은 몇 %인가?

㉮ 5 ㉯ 10 ㉰ 15 ㉱ 20

[해설] 태양전지 모듈의 변환효율

$$= \frac{모듈출력(W)}{모듈면적(m^2) \times 1,000(W/m^2)} \times 100\%$$

$$= \frac{100,000}{1,000 \times 1,000} \times 100 = 10\%$$

19. 계통연계용 축전지 용량을 산출하기 위해 필요한 값이 아닌 것은?

㉮ 보수율 ㉯ 변환효율

㉰ 용량환산시간 ㉱ 평균방전전류

[해설] 계통연계시스템용 축전지 용량 산출 (방재대응형, 부하 평준화형 포함)

축전지 용량 $C = \dfrac{K \cdot I}{L}$ (Ah)

여기서, C : 온도 25℃에서 정격 방전율 환산용량(축전지 표시용량)

K : 방전(유지)시간, 축전지(최저 동작)온도, 허용 최저전압(방전 종기 전압 ; V/Cell)으로 결정되는 용량 환산시간

해답 14. ㉱ 15. ㉮ 16. ㉮ 17. ㉱ 18. ㉯ 19. ㉯

I : 평균 방전전류 (PCS 직류 입력
전류)

L : 보수율 (수명 말기의 용량 감
소율 고려하여 보통 0.8)

20. 트랜스리스 방식의 인버터 회로 구성이 아
닌 것은?

㉮ 변압기   ㉯ 컨버터

㉰ 인버터   ㉱ 개폐기

[해설] 트랜스리스 방식의 인버터 회로 구성방식
(아래 그림과 같이 변압기가 없는 방식이다.)

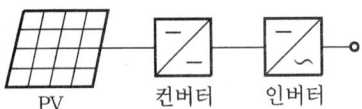

제2과목 : 태양광발전 시스템 시공

21. 감리원의 감리업무가 아닌 것은?

㉮ 발주자의 권한 대행

㉯ 공사의 품질확보와 향상에 노력

㉰ 공사의 계획, 발주, 설계, 시공 등 전반
업무 총괄

㉱ 품질관리, 공사관리, 안전관리 등에 대
한 기술지도

[해설] ㉰는 감리원의 업무가 아니라 CM (건설사
업관리자)의 업무이다.

22. 부하 역률 0.8일 때 선로의 저항 손실은
부하 역률 0.9일 때 선로의 저항 손실에 비
하여 약 몇 배인가?

㉮ 동일하다.   ㉯ 1.3배

㉰ 1.5배   ㉱ 1.8배

[해설] 저항손실비 $\dfrac{P_{0.8}}{P_{0.9}}$

$= \dfrac{0.9^2}{0.8^2} = \dfrac{0.81}{0.64} = 1.27$

23. 태양전지 어레이 설치공사의 주의사항으

로 틀린 것은?

㉮ 구조물 및 지지대는 현장용접을 한다.

㉯ 너트의 풀림 방지는 이중너트를 사용하
고 스프링와셔를 체결한다.

㉰ 태양광 어레이 기초면 확인을 위해 수
평기, 수평줄, 수직추를 확보한다.

㉱ 지지대의 기초앵커볼트의 조임은 바로
세우기, 완료 후, 앵커볼트의 장력이 균
일하게 되도록 한다.

[해설] ㉮는 "구조물 및 지지대는 현장에서 조립
한다."로 고쳐야 한다.

24. 태양광 설치 공사 중 태양전지 모듈의
설치 시 추락 방지에 대한 안전대책이 아닌
것은?

㉮ 안전모 착용

㉯ 안전허리띠 착용

㉰ 저압 절연장갑 착용

㉱ 안전대 및 안전화 착용

[해설] ㉰의 '저압 절연장갑'은 추락 방지에 대한
안전대책이 아니라, 감전 방지용 안전대책에
해당된다.

25. 태양광발전 시스템을 전력계통과 연계하
기 위한 변압기의 결선방법으로 가장 적당한
것은?

㉮ Y-Y   ㉯ Y-Δ   ㉰ Δ-Δ   ㉱ Δ-Y

[해설] Grounded Y-Δ 결선방식(한전계통 측-분산
형전원 측) : 이 결선방식은 부하에 전기를 공
급하려는 목적으로는 거의 사용되지 않지만
분산형 전원의 연계 변압기 결선으로 가장 적
합한 방식으로 고려되고 있다.

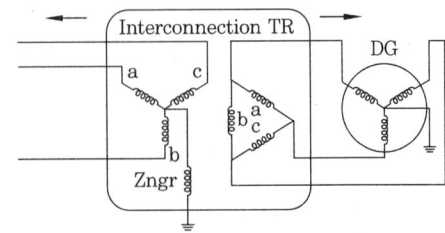

해답   20. ㉮   21. ㉰   22. ㉯   23. ㉮   24. ㉰   25. ㉯

26. 태양전지 모듈의 배선이 끝난 후 확인사항이 아닌 것은?

㉮ 비접지 확인　　㉯ 전압극성 확인
㉰ 단락전류 확인　　㉱ 개방전류 확인

해설 태양전지 모듈의 배선이 끝나면 각 모듈의 극성 확인, 전압 확인, 단락전류 확인, 양극 중 어느 하나라도 접지되어 있지는 않은지 확인(비접지 확인) 등을 행한다.

27. 태양광발전 시스템에서 태양전지 어레이용 가대 및 지지대 설치 시 고려사항이 아닌 것은?

㉮ 태양전지 어레이용 가대 및 지지대의 설치순서, 양중방법 등의 설치계획을 결정한다.
㉯ 태양전지 모듈의 유지보수를 위한 공간과 작업 안전을 위한 발판, 안전난간을 설치한다.
㉰ 지지물의 하중, 적재하중 및 구조하중에 맞게 안전한 구조의 것으로 설치한다.
㉱ 구조물의 자재 중 강제류는 현장에서 절단, 용융 아연도금하여 조립함을 원칙으로 한다.

해설 ㉱에서 구조물의 자재 중 강제류는 공장에서 절단 및 용융 아연도금을 하여야 하며, 현장에서는 조립 위주로 작업한다.

28. 태양광발전 시스템 시공 중 감전방지책에 대한 설명으로 틀린 것은?

㉮ 강우 시 작업을 중단한다.
㉯ 저압전로용 절연장갑을 착용한다.
㉰ 이중절연처리가 된 공구를 사용한다.
㉱ 작업 종료 후 태양전지 모듈 표면에 차광시트를 붙인다.

해설 ㉱는 "작업 전 태양전지 모듈 표면에 차광시트를 붙인다."로 고쳐야 한다.

29. 저압 배전선로의 저압 네트워크 방식의 설명으로 틀린 것은?

㉮ 전력손실이 감소한다.
㉯ 플리커, 전압변동률이 적다.
㉰ 특별한 보호장치가 필요없다.
㉱ 무정전 공급이 가능해져 공급 신뢰도가 높다.

해설 저압 네트워크 방식은 배전 변전소의 동일 모선으로부터 2회선 이상의 급전선으로 전력을 공급하는 방식으로 신뢰도가 높은 방식이며, 각 구간별 보호를 위해 '네트워크 프로텍터'가 꼭 필요하다.

30. 일반적으로 국내의 대용량 태양광발전 시스템 전기공사 중 옥외공사가 아닌 것은?

㉮ 인버터의 설치
㉯ 전력량계의 설치
㉰ 태양전지 모듈 간의 배선
㉱ 태양전지 어레이와 접속함의 배선

해설 ㉮ '인버터의 설치'는 '옥내공사'에 속한다.

31. 다음 중 태양광발전 시스템의 설계도서가 아닌 것은?

㉮ 시방서
㉯ 설계도면
㉰ 품질관리계획서
㉱ 공사비산출내역서

해설 ① "설계도서"라 함은 건축물의 건축 등에 관한 공사용의 도면과 구조계산서 및 시방서 기타 다음 각 호의 서류를 말한다.
　㉮ 건축설비계산 관계서류
　㉯ 토질 및 지질 관계서류
　㉰ 기타 공사에 필요한 서류
② 품질관리계획서는 설계도서가 아니고, 공사 감리원의 필요서류이다.

32. 인버터 선정 시 검토사항으로 틀린 것은?

㉮ 소음 발생이 적을 것
㉯ 고조파의 발생이 적을 것
㉰ 기동·정지가 안정적일 것

해답 26. ㉱　27. ㉱　28. ㉱　29. ㉰　30. ㉮　31. ㉰　32. ㉱

라 야간의 대기전압 손실이 클 것

해설 라는 "야간의 대기전압 손실이 적을 것"으로 고쳐야 옳다.

33. 케이블 단말처리 방법의 순서를 옳게 나타낸 것은?

> ㉠ 점착성 절연테이프를 감는다.
> ㉡ 케이블의 피복을 벗겨낸다.
> ㉢ 보호테이프를 반 폭 이상 겹치도록 1회 이상 감는다.
> ㉣ 쌍관을 케이블에 삽입한다.
> ㉤ 케이블 종단에 극성을 표시한다.

가 ㉡ → ㉤ → ㉠ → ㉢ → ㉣
나 ㉡ → ㉢ → ㉠ → ㉣ → ㉤
다 ㉡ → ㉤ → ㉣ → ㉠ → ㉢
라 ㉡ → ㉣ → ㉠ → ㉢ → ㉤

해설 쌍관을 사용한 케이블 단말처리 순서 : 케이블 탈피 → 쌍관 삽입 → 절연테이프 → 보호테이프 → 극성 표시

34. 태양전지에서 옥내에 이르는 배선에 쓰이는 연결전선으로 적당하지 않은 것은?

가 GV전선
나 CV전선
다 모듈전용선
라 TFR-CV전선

해설 ① GV전선 : 접지용 비닐절연전선 (PVC Insulated Grounding Wire)을 말하며, 주로 전기기기의 접지를 위하여 사용한다.
② CV케이블 (XLPE Insulated PVC Sheathed Cable ; 가교 폴리에틸렌 절연 비닐 시스 케이블) : 폴리에틸렌의 단점을 보완한 가교 폴리에틸렌 (가로 방향으로 된 폴리에틸렌을 세로 방향으로 다시 연결한 구조의 폴리에틸렌)을 사용하여 내열성 및 내수성이 우수하고 난연성인 관계로 연소성이 없어 열에 대하여 강한 장점이 있는 대신에 기름이나 알칼리 등에 의하여 경화를 일으키는 단점도 있다.
③ TFR-CV전선 : 가교 폴리에틸렌 절연 난연 PVC 시스 트레이용 전력케이블 (XLPE Insulated and Tray Frame-Retardant PVC Sheathed Power Cable)로서, 전기적, 물리적, 화학적인 특성이 좋고 특히 난연성이 우수하여 화재 시 불꽃이 케이블에 전도되어 2차 재해를 방지할 수 있으며 트레이 설치가 적합하다.

35. 지붕형 태양광발전 시스템 어레이 기초공사에 포함되는 것은?

가 방수공사
나 접지공사
다 구조물공사
라 모듈설치공사

해설 지붕형 태양광발전 시스템 어레이 설치공사 순서 : 기초공사 (방수공사) → 가대 설치공사 → 접지공사 → 배선공사

36. 국내에서 태양광발전설비의 모듈을 고정식으로 설치할 때 최적 경사각은 일반적으로 몇 도 정도인가?

가 5~15°
나 24~36°
다 55~60°
라 75~90°

해설 국내 태양광발전설비 모듈의 최적 경사각은 평균적으로 약 33° 내외가 된다.

37. 태양광발전 시스템에서 전기흐름을 고려한 배선 순서를 바르게 나열한 것은?

> ㉠ 인버터에서 분전반 배선
> ㉡ 어레이와 접속함 배선
> ㉢ 모듈 배선
> ㉣ 접속함에서 인버터 배선

가 ㉠ → ㉣ → ㉡ → ㉢
나 ㉡ → ㉢ → ㉠ → ㉣
다 ㉢ → ㉡ → ㉣ → ㉠
라 ㉣ → ㉢ → ㉡ → ㉠

해설 배선의 순서는 전기의 흐름 순서에 따라, "모듈 → 어레이 → 접속함 → 인버터 → 분전반"으로 보면 된다.

38. 분산형 태양광발전 시스템 준공 시 인입구 배선의 점검사항으로 틀린 것은?

가 전선의 저항 측정

㉯ 규격전선 사용 여부

㉰ 전선피복 손상 여부

㉱ 배선공사 방법의 적합 여부

39. 다음 중 태양전지 모듈의 출력전압이 500 V일 경우 인버터 외함에 시설하여야 하는 접지공사는?

㉮ 제1종 접지공사

㉯ 제2종 접지공사

㉰ 제3종 접지공사

㉱ 특별 제3종 접지공사

해설 전기설비기술기준의 판단기준 제33조

기계기구의 구분	접지공사의 종류
400 V 미만인 저압용의 것	제3종 접지공사
400 V 이상의 저압용의 것	특별 제3종 접지공사
고압용 또는 특고압용의 것	제1종 접지공사

40. 금속전선관의 굵기는 전선의 피복절연물을 포함한 단면적의 총합계가 관내 단면적의 몇 % 이하가 되어야 하는가? (단, 동일 굵기의 절연전선을 동일 관내에 넣는 경우이다.)

㉮ 32   ㉯ 40   ㉰ 48   ㉱ 52

해설 전선관의 굵기는 전선 피복을 포함하여 단면적 합계가 48 % 이하가 되도록 선정할 것 (단, 굵기가 서로 다른 케이블을 같은 전선관 속에 넣을 때에는 32 % 이하가 되도록 할 것)

제3과목 : 태양광발전 시스템 운영

41. 일상점검을 할 때 볼트 조임 방법이 틀린 것은?

㉮ 조임은 지정된 재료, 부품을 정확히 사용한다.

㉯ 조임은 너트를 돌려서 조여준다.

㉰ 2개 이상의 볼트를 사용하는 경우 한쪽만 심하게 조이지 않도록 주의한다.

㉱ 볼트의 크기에 맞는 파이프렌치를 사용하여 규정된 힘으로 조여준다.

해설 ㉱는 "볼트의 크기에 맞는 토크 렌치(Torque wrench)를 사용하여 규정된 힘으로 조여준다."로 고쳐야 한다.

42. 태양광발전 시스템 정기점검 사항 중 접속함의 출력단자와 접지 간의 절연저항은 몇 MΩ 이상이어야 하는가?

㉮ 0.2   ㉯ 0.5   ㉰ 0.7   ㉱ 1

해설 접속함의 측정 및 시험

점검항목		점검요령
측정 및 시험	절연 저항	〈태양전지-접지선〉 0.2 MΩ 이상, 측정 전압 DC 500 V 〈출력단자-접지간〉 1 MΩ 이상, 측정 전압 DC 500 V
	개방 전압	규정의 전압일 것 극성이 올바를 것(각 회로마다 전부 측정)

43. 전기 안전관리 업무를 대행하는 자가 갖추어야 할 장비가 아닌 것은?

㉮ 절연저항기   ㉯ 클램프미터

㉰ 저압검전기   ㉱ 인버터

해설 ㉱의 '인버터'는 안전관리 업무에 필요한 장비는 아니다.

44. 인버터에 고장이 발생하였을 때 계통의 이상 유무를 확인 후 정상 시 5분 재기동하는 경우가 아닌 것은?

㉮ 한전 계통역상   ㉯ 한전 과전압

㉰ 한전 부족전압   ㉱ 한전 저주파수

해설 "한전 계통역상"은 5분 재기동 가능한 경우가 아니고, 보통 고장수리 혹은 조치가 필요한 경우이다.

해답 39. ㉱   40. ㉰   41. ㉱   42. ㉱   43. ㉱   44. ㉮

45. 안전관리업무를 외부 대행사업자가 수행할 수 있는 태양광발전용량 설비 규모는?

㉮ 500 kW 미만   ㉯ 750 kW 미만
㉰ 1,000 kW 미만   ㉱ 3,000 kW 미만

해설 태양광발전설비 용량에 따른 안전관리자 선임

발전 용량	안전관리자 선임
20 kW 이하	미선임
20 kW 초과	안전관리자 선임
1,000 kW 미만	안전공사 및 대행사업자 대행 가능 (단, 250 kW 미만은 개인대행자 대행 가능)
1,000 kW 이상	상주 안전관리자 선임

46. 태양광발전 시스템의 운전상태에 따른 인버터의 운전으로 틀린 것은?

㉮ 인버터 이상 발생 시 인버터는 수동으로 정지된다.
㉯ 태양전지 전압이 저전압이 되면 경보발령 후 인버터는 정지한다.
㉰ 태양전지 전압이 과전압이 되면 경보발령 후 인버터는 정지한다.
㉱ 정상 운전 시 태양전지로부터 전력을 받아 인버터가 계통전압과 동기로 운전한다.

해설 인버터의 이상 발생 시 인버터는 자동으로 정지하고, 이상신호를 나타낸다.

47. 신뢰성 평가 분석 중 시스템 트러블로 옳은 것은?

㉮ 프리즈
㉯ 인버터 정지
㉰ 컴퓨터의 조작 오류
㉱ 컴퓨터 전원의 차단

해설 신뢰성 평가 분석
① 시스템 트러블 : 시스템의 정지, 인버터의 정지, 트립, 지락 등
② 계측 관련 트러블 : 컴퓨터의 OFF 혹은 조작 오류, 기타의 계측 관련 트러블 등

③ 운전데이터의 결측
④ 계획정지 : 계획 정전, 정기점검, 개수정전, 계통정전 등

48. 태양광발전소에 대한 하자보수 검사주기로 옳은 것은?

㉮ 연 1회 이상   ㉯ 연 2회 이상
㉰ 연 3회 이상   ㉱ 연 4회 이상

해설 지방자치단체를 당사자로 하는 계약에 관한 법률 시행규칙 : 69조 (하자 검사) ① 영 제70조에 따라 하자 검사를 하는 자는 제68조에 따른 담보책임의 존속기간 중 연 2회 이상 정기적으로 하자 검사를 하여야 하며, 담보책임의 존속기간이 만료되는 경우에는 행정자치부장관이 정하는 바에 따라 지체 없이 따로 검사를 하여야 한다.

49. 태양광발전 설비 운영에 관한 설명 중 틀린 것은?

㉮ 태양광발전 설비의 발전량은 여름철이 봄철, 가을철보다 많다.
㉯ 태양전지 모듈 표면의 온도가 높을수록 발전효율이 저하되므로 정기적으로 물을 뿌려 온도를 조절해준다.
㉰ 태양광발전 설비의 고장요인은 대부분 인버터에서 발생하므로 정기적으로 정상가동 유무를 확인한다.
㉱ 태양광발전 설비의 일상점검, 정기점검은 주기에 맞춰 점검한다.

해설 태양광발전 설비의 발전량은 보통 여름철에 모듈 표면의 온도가 높아지므로 봄철, 가을철보다 낮다 (봄철은 일사량 또한 가장 높아지므로 가장 높다).

50. 시스템 성능평가 분류 중 사이트 평가방법 항목으로 틀린 것은?

㉮ 설치 용량   ㉯ 설치 형태
㉰ 설치 단가   ㉱ 설치 대상기관

해설 사이트 평가방법

해답 45. ㉰ 46. ㉮ 47. ㉯ 48. ㉯ 49. ㉮ 50. ㉰

① 설치 대상기관
② 설치 시설의 분류
③ 설치 시설의 지역
④ 설치 형태
⑤ 설치 용량
⑥ 설치 각도와 방위
⑦ 시공업자
⑧ 기기 제조사

51. 인버터 절연저항 측정 시 주의사항으로 틀린 것은?

㉮ 정격에 약한 회로들은 회로에서 분리하여 측정한다.

㉯ 입·출력단자에 주회로 이외의 제어단자 등이 있는 경우는 이것을 측정에서 제외한다.

㉰ 정격전압이 입·출력과 다를 때는 높은 측의 전압을 선택기준으로 한다.

㉱ 절연변압기를 장착하지 않은 인버터는 제조사 추천방식으로 측정한다.

해설 입출력 단자에 주회로 이외의 제어단자 등이 있는 경우는 이것을 포함해서 측정한다.

52. 절연용 방호구가 아닌 것은?

㉮ 애자커버　　㉯ 핫스틱
㉰ 고무판　　　㉱ 절연시트

해설 활선 작업 시의 안전조치사항

① 절연용 보호구 : 안전모, 전기용 고무장갑, 전기용 고무절연장화 등 설치

② 절연용 방호구 : 고무판, 절연관, 절연시트, 절연커버, 애자커버 등 설치

53. 태양광발전 시스템 중 접속함의 고장원인이 아닌 것은?

㉮ 결합 상태　　㉯ 다이오드 불량
㉰ 방수처리 불량　㉱ 퓨즈 고장

해설 방수처리 불량은 접속함 고장의 직접적인 원인은 아니다.

54. 태양전지 모듈의 고장원인으로 적당하지 않은 것은?

㉮ 습기 및 수분 침투에 의한 내부회로의 단락

㉯ 기계적 스트레스에 의한 태양전지 셀의 파손

㉰ 경년 열화에 의한 태양전지 셀 및 리본의 노화

㉱ 염해, 부식성 가스 등 주변 환경에 의한 부식

해설 태양전지 모듈은 진공으로 압착되어 있으므로 습기 및 수분 침투에 의한 내부회로의 단락현상과는 관련성이 적다.

55. 태양전지 모듈 어레이의 절연내압 측정 시 개방전압 1.5배의 직류전압 또는 1배의 교류전압을 몇 분간 인가하는가?

㉮ 5분　㉯ 10분　㉰ 15분　㉱ 20분

해설 태양전지 모듈 어레이의 절연내압 측정 시 절연저항 측정과 같은 회로조건으로서 표준 태양전지 어레이 개방전압을 최대 사용전압으로 간주하여 최대 사용전압의 1.5배의 직류전압이나, 1배의 교류전압(500 V 미만일 때에는 500 V)을 10분간 인가하여 절연파괴 등의 이상이 발생하지 않을 것을 확인한다.

56. 다음 중 송배전반의 육안검사 사항으로 옳은 것은?

㉮ 가대의 고정 상태
㉯ 부스바 단자의 풀림
㉰ 오일 온도계
㉱ 퓨즈 및 차단기 상태

해설 ㉮, ㉯, ㉱ : 태양광발전설비의 육안검사 사항에 해당
㉰ : 송배전반의 육안검사 사항에 해당

57. 보기의 (　) 안에 들어갈 숫자로 알맞은 것은?

인버터의 정격전압이 300 V 이하일 때는 측정기구로 500 V의 절연저항계를 이용하고 인버터의 정격전압이 300 V를 넘고 600 V 이하인 경우는 (   ) V의 절연저항계를 사용한다.

㉮ 500 V ㉯ 1,000 V

㉰ 1,500 V ㉱ 2,000 V

해설 인버터의 절연저항 측정
① 인버터의 정격전압이 300 V 이하인 경우에는 측정기구로 500 V의 절연저항계(메거 ; Megger)를 사용한다.
② 인버터의 정격전압이 300 V 초과~600 V 이하인 경우에는 1,000 V의 절연저항계를 사용한다.

58. 금속 부분에 녹이 발생한 경우 유의하여 점검할 부분이 아닌 곳은?

㉮ 용접 부위의 부식으로 기계적 강도가 떨어질 우려가 없는 부위

㉯ 기계부 등에 녹이 발생하여 회전이 원활하지 않다고 생각되는 부위

㉰ 녹의 발생으로 접촉저항이 변화하여 통전에 지장이 생기는 부위

㉱ 녹이 발생하여 미관을 저해하는 부위

해설 ㉮는 "용접 부위의 부식으로 기계적 강도가 떨어질 우려가 있는 부위"로 고쳐야 맞다.

59. 태양광발전 시스템의 정기점검 주기에 대한 설명으로 틀린 것은?

㉮ 50 kW 미만의 경우는 매년 1회 이상

㉯ 100 kW 미만의 경우는 매년 2회 이상

㉰ 100 kW 이상 1,000 kW 미만의 경우는 격월 1회 이상

㉱ 3 kW 미만의 경우는 법적으로 정기점검을 하지 않아도 됨

해설 전기용량별 정기점검 주기
① 3 kW 미만의 경우 : 법적으로 정기점검을 하지 않아도 된다.

② 100 kW 미만의 경우 : 매년 2회 이상 점검
③ 100 kW 이상의 경우 : 격월 1회 이상 (100 kW 이상 1,000 kW 미만의 경우) 혹은 아래 표(전기사업법 시행규칙 기준)와 같이 한다 (단, 전기수용설비와 발전설비 용량의 합계 기준).

전기설비규모	저압		고압 및 특고압					
	300 kW 이하	300 kW 초과	300 kW 이하	500 kW 이하	700 kW 이하	1,500 kW 이하	2,000 kW 이하	2,500 kW 이하
횟수	월 1회 이상	월 2회 이상	월 1회 이상	월 2회 이상	월 3회 이상	월 4회 이상	월 5회 이상	월 6회 이상

※ 비고 : 전기설비를 설치 또는 개조 중인 공사의 경우에는 매주 1회 이상 점검을 한다("전기사업법 시행규칙" 별표 13).

60. STC 조건에서 모듈의 효율 측정 시 셀의 온도는?

㉮ 10℃ ㉯ 15℃ ㉰ 20℃ ㉱ 25℃

해설 표준시험조건 (STC ; Standard Test Conditions) : 셀 접합온도 = 25℃, AM 1.5, 광조사 강도 = 1 kW/m²

제4과목 : 신재생에너지 관련법규

61. 다음 중 전기사업자는 사업을 시작한 경우에는 지체 없이 그 사실을 누구에게 신고하여야 하는가?

㉮ 교육부장관

㉯ 도지사

㉰ 시장·군수

㉱ 산업통상자원부장관

해설 전기사업법 제9조 ④항 : "전기사업자는 사업을 시작한 경우에는 지체 없이 그 사실을 산업통상자원부장관에게 신고하여야 한다."

62. 고압 또는 특고압 전로 중 기계기구 및 전선을 보호하기 위하여 필요한 곳에는 무엇

을 시설하여야 하는가?

㉮ 영상 변류기　　㉯ 과전류 차단기
㉰ 콘덴서형 변성기　㉱ 지락 차단기

해설 전선 및 기계기구를 보호하기 위한 목적
으로 필요한 개소에 '과전류차단기'를 시설하
여야 한다 (내선규정).

63. 온실가스 감축의 국가목표는 2020년의
국가 온실가스 총배출량을 2020년의 온실가
스 배출량 전망치 대비 얼마까지 감축하는
것으로 하고 있는가?

㉮ 100분의 10　　㉯ 100분의 20
㉰ 100분의 30　　㉱ 100분의 40

해설 2015년 상반기까지는 온실가스 감축의 국
가목표가 2020년까지 BAU (전망치) 대비 30
% 감축하는 것이었다. 그러나 2015년 하반기
이후 (6월 30일~)부터는 2020년 이후의 신기
후변화대응 체계 마련과 관련하여 "2030년까
지 BAU (전망치) 대비 37 % 감축"으로 변경
되었다.

64. 신재생에너지의 공급의무화에 대한 설명
중 맞는 것은?

㉮ 공급의무자가 의무적으로 신재생에너지
를 이용하여 공급하여야 하는 발전량의
합계는 총 전력생산량의 20 % 이내의 범
위에서 연도별로 대통령령으로 정한다.

㉯ 공급의무자는 의무공급량의 일부에 대
하여 다음 연도로 그 공급의무의 이행
을 연기할 수 있다.

㉰ 공급의무자는 공급인증서를 구매하여 의
무공급량을 충당할 수 있다.

㉱ 공급의무자의 의무공급량은 대통령령
으로 정해진 바에 따라 고시된다.

해설 신·재생에너지 공급의무화 등 (신에너지
및 재생에너지 개발·이용·보급 촉진법 제
12조의5 ②항~)
① 공급의무자가 의무적으로 신·재생에너지
를 이용하여 공급하여야 하는 발전량의 합

계는 총전력생산량의 10 % 이내의 범위에
서 연도별로 대통령령으로 정한다.
② 공급의무자는 의무공급량의 일부에 대하여
3년의 범위에서 그 공급의무의 이행을 연기
할 수 있다.
③ 공급의무자는 신·재생에너지 공급인증서
를 구매하여 의무공급량에 충당할 수 있다.
④ 공급의무자의 의무공급량은 산업통상자원
부장관이 공급의무자의 의견을 들어 공급의
무자별로 정하여 고시한다. 이 경우 산업통
상자원부장관은 공급의무자의 총발전량 및
발전원 (發電源) 등을 고려하여야 한다.

65. 제3종 접지공사의 접지선의 굵기는 공칭
단면적 몇 mm² 이상의 연동선인가?

㉮ 2.5　㉯ 4.0　㉰ 6.0　㉱ 10

해설 전기설비기술기준의 판단기준 제19조 [표 19
-1]

접지공사의 종류	접지선의 굵기
제1종 접지공사	공칭단면적 6 mm² 이상의 연동선
제2종 접지공사	공칭단면적 16 mm² 이상의 연동선 (고압전로 또는 제135조제1항 및 제4항에 규정하는 특고압 가공전선로의 전로와 저압 전로를 변압기에 의하여 결합하는 경우에는 공칭단면적 6 mm² 이상의 연동선)
제3종 접지공사 및 특별 제3종 접지공사	공칭단면적 2.5 mm² 이상의 연동선

66. 산업통상자원부장관이 신재생에너지의 이
용·보급을 촉진하고자 신축·증축 또는 개축
하는 건축물에 대하여 설계 시 산출된 예상에
너지사용량의 일정비율 이상을 신재생에너지
를 이용하도록 신재생에너지설비를 의무적으
로 설치하게 할 수 있는 단체에 해당되지 않
는 것은?

㉮ 신재생에너지 발전 개인사업체

㉯ 국가 및 지방자치단체

ⓒ 정부가 대통령이 정하는 금액 이상을 출연한 정부출연기관

ⓓ 정부출자기업체

해설 신재생에너지설비를 의무적으로 설치하게 할 수 있는 단체(신에너지 및 재생에너지 개발·이용·보급 촉진법 제12조)
1. 국가 및 지방자치단체
2. 「공공기관의 운영에 관한 법률」제5조에 따른 공기업(이하 "공기업"이라 한다)
3. 정부가 대통령령으로 정하는 금액(연간 50억원) 이상을 출연한 정부출연기관
4. 「국유재산법」제2조제6호에 따른 정부출자기업체
5. 지방자치단체 및 제2호부터 제4호까지의 규정에 따른 공기업, 정부출연기관 또는 정부출자기업체가 대통령령으로 정하는 비율 또는 금액 이상을 출자한 법인

67. 특별 제3종 접지공사의 접지저항 값은?

ⓐ 10Ω 이하   ⓑ 75Ω 이하
ⓒ 100Ω 이하   ⓓ 150Ω 이하

해설 접지의 종류별 접지저항값

접지공사의 종류	접지저항
제1종 접지공사	10Ω
제2종 접지공사	변압기 고압 측 또는 특별고압 측 전로의 1선 지락전류 암페어 수에서 150을 나눈 값의 옴 수
제3종 접지공사	100Ω
특별 제3종 접지공사	10Ω

68. 전기공사의 종류와 예시가 잘못 짝지어진 것은?

ⓐ 발전설비공사 : 태양광발전소의 전기설비공사

ⓑ 송전설비공사 : 철탑조립공사

ⓒ 변전설비공사 : 모선설비공사

ⓓ 배전설비공사 : 보호제어설비 설치공사

해설 전기공사업법 시행령 "별표 1" : 발전·송전·배전설비공사

① 발전설비공사 : 발전소(원자력발전소, 화력발전소, 풍력발전소, 수력발전소, 조력발전소, 태양열발전소, 내연발전소, 열병합발전소, 태양광발전소 등의 발전소를 말한다)의 전기설비공사와 이에 따른 제어설비공사

② 송전설비공사
ⓐ 공중송전설비공사 : 공중송전설비공사에 부대되는 철탑기초공사 및 철탑조립공사(지지물 설치 및 철탑도장을 포함한다), 공중전선설치공사(금구류 설치를 포함한다), 횡단개소의 보조설비 공사, 보호선·보호망공사
ⓑ 지중송전설비공사 : 지중송전설비공사에 부대되는 전력구설비공사, 공동구 안의 전기설비공사, 전력지중관로설비공사, 전력케이블설치공사(전선방재설비공사를 포함한다)
ⓒ 물밑송전설비공사 : 물밑전력케이블설치공사
ⓓ 터널 안 전선로공사 : 철도·궤도·자동차도·인도 등의 터널안 전선로공사

③ 변전설비공사
ⓐ 변전설비기초공사 : 변전기기, 철구, 가대 및 덕트 등의 설치를 위한 공사
ⓑ 모선설비공사 : 모선(母線)설치(금구류 및 애자장치를 포함한다), 지지 및 분기개소의 설비공사
ⓒ 변전기기설치공사 : 변압기, 개폐장치(차단기, 단로기 등을 말한다), 피뢰기 등의 설치공사
ⓓ 보호제어설비설치공사 : 보호·제어반 및 제어케이블의 설치공사

④ 배전설비공사
ⓐ 공중배전설비공사 : 전주 등 지지물공사, 변압기 등 전기기기설치공사, 가선공사(수목전지공사를 포함한다)
ⓑ 지중배전설비공사 : 지중배전설비공사에 부대되는 전력구설비공사, 공동구 안의 전기설비공사, 전력지중관로설비공사, 변압기 등 전기기기설치공사, 전력케이블설치공사(전선방재설비공사를 포함한다)

㈐ 물밑배전설비공사 : 물밑전력케이블설치
공사
㈑ 터널 안 전선로공사 : 철도 · 궤도 · 자동
차도 · 인도 등의 터널안 전선로공사

69. 발전소와 전기수용설비, 변전소와 전기수
용설비, 송전선로와 전기수용설비, 전기수용
설비 상호간을 연결하는 선로는?
㈎ 송전선로 ㈏ 배전선로
㈐ 거래소 ㈑ 발전선로
해설 전기사업법 시행규칙 제2조 : "배전선로"란 다
음 각 목의 곳을 연결하는 전선로와 이에 속하
는 전기설비를 말한다.
가. 발전소와 전기수용설비
나. 변전소와 전기수용설비
다. 송전선로와 전기수용설비
라. 전기수용설비 상호간

70. 해양, 조수, 파도, 해류, 온도차 등을 변환
시켜 전기 또는 열을 생산하는 설비는?
㈎ 해양에너지 설비
㈏ 지열에너지 설비
㈐ 해양열에너지 설비
㈑ 수소에너지 설비

71. 물의 유동(流動) 에너지를 변환시켜 전기
를 생산하는 설비는?
㈎ 태양광 설비 ㈏ 태양열 설비
㈐ 수력 설비 ㈑ 풍력 설비

72. 다음 중 신에너지 항목이 아닌 것은?
㈎ 바이오에너지
㈏ 연료전지
㈐ 수소에너지
㈑ 석탄을 액화 또는 가스화한 에너지
해설 신에너지 항목 : 수소에너지, 연료전지, 석
탄 액화 · 가스화 및 중질잔사유 가스와 에
너지

73. 직류 750 V 이하, 교류 600 V 이하의
전압을 무엇이라고 하는가?
㈎ 저압 ㈏ 고압
㈐ 특고압 ㈑ 초고압
해설 전기설비기술기준 제3조 : 전압을 구분하는
저압, 고압 및 특고압은 다음 각 호의 것을
말한다.
1. 저압 : 직류는 750 V 이하, 교류는 600 V
이하인 것
2. 고압 : 직류는 750 V를, 교류는 600 V를 초
과하고, 7 kV 이하인 것
3. 특고압 : 7 kV를 초과하는 것

74. 산업통상자원부장관이 청문을 통하여 내
리는 처분으로 옳은 것은?
㈎ 공급인증기관의 지정 취소
㈏ 건축물의 인증 취소
㈐ 발전설비의 지정 취소
㈑ 송전설비의 지정 취소
해설 신에너지 및 재생에너지 개발 · 이용 · 보급 촉
진법 제24조 : 산업통상자원부장관은 다음 각
호에 해당하는 처분을 하려면 청문을 하여야
한다.
(1) 제12조의10제1항에 따른 공급인증기관의
지정 취소
(2) 제23조의6에 따른 관리기관(혼합의무비
율 관리기관)의 지정 취소

75. 전로의 절연원칙에 따라 반드시 절연하여
야 하는 것은?
㈎ 전로의 중성점에 접지공사를 하는 경우
의 접지점
㈏ 계기용 변성기의 2차 측 전로의 접지점
㈐ 저압 가공 전선로의 접지 측 전선
㈑ 22.9 kVA 중성선의 다중 접지의 접지점
해설 전로는 다음 각 호의 부분 이외에는 대지
로부터 절연하여야 한다(전기설비기술기준
의 판단기준 제12조).
1. 저압전로에 접지공사를 하는 경우의 접지점

해답 69. ㈏ 70. ㈎ 71. ㈐ 72. ㈎ 73. ㈎ 74. ㈎ 75. ㈐

2. 전로의 중성점에 접지공사를 하는 경우의 접지점
3. 계기용 변성기의 2차 측 전로에 접지공사를 하는 경우의 접지점
4. 저압 가공 전선의 특고압 가공 전선과 동일 지지물에 시설되는 부분에 접지공사를 하는 경우의 접지점
5. 중성점이 접지된 특고압 가공선로의 중성선에 다중 접지를 하는 경우의 접지점
6. 소구경관(小口經管) (박스를 포함한다)에 접지공사를 하는 경우의 접지점
7. 저압전로와 사용전압이 300 V 이하의 저압전로[자동제어회로 · 원방조작회로 · 원방감시장치의 신호회로 기타 이와 유사한 전기회로에 전기를 공급하는 전로에 한한다]를 결합하는 변압기의 2차측 전로에 접지공사를 하는 경우의 접지점
8. 다음과 같이 절연할 수 없는 부분
가. 시험용 변압기, 전력선 반송용 결합 리액터, 전기울타리용 전원장치, 엑스선발생장치, 전기부식방지용 양극, 단선식 전기철도의 귀선 등 전로의 일부를 대지로부터 절연하지 아니하고 전기를 사용하는 것이 부득이한 것
나. 전기욕기(電氣浴器) · 전기로 · 전기보일러 · 전해조 등 대지로부터 절연하는 것이 기술상 곤란한 것
9. 직류계통에 접지공사를 하는 경우의 접지점

76. **기후변화 대응 및 저탄소 녹색성장 추진을 위한 정부의 목표설정에 해당하지 않는 것은?**

[가] 온실가스 감축 목표
[나] 에너지 이용효율 목표
[다] 에너지 절약 목표
[라] 신재생에너지 자립 목표

[해설] 저탄소 녹색성장 기본법 제42조
① 정부는 범지구적인 온실가스 감축에 적극 대응하고 저탄소 녹색성장을 효율적 · 체계적으로 추진하기 위하여 다음 각 호의 사항에 대한 중장기 및 단계별 목표를 설정하고 그 달성을 위하여 필요한 조치를 강구하여야 한다.
1. 온실가스 감축 목표
2. 에너지 절약 목표 및 에너지 이용효율 목표
3. 에너지 자립 목표
4. 신 · 재생에너지 보급 목표

77. **전기안전관리자를 선임하지 않아도 되는 발전설비의 설비용량은?**

[가] 10 kW 이하　[나] 20 kW 이하
[다] 30 kW 이하　[라] 50 kW 이하

[해설] 전기사업법 시행규칙 제40조 : 전기안전관리자를 선임하여야 하는 전기설비는 다음 각 호의 전기설비 외의 전기설비를 말한다.
1. 전압이 600볼트 이하인 전기수용설비(제3조제2항 각 호의 것은 제외한다)로서 제조업 및 「기업활동 규제완화에 관한 특별조치법 시행령」 제2조에 따른 제조업관련서비스업에 설치하는 전기수용설비
2. 심야전력을 이용하는 전기설비로서 전압이 600볼트 이하인 전기수용설비
3. 휴지(休止) 중인 다음 각 목의 전기설비
가. 전기설비의 소유자 또는 점유자가 전기사업자에게 전기설비의 휴지를 통보한 전기설비
나. 심야전력 전기설비(전기공급계약에 의하여 사용을 중지한 경우만 해당한다)
다. 농사용 전기설비(전기를 공급받는 지점에서부터 사용설비까지의 모든 전기설비를 사용하지 아니하는 경우만 해당한다)
4. 설비용량 20킬로와트 이하의 발전설비

78. **빙설이 많은 지방의 겨울철에는 어떤 종류의 풍압 하중을 적용하는가? (단, 해안지방 기타 저온계절에 최대풍압이 생기는 지방은 제외한다.)**

[가] 갑종 풍압하중
[나] 을종 풍압하중
[다] 병종 풍압하중
[라] 갑종 풍압하중과 을종 풍압하중 중 큰 것

[해설] 풍압하중 적용 원칙

해답 76. [라]　77. [나]　78. [나]

① 빙설이 많은 지방 이외의 지방에서는 고온계절에는 갑종 풍압하중, 저온계절에는 병종 풍압하중
② 빙설이 많은 지방에서는 고온계절에는 갑종 풍압하중, 저온계절에는 을종 풍압 하중
③ 빙설이 많은 지방 중 해안지방 기타 저온계절에 최대풍압이 생기는 지방에서는 고온계절에는 갑종 풍압하중, 저온계절에는 갑종 풍압하중과 을종 풍압하중 중 큰 것

79. 정부는 기후변화대응의 기본원칙에 따라 기후변화대응 기본계획을 수립·시행하여야 하는 바, 그 계획기간은 몇 년으로 하여야 하는가?

㉮ 10   ㉯ 20
㉰ 30   ㉱ 50

해설 정부는 기후변화대응의 기본원칙에 따라 20년을 계획기간으로 하는 기후변화대응 기본계획을 5년마다 수립·시행하여야 한다 (저탄소 녹색성장 기본법 제40조).

80. 전기공사업자가 기술기준 및 설계도서에 적합하게 시공하지 않은 경우 행정처분으로 맞는 것은?

㉮ 영업정지 1개월   ㉯ 영업정지 2개월
㉰ 영업정지 3개월   ㉱ 영업정지 4개월

해설 전기공사업법 시행규칙 별표 1 내용 중 전기공사업법 제22조를 위반하여 이 법, 기술기준 및 설계도서에 적합하게 시공하지 않은 경우의 처분 : 영업정지 2개월 또는 과징금 400만 원

해답 **79.** ㉯   **80.** ㉯

□ 신재생에너지 발전설비 기사 ▶ 2016. 5. 8 시행

제1과목 : 태양광발전 시스템 이론

1. 납축전지와 알칼리축전지에 대한 설명이다. 틀린 것은?

㉮ 납축전지는 클래드식과 페이스트식으로 분류한다.

㉯ 알칼리축전지는 소결식과 포켓식으로 분류한다.

㉰ 납축전지는 알칼리축전지보다 공칭용량이 작다.

㉱ 납축전지는 알칼리축전지에 비해 기전력이 크다.

해설 납축전지와 알칼리축전지의 비교

항목	납축전지	알칼리축전지
공칭전압	2.0 V/Cell	1.2 V/Cell
공칭용량	10 Ah	5 Ah
기전력	약 2.1~2.8 V	약 1.3~1.5 V
수명	짧음	긺
강도 (진동, 충격, 온도)	약	강
용량	장시간 일정 전류	단시간 대전류
중량	가벼움	무거움
가격	저가	고가

2. 태양전지 모듈(module) 구성재료의 순서가 옳게 나열된 것은?

㉮ 강화유리-태양전지-EVA-Back Sheet-EVA

㉯ 강화유리-EVA-태양전지-EVA-Back Sheet

㉰ EVA-태양전지-강화유리-Back Sheet-EVA

㉱ EVA-강화유리-태양전지-EVA-Back Sheet

해설 태양전지의 위와 아래에 모두 EVA가 충진되어 있어야 한다 (즉, EVA-태양전지-EVA의 순서이다.)

3. 수전전압이 22.9 kV이고 3상 단락전류가 10,000 A인 수용가의 수전용 차단기의 차단용량은 몇 MVA 이상이면 되는가? (단, 여유율은 고려하지 않는다.)

㉮ 433   ㉯ 447   ㉰ 457   ㉱ 467

해설 보통 정격전압 = 공칭전압 × $\frac{1.2}{1.1}$ 로 계산할 수 있으나, 정확히는 아래와 같은 '한전표준규격표'를 따른다 (단, 정격전압 = 차단기에 부과할 수 있는 사용 회로전압의 상한). 따라서, 차단기의 차단용량 = $\sqrt{3}$ × 정격전압 × 정격 차단전류 = $\sqrt{3}$ × 25.8 kV × 10 kA = 447 MVA 이상일 것

한전표준규격 정격전압

공칭전압 (kV)	정격전압 (kV)
3.3	3.6
6.6	7.2
22	24
22.9	25.8
66	72.5
154	170
345	362
765	834

해답 1. ㉰   2. ㉯   3. ㉯

4. 연간 전압 감소율이 0.5 %인 태양전지 모듈과 인버터의 특성이 아래와 같이 주어질 때 모듈온도 65℃에서 20년 동안 Vmp를 300 V 이상 유지하기 위해 직렬연결 모듈이 최소 몇 장이 필요한가? (단, 태양전지 모듈 Vmp = 29.5 V, Vmp 온도계수 = −0.5 %/℃, 인버터 최소전압 = 300 V이다.)

㉮ 8 ㉯ 10 ㉰ 12 ㉱ 14

해설 ① 모듈 표면온도가 최고인 상태의 최대 출력 동작전압 (Vmpp′)

= 표준 상태(25℃)에서의 Vmpp×(1+전압 온도계수×표면 온도차)

= 29.5 × {1 + (−0.005) × (65 − 25)}

= 23.6 V

② 20년 종지전압이 300 V가 되려면, 초기전압 = 300 ×(1+0.005×20년) = 330 V

③ 최저 직렬수

$$= \frac{\text{PCS 입력전압 변동범위의 최저값}}{\text{모듈온도가 최고인상태의 최대출력 동작전압}}$$

$$= \frac{330\text{V}}{23.6\text{V}} = 13.98 \text{ 이상} \rightarrow \text{'14장 이상'으로 선정}$$

5. 특별 제3종 접지공사의 접지저항 값은 몇 Ω 이하로 유지하여야 하는가?

㉮ 100 ㉯ 50 ㉰ 30 ㉱ 10

해설 접지의 종류별 접지저항값

접지공사의 종류	접지저항
제1종 접지공사	10 Ω
제2종 접지공사	변압기 고압 측 또는 특별고압 측 전로의 1선 지락전류 암페어 수에서 150을 나눈 값의 옴 수
제3종 접지공사	100 Ω
특별 제3종 접지공사	10 Ω

6. 다음 중 발전효율이 가장 높은 태양전지는?

㉮ HIT 태양전지

㉯ CIGS 태양전지

㉰ Organic 태양전지

㉱ Perovskite 태양전지

해설 ① HIT (Heterojunction with Intrinsic Thin layer) 태양전지 : 변환효율이 매우 높고 (23 % 이상), 가격이 저렴한 편이다.

② CIGS : CuInGaSSe와 같이 In의 일부를 Ga로, Se의 일부를 S으로 대체한 오원화합물을 일컫는 것으로 (CIS로도 표기), 우수한 광 흡수율 (직접 천이형), 밴드갭 에너지는 2.42 eV, ZnO 위에 Al/Ni 재질의 금속전극 사용, 우수한 내방사선 특성(장기간 사용해도 효율의 변화 적음), 변환효율은 약 19 %로 평가되고 있다.

③ Organic 태양전지(OPV ; Organic Photovoltaics) : 플라스틱 필름 형태의 얇은 태양전지이나 아직 효율이 매우 낮은 것이 단점이며, 가볍고 성형성은 좋은 편이다.

④ Perovskite 태양전지 : 페로브스카이트 (perovskite ; 사면체, 팔면체 또는 입방체의 결정구조를 가지는 금속 산화물을 이용하는 방식) 태양전지는 열 안정성이 양호하고 광전기 전환 성능을 가지고 있으며, 생산이 용이(제조단가 하락)하고, 이론적으로는 효율이 최대 28 %까지 가능하나, 현재 약 20 % 수준으로 평가된다.

7. 일정 전압의 직류전원에 저항을 접속하고 전류를 흘릴 때 이 전류값을 20 % 증가시키기 위해서는 저항값을 어떻게 하면 되는가?

㉮ 저항값을 20 %로 감소시킨다.

㉯ 저항값을 66 %로 감소시킨다.

㉰ 저항값을 83 %로 감소시킨다.

㉱ 저항값을 120 %로 증가시킨다.

해설 $V = I \times R$에서, 전류와 저항은 반비례 관계이다. 따라서 전류값이 20 % 증가하면,

$$\frac{100\%}{100\% + 20\%} = 0.83$$

∴ 저항은 83 % 감소한다.

8. 태양전지 셀의 종류에서 박막형의 특징이 아닌 것은?

㉮ 온도 특성에 강하다.

해답 4. ㉱ 5. ㉱ 6. ㉮ 7. ㉰ 8. ㉱

나 결정질보다 변환 효율이 낮다.

다 결정질 전지보다 얇다.

라 동일 용량 설치 시 결정질보다 박막형이 면적을 적게 차지한다.

해설 박막형 태양전지는 결정질 대비 효율이 낮아서, 동일 용량 기준하여 설치면적을 많이 차지한다.

9. 단락전류는 태양전지 양단의 전압이 0일 때 흐르는 전류를 의미한다. 다음 중 단락전류의 손실을 발생시키는 원인이 아닌 것은?

가 모듈 라미네이션 공정 불량

나 외부 수분침입에 의한 리본 전극 산화

다 전극의 솔더링 스폿에 의한 충진재 두께 편차

라 자외선에 의한 충진재 내부의 커플링재 분해

해설 리본 전극은 태양전지끼리 연결 시 사용하는 재질이므로 태양전지 자체의 단락전류와는 무관하다.

10. 분산형 전원 배전계통 연계 시 반드시 설치하지 않아도 되는 보호장치는?

가 결상   나 저전압

다 저주파수   라 역기전력

해설 분산형 전원 배전계통 연계 시 반드시 설치해야 하는 것은 과전압 계전기(OVR), 저전압 계전기(UVR), 과주파수 계전기(OFR), 저주파수 계전기(UFR), 역기전력 계전기(RPR), 지락 과전류 계전기(OCGR ; 특고압에서 설치) 등이다.

11. 인버터의 전기적 보호등급 III의 안전 최저 전압은 얼마인가?

가 최대 AC : 120 V, 최대 DC : 50 V

나 최대 AC : 120 V, 최대 DC : 120 V

다 최대 AC : 50 V, 최대 DC : 50 V

라 최대 AC : 50 V, 최대 DC : 120 V

해설 태양광발전 시스템의 전기적 보호등급

보호등급	등급 기준	기호
등급 I	장치 접지됨	
등급 II	보호절연 (이중/강화 절연)	
등급 III	안전 초저전압 • 최대 AC : 50 V • 최대 DC : 120 V	

12. 인버터 직류 입력 전압이 300 V이고 모듈 최대출력 동작전압이 20 V인 경우 태양전지 모듈 직렬 매수는?

가 14   나 15   다 16   라 17

해설 태양전지 모듈 직렬매수

$$= \frac{\text{인버터의 입력}}{\text{최대출력 동작전압}} = \frac{300V}{20V} = 15매$$

13. PN 접합구조의 반도체 소자에 빛을 조사할 때, 전압차를 가지는 전자와 정공의 쌍이 생성되는 현상은?

가 광기전력효과   나 광이온화효과

다 핀치효과   라 광전하효과

해설 광기전력효과란 어떤 종류의 반도체에 빛을 조사하면 조사된 부분과 조사되지 않은 부분 사이에 전위차 (광기전력 ; 전자와 정공 생성)가 발생하는 현상을 말한다.

14. 여러 개의 태양전지 모듈의 스트링을 하나의 접속점에 모아 보수 · 점검 시에 회로를 분리하거나 점검작업을 용이하게 하며, 태양전지 어레이에 고장이 발생해도 정지범위를 최대한 적게 하는 등의 목적으로 사용되는 것은?

가 인버터

나 접속함

다 바이패스 소자

라 계통연계 보호계전기

해설 접속함은 태양전지 모듈의 스트링을 하나의 접속함에서 연결하여 사후관리나 서비스를 좋게 하고, 설치비용을 줄일 수 있는 방식이다. 또한 그 내부는 단자대, 차단기, 퓨즈, 역류방지 다이오드, SPD 등으로 구성된다.

15. 다음은 축전지 용량의 산출식이다. ( ) 안에 알맞은 내용은?

$$C = \frac{1일\ 소비전력량 \times 불일조\ 일수}{(\quad) \times 방전심도 \times 방전종지전압}\ (Ah)$$

㉮ 셀수   ㉯ 보수율   ㉰ 효율   ㉱ 역률

[해설] 독립형 전원시스템용 축전지 용량 산출

$$C = \frac{Ld \times Dr \times 1,000}{L \times Vb \times N \times DOD}\ (Ah)$$

여기서, Ld : 1일 적산 부하전력량(kWh)
Dr : 불일조 일수
L : 보수율
Vb : 공칭 축전지 전압(V)
N : 축전기 개수
DOD : 방전심도 (일조가 없는 날의 마지막 날을 기준으로 결정)

16. 자가용 발전설비 고장의 영향이 연계계통에 파급되지 않도록 발전설비를 즉시 전력계통과 분리시키는 인버터의 기능은?

㉮ 자동전압 조정기능
㉯ 단독운전 방지기능
㉰ 계통연계 보호기능
㉱ 자동운전 정지기능

[해설] 계통연계 보호기능 : 계통연계로 운전하는 태양광발전 시스템에서 계통 혹은 인버터 측 이상 발생 시 이를 감지하여 인버터를 즉시 정지시킴(계통 측 안전 확보가 주목적임)

17. KSC-IEC 규격에 따라 모듈의 뒷면에 표시해야 할 항목이 아닌 것은?

㉮ 공칭 중량
㉯ 내풍압성 등급
㉰ 습윤 누설전류
㉱ 제조년월일 및 제조번호

[해설] 태양전지 모듈의 뒷면에 표시해야 할 사항

① 제조업자명 또는 그 약호
② 제조년월일 및 제조번호
③ 내풍압성의 등급
④ 최대 시스템전압
⑤ 어레이의 조립형태
⑥ 공칭 최대출력
⑦ 공칭 개방전압
⑧ 공칭 단락전류
⑨ 공칭 최대출력 동작전압
⑩ 공칭 최대출력 동작전류
⑪ 역내전압
⑫ 공칭중량 (kg)

18. 태양전지별 분광감도의 설명이다. 옳은 것은 어느 것인가?

㉮ 박막전지는 적외선을 더 잘 이용한다.
㉯ CdTe와 CIS전지는 중간파장의 빛을 잘 흡수한다.
㉰ 비정질 실리콘 전지는 장파장 빛을 최적으로 흡수한다.
㉱ 결정질 태양전지는 자외선 파장 태양 복사에 민감하게 작용한다.

[해설] ㉮ : 박막 실리콘 태양전지가 낮은 효율을 갖는 주요 이유는 그것들이 적외선 근처의 빛을 효과적으로 흡수하지 않기 때문이다.
㉰ : 비정질 실리콘 전지는 에너지 밀도가 높은 장파장 영역의 빛을 잘 흡수하지 못하기 때문에 결정질 실리콘 전지보다 효율이 떨어진다.
㉱ : 결정질 태양전지는 에너지 강도(밀도)가 높은 가시광선과 적외선 중 파장이 상대적으로 짧은 근적외선(近赤外線)을 주로 이용한다.

19. 궤도전자가 강한 에너지를 받아서 원자 내의 궤도를 이탈하여 자유전자가 되는 것은?

㉮ 여기   ㉯ 공진   ㉰ 전리   ㉱ 방사

[해설] 광의(廣義)로 중성인 원자 또는 분자가 강한 에너지를 받아서 전자(자유전자)를 방출시켜 이온을 생성하는 과정을 전리 또는 이온화라고 한다.

20. 연료전지에 의한 발전 시스템의 특징이 아닌 것은?

㉮ 발전효율이 낮다.

㉯ 폐열이용이 가능하고 종합에너지 효율이 높다.

㉰ 환경성이 높고 저소음, 저공해 발전시스템이다.

㉱ 천연가스, 메탄올, LPG 가스 등 다양한 연료 사용이 가능하다.

해설 연료전지는 발전효율이 약 40 % 이상도 가능한 최고의 수준으로 평가된다.

제2과목 : 태양광발전 시스템 설계

21. 태양전지 어레이의 출력이 10800 W, 해당지역의 1일 적산 경사면 일사량이 3.74 kWh/m^2·일이라고 하면 하루 동안의 발전량(kWh/일)은? (단, 종합효율은 0.82로 한다.)

㉮ 13.33　㉯ 33.12　㉰ 53.32　㉱ 61.20

해설 태양광 어레이 발전량 (PAM ; kWh) 계산공식

$$P_{AM} = P_{AS} \times \frac{H_A}{G_S} \times K$$

여기서, P_{AS} : 표준상태에서의 태양광 어레이의 생산출력(kW)

H_A : 태양광 어레이면 일사량 (kWh/m^2)

G_S : 표준상태에서의 일사강도(= 1 kW/m^2)

K : 종합설계지수(태양전지 모듈 출력의 불균형 보정, 회로손실, 기기에 의한 손실 등을 포함 ; <1.0)

따라서, $P_{AM} = 10.8\,\text{kW} \times \dfrac{3.74}{1} \times 0.82$

　　　　　　$= 33.12\,\text{kWh}$

22. 태양전지 병렬 네트워크 방식으로 어레이를 구성하는 것이 가장 적합한 곳은?

㉮ 비나 눈이 많이 내리는 지역

㉯ 태양고도의 영향을 받는 북쪽지역

㉰ 눈, 낙엽 등에 의한 음영의 발생이 잦은 지역

㉱ 태양광 어레이와 어레이의 이격거리 미비로 음영을 피할 수 없는 지역

해설 태양광 어레이에서 음영을 피하기 어려운 경우 가급적 '병렬 네트워크 방식'으로 피해를 최소화하는 것이 좋다.

23. 태양광 인버터의 전력변환 효율이 다음과 같을 때 유료변환 효율은 몇 %인가?

정격전력(%)	전력변환효율 (%)
5	76
10	79
20	83
30	87
50	93
100	95

㉮ 90.10　㉯ 90.15　㉰ 90.20　㉱ 90.25

해설 유로 변환효율 (European Efficiency) 계산식

European Efficiency (η_{euro})

$= 0.03 \times \eta_{5\%} + 0.06 \times \eta_{10\%} + 0.13 \times \eta_{20\%} + 0.1 \times \eta_{30\%} + 0.48 \times \eta_{50\%} + 0.2 \times \eta_{100\%}$

$= 0.03 \times 76\,\% + 0.06 \times 79\,\% + 0.13 \times 83\,\% + 0.1 \times 87\,\% + 0.48 \times 93\,\% + 0.2 \times 95\,\%$

$= 90.15\,\%$

24. 태양전지 어레이 가대를 아래와 같이 설계하고자 한다. 설계 순서를 옳게 나열한 것은?

ⓐ 태양전지 모듈의 배열 결정
ⓑ 설치장소 결정
ⓒ 상정최대하중 산출
ⓓ 지지대 기초 설계
ⓔ 지지대의 형태, 높이, 구조 결정

㉮ ⓐ → ⓒ → ⓔ → ⓑ → ⓓ

㉯ ⓑ → ⓐ → ⓔ → ⓒ → ⓓ

해답 20. ㉮　21. ㉯　22. ㉱　23. ㉯　24. ㉯

데 ⓐ → ⓓ → ⓒ → ⓔ → ⓑ

래 ⓑ → ⓒ → ⓐ → ⓔ → ⓓ

해설 가대설계의 절차 : 본문 175쪽 그림 참조

25. 태양광 발전원가의 구성 항목 중 초기투자비에 해당하지 않는 것은?

깐 계통연계비용

냔 인허가 용역비

댇 설계 및 감리비

랃 운전유지 및 수선비

해설 '운전유지 및 수선비'는 초기 투자비가 아니라 '(연간)유지관리비'에 속한다.

26. 1,000 kW 태양광발전 시스템 어레이의 직병렬 구성으로 가장 적합한 것은? (단, 인버터의 입력범위는 430~750 V이며, 기타 조건은 표준상태이다.)

P_{mpp} : 250 W	V_{mpp} : 30.5 V
I_{mpp} : 8.2 A	V_{oc} : 37.5 V
I_{sc} : 8.4 A	

깐 18직렬 200병렬   냔 18직렬 240병렬

댇 20직렬 200병렬   랃 20직렬 240병렬

해설 표준상태에서,

① 최대 직렬수

$$= \frac{PCS\ 입력전압\ 변동범위의\ 최고값}{개방전압(V_{oc})}$$

$$= \frac{750}{37.5} = 20장$$

② 병렬수 $= \frac{어레이\ 용량}{모듈용량 \times 직렬수}$

$$= \frac{1,000,000}{250 \times 20} = 200장$$

27. 태양광 발전설비 어레이를 정남쪽으로 설치할 경우 북쪽에 인접한 장해물이나 태양전지 어레이 상호간의 설치간격에 따라 음영이 발생하여 발전량 감소를 초래한다. 이 음영의 영향을 받지 않는 상호간의 간격 검토기준이 되는 날은?

깐 하지   냔 동지   댇 춘분   랃 추분

해설 이격거리(D) 계산 시에는 '동지' 시 발전 가능한 한계시각의 태양 고도(β)를 기준으로 해야 한다 (본문 184쪽 그림 참조).

28. 태양광 발전소 부지 선정 시 일반적인 고려사항으로 틀린 것은?

깐 부지 가격에 대한 평가

냔 주변 식생에 의한 음영 여부 확인

댇 일사량 조사 및 동향배치 가능 여부 확인

랃 토사, 암반의 지내력 및 지반, 지질상태 확인

해설 댇는 '일사량 조사 및 남향배치 가능 여부 확인'으로 고쳐야 옳다.

29. 풍하중을 산출하는 데 사용되는 지역별 설계 기본 풍속(m/s)으로 틀린 것은?

깐 경기도 25~30   냔 강원도 25~40

댇 경상도 25~45   랃 제주도 45~60

해설 풍하중 산출 시 사용되는 지역별 풍속

지역	풍속 (m/s)	지역	풍속 (m/s)	지역	풍속 (m/s)
서울, 경기	25~30	충청	25~35	전라	25~35
강원	25~40	경상	25~45	제주	40

30. 태양광 발전설비의 고정식 가대와 단축, 양축 추적식 가대에 대한 설명으로 틀린 것은?

깐 고정식 보다 양축 추적식이 견고하다.

냔 추적식은 디자인 적용 시 한계가 있다.

댇 발전효율은 양축 추적식이 가장 높다.

랃 시설단가는 고정식에 비해 양축 추적식이 비싸다.

해설 보통 고정식보다 양축 추적식이 견고하지 못한 편이다 (추적장치의 부품 간 유격 및 비고정 때문).

31. 건축자재와 태양전지를 결합시켜 지붕, 파

사드, 블라인드 등과 같이 건물외피에 적용하는 건축물 일체형 태양광발전 시스템의 종류로 옳은 것은?

㉮ HIT ㉯ CPV ㉰ BIPV ㉱ CIGS

[해설] BIPV는 '건물 일체형 태양광발전 시스템'이라고 하며, PV모듈을 건물 외부 마감재로 대체하여 건축물 외피와 태양열 설비를 통합한 방식이므로, 통합에 따른 설치비가 절감되고 태양열 설비를 위한 별도의 부지 확보가 불필요한 방식이다.

32. 음영의 방지 대책이 아닌 것은?

㉮ 추적식 태양광 모듈을 이용한다.

㉯ 음영이 생기지 않도록 어레이를 배치한다.

㉰ 인버터(PCS)의 MPP 추종제어 기능으로 출력손실을 최소화한다.

㉱ 부분 음영이 발생될 것을 대비해 일정한 셀수마다 바이패스 소자를 설치한다.

[해설] 추적식 태양광 모듈은 음영의 방지대책이 아니라, 태양을 추적하여 발전량을 늘리기 위한 수단이다.

33. 태양전지 어레이의 세로길이(L) 0.6 m, 어레이의 경사각(α)을 33°, 태양의 고도각(β)을 15°로 산정하여 북위 37° 지방에서 태양광 발전소를 건설하고자 할 때, 어레이 간의 최소 이격거리는 약 몇 m로 하면 되는가?

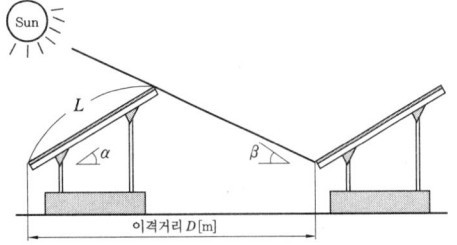

㉮ 1.595 ㉯ 1.723 ㉰ 1.889 ㉱ 2.273

[해설] 어레이 이격거리 계산공식

이격거리 $D = \dfrac{\sin(180° - \alpha - \beta)}{\sin\beta} \times L$

$$= \frac{\sin(180° - 33 - 15)}{\sin 15} \times 0.6$$
$$= 1.723 \text{ m}$$

34. 일조시간에 대한 설명으로 틀린 것은?

㉮ 일조시간은 실제로 태양광선이 지표면을 내리쬔 시간이다.

㉯ 일조시간과 가조시간의 비를 일조율(%)이라 한다.

㉰ 구름이 많은 날씨일 경우 가조시간과 일조시간이 일치한다.

㉱ 가조시간이란 한 지방의 해 돋는 시간부터 해 지는 시간까지의 시간을 말한다.

[해설] 구름이 많은 날씨일 경우 가조시간과 일조시간의 차이가 커진다.

35. 설계도서 해석 시 우선순위를 차례대로 나열한 것은?

ⓐ 설계도면	ⓑ 공사시방서
ⓒ 전문시방서	ⓓ 산출내역서
ⓔ 감리자의 지시사항	ⓕ 표준시방서

㉮ ⓐ → ⓑ → ⓒ → ⓓ → ⓔ → ⓕ

㉯ ⓑ → ⓐ → ⓒ → ⓕ → ⓓ → ⓔ

㉰ ⓒ → ⓐ → ⓑ → ⓓ → ⓕ → ⓔ

㉱ ⓔ → ⓑ → ⓐ → ⓕ → ⓒ → ⓓ

[해설] 설계도서 해석의 우선순위 : 설계도서, 법령해석, 감리자의 지시 등이 서로 일치하지 아니하는 경우에 있어 계약으로 그 적용의 우선순위를 정하지 아니한 때에는 다음의 순서를 원칙으로 한다.

① 1순위 : 공사시방서
② 2순위 : 설계도면
③ 3순위 : 전문시방서
④ 4순위 : 표준시방서
⑤ 5순위 : 산출내역서
⑥ 6순위 : 승인된 상세시공도면
⑦ 7순위 : 관계법령의 유권해석
⑧ 8순위 : 감리자의 지시사항

해답 32. ㉮ 33. ㉯ 34. ㉰ 35. ㉯

36. 계통연계형 태양광발전 시스템 설계를 위한 케이블 선택과 굵기 산정에 필수적인 고려사항이 아닌 것은?

㉮ 케이블의 제작사

㉯ 케이블의 전압규격

㉰ 케이블의 허용전류

㉱ 케이블의 손실 및 전압강하

해설 '제작사'는 케이블 선택과 굵기 선정에 있어서 중요 고려사항이 아니다.

37. 3,000 kW 이하 발전사업 허가 시 필요서류가 아닌 것은?

㉮ 사업계획서

㉯ 송전관계 일람도

㉰ 전기사업 허가신청서

㉱ 5년간 예상사업 손익산출서

해설 발전 사업 허가 신청 시 제출서류
① 200 kW 이하 : 사업허가 신청서, 사업계획서, 송전관계 일람표
② 3,000 kW 이하 : 상기 ①+발전원가명세서, 기술인력 확보계획, 수력(하천점용허가서), 원자력(건설허가서)
③ 3,000 kW 초과 : 상기 ②+5년간 예상 손익 산출서, 전기설비 개요서, 공급구역 5만분의 1 지도, 신용평가 의견서, 소요재원 조달계획, 법인은 정관/등기부등본/직전년도 손익계산서, 대차대조표

38. 다음 중 일반적으로 구조물이나 시설물 등을 공사 또는 제작할 목적으로 상세하게 작성된 도면은?

㉮ 상세도

㉯ 시방서

㉰ 간트도표

㉱ 내역서

참조 간트도표 혹은 간트차트(Gantt chart) : 미국의 간트가 창안한 일종의 작업진도 도표로서 작업의 계획이나 진척도를 나타내는 관리도표를 말하며, 이러한 도표를 이용하면 작업의 진척상황을 한눈에 알 수 있고, 작업의 진척 정도에 따라 작업 간에 인력과 장비 같은 자원을 재할당할 수 있다.

39. 태양광발전 시스템의 전기설계 계산서에 해당하지 않는 것은?

㉮ 구조 계산서

㉯ 전압강하 계산서

㉰ 보호계전기 정정치 계산서

㉱ 모듈 및 어레이 직병렬 계산서

해설 '구조 계산서'는 토목설계 혹은 건축설계의 계산서에 속한다.

40. 총원가에는 해당되지만 순공사원가의 구성항목이 아닌 것은?

㉮ 간접재료비   ㉯ 간접노무비

㉰ 간접경비   ㉱ 일반관리비

해설 순공사원가＝직·간법 재료비＋직·간접 노무비＋직·간접 경비

제3과목 : 태양광발전 시스템 시공

41. 감리용역이 완료된 때에는 며칠 이내에 공사감리 완료보고서를 제출하여야 하는가?

㉮ 7일   ㉯ 10일   ㉰ 15일   ㉱ 20일

해설 최종 공사감리보고서(공사감리 완료보고서) : 책임감리원은 최종감리 보고를 감리기간 종료 후 14~15일 이내에 감리업체 대표자 명의로 발주자에게 제출하여야 한다.

42. 태양광발전설비의 모듈, 접속함, 인버터 등에 접속하는 배선공사 방법에 대한 설명으로 틀린 것은?

㉮ 태양전지 모듈 간 배선에 사용하는 전선의 굵기는 1.0 mm² 이상이어야 한다.

㉯ 스트링 접속도선은 단락전류보다 1.25배 이상의 전류를 수용할 수 있어야 한다.

㉰ 태양전지 모듈 뒷면의 접속단자 연결 시 극성에 유의해야 한다.

㉱ 접속함의 설치는 모듈구성에 따라 어레이 부근에 설치하는 것이 바람직하다.

해답 36. ㉮   37. ㉱   38. ㉮   39. ㉮   40. ㉱   41. ㉰   42. ㉮

해설 태양전지 모듈 간 배선은 단락전류를 충분히 견딜 수 있도록 2.5 mm² 이상의 연동선 또는 이와 동등 이상이어야 한다.

43. 다음 보기 중 접지설비 시공방법으로 옳은 것을 모두 고르면?

ⓐ 부식, 전식 등의 외적 영향에 견딜 수 있도록 시설되어야 한다.
ⓑ 접지저항값은 전기설비에 대한 보호 및 기능적 요구사항에 적합해야 한다.
ⓒ 지락전류가 열적, 기계적 및 전자력적 스트레스에 의한 위험이 없이 흘러야 한다.

㉮ ⓐ   ㉯ ⓐ, ⓑ
㉰ ⓑ, ⓒ   ㉱ ⓐ, ⓑ, ⓒ

44. 다음 중 무변압기형 인버터의 설명으로 알맞은 것은?

㉮ 변압기형 인버터보다 효율이 낮다.
㉯ 변압기형 인버터보다 무게가 증가한다.
㉰ 변압기형 인버터보다 크기가 증가한다.
㉱ 변압기형 인버터보다 노이즈 간섭이 증가한다.

해설 무변압기 방식
① 태양전지의 직류출력을 DC–DC 컨버터로 승압하고 DC/AC 인버터로 상용주파수의 교류로 변환하는 방식이다.
② 저주파 변압기를 사용하지 않기 때문에 고효율화, 소형화, 경량화가 가능하나, 노이즈 간섭이 증가한다.

45. 태양전지 모듈의 지중배선 시공에 대한 설명으로 틀린 것은?

㉮ 지중매설관은 배선용 탄소강 강관, 내충격성 경화비닐 전선관을 사용한다.
㉯ 지중배관 시 중량물의 압력을 받는 경우 1.2 m 이상의 깊이로 매설한다.
㉰ 지중전선의 매설개소에는 필요에 따라 매설 깊이, 전선방향 등을 지상에 표시

한다.
㉱ 지중배관이 지나는 지표면에 배관의 재질, 수량, 길이, 재원 등을 표시한 지시서를 포설한다.

해설 지중배선 시공 시, 필요에 따라서 지표 위 잘 보이는 곳에 전선의 매립방향, 매설 깊이, 재원 등의 표시도 같이 해둔다.

46. 접속함 설치공사 중 고려사항이 아닌 것은 어느 것인가?

㉮ 접속함 설치위치는 어레이 근처가 적합하다.
㉯ 외함의 재질은 가급적 SUS304 재질로 제작설치한다.
㉰ 접속함은 풍압 및 설계하중에 견디고 방수, 방부형으로 제작한다.
㉱ 역류 방지 다이오드의 용량은 모듈 단락전류의 4배 이상으로 한다.

해설 역류 방지 다이오드 설치 시 용량은 모듈 단락전류의 2배 이상이어야 한다.

47. 직류 송전방식과 비교했을 때 교류 송전방식의 장점이 아닌 것은?

㉮ 안정도가 좋다.
㉯ 회전자계를 쉽게 얻을 수 있다.
㉰ 전압의 승압, 강압 변경이 용이하다.
㉱ 교류방식으로 일관된 운용을 기할 수 있다.

해설 송전방식
① 직류송전
㉮ 장점
㉠ 절연 계급을 낮출 수 있다.
㉡ 리액턴스가 없으므로 리액턴스에 의한 전압강하가 없다.
㉢ 송전효율이 좋다.
㉣ 안정도가 좋다.
㉤ 도체 이용률이 좋다.
㉯ 단점
㉠ 교·직 변환장치가 필요하며, 설비가

비싸다.

  ⓒ 고전압 대전류 차단이 어렵다.

  ⓒ 회전자계를 얻을 수 없다.

 ② 교류송전

  ㉮ 장점

   ㉠ 전압의 승압 및 강압 변경이 용이하다.

   ㉡ 회전자계를 쉽게 얻을 수 있다.

   ⓒ 일괄된 운용을 기할 수 있다.

  ㉯ 단점

   ㉠ 보호방식이 복잡해진다.

   ㉡ 많은 계통이 연계되어 있어 고장 시 복구가 어렵다.

   ⓒ 무효전력으로 인한 송전손실이 크다.

48. 퓨즈 용량 선정 시 적용하는 단락전류는?

㉮ 대칭 단락전류 실효값

㉯ 최대 비대칭 단락전류 순시값

㉰ 최대 비대칭 단락전류 실효값

㉱ 3상 평균 비대칭 단락전류 실효값

해설 퓨즈 용량 선정 시 적용하는 단락전류는 '대칭 단락전류 실효값'이다.

49. 전선 재료의 구비조건으로 틀린 것은?

㉮ 도전율이 클 것

㉯ 비중이 작을 것

㉰ 가요성이 작을 것

㉱ 기계적 강도가 클 것

해설 전선 재료의 구비조건

 ① 경제적일 것

 ② 기계적 강도가 클 것

 ③ 도전율 (허용전류)이 클 것

 ④ 비중 (밀도)이 작을 것

 ⑤ 가요성이 있을 것

 ⑥ 부식이 작을 것

 ⑦ 내구성이 클 것

50. 사용 전 검사 시 태양전지 모듈 또는 패널의 점검에 관한 설명 중 틀린 것은?

㉮ 각 모듈의 모델번호가 설계도면과 일치하는지 확인하여야 한다.

㉯ 지붕 설치형 어레이는 수검자가 지상에서 육안으로 점검한다.

㉰ 검사자는 모듈의 유형과 설치개수 등을 1,000 lx 이상의 조명 아래에서 육안으로 점검한다.

㉱ 사용 전 검사 시 공사계획 인가 (신고)서의 내용과 일치하는지 태양전지 모듈의 정격 용량을 확인하여 이를 사용 전 검사 필증에 표기하여야 한다.

해설 지상 설치형 어레이의 경우에는 지상에서 육안으로 점검하며, 지붕 설치형 어레이는 수검자가 제공한 낙상 보호조치를 확인한 후 검사자가 직접 지붕에 올라 어레이를 검사한다. 단, 지붕의 경사가 심해 검사자가 직접 오를 수 없는 경우에는 수검자가 제공한 사다리나 승강장치에 올라 정확한 모듈과 어레이의 설치개수, 설계도면 일치 여부 등을 확인한다.

51. 건설 생산 체계 중 건설 생산 추진 순서이다. 생산 추진에 대한 순서로 옳은 것은?

> 프로젝트의 착상 및 타당성 분석 → (ⓐ) → 구매, 조달 → (ⓑ) → 시운전 및 완공 → 인도

㉮ ⓐ 설계, ⓑ 시공

㉯ ⓐ 현장조사, ⓑ 시공

㉰ ⓐ 입찰, ⓑ 설계

㉱ ⓐ 현장조사, ⓑ 설계

해설 건설 생산 추진순서 : "설계 → 구매, 조달 → 시공 → 시운전 및 완공"의 순서가 중요하다.

52. 태양광발전 시스템의 시공절차에 포함되는 것은?

㉮ 인버터 설치공사

㉯ 설치장소의 조사

㉰ 모듈 직렬 개수 선정

㉱ 태양광 어레이의 발전량 산출

해설 태양광 발전시스템 공종별 시공절차 : 본문 230

해답 48. ㉮ 49. ㉰ 50. ㉯ 51. ㉮ 52. ㉮

쪽 그림 참조

53. 구조물 및 자재 종류별 검사에서 감리원의 검사절차로 옳은 것은?

> ㉠ 시공완료
> ㉡ 검사요청서 제출
> ㉢ 시공관리책임자 점검
> ㉣ 감리원 현장검사
> ㉤ 검사결과 통보

㉮ ㉠→㉢→㉡→㉣→㉤
㉯ ㉠→㉢→㉡→㉣→㉤
㉰ ㉠→㉡→㉢→㉣→㉤
㉱ ㉠→㉣→㉡→㉢→㉤

[해설] 감리원의 검사절차 : ① 현장시공 완료→② 시공관리책임자 점검→③ 검사요청서 제출→④ 감리원의 현장검사→⑤ 검사결과 통보 (이때 만약 불합격 시에는 재시공 및 보완을 실시하여 다시 ②번으로 넘어간다)→⑥ 다음 단계의 공종 착수

54. 지지층이 얕은 태양광발전소 부지에 사용되는 기초는?

㉮ 케이슨 기초   ㉯ 말뚝 기초
㉰ 피어 기초   ㉱ 직접 기초

[해설] 기초의 종류
> ① 직접 기초 (혹은 얕은 기초) : 독립 Footing 기초(싱글형, 계단형, 경사형), 연속 Footing 기초, 복합 Footing 기초, 전면 기초
> ② 깊은 기초 : 말뚝 기초, 케이슨 기초, 피어 기초

55. 일반 지붕재에 태양전지 모듈을 넣은 지붕재 방식은?

㉮ 지붕재 마감형   ㉯ 지붕재 일체형
㉰ 지붕재 건재형   ㉱ 지붕재 설치형

[해설] 태양광 어레이 방식 중 지붕 건재형에는 일반 지붕재에 모듈을 넣어 붙인 '지붕재 일체형'과 지붕의 외피 자체가 모듈이 되는 '지붕재형'이 있다.

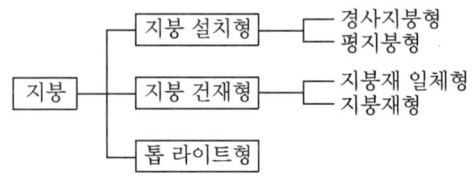

56. 태양광 모듈 시공 시 감전사고 방지를 위한 대책이 아닌 것은?

㉮ 면장갑을 착용한다.
㉯ 우천 시 작업하지 않는다.
㉰ 절연 처리된 공구를 사용한다.
㉱ 태양전지 모듈 표면에 차광시트를 부착한다.

[해설] 감전 방지대책
> ① 작업 전에 태양전지 모듈의 표면에 차광시트를 붙여 태양광을 차단한다.
> ② 저압선로용 절연장갑을 낀다.
> ③ 절연처리가 된 공구를 사용한다.
> ④ 강우 시 작업을 하지 않는다 (감전사고의 원인뿐만 아니라 미끄러짐으로 인한 추락 사고로 이어진다).

57. 방화구획 관통부의 처리 시 배선을 옥외에서 옥내로 끌어들이는 관통 부분에 충족하여야 하는 사항 2가지는?

㉮ 내열성과 가요성 ㉯ 난연성과 내후성
㉰ 난연성과 내열성 ㉱ 내열성과 내후성

[해설] 전선배관 등의 관통부는 방화구획 측면에서 다음 설비로의 화재 확산을 방지하기 위해서 관통부 처리(난연성과 내열성을 갖출 것)를 해야 한다.

58. 태양전지판에서 인버터 입력단 간 및 인버터 출력단과 계통연계점 간의 전압강하는 몇 %를 초과하지 않아야 하는가?

㉮ 3 %   ㉯ 4 %   ㉰ 5 %   ㉱ 6 %

[해설] 태양전지판에서 인버터 입력단 간 및 인버터출력단과 계통연계점 간의 전압강하는 각 3 %를 초과하여서는 아니 된다. 단, 전선길이가 60 m를 초과할 경우에는 별도의 표에 따라 시

공할 수 있다.

59. 전력계통에 태양광발전 시스템을 연계 시 전력품질의 고려사항이 아닌 것은?

㉮ 역률 ㉯ 플리커
㉰ 유도장해 ㉱ 고조파전류

해설 분산형 전원의 전기품질 관리항목으로는 직류 유입제한, 역률(90% 이상), 플리커, 고조파 등이 있다.

60. 다음 ( ) 안에 들어갈 용량은 몇 kW 이상인가?

태양광발전 시스템의 인버터는 옥내, 옥외용으로 구분하여 설치해야 한다. 단, 옥내용을 옥외로 설치하는 경우는 ( )kW 이상 용량일 경우에만 가능하며, 이 경우 빗물의 침투를 방지할 수 있도록 옥내에 준하는 수준으로 설치해야 한다.

㉮ 3 ㉯ 5 ㉰ 10 ㉱ 20

해설 PCS(파워 컨디셔너)는 설계용량 이상으로 설치해야 하며, 옥내용을 옥외에 설치하는 경우는 5 kW 이상의 용량일 경우에만 가능하며, 이 경우 반드시 빗물 침투를 방지하는 외함을 설치하여야 한다.

제4과목 : 태양광발전 시스템 운영

61. 태양광발전설비의 일상점검 항목이 아닌 것은?

㉮ 모듈 간 배선의 손상 여부
㉯ 인버터의 이상음 발생 여부
㉰ 접지저항의 규정값 이하 여부
㉱ 모듈 표면의 오염 및 파손 여부

해설 태양광발전설비의 일상점검은 외관 및 육안 점검 위주로 행하며, 이상이 있을 시에만 필요한 조치를 취한다.

62. 인버터 과온(inverter over temperature)

고장 표시가 있을 때, 가장 먼저 조치하는 방법으로 적절한 것은?

㉮ 인버터 누설전류를 확인한다.
㉯ 인버터 냉각계통의 이상 유무를 확인한다.
㉰ 송변전설비와 연결되는 배전선의 절연저항을 확인한다.
㉱ 고조파의 국부과열 여부를 확인하기 위해 고조파 함유율을 조사한다.

해설 인버터가 과온 시 온도를 내리는 장치인 '냉각계통'을 가장 먼저 확인하여야 한다.

63. 다음 중 시스템 운영 시 비치 목록으로 틀린 것은?

㉮ 발전 시스템 피난안내도
㉯ 발전 시스템 운영 매뉴얼
㉰ 발전 시스템 긴급복구 안내문
㉱ 전기안전관리자용 정기 점검표

해설 태양광발전 시스템 운영 시 갖추어야 할 목록
① 태양광발전 시스템 계약서 사본
② 태양광발전 시스템 시방서
③ 태양광발전 시스템 건설 관련 도면
④ 태양광발전 시스템 구조물의 구조계산서
⑤ 태양광발전 시스템 운영 매뉴얼
⑥ 태양광발전 시스템의 한전 계통연계 관련 서류
⑦ 태양광발전 시스템에 사용된 핵심기기의 매뉴얼
⑧ 태양광발전 시스템에 사용된 기기 및 부품의 카탈로그
⑨ 태양광발전 시스템 일반 점검표
⑩ 태양광발전 시스템 긴급복구 안내문
⑪ 태양광발전 시스템 안전교육 표지판
⑫ 전기안전 관련 주의 명판 및 안전 경고표시 위치도
⑬ 전기안전 관리용 정기 점검표

64. 사업용 태양광발전설비의 사용 전 검사 중 차단기 본체 심사의 세부검사 내용이 아닌 것은?

해답 59. ㉰ 60. ㉯ 61. ㉰ 62. ㉯ 63. ㉮ 64. ㉰

㉮ 절연내력

㉯ 접지시공상태

㉰ Tap 절환장치

㉱ 절연유 및 내압시험(OCB)

해설 ① 사업용 태양광발전설비의 사용 전 검사(차단기 검사)

　㉮ 규격 확인

　㉯ 외관검사

　㉰ 접지 시공 상태

　㉱ 연저항

　㉲ 절연내력

　㉳ 특성시험

　㉴ 절연유 및 내압시험(OCB)

　㉵ 상회전 및 loop 시험

　㉶ 충전시험

② 'Tap 절환장치'는 변압기 본체 검사 내용에 속한다.

65. 태양광발전 시스템 보수점검 시 점검 전의 유의사항으로 틀린 것은?

㉮ 점검 전에 접지선을 제거한다.

㉯ 절연용 보호기구를 준비한다.

㉰ 응급처치 방법 및 설비, 기계의 안전을 확인한다.

㉱ 비상연락망을 사전확인하여 만일의 사태에 신속히 대처한다.

해설 ① 태양광발전 시스템 보수점검 전 유의사항

　㉮ 준비 작업 : 응급처치방법 및 설비의 안전 확인

　㉯ 회로도 검토 : 전원계통이 Loop가 형성되는 경우를 대비

　㉰ 연락처 : 비상시 대비하여 비상연락망 확인

　㉱ 무전압 상태 확인 및 안전조치 : 차단기, 단로기 등 Open

　㉲ 잔류전압 주의 : 콘덴서 및 케이블의 접속부 점검 시 접지 실시

　㉳ 오조작 방지 : 인출형 차단기, 단로기 등은 '점검 중' 표찰 부착

　㉴ 절연용 보호기구 준비

　㉵ 쥐, 곤충 등의 침입 대책 수립

② 태양광발전 시스템 보수점검 후 유의사항

　㉮ 접지선 제거

　㉯ 최종 확인사항

　　㉠ 작업자가 수배전반 내에 들어가 있는지 확인

　　㉡ 점검을 위해 임시로 설치한 가설물 등이 철거되었는지 확인

　　㉢ 볼트, 너트 등 단자반 결선의 조임이나 누락 여부 확인

　　㉣ 작업 전에 투입된 공구 등의 회수 여부(목록을 통해 확인할 것)

　　㉤ 점검 중 쥐, 곤충, 뱀, 벌레 등의 침입이 없었는지 확인

66. 발전설비용량 3,000 kW인 발전사업 허가 신청 시 첨부서류가 아닌 것은?

㉮ 사업 계획서

㉯ 발전원가 명세서

㉰ 송전관계 일람도

㉱ 전기설비 개요서

해설 문제 37번 해설 참조

67. 인버터 절연저항 측정 시 주의사항으로 틀린 것은?

㉮ 정격에 약한 회로들은 회로에서 분리하여 측정한다.

㉯ 정격전압이 입출력과 다를 때는 낮은 측의 전압을 선택기준으로 한다.

㉰ 입출력단자에 주회로 이외 제어단자 등이 있는 경우 이것을 포함해서 측정한다.

㉱ 절연변압기를 장착하지 않은 인버터는 제조사가 추천하는 방법에 따라 측정한다.

해설 인버터 회로의 절연저항 측정 시 정격전압이 입출력과 다를 때에는 높은 측의 전압을 절연저항계의 기준으로 선택한다.

68. 태양광발전 시스템의 안전관리 대책으로 추락사고 예방을 위한 조치사항이 아닌 것은?

㉮ 안전모 착용　　　㉯ 절연장갑 착용

㉰ 안전벨트 착용　　㉱ 안전 난간대 설치

[해설] ① 추락사고 예방 조치사항
㉮ 안전모(전기안전모)
㉯ 안전대(안전띠, 안전벨트) : 추락 방지(떨어지거나 구르는 것을 방지)
㉰ 안전화 : 미끄럼 방지(미끄럼 방지의 효과가 있는 신발)
㉱ 안전 허리띠 : 공구, 공사부재의 낙하 방지
㉲ 기타 : 안전난간대 등
② 절연장갑은 안전 대책(감전 방지 대책)에 속한다.

69. 태양광발전 시스템용 축전지의 정기점검 항목 중 육안점검 항목이 아닌 것은?

[가] 외관점검 [나] 단자전압
[다] 전해액 비중 [라] 전해액면 저하

[해설] 축전지 정기점검 항목

구분	점검항목		점검요령
축전지	육안점검	외관, 전해액의 비중 및 액면저하 여부	부하에 급전한 상태로 실시
	측정 및 시험	단자전압 (충전압 및 각 소자의 전압)	부하에 급전한 상태로 실시

70. 태양광발전 송변전설비의 일상순시점검내용으로 틀린 것은?

[가] 접지선의 단선, 부식 여부를 확인한다.
[나] 모선지지물의 이상소음, 이상한 냄새가 없는지 확인한다.
[다] 모든 설비는 정전상태를 유지하고 주요 충전부는 접지를 한다.
[라] 외함을 열어 확인할 경우, 안전장구를 착용하고 충전부와 이격거리를 유지한다.

[해설] 송변전설비의 일상점검(순시점검) 시 보통 '무정전' 상태로 점검을 행한다.

71. 태양광발전 시스템의 운전상태에 따른 발생신호에 대한 설명으로 틀린 것은?

[가] 인버터에 이상이 발생하면 인버터는 자동으로 정지하고 이상신호를 나타낸다.
[나] 태양전지 전압이 저전압 또는 과저전압이 되면 이상신호를 나타내고 인버터는 MC는 ON 상태로 정지한다.
[다] 한전 전력계통에서 정전이 발생하면 0.5초 이내에 인버터는 정지하고 복전 확인 후 5분 이후에 재기동한다.
[라] 정상운전 시에는 태양전지로부터 전력을 공급받아 인버터가 계통전압과 동기로 운전을 하며 계통과 부하에 전력을 공급한다.

[해설] 태양전지 전압이 저전압 또는 과저전압이 되면 이상신호를 나타내고, 인버터의 출력부에 설치된 MC(전자접촉기)는 off 상태로 정지하여 계통과 안전하게 분리시킨다. 또한 계통과 인버터와 전기적 절연을 위해서 인버터의 출력단에는 반드시 변압기를 내장해야 한다.

72. 자가용전기설비의 정기검사항목 중 태양광 전지의 전지 전기적 특성시험항목으로 틀린 것은?

[가] 최대출력 [나] 개방전압
[다] 단락전류 [라] 절연저항

[해설] 태양전지 전기적 특성시험
① 최대출력
② 개방전압
③ 단락전류
④ 최대 출력전압 및 전류
⑤ 충진율
⑥ 전력변환효율

73. 계통연계형 인버터의 계통 전압 불평형 시험의 품질기준으로 틀린 것은?

[가] 역률이 0.95 이상일 것
[나] 정격 출력에서 정상적으로 동작할 것
[다] 절연저항은 1 MΩ 이상이며, 상용 주파수 내전압에 1분간 견딜 것
[라] 출력 전류의 총합 왜형률이 5% 이하, 각 차수별 외형률이 3% 이하일 것

[해답] 69. [나] 70. [다] 71. [나] 72. [라] 73. [다]

해설 태양광 인버터 계통전압 불평형 시험의 기술기준
① 정격출력에서 안정하게 운전할 것
② 역률이 0.95 이상일 것
③ 출력전류변형률이 종합 5 %, 각차 3 % 이내일 것

74. 중대형 태양광발전용 인버터의 누설전류 시험에 대한 설명이 아닌 것은?

㉮ 품질기준은 누설전류가 5 mA 이하이다.

㉯ 교류 전원을 정격 전압 및 정격 주파수로 운전한다.

㉰ 직류 전원은 인버터 출력이 정격 출력이 되도록 설정한다.

㉱ 인버터의 기체와 대지 사이에 100 Ω 이상의 저항을 접속한다.

해설 인버터 누설전류 시험방법
① 교류 전원을 정격 전압 및 정격 주파수로 운전한다.
② 직류 전원은 인버터 출력이 정격출력이 되도록 설정한다.
③ 인버터의 기체와 대지 사이에 1 kΩ 이상의 저항을 접속해서 저항에 흐르는 누설전류를 측정한다.
④ 판정기준은 누설전류가 5 mA 이하이다.

75. 태양광발전 시스템 운영에 관한 설명으로 틀린 것은?

㉮ 시설용량은 부하의 용도 및 적정 사용량을 합산한 연평균 사용량에 따라 결정된다.

㉯ 발전량은 봄·가을이 많으며 여름·겨울에는 기후여건에 따라 감소한다.

㉰ 모듈 표면의 온도가 높을수록 발전 효율이 저하되므로 온도를 조절해 줄 필요가 있다.

㉱ 태양광발전 설비의 고장 요인은 대부분 인버터에서 발생하므로 정기 점검이 필요하다.

해설 시설용량은 부하의 용도 및 적정 사용량을

합산한 '월평균 사용량'에 따라 결정된다.

76. 안전보호구 관리요령으로 틀린 것은?

㉮ 사용 후 세척하여 보관할 것

㉯ 세척 후에는 건조시켜 보관할 것

㉰ 정기적으로 점검 관리하여 보관할 것

㉱ 청결하고 습기가 있는 곳에 보관할 것

해설 안전보호구는 청결하고 습기가 없는 곳에 보관하여야 한다.

77. 지방자치단체를 당사자로 하는 계약에 관한 법률 시행규칙에 의해 하자검사를 하는 자는 담보책임의 존속기간 중 연 몇 회 이상 정기적으로 하자검사를 하여야 하는가?

㉮ 1   ㉯ 2   ㉰ 3   ㉱ 4

해설 지방자치단체를 당사자로 하는 계약에 관한 법률 시행규칙 : 69조(하자 검사) ① 영 제70조에 따라 하자 검사를 하는 자는 제68조에 따른 담보책임의 존속기간 중 연 2회 이상 정기적으로 하자 검사를 하여야 하며, 담보책임의 존속기간이 만료되는 경우에는 행정자치부장관이 정하는 바에 따라 지체 없이 따로 검사를 하여야 한다.

78. 태양광발전 시스템의 계측 및 표시에 필요한 기기로 틀린 것은?

㉮ 교류회로 전압 측정을 위한 분류기

㉯ 계측 데이터를 복사, 보존하기 위한 기억장치

㉰ 검출된 전압, 전류, 전력 등의 데이터 전송을 위한 신호변환기

㉱ 일시 계측 데이터를 적산하여 평균값 및 적산값을 얻기 위한 연산장치

해설 ① 검출기(센서)의 검출방법
㉮ 직류회로의 전압은 직접 또는 분압기로 분압하여 검출
㉯ 직류회로의 전류는 직접 또는 분류기를 사용하여 검출
㉰ 교류회로의 전압, 전류, 전력, 역률 등은 직접 또는 PT, CT 등을 통해서 검출

해답 74. ㉱   75. ㉮   76. ㉱   77. ㉯   78. ㉮

㉑ 일사강도는 일사계, 기온은 온도계로 검출
㉒ 풍향, 풍속은 풍향풍속계로 검출
② 계측기구 및 표시장치 제어흐름도

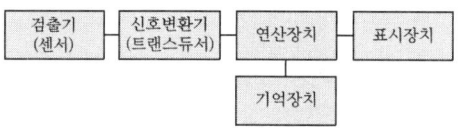

79. 산업통상자원부의 허가가 필요한 설비용량(kW)은? (단, 제주도 제외)

㉮ 1,000 ㉯ 2,000
㉰ 3,000 ㉱ 4,000

[해설] 태양광 발전소의 전기 발전사업 허가권자

3,000 kW 초과 설비	3,000 kW 이하 설비
산업통상자원부 장관	특별시장, 광역시장, 도지사

80. 결정질 태양전지 모듈 성능평가를 위한 시험장치가 아닌 것은?

㉮ 염수분무장치
㉯ 솔라 시뮬레이터
㉰ 기계적 하중 시험장치
㉱ 테스트 핑거 및 테스트 핀

[해설] 인버터의 감전보호시험 : 인버터 충전부와의 접촉으로부터 감전 보호 시험하기 위해 IEC 61032에서 규정한 테스트 핑거 및 테스트 핀 시험을 통해 판정한다. 또한 테스트 핑거에 의한 시험은 30 N의 힘으로 인가하여 실시한다.

제5과목 : 신재생에너지 관련법규

---

81. 축전지실 등의 시설조건으로 틀린 것은?

㉮ 축전지실은 발전기실과 동일한 장소에 시설하여야 한다.
㉯ 축전지실 등은 폭발성의 가스가 축적되지 않도록 환기장치 등을 시설하여야 한다.
㉰ 옥내전로에 연계되는 축전지는 비접지

측 도체에 과전류보호장치를 시설하여야 한다.
㉱ 30 V를 초과하는 축전지는 비접지 측 도체의 쉽게 차단할 수 있는 곳에 개폐기를 시설하여야 한다.

[해설] 축전지실과 발전기실은 분리시키거나, 공유하는 실(室)에 축전설비와 발전설비를 같이 설치하는 경우에는 1 m 이상의 이격거리를 두어야 한다.

82. 전기를 생산하고 이를 전력시장을 통하여 전기판매업자에게 공급하는 것을 주된 목적으로 하는 사업을 무엇이라 하는가?

㉮ 송전사업 ㉯ 배전사업
㉰ 발전사업 ㉱ 변전사업

[해설] '발전사업'이란 전기를 생산하여 이를 전력시장을 통하여 전기판매사업자에게 공급하는 것을 주된 목적으로 하는 사업을 말한다.

83. 신에너지 및 재생에너지 개발·이용·보급 촉진법에 따른 바이오에너지 등의 기준 및 범위에 관한 설명 중 에너지원의 종류와 그 범위가 잘못 연결된 것은?

㉮ 석탄을 액화·가스화한 에너지 – 증기공급용 에너지
㉯ 중질잔사유를 가스화한 에너지 – 합성가스
㉰ 바이오에너지 – 동물·식물의 유지를 변환시킨 바이오디젤
㉱ 폐기물에너지 – 쓰레기매립장의 유기성 폐기물을 변환시킨 매립지가스

[해설] 쓰레기매립장의 유기성 폐기물을 변환시킨 매립지가스는 '바이오에너지'에 속한다.

84. 신·재생에너지의 기술개발 및 이용·보급을 촉진하기 위한 기본계획에 대한 설명으로 틀린 것은?

㉮ 기본계획은 5년마다 수립하여야 한다.
㉯ 기본계획의 계획기간은 10년 이상으로

한다.

ⓒ 신·재생에너지 기술수준의 평가와 보급전망 및 기대효과가 포함된다.

ⓡ 총 에너지생산량 중 신·재생에너지소비량이 차지하는 비율의 목표가 포함된다.

해설 기본계획은 5년마다 수립하고, 그 계획기간은 10년 이상으로 하며, 기본계획에는 다음 각 호의 사항이 포함되어야 한다.

① 기본계획의 목표 및 기간
② 신·재생에너지원별 기술개발 및 이용·보급의 목표
③ 총전력생산량 중 신·재생에너지 발전량이 차지하는 비율의 목표
④ 「에너지법」제2조제10호에 따른 온실가스의 배출 감소 목표
⑤ 기본계획의 추진방법
⑥ 신·재생에너지 기술수준의 평가와 보급전망 및 기대효과
⑦ 신·재생에너지 기술개발 및 이용·보급에 관한 지원 방안
⑧ 신·재생에너지 분야 전문인력 양성계획
⑨ 그 밖에 기본계획의 목표달성을 위하여 산업통상자원부장관이 필요하다고 인정하는 사항

85. 제3종 접지공사를 시행하여야 하는 경우 금속제와 대지 사이의 전기저항 값이 몇 Ω 이하이면 접지공사를 생략할 수 있는가?

㋙ 3　　㋚ 5　　㋛ 10　　㋜ 100

해설 전기설비기술기준의 판단기준 (전기설비) 제20조 : 제3종 접지공사 등의 특례

① 제3종 접지공사를 하여야 하는 금속체와 대지 사이의 전기저항 값이 100 Ω 이하인 경우에는 제3종 접지공사를 한 것으로 본다.
② 특별 제3종 접지공사를 하여야 하는 금속체와 대지 사이의 전기저항 값이 10 Ω 이하인 경우에는 특별 제3종 접지공사를 한 것으로 본다.

86. 접지극으로 사용할 수 없는 것은?

㋙ 접지봉　　　　㋚ 접지판

ⓒ 금속제 가스관　　ⓡ 금속제 수도관

해설 가스관 등은 폭발 위험성 때문에 접지극으로 사용이 불가하다.

87. 저압 가공 인입선의 시설에 대한 설명으로 틀린 것은?

㋙ 전선은 절연전선, 다심형 전선 또는 케이블일 것

㋚ 전선은 지름 1.6 mm의 경동선 또는 이와 동등 이상의 세기 및 굵기일 것

ⓒ 전선의 높이는 철도 및 궤도를 횡단하는 경우에는 레일면상 6.5 m 이상일 것

ⓡ 전선의 높이는 횡단보도교의 위에 시설하는 경우에는 노면상 3 m 이상일 것

해설 저압 가공 인입선의 경우

① 전선이 케이블인 경우 이외에는 인장강도 2.30 kN 이상의 것 또는 지름 2.6 mm 이상의 인입용 비닐절연전선일 것
② 경간이 15 m 이하인 경우는 인장강도 1.25 kN 이상의 것 또는 지름 2 mm 이상의 인입용 비닐절연전선일 것
③ 전선은 절연전선, 다심형 전선 또는 케이블일 것
④ 전선이 케이블이고, 케이블의 길이가 1 m 이하인 경우에는 조가하지 아니하여도 된다.

88. 신재생에너지의 이용·보급을 촉진하기 위한 보급 사업에 해당하지 않는 것은?

㋙ 신기술의 적용사업 및 시범사업

㋚ 지방자치단체와 연계한 보급사업

ⓒ 신·재생에너지 국제표준화 적용사업

ⓡ 환경친화적 신·재생에너지 시범단지 조성사업

해설 신에너지 및 재생에너지 개발·이용·보급 촉진법 제27조 : 보급사업

① 산업통상자원부장관은 신·재생에너지의 이용·보급을 촉진하기 위하여 필요하다고 인정하면 대통령령으로 정하는 바에 따라

해답 85. ㋜　86. ⓒ　87. ㋚　88. ⓒ

다음 각 호의 보급사업을 할 수 있다.

1. 신기술의 적용사업 및 시범사업
2. 환경친화적 신·재생에너지 집적화단지(集積化團地) 및 시범단지 조성사업
3. 지방자치단체와 연계한 보급사업
4. 실용화된 신·재생에너지 설비의 보급을 지원하는 사업
5. 그 밖에 신·재생에너지 기술의 이용·보급을 촉진하기 위하여 필요한 사업으로서 산업통상자원부장관이 정하는 사업

② 산업통상자원부장관은 개발된 신·재생에너지 설비가 설비인증을 받거나 신·재생에너지 기술의 국제표준화 또는 신·재생에너지 설비와 그 부품의 공용화가 이루어진 경우에는 우선적으로 제1항에 따른 보급사업을 추진할 수 있다.

89. 고압 가공전선으로 내열 동합금선을 사용하는 경우 안전율이 몇 이상이 되는 이도로 시설하여야 하는가?

㉮ 2.0 ㉯ 2.2 ㉰ 2.5 ㉱ 4.0

해설 고압 가공전선은 케이블인 경우 이외에는 빙설(氷雪)이 많은 지방에 설치하는 경우, 합성하중이 규정치 이상인 경우 등의 경우에 그 안전율이 경동선 또는 내열 동합금선은 2.2 이상, 그 밖의 전선은 2.5 이상이 되는 이도(弛度)로 시설하여야 한다.

90. 신·재생에너지정책심의회의 심의를 거쳐 신·재생에너지의 기술개발 및 이용·보급을 촉진하기 위한 기본계획을 수립하는 자는?

㉮ 환경부장관
㉯ 행정자치부장관
㉰ 고용노동부장관
㉱ 산업통상자원부장관

해설 신에너지 및 재생에너지의 촉진을 위한 기본계획은 '산업통상자원부장관'의 소관 업무이다.

91. 신재생에너지 발전 사업자가 관련법에 따라 산업통상자원부장관으로부터 발전차액을

반환요구 받았을 경우 그 이행을 며칠 이내에 하여야 하는가?

㉮ 100일 ㉯ 50일 ㉰ 30일 ㉱ 15일

해설 산업통상자원부장관은 발전차액을 반환할 자가 30일 이내에 이를 반환하지 아니하면 국세 체납처분의 예에 따라 징수할 수 있다.

92. 저탄소 녹색성장 추진의 기본원칙에 대한 설명 중 틀린 것은?

㉮ 정부는 시장기능을 활성화하고 정부가 주도하여 저탄소 녹색성장을 추진한다.
㉯ 정부는 사회·경제 활동에서 에너지와 자원 이용의 효율성을 높이고 자원순환을 촉진한다.
㉰ 정부는 자연자원과 환경의 가치를 보존하면서 국토와 도시, 건물과 교통, 도로·항만·상하수도 등 기반시설을 저탄소 녹색성장에 적합하게 개편한다.
㉱ 정부는 국민 모두가 참여하고 국가기관, 지방자치단체, 기업, 경제단체 및 시민단체가 협력하여 저탄소 녹색성장을 구현하도록 노력한다.

해설 저탄소 녹색성장 기본법 제3조 : 저탄소 녹색성장 추진의 기본원칙

1. 정부는 기후변화·에너지·자원 문제의 해결, 성장동력 확충, 기업의 경쟁력 강화, 국토의 효율적 활용 및 쾌적한 환경 조성 등을 포함하는 종합적인 국가 발전전략을 추진한다.
2. 정부는 시장기능을 최대한 활성화하여 민간이 주도하는 저탄소 녹색성장을 추진한다.
3. 정부는 녹색기술과 녹색산업을 경제성장의 핵심 동력으로 삼고 새로운 일자리를 창출·확대할 수 있는 새로운 경제체제를 구축한다.
4. 정부는 국가의 자원을 효율적으로 사용하기 위하여 성장잠재력과 경쟁력이 높은 녹색기술 및 녹색산업 분야에 대한 중점 투자 및 지원을 강화한다.

해답 89. ㉯ 90. ㉱ 91. ㉰ 92. ㉮

5. 정부는 사회·경제 활동에서 에너지와 자원 이용의 효율성을 높이고 자원순환을 촉진한다.

6. 정부는 자연자원과 환경의 가치를 보존하면서 국토와 도시, 건물과 교통, 도로·항만·상하수도 등 기반시설을 저탄소 녹색성장에 적합하게 개편한다.

7. 정부는 환경오염이나 온실가스 배출로 인한 경제적 비용이 재화 또는 서비스의 시장가격에 합리적으로 반영되도록 조세(租稅)체계와 금융체계를 개편하여 자원을 효율적으로 배분하고 국민의 소비 및 생활 방식이 저탄소 녹색성장에 기여하도록 적극 유도한다. 이 경우 국내산업의 국제경쟁력이 약화되지 않도록 고려하여야 한다.

8. 정부는 국민 모두가 참여하고 국가기관, 지방자치단체, 기업, 경제단체 및 시민단체가 협력하여 저탄소 녹색성장을 구현하도록 노력한다.

9. 정부는 저탄소 녹색성장에 관한 새로운 국제적 동향(動向)을 조기에 파악·분석하여 국가 정책에 합리적으로 반영하고, 국제사회의 구성원으로서 책임과 역할을 성실히 이행하여 국가의 위상과 품격을 높인다.

93. 다음 중 저탄소 녹색성장 기본법의 목적이 아닌 것은?

㉮ 신에너지 및 재생에너지의 기본법이다.

㉯ 저탄소 사회구현을 통한 국민의 삶의 질을 높인다.

㉰ 녹색기술과 녹색산업을 새로운 성장동력으로 활용한다.

㉱ 경제와 환경의 조화로운 발전을 위하여 저탄소 녹색성장에 필요한 기반을 조성한다.

해설 저탄소 녹색성장 기본법의 목적(제1조) : 이 법은 경제와 환경의 조화로운 발전을 위하여 저탄소(低炭素) 녹색성장에 필요한 기반을 조성하고 녹색기술과 녹색산업을 새로운 성장동력으로 활용함으로써 국민경제의 발전을 도모하며 저탄소 사회 구현을 통하여 국민의 삶

의 질을 높이고 국제사회에서 책임을 다하는 성숙한 선진 일류국가로 도약하는 데 이바지함을 목적으로 한다.

94. 신·재생에너지발전사업자가 도서지역에서 생산한 전력을 전력시장에서 거래하지 않아도 되는 발전설비용량은?

㉮ 1,000 kW 이하 ㉯ 2,000 kW 이하

㉰ 3,000 kW 이하 ㉱ 4,000 kW 이하

해설 "도서지역 등 대통령령으로 정하는 아래의 경우"에는 전력시장에서 거래하지 않아도 된다.

① 한국전력거래소가 운영하는 전력계통에 연결되어 있지 아니한 도서지역에서 전력을 거래하는 경우

②「신에너지 및 재생에너지 개발·이용·보급 촉진법」제2조 제5호에 따른 신·재생에너지발전사업자가 1천 킬로와트 이하의 발전설비용량을 이용하여 생산한 전력을 거래하는 경우

95. 3상 4선식 22.9 kV 중성점 다중 접지식 가공 전선로의 전로와 대지 사이의 절연 내력 시험전압은 몇 V인가?

㉮ 28,625 ㉯ 22,900

㉰ 21,068 ㉱ 16,488

해설 '전기설비기술기준의 판단기준'제12조 [표 13-1] 참조하여,
$22,900 \times 0.92 = 21,068 \text{ V}$

96. 발전차액의 지원을 위한 기준가격의 산정 기준으로 틀린 것은?

㉮ 신·재생에너지 발전사업자의 송전·배전선로 이용요금

㉯ 신·재생에너지 발전기술의 상용화 수준 및 시장 보급 여건

㉰ 운전 중인 신·재생에너지 발전사업자의 경영여건 및 운전 실적

㉱ 전력시장에서의 신·재생에너지 발전에 의하여 공급한 전력의 거래 건수

해답 93. ㉮ 94. ㉮ 95. ㉰ 96. ㉱

해설 발전차액 지원을 위한 기준가격 산정기준 : 신에너지 및 재생에너지 개발·이용·보급 촉진법 시행령 제22조
1. 신·재생에너지 발전소의 표준공사비, 운전유지비, 투자보수비 및 각종 세금과 공과금
2. 신·재생에너지 발전소의 설비 이용률, 수명 기간, 사고 보수율과 발전소에서의 신·재생에너지 소비율 등의 설계치 및 실적치
3. 신·재생에너지 발전사업자의 송전·배전 선로 이용요금
4. 신·재생에너지 발전기술의 상용화 수준 및 시장 보급 여건
5. 운전 중인 신·재생에너지 발전사업자의 경영 여건 및 운전 실적
6. 전기요금 및 전력시장에서의 신·재생에너지 발전에 의하여 공급한 전력의 거래가격의 수준

97. 접지공사에 사용하는 전선의 단면적이 틀린 것은?

㉮ 제1종 접지공사에서 접지선의 굵기는 공칭단면적 $6\,mm^2$ 이상의 연동선
㉯ 제2종 접지공사에서 접지선의 굵기는 공칭단면적 $16\,mm^2$ 이상의 연동선
㉰ 제3종 접지공사에서 접지선의 굵기는 공칭단면적 $2.5\,mm^2$ 이상의 연동선
㉱ 특별 제3종 접지공사에서 접지선의 굵기는 공칭단면적 $4\,mm^2$ 이상의 연동선

해설 제3종 접지공사 및 특별 제3종 접지공사의 접지선 굵기 : 공칭단면적 $2.5\,mm^2$ 이상의 연동선일 것

98. 다음 중 신·재생에너지정책심의회 위원으로 소속공무원을 지명할 수 없는 기관은?

㉮ 기획재정부　　㉯ 보건복지부
㉰ 국토교통부　　㉱ 농림축산식품부

해설 신에너지 및 재생에너지 개발·이용·보급 촉진법 시행령 제4조
① 신·재생에너지정책심의회는 위원장 1명을 포함한 20명 이내의 위원으로 구성한다.
② 심의회의 위원장은 산업통상자원부 소속

에너지 분야의 업무를 담당하는 고위공무원단에 속하는 일반직공무원 중에서 산업통상자원부장관이 지명하는 사람으로 하고, 위원은 다음 각 호의 사람으로 한다.
1. 기획재정부, 미래창조과학부, 농림축산식품부, 산업통상자원부, 환경부, 국토교통부, 해양수산부의 3급 공무원 또는 고위공무원단에 속하는 일반직공무원 중 해당 기관의 장이 지명하는 사람 각 1명
2. 신·재생에너지 분야에 관한 학식과 경험이 풍부한 사람 중 산업통상자원부장관이 위촉하는 사람

99. 전기안전관리업무를 개인대행자가 대행할 수 있는 태양광발전설비의 용량은?

㉮ 200 kW 미만　　㉯ 250 kW 미만
㉰ 300 kW 미만　　㉱ 350 kW 미만

해설 태양광 발전설비 용량에 따른 안전관리자 선임

발전 용량	안전관리자 선임
10 kW 이하	미선임
10 kW 초과	안전관리자 선임
1,000 kW 이하	안전관리 대행업자 대행 가능 (단, 250 kW 미만은 개인대행자 대행 가능)
1,000 kW 초과	상주 안전관리자 선임

100. 분산형 전원을 인버터를 이용하여 전력계통에 연계하는 경우 인버터로부터 직류가 계통으로 유출되는 것을 방지하기 위하여 접속점과 인버터 사이에 설치하는 것은? (단, 단권변압기를 제외한다.)

㉮ 차단기
㉯ 전동기
㉰ 보호계전기
㉱ 상용주파수 변압기

해설 태양광 인버터로부터 계통으로 직류의 유출을 방지하기 위해 상용주파수 변압기 방식, 고주파 변압기 방식, 트랜스리스 방식 등을 적용한다.

해답　97. ㉱　98. ㉯　99. ㉯　100. ㉱

제1과목 : 태양광발전 시스템 이론

1. 박막 실리콘 태양전지 설명 중 틀린 것은?

㉮ 실리콘의 사용량이 적어 저렴하다.

㉯ 재료는 인듐을 사용한다.

㉰ 아몰퍼스 실리콘 박막을 적층한 방식이다.

㉱ 턴뎀형 실리콘 태양전지 변환효율은 12 % 정도이다.

해설 희소한 원소인 인듐 (In)을 재료로 사용하는 것은 InP, CuInSe2, CIGS, Cu (In,Ga)Se2 등의 '화합물 태양전지'이다.

2. 태양전지의 효율은 설치된 출력의 실제적 이용상태를 말하는 것으로, 실제 100 W의 일사량에서 효율이 15 %, 태양전지의 출력이 15 W이면 변환 효율은 몇 %가 되는가?

㉮ 10 ㉯ 15 ㉰ 20 ㉱ 30

해설 태양전지의 변환효율

$$= \frac{\text{출력}}{\text{일사량}} \times 100\% = \frac{15\,\text{W}}{100\,\text{W}} \times 100\% = 15\%$$

3. 최대눈금이 50 V인 직류전압계가 있다. 이 전압계를 사용하여 150 V의 전압을 측정하려면 배율기의 저항은 몇 Ω을 사용하면 되는가? (단, 전압계의 내부저항은 5,000 Ω이다.)

㉮ 1,000 ㉯ 2,500

㉰ 5,000 ㉱ 10,000

해설 ① 배율기 저항의 개념 및 공식

㉮ 배율기의 개념 : 전압의 측정범위를 확대하기 위하여 전압계와 직렬로 접속한 저항

㉯ 배율기와 전압계의 결선

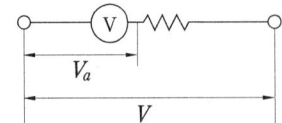

㉰ 배율기 저항 산출 공식

$$R_m = (m-1) \times r\,[\Omega]$$

여기서, m : 배율 ($m = \dfrac{V}{V_a}$)

r : 전압계 내부저항 [Ω]

V : 확대하고자 하는 전압 [V]

V_a : 전압계 지시값 [V]

② 배율기의 저항 계산

㉮ 배율 $m = \dfrac{V}{V_a} = \dfrac{150}{50} = 3$

㉯ 배율기 저항 R_m

$= (m-1) \times r = (3-1) \times 5,000$

$= 10,000\,\Omega$

4. 다음 중 뇌 서지 등의 피해로부터 태양광발전 시스템을 보호하기 위한 대책으로 적절하지 않은 것은?

㉮ 피뢰소자를 어레이 주회로 내부에 분산시켜 설치하고 접속함에도 설치한다.

㉯ 저압배전선에서 침입하는 뇌 서지에 대해서는 분전반에 피뢰소자를 설치한다.

㉰ 피뢰소자의 접지 측 배선은 되도록 길게 유지하면서 설치한다.

㉱ 뇌우 다발지역에서는 교류전원 측으로 내뢰트랜스를 설치한다.

해설 SPD (피뢰소자)의 접지 측 배선은 최대한 짧게 해야 한다.

5. 태양전지에 입사되는 빛을 최대로 흡수함으로써 효율을 증가시킬 수 있다. 이를 위한 광학적 손실을 줄이는 대책으로 틀린 것은?

㉮ 표면 조직화

㉯ 웨이퍼 두께 감소

㉰ 전극 면적 최소화

㉱ 표면 반사방지 코팅

해설 웨이퍼 두께가 두꺼울수록 태양전지의 효율을 증가시키는 데 유리하다.

6. 실리콘 태양전지 중 변환 효율이 가장 높은 것은?

㉮ 단결정 Si ㉯ 다결정 Si

㉰ 박막 Si ㉱ 아몰퍼스 Si

해설 실리콘 태양전지 중에서는 '단결정'이 가장 효율이 높다.

7. 태양전지를 재료에 의하여 분류한 것으로 틀린 것은?

㉮ 유기물 ㉯ 화합물

㉰ 염료감응형 ㉱ 잉곳/웨이퍼

해설 잉곳/웨이퍼는 태양전지의 종류(분류)가 아니라, 제조공정상 필요한 재료들이다.

8. 태양광발전 시스템의 발전효율을 극대화하기 위한 시스템은?

㉮ 고정형 시스템

㉯ 반고정형 시스템

㉰ 추적형 시스템

㉱ 건물일체형 시스템

해설 태양광발전 시스템의 발전효율이 높은 순서 : 추적형 > 반고정형 > 고정형 > 건물일체형

9. 태양광발전 시스템의 축전지 기능을 모두 나타낸 것은?

┌─────────────────────────────┐
│ ㉠ 발전전력 급변 시의 버퍼 역할 │
│ ㉡ 태양전지 출력전압의 안정화 │
│ ㉢ 재해 시 전력의 공급 │
│ ㉣ 전력 저장 │
└─────────────────────────────┘

㉮ ㉠, ㉡, ㉢, ㉣ ㉯ ㉠, ㉡, ㉣

㉰ ㉠, ㉢, ㉣ ㉱ ㉡, ㉢, ㉣

해설 ㉠과 ㉡은 계통 안정화형 축전지의 기능이고, ㉢은 방재 대응형 축전지, ㉣은 독립형 축전지의 기능이다.

10. 태양광발전 시스템의 특징이 아닌 것은?

㉮ 송전 손실의 증가

㉯ 최대부하전력 절감

㉰ 에너지의 안정적인 공급

㉱ 국지적인 전력수요에 대응

해설 태양광발전 시스템은 분산형 전원의 일종이므로, 송전손실을 줄일 수 있는 발전방식에 해당한다.

11. 다음 [보기]에서 태양광 모듈의 설치가 가능한 위치를 모두 나타낸 것은?

┌─────────────────────────────┐
│ ㉠ 평면지붕 ㉡ 벽 │
│ ㉢ 경사지붕 ㉣ 유리창 │
└─────────────────────────────┘

㉮ ㉠, ㉡, ㉢ ㉯ ㉠, ㉡, ㉣

㉰ ㉠, ㉢, ㉣ ㉱ ㉠, ㉡, ㉢, ㉣

해설 태양전지가 투명 혹은 반투명 형태로도 개발되어 있어, 유리창, 벽면, 지붕 등 건물 대부분에 설치가 가능하다.

12. 역률이 50 %이고 1상의 임피던스가 60 Ω인 유도 부하를 △로 결선하고 여기에 병렬로 저항 20 Ω을 Y결선으로 하여 3상 선간전압 200 V를 가할 때, 소비전력(W)은?

㉮ 2,000 ㉯ 2,200

㉰ 2,500 ㉱ 3,000

해설 역률 $\cos\theta = 50\% = \dfrac{R}{Z}$

$\therefore R = 0.5 \times Z = 0.5 \times 60\,\Omega = 30\,\Omega$

리액턴스 $X = \sqrt{Z^2 - R^2} = \sqrt{60^2 - 30^2}$
$= 51.96$

즉, $Z = 30 + j51.96\,\Omega$

Y결선 20 Ω을 △결선으로 변환하면,
$R' = 3 \times 20 = 60\,\Omega$

합성임피던스

$Z' = \dfrac{(30 + j51.96) \times 60}{(30 + j51.96) + 60} = \dfrac{1,800 + j3117.6}{90 + j51.96}$

$= \dfrac{(1,800 + j3117.6)(90 - j51.96)}{(90 + j51.96)(90 - j51.96)}$

$= \dfrac{162,000 - j93,528 + j280,584 + 161,990.5}{90^2 + 51.96^2}$

$= \dfrac{323,990.5 + j187,056}{10,799.84} = 30 + j17.32$

해답 6. ㉮ 7. ㉱ 8. ㉰ 9. ㉮ 10. ㉮ 11. ㉱ 12. ㉱

따라서,

$$한 \ 상의 \ 전류 = \frac{200}{30 + j17.32}$$

$$= \frac{200(30 - j17.32)}{(30 + j17.32)(30 - j17.32)}$$

$$= \frac{6,000 - j3,464}{30^2 + 17.32^2}$$

$$= \frac{6,000 - j3,464}{1,200} = 5 + j2.89 \ A$$

$$한 \ 상의 \ 전력 = 200 \ V \times (5 + j2.89 \ A)$$

$$= 1,000 + j578 \ W$$

$$3상의 \ 전력 = 3 \times (1,000 + j578)$$

$$= 3,000 + j1735 \ W$$

$$\therefore \ 소비전력 = 유효전력 = 3,000 \ W$$

13. 태양광 모듈의 뒷면 표시 사항에 해당되지 않는 것은?

㉮ 공칭 질량 ㉯ 내진 등급
㉰ 공칭 단락전류 ㉱ 내풍압성의 등급

해설 태양전지 모듈의 뒷면에 표시해야 할 사항
① 제조업자명 또는 그 약호
② 제조년월일 및 제조번호
③ 내풍압성의 등급
④ 최대 시스템전압
⑤ 어레이의 조립형태
⑥ 공칭 최대출력
⑦ 공칭 개방전압
⑧ 공칭 단락전류
⑨ 공칭 최대출력 동작전압
⑩ 공칭 최대출력 동작전류
⑪ 역내전압
⑫ 공칭중량 (kg)

14. 태양전지 모듈의 열 발생 원인으로 틀린 것은?

㉮ 정적하중
㉯ 셀에서 적외선 흡수
㉰ 모듈의 전기적 동작
㉱ 모듈상부 표면으로부터의 반사

해설 태양전지 모듈의 열 발생은 하중 (무게)과 는 무관하다.

15. 태양전지의 발전원리에 관한 설명으로 틀린 것은?

㉮ 태양전지는 n형 반도체와 p형 반도체를 이어 맞춘 구조이다.
㉯ 빛이 흡수되면 전자는 n형 반도체에, 정공은 p형 반도체에 모인다.
㉰ n형 반도체는 실리콘 원자 1개의 전자가 부족한 상태를 이용한다.
㉱ 반도체가 빛을 흡수하면 입자가 생겨 태양전지 내부의 전자를 이동시켜 전기를 발생한다.

해설 n형 반도체는 실리콘 원자에 1개의 전자가 남는 상태를 이용하고, p형 반도체는 실리콘 원자에 1개의 전자가 부족한 상태를 이용한다.

16. 다음 중 태양광발전의 핵심요소기술로서 틀린 것은?

㉮ 회전체 작동기술
㉯ 태양전지 제조기술
㉰ 전력변환장치(PCS) 기술
㉱ BOS (Balance Of System) 기술

해설 회전체 작동기술은 태양광발전의 요소기술이 아니고, 풍력발전 등의 요소기술이다.

17. 인산형 연료전지 발전 시스템의 주요 구성기기가 아닌 것은?

㉮ 인버터 ㉯ 축전지
㉰ 제어장치 ㉱ 연료전지본체

해설 축전지는 연료전지의 주요 구성기기가 아니고, 독립형 태양광발전시스템 등에서의 주요구성기기이다.

18. 신재생에너지의 중요성에 관한 내용으로 거리가 먼 것은?

㉮ 기후변화협약 대응
㉯ 발전에너지의 높은 효율
㉰ 최근 유가의 불안정
㉱ 화석연료의 고갈문제 해결

해답 13. ㉯ 14. ㉮ 15. ㉰ 16. ㉮ 17. ㉯ 18. ㉯

해설 신재생에너지의 중요성은 '높은 발전효율'과는 거리가 있다. 예를 들어 태양광발전 시스템의 평균 발전효율은 약 10~15 %로서 비교적 낮은 편이다.

19. PN접합 다이오드에 공핍층이 생기는 경우는?

㉮ (-) 전압만 인가할 때 생긴다.

㉯ 전압을 가하지 않을 때 생긴다.

㉲ 전자와 정공의 확산에 의해 생긴다.

㉴ 다수 전송파가 많이 모여 있는 순간에 생긴다.

해설 PN접합 다이오드가 일사를 받을 경우 전자와 정공의 확산에 의해 '공핍층'이 생긴다.

20. 역류 방지 다이오드의 용량은 모듈 단락전류의 몇 배 이상이어야 하는가?

㉮ 1.25배 ㉯ 1.5배

㉲ 2배 ㉴ 3배

해설 역류 방지 다이오드 설치 시, 그 용량은 모듈 단락전류의 2배 이상이어야 한다.

제2과목 : 태양광발전 시스템 시공

21. 역률을 개선하였을 경우 그 효과로 맞지 않는 것은?

㉮ 전력손실의 감소

㉯ 전압강하의 감소

㉲ 각종 기기의 수명연장

㉴ 설비용량의 무효분 증가

해설 역률을 개선하면 설비용량의 무효분이 감소한다.

22. 책임감리원은 최종감리보고서를 감리기간 종료 후 며칠 이내에 발주자에게 제출하여야 하는가?

㉮ 3일 이내 ㉯ 7일 이내

㉲ 14일 이내 ㉴ 30일 이내

해설 책임감리원은 최종감리 보고를 감리기간 종료 후 14일 이내에 감리업체 대표자 명의로 발주자에게 제출하여야 한다.

23. 인버터의 직류 측 회로를 비접지로 하는 경우 비접지의 확인방법 아닌 것은?

㉮ 테스터로 확인

㉯ 검전기로 확인

㉲ 간이측정기 사용

㉴ 활선접근경보장치 사용

해설 활선접근경보장치는 비접지 확인 장치가 아니라, 전기 공사 중 고압선용 안전보호장구이다.

24. 태양전지 모듈의 시공기준에 대한 설명으로 틀린 것은?

㉮ 전기줄, 피뢰침, 안테나 등의 미약한 음영도 장애물로 본다.

㉯ 태양전지 모듈 설치열이 2열 이상인 경우 앞열은 뒷열에 음영이 지지 않도록 설치하여야 한다.

㉲ 장애물로 인한 음영에도 불구하고 일조시간은 1일 5시간 [춘분 (3~5월), 추분 (9~11월) 기준] 이상이어야 한다.

㉴ 설치용량은 사업계획서상의 모듈 설계용량과 동일하여야 하나 동일하게 설치할 수 없는 경우에 한하여 설계용량의 110 % 이내까지 가능하다.

해설 태양전지 모듈 설치 시 음영의 영향을 받지 않는 정남향이 가장 유리한 방향이다. 단, 전기줄, 피뢰침, 안테나 등 경미한 음영은 장애물로 보지 않는다.

25. 태양전지 모듈의 배선을 지중으로 시공하는 경우의 설명으로 틀린 것은?

㉮ 지중배선과 지표면의 중간에 매설표시 시트를 포설한다.

㉯ 지중배관 시 중량물의 압력을 받는 경우 0.6 m 이상의 깊이로 매설한다.

해답 19. ㉲ 20. ㉲ 21. ㉴ 22. ㉲ 23. ㉴ 24. ㉮ 25. ㉯

団 지중매설배관은 배선용 탄소강 강관, 내충격성 경화비닐 전선관을 사용한다.

団 지중전선로의 매설개소에는 필요에 따라 매설 깊이, 전선방향 등을 지상에 표시한다.

[해설] 매설의 깊이는 중량물의 압력을 견딜 수 있도록 약 1.2 m 이상의 깊이로 매설한다 (중량물의 압력 우려가 없는 곳은 0.6 m 이상으로 매설할 것).

26. 감리원은 공사업자의 시공기술자 등이 공사현장에 적합하지 않다고 인정되는 경우에는 시정을 요구하고 발주자에게 그 실정을 보고하여 교체사유가 인정되면 공사업자는 교체요구에 응하여야 한다. 교체사유로서 틀린 것은?

㉮ 시공관리 책임자가 불법 하도급을 하거나 이를 방치하였을 때

㉯ 시공관리 책임자가 시공능력이 준수하다고 인정되나 정당한 사유 없이 기성공정이 예정공정보다 빠를 때

㉰ 시공관리 책임자가 감리원과 발주자의 사전승낙을 받지 아니하고 정당한 사유 없이 해당 공사현장을 이탈한 때

㉱ 시공관리 책임자가 고의 또는 과실로 공사를 조잡하게 시공하거나 부실시공을 하여 일반인에게 위해를 끼친 때

[해설] 시공기술자 교체 가능한 사유
① 관계 법령에 따른 배치기준, 겸직 금지, 보수교육, 품질관리 등의 법규 위반 시
② 시공관리 책임자가 사전 승인 없이 현장 이탈 시
③ 시공관리 책임자가 공사를 조잡하게 하거나, 부실시공으로 일반인에게 위해를 끼친 때
④ 시공관리 책임자가 기술 및 시공능력 부족이 인정되거나, 정당한 사유 없이 기성공정이 예정공정에 현격히 미달 시
⑤ 시공관리 책임자가 불법 하도급을 하거나, 이를 방치 시
⑥ 시공관리 책임자가 기술능력 부족으로 시공에 차질을 빚거나, 감리원의 정당한 지시에 응하지 않을 시
⑦ 시공관리 책임자가 감리원의 검사확인 등의 승인을 받지 않고 후속공정을 진행하거나, 정당한 사유 없이 공사를 중단한 때

27. 피뢰기의 정격 전압이란?

㉮ 충격파의 방전 개시 전압

㉯ 상용 주파수의 방전 개시 전압

㉰ 속류의 차단이 되는 최고의 교류 전압

㉱ 충격 방전 전류를 통하고 있을 때의 단자전압

[해설] ① 피뢰기 : 이상전압으로부터의 보호, 뇌 전류의 방전 및 속류(방전현상이 실질적으로 끝난 후 계속하여 전력계통에서 피뢰기로 흐르는 상용주파전류)를 차단하여 기계기구 보호
② 피뢰기의 정격전압 : 속류가 차단되는 교류의 최고전압

28. 감리원은 매 분기마다 공사업자로부터 안전관리 결과 보고서를 제출받아 이를 검토하고 미비한 사항이 있을 때에는 시정하도록 조치하여야 한다. 안전관리결과 보고서에 포함되는 서류가 아닌 것은?

㉮ 안전관리 조직표

㉯ 직원 건강기록부

㉰ 안전교육 실적표

㉱ 안전보건 관리체제

[해설] 안전관리 결과보고서에는 다음과 같은 서류가 포함되도록 해야 한다.
① 안전관리 조직표
② 안전보건 관리체제
③ 재해발생 현황
④ 안전교육 실적표
⑤ 기타 필요한 서류

29. 지붕설치형 태양광 발전방식의 설치에 대한 설명으로 틀린 것은?

해답 26. ㉯ 27. ㉰ 28. ㉯ 29. ㉱

[가] 태양전지는 지붕 중앙부에 놓는 것이 바람직하다.

[나] 태양전지 모듈의 접속은 전선 또는 커넥터 부착 전선 등을 사용한다.

[다] 건축물은 고정하중, 적재하중, 적설하중, 지진 등에 대하여 안전한 구조를 가져야 한다.

[라] 건축물을 건축하거나 대수선하는 경우에는 지방자치단체장이 정하는 바에 따라 구조의 안전을 확인한다.

[해설] 건축물의 구조안전은 '국토교통부장관'의 소관 업무이다.

30. **전력계통에서 3권선 변압기(Y−Y−Δ)를 사용하는 주된 이유는?**

[가] 노이즈 제거 [나] 전력손실 감소

[다] 2가지 용량 사용 [라] 제3고조파 제거

[해설] 3권선 변압기(Y−Y−Δ)의 특징

① 1, 2차 권선에 3차 권선을 설치한 변압기로 권수비에 따라 1조의 변압기로 전압 2종류의 용량을 얻을 수 있다. 따라서, 설치장소가 좁아 변압기 2대를 설치하지 못하는 경우로서 2종류의 전원이 필요한 곳에 많이 사용한다.

② 안정권선 Δ결선을 삽입하여 Y-Y결선의 제3고조파를 제거할 수 있다.

③ 1차 또는 2차에서 Surge 침입 시 안정권선이 흡수하게 되므로 고전압이 유기되어 절연이 파괴되기 쉽다.

31. **태양광발전 시스템의 발전형태별 태양전지 어레이 설치 시 준비 및 주의사항으로 틀린 것은?**

[가] 가대 및 지지대는 현장에서 직접 용접한다.

[나] 태양전지 어레이 기초면 수평기, 수평줄을 확보한다.

[다] 너트의 풀림 방지는 이중너트를 사용하고 스프링 와셔를 체결한다.

[라] 지지대 기초 앵커볼트의 유지 및 매립은 강제 프레임 등에 의하여 고정하는 방식으로 한다.

[해설] 가대 및 지지대는 공장에서 용접 및 제작하고, 현장에서는 조립 위주로 설치하는 것이 유리하다.

32. **태양광발전 시스템 시공 시 작업의 종류에 따른 필요 공구가 잘못 연결된 것은?**

[가] 도통시험−레벨메터

[나] 프레임 커팅−스피드 커터

[다] 앵커 구멍 천공−앵커 드릴

[라] 절삭 부분 가공−핸드 그라인더

[해설] 도통시험을 하는 기기는 '도통시험기' 혹은 '도통테스터기'이다.

33. **감리원의 공사시행 단계에서의 감리업무가 아닌 것은?**

[가] 인허가 관련 업무

[나] 품질관리 관련 업무

[다] 공정관리 관련 업무

[라] 환경관리 관련 업무

[해설] 인허가 관련 업무는 감리업무가 아니라, 주로 '사업주체'의 몫이다.

34. **태양전지 어레이를 설치하기 위한 기초의 요구 조건으로 틀린 것은?**

[가] 허용 침하량 이상의 침하

[나] 설계하중에 대한 안정성 확보

[다] 현장여건을 고려한 시공 가능성

[라] 환경변화, 국부적 지반 쇄굴 등에 대한 저항

[해설] [가]는 '허용 침하량 이내의 침하'로 고쳐야 옳다.

35. **설계 감리원의 기본임무 수행 사항이 아닌 것은?**

[가] 과업지시서에 따라 업무를 성실히 수행하고 설계의 품질향상에 노력하여야 한다.

[해답] 30. [라] 31. [가] 32. [가] 33. [가] 34. [가] 35. [다]

나 설계용역 계약 및 설계감리용역 계약내용이 충실히 이행될 수 있도록 하여야 한다.

다 설계 및 설계감리용역 시행에 따른 업무연락, 문제점 파악 및 민원해결 등을 성실히 수행하여야 한다.

라 설계공정의 진척에 따라 설계자로부터 필요한 자료 등을 제출받아 설계용역이 원활히 추진될 수 있도록 설계감리 업무를 수행하여야 한다.

해설 업무연락, 문제점의 파악, 민원해결 등은 지원업무 담당자(발주처 소속직원)의 업무이다.

36. 태양전지 모듈 시공 시의 안전대책에 대한 고려사항으로 적절하지 않은 것은?

가 절연된 공구를 사용한다.

나 강우 시에는 반드시 우비를 착용하고 작업에 임한다.

다 안전모, 안전대, 안전화, 안전허리띠 등을 반드시 착용한다.

라 작업자는 자신의 안전확보와 2차 재해 방지를 위해 작업에 적합한 복장을 갖춰 작업에 임해야 한다.

해설 강우 시 작업을 하지 않는다(감전사고의 원인뿐만 아니라 미끄러짐으로 인한 추락사고로 이어진다).

37. 어떤 건물에서 총 설비 부하용량이 850 kW, 수용률 60 %라면, 변압기의 용량은 최소 몇 kVA로 하여야 하는가?(단, 설비부하의 종합역률은 0.75이다.)

가 510   나 620   다 680   라 740

해설 ① 최대수용전력 = 850 kW×0.6 (수용률)
　　　　　　　　　 = 510 kW
　　② 변압기 용량 = 510 kW÷0.75 (역률)
　　　　　　　　　 = 680 kW

38. 간선의 굵기를 산정하는 결정요소가 아닌 것은?

가 허용전류   나 기계적 강도
다 전압강하   라 불평형 전류

해설 간선의 굵기 산정 결정요소
　① 허용전류
　② 전압강하
　③ 기계적 강도
　④ 경제성 등

39. 배전선로의 손실 경감과 관계 없는 것은?

가 승압

나 역률 개선

다 다중접지방식 채용

라 부하의 불평형 방지

해설 배전선로의 손실 경감 방법 : 승압, 역률 개선, 부하의 불평형 방지 등

40. 태양광발전 시스템의 어레이 설치 종류가 아닌 것은?

가 양축식   나 일자식
다 단축식   라 고정식

해설 어레이 방식에서 '일자식'이라는 용어는 사용하지 않는다.

제3과목 : 태양광발전 시스템 운영

41. 태양광 발전사업의 허가를 받기 위해 전기사업허가신청서와 함께 제출하는 사업계획서 내용 중 전기설비 개요에 포함되어야 할 사항으로 틀린 것은?

가 태양전지의 종류

나 인버터의 입력전압

다 집광판의 설치단가

라 태양전지의 정격출력

해설 전기사업 허가신청 시 전기설비 개요에 '설치단가' 관련 내용은 없다.

42. 발전설비용량이 1,000 kW인 경우 발전사업 허가권자는?

해답 36. 나   37. 다   38. 라   39. 다   40. 나   41. 다   42. 가

[가] 시 · 도지사
[나] 한국전력공사
[다] 한국전기안전공사
[라] 산업통상자원부장관

[해설] 전기(발전) 사업 허가권자

① 3,000 kW 초과 설비 : 산업통상자원부 장관(전기위원회 총괄팀)

② 3,000 kW 이하 설비 : 시 · 도지사(단, 제주특별자치도는 제주국제자유도시 특별법에 따라 3,000 kW 이상의 발전설비도 제주특별자치도지사의 허가사항임)

43. 태양광발전 시스템 보수점검 작업 시 점검 전 유의사항이 아닌 것은?

[가] 회로도 검토 [나] 오조작 방지
[다] 접지선 제거 [라] 무전압 상태 확인

[해설] '접지선 제거'는 '점검 후의 유의사항'에 속한다.

44. 중대형 태양광발전용 독립형 인버터에서 정상 특성 시험 시 시험항목으로 틀린 것은?

[가] 효율 시험 [나] 누설전류 시험
[다] 대기 손실 시험 [라] 온도 상승 시험

[해설] '대기 손실 시험'은 독립형이 아닌 '계통연계형' 인버터의 시험항목이다.

45. 검출기에 의해 측정된 데이터를 컴퓨터 및 먼 거리로 전송하는 것은?

[가] 연산장치 [나] 표시장치
[다] 기억장치 [라] 신호변환기

[해설] 계측기구 및 표시장치 제어흐름도

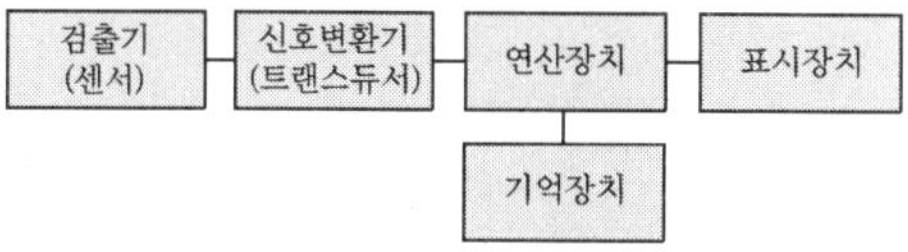

46. 접지저항의 측정방법이 아닌 것은?

[가] 보호 접지저항계 측정법
[나] 전위차계 접지저항계 측정법
[다] 클램프 온(Clamp On) 측정법
[라] 콜라우시(Kohlrausch) 브리지법

[해설] 현재 주로 사용되고 있는 접지저항의 측정 방법에는 전위차계식 측정법, 코올라시(콜라우시 ; Kohlrausch) 브리지법, 간이 접지저항계 측정법, 클램프 온 측정법, 전압강하식 측정법 등이 있다.

47. 결정질 태양전지 모듈이 태양광에 노출되는 경우에 따라 유기되는 열화 정도를 테스트 할 수 있는 장치로 옳은 것은?

[가] UV 시험장치 [나] 항온항습 장치
[다] 염수분무 장치 [라] 솔라시뮬레이터

[해설] UV 시험장치 혹은 자외선 노출 시험장치는 IEC 규격 등에서 요구되는 태양광 모듈 및 기타 제품의 UV 노출에 대한 열화특성을 시험할 수 있는 장비이다.

48. 전기사업 허가신청서의 처리절차로 옳은 것은?

[가] 신청서 작성 및 제출 → 검토 → 접수 → 전기위원회 심의 → 허가증 발급
[나] 신청서 작성 및 제출 → 접수 → 검토 → 전기위원회 심의 → 허가증 발급
[다] 신청서 작성 및 제출 → 전기위원회 심의 → 검토 → 접수 → 허가증 발급
[라] 신청서 작성 및 제출 → 접수 → 전기위원회 심의 → 검토 → 허가증 발급

49. 태양광발전설비의 안전관리를 위해 안전관리자가 보유하여야 할 장비로 적당하지 않은 것은?

[가] 검전기 [나] 각도계
[다] 전압 Tester [라] Earth Tester

[해설] '각도계'는 태양의 고도 등을 측정할 수 있는 측정기기로서 '안전관리자'와는 무관하다.

50. 태양광발전 시스템의 일상점검 항목이 아닌 것은?

[가] 인버터–통풍 확인

[해답] 43. [다] 44. [다] 45. [라] 46. [가] 47. [가] 48. [나] 49. [나] 50. [나]

나 접속함-절연저항 측정

다 인버터-표시부의 이상표시

라 태양전지모듈-표면의 오염 및 파손

해설 일상점검은 주로 육안으로 점검하는 일상적인 점검 방법으로서, 절연저항 등의 각종 측정과는 무관하다.

51. 결정질 실리콘 태양전지 모듈의 최대출력 결정 시 품질기준으로 틀린 것은?

가 시험 시료의 출력균일도는 평균출력의 ±3 % 이내일 것

나 시험시료의 최종 환경시험 후 최대출력의 열화는 최초 최대출력의 −8 %를 초과하지 않을 것

다 해당 태양전지 모듈의 최대출력을 측정하되, 시험시료의 평균출력은 정격출력 이상일 것

라 최대 시스템 전압의 두 배에 1,000 V를 더한 것과 같은 전압을 최대 500 V/s 이하의 상승률로 태양전지모듈의 출력단자와 패널 또는 접지단자 (프레임)에 1분간 유지할 것

해설 라는 태양전지 모듈의 최대출력 결정 시의 품질기준이 아니라, '태양전지 모듈의 절연내력 시험방법'에 해당한다.

52. 시스템 성능평가의 분류로 틀린 것은?

가 신뢰성   나 사이트

다 발전성능   라 분석가격

해설 태양광발전 시스템의 성능평가를 위한 측정 요소
① 구성요인의 성능 및 신뢰성
② 사이트
③ 발전성능
④ 신뢰성
⑤ 설치가격(경제성)

53. 직독식 접지저항계에 의한 접지저항 측정 시 E단자를 접지극에 접속하고 일직선상으로

몇 m 이상 떨어져 보조 접지봉을 박는가?

가 5   나 10   다 15   라 20

해설 보조 접지봉은 습기가 있는 곳에 직선으로 10 m 이상 간격을 두고 박는다.

54. 독립형 태양광발전 시스템의 주요 구성장치가 아닌 것은?

가 인버터

나 태양전지모듈

다 충방전 제어기

라 송전설비 및 배전시스템

해설 송전설비 및 배전시스템은 태양광 발전시스템의 주요 구성장치가 아니고, '송변전설비'에 속한다.

55. 절연변압기가 부착된 태양광 인버터의 정격전압이 600 V일 때 절연저항 측정 시 사용하는 절연저항계는 몇 V용을 이용하는가?

가 500   나 1,000   다 2,000   라 3,000

해설 인버터의 절연저항 측정
① 인버터의 정격전압이 300 V 이하인 경우에는 측정기구로서 500 V의 절연저항계 (메거 ; Megger)를 사용한다.
② 인버터의 정격전압이 300 V 초과~600 V 이하인 경우에는 1,000 V의 절연저항계를 사용한다.

56. 산업통상자원부장관의 허가가 필요한 발전설비용량 (kW)은?

가 2,000   나 2,500   다 3,000   라 3,500

해설 전기(발전) 사업 허가권자
① 3,000 kW 초과 설비 : 산업통상자원부 장관 (전기위원회 총괄팀)
② 3,000 kW 이하 설비 : 시·도지사

57. 송전설비공사의 하자 보수 책임기간은 몇 년인가?

가 1년   나 2년   다 3년   라 4년

해설 송전설비공사, 변전설비공사, 배전설비 철탑공사 등은 하자보수 책임기간이 3년에 해당한다.

해답 51. 라   52. 라   53. 나   54. 라   55. 나   56. 라   57. 다

58. 태양전지모듈 회로의 전로 사용전압이 400 V 이상인 경우 절연저항값은 몇 MΩ 이상이어야 하는가?

㉮ 0.1 ㉯ 0.2 ㉰ 0.3 ㉱ 0.4

해설 절연저항 기준치

전로의 사용전압 구분		절연 저항치 [MΩ]
400 V 미만	대지전압(접지식 전로는 전선과 대지 간의 전압, 비접지식 전로는 전선 간의 전압을 말한다. 이하 같다)이 150 V 이하의 경우	0.1 이상
	대지전압 150 V 초과 300 V 이하인 경우(전압 측 전선과 중선선 또는 대지 간의 절연저항)	0.2 이상
	사용전압이 300 V 초과 400 V 미만의 경우	0.3 이상
400 V 이상	–	0.4 이상

59. 송전설비의 배전반에서 주회로의 인입 부분 및 인출 부분에 대한 일상점검의 내용이 아닌 것은?

㉮ 볼트 종류의 이완상태에 따른 진동음 발생 여부를 점검한다.

㉯ 케이블의 접속 부분에서 과열현상에 의한 이상한 냄새의 발생 여부를 점검한다.

㉰ 케이블의 관통 부분에서 곤충이나 벌레 등의 침입 가능성이 있는지 점검한다.

㉱ 부싱 부분에서 접지 및 절연저항값을 측정하고 점검한다.

해설 일상점검은 주로 외관 점검(육안 점검)을 행하여 이상이 있을 시에만 필요한 조치를 취하는 점검 방법이다.

60. 정기점검 시 주회로용 퓨즈의 외부일반 점검 목적과 점검 내용으로 틀린 것은?

㉮ 지시 표시 – 영점조정은 잘 되어 있는지

확인

㉯ 손상 – 퓨즈통, 애자 등에 균열, 변형 여부 확인

㉰ 변색 – 퓨즈통, 퓨즈 홀더의 단자부에 변색 여부 확인

㉱ 볼트의 조임 이완 – 단자부의 볼트 조임의 이완 여부 확인

해설 지시 표시기의 '영점조정'은 변압기나 리액터의 온도계 등의 점검에 해당되는 내용이다.

제4과목 : 신재생에너지 관련법규

61. 고압전로에 사용하는 포장퓨즈는 정격전류의 몇 배에 견디어야 하는가?

㉮ 1.10 ㉯ 1.25 ㉰ 1.30 ㉱ 2.00

해설 전기설비기술기준의 판단기준 제39조 : 과전류 차단기로 시설하는 퓨즈 중 고압전로에 사용하는 포장퓨즈는 정격전류의 1.3배의 전류에 견디고 또한 2배의 전류로 120분 안에 용단되는 것 또는 KS규격에 적합한 고압전류제한퓨즈이어야 한다.

62. 안전공사 및 전기판매사업자는 일반용 전기설비의 점검 또는 점검 결과의 통지를 한 경우 서류 또는 자료를 몇 년간 보존해야 하는가?

㉮ 1년 ㉯ 2년 ㉰ 3년 ㉱ 5년

해설 점검 결과의 서류 또는 자료는 3년간 보존해야 한다.

63. 전로의 중성점을 접지하는 목적에 해당하지 않는 것은?

㉮ 이상전압의 억제

㉯ 대지전압의 저하

㉰ 보호 장치의 확실한 동작의 확보

㉱ 부하전류의 일부를 대지로 흐르게 함으

해답 58. ㉱ 59. ㉱ 60. ㉮ 61. ㉰ 62. ㉰ 63. ㉱

로써 전선의 절약

[해설] 전로의 중성점을 접지하는 것은 부하전류가 아닌 이상전류를 대지로 흐르게 하여 안전을 확보하기 위함이다.

64. 7,000 V를 초과하는 전압은?

㉮ 저압 ㉯ 고압
㉰ 특고압 ㉱ 초고압

[해설] 전압을 구분하는 저압, 고압 및 특고압은 다음 각 호의 것을 말한다.
1. 저압 : 직류는 750 V 이하, 교류는 600 V 이하인 것
2. 고압 : 직류는 750 V를, 교류는 600 V를 초과하고, 7 kV 이하인 것
3. 특고압 : 7 kV를 초과하는 것

65. 가공 전선로에 사용하는 지지물의 강도 계산에 적용하는 풍압하중의 종류는?

㉮ 1종, 2종, 3종
㉯ A종, B종, C종
㉰ 수평, 수직, 각도
㉱ 갑종, 을종, 병종

[해설] 가공 전선로에 사용하는 지지물의 강도 계산에 적용하는 풍압 하중은 갑종, 을종, 병종의 3종으로 구분된다.

66. 전기공사업의 등록기준으로 옳은 것은?

㉮ 자본금 1억 원 이상, 전기공사기술자 2명 이상, 공부상 면적이 20 m² 이상 사무실 확보
㉯ 자본금 2억 원 이상, 전기공사기술자 3명 이상, 공부상 면적이 25 m² 이상 사무실 확보
㉰ 자본금 3억 원 이상, 전기공사기술자 3명 이상, 공부상 면적이 30 m² 이상 사무실 확보
㉱ 자본금 4억 원 이상, 전기공사기술자 2명 이상, 공부상 면적이 25 m² 이상 사무

실 확보

[해설] 전기공사업의 등록 기준

항목	전기공사업의 등록기준
기술 능력	전기공사기술자 3명 이상 (2000년 12월 31일까지는 3명 중 1명 이상은 전기공사산업기사 이상의 국가기술자격자, 1명 이상은 전기공사기능사 이상의 국가기술자격자가 포함되어야 하고, 2001년 1월 1일 이후에는 3명 중 1명 이상은 전기공사산업기사 이상의 국가기술자격자가 포함돼야 한다)
자본금	2억 원 이상
사무실	공사업 운영을 위한 공부상 면적이 25 제곱미터 이상인 사무실 확보

67. 국가기관, 지방자치단체, 공공기관, 그 밖에 대통령령으로 정하는 자가 신·재생에너지 기술개발 및 이용·보급에 관한 계획을 수립·시행하려면 대통령령으로 정하는 바에 따라 미리 누구와 협의를 하여야 하는가?

㉮ 시·도지사
㉯ 국가기술표준원장
㉰ 한국전력공사사장
㉱ 산업통상자원부장관

[해설] 신·재생에너지 기술개발 등에 관한 계획의 사전협의(제7조) : 국가기관, 지방자치단체, 공공기관, 그 밖에 대통령령으로 정하는 자가 신·재생에너지 기술개발 및 이용·보급에 관한 계획을 수립·시행하려면 대통령령으로 정하는 바에 따라 미리 산업통상자원부장관과 협의하여야 한다.

68. 수소와 산소의 전기화학 반응을 통하여 전기 또는 열을 생산하는 설비는?

㉮ 연료전지 설비
㉯ 산소에너지 설비
㉰ 수소에너지 설비
㉱ 수소 및 산소에너지 설비

[해설] 연료전지 설비는 수소와 산소의 전기화학

[해답] 64. ㉰ 65. ㉱ 66. ㉯ 67. ㉱ 68. ㉮

반응을 이용하여 전기와 열을 동시에 얻을 수 있는 고효율 열병합 발전방식에 속한다.

69. 발전량의 일정량 이상을 의무적으로 신·재생에너지를 이용하여 공급하는 자로서 대통령령으로 정하는 자가 아닌 자는?

㉮ 한국광물공사
㉯ 한국수자원공사
㉰ 한국지역난방공사
㉱ 50만 킬로와트 이상의 발전설비(신·재생에너지 설비는 제외)를 보유하는 자

해설 발전량의 일정량 이상을 의무적으로 신·재생에너지로 공급해야 하는 자
① 50만 킬로와트 이상의 발전설비(신·재생에너지 설비는 제외)를 보유하는 자
②「한국수자원공사법」에 따른 한국수자원공사
③「집단에너지사업법」에 따른 한국지역난방공사

70. 온실가스의 종류가 아닌 것은?

㉮ 메탄   ㉯ 질소
㉰ 아산화질소   ㉱ 수소불화탄소

해설 '온실가스'란 이산화탄소(CO_2), 메탄(CH_4), 아산화질소(N_2O), 수소불화탄소(HFCs), 과불화탄소(PFCs), 육불화황(SF_6) 및 그 밖에 대통령령으로 정하는 것으로 적외선 복사열을 흡수하거나 재방출하여 온실효과를 유발하는 대기 중의 가스 상태 물질을 말한다 (저탄소녹색성장기본법 제2조).

71. 전기사업법에서 정의하는 용어의 뜻이 틀린 것은?

㉮ '전기사업'이란 발전사업·송전사업·배전사업·전기판매업 및 구역전기사업을 말한다.
㉯ '전력시장'이란 전력거래를 위하여 한국전력거래소가 개설하는 시장을 말한다.
㉰ '보편적 공급'이란 전기사용자가 언제 어디서나 최소한의 요금으로 전기를 사

용할 수 있도록 전기를 공급하는 것을 말한다.
㉱ '발전사업'이란 전기를 생산하여 이를 전력시장을 통하여 전기판매사업자에게 공급하는 것을 주된 목적으로 하는 사업을 말한다.

해설 '보편적 공급'이란 전기사용자가 언제 어디서나 적정한 요금으로 전기를 사용할 수 있도록 전기를 공급하는 것을 말한다 (전기사업법 제2조).

72. 신·재생에너지의 이용·보급을 촉진하기 위한 보급사업의 종류가 아닌 것은?

㉮ 신기술의 적용사업 및 시범사업
㉯ 지방자치단체와 연계한 보급사업
㉰ 실증단계의 신·재생에너지 설비의 보급을 지원하는 사업
㉱ 환경친화적 신·재생에너지 집적화단지 및 시범단지 조성사업

해설 신에너지 및 재생에너지 개발·이용·보급 촉진법 제27조 : 산업통상자원부장관은 신·재생에너지의 이용·보급을 촉진하기 위하여 필요하다고 인정하면 대통령령으로 정하는 바에 따라 다음 각 호의 보급사업을 할 수 있다.
1. 신기술의 적용사업 및 시범사업
2. 환경친화적 신·재생에너지 집적화단지(集積化團地) 및 시범단지 조성사업
3. 지방자치단체와 연계한 보급사업
4. 실용화된 신·재생에너지 설비의 보급을 지원하는 사업
5. 그 밖에 신·재생에너지 기술의 이용·보급을 촉진하기 위하여 필요한 사업으로서 산업통상자원부장관이 정하는 사업

73. 고압 및 특고압 전로에 시설하는 피뢰기에는 몇 종 접지공사를 해야 하는가?

㉮ 제1종 접지공사
㉯ 제2종 접지공사
㉰ 제3종 접지공사

해답 69. ㉮ 70. ㉯ 71. ㉰ 72. ㉰ 73. ㉮

라 특별 제3종 접지공사

해설 고압 및 특고압의 전로에 시설하는 피뢰기에는 '제1종 접지공사'를 하여야 한다 (전기설비기술기준의 판단기준 제43조).

74. 전기판매사업자가 전력시장운영규칙으로 정하는 바에 따라 우선적으로 구매할 수 있는 대상으로 틀린 것은?

가 자가용전기설비를 설치한 자

나 수력발전소를 운영하는 발전사업자

다 설비용량이 3만 킬로와트 이하인 발전사업자

라 발전사업의 허가를 받은 것으로 보는 집단에너지사업자

해설 전기판매사업자가 우선적으로 구매할 수 있는 전력을 생산하는 사업자

① 대통령령으로 정하는 규모 (2만 킬로와트) 이하의 발전사업자

② 자가용전기설비를 설치한 자 (법규정에 따라 전력거래를 하는 경우만 해당한다)

③ 「신에너지 및 재생에너지 개발·이용·보급 촉진법」 제2조제1호 및 제2호에 따른 신에너지 및 재생에너지를 이용하여 전기를 생산하는 발전사업자

④ 「집단에너지사업법」 제48조에 따라 발전사업의 허가를 받은 것으로 보는 집단에너지사업자

⑤ 수력발전소를 운영하는 발전사업자

75. 신재생에너지 개발·이용·보급 촉진법에 의해 공급인증기관이 개설한 거래시장 외에서 공급인증서를 거래한 자에게 부과하는 벌칙으로 옳은 것은?

가 1년 이하의 징역 또는 1천만 원 이하의 벌금

나 2년 이하의 징역 또는 2천만 원 이하의 벌금

다 3년 이하의 징역 또는 3천만 원 이하의 벌금

라 3년 이상의 징역 또는 지원받은 금액의 3배 이상에 상당하는 벌금

해설 공급인증기관이 개설한 거래시장 외에서 공급인증서를 거래한 자는 2년 이하의 징역 또는 2천만원 이하의 벌금에 처한다 (신에너지 및 재생에너지 개발·이용·보급 촉진법 제34조).

76. 전력계통에 연계하는 태양전지 발전소에 시설하는 계측 장치로 옳은 것은?

가 주요변압기의 전압 및 전류 또는 전력

나 주요변압기의 전압 및 전류 또는 온도

다 주요변압기의 전압 및 전류 또는 역률

라 주요변압기의 전압 및 유온 또는 주파수

해설 발전소에 시설하는 계측장치 중 주요변압기의 계측 데이터는 '전압 및 전류 또는 전력'이다.

77. 정부는 중소기업의 녹색기술 및 녹색경영을 촉진하기 위하여 다양한 시책을 수립·시행할 수 있다. 다음 중 이에 해당하지 않는 사항은?

가 탄소시장의 개설 및 거래 활성

나 중소기업의 녹색기술 사업화의 촉진

다 대기업과 중소기업의 공동사업에 대한 우선지원

라 녹색기술·녹색산업에 관한 전문인력 양성·공급 및 국외진출

해설 저탄소 녹색성장 기본법 제33조 : 정부는 중소기업의 녹색기술 및 녹색경영을 촉진하기 위하여 다음 각 호의 시책을 수립·시행할 수 있다.

1. 대기업과 중소기업의 공동사업에 대한 우선 지원
2. 대기업의 중소기업에 대한 기술지도·기술이전 및 기술인력 파견에 대한 지원
3. 중소기업의 녹색기술 사업화의 촉진
4. 녹색기술 개발 촉진을 위한 공공시설의 이용
5. 녹색기술·녹색산업에 관한 전문인력 양성·공급 및 국외진출

6. 그 밖에 중소기업의 녹색기술 및 녹색경영을 촉진하기 위한 사항

78. 동일인이 두 종류 이상의 전기사업을 할 수 있는 경우가 아닌 것은?

㉮ 도서지역에서 전기사업을 하는 경우

㉯ 발전사업과 전기판매사업을 겸업하는 경우

㉰ 배전사업과 전기판매사업을 겸업하는 경우

㉱ 발전사업의 허가를 받은 것으로 보는 집단에너지사업자가 전기판매사업을 겸업하는 경우

해설 동일인이 두 종류 이상의 전기사업을 할 수 있는 경우는 다음 각 호와 같다.
① 배전사업과 전기판매사업을 겸업하는 경우
② 도서지역에서 전기사업을 하는 경우
③ 「집단에너지사업법」제48조에 따라 발전사업의 허가를 받은 것으로 보는 집단에너지사업자가 전기판매사업을 겸업하는 경우. 다만, 같은 법 제9조에 따라 허가받은 공급구역에 전기를 공급하려는 경우로 한정한다.

79. 450/750 V 일반용 단심 비닐 절연 전선을 사용한 저압 가공전선이 위쪽에서 상부 조영재와 접근하는 경우의 전선과 상부 조영재 상호간의 최소 이격거리(m)는?

㉮ 1.0 　　㉯ 1.2

㉰ 2.0 　　㉱ 2.5

해설 저압 가공전선이 건조물·도로·횡단보도교·철도·궤도·삭도·가공약전류 전선로 등·안테나·교류 전차선 등·저압 또는 고압의 전차선·다른 저압 가공전선·고압 가공전선 및 특고압 가공전선 이외의 시설물과 접근상태로 시설되는 경우에는 저압 가공전선과 다른 시설물 사이의 이격거리(전기설비기술기준의 판단기준 제87조)

다른 시설물의 구분	접근 형태	이격거리
조영물의 상부조영재	위쪽	2 m(전선이 고압 절연 전선, 특고압 절연전선 또는 케이블인 경우에는 1 m)
	옆쪽 또는 아래쪽	60 cm(전선이 고압 절연전선, 특고압 절연전선 또는 케이블인 경우에는 30 cm)
조영물의 상부조영재 이외의 부분 또는 조영물 이외의 시설물		60 cm(전선이 고압 절연전선, 특고압 절연전선 또는 케이블인 경우에는 30 cm)

80. 공급의무자의 의무공급량 중 일정 부분은 산업통상자원부장관이 균형 있는 이용·보급이 필요하여 이 에너지로 공급하도록 규정하고 있는데 다음 중 어떤 에너지인가?

㉮ 태양의 빛에너지를 변환시켜 전기를 생산하는 방식의 태양에너지

㉯ 바람의 에너지를 변환시켜 전기를 생산하는 방식의 풍력에너지

㉰ 해양의 조수·파도·해류·온도차 등을 변환시켜 전기를 생산하는 방식의 해양에너지

㉱ 바이오에너지를 변환시켜 전기를 생산하는 방식의 바이오에너지

해설 공급의무자가 의무적으로 신·재생에너지를 이용하여 공급하여야 하는 발전량의 합계는 총전력생산량의 10 % 이내의 범위에서 연도별로 대통령령으로 정한다. 이 경우 균형 있는 이용·보급이 필요한 신·재생에너지(태양에너지)에 대하여는 대통령령으로 정하는 바에 따라 총의무공급량 중 일부를 해당 신·재생에너지를 이용하여 공급하게 할 수 있다(신에너지 및 재생에너지 개발·이용·보급 촉진법 제12조의 5-2항).

해답 **78.** ㉯ 　**79.** ㉰ 　**80.** ㉮

□ **신재생에너지 발전설비 기사** ▶ **2016. 10. 1 시행**

제1과목 : 태양광발전 시스템 이론

1. 일사강도 0.8 kW/m², 결정계 태양전지의 모듈면적 1.0 m², 셀 온도 65℃, 변환효율이 15%인 경우 출력은 약 몇 kW인가? (단, 결정계 셀 온도 보정계수($P_{\max}$)는 −0.4%/℃이다.)

㉮ 0.1 ㉯ 0.2 ㉰ 0.3 ㉱ 0.4

해설 $P_{\max}$ = 일사강도×면적×변환효율
   $= 0.8\,\text{kW/m}^2 \times 1.0\,\text{m}^2 \times 15\,\%$
   $= 0.12\,\text{kW}$

표준온도(25℃)가 아닌 경우의 최대출력을 $P'_{\max}$라 하면,

$P'_{\max} = P_{\max} \times (1 + \gamma \cdot \theta)$

여기서, $\gamma : P_{\max}$ 온도계수
   $\theta :$ STC조건 온도편차

$P'_{\max} = 0.12\,\text{kW} \times (1 - 0.004 \times (65 - 25))$
   $= 0.1008\,\text{kW}$

2. 다음의 보기 중 우리나라에서 신재생에너지로 분류되는 에너지를 모두 고른 것은?

| a. 태양광발전 | b. 소수력 |
| c. 천연가스 | d. 수소에너지 |

㉮ a, b ㉯ a, b, d
㉰ a, c, d ㉱ a, b, c, d

해설 ① 신에너지 : 3종 (수소, 연료전지, 석탄액화·가스화 및 중질잔사유(重質殘渣油) 가스화 에너지)
   ② 재생에너지 : 8종 (태양에너지, 풍력, 수력, 지열, 해양, 바이오에너지, 폐기물, 수열에너지)

3. 결정질 실리콘 태양전지의 일반적인 제조공정이 아닌 것은?

㉮ 웨이퍼 장착 ㉯ 표면 조직화
㉰ 측면 접합 ㉱ 반사방지막 코팅

해설 결정질 태양전지는 측면 접합이 아니라, 전면에는 보통 투과율이 좋은 강화유리(Glass)를 사용하고, 뒷면에는 테들러(Tedlar)를 설치하며, 태양전지와 유리, 테들러를 EVA를 사용하여 앞뒷면 접합을 시키는데, 이를 Lamination 공정이라 한다.

4. 다음은 인버터의 어떤 회로방식에 대한 설명인가?

> 태양전지의 직류출력을 DC-DC 컨버터로 승압하고 인버터로 상용주파의 교류로 변환한다.

㉮ 트랜스리스 방식
㉯ DC-DC 컨버터 방식
㉰ 고주파 변압기 절연방식
㉱ 상용주파 변압기 절연방식

해설 ① 트랜스리스방식은 아래 그림과 같이 태양전지의 직류출력을 DC-DC 컨버터로 승압하고 DC/AC 인버터로 상용주파수의 교류로 변환한다.
   ② 저주파 변압기를 사용하지 않기 때문에 고효율화, 소형경량화, 저가화에 가장 유리하다.
   ③ 주택용(3 kW 이하)에 많이 적용되는 절연방식이다.
   ④ 변압기를 사용하지 않기 때문에 안정성에 불리하다 (복잡한 안정성 제어가 필요).

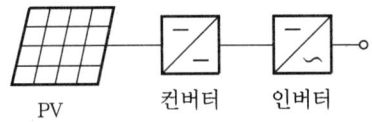

PV   컨버터   인버터

5. 태양전지 모듈의 $I-V$ 특성곡선에서 일사량에 따라 가장 많이 변화하는 것은?

㉮ 전압 ㉯ 전류
㉰ 온도 ㉱ 저항

해설 태양전지 모듈의 일사량 특성 : 일사량 감소 → 전류 급감소 → 전력 급감소

해답 1. ㉮ 2. ㉯ 3. ㉰ 4. ㉮ 5. ㉯

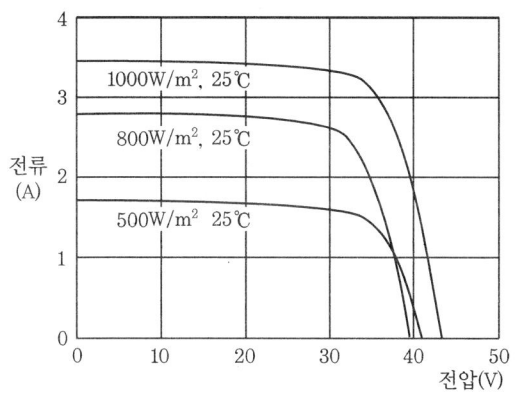

6. 여러 태양전지에 대한 설명으로 틀린 것은?

㉮ CIGS 태양전지는 빛의 흡수율이 높아 박막형 태양전지로 제조된다.

㉯ 유기반도체 태양전지는 제작이 용이하고 생산 비용이 낮다.

㉰ 비정질 실리콘 태양전지는 초기 광열화 문제로 인해 성능 저하가 발생한다.

㉱ 염료감응형 태양전지는 효율은 낮지만 장기 신뢰성이 우수하다.

해설 염료감응형 태양전지 : 연간 평균효율이 좋은 편이며, 다소 열화되기 쉬워서 장기 신뢰성이 약한 부분이 단점이다.

7. 태양전지 모듈에 다른 태양전지 회로나 축전지의 전류가 유입되는 것을 방지하기 위하여 설치하는 것은?

㉮ ZNR   ㉯ SPD

㉰ 바이패스 소자   ㉱ 역류방지 소자

해설 역류방지 소자 (Blocking diode) : 태양전지 모듈에 다른 태양전지 회로나 축전지의 전류가 유입되는 것을 방지하기 위해 접속함 내에 설치하는 소자를 말한다.

8. 태양전지 모듈검사는 출하검사와 신뢰성검사로 구분된다. 다음 중 출하검사에 들어가지 않는 것은?

㉮ 특성검사   ㉯ 내습성검사

㉰ 절연저항시험   ㉱ 구조 및 조립시험

해설 내습성검사는 출하검사가 아니라, 신뢰성 검사이다.

9. 태양광발전시스템의 분류 중 전력회사의 배전선에서 멀리 떨어진 산악지대 및 외딴 섬 등에서 사용하는 방식은?

㉮ 계통연계형 시스템

㉯ 독립형 시스템

㉰ 추적형 시스템

㉱ 연동형 시스템

해설 오지, 산악지역, 외딴 섬 등에는 축전지 설비가 추가된 독립형 시스템으로 설치해야 한다.

10. 태양전지의 충진율 (Fill Factor, FF)에 대한 설명으로 틀린 것은?

㉮ 충진율이 낮을수록 태양전지의 성능품질이 좋음을 나타낸다.

㉯ 충진율은 개방전압 (V_{oc})과 단락전류 (I_{sc})의 곱에 대한 최대출력의 비로 정의된다.

㉰ 충진율은 태양전지의 특성을 표시하는 파라미터로서 내부 직렬저항 및 병렬저항으로부터의 영향을 받는다.

㉱ 충진율은 최적 동작전류 (I_m)와 최적 동작전압 (V_m)이 단락전류 (I_{sc})와 개방전압 (V_{oc})에 가까운 정도를 나타낸다.

해설 충진율이 높을수록 태양전지의 성능품질이 좋음을 나타낸다.

11. 다음 중 신재생에너지에 대한 설명으로 틀린 것은?

㉮ 바이오에너지는 생물자원을 변환시켜 이용하는 것이다.

㉯ 파력발전은 표층과 심층의 해수 온도차를 이용한 것이다.

㉰ 조력발전은 밀물과 썰물로 발생하는 조

류를 이용한 것이다.

④ 폐기물에너지는 가연성폐기물에서 발생되는 발열량을 이용한 것이다.

[해설] ① 파력발전(OWE : Ocean Wave Energy) : 연안 또는 심해의 파랑에너지를 이용하여 전기를 생산(입사하는 파랑에너지를 기계적 에너지로 변환)하는 기술이며, 타 방식 대비 에너지밀도가 작은 편이다.

② 온도차발전(OTEC, Ocean Thermal Energy Conversion) : 해양 표면층의 온수(예 : 25~30℃)와 심해 500~1000 m 정도의 냉수(예 : 5~7℃)와의 온도차를 이용하여 열에너지를 기계적 에너지로 변환시켜 발전하는 기술

12. 태양전지의 직류 출력을 상용주파수의 교류로 변환한 후 변압기에서 절연하는 방식은?

㉮ PAM 방식

㉯ 트랜스리스 방식

㉰ 고주파 변압기 절연방식

㉱ 상용주파 변압기 절연방식

[해설] 상용주파 변압기 절연방식은 아래 그림과 같이 태양전지 직류 출력을 상용주파의 교류로 변환한 후 변압기로 절연한다. 따라서, 제어부가 가장 간단하여 안정성이 우수하고, 내뢰성 및 노이즈 커트 특성이 우수한 방식이다. 단, 효율이 떨어지고 부피와 무게가 커지는 문제가 있다.

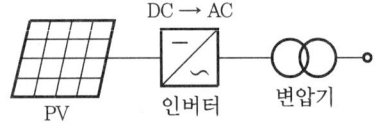

13. 독립형 태양광발전시스템용 축전지를 설계하고자 한다. 축전지 용량 C[Ah]는?

- 1일 적산부하전력량(L_d) : 2 kWh
- 공칭축전지 전압(V_b) : 2 V
- 축전지 개수(N) : 48개
- 방전심도(DOD) : 0.65
- 보수율(L) : 0.8
- 일조가 없는 날의 일수(D) : 10일

㉮ 300.64 ㉯ 400.64
㉰ 500.64 ㉱ 600.64

[해설] ① 독립형 전원시스템용 축전지이므로

$$C = \frac{L_d \times D_r \times 1000}{L \times V_b \times N \times DOD} \text{ [Ah]}$$

여기서, L_d : 1일 적산부하전력량 (kWh)

D_r : 불일조 일수

L : 보수율

V_b : 공칭축전지 전압 (V)

N : 축전기 개수

DOD : 방전심도 (일조가 없는 날의 마지막 날을 기준으로 결정)

② 상기 식으로부터

$$C = \frac{2 \times 10 \times 1000}{0.8 \times 2 \times 48 \times 0.65} = 400.64 \text{ Ah}$$

14. 스마트 그리드(smart grid)에 대한 설명으로 틀린 것은?

㉮ 분산전원 전원공급방식이다.

㉯ 네트워크 구조이다.

㉰ 단방향 통신방식이다.

㉱ 디지털 기술기반이다.

[해설] 스마트 그리드는 단방향 통신방식이 아니라, 양방향 통신방식이다.

15. 낙뢰에 의한 충격성 과전압에 대하여 전기설비의 단자전압을 규정치 이내로 저감시켜 정전을 일으키지 않고 원상태로 회귀하는 장치는?

㉮ 내뢰 트랜스 ㉯ 어레스터
㉰ 서지업서버 ㉱ 역류방지 다이오드

[해설] 어레스터

① 낙뢰에 의한 충격성 과전압을 전기설비 규정 이내로 감소시켜 정전을 일으키지 않고 원상태로 회귀시킨다.

② 접속함 내와 분전반 내에 설치하는 피뢰소자이다(방전내량이 큰 것으로 선정).

16. 태양전지의 변환효율에 대한 설명으로 틀린 것은?

㉮ 태양전지의 성능을 나타내는 파라미터이다.

㉯ 태양광 스펙트럼이나 세기, 전지의 온도에 영향을 받는다.

㉰ 태양으로부터 입사된 에너지에 대한 출력 전기에너지의 비로 정의된다.

㉱ 지상에서 사용되는 태양전지의 효율은 모듈 온도 25℃, AM 1.0 조건에서 측정된다.

해설 지상에서 사용되는 태양전지의 효율은 모듈 온도 25℃, AM 1.5의 조건에서 측정된다.

---

17. 10 A의 전류를 흘렸을 때의 전력이 50 W인 저항에 20 A의 전류를 흘렸다면 소비전력은 몇 W인가?

㉮ 50   ㉯ 100
㉰ 150   ㉱ 200

해설 $W = I^2 R$에서,

$$R = \frac{W}{I^2} = \frac{50}{10^2} = 0.5$$

따라서, $W = I^2 R = 20^2 \times 0.5 = 200\ \text{W}$

---

18. 밴드갭 에너지는 반도체의 특성을 구분하는 매우 중요한 요소다. Si, GaAs, Ge를 밴드갭 에너지의 크기 순으로 바르게 나열한 것은?

㉮ Si > GaAs > Ge   ㉯ GaAs > Ge > Si
㉰ GaAs > Si > Ge   ㉱ Ge > GaAs > Si

해설 ① 밴드갭 에너지

  ㈎ 도체(금속)의 밴드갭 에너지 ≒ 0 eV

  ㈏ 주요 반도체 물질의 밴드갭 에너지

    Si : 1.12, Ge : 0.67, GaAs : 1.42,
    GaP : 2.25, GaN : 3.4, InGaAs : 0.77,
    InP : 1.35, InSb : 0.18, ZnSe : 2.7 eV 등

  ㈐ 절연체의 밴드갭 에너지 : 다이아몬드는 6.0 eV 등

② 그러므로, 주어진 문제의 조건에서는 아래와 같은 순서이다.

  GaAs > Si > Ge

---

19. BIPV (Building Integrated Photovoltaic) 투명 창으로 적용 가능한 비정질 실리콘 기반 투명 태양전지의 특징이 아닌 것은?

㉮ 투명기판, 투명 전면전극, 비정질 실리콘 흡수층, 후면전극으로 구성된다.

㉯ 개방형 태양전지는 투명전극 재료로 ITO, ZnO, SnO_2 등이 사용된다.

㉰ 투과형 태양전지는 후면에 투명유리를 적용하여 빛을 투과시킨다.

㉱ a-Si:H 흡수층은 1.7~1.8 eV의 높은 밴드갭을 가지므로 얇은 두께에서도 빛 흡수가 가능하다.

해설 비정질 실리콘 기반의 투과형 태양전지는 플라스틱, 유리 등 후면 기판의 제약은 없지만, 후면 전극 및 흡수층의 일부를 개방하여 빛 (가시광선)의 일부를 투과시킨다.

---

20. 태양전지의 출력은 일사강도와 표면온도에 따라 변동한다. 이런 변동에 대하여 태양전지의 동작점이 항상 최대출력점을 추종하도록 변화시켜 태양전지에서 최대출력을 얻을 수 있는 제어를 무엇이라 하는가?

㉮ 단독운전제어

㉯ 자동전압제어

㉰ 자동운전정지제어

㉱ 최대전력추종제어

해설 최대전력추종제어(MPPT : Maximum Power Point Tracking) : 태양광 발전설비는 일사조건, 기후 등 외부 환경 조건에 따라 수시로 출력이 변할 수 있는데, 항상 최적의 출력 조건을 확보할 수 있도록 자동으로 제어를 행하는 인버터의 제어방식을 말한다.

| 제2과목 : 태양광발전 시스템 설계 |

---

21. 태양전지 어레이의 설치각도와 전후면 이격거리를 결정하는 요소가 아닌 것은?

---

⑦ 장애물의 높이　　④ 어레이의 크기

⑤ 설치지역의 위도　⑥ 인버터의 효율

해설 어레이의 이격거리는 다음과 같이 계산한다.

이격거리 $D = \dfrac{\sin(180° - \alpha - \beta)}{\sin\beta} \times L$

여기서, α : 모듈 설치 경사각

β : 태양의 고도 (설치지역의 위도에 따라 달라짐)

L : 장애물 또는 모듈, 어레이의 크기 (길이)

22. 태양광발전시스템의 설계절차에 포함되지 않는 것은?

⑦ 기획　　　　　④ 기본설계

⑤ 실시설계　　　⑥ 운전요령

해설 운전요령은 태양광발전 시스템의 설계절차가 아니라, 준공 후의 운영단계에 해당된다.

23. 태양전지 어레이의 방위각과 경사각에 대한 설명으로 틀린 것은?

⑦ 태양복사의 최대 획득량은 방위각과 경사각에 의해 결정된다.

④ 수평면으로부터의 경사각은 그 지역의 위도에 의해 결정된다.

⑤ 태양복사의 최대 획득량을 위한 가장 바람직한 방위는 정남향이다.

⑥ 여름철의 경우 수평면보다 수직 파사드에 설치된 시스템에서 더 많은 획득량을 기대할 수 있다.

해설 여름철의 경우 태양의 고도가 높기 때문에 수직 파사드보다 수평면에 설치된 시스템에서 더 많은 일사 획득량을 기대할 수 있다.

24. 태양광발전시스템 설계수순에 있어서 기본설계 검토 영역에 포함되지 않는 것은?

⑦ 태양광발전시스템 제어방식의 선정

④ 태양전지 모듈의 제작 및 인버터 제작 주문

⑤ 현지 측량 지질조사 및 설치지점의 위치

음영 조사

⑥ 태양광발전용 인버터의 사양 및 전기설비의 설치용량 선정

해설 태양전지 모듈의 제작 및 인버터 제작 주문은 아래의 '구성요소 제작' 단계의 업무이다.

"기획 및 현장여건 분석→시스템 기본설계→구성요소 제작→토목공사(기초/지반/구조물/접지 공사)→자재 반입검사→모듈 및 기기 설치공사→전기배선공사→점검 및 검사→시운전→운전개시"

25. 전기실(변전실) 설치장소 선정을 위한 고려사항으로 틀린 것은?

⑦ 기기의 반출이 편리할 것

④ 고온이나 다습한 곳은 피할 것

⑤ 어레이 구성의 중심에 가깝고 배전에 편리한 장소일 것

⑥ 전력회사의 전원 인출 장소에서 가급적 멀리 떨어져 있을 것

해설 전기실(변전실)은 전력회사의 전원 인출 장소에서 가급적 가까이 위치하는 것이 좋다.

26. 강우 시 태양전지 모듈 표면에 흙탕물이 튀는 것을 방지하기 위해 지면으로부터 몇 m 이상 높이에 설치할 수 있도록 설계하여야 하는가?

⑦ 0.3　　　　　④ 0.4

⑤ 0.6　　　　　⑥ 0.8

해설 태양전지 모듈 및 어레이는 강우 시 모듈 표면으로 흙탕물이 튀는 것을 방지하기 위해 지면으로부터 0.6 m 이상의 높이에 설치한다.

27. 태양광 어레이 설계 시 태양 고도각을 결정하는 기준이 되는 때는?

⑦ 하지　　　　　④ 입춘

⑤ 동지　　　　　⑥ 춘추분

해설 태양광 어레이 설계 시 태양의 고도가 낮아 음영의 길이가 가장 긴 동지를 태양 고도각을 결정하는 기준으로 삼는다.

해답　22. ⑥　23. ⑥　24. ④　25. ⑥　26. ⑤　27. ⑤

28. 다음 중 태양광발전 경제성 분석방법이 아닌 것은?

㉮ 순현가 분석　　　㉯ 원가 분석

㉰ 내부수익률 분석　㉱ 비용편익비 분석

해설 태양광발전의 경제성 분석방법으로는 대표적으로 순현가, 비용편익비, 내부수익률 분석에 의한 방법 등이 있다.

29. 태양광발전 방식 중 동일 태양전지 모듈설치용량 기준으로 가장 많은 발전량을 생산하는 순서대로 나타낸 것은?

| ㉠ 양방향 추적식　　　㉡ 경사가변식 |
| ㉢ 단방향 추적식　　　㉣ 고정식 |

㉮ ㉠→㉡→㉢→㉣

㉯ ㉠→㉢→㉡→㉣

㉰ ㉣→㉢→㉡→㉠

㉱ ㉣→㉡→㉢→㉠

해설 양방향 추적식(양방향으로 자동 추적)>단방향 추적식(단방향으로 자동 추적)>경사가변식(연중 약 2회 정도 경사각을 수동으로 변동)>고정식(남향으로 고정)

30. 태양광발전설비 시공 시 설계도서, 법령해석, 감리자의 지시 등이 서로 일치하지 않는 경우에 있어 계약으로 그 순위를 정하지 아니한 때 가장 우선시하는 것은?

㉮ 표준시방서

㉯ 공사시방서

㉰ 감리자의 지시사항

㉱ 관계법령의 유권해석

해설 설계도서 등이 서로 일치하지 않는 경우 우선순위는 다음과 같다.
- 1순위 : 공사시방서
- 2순위 : 설계도면
- 3순위 : 전문시방서
- 4순위 : 표준시방서
- 5순위 : 산출내역서
- 6순위 : 승인된 상세시공도면

- 7순위 : 관계법령의 유권해석
- 8순위 : 감리자의 지시사항

31. 모듈에 음영이 발생할 경우 출력저하 및 발열을 억제하기 위해 설치하는 것은?

㉮ 저항　　　　　　　㉯ 노이즈 필터

㉰ 서지 보호장치　　　㉱ 바이패스 소자

해설 모듈 (어레이)에서 음영, 낙엽, 이물질, 핫 스팟 등으로부터의 피해를 최소화하기 위해 바이패스 소자 (바이패스 다이오드)를 설치한다.

32. 현장에 설치된 태양광발전설비에서 외기온도 37℃일 때 다음 모듈의 셀 표면 온도는? (단, 패널 표면의 일사량은 1000 W/m²이다.)

정상작동 셀 온도	45℃
전력 온도계수	−0.43 %/℃
전압 온도계수	−0.31 %/℃
전류 온도계수	+0.05 %/℃

㉮ 66.25℃　　　　　㉯ 67.25℃

㉰ 68.25℃　　　　　㉱ 69.25℃

해설 다음과 같은 셀 온도 보정 산식에서

$$T_{cell} = T_{air} + \frac{NOCT - 20}{800} \times S$$

여기서, S : 기준 일사강도 = 1000 W/m²

$$T_{cell} = T_{air} + \frac{NOCT - 20}{800} \times S$$

$$= 37 + \frac{45 - 20}{800} \times 1000 = 68.25 \text{ ℃}$$

33. 그림과 같이 태양광 어레이의 배선연결을 설계하였다면 문제점으로 가장 옳은 것은?

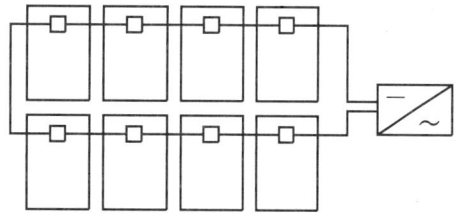

㉮ 낙뢰에 취약하다.

대 누설전류가 커진다.

대 고조파가 발생한다.

래 전선의 길이가 길어져 전압강하가 커진다.

해설 태양광 어레이의 연결이 직렬로 길수록 상대적으로 낙뢰로부터 취약하다.

34. 태양전지의 변환효율로 옳은 것은?

가 $\dfrac{출력\ 전기에너지}{입사\ 태양광에너지} \times 100$

나 $\dfrac{인버터\ 출력\ 전기에너지}{인버터\ 입력\ 전기에너지} \times 100$

다 $\dfrac{출력\ 전기에너지}{출력\ 태양광에너지} \times 100$

래 $\dfrac{입사\ 태양광에너지}{태양\ 발생에너지} \times 100$

해설 백분위 효율 계산의 기본원리는 '효율 = 출력/입력×100 %'이라는 공식이다. 태양전지에서는 입력이 입사하는 태양광에너지이며, 출력이 발전량(출력 전기에너지)이다.

35. 태양광발전시스템 출력 18750 W, 태양전지 모듈 최대출력 250 W, 모듈의 직렬연결 개수가 5개일 때 최대 병렬연결 개수는?

가 10 　　　　　　 나 15

다 20 　　　　　　 래 25

해설 태양광발전시스템 출력
= 모듈 최대출력×직렬수×병렬수이므로,

$$병렬수 = \dfrac{태양광발전시스템\ 출력}{(모듈\ 최대출력 \times 직렬수)}$$

$$= \dfrac{18750}{250 \times 5} = 15$$

36. 태양광발전소의 경우 발전시설용량이 몇 kW 이상일 때 환경영향평가 대상인가?

가 5000 　　　　　 나 10000

다 50000 　　　　 래 100000

37. 태양광발전설비 중 접속함에 사용되는 장치로 다음 그림은 무엇을 나타낸 것인가?

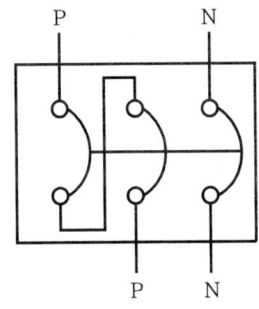

가 MCCB 　　　　 나 GIS

다 ACB 　　　　　 래 VCB

해설 아래 '접속함' 도면 참조

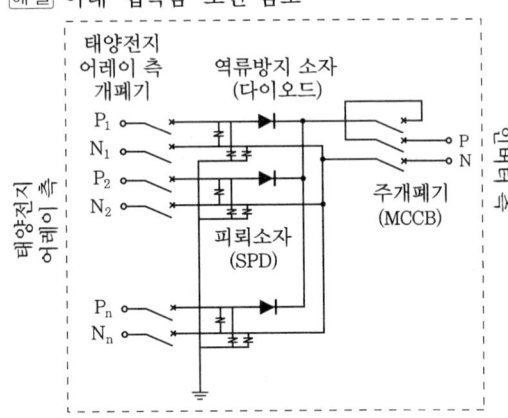

38. 태양광 발전소에 설치되는 가대 설계의 절차 과정이다. ( )에 알맞은 내용으로 옳은 것은?

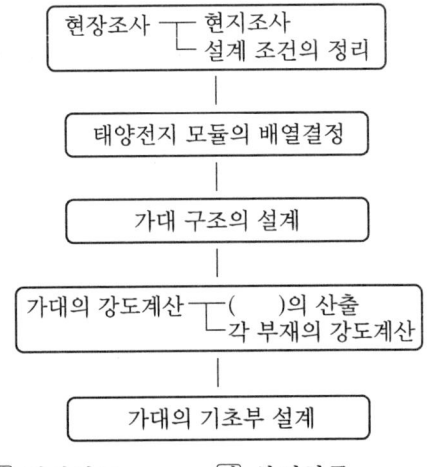

가 경사각도 　　　 나 상정하중

⒟ 모듈의 수량   ⒠ 앵커볼트 수량

[해설] 보기 중 가대의 강도 계산과 직접 관련된 항목은 '상정하중'이다.

39. 태양광 모듈을 설치하는 데 면적을 가장 적게 차지하는 전지의 재료는?

⒢ 다결정 전지   ⒩ 고효율 전지
⒟ 단결정 전지   ⒭ 비정질 실리콘 전지

[해설] 태양광 모듈의 설치면적은 모듈의 효율이 높을수록 적어진다.

40. 태양광발전시스템에 그림자가 발생하게 되면 일사량이 감소하기 때문에 발전량이 감소한다. 일사량의 2가지 성분으로 옳은 것은?

⒢ 직달광 성분과 산란광 성분
⒩ 경사면 일사성분과 산란광 성분
⒟ 직달광 성분과 수평면 일사성분
⒭ 수평면 일사성분과 경사면 일사성분

[해설] 지표에 도달하는 일사량을 성분으로 분류하면, 직달광 성분과 산란광 성분으로 나누어진다.

제3과목 : 태양광발전 시스템 시공

---

41. 설계 감리원의 기본 임무가 아닌 것은?

⒢ 설계변경 및 계약금 조정의 심사
⒩ 과업 지시서에 따라 업무를 성실히 수행
⒟ 설계용역 및 설계 감리용역 계약 내용을 충실히 이행
⒭ 해당 설계용역이 관련 법령 및 전기설비기술 기준 등에 적합성 여부 확인

[해설] ⒢는 시공 시 비상주감리원의 업무범위에 들어간다.

42. 저압 뱅킹(banking) 방식에 대한 설명으로 옳은 것은?

⒢ 부하 증가에 대한 융통성이 없다.

⒩ 캐스케이딩(cascading) 현상의 염려가 있다.
⒟ 깜박임(light flicker) 현상이 심하게 나타난다.
⒭ 저압 간선의 저압강하는 줄어지나 전력손실을 줄일 수 없다.

[해설] 저압 뱅킹 방식 : 고압선로에 접속된 2대 이상의 변압기 저압측을 병렬접속하여 부하의 융통성을 도모하는 방식으로, 계통보호가 복잡하고 Cascading 현상(변압기 또는 선로의 사고에 의해서 Banking 내 건전한 변압기의 일부 또는 전부가 연쇄적으로 회로로부터 차단되는 현상)의 염려가 있다.

43. 설계 감리원의 수행 업무범위에 포함되지 않는 것은?

⒢ 설계감리 용역을 발주
⒩ 시공성 및 유지관리의 용이성 검토
⒟ 주요 설계용역 업무에 대한 기술자문
⒭ 설계업무의 공정 및 기성관리의 검토 확인

[해설] 발주자 : 전력시설물 공사를 하기 위하여 전기공사업자 또는 감리업자에게 공사 혹은 설계감리 용역을 발주하는 자

44. 케이블 등이 방화구획을 관통할 경우 관통부분에 되메우기 충전재 등을 사용하여 관통부 처리를 하여야 한다. 방화구획 관통부 처리 목적이 아닌 것은?

⒢ 화열의 제한
⒩ 연기 확산 방지
⒟ 인명 안전대피
⒭ 전선의 절연강도 향상

[해설] '전선의 절연강도'는 방화구획 관통부 처리와 무관하다.

45. 전력계통에 사용되는 차단기의 차단용량을 결정할 때 이용되는 것으로 가장 옳은 것은 어느 것인가?

[해답] 39. ⒩ 40. ⒢ 41. ⒢ 42. ⒩ 43. ⒢ 44. ⒭ 45. ⒩

[가] 계통의 최고전압
[나] 예상 최대 단락전류
[다] 회로에 접속되는 전부하 전류
[라] 회로를 구성하는 전선의 최대 허용전류

[해설] 회로에서 전류가 가장 커질 수 있는 상태를 나타내는 최대 단락전류가 차단기의 차단용량을 결정하는 기준이 된다.

46. 감리원은 착공신고서의 적정 여부를 검토하여야 한다. 검토항목 및 확인 내용으로 틀린 것은?

[가] 안전관리계획 : 전기공사업법에 따른 해당 규정 반영 여부 확인
[나] 공사 시작 전 사진 : 전경이 잘 나타나도록 촬영되었는지 확인
[다] 작업인원 및 장비투입 계획 : 공사의 규모 및 성격, 특성에 맞는 장비형식이나 수량의 적정 여부 확인
[라] 품질관리계획 : 공사 예정공정표에 따라 공사용 자재의 투입시기와 시험방법, 빈도 등이 적정하게 반영되었는지 확인

[해설] 안전관리계획 : 건설기술진흥법에 따라 검토 및 확인해야 한다.

47. 감리원이 공사감리 중 부분공사 중지를 지시할 수 있는 사유가 아닌 것은?

[가] 동일 공정에 있어 2회 이상 경고가 있었음에도 이행되지 않을 때
[나] 동일 공정에 있어 2회 이상 시정지시가 있음에도 이행되지 않을 때
[다] 안전시공상 중대한 위험이 예상되어 중대한 물적, 인적 피해가 예견될 때
[라] 재시공 지시가 이행되지 않는 상태에서 다음 단계의 공정이 진행됨으로써 하자 발생이 될 수 있다고 판단될 때

[해설] 부분공사 중지 사유

① 재시공 지시가 이행되지 않는 상태에서는 다음 단계의 공정이 진행됨으로써 하자가 발생이 될 수 있다고 판단될 때
② 안전시공상 중대한 위험이 예상되어 물적, 인적 중대한 피해가 예견될 때
③ 동일 공정에 있어 3회 이상 시정지시가 이행되지 않을 때
④ 동일 공정에 있어 2회 이상 경고가 있었음에도 이행되지 않을 때

48. 태양전지 어레이에서 인버터 입력단간 및 인버터 출력단간과 계통연계점간의 전압강하는 몇 %를 초과하지 않아야 하는가? (단, 전선의 길이는 100 m이다.)

[가] 3 % [나] 5 % [다] 6 % [라] 7 %

[해설] 태양전지판에서 인버터 입력단간 및 인버터 출력단과 계통연계점간의 전압강하는 각 3 %를 초과하여서는 아니된다. 단, 전선 길이가 60 m를 초과할 경우에는 다음 표에 따라 시공할 수 있다.

전선길이	전압강하(%)
120 m 이하	5
200 m 이하	6
200 m 초과	7

49. KS C IEC 60364에 의한 전원의 한 점을 직접 접지하고 설비의 노출 도전성 부분을 전원계통의 접지극과는 전기적으로 독립한 접지극에 접지하는 접지계통은?

[가] IT 계통 (IT System)
[나] TT 계통 (TT System)
[다] TN-S 계통 (TN-S System)
[라] TN-C 계통 (TN-C System)

[해설] IEC 분류에 따른 접지계통 분류

① TN (Terra-Neutral)
- TN 전력계통은 한 점을 직접 접지하고 설비의 노출 도전성 부분을 보호도체를 이용하여 그 점으로 접속시킨다.
- TN 계통은 중성선 및 보호도체의 조치에 따라 분류한다.

(가) TN-S : 계통 전체에 대해 보호도체를 분리시킨다.

[해답] 46. [가] 47. [나] 48. [나] 49. [나]

㈏ TN-C : 계통 전체에 대해 중성선과 보호
도체의 기능을 동일 도체로 겸용한다.

㈐ TN-C-S : 계통의 일부분에서 중성선과 보호도체의 기능을 동일 도체로 겸용한다.

② TT (Terra-Terra) : TT 전력계통은 한 점을 직접 접지하고 설비의 노출 도전성 부분을 전력계통의 접지극과 전기적으로 독립한 접지극으로 접속시킨다.

③ IT (Insert-Terra) : IT 전력계통은 충전부 전체를 대지로부터 절연시키거나 임피던스를 삽입하여 한 점을 대지에 접속시키고 전기설비의 노출 도전성 부분을 단독 혹은 일괄로 접지시키거나 또는 계통의 접지로 접속시킨다.

50. 태양전지 모듈간 직·병렬 배선에 대한 설명으로 틀린 것은?

㈎ 태양전지 셀의 각 직렬군은 동일한 단락전류를 가진 모듈로 구성해야 한다.

㈏ 태양전지 모듈간의 배선은 단락전류에 충분히 견딜 수 있도록 $2.5\,mm^2$ 이상의 전선을 사용하여야 한다.

㈐ 케이블이나 전선은 모듈 이면에 설치된 전선관에 설치되어야 하며, 이들의 최소 굴곡반경은 각 지름의 4배 이상이 되도록 하여야 한다.

㈑ 1대의 인버터에 연결된 태양전지 셀 직렬군이 2병렬 이상인 경우에는 각 직렬군의 출력전압이 동일하게 형성되도록 배열해야 한다.

해설 케이블이나 전선, 전선관 등의 굴곡 시 최소 굴곡반경은 지름의 6배 이상이 되도록 한다.

51. 태양광발전설비의 시공기준 중 인버터에 관한 내용으로 옳은 것은?

㈎ 인버터 입력단 (모듈 출력)의 표시사항은 전압, 전류, 주파수가 표시되어야 한다.

㈏ 각 직렬군의 태양전지 개방전압은 인버터 입력전압의 105 % 범위 안에 있어야 한다.

㈐ 인버터에 연결된 태양전지 모듈의 설치용량은 인버터 설치용량의 110 % 이내이어야 한다.

㈑ 실내용을 실외에 설치하는 경우는 5 kW 이상일 경우에만 가능하며, 빗물침투를 방지할 수 있도록 외함 등을 설치하여야 한다.

해설 ㈎ 인버터 입력단 (모듈 출력)의 표시사항은 전압, 전류 등이 표시되어야 하지만, 직류측이므로 주파수와는 무관하다.

㈐ 각 직렬군의 태양전지 개방전압은 인버터 입력전압의 범위 안에 있어야 한다.

㈑ 인버터에 연결된 태양전지 모듈의 설치용량은 인버터의 설치용량의 105 % 이내어야 한다.

52. 개개의 기둥을 독립적으로 지지하는 형식으로 기초판과 기둥으로 형성되어 있으며, 기둥과 보로 구성되어 있는 건축물에 적용되는 태양광 발전 기초 공법은?

㈎ 파일기초

㈏ 연속기초 (줄기초)

㈐ 독립기초

㈑ 온통기초 (매트기초)

해설 개개의 기둥을 독립적으로 지지하는 기초의 형식은 '독립기초'이다.

53. 태양전지 모듈 배선을 금속관공사로 시공할 경우의 설명으로 틀린 것은?

㈎ 옥외용 비닐절연전선을 사용하여야 한다.

㈏ 짧고 가는 금속관에 넣는 전선인 경우 단선을 사용할 수 있다.

㈐ 금속관 내에서 전선은 접속점을 만들어서는 안 된다.

㈑ 전선은 단면적 $10\,mm^2$을 초과하는 경우 연선을 사용하여야 한다.

해답 50. ㈐   51. ㈑   52. ㈐   53. ㈎

해설 태양전지 모듈 배선은 모듈 전용선, XLPE 케이블 등을 사용하고, 특히 옥외용으로는 자외선에 견딜 수 있는 UV케이블이 적당하다.

54. 송전선로에 대한 설명으로 틀린 것은?

㉮ 송전방식은 교류 송전방식만이 사용된다.

㉯ 송전 계통의 개요는 송전선로, 급전설비, 운영설비이다.

㉰ 송전선로는 발전소, 1차 변전소, 배전용 변전소로 구성된다.

㉱ 송전설비는 발전소 상호간, 변전소 상호간, 발전소와 변전소 간을 연결하는 전선로와 전기설비를 말한다.

해설 송전방식에는 교류 송전방식과 직류 송전방식이 있다.

55. 태양광발전시스템의 사용 전 검사 시 태양전지의 전기적 특성 확인에 대한 설명으로 틀린 것은?

㉮ 태양광발전시스템에 설치된 태양전지 셀의 셀당 최소 출력을 기록한다.

㉯ 검사자는 모듈 간 배선 접속이 잘 되었는지 확인하기 위하여 개방전압 및 단락전류 등을 확인한다.

㉰ 검사자는 운전개시 전에 태양전지 회로의 절연 상태를 확인하고 통전 여부를 판단하기 위하여 절연저항을 측정한다.

㉱ 개방전압과 단락전류와의 곱에 대한 최대 출력의 비(충진율)를 태양전지 규격서로부터 확인하여 기록한다.

해설 태양전지 셀의 셀당 최대 출력을 기록한다.

56. 전력선에 의한 통신선의 정전유도장해 경감대책이 아닌 것은?

㉮ 전력선측 및 통신선측에 적절한 차폐선을 가설

㉯ 통신선을 케이블화하여 시스를 접지

㉰ 전력선 계통을 완전 연가

㉱ 고저항 접지방식 적용

해설 전력선에 의한 통신선의 정전유도장해 경감을 위한 중성점 접지방식은 소호리액터 접지방식이다.

57. 감리원은 공사업자가 작성·제출한 시공계획서를 제출받아 이를 검토·확인하여 승인하고 시공하도록 하며, 시공계획서의 보완이 필요한 경우에는 그 내용과 사유를 문서로써 공사업자에게 통보하여야 한다. 시공계획서에 포함되어야 하는 내용이 아닌 것은?

㉮ 시공일정

㉯ 현장조직표

㉰ 감리원 배치

㉱ 주요 장비 동원계획

해설 시공계획서에 포함되어야 할 내용 : 현장조직표, 세부 공정표, 주요 공정의 시공절차 및 방법, 시공일정, 주요 장비 동원계획, 주요 기자재 및 인력투입 계획, 주요 설비, 품질, 안전, 환경관리 대책 등

58. 다음 중 케이블 트레이 시공방식의 장점이 아닌 것은?

㉮ 방열특성이 좋다.

㉯ 허용전류가 크다.

㉰ 재해를 거의 받지 않는다.

㉱ 장래부하 증설 시 대응력이 크다.

해설 케이블 트레이를 사용하면 우수한 방열특성, 큰 허용전류, 부하 증설 시 우수한 대응력, 시공 용이 등의 장점이 있으나, 케이블 노출에 따른 자연재해나 인축의 영향을 받기 쉽다는 단점도 있다.

59. 태양전지 모듈의 배선이 모두 끝난 후 실시하는 어레이 검사항목이 아닌 것은?

㉮ 전압극성 확인　　㉯ 단락전류 측정

㉰ 비접지의 확인　　㉱ 개방전류 확인

해설 태양전지 어레이 검사 항목 : 전압·극성 확인, 단락전류 측정, 비접지의 확인 등

60. 지붕에 설치하는 태양광발전시스템 중 톱 라이트형의 특징이 아닌 것은?

㉮ 고층 건물의 벽면을 유효하게 이용한다.

㉯ 셀의 배치에 따라서 개구율을 바꿀 수 있다.

㉰ 톱 라이트의 채광 및 셀에 의한 차폐효과도 있다.

㉱ 톱 라이트의 유리 부분에 맞게 태양전지 유리를 설치한 타입이다.

[해설] 톱 라이트형 태양광 발전방식은 고층 건물의 채광용 유리 천장을 유효하게 이용하는 방식이다.

제4과목 : 태양광발전 시스템 운영

61. 일상 정기점검에 의한 처리 중 절연물의 보수에 대한 내용으로 틀린 것은?

㉮ 절연물에 균열, 파손, 변형이 있는 경우에는 부품을 교체한다.

㉯ 합성수지 적층판이 오래되어 헐거움이 발생되는 경우에는 부품을 교체한다.

㉰ 절연물의 절연저항이 떨어진 경우에는 종래의 데이터를 기초로 하여 계열적으로 비교 검토한다.

㉱ 절연저항 값은 온도, 습도 및 표면의 오손상태에 따라서 크게 영향을 받지 않으므로 양부의 판정이 쉽다.

[해설] 절연저항 값은 온도, 습도 및 표면의 오손상태에 따라서 크게 영향을 받는 편이다.

62. 전기사업용 전기설비 검사를 받고자 하는 자는 검사희망일 7일 전에 어디에 정기검사를 신청하여야 하는가?

㉮ 한국전력공사

㉯ 한국전력거래소

㉰ 한국전기안전공사

㉱ 한국전기기술인협회

[해설] 전기사업용 전기설비의 정기검사 시에는 7일 전에 한국전기안전공사에 신청하여야 한다.

63. 태양광발전시스템 유지보수용 안전장비가 아닌 것은?

㉮ 안전모   ㉯ 절연장갑

㉰ 절연장화   ㉱ 방진마스크

[해설] 방진마스크는 분진의 흡입을 방지하는 보호장구로 태양광발전시스템의 유지보수용 안전장비와는 무관하다.

64. 태양광발전시스템의 인버터 정기점검 중 육안점검 사항이 아닌 것은?

㉮ 투입저지 시한 타이머 동작시험

㉯ 접지선의 손상 및 접속단자 이완

㉰ 외부 배선의 손상 및 접속단자 이완

㉱ 운전 시 이상음, 이취 및 진동 유무

[해설] 투입저지 시한 타이머 동작시험은 육안점검 사항이 아니고, 측정 및 시험의 점검 항목이다.

65. 태양광발전시스템의 계측에 사용되는 기기 중 검출된 데이터를 컴퓨터 및 먼 거리에 설치된 표시장치에 전송하는 경우에 사용되는 장치는?

㉮ 검출기   ㉯ 연산장치

㉰ 기억장치   ㉱ 신호변환기

[해설] 계측기구 및 표시장치 제어흐름도

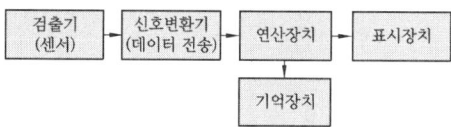

66. 결정계 실리콘 지상용 태양전지 모듈 설계인증 및 형식 승인 규격은?

㉮ KS C 8540   ㉯ KS C IEC 61215

㉰ KS C IEC 61646   ㉱ KS C IEC 61730

[해설] ㉮ KS C 8540 : 소출력 태양광 발전용 타워 조절기의 시험방법

[해답] 60. ㉮   61. ㉱   62. ㉰   63. ㉱   64. ㉮   65. ㉱   66. ㉯

㉰ KS C IEC 61646 : 지상용 박막 태양광 모듈-디자인 필요 조건과 형식 승인

㉭ KS C IEC 61730 : 태양광발전모듈 안전조건

67. 태양광발전시스템의 계측·표시에 관한 설명으로 틀린 것은?

㉠ 계측기의 소비전력을 최대한 높여야 한다.

㉡ 홍보용으로 표시장치를 설치하기도 한다.

㉰ 시스템의 운전상태 감시를 위한 계측 또는 표시이다.

㉭ 시스템 기기 및 시스템 종합평가를 위한 계측이다.

해설 계측기의 소비전력은 최대한 낮추어야 한다.

68. 전기사업용 태양광 발전소의 태양전지·전기설비 계통의 정기검사 시기는?

㉠ 1년 이내   ㉡ 2년 이내

㉰ 3년 이내   ㉭ 4년 이내

해설 전기사업용 태양광 발전설비에 대한 정기검사는 4년마다 실시한다.

69. 배전반 제어회로의 배선에 대한 일상점검 항목이 아닌 것은?

㉠ 전선 지지물의 탈락 여부 확인

㉡ 과열에 의한 이상한 냄새 여부 확인

㉰ 볼트류 등의 조임 이완에 따른 진동음 유무 확인

㉭ 가동부 등의 연결전선의 절연피복 손상 여부 확인

해설 전선 단자대 : 볼트류 등의 조임 이완 여부 확인 필요

70. 태양광 모듈 정비요령으로 가장 거리가 먼 것은?

㉠ 모듈이 지저분할 시에는 부드러운 천을 이용해 닦아준다.

㉡ 모듈의 후면은 물이나 중성세제를 이용해 깨끗이 청소한다.

㉰ 모듈은 외부 충격에 의해 파손될 수 있으니, 주변에 공구 등을 방치해서는 안 된다.

㉭ 프레임은 다른 구조물과 마찰 시 추후 프레임에 녹이 발생할 수 있으므로 관리에 주의해야 한다.

해설 모듈의 청소 시 중성세제를 사용하면 화학반응으로 모듈이 손상될 수 있으므로, 사용을 피하는 것이 좋다.

71. 발전설비용량이 200킬로와트 이하인 구역전기사업의 허가를 신청하는 경우에 제출하는 서류는?

㉠ 신용평가 의견서 및 재원 조달계획서

㉡ 부지의 확보 및 배치 계획 관련 증명서류

㉰ 전기설비 건설 및 운영 계획 관련 증명서류

㉭ 특정한 공급구역의 위치 및 경계를 명시한 5만분의 1 지형도

해설 발전설비용량이 200킬로와트 이하인 발전사업의 허가를 받으려는 자가 제출해야 하는 서류 : 전기사업 허가신청서, 사업계획서, 특정한 공급구역의 위치 및 경계를 명시한 5만분의 1 지형도 (구역전기사업)

72. 다음 중 정전 작업 시 작업 전 조치 사항이 아닌 것은?

㉠ 단락접지의 수시 확인

㉡ 전로의 개로개폐기에 시건장치 설치

㉰ 검전기로 개로된 전로의 충전 여부 확인

㉭ 전력 케이블 및 전력 콘덴서 등의 잔류전하 방전

해설 정전 작업 전 조치사항

① 전로의 개로 개폐기에 시건장치 및 통전금지 표지판 설치

② 전력 케이블, 전력 콘덴서 등의 잔류전하의 방전

③ 검전기로 개로된 전로의 충전 여부 확인

④ 단락접지기구로 단락접지

해답   67. ㉠   68. ㉭   69. ㉰   70. ㉡   71. ㉭   72. ㉠

73. 태양광발전시스템의 신뢰성 평가 및 분석 항목에 대한 설명 중 틀린 것은?

㉮ 운전 데이터의 결측 상황

㉯ 계측 트러블-컴퓨터 전원의 차단 및 조작 오류

㉰ 정기점검, 개수정전, 계통정전 등의 수시정지 상황

㉱ 시스템 트러블-인버터의 정지, 직류지락, 계통지락 등에 의한 시스템의 운전 정지

해설 신뢰성 평가 분석
① 시스템 트러블 : 시스템의 정지, 인버터의 정지, 트립, 지락 등
② 계측 관련 트러블 : 컴퓨터의 OFF 혹은 조작 오류, 기타의 계측 관련 트러블 등
③ 운전 데이터의 결측
④ 계획정지 : 계획정전, 정기점검, 개수정전, 계통정전 등

74. 태양광발전시스템의 점검 중 일상점검에 관한 내용으로 틀린 것은?

㉮ 이상 상태를 발견한 경우에는 배전반 등의 문을 열고 이상 정도를 확인한다.

㉯ 원칙적으로 정전을 시켜놓고 무전압 상태에서 기기의 이상 상태를 점검하고 필요에 따라서는 기기를 분리하여 점검한다.

㉰ 주로 점검자의 감각 (오감)을 통해서 실시하는 것으로 이상한 소리, 냄새, 손상 등을 점검 항목에 따라서 행하여야 한다.

㉱ 이상 상태가 직접 운전을 하지 못할 정도로 전개된 경우를 제외하고는 이상 상태의 내용을 정기점검 시에 참고자료로 활용한다.

해설 ㉯는 정기점검에 관한 내용이다.

75. 인버터에 'Solar Cell UV Fault'로 표시되었을 경우의 현상 설명으로 옳은 것은?

㉮ 태양전지 전압이 규정치 이상일 때

㉯ 태양전지 전압이 규정치 이하일 때

㉰ 태양전지 전류가 규정치 이상일 때

㉱ 태양전지 전류가 규정치 이하일 때

해설 UV : Under Voltage (저전압 상태)를 가리킨다.

76. 분산형 전원 발전설비의 역률은 계통 연계 지점에서 원칙적으로 얼마 이상을 유지하여야 하는가?

㉮ 0.8 ㉯ 0.9 ㉰ 0.85 ㉱ 1

해설 분산형 전원의 역률은 계통 연계점을 기준으로 원칙적으로 0.9 이상이어야 한다.

77. 태양광발전시스템의 고장 원인 중 모듈의 고장 원인으로 틀린 것은?

㉮ 제조 결함 및 시공 불량

㉯ 모듈 내부의 환기 불량으로 인한 열화

㉰ 전기적, 기계적 스트레스에 의한 셀의 파손

㉱ 주위환경(염해, 부식성 가스 등)에 의한 부식

해설 모듈은 외부, 특히 후면의 환기가 중요하며, 환기가 불량하면 모듈의 열화가 일어난다.

78. 태양전지 어레이의 일상점검 항목 중 육안점검 사항이 아닌 것은?

㉮ 표시부의 이상 표시

㉯ 표면의 오염 및 파손

㉰ 지지대의 부식 및 녹

㉱ 외부배선 (접속케이블)의 손상

해설 ㉮는 인버터의 육안점검 항목에 속한다.

79. 중대형 태양광 발전용 독립형 인버터의 경우 정격 효율로 측정하여 정격 용량이 100 kW 초과에서는 몇 % 이상이어야 하는가? (단, 교류 전원을 정격 전압 및 정격 주파수로 운전한다.)

㉮ 90 ㉯ 92 ㉰ 94 ㉱ 96

해답 73. ㉰   74. ㉯   75. ㉯   76. ㉯   77. ㉯   78. ㉮   79. ㉯

해설 ① 계통연계형 인버터의 경우 Euro 변환 효율을 측정하여 정격 용량이 10 kW 초과 30 kW 이하에서는 90 % 이상, 30 kW 초과 100 kW 이하에서는 92 % 이상, 100 kW 초과에서는 94 % 이상일 것
② 독립형 인버터의 경우 정격 효율로 측정하여 정격 용량이 10 kW 초과 30 kW 이하에서는 88 % 이상, 30 kW 초과 100 kW 이하에서는 90 % 이상, 100 kW 초과에서는 92 % 이상일 것

80. 자가용전기설비 중 태양광발전시스템 정기검사 시 태양광 전지의 검사세부 종목이 아닌 것은?

㉮ 어레이 ㉯ 외관 검사
㉰ 규격 확인 ㉱ 절연내력

해설 자가용 태양광발전의 태양전지 세부 검사항목
① 규격 확인
② 외관 검사
③ 전지 전기적 특성시험 : 최대출력, 개방전압, 단락전류, 최대 출력전압 및 전류, 충진율, 전력변환효율
④ 어레이 : 절연저항, 접지저항

제5과목 : 신재생에너지 관련법규

---

81. 특고압 가공전선로를 가공케이블로 시설하는 방법으로 틀린 것은?

㉮ 조가용선에 행거의 간격은 1 m로 시설하였다.
㉯ 조가용선 및 케이블의 피복에 사용하는 금속체에는 제3종 접지공사를 하였다.
㉰ 조가용선은 단면적 22 mm² 의 아연도강연선을 사용하였다.
㉱ 조가용선에 금속테이프를 간격 20 cm 이하의 간격을 유지시켜 나선형으로 감아붙였다.

해설 특고압 가공 전선으로 케이블을 사용하는

경우 조가용선에 행거에 의하여 시설할 것. 이 경우에 행거의 간격은 50 cm 이하로 시설하여야 한다.

82. 저탄소 녹색성장을 위한 기후변화대응 및 에너지의 목표관리에 해당되지 않는 것은?

㉮ 에너지 절약 목표
㉯ 온실가스 배출 목표
㉰ 에너지 이용효율 목표
㉱ 신·재생에너지 보급 목표

해설 정부가 저탄소 녹색성장을 위해 중장기 및 단계별 목표를 설정하고 그 달성을 위하여 필요한 조치를 강구하여야 하는 사항
① 온실가스 감축 목표
② 에너지 절약 목표 및 에너지 이용효율 목표
③ 에너지 자립 목표
④ 신·재생에너지 보급 목표

83. 전기공사업법 시행령에서 경미한 전기공사가 아닌 것은?

㉮ 전력량계 또는 퓨즈를 부착하거나 떼어내는 공사
㉯ 꽂음접속기, 소켓, 로제트, 실링블록, 접속기, 전구류, 나이프스위치, 그 밖에 개폐기의 보수 및 교환에 관한 공사
㉰ 벨, 인터폰, 장식전구, 그 밖에 이와 비슷한 시설에 사용되는 소형변압기(2차측 전압 36볼트 이하의 것으로 한정한다)의 설치 및 그 2차측 공사
㉱ 전압이 220볼트 이하이고, 전기시설 용량이 5킬로와트 이하인 단독주택 전기시설의 개선 및 보수 공사

해설 전기공사업법상 '경미한 전기공사'
① 꽂음접속기, 소켓, 로제트, 실링블록, 접속기, 전구류, 나이프스위치, 그 밖에 개폐기의 보수 및 교환에 관한 공사
② 벨, 인터폰, 장식전구, 그 밖에 이와 비슷한 시설에 사용되는 소형변압기(2차측 전압 36볼트 이하의 것으로 한정한다)의 설치 및

그 2차측 공사

③ 전력량계 또는 퓨즈를 부착하거나 떼어내는 공사

④ 「전기용품안전 관리법」에 따른 전기용품 중 꽂음접속기를 이용하여 사용하거나 전기기계·기구 (배선기구는 제외한다. 이하 같다) 단자에 전선 (코드, 캡타이어케이블 및 케이블을 포함한다. 이하 같다)을 부착하는 공사

⑤ 전압이 600볼트 이하이고, 전기시설 용량이 5킬로와트 이하인 단독주택 전기시설의 개선 및 보수 공사. 다만, 전기공사기술자가 하는 경우로 한정한다.

84. 저압용 기계기구의 철대 및 외함 접지에서 전기를 공급하는 전로에 누전차단기를 시설하면 외함의 접지를 생략할 수 있다. 이 경우의 누전차단기의 정격이 기술 기준에 적합한 것은?

㉮ 정격 감도 전류 15 mA 이하, 동작시간 0.1초 이하의 전류동작형

㉯ 정격 감도 전류 15 mA 이하, 동작시간 0.03초 이하의 전류동작형

㉰ 정격 감도 전류 30 mA 이하, 동작시간 0.1초 이하의 전류동작형

㉱ 정격 감도 전류 30 mA 이하, 동작시간 0.03초 이하의 전류동작형

[해설] 누전차단기 기술 기준 : 정격감도 전류 30 mA 이하, 동작시간 0.03초 이하의 전류 동작형일 것

85. 정부는 실행계획을 시행하는 데에 필요한 사업비를 몇 년마다 세출예산에 계상하여야 하는가?

㉮ 2년　　　㉯ 3년

㉰ 5년　　　㉱ 회계연도

[해설] 신에너지 및 재생에너지 개발·이용·보급 촉진법 제9조 : 정부는 실행계획을 시행하는 데에 필요한 사업비를 회계연도마다 세출예산에 계상 (計上)하여야 한다.

86. 전기사업법에서 시간대별로 전력거래량을 측정할 수 있는 전력량계를 설치·관리하여야 하는 대상이 아닌 사람은?

㉮ 송전사업자

㉯ 배전사업자

㉰ 전력을 직접 구매하는 전기사용자

㉱ 발전사업자 (대통령령으로 정하는 발전사업자는 제외한다.)

[해설] 전기사업법 제19조 (전력량계의 설치·관리)

① 다음 각 호의 자는 시간대별로 전력거래량을 측정할 수 있는 전력량계를 설치·관리하여야 한다.

1. 발전사업자 (대통령령으로 정하는 발전사업자는 제외한다)

2. 자가용전기설비를 설치한 자 (제31조 제2항 단서에 따라 전력을 거래하는 경우만 해당한다)

3. 구역전기사업자 (제31조 제3항에 따라 전력을 거래하는 경우만 해당한다)

4. 배전사업자

5. 제32조 단서에 따라 전력을 직접 구매하는 전기사용자

87. 전기사업법 시행령에서 동일인이 2종류 이상의 전기사업을 할 수 있는 경우가 아닌 것은?

㉮ 도서지역에서 전기사업을 하는 경우

㉯ 변전사업과 전기판매사업을 겸업하는 경우

㉰ 배전사업과 전기판매사업을 겸업하는 경우

㉱ 발전사업의 허가를 받은 것으로 보는 집단에너지사업자가 전기판매사업을 겸업하는 경우

[해설] 전기사업법 제7조의 시행령 : 동일인이 두 종류 이상의 전기사업을 할 수 있는 경우는 다음 각 호와 같다.

1. 배전사업과 전기판매사업을 겸업하는 경우

2. 도서지역에서 전기사업을 하는 경우

3. 「집단에너지사업법」 제48조에 따라 발전사

업의 허가를 받은 것으로 보는 집단에너지사
업자가 전기판매사업을 겸업하는 경우. 다
만, 같은 법 제9조에 따라 허가받은 공급구
역에 전기를 공급하려는 경우로 한정한다.

88. 기계기구의 철대 및 외함의 접지와 관련
하여 기계기구의 구분에 따른 접지공사의 종
류가 올바르게 짝지어진 것은?

㉮ 고압용의 것-제2종 접지공사

㉯ 특고압용의 것-특별 제3종 접지공사

㉰ 400 V 미만인 저압용의 것-제3종 접지
공사

㉱ 400 V 이상의 저압용의 것-제1종 접지
공사

해설

기계기구의 구분	접지공사
400 V 미만의 저압용	제3종 접지공사
400 V 이상의 저압용	특별 제3종 접지공사
고압용 또는 특별고압용	제1종 접지공사

89. '배전선로'란 다음 각 목의 곳을 연결하는
전선로와 이에 속하는 전기설비를 말한다. 그
연결이 틀린 것은?

㉮ 발전소 상호간

㉯ 전기수용설비 상호간

㉰ 발전소와 전기수용설비

㉱ 변전소와 전기수용설비

해설 전기사업법 시행규칙 제2조 : "배전선로"란
다음 각 목의 곳을 연결하는 전선로와 이에
속하는 전기설비를 말한다.
가. 발전소와 전기수용설비
나. 변전소와 전기수용설비
다. 송전선로와 전기수용설비
라. 전기수용설비 상호간

90. 전기설비기술기준상의 전압 구분과 기준
전압의 관계가 옳은 것은?

㉮ 저압 - 직류 750 V 이하

㉯ 고압 - 직류 650 V 초과

㉰ 특저압 - 교류 380 V 이하

㉱ 특고압 - 22.9 kV 초과

해설 전기설비기술기준 제3조 : 전압을 구분하는
저압, 고압 및 특고압은 다음 각 호의 것을
말한다.
1. 저압 : 직류는 750 V 이하, 교류는 600 V
이하인 것
2. 고압 : 직류는 750 V를, 교류는 600 V를
초과하고, 7 kV 이하인 것
3. 특고압 : 7 kV를 초과하는 것

91. 접지선의 굵기가 공칭단면적 2.5 mm^{2}의 연
동선이다. 이것을 이용하여 접지공사를 시행할
수 있는 것은?

㉮ 제1종 및 제2종 접지공사

㉯ 제2종 및 제3종 접지공사

㉰ 제3종 및 특별 제3종 접지공사

㉱ 제1종 및 특별 제3종 접지공사

해설 접지공사의 접지선 굵기
① 제1종 접지공사 : 공칭단면적 6 mm^2 이상
의 연동선
② 제2종 접지공사 : 공칭단면적 16 mm^2 이상
의 연동선 (고압전로 또는 특고압 가공전선
로의 전로와 저압전로를 변압기에 의하여
결합하는 경우 공칭단면적 6 mm^2 이상의 연
동선)
③ 제3종 접지공사 : 공칭단면적 2.5 mm^2 이상
의 연동선
④ 특별 제3종 접지공사 : 공칭단면적 2.5 mm^2
이상의 연동선

92. 가공전선로에 지선을 설치하는 설명 중 틀
린 것은?

㉮ 보도를 횡단할 경우 지표상 2.5 m 이상
으로 할 수 있다.

㉯ 도로를 횡단하여 시설하는 지선의 높이
는 지표상 5 m 이상으로 하여야 한다.

대 가공전선로의 지지물로 사용하는 철탑은 지선을 사용하여 그 강도를 분담한다.

라 지선에 연선을 사용할 경우 소선 3가닥 이상, 지름이 2.6 mm 이상의 금속선을 사용하여야 한다.

해설 가공전선로의 지지물로 사용하는 철탑은 지선을 사용하여 그 강도를 분담시켜서는 안 된다.

93. 전기사업법에서 사용하는 정의 중 발전소로부터 송전된 전기를 전기 사용자에게 배전하는 데 필요한 전기설비를 설치·운용하는 것을 주된 목적으로 하는 사업은?

카 발전사업　　　나 송전사업

대 배전사업　　　라 전기판매사업

해설 전기사업법 제2조 : "배전사업"이란 발전소로부터 송전된 전기를 전기사용자에게 배전하는 데 필요한 전기설비를 설치·운용하는 것을 주된 목적으로 하는 사업을 말한다.

94. 중앙행정기관의 장은 중앙추진계획을 수립하거나 변경하였을 때에는 몇 개월 이내에 위원회에 보고하여야 하는가?

카 1개월　　　나 2개월

대 3개월　　　라 4개월

해설 저탄소 녹색성장기본법 : 중앙행정기관의 장은 중앙추진계획을 수립하거나 변경하였을 때에는 2개월 이내에 위원회에 보고하여야 한다.

95. 국내 총소비에너지량에 대하여 신·재생에너지 등 국내 생산에너지량 및 우리나라가 국외에서 개발(지분 취득을 포함한다)한 에너지량을 합한 양이 차지하는 비율을 무엇이라 하는가?

카 자원순환

나 에너지 의존도

대 에너지 자립도

라 신·재생에너지 비율

해설 저탄소 녹색성장기본법 제2조 : "에너지 자립도"란 국내 총소비에너지량에 대하여 신·재생에너지 등 국내 생산에너지량 및 우리나라가 국외에서 개발(지분 취득을 포함한다)한 에너지량을 합한 양이 차지하는 비율을 말한다.

96. 2020년까지 우리나라의 온실가스 감축 목표는 2020년의 온실가스 배출 전망치 대비 얼마까지 줄이는 것인가?

카 100분의 30　　　나 100분의 40

대 100분의 50　　　라 100분의 60

해설 국가 온실가스 감축 목표 : 2020년까지 BAU(전망치) 대비 30 % 감축 → 2016년부터는 '2030년까지 BAU(전망치) 대비 37 % 감축'으로 변경됨

97. ( )에 들어갈 내용으로 옳은 것은?

연료전지 및 태양전지 모듈은 최대사용전압의 (ⓐ)배의 직류전압 또는 (ⓑ)배의 교류전압을 충전부분과 대지 사이에 연속하여 10분간 가하여 절연내력을 시험하였을 때에 견디는 것이어야 한다.

카 ⓐ 1.5, ⓑ 1.25　　나 ⓐ 1.5, ⓑ 1

대 ⓐ 1.25, ⓑ 1.1　　라 ⓐ 1.25, ⓑ 1

해설 절연내력 시험 : 최대사용전압의 1.5배의 직류전압이나, 1배의 교류전압(500 V 미만일 때에는 500 V)을 10분간 인가하여 절연파괴 등의 이상이 발생하지 않을 것을 확인한다.

98. 신에너지의 종류가 아닌 것은?

카 연료전지

나 수소에너지

대 바이오 에너지

라 석탄을 액화·가스화한 에너지

해설 신에너지 : 수소에너지, 연료전지, 석탄 액화·가스화 및 중질잔사유 가스화 에너지

99. 태양전지 발전소에 시설하는 태양전지 모듈, 전선 및 개폐기, 기타 기계기구의 시설에

해답 93. 대　94. 나　95. 대　96. 카　97. 나　98. 대　99. 라

대한 설명으로 틀린 것은?

㉮ 태양전지 모듈에 접속하는 부하 측의 전로에는 그 접속점에 근접하여 개폐기를 시설한다.

㉯ 태양전지 모듈을 병렬로 접속하는 전로에는 선로를 보호하는 과전류차단기를 시설한다.

㉰ 태양전지 모듈의 지지물은 적재하중이나 진동과 충격에 대하여 안전한 구조이어야 한다.

㉱ 태양전지 모듈 및 개폐기를 전선에 접속하는 경우에는 접속점에 장력이 가해져서 견고하여야 한다.

해설 태양전지 모듈 및 개폐기를 전선에 접속하는 경우에는 접속점에 장력이 가해지지 않도록 주의를 기울여야 한다.

100. 전기사업자가 사업에 필요한 전기설비를 설치하고 사업을 시작하기 위하여 산업통상자원부장관이 지정한 준비기간은 몇 년을 넘을 수 없는가?

㉮ 3년   ㉯ 5년   ㉰ 7년   ㉱ 10년

해설 전기사업법 제9조 : 전기사업자는 산업통상자원부장관이 지정한 준비기간(10년)에 사업에 필요한 전기설비를 설치하고 사업을 시작하여야 한다. 다만, 산업통상자원부장관이 정당한 사유가 있다고 인정하는 경우에는 준비기간을 연장할 수 있다.

□ **신재생에너지 발전설비 산업기사** ▶ **2016. 10. 1 시행**

제1과목 : 태양광발전 시스템 이론

1. 50 kW 이상의 태양광 발전설비에 의무적으로 설치하여야 하는 모니터링설비의 계측설비 중 전력량계의 정확도 기준으로 옳은 것은?

㉮ 1 % 이내 ㉯ 1.5 % 이내

㉰ 3 % 이내 ㉱ 5 % 이내

해설 계측설비별 요구사항

계측설비	요구사항	확인방법
인버터	CT 정확도 3 % 이내	•관련 내용이 명시된 설비 스펙 제시 •인증 인버터는 면제
온도센서	정확도 ±0.3℃ (−20~100℃) 미만	•관련 내용이 명시된 설비 스펙 제시
	정확도 ±1℃ (100~1000℃) 이내	
유량계, 열량계	정확도 ±1.5 % 이내	
전력량계	정확도 1 % 이내	

2. PN접합 다이오드의 P형 반도체에 (+)바이어스를 가하고 N형 반도체에 (−)바이어스를 가할 때 나타나는 현상은?

㉮ 공핍층의 폭이 작아진다.

㉯ 공핍층 내부의 전기장이 증가한다.

㉰ 전류는 소수캐리어에 의해 발생한다.

㉱ 다이오드는 부도체와 같은 특성을 보인다.

해설 순방향 전류 (Forward Bias) : 전원을 PN접합 다이오드의 P형 쪽에 +극을, N형 쪽에 −극을 연결할 때 순방향 전압 (Forward Voltage) 또는 순방향 바이어스 (Forward Bias)가 걸려 있다고 말한다. 이때 다이오드를 통하여 큰 전류, 즉 순방향 전류 (Forward Current)가 흐른다. 이때에는 공핍층이 좁아져 P영역의 Hole이 N영역으로, N영역의 전자가 P영역으로 활발히 흐름으로 인해 P영역에서 N영역으로 큰 전류가 흐르게 된다.

3. 다음 중 개방전압의 측정 순서를 올바르게 나타낸 것은?

㉠ 측정하는 스트링의 단로 스위치만 ON하여 (단로 스위치가 있는 경우) 직류전압계로 각 스트링의 P-N 단자간의 전압 측정

㉡ 태양전지 모듈에 음영이 발생되는 부분이 없는지 확인

㉢ 접속함의 출력개·폐기를 OFF

㉣ 접속함 각 스트링의 단로 스위치를 모두 OFF (단로 스위치가 있는 경우)

㉮ ㉢ − ㉣ − ㉡ − ㉠ ㉯ ㉠ − ㉡ − ㉢ − ㉣

㉰ ㉡ − ㉢ − ㉣ − ㉠ ㉱ ㉣ − ㉡ − ㉠ − ㉢

해설 개방전압의 측정 순서(5단계)

① 접속함의 주개폐기(출력개폐기) OFF

② 접속함 각 스트링의 단로 스위치(MCCB 또는 퓨즈) OFF

③ 태양전지 모듈에 음영의 영향이 없는 것을 확인

④ 측정하는 스트링의 단로 스위치(MCCB 또는 퓨즈)만 ON

⑤ 전압계를 이용하여 각 스트링의 P-N 단자간 전압 측정

4. 태양광 모듈의 단면을 보면 여러 층으로 이루어져 있다. 이러한 층을 이루는 재료 중에 태양전지를 외부의 습기와 먼지로부터 차단하기 위하여 현재 가장 일반적으로 사용하는 충전재는?

㉮ FRP ㉯ Tedlar ㉰ EVA ㉱ Glass

해설 태양광 모듈의 충전재로는 보통 내습성이 뛰어난 EVA (Ethylene Vinyl Acetate)를 사용하는데, 이 EVA는 깨지기 쉬운 셀을 보호하는 역할을 한다.

해답 1. ㉮ 2. ㉮ 3. ㉮ 4. ㉰

5. 풍력발전기와 독립형 태양광발전시스템을 연계하여 발전하는 방식은？

㉮ 독립형 　　　　㉯ 계통연계형
㉰ 추적식 　　　　㉱ 하이브리드형

해설 하이브리드형 : 독립형 태양광시스템과 풍력발전기 등의 다른 발전설비와 연계하여 사용하는 형태를 말한다.

6. 태양전지의 변환효율에 영향을 주는 외부 요인이 아닌 것은？

㉮ 기압
㉯ 표면온도
㉰ 방사조도
㉱ 분광분포 (air mass)

해설 기압 (태양전지판 주변 공기의 압력)은 태양전지 변환효율과 무관하다.

7. 220 V, 60 Hz 교류전원을 변압기를 사용하여 24 V의 교류전원으로 바꾸려고 한다. 이 변압기 1차 코일의 권선수가 300회일 때, 2차 코일의 권선수는 몇 회로 하면 되는가？

㉮ 약 22회 　　　　㉯ 약 33회
㉰ 약 66회 　　　　㉱ 약 600회

해설 변압비 : $\dfrac{V1}{V2} = \dfrac{N1}{N2}$ 에서,

$N2 = N1 \times \dfrac{V2}{V1} = 300 \times \dfrac{24}{220} = 32.7$

8. 그림의 회로는 축전지 회로 구성을 나타낸 것이다. 축전지 전체 출력단자 A와 B 사이의 전압과 축전지 용량은 각각 얼마인가？ (단, 1개의 축전지 용량은 12 V, 150 Ah이다.)

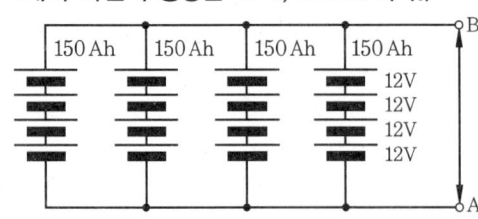

㉮ DC 48 V, 150 Ah

㉯ DC 48 V, 600 Ah
㉰ DC 12 V, 150 Ah
㉱ DC 12 V, 600 Ah

해설 ① A-B간 전압 : 12 V×4 (직렬수) = 48 V
　　② A-B간 축전지 용량 : 150 Ah×4 (병렬수)
　　　= 600 Ah

9. 태양전지의 열손실 요소가 아닌 것은？

㉮ 전도　㉯ 대류　㉰ 풍속　㉱ 복사

해설 열손실의 주요 방식은 전도, 대류, 복사이다. 단, 풍속은 직접적 열손실 요인은 아니다.

10. 뇌서지 등에 의한 피해로부터 태양광발전시스템을 보호하기 위한 대책으로 틀린 것은？

㉮ 뇌우의 발생지역에서는 교류전원측에 내뢰 트랜스를 설치한다.
㉯ 피뢰소자를 어레이 주회로 내에 분산시켜 설치함과 동시에 접속함에도 설치한다.
㉰ 저압 배전선으로부터 침입하는 뇌서지에 대해서는 분전반에 피뢰소자를 설치한다.
㉱ 뇌서지가 내부로 침입하지 못하도록 피뢰소자를 설비 인입구에서 먼 장소에 설치한다.

해설 뇌서지가 내부로 침입하지 못하도록 피뢰소자를 설비 인입구에서 가까운 장소에 설치하는 것이 좋다.

11. 내부저항이 각각 0.3 Ω 및 0.2 Ω인 1.5 V의 두 전지를 직렬로 연결한 후에 외부에 2.5 Ω의 저항 부하를 직렬로 연결하였다. 이 회로에 흐르는 전류는 몇 A인가？

㉮ 0.5　㉯ 1.0　㉰ 1.2　㉱ 1.5

해설 내부저항 $r = 0.3 + 0.2 = 0.5$ Ω
외부저항 $R = 2.5$ Ω
전압 = 1.5×2 (직렬수) = 3 V
전류 $I = \dfrac{V}{(외부저항\ R + 내부저항\ r)}$
　　　$= \dfrac{3}{(2.5 + 0.5)} = 1.0$ A

해답 5. ㉱　6. ㉮　7. ㉯　8. ㉰　9. ㉰　10. ㉱　11. ㉯

12. 실효값이 220 V인 교류전압을 1.2 kΩ의 저항에 인가할 경우 소비되는 전력은 약 몇 W인가?

㉮ 14.4 ㉯ 18.3 ㉰ 26.4 ㉱ 40.3

해설 전력 $P = \dfrac{V^2}{R} = \dfrac{220^2}{1200} = 40.3\ \mathrm{W}$

13. 태양광발전의 기본 원리로서 1939년에 Edmond Bequerel에 의해 최초로 발견된 현상은?

㉮ 광기전력 효과 ㉯ 광전도 효과
㉰ 광흡수 효과 ㉱ 광자기장 효과

해설 1939년 Alexandre Edmond Bequerel (프랑스)이 최초로 광전 효과 (광기전력 효과)를 발견하였다.

14. 신재생에너지 중 재생에너지의 특징이 아닌 것은?

㉮ 비고갈성 에너지이다.
㉯ 기술주도형 자원이다.
㉰ 친환경 청정에너지이다.
㉱ 시설투자비가 적은 에너지이다.

해설 재생에너지는 건설(설치) 초기의 시설투자비가 큰 에너지이다.

15. 태양광발전시스템의 인버터에 대한 설명으로 틀린 것은?

㉮ 옥내형만 가능하다.
㉯ 자립 운전기능도 가능하다.
㉰ 직류를 교류로 변환하는 장치이다.
㉱ 잉여전력을 계통으로 역송전할 수 있다.

해설 태양광발전시스템의 인버터에는 옥내형과 옥외형이 있다.

16. 연료전지 구성요소 중 개질기(reformer)에 대한 설명으로 옳은 것은?

㉮ 연료전지에서 나오는 직류를 교류로 변환시키는 장치

㉯ 수소가 함유된 일반 연료(천연가스, 메탄올, 석탄 등)로부터 수소를 발생시키는 장치

㉰ 전해질이 함유된 전해질 판, 연료극, 공기극으로 구성된 장치

㉱ 원하는 전기출력을 얻기 위해 단위전지 수십에서 수백 장을 직렬로 쌓아 올린 본체

해설 ㉮ : 인버터에 대한 설명
㉰ : 단위전지에 대한 설명
㉱ : 스택(stack)에 대한 설명

17. 실리콘 (Si)에 도너(donor) 불순물을 인가하여 만든 반도체는?

㉮ 진성 반도체 ㉯ P형 반도체
㉰ N형 반도체 ㉱ 제너 다이오드

해설 ① - 전자는 N형 반도체 : 자유전자 밀도를 높게 하기 위해 불순물 (Dopant)로 인, 비소, 안티몬과 같은 5가 원자를 첨가 (이렇게 전자를 잃고 이화된 불순물 원자를 도너(Donor)라고 한다)
② + 정공은 P형 반도체 : 정공의 수를 증가시키기 위해 불순물 (Dopant)로 알루미늄, 붕소, 갈륨 등의 3가 원소를 첨가 (이러한 불순물 원자를 억셉터(Accept)라고 한다.)

18. 계통연계형 인버터에서 유럽의 기후에 대해 가중된 동적 효율을 무엇이라 하는가?

㉮ 변환효율 (η_{Con}) ㉯ 추적효율 (η_{Tr})
㉰ 정격효율 (η_{Inv}) ㉱ 유로효율 (η_{Euro})

해설 유로효율 : 유럽의 기후에 대해 가중 평균한 동적 효율을 말하며, 다음과 같이 계산된다.
European 효율 (η_{Euro})
$= 0.03 \times \eta_{5\%} + 0.06 \times \eta_{10\%} + 0.13 \times \eta_{20\%}$
$\quad + 0.1 \times \eta_{30\%} + 0.48 \times \eta_{50\%} + 0.2 \times \eta_{100\%}$

19. 열점(hot spot)의 발생원인과 대책에 대한 설명으로 틀린 것은?

해답 12. ㉱ 13. ㉮ 14. ㉱ 15. ㉮ 16. ㉯ 17. ㉰ 18. ㉱ 19. ㉯

㉮ 태양전지 셀의 결함, 특성으로 국부적 과열로 발생된다.

㉯ 태양전지 모듈마다 SPD를 설치하여 전압의 파고치를 저하시킨다.

㉰ 바이패스 소자를 셀 구간마다 접속하여 역전류가 발생하면 우회시킨다.

㉱ 나뭇잎, 새의 배설물 등의 그늘로 인한 태양전지 셀 내부열화로 발생한다.

해설 SPD (서지보호소자)는 뇌서지로부터의 보호를 목적으로 설치되는 소자이며, 열점과는 무관하다.

20. 태양광발전시스템의 접속함을 선정할 때 주의사항으로 틀린 것은?

㉮ 정격입력전류는 최대전류를 기준으로 선정한다.

㉯ 접속함 내부는 최소한의 공간을 차지하도록 한다.

㉰ 접속함의 정격전압은 태양전지 스트링의 개방 시의 최대직류전압으로 선정한다.

㉱ 노출된 장소에 설치되는 경우 빗물, 먼지 등이 함에 침입하지 않는 구조로 한다.

해설 접속함 내·외부는 공간을 확보하여 방열이 원활하도록 설치하는 것이 좋다.

제2과목 : 태양광발전 시스템 시공

21. 태양전지 가대의 구조 설계 시 상정하중이 아닌 것은?

㉮ 적설하중   ㉯ 지진하중

㉰ 고정하중   ㉱ 온도하중

해설 ① 수직하중
　　㉮ 고정하중 : 어레이, 프레임 및 서포트 하중
　　㉯ 적설하중 : 경사계수 및 눈의 단위 질량 고려
　　㉰ 활하중 : 건축물 혹은 공작물을 점유 및 사용함으로써 발생하는 하중

② 수평하중
　㉮ 풍하중
　　• 어레이 및 지지물 등의 구조물에 가한 풍압의 합
　　• 풍력계수, 용도계수, 환경계수 등 고려
　㉯ 지진하중 : 지지층의 전단력 계수 고려

22. 설계도서 적용 시 고려사항으로 볼 수 없는 것은?

㉮ 도면상 축척으로 잰 치수가 숫자로 나타낸 치수보다 우선한다.

㉯ 특별시방서는 당해 공사에 한하여 일반시방서에 우선한다.

㉰ 특별시방서 및 도면에 기재되지 않은 사항은 일반시방서에 의한다.

㉱ 설계도면 및 시방서의 어느 한쪽에 기재되어 있는 것은 그 양쪽에 기재되어 있는 사항과 동일하게 다룬다.

해설 숫자로 나타낸 치수는 도면상 축척으로 잰 치수보다 우선한다.

23. 태양광 발전소를 설치하는 수용가의 공통접속점에서의 역률은 몇 % 이상이어야 하는가?

㉮ 75 %   ㉯ 80 %   ㉰ 85 %   ㉱ 90 %

해설 분산형 전원의 역률은 90 % 이상으로 유지함을 원칙으로 한다. 다만, 역송병렬로 연계하는 경우로서 연계계통의 전압 상승 및 강하를 방지하기 위하여 기술적으로 필요하다고 평가되는 경우에는 연계계통의 전압을 적절하게 유지할 수 있도록 분산형 전원 역률의 하한값과 상한값을 사용자 측과 협의하여 정할 수 있다.

24. 저압 배전선로의 구성 중 방사상 방식의 특징이 아닌 것은?

㉮ 구성이 단순하다.

㉯ 공사비가 저렴하다.

㉰ 전압변동 및 전력손실이 크다.

해답 20. ㉯   21. ㉱   22. ㉮   23. ㉱   24. ㉱

> 라 사고에 의한 정전 범위가 좁다.

해설 저압 방사상식 : 한 방향으로만 전력이 공급
되어 시설비가 저렴하고, 부하증설 및 관리가
간단하지만, 공급신뢰도가 비교적 낮고 전압
변동 및 전력손실이 큰 편이다.

25. 비상주감리원의 업무가 아닌 것은?

> 가 기성 및 준공검사
>
> 나 설계도서 등의 검토
>
> 다 근무상황판에 현장 근무위치와 업무내용
> 기록
>
> 라 공사와 관련하여 발주자가 요구한 기술
> 적 사항 등에 대한 검토

해설 근무상황판에 현장 근무위치와 업무내용을
기록하는 자는 상주감리원이다.

26. 건축물에 피뢰설비가 설치되어야 하는 높
이는 몇 m 이상인가?

> 가 10   나 15   다 20   라 25

해설 KS C 62305와 건축물의 설비기준 등에 관
한 규칙 20조에 의거하여 낙뢰의 우려가 있는
건축물 또는 높이 20 m 이상의 건축물에는 피
뢰설비를 하여야 한다.

27. 화재 시 전선배관의 관통부분에서의 방화
구획 조치가 아닌 것은?

> 가 충전재 사용
>
> 나 난연 레진 사용
>
> 다 난연 테이프 사용
>
> 라 폴리에틸렌 (PE) 케이블 사용

해설 화재를 대비하여 관통부를 지나는 케이블은
난연 케이블을 사용하는 것이 권장된다.

28. 접지저항은 대지저항률에 따라 크게 좌
우된다. 대지저항률에 영향을 주는 요인으로
틀린 것은?

> 가 물리적 영향
>
> 나 온도적 영향

> 다 계절적 영향
>
> 라 흙의 종류나 수분의 영향

해설 대지저항률에 영향을 주는 요인
① 토지의 종류
② 함수율
③ 토양 온도
④ 계절
⑤ 기타 : 토양 입자의 크기나 조밀도 등

29. 지붕에 설치하는 태양전지 모듈의 설치방
법으로 틀린 것은?

> 가 시공, 유지보수 등의 작업을 하기 쉽도
> 록 한다.
>
> 나 온도 상승을 방지하기 위해 지붕과 모듈
> 간에는 간격을 둔다.
>
> 다 모듈 고정용 볼트, 너트 등은 상부에서
> 조일 수 있어야 한다.
>
> 라 태양전지 모듈의 설치방법 중 세로 깔
> 기는 모듈의 긴 쪽이 상하가 되도록 설치
> 한다.

해설 태양전지 모듈의 세로 깔기는 모듈의 긴 쪽
이 좌우가 되도록 설치한다.

30. 태양광발전시스템의 시공절차와 주의사항
에 대한 설명으로 틀린 것은?

> 가 주철가대, 금속제 외함 및 금속배관 등
> 은 누전사고 방지를 위한 접지공사가 필
> 요하다.
>
> 나 태양광발전시스템의 전기공사는 태양전
> 지 모듈의 설치와 병행하여 진행한다.
>
> 다 공사용 자재 반입 시 레커차를 사용할
> 경우, 레커차의 암 선단이 배전선에 근접
> 할 때, 절연전선 또는 전력케이블에 보호
> 관을 씌운 후 전력회사에 통보한다.
>
> 라 태양전지 모듈의 배열 및 결선방법은
> 모듈의 출력 전압과 설치장소에 따라 다
> 르기 때문에 체크리스트를 이용하여 시공
> 전과 후에도 확인하는 것이 바람직하다.

해답 **25.** 다   **26.** 다   **27.** 라   **28.** 가   **29.** 라   **30.** 다

해설 공사용 자재 반입 시 레커차를 사용할 경우, 레커차의 암 선단이 배전선에 근접할 때, 공사 착공 전에 전력회사와 사전 협의 후 절연전선 또는 전력케이블에 보호관을 씌우는 등의 보호조치를 해야 한다.

31. 지중전선로는 도시의 미관, 자연재해의 사고에 대한 고신뢰도 등이 요구되는 경우에 사용된다. 지중전선로의 특징으로 옳은 것은?

㉮ 건설비가 싸다.

㉯ 송전용량이 적다.

㉰ 건설기간이 짧다.

㉱ 사고복구를 단시간에 할 수 있다.

해설 지중전선로는 송전용량이 적은 편이다.

32. 지붕에 설치하는 태양광발전 형태로 틀린 것은?

㉮ 창재형 　　　　㉯ 지붕설치형

㉰ 톱라이트형 　　㉱ 지붕건재형

해설 창재형 : 창문 유리로서의 기능을 하는 것

33. 태양광발전시스템의 전기배선공사는 직류배선공사와 교류배선공사를 들 수 있다. 직류배선공사의 특징으로 옳은 것은?

㉮ 교류배선공사보다 효율이 좋다.

㉯ 감전위험이 크다.

㉰ 절연비용이 비싸다.

㉱ 아크소호에 유리하다.

해설 직류배선(송전)은 교류배선(송전) 대비 효율이 우수하다.

34. 태양전지 어레이의 출력 확인 방법이 아닌 것은?

㉮ 단락전류의 확인

㉯ 절연저항의 측정

㉰ 모듈의 정격전압 측정

㉱ 모듈의 정격전류 측정

해설 절연저항은 안전에 관계된 인자이고, 출력과는 무관하다.

35. 감리원은 매 분기마다 공사업자로부터 안전관리 결과보고서를 제출받아 이를 검토하고 미비한 사항이 있을 때에는 시정하도록 조치하여야 한다. 이때 공사업자가 제출하는 안전관리 결과보고서에 포함되는 서류가 아닌 것은?

㉮ 안전보건 관리체제

㉯ 안전관리 조직표

㉰ 안전교육 실적표

㉱ 건강 진단서

해설 건강 진단서는 현장의 안전관리와 무관하다.

36. 지붕 설치형 태양전지 모듈과 가대 지지기구의 재료에 관한 설명으로 틀린 것은?

㉮ 태양전지 모듈은 지붕 위에서 취급이 쉽도록 짧은 변은 1 m 이하, 중량은 15 kg 정도 이하로 한다.

㉯ 가대 지지기구의 재료는 장기간 옥외 사용에 견딜 수 있도록 일반 강재를 이용하여 제작한다.

㉰ 태양전지 셀의 색은 기본적으로 단결정은 흑색계, 다결정은 청색계, 아몰퍼스는 갈색계통이다.

㉱ 태양전지 모듈은 작업성을 고려하여 매수를 적게 하기 위해 출력이 큰 대형 사이즈가 사용된다.

해설 일반 강재는 부식이 발생하므로 사용이 불가하고, 도금이나 도장 등의 처리를 해서 사용하거나, 부식이 잘 안 되는 스테인리스, 알루미늄 합금 등으로 교체해야 한다.

37. 변전실의 면적에 영향을 주는 요소로 틀린 것은?

㉮ 수전전압 및 수전방식

㉯ 변전실의 접지방식

㉰ 변전설비 시스템 방식

㉱ 건축물의 구조적 요건

해설 접지방식은 변전실의 면적과는 무관하다.

해답 31. ㉯ 32. ㉮ 33. ㉮ 34. ㉯ 35. ㉱ 36. ㉯ 37. ㉯

38. 태양전지 모듈 설치 시 감전방지책으로 옳은 것은?

㉮ 작업 시에는 일반 장갑을 착용한다.

㉯ 강우 시 발전이 없기 때문에 작업을 해도 무관하다.

㉰ 태양광 모듈을 수리할 경우 표면을 차광시트로 씌워야 한다.

㉱ 태양전지 모듈은 저압이기 때문에 공구는 반드시 절연 처리될 필요가 없다.

해설 ㉮: 작업 시 절연 장갑을 착용해야 한다.

㉯: 강우 시 작업이 전면 금지된다.

㉱: 절연 처리된 공구를 사용해야 한다.

39. 책임감리원이 분기보고서를 발주자에게 제출하는 기간은 매 분기 말 다음 달 며칠 이내로 제출하여야 하는가?

㉮ 5일   ㉯ 7일   ㉰ 10일   ㉱ 15일

해설 책임감리원이 발주자에게 매 분기 말 다음 달 5일 이내에 분기보고서를 제출하고, 최종 감리보고서는 감리기간 종료 후 14일 이내에 감리업체 대표자 명의로 발주자에게 제출하여야 한다.

40. 태양광설비 시공기준에 관한 설명으로 틀린 것은?

㉮ 실내용 인버터를 실외에 설치하는 경우는 5 kW 이상이어야 한다.

㉯ 모듈에서 실내에 이르는 배선에 쓰이는 전선은 모듈전용선 또는 TFR-CV 선을 사용하여야 한다.

㉰ 태양전지 모듈에서 인버터 입력단간의 전압강하는 10 %를 초과하여서는 안 된다.

㉱ 역전류방지다이오드의 용량은 모듈단락 전류의 2배 이상이어야 하며 현장에서 확인할 수 있도록 표시하여야 한다.

해설 태양전지판에서 인버터 입력단간 및 인버터 출력단과 계통연계점간의 전압강하는 각 3 %를 초과하여서는 아니된다.

제3과목 : 태양광발전 시스템 운영

41. 태양광발전시스템의 접지공사에 사용되는 접지선의 표시는 주로 무슨 색으로 하는가?

㉮ 적색 ㉯ 백색 ㉰ 흑색 ㉱ 녹색

해설 접지선의 색은 녹색 표시를 하지 않으면 안 되는데, 부득이하게 녹색 또는 황록색 줄무늬가 있는 것 이외의 절연전선을 접지선으로 사용할 경우에는 단말 및 적당한 장소에 녹색의 테이프 등으로 표시할 필요가 있다.

42. 산업통상자원부장관이 전기사업을 허가 또는 변경허가를 하려는 경우 심의를 거쳐야 하는 기관은?

㉮ 전기위원회   ㉯ 전력거래소

㉰ 한국전력공사   ㉱ 전기안전공사

해설 전기사업법 제7조 : 산업통상자원부장관은 전기사업을 허가 또는 변경허가를 하려는 경우에는 미리 제53조에 따른 전기위원회의 심의를 거쳐야 한다.

43. 인버터 출력회로의 절연저항 측정방법으로 틀린 것은?

㉮ 분전반 내의 분기 차단기를 개방

㉯ 태양전지 회로를 접속함에서 분리

㉰ 직류단자와 대지 간의 절연저항 측정

㉱ 직류 측의 모든 입력단자 및 교류 측의 전체 출력단자를 각각 단락

해설 인버터의 출력회로의 절연저항 측정순서

① 태양전지 회로를 접속함에서 분리한다.

② 분전반 내의 분기 차단기를 개방한다.

③ 직류측의 모든 입력단자 및 교류측의 전체 출력단자를 각각 단락한다.

④ 교류단자와 대지 간의 절연저항을 측정한다.

⑤ 측정결과의 판정기준을 '전기설비 기술기준'에 따라 표시한다.

44. 결정질 태양전지모듈 외관검사에서 태양전지모듈 외관, 셀 등의 크랙, 구부러짐, 갈라짐

해답 38. ㉰ 39. ㉮ 40. ㉰ 41. ㉱ 42. ㉮ 43. ㉰ 44. ㉰

등의 이상 유무를 확인하기 위해 몇 lx 이상의 광 조사상태에서 검사하는가?

㉮ 800 ㉯ 900 ㉰ 1000 ㉱ 1100

해설 태양전지모듈의 외관검사는 1000 lx 이상의 밝기에서 실시한다.

45. 태양광발전시스템의 유지보수를 위한 점검 계획 시 고려해야 할 사항이 아닌 것은?

㉮ 설비의 사용 기간

㉯ 설비의 상호 배치

㉰ 설비의 주위 환경

㉱ 설비의 고장 이력

해설 설비의 상호 배치는 유지보수가 아닌 초기 설치 시에 검토할 내용이다.

46. 사업용 태양광발전설비 정기검사 중 변압기 검사 수검자 준비 자료에 해당하는 것은?

㉮ 계기교정시험 성적서

㉯ 안전밸브시험 성적서

㉰ 접지저항시험 성적서

㉱ 태양전지 트립 인터록 도면

해설 사업용 태양광발전설비 정기검사 중 변압기 검사 수검자 준비 자료 : 전회검사 성적서, 변압기 Trip Interlock 도면, Sequence 도면, 보호계전기시험 성적서, 계기교정시험 성적서, 경보회로시험 성적서, 절연유 내압시험 성적서, 절연저항시험 성적서 등

47. 보기 중 결정질 실리콘 태양전지모듈 성능 시험 항목의 내용을 모두 나타낸 것은?

| ㉠ 우박시험 | ㉡ 절연시험 |
| ㉢ 실내노출시험 | ㉣ 고온고습시험 |

㉮ ㉠, ㉡, ㉢ ㉯ ㉠, ㉡, ㉣

㉰ ㉠, ㉢, ㉣ ㉱ ㉡, ㉢, ㉣

해설 결정질 실리콘 태양전지모듈 시험 항목 (KS C 8561, KS C 8562) : 외관검사, 발전성능시험, 절연시험, 온도계수측정, NOCT의 측정, STC 와 NOCT에서의 성능, 저방사조도에서의 성능,

옥외 노출시험, 열점 내구성시험, UV시험, 온도사이클시험, 결로—동결시험, 고온고습시험, 단자강도시험, 습윤누설 전류시험, 기계적 하중시험, 우박시험, 바이패스 다이오드 온도시험, 염수분무시험 등

48. 태양광 발전설비의 접속함 점검 사항이 아닌 것은?

㉮ 퓨즈 상태 확인

㉯ 조도계 센서 동작 여부

㉰ 역전류 방지 다이오드 이상 유무

㉱ 접속부의 볼트 조임 상태 및 발열 상태

해설 조도계 센서는 태양광 발전설비와 무관하다.

49. 인버터에 'Line Over Frequency Fault' 로 표시되었을 경우의 현상 설명으로 옳은 것은?

㉮ 계통전압이 규정치 이상일 때

㉯ 계통전압이 규정치 이하일 때

㉰ 계통주파수가 규정치 이상일 때

㉱ 계통주파수가 규정치 이하일 때

해설 "Line Over Frequency Fault" : 계통주파수가 규정치 이상으로 OFR이 작동된 경우에 해당한다.

50. 절연내압 측정 시 최대사용전압은 태양광 발전시스템에서 어떤 전압을 말하는가?

㉮ 개방전압 ㉯ 동작전압

㉰ 인버터 출력전압 ㉱ 인버터 입력전압

해설 절연내력 측정시험 : 표준 태양전지 어레이 개방전압을 최대사용전압으로 간주하여 최대사용전압의 1.5배의 직류전압이나 1배의 교류전압 (500 V 미만일 때에는 500 V)을 10분간 인가하여 절연파괴 등의 이상이 발생하지 않는 것을 확인한다.

51. 자가용 태양광발전설비의 전력변환장치 사용 전 검사 항목이 아닌 것은?

㉮ 절연저항

㉯ 절연내력

㉰ 접지 시공 상태

㉰ 역방향운전 제어시험

해설 자가용 태양광발전설비의 전력변환장치 사용 전 검사 항목 : 시험규격확인, 외관검사, 절연저항, 절연내력, 제어회로 및 경보장치, 전력조절부/Static 스위치 자동·수동절체시험, 역방향운전 제어시험, 단독운전 방지시험, 인버터 자동·수동절체시험, 충전기능시험 등

52. 절연용 방호구로 틀린 것은?

㉠ 검전기 ㉯ 고무판

㉰ 절연시트 ㉰ 애자커버

해설 ① 절연용 보호구 : 안전모, 전기용 고무장갑, 전기용 고무절연장화 등
② 절연용 방호구 : 고무판, 절연관, 절연시트, 절연커버, 애자커버 등

53. 인버터 절연저항 측정 시 주의사항으로 틀린 것은?

㉠ 정격에 약한 회로들은 회로에서 분리하여 측정한다.

㉯ 정격전압이 입·출력 시 다를 때는 낮은 측의 전압을 선택기준으로 한다.

㉰ 입·출력단자에 주 회로 이외의 제어단자 등이 있는 경우 이것을 포함해서 측정한다.

㉰ 절연변압기를 장착하지 않은 인버터는 제조사가 추천하는 방법에 따라 측정한다.

해설 인버터 회로의 절연저항을 측정하는 경우 정격전압이 입·출력 시 다를 때는 높은 측의 전압을 절연저항계의 기준으로 선택한다.

54. 태양광발전시스템 계측에 관한 설명 중 틀린 것은?

㉠ 풍향·풍속 등도 중요하므로 이에 대한 계측도 필요하다.

㉯ 직류회로의 전압은 직접 또는 PT, CT를 통해서 검출한다.

㉰ 태양전지는 온도에 따라 변환효율이 변동되므로 온도 계측도 이루어진다.

㉰ 일사계는 보통 대지에 수평으로 설치되나 어레이와 같은 각도로 설치하는 경우도 있다.

해설 ① 직류회로의 전압, 전류는 직접 또는 분압기, 분류기를 사용하여 검출한다.
② 교류회로의 전압, 전류, 전력, 역률 등은 직접 또는 PT, CT 등을 통해서 검출한다.

55. 태양광발전용 중대형 인버터의 시험 중 절연성능시험 항목이 아닌 것은?

㉠ 내전압시험 ㉯ 감전보호시험

㉰ 누설전류시험 ㉰ 절연거리시험

해설 인버터의 절연성능시험 : 절연저항시험, 내전압시험, 감전보호시험, 절연거리시험

56. 다음 중 태양광발전모듈의 고장 원인이 아닌 것은?

㉠ 제조 결함 ㉯ 시공 불량

㉰ 동결 파손 ㉰ 새의 배설물

57. 태양광발전시스템의 계측·표시에 관한 설명으로 틀린 것은?

㉠ 시스템의 소비전력을 낮추기 위한 계측

㉯ 시스템에 의한 발전 전력량을 알기 위한 계측

㉰ 시스템의 운전 상태 감시를 위한 계측 또는 표시

㉰ 시스템의 기기 및 시스템의 종합평가를 위한 계측

58. 태양광발전시스템의 정전 시 운영조작 순서를 올바르게 나열한 것은?

해답 52. ㉠ 53. ㉯ 54. ㉯ 55. ㉰ 56. ㉰ 57. ㉠ 58. ㉰

┌─────────────────────────────────┐
│ ㉠ 한전 전원 복구 여부 확인 │
│ ㉡ 태양광 인버터 DC전압 확인 후 운전 시 │
│   조작 방법에 의한 재시동 │
│ ㉢ 메인 VCB반 전압 확인 및 계전기를 확인 │
│   하여 정전 여부 확인 및 부저 OFF │
│ ㉣ 태양광 인버터 상태 확인(정지) │
└─────────────────────────────────┘

㉮ ㉣→㉢→㉠→㉡

㉯ ㉣→㉡→㉠→㉢

㉰ ㉢→㉠→㉡→㉣

㉱ ㉢→㉣→㉠→㉡

해설 PV발전 시스템의 정전 시 조작방법
① Main VCB반 전압 확인 및 계전기를 확인
  하여 정전 여부 확인, 부저 OFF
② 인버터 상태 확인(정지)
③ 한전 전원 복구 여부 확인
④ 인버터 DC전압 확인 후 운전 시 조작 방
  법에 의한 재시동

59. 태양전지모듈 어레이의 일상점검 설명 중
가장 틀린 것은?

㉮ 접속케이블에 손상 유무 점검

㉯ 가대의 부식 및 녹 발생 여부 점검

㉰ 표면의 오염 및 파손 점검

㉱ 접지선의 접속 및 접속단자의 풀림 여부
  점검

해설 일상점검 : 외관 점검을 행하여 이상이 있을
때 필요한 조치를 취함

60. 태양광발전설비 운영 매뉴얼 내용으로 틀
린 것은?

㉮ 황사나 먼지 등에 의해 발전효율이 저하
  된다.

㉯ 풍압에 의해 모듈과 형강의 체결부위가
  느슨해질 수 있다.

㉰ 모듈 표면은 강화유리로 제작되어 외부
  충격에 파손되지 않는다.

㉱ 고압 분사기를 이용하여 모듈 표면에
  정기적으로 물을 뿌려 이물질을 제거해

준다.

해설 모듈 표면은 보통 강화유리로 되어 있지
만, 외부의 강한 충격 시에는 파손될 수 있다.

┌─────────────────────────────────┐
│ **제5과목 : 신재생에너지 관련법규** │
└─────────────────────────────────┘

61. 신에너지 및 재생에너지 개발·이용·보급
촉진법에서 기본계획의 계획기간은 몇 년 이
상으로 하는가?

㉮ 1년   ㉯ 3년   ㉰ 5년   ㉱ 10년

해설 신에너지 및 재생에너지 개발·이용·보급 촉
진법 제5조 : 산업통상자원부장관은 관계 중
앙행정기관의 장과 협의를 한 후 제8조에 따
른 신·재생에너지정책심의회의 심의를 거쳐
신·재생에너지의 기술개발 및 이용·보급을
촉진하기 위한 기본계획을 5년마다 수립하여
야 하며, 그 기본계획의 계획기간은 10년 이
상으로 한다.

62. 산업통상자원부장관이 혼합의무의 이행 여
부를 확인하기 위하여 혼합의무자에게 대통령
령으로 정하는 바에 따라 필요한 자료의 제출
을 요구하였으나 따르지 아니하거나 거짓 자
료를 제출한 자에게는 얼마 이하의 과태료를
부과하는가?

㉮ 1천만원   ㉯ 2천만원

㉰ 3천만원   ㉱ 4천만원

해설 신에너지 및 재생에너지 개발·이용·보급
촉진법 제23조의2 (신·재생에너지 연료 혼합
의무 등), 제35조 (과태료) 규정에 따라 벌금
1천만원이 부과된다.

63. 전기사업법에서 대통령령으로 정하는 기본
계획의 경미한 사항을 변경하는 경우 중 전기
설비별 용량의 몇 %의 범위에서 그 용량을 변
경하는 경우를 말하는가?

㉮ 10   ㉯ 20   ㉰ 30   ㉱ 40

해설 전기사업법 시행령 제15조의2 (기본계획의 경
미한 사항의 변경) : 법 제25조 제3항에서 "대통

령령으로 정하는 경미한 사항을 변경하는 경우"란 다음 각 호의 어느 하나에 해당하는 경우를 말한다.

1. 전기설비 설치공사의 착공 또는 준공 등의 기간을 2년의 범위에서 조정하는 경우
2. 전기설비별 용량의 20퍼센트의 범위에서 그 용량을 변경하는 경우
3. 연도별 전기설비 총용량의 5퍼센트의 범위에서 그 총용량을 변경하는 경우

64. 다음 ( )에 공통으로 들어갈 내용으로 옳은 것은?

> 정부는 국가전략을 효율적·체계적으로 이행하기 위하여 ( )년마다 저탄소 녹색성장 국가전략 ( )개년 계획을 수립할 수 있다.

㉮ 3   ㉯ 4   ㉰ 5   ㉱ 10

해설 저탄소 녹색성장 기본법 제4조 : 정부는 국가전략을 효율적·체계적으로 이행하기 위하여 5년마다 저탄소 녹색성장 국가전략 5개년 계획을 수립할 수 있다. 이 경우 법 제14조에 따른 녹색성장위원회의 심의 및 국무회의의 심의를 거쳐야 한다.

65. 다음 중 주무부처 장관의 허가를 받아 두 종류 이상의 전기사업을 할 수 있는 경우가 아닌 것은?

㉮ 도서지역에서 전기사업을 하는 경우
㉯ 발전사업자가 전기판매사업을 하는 경우
㉰ 배전사업과 전기판매사업을 겸업하는 경우
㉱ 발전사업의 허가를 받은 것으로 보는 집단에너지사업자가 전기판매사업을 겸업하는 경우

해설 전기사업법 제7조의 시행령 : 동일인이 두 종류 이상의 전기사업을 할 수 있는 경우는 다음 각 호와 같다.

1. 배전사업과 전기판매사업을 겸업하는 경우
2. 도서지역에서 전기사업을 하는 경우
3. 「집단에너지사업법」 제48조에 따라 발전사업의 허가를 받은 것으로 보는 집단에너지

사업자가 전기판매사업을 겸업하는 경우. 다만, 같은 법 제9조에 따라 허가받은 공급구역에 전기를 공급하려는 경우로 한정한다.

66. 산업통상자원부장관이 신·재생에너지의 이용·보급을 촉진하기 위하여 필요하다고 인정하면 대통령령으로 정하는 바에 따라 진행하는 보급사업으로 틀린 것은?

㉮ 정부와 연계한 보급사업
㉯ 신기술의 적용사업 및 시범사업
㉰ 실용화된 신·재생에너지 설비의 보급을 지원하는 사업
㉱ 환경친화적 신·재생에너지 집적화단지 및 시범단지 조성사업

해설 신에너지 및 재생에너지 개발·이용·보급 촉진법 제27조 : 산업통상자원부장관은 신·재생에너지의 이용·보급을 촉진하기 위하여 필요하다고 인정하면 대통령령으로 정하는 바에 따라 다음 각 호의 보급사업을 할 수 있다.

1. 신기술의 적용사업 및 시범사업
2. 환경친화적 신·재생에너지 집적화단지(集積化團地) 및 시범단지 조성사업
3. 지방자치단체와 연계한 보급사업
4. 실용화된 신·재생에너지 설비의 보급을 지원하는 사업
5. 그 밖에 신·재생에너지 기술의 이용·보급을 촉진하기 위하여 필요한 사업으로서 산업통상자원부장관이 정하는 사업

67. 태양전지 모듈은 최대사용전압 몇 배의 직류전압을 충전 부분과 대지 사이에 연속하여 10분간 가하여 절연내력을 시험하였을 때 이에 견디어야 하는가?

㉮ 0.92   ㉯ 1   ㉰ 1.25   ㉱ 1.5

해설 문제 50번 해설 참조

68. 전기사업자는 전기사업용전기설비의 설치공사 또는 변경공사로서 산업통상자원부령으로 정하는 공사를 하려는 경우에는 그 공사계획에 대하여 누구에게 인가를 받아야 하는가?

㉮ 대통령

ⓝ 시·도지사

ⓓ 전기위원회

ⓡ 산업통상자원부장관

해설 전기사업법 제61조 : 전기사업자는 전기사업용전기설비의 설치공사 또는 변경공사로서 산업통상자원부령으로 정하는 공사를 하려는 경우에는 그 공사계획에 대하여 산업통상자원부장관의 인가를 받아야 한다. 인가받은 사항을 변경하려는 경우에도 또한 같다.

69. 신에너지 및 재생에너지 기술개발 및 이용·보급에 관한 계획을 협의하려는 자는 그 시행 사업연도 개시 몇 개월 전까지 산업통상자원부장관에게 계획서를 제출하여야 하는가?

ⓖ 1개월 전 ⓝ 3개월 전

ⓓ 4개월 전 ⓡ 6개월 전

해설 신에너지 및 재생에너지 개발·이용·보급 촉진법 제7조

① 국가기관, 지방자치단체, 공공기관, 그 밖에 대통령령으로 정하는 자가 신·재생에너지 기술개발 및 이용·보급에 관한 계획을 수립·시행하려면 대통령령으로 정하는 바에 따라 미리 산업통상자원부장관과 협의하여야 한다.

② 상기 법 제7조에 따라 신에너지 및 재생에너지 기술개발 및 이용·보급에 관한 계획을 협의하려는 자는 그 시행 사업연도 개시 4개월 전까지 산업통상자원부장관에게 계획서를 제출하여야 한다.

70. 공사업을 하려는 자는 산업통상자원부령으로 정하는 바에 따라 누구에게 등록하여야 하는가?

ⓖ 시·도지사

ⓝ 전기공사협회

ⓓ 한국전기기술인협회

ⓡ 산업통상자원부장관

해설 전기공사업법 제4조 : 공사업을 하려는 자는 산업통상자원부령으로 정하는 바에 따라 주된 영업소의 소재지를 관할하는 특별시장·광역시장·도지사 또는 특별자치도지사에게

등록하여야 한다.

71. 산업통상자원부장관은 전기사업자가 금지행위를 한 경우에는 전기위원회의 심의를 거쳐 대통령령으로 정하는 바에 따라 그 전기사업자의 매출액의 얼마 범위에서 과징금을 부과·징수할 수 있는가?

ⓖ 100분의 5 ⓝ 100분의 10

ⓓ 100분의 20 ⓡ 100분의 40

해설 전기사업법 제24조 : 산업통상자원부장관은 전기사업자가 제21조 제1항에 따른 금지행위를 한 경우에는 전기위원회의 심의를 거쳐 대통령령으로 정하는 바에 따라 그 전기사업자의 매출액의 100분의 5의 범위에서 과징금을 부과·징수할 수 있다. 다만, 매출액이 없거나 매출액의 산정이 곤란한 경우로서 대통령령으로 정하는 경우에는 10억원 이하의 과징금을 부과·징수할 수 있다.

72. 산업통상자원부장관이 혼합의무의 이행 여부를 확인하기 위하여 혼합의무자에게 대통령령으로 정하는 바에 따라 필요한 자료의 제출을 요구할 경우 신·재생에너지 연료 혼합의무 이행확인에 관한 자료로 틀린 것은?

ⓖ 수송용연료의 생산량

ⓝ 수송용연료의 수출입량

ⓓ 수송용연료의 해외판매량

ⓡ 수송용연료의 자가소비량

해설 신에너지 및 재생에너지 개발·이용·보급 촉진법 시행령 제26조의3 (자료제출) : 산업통상자원부장관은 법 제23조의2 제2항에 따라 혼합의무자에게 다음 각 호의 자료 제출을 요구할 수 있다.

1. 신·재생에너지 연료 혼합의무 이행확인에 관한 다음 각 목의 자료

가. 수송용연료의 생산량

나. 수송용연료의 내수판매량

다. 수송용연료의 재고량

라. 수송용연료의 수출입량

마. 수송용연료의 자가소비량

2. 신·재생에너지 연료 혼합시설에 관한 다음 각 목의 자료

해답 69. ⓓ 70. ⓖ 71. ⓖ 72. ⓓ

가. 신·재생에너지 연료 혼합시설 현황

나. 신·재생에너지 연료 혼합시설 변동사항

다. 신·재생에너지 연료 혼합시설의 사용 실적

3. 혼합의무자의 사업에 관한 다음 각 목의 자료

가. 수송용연료 및 신·재생에너지 연료 거래실적

나. 신·재생에너지 연료 평균거래가격

다. 결산재무제표

4. 그 밖에 혼합의무의 이행 여부를 확인하기 위하여 산업통상자원부장관이 필요하다고 인정하는 자료

73. 산업통상자원부장관이 정하여 고시하는 신·재생에너지의 가중치의 산정 시 고려사항으로 틀린 것은?

㉮ 전력 판매가

㉯ 지역주민의 수용 정도

㉰ 전력 수급의 안정에 미치는 영향

㉱ 온실가스 배출 저감에 미치는 효과

해설 산업통상자원부장관이 가중치를 정할 때 고려해야 하는 내용

① 환경, 기술개발 및 산업 활성화에 미치는 영향

② 발전 원가

③ 부존(賦存) 잠재량

④ 온실가스 배출 저감(低減)에 미치는 효과

⑤ 전력 수급의 안정에 미치는 영향

⑥ 지역주민의 수용(受容) 정도

74. 전기사업의 허가를 신청하는 자가 사업계획서를 작성할 때 태양광설비의 개요로 기재하여야 할 내용이 아닌 것은?

㉮ 집광판(集光板)의 면적

㉯ 태양전지 및 인버터의 효율, 변환방식, 교류주파수

㉰ 인버터의 종류, 입력전압, 출력전압 및 정격출력

㉱ 태양전지의 종류, 정격용량, 정격전압 및 정격출력

해설 태양전지 및 인버터의 효율, 변환특성, 교류주파수 등은 사업계획서의 개요에 포함할 필요가 없다.

75. 저탄소 녹색성장 추진의 기본원칙으로 틀린 것은?

㉮ 정부는 시장기능을 최대한 활성화하여 정부가 주도하는 저탄소 녹색성장을 추진한다.

㉯ 정부는 사회·경제 활동에서 에너지와 자원이용의 효율성을 높이고 자원순환을 촉진한다.

㉰ 정부는 국민 모두가 참여하고 국가기관, 지방자치단체, 기업, 경제단체 및 시민단체가 협력하여 저탄소 녹색성장을 구현하도록 노력한다.

㉱ 정부는 국가의 자원을 효율적으로 사용하기 위하여 성장잠재력과 경쟁력이 높은 녹색기술 및 녹색산업 분야에 대한 중점 투자 및 지원을 강화한다.

해설 정부는 시장기능을 최대한 활성화하여 민간이 주도하는 저탄소 녹색성장을 추진한다(저탄소 녹색성장기본법 제3조).

76. 발전기·연료전지 또는 태양전지 모듈(복수의 태양전지 모듈을 설치하는 경우에는 그 집합체)에 시설되는 계측하는 장치를 사용하여 측정하는 사항으로 틀린 것은?

㉮ 전압   ㉯ 전류   ㉰ 전력   ㉱ 역률

해설 역률의 측정은 교류 측에만 해당된다.

77. 공사업자의 등록취소사항에 해당되지 않는 것은?

㉮ 부정한 방법으로 공사업의 등록을 한 경우

㉯ 시정명령 또는 지시를 이행하지 아니한 경우

㉰ 최근 5년간 3회 이상 영업정지처분을 받

은 경우

㉑ 공사업을 등록한 후 1년 이내에 영업을 시작하지 아니한 경우

해설 전기공사업법 제28조 : 시·도지사는 공사업자가 다음 각 호의 어느 하나에 해당하면 등록을 취소하거나 6개월 이내의 기간을 정하여 영업의 정지를 명할 수 있다. 다만, 제1호·제3호·제4호·제7호 또는 제8호에 해당하는 경우에는 등록을 취소하여야 한다.
1. 거짓이나 그 밖의 부정한 방법으로 다음 각 목의 어느 하나에 해당하는 행위를 한 경우
  가. 제4조 제1항에 따른 공사업의 등록
  나. 제4조 제3항에 따른 공사업의 등록기준에 관한 신고
2. 제4조 제2항에 따라 대통령령으로 정하는 기술능력 및 자본금 등에 미달하게 된 경우. 다만, 「채무자 회생 및 파산에 관한 법률」에 따라 법원이 회생절차개시의 결정을 하고 그 절차가 진행 중이거나 일시적으로 등록기준에 미달하는 등 대통령령으로 정하는 경우는 예외로 한다.
2의2. 제4조 제3항에 따른 공사업의 등록기준에 관한 신고를 하지 아니한 경우
3. 제5조 각 호의 결격사유 중 어느 하나에 해당하게 된 경우
4. 제10조를 위반하여 타인에게 성명·상호를 사용하게 하거나 등록증 또는 등록수첩을 빌려 준 경우
5. 제27조에 따른 시정명령 또는 지시를 이행하지 아니한 경우
6. 제27조 제1호부터 제5호까지의 규정 중 어느 하나에 해당하는 경우로서 해당 전기공사가 완료되어 같은 조에 따른 시정명령 또는 지시를 명할 수 없게 된 경우
6의2. 제31조 제4항에 따른 신고를 거짓으로 한 경우
7. 공사업의 등록을 한 후 1년 이내에 영업을 시작하지 아니하거나 계속하여 1년 이상 공사업을 휴업한 경우
8. 영업정지처분기간에 영업을 하거나 최근 5년간 3회 이상 영업정지처분을 받은 경우

78. 전기의 원활한 흐름과 품질유지를 위하여 전기의 흐름을 통제·관리하는 체제를 무엇이라 하는가?

㉠ 전기관리　　　㉡ 전력계통
㉢ 전력시스템　　㉣ 전력거래사업

해설 전기사업법 제2조 : "전력계통"이란 전기의 원활한 흐름과 품질유지를 위하여 전기의 흐름을 통제·관리하는 체제를 말한다.

79. 개인대행자가 안전관리업무를 대행할 수 있는 태양광발전설비의 규모는 몇 kW 미만인가?

㉠ 100　　㉡ 250　　㉢ 500　　㉣ 1000

해설 태양광발전설비 용량에 따른 안전관리자 선임

발전 용량	안전관리자 선임
10 kW 이하	미선임
10 kW 초과	안전관리자 선임
1000 kW 이하	안전관리 대행업자 대행 가능 (단, 250 kW 미만은 개인대행자 대행 가능)
1000 kW 초과	상주 안전관리자 선임

80. 대지전압이 150 V 초과 300 V 이하인 경우에 절연저항값은 몇 MΩ 이상이어야 하는가?

㉠ 0.2　　㉡ 0.3　　㉢ 0.5　　㉣ 1

해설 전로전압에 대한 절연저항값

전로의 사용전압 구분		절연저항값 (MΩ)
400 V 미만	대지전압(접지식 전로는 전선과 대지간의 전압, 비접지식 전로는 전선간의 전압을 말한다. 이하 같다)이 150 V 이하의 경우	0.1 이상
	대지전압 150 V 초과 300 V 이하인 경우(전압측 전선과 중선선 또는 대지간의 절연저항)	0.2 이상
	사용전압이 300 V 초과 400 V 미만의 경우	0.3 이상
400 V 이상	-	0.4 이상

해답 78. ㉡　79. ㉡　80. ㉠

2017년도 시행 문제

Recent Test

□ 신재생에너지 발전설비 기사 ▶ 2017. 3. 5 시행

제1과목 : 태양광발전 시스템 이론

1. 옴의 법칙에서 전류의 크기는 어느 것에 비례하는가?

㉮ 임피던스 ㉯ 전선의 길이
㉰ 전선의 단면적 ㉱ 전선의 고유저항

해설 전선의 전기저항 $R = \dfrac{\rho L}{A}$

여기서, ρ : 도체의 고유저항 (저항율)
L : 전선의 길이
A : 전선의 단면적

따라서, 전류 $I = \dfrac{V}{R} = \dfrac{VA}{\rho L}$ 이므로 전류(I)는 전선의 단면적(A)과 전압(V)에 비례한다.

2. 3 kW 인버터의 입력범위가 25～35 V이고, 최대출력에서 효율이 89 %이다. 최대정격에서 인버터의 최대입력전류는 약 몇 A인가?

㉮ 96 ㉯ 113
㉰ 124 ㉱ 135

해설 인버터의 최대입력전류는 전압이 가장 낮은 25 V인 경우이다.
따라서, 최대입력전류
$= \dfrac{전력}{전압 \times 인버터효율} = \dfrac{3000}{25 \times 0.89}$
$\fallingdotseq 134.8$ A

3. 1 Ω·m와 동일한 단위는?

㉮ $1 \mu \Omega \cdot cm$ ㉯ $10^2 \Omega \cdot mm^2$
㉰ $10^4 \Omega \cdot cm^2$ ㉱ $10^6 \Omega \cdot mm^2/m$

해설 $10^6 \Omega \cdot mm^2/m = 10^6 \Omega \cdot 10^{-6} m^2/m$
$= 1 \Omega \cdot m$

4. 연료전지 시스템의 구성요소 중 단위전지를 적층하여 모듈화한 것은?

㉮ 스택 ㉯ 전해질
㉰ 가스켓 ㉱ 고분자막

해설 스택(Stack)은 원하는 전기출력을 얻기 위해 단위전지를 수십 장, 수백 장 직렬로 쌓아 올린 본체로, 단위전지의 제조와 적층 및 밀봉, 수소공급과 열회수를 위한 분리판 설계·제작 등이 그 핵심 기술이다.

5. 뇌보호 시스템 중 내부 뇌보호 시스템은?

㉮ 접지 시스템
㉯ 수뢰부 시스템
㉰ 인하도선 시스템
㉱ 서지보호장치 시스템

해설 뇌보호 시스템
① 내부 뇌보호 시스템 : 접지 및 본딩, 자기차폐, 선로의 경로, 서지보호장치(SPD) 등
② 외부 뇌보호 시스템 : 수뢰부(돌침/수평도체/메시도체로 구성), 인하도선, 접지 시스템 등

6. 계통연계형 태양광발전 시스템에 축전지를 부가함으로써 발생할 수 있는 장점이 아닌 것은?

㉮ 계통전압의 안정화에 기여한다.
㉯ 태양광발전 시스템의 수명을 연장한다.
㉰ 재해 발생 시 전력공급의 역할을 한다.
㉱ 태양광발전 시스템의 적용 범위를 확대한다.

해설 계통연계형 태양광발전 시스템에서 축전지의 역할은 방재의 대응, 부하의 평준화, 계통전압의 안정화, 적용 범위의 확대 등이다.

해답 1. ㉰ 2. ㉱ 3. ㉱ 4. ㉮ 5. ㉱ 6. ㉯

7. 독립형 태양광발전 설비의 전원 시스템용 축전지 용량 선정 시 고려사항에 해당되지 않는 것은?

㉮ 보수율   ㉯ 설계습도

㉰ 부조 일수   ㉱ 방전심도 (DOD)

해설 독립형 전원 시스템용 축전지 용량 산출

$$C = \frac{Ld \times Dr \times 1,000}{L \times Vb \times N \times DOD} \text{ (Ah)}$$

여기서, Ld : 1일 적산 부하전력량(kWh)

Dr : 불일조 일수(부조 일수)

L : 보수율

Vb : 공칭 축전지 전압(V)

N : 축전기 개수

DOD : 방전심도 (일조가 없는 날의 마지막 날을 기준으로 결정)

8. 태양전지에서 직렬저항 성분이 아닌 것은?

㉮ 기판 자체 저항

㉯ 표면층의 면 저항

㉰ 금속 전극 자체의 저항

㉱ 접합의 결함에 의한 누설저항

해설 누설저항은 회로상의 병렬저항에 해당한다.

9. 태양전지 모듈과 인버터가 통합된 형태로서 태양광발전 시스템 확장이 유리한 인버터 운전방식은?

㉮ 모듈 인버터방식

㉯ 스트링 인버터방식

㉰ 병렬운전 인버터방식

㉱ 중앙 집중형 인버터방식

해설 모듈 인버터방식은 부분 음영이 많은 곳에서 높은 효율을 얻기 위해 설치하는 방식으로, 각 모듈에 각각 개별적으로 인버터를 부착하고 통합화하여 최대 전력점에서 작동되도록 한다. 확장이 용이하지만 설치비용이 고가라는 단점이 있다.

10. 단결정 실리콘 태양전지의 특징이 아닌 것은?

㉮ 색이 검은색이다.

㉯ 무늬가 다양하다.

㉰ 단단하고 구부러지지 않는다.

㉱ 제조에 필요한 온도는 약 1,400℃이다.

해설 태양전지 중에서 무늬가 다양한 것은 다결정 태양전지 또는 염료감응형 태양전지이다.

11. 태양전지 셀의 종류에서 박막형의 특징이 아닌 것은?

㉮ 온도 특성이 강하다.

㉯ 결정질보다 두께가 얇다.

㉰ 결정질보다 변환효율이 낮다.

㉱ 동일 용량 설치 시 결정질보다 박막형이 면적을 적게 차지한다.

해설 박막형 태양전지는 결정질보다 전력 변환 효율이 낮아서 동일 설치 용량을 기준으로 면적을 많이 차지한다.

12. 태양광발전 시스템의 전체 성능에 영향을 미치는 인버터 효율에 관한 설명으로 가장 옳은 것은?

㉮ 태양광 인버터의 효율은 중요하지 않다.

㉯ 변환효율만이 시스템 성능에 영향을 미친다.

㉰ 추적효율만이 시스템 성능에 영향을 미친다.

㉱ 변환효율과 추적효율을 같이 고려해야 한다.

해설 태양광 인버터의 실제 효율은 변환효율(DC→AC)과 추적효율(MPPT ; Maximum Power Point Tracking)이 동시에 고려되어야 한다.

13. 태양전지 모듈 뒷면에 부착된 라벨에 표시되는 사항이 아닌 것은?

㉮ 공칭 최대출력

㉯ 공칭 개방전압

㉰ 공칭 개방전류

㉱ 공칭 최대출력 동작전압

해답 **7.** ㉯   **8.** ㉱   **9.** ㉮   **10.** ㉯   **11.** ㉱   **12.** ㉱   **13.** ㉰

해설 태양전지 모듈의 뒷면에 표시해야 할 사항
① 제조업자명 또는 그 약호
② 제조년월일 및 제조번호
③ 내풍압성의 등급
④ 최대 시스템전압
⑤ 어레이의 조립형태
⑥ 공칭 최대출력
⑦ 공칭 개방전압
⑧ 공칭 단락전류
⑨ 공칭 최대출력 동작전압
⑩ 공칭 최대출력 동작전류
⑪ 역내전압 (V)
⑫ 공칭 중량 (kg)

14. 다음 설명은 인버터의 효율 중 어떤 효율에 관한 것인가?

> 태양광 모듈의 출력이 최대가 되는 최대 전력점(MPP : Maximum Power Point)을 찾는 기술에 대한 성능 지표이다.

㉠ 정격효율   ㉡ 추적효율
㉢ 유로효율   ㉣ 변환효율

해설 태양광 인버터의 효율
① 인버터의 변환효율 : DC에서 AC로 바꿀 때의 손실에 대한 효율
② 인버터의 추적효율 : 실시간 최대 전력을 생산하기 위한 MPPT(Maximum Power Point Tracking)를 행하는 효율

15. 최대전압 50 V, 전압온도계수 −0.2 V/℃인 결정질 태양전지 모듈 10장이 직렬연결되어 있다. 태양전지 표면온도가 60℃일 때 최대전압은 몇 V인가? (단, STC 조건이다.)

㉠ 380   ㉡ 400
㉢ 430   ㉣ 450

해설 표면온도가 60℃일 경우 전압온도변화율(V/℃)을 고려한 모듈 1개의 최대전압
$V(60℃) = 50 - 0.2 \times (60-35) = 43 \text{ V}$
따라서, 직렬 연결된 전체 모듈의 최대전압
$= 43 \text{ V} \times 10$장 $= 430 \text{ V}$

16. 다음 중 확산광에 대한 설명으로 적절하지 않은 것은?

㉠ 맑은 날의 경우 지표에 도달하는 전체 태양광의 10~20 %를 차지한다.
㉡ 확산광은 주로 대기에서의 산란에 의해 발생한다.
㉢ 결정질 실리콘 태양전지는 확산광을 흡수하지 못한다.
㉣ 확산광이 늘어나면 집광형 시스템의 출력이 줄어든다.

해설 태양전지는 확산광(확산 일사)과 직달광(직달 일사)을 모두 흡수하여 발전을 행한다.

17. 다음은 인버터의 단독운전 검출방식 중 어떤 방식에 대한 설명인가?

> 인버터의 출력단에 병렬로 임피던스를 순간적 또는 주기적으로 삽입하여 전압 또는 전류의 급변을 검출한다.

㉠ 주파수 시프트방식
㉡ 유효전력 변동방식
㉢ 무효전력 변동방식
㉣ 부하 변동방식

해설 부하 변동방식은 부하측(인버터의 출력단)에 저항을 순간적으로 삽입하여 그때의 전류나 전압의 급변을 검출하는 방식이다.

18. 동일 출력전류(I) 특성을 가지는 N개의 태양전지를 같은 일사 조건에서 서로 병렬로 연결했을 경우 출력전류 I_a에 대한 계산식은?

㉠ $I_a = N \times I$ ㉡ $I_a = N^2 \times I$
㉢ $I_a = \dfrac{I}{N}$ ㉣ $I_a = \dfrac{N}{I}$

해설 태양전지의 병렬 연결 시 전체 출력전류(I_a)와 출력전압(V_a)
$I_a =$ 태양전지 1개의 출력전류 (I) × 병렬연결 수(N)
$V_a =$ 태양전지 1개의 출력전압 (V)

해답   14. ㉡   15. ㉢   16. ㉢   17. ㉣   18. ㉠

19. 일반적인 GaAs 태양전지의 개방전압 (V_{oc})과 충진율(Fill Factor, FF) 값으로 가장 적절한 것은?

㉮ $V_{oc}=0.6\,V$, $FF=0.7\sim0.8$

㉯ $V_{oc}=0.75\,V$, $FF=0.72\sim0.8$

㉰ $V_{oc}=0.95\,V$, $FF=0.78\sim0.85$

㉱ $V_{oc}=1.06\,V$, $FF=0.8\sim0.9$

해설 태양전지별 값

① Si : $V_{oc}=0.6\,V$, FF (충진율, 곡선인자) $=0.7\sim0.85$

② GaAs : $V_{oc}=0.95\,V$, FF (충진율, 곡선인자) $=0.78\sim0.85$

20. 변압기 결선방식 중 $\Delta-\Delta$ 결선의 특징이 아닌 것은?

㉮ 1상분이 고장 나면 나머지 2대로 V결선할 수 있다.

㉯ 상전압이 선간전압의 $1/\sqrt{3}$ 이 되어 고전압에 적합하다.

㉰ 제3고조파 전류에 의한 기전력 왜곡을 일으키지 않는다.

㉱ 각 변압기의 상전류가 선전류의 $1/\sqrt{3}$ 이 되어 대전류에 적합하다.

해설 $\Delta-\Delta$ 결선의 특징

① 주로 66 kV 이하의 배전용 변압기 등에서 사용한다.

② 1, 2차 간 전압은 동상으로 각변위가 없다. 권선 중의 상전류는 선로전류의 $1/\sqrt{3}$ 이 되므로 대전류의 결선에 유리하며, 1상의 권선이 고장났어도 고장상을 분리시켜 V결선으로 운전 가능하다.

③ 중성점 접지를 할 수 없기 때문에 지락사고 검출이 곤란하고, 아크 지락 시 이상고전압이 발생하기 쉬우며, 중성점 접지 필요시 별도 접지 변압기를 설치해야 한다. 상부하 불평형 시 순환전류가 흐른다.

④ 제3고조파 전류에 의한 기전력 왜곡현상을 일으키지 않는다.

제2과목 : 태양광발전 시스템 설계

21. 전력계통의 한 점을 직접 접지하고 설비의 노출 도전성 부분을 전력계통의 접지극과 전기적으로 독립한 접지극으로 접속하는 방식은?

㉮ TT방식 ㉯ IT방식

㉰ TN방식 ㉱ TN-S방식

해설 TT (Terra-Terra) 접지방식은 계통의 한 점을 대지에 직접 접속하고, 노출 도전성 부분도 별도로 대지에 직접 접속하는 방식을 말한다.

22. 태양전지 어레이 설계 시 그늘에 대한 검토사항 중 일반적으로 수평면에 수직으로 세워진 높이를 L, 높이가 만든 그림자의 남북방향의 길이를 Ls, 태양의 높이를 h, 방위각을 α 라 할 때 그림자 배율 R을 나타낸 식은?

㉮ $R=\dfrac{Ls}{L}\cos\alpha$

㉯ $R=\dfrac{L}{Ls}\cot h$

㉰ $R=\dfrac{Ls}{L}\cot h\cdot\cos\alpha$

㉱ $R=\dfrac{L}{Ls}\cot h\cdot\cos\alpha$

해설 물체의 높이를 L, 물체가 만든 남북 방향의 그림자 길이를 Ls, 태양의 고도 (높이각)를 h, 시각별 방위각을 α 라고 할 때 그림자의 배율 $R=\dfrac{Ls}{L}=\cot h\times\cos\alpha$

23. 위도가 30°일 때 하지 시 남중고도는?

㉮ 36.5° ㉯ 60.5° ㉰ 70.5° ㉱ 83.5°

해설 하지 시 태양의 남중 고도각
$90°-(위도)+23.5°=90°-30°+23.5°$
$=83.5°$

24. 태양광 인버터의 용량이 40 kW일 때 인버터에 연결된 모듈의 최대 설치용량(kW)은?

(단, 태양광설비 시공기준에 준한다.)

㉮ 40   ㉯ 42

㉰ 45   ㉱ 50

해설 인버터의 설치용량은 설계용량 이상이어야 하고, 인버터에 연결된 모듈의 설치용량은 인버터 설치용량의 105 % 이내이어야 한다.
따라서, 모듈의 최대설치용량
= 40 kW×1.05 = 42 kW

25. 어레이 설치 지역의 설계속도압이 1,000 N/m², 유효수압면적이 7 m²인 어레이의 풍하중은 얼마인가? (단, 가스트 영향계수는 1.8, 풍압계수는 1.3을 적용한다.)

㉮ 9.75 kN   ㉯ 13.50 kN

㉰ 16.38 kN   ㉱ 17.55 kN

해설 풍하중 산출공식

풍하중 $(N) = Gf \times Cf \times Pz \times A$

여기서, Gf : 가스트 영향계수

Cf : 풍압계수

Pz : 임의의 높이(z)에서의 설계속도압(N/m²)

$$Pz = \frac{\rho V^2}{2}$$

ρ : 공기의 밀도(= 약 1.25 kg/m³)

V : 지역별 풍속 (m/s)

A : 유효수압 면적(m²)

따라서, 풍하중 (N) = 1.8×1.3×1000×7
= 16,380 N = 16.38 kN

26. 분산형 전원 계통연계 기술기준에서 전력 품질에 들어가지 않는 항목은?

㉮ 전압 관리   ㉯ 역률 관리

㉰ 발전량 관리   ㉱ 직류 유입 관리

해설 분산형 전원의 전력품질 : 전압, 역률, 직류 전류 유입, 플리커, 고조파 전류 등

27. 시방서의 역할 및 명기사항이 아닌 것은?

㉮ 주요 기자재에 대한 규격, 수량 및 납기일을 기재한다.

㉯ 시공상 필요한 품질 및 안전관리 계획,

시공상 특별히 주의해야 할 특기사항들을 포함시킨다.

㉰ 시공상 필요한 기술기준을 규정하는 것으로, 계약서류에 포함되는 설계도서의 일부로 법적인 구속력을 갖는다.

㉱ 설계도면에 표시하지 못한 상세 내용, 즉 공정별로 적용되는 국내외 표준기준, 시공방법, 허용오차 등의 기술적 내용을 기재한다.

해설 주요 기자재에 대한 규격, 수량 및 납기일은 주로 도면, 내역서, 계약서 등에 명기할 내용이다.

28. 다음 내용을 나타내는 것은?

> 상환해야 할 원금과 매번(매년 또는 매월) 상환액의 비를 나타낸다.

㉮ 비용편익률   ㉯ 투자회수율

㉰ 내부수익률   ㉱ 순현재가치율

해설 투자회수율 또는 투자수익률(ROI ; Return On Investment)은 원래 가장 널리 사용되는 경영성과 측정기준 중의 하나로, 기업의 순이익을 투자액으로 나누어 구한다. 상환 측면에서는 매번 상환액을 상환할 총원금으로 나누어 표현할 수도 있다.

29. 태양광발전 시스템에서 어레이 경사면 일조량과 가장 근사한 것은?

㉮ 전수평면 일조량과 경사면 직달광선 일조량의 합

㉯ 전수평면 일조량과 경사면 산란광선 일조량의 합

㉰ 경사면 직달광선 일조량과 경사면 산란광선 일조량의 합

㉱ 전수평면 일조량, 경사면 직달광선 일조량, 경사면 산란광선 일조량의 합

해설 경사면 일조량과 전일조량

① 경사면 일조량 (총일조량) : 경사면이 받는

해답   25. ㉰   26. ㉰   27. ㉮   28. ㉯   29. ㉰

직달 일사량과 산란 일조량의 적산값을 합한 것

② 전일조량 (수평면 일조량) : 지표면에 직접 도달한 직달 일조량과 산란 일조량의 적산값을 합한 것

30. 태양광발전소 설비용량이 2500 kW, SMP가 200원/kWh, 가중치 적용전 REC가 150원/kWh인 경우 판매단가(원/kWh)는 ? (단, 설치 장소는 기존 건축물 지붕을 이용하여 설치하는 것으로 한다.)

㉮ 450   ㉯ 475   ㉰ 500   ㉱ 525

해설 건축물 등 기존 시설물을 이용하는 경우 (3,000 kW 이하)이므로 REC 가중치는 1.5이다. 따라서, 전력 판매가격 = SMP+REC×가중치 = 200+150×1.5 = 425원/kWh

31. 전기설계 일반사항에서 실시설계 성과물 중 공사비 견적서와 가장 거리가 먼 것은 ?

㉮ 계산서   ㉯ 내역서
㉰ 산출서   ㉱ 견적서

해설 계산서에는 세금계산서, 공사원가계산서, 기술계산서 등이 있으며, 물량 및 금액의 리스트를 나타내는 견적서와는 역할이 다르다.

32. 태양광 발전소 설계 시 적용하는 케이블 중 가교 폴리에틸렌 절연비닐 시스 케이블의 약어는 ?

㉮ OW   ㉯ CV   ㉰ DV   ㉱ OC

해설 ① OW (Outdoor Weather-proof polyvinyl chloride insulated wire) : 옥외용 비닐 절연전선(저압 가공전선으로 사용되며 전기용 경동선을 도체로 하여 PVC로 피복한 절연 전선으로, 내후성 및 내구성이 우수한 절연 전선)

② CV (Crosslinked polyethylene insulated PVC sheathed cable) : 가교 폴리에틸렌 절연 비닐 시스 케이블(전력 케이블의 대표격이며 가장 널리 사용)

③ DV(polyvinyl chloride insulated Drop wire) : 인입용 비닐 절연전선 (주로 600 V

이하의 가공 인입선으로 사용되며 각 심이 선명하게 착색되어 있으므로 배선 시 편리하고 피복의 내후성이 매우 우수하며, 화재 또는 감전의 사고없이 오랫동안 안전하게 사용할 수 있는 절연전선)

④ OC (Outdoor Crosslinked polyethylene insulated wire) : 옥외용 가교 폴리에틸렌 절연전선 (가교 폴리에틸렌으로 절연한 절연전선을 통칭하며, 도체로는 경동선, ACSR 또는 알루미늄 합금선 등을 사용)

33. 태양광발전 시스템 어레이의 그림자 영향에 대한 대책이 아닌 것은 ?

㉮ 모듈을 가로깔기로 배치한다.
㉯ 인버터에 MPPT 제어기능을 추가한다.
㉰ 모듈 후면 단자함 내 바이패스 다이오드를 설치한다.
㉱ 스트링(모듈 직렬연결) 간 블록킹 다이오드를 설치한다.

해설 모듈의 가로깔기는 그림자의 영향에 대한 대책과는 무관하다.

34. 태양광발전 시스템 어레이 지지대의 조건으로 가장 거리가 먼 것은 ?

㉮ 유지관리가 용이할 것
㉯ 미관 및 조형성을 가질 것
㉰ 태풍, 지진 등 외력에 충분히 견딜 것
㉱ 대기환경에 충분히 비내수성을 가질 것

해설 어레이 지지대는 내수성(외부로부터 침입하는 수분이나 습기를 막아 견뎌 내는 성질)을 가질 것

35. 표준 상태에서 태양전지 어레이의 변환효율을 산출하는 계산식으로 옳은 것은 ?

P_{AS} : 태양전지 어레이 출력전력(kW)
G_S : 경사면 일사량 (kW/m^2)
G_H : 수평면 일사량 (kW/m^2)
A : 태양전지 어레이 면적(m^2)

㉮ $\eta = \dfrac{P_{AS}}{G_S \times A} \times 100\%$

㉯ $\eta = \dfrac{G_S}{P_{AS} \times A} \times 100\%$

㉰ $\eta = \dfrac{P_{AS} \times A}{G_H} \times 100\%$

㉱ $\eta = \dfrac{G_S \times A}{P_{AS}} \times 100\%$

해설 변환효율 $= \dfrac{출력}{입력}$

$= \dfrac{출력}{경사면 \ 일사량 \times 면적}$

36. 태양전지 모듈 간의 이격거리(X)는 약 몇 m인가?

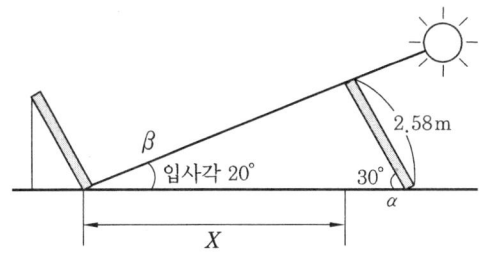

㉮ 5.1 ㉯ 5.8 ㉰ 6.2 ㉱ 6.5

해설 모듈 간 이격거리 계산공식

이격거리$(X) = \dfrac{\sin(180° - \alpha - \beta)}{\sin \beta} \times L$

$= \dfrac{\sin(180° - 30° - 20°)}{\sin 20°} \times 2.58$

$\fallingdotseq 5.8 \ m$

37. 농림지역에 태양광발전 사업을 하려고 한다. 개발행위 대상이 되는 부지 면적은 최대 몇 m² 미만인가?

㉮ 5000 m²   ㉯ 7500 m²

㉰ 10000 m²   ㉱ 30000 m²

해설 개발행위 허가 대상

① 도시지역

㉮ 보전녹지지역 : 5,000 m² 미만

㉯ 주거 · 상업 · 자연녹지 · 생산녹지 지역 :

10,000 m² 미만

㉰ 공업지역 : 30,000 m² 미만

② 자연환경 보전지역 : 5,000 m² 미만

③ 관리지역 : 30,000 m² 미만

④ 농림지역 : 30,000 m² 미만

38. 태양광발전 시스템 어레이 기초시설 중 내력벽 또는 조적벽을 지지하는 기초로 벽체 양 옆에 캔틸레버 작용으로 하중을 분산시키는 기초는?

㉮ 독립기초   ㉯ 연속기초

㉰ 온통기초   ㉱ 파일기초

해설 연속기초는 내력벽이나 조적벽 밑면에 설치되어 벽체로부터 전달되는 축하중이나 모멘트를 벽체 양쪽으로 연장된 판의 캔틸레버 작용으로 지반에 전달하는 역할을 한다. 연속기초에서는 2방향 전단검토를 할 필요가 없으며, 기초의 두께는 1방향 전단에 의하여 결정된다. 즉, 벽면을 기준으로 캔틸레버 슬래브로 설계한다(단면 방향만 설계).

39. 태양광발전에 사용되는 축전지 선정 시 기대수명을 예상할 때 고려할 대상이 아닌 것은?

㉮ 축전지용량   ㉯ 사용온도

㉰ 방전심도   ㉱ 방전횟수

해설 축전지의 방전횟수(수명) 그래프

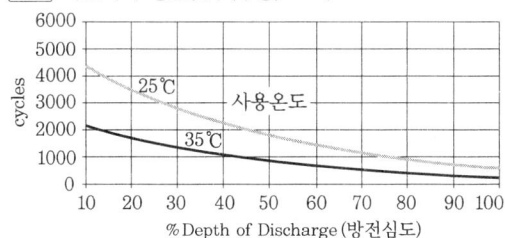

40. 태양광발전 시스템에 적용하는 피뢰방식이 아닌 것은?

㉮ 메시법   ㉯ 보호각법

㉰ 회전구체법   ㉱ 바리스터법

해설 바리스터법은 보호하고자 하는 부품이나

해답 36. ㉯ 37. ㉱ 38. ㉯ 39. ㉮ 40. ㉱

회로에 바리스터를 병렬로 연결하여 과도전압이 증가하면 낮은 저항 회로를 형성하여 과도전압이 더 이상 상승하는 것을 막아주는 방법으로 태양광발전소의 피뢰방식과 직접적 관련성이 없다.

제3과목 : 태양광발전 시스템 시공

41. 태양광발전 시스템 건설을 위한 기본 계획 흐름도가 올바른 것은?

㉮ 현장여건분석 → 시스템설계 → 구성요소제작 → 기초공사 → 구조물설치 → 간선공사 → 모듈설치 → 인버터설치 → 시운전 → 운전개시

㉯ 현장여건분석 → 시스템설계 → 기초공사 → 구성요소제작 → 구조물설치 → 간선공사 → 모듈설치 → 인버터설치 → 시운전 → 운전개시

㉰ 현장여건분석 → 시스템설계 → 구성요소제작 → 기초공사 → 구조물설치 → 모듈설치 → 간선공사 → 인버터설치 → 시운전 → 운전개시

㉱ 현장여건분석 → 시스템설계 → 구성요소제작 → 기초공사 → 구조물설치 → 모듈설치 → 인버터설치 → 간선공사 → 시운전 → 운전개시

해설 모듈 (어레이)의 설치 이후 간선공사와 인버터설치가 연속적으로 이루어지는 것이 가장 바람직한 설치순서이다.

42. 태양전지 모듈을 설치할 경우 시공기준에 적합하지 않은 것은?

㉮ 모듈 전면의 음영이 최대화되어야 한다.

㉯ 경사각은 현장 여건에 따라 조정하여 설치할 수 있다.

㉰ 설치용량은 사업계획서상의 모듈 설계용량과 동일하여야 한다.

㉱ 방위각은 그림자의 영향을 받지 않는 곳에 정남향 설치를 원칙으로 한다.

해설 모듈 전면의 음영은 최소화되어야 한다.

43. 태양광 파워 컨디셔너 설치 후 역률 확인 시 출력 기본파 역률은 몇 % 이상인가?

㉮ 85　㉯ 90　㉰ 93　㉱ 95

해설 분산형 전원의 역률 관리기준은 '90 % 이상'이지만, 파워컨디셔너(인버터) 자체의 역률 관리기준은 '95 % 이상'이다.

44. 태양광 모듈을 지붕에 시공하고 옥내 배선공사를 케이블 트레이 공사로 시공할 경우 케이블 트레이에 적용할 수 없는 전선은?

㉮ 연피 케이블

㉯ PVC 케이블

㉰ 난연성 케이블

㉱ 알루미늄피 케이블

해설 고압 옥내배선 등의 시설 : 전기설비기술기준의 판단기준 제209조에 따라 케이블 트레이 공사에 의한 고압 옥내배선은 제194조 제1항 제3호, 제4호, 제5호, 제2항 (제7호 및 제8호를 제외한다)의 규정에 준하여 시설하는 외에 다음에 의하여 시설하여야 한다.

1. 전선은 연피 케이블, 알루미늄피 케이블 등 난연성 케이블, 기타 케이블(적당한 간격으로 연소(延燒)방지 조치를 하여야 한다)을 사용하여야 한다.

2. 금속제 케이블 트레이 계통은 기계적 및 전기적으로 완전하게 접속하여야 하며, 금속제 트레이에는 제1종 접지공사로 접지하여야 한다.

45. 누전에 의한 감전과 화재 등을 방지하기 위하여 태양전지 어레이와 연결된 인버터의 출력전압이 400 V 미만인 경우 몇 종 접지공사를 하여야 하는가?

㉮ 제1종 접지공사

[내] 제2종 접지공사

[대] 제3종 접지공사

[라] 특별 제3종 접지공사

[해설] 기계기구의 구분에 의한 접지공사의 적용

기계기구의 구분	접지공사
400 V 미만의 저압용	제3종 접지공사
400 V 이상의 저압용	특별 제3종 접지공사
고압용 또는 특별 고압용	제1종 접지공사

46. 감리원이 해당 공사 착공 전에 실시하는 설계도서 검토내용에 포함되지 않는 것은?

[가] 설계도서 등의 내용에 대한 상호일치 여부

[내] 현장조건에 부합 및 시공의 실제가능 여부

[대] 설계도서의 누락, 오류 등 불명확한 부분의 존재여부

[라] 시공사가 제출한 물량내역서와 발주자가 제공한 산출내역서의 수량 일치 여부

[해설] [라]는 발주자가 제공한 물량내역서와 공사업자(시공사)가 제출한 산출내역서의 수량일치 여부로 고쳐야 한다.

47. 설계감리의 업무 범위가 아닌 것은?

[가] 사용자재의 적정성 검토

[내] 설계도면의 적정성 검토

[대] 주요인력 및 장비투입 현황 검토

[라] 공사기간 및 공사비의 적정성 검토

[해설] 주요인력 및 장비투입 현황 검토는 시공감리가 행하는 업무이다.

48. 태양광 발전설비 중 일반용의 경우 안전관리자를 선임하지 않아도 되는 용량(kW)은?

[가] 10 kW 이하 [내] 20 kW 이하

[대] 50 kW 이하 [라] 100 kW 이하

[해설] 태양광 발전설비 용량에 따른 안전관리자 선임

발전 용량	안전관리자 선임
10 kW 이하	미선임
10 kW 초과	안전관리자 선임
1,000 kW 이하	안전관리 대행업자 대행 가능 (단, 250 kW 미만은 개인대행자 대행 가능)
1,000 kW 초과	상주 안전관리자 선임

49. 발주청의 감독권한 대행을 제외한 행정업무, 시공관리업무, 공정관리업무, 안전관리업무를 포함하는 감리를 무엇이라고 하는가?

[가] 검측감리 [내] 시공감리

[대] 책임감리 [라] 설계감리

[해설] ① 검측감리(檢測監理) : 건설공사가 설계도서 및 그 밖의 관계 서류와 관계 법령의 내용대로 시공되는지의 여부를 확인하는 것

② 시공감리 : 품질관리·시공관리·안전관리 등에 대한 기술지도와 검측감리를 하는 것

③ 책임감리 : 시공감리와 관계 법령에 따라 발주청으로서의 감독권한을 대행하는 것으로, 책임감리는 공사감리의 법적 내용별로 대통령령으로 정하는 바에 따라 전면 책임감리 및 부분 책임감리로 구분됨

④ 설계감리 : 건설공사의 계획·조사 또는 설계가 관계 법령 등에 따라 품질과 안전을 확보하여 시행될 수 있도록 관리하는 것

50. 피뢰기의 구비 조건이 아닌 것은?

[가] 발전 내량이 클 것

[내] 속류 차단 능력이 클 것

[대] 충격 방전개시 전압이 높을 것

[라] 상용주파 방전개시 전압이 높을 것

[해설] 피뢰기의 충격 방전개시 전압과 상용주파 방전개시 전압

① 충격 방전개시 전압 : 피뢰기 단자 간에 충격전압을 인가할 경우 방전을 개시하는 전압의 순시값으로 낮을수록 유리하다.

② 상용주파 방전개시 전압 : 일반 상용주파수의 전압을 인가할 때 방전을 개시하는 방전개시전압(실효값)으로 높을수록 유리하다.

[해답] 46. [라] 47. [대] 48. [가] 49. [내] 50. [대]

③ 충격비 = $\dfrac{\text{충격 방전개시 전압}}{\text{상용주파 방전개시 전압}}$

51. 태양광설비 인버터의 입력단(모듈출력)에 표시하지 않아도 되는 것은?

㉮ 전압   ㉯ 전류
㉰ 전력   ㉱ 주파수

해설 태양광 인버터의 입력단 (모듈출력)은 직류 (DC) 부분이므로 주파수와는 무관하다.

52. 태양전지 모듈에서 인버터 입력단 간 거리가 120 m 이하일 때 전선의 길이에 따른 전압강하 최대 허용치(%)는?

㉮ 3 %   ㉯ 5 %
㉰ 7 %   ㉱ 10 %

해설 태양전지 판에서 인버터 입력단 간 및 인버터출력단과 계통연계점 간의 전압강하는 각 3 %를 초과하여서는 안 된다. 단, 전선의 길이가 60 m를 초과할 경우에는 아래 표에 따라 시공할 수 있다.

전선의 길이	전압강하 (%)
120 m 이하	5
200 m 이하	6
200 m 초과	7

53. 태양광 모듈 설치 시 감전사고 예방대책이 아닌 것은?

㉮ 절연장갑 착용
㉯ 안전 난간대 설치
㉰ 태양전지 모듈 등 전원 개방
㉱ 누전 위험장소 누전차단기 설치

해설 안전 난간대는 모듈 설치 시 추락사고를 예방하기 위해 설치하는 것이다.

54. 태양전지 모듈의 검사 시 성능평가 요소가 아닌 것은?

㉮ 추인율   ㉯ 개방전압

㉰ 전력변환효율   ㉱ 방전종지전압

해설 ㉱ 방전종지전압은 축전지와 관련된 내용이다.

55. 태양광발전설비의 준공검사 후 현장문서 인수인계 사항이 아닌 것은?

㉮ 준공 사진첩
㉯ 공사시공 계획서
㉰ 시설물 인수인계서
㉱ 품질시험 및 검사성과 총괄표

해설 준공 후 인수인계되어야 할 서류 목록
① 준공 사진첩
② 준공도
③ 준공 내역서
④ 시방서
⑤ 시공도
⑥ 시험성적서(주요자재, 품질관리)
⑦ 기자재 구매서류
⑧ 공사 관련 기록부(주요 자재 정산서, 인·허가 관계철)
⑨ 시설물 인수인계서
⑩ 준공검사 조서
⑪ 사용설명서

56. 감리원이 공사업자에게 행하는 기술지도 사항이 아닌 것은?

㉮ 품질관리   ㉯ 시공관리
㉰ 공정관리   ㉱ 운영관리

해설 운영관리는 공사의 감리, 준공 및 인수인계 다음 단계에서 행해지는 행위이다.

57. 태양전지 모듈의 배선공사가 끝나고 확인할 사항으로 옳지 않은 것은?

㉮ 단락전류 확인
㉯ 단락전압 확인
㉰ 모듈의 극성 확인
㉱ 모듈 출력전압 확인

해설 ㉯는 개방전압 확인으로 고쳐야 옳다.

해답 51. ㉱   52. ㉯   53. ㉯   54. ㉱   55. ㉯   56. ㉱   57. ㉯

58. 분산형 전원을 배전계통에 연계 시 승압용 변압기의 1차 결선방식으로 옳은 것은? (단, 인버터는 3상이며 절연변압기를 사용하는 조건이다.)

㉮ Y결선

㉯ △결선

㉰ V결선

㉱ 스코트(scott) 결선

해설 보통 분산형 전원은 한전계통에 $Y-\Delta$ 변압기를 연결한다.

59. 변전소의 설치 목적이 아닌 것은?

㉮ 전압을 승압한다.

㉯ 전압을 강압한다.

㉰ 전력손실을 감소시킨다.

㉱ 계통의 주파수를 변환시킨다.

해설 변전소의 설치 목적
① 전압의 승압 및 강압
② 전력의 집중 및 분배
③ 유효 및 무효전력의 제어
④ 전력손실의 감소
⑤ 전압의 조정
⑥ 전력 조류 제어

60. 제3종 접지공사의 접지 저항값은?

㉮ 1 Ω 이하

㉯ 5 Ω 이하

㉰ 10 Ω 이하

㉱ 100 Ω 이하

해설 접지의 종류별 접지저항값

접지공사의 종류	접지저항
제1종 접지공사	10 Ω
제2종 접지공사	변압기 고압 측 또는 특별 고압 측 전로의 1선 지락전류 암페어 수에서 150을 나눈 값의 옴 수
제3종 접지공사	100 Ω
특별 제3종 접지공사	10 Ω

제4과목 : 태양광발전 시스템 운영

61. 정전작업 중 조치 사항에 대한 설명으로 틀린 것은?

㉮ 개폐기 관리

㉯ 작업지휘자에 의한 작업지휘

㉰ 근접 활선에 대한 방호상태 관리

㉱ 검전기로 개로된 전로의 충전 여부 확인

해설 ㉱의 검전기로 개로된 전로의 충전여부 확인은 정전작업 전 조치 사항이다.

62. 태양광발전 시스템 접속함의 고장현상과 원인의 연결로 틀린 것은?

㉮ 어레이 단자 변형 – 누전

㉯ 다이오드 과열 – 다이오드 불량

㉰ 터미널 튜브 변색 – 과전류, 과열

㉱ 부스바 과열 – 과전류, 부스바 결합상태 불량

해설 어레이 단자의 변형과 누전현상은 직접적 관련성이 없다.

63. 태양광발전용 독립형/연계형 인버터의 성능시험을 위해 사용되는 CT 등 출력계측기의 정확도 범위는?

㉮ 1 % 이내

㉯ 3 % 이내

㉰ 5 % 이내

㉱ 10 % 이내

해설 계측설비별 요구사항

계측설비	요구사항	확인방법
인버터	CT 정확도 3 % 이내	•관련 내용이 명시된 설비 스펙 제시 •인증 인버터는 면제
온도센서	정확도 ±0.3℃ (−20~100℃) 미만	
	정확도 ±1℃ (100~1,000℃) 이내	•관련 내용이 명시된 설비 스펙 제시
유량계, 열량계	정확도 ±1.5 % 이내	
전력량계	정확도 1 % 이내	

해답 58. ㉮ 59. ㉱ 60. ㉱ 61. ㉱ 62. ㉮ 63. ㉯

64. 결정질 실리콘 태양광발전 모듈의 외관검사에 대한 설명으로 틀린 것은?

㋑ 태양전지는 깨짐, 크랙이 없어야 한다.

㋐ 모듈외관은 크랙, 구부러짐, 갈라짐 등이 없어야 한다.

㋓ 500 lx 이상의 광조사 상태에서 검사를 진행한다.

㋔ 태양전지와 태양전지, 태양전지와 프레임의 접촉이 없어야 한다.

해설 1000 lx 이상의 광조사 상태에서 모듈외관, 태양전지 셀 등에 크랙, 구부러짐, 갈라짐 등이 없는지, 셀 간 접속 및 다른 접속 부분에 결함이 없는지, 셀과 셀, 셀과 프레임상의 터치가 없는지, 접착에 결함이 없는지, 셀과 모듈 끝부분을 연결하는 기포 또는 박리가 없는지 등을 검사해야 한다.

65. 태양전지 어레이의 개방전압을 측정할 때 유의해야 할 사항이 아닌 것은?

㋑ 태양전지 어레이의 표면을 청소할 필요가 있다.

㋐ 각 스트링의 전압은 안정된 일사강도가 얻어질 때 실시한다.

㋓ 측정 시각은 일사강도 온도의 변동을 극히 적게 하기 위해 맑을 때 실시하는 것이 바람직하다.

㋔ 태양이 남쪽에 있을 때의 전후 1시간은 일사강도가 가장 높으므로 측정을 피하는 것이 좋다.

해설 개방전압(V_{oc})의 측정 시각은 일사강도, 온도의 변동을 적게 하기 위해 맑을 때 및 태양이 남쪽에 있을 때의 전후 1시간에 실시하는 것이 가장 좋다.

66. 소형 태양광 발전용 인버터의 정상 특성 시험 항목 중 독립형 인버터의 시험 항목으로 틀린 것은?

㋑ 효율시험 ㋐ 대기손실시험

㋓ 온도상승시험 ㋔ 누설전류시험

해설 ① 독립형 인버터의 정상 특성 시험항목은 누설전류시험, 온도상승시험, 효율시험의 3가지이다.

② 대기손실시험(대기 손실이 정격 출력값의 2% 이하일 것)은 계통연계형 인버터의 시험항목이다.

67. 태양광발전 시스템의 계측·표시 목적이 아닌 것은?

㋑ 시스템의 발전량을 알기 위한 계측

㋐ 시스템의 운영 자료를 견학자에게 제공

㋓ 시스템의 운전상태 감시를 위한 계측 또는 표시

㋔ 시스템의 기기 및 시스템 종합평가를 위한 계측

해설 계측기구 및 표시장치 설치목적

① 시스템의 운전상태를 감시하기 위한 계측 또는 표시

② 시스템에 의한 발전 전력량을 알기 위해 계측

③ 시스템 기기 또는 시스템에 대한 종합평가를 위한 계측

④ 홍보용으로 표시장치를 설치하는 경우도 있다.

68. 태양광 발전모듈의 정기점검 시 육안점검 항목으로 옳은 것은?

㋑ 절연저항

㋐ 단자전압

㋓ 투입저지 시한 타이머 동작시험

㋔ 접지선의 접속 및 접속단자 이완

해설 태양광 발전모듈의 정기점검

	점검항목	점검요령
육안 점검	접지선의 접속 및 접속단자의 풀림	• 접지선에 확실하게 접속되어 있을 것 • 볼트의 풀림이 없을 것

69. 인버터의 정기점검 항목 중 육안점검 항목으로 틀린 것은?

㉮ 통풍 확인 ㉯ 접지선의 손상

㉰ 운전 시 이상음 ㉱ 표시부 동작 확인

해설 인버터의 정기점검(육안점검)

점검항목		점검요령
육안점검(외관)	외함의 부식 및 파손	• 부식파손이 없을 것
	외부배선의 손상 및 접속단자의 풀림	• 배선에 이상이 없을 것 • 볼트의 풀림이 없을 것
	접지선의 파손 및 접속단자의 풀림	• 접지선에 이상이 없을 것 • 볼트의 풀림이 없을 것
	환기 확인 (환기구, 환기 필터 등)	• 환기구를 막고 있지 않을 것 • 환기필터가 막혀 있지 않을 것
	운전 시의 이상음, 진동 및 악취의 유무	• 운전 시에 이상음, 이상 진동 및 악취가 없을 것
	발전상황	• 표시부의 발전상황에 이상이 없을 것

70. 발전설비공사에서 철근콘크리트 또는 철골 구조부의 하자담보 책임기간으로 옳은 것은?

㉮ 2년 ㉯ 3년 ㉰ 5년 ㉱ 7년

해설 발전 · 가스 또는 산업설비의 하자담보 책임기간
① 철근콘크리트 또는 철골구조부 : 7년
② 압력이 1제곱센티미터당 10킬로그램 이상 인 고압가스의 관로(부대기기를 포함한다) 설치 : 5년
③ 상기 ① 및 ② 외의 시설 : 3년

71. 태양광발전 시스템 운전 조작 방법 중 운전 시 행해지는 조작 방법으로 틀린 것은?

㉮ Main VCB반 전압 확인

㉯ 한전 전원 복구 여부 확인

㉰ DC용 차단기 On, AC측 차단기 On

㉱ 5분 후 인버터 정상 작동 여부 확인

해설 태양광 발전 시스템의 운전 시 조작방법 :

Main VCB반 전압 확인→접속반, 인버터 DC 전압 확인→DC측 차단기 ON→AC측 차단기 ON→5분 후 인버터의 정상 작동 여부 확인

72. 태양광발전 시스템이 작동되지 않을 때 응급조치 순서로 옳은 것은?

㉮ 접속함 내부 차단기 개방→인버터 개방 →설비 점검

㉯ 접속함 내부 차단기 개방→인버터 투입 →설비 점검

㉰ 접속함 내부 차단기 투입→인버터 개방 →설비 점검

㉱ 접속함 내부 차단기 투입→인버터 투입 →설비 점검

해설 태양광 발전 설비가 작동되지 않을 경우 시스템의 응급조치 방법
① AC 차단기 개방(OFF)
② 접속함 내부 DC 차단기 개방(OFF)
③ 인버터 정지(개방) 후 점검

73. 솔라 시뮬레이터는 시험면에서 몇 W/m^2의 유효조사 강도를 생성할 수 있어야 하는가?(단, STC 측정 목적으로 사용되도록 설계된 시뮬레이터이다.)

㉮ 500 ㉯ 1000 ㉰ 1500 ㉱ 2000

해설 모듈의 표준시험조건 (STC ; Standard Test Conditions) : 측정 목적의 시뮬레이터는 다음 조건에서 시험이 행해진다.
① 광 조사강도 : $1,000\ W/m^2$
② 대기질량 : AM1.5
③ 태양광 발전소자 접합온도 : 25℃

74. 태양광발전 시스템 점검 계획 시 고려해야 할 사항이 아닌 것은?

㉮ 환경 조건 ㉯ 고장 이력

㉰ 부하 종류 ㉱ 설비의 중요도

해설 점검 계획 시 고려사항
① 설비의 사용시간
② 설비의 중요도
③ 환경 조건

해답 69. ㉱ 70. ㉱ 71. ㉯ 72. ㉮ 73. ㉯ 74. ㉰

④ 고장 이력
⑤ 부하 상태

75. 태양광발전 시스템에서 태양전지 스트링과 모듈의 동작불량, 직렬 접속선의 결선 누락 등을 확인하기 위한 점검 방법은?

㉮ 일상점검   ㉯ 개방전압 측정
㉰ 운전상황 점검   ㉱ 단락전류 확인

해설 태양전지 스트링은 모듈 간의 직렬연결로 이루어지므로, 스트링의 전체 전압은 각 모듈의 전압의 합산으로 결정된다. 따라서, 개방전압을 측정하면 모듈의 동작불량이나 결선의 누락 등을 점검할 수 있다.

76. 태양광 발전용 파워 컨디셔너의 정격 부하 효율 결정 시 조건으로 틀린 것은?

㉮ 부하 역률은 정격값으로 한다.
㉯ 온도상승 시험 이전의 값으로 한다.
㉰ 입력 전압, 출력 전압, 전력 및 주파수는 정격값으로 한다.
㉱ 계통연계형인 경우 직류 쪽의 전압 또는 전류 맥동률과 교류 쪽의 전류 왜곡률은 규정된 값을 초과하지 않는 것으로 한다.

해설 파워 컨디셔너의 정격 부하 효율 측정은 교류전원을 정격 전압 및 정격 주파수로 맞추고 운전하여 측정하며, 온도상승시험 전후와는 무관하다.

77. 전기용 고무장갑의 사용 범위에 대한 설명으로 틀린 것은?

㉮ 건조한 장소에서 고압전로에 접근이 어려운 경우
㉯ 고압 이하 충전부의 접속·절단 등을 작업할 경우
㉰ 정전작업 시 역송전으로 선로, 기기가 단락, 접지되는 경우
㉱ 활선상태의 배전용 지지물에 누설전류가 흐를 우려가 있는 경우

해설 전기용 고무 절연장갑의 사용범위
① 활선상태의 배전용 지지물에 누설전류가 흐를 우려가 있는 장소
② 고압 이하 충전부의 접속, 절단, 점검 등의 작업
③ 고압 활선 또는 근접 작업으로 감전이 우려되는 장소
④ 우중 또는 습기가 많은 장소의 기중개폐기 개방, 투입의 경우
⑤ 정전작업 시 역송전으로 선로, 기기가 단락, 접지되는 경우
⑥ 습기가 많은 장소에서 고압 전로에 감전이 우려되는 경우

78. 송변전설비 유지관리 점검의 종류에서 원칙적으로 정전을 시키고, 무전압 상태에서 기기의 이상상태를 점검하고 필요에 따라 기기를 분해하여 점검하는 방식은?

㉮ 정기점검   ㉯ 일상점검
㉰ 수시점검   ㉱ 육안점검

해설 송변전설비의 점검 중 일상점검은 무정전 상태에서 행해지며, 정기점검은 회로정전, 차단기 인출 등의 상태에서 행해진다.

79. 태양광 모듈 성능시험을 위한 표준시험조건 중 최적의 온도(℃)는?

㉮ 15   ㉯ 20   ㉰ 25   ㉱ 30

해설 모듈의 표준시험조건 (STC)
① 광 조사강도 : 1,000 W/m²
② 대기질량 : AM1.5
③ 태양광 발전소자 접합온도 : 25℃

80. 사업계획서 작성 시 태양광설비 개요에 포함되어야 할 사항으로 틀린 것은?

㉮ 집광판의 재질
㉯ 인버터의 종류
㉰ 인버터의 정격출력
㉱ 태양전지의 정격용량

해설 사업계획서 작성 시 태양광설비 개요 (전기사업법 시행규칙 별표1)

해답 75. ㉯ 76. ㉯ 77. ㉮ 78. ㉮ 79. ㉰ 80. ㉮

① 태양전지의 종류, 정격용량, 정격전압 및 정격출력
② 인버터의 종류, 입력전압, 출력전압 및 정격출력
③ 집광판(集光板)의 면적

제5과목 : 신재생에너지 관련법규

81. 전기공사업자가 전기공사를 하도급에 주기 위하여 미리 해당 전기공사의 발주자에게 이를 알리기 위하여 작성하는 하도급 통지서에 첨부하는 서류로 틀린 것은?

㉠ 공사 예정 공정표
㉡ 하도급(재하도급) 계약서 사본
㉢ 하수급인 또는 다시 하도급 받은 공사업자의 등록수첩 사본
㉣ 하수급인 또는 다시 하도급 받은 공사업자의 전기공사자재 보유현황

해설 하도급 통지서 첨부서류 (전기공사업법 시행규칙 제11조)
① 하도급 (재하도급) 계약서 사본
② 하도급 (재하도급) 내용이 명시된 공사명세서
③ 공사 예정 공정표
④ 하수급인 또는 다시 하도급 받은 공사업자의 전기공사기술자 보유현황
⑤ 하수급인 또는 다시 하도급 받은 공사업자의 등록수첩 사본

82. 저압전로에 사용하는 퓨즈가 견디어야 할 전류는 정격전류의 몇 배인가?(단, IEC 표준을 도입한 과전류차단기로 저압전로에 사용하는 퓨즈는 제외한다.)

㉠ 1.1 ㉡ 1.2 ㉢ 1.25 ㉣ 1.5

해설 전기설비기술기준의 판단기준(제38조)
① 과전류차단기로 저압전로에 사용하는 퓨즈(「전기용품 안전관리법」의 적용을 받는 것, 배선용차단기와 조합하여 하나의 과전류차

단기로 사용하는 것 및 제5항에 규정하는 것을 제외한다)는 수평으로 붙인 경우(판상 퓨즈는 판면을 수평으로 붙인 경우) 다음 각 호에 적합한 것이어야 한다.
1. 정격전류의 1.1배의 전류에 견딜 것.
2. 정격전류의 1.6배 및 2배의 전류를 통한 경우에 표 38-1에서 정한 시간 내에 용단될 것

정격 전류의 구분	시간	
	정격전류의 1.6배의 전류를 통한 경우	정격전류의 2배의 전류를 통한 경우
30 A 이하	60분	2분
30 A 초과 60 A 이하	60분	4분
60 A 초과 100 A 이하	120분	6분
100 A 초과 200 A 이하	120분	8분
200 A 초과 400 A 이하	180분	10분
400 A 초과 600 A 이하	240분	12분
600 A 초과	240분	20분

83. 정부가 범지구적인 온실가스 감축에 적극 대응하고 저탄소 녹색성장을 효율적·체계적으로 추진하기 위하여 중장기 및 단계별 목표를 설정하고, 그 달성을 위하여 필요한 조치를 강구하여야 하는 사항으로 틀린 것은?

㉠ 에너지 판매 목표
㉡ 에너지 자립 목표
㉢ 온실가스 감축 목표
㉣ 신·재생에너지 보급 목표

해설 저탄소 녹색성장 기본법(제42조)
① 정부는 범지구적인 온실가스 감축에 적극 대응하고 저탄소 녹색성장을 효율적·체계적으로 추진하기 위하여 다음 각 호의 사항에 대한 중장기 및 단계별 목표를 설정하고, 그 달성을 위하여 필요한 조치를 강구하여야 한다.
1. 온실가스 감축 목표
2. 에너지 절약 목표 및 에너지 이용효율 목표
3. 에너지 자립 목표
4. 신·재생에너지 보급 목표

84. 다음 중 신·재생에너지에 해당되지 않는 것은?

㉮ 풍력　　　　㉯ 원자력
㉰ 연료전지　　㉱ 태양에너지

해설 신에너지 및 재생에너지 개발·이용·보급 촉진법(제2조)

① '신에너지'란 기존의 화석연료를 변환시켜 이용하거나 수소·산소 등의 화학 반응을 통하여 전기 또는 열을 이용하는 에너지로서 다음 각 목의 어느 하나에 해당하는 것을 말한다.
1. 수소에너지
2. 연료전지
3. 석탄을 액화·가스화한 에너지 및 중질 잔사유(重質殘渣油)를 가스화한 에너지로서 대통령령으로 정하는 기준 및 범위에 해당하는 에너지
4. 그 밖에 석유·석탄·원자력 또는 천연가스가 아닌 에너지로서 대통령령으로 정하는 에너지

85. 산업통상자원부장관이 신·재생에너지 발전사업자에게 기준가격 설정을 위하여 필요한 자료를 제출할 것을 요구하였으나 거짓으로 자료를 2회 제출한 경우 행하는 조치 사항으로 옳은 것은?

㉮ 경고
㉯ 벌금
㉰ 시정명령
㉱ 발전차액의 지원 중단

해설 신에너지 및 재생에너지 개발·이용·보급 촉진법 시행규칙(제11조)

① 산업통상자원부장관은 법 제18조 제1항에 따라 신·재생에너지 발전사업자가 법 제18조 제1항 제2호에 해당하는 행위(자료 요구에 따르지 아니하거나 거짓으로 자료를 제출한 경우)를 한 경우에는 다음 각 호의 구분에 따라 조치한다.
1. 위반행위를 1회 한 경우 : 경고
2. 위반행위를 2회 한 경우 : 시정명령
3. 제2호의 시정명령에 따르지 아니한 경우 : 법

제17조 제2항에 따른 발전차액의 지원 중단

86. 산업통상자원부장관은 공급의무자가 의무 공급량에 부족하게 신·재생에너지를 이용하여 에너지를 공급한 경우에는 대통령령으로 정하는 바에 따라 그 부족분에 신·재생에너지 공급인증서의 해당 연도 평균 거래가격의 얼마를 곱한 금액의 범위에서 과징금을 부과하는가?

㉮ 100분의 30　　㉯ 100분의 50
㉰ 100분의 100　㉱ 100분의 150

해설 신에너지 및 재생에너지 개발·이용·보급 촉진법(제12조의6)

① 산업통상자원부장관은 공급의무자가 의무 공급량에 부족하게 신·재생에너지를 이용하여 에너지를 공급한 경우에는 대통령령으로 정하는 바에 따라 그 부족분에 제12조의7에 따른 신·재생에너지 공급인증서의 해당 연도 평균 거래가격의 100분의 150을 곱한 금액의 범위에서 과징금을 부과할 수 있다.

87. 제1종 접지공사 시 사용하는 접지선을 사람이 접촉할 우려가 있는 곳에 시설하는 경우 동결 깊이를 감안하여 접지극은 최소 지하 몇 cm 이상으로 매설하여야 하는가?

㉮ 30　㉯ 45　㉰ 60　㉱ 75

해설 전기설비기술기준의 판단기준(제19조)

③ 제1종 접지공사 또는 제2종 접지공사에 사용하는 접지선을 사람이 접촉할 우려가 있는 곳에 시설하는 경우에는 제2항의 경우 이외에 다음 각 호에 따라야 한다. 다만, 발전소·변전소·개폐소 또는 이에 준하는 곳에 접지극을 제27조 제1항 제1호의 규정에 준하여 시설하는 경우에는 그러하지 아니하다.
1. 접지극은 지하 75 cm 이상으로 하되 동결 깊이를 감안하여 매설할 것

88. 사용전압 35 kV 이하의 특고압 가공전선

이 도로를 횡단하는 경우 지표상 높이는 최소 몇 m 이상이어야 하는가?

[가] 5 [나] 5.5 [다] 6 [라] 6.5

[해설] 전기설비기술기준의 판단기준(제110조)

① 특고압 가공전선(제135조 제1항에 규정하는 특고압 가공전선로의 중성선으로서 다중 접지를 한 것은 제외한다)의 지표상(철도 또는 궤도를 횡단하는 경우에는 레일면상, 횡단보도교를 횡단하는 경우에는 그 노면상)의 높이는 표에서 정한 값 이상이어야 한다.

사용 전압	지표상의 높이
35 kV 이하	5 m(철도 또는 궤도를 횡단하는 경우에는 6.5 m, 도로를 횡단하는 경우에는 6 m, 횡단보도교의 위에 시설하는 경우로서 전선이 특고압 절연전선 또는 케이블인 경우에는 4 m)
35 kV 초과 160 kV 이하	6 m(철도 또는 궤도를 횡단하는 경우에는 6.5 m, 산지 등 사람이 쉽게 들어갈 수 없는 장소에 시설하는 경우에는 5 m, 횡단보도교의 위에 시설하는 경우 전선이 케이블인 경우에는 5 m)
160 kV 초과	6 m(철도 또는 궤도를 횡단하는 경우에는 6.5 m, 산지 등에서 사람이 쉽게 들어갈 수 없는 장소를 시설하는 경우에는 5 m)에 160 kV를 초과하는 10 kV 또는 그 단수마다 12 cm를 더한 값

89. **저압전로에서 그 전로에 지락이 생겼을 경우에 0.5초 이내에 자동적으로 전로를 차단하는 장치를 시설한다면, 제3종 접지공사와 특별 제3종 접지공사의 접지저항 값은 자동 차단기의 정격감도전류가 500 mA일 경우 최대 몇 Ω 이하이어야 하는가? (단, 물기가 있는 장소이다.**

[가] 30 [나] 50 [다] 75 [라] 150

[해설] 전기설비기술기준의 판단기준(제18조)

⑤ 저압전로에서 그 전로에 지락이 생겼을 경우 0.5초 이내에 자동적으로 전로를 차단하는 장치를 시설하는 경우에는 제1항의 규정(기준 접지저항값에 관한 규정)에도 불구하고 제3종 접지공사와 특별 제3종 접지공사의 접지저항값은 자동 차단기의 정격감도전류에 따라 다음 표에서 정한 값 이하로 하여야 한다.

정격감도전류 (mA)	접지저항 값(Ω)	
	물기 있는 장소, 전기적 위험도가 높은 장소	그 외 다른 장소
30 이하	500	500
50 이하	300	500
100	150	500
200	75	250
300	50	166
500	30	100

90. **전력수급의 안정을 위하여 전력수급 기본계획을 수립하는 사람은?**

[가] 고용노동부장관
[나] 국토교통부장관
[다] 기획재정부장관
[라] 산업통상자원부장관

[해설] 전기사업법(제25조)

① 산업통상자원부장관은 전력수급의 안정을 위하여 전력수급 기본계획(이하 '기본계획'이라 한다)을 수립하여야 한다.

91. **과전류차단기를 시설하여야 하는 장소는?**

[가] 저압 옥내선로
[나] 접지공사의 접지선
[다] 다선식 전로의 중성선
[라] 전로의 일부에 접지공사를 한 저압 가공전선로의 접지측 전선

[해설] 전기설비기술기준의 판단기준(제40조) : 접지공사의 접지선, 다선식 전로의 중성선 및 제23조 제1항부터 제3항까지의 규정에 의하여 전로의 일부에 접지공사를 한 저압 가공전선로의 접지측 전선에는 과전류차단기를 시설하여서는 안 된다. 다만, 다선식 전로의 중성선에 시설한 과전류차단기가 동작한 경우

[해답] 89. [가] 90. [라] 91. [가]

에 각 극이 동시에 차단될 때 또는 제27조 제1항 (제27조 제4항에서 준용하는 경우를 포함한다)의 규정에 의한 저항기·리액터 등을 사용하여 접지공사를 한 경우 과전류차단기의 동작에 의하여 그 접지선이 비접지 상태로 되지 아니할 때에는 적용하지 않는다.

92. 사용전압이 22.9 kV인 특고압 가공전선과 그 지지물과의 이격거리는 일반적인 경우 최소 몇 m 이상인가?

㉮ 0.2 ㉯ 0.25 ㉰ 0.3 ㉱ 0.35

[해설] 전기설비 기술기준의 판단기준(제108조) : 특고압 가공전선(케이블 및 제135조 제1항에 규정하는 특고압 가공전선로의 전선은 제외한다)과 그 지지물·완금류·지주 또는 지선 사이의 이격거리는 다음 표에서 정한 값 이상이어야 한다. 다만, 기술상 부득이한 경우에 위험의 우려가 없도록 시설한 때에는 다음 표에서 정한 값의 0.8배까지 감할 수 있다.

사용전압	이격거리(cm)
15 kV 미만	15
15 kV 이상 25 kV 미만	20
25 kV 이상 35 kV 미만	25
35 kV 이상 50 kV 미만	30
50 kV 이상 60 kV 미만	35
60 kV 이상 70 kV 미만	40
70 kV 이상 80 kV 미만	45
80 kV 이상 130 kV 미만	65
130 kV 이상 160 kV 미만	90
160 kV 이상 200 kV 미만	110
200 kV 이상 230 kV 미만	130
230 kV 이상	160

93. 태양전지 모듈의 절연내력 시험 시 10분간 연속적으로 인가하는 직류전압 또는 교류전압 (500 V 미만으로 되는 경우에는 500 V)은 최대 사용전압의 몇 배인가?

㉮ 직류 1배, 교류 1배
㉯ 직류 1배, 교류 1.5배
㉰ 직류 1.5배, 교류 1배
㉱ 직류 1.5배, 교류 1.5배

[해설] 태양전지 어레이 회로의 절연내력 측정 방법 : 절연저항 측정회로와 같은 조건에서 표준 태양전지 어레이 개방조건을 최대 사용전압으로 간주하여 최대 사용전압의 1.5배의 직류전압 또는 1배의 교류전압 (500 V 미만일 때에는 500 V)을 10분간 인가하여 절연파괴 등의 이상이 발생하지 않는 것을 확인한다.

94. 산업통상자원부장관이 전기의 보편적 공급의 구체적 내용을 정할 경우 고려하여야 할 사항으로 틀린 것은?

㉮ 사회복지의 증진
㉯ 전기의 보급 정도
㉰ 개인의 이익과 안전
㉱ 전기기술의 발전 정도

[해설] 전기사업법(제6조)
① 전기사업자는 전기의 보편적 공급에 이바지할 의무가 있다.
② 산업통상자원부장관은 다음 각 호의 사항을 고려하여 전기의 보편적 공급의 구체적 내용을 정한다.
  1. 전기기술의 발전 정도
  2. 전기의 보급 정도
  3. 공공의 이익과 안전
  4. 사회복지의 증진

95. 수상전선로의 전선을 가공전선로의 전선과 육상에서 접속하는 경우 접속점의 높이는 지표상 최소 몇 m 이상인가?

㉮ 4 ㉯ 5
㉰ 6 ㉱ 7

[해설] 전기설비기술기준의 판단기준(제145조)
① 수상전선로를 시설하는 경우에는 그 사용전압은 저압 또는 고압인 것에 한하며 다음 각 호에 따르고 또한 위험의 우려가 없도록 시설하여야 한다.
  1. 전선은 전선로의 사용전압이 저압인 경우에는 클로로프렌 캡타이어 케이블이어야 하며, 고압인 경우에는 캡타이어 케이블일 것

해답 92. ㉮ 93. ㉰ 94. ㉰ 95. ㉯

2. 수상전선로의 전선을 가공전선로의 전선과 접속하는 경우에는 그 부분의 전선은 접속점으로부터 전선의 절연 피복 안에 물이 스며들지 아니하도록 시설하고 또한 전선의 접속점은 다음의 높이로 지지물에 견고하게 붙일 것

가. 접속점이 육상에 있는 경우에는 지표상 5 m 이상, 다만, 수상전선로의 사용전압이 저압인 경우 도로상 이외의 곳에 있을 때에는 지표상 4 m까지로 감할 수 있다.

나. 접속점이 수면상에 있는 경우에는 수상전선로의 사용전압이 저압인 경우 수면상 4 m 이상, 고압인 경우 수면상 5 m 이상 감할 수 있다.

96. 산업통상자원부령으로 정하는 신·재생에너지 공급인증서의 거래 제한 사유로 틀린 것은?

㉮ 발전소별로 1천 킬로와트를 넘는 수력을 이용하여 에너지를 공급하고 발급된 경우

㉯ 기존 방조제를 활용하여 건설된 조력(潮力)을 이용하여 에너지를 공급하고 발급된 경우

㉰ 석탄을 액화·가스화한 에너지 또는 중질잔사유를 가스화한 에너지를 이용하여 에너지를 공급하고 발급된 경우

㉱ 폐기물에너지 중 화석연료에서 부수적으로 발생하는 폐가스로부터 얻어지는 에너지를 이용하여 에너지를 공급하고 발급된 경우

해설 신에너지 및 재생에너지 개발·이용·보급 촉진법(제12조의7)

⑥ 산업통상자원부장관은 다른 신·재생에너지와의 형평성을 고려하여 공급인증서가 일정 규모 이상의 수력을 이용하여 에너지를 공급하고 발급된 경우 등 산업통상자원부령으로 정하는 사유에 해당할 때에는 거래시장에서 해당 공급인증서가 거래될 수 없도록 할 수 있다.

시행규칙 : 상기 '산업통상자원부령으로 정하는 사유'란 다음 각 호의 경우를 말한다.

1. 공급인증서가 발전소별로 5천 킬로와트를 넘는 수력을 이용하여 에너지를 공급하고 발급된 경우

2. 공급인증서가 기존 방조제를 활용하여 건설된 조력을 이용하여 에너지를 공급하고 발급된 경우

3. 공급인증서가 영 별표 1의 석탄을 액화·가스화한 에너지 또는 중질잔사유를 가스화한 에너지를 이용하여 에너지를 공급하고 발급된 경우

4. 공급인증서가 영 별표 1의 폐기물에너지 중 화석연료에서 부수적으로 발생하는 폐가스로부터 얻어지는 에너지를 이용하여 에너지를 공급하고 발급된 경우

97. 공급인증기관이 개설한 거래시장 외에서 공급인증서를 거래한 자는 최대 얼마 이하의 벌금에 처하는가?

㉮ 1천만원   ㉯ 2천만원
㉰ 5천만원   ㉱ 7천만원

해설 신에너지 및 재생에너지 개발·이용·보급 촉진법(제34조)

① 거짓이나 부정한 방법으로 제17조에 따른 발전차액을 지원받은 자와 그 사실을 알면서 발전차액을 지급한 자는 3년 이하의 징역 또는 지원받은 금액의 3배 이하에 상당하는 벌금에 처한다.

② 거짓이나 부정한 방법으로 공급인증서를 발급받은 자와 그 사실을 알면서 공급인증서를 발급한 자는 3년 이하의 징역 또는 3천만 원 이하의 벌금에 처한다.

③ 제12조의7 제5항을 위반하여 공급인증기관이 개설한 거래시장 외에서 공급인증서를 거래한 자는 2년 이하의 징역 또는 2천만 원 이하의 벌금에 처한다.

98. 대통령령으로 정하는 구역전기사업자의 발전설비 용량 규모는?

㉮ 1만 킬로와트

해답 96. ㉮   97. ㉯   98. ㉰

㉯ 1만8천 킬로와트

㉰ 3만5천 킬로와트

㉱ 5만 킬로와트

해설 전기사업법(제2조)

⑪ '구역전기사업'이란 대통령령으로 정하는 규모 이하의 발전설비를 갖추고 특정한 공급구역의 수요에 맞추어 전기를 생산하여 전력시장을 통하지 아니하고, 그 공급구역의 전기사용자에게 공급하는 것을 주된 목적으로 하는 사업을 말한다.

시행령 : '대통령령으로 정하는 규모'란 3만5천 킬로와트를 말한다.

---

99. 정부가 에너지 절약, 에너지 이용효율 향상 및 온실가스 감축을 위하여 정보통신기술 및 서비스를 적극 활용토록 수립·시행하는 시책으로 틀린 것은?

㉮ 새로운 정보통신 서비스의 개발·보급

㉯ 방송통신 네트워크 등 정보통신 기반 확대

㉰ 정보통신 산업을 지원하는 금융상품의 판매

㉱ 정보통신 산업 및 기기 등에 대한 녹색기술 개발 촉진

해설 저탄소 녹색성장 기본법(제27조)

① 정부는 에너지 절약, 에너지 이용효율 향상 및 온실가스 감축을 위하여 정보통신기술 및 서비스를 적극 활용하는 다음 각 호에 대한 시책을 수립·시행하여야 한다.

1. 방송통신 네트워크 등 정보통신 기반 확대
2. 새로운 정보통신 서비스의 개발·보급
3. 정보통신 산업 및 기기 등에 대한 녹색기술 개발 촉진

---

100. 신·재생에너지 기술개발 및 이용·보급 사업비의 조성에 따라 조성된 사업비의 용도로 틀린 것은?

㉮ 신·재생에너지 시범사업 및 보급사업

㉯ 신·재생에너지 설비 수출기업의 지원

㉰ 신·재생에너지 설비의 성능평가·인증

㉱ 신·재생에너지의 연구·개발 및 기술평가

해설 신에너지 및 재생에너지 개발·이용·보급 촉진법(제10조) : 산업통상자원부장관은 제9조에 따라 조성된 사업비를 다음 각 호의 사업에 사용한다.

1. 신·재생에너지의 자원조사, 기술수요조사 및 통계작성
2. 신·재생에너지의 연구·개발 및 기술평가
3. 삭제됨
4. 신·재생에너지 공급의무화 지원
5. 신·재생에너지 설비의 성능평가·인증 및 사후관리
6. 신·재생에너지 기술정보의 수집·분석 및 제공
7. 신·재생에너지 분야 기술지도 및 교육·홍보
8. 신·재생에너지 분야 특성화대학 및 핵심기술연구센터 육성
9. 신·재생에너지 분야 전문인력 양성
10. 신·재생에너지 설비 설치기업의 지원
11. 신·재생에너지 시범사업 및 보급사업
12. 신·재생에너지 이용의무화 지원
13. 신·재생에너지 관련 국제협력
14. 신·재생에너지 기술의 국제표준화 지원
15. 신·재생에너지 설비 및 그 부품의 공용화 지원
16. 그 밖에 신·재생에너지의 기술개발 및 이용·보급을 위하여 필요한 사업으로서 대통령령으로 정하는 사업

□ 신재생에너지 발전설비 산업기사　　▶ **2017. 3. 5　시행**

제1과목 : 태양광발전 시스템 이론

1. 태양광발전 시스템의 구성요소 중 인버터의 역할은?

⑦ 직류 → 교류로 변환

㉯ 교류 → 직류로 변환

㉰ 교류 → 교류로 변환

㉰ 직류 → 직류로 변환

해설 태양광 인버터 또는 파워 컨디셔너의 역할 : 직류 (DC) → 교류 (AC)로 변환

2. 장거리 전력 전송에 고전압이 사용되는 이유가 아닌 것은?

⑦ 송전용량이 증가한다.

㉯ 전력손실이 감소한다.

㉰ 선로절연이 낮아지므로 건설비가 감소한다.

㉰ 동일 용량의 전력을 송전할 경우 송전선의 굵기를 줄일 수 있다.

해설 철탑의 높이 등 다른 조건이 동일하다면 송전전압이 높을수록 선로절연이 더 높아져야 한다.

3. 궤도전자가 강한 에너지를 받아서 원자 내의 궤도를 이탈하여 자유전자가 되는 것은?

⑦ 방사　　㉯ 전리

㉰ 공전　　㉰ 여기

해설 전리(電離, ionization)는 원자나 분자가 전자를 얻거나 잃어서(궤도의 이탈) 이온이 되는 과정을 말한다.

4. 피뢰소자 중 내뢰트랜스의 선정방법으로 옳지 않은 것은?

⑦ 전기특성이 양호한 것으로 선정한다.

㉯ 1차 측, 2차 측의 전압 및 용량을 결정하고 카달로그에 의해 형식을 선정한다.

㉰ 내뢰트랜스로 보호할 수 없는 경우에만 어레스터와 서지 업서버를 사용한다.

㉰ 1차 측과 2차 측 간에 실드관이 있고, 이 관수가 많을수록 뇌서지에 대한 억제 효과도 높아지므로 많은 것을 선정한다.

해설 피뢰소자는 아래와 같이 용도와 설치 위치에 따라 분산시켜 설치한다.

① 내뢰트랜스 : 뇌우 다발지역에서 교류전원 측에 설치하는 피뢰소자

② 어레스터 : 접속함 내와 분전반 내에 설치하는 피뢰소자 (방전내량이 큰 것으로 선정)

③ 서지 업서버 : 어레이 주회로 내에 설치하는 피뢰소자 (방전내량이 작은 것으로 선정)

5. 태양전지 모듈의 가로가 1.6 m, 세로가 1 m이고, 변환효율이 10 %인 경우의 충진율(FF)은? (단, $V_{\propto} = 40$ V, $I_{\propto} = 8$ A이고 표준시험 조건이다.)

⑦ 0.50　　㉯ 0.65

㉰ 0.70　　㉰ 0.80

해설 충진율 계산 공식(표준일사량 1,000 W/m² 적용)

$$FF\,(충진율) = \frac{P_{max}}{V_{oc} \times I_{sc}}$$
$$= \frac{1,000 \times 1.6 \times 1 \times 0.1}{V_{oc} \times I_{sc}}$$
$$= \frac{160}{40 \times 8} = 0.5$$

6. 뇌서지 내성 및 노이즈 차단특성이 우수하나 중량 부피가 큰 인버터 절연방식은?

⑦ 상용주파 절연방식

㉯ 무변압기 절연방식

㉰ 고주파 절연방식

㉰ 접지 절연방식

해답 1. ⑦　2. ㉰　3. ㉯　4. ㉰　5. ⑦　6. ⑦

해설 상용주파 절연방식은 내뇌성 및 노이즈 커트 특성이 우수하지만 효율이 떨어지고 부피와 무게가 커지며, 3상 10 kW 이상에 주로 적용하는 방식이다.

7. 다음 중 단결정 실리콘 태양전지의 특징이 아닌 것은?

㉮ 색이 검은색이다.

㉯ 무늬가 다양하다.

㉰ 단단하고 구부러지지 않는다.

㉱ 제조에 필요한 온도가 약 1,400℃로 높다.

해설 무늬가 다양한 것은 다결정 태양전지 또는 염료감응형 태양전지의 특징이다.

8. 다음 중 재생에너지에 해당하지 않는 것은?

㉮ 풍력   ㉯ 지열에너지

㉰ 태양에너지   ㉱ 수소에너지

해설 수소에너지는 재생에너지가 아니라 신에너지에 속한다.

9. 다음 중 지구 대기의 영향을 받지 않는 우주에서의 태양복사에너지 대기질량(AM)은?

㉮ AM0   ㉯ AM1

㉰ AM2   ㉱ AM3

해설 대기질량(AM)

① AM1 : 적도, 해발 0 m의 수직입사, 약 1,100 W/m^2

② AM1.5 : 중위도지역(20~50°)에서 1.5배의 공기층 통과, 지표에 41.8° 고도로 입사, 약 1,000 W/m^2

③ AM0 : 대기권 밖, 약 1,367 W/m^2

10. 다음 중 결정질 태양전지의 에너지 손실에서 가장 큰 부분은?

㉮ 전면 접촉으로 초래된 반사와 차광

㉯ 공간전하 영역에서의 전지의 전위차

㉰ 장파장 복사에서 너무 낮은 광자에너지

㉱ 단파장 복사에서 너무 높은 광자에너지

해설 결정질 태양전지의 에너지 손실(일사광에너지를 100 %라고 할 경우)

① 단파장 과잉에너지 : 약 32 %

② 장파장 투과 : 약 24 %

③ 전압인자 손실 : 약 16 %

11. 방사강도가 1,000 W/m^{2}이고, 태양전지의 출력이 36 W일 때 태양전지의 광전변환효율(%)은? (단, 태양전지의 면적은 0.5 m^{2}이다.)

㉮ 1.8   ㉯ 3.6

㉰ 7.2   ㉱ 9.6

해설 광전변환효율

$$= \frac{모듈출력(W)}{모듈면적(m^2) \times 1,000(W/m^2)} \times 100$$

$$= \frac{36W}{0.5m^2 \times 1,000W/m^2} \times 100 = 7.2$$

12. 반동수차의 종류가 아닌 것은?

㉮ 펠톤수차   ㉯ 카플란수차

㉰ 프란시스수차   ㉱ 프로펠러수차

해설 펠톤수차는 반동수차가 아니라 충동수차에 속한다.

13. 고주파 변압기 절연방식과 트랜스리스 방식의 계통연계 인버터는 출력전류에 중첩되는 직류분이 정격교류 최대 전류의 몇 % 이하로 유지해야 하는가?

㉮ 0.5   ㉯ 5

㉰ 10   ㉱ 20

해설 파워 컨디셔너의 직류 검출기능

① 인버터 반도체 스위칭을 고주파로 스위칭 제어하기 때문에 적은 직류분이 중첩된다.

② 고주파 변압기 절연방식과 트랜스리스 방식에서는 인버터 출력이 직접 계통에 접속되기 때문에 직류분이 존재하게 되면 주상 변압기의 자기포화 등 악영향을 준다.

③ 전력계통으로의 직류분 제한값은 파워 컨디셔너 정격교류 최대출력전류의 0.5 % 이하로 하여야 한다.

해답   7. ㉯   8. ㉱   9. ㉮   10. ㉱   11. ㉰   12. ㉮   13. ㉮

14. 전기설비의 안전에 관한 일반적인 사항이 아닌 것은?

㉮ 전기설비의 접지와 건축물의 피뢰설비 및 통신설비 등에 통합접지공사를 할 수 있다.

㉯ 전선배관 등에 관통부는 화재 확산을 방지하기 위해 관통부 처리를 하여야 한다.

㉰ 전기실의 소화설비로는 이산화탄소, 청정소화 약재 등을 사용할 수 있다.

㉱ 유입변압기는 반드시 옥내 설치가 권장된다.

해설 유입변압기는 화재 예방 등을 위해 옥외 설치가 권장된다.

15. 부하의 허용 최저전압이 92 V, 축전지와 부하 간 접속선의 전압강하가 3 V일 때, 직렬로 접속한 축전지의 개수가 50개라면 축전지 한 개의 허용 최저전압은 몇 V/cell인가?

㉮ 1.9 V/cell ㉯ 1.8 V/cell

㉰ 1.6 V/cell ㉱ 1.5 V/cell

해설 (92V+3V)÷50직렬 = 1.9 V/cell

16. 다음 중 직격뢰와 유도뢰에 대한 설명이 아닌 것은?

㉮ 직격뢰는 에너지가 매우 작다.

㉯ 유도뢰에 의한 순간적인 전압상승을 뇌서지라고 한다.

㉰ 정전유도에 의한 유도뢰는 케이블에 유도된 플러스 전하가 낙뢰로 인한 지표면 전하의 중화에 의한 뇌서지가 된다.

㉱ 전자유도에 의한 유도뢰는 케이블 부근에 낙뢰로 인한 뇌전류에 따라 케이블에 유도되어 뇌서지가 된다.

해설 직격뢰 : 낙뢰가 구조물 또는 장비에 직접 뇌격하는 것으로 매우 큰 에너지를 갖고 있어 이에 대한 피해가 매우 크다. 따라서 직격 뢰로부터 인명 및 장비를 보호하기 위해 1차

적으로 피뢰침을 설치하여 강력한 직격뢰를 유도뢰 또는 간접뢰 형태로 바꾸어 주어 에너지를 적절히 저감시켜주어야 하며, 뇌서지를 보호할 수 있는 등급의 SPD를 설치하여 서지에 대한 보호를 해주어야 한다.

17. 태양전지 모듈 내에 태양전지 셀의 결함 또는 열화로 인한 출력저하를 방지하고 발열을 억제하기 위하여 사용하는 것은?

㉮ 리드선 ㉯ 충전재

㉰ 바이패스 소자 ㉱ 알루미늄 프레임

해설 태양광 모듈 내 열화, 음영 등에 의해 저항이 높아지면 열이 발생하는데, 그것을 방지하기 위해 설치하는 디바이스가 바이패스 소자 이다.

18. 실시간으로 변화하는 일사강도에 따라 태양광 인버터가 최대 출력점에서 동작하도록 하는 기능은?

㉮ 자동운전정지 기능

㉯ 단독운전방지 기능

㉰ 자동전류조정 기능

㉱ 최대전력 추종제어 기능

해설 태양광 인버터의 최대전력 추종제어(MPPT : Maximum Power Point Tracking) : 태양전지의 동작점이 항상 최대전력을 추종하도록 변화시켜 최대출력을 얻을 수 있게 하는 제어이다.

19. N형 반도체의 다수 캐리어는?

㉮ 양성자 ㉯ 중성자

㉰ 전자 ㉱ 정공

해설 N형 반도체의 다수 캐리어는 전자이고 P형 반도체의 다수 캐리어는 정공이다.

20. 태양광 모듈의 최대출력(P_{max})의 의미는?

㉮ $I \times V$ ㉯ $I_{mpp} \times V$

㉰ $I \times V_{mpp}$ ㉱ $I_{mpp} \times V_{mpp}$

해답 14. ㉱ 15. ㉮ 16. ㉮ 17. ㉰ 18. ㉱ 19. ㉰ 20. ㉱

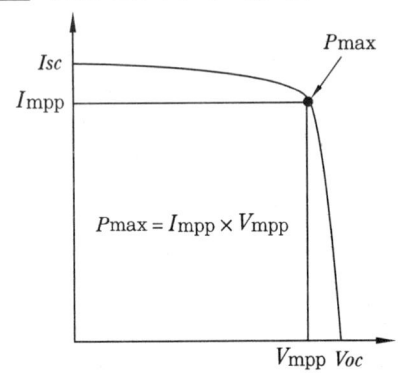

해설 태양광 모듈의 I-V 특성곡선

$$Pmax = Impp \times Vmpp$$

제2과목 : 태양광발전 시스템 시공

21. 설계감리 업무 수행 시 설계감리원이 비치하여 설계감리 과정을 기록하여야 하는 문서가 아닌 것은?

㉮ 근무상황부

㉯ 설계감리일지

㉰ 안전교육실적표

㉱ 설계감리 검토의견 및 조치 결과서

해설 설계감리원 비치 문서
　① 근무상황부
　② 설계감리일지
　③ 설계감리지시부
　④ 분야별 설계감리기록부
　⑤ 설계자와 협의사항 기록부
　⑥ 설계감리 추진현황
　⑦ 설계감리 검토의견 및 조치 결과서
　⑧ 설계감리 주요 검토결과
　⑨ 설계도서 검토의견서
　⑩ 각종 보고서
　⑪ 설계도서(내역서, 수량산출, 도면 등) 검토한 근거 서류
　⑫ 당해 용역관련 수·발신 공문서 및 서류
　⑬ 기타 발주청에서 요구하는 서류

22. 감리용역 계약문서가 아닌 것은?

㉮ 작업 지시서

㉯ 공사입찰 유의서

㉰ 감리비 산출내역서

㉱ 기술용역계약 일반조건

해설 감리용역 계약문서
　① 감리용역 계약서
　② 기술용역 입찰유의서
　③ 기술용역 계약 일반조건
　④ 감리용역 계약 특수조건
　⑤ 과업지시서
　⑥ 감리비 산출내역서

23. 태양광발전설비의 준공검사 시 확인사항이 아닌 것은?

㉮ 시설물의 유지관리 방법

㉯ 감리원의 준공 검사원에 대한 검토의견서

㉰ 제반 가설시설물의 제거와 원상복구 정리 상황

㉱ 완공된 시설물이 설계도서대로 시공되었는지 여부

해설 시설물의 유지관리 방법은 준공 후 현장문서 인수인계 단계에서 확인할 사항이다.

24. 다음 중 비상주 감리원의 업무에 해당하지 않는 것은?

㉮ 중요한 설계변경에 대한 기술검토

㉯ 설계변경 및 계약금액 조정의 심사

㉰ 근무상황판에 현장근무위치와 업무내용 기록

㉱ 정기적(분기 또는 월별)으로 현장 시공 상태를 종합적으로 점검·확인·평가하고 기술지도

해설 근무상황판에 현장근무위치와 업무내용을 기록하는 것은 상주 감리원의 업무이다.

25. 태양광발전 시스템의 일반적인 시공 순서로 옳은 것은?

㉠ 모듈	㉡ 어레이
㉢ 인버터	㉣ 접속반
㉤ 계통 간 간선	

㉮ ㉠→㉡→㉣→㉢→㉤

㉯ ㉠→㉤→㉢→㉡→㉣

㉰ ㉠→㉣→㉡→㉤→㉢

㉱ ㉠→㉢→㉤→㉣→㉡

26. 3상3선 전압강하 계산식으로 옳은 것은?

㉮ $e = \dfrac{35.6 \times L \times I}{1000 \times A}$

㉯ $e = \dfrac{30.8 \times L \times I}{1000 \times A}$

㉰ $e = \dfrac{15.6 \times L \times I}{1000 \times A}$

㉱ $e = \dfrac{24.6 \times L \times I}{1000 \times A}$

해설 전압강하 계산식

배전방식	전압강하	대상 전압강하
직류2선식 교류2선식	$e = \dfrac{35.6 \times L \times I}{1000 \times A}$	선간
3상3선식	$e = \dfrac{30.8 \times L \times I}{1000 \times A}$	선간
단상3선식	$e = \dfrac{17.8 \times L \times I}{1000 \times A}$	대지간
3상4선식	$e = \dfrac{17.8 \times L \times I}{1000 \times A}$	대지간

27. 수전단 전압이 송전단 전압보다 높아지는 현상은?

㉮ 표피 효과 ㉯ 코로나 현상

㉰ 역섬락 현상 ㉱ 페란티 현상

해설 페란티 효과(Ferranti effect) : 일반적으로 부하의 역률은 지상 역률이기 때문에 비교적 큰 부하가 걸려 있을 때에는 전류가 전압보다 위상이 뒤져 있다. 즉, 지상 전류가 송전선이나 변압기를 흐르게 되면 송전단 전압은 수전단 전압보다 높아진다. 그런데 부하가 아주 작을 경우, 특히 무부하의 경우에는 선로의 정전용량 때문에 전압보다 위상이 90° 앞서 충전 전류의 영향이 커지므로 선로를 흐르는 전류가 진상으로 되는 수가 있다. 이러한 경우에는 이 진상 전류와 선로의 자기 인덕턴스에 의한 기전력 때문에 수전단의 전압은 송전단의 전압보다 높아진다.

28. 창문 상부 등 건물 외부에 가대를 설치하고, 그 위에 태양광 모듈을 설치한 형태는?

㉮ 경사지붕형 ㉯ 벽 건재형

㉰ 루버형 ㉱ 차양형

해설 태양전지 설치 방식(유사한 형태의 비교)

① 벽 건재형 : 태양전지가 직접 벽재의 기능을 하는 형태

② 벽 설치형 : 벽에 가대(지지금물)를 설치하고, 그 위에 태양전지를 설치하는 형태

③ 차양형 : 창문의 상부 등 건물 외부에 가대를 마련하고, 그 위에 태양전지를 설치하는 형태

29. 태양전지 모듈 및 어레이 설치 후 확인 및 점검사항이 아닌 것은?

㉮ 비접지 확인

㉯ 개방전류 측정

㉰ 전압극성의 확인

㉱ 모듈전압의 확인

해설 ㉯는 단락전류 측정으로 변경해야 옳다.

30. 다음 ( ) 안의 알맞은 내용으로 옳은 것은?

태양광발전 시스템은 상용전력 계통연계 유무에 따라 독립형과 ( )으로 구분한다.

㉮ 계통연계형 ㉯ 병렬연계형

㉰ 복합연계형 ㉱ 단독연계형

31. 변전소에서 무효전력을 조정하는 전기설비로 옳은 것은?

해답 26. ㉯ 27. ㉱ 28. ㉱ 29. ㉯ 30. ㉮ 31. ㉱

⑦ 변성기　　　　④ 피뢰기
④ 축전지　　　　④ 조상설비

해설 조상설비는 전력계통의 무효전력을 조정
하여 전압조정 및 전력손실의 경감을 도모하
기 위한 설비를 말한다.

32. 가공 송전선로에 사용되는 전선의 구비 조
건이 아닌 것은?

⑦ 내구성이 있을 것

④ 도전율이 높을 것

④ 비중 (밀도)이 높을 것

④ 가선작업이 용이할 것

해설 가공 송전선로에 사용되는 전선은 무게
를 줄이기 위해 비중(밀도)이 낮은 것이 유리
하다.

33. 태양광발전 시스템에 있어서 방화구획 관
통부를 처리하는 주된 목적은?

⑦ 방화설비의 사용이 용이

④ 전선관 및 배선의 보호

④ 화재감지기 오작동 방지

④ 다른 설비로의 화재 확산 방지

해설 태양광발전 시스템에서 전선배관 등의 관
통부는 방화구획 측면에서 다음 설비로의 화
재 확산을 방지하기 위해 관통부를 처리해야
한다.

34. 최대수용전력이 600 kVA이고 설비용량은
전등부하 350 kW, 동력부하 500 kVA이다. 이
때 수용률 (%)은?

⑦ 31.80　　　　④ 52.62

④ 70.58　　　　④ 79.62

해설 수용률 $= \dfrac{\text{최대수용전력}}{\text{설비용량}} \times 100$

$= \dfrac{600}{(350+500)} \times 100$

$≒ 70.59\,\%$

35. 태양전지 어레이의 구조물을 지상에 설치
하기 위한 기초의 종류 중 지지층이 얕을 경

우 쓰이는 방식은?

⑦ 말뚝 기초　　　④ 직접 기초

④ 연속 기초　　　④ 케이슨 기초

해설 직접 기초는 얕은 기초라고도 부르며, 독립
기초, 연속 기초, 복합 기초, 전면 기초 등의
종류가 있다. 이 중에서 가장 얕은 지지층에
적용되는 것이 독립 기초이다.

36. 직류 송전방식의 장점이 아닌 것은?

⑦ 안정도가 좋다.

④ 송전효율이 좋다.

④ 절연계급을 낮출 수 있다.

④ 회전자계를 쉽게 얻을 수 있다.

해설 회전자계를 쉽게 얻을 수 있는 것은 교류
송전방식의 장점이다.

37. 옥내용 태양광 인버터를 옥외에 설치할 수
있는 용량은 몇 kW 이상인가?

⑦ 1　　　　　④ 2

④ 3　　　　　④ 5

해설 PCS (파워 컨디셔너)는 설계용량 이상으로
설치해야 한다. 옥내용을 옥외에 설치하는 경
우는 5 kW 이상의 용량일 경우에만 가능하며,
이 경우 반드시 빗물 침투를 방지하는 외함을
설치하여야 한다.

38. 접지극에 사용되지 않는 것은?

⑦ 동판　　　　④ 탄소피복강

④ 알루미늄봉　④ 동피복강봉

해설 알루미늄봉은 부식이 잘 되므로 접지극으
로의 사용이 적합하지 못하다.

39. 인버터와 변전설비 간 케이블 트레이를 설
치할 경우 전압이 교류 380 V라면 케이블 트
레이의 접지방식으로 적당한 것은?

⑦ 제1종 접지공사

④ 제2종 접지공사

④ 제3종 접지공사

④ 특별 제3종 접지공사

해답 　32. ④　33. ④　34. ④　35. ④　36. ④　37. ④　38. ④　39. ④

해설 기계기구의 구분에 의한 접지공사의 적용

기계기구의 구분	접지공사
400 V 미만의 저압용	제3종 접지공사
400 V 이상의 저압용	특별 제3종 접지공사
고압용 또는 특별 고압용	제1종 접지공사

40. 지붕에 설치하는 태양광발전 시스템 중 톱라이트형의 특징이 아닌 것은?

㉮ 채광 및 셀에 의한 차광효과도 있다.

㉯ 셀의 배치에 따라서 개구율을 바꿀 수 있다.

㉰ 중·고층 건물의 벽면을 유효하게 이용한다.

㉱ 톱 라이트의 유리 부분에 맞게 태양전지 유리를 설치한 타입이다.

해설 톱 라이트형은 중·고층 건물의 벽면이 아니라 지붕면을 유효하게 이용하는 방식이다.

제3과목 : 태양광발전 시스템 운영

41. 주위온도 20℃, 상대습도 65 %의 환경에서 대지전압이 150 V 초과 300 V 미만인 경우 배전반 회로의 절연상태를 점검하려고 한다. 회로의 전선과 대지 사이의 절연저항은 몇 MΩ 이상이어야 하는가?

㉮ 0.1 ㉯ 0.2 ㉰ 0.3 ㉱ 0.4

해설 전로전압에 대한 절연저항값

전로의 사용전압 구분	절연저항값
대지전압이 150 V 이하	0.1 MΩ 이상
대지전압이 150 V 초과 300 V 이하	0.2 MΩ 이상
사용전압이 300 V 초과 400 V 미만	0.3 MΩ 이상
사용전압이 400 V 이상	0.4 MΩ 이상

42. 신·재생에너지설비 KS인증 대상 품목 중 태양광 설비의 대상 품목이 아닌 것은?

㉮ 소형 태양광 발전용 인버터

㉯ 박막 태양광발전 모듈 (성능)

㉰ 특대형 태양광 발전용 인버터

㉱ 결정질 실리콘 태양광발전 모듈 (성능)

해설 신·재생에너지설비 KS인증 대상 품목

구분	KS인증 대상 품목
태양열 설비	태양열 집열기 (평판형, 진공관형, 고정집광형)
	태양열 온수기 (자연순환식, 강제순환식, 진공관일체형)
태양광 설비	소형 태양광 발전용 인버터 (정격출력 10 kw 이하 - 계통연계형) (정격출력 10 kw 이하 - 독립형)
	중대형 태양광 발전용 인버터 정격출력 10 kw 초과 250 kw 이하 - 계통연계형 정격출력 10 kw 초과 250 kw 이하 - 독립형
	결정질 실리콘 태양광발전 모듈 (성능)
	박막 태양광발전 모듈 (성능)

43. 송·변전설비 중 배전반에서 주회로 인입·인출부의 일상점검 내용이 아닌 것은?

㉮ 볼트류 등의 조임 상태 확인

㉯ 쥐, 곤충 등의 침입 여부 확인

㉰ 표시기, 표시등의 정확 유무 확인

㉱ 코로나 방전에 의한 이상음 여부 확인

해설 표시기, 표시등의 정확 유무 확인은 주회로용 차단기류 (VCB, GCB, ACB)에 대한 일상점검 내용이다.

44. 결정질 실리콘 태양광발전 모듈의 인증 제품에 대한 표시사항으로 틀린 것은?

㉮ 제품의 단가

㉯ 인증부여 번호

해답 40. ㉰ 41. ㉯ 42. ㉰ 43. ㉰ 44. ㉮

㉰ 설비명 및 모델명

㉱ 제품의 주요 사양

해설 신재생에너지설비 KS인증 표시 권고(안)

<table>
<tr><td rowspan="2">Ⓚ</td><td>KS
규격번호</td><td colspan="2">KS C 0000</td></tr>
<tr><td>KS 규격명</td><td colspan="2"></td></tr>
<tr><td>KS인증
번호</td><td></td><td>인증
취득일</td><td></td></tr>
<tr><td>설비명</td><td></td><td>모델명</td><td></td></tr>
<tr><td>제조연월일</td><td></td><td>모델코드</td><td></td></tr>
<tr><td>사양 1
(Spec.)</td><td></td><td>사양 2
(Spec.)</td><td></td></tr>
<tr><td>사양 3
(Spec.)</td><td></td><td>사양 4
(Spec.)</td><td></td></tr>
<tr><td>사양 5
(Spec.)</td><td></td><td>사양 6
(Spec.)</td><td></td></tr>
<tr><td rowspan="3">제조사</td><td></td><td>연락처
(A/S)</td><td></td></tr>
<tr><td colspan="3">사무소 :</td></tr>
<tr><td colspan="3">공 장 :</td></tr>
<tr><td rowspan="2">수입사
(해당 경우)</td><td></td><td>연락처
(A/S)</td><td></td></tr>
<tr><td colspan="3">사무소 :</td></tr>
<tr><td colspan="4">※ 필요시 표시 내용을 조정 · 재구성할 수 있음</td></tr>
</table>

45. 자가용 태양광 발전설비 정기검사 항목이 아닌 것은?

㉮ 변압기 검사

㉯ 태양광 전지 검사

㉰ 부하운전시험 검사

㉱ 전력변환장치 검사

해설 변압기 검사는 사업용 태양광발전 설비에 대한 검사항목이다.

46. 태양광발전 시스템 인버터의 시험항목으로 틀린 것은?

㉮ 절연성능시험

㉯ 정상특성시험

㉰ 전기자기 적합성

㉱ 과열점 내구성 시험

해설 과열점 내구성 시험은 태양광 모듈에 대한 시험항목이다.

47. 모니터링 시스템의 운영 점검사항으로 틀린 것은?

㉮ 센서 접속 이상 유무

㉯ 가대 등의 녹 발생 유무

㉰ 인버터 모니터링 데이터 이상 유무

㉱ 인터넷 접속상태 및 통신단자 이상 유무

해설 가대 등의 녹 발생 유무는 태양광 어레이에 대한 점검사항이다.

48. 전기사업의 허가기준으로 틀린 것은?

㉮ 전기사업이 계획대로 수행될 수 있을 것

㉯ 전기사업을 적정하게 수행하는 데 필요한 재무능력 및 기술능력이 있을 것

㉰ 발전소나 발전연료가 특정 지역에 편중되어 전력계통의 운영에 지장을 주지 아니할 것

㉱ 그 밖에 공익상 필요한 것으로서 산업통상자원부령으로 정하는 기준에 적합할 것

해설 전기사업의 허가기준

① 전기사업을 적정하게 수행하는 데 필요한 재무능력 및 기술능력이 있을 것

② 전기사업이 계획대로 수행될 수 있을 것

③ 배전사업 및 구역 전기사업의 경우 둘 이상의 배전사업자의 사업 구역 또는 구역 전기사업자의 특정한 공급 구역 중 전부 또는 일부가 중복되지 아니할 것

④ 구역 전기사업의 경우 특정한 공급 구역 전력수요의 50퍼센트 이상으로, 대통령령으로 정하는 공급능력을 갖추고, 그 사업으로 인하여 인근 지역 전기사용자에 대한 다른 전기사업자의 전기공급에 차질이 없을 것

해답 45. ㉮ 46. ㉱ 47. ㉯ 48. ㉱

49. 다음 중 태양광 모듈의 유지관리 사항이 아닌 것은?

㉮ 모듈의 유리 표면의 청결 유지

㉯ 음영이 생기지 않도록 주변 정리

㉰ 셀이 병렬로 연결되었는지의 여부

㉱ 케이블 극성 유의 및 방수 커넥터 사용 여부

해설 셀의 병렬 연결 여부는 제조 및 시공 단계의 점검사항에 속한다.

50. 태양광발전 시스템 성능평가를 위한 사이트 평가방법이 아닌 것은?

㉮ 설치 용량 ㉯ 시공업자

㉰ 발전 성능 ㉱ 설치 대상기관

해설 성능평가를 위한 사이트 평가방법
① 설치 대상기관
② 설치 시설의 분류
③ 설치 시설의 지역
④ 설치 형태
⑤ 설치 용량
⑥ 설치 각도와 방위
⑦ 시공업자
⑧ 기기 제조사

51. 정전작업 중 조치사항에 대한 설명으로 틀린 것은?

㉮ 개폐기 관리

㉯ 단락 접지기구의 철거

㉰ 작업지휘자에 의한 작업지시

㉱ 근접 활선에 대한 방호상태의 관리

해설 정전작업 중 조치사항
① 작업 지휘자에 의한 작업 진행
② 개폐기의 관리
③ 단락 접지의 수시 확인
④ 근접 활선에 대한 방호상태의 관리

52. 배전반 제어회로의 배선에서 일상점검 항목이 아닌 것은?

㉮ 조임부의 이완 여부 확인

㉯ 전선 지지물의 탈락 여부 확인

㉰ 과열에 의한 이상한 냄새 여부 확인

㉱ 가동부 등의 연결전선의 절연피복 손상 여부 확인

해설 배전반 제어회로 배선과 단자대의 일상점검 항목

대상 (점검개소)	목적	점검내용
제어회로의 배선 (배선 전반)	손상	가동부 등의 연결전선의 절연피복 손상 여부 확인
		전선 지지물의 탈락 여부 확인
	이상한 냄새	과열에 의한 이상한 냄새 여부 확인
단자대 (외부 일반)	조임의 이완	조임부의 이완 여부 확인
	손상	절연물 등 균열 및 파손 여부 확인

53. 동작 불량의 스트링이나 태양전지 모듈의 검출 및 직렬 접속선의 결선 누락사고 등을 검출하기 위한 측정으로 옳은 것은?

㉮ 단락전류 측정 ㉯ 절연저항 측정

㉰ 개방전압 측정 ㉱ 정격전류 측정

해설 스트링 간의 동작상태의 비교나 결함 발견 등은 개방전압을 측정함으로써 할 수 있다. 서로 병렬 연결된 스트링 간의 개방전압은 허용편차 내에서 동일하여야 한다.

54. 인버터 입력회로 절연저항 측정방법에 대한 설명으로 틀린 것은?

㉮ 분전반 내의 분기차단기를 개방한다.

㉯ 직류 측 전체의 입력단자와 교류 측 전체 출력단자를 각각 단락한다.

㉰ 접속함까지의 전로를 포함하여 절연저항을 측정하는 것으로 한다.

㉱ 태양전지 회로를 접속함에서 분리하여 인버터의 입력단자 및 출력단자를 각각

해답 49. ㉰ 50. ㉯ 51. ㉯ 52. ㉮ 53. ㉰ 54. ㉱

단락하면서 출력단자와 대지 간의 절연 저항을 측정한다.

해설 인버터 입력회로의 절연저항 측정순서
① 태양전지 회로를 접속함에서 분리한다.
② 분전반 내의 분기 차단기를 개방한다.
③ 직류 측의 모든 입력단자 및 교류 측 전체의 출력단자를 각각 단락한다.
④ 직류단자와 대지 간 절연저항을 측정한다.
⑤ 측정결과의 판정기준을 전기설비기술 기준에 따라 표시한다.

55. 태양광발전 시스템 모듈의 고장으로 틀린 것은?

㉠ 핫 스폿   ㉡ 백화현상
㉢ 프레임 변형   ㉣ 부스바 과열

해설 부스바 과열은 주로 태양광발전 시스템의 접속함이나 배전반의 고장현상이다.

56. 태양광발전 시스템 인버터의 일상점검 항목으로 틀린 것은?

㉠ 절연저항 측정
㉡ 외함의 부식 및 파손
㉢ 외부배선(접속 케이블)의 손상
㉣ 이음, 이취, 연기 발생 및 이상 과열

해설 인버터의 일상점검

	점검항목	점검요령
육안점검	외함의 부식 및 파손	외함의 부식·녹이 없고 충전부에 노출이 없을 것
	외부배선(접속 케이블)의 손상	인버터에 접속된 배선에 손상이 없을 것
	환기 확인 (환기구멍, 환기필터)	·환기구를 막고 있지 않을 것 ·환기필터가 막혀 있지 않을 것
	이상음, 악취, 발연 및 이상과열	운전 시 이상음, 이상한 진동, 악취 및 이상 과열이 없을 것
	표시부의 이상표시	표시부에 이상코드, 이상을 표시하는 램프의 점등, 점멸 등이 없을 것
	발전상황	표시부의 발전상황에 이상이 없을 것

57. 중간 단자함(접속함)의 육안점검 항목으로 틀린 것은?

㉠ 배선의 극성
㉡ 개방전압 및 극성
㉢ 단자대 나사의 풀림
㉣ 외함의 부식 및 파손

해설 중간 단자함(접속함)의 육안점검 항목

	점검항목	점검요령
육안점검	외함의 부식 및 파손	부식 및 파손이 없을 것
	방수처리	전선 인입구가 실리콘 등으로 방수처리되어 있을 것
	배선의 극성	태양전지에서 배선의 극성이 바뀌어 있지 않을 것
	단자대 풀림	확실하게 취부되고 나사의 풀림이 없을 것

58. 태양광발전 시스템의 점검에서 유지보수 점검 종류가 아닌 것은?

㉠ 일시점검   ㉡ 일상점검
㉢ 정기점검   ㉣ 임시점검

해설 태양광발전 설비에 대한 유지보수 점검은 주로 일상점검, 정기점검, 임시점검 등으로 분류된다.

59. 바이패스 다이오드 열시험 진행 시 STC 조건에서 단락전류의 몇 배와 같은 전류를 적용하는가?

㉠ 1.1   ㉡ 1.25
㉢ 1.5   ㉣ 2

해설 바이패스 다이오드 열시험(bypass diode thermal test) : 태양전지 모듈의 핫-스폿 현상에 대한 유해한 결과를 제한하기 위해 사용된 바이패스 다이오드가 열에 대한 내성설계가 얼마나 잘 되어 있는지, 유사한 환경에서 장시간 사용할 경우 신뢰성이 확보되었는지를 평가하는 것을 목적으로 한다. STC 조건에서 단락전류의 1.25배와 같은 전류를 적용하며, KS C IEC 61215의 시험방법에 따라 시험한다.

해답 55. ㉣   56. ㉠   57. ㉡   58. ㉠   59. ㉡

60. 접지용구 사용 시 주의사항이 아닌 것은?

㉮ 접지용구의 철거는 설치의 역순으로 한다.

㉯ 접지 설치 전에 관계 개폐기의 개방을 확인하여야 한다.

㉰ 접지용구의 취급은 반드시 전기 안전관리자의 책임하에 행하여야 한다.

㉱ 접지용구 설치·철거 시에는 접지도선이 신체에 접촉하지 않도록 주의한다.

해설 접지용구 사용 시의 주의사항

① 접지용구를 설치하거나 철거할 때에는 접지도선이 자신이나 타인의 신체는 물론 전선, 기기 등에 접촉하지 않도록 주의한다.

② 접지용구의 취급은 작업책임자의 책임하에 행하여야 한다.

③ 접지용구의 설치 및 철거는 다음의 순서로 행하여야 한다.

㉮ 접지 설치전에 관계 개폐기의 개방을 확인하고 검전기나 기타 방법으로 충전 여부를 확인하여야 한다.

㉯ 접지 설치순서는 먼저 접지 측 금구에 접지선을 접속하고 전선 금구를 기기 또는 전선에 확실하게 부착한다.

㉰ 접지용구의 철거는 설치의 역순으로 한다.

제5과목 : 신재생에너지 관련법규

61. 물의 표층의 열을 변환시켜 에너지를 생산하는 설비는?

㉮ 전력저장 설비

㉯ 수열에너지 설비

㉰ 해양에너지 설비

㉱ 폐기물에너지 설비

해설 신에너지 및 재생에너지 개발·이용·보급 촉진법 시행규칙(제2조)

① 전력저장 설비 : 신에너지 및 재생에너지(이하 '신·재생에너지'라 한다)를 이용하여 전기를 생산하는 설비와 연계된 전력저장 설비

② 수열에너지 설비 : 물의 표층의 열을 변환시켜 에너지를 생산하는 설비

③ 해양에너지 설비 : 해양의 조수, 파도, 해류, 온도차 등을 변환시켜 전기 또는 열을 생산하는 설비

④ 폐기물에너지 설비 : 폐기물을 변환시켜 연료 및 에너지를 생산하는 설비

62. 전기공사 기술자가 다른 사람에게 경력수첩을 6개월 미만 빌려 준 경우 받게 되는 처분기준은?

㉮ 인정정지 1년   ㉯ 인정정지 2년

㉰ 인정정지 3년   ㉱ 인정정지 6개월

해설 전기공사업법 시행령[별표 4의4]

전기공사 기술자에 대한 인정정지처분 기준 (제14조의3 관련)

위반행위	근거 법조문	처분기준
전기공사·기술자로 인정받은 사람이 법 제18조의2를 위반하여 다른 사람에게 경력수첩을 빌려 준 경우 1. 6개월 미만 2. 6개월 이상 1년 미만 3. 1년 이상 2년 미만 4. 2년 이상	법 제28조의2 제3항	인정정지 6개월 인정정지 1년 인정정지 2년 인정정지 3년

63. 기업이 경영활동에서 자원과 에너지를 절약하고 효율적으로 이용하며 온실가스 배출 및 환경오염의 발생을 최소화하면서 사회적, 윤리적 책임을 다하는 경영은?

㉮ 녹색기술   ㉯ 녹색산업

㉰ 녹색생활   ㉱ 녹색경영

해설 저탄소 녹색성장 기본법(제2조) : 녹색성장이란 에너지와 자원을 절약하고 효율적으로 사용하여 기후변화와 환경훼손을 줄이고 청정에너지와 녹색기술의 연구개발을 통하여 새

해답 60. ㉰ 61. ㉯ 62. ㉱ 63. ㉱

로운 성장동력을 확보하며, 새로운 일자리를 창출해 나가는 등 경제와 환경이 조화를 이루는 성장을 말한다.

64. 신·재생에너지 설비 설치의무기관 중 대통령령으로 정하는 비율 또는 금액 이상을 출자한 법인이란?

㉮ 납입자본금의 100의 10 이상을 출자한 법인

㉯ 납입자본금의 100의 30 이상을 출자한 법인

㉰ 납입자본금의 100의 50 이상을 출자한 법인

㉱ 납입자본금의 100의 70 이상을 출자한 법인

해설 신에너지 및 재생에너지 개발·이용·보급 촉진법 시행령(제16조)

① 법 제12조 제2항 제3호에서 '대통령령으로 정하는 금액 이상'이란 연간 50억 원 이상을 말한다.

② 법 제12조 제2항 제5호에서 '대통령령으로 정하는 비율 또는 금액 이상을 출자한 법인'이란 다음 각 호의 어느 하나에 해당하는 법인을 말한다.

1. 납입자본금의 100의 50 이상을 출자한 법인
2. 납입자본금으로 50억 원 이상 출자한 법인

65. 케이블 트레이공사에 사용하는 케이블 트레이에 대한 설명으로 틀린 것은?

㉮ 비금속제 케이블 트레이는 난연성 재료의 것이어야 한다.

㉯ 전선의 피복 등을 손상시킬 돌기 등이 없이 매끈하여야 한다.

㉰ 수용된 모든 전선을 지지할 수 있는 적합한 강도로 케이블 트레이의 안전율은 1.3 이상으로 하여야 한다.

㉱ 케이블 트레이가 방화구획의 벽, 마루, 천장 등을 관통하는 경우 관통부는 불연성의 물질로 충전하여야 한다.

해설 ㉰에서 케이블 트레이의 안전율은 1.5 이상의 강도이어야 한다.

66. 전기안전관리자의 선임 신고사항 변경신고에서 산업통상자원부령으로 정하는 사항으로 전기사업자나 자가용전기 설비의 소유자 또는 점유자에 관한 사항으로 틀린 것은?

㉮ 회사명 또는 상호

㉯ 전기설비의 설치단가

㉰ 전기설비 설치장소의 주소

㉱ 전기설비의 용량 또는 전압

해설 전기사업법 시행규칙(제45조의2)

① 법 제73조의2(전기안전관리자의 선임 및 해임신고 등) 제1항 후단에서 '산업통상자원령으로 정하는 사항'이란 전기사업자나 자가용 전기설비의 소유자 또는 점유자에 관한 다음 각 호의 사항을 말한다.

1. 회사명 또는 상호
2. 대표자 성명
3. 전기설비 설치장소의 주소
4. 전기설비의 용량 또는 전압

67. 옥내에 시설하는 저압용 배전반 및 분전반의 시설 방법으로 틀린 것은?

㉮ 한 개의 분전반에는 두 가지 전원(2회선의 간선)만 공급할 것

㉯ 노출하여 시설되는 배전반 및 분전반은 불연성 또는 난연성의 것을 시설할 것

㉰ 배전반 및 분전반은 전기회로를 쉽게 조작할 수 있고 쉽게 점검할 수 있는 장소에 시설할 것

㉱ 노출된 충전부가 있는 배전반 및 분전반은 취급자 이외의 사람이 쉽게 출입할 수 없도록 시설할 것

해설 전기설비기술기준의 판단기준(제171조)

① 옥내에 시설하는 저압용 배·분전반의 기구 및 전선은 쉽게 점검할 수 있도록 하고 다음 각 호에 따라 시설할 것

1. 노출된 충전부가 있는 배전반 및 분전반은

해답 64. ㉰ 65. ㉰ 66. ㉯ 67. ㉮

취급자 이외의 사람이 쉽게 출입할 수 없도록 설치하여야 한다.

2. 한 개의 분전반에는 한 가지 전원(1회선의 간선)만 공급하여야 한다. 다만 안전 확보가 충분하도록 격벽을 설치하고 사용전압을 쉽게 식별할 수 있도록 그 회로의 과전류차단기 가까운 곳에 사용전압을 표시하는 경우에는 그러하지 아니하다.

68. 산업통상자원부장관은 신·재생에너지 설비의 설치계획서 제출에 대하여 2016년 1월 1일을 기준으로 몇 년마다 그 타당성을 검토하여 개선 등의 조치를 하여야 하는가?

㉮ 2   ㉯ 3
㉰ 5   ㉱ 10

해설 신에너지 및 재생에너지 개발·이용·보급 촉진법 시행령(제30조의2)

① 산업통상자원부장관은 제17조에 따른 신·재생에너지 설비의 설치계획서 제출에 대하여 2016년 1월 1일을 기준으로 5년마다(매 5년이 되는 해의 기준일과 같은 날 전까지를 말한다) 그 타당성을 검토하여 개선 등의 조치를 하여야 한다.

69. 산업통상자원부장관은 발전차액을 반환할 자가 며칠 이내에 이를 반환하지 아니하면 국세 체납처분의 예에 따라 징수할 수 있는가?

㉮ 15   ㉯ 30
㉰ 45   ㉱ 60

해설 신에너지 및 재생에너지 개발·이용·보급 촉진법(제18조)

① 산업통상자원부장관은 발전차액을 지원받은 신·재생에너지 발전사업자가 다음 각 호의 어느 하나에 해당하면 산업통상자원부령으로 정하는 바에 따라 경고를 하거나 시정을 명하고, 그 시정명령에 따르지 아니하는 경우에는 발전차액의 지원을 중단할 수 있다.

1. 거짓이나 부정한 방법으로 발전차액을 지원받은 경우
2. 제17조 제4항에 따른 자료요구에 따르지 아니하거나 거짓으로 자료를 제출한 경우

② 산업통상자원부장관은 발전차액을 지원받은 신·재생에너지 발전사업자가 제1항 제1호에 해당하면 산업통상자원부령으로 정하는 바에 따라 그 발전차액을 환수할 수 있다. 이 경우 산업통상자원부장관은 발전차액을 반환할 자가 30일 이내에 이를 반환하지 아니하면 국세 체납처분의 예에 따라 징수할 수 있다.

70. 계통연계하는 분산형 전원을 설치하는 경우 이상 또는 고장 발생의 경우가 아닌 것은?

㉮ 단독운전 상태
㉯ 분산형전원의 이상 또는 고장
㉰ 연계형 변압기 중성점 접지시설
㉱ 연계한 전력계통의 이상 또는 고장

해설 계통연계형 분산형 전원의 이상 또는 고장 현상 : 단독운전, 분산형 전원 측의 이상 또는 고장, 계통 측의 이상 또는 고장 등

71. 피뢰기 설치장소로 틀린 것은?

㉮ 가공전선로와 지중전선로가 접속하는 곳
㉯ 저압 가공전선로로부터 공급을 받는 수용장소의 인입구
㉰ 고압 및 특고압 가공전선로로부터 공급을 받는 수용장소의 인입구
㉱ 발전소·변전소 또는 이에 준하는 장소의 가공전선 인입구 및 인출구

해설 전기설비기술기준의 판단기준(제42조)

① 고압 및 특고압의 전로 중 다음 각 호에 열거하는 곳 또는 이에 근접한 곳에는 피뢰기를 시설하여야 한다.

1. 발전소·변전소 또는 이에 준하는 장소의 가공전선 인입구 및 인출구
2. 가공전선로에 접속하는 제29조의 배전용 변압기의 고압측 및 특고압측
3. 고압 및 특고압 가공전선로로부터 공급을 받는 수용장소의 인입구

72. 정부가 중소기업의 녹색기술 및 녹색경영을 촉진하기 위하여 수립·시행할 수 있는 시

책으로 틀린 것은?

㉮ 중소기업의 녹색기술 사업화의 촉진

㉯ 녹색기술 개발 촉진을 위한 공공시설의 이용

㉰ 대기업과 중소기업의 공동사업에 대한 우선 지원

㉱ 해외전문연구소의 중소기업에 대한 기술지도·기술이전 및 기술인력 파견에 대한 지원

해설 저탄소 녹색성장 기본법(제33조) : 정부는 중소기업의 녹색기술 및 녹색경영을 촉진하기 위하여 다음 각 호의 시책을 수립·시행할 수 있다.
1. 대기업과 중소기업의 공동사업에 대한 우선 지원
2. 대기업의 중소기업에 대한 기술지도·기술이전 및 기술인력 파견에 대한 지원
3. 중소기업의 녹색기술 사업화의 촉진
4. 녹색기술 개발 촉진을 위한 공공시설의 이용
5. 녹색기술·녹색산업에 관한 전문인력 양성·공급 및 국외진출
6. 그 밖에 중소기업의 녹색기술 및 녹색경영을 촉진하기 위한 사항

73. 연료전지 및 태양전지 모듈은 최대사용전압의 1.5배의 직류전압 또는 1배의 교류전압(500 V 미만으로 되는 경우에는 500 V)을 충전 부분과 대지 사이에 연속하여 몇 분간 가하여 절연내력을 시험하였을 때 이에 견디는 것이어야 하는가?

㉮ 5   ㉯ 10
㉰ 15   ㉱ 20

해설 절연내력 측정 방법 : 절연저항 측정회로와 같은 조건에서 표준 태양전지 어레이 개방조건을 최대사용전압으로 간주하여 최대사용전압의 1.5배의 직류전압 또는 1배의 교류전압(500 V 미만일 때는 500 V)을 10분간 인가하여 절연파괴 등의 이상이 발생하지 않는 것을 확인한다.

74. 전력수급의 안정을 위하여 대통령령으로 정하는 기본계획의 경미한 사항을 변경하는 경우로 틀린 것은?

㉮ 전기설비별 용량의 20 %의 범위에서 그 용량을 변경하는 경우

㉯ 연도별 전기설비 총용량의 5 %의 범위에서 그 총용량을 변경하는 경우

㉰ 전기설비 설치공사의 착공 또는 준공 등의 기간을 2년 범위에서 조정하는 경우

㉱ 전기설비 설치공사 시 총공사비의 10 % 범위에서 총공사비를 변경하는 경우

해설 전기사업법 시행령(제15조의2) : 법 제25조(전력수급 기본계획의 수립) 제3항에서 '대통령령으로 정하는 경미한 사항을 변경하는 경우'란 다음 각 호의 어느 하나에 해당하는 경우를 말한다.
1. 전기설비 설치공사의 착공 또는 준공 등의 기간을 2년의 범위에서 조정하는 경우
2. 전기설비별 용량의 20퍼센트의 범위에서 그 용량을 변경하는 경우
3. 연도별 전기설비 총용량의 5퍼센트의 범위에서 그 총용량을 변경하는 경우

75. 저압 및 고압 가공전선로 (전기철도용 급전선로는 제외)와 기설 가공약전류 전선로가 병행하는 경우 유도작용에 의하여 통신상의 장해가 생기지 않도록 전선과 기설 약전류 전선 간의 이격거리는 최소 몇 m 이상으로 하여야 하는가?

㉮ 0.5   ㉯ 1   ㉰ 1.5   ㉱ 2

해설 전기설비기술기준의 판단기준(제68조)
① 저압 가공전선로 (전기철도용 급전선로는 제외) 또는 고압 가공전선로 (전기철도용 급전선로는 제외)와 기설 가공약전류 전선로가 병행하는 경우에는 유도작용에 의하여 통신상의 장해가 생기지 아니하도록 전선과 기설 약전류 전선 간의 이격거리는 2 m 이상이어야 한다. 다만, 저압 또는 고압의 가공전선이 케이블인 경우 또는 가공약전류 전선로의 관리자 승낙을 받은 경우에는 그러하지 아니하다.

해답 **73.** ㉯ **74.** ㉱ **75.** ㉱

76. 산업통상자원부장관이 혼합의무자에게 제출을 요구할 수 있는 자료 중 신·재생에너지 연료 혼합의무 이행확인에 관한 자료의 내용이 아닌 것은?

㉮ 수송용 연료의 생산량

㉯ 수송용 연료의 수출입량

㉰ 수송용 연료의 내수판매량

㉱ 수송용 연료의 자가발전량

해설 신에너지 및 재생에너지 개발·이용·보급 촉진법 시행령(제26조의3)

① 산업통상자원부장관은 법 제23조의2 제2항에 따라 혼합의무자에게 다음 각 호의 자료 제출을 요구할 수 있다.

1. 신·재생에너지 연료 혼합의무 이행확인에 관한 다음 각 목의 자료

   가. 수송용 연료의 생산량

   나. 수송용 연료의 내수판매량

   다. 수송용 연료의 재고량

   라. 수송용 연료의 수출입량

   마. 수송용 연료의 자가소비량

77. 저압 옥내배선에 사용하는 연동선의 최소 굵기는 몇 mm^2 이상인가?

㉮ 2   ㉯ 2.5   ㉰ 4   ㉱ 6

해설 전기설비기술기준의 판단기준(제168조)

① 저압 옥내배선의 전선은 다음 각 호 어느 하나에 적합한 것을 사용하여야 한다.

1. 단면적이 $2.5\,mm^2$ 이상의 연동선

2. 단면적이 $1\,mm^2$ 이상의 미네랄 인슈레이션 케이블

78. 타인의 전기설비 또는 구내발전설비로부터 전기를 공급받아 구내배전설비로 전기를 공급하기 위한 전기설비로, 수전지점으로부터 배전반(구내 배전설비로 전기를 배전하는 전기설비를 말한다)까지의 설비는?

㉮ 발전설비   ㉯ 송전설비

㉰ 보호설비   ㉱ 수전설비

해설 전기사업법 시행규칙(제2조) : '수전설비'란 타인의 전기설비 또는 구내 발전설비로부터 전기를 공급받아 구내 배전설비로 전기를 공급하기 위한 전기설비로, 수전지점으로부터 배전반(구내 배전설비로 전기를 배전하는 전기설비를 말한다)까지의 설비를 말한다.

79. 대통령령으로 정하는 신·재생에너지 연료의 기준 및 범위에 해당하는 연료로 틀린 것은? (단, 폐기물관리법에 따른 폐기물을 이용하여 제조한 것은 제외한다.)

㉮ 액화석유가스

㉯ 동물·식물의 유지(油脂)를 변환시킨 바이오디젤

㉰ 중질잔사유를 가스화한 공정에서 얻어지는 합성가스

㉱ 생물유기체를 변환시킨 바이오가스, 바이오에탄올, 바이오액화유 및 합성가스

해설 신에너지 및 재생에너지 개발·이용·보급 촉진법 시행령(제18조의12) : 법 제12조의1(신·재생에너지 연료 품질기준) 제1항에서 '대통령령으로 정하는 기준 및 범위에 해당하는 것'이란 다음 각 호의 연료(「폐기물관리법」 제2조 제1호에 따른 폐기물을 이용하여 제조한 것은 제외한다)를 말한다.

1. 수소

2. 중질잔사유를 가스화한 공정에서 얻어지는 합성가스

3. 생물유기체를 변환시킨 바이오가스, 바이오에탄올, 바이오액화유 및 합성가스

4. 동물·식물의 유지를 변환시킨 바이오디젤

5. 생물유기체를 변환시킨 목재칩, 펠릿 및 목탄 등의 고체연료

80. 발전기·변압기·조상기·계기용변성기·모선 및 애자는 어떤 전류에 의하여 생기는 기계적 충격에 견디어야 하는가?

㉮ 충전전류   ㉯ 정격전류

㉰ 단락전류   ㉱ 유도전류

해설 전기설비기술기준(제23조)

① 발전기·변압기·조상기·계기용변성기·모선 및 이를 지지하는 애자는 단락전류에 의하여 생기는 기계적 충격에 견디는 것이어야 한다.

해답 76. ㉱ 77. ㉯ 78. ㉱ 79. ㉮ 80. ㉰

□ **신재생에너지 발전설비 기사** ▶ **2017. 5. 7 시행**

제1과목 : 태양광발전 시스템 이론

1. 저항 50 Ω, 인덕턴스 200 mH의 직렬회로에 주파수 50 Hz의 교류를 접속하였다면, 이 회로의 역률은 약 몇 %인가?

㉮ 82.3 ㉯ 72.3
㉰ 62.3 ㉱ 52.3

해설 인덕턴스에 의한 리액턴스
$X = 2\pi f L = 2 \times 3.14 \times 50 \times 0.2 = 62.8\ \Omega$
임피던스 회로에서의 역률은
$\cos\theta = \dfrac{R}{\sqrt{(R^2 + X^2)}} = \dfrac{50}{\sqrt{(50^2 + 62.8^2)}}$
$= 62.29\ \%$

2. 태양전지의 전기적 특성에 대한 설명이 아닌 것은?

㉮ 출력전압은 절대적으로 입사광 세기에 비례한다.
㉯ 태양전지의 출력전압은 온도에 따라 영향을 받는다.
㉰ 최대 밝기의 1/5 정도 되는 흐린 날에도 전압이 나온다.
㉱ 태양전지의 출력전류는 입사되는 빛의 세기에 비례한다.

해설 출력전류는 입사광 세기에 거의 비례하여 증가한다.

3. 태양전지 모듈에 부분 음영이 존재할 시 모듈의 특성은 어떻게 변하는가?

㉮ 효율증가 ㉯ 출력감소
㉰ 발열감소 ㉱ 변화없음

해설 태양전지 모듈에 부분 음영이 존재할 시 모듈의 효율 및 출력은 감소하고, 발열은 증가한다.

4. 상용주파 변압기 절연방식의 인버터에 대한

특징이 아닌 것은?

㉮ 구조가 간단하다.
㉯ 소용량의 경우 효율이 낮다.
㉰ 중량이 가볍고 부피가 작다.
㉱ 절연이 가능하고 회로구성이 간단하다.

해설 상용주파 변압기 절연방식은 중량이 무겁고 부피가 커지는 방식이다.

5. 태양광발전시스템의 직류출력을 DC-DC 컨버터로 승압하고 인버터로 상용주파의 교류로 변환하는 인버터의 방식은?

㉮ 상용주파 변압기 절연방식
㉯ 고주파 변압기 절연방식
㉰ 트랜스리스 방식
㉱ 계통연계 방식

해설 트랜스리스 방식의 특징

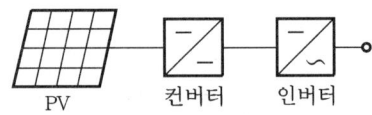

PV   컨버터   인버터

① 태양전지의 직류출력을 DC-DC 컨버터로 승압하고 DC/AC 인버터로 상용주파수의 교류로 변환한다.
② 저주파 변압기를 사용하지 않기 때문에 고효율화, 소형경량화, 저가화에 가장 유리하다.
③ 주택용(3 kW 이하)에 많이 적용되는 절연방식이다.
④ 변압기를 사용하지 않기 때문에 안정성에 불리하다(복잡한 안정성 제어가 필요).

6. 태양광발전시스템이 개방된 곳에 설치되어 있다면 낙뢰로부터 보호하기 위해 설치하는 것은?

㉮ 피뢰침 ㉯ 역류방지장치
㉰ 바이패스장치 ㉱ 발광다이오드

해설 ① 피뢰소자(서지보호장치, SPD) : 접속함에 설치

② 피뢰침, 피뢰기(LA ; Lightening Arrester) : 개방된 장소 등의 교류측 전로에 설치

7. 태양전지 모듈 내에 포함되지 않는 것은?

㉮ 충전재 ㉯ 태양전지 셀
㉰ 프런트 커버 ㉱ 역류방지 소자

해설 역류방지 소자(역류방지 다이오드)는 접속함 내에 설치되고, 바이패스 소자(바이패스 다이오드)는 태양전지 모듈 내에 설치된다.

8. PN접합 다이오드의 P형 반도체에 (−)바이어스를 가하고, N형 반도체에 (+)바이어스를 가할 때 나타나는 현상은?

㉮ 결핍층의 폭이 작아진다.
㉯ 결핍층 내부의 전기장이 감소한다.
㉰ 전류는 다수캐리어에 의해 발생한다.
㉱ 다이오드는 부도체와 같은 특성을 보인다.

해설 ① 순방향 전류 : 전원을 PN접합 다이오드의 P형 쪽에 +극을, N형 쪽에 대하여 −극을 연결할 때 순방향 전압(Forward Voltage) 또는 순방향 바이어스(Forward Bias)가 걸려있다고 말한다. 이때 다이오드를 통하여 큰 전류, 즉 순방향 전류(Forward Current)가 흐른다. 이는 P영역의 hole이 N영역으로, N영역의 전자가 P영역으로 활발히 흐름으로 인해 P영역에서 N영역으로 큰 전류가 흐르게 된다.

② 역방향 전류 : PN접합 다이오드에 외부전압이 N형 쪽에 +, P형 쪽에 −가 되도록 가해질 때 역방향 전압(Reverse Voltage) 또는 역방향 바이어스(Bias)가 걸렸다고 말한다. 이때 다이오드를 통해 극히 미약한 전류, 즉 역포화 전류(Reverse Saturation Current)가 N영역에서 P영역으로 흐른다 (캐리어들이 각 극성에 달라붙어 공핍층이 넓어짐). 이 전류는 낮은 역방향 전압에서 쉽게 최대치에 도달하며 역방향 전압을 높여도 그 이상 더 커지지 않으므로 역포화 전류라고 부른다. 이때 다이오드는 부도체와 같은 특성을 보인다.

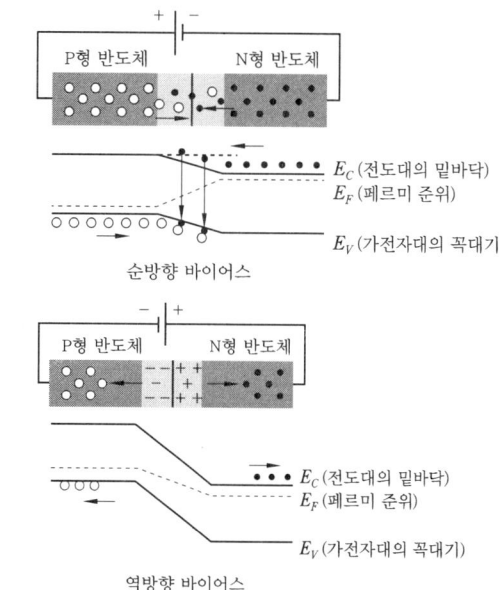

순방향 바이어스

E_C(전도대의 밑바닥)
E_F(페르미 준위)
E_V(가전자대의 꼭대기)

역방향 바이어스

E_C(전도대의 밑바닥)
E_F(페르미 준위)
E_V(가전자대의 꼭대기)

9. 25 W의 전구 2개를 하루에 5시간 사용하고, 65 W의 팬을 하루에 7시간 사용한다고 할 때, 24시간 동안의 총전력량은?

㉮ 455 Wh/day ㉯ 580 Wh/day
㉰ 705 Wh/day ㉱ 880 Wh/day

해설 전력량 $= \sum$(전력×총사용시간)
$= 25\,\mathrm{W} \times 2 \times 5 + 65\,\mathrm{W} \times 7$
$= 705\,\mathrm{Wh/day}$

10. 역류방지 다이오드(Blocking Diode)의 역할을 옳게 설명한 것은?

㉮ 과전류가 흐를 때 회로를 차단한다.
㉯ 태양광 모듈의 최적 운전점을 추적한다.
㉰ 태양광발전시스템의 외함을 접지하는 데 사용한다.
㉱ 태양빛이 없을 때 축전지로부터 태양전지를 보호한다.

해설 역류방지 다이오드(Blocking Diode)는 태양전지 모듈에 다른 태양전지회로나 축전지에서 전류가 돌아 들어가는 것(역류)을 방지하기 위하여 설치하는 다이오드로서 주로 접속반에 설치된다. 또한, 이렇게 역류를 방지하여 태양

빛이 없을 때 축전지로부터 태양전지를 보호하는 역할도 한다.

11. 실리콘 태양전지의 P형 반도체의 특성 설명으로 옳은 것은?
㉮ 정공이 다수 캐리어이다.
㉯ 전자가 다수 캐리어이다.
㉰ 전자, 정공 모두 다수 캐리어이다.
㉱ 전자, 정공 모두 소수 캐리어이다.

해설 실리콘 태양전지의 P형 반도체는 정공이 다수 캐리어이고, N형 반도체는 전자가 다수 캐리어이다.

12. 결정질 실리콘 태양전지 모듈 출력에 대한 설명으로 옳은 것은?
㉮ 방사조도에 비례하여 감소한다.
㉯ 방사조도에 비례하여 증가한다.
㉰ 태양전지 표면온도와는 관계가 없다.
㉱ 태양전지 표면온도가 올라갈수록 계속 증가한다.

해설 결정질 실리콘 태양전지 모듈의 전류 및 출력은 방사조도에 비례하여 증가하고, 태양전지 표면온도가 올라갈수록 감소한다.

13. 태양을 올려다보는 각도가 30도인 경우, Air Mass 값은?
㉮ 0.5 ㉯ 1.0 ㉰ 1.5 ㉱ 2.0

해설 대기질량(Air Mass) $= \dfrac{1}{\sin 30°} = 2.0$

14. 태양광발전시스템 설치장소 선정 시 고려사항으로 가장 거리가 먼 것은?
㉮ 도로 접근성이 용이하여야 한다.
㉯ 일사량 및 일조시간을 고려해야 한다.
㉰ 전력계통 연계조건이 어떠한지 살펴야 한다.
㉱ 설치장소의 고도 및 기압을 측정하여야 한다.

해설 태양광발전시스템 설치장소의 선정과 관련하여 설치장소의 고도 및 기압은 무관한 내용이다.

15. 인버터의 최저 입력전압은 250 V, 효율은 90 %, 출력용량은 100 kW이며, 직류선로의 전압강하는 2 V일 때 인버터의 직류 입력전류는 약 몇 A인가?
㉮ 401 ㉯ 421 ㉰ 441 ㉱ 461

해설 I(PCS 직류 입력전류)
$$= \frac{1000P}{(V_i + V_d) \cdot E_f} = \frac{1000 \times 100}{(250+2) \times 0.9}$$
$$= 440.92 \text{ A}$$

16. 다음 그림이 설명하고 있는 전지의 종류는?

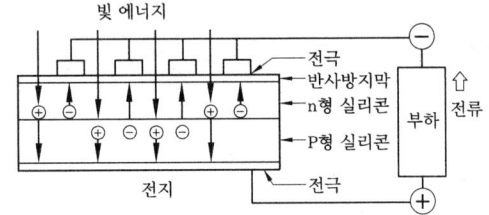

㉮ 연료전지 ㉯ 태양전지
㉰ 2차전지 ㉱ 인산형전지

17. 태양전지 모듈에 그림자가 생겼을 때 대비책으로 설치하는 것은?
㉮ 바이패스 다이오드
㉯ 역류방지 다이오드
㉰ 제너 다이오드
㉱ 발광 다이오드

해설 낙엽, 그늘, 음영, 태양전지 자체의 결함, 기타 오염 등으로 인한 태양전지의 부분적인 열화현상이 생기면, 그 태양전지 셀에는 다른 태양전지 셀에서 발생한 모든 전압이 인가되어 열점(Hot Spot)이 발생한다. 이런 문제점을 대비하여 태양전지 모듈 내의 약 18~20개마다 셀의 전류방향과 반대로 바이패스 다이오드(Bypass Diode)를 설치한다.

18. 다음 중 태양광 인버터의 기능이 아닌 것은?

㉮ 태양 추적 기능

㉯ 자동 운전·정지 기능

㉰ 단독운전 방지 기능

㉱ 최대전력 추종제어 기능

해설 태양 추적 기능은 태양광 인버터(PCS)의 기능이 아니고, 추적식 어레이 등에 설치하는 태양 추적센서의 기능이다.

19. 태양열 발전시스템의 주요 구성요소가 아닌 것은?

㉮ 인버터　　㉯ 축열조

㉰ 집열기　　㉱ 열교환기

해설 인버터는 태양광 발전시스템의 주요 구성요소에 속한다.

20. BIPV(Building Integrated PV System)에 대한 설명이 아닌 것은?

㉮ 경제적이며 에너지 효율성이 우수하다.

㉯ 건축 재료와 발전기능을 동시에 발휘하는 방식이다.

㉰ 태양광 발전시스템 설계 시 건축가와 사전협의가 필요하다.

㉱ 태양광 모듈을 지붕·파사드·블라인드 등 건물 외피에 적용하는 방식이다.

해설 BIPV는 건물 일체형 태양광 발전시스템으로서 음영과 경사각 조절 등으로부터 자유롭지 못해 경제적이 못하고, 변환효율도 많이 떨어지는 편이다.

제2과목 : 태양광발전 시스템 설계

21. 태양광 발전시스템의 기초설계단계에서 설계자의 업무가 아닌 것은?

㉮ 자금조달　　㉯ 토목설계

㉰ 전기설계　　㉱ 구조물설계

해설 태양광 발전시스템의 기초설계단계에서 설계자의 업무는 토목설계, 전기설계, 구조물설계, 건축설계 등이다.

22. 5,000 kW의 수상 태양광 발전소의 RPS 가중치는?

㉮ 0.7　㉯ 1.0　㉰ 1.2　㉱ 1.5

해설 유지 등의 수면에 부유하여 설치하는 경우에는 설치용량에 관계없이 RPS 가중치로 1.5를 적용한다.

23. 태양전지 어레이의 이격거리 산출 시 적용하는 설계요소가 아닌 것은?

㉮ 구조물 형상

㉯ 남북향간 길이

㉰ 강재의 강도 및 판의 두께

㉱ 태양광발전 위치에 대한 위도

해설 강재의 강도 및 판의 두께는 태양전지 어레이의 이격거리 산출과는 무관하고, 가대 등의 구조물설계에 필요한 요소이다.

24. 3,000 kW 이하의 태양광 발전소 전기사업 허가 시 필요한 서류가 아닌 것은?

㉮ 송전관계 일람도

㉯ 신용평가 의견서

㉰ 발전원가명세서

㉱ 전기사업허가신청서

해설 전기사업법 시행규칙 제4조 제1항(별표1의2) : 발전설비용량이 200킬로와트 초과 3천킬로와트 이하인 발전사업의 허가를 신청하는 경우 제출서류는 다음과 같다.

① 전기사업허가신청서

② 사업계획서

③ 전기설비 건설 및 운영 계획 관련 증명서류

④ 송전관계 일람도(一覽圖)

⑤ 발전원가명세서

⑥ 발전용 수력의 사용에 대한 허가서 또는 발전용 원자로 및 관계시설의 건설에 대한 허가서의 사본

해답 18. ㉮　19. ㉮　20. ㉮　21. ㉮　22. ㉱　23. ㉰　24. ㉯

25. 태양광발전시스템의 계통연계 기술기준을 크게 3가지로 구분할 때 해당하지 않는 것은?

㉮ 도입한계용량 ㉯ 외부운전성능

㉰ 전력품질 ㉱ 보호협조

해설 태양광발전시스템의 계통연계 3대 기술기준 : 도입한계용량, 전력품질, 보호협조

26. 초기투자비가 20억원, 설비수명이 20년, 연간 유지비가 1억원인 1 MW 태양광 설비의 연간 총발전량이 1,500 MWh일 때 발전원가(원/kWh)는?

㉮ 90.5 ㉯ 120.3 ㉰ 133.3 ㉱ 155.5

해설 발전원가

$$= \frac{\dfrac{\text{초기투자비용}}{\text{설비수명연한}} + \text{연간 유지관리비}}{\text{연간 총발전량(kWh/ann)}}$$

$$= \frac{\dfrac{2,000,000,000}{20} + 100,000,000}{1,500,000} = 133.33$$

27. 다음 ( ) 안에 들어갈 알맞은 내용은?

> "태양광 발전시스템은 설치형태에 따라 (㉠)식과 (㉡)식이 있다."

㉮ ㉠ 고정, ㉡ 추적

㉯ ㉠ 독립, ㉡ 추적

㉰ ㉠ 연계, ㉡ 추적

㉱ ㉠ 역조류, ㉡ 단독

해설 태양광 발전시스템은 설치형태(설치방식)에 따라 고정식 어레이, 경사가변형 어레이, 추적식 어레이, BIPV(건물통합형) 등으로 분류된다.

28. 태양전지 셀과 태양광 모듈에 관한 변환효율의 관계를 옳게 나타낸 것은?

> η_c : 태양전지 셀의 효율
>
> η_m : 태양광 모듈의 효율
>
> η_a : 태양광 어레이의 효율

㉮ $\eta_a > \eta_m > \eta_c$ ㉯ $\eta_m > \eta_c > \eta_a$

㉰ $\eta_c > \eta_a > \eta_m$ ㉱ $\eta_c > \eta_m > \eta_a$

해설 제조 및 설치 순서(단계)가 태양전지 셀→태양광 모듈→태양광 어레이이며, 후공정으로 갈수록 작업손실, 전압강하, 시스템손실 등으로 인해 효율은 하락한다.

29. 태양광 발전시스템에서 생산된 전기에너지를 저장하는 시스템의 약어는?

㉮ ESS ㉯ SPD ㉰ PV ㉱ ZCT

해설 약어 설명

① ESS : Energy Storage System(에너지 저장 시스템)

② SPD : Surge Protection Devic(서지보호소자, 서지보호장치)

③ PV : PhotoVoltaics(태양광발전)

④ ZCT : Zero sequence Current Transformer(영상 변류기)

30. 일조율을 나타내는 식으로 옳은 것은?

㉮ 일조율 $= \dfrac{\text{일조시간}}{\text{가조시간}} \times 100\%$

㉯ 일조율 $= \dfrac{\text{가조시간}}{\text{일조시간}} \times 100\%$

㉰ 일조율 $= \dfrac{\text{법선면 일조강도}}{\text{수평면 일조강도}} \times 100\%$

㉱ 일조율 $= \dfrac{\text{수평면 일조강도}}{\text{법선면 일조강도}} \times 100\%$

해설 일조율 $= \dfrac{\text{일조시간}}{\text{가조시간}} \times 100\%$

- 일조시간 : 구름, 먼지, 안개, 장애물 등의 방해 없이 지표면에 태양이 비친 시간
- 가조시간(可照時間, possible duration of sunshine) : 태양에서 오는 직사광선, 즉 일조(日照)를 기대할 수 있는 시간 또는 해뜨는 시각부터 해지는 시각까지의 시간을 말한다.

31. 어레이 설계 시 설치방식 및 경사각 결정의 기술적 측면에서의 고려사항으로 거리가 먼 것은?

㉮ 태양광발전과 건물과의 통합수준

㉯ 설치방식별 특성을 반영

해답 **25.** ㉯ **26.** ㉰ **27.** ㉮ **28.** ㉱ **29.** ㉮ **30.** ㉮ **31.** ㉱

대 시공성과 유지관리

래 지역의 특성

해설 지역의 특성은 설계단계가 아닌 기획단계에서의 고려사항이다.

32. 전기설비의 개폐기 중 변압기 내부의 이상 전류로부터 변압기를 보호하기 위해 변압기 1 차측에 설치하는 것은?

가 부하개폐기

나 컷아웃 스위치

대 자동구간 개폐기

래 자동부하전환 개폐기

해설 컷아웃 스위치(COS)

① 주로 변압기의 1차측의 각 상마다 취부하여 변압기의 보호와 개폐를 위한 것으로서 단극으로 제작된 것인데, 내부의 퓨즈가 용단되면 스위치의 덮개가 중력에 의하여 스스로 개방되게 하여 멀리서도 퓨즈의 용단 여부를 쉽게 식별할 수 있다.

② 보통 과전류 차단용으로 많이 사용되는데, 전력용 퓨즈와는 달리 퓨즈의 용단 시 COS FUSE만 교환할 수 있으며 퓨즈통(fuse holder)은 그대로 재사용할 수 있다.

33. 음영의 영향을 가장 많이 받는 인버터의 접속방법은?

가 중앙 집중 방식

나 서브 어레이 방식

대 개별 스트링 방식

래 마이크로 인버터 방식

해설 중앙 집중식 인버터 방식은 어레이 전체를 중앙 집중식 인버터에서 통합적으로 제어하는 방식이므로, 음영의 영향에 가장 민감하다.

34. 단독운전 방지 기능이 없는 10 kW 태양광 발전시스템이 380 V, 60 Hz의 계통전원에 연결되어 운전될 경우, 태양광 발전시스템의 출력이 10 kW, 부하가 유효전력 10 kW, 지상무효전력이 +9.5 kVar, 진상무효전력이 −10 kVar일 때 단독운전이 일어날 경우 예상되는

주파수는 약 얼마인가?

가 58.48 Hz　　나 59.32 Hz

대 60.00 Hz　　래 61.38 Hz

해설 주파수 특성

① 발전기 출력의 주파수 특성

$$k_G = \frac{\Delta P}{f_n} = \frac{10}{60} = 0.166667 \text{ VA/Hz}$$

② 부하의 주파수 특성

$$k_L = \frac{\Delta P}{f_n} = \frac{\sqrt{(10^2 + (-0.5)^2)}}{60}$$

$$= 0.166875 \text{ VA/Hz}$$

③ $k_T = k_G + k_L = 0.333542 \text{ VA/Hz}$

④ 부하와 출력의 차이

$$\Delta P = (10 - j0.5) - 10 = -j0.5$$

⑤ 주파수 변동량

$$\Delta f = \frac{\Delta P}{(k_G + k_L)} = \frac{-0.5}{0.333542} = -1.499066$$

∴ 예상되는 주파수 값 = 60 − 1.49906

= 약 58.5 Hz

35. 온도가 약 −15℃에서 태양전지 모듈의 V_{mpp}와 V_{oc}는 약 몇 V인가?

- P_{mpp} : 250 W

- V_{mpp} : 30.8 V

- V_{oc} : 38.3 V

- 온도에 따른 전압 변동률 : −0.32 %/℃

가 V_{mpp} : 14.74, V_{oc} : 23.20

나 V_{mpp} : 24.74, V_{oc} : 33.20

대 V_{mpp} : 34.74, V_{oc} : 43.20

래 V_{mpp} : 44.74, V_{oc} : 53.20

해설 ① 온도가 약 −15℃에서 태양전지 모듈의 V_{mpp} = 표준 상태(25℃)에서의 V_{mpp} ×(1+ 전압 온도계수×표면 온도차) = 30.8 V×(1+ (−0.0032×(−15−25))) = 34.74

② 온도가 약 −15℃에서 태양전지 모듈의 V_{oc} = 표준 상태(25℃)에서의 V_{oc} ×(1+전압 온도계수×표면 온도차) = 38.3 V×(1+(−0.0032 ×(−15−25))) = 43.2

해답　32. 나　33. 가　34. 가　35. 대

36. 다음 중 1일 전력수용량 산정 수식으로 적합한 것은?

㉮ 1일 전력소비량×1.1

㉯ 1일 전력소비량×1.2

㉰ 1일 전력소비량×1.3

㉱ 1일 전력소비량×1.4

해설 1일 전력수용량＝1일 전력소비량×1.2

37. 태양광 발전사업을 위한 부지를 선정하고 자 한다. 개발행위 허가기준에 따른 개발행위의 규모가 아닌 것은?

㉮ 농림지역 30,000 m² 미만

㉯ 도시주거지역 10,000 m² 미만

㉰ 도시공업지역 30,000 m² 미만

㉱ 자연환경 보전지역 7,000 m² 미만

해설 국토의 계획 및 이용에 관한 법률 시행령 제 55조(개발행위허가의 규모) 제1항 : 법 제58조 제 1항 제1호 본문에서 "대통령령으로 정하는 개 발행위의 규모"란 다음 각호에 해당하는 토지 의 형질변경면적을 말한다. 다만, 관리지역 및 농림지역에 대하여는 제2호 및 제3호의 규정 에 의한 면적의 범위 안에서 당해 특별시·광 역시·특별자치시·특별자치도·시 또는 군 의 도시·군계획조례로 따로 정할 수 있다.
1. 도시지역
  가. 주거지역·상업지역·자연녹지지역·생 산녹지지역 : 10,000 m² 미만
  나. 공업지역 : 30,000 m² 미만
  다. 보전녹지지역 : 5,000 m² 미만
2. 관리지역 : 30,000 m² 미만
3. 농림지역 : 30,000 m² 미만
4. 자연환경보전지역 : 5,000 m² 미만

38. 전기시설물 설계 시 설계도서의 실시설계 성과물이 아닌 것은?

㉮ 내역서, 산출서, 견적서

㉯ 설계설명서, 설계도면, 공사시방서

㉰ 용량계산서, 구조계산서, 부하계산서, 간선계산서

㉱ 설계계획서, 개략공사비 내역서, 시스 템선정 검토서

해설 전기시설물의 실시설계 성과물 : 설계설명서, 설계도면, 공사시방서, 내역서, 산출서, 견적 서, 각종 계산서(용량, 구조, 부하, 간선, 조 도 등), 협의기록서, 기타 자문 및 심의 기록 서 등

39. 한전계통에 이상 발생 후 분산형 전원이 재투입하기 위해서는 한전계통의 전압 및 주 파수가 정상범위로 복귀 후 몇 분간 유지되어 야 하는가?

㉮ 1분　　　　㉯ 2분

㉰ 3분　　　　㉱ 5분

해설 계통 재병입 : 계통 이상 발생 복구 후 전력 계통의 전압과 주파수가 정상상태로 5분간 유 지되지 않으면 분산형 전원 발전설비를 계통 에 연결하지 않는다.

40. 태양광 모듈 설계 시 가대의 수명을 30년 이상 보증하려고 할 때 선정 재질로 가장 바람 직한 것은? (단, 경제성 고려는 하지 않는다.)

㉮ 강재

㉯ 스테인리스

㉰ 강재＋도색

㉱ 강재＋용융아연도금

해설 스테인리스는 재료의 가격이 비싸지만, 내 식성이 매우 뛰어나 장기 내구성이 제일 우수 한 편이다.

제3과목 : 태양광발전 시스템 시공

41. 태양광 발전설비의 준공 후 감리원이 발주 자에게 인수·인계할 목록에 반드시 포함되어 야 하는 서류가 아닌 것은?

㉮ 안전교육 실적표

㉯ 기자재 구매서류

해답　36. ㉯　37. ㉱　38. ㉱　39. ㉱　40. ㉯　41. ㉮

㉐ 시설물 인수・인계서

㉑ 품질시험 및 검사성과 총괄표

해설 준공 후 인수・인계되어야 할 서류 목록

① 준공 사진첩

② 준공도

③ 준공 내역서

④ 시방서

⑤ 시공도

⑥ 시험성적서(주요자재, 품질관리)

⑦ 기자재 구매서류

⑧ 공사관련 기록부(주요자재 정산서, 인・허가 관계철)

⑨ 시설물 인수・인계서

⑩ 준공검사 조서

⑪ 사용설명서

42. 태양광 발전시스템 중 태양광 모듈의 절연 내력 검사 시 기술기준 내용으로 옳은 것은?

㉮ 최대사용전압의 1배의 직류전압, 또는 1배의 교류전압을 충전부분과 대지 사이에 5분간 인가하여 견뎌야 한다.

㉯ 최대사용전압의 1배의 직류전압, 또는 1.5배의 교류전압을 충전부분과 대지 사이에 10분간 인가하여 견뎌야 한다.

㉰ 최대사용전압의 1.5배의 직류전압, 또는 1배의 교류전압을 충전부분과 대지 사이에 10분간 인가하여 견뎌야 한다.

㉱ 최대사용전압의 1.5배의 직류전압, 또는 1.5배의 교류전압을 충전부분과 대지 사이에 5분간 인가하여 견뎌야 한다.

해설 절연내력 측정 시험방법 : 표준 태양전지 어레이 개방전압을 최대 사용전압으로 간주하여 최대사용전압의 1.5배의 직류전압이나, 1배의 교류전압(500 V 미만일 때에는 500 V)을 10분간 인가하여 절연파괴 등의 이상이 발생하지 않을 것을 확인한다.

43. 특고압 계통에서 분산형 전원의 연계로 인한 계통 투입, 탈락 및 출력 변동 빈도가 1일 4회 초과, 1시간에 2회 이하이면 순시전압변

동률은 몇 %를 초과하지 않아야 하는가?

㉮ 3 ㉯ 4 ㉰ 5 ㉱ 6

해설 상시 전압변동률과 순시 전압변동률

① 저압 일반선로에서 분산형 전원의 상시 전압변동률은 3%를 초과하지 않아야 한다.

② 저압계통의 경우, 계통병입 시 돌입전류를 필요로 하는 발전원에 대해서 계통병입에 의한 순시 전압변동률이 6%를 초과하지 않아야 한다.

③ 특고압 계통의 경우, 분산형 전원의 연계로 인한 순시 전압변동률은 발전원의 계통 투입, 탈락 및 출력 변동 빈도에 따라 다음 표에서 정하는 허용기준을 초과하지 않아야 한다.

변동 빈도	순시 전압변동률
1시간에 2회 초과 10회 이하	3%
1일 4회 초과, 1시간에 2회 이하	4%
1일에 4회 이하	5%

44. 접속함에 관한 설명으로 틀린 것은?

㉮ 접속함 안에 바이패스 다이오드를 설치한다.

㉯ 접속함은 노출이 적고, 소유자의 접근 및 육안확인이 용이한 장소에 설치하여야 한다.

㉰ 접속함 내부 발생열을 배출할 수 있는 환기구 및 방열판을 설치하여야 한다.

㉱ 접속함 전면부는 직사광선을 견딜 수 있는 폴리카보네이트(PC) 또는 동등 이상의 재질로 제작하여야 한다.

해설 접속함 안에 설치하는 소자는 바이패스 다이오드가 아니라, 역류방지 다이오드이다.

45. 전력계통에 3권선 변압기(Y-Y-△)를 사용하는 주된 원인은?

㉮ 승압용

㉯ 노이즈 제거

해답 42. ㉰ 43. ㉯ 44. ㉮ 45. ㉰

때 제3고조파 제거

래 2가지 용량 사용

해설 3권선 변압기(Y-Y-Δ)의 특징

① 1, 2차 권선에 3차 권선을 설치한 변압기로 권수비에 따라 1조의 변압기로 2종류의 전압, 2종류의 용량을 얻을 수 있다. 따라서, 설치장소가 좁아 변압기 2대를 설치하지 못하는 경우로서 2종류의 전원이 필요한 곳에 많이 사용한다.

② 안정권선 Δ결선을 삽입하여 Y-Y결선의 제3고조파를 제거할 수 있다.

③ 1차 또는 2차에서 Surge 침입 시 안정권선이 흡수하게 되므로 고전압이 유기되어 절연이 파괴되기 쉽다.

46. 공사업자가 공사 시작과 동시에 감리원에게 작성, 제출하여야 할 가설시설물의 설치계획표에 포함되는 사항이 아닌 것은?

㉮ 공사용 도로

㉯ 공사예정공정표

㉰ 공사용 임시전력

㉱ 가설사무소, 작업장, 창고 등의 부대시설

해설 공사예정공정표는 감리원이 착공신고서 검토 및 발주자에게 보고하는 자료이다.

47. 태양광발전시스템 공사 중 태양전지 어레이의 절연저항 측정에 필요한 시험 기자재로 가장 거리가 먼 것은?

㉮ 온도계   ㉯ 습도계

㉰ 계전기   ㉱ 절연저항계

해설 절연저항의 측정장치(메거 = 절연저항계)

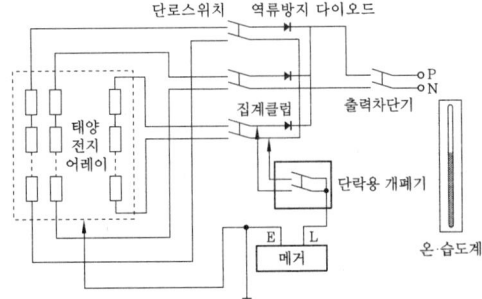

48. 접지공사 시 접지극의 매설 깊이는 지하 몇 cm 이상으로 매설하여야 하는가?

㉮ 30   ㉯ 60   ㉰ 75   ㉱ 120

해설 전기설비기술기준의 판단기준 제19조 제3항 : 제1종 접지공사 또는 제2종 접지공사에 사용하는 접지선을 사람이 접촉할 우려가 있는 곳에 시설하는 경우에 접지극은 지하 75 cm 이상으로 하되 동결 깊이를 감안하여 매설해야 한다.

49. 태양전지 어레이의 상정하중에 대한 설명으로 틀린 것은?

㉮ 적설하중은 모듈면의 수직 적설하중을 나타낸다.

㉯ 고정하중은 모듈과 지지물 등의 질량의 합이다.

㉰ 지진하중은 모듈에 가해지는 직선 지진력을 의미한다.

㉱ 풍압하중은 모듈과 지지물에 가해지는 풍압력의 합이다.

해설 지진하중은 지진이 구조물에 미치는 하중을 말하는 것으로, 지진의 가속도에 비례한 정적 작용력으로 표현하고 다음과 같이 계산한다.

지진하중 $K = C_L \times G$

여기서, C_L : 지지층 전단력 계수

       G : 고정하중(N)

50. 태양전지 모듈 및 어레이 설치 후의 설명이 아닌 것은?

㉮ 태양전지 모듈의 극성이 올바른지 직류전압계로 확인한다.

㉯ 태양전지 모듈의 설명서에 기재된 단락전류가 흐르는지 직류전류계로 측정한다.

㉰ 태양전지 모듈구조는 설치로 인해 다른 접지의 연접성이 훼손되지 않은 것을 확인한다.

㉱ 태양전지 모듈과 인버터 사이에 직류측

해답 46. ㉯   47. ㉰   48. ㉰   49. ㉰   50. ㉱

회로는 반드시 접지한다.

해설 태양광 인버터도 원칙적으로는 접지를 해야 하지만, 절연변압기를 시설하는 경우가 드물기 때문에 일반적으로는 직류측 회로(태양전지 어레이에서 인버터까지의 직류 주전로)를 비접지로 하고 있다.

51. 태양광 발전시스템에 적용하는 피뢰방식이 아닌 것은?

㉮ 돌침방식 ㉯ 케이지방식
㉰ 구조체방식 ㉱ 수평도체방식

해설 태양광 발전시스템에 적용 가능한 피뢰방식은 돌침방식, 케이지방식, 수평도체방식 등이다.

52. 태양전지 어레이의 구조물 설치 시 지반상태에 따른 해결책이 아닌 것은?

㉮ 연약층이 깊을 경우 독립기초를 한다.
㉯ 지반의 허용지지력이 부족할 경우 저판 폭을 증가시키거나 지반을 치환한다.
㉰ 배면토의 강도정수가 부족할 경우 저판 폭을 증가시키거나 사면경사도를 완화한다.
㉱ 지반의 지하수위가 높을 경우 지지력 저하로 침하가 발생할 수 있으므로 배수공을 설치한다.

해설 독립기초는 개개의 기둥을 독립적으로 지지하는 기초의 형식이므로, 가장 얕은 지지층에 적용되는 기초이다. 연약층이 깊을 경우에는 연속기초, 복합기초, 전면기초, 말뚝기초 등이 적용되어야 한다.

53. 계통연계형 소형 태양광 인버터의 옥외 설치 시 IP(Ingress Protection rating) 등급은?

㉮ IP20 이상 ㉯ IP25 이상
㉰ IP33 이상 ㉱ IP44 이상

해설 태양광 인버터의 IP 등급
• 실내형 : IP20 이상
• 실외형 : IP44 이상

54. 전력계통의 단락용량 경감 대책으로 틀린 것은?

㉮ 사고 시 모선 분리방식을 채용한다.
㉯ 발전기와 변압기의 임피던스를 작게 한다.
㉰ 계통 간을 직류설비라든지 특수한 장치로 연계한다.
㉱ 계통을 분할하거나 송전선 또는 모선 간에 한류리액터를 삽입한다.

해설 발전기와 변압기의 임피던스를 크게 해야 전력계통의 단락용량을 경감시킬 수 있다.

55. 태양광 발전시스템 시공 작업 중 감전 방지대책으로 가장 거리가 먼 것은?

㉮ 일반장갑을 착용한다.
㉯ 우천 시 작업을 금지한다.
㉰ 이중절연 처리된 공구를 사용한다.
㉱ 작업 전 태양전지 모듈 표면에 차광막을 씌워 태양광을 차폐한다.

해설 감전 방지대책으로 저압 절연장갑을 착용해야 한다.

56. 태양광 모듈 어레이 설치 후 확인 점검 시 사용하는 기기로만 짝지어진 것은?

㉮ 교류전압계, 교류전류계
㉯ 교류전압계, 직류전류계
㉰ 직류전압계, 직류전류계
㉱ 직류전압계, 교류전류계

해설 태양광 모듈 어레이에서 인버터(PCS) 까지는 직류 영역이므로, 직류전압계와 직류전류계를 설치해야 한다.

57. 전력기술관리법 시행령 및 시행규칙의 감리원 업무범위가 아닌 것은?

㉮ 현장 조사 및 분석
㉯ 공사 단계별 기성확인
㉰ 입찰참가자 자격심사 기준 작성

해답 51. ㉰ 52. ㉮ 53. ㉱ 54. ㉯ 55. ㉮ 56. ㉰ 57. ㉰

라 현장 시공상태의 평가 및 기술지도

해설 입찰참가자 자격심사(PQ) 기준 작성은 지원 업무 담당자의 업무범위이다.

58. 태양광 발전시스템 중 태양전지 어레이용 가대의 재질 및 형태에 따른 검토사항 중 아닌 것은?

㉮ 절삭 등의 가공이 쉽고 무거워야 한다.

㉯ 최소 20년 이상의 내구성을 가져야 한다.

㉰ 불필요한 가공을 피할 수 있도록 규격화되어야 한다.

㉱ 염해, 공해 등을 고려하여 녹이 발생하지 않아야 한다.

해설 어레이용 가대의 재질은 절삭 등의 가공이 쉽고 가벼워야 한다.

59. 태양전지 모듈 설치 및 조립 시 주의사항으로 틀린 것은?

㉮ 태양전지 모듈의 파손방지를 위해 충격이 가지 않도록 한다.

㉯ 태양전지 모듈과 가대의 접합 시 부식 방지용 개스킷을 적용한다.

㉰ 태양전지 모듈을 가대의 상단에서 하단으로 순차적으로 조립한다.

㉱ 태양전지 모듈의 필요 정격전압이 되도록 1스트링의 직렬매수를 선정한다.

해설 태양전지 모듈 설치 시 모듈을 가대의 하단에서 상단으로 순차적으로 조립해야 한다.

60. 설계감리원이 설계업자로부터 착수신고서를 제출받아 적정성 여부를 검토하여 보고하여야 하는 것은?

㉮ 근무상황부　　㉯ 공정예정표

㉰ 설계감리일지　㉱ 설계감리기록부

해설 설계감리원의 업무범위
① 주요 설계용역 업무에 대한 기술자문
② 사업기획 및 타당성조사 등 전 단계 용역 수행 내용의 검토

③ 시공성 및 유지관리의 용이성 검토
④ 설계도서의 누락, 오류, 불명확한 부분에 대한 추가 및 정정 지시 및 확인
⑤ 설계업무의 공정(공정예정표 등) 및 기성 관리의 검토·확인
⑥ 설계감리 결과보고서의 작성
⑦ 그 밖에 계약문서에 명시된 사항

제4과목 : 태양광발전 시스템 운영

61. 자가용 태양광발전소의 태양전지·전기설비 계통의 정기검사 시기는?

㉮ 1년 이내　　㉯ 2년 이내

㉰ 3년 이내　　㉱ 4년 이내

해설 전기사업용 또는 자가용 태양전지·전기설비 계통의 정기검사 시기는 "4년 이내"이다.

62. 박막 태양광발전 모듈은 광조사 시험 후 STC 조건에서의 최대출력 측정값이 제조자가 표시한 정격출력 최솟값의 최소 몇 % 이상이어야 하는가?

㉮ 80　㉯ 85　㉰ 90　㉱ 95

해설 박막 태양광발전 모듈은 STC 조건에서의 최대출력 측정값이 제조자가 표시한 정격출력 최솟값의 최소 90 % 이상이어야 한다.

63. 태양광 발전시스템의 운전 시 조작 방법으로 틀린 것은?

㉮ Main VCB반 전압 확인

㉯ 접속반, 인버터 DC전압 확인

㉰ 즉시 인버터 정상작동 여부 확인

㉱ DC측 차단기 ON, AC측 차단기 ON

해설 태양광 발전시스템의 운전 시 조작 방법
① Main VCB반 전압 확인
② 접속반, 인버터 DC전압 확인
③ DC측 차단기 ON
④ AC측 차단기 ON
⑤ 5분 후 인버터의 정상동작 여부 확인

해답 58. ㉮　59. ㉰　60. ㉯　61. ㉱　62. ㉰　63. ㉰

64. 태양광 발전시스템 운전조작 방법 중 태양전지 모듈에 대한 설명으로 틀린 것은?

㉮ 태양전지 모듈 표면은 주로 일반유리로 되어 있어, 약한 충격에도 파손될 수 있다.

㉯ 태양전지 모듈 표면에 그늘이 지거나, 나뭇잎 등이 떨어져 있는 경우 전체적인 발전효율 저하 요인으로 작용할 수 있다.

㉰ 발전효율을 높이기 위해 부드러운 천으로 이물질을 제거하며, 태양전지 모듈 표면에 흠이 생기지 않도록 주의해야 한다.

㉱ 풍압이나 진동으로 인하여 태양전지 모듈과 형강의 체결부위가 느슨해지는 경우가 있으므로 정기적으로 점검해야 한다.

해설 태양전지 모듈 표면은 주로 강화유리로 되어 있어, 어느 정도의 충격에는 견디지만, 강한 충격 시에는 파손될 우려가 있으므로 충격이 발생하지 않도록 주의를 해야 한다.

65. 전기사업용 전기설비 검사를 받고자 하는 자는 안전공사에 검사희망일 며칠 전에 정기검사를 신청하여야 하는가?

㉮ 3   ㉯ 5   ㉰ 7   ㉱ 10

해설 전기사업용 전기설비 검사를 받고자 하는 자는 「전기사업법」에 근거하여 검사기관(한국전기안전공사 법정검사팀)으로부터 사용 전 검사를 받는다. 또한, 검사를 받고자 하는 날의 7일 전까지 신청해야 한다.

66. 태양전지 어레이의 출력 확인 시험 중 개방전압 측정순서에 대한 설명으로 틀린 것은?

㉮ 접속함의 주개폐기를 개방(OFF)한다.

㉯ 접속함의 각 스트링의 MCCB 또는 퓨즈가 있는 경우 개방(OFF)한다.

㉰ 각 모듈이 그늘져 있지 않은지 확인한다.

㉱ 출력개폐기의 입력부에 서지 업소버를 취부하고 있는 경우에는 접지단자를 분리시킨다.

해설 태양전지 어레이의 개방전압 측정방법 : 접속함의 출력개폐기 OFF→접속함 각 스트링의 단로스위치 OFF→각 모듈에 음영의 영향이 없는 것을 확인→측정하는 스트링의 단로스위치(MCCB, 퓨즈 등)만 ON하고, 각 스트링의 P-N 단자간 전압 측정

67. 태양광 발전시스템의 점검에서 유지보수 점검 종류가 아닌 것은?

㉮ 일시점검   ㉯ 일상점검
㉰ 정기점검   ㉱ 임시점검

해설 태양광 발전시스템의 점검에서 유지보수점검 종류에는 일상(순시)점검, 정기점검, 임시점검 등이 있다.

68. 소형 태양광발전용 3상 독립형 인버터의 경우 부하 불평형 시험 시 정격용량에 해당하는 부하를 연결한 후 U상, V상, W상 중 한 상의 부하를 0으로 조정한 후 몇 분 동안 운전하는가?

㉮ 10   ㉯ 15   ㉰ 30   ㉱ 60

해설 부하 불평형 시험은 3상 독립형 인버터의 경우에만 행해지는 내전기 환경시험 관련 항목으로서, 정격부하에서 U상, V상, W상 중 한 상의 부하를 0으로 조정한 후 30분 동안 안정되게 운전되어야 한다.

69. 태양광발전용 접속함의 환경시험 중 충격시험에서의 시험조건으로 틀린 것은?

㉮ 정현반파

㉯ 가속도 500 m/s^2

㉰ 공칭펄스 11 ms

㉱ 상하 방향 각 5회

해설 접속함의 충격시험 기준
① 시험방법 : 정현반파, 가속도 500 m/s^2, 공칭펄스 11 ms, 상하 방향 각 3회
② 판정기준 : 절연저항 시험으로 1 MΩ 이상일 것

70. 중대형 태양광 발전용 계통연계형 인버터의 효율시험에 대한 설명으로 틀린 것은?

해답 **64.** ㉮ **65.** ㉰ **66.** ㉱ **67.** ㉮ **68.** ㉰ **69.** ㉱ **70.** ㉯

가 Euro 변환효율로 측정한다.

나 운전시작 후 최소한 1시간 이후에 효율을 측정한다.

다 정격용량이 10 kW 초과, 30 kW 이하에서 효율은 90 % 이상이어야 한다.

라 정격용량이 30 kW 초과, 100 kW 이하에서 효율은 92 % 이상이어야 한다.

해설 인버터의 효율시험 기준
① 시험방법 : 교류 전원을 정격 전압 및 정격 주파수로 2시간 이상 운전 후 측정한다.
② 판정기준
　• 계통연계형 : 10~30 kW(90 %), 30~100 kW (92 %), 100 kW 초과(94 %) 이상
　• 독립형 : 10~30 kW(88 %), 30~100 kW(90 %), 100 kW 초과(92 %) 이상

71. 결정질 실리콘 태양광발전 모듈의 성능을 시험하는 시험장치가 아닌 것은?

가 항온항습 장치

나 염수분무 장치

다 우박시험 장치

라 저온방전시험 장치

해설 결정질 실리콘 태양광발전 모듈의 성능시험 항목 : 외관검사, 최대 출력 결정, 절연 시험, 온도계수의 측정, 공칭 태양전지 동작온도 (NOCT)에서의 측정, STC 및 NOCT에서의 성능, 낮은 조사강도에서의 특성, 옥외 노출 시험, 열점 내구성 시험, UV 전처리 시험, 온도사이클 시험, 습도-동결 시험, 단자강도 시험, 습윤누설전류 시험, 기계적 하중 시험, 우박 시험, 바이패스 다이오드 열시험, 염수분무 시험(이 중에서 온도사이클 시험, 습도-동결 시험 등은 항온항습 장치에서 시험한다.)

72. 도체의 저항, 두 점 사이의 전압 및 전류 세기를 측정하는 검사장비는?

가 검전기
나 멀티미터
다 접지저항계
라 오실로스코프

해설 멀티미터(테스터)는 저항, 직류전류, 직류전압, 교류전압 등의 측정이 가능하다.

73. 태양광 발전시스템에서 사용되는 송·변전 시스템 점검사항 중 비상정지회로의 점검은 언제 수행되어야 하는가?

가 정기점검
나 일시점검
다 외관점검
라 일상순시점검

해설 송·변전 시스템 점검사항 및 점검주기

구분	문의 개방	커버류의 개방	무정전	회로정전	모선정전	차단기인출	일반 점검주기
일상점검 (순시점검)	-	-	○	-	-	-	매일
	○	-	○	-	-	-	1회/월
정기점검	○	○	-	○	-	○	1회/6개월
	○	-	-	○	○	○	1회/3년
임시점검	○	○	-	○	○	○	필요시

74. 태양광 발전시스템 성능평가의 분류로 틀린 것은?

가 경제성
나 신뢰성
다 설치형태
라 발전성능

해설 태양광 발전시스템의 성능평가를 위한 측정 요소
① 구성요인의 성능 및 신뢰성
② 사이트
③ 발전성능
④ 신뢰성
⑤ 설치가격(경제성)

75. 태양전지 어레이 점검 시 가장 먼저 점검해야 하는 것은?

가 개방전류
나 정격전류
다 개방전압
라 단락전압

해설 태양전지 어레이 점검 시에는 부하가 연결되지 않은 개방된 상태에서의 개방전압을 가장 먼저 측정한다.

76. 태양광 발전시스템에서 사용되는 배선 케

이블의 손상 유무를 파악하는 육안점검 사항으로 틀린 것은?

㉮ 배선의 저항

㉯ 배선의 늘어짐

㉰ 배선의 결선상태

㉱ 배선의 변색 및 변형

해설 배선의 저항은 육안점검이 불가능하고, 직접 측정을 해야 하는 요소이다.

77. 누전에 의한 인사사고 및 화재로부터 인명과 재산을 지키기 위해 전기기기의 접지를 완벽하게 시공해야 한다. 이에 해당하는 대상이 아닌 것은?

㉮ 금속관

㉯ 목재구조

㉰ 전기기기의 가대

㉱ 케이블 피복 금속체

해설 목재구조는 전기적으로 절연체이므로, 접지의 대상이 아니다.

78. 접속함에 설치된 태양전지와 접지선 간의 절연저항은 DC 500 V의 메거로 측정 시 몇 MΩ 이상이어야 하는가?

㉮ 0.1　　㉯ 0.2

㉰ 0.5　　㉱ 1

해설 접속함에 설치된 태양전지와 접지선 간의 절연저항은 DC 500 V의 메거로 측정하여 0.2 MΩ 이상이어야 하며, 각 회로마다 전부 측정해야 한다.

79. 태양광 발전시스템의 일상점검 시 태양전지 어레이의 육안점검 항목이 아닌 것은?

㉮ 접지저항

㉯ 지지대 부식 및 녹

㉰ 표면의 오염 및 파손

㉱ 외부배선(접속케이블)의 손상

해설 접지저항은 육안점검이 불가능하고, 직접 측정을 해야 하는 항목에 해당한다.

80. 태양광 발전시스템에 설치된 퓨즈의 고장을 점검하기 위한 방법으로 틀린 것은?

㉮ 육안 검사　　㉯ 다기능 측정

㉰ 전력망 분석　　㉱ 입출력 분석

해설 태양광 발전시스템에서 전력망 분석은 보통 인버터의 교류측 전압 왜란(Distortion)을 측정하기 위한 방법으로 사용된다.

제5과목 : 신재생에너지 관련법규

81. 고압의 계기용 변성기의 2차측 전로에는 제 몇 종 접지공사를 하여야 하는가?

㉮ 제1종 접지공사

㉯ 제2종 접지공사

㉰ 제3종 접지공사

㉱ 특별 제3종 접지공사

해설 전기설비기술기준의 판단기준 제26조(계기용 변성기의 2차측 전로의 접지)
　① 고압의 계기용 변성기의 2차측 전로에는 제3종 접지공사를 하여야 한다.
　② 특고압 계기용 변성기의 2차측 전로에는 제1종 접지공사를 하여야 한다.

82. 전기설비기술기준에서 저압전로 중 절연 부분의 전선과 대지 사이 및 전선의 심선 상호간의 절연저항은 사용전압에 대한 누설전류가 최대공급전류의 얼마를 넘지 않도록 하여야 하는가?

㉮ 1/1,414　　㉯ 1/1,732

㉰ 1/2,000　　㉱ 1/3,000

해설 전기설비기술기준 제27조(전선로의 전선 및 절연성능) 제3항 : 저압전선로 중 절연 부분의 전선과 대지 사이 및 전선의 심선 상호간의 절연저항은 사용전압에 대한 누설전류가 최대공급전류의 1/2,000을 넘지 않도록 하여야 한다.

83. 녹색인증의 유효기간은 녹색인증을 받은 날부터 몇 년으로 하는가? (단, 유효기간을

해답 77. ㉯　78. ㉯　79. ㉮　80. ㉰　81. ㉰　82. ㉰　83. ㉯

연장하지 않을 경우이다.)

㉮ 1   ㉯ 3

㉰ 5   ㉱ 10

해설 저탄소 녹색성장 기본법 시행령 제19조 제6항 : 녹색인증의 유효기간은 녹색 인증을 받은 날부터 3년으로 하고, 그 유효기간은 1회에 한정하여 3년 이내에서 연장할 수 있다.

84. 한국전력거래소의 수행업무가 아닌 것은?

㉮ 전력계통의 설계에 관한 업무

㉯ 회원의 자격 심사에 관한 업무

㉰ 전력거래량의 계량에 관한 업무

㉱ 전력시장의 개설·운영에 관한 업무

해설 전기사업법 제36조 : 한국전력거래소는 그 목적을 달성하기 위하여 다음 각 호의 업무를 수행한다.
1. 전력시장의 개설·운영에 관한 업무
2. 전력거래에 관한 업무
3. 회원의 자격 심사에 관한 업무
4. 전력거래대금 및 전력거래에 따른 비용의 청구·정산 및 지불에 관한 업무
5. 전력거래량의 계량에 관한 업무
6. 제43조에 따른 전력시장운영규칙 등 관련 규칙의 제정·개정에 관한 업무
7. 전력계통의 운영에 관한 업무
8. 제18조 제2항에 따른 전기품질의 측정·기록·보존에 관한 업무
9. 그 밖에 제1호부터 제8호까지의 업무에 딸린 업무

85. 전력수급 기본계획의 수립과 관련하여 기본계획에 포함되어야 할 사항으로 틀린 것은?

㉮ 전력생산의 관리에 관한 사항

㉯ 전력수급의 기본방향에 관한 사항

㉰ 전력수급의 장기전망에 관한 사항

㉱ 발전설비계획 및 주요 송전·변전설비 계획에 관한 사항

해설 전기사업법 제25조 제6항 : 기본계획에는 다음 각 호의 사항이 포함되어야 한다.

1. 전력수급의 기본방향에 관한 사항
2. 전력수급의 장기전망에 관한 사항
3. 발전설비계획 및 주요 송전·변전설비계획에 관한 사항
4. 전력수요의 관리에 관한 사항
5. 직전 기본계획의 평가에 관한 사항
6. 그 밖에 전력수급에 관하여 필요하다고 인정하는 사항

86. 최대사용전압이 22.9 kV인 중성점 접지식 전로(중성선을 가지는 것으로 그 중성선을 다중접지하는 것에 한한다)의 절연내력 시험전압은 최대사용전압의 몇 배의 전압인가?

㉮ 1.25   ㉯ 1.12

㉰ 0.92   ㉱ 0.80

해설 전기설비기술기준의 판단기준 제13조 [표 13-1] : 최대사용전압 7 kV 초과 25 kV 이하인 중성점 접지식 전로(중성선을 가지는 것으로서 그 중성선을 다중접지 하는 것에 한한다)의 절연내력 시험전압은 최대사용전압의 0.92배의 전압이다.

87. 신재생에너지 공급의무자의 2017년도 의무공급량의 비율(%)은?

㉮ 2   ㉯ 3

㉰ 4   ㉱ 5

해설 신에너지 및 재생에너지 개발·이용·보급 촉진법 시행령 별표3(제18조의4 제1항 관련) 연도별 의무공급량의 비율

해당 연도	비율(%)	해당 연도	비율(%)
2012년	2.0	2018년	5.0
2013년	2.5	2019년	6.0
2014년	3.0	2020년	7.0
2015년	3.0	2021년	8.0
2016년	3.5	2022년	9.0
2017년	4.0	2023년 이후	10.0

88. 산업통상자원부장관은 공용화 품목의 개발, 제조 및 수요·공급 조절에 필요한 자금

해답 84. ㉮   85. ㉮   86. ㉰   87. ㉰   88. ㉱

의 몇 %까지 중소기업자에게 융자할 수 있는가?

⑦ 20　　　　　④ 40
⑤ 60　　　　　⑥ 80

해설 신에너지 및 재생에너지 개발·이용·보급 촉진법 시행령 제24조 제3항 : 산업통상자원부장관은 법 제21조 제3항에 따라 공용화 품목의 개발, 제조 및 수요·공급 조절에 필요한 자금을 다음 각 호의 구분에 따른 범위에서 융자할 수 있다.
1. 중소기업자 : 필요한 자금의 80 %
2. 중소기업자와 동업하는 중소기업자 외의 자 : 필요한 자금의 70 %
3. 그 밖에 산업통상자원부장관이 인정하는 자 : 필요한 자금의 50 %

89. 전선을 접속하는 경우 전선의 세기를 최소 몇 % 이상 감소시키지 않아야 하는가?

⑦ 10　　　　　④ 20
⑤ 25　　　　　⑥ 30

해설 전기설비기술기준의 판단기준 제11조 : 전선을 접속하는 경우에는 전선의 세기(인장하중 ; 引張荷重)를 20 % 이상 감소시키지 아니할 것. 다만, 점퍼선을 접속하는 경우와 기타 전선에 가하여지는 장력이 전선의 세기에 비하여 현저히 작을 경우에는 그러하지 아니하다.

90. 등록사항을 변경신고를 하려는 자는 그 사유가 발생한 날부터 며칠 이내에 전기공사업 등록사항 변경신고서에 등록증 및 등록수첩과 구비서류를 첨부하여 지정 공사업자단체에 제출하여야 하는가?

⑦ 30　　　　　④ 60
⑤ 90　　　　　⑥ 120

해설 전기공사업법 시행규칙 제8조(등록사항 변경신고) 제1항 : 법 제9조 제1항에 따라 등록사항의 변경신고를 하려는 자는 그 사유가 발생한 날부터 30일 이내에 별지 제15호 서식의 전기공사업 등록사항 변경신고서(전자문서로 된 신고서를 포함한다)에 등록증 및 등

록수첩과 다음 각 호의 구분에 따른 서류(전자문서를 포함한다)를 첨부하여 지정공사업자단체에 제출하여야 한다.
1. 사무실 소재지가 변경된 경우 : 임대차계약서 사본(임대차인 경우만 해당한다)
2. 대표자가 변경된 경우 : 변경된 대표자의 성명, 주민등록번호 및 주소지 등의 인적사항이 적힌 서류
3. 자본금이 변경된 경우: 기업진단보고서
4. 전기공사기술자가 변경된 경우 : 별지 제16호 서식의 전기공사기술자 보유 현황

91. 산업통상자원부장관이 신재생에너지 기술개발 및 이용·보급 사업비의 조성에 따라 조성된 사업비를 사용할 수 있는 사업이 아닌 것은?

⑦ 신·재생에너지 공급의무화 지원
④ 신·재생에너지 이용의무화 지원
⑤ 신·재생에너지 설비 설치기업의 지원
⑥ 신·재생에너지 설비 및 그 부품의 특성화 지원

해설 신에너지 및 재생에너지 개발·이용·보급 촉진법 제10조(조성된 사업비의 사용) : 산업통상자원부장관은 제9조에 따라 조성된 사업비를 다음 각 호의 사업에 사용한다.
1. 신·재생에너지의 자원조사, 기술수요조사 및 통계작성
2. 신·재생에너지의 연구·개발 및 기술평가
3. 삭제
4. 신·재생에너지 공급의무화 지원
5. 신·재생에너지 설비의 성능평가·인증 및 사후관리
6. 신·재생에너지 기술정보의 수집·분석 및 제공
7. 신·재생에너지 분야 기술지도 및 교육·홍보
8. 신·재생에너지 분야 특성화대학 및 핵심기술연구센터 육성
9. 신·재생에너지 분야 전문인력 양성
10. 신·재생에너지 설비 설치기업의 지원
11. 신·재생에너지 시범사업 및 보급사업
12. 신·재생에너지 이용의무화 지원

13. 신·재생에너지 관련 국제협력
14. 신·재생에너지 기술의 국제표준화 지원
15. 신·재생에너지 설비 및 그 부품의 공용화 지원
16. 그 밖에 신·재생에너지의 기술개발 및 이용·보급을 위하여 필요한 사업으로서 대통령령으로 정하는 사업

92. 발전소·변전소 또는 이에 준하는 곳에 시설하는 배전반의 고압용 기구 또는 전선을 시설하는 경우 적당하지 않은 것은?

㉮ 점검이 용이하게 통로를 시설할 것
㉯ 기기조작에 필요한 공간을 확보할 것
㉰ 회로설비는 반드시 관에 넣어 시설한 것
㉱ 취급에 위험을 주지 않도록 방호장치를 할 것

[해설] 전기설비기술기준의 판단기준 제53조(배전반의 시설)
① 발전소·변전소·개폐소 또는 이에 준하는 곳에 시설하는 배전반에 붙이는 기구 및 전선(관에 넣은 전선 및 제136조 제4항 제2호에 규정하는 개장한 케이블을 제외한다)은 점검할 수 있도록 시설하여야 한다.
② 제1항의 배전반에 고압용 또는 특고압용의 기구 또는 전선을 시설하는 경우에는 취급자에게 위험이 미치지 아니하도록 적당한 방호장치 또는 통로를 시설하여야 하며, 기기조작에 필요한 공간을 확보하여야 한다.

93. 전기안전에 관하여 산업통상자원부장관에게 보고할 사항이 아닌 것은?

㉮ 일반용 전기설비 사용전 점검 결과
㉯ 전기안전관리자 선임 및 해임에 관한 사항
㉰ 부적합 전기설비에 대한 조치 내용 및 처리 결과
㉱ 전기안전관리대행사업자 및 개인대행자의 등록 및 신고수리 현황

[해설] 전기사업법 시행규칙 별표17

1. 시·도지사, 시장·군수 또는 구청장의 보고사항
   가. 부적합 전기설비에 대한 조치 내용 및 처리 결과(법 제66조, 제71조 및 제108조 관련)
   나. 전기안전관리대행사업자 및 개인대행자의 등록 및 신고수리 현황(법 제73조의5 제1항 관련)
2. 안전공사의 보고사항
   가. 검사업무 실시 결과(법 제63조 및 제65조 관련)
   나. 일반용전기설비 점검 결과(법 제66조 관련)
   다. 여러 사람이 이용하는 시설의 안전점검 결과(법 제66조의2 관련)
3. 전기판매사업자의 보고사항
   가. 일반용 전기설비 사용전 점검 결과(법 제66조 관련)
   나. 전기공급 정지 현황(법 제66조 제6항 및 제71조 관련)

94. 특별 제3종 접지공사를 하여야 하는 금속체와 대지 사이에 전기저항값이 최대 몇 Ω 이하인 경우에는 특별 제3종 접지공사를 한 것으로 보는가?

㉮ 2   ㉯ 3
㉰ 10   ㉱ 100

[해설] 전기설비기술기준의 판단기준 제20조(제3종 접지공사 등의 특례)
① 제3종 접지공사를 하여야 하는 금속체와 대지 사이의 전기저항 값이 100 Ω 이하인 경우에는 제3종 접지공사를 한 것으로 본다.
② 특별 제3종 접지공사를 하여야 하는 금속체와 대지 사이의 전기저항 값이 10 Ω 이하인 경우에는 특별 제3종 접지공사를 한 것으로 본다.

95. 산업통상자원부장관이 혼합의무자에게 제출을 요구하는 자료 중 신재생에너지 연료 혼합시설에 대한 자료가 아닌 것은?

㉮ 신·재생에너지 연료 혼합시설 현황

[해답] 92. ㉰   93. ㉯   94. ㉰   95. ㉰

대 신·재생에너지 연료 혼합시설 변동사항

대 신·재생에너지 연료 혼합시설의 구매
단가

라 신·재생에너지 연료 혼합시설의 사용
실적

해설 신에너지 및 재생에너지 개발·이용·보급 촉
진법 시행령 제26조의3(자료제출) : 산업통상자
원부장관은 법 제23조의2 제2항에 따라 혼
합의무자에게 다음 각 호의 자료 제출을 요
구할 수 있다.
1. 신·재생에너지 연료 혼합의무 이행확인에
관한 다음 각 목의 자료
가. 수송용연료의 생산량
나. 수송용연료의 내수판매량
다. 수송용연료의 재고량
라. 수송용연료의 수출입량
마. 수송용연료의 자가소비량
2. 신·재생에너지 연료 혼합시설에 관한 다
음 각 목의 자료
가. 신·재생에너지 연료 혼합시설 현황
나. 신·재생에너지 연료 혼합시설 변동사항
다. 신·재생에너지 연료 혼합시설의 사용
실적
3. 혼합의무자의 사업에 관한 다음 각 목의
자료
가. 수송용연료 및 신·재생에너지 연료 거
래실적
나. 신·재생에너지 연료 평균거래가격
다. 결산재무제표
4. 그 밖에 혼합의무의 이행 여부를 확인하기
위하여 산업통상자원부장관이 필요하다고
인정하는 자료

96. 태양전지 발전소에 시설하는 태양전지 모
듈, 전선 및 개폐기 등의 시설기준을 설명한
것 중 틀린 것은?

가 충전 부분은 노출되지 않도록 시설할 것

대 태양전지 모듈에 접속하는 부하측 전
로에는 그 접속점에 근접하여 개폐기를
시설할 것

대 전선은 공칭단면적 1.5 mm^2 이상의 연동

선 또는 이와 동등 이상의 세기 및 굵기
의 것일 것

라 태양전지 모듈을 병렬로 접속하는 전로
에는 그 전로에 단락이 생긴 경우에 전로
를 보호하는 과전류차단기를 시설할 것

해설 태양전지 모듈간 배선은 단락전류를 충분
히 견딜 수 있도록 2.5 mm^2 이상의 연동선
또는 이와 동등 이상이어야 한다.

97. 가공전선로의 지지물에 사용하는 발판 볼
트는 지표상 최대 몇 m 미만에 시설하여서는
안되는가?

가 1.2　　　　대 1.5
대 1.8　　　　라 2.0

해설 전기설비기술기준의 판단기준 제60조(가공전
선로 지지물의 승탑 및 승주방지) : 가공전선로
의 지지물에 취급자가 오르고 내리는데 사
용하는 발판 볼트 등을 지표상 1.8 m 미만에
시설하여서는 아니 된다. 다만, 다음 각 호
의 어느 하나에 해당되는 경우에는 그러하
지 아니하다.
1. 발판 볼트 등을 내부에 넣을 수 있는 구
조로 되어 있는 지지물에 시설하는 경우
2. 지지물에 승탑 및 승주 방지장치를 시설
하는 경우
3. 지지물 주위에 취급자이외의 자가 출입할
수 없도록 울타리·담 등의 시설을 하는
경우
4. 지지물이 산간(山間) 등에 있으며 사람이
쉽게 접근할 우려가 없는 곳에 시설하는
경우

98. 온실가스 감축기술, 에너지 이용 효율화
기술, 청정생산 기술, 청정에너지 기술, 자원
순환 및 친환경 기술(관련 융합기술을 포함한
다) 등 사회·경제 활동의 전 과정에 걸쳐 에
너지와 자원을 절약하고 효율적으로 사용하여
온실가스 및 오염물질의 배출을 최소화하는
기술은?

가 저탄소　　　　대 녹색성장

대 녹색기술   라 녹색생활

해설 저탄소 녹색성장기본법 제2조 제3호 : "녹색기술"이란 온실가스 감축기술, 에너지 이용 효율화 기술, 청정생산기술, 청정에너지 기술, 자원순환 및 친환경 기술(관련 융합기술을 포함한다) 등 사회·경제 활동의 전 과정에 걸쳐 에너지와 자원을 절약하고 효율적으로 사용하여 온실가스 및 오염물질의 배출을 최소화하는 기술을 말한다.

99. 대통령령으로 정하는 신재생에너지 품질 검사기관이 아닌 것은?

가 한국석유관리원

나 한국임업진흥원

다 한국에너지공단

라 한국가스안전공사

해설 신에너지 및 재생에너지 개발·이용·보급 촉진법 시행령 제18조의13(신·재생에너지 품질검사기관) : 법 제12조의12 제1항에서 "대통령령으로 정하는 신·재생에너지 품질검사기관"이란 다음 각 호의 기관을 말한다.

1. 「석유 및 석유대체연료 사업법」 제25조의 2에 따라 설립된 한국석유관리원
2. 「고압가스 안전관리법」 제28조에 따라 설립된 한국가스안전공사
3. 「임업 및 산촌 진흥촉진에 관한 법률」 제29조의2에 따라 설립된 한국임업진흥원

100. 신재생에너지 공급인증서에 표기되는 공급량 계산 시 적용되는 신재생에너지의 가중치 결정의 고려사항이 아닌 것은?

가 수입대체 효과

나 부존(賦存) 잠재량

다 지역주민의 수용(受容) 정도

라 전력 수급의 안정에 미치는 영향

해설 신에너지 및 재생에너지 개발·이용·보급 촉진법 시행령 제18조의 9(신·재생에너지의 가중치) : 법 제12조의7 제3항 후단에 따른 신·재생에너지의 가중치는 해당 신·재생에너지에 대한 다음 각 호의 사항을 고려하여 산업통상자원부장관이 정하여 고시하는 바에 따른다.

1. 환경, 기술개발 및 산업 활성화에 미치는 영향
2. 발전 원가
3. 부존(賦存) 잠재량
4. 온실가스 배출 저감(低減)에 미치는 효과
5. 전력 수급의 안정에 미치는 영향
6. 지역주민의 수용(受容) 정도

□ **신재생에너지 발전설비 산업기사**　　▶ **2017. 5. 7 시행**

제1과목 : 태양광발전 시스템 이론

1. 재생에너지의 장점에 대한 일반적인 설명으로 틀린 것은?

㉮ 대부분의 재생에너지는 공해가 적거나 거의 없다.

㉯ 재생에너지원은 지속적으로 존재하며 고갈되지 않는다.

㉰ 재생에너지원은 지역적으로 개발되는 특성을 가진다.

㉱ 대부분의 재생에너지는 매우 저렴한 비용으로 얻을 수 있다.

[해설] 대부분의 재생에너지는 아직 가격이 매우 비싼 편이며, 향후 지속적인 기술개발과 보급의 확대로 그 단가가 많이 떨어질 전망이다.

2. 태양광 발전시스템을 분류하는 방법으로 일반적인 기준이 아닌 것은?

㉮ 부하의 형태

㉯ 계통연계의 유무

㉰ 태양전지의 종류

㉱ 축전지의 유무

[해설] 태양광 발전시스템을 분류하는 방법 : 부하의 형태, 계통연계의 유무, 축전지의 유무, 집광 여부 등

3. 다음 중 축전지의 기대수명 결정요소와 거리가 먼 것은?

㉮ 사용온도

㉯ 방전심도

㉰ 방전횟수

㉱ 축전지의 용량

[해설] 축전지의 용량은 축전지의 기대수명과 직접적 관련성이 없다.

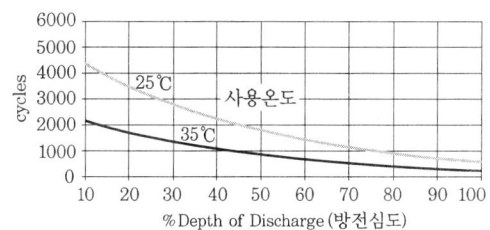

축전지의 방전심도-방전횟수-사용온도 그래프

4. 태양광 설비용량이 3 MWp, 일일 발전시간이 4.6시간인 경우, 연간발전량은 몇 MWh인가? (단, 태양광 발전소는 1년 365일 동일 발전량으로 발전하며, 효율은 100 %로 가정한다.)

㉮ 620

㉯ 1,095

㉰ 3,280

㉱ 5,037

[해설] 태양광 설비의 연간발전량 = 3 MWp×4.6시간×365일×효율 100 % = 5,037 MWh

5. 뇌보호형 부품이 아닌 것은?

㉮ 내뢰트랜스

㉯ 서지흡수기

㉰ 단로기

㉱ 피뢰기

[해설] 단로기는 무부하 전류 개폐기의 역할을 하는 부품으로, DS(Disconnecting Switch)로 표기되며, 낙뢰 보호형 부품과는 무관하다.

6. 태양광 발전에 영향을 주는 인자끼리 바르게 묶인 것은?

㉮ 전압 - 온도, 전류 - 풍량

㉯ 전압 - 온도, 전류 - 일사량

㉰ 전압 - 풍량, 전류 - 일사량

㉱ 전압 - 일사량, 전류 - 온도

[해설] 태양광 발전시스템에서 전압과 온도는 거의 반비례 관계이고, 전류와 일사량은 거의 비례 관계이다.

7. 도선의 길이가 2배로 늘어나고 지름이 1/2로 줄어들 경우 그 도선의 저항은?

해답　1. ㉱　2. ㉰　3. ㉱　4. ㉱　5. ㉰　6. ㉯　7. ㉰

[가] 4배 증가 [나] 4배 감소
[다] 8배 증가 [라] 8배 감소

[해설] 도선의 저항은 도선의 길이에 비례하고, 단면적(=π×지름의 제곱/4)에 반비례하므로, 도선의 저항은 $2/(1/2)^2 = 8$배 증가한다.

8. 태양전지의 효율적인 반응을 위한 에너지 밴드갭(eV)은?

[가] 0~0.5 [나] 0.5~1
[다] 1~1.5 [라] 2~3

[해설] 밴드갭 에너지는 반도체에서 전자가 위치해 있는 원자가띠(Valence Band)를 벗어나서 전도띠(Conduction Band)에 도달하기 위한 최소한의 에너지를 말하며, 태양전지에서는 일반적으로 약 1~1.5 eV 범위가 가장 효율적인 영역이다.

9. 태양전지에서 생산된 전력 3 kW가 인버터에 입력되어 인버터 출력이 2.4 kW가 되면, 인버터의 변환효율은 몇 %인가?

[가] 60 [나] 70 [다] 80 [라] 90

[해설] 인버터의 변환효율

$$= \frac{\text{출력 전력}}{\text{입력 전력}} \times 100\,\%$$

$$= \frac{2.4\text{kW}}{3\text{kW}} \times 100\,\% = 80\,\%$$

10. 위도 36.5°일 때 동지 시의 남중고도는?

[가] 45° [나] 40° [다] 35° [라] 30°

[해설] 위도 36.5°일 때 동지 시의 남중고도 = 90° − 36.5° − 23.5° = 30°

11. 저항 1 kΩ, 커패시터 5,000 μF의 R-C 직렬회로에 전압 100 V의 전압을 인가하였을 때 시정수는 몇 s인가?

[가] 0.5 [나] 5 [다] 50 [라] 500

[해설] 시정수 $= R \times C$

$= 1{,}000\,\Omega \times 5{,}000 \times 10^{-6}\,\text{F} = 5\,\text{s}$

12. 다음 중 수평축 풍력발전시스템은?

[가] 프로펠러형 [나] 다리우스형
[다] 파워타워형 [라] 사보니우스형

[해설] ① 프로펠러형 : 수평축 풍력발전시스템
② 다리우스형, 사보니우스형 : 수직축 풍력발전시스템
③ 파워타워형 : 태양열 발전탑(Solar Power Tower)의 한 형식

13. 다음에서 설명하는 목질계 바이오매스는?

목재 가공과정에서 발생하는 건조된 목재 잔재를 압축하여 생산하는 작은 원통 모양의 표준화된 목질계 연료이다.

[가] 목탄 [나] 목질칩
[다] 목질 펠릿 [라] 목질 브리켓

[해설] 목질 펠릿(우드펠릿 ; wood pellet) : 임업 폐기물이나 벌채목 등을 분쇄 톱밥으로 만든 후, 길이 4 cm 내외 굵기 1 cm 이내의 원기둥 모양으로 압축해 가공한 청정 목질계 바이오 원료(압축과정에서 에너지의 밀도와 저장능력이 향상돼 에너지 효율성이 높다.)

14. 태양광 인버터의 기능이 아닌 것은?

[가] 자동운전정지 기능
[나] 자동전압조정 기능
[다] 최대전력 추종제어 기능
[라] 교류를 직류로 변환하는 기능

[해설] 태양광 인버터의 가장 중요한 기능은 직류를 교류로 변환하는 기능이다.

15. PN접합 다이오드의 순바이어스란?

[가] 인가전압의 극성과는 관계없다.
[나] P형 반도체에 +, N형 반도체에 −의 전압을 인가한다.
[다] P형 반도체에 −, N형 반도체에 +의 전압을 인가한다.
[라] 반도체의 종류에 관계없이 같은 극성의 전압을 인가한다.

[해설] 순바이어스(순방향 전류 ; Forward Bias) : 전

[해답] 8. [다] 9. [다] 10. [라] 11. [나] 12. [가] 13. [다] 14. [라] 15. [나]

원을 PN접합 다이오드의 P형 쪽에 +극을, N형 쪽에 대하여 −극을 연결할 때 순방향전압(Forward Voltage) 또는 순방향 바이어스(Forward Bias)가 걸려있다고 말한다. 이때 다이오드를 통하여 큰 전류, 즉 순방향 전류(Forward Current)가 흐른다. 이는 P영역의 hole이 N영역으로, N영역의 전자가 P영역으로 활발히 흐름으로 인해 P영역에서 N영역으로 큰 전류가 흐르게 된다.

16. 태양광 발전시스템을 상용전력과 병렬운전하고자 할 때 파워컨디셔너의 일치 조건이 아닌 것은?

㉮ 전압　　　　　㉯ 전류
㉰ 위상　　　　　㉱ 주파수

해설 파워컨디셔너의 병렬운전 시 전압, 위상, 주파수 등이 일치해야 한다. 전류는 용량의 문제이므로 일치 조건에 해당하지 않는다.

17. 그림은 PV(Photovoltaic) 어레이 구성도를 나타내고 있다. 전류 I[A]와 단자 A, B 사이의 전압(V)은?

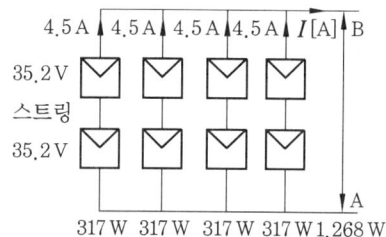

㉮ 4.5 A, 35.2 V　　㉯ 4.5 A, 70.4 V
㉰ 18 A, 70.4 V　　㉱ 18 A, 35.2 V

해설 전류 = 4.5 A×4병렬 = 18 A
전압 = 35.2 V×2직렬 = 70.4 V

18. 태양광발전에 사용되는 대기질량 지수(AM)는?

㉮ 0　　㉯ 0.5　　㉰ 1　　㉱ 1.5

해설 대기질량(AM)
① AM1 : 적도, 해발 0 m의 수직입사, 약 1,100 W/m²
② AM1.5 : 중위도지역(20~50°)에서 1.5배의

공기층 통과, 지표에 41.8° 고도로 입사, 약 1,000 W/m²
③ AM0 : 대기권 밖, 약 1,367 W/m²

19. 같은 발전용량을 생산하기 위해 태양광 전지의 재료의 종류 중에서 가장 큰 대지 또는 지붕면적이 필요한 재료는?

㉮ CIS　　　　　㉯ 다결정
㉰ 단결정　　　　㉱ 비정질 실리콘

해설 태양전지의 변환효율이 낮을수록 큰 대지 또는 지붕면적을 필요로 한다.
① CIGS 혹은 CIS : CuInGaSSe와 같은 오원 화합물을 일컬음(변환효율 약 19 %)
② 다결정 : 변환효율 약 14~17 %
③ 단결정 : 변환효율 약 16~20 %
④ 비정질 실리콘 : 변환효율 약 8~10 %

20. 다음 중 접속함 내부의 구성기기가 아닌 것은?

㉮ 단자대　　　　㉯ 주개폐기
㉰ 바이패스 소자　㉱ 역류방지 소자

해설 바이패스 소자는 모듈의 단자함 등에 설치되는 소자이다.

제2과목 : 태양광발전 시스템 시공

---

21. 태양광발전시스템에서 사용하는 CV 케이블의 최고 허용온도는 몇 ℃인가?

㉮ 80　　㉯ 90　　㉰ 100　　㉱ 110

해설 태양광발전시스템의 주요 케이블 종류 및 허용온도(℃)

케이블 종류	연속 허용온도(℃)
CV · CVT	90
VV	60
VCTF	60
2PNCT	80
KIV(H-KIV)	60/75

---

22. 태양전지 모듈 설치 시 감전사고 방지를 위한 대책이 아닌 것은?

㉮ 태양전지 모듈 표면에 차광시트를 제거한다.

㉯ 강우 또는 강설 시는 작업을 하지 않는다.

㉰ 절연처리된 공구를 사용한다.

㉱ 절연장갑을 착용한다.

해설 모듈 설치작업 시 감전사고를 방지하기 위해 작업 전 미리 태양전지 모듈 표면에 차광시트를 씌워 차폐한다.

23. 수상 태양광 발전설비에 대한 설명으로 잘못된 것은?

㉮ 수상 태양광 발전설비 모듈과 함께 인버터를 설치한다.

㉯ 상부에 설치된 자재 및 작업자의 총량을 고려한 부력을 가져야 한다.

㉰ 홍수, 태풍, 수위변화 등에도 안전성을 유지하기 위해 계류장치를 사용한다.

㉱ 수상에 설치된 발전설비는 수중 상태 등의 환경에 대한 고려가 있어야 한다.

해설 수상 태양광 발전설비 모듈과 이격하여 따로 인버터를 설치한다.

24. 감리원의 공사진도 관리와 관련하여 ( ) 안에 들어갈 알맞은 내용은?

> 감리원은 공사업자로부터 전체 실시공정표에 따른 월간, 주간 상세공정표를 작업 착수 며칠 전에 제출받아 검토, 확인하여야 한다.
> ① 월간 상세공정표 : 작업 착수 (㉠)일 전 제출
> ② 주간 상세공정표 : 작업 착수 (㉡)일 전 제출

㉮ ㉠ 7 , ㉡ 4   ㉯ ㉠ 4 , ㉡ 7

㉰ ㉠ 3 , ㉡ 8   ㉱ ㉠ 8 , ㉡ 3

해설 감리원의 공사진도 관리
　① 감리원은 공사업자로부터 전체 실시공정표

에 따른 월간 상세공정표(작업 착수 7일 전 제출) 및 주간 상세공정표(작업 착수 4일 전 제출)를 사전에 제출받아 검토, 확인하여야 한다.

　② 감리원은 공사진도율이 계획공정 대비 월간공정 실적이 10 % 이상 지연되거나, 누계공정 실적이 5 % 이상 지연될 때에는 공사업자에게 부진사유 분석, 만회대책 및 만회공정표를 수립하여 제출하도록 지시하여야 한다.

25. 피뢰시스템 중 뇌격전류를 안전하게 대지로 전송하는 것은?

㉮ 돌침　　　　　　㉯ 감시시스템

㉰ 수뢰부시스템　　㉱ 인하도선시스템

해설 외부 피뢰시스템의 구성
　① 수뢰부 : 돌침, 수평도체, 메시도체 등으로 구성
　② 인하도선 : 뇌격전류를 안전하게 대지로 전송
　③ 접지시스템 : 동결심도인 최소 0.75 m 이상의 깊이로 매설

26. 태양광 발전시스템의 기획 및 설계 시 조사할 항목과 연결이 잘못된 것은?

㉮ 설치조건의 조사 – 설치장소, 재료의 반입경로

㉯ 설계조건의 검토 – 전기안전관리자 이력 검토

㉰ 환경조건의 조사 – 빛, 염해, 공해

㉱ 사전조사 – 각 지자체의 조례 등

해설 설계조건의 검토 : 주로 태양전지의 방위각, 경사각, 위도 등의 설계를 위한 제반 사항에 대한 검토

27. 저압배전선로의 역조류가 있는 경우에 인버터의 단독운전을 검출하는 계전요소가 아닌 것은?

㉮ 거리 계전기　　　㉯ 과전압 계전기

㉰ 주파수 계전기　　㉱ 부족전압 계전기

해답 **22.** ㉮　**23.** ㉮　**24.** ㉮　**25.** ㉱　**26.** ㉯　**27.** ㉮

해설 거리 계전기(Distance Relay) : 송전선로는 전선의 종류 및 지지물의 구성에 따라 물리적인 거리에 비례하는 전기적인 거리, 즉 임피던스 값이 존재하는데 이 전기적인 거리를 측정하여 고장구간을 판정하는 계전기이며, 단독운전 검출용으로는 사용되지 않는다.

28. 태양광 모듈의 전기배선 및 접속함 시공방법으로 틀린 것은?

㉮ 접속 배선함 연결부위는 일체형 전용 커넥터를 사용

㉯ 역전류방지 다이오드의 용량은 모듈 단락전류의 2배 이상일 것

㉰ 전선이 지면을 통과하는 경우에는 피복에 손상이 발생하지 않도록 조치

㉱ 1대의 인버터에 연결된 태양전지 직렬군이 2병렬 이상일 경우에는 각 직렬군의 출력전류가 동일하도록 배열

해설 1대의 인버터에 연결된 태양전지 직렬군이 2병렬 이상일 경우에는 각 직렬군의 출력전압이 동일하도록 배열해야 한다.

29. 공사감리업무를 수행하는 감리원에 대한 설명으로 틀린 것은?

㉮ 공사업자의 의무와 책임을 면제시킬 수 있다.

㉯ 계약조건과 다른 지시나 조치 또는 결정을 하여서는 안 된다.

㉰ 공사가 끝난 후 발주자의 출석요구가 있을 경우 이에 응하여야 한다.

㉱ 공사의 품질확보 및 질적 향상을 위하여 기술지도와 지원에 노력하여야 한다.

해설 공사감리원은 관계 법령에 따라 현장이 계약조건, 설계도서 등을 기준으로 제대로 진행되는지를 감시, 검사 및 지도하는 자로 임의대로 공사업자의 의무와 책임을 면제시킬 수는 없다.

30. 태양광 발전시스템의 일반적인 시공 절차에 대한 순서로 옳은 것은?

㉮ 반입 자재 검수→토목공사→기기설치공사→전기배관배선공사→점검 및 검사

㉯ 토목공사→반입 자재 검수→기기설치공사→전기배관배선공사→점검 및 검사

㉰ 반입 자재 검수→토목공사→전기배관배선공사→기기설치공사→점검 및 검사

㉱ 토목공사→반입 자재 검수→전기배관배선공사→기기설치공사→점검 및 검사

해설 태양광 발전시스템의 시공 절차 : 토목공사→자재 검수→기기설치→전기공사→점검 및 검사

31. 접지극의 물리적인 접지저항 저감방법 중 수직공법인 것은?

㉮ 보링공법

㉯ MESH 공법

㉰ 접지극의 치수확대

㉱ 접지극의 병렬접속

해설 접지극의 접지저항 저감방법
① 물리적 수평공법 : 접지극의 병렬접속, 접지극의 치수확대, 매설지선 접지극 설치, 평판 접지극 설치, 다중접지 설치, MESH 공법 등
② 물리적 수직공법 : 접지극(접지봉)을 깊이 매설, 보링공법 등
③ 화학적 저감공법 : 비반응형 저감재, 반응형 저감재 등

32. 다음 중 코로나 현상으로 발생되는 영향이 아닌 것은?

㉮ 통신선 유도장해 발생 증가

㉯ 소호리액터 소호능력 증가

㉰ 송전효율 저하

㉱ 잡음 발생

해설 코로나 현상이 발생하면 소호리액터 소호능력이 감소한다.

33. 과도 과전압을 제한하고, 서지전류를 우회

해답 28. ㉱　29. ㉮　30. ㉯　31. ㉮　32. ㉯　33. ㉯

시키는 장치의 약어는?

㉮ DS   ㉯ SPD

㉰ ELB   ㉱ MCCB

[해설] ① DS : Disconnecting Switch(단로기)

② SPD : Surge Protective Device(서지보호
장치)

③ ELB : Earth Leakage circuit Breaker(누
전차단기)

④ MCCB : Mold Case Current Braker(배선
용 차단기)

34. 변전소의 설치 목적이 아닌 것은?

㉮ 송배전선로 보호

㉯ 전력 조류의 제어

㉰ 전압의 변성과 조정

㉱ 전력의 발생과 분배

[해설] 전기설비기술기준 제3조

① "변전소"란 변전소의 밖으로부터 전송받
은 전기를 변전소 안에 시설한 변압기 · 전
동발전기 · 회전변류기 · 정류기 그 밖의 기
계기구에 의하여 변성하는 곳으로서 변성
한 전기를 다시 변전소 밖으로 전송하는
곳을 말한다.

② "발전소"란 발전기 · 원동기 · 연료전지 ·
태양전지 · 해양에너지 그 밖의 기계기구
(비상용(非常用) 예비전원을 얻을 목적으
로 시설하는 것 및 휴대용 발전기를 제외
한다)를 시설하여 전기를 발생시키는 곳을
말한다.

35. 감리원의 수행업무 방법으로 옳지 않은 것은?

㉮ 검사업무지침을 현장별로 수립한다.

㉯ 시공기술자 실명부 확인은 생략한다.

㉰ 현장에서의 검사는 체크리스트를 사용
한다.

㉱ 수립된 검사업무 지침은 시공 관련자
에게 배포한다.

[해설] 감리원은 시공기술자 실명부를 기록 및 보
관해야 한다.

36. 태양광시스템에서 방화구획 관통부를 처리하는 주된 목적은?

㉮ 다른 설비로의 화재 확산 방지

㉯ 배전반 및 분전반 보호

㉰ 태양전지 어레이 보호

㉱ 인버터 보호

[해설] 전선배관 등의 관통부는 방화구획 측면에
서 다음 설비로의 화재 확산을 방지하기 위
해서 관통부 처리를 한다.

37. 설계감리를 받아야 할 전력시설물이 아닌 것은?

㉮ 용량 80만kW 이상의 발전설비

㉯ 전압 30V 이상의 송전 및 발전설비

㉰ 11층 이상이거나 연면적 30,000 m^2 이상
건축물의 전력시설물

㉱ 전압 10만V 이상의 수전설비 · 구내배
전설비 및 전력사용설비

[해설] 설계감리를 받아야 하는 설계도서

① 용량 80만kW 이상의 발전설비

② 전압 30만V 이상의 송전 · 변전 설비

③ 전압 10만V 이상의 수전설비 · 구내배전
설비 및 전력사용설비

④ 전기철도의 수전설비, 구내배전설비 및 전
력사용설비

⑤ 국제공항의 수전설비, 구내배전설비 및 전
력사용설비

⑥ 21층 이상이거나 연면적 5만m^2 이상인 건
축물의 전력시설물(공동주택의 전력시설물
제외)

⑦ 그 밖의 산업통상자원부령으로 정하는 전
력시설물

38. 감리원이 준공 후 발주자에게 인계할 주요 문서 목록으로 가장 거리가 먼 것은?

㉮ 준공도면

㉯ 준공 사진첩

㉰ 시설물 인수 · 인계서

㉱ 성능보증서 또는 인증서

[해답] 34. ㉱ 35. ㉯ 36. ㉮ 37. ㉯, ㉰ 38. ㉱

해설 준공 후 인수·인계되어야 할 서류 목록에는 다음 항목이 포함되어야 한다.
① 준공 사진첩
② 준공도면
③ 준공 내역서
④ 시방서
⑤ 시공도
⑥ 시험성적서(주요자재, 품질관리)
⑦ 기자재 구매서류
⑧ 공사관련 기록부(주요자재 정산서, 인·허가 관계철)
⑨ 시설물 인수·인계서
⑩ 준공검사 조서
⑪ 사용설명서

39. 지상에 태양전지 어레이를 설치하기 위한 기초 형식 중 지지층이 얕은 경우에 사용하는 방식이 아닌 것은?

㉮ 말뚝 기초 ㉯ 직접 기초
㉰ 독립 푸팅 기초 ㉱ 복합 푸팅 기초

해설 기초의 종류
① 직접 기초(얕은 기초) : 독립 푸팅 기초, 연속 푸팅 기초, 복합 푸팅 기초, 전면 기초
② 깊은 기초 : 말뚝 기초, 케이슨 기초, 피어 기초

40. 다음 중 3상 변압기 병렬운전 결선방식이 아닌 것은?

㉮ $\Delta-\Delta$와 $\Delta-\Delta$ ㉯ $Y-\Delta$와 $Y-\Delta$
㉰ $\Delta-Y$와 $Y-\Delta$ ㉱ $Y-\Delta$와 $Y-Y$

해설 $Y-\Delta$와 $Y-Y$는 위상차(30도) 때문에 사용하지 않는 방식이다.

제3과목 : 태양광발전 시스템 운영

41. 태양광 발전시스템에 사용되는 축전지의 일상점검 중 육안점검의 항목으로 틀린 것은?

㉮ 단자전압 ㉯ 외함의 변형
㉰ 전해액의 변색 ㉱ 전해액면 저하

해설 단자전압은 육안점검 항목이 아니고, 계측기로 직접 측정해야 하는 항목이다.

42. 다음은 성능평가 측정 중 시험장치에 관한 설명이다. ( )에 들어갈 내용으로 옳은 것은?

솔라 시뮬레이터는 태양광발전 모듈의 발전성능을 (㉠)에서 시험하기 위한 인공광원이며, KS C IEC 60904-9에서 규정하는 방사조도 (㉡) 이내, 광원 균일도 (㉢) 이내의 A등급 이상으로 한다.

㉮ ㉠ 옥내, ㉡ ±1%, ㉢ ±1%
㉯ ㉠ 옥외, ㉡ ±1%, ㉢ ±1%
㉰ ㉠ 옥내, ㉡ ±2%, ㉢ ±2%
㉱ ㉠ 옥외, ㉡ ±2%, ㉢ ±2%

해설 솔라 시뮬레이터는 태양광발전 모듈의 발전성능을 옥내에서 시험하기 위한 인공광원이며, A등급은 전체 조명 범위에 대한 비균일성이 <2%, 광속의 시간적 안정성이 <2%이어야 한다. 그리고 각 파장 간 스펙트럼 일치도가 ±25% 또는 더 좋아야 한다. 또한, 전체 조명 세기는 AM1.5에서 $1000\ \mathrm{W/m^2}(100\ \mathrm{mW/cm^2})$이어야 한다.

43. 태양전지 어레이의 일상점검 항목 중 육안점검의 내용으로 틀린 것은?

㉮ 보호계전기의 설정
㉯ 표면의 오염 및 파손
㉰ 지지대의 부식 및 녹
㉱ 외부배선(접속 케이블)의 손상

해설 보호계전기는 전기회로의 동작 조건을 계산하고, 고장이 검출되었을 때 차단기를 트립시키게 되어 있다. 또한, 시간/전류 곡선(또는 다른 동작 특성)이 정밀하게 설정되어 있고, 선택 및 재설정이 가능하지만, 운전 정지 후 점검·설정해야 한다.

44. 태양광발전 모니터링 프로그램의 기본 기능으로 틀린 것은?

㉮ 데이터 수집기능 ㉯ 데이터 저장기능

해답 39. ㉮ 40. ㉱ 41. ㉮ 42. ㉰ 43. ㉮ 44. ㉰

때 데이터 연산기능 라 데이터 분석기능

해설 모니터링 프로그램의 주요 기능
① 데이터 수집기능 : 각각의 인버터에서 서버로 전송되는 데이터를 DB의 실시간 테이블 형식에 맞도록 수집한다.
② 데이터 저장기능 : DB의 실시간 테이블 형식에 맞도록 수집된 데이터는 DB에 실시간 테이블로 저장된다.
③ 데이터 분석기능 : DB에 저장된 데이터를 표로 작성하여(각각의 계측요소마다 일일 평균값과 시간에 따른 각 계측값의 변화를 알 수 있도록) 표의 테이블 형식으로 데이터를 제공한다.
④ 데이터 통계기능 : DB에 저장된 데이터를 일간과 월간의 통계기능을 구현하여 지정 날짜 또는 지정 월의 통계 데이터를 출력한다.

45. 자가용 태양광발전설비의 정기검사 항목이 아닌 것은?

개 변압기본체 검사
내 부하운전시험 검사
때 전력변환장치 검사
라 종합연동시험 검사

해설 자가용 태양광발전설비의 정기검사 항목은 태양광발전 설비표, 태양광전지 검사, 전력변환장치 검사, 종합연동시험 검사, 부하운전시험 검사, 기타 부속설비 등이다.

46. 발전설비용량이 200 kW 초과 3,000 kW 이하인 발전사업의 허가를 신청하는 경우 사업계획서 구비서류로 틀린 것은?

개 송전관계 일람도
내 부지의 확보 및 배치 계획 관련 증명서류
때 전기설비 건설 및 운영 계획 관련 증명서류
라 발전원가명세서(발전사업 또는 구역전기사업의 허가를 신청하는 경우만 해당한다)

해설 전기사업법 시행규칙 제4조 제1항(별표1의2) : 발전설비용량이 200킬로와트 초과 3천킬로

와트 이하인 발전사업의 허가를 신청하는 경우 제출서류는 다음과 같다.
① 사업계획서
② 전기사업허가신청서
③ 전기설비 건설 및 운영 계획 관련 증명서류
④ 송전관계 일람도(一覽圖)
⑤ 발전원가명세서(발전사업 또는 구역전기사업의 허가를 신청하는 경우만 해당)
⑥ 발전용 수력의 사용에 대한 허가서 또는 발전용 원자로 및 관계시설의 건설에 대한 허가서의 사본

47. 중대형 태양광발전용 인버터의 효율시험에서 교류 전원을 정격 전압 및 정격 주파수로 운전하고, 운전 시작 후 최소한 몇 시간 이후에 측정하여야 하는가?

개 1   내 2   때 3   라 4

해설 인버터의 효율시험 기준
① 시험방법 : 교류 전원을 정격 전압 및 정격 주파수로 2시간 이상 운전 후 측정한다.
② 판정기준
• 계통연계형 : 10~30 kW(90 %), 30~100 kW (92 %), 100 kW 초과(94 %) 이상
• 독립형 : 10~30 kW(88 %), 30~100 kW (90 %), 100 kW 초과(92 %) 이상

48. 태양광 발전시스템에 대한 정기점검에서, 접속함의 출력단자와 접지간의 절연상태 이상 여부를 판정하는 절연저항값의 기준치는 최소 몇 MΩ 이상인가?(단, 절연저항계(메거)의 측정전압은 직류 500 V이다.)

개 0.1   내 0.2   때 1   라 10

해설 접속함의 절연저항값 기준

절연저항 (태양전지-접지간)	0.2 MΩ 이상, 측정전압 DC 500 V(각 회로마다 전부 측정)
절연저항 (중간단자함 출력단자-접지간)	1 MΩ 이상, 측정전압 DC 500 V
개방전압 및 극성	규정 전압이어야 하고 극성이 올바를 것

해답 45. 개   46. 내   47. 내   48. 때

49. 태양광 발전시스템의 신뢰성 평가 분석 항목에서 계측 트러블에 속하는 것은?

㉮ 지락전류

㉯ 계통지락

㉰ 인버터의 정지

㉱ 컴퓨터의 조작 오류

해설 신뢰성 평가 분석
① 시스템 트러블 : 시스템의 정지, 인버터의 정지, 트립, 지락 등
② 계측 트러블 : 컴퓨터의 OFF 또는 조작 오류, 기타의 계측 관련 트러블 등
③ 운전데이터의 결측
④ 계획정지 : 계획정전, 정기점검, 개수정전, 계통정전 등

50. 소형 태양광발전용 인버터의 자동 기동·정지시험 시 품질기준 중 채터링은 몇 회 이내이어야 하는가?

㉮ 1 ㉯ 2 ㉰ 3 ㉱ 4

해설 인버터의 자동 기동·정지시험 방법(한국에너지공단-신재생에너지 설비심사세부기준)
① 기동·정지 절차가 설정된 방법대로 동작할 것
② 채터링은 3회 이내일 것

51. 태양광 발전시스템의 응급조치 순서 중 차단과 투입 순서가 옳은 것은?

| ⓐ 한전차단기 |
| ⓑ 접속함 내부 차단기 |
| ⓒ 인버터 |

㉮ ⓐ-ⓑ-ⓒ-ⓒ-ⓑ-ⓐ

㉯ ⓐ-ⓒ-ⓑ-ⓑ-ⓒ-ⓐ

㉰ ⓑ-ⓒ-ⓐ-ⓐ-ⓒ-ⓑ

㉱ ⓒ-ⓑ-ⓐ-ⓐ-ⓑ-ⓒ

해설 ① 차단 순서 : 태양광 어레이에서 가장 가까운 차단기부터 멀어지는 방향으로 차단한다.
② 투입 순서 : 태양광 어레이에서 가장 먼 차단기(한전차단기)부터 접속함 방향으로 투입한다(투입은 차단의 역순).

52. 인버터(파워컨디셔너)의 일상점검 항목이 아닌 것은?

㉮ 표시부의 이상 표시

㉯ 외함의 부식 및 파손

㉰ 가대의 부식 및 오염 상태

㉱ 외부배선(접속 케이블)의 손상

해설 가대의 부식 및 오염 상태는 인버터(파워컨디셔너)의 일상점검 항목이 아니고, 태양광 어레이의 일상점검 항목이다.

53. 변압기에 대한 일상점검의 항목으로 틀린 것은?

㉮ 냉각팬 필터부분의 막힘 여부

㉯ 과열에 의한 이상한 냄새의 발생 여부

㉰ 코로나에 의한 이상한 소리의 발생 여부

㉱ 온도계의 표시가 적정 온도범위에서 유지되는지 여부

해설 냉각팬 필터부분의 막힘 여부는 정기점검에서 실시하는 항목이다.

54. 감전의 위험을 방지하기 위해 정전작업 시에 작성하는 정전 작업 요령에 포함되는 사항이 아닌 것은?

㉮ 정전확인 순서에 관한 사항

㉯ 단락접지 실시에 관한 사항

㉰ 단독 근무 시 필요한 사항

㉱ 시운전을 위한 일시운전에 관한 사항

해설 정전 작업 시에는 2인 1조 이상으로 작업하는 것이 원칙이다.

55. 운전상태에서 점검이 가능한 점검분류는 무엇인가?

㉮ 임시점검 ㉯ 일상점검

㉰ 정기점검(보통) ㉱ 정기점검(세밀)

해설 일상점검은 순시점검의 방식으로 외관 위주로 운전상태에서 점검을 행하며, 필요시 해당 조치를 취한다.

해답 49. ㉱ 50. ㉰ 51. ㉰ 52. ㉰ 53. ㉮ 54. ㉰ 55. ㉯

56. 전기사업용 태양광발전소의 태양전지·전기설비 계통은 정기검사를 몇 년 이내에 받아야 하는가?

㉮ 2 ㉯ 3 ㉰ 4 ㉱ 5

[해설] 전기사업용 태양광 발전설비의 정기검사는 4년마다 실시한다.

57. 점검계획의 수립에 있어서 고려해야 할 사항으로 틀린 것은?

㉮ 설비의 사용기간에 대해서는 장시간 사용한 설비의 고장확률이 높으므로, 점검 내용을 세분화하고 점검주기를 단축한다.

㉯ 점검내용 및 점검주기는 설비의 사용기간, 설비의 중요도, 환경조건, 고장이력, 부하상태 등의 조건을 고려하여 결정한다.

㉰ 부하상태에 대해서는 사용빈도가 높은 설비, 부하의 증가, 환경조건의 악화 등 과부하 상태로 된 설비 등은 점검주기를 단축할 필요는 없다.

㉱ 설비의 중요도에 대해서는 설비에는 중요설비와 비교적 중요하지 않은 설비가 있으므로, 그 중요도에 따라서 점검내용 및 점검주기를 검토하여야 한다.

[해설] 과부하 상태로 된 설비 등은 점검주기를 단축할 필요가 있다.

58. 충전전로를 취급하는 근로자가 착용하는 절연용 보호구가 아닌 것은?

㉮ 절연화 ㉯ 절연 담요
㉰ 절연 안전모 ㉱ 절연 고무장갑

[해설] 절연 담요(절연 시트)는 활선 작업 시 사용하는 절연용 방호구에 속한다.

59. 태양광 발전시스템의 개방전압을 측정할 때 유의해야 할 사항으로 틀린 것은?

㉮ 태양전지 어레이의 표면은 청소하지 않아도 된다.

㉯ 각 스트링의 측정은 안정된 일사강도가 얻어질 때 실시한다.

㉰ 태양전지 셀은 비오는 날에도 미소한 전압을 발생하고 있으므로 매우 주의하여 측정해야 한다.

㉱ 측정시각은 일사강도, 온도의 변동을 극히 적게 하기 위해 맑을 때, 남쪽에 있을 때의 전후 1시간에 실시하는 것이 바람직하다.

[해설] 태양전지 어레이의 표면을 깨끗이 청소한 상태에서 개방전압을 측정한다.

60. 박막 태양광발전 모듈의 최대출력 결정 시 품질기준으로 시험시료의 출력 균일도는 평균 출력의 몇 % 이내이어야 하는가?

㉮ ±1 ㉯ ±3 ㉰ ±5 ㉱ ±10

[해설] 박막 태양광 모듈의 최대출력 결정 시 시험시료의 출력 균일도는 평균출력의 ±3% 이내일 것

제5과목 : 신재생에너지 관련법규

61. 전기를 생산하여 이를 전력시장을 통하여 전기판매사업자에게 공급하는 것을 주된 목적으로 하는 사업은?

㉮ 배전사업 ㉯ 송전사업
㉰ 발전사업 ㉱ 변전사업

[해설] 전기사업법 제2조 제3호 : "발전사업"이란 전기를 생산하여 이를 전력시장을 통하여 전기판매사업자에게 공급하는 것을 주된 목적으로 하는 사업을 말한다.

62. 태양전지 어레이의 출력전압이 400 V 미만인 경우 전로에 시설하는 기계기구의 철대 및 금속제 외함에는 몇 종 접지를 하여야 하는가?

㉮ 제1종 접지공사

ㄴ 제2종 접지공사

ㄷ 제3종 접지공사

ㄹ 특별 제3종 접지공사

해설 전기설비기술기준의 판단기준 제33조(기계기구의 철대 및 외함의 접지)

기계기구의 구분	접지공사의 종류
400 V 미만인 저압용의 것	제3종 접지공사
400 V 이상의 저압용의 것	특별 제3종 접지공사
고압용 또는 특고압용의 것	제1종 접지공사

63. 태양의 빛에너지를 변환시켜 전기를 생산하거나 채광(採光)에 이용하는 설비는?

ㄱ 풍력 설비

ㄴ 태양광 설비

ㄷ 태양열 설비

ㄹ 바이오에너지 설비

해설 신에너지 및 재생에너지 개발·이용·보급 촉진법 시행규칙 제2조

- 풍력 설비 : 바람의 에너지를 변환시켜 전기를 생산하는 설비
- 태양광 설비 : 태양의 빛에너지를 변환시켜 전기를 생산하거나 채광(採光)에 이용하는 설비
- 태양열 설비 : 태양의 열에너지를 변환시켜 전기를 생산하거나 에너지원으로 이용하는 설비
- 바이오에너지 설비 : 「신에너지 및 재생에너지 개발·이용·보급 촉진법 시행령」 별표1의 바이오에너지를 생산하거나 이를 에너지원으로 이용하는 설비

64. 온실가스에 해당되지 않는 것은?

ㄱ 질소(N_2)

ㄴ 메탄(CH_4)

ㄷ 육불화황(SF_6)

ㄹ 이산화탄소(CO_2)

해설 6대 온실가스는 이산화탄소(CO_2), 메탄(CH_4), 아산화질소(N_2O), 수소불화탄소($HFCs$), 과불화탄소($PFCs$), 육불화황(SF_6)이다.

65. 녹색기술 또는 녹색산업 관련 기업은 녹색

기술 또는 녹색사업의 이전, 관련 제품의 제조 등에 의한 매출액이 인증을 신청하는 날이 속하는 해의 전년도를 기준으로 총매출액의 최소 얼마 이상인 기업으로 하는가?

ㄱ 100분의 20

ㄴ 100분의 30

ㄷ 100분의 40

ㄹ 100분의 50

해설 저탄소 녹색성장 기본법 시행령 제16조(녹색산업투자회사의 설립) 제3항 : 법 제29조 제2항 제3호에 따른 녹색기술 또는 녹색산업 관련 기업은 제2항에 따른 녹색기술 또는 녹색사업의 이전, 관련 제품의 제조 등에 의한 매출액이 인증을 신청하는 날이 속하는 해의 전년도를 기준으로 총매출액의 100분의 30 이상인 기업으로 한다.

66. 전기사업법에 따라 전력시장에서 전력을 직접 구매할 수 있는 대통령령으로 정하는 규모 이상의 전기사용자의 수전설비 용량은 몇 kVA 이상인가?

ㄱ 10,000

ㄴ 20,000

ㄷ 30,000

ㄹ 50,000

해설 전력시장에서 전력을 직접 구매할 수 있는 전기사용자는 수전설비 용량이 30,000 kVA 이상인 전기사용자이다.

67. 신·재생에너지 정책심의회 위원으로 소속공무원을 지명할 수 없는 기관은?

ㄱ 기획재정부

ㄴ 보건복지부

ㄷ 국토교통부

ㄹ 농림축산식품부

해설 신에너지 및 재생에너지 개발·이용·보급 촉진법 시행령 제4조 제2항 : 심의회의 위원장은 산업통상자원부 소속 에너지 분야의 업무를 담당하는 고위공무원단에 속하는 일반직공무원 중에서 산업통상자원부장관이 지명하는 사람으로 하고, 위원은 다음 각 호의 사람으로 한다.

1. 기획재정부, 과학기술정보통신부, 농림축산식품부, 산업통상자원부, 환경부, 국토교통부, 해양수산부의 3급 공무원 또는 고위공무원단에 속하는 일반직공무원 중 해당 기관의 장이 지명하는 사람 각 1명

해답 63. ㄴ 64. ㄱ 65. ㄴ 66. ㄷ 67. ㄴ

2. 신·재생에너지 분야에 관한 학식과 경험이 풍부한 사람 중 산업통상자원부장관이 위촉하는 사람

68. 신재생에너지 공급의무화제도에서 공급의무자가 아닌 것은?

㉮ 한국석유공사 ㉯ 한국남부발전
㉰ 한국수자원공사 ㉱ 한국지역난방공사

해설 신에너지 및 재생에너지 개발·이용·보급 촉진법 제12조의 5 제1항 : 산업통상자원부장관은 신·재생에너지의 이용·보급을 촉진하고 신·재생에너지산업의 활성화를 위하여 필요하다고 인정하면 다음 각 호의 어느 하나에 해당하는 자 중 '대통령령으로 정하는 자'에게 발전량의 일정량 이상을 의무적으로 신·재생에너지를 이용하여 공급하게 할 수 있다.
1. 「전기사업법」 제2조에 따른 발전사업자
2. 「집단에너지사업법」 제9조 및 제48조에 따라 「전기사업법」 제7조 제1항에 따른 발전사업의 허가를 받은 것으로 보는 자
3. 공공기관
시행령 : 상기에서 대통령령으로 정하는 자는 아래와 같다.
1. 법 제12조의5 제1항 제1호 및 제2호에 해당하는 자로서 50만킬로와트 이상의 발전설비(신·재생에너지 설비는 제외한다)를 보유하는 자
2. 「한국수자원공사법」에 따른 한국수자원공사
3. 「집단에너지사업법」 제29조에 따른 한국지역난방공사

69. 전기사업법에서 정의하는 용어 중 전기설비의 종류가 아닌 것은?

㉮ 일반용 전기설비
㉯ 자가용 전기설비
㉰ 전기사업용 전기설비
㉱ 항공기에 설치되는 전기설비

해설 전기사업법 제2조 : "전기설비"란 발전·송전·변전·배전 또는 전기사용을 위하여 설

치하는 기계·기구·댐·수로·저수지·전선로·보안통신선로 및 그 밖의 설비(「댐건설 및 주변지역지원 등에 관한 법률」에 따라 건설되는 댐·저수지와 선박·차량 또는 항공기에 설치되는 것과 그 밖에 대통령령으로 정하는 것은 제외한다)로서 다음 각 목의 것을 말한다.
가. 전기사업용 전기설비
나. 일반용 전기설비
다. 자가용 전기설비

70. 연료전지 및 태양전지 모듈의 절연내력에 대한 설명 중 ( ) 안에 들어갈 내용으로 옳은 것은?

> 연료전지 및 태양전지 모듈은 최대사용전압의 (ⓐ)의 직류전압 또는 1배의 교류전압(500 V 미만으로 되는 경우에는 500 V)을 충전부분과 대지 사이에 연속하여 (ⓑ)간 가하여 절연내력을 시험하였을 때에 이에 견디는 것이어야 한다.

㉮ ⓐ 1.5배, ⓑ 10분
㉯ ⓐ 1.5배, ⓑ 15분
㉰ ⓐ 2배, ⓑ 10분
㉱ ⓐ 2배, ⓑ 15분

해설 전기설비기술기준의 판단기준 제15조(연료전지 및 태양전지 모듈의 절연내력) : 연료전지 및 태양전지 모듈은 최대사용전압의 1.5배의 직류전압 또는 1배의 교류전압(500 V 미만으로 되는 경우에는 500 V)을 충전부분과 대지 사이에 연속하여 10분간 가하여 절연내력을 시험하였을 때에 이에 견디는 것이어야 한다.

71. 빙설이 많고 인가가 많이 연접되어 있는 장소에 시설하는 고압 가공전선로의 지지물에 적용되는 풍압하중은?

㉮ 갑종 풍압하중
㉯ 을종 풍압하중
㉰ 병종 풍압하중
㉱ 갑종 풍압하중과 을종 풍압하중을 각 설비에 따라 혼용

해답 68. ㉮ 69. ㉱ 70. ㉮ 71. ㉰

해설 전기설비기술기준의 판단기준 제62조 제4항 : 인가가 많이 연접되어 있는 장소에 시설하는 가공전선로의 구성재 중 다음 각 호의 풍압하중에 대하여는 갑종 풍압하중 또는 을종 풍압하중 대신에 병종 풍압하중을 적용할 수 있다.
1. 저압 또는 고압 가공전선로의 지지물 또는 가섭선
2. 사용전압이 35 kV 이하의 전선에 특고압 절연전선 또는 케이블을 사용하는 특고압 가공전선로의 지지물, 가섭선 및 특고압 가공전선을 지지하는 애자장치 및 완금류

72. 전기설비기술기준의 판단기준에서 관광숙박업에 이용되는 객실의 입구에 조명용 전등을 설치할 경우 몇 분 이내에 소등되는 타임스위치를 시설해야 하는가?

㉮ 1 ㉯ 2
㉱ 3 ㉭ 5

해설 전기설비기술기준의 판단기준 제177조 제2항 : 조명용 전등을 설치할 때에는 다음 각 호에 따라 타임스위치를 시설하여야 한다.
1. 관광진흥법과 공중위생법에 의한 관광숙박업 또는 숙박업(여인숙업을 제외한다)에 이용되는 객실의 입구 등은 1분 이내에 소등되는 것일 것
2. 일반주택 및 아파트 각 호실의 현관등은 3분 이내에 소등되는 것일 것

73. 전기설비기술기준의 판단기준에서 태양전지발전소에 시설하는 전선의 굵기는 연동선인 경우 몇 mm^2 이상이어야 하는가?

㉮ 1.6 ㉯ 2.5
㉱ 3.5 ㉭ 5.5

해설 전기설비기술기준의 판단기준 제54조(태양전지 모듈 등의 시설) 제4호 : 전선은 다음에 의하여 시설할 것. 다만, 기계기구의 구조상 그 내부에 안전하게 시설할 수 있을 경우에는 그러하지 아니하다.
가. 전선은 공칭단면적 2.5 mm^2 이상의 연동선 또는 이와 동등 이상의 세기 및 굵기의 것일 것

나. 옥내에 시설할 경우에는 합성수지관공사, 금속관공사, 가요전선관공사 또는 케이블공사로 제183조, 제184조, 제186조 또는 제193조, 제195조 제2항 및 제196조 제2항, 제3항의 규정에 준하여 시설할 것
다. 옥측 또는 옥외에 시설할 경우에는 합성수지관공사, 금속관공사, 가요전선관공사 또는 케이블공사로 제183조, 제184조, 제186조 또는 제218조 제1항 제7호 및 제195조 제2항, 제196조 제2항 및 제3항의 규정에 준하여 시설할 것

74. 전기설비기술기준의 판단기준에서 지중전선로에 케이블을 사용하여 관로식으로 시설할 경우 매설깊이를 몇 m 이상으로 하여야 하는가?

㉮ 0.3 ㉯ 0.6 ㉱ 0.8 ㉭ 1.0

해설 전기설비기술기준의 판단기준 제136조 제2항 : 지중 전선로를 관로식 또는 암거식에 의하여 시설하는 경우에는 다음 각 호에 따라야 한다.
1. 관로식에 의하여 시설하는 경우에는 매설깊이를 1.0 m 이상으로 하며, 매설깊이가 충분하지 못한 장소에는 견고하고 차량 기타 중량물의 압력에 견디는 것을 사용할 것
2. 암거식에 의하여 시설하는 경우에는 견고하고 차량 기타 중량물의 압력에 견디는 것을 사용할 것

75. 신에너지 및 재생에너지 개발·이용·보급 촉진법에서 정의하고 있는 신재생에너지에 포함되지 않는 것은?

㉮ 원자력 ㉯ 연료전지
㉱ 수소에너지 ㉭ 태양에너지

해설 원자력에너지나 화석연료 자체는 신재생에너지에 포함되지 않는다.

76. 전기공사기술자로 인정을 받으려는 사람을 전기공사기술자로 인정하면 전기공사기술자의 등급 및 경력 등에 관한 증명서를 해당 전기공사기술자에게 발급하는 자는?

㉮ 시·도지사

㉯ 전기공사협회장

㉰ 산업통상자원부장관

㉱ 한국산업인력공단 이사장

[해설] 전기공사업법 제17조의 2(전기공사기술자의 인정)

① 전기공사기술자로 인정을 받으려는 사람은 산업통상자원부장관에게 신청하여야 한다.

② 산업통상자원부장관은 제1항에 따른 신청인이 제2조 제9호 각 목의 어느 하나에 해당하면 전기공사기술자로 인정하여야 한다.

77. 신재생에너지 품질검사기관이 아닌 곳은?

㉮ 한국전력공사   ㉯ 한국석유관리원

㉰ 한국임업진흥원   ㉱ 한국가스안전공사

[해설] 신에너지 및 재생에너지 개발·이용·보급 촉진법 시행령 제18조의13(신·재생에너지 품질검사기관) : 법 제12조의12 제1항에서 "대통령령으로 정하는 신·재생에너지 품질검사기관"이란 다음 각 호의 기관을 말한다.

1. 「석유 및 석유대체연료 사업법」 제25조의 2에 따라 설립된 한국석유관리원

2. 「고압가스 안전관리법」 제28조에 따라 설립된 한국가스안전공사

3. 「임업 및 산촌 진흥촉진에 관한 법률」 제29조의 2에 따라 설립된 한국임업진흥원

78. 전선의 접속방법으로 틀린 것은?

㉮ 접속부분의 전기저항을 증가시킬 것

㉯ 접속부분은 접속관 기타의 기구를 사용할 것

㉰ 전선의 세기를 20 % 이상 감소시키지 아니할 것

㉱ 전기화학적 성질이 다른 도체를 접속하는 경우에는 접속부분에 전기적 부식이 생기지 아니하도록 할 것

[해설] 전선을 접속할 경우 접속부분의 전기저항을 증가시키지 아니하도록 접속해야 한다.

79. 저탄소 녹색성장 기본법의 목적에서 언급하고 있지 않는 것은?

㉮ 전기사업의 경쟁 촉진

㉯ 국민경제의 발전 도모

㉰ 경제와 환경의 조화로운 발전

㉱ 저탄소 녹색성장에 필요한 기반 조성

[해설] 저탄소 녹색성장 기본법 제1조(목적) : 이 법은 경제와 환경의 조화로운 발전을 위하여 저탄소(低炭素) 녹색성장에 필요한 기반을 조성하고 녹색기술과 녹색산업을 새로운 성장동력으로 활용함으로써 국민경제의 발전을 도모하며 저탄소 사회 구현을 통하여 국민의 삶의 질을 높이고 국제사회에서 책임을 다하는 성숙한 선진 일류국가로 도약하는 데 이바지함을 목적으로 한다.

80. 저압 연접 인입선의 시설 규정을 준수하지 않은 것은?

㉮ 옥내를 통과하지 않도록 했다.

㉯ 폭 4.5 m의 도로를 횡단하였다.

㉰ 경간이 20 m인 곳에서 ACSR을 사용하였다.

㉱ 인입선에서 분기하는 점으로부터 100 m를 넘지 않았다.

[해설] 전기설비기술기준의 판단기준 제101조(저압 연접 인입선의 시설) : 저압 연접 인입선은 제100조의 규정에 준하여 시설하는 이외에 다음 각 호에 따라 시설하여야 한다.

1. 인입선에서 분기하는 점으로부터 100 m를 초과하는 지역에 미치지 아니할 것

2. 폭 5 m를 초과하는 도로를 횡단하지 아니할 것

3. 옥내를 통과하지 아니할 것

※ "연접 인입선"이란 한 수용장소의 인입선에서 분기하여 지지물을 거치지 아니하고 다른 수용 장소의 인입구에 이르는 부분의 전선을 말한다.

□ **신재생에너지 발전설비 기사** ▶ **2017. 9. 23 시행**

제1과목 : 태양광발전 시스템 이론

1. 어떤 전지의 외부회로 저항은 5 Ω이고 전류는 8 A가 흐른다. 외부회로에 5 Ω 대신에 15 Ω의 저항을 접속하면 4 A로 떨어진다. 이 전지의 기전력은?

㉮ 100 V ㉯ 80 V

㉰ 60 V ㉱ 40 V

해설 기전력 $V = I \times$ (외부저항 R + 내부저항 r)
$= 8 \times (5 + r) = 4 \times (15 + r)$ 에서,
내부저항 $r = 5$
따라서, 기전력 $V = I \times$ (외부저항 R + 내부저항 r) $= 8 \times (5 + 5) = 80$ V

2. 2012년부터 국내 총발전량의 일정 비율을 신재생에너지로 의무화하는 제도는?

㉮ REC(Renewable Energy Certificate)

㉯ FIT(Feed In Tariff)

㉰ RPS(Renewable Portfolio Standard)

㉱ FFRC(Federal Energy Regulatory Comission)

해설 신에너지 및 재생에너지 개발·이용·보급 촉진법 시행령 별표3(제18조의4 제1항 관련) : 연도별 의무공급량의 비율

해당 연도	비율(%)	해당 연도	비율(%)
2012년	2.0	2018년	5.0
2013년	2.5	2019년	6.0
2014년	3.0	2020년	7.0
2015년	3.0	2021년	8.0
2016년	3.5	2022년	9.0
2017년	4.0	2023년 이후	10.0

3. 뇌서지 등의 피해로부터 PV시스템을 보호하기 위한 대책으로 적합하지 않은 것은?

㉮ 피뢰소자를 어레이 주회로 내에 분산시켜 설치함과 동시에 접속함에도 설치한다.

㉯ 뇌우의 발생지역에서는 직류전원 측에 내뢰 트랜스를 설치하여 보다 안전한 대책을 취한다.

㉰ 접속함 및 분전반 안에 설치하는 피뢰소자는 방전내량이 큰 것을 선정한다.

㉱ 저압 배전선으로부터 침입하는 뇌서지에 대해서는 분전반에 피뢰소자를 설치한다.

해설 내뢰 트랜스는 교류 전원측에 설치되는 피뢰소자로, 상용계통과 완전 절연 및 뇌서지 완전 차단 기능을 하며(설치비용이 고가), 1차측과 2차측 간에 실드판이 있고, 이 판수가 많을수록 뇌서지에 대한 억제효과가 크다.

4. 태양광발전용 축전지의 방전심도에 대한 설명으로 틀린 것은?

㉮ 방전심도를 낮게(30~40 %) 설정하면 전지 수명이 증가한다.

㉯ 방전심도를 깊게(70~80 %) 설정하면 전지 수명이 단축된다.

㉰ 방전심도를 낮게(30~40 %) 설정하면 잔존용량이 감소한다.

㉱ 방전심도를 깊게(70~80 %) 설정하면 전지 이용률이 증가한다.

해설 방전심도를 낮게(30~40 %) 설정하면 잔존용량은 증가한다. 즉, 방전심도와 잔존용량은 서로 반대 개념이다.

5. 인버터에 대한 효율을 각각 변환효율(η_{con}), 추적효율(η_{tr}), 유로효율(η_{ero})이라 할 때 정격효율(η_{inv})은 어떻게 나타낼 수 있는가?

㉮ 변환효율(η_{con}) × 추적효율(η_{tr})

㉯ 추적효율(η_{tr}) × 유로효율(η_{ero})

㉰ $\dfrac{변환효율(\eta_{con})}{추적효율(\eta_{tr})}$

해답 1. ㉯ 2. ㉰ 3. ㉯ 4. ㉰ 5. ㉮

$$\boxed{라} \frac{추적효율\,(\eta_{tr})}{변환효율\,(\eta_{con})}$$

[해설] ① 인버터의 정격효율 = 변환효율 × 추적효율

② 유로효율(European 효율) : 낮은 부분부하 영역에서부터 전부하 영역까지 운전하는 것을 고려하여 5 %, 10 %, 20 %, 30 %, 50 %, 100 % 부하에서 각각 효율을 측정하고 각각의 효율에 가중치를 부여한 다음 합산하여 산정하는 방식이다.

6. 다음 그림과 같이 축전지회로가 구성되어 있다. 단자, A, B 사이에 나타나는 출력전압과 축전지 용량은?

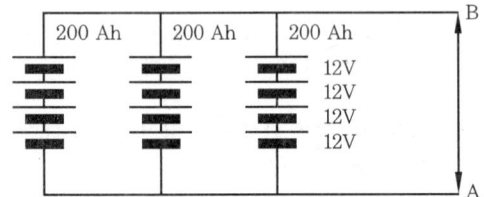

$\boxed{가}$ DC 48 V, 200 Ah $\quad\boxed{나}$ DC 48 V, 600 Ah

$\boxed{다}$ DC 12 V, 200 Ah $\quad\boxed{라}$ DC 12 V, 600 Ah

[해설] ① A, B단자 간의 출력전압 = 12 V × 4개 = 48 V

② A, B단자 간의 축전지 용량 = 200 Ah × 3개 = 600 Ah

7. 다음 중 인버터의 회로방식에 따른 종류가 아닌 것은?

$\boxed{가}$ 상용주파 변압기 절연방식

$\boxed{나}$ 고주파 변압기 절연방식

$\boxed{다}$ 고조파 변압기 절연방식

$\boxed{라}$ 트랜스리스(Transless) 방식

[해설] 인버터 회로 절연방식의 종류 : 상용주파 변압기방식, 고주파 변압기방식, 트랜스리스 방식

8. $v = 100\sqrt{2}\sin\left(120\pi t + \dfrac{\pi}{3}\right)$[V]인 정현파 교류전압의 실효값과 주파수는?

$\boxed{가}$ 141 V, 60 Hz $\quad\boxed{나}$ 100 V, 60 Hz

$\boxed{다}$ 141 V, 50 Hz $\quad\boxed{라}$ 100 V, 50 Hz

[해설] ① 정현파 교류전압의 실효값

$$= \frac{최댓값}{\sqrt{2}} = \frac{100\sqrt{2}}{\sqrt{2}} = 100\text{ V}$$

② 정현파 교류전압의 주파수 $= 2\pi f = 120\pi$

따라서, $f = \dfrac{120\pi}{2\pi} = 60\text{ Hz}$

9. 다음 중 재생에너지가 아닌 것은?

$\boxed{가}$ 수소에너지 $\quad\boxed{나}$ 폐기물에너지

$\boxed{다}$ 바이오에너지 $\quad\boxed{라}$ 해양에너지

[해설] 수소에너지는 신에너지에 속한다.

10. 다음 태양복사에 관한 설명 중 틀린 것은?

$\boxed{가}$ 태양복사량의 평균값을 태양상수라고 하며 약 1367 W/m^{2}이다.

$\boxed{나}$ 직달복사는 태양으로부터 지표면에 직접 도달되는 복사로 물체에 강한 그림자를 만드는 성분이다.

$\boxed{다}$ 산란복사는 태양복사가 지표면에 도달되기 전에 구름이나 대기 중의 먼지에 의해 반사되지 않고 확산된 성분이다.

$\boxed{라}$ 매우 흐린 날 특히 겨울에는 태양복사는 거의 모두 산란복사된다.

[해설] 산란복사는 햇빛이 대기를 지날 때 공기분자, 구름, 연무, 안개 등에 의해 산란된 일사에너지이다.

11. 태양광 전지에서 생산된 전력 125 W가 인버터에 입력되어 인버터 출력이 100 W가 되면 인버터의 변환 효율은 몇 %인가?

$\boxed{가}$ 45 % $\quad\boxed{나}$ 64 %

$\boxed{다}$ 80 % $\quad\boxed{라}$ 92 %

[해설] 인버터의 변환 효율 $= \left(\dfrac{출력}{입력}\right) \times 100\,\%$

$$= \left(\frac{100}{125}\right) \times 100\,\% = 80\,\%$$

해답 6. 나 7. 다 8. 나 9. 가 10. 다 11. 다

12. 도선의 길이가 3배로 늘어나고 반지름이 $\frac{1}{3}$로 줄어들 경우 그 도선의 저항은 어떻게 변하겠는가?

㉮ 9배 증가　　㉯ $\frac{1}{9}$로 감소

㉰ 27배 증가　　㉱ $\frac{1}{27}$로 감소

해설 도선의 저항은 도선의 길이에 비례하고 도선의 단면적($=\pi r^2$)에 반비례하므로, 3×3^2 $=27$배 증가한다.

13. 다음 중 박막형 태양전지 모듈의 종류에 해당되지 않는 것은?

㉮ 비정질 실리콘 전지

㉯ 다결정 전지

㉰ Cd-Te 전지

㉱ 염료 전지

해설 다결정 및 단결정 태양전지는 대표적인 비박막형 태양전지이다.

14. 독립형 태양광발전시스템에서 축전지의 방전 시 모듈로 유입하는 전류를 억제하기 위해 설치하는 소자는?

㉮ 역류방지 소자　　㉯ 바이패스 소자

㉰ 방전방지 소자　　㉱ 출력조정 소자

해설 태양전지 모듈에 다른 태양전지회로나 축전지에서 전류가 돌아 들어가는 것을 방지하기 위하여 설치하는 소자를 역류방지 소자(Blocking Diode)라고 한다.

15. 인버터의 직류동작전압을 일정 시간 간격으로 약간 변동시켜 그때의 태양전지 출력전력을 계측하여 사전에 발생한 부분과 비교를 하게 되고, 항상 전력이 크게 되는 방향으로 인버터의 직류전압을 변화시키는 기능은?

㉮ 직류 검출제어 기능

㉯ 자동전압 조정 기능

㉰ 자동운전 정지제어 기능

㉱ 최대전력 추종제어 기능

해설 인버터의 최대전력 추종제어 기능은 태양전지의 동작점이 항상 최대전력을 추종하도록 변화시켜 최대출력을 얻을 수 있는 제어이며, 직접제어방식, 간접제어방식(P&O제어, Inc.Cond제어, Hysterisis Band 변동제어) 등의 제어방식이 사용된다.

16. 발전과정에서 화학에너지를 전기에너지로 변환하는 신·재생에너지는?

㉮ 풍력　　　　㉯ 지열

㉰ 태양열　　　㉱ 연료전지

해설 연료전지의 화학반응(화학에너지 → 전기에너지)

① 음극측 : $H_2 \rightarrow 2H^+ + 2e^-$

② 양극측 : $\frac{1}{2}O_2 + 2H^+ + 2e^- \rightarrow H_2O$

③ 전반응 : $H_2 + \frac{1}{2}O_2 \rightarrow H_2O$

17. 태양광 모듈 표면의 황변현상은 태양광 모듈 내부의 충진재(EVA)가 무엇과 화학반응하여 변색되는 것을 말하는가?

㉮ 가시광선　　㉯ 자외선

㉰ 적외선　　　㉱ 습기

해설 태양전지의 황변현상은 충진재(EVA)가 외부 자외선의 영향으로 변색되는 현상을 말한다.

18. 다음에서 설명하는 목질계 연료는 무엇인가?

> 목재 가공과정에서 발생하는 건조된 목재 잔재를 압축하여 생산하는 작은 원통 모양의 표준화된 목질계 연료

㉮ 목탄　　　　㉯ 목질칩

㉰ 목질 펠릿　　㉱ 목질 브리켓

해설 목질 펠릿(우드펠릿 ; wood pellet) : 임업 폐기물이나 벌채목 등을 분쇄 톱밥으로 만든 후, 길이 4 cm 내외 굵기 1 cm 이내의 원기둥 모양으로 압축해 가공한 청정 목질계 바이오 원료(압축과정에서 에너지의 밀도와 저장능력이 향상돼 에너지 효율성이 높다.)

해답 12. ㉰　13. ㉯　14. ㉮　15. ㉱　16. ㉱　17. ㉯　18. ㉰

19. 인버터의 부하가 인덕턴스인 경우 스위칭 소자가 ON-OFF 시 인덕턴스 양단에 나타나는 역기전력에 의한 스위칭소자의 내전압을 초과하여 소손되는 것을 방지하는 용도의 소자는?

㉮ IGBT   ㉯ 피뢰소자

㉰ 환류 다이오드   ㉱ 바이패스 다이오드

해설 환류 다이오드(Free Wheeling Diode)는 인덕터 충전전류로 인한 기기의 손상을 방지하기 위해 부하와 병렬로 연결하여 설치하는 다이오드이다. 즉, 인덕터와 병렬로(전원에 대해서 역방향으로) 다이오드를 접속하여 역기전력에 의해 발생하는 전압에 의해서 흐르는 전류는 스위치로 흐르지 않고 이 다이오드를 통해 인덕터에 환류되어 인덕터의 내부저항에서 에너지가 소비되게 하여 스위치에서의 스파크나 노이즈가 발생하는 것을 방지해 줄 수 있다.

20. 태양전지의 특징을 설명한 것 중 틀린 것은?

㉮ 빛이 있을 때 전기를 생산한다.

㉯ 전기를 저장하는 기능을 가진다.

㉰ 전압의 세기는 여러 장의 태양전지를 직렬로 연결시켜 조정한다.

㉱ 전류의 세기는 병렬연결이나 태양전지의 면적으로 조정할 수 있다.

해설 축전지(Storage battery)는 전기를 저장하는 기능을 가진 소자이다.

제2과목 : 태양광발전 시스템 설계

---

21. 전기도면 관련 기호 중 전동기를 나타내는 기호는?

㉮ Ⓜ   ㉯ Ⓗ   ㉰ Ⓖ   ㉱ Ⓣ

해설 전동기를 나타내는 기호로는 Motor의 약어로 'M'을 사용한다.

22. 태양광발전에서 인버터 출력측의 3상 4선식 간선의 전압강하 계산식으로 알맞은 것은?

㉮ $\dfrac{17.8LI}{1000A}$ ㉯ $\dfrac{20.8LI}{1000A}$

㉰ $\dfrac{30.8LI}{1000A}$ ㉱ $\dfrac{35.6LI}{1000A}$

해설 간선의 전압강하 계산식

배전방식	전압강하	대상 전압강하
직류 2선식 교류 2선식	$e=\dfrac{35.6 \times L \times I}{1000 \times A}$	선간
3상 3선식	$e=\dfrac{30.8 \times L \times I}{1000 \times A}$	선간
단상 3선식	$e=\dfrac{17.8 \times L \times I}{1000 \times A}$	대지간
3상 4선식	$e=\dfrac{17.8 \times L \times I}{1000 \times A}$	대지간

여기서, e : 전압강하(V)
I : 부하전류(A)
L : 전선의 길이(m)
A : 사용전선의 단면적(mm^2)

23. 태양광발전시스템의 연간 누적발전량이 15000 kWh, 시스템 용량은 10 kW, 연간 운전일수가 350일일 때, 시스템 이용률은 약 몇 %인가?

㉮ 14.29 %   ㉯ 16.45 %

㉰ 17.85 %   ㉱ 19.04 %

해설 태양광 시스템 이용률(PV System Capacity Factor)

$$= \frac{\text{일 평균 발전시간}}{24} \times 100\%$$

$$= \frac{\text{태양광 시스템 발전전력량(kWh)}}{24 \times \text{운전일수} \times \text{PV설계용량(kW)}} \times 100\%$$

$$= \frac{15000 \text{kWh}}{24 \times 350 \times 10 \text{kW}} \times 100\% = \text{약 } 17.85\%$$

24. 파워컨디셔너의 종류 중 인버터의 대수 및 연결방식에 따른 구분에서 최대 효율 및 MPP 최적 제어가 가능하나 투자비가 가장 많이 드는 방식은 무엇인가?

[가] 마스터 슬레이브 방식
[나] 모듈 인버터 방식
[다] 병렬운전 방식
[라] 중앙집중식

[해설] 모듈 인버터 방식의 특징
① 부분 음영이 많은 곳에서 높은 효율을 얻기 위해서 설치하는 방식이다.
② 각 모듈에 각각 개별적으로 최대 전력점에서 작동되도록 구성할 수 있는 것이 장점이다.
③ 확장이 용이하지만, 설치비용은 고가라는 단점이 있다.

25. 피뢰소자의 선정방법 설명 중 ( )에 알맞은 내용을 나열한 것은?

접속함 내의 분전반 내에 설치하는 피뢰소자로 어레스터는 (㉠)을 선정하고, 어레이 주회로 내에 설치하는 피뢰소자인 서지업소버는 (㉡)을 선정한다.

[가] ㉠ 충전내량이 큰 것, ㉡ 충전내량이 작은 것
[나] ㉠ 방전내량이 큰 것, ㉡ 방전내량이 작은 것
[다] ㉠ 충전내량이 작은 것, ㉡ 충전내량이 큰 것
[라] ㉠ 방전내량이 작은 것, ㉡ 방전내량이 큰 것

[해설] ① 어레스터는 접속함 내와 분전반 내에 설치하는 피뢰소자이며(방전내량이 큰 것으로 선정), 낙뢰에 의한 충격성 과전압을 전기설비 규정 이내로 감소시켜 정전을 일으키지 않고 원상태로 회귀시키는 기능을 한다.
② 서지업소버는 어레이 주회로 내에 설치하는 피뢰소자이며(주로 방전내량이 작은 것으로 선정), 전선로에 침입한 이상 전압의 높이를 완화시키고 파고치를 저하시키는 기능을 한다.

26. 다음과 같은 태양광발전시스템의 어레이 설계 시 직병렬 수량은?

• 모듈 최대출력 : 250 W_P
• 1스트링 직렬매수 : 10직렬
• 시스템 출력전력 : 50,000 W

[가] 10직렬-10병렬 [나] 10직렬-15병렬
[다] 10직렬-20병렬 [라] 10직렬-25병렬

[해설] 병렬수

$$= \frac{\text{시스템 출력전력}}{(\text{모듈 최대출력} \times \text{직렬매수})}$$

$$= \frac{50,000}{(250 \times 10)} = 20$$

따라서, 10직렬-20병렬이 정답이다.

27. 다음 중 태양광 발전설비의 외부 피뢰시스템에 해당하지 않는 것은?

[가] 접지시스템 [나] 수뢰부시스템
[다] 인하도선시스템 [라] 다중방호시스템

[해설] 외부 피뢰시스템은 수뢰부(돌침/수평도체/메시도체로 구성), 인하도선, 접지시스템(동결심도인 최소 0.75 m 이상의 깊이) 등으로 구성된다.

28. 태양광 설치 방법 중 발전효율이 가장 낮은 것은?

[가] 추적식 어레이
[나] 고정식 어레이
[다] 건물통합형(BIPV)
[라] 경사가변형 어레이

[해설] 건물통합형(BIPV)은 건축물의 부재 역할로서의 한계가 있기 때문에, 경사각도를 정확히 맞추거나 추적식의 구현이 어렵고, 음영에 취약하므로 발전효율이 가장 낮은 편이다.

29. 태양광발전소의 전기사업허가신청서에 포함되는 필요서류 목록이 아닌 것은? (단, 3000 kW 미만인 경우이다. 신청자가 법인이다.)

[가] 신청자의 주주명부
[나] 사업계획서
[다] 손익계산서
[라] 대차대조표

[해답] 25. [나] 26. [다] 27. [라] 28. [다] 29. [가]

해설 전기사업법 시행규칙 제4조 제1항 : 법 제7조 제1항에 따라 전기사업의 허가를 신청하려는 자는 별지 제1호 서식의 전기사업허가신청서(전자문서로 된 신청서를 포함한다. 이하 같다)에 다음 각 호의 서류(전자문서를 포함한다. 이하 같다)를 첨부하여 산업통상자원부장관에게 제출하여야 한다. 다만, 발전설비용량이 3천킬로와트 이하인 발전사업의 허가를 받으려는 자는 특별시장·광역시장·특별자치시장·도지사 또는 특별자치도지사(이하 "시·도지사"라 한다)에게 제출하여야 한다.

1. 별표 1의 작성방법에 따라 작성한 사업계획서. 이 경우 별표1의2에 따른 서류를 첨부하여야 한다.
2. 정관, 대차대조표 및 손익계산서(신청자가 법인인 경우만 해당하며, 설립 중인 법인의 경우에는 정관만 제출한다)
3. 신청자(발전설비용량 3천킬로와트 이하인 신청자는 제외한다. 이하 이 호에서 같다)의 주주명부. 이 경우 신청자가 재무능력을 평가할 수 없는 신설법인인 경우에는 신청자의 최대주주를 신청자로 본다.

30. 사업의 경제성이 있다고 판단되는 항목을 모두 옳게 나열한 것은 ? (단, r은 할인율을 나타낸다.)

㉮ NPV>0, B/C ratio>1, IRR>r
㉯ NPV<0, B/C ratio<1, IRR<r
㉰ NPV = 0, B/C ratio<1, IRR<r
㉱ NPV = 0, B/C ratio = 1, IRR = r

해설 ① 순현가(순현재가치법, NPV ; Net Present Value) : 0보다 작으면 사업안 기각, 0보다 크면 타당한 사업으로 판단한다.
② 비용·편익비 분석(BCR ; Benefit-Cost Ratio, B/C Ratio) : 투자로부터 기대되는 총편익의 현가를 총비용의 현가로 나눈 값을 의미하며, B/C가 1.0보다 크면 경제성 측면에서 사업성이 높은 것으로 평가할 수 있다.
③ 내부수익률(IRR) : 투자로부터 기대되는 총편익의 현가와 총비용의 현가를 같게 하는 할인율을 말한다. 즉, 어떤 사업의 순현재가치(NPV)를 0으로 만들어 평가할 때의 가상

할인율을 말하므로 IRR이 r(할인율)보다 크면 사업의 경제성이 있다고 판단한다.

31. 도면의 작성 및 관리에 필요한 정보를 모아서 기재한 것은 무엇인가 ?

㉮ 범례   ㉯ 표제란
㉰ 상세도   ㉱ 도면목록표

해설 표제란이란 도면 작성 및 관리에 필요한 정보를 모아서 기재한 곳을 말하며 다음과 같이 구성된다.
① 발주자 정보영역(발주자명 및 로고) : 발주처 및 발주사의 로고 기재
② 수급인 정보영역(수급인명 및 로고) : 컨소시엄의 경우 대표사, 참여사 모두 기재
③ 공사정보 영역(사업명) : 사업로고 포함 가능
④ 도면 정보영역(도명, 도번, 일련번호, 축적, 승인란 등) : 다수인 경우 대표 도면명 기재 가능, 도번 및 일련번호는 공종별 분류체계에 따라 기재, 승인란은 제도자/설계자/검사자/승인자로 세분하여 기재

32. 설계도서 해석의 우선순위로 가장 먼저 검토할 것은 ? (단, 계약으로 우선순위를 정하지 아니한 경우이다.)

㉮ 공사시방서
㉯ 산출내역서
㉰ 감리자 지시사항
㉱ 승인된 상세시공도면

해설 설계도서, 법령해석, 감리자의 지시 등이 서로 일치하지 아니하는 경우에 있어 계약으로 그 적용의 우선순위를 정하지 아니한 때에는 다음의 순서를 원칙으로 한다.
공사시방서 → 설계도면 → 전문시방서 → 표준시방서 → 산출내역서 → 승인된 상세시공도면 → 관계법령의 유권해석 → 감리자의 지시사항

33. 태양전지 어레이의 이격거리 산출 시 적용하는 설계요소가 아닌 것은 ?

㉮ 태양의 고도각
㉯ 강재의 강도 및 판두께

대 건축 시공 부지 현황

래 태양광발전소 위치에 대한 위도

해설 강재의 강도 및 판두께는 어레이 가대를 설계할 때 사용되며, 어레이 이격거리와는 무관하다.

34. 태양광 어레이 구조물 중 일반 철골구조에 비교할 때 파워볼트시스템(Power Bolt System)의 장점이 아닌 것은?

가 필요한 응력에 의한 자재사용으로 경제적인 설계를 할 수 있다.

나 제품의 규격이 정교하여 구조물의 마감처리를 정밀하게 할 수 있다.

대 조립 및 해체가 간단하여 타 장소에 이설 설치가 가능하다.

래 모듈이 적고 짧은 스팬(span) 구조물에 유리하다.

해설 파워볼트시스템은 비교적 경량 구조로 장 스팬 구조물에 유리하다.

35. 태양전지 어레이용 가대의 구조설계 시 적용되는 상정하중의 분류 중 수평하중에 속하는 것은?

가 풍하중　　　나 활하중

대 고정하중　　래 적설하중

해설 가대 설계 상정하중

구분		내용
수직 하중	고정 하중	어레이, 프레임 및 서포트 하중
	적설 하중	경사계수 및 눈의 단위 질량 고려
	활 하중	건축물 또는 공작물을 점유 및 사용함으로써 발생하는 하중
수평 하중	풍 하중	• 어레이 및 지지물 등의 구조물에 가한 풍압의 합 • 풍력계수, 용도계수, 환경계수 등 고려
	지진 하중	지지층의 전단력 계수 고려

36. 태양광 발전소의 경우 환경영향평가를 받아야 하는 발전용량은 몇 kW 이상인가?

가 1,000 kW　　나 10,000 kW

대 100,000 kW　래 1,000,000 kW

해설 발전용량이 100 MW(=100,000 kW) 이상일 경우 환경영향평가의 대상이 된다.

37. 음영각 및 음영각의 검토사항에 대한 설명으로 틀린 것은?

가 수직 음영각은 태양의 고도각을 말한다.

나 주변 산세, 수풀, 나무, 건물 등을 고려하여 어레이를 배치한다.

대 그늘의 길이와 방향은 위도, 계절에 따라 같으므로 그림자의 길이를 계산하여 어레이를 배치한다.

래 연중 입사각이 가장 적은 동지의 오전 9시부터 오후 3시 사이에 어레이에 그늘이 생기지 않도록 해야 한다.

해설 그늘의 길이와 방향은 위도, 계절에 따라 달라진다.

38. 파워컨디셔너의 동작범위가 250~590 V, 태양전지 모듈이 온도에 따른 전압범위가 30~45 V일 때 태양전지 모듈의 최대직렬 연결 가능 개수는?

가 11개　　　나 12개

대 13개　　　래 14개

해설 모듈의 최대직렬수

$$=\frac{\text{PCS 입력전압 변동범위의 최고값(최대입력전압)}}{\text{모듈 온도가 최저인 상태의 개방전압}}$$

$$=\frac{590}{45}=13.11 \rightarrow 13개$$

39. 순현재가치를 0으로 만들어 평가하는 경제성 분석 모형은?

가 현재가치법　　나 편익비용비율법

대 자본회수기간법　래 내부수익률법

해설 문제 30번 해설 참조

해답 34. 래　35. 가　36. 대　37. 대　38. 대　39. 래

40. 태양고도가 가장 높은 시기로 옳은 것은?

㉮ 춘분 ㉯ 하지 ㉰ 추분 ㉱ 동지

[해설] 태양고도는 하지 때 가장 높고, 동지 때 가장 낮다.

제3과목 : 태양광발전 시스템 시공

41. 다음 중 송전선로에 대한 설명으로 틀린 것은?

㉮ 송전설비는 발전소 상호간, 변전소 상호간, 발전소와 변전소 간을 연결하는 전선로와 전기설비를 말한다.

㉯ 송전선로는 발전소, 1차 변전소, 배전용 변전소로 구성된다.

㉰ 송전방식은 교류 송전방식만이 사용된다.

㉱ 송전 계통의 개요는 송전선로, 급전설비, 운영설비이다.

[해설] 송전방식으로는 교류 송전방식과 직류 송전방식의 두 가지를 사용한다.

42. 태양광발전시스템의 배선공사에 사용되는 케이블 중 내연성이 가장 좋은 케이블은?

㉮ ACSR(강심 알루미늄 연선)

㉯ VV(비닐절연 비닐시스 케이블)

㉰ CV(가교 폴리에틸렌 절연비닐 시스 케이블)

㉱ PNCT(에틸렌 프로필렌고무 절연 클로로프렌 시스 캡타이어 케이블)

[해설] CT(cabtyre cable, 캡타이어 케이블)은 강한 시스를 가진 케이블의 총칭이다. 특히, PNCT(에틸렌 프로필렌고무 절연 클로로프렌 시스 캡타이어 케이블)은 클로로프렌 고무로 피복되어 충격, 마찰, 굴곡 등의 기계적 내성이 높고 내수, 내연, 내유, 내열, 내산 및 내알칼리성 등의 화학적 내성이 매우 강하다.

43. 태양광발전설비 설치를 위한 현장실사 시 고려할 사항이 아닌 것은?

㉮ 모듈유형, 시스템 개념 및 설치방법에 관한 고객의 희망사항

㉯ 원하는 태양광 전력 및 발전량

㉰ 지형의 조건

㉱ 축전지 용량

[해설] 축전지 용량은 태양광발전설비의 설치를 위한 설계단계에서 고려할 사항이다.

44. 시방서 종류별로 설명한 것 중 틀린 것은?

㉮ 공사시방서-특정 공사를 위해 작성

㉯ 특기시방서-비기술적인 사항을 규정

㉰ 표준시방서-모든 공사의 공통적인 사항을 규정

㉱ 기술시방서-공사 전반의 기술적인 사항을 규정

[해설] 공사기일 등 공사 전반(일반)에 걸친 비기술적인 사항을 규정한 시방서는 일반시방서이다.

45. 분산형 전원 발전설비와 계통연계지점에서의 전기품질에 관한 설명으로 틀린 것은?

㉮ 고조파의 측정치가 5 % 이내인지 확인한다.

㉯ 분산형 전원측 역률의 측정치가 80 % 이상인지 확인한다.

㉰ 분산형 전원 및 그 연계 시스템은 분산형전원 연결점에서 직류가 계통으로 유입되는 것을 방지하기 위하여 연계 시스템에 상용주파 변압기를 설치하였는지 확인한다.

㉱ 분산형 전원은 빈번한 기동·탈락 또는 출력변동 등에 의하여 계통에 연결된 다른 전기사용자에게 시각적인 자극을 줄 만한 플리커나 설비의 오동작을 초래하는 전압요동을 발생하지 않게 되었는지

확인한다.

해설 분산형 전원측 역률의 측정치가 90 % 이상
인지 확인해야 한다.

46. 전력시설물의 감리원이 공사업자로부터 받
은 시공상세도를 승인할 때 고려할 사항이 아
닌 것은?

㉮ 설계도면, 설계설명서 또는 관계 규정에
일치하는지 여부

㉯ 현장 시공기술자가 명확하게 이해할 수
있는지 여부

㉰ 주요 공정의 시공 절차 및 방법

㉱ 실제 시공 가능 여부

해설 시공상세도 사전 검토 · 확인 내용

① 설계도면, 설계설명서 또는 관계 규정 적
합 여부 확인

② 현장의 시공기술자가 명확하게 이해할 수
있는지 여부

③ 실제 시공 가능 여부

④ 안정성의 확보 여부

⑤ 계산의 정확성

⑥ 제도의 품질 및 선명성, 도면작성 표준 일
치 여부

⑦ 도면으로 표시 곤란한 내용은 시공 시 유
의사항으로 작성되었는지 등의 검토

47. 고장전류 중 일반적으로 가장 큰 전류에
해당하는 것은?

㉮ 1선 지락전류 ㉯ 2선 지락전류

㉰ 선간 단락전류 ㉱ 3상 단락전류

해설 접지방식에 따라 차이가 있지만 일반적으
로는 단락전류가 지락전류에 비해 크고, 특히
3상 단락전류가 가장 크다.

48. 태양광발전설비 시공 중 접속함에서 인버
터까지 배선의 전압강하율은 몇 % 이내로 권
장하고 있는가?

㉮ 1~2 % ㉯ 4~5 %

㉰ 7~9 % ㉱ 10~15 %

해설 ① 접속함에서 인버터까지의 배선은 전압
강하율을 1~2 %로 할 것을 권장한다.

② 태양전지 모듈에서 PCS(파워컨디셔너) 입
력단간 및 PCS(파워컨디셔너)의 출력단과
계통연계점 간의 전압강하치는 각각 3 % 이
하로 관리하는 것이 원칙이다.

49. 태양광 발전설비의 특별 제3종 접지공사
를 할 때 접지저항값은 몇 Ω 이하인가?

㉮ 3 Ω ㉯ 5 Ω

㉰ 10 Ω ㉱ 100 Ω

해설 접지의 종류

접지공사의 종류	접지저항
제1종 접지공사	10 Ω
제2종 접지공사	변압기 고압측 또는 특별고압측 전로의 1선 지락전류 암페어 수에서 150을 나눈 값의 옴 수
제3종 접지공사	100 Ω
특별 제3종 접지공사	10 Ω

50. 전력계통의 전압을 조정하는 조상설비 중
진상 또는 지상 모두 무효전력 조정이 가능한
것은?

㉮ 단로기 ㉯ 분로리액터

㉰ 동기조상기 ㉱ 전력용 콘덴서

해설 동기조상기(Synchronous phase modifier)
는 송전선에서 전압을 일정하게 제어할 목적
으로 수전단에 병렬로 접속하여 무부하로 운
전하는 조상기(전동기)로 역률을 개선하기 위
해 그 계자전류를 조정하여 영역률의 진상 또
는 지상 전류를 취한다.

51. 태양광발전시스템 설치공사 순서를 올바
르게 나타낸 것은?

㉮ 어레이 기초공사 → 어레이 가대공사 →
어레이 설치공사 → 배선공사 → 검사

㉯ 어레이 가대공사 → 어레이 기초공사 →

어레이 설치공사 → 배선공사 → 검사

㉲ 배선공사 → 어레이 기초공사 → 어레이 가대공사 → 어레이 설치공사 → 검사

㉰ 배선공사 → 어레이 가대공사 → 어레이 기초공사 → 어레이 설치공사 → 검사

해설 보통 태양광 발전시스템 설치공사는 기초공사 → 가대 설치 → 어레이 설치 → 배선공사 → 검사 순으로 이루어진다.

52. 방화구획을 관통하는 배관, 배선의 처리방법에 대한 설명으로 틀린 것은?

㉮ 다른 설비로 연소, 확대하는 것을 방지하는 것이다.

㉯ 관통부분의 충전재, 내열시트재는 전열에 의해 이면측이 연소할 위험온도가 되지 않을 것

㉱ 관통부분의 충전재, 배관재의 변형, 소실 등에 의한 이면측에 화염, 연기가 나오지 않을 것

㉲ 내화구조물을 배선, 배관 등으로 관통한 경우 되메움 충전재는 관통 전과 동등하지 않아도 된다.

해설 내화구조물을 배선, 배관 등으로 관통한 경우 관통부는 방화구획 측면에서 다음 설비로의 화재 확산을 방지하기 위해서 관통부 처리(되메움 충전재는 내화충전구조로 시공)를 해야 한다. 이때 충전재는 관통 전과 동등 이상의 내화성능이 요구된다.

53. 다음 중 케이블 트레이의 시설방법으로 틀린 것은?

㉮ 수평으로 포설하는 케이블은 케이블 트레이의 가로대에 반드시 견고하게 고정시켜야 한다.

㉯ 저압 케이블과 고압 또는 특고압 케이블은 동일 케이블 트레이 내에 시설하여서는 안 된다.

㉱ 케이블이 케이블 트레이 계통에서 금속관 등으로 옮겨가는 개소는 케이블에 압력이 가해지지 않도록 지지한다.

㉲ 케이블 트레이가 방화구획의 벽, 마루, 천장 등을 관통 시 개구부에 연소방지시설 등 적절한 조치를 해야 한다.

해설 수평으로 포설하는 케이블 이외의 케이블은 케이블 트레이의 가로대에 견고하게 고정시켜야 한다.

54. 지붕 건재형 태양전지 모듈의 설치장소를 고려한 설치 사항으로 틀린 것은?

㉮ 태양전지 모듈의 하중에 견딜 수 있는 강도를 가질 것

㉯ 인접 가옥의 화재에 대한 방화대책을 세워 시설할 것

㉱ 눈이 많은 지역에서는 적설 방지대책을 강구하여 시설할 것

㉲ 풍력계수는 처마 끝이나 지붕 중앙부나 똑같이하여 시설할 것

해설 태양전지 모듈의 풍하중 산출 시 지붕의 형태, 경사각이나 설치 부위에 따라 풍력계수(풍압계수)가 달라진다. 또한 압력의 중심은 지붕 경사각에 따라 풍상측 처마 끝점으로부터 풍압력의 중심점까지의 거리를 적용한다.

55. 다음 중 적설하중과 관련 있는 사항이 아닌 것은?

㉮ 중요도계수   ㉯ 노출계수

㉱ 온도계수   ㉲ 내압계수

해설 적설하중(kN/m^2)
$$= C_s \times C_b \times C_e \times C_t \times I_s \times S_g$$
여기서, C_s : 지붕 경사도 계수

C_b : 기본 적설하중 계수(보통 0.7)

C_e : 노출계수

C_t : 온도계수

I_s : 건물 용도별 중요도계수

S_g : 지상 적설하중(kN/m^2)

56. 태양전지 전지판 연결공사에 대한 설명으로 틀린 것은?

㉮ 전선관은 전기적, 기계적으로 확실히 접속한다.

㉯ 전선의 연결 부위는 전선관 내에서 연결하여야 한다.

㉰ 태양광 모듈 결선 시 정션박스 홀에 맞는 방수 커넥터를 사용한다.

㉱ 태양전지에서 옥내에 이르는 배선은 모듈전용선 F-CV선, TFR-CV선 등을 사용한다.

해설 전선의 연결 부위는 전선관 내에서 연결하지 말아야 한다.

57. 표준 태양전지 어레이의 개방전압을 최대 사용전압으로 간주할 때 절연내력 측정 방법으로 옳은 것은?

㉮ 최대사용전압의 1배의 직류전압이나 1.5배의 교류전압을 10분간 인가하여 절연파괴 등 이상이 발생하지 않을 것

㉯ 최대사용전압의 1배의 직류전압이나 1.5배의 교류전압을 20분간 인가하여 절연파괴 등 이상이 발생하지 않을 것

㉰ 최대사용전압의 1.5배의 직류전압이나 1배의 교류전압을 10분간 인가하여 절연파괴 등 이상이 발생하지 않을 것

㉱ 최대사용전압의 1.5배의 직류전압이나 1배의 교류전압을 20분간 인가하여 절연파괴 등 이상이 발생하지 않을 것

해설 어레이의 절연내력 측정 시에는 표준 태양전지 어레이 개방전압을 최대사용전압으로 간주하여 최대사용전압의 1.5배의 직류전압이나 1배의 교류전압(500 V 미만일 때에는 500 V)을 10분간 인가하여 절연파괴 등의 이상이 발생하지 않을 것을 확인한다.

58. 태양광발전 및 발전용 수전설비에서 사용

전 검사 세부항목 중 차단기 검사항목으로 틀린 것은?

㉮ 절연저항 측정

㉯ 개폐표시 상태 확인

㉰ 단독운전 방지시험

㉱ 조작용 전원 및 회로점검

해설 단독운전 방지시험은 인버터의 검사항목에 속한다.

59. 전력기술관리법에 따르면 감리업자 등은 그가 시행한 공사감리 용역이 끝났을 때 공사감리 완료보고서를 며칠 이내에 시·도지사에게 제출해야 하는가?

㉮ 7일 　　　㉯ 10일

㉰ 20일 　　　㉱ 30일

해설 전력기술관리법 제12조의2 제3항 : 감리업자 등은 그가 시행한 공사감리 용역이 끝났을 때에는 공사감리 완료보고서를 30일 이내에 시·도지사에게 제출하여야 한다. 이 경우 감리업자는 발주자의 확인을 받아야 한다.

60. 접지공사의 종류에 따른 접지선의 굵기로 틀린 것은?

㉮ 제1종 접지공사 : 공칭단면적 6 mm^2 이상의 연동선

㉯ 제2종 접지공사 : 공칭단면적 10 mm^2 이상의 연동선

㉰ 제3종 접지공사 : 공칭단면적 2.5 mm^2 이상의 연동선

㉱ 특별 제3종 접지공사 : 공칭단면적 2.5 mm^2 이상의 연동선

해설 제2종 접지공사에서 접지선의 굵기가 공칭단면적 16 mm^2 이상의 연동선(고압전로 또는 특고압 가공전선로의 전로와 저압전로를 변압기에 의하여 결합하는 경우 공칭단면적 6 mm^2 이상의 연동선)을 사용하여야 한다.

제4과목 : 태양광발전 시스템 운영

61. 태양광발전시스템에 계측기구 및 표시장치의 설치목적으로 틀린 것은?

㉮ 시스템의 홍보

㉯ 시스템의 운전 상태를 감시

㉰ 시스템 기기 또는 시스템 종합평가

㉱ 시스템에서 생산된 전력 판매량 파악

해설 계측기구 및 표시장치의 설치목적
① 시스템의 운전 상태를 감시하기 위해 계측 또는 표시한다.
② 시스템에 의한 발전 전력량을 알기 위해 계측한다.
③ 시스템 기기 또는 시스템에 대한 종합평가를 위해 계측한다.
④ 홍보용으로 표시장치를 설치하는 경우도 있다.

62. 사업허가 변경신청 시 처리 절차로 옳은 것은?

㉮ 신청서 작성 및 제출→검토→접수→전기위원회 심의→변경허가증 발급

㉯ 신청서 작성 및 제출→접수→검토→전기위원회 심의→변경허가증 발급

㉰ 신청서 작성 및 제출→접수→전기위원회 심의→검토→변경허가증 발급

㉱ 신청서 작성 및 제출→전기위원회 심의→검토→접수→변경허가증 발급

해설 사업허가 변경신청은 신청서 제출→접수→검토→심의→발급의 절차로 진행된다.

63. 유지관리에 필요한 기술자료의 수집, 기술의 연수, 보전기술개발의 제반 비용 등으로 구성되는 유지관리비의 항목은 무엇인가?

㉮ 유지비　　　　㉯ 개량비

㉰ 일반관리비　　㉱ 운용지원비

해설 유지관리비의 4대 구성요소
① 유지비 : 일상점검, 정기점검, 청소, 보안,

식재관리, 제설 등에 필요한 유지점검에 관련된 비용
② 보수비와 개량비 : 파손개소, 결함이 발생한 부분에 대한 사후보전을 위해 보수하는 비용과 개조 등을 위해 지출하는 비용
③ 일반관리비 : 시설물을 유지하는 데 지출되는 제반 관리비로서 행정비, 관련 세금, 보험료, 감가상각, 업무위탁에 필요한 사무비 및 위탁업무의 검사에 필요한 경비 등이 포함된다.
④ 운용지원비 : 유지관리에 필요한 기술자료의 수집, 기술의 연수, 보전기술개발 등의 제비용

64. 태양광발전모듈의 열점이 발생할 수 있는 원인으로 틀린 것은?

㉮ 주위온도　　　　㉯ 셀의 부정합

㉰ 내부접속 불량　　㉱ 부분적인 그늘

해설 태양광발전모듈은 주변온도에 충분히 견딜 수 있는 내구성을 확보하여 개발 및 제조되므로, 주위온도는 열점(Hot Spot)이 생길 수 있는 직접적인 원인이 될 수 없다.

65. 중대형 태양광 발전용 인버터의 시험 중 정상특성시험 항목이 아닌 것은?

㉮ 효율시험　　　　㉯ 내전압시험

㉰ 누설전류시험　　㉱ 온도상승시험

해설 내전압시험은 인버터의 절연성능시험 항목에 속한다.

66. 태양광발전시스템의 계측기구 및 표시장치의 구성으로 틀린 것은?

㉮ 검출기　　　　㉯ 감시장치

㉰ 연산장치　　　㉱ 신호변환기

해설 계측·표시기기의 구성

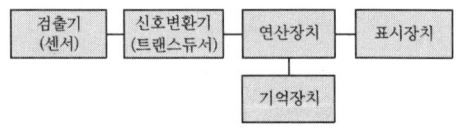

67. 태양광발전시스템 중 계통연계형 시스템의 구성이 아닌 것은?

㉮ 축전지 ㉯ 인버터

㉰ 상용계통 ㉱ 태양전지판

해설 축전지는 독립형 시스템의 필수 항목이다.

68. 전기사업법에서 태양광발전시스템은 정기적으로 검사를 받아야 하는데 그 검사 시기는?

㉮ 2년 이내 ㉯ 3년 이내

㉰ 4년 이내 ㉱ 5년 이내

해설 전기사업용 또는 자가용 태양전지·전기설비 계통의 정기검사 시기는 "4년 이내"이다.

69. 인버터에 누전이 발생했을 경우 인버터에 표시되는 내용으로 옳은 것은?

㉮ inverter M/C fault

㉯ inverter ground fault

㉰ line inverter async fault

㉱ serial communication fault

해설 ① inverter M/C fault : 전자 접촉기 이상 신호가 발생한 경우

② inverter ground fault : 인버터의 누전 발생 시(지락)

③ line inverter async fault : 인버터와 계통의 주파수 동기가 맞지 않는 경우

④ serial communication fault : 인버터와 HMI의 통신이 되지 않는 경우

70. 인버터의 유지관리 내용으로 틀린 것은?

㉮ 감전의 위험이 있으므로 젖은 손으로 스위치를 조작하지 않는다.

㉯ 전원이 입력된 상태이거나 운전 중에는 커버를 열지 말아야 한다.

㉰ 인버터 내부에는 나사나 물, 기름 등의 이물질이 들어가지 않게 하여야 한다.

㉱ 전선의 피복이 손상되었을 경우에는 제조사에 연락을 취하고 운전을 계속한다.

해설 전선의 피복이 손상되었을 경우 감전사고

등의 우려가 있으므로 운전을 계속해서는 안 된다.

71. 태양광발전시스템의 점검계획 시 고려해야 할 사항이 아닌 것은?

㉮ 고장이력 ㉯ 설비의 중요도

㉰ 설비의 사용기간 ㉱ 설비의 운영비용

해설 보수점검계획 수립 시 고려사항

① 설비의 사용시간

② 설비의 중요도

③ 환경조건

④ 고장이력

⑤ 부하상태

72. 소형 태양광 발전용 인버터의 절연성능시험 항목으로 틀린 것은?

㉮ 내전압시험 ㉯ 절연저항시험

㉰ 감전보호시험 ㉱ 부하불평형시험

해설 부하불평형시험은 내전기 환경시험 항목에 속한다.

73. 다음 중 개방전압 측정 시 유의사항으로 틀린 것은?

㉮ 태양광발전모듈 표면의 이물질, 먼지 등을 청소하는 것이 필요하다.

㉯ 각 스트링의 측정은 안정된 일사강도가 얻어질 때 하도록 한다.

㉰ 개방전압 측정 시 안전을 위해 우천 시 또는 흐린 날에 측정하도록 한다.

㉱ 측정시각은 일사강도, 온도의 변동을 극히 적게 하기 위하여, 청명할 때와 남쪽에 있을 때의 전후 1시간에 실시하는 것이 바람직하다.

해설 태양전지 셀은 비오는 날에도 미소한 전압이 발생하므로 감전에 특히 유의한다.

74. 태양광발전시스템 각 부분의 절연상태를 측정하기 위한 시험기재가 아닌 것은?

해답 67. ㉮ 68. ㉰ 69. ㉯ 70. ㉱ 71. ㉱ 72. ㉱ 73. ㉰ 74. ㉱

⑦ 온도계

④ 단락용 개폐기

⑤ 절연저항계(메거)

⑥ 직류전압계(테스트)

해설 절연저항의 측정장치

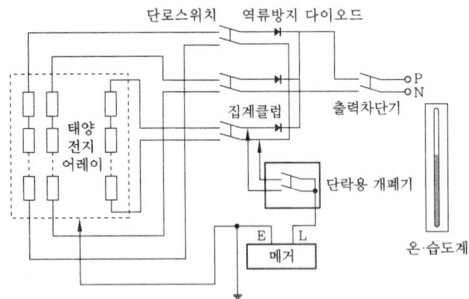

75. 태양광발전시스템에 설치되는 모선 및 구조물의 볼트 조임에 대한 설명 중 틀린 것은?

⑦ 조임은 너트를 돌려서 조여 준다.

④ 볼트의 크기에 맞는 토크렌치를 사용하여 규정된 힘으로 조여 준다.

⑤ 토크렌치에 의하여 규정된 힘이 가해졌는지를 확인할 필요가 없다.

⑥ 2개 이상의 볼트를 사용하는 경우 한쪽만 심하게 조이지 않도록 주의한다.

해설 토크렌치에 의하여 규정된 힘이 가해졌는지를 확인할 필요가 있다.

76. 접근 위험경고 및 감전재해를 방지하기 위하여 사용하는 활선접근경보기의 사용범위가 아닌 것은?

⑦ 활선에 근접하여 작업하는 경우

④ 정전작업 장소에서 사선구간과 활선구간이 공존되어 있는 경우

⑤ 작업 중 착각·오인 등에 의해 감전이 우려되는 경우

⑥ 보수작업 시행 시 저압 또는 고압 충전 유무를 확인하는 경우

해설 활선접근경보기의 사용범위

① 정전작업 장소에서 정전구간과 활선구간이 공존되어 있는 경우

② 활선에 근접하여 작업하는 경우

③ 22.9 kV 배전선로, 차단기의 점검, 보수작업

④ 기타 착각, 오인 등에 의해 감전이 우려되는 경우

77. 중대형 태양광 발전용 인버터의 누설전류 시험 시 누설전류는 최대 몇 mA 이하여야 하는가?

⑦ 5 　④ 10 　⑤ 15 　⑥ 20

해설 인버터의 누설전류 시험방법

① 교류 전원을 정격전압 및 정격주파수로 운전한다.

② 직류 전원은 인버터 출력이 정격출력이 되도록 설정한다.

③ 인버터의 기체와 대지와의 사이에 1 kΩ 이상의 저항을 접속해서 저항에 흐르는 누설전류를 측정한다.

④ 판정기준은 누설전류가 5 mA 이하이다.

78. 태양광발전시스템의 운전 특성을 측정할 경우 사용되는 계측기기에 대한 설명으로 틀린 것은?

⑦ 전력계의 정확도는 ±1 %로 한다.

④ 일사계의 정확도는 ±1 %로 한다.

⑤ 온도계의 정확도는 ±1 ℃로 한다.

⑥ 전압계 및 전류계의 정확도는 ±0.5 %로 한다.

해설 태양광 일사계의 정확도 : ±2 %

79. 태양광발전용 접속함의 시험 항목이 아닌 것은?

⑦ 절연 특성 시험　④ 온도 상승 시험

⑤ 내부식성 시험　⑥ UV 전처리 시험

해설 접속함 검사항목

① 구조 시험

② 내부식 시험

③ 내열성 시험

해답 75. ⑤ 76. ⑥ 77. ⑦ 78. ④ 79. ⑥

④ 표기의 내구성 시험
⑤ 외함 보호 등급[1]
⑥ 공간거리[2]와 연면거리[3] 시험
⑦ 절연 특성 시험(내전압 시험, 서지 내전압 시험)
⑧ 온도 상승 시험
⑨ 직류전원장치의 안전성 및 전기자기 적합성
㈜ 1) 외함 보호 등급
   • 소형(병렬 스트링수 3회로 이하) : IP54 이상
   • 중대형(병렬 스트링수 4회로 이상) : 실내형 IP20 이상, 실외형 IP54 이상
   2) 공간거리 : 두 도전부 사이 최단 경로에 뻗어있는 줄을 따른 두 도전부 사이의 거리
   3) 연면거리 : 두 도전부 사이 절연재료의 표면을 따라 측정한 최단 거리

80. 다음 중 태양광발전시스템 점검의 종류가 아닌 것은?

㉮ 임시점검 ㉯ 수시점검
㉰ 일상점검 ㉱ 정기점검

해설 태양광발전시스템 점검에는 주로 준공 시의 점검, 일상(순시)점검, 정기점검, 임시점검 등이 있다.

제5과목 : 신재생에너지 관련법규

---

81. 기본계획에서 정한 목표를 달성하기 위하여 신·재생에너지의 종류별로 신·재생에너지의 기술개발 및 이용·보급과 신·재생에너지 발전에 의한 전기의 공급에 관한 실행계획을 매년 수립·시행하는 주체는 누구인가?

㉮ 환경부장관
㉯ 고용노동부장관
㉰ 국토교통부장관
㉱ 산업통상자원부장관

해설 신·재생에너지 관련법규의 주체는 산업통상자원부장관이다.

82. 저탄소 녹색성장 기본법에 의해 정부는 에너지 기본계획의 수립을 몇 년마다 수립·시행하여야 하는가?

㉮ 2년 ㉯ 3년 ㉰ 4년 ㉱ 5년

해설 저탄소 녹색성장 국가전략 5개년 계획 수립(제4조) : 정부는 국가전략을 효율적·체계적으로 이행하기 위하여 5년마다 저탄소 녹색성장 국가전략 5개년 계획을 수립할 수 있다. 이 경우 법 제14조에 따른 녹색성장위원회의 심의 및 국무회의의 심의를 거쳐야 한다.

83. 전기공사업법을 위반하여 경력수첩을 빌려 준 사람 또는 타인의 경력수첩을 빌려서 사용한 자의 벌칙으로 옳은 것은?

㉮ 1년 이하의 징역 또는 1천만원 이하의 벌금
㉯ 2년 이하의 징역 또는 1천만원 이하의 벌금
㉰ 3년 이하의 징역 또는 2천만원 이하의 벌금
㉱ 3년 이하의 징역 또는 3천만원 이하의 벌금

해설 전기공사업법 제42조(벌칙) : 다음 각 호의 어느 하나에 해당하는 자는 1년 이하의 징역 또는 1천만원 이하의 벌금에 처한다.
1. 제4조 제1항에 따른 등록을 하지 아니하고 공사업을 한 자
2. 거짓이나 그 밖의 부정한 방법으로 제4조 제1항에 따른 등록을 한 자
3. 제10조에 따른 공사업 등록증 등의 대여 금지 등을 위반한 공사업자 및 그 상대방
4. 제14조 제1항 본문 또는 제2항 본문을 위반하여 하도급을 주거나 다시 하도급을 준 자 및 그 상대방
5. 제18조의2를 위반하여 경력수첩을 빌려 준 사람 또는 타인의 경력수첩을 빌려서 사용한 자
6. 제28조 제1항에 따른 영업정지처분기간에 영업을 한 자
7. 제31조 제4항에 따른 신고를 거짓으로 한 자

해답 80. ㉯ 81. ㉱ 82. ㉱ 83. ㉮

84. 전기사업법에서 기금을 사용할 경우 대통령령으로 정하는 전력산업과 관련한 중요 사업으로 틀린 것은?

㉮ 전기의 특수적 공급을 위한 사업
㉯ 전력산업 분야 전문인력의 양성 및 관리
㉰ 전력산업 분야 개발기술의 사업화 지원 사업
㉱ 전력산업 분야의 시험·평가 및 검사시설의 구축

해설 전기사업법 제34조(기금의 사용) : 법 제49조 제11호에서 "대통령령으로 정하는 전력산업과 관련한 중요 사업"이란 다음 각 호의 사업을 말한다.
1. 안전관리를 위한 사업
2. 법 제6조에 따른 전기의 보편적 공급을 위한 사업
3. 전력산업기반조성사업 및 전력산업기반조성사업에 대한 기획·관리 및 평가
4. 전력산업 분야 전문인력의 양성 및 관리
5. 전력산업 분야의 시험·평가 및 검사시설의 구축
6. 전력산업의 해외진출 지원사업
7. 전력산업 분야 개발기술의 사업화 지원 사업

85. 전기설비기술기준의 판단기준에서 사용하는 용어의 정의 중 전력계통의 일부가 전력계통의 전원과 전기적으로 분리된 상태에서 분산형전원에 의해서만 가압되는 상태를 무엇이라 하는가?

㉮ 계통연계
㉯ 단독운전
㉰ 접근상태
㉱ 단순 병렬운전

해설 자립운전(Stand alone) 또는 단독운전 : 한전계통의 정전 시 단독운전 방지기능에 의해 전기를 사용하지 못하게 되므로, 이때 사용할 수 있게 고안된 시스템으로서 정전 시 한전계통과 완전히 분리된 후 자체적으로 생산된 전기를 사용하게 되는 운전

86. 전기설비기술기준에서 전기설비의 일반적

인 사항에 대한 내용으로 틀린 것은?

㉮ 전선의 접속부분에는 전기저항이 증가되도록 접속하고 절연성능이 저하되지 않도록 하여야 한다.
㉯ 전로에 시설하는 전기기계기구는 통상 사용상태에서 그 전기기계기구에 발생하는 열에 견디는 것이어야 한다.
㉰ 뇌방전으로 인한 과전압으로부터 전기설비의 손상, 감전 또는 화재의 우려가 없도록 피뢰설비를 시설한다.
㉱ 고전압의 침입 등에 의한 감전, 화재 그밖에 사람에 위해를 주거나 물건에 손상을 줄 우려가 없도록 접지를 한다.

해설 전선의 접속부분에는 전기저항이 감소되도록 접속해야 한다.

87. 신·재생에너지 공급인증서의 발급 신청을 받은 공급인증기관은 발급 신청을 한 날부터 며칠 이내에 공급인증서를 발급하여야 하는가?

㉮ 10일
㉯ 30일
㉰ 50일
㉱ 90일

해설 신·재생에너지 공급인증서의 발급 신청 등(시행령)
① 신에너지 및 재생에너지 개발·이용·보급 촉진법 제12조의7 제2항에 따라 공급인증서를 발급받으려는 자는 법 제12조의9 제2항에 따른 공급인증서 발급 및 거래시장 운영에 관한 규칙에서 정하는 바에 따라 신·재생에너지를 공급한 날부터 90일 이내에 발급 신청을 하여야 한다.
② 제1항에 따라 발급 신청을 받은 공급인증기관은 발급 신청을 한 날부터 30일 이내에 공급인증서를 발급하여야 한다.

88. 대통령령으로 정하는 규모 이하의 발전설비를 갖추고 특정한 공급구역의 수요에 맞추어 전기를 생산하여 전력시장을 통하지 아니하고 그 공급구역의 전기사용자에게 공급하는

것을 주된 목적으로 하는 사업을 무엇이라 하는가?

㉮ 전기사업 ㉯ 송전사업
㉰ 배전사업 ㉱ 구역전기사업

해설 전기사업법 제2조(용어의 정의) 제11호 : "구역전기사업"이란 대통령령으로 정하는 규모 이하의 발전설비를 갖추고 특정한 공급구역의 수요에 맞추어 전기를 생산하여 전력시장을 통하지 아니하고 그 공급구역의 전기사용자에게 공급하는 것을 주된 목적으로 하는 사업을 말한다.

89. 신에너지 및 재생에너지 개발 · 이용 · 보급 촉진법에서 정한 공급의무자가 아닌 것은?

㉮ 한국가스공사
㉯ 한국수자원공사
㉰ 한국지역난방공사
㉱ 한국중부발전주식회사

해설 신에너지 및 재생에너지 개발 · 이용 · 보급 촉진법 제12조의5 제1항 : 산업통상자원부장관은 신 · 재생에너지의 이용 · 보급을 촉진하고 신 · 재생에너지산업의 활성화를 위하여 필요하다고 인정하면 다음 각 호의 어느 하나에 해당하는 자 중 '대통령령으로 정하는 자'에게 발전량의 일정량 이상을 의무적으로 신 · 재생에너지를 이용하여 공급하게 할 수 있다.
1. 「전기사업법」 제2조에 따른 발전사업자
2. 「집단에너지사업법」 제9조 및 제48조에 따라 「전기사업법」 제7조 제1항에 따른 발전사업의 허가를 받은 것으로 보는 자
3. 공공기관

시행령 : 상기에서 대통령령으로 정하는 자는 아래와 같다.
1. 법 제12조의5 제1항 제1호 및 제2호에 해당하는 자로서 50만킬로와트 이상의 발전설비(신 · 재생에너지 설비는 제외한다)를 보유하는 자
2. 「한국수자원공사법」에 따른 한국수자원공사
3. 「집단에너지사업법」 제29조에 따른 한국지역난방공사

90. 녹색기술에 대한 용어의 뜻으로 틀린 것은?

㉮ 자원개발기술
㉯ 청정에너지 기술
㉰ 온실가스 감축기술
㉱ 에너지 이용 효율화 기술

해설 저탄소 녹색성장기본법 제2조 제3호 : "녹색기술"이란 온실가스 감축기술, 에너지 이용 효율화 기술, 청정생산기술, 청정에너지 기술, 자원순환 및 친환경 기술(관련 융합기술을 포함한다) 등 사회 · 경제 활동의 전 과정에 걸쳐 에너지와 자원을 절약하고 효율적으로 사용하여 온실가스 및 오염물질의 배출을 최소화하는 기술을 말한다.

91. 전기설비기술기준에서 저압전로의 절연성능 중 전로의 사용전압이 300 V 초과 400 V 미만인 경우 절연저항 값은 몇 MΩ 이상인가?

㉮ 0.1 ㉯ 0.2 ㉰ 0.3 ㉱ 0.4

해설 절연저항 기준치

전로의 사용전압 구분		절연저항치 (MΩ)
400 V 미만	대지전압(접지식 전로는 전선과 대지간의 전압, 비접지식 전로는 전선간의 전압을 말한다. 이하 같다)이 150 V 이하의 경우	0.1 이상
	대지전압 150 V 초과 300 V 이하인 경우(전압측 전선과 중성선 또는 대지간의 절연저항)	0.2 이상
	사용전압이 300 V 초과 400 V 미만의 경우	0.3 이상
400 V 이상	–	0.4 이상

92. 발전사업자 및 전기판매사업자는 전력시장운영규칙에서 정하는 바에 따라 전력시장에서 전력거래를 하여야 하는데, 신 · 재생에너지발전사업자가 최대 몇 kW 이하의 발전설비용량

해답 89. ㉮ 90. ㉮ 91. ㉰ 92. ㉰

을 이용하여 생산한 전력을 거래하는 경우는 그러지 아니한가?

㉮ 200   ㉯ 500
㉰ 1000   ㉱ 1500

해설 소규모 신·재생에너지발전전력의 거래에 관한 지침 : 발전설비용량 1000 kW 이하의 발전사업자 및 자가용발전설비 설치자는 생산한 전력을 전력시장을 통하지 아니하고 전기판매업자와 거래할 수 있다. 다만, 자가용발전설비 설치자는 자기가 생산한 전력의 연간 총 생산량의 50 % 미만의 범위 안에서 거래하는 경우로 한다.

93. 전기설비기술기준의 판단기준에서 금속제 외함을 가지는 저압의 기계 기구를 사람이 쉽게 접촉할 우려가 있는 곳에 시설하는 경우 그 기계 기구의 사용전압이 몇 V를 초과하면 전기를 공급하는 전로에 지락이 생겼을 때에 자동적으로 전로를 차단하는 장치를 하여야 하는가?

㉮ 30   ㉯ 60   ㉰ 150   ㉱ 300

해설 금속제 외함을 가지는 사용전압이 60 V를 초과하는 저압의 기계 기구로서 사람이 쉽게 접촉할 우려가 있는 곳에 시설하는 것에 전기를 공급하는 전로에는 전로에 지락이 생겼을 때에 자동적으로 전로를 차단하는 장치를 하여야 한다.

94. 전기설비기술기준의 판단기준에서 전로의 중성점의 접지 목적으로 틀린 것은?

㉮ 대지전압의 저하
㉯ 손실 전력의 감소
㉰ 이상 전압의 억제
㉱ 전로의 보호 장치의 확실한 동작의 확보

해설 중성점의 접지는 전력의 손실 감소와는 무관하다.

95. 전기설비기술기준의 판단기준에서 주택의 태양전지모듈에 접속하는 부하측 옥내전로에 지락이 생겼을 때 자동적으로 전로를 차단하는 장치를 시설한 경우, 주택의 옥내전로의

대지전압은 직류 몇 V 이하여야 하는가?

㉮ 150   ㉯ 220
㉰ 300   ㉱ 600

해설 전기설비기술기준의 판단기준 제166조 제4항 : 주택의 태양전지모듈에 접속하는 부하측 옥내배선(복수의 태양전지모듈을 시설하는 경우에는 그 집합체에 접속하는 부하 측의 배선)을 다음 각 호에 따라 시설하는 경우에 주택의 옥내전로의 대지전압은 직류 600 V 이하일 것
1. 전로에 지락이 생겼을 때 자동적으로 전로를 차단하는 장치를 시설할 것
2. 사람이 접촉할 우려가 없는 은폐된 장소에 합성수지관공사, 금속관공사 및 케이블 공사에 의하여 시설하거나, 사람이 접촉할 우려가 없도록 케이블 공사에 의하여 시설하고 전선에 적당한 방호장치를 시설할 것

96. 신·재생에너지 공급의무자는 전기사업법에 따른 발전사업자로서 최소 얼마 이상의 발전설비를 보유한 자인가? (단, 신·재생에너지 설비는 제외한다.)

㉮ 10만킬로와트   ㉯ 20만킬로와트
㉰ 50만킬로와트   ㉱ 100만킬로와트

해설 문제 89번 해설 참조

97. 전기설비기술기준의 판단기준에서 고압 가공전선 상호 간의 이격거리는 몇 cm 이상이어야 하는가?

㉮ 80   ㉯ 100
㉰ 120   ㉱ 150

해설 전기설비기술기준의 판단기준 제86조 : 고압 가공전선이 다른 고압 가공전선과 접근상태로 시설되거나 교차하여 시설되는 경우에는 다음 각 호에 따라 시설하여야 한다.
1. 위쪽 또는 옆쪽에 시설되는 고압 가공전선로는 고압 보안공사에 의할 것
2. 고압 가공전선 상호 간의 이격거리는 80 cm(어느 한쪽의 전선이 케이블인 경우에는 40 cm) 이상, 하나의 고압 가공전선과 다른

해답   93. ㉯   94. ㉯   95. ㉱   96. ㉰   97. ㉮

고압 가공전선로의 지지물 사이의 이격거리는 60 cm(전선이 케이블인 경우에는 30 cm) 이상일 것

98. ( )에 들어갈 내용으로 옳은 것은?

> 전기설비기술기준 중 특고압 가공전선로에서 발생하는 극저주파 전자계는 지표상 1 m에서 전계가 (㉠)kV/m 이하, 자계가 (㉡) μT 이하가 되도록 시설하는 등 상시 정전유도 및 전자유도 작용에 의하여 사람에게 위험을 줄 우려가 없도록 시설하여야 한다.

㉮ ㉠ 3.5, ㉡ 83.3

㉯ ㉠ 3.8, ㉡ 150

㉰ ㉠ 83.3, ㉡ 3.5

㉱ ㉠ 150, ㉡ 3.8

해설 극저주파 전자계(Extremely Low Frequency Electric and Magnetic Fields : ELF EMF)라 함은 0 Hz를 제외한 300 Hz 이하의 전계와 자계를 말하며, 지표상 1 m에서 전계강도가 3.5 kV/m 이하, 자계강도가 83.3 μT 이하가 되도록 시설하여야 한다.

99. 신에너지 및 재생에너지 기술개발 및 이용·보급에 관한 계획을 협의하려는 자는 그 시행 사업연도 개시 몇 개월 전까지 산업통상자원부장관에게 계획서를 제출하여야 하는가?

㉮ 1 ㉯ 3

㉰ 4 ㉱ 6

해설 신에너지 및 재생에너지 개발·이용·보급 촉진법 제7조에 따라 신에너지 및 재생에너지(이하 "신·재생에너지"라 한다) 기술개발 및 이용·보급에 관한 계획을 협의하려는 자는 그 시행 사업연도 개시 4개월 전까지 산업통상자원부장관에게 계획서를 제출하여야 한다(시행령).

100. 신에너지 및 재생에너지 개발·이용·보급 촉진법의 제정 목적으로 틀린 것은?

㉮ 에너지원의 단일화

㉯ 온실가스 배출의 감소

㉰ 에너지의 안정적인 공급

㉱ 에너지 구조의 환경친화적 전환

해설 신에너지 및 재생에너지 개발·이용·보급 촉진법 제1조 : 이 법은 신에너지 및 재생에너지의 기술개발 및 이용·보급 촉진과 신에너지 및 재생에너지 산업의 활성화를 통하여 에너지원을 다양화하고, 에너지의 안정적인 공급, 에너지 구조의 환경친화적 전환 및 온실가스 배출의 감소를 추진함으로써 환경의 보전, 국가경제의 건전하고 지속적인 발전 및 국민복지의 증진에 이바지함을 목적으로 한다.

□ 신재생에너지 발전설비 산업기사 ▶ **2017. 9. 23 시행**

제1과목 : 태양광발전 시스템 이론

1. 태양광발전 시스템의 교류측 기기에 속하지 않는 것은?

㉮ 분전반 ㉯ 접속함

㉰ 적산전력량계 ㉱ 지락과전류차단기

해설 접속함은 직류측 기기이다.

2. 최대전력 추종(MPPT)제어에 있어 P&O (Pertube & Observe)방식에 대한 설명으로 옳은 것은?

㉮ 직접제어방식이다.

㉯ 계산량이 많아서 빠른 프로세서가 요구된다.

㉰ 최대 전력점 부근에서 진동이 발생하여 손실이 생긴다.

㉱ 태양전지 출력의 컨덕턴스와 증분 컨덕턴스를 비교하여 최대 전력 동작점을 찾는다.

해설 P&O제어는 MPPT의 간접제어방식 중 하나로서, 최대 전력점에서 진동(Oscillation)이 발생하여 다소 손실이 발생(불안정성)하지만, 비교적 간단하여 많이 채용하는 방식이다.

3. RL 직렬회로에 $v = 100\sin(120\pi t)$ [V]의 전원을 연결하여 $i = 2\sin(120\pi t - 45°)$ [A]의 전류가 흐르도록 하려면 저항은 몇 Ω인가?

㉮ 50 ㉯ $\dfrac{50}{\sqrt{2}}$

㉰ $50\sqrt{2}$ ㉱ 100

해설 $Z = \dfrac{V}{I} = \dfrac{100\sin(120\pi t)}{2\sin(120\pi t - 45°)}$

$= 50(\cos 45° + j\sin 45°)$

$= \dfrac{50}{\sqrt{2}} + \dfrac{j50}{\sqrt{2}}$ (허수부 ; 리액턴스)

따라서, 저항 R은 $\dfrac{50}{\sqrt{2}}$ Ω이다.

4. 전기의 수요는 시간에 따라 변화하고, 재생에너지원에 의해 발생되는 전력 또한 시간에 따라 변화하는 특징이 있다. 다음의 에너지원 중 피크부하에 가장 잘 대응할 수 있는 것은?

㉮ 태양에너지 ㉯ 풍력에너지

㉰ 수력에너지 ㉱ 파력에너지

해설 수력에너지는 댐, 하천 등을 이용하기 때문에 기후나 주변환경의 영향을 거의 받지 않으므로 피크부하에 대응이 가장 용이하다.

5. 지표면에서의 태양 일조강도에 영향을 줄 수 있는 대기효과에 대한 설명으로 틀린 것은?

㉮ 최대 일사량은 구름이 조금 낀 맑은 날에 발생한다.

㉯ 오염물질에 의한 산란은 구름 상태와 태양의 고도에 따라 심하게 변한다.

㉰ 대기에서의 흡수, 반사, 산란으로 인하여 태양복사가 감소한다.

㉱ 태양복사 감소의 주원인은 공기분자, 먼지입자, 또는 오염물질에 의한 흡수이다.

해설 태양복사에너지 결정요소(감소의 원인)

① 천문학적 요소 : 태양과 지구의 거리, 태양의 천정각, 관측지점의 고도, 알베도(일사가 대기나 지표에 반사되는 비율, 약 30 %) 등

② 대기 요소 : 구름, 먼지, 안개, 수증기, 에어로졸, 오염물질 등에 의한 방해(반사 또는 산란)

6. 건축물에 설치된 태양광설비를 직접적인 낙뢰로부터 보호하기 위한 외부 뇌보호 시스템이 아닌 것은?

㉮ 접지 시스템 ㉯ SPD 시스템

㉰ 수뢰부 시스템 ㉱ 인하도선 시스템

해답 1. ㉯ 2. ㉰ 3. ㉯ 4. ㉰ 5. ㉱ 6. ㉯

해설 태양광설비를 직접적인 낙뢰로부터 보호하기 위한 외부 피뢰시스템은 수뢰부(돌침/수평도체/메시도체로 구성), 인하도선, 접지 시스템(동결심도인 최소 0.75 m 이상의 깊이) 등으로 구성된다.

7. 태양전지 변환효율(η)과 직접적인 관계가 없는 것은?

㉮ 태양전지 면적 ㉯ Fill Factor
㉰ 주변온도 ㉱ 단락전류

해설 태양전지 변환효율과 직접적인 관계가 있는 온도는 모듈의 표면온도이다.

8. 어모퍼스 실리콘 태양전지의 특징 중 틀린 것은?

㉮ 구부러지기 쉽다.

㉯ 실리콘 부족의 우려가 없다.

㉰ 제조에 필요한 온도는 200℃로 낮다.

㉱ 여름철에는 출력이 결정질 실리콘에 비해 적어진다.

해설 어모포스계(비결정계 ; Amorphous)는 온도가 상승함에 따라 출력이 약 0.25 %/℃ 감소하므로, 온도가 상승함에 따라 출력이 약 0.45 %/℃ 감소하는 결정질 대비 유리하다. 따라서, 온도가 높은 계절이나 열대지역, 사막지역 등에 적용하기에는 결정계보다 오히려 유리할 수도 있다.

9. 다음 그림과 같은 인버터의 회로방식은 무엇인가?

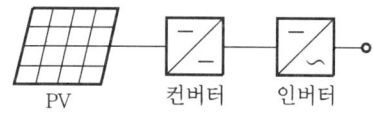

㉮ 상용주파 변압기 절연방식
㉯ 고주파 변압기 절연방식
㉰ 주파수 시프트 방식
㉱ 트랜스리스 방식

해설 트랜스리스 방식은 태양전지의 직류출력을 DC-DC 컨버터로 승압하고 DC/AC 인버터로 상용주파수의 교류로 변환하는 방식이며, 저주파 변압기를 사용하지 않기 때문에 고효율화, 소형경량화, 저가화에 가장 유리한 방식이다.

10. 계통연계 시스템용 방재대응형 축전지를 설계하고자 한다. 평균 방전전류가 13.2 A, 용량환산계수가 26.7, 보수율이 0.8인 축전지의 용량은?

㉮ 281.95 Ah ㉯ 373.75 Ah
㉰ 440.55 Ah ㉱ 504.3 Ah

해설 축전지 용량
$$C = \frac{K \cdot I}{L} = \frac{26.7 \times 13.2}{0.8} = 440.55 \text{ Ah}$$

11. 계통연계형 인버터 기능에 해당하지 않는 것은?

㉮ 자동운전 정지기능
㉯ 충·방전 조정기능
㉰ 단독운전 방지기능
㉱ 최대전력 추종제어기능

해설 충·방전 조정기능은 독립형 인버터의 기능에 속한다.

12. 실리콘 태양전지 모듈의 출력 특성에 대한 설명으로 틀린 것은?

㉮ 표면온도가 높아지면 출력이 상승하는 정(+)온도 특성을 가진다.

㉯ 방사조도가 동일하면 여름철에 비해 겨울철의 출력이 크다.

㉰ 모듈 온도가 동일하고 방사조도가 변화할 경우 단락전류가 방사조도에 비례하는 특성을 나타낸다.

㉱ 방사조도와 동일하게 모듈 온도가 상승한 경우 개방전압이나 최대출력도 저하한다.

해설 실리콘 태양전지 모듈은 표면온도가 높아지면 출력이 하락하는 음(-)의 온도 특성을 가진다.

해답 7. ㉰ 8. ㉱ 9. ㉱ 10. ㉰ 11. ㉯ 12. ㉮

13. 태양광발전시스템의 단독운전 검출방식 중 능동적 방식으로만 묶인 것은?

㉮ 주파수 시프트방식, 유효전력 변동방식, 주파수 변화율 검출방식, 부하 변동방식

㉯ 전압위상 도약 검출방식, 유효전력 변동방식, 주파수 변화율 검출방식, 부하 변동방식

㉰ 주파수 시프트방식, 유효전력 변동방식, 무효전력 변동방식, 부하 변동방식

㉱ 전압위상 도약 검출방식, 유효전력 변동방식, 무효전력 변동방식, 부하 변동방식

해설 단독운전 방지기능
① 수동적 방식 : 전압위상 도약 검출방식, 제3차 고조파 전압 검출방식, 주파수 변화율 검출방식
② 능동적 방식 : 주파수(Hz) 시프트방식, 유효전력(Pe) 변동방식, 무효전력(Pr) 변동방식, 부하(P) 변동방식

14. 다음 신재생에너지에 대한 설명으로 적합한 발전 방식은?

> 바닷물이 가장 높이 올라왔을 때 댐을 만들어 물을 가두었다가, 물이 빠지는 힘을 이용하여 발전기기를 돌리는 방식이다.

㉮ 조력발전　　　㉯ 파력발전

㉰ 조류발전　　　㉱ 해류발전

해설 조력발전(OTE ; Ocean Tide Energy)은 조석간만의 차를 동력원으로 해수면의 상승·하강 운동을 이용하여 전기를 생산하는 기술이다. 국내에서는 시화호 조력발전소가 대표적인 사례이다.

15. 고강도 재료로 만들어진 회전체에 운동에너지 상태로 저장한 후 필요시 발전기를 작동시켜 전기에너지로 변환하는 저장 시스템은 무엇인가?

㉮ LiB　　　　　㉯ NaS

㉰ Flywheels　　㉱ CAES

해설 플라이휠 에너지 저장 시스템
① 입력되는 전기에너지를 플라이휠의 회전운동에너지로 변환하여 저장하고 필요시 전기에너지로 재출력하는 장치이다.
② 최근 재료, 자기 베어링, 전력 전자학 등 관련 기술의 발전에 힘입어 미국, 일본, 독일 등의 선진국을 중심으로 이 장치의 활발한 연구 및 실용화가 진행되고 있다.

16. 계통연계 보호장치의 역송전이 있는 저압 연계 시스템에서 설치가 필요한 계전기가 아닌 것은?

㉮ 과전압 계전기

㉯ 저전압 계전기

㉰ 과주파수 계전기

㉱ 지락 과전압 계전기

해설 저압 연계 시스템의 필요 계전기 : 과전압 계전기(OVR), 저전압 계전기(UVR), 과주파수 계전기(OFR), 저주파수 계전기(UFR)

17. 다음 중 도체의 저항과 관계없는 것은?

㉮ 도체의 길이

㉯ 도체의 도전율

㉰ 도체의 고유저항

㉱ 도체의 단면적 형태

해설 도체의 저항과 관련 있는 것은 도체의 길이, 도전율, 고유저항, 단면적 등이며, 단면적의 형태와는 무관하다.

18. 다음 중 송전선로의 선로정수에 포함되지 않는 것은?

㉮ 저항　　　　　㉯ 리액턴스

㉰ 정전용량　　　㉱ 누설 컨덕턴스

해설 선로정수(Line Constant)는 전선(電線)이 내포하고 있는 R (저항), L (인덕턴스), G (누설 컨덕턴스), C (정전용량)의 4가지 특성을 말한다.

해답　13. ㉰　14. ㉮　15. ㉰　16. ㉱　17. ㉱　18. ㉯

19. 신재생에너지의 설명 중 올바른 것은 무엇인가?

㉮ 해양에너지는 조력, 수력, 해양온도차발전 등이 있다.

㉯ 수력발전은 표층과 심층의 해수온도차를 이용한 것이다.

㉰ 수소에너지는 신에너지와 재생에너지 중 재생에너지에 속한다.

㉱ 폐기물에너지는 가연성 폐기물에서 발생되는 발열량을 이용한 것이다.

[해설] ㉮ 수력에너지는 해양에너지와는 다르고, 별도의 재생에너지로 분류된다.
㉯ 표층과 심층의 해수온도차를 이용하는 방식은 해양 온도차발전이다.
㉰ 수소에너지는 신에너지에 속한다.

20. 태양광발전설비에서 1스트링의 직렬 매수 산정식에 해당하는 것은? (단, 주변온도를 고려하지 않은 경우이다.)

㉮ $\dfrac{\text{인버터 직류입력전압}}{\text{모듈 최대출력 동작전압}}$

㉯ $\dfrac{\text{인버터 직류입력전류}}{\text{모듈 최대출력 동작전압}}$

㉰ $\dfrac{\text{인버터 직류입력전압}}{\text{모듈 최대출력 동작전류}}$

㉱ $\dfrac{\text{인버터 직류입력전류}}{\text{모듈 최대출력 동작전류}}$

[해설] 최대직렬수 = PCS 입력전압 변동범위의 최고값(최대입력전압)/모듈온도가 최저인 상태의 개방전압

제2과목 : 태양광발전 시스템 시공

---

21. 태양광발전시스템과 분산전원의 전력계통 연계 시 특징이 아닌 것은?

㉮ 부하율이 향상된다.

㉯ 공급 신뢰도가 향상된다.

㉰ 배전선로 이용률이 향상된다.

㉱ 고장 시의 단락 용량이 줄어든다.

[해설] 전력계통을 연계할 경우 고장 시 단락용량이 증가한다.

22. 공사업자가 감리원에게 제출하는 시공상세도에 포함되지 않는 것은?

㉮ 실제 시공 가능 여부

㉯ 공사추진 실적현황

㉰ 현장의 시공기술자가 명확하게 이해할 수 있는지 여부

㉱ 설계도면, 설계 설명서 또는 관계 규정에 일치하는지 여부

[해설] 시공상세도 포함 내용
① 설계도면, 설계설명서 또는 관계 규정에 적합한지 여부
② 현장의 시공기술자가 명확하게 이해할 수 있는지 여부
③ 실제 시공 가능 여부
④ 안정성의 확보 여부
⑤ 계산의 정확성 여부
⑥ 제도의 품질 및 선명성, 도면작성 표준 일치 여부
⑦ 도면으로 표시 곤란한 내용은 시공 시 유의사항으로 작성되었는지 여부

23. 태양광발전시스템의 시공 시 태양전지 모듈의 설치를 위하여 운반하는 경우 주의사항으로 옳은 것은?

㉮ 태양전지 모듈의 보호막을 벗겨서 운반한다.

㉯ 태양전지 모듈을 인력으로 이동할 때에는 1인 1조로 한다.

㉰ 태양전지 모듈의 파손 방지를 위해 충격이 가해지지 않도록 한다.

㉱ 접속된 모듈의 리드선은 빗물 등 이물질이 유입되어도 된다.

[해설] ㉮ 태양전지 모듈의 보호막을 벗기지 않고

해답 19. ㉱ 20. ㉮ 21. ㉱ 22. ㉯ 23. ㉰

운반한다.

㉯ 태양전지 모듈의 인력 이동 필요시 항상 2인 1조로 안전하게 실시할 것(파손 방지 및 이물질 오염 방지 철저)

㉰ 모듈의 리드선은 빗물 등 이물질이 유입되면 안 된다.

24. 태양광발전시스템의 일반적인 시공절차에 대한 순서로 옳은 것은?

㉮ 기초공사 → 자재주문 → 시스템 설계 → 모듈설치 → 간선공사 → 시운전 및 점검

㉯ 시스템 설계 → 자재주문 → 간선공사 → 모듈설치 → 기초공사 → 시운전 및 점검

㉰ 자재주문 → 시스템 설계 → 기초공사 → 모듈설치 → 간선공사 → 시운전 및 점검

㉱ 시스템 설계 → 자재주문 → 기초공사 → 모듈설치 → 간선공사 → 시운전 및 점검

해설 태양광발전시스템의 시공절차는 일반적으로 설계 → 발주 → 기초공사 → 모듈설치 → 간선공사 → 시운전의 순으로 진행된다.

25. 태양광발전시스템 시공 작업 중에 발생할 수 있는 감전사고로부터 보호하기 위한 방지대책으로 틀린 것은?

㉮ 절연장갑을 낀다.

㉯ 절연처리가 된 공구를 사용한다.

㉰ 태양전지 모듈의 표면에 차광시트를 붙여 태양광을 차단한다.

㉱ 강우 시에는 발전하지 않으니 미끄러짐을 주의하여 작업을 진행한다.

해설 강우 시에는 감전의 우려가 있으므로 작업을 중단해야 한다.

26. 태양전지 어레이용 지지대에 영구적으로 작용하는 상정하중은?

㉮ 고정하중   ㉯ 풍압하중

㉰ 적설하중   ㉱ 지진하중

해설 가대 설계 상정하중

구분		내용
수직 하중	고정 하중	어레이, 프레임, 서포트 하중 등 영구적 하중
	적설 하중	경사계수 및 눈의 단위 질량 고려
	활 하중	건축물 또는 공작물을 점유 및 사용함으로써 발생하는 하중
수평 하중	풍 하중	• 어레이 및 지지물 등의 구조물에 가한 풍압의 합 • 풍력계수, 용도계수, 환경계수 등 고려
	지진 하중	지지층의 전단력 계수 고려

27. 태양전지 모듈과 인버터 간의 지중 전선로를 직접매설식으로 시설하는 경우 알맞은 공사 방법은?

㉮ 중량물의 압력을 받을 우려가 있는 경우 1.0 m 이상, 일반장소는 0.5 m 이상 깊이로 매설한다.

㉯ 중량물의 압력을 받을 우려가 있는 경우 1.2 m 이상, 일반장소는 0.5 m 이상 깊이로 매설한다.

㉰ 중량물의 압력을 받을 우려가 있는 경우 1.0 m 이상, 일반장소는 0.6 m 이상 깊이로 매설한다.

㉱ 중량물의 압력을 받을 우려가 있는 경우 1.2 m 이상, 일반장소는 0.6 m 이상 깊이로 매설한다.

해설 지중 전선관 매립 시 중량물의 압력을 견딜 수 있도록 약 1.2 m 이상의 깊이로 매설한다(단, 중량물의 압력 우려가 없는 곳은 0.6 m 이상으로 매설할 것).

28. 설계도서 적용 시 고려사항이다. 옳지 않은 것은?

㉮ 숫자로 나타낸 치수는 도면상 축척으로 잰 치수보다 우선한다.

㉯ 특별시방서는 당해공사에 한하여 일반 시방서에 우선하여 적용한다.

㉰ 특별시방서 및 도면에 기재되지 않은 사항은 일반시방서에 의한다.

㉱ 공사계약서 상호 간에 차이와 문제가 있는 경우 발주자의 의견을 참조하여 감리원이 최종적으로 결정한다.

해설 설계도서, 법령해석, 감리자의 지시 등이 서로 일치하지 아니하는 경우에 있어 계약으로 그 적용의 우선순위를 정하지 아니한 때에는 다음의 순서를 원칙으로 한다.

공사시방서 → 설계도면 → 전문시방서 → 표준시방서 → 산출내역서 → 승인된 상세시공도면 → 관계법령의 유권해석 → 감리자의 지시사항

29. 제3종 접지공사의 접지저항 규정의 최댓값은?

㉮ 5 Ω 이하 ㉯ 10 Ω 이하
㉰ 50 Ω 이하 ㉱ 100 Ω 이하

해설 접지의 종류

접지공사의 종류	접지저항
제1종 접지공사	10Ω
제2종 접지공사	변압기 고압측 또는 특별고압측 전로의 1선 지락전류 암페어 수에서 150을 나눈 값의 옴 수
제3종 접지공사	100Ω
특별 제3종 접지공사	10Ω

30. 계산값이 항상 1 이상인 것은?

㉮ 부등률 ㉯ 수용률
㉰ 부하률 ㉱ 전압강하율

해설 부등률
$$= \frac{\text{부하 각각의 최대수용전력의 합}}{\text{합성 최대수용전력}} \geq 1$$

31. 선로 구분 기능을 갖고 있는 개폐기에 수용가 측의 사고 발생 시 사고전류를 감지하여

자동으로 접점을 분리시켜 사고구간을 분리하는 것은?

㉮ 리클로저(R/C)
㉯ 선로 개폐기(LS)
㉰ 자동 고장 구분 개폐기(ASS)
㉱ 자동 부하 전환 개폐기(ALTS)

해설 자동 고장 구분 개폐기(ASS ; Automatic Section Switch)는 수용가 구내에서의 사고 시 자동 분리하여 사고의 파급 확대를 방지하고, 수용가 구내설비의 피해를 최소한으로 억제하기 위하여 개발된 개폐기로 공급변전소 CB와 리클로저(Recloser)와 협조하여 사고 발생 시 고장구간을 자동 분리한다.

32. 태양전지 어레이용 지지대의 재질로서 사용되지 않는 것은?

㉮ 티타늄
㉯ 알루미늄 합금
㉰ 스테인리스 스틸
㉱ 용융아연 도금된 형강

해설 티타늄 합금은 가격이 비싸고 가공이 힘들어 일반적으로 태양전지 어레이용 지지대의 재질로는 잘 사용되지 않는다.

33. 태양광발전설비의 사용 전 검사에 필요한 서류가 아닌 것은?

㉮ 시공계획서
㉯ 감리원 배치 확인서
㉰ 사용 전 검사 신청서
㉱ 공사계획인가(신고)서

해설 시공계획서는 설치공사의 착공 전 공사업자가 감리원에 제출하는 서류이다.

34. 기성 검사 절차에서 계약자가 단위업무별 가중치와 월별 공정률을 표시하여 공사 착공 전에 발주처에 사전검토 및 확인을 받아야 하는 것은?

㉮ 감리일지
㉯ 설계감리 확인서

④ 시공 예정공정표

④ 투입인원 건강기록부

해설 시공 예정공정표(공사 예정공정표) : 공사를 순탄하게 진행하고, 공사에 사용하는 모든 장비, 인력, 경비 등을 관리하여 공사를 완성도 있게 마무리하기 위하여 작성하는 서류로서, 각 항목별로 가중치, 기성률 등을 빠짐없이 작성해야 하고, 반드시 기간 내에 수행할 수 있는 만큼의 공정계획을 세우는 것이 중요하다. 전체적인 계획과 실적을 모두 작성하여 봄으로써 공사 시공의 흐름을 파악할 수 있기 때문에 놓치는 부분이나 다음 공정과의 간섭은 없는지 등을 예상할 수 있고, 공정에 따른 자재의 반입 시기 등을 예상할 수도 있다.

35. 공사감리원 배치시기로 적절한 것은?

㉮ 착공 7일 후

㉯ 착공 10일 후

㉰ 공사 시작 전

㉱ 현장여건에 따른 적당한 시기

해설 전력기술관리법 12조의2(감리원의 배치 등) 제1항 : 감리업자 등이 공사감리를 하려는 경우에는 산업통상자원부장관이 정하여 고시하는 감리원 배치 기준에 따라 소속 감리원을 공사 시작 전에 배치하여야 한다.

36. 태양광 발전설비의 접지공사 시 접지선의 색은?

㉮ 청색   ㉯ 녹색

㉰ 백색   ㉱ 노란색

해설 접지선의 색은 녹색표시를 하지 않으면 안 되는데, 부득이하게 녹색 또는 황록색 줄무늬가 있는 것 이외의 절연전선을 접지선으로 사용할 경우에는 단말 및 적당한 장소에 녹색의 테이프 등으로 표시한다.

37. 방화구획 관통부의 방화벽 또는 방화바닥 설치 시 시공방법으로 틀린 것은?

㉮ 일반 실리콘 폼을 양쪽 불연 내화패널 사이에 빈틈이 없이 충전한다.

㉯ 관통벽에 미리 시설해 놓은 틀에 불연성 내화패널을 앵커볼트로 고정시킨다.

㉰ 불연성 내화패널과 케이블 트레이, 케이블 사이에 빈틈과 주위를 밀폐재로 봉한다.

㉱ 방화판을 관통구의 크기에 맞도록 케이블 트레이의 중심 양쪽으로 2장을 만든다.

해설 관통부에는 방화용 실리콘 폼을 양쪽 불연 내화패널 사이에 빈틈없이 충전한다.

38. 태양광발전시스템의 시공절차에 포함되지 않는 것은?

㉮ 접지공사

㉯ 어레이 기초공사

㉰ 인버터 설치공사

㉱ 태양광 어레이의 발전량 산출

해설 태양광 어레이의 발전량 산출 : 기획, 설계 또는 유지 관리 시의 업무

39. 태양전지 모듈 및 어레이 설치 후 확인사항이 아닌 것은?

㉮ 극성   ㉯ 전압

㉰ 단락전류   ㉱ 개방전류

해설 태양전지 모듈 및 어레이 설치 후 확인사항은 개방전류가 아니고 개방전압이다.

40. 사업용 태양광 발전설비 정기검사 항목이 아닌 것은?

㉮ 변압기 검사

㉯ 접속함 검사

㉰ 태양전지 검사

㉱ 전력변환장치 검사

해설 사업용 태양광 발전설비에 대한 정기검사 항목 : 태양광전지 검사, 전력변환장치 검사, 변압기 검사, 차단기 검사, 전선로(모선) 검사 등

해답 35. ㉰ 36. ㉯ 37. ㉮ 38. ㉱ 39. ㉱ 40. ㉯

제3과목 : 태양광발전 시스템 운영

41. 태양광발전시스템의 유지보수 관점에서 말하는 점검의 종류로 틀린 것은?

㉮ 일상점검 ㉯ 정기점검

㉰ 임시점검 ㉱ 준공 시 점검

해설 준공 시 점검은 유지보수 관점의 점검이 아니라 태양광발전설비 시스템 시공 과정의 일부이다.

42. 태양광발전시스템 유지보수 계획 시 고려사항으로 틀린 것은?

㉮ 환경조건 ㉯ 설비의 단가

㉰ 설비의 중요도 ㉱ 설비의 사용기간

해설 유지보수점검 계획 수립 시 고려사항

① 설비의 사용시간 ② 설비의 중요도

③ 환경조건 ④ 고장이력

⑤ 부하상태

43. 중대형 태양광발전용 인버터의 정상 특성 시험 항목 중 독립형인 경우에는 해당되지 않는 시험 항목은?

㉮ 효율 시험

㉯ 누설 전류 시험

㉰ 온도 상승 시험

㉱ 자동 기동·정지 시험

해설 인버터의 자동 기동·정지 시험은 계통연계형인 경우에 실시하는 시험 항목이다.

44. 모니터링 프로그램의 기능 중 틀린 것은?

㉮ 데이터 수집기능

㉯ 데이터 저장기능

㉰ 데이터 통제기능

㉱ 데이터 계산기능

해설 모니터링 프로그램의 주요 기능 : 데이터 수집기능, 데이터 저장기능, 데이터 분석기능, 데이터 통계기능

45. 태양광발전시스템이 작동되지 않는 경우 응급조치 순서로 옳은 것은?

㉮ 접속함 내부 차단기 OFF → 인버터 OFF 후 점검 → 점검 후 인버터 ON → 접속함 내부 차단기 ON

㉯ 인버터 OFF → 접속함 내부 차단기 OFF 후 점검 → 점검 후 인버터 ON → 접속함 내부 차단기 ON

㉰ 접속함 내부 차단기 OFF → 인버터 OFF 후 점검 → 점검 후 접속함 내부 차단기 ON → 인버터 ON

㉱ 인버터 OFF → 접속함 내부 차단기 OFF 후 점검 → 점검 후 접속함 내부 차단기 ON → 인버터 ON

해설 태양광발전시스템의 응급조치 전체 순서

① 태양광발전설비가 작동되지 않을 경우

㉮ AC 차단기 개방(OFF)

㉯ 접속함 내부 DC 차단기 개방(OFF)

㉰ 인버터 정지 후 점검

② 점검 완료 후 복귀 순서

㉮ 점검 완료 후에 인버터 운전(ON)

㉯ 접속함 내부 DC 차단기 투입(ON)

㉰ AC 차단기 투입(ON)

46. 태양광발전시스템의 유지관리를 위한 일상점검 및 정기점검에 관한 내용으로 틀린 것은?

㉮ 일상점검은 점검담당자가 육안에 의해 실시하는 것으로, 일상점검의 점검주기는 매월 1회 정도이다.

㉯ 출력 3 kW 미만의 소형 태양광발전시스템의 경우에 대해서는 정기점검을 하지 않아도 무방하다.

㉰ 축전지에 대한 일상점검은 부하를 차단한 상태에서 변색, 부풀음, 온도 상승, 냄새 등의 점검을 실시해야 한다.

㉱ 정기점검은 지상에서 실시해야 함을 원칙으로 하지만, 필요에 따라 지붕이나 옥

해답 41. ㉱ 42. ㉯ 43. ㉱ 44. ㉰, ㉱ 45. ㉮ 46. ㉰

상 위에서 점검을 실시할 수도 있다.

해설 축전지는 부하에 급전한 상태에서 변색, 변형, 팽창, 손상, 액면저하, 온도 상승, 단자풀림 등을 점검한다.

47. 승압용 변압기를 설치한 태양광 발전소이다. 태양광발전모듈에서 인버터 입력단간 및 인버터 출력단과 계통연계점 간의 전압강하는 최대 몇 % 이하인가? (단, 전선길이가 200 m 이하이다.)

　㉮ 3　　　　　　　㉯ 5
　㉰ 6　　　　　　　㉱ 7

해설 태양전지판에서 인버터 입력단간 및 인버터 출력단과 계통연계점 간의 전압강하는 각 3 %를 초과하여서는 아니된다. 단, 전선길이가 60 m를 초과할 경우에는 다음 표에 따라 시공할 수 있다. 전압강하 계산서(또는 측정치)를 설치확인 신청서에 제출하여야 한다.

전선길이	전압강하(%)
120 m 이하	5
200 m 이하	6
200 m 초과	7

48. 태양전지 어레이의 동작 불량 스트링이나 태양전지 모듈의 검출 및 직렬 접속선의 결선 누락 사고, 잘못 연결된 극성 등을 검출하기 위해 측정하는 것은?

　㉮ 발전량　　　　　㉯ 절연저항
　㉰ 접지저항　　　　㉱ 개방전압

해설 개방전압을 측정하면, 모듈·스트링의 불량이나, 단선 및 결선 문제 등을 확인할 수 있다.

49. 모듈외관, 태양전지 등에 크랙, 구부러짐, 갈라짐 등을 확인하기 위한 외관검사 시 최소 몇 lux 이상의 광 조사상태에서 진행하여야 하는가?

　㉮ 200　　　　　　㉯ 500
　㉰ 800　　　　　　㉱ 1,000

해설 태양광 발전설비의 점검지침(한국전기안전공사) : 태양전지 셀의 제작, 운송 및 설치과정에서의 변색, 파손, 오염 등의 결함 여부를 1,000 lux 이상의 조도에서 육안점검하고 단자대의 누수, 부식 및 절연재의 이상을 확인한다.

50. 태양광발전모듈의 고장 원인으로 제조공정상 불량이 아닌 것은?

　㉮ 핫 스팟　　　　㉯ 백화현상
　㉰ 적화현상　　　　㉱ 프레임 변형

해설 프레임 변형은 모듈의 제조공정상 불량이 아니라, 제조단계 이후의 불량이다.

51. 태양광발전용 축전지의 측정 항목으로 틀린 것은?

　㉮ 일사량　　　　　㉯ 단자전압
　㉰ 충전전류　　　　㉱ 방전전류

해설 축전지와 일사량은 직접적인 관련성이 없다.

52. 운전개시나 정기점검의 경우는 물론 사고 시에도 불량개소를 판정하고자 하는 경우에 실시하는 측정은?

　㉮ 개방전압　　　　㉯ 절연저항
　㉰ 단락전류　　　　㉱ 발전전력

해설 절연저항 측정 후 절연저항 기준치와 비교하는 방법으로 불량개소의 판정이 가능하다.

53. 태양광발전시스템의 접속함 정기점검 시 육안점검 항목으로 틀린 것은?

　㉮ 접지선의 손상
　㉯ 전해액면 저하
　㉰ 외부배선의 손상
　㉱ 외함의 부식 및 파손

해설 전해액면 저하는 축전지의 점검항목이다.

54. 태양광발전시스템 고장으로 문제점이 발견된 경우 판단 및 조치사항에 대한 설명으로 틀린 것은?

[가] 태양전지 셀 및 바이패스 다이오드가 손상된 경우, 태양전지 모듈을 교체한다.

[나] 태양전지 모듈에서 음영이 들지 않았음에도 불구하고 단락전류 값이 갑자기 작아지면 즉시 모듈을 교체하여야 한다.

[다] 파워컨디셔너가 고장인 경우에는 유지보수 담당자가 직접 수리보수하지 않도록 하고, 제조업체에 AS를 의뢰하여 보수해야 한다.

[라] 불량 모듈을 교체할 때에는 동일 규격 제품으로 교체하고, 그렇지 못한 경우에는 더 작은 단락전류값을 가진 모듈로 교체해야 안전하다.

[해설] 불량 모듈 교체 시 단락전류값은 기존의 모듈 대비 동일 또는 그 이상이라야 한다.

55. **주로 정지상태에서 행하는 점검으로 제어 운전 장치의 기계점검, 절연저항의 측정 등을 실시할 때 하는 점검은?**

[가] 일상점검 [나] 정기점검

[다] 임시점검 [라] 완공 시 점검

[해설] ① 정기점검(보통) : 주로 정지상태에서 기계점검, 절연저항 측정, 배전반 종합 동작시험, 계전기의 모의 동작시험 등 실시
② 정기점검(세밀) : 장시간 정지 후 불량품 교체, 차단기 내부점검, 계전기 특성시험, 계기의 점검시험 등 실시

56. **정전 작업 전 조치사항에 대한 설명 중 틀린 것은?**

[가] 단락접지기구의 철거

[나] 검전기로 개로된 전로의 충전 여부 확인

[다] 전력 케이블, 전력 콘덴서 등의 잔류전하 방전

[라] 전로의 개로된 개폐기에 시건장치 및 통전금지 표지판 설치

[해설] 단락접지기구의 철거는 정전 작업 종료 후의 조치사항에 속한다.

57. **인버터 출력회로 절연저항 측정방법 중 틀린 것은?**

[가] 태양전지 회로를 접속함에서 분리한다.

[나] 절연변압기가 별도로 설치된 경우에는 이를 분리하여 측정한다.

[다] 직류측의 전체 입력단자 및 교류측의 전체 출력단자를 각각 단락한다.

[라] 인버터의 입·출력단자를 단락하여 출력단자와 대지 간의 절연저항을 측정한다.

[해설] 인버터의 절연저항 측정 시 절연변압기가 별도로 설치된 경우에는 이를 연결한 상태로 측정한다.

58. **태양광발전시스템 성능 평가를 위한 신뢰성 평가·분석 항목 중 트러블에 관한 연결이 틀린 것은?**

[가] 계측 트러블-ELB트립

[나] 시스템 트러블-계통지락

[다] 시스템 트러블-인버터 정지

[라] 계측 트러블-컴퓨터 전원의 차단

[해설] 신뢰성 평가분석
① 시스템 트러블 : 시스템의 정지, 인버터의 정지, 트립, 계통지락 등
② 계측 관련 트러블 : 컴퓨터의 OFF 또는 조작 오류, 기타의 계측 관련 트러블 등
③ 운전데이터의 결측
④ 계획정지 : 계획정전, 정기점검, 개수정전, 계통정전 등

59. **사업계획서 작성 시 사업계획의 개요에 포함되어야 할 사항으로 틀린 것은?**

[가] 소요부지면적

[나] 전기설비의 명칭

[다] 사업개시 예정일

[라] 전기설비의 작업자 수

[해설] 사업계획 개요에는 사업자명, 전기설비의 명칭 및 위치, 발전형식 및 연료, 설비용량, 소요부지면적, 준비기간, 사업개시 예정일 및 운영기간 등이 포함된다.

[해답] 55. [나] 56. [가] 57. [나] 58. [가] 59. [라]

60. 성능 평가를 위한 측정요소 중 설치코스트 평가방법에 해당하지 않는 것은?

㉮ 기초공사 단가

㉯ 유지·보수 단가

㉰ 계측표시장치 단가

㉱ 태양전지 설치 단가

해설 설치가격(경제성) 평가방법
① 시스템 설치 단가
② 태양전지 설치 단가
③ 어레이 가대 설치 단가
④ PCS(파워컨디셔너) 설치 단가
⑤ 계측 표시장치 단가
⑥ 부착시공 단가
⑦ 기초공사 단가

제5과목 : 신재생에너지 관련법규

61. 에너지·자원의 투입과 온실가스 및 오염물질의 발생을 최소화하는 제품은?

㉮ 녹색제품   ㉯ 온실가스 제품

㉰ 에너지자원 제품 ㉱ 오염물질의 제품

해설 저탄소 녹색성장기본법 제2조 : "녹색제품"이란 에너지·자원의 투입과 온실가스 및 오염물질의 발생을 최소화하는 제품을 말한다.

62. 신·재생에너지 공급인증서의 유효기간은 발급받은 날부터 몇 년으로 하는가?

㉮ 1   ㉯ 3   ㉰ 5   ㉱ 10

해설 신에너지 및 재생에너지 개발·이용·보급 촉진법 제12조의7 제4항 : 공급인증서의 유효기간은 발급받은 날부터 3년으로 하되, 제12조의5 제5항 및 제6항에 따라 공급의무자가 구매하여 의무공급량에 충당하거나 발급받아 산업통상자원부장관에게 제출한 공급인증서는 그 효력을 상실한다. 이 경우 유효기간이 지나거나 효력을 상실한 해당 공급인증서는 폐기하여야 한다.

63. 신에너지 및 재생에너지 개발·이용·보

급 촉진법의 제정 목적으로 틀린 것은?

㉮ 에너지원의 단일화

㉯ 온실가스 배출의 감소

㉰ 에너지의 안정적인 공급

㉱ 에너지 구조의 환경친화적 전환

해설 신에너지 및 재생에너지 개발·이용·보급 촉진법 제1조 : 이 법은 신에너지 및 재생에너지의 기술개발 및 이용·보급 촉진과 신에너지 및 재생에너지 산업의 활성화를 통하여 에너지원을 다양화하고, 에너지의 안정적인 공급, 에너지 구조의 환경친화적 전환 및 온실가스 배출의 감소를 추진함으로써 환경의 보전, 국가경제의 건전하고 지속적인 발전 및 국민복지의 증진에 이바지함을 목적으로 한다.

64. 신·재생에너지법에 거짓이나 부정한 방법으로 공급인증서를 발급받은 자와 그 사실을 알면서 공급인증서를 발급한 자는 몇 년 이하의 징역 또는 얼마 이하의 벌금에 처하는가?

㉮ 2년 이하의 징역 또는 3천만원 이하의 벌금

㉯ 2년 이하의 징역 또는 5천만원 이하의 벌금

㉰ 3년 이하의 징역 또는 3천만원 이하의 벌금

㉱ 3년 이하의 징역 또는 5천만원 이하의 벌금

해설 신에너지 및 재생에너지 개발·이용·보급 촉진법 제34조 제2항 : 거짓이나 부정한 방법으로 공급인증서를 발급받은 자와 그 사실을 알면서 공급인증서를 발급한 자는 3년 이하의 징역 또는 3천만원 이하의 벌금에 처한다.

65. 전기설비기술기준에서 전압을 구분하는 경우 고압에서 직류의 범위로 옳은 것은?

㉮ 600 V 이상 7,000 V 이하

㉯ 600 V 초과 7,000 V 이하

㉰ 750 V 초과 7,000 V 이하

해답 60. ㉯   61. ㉮   62. ㉯   63. ㉮   64. ㉰   65. ㉰

라 750 V 이상 7,000 V 이하

해설 전압의 종별 구분

① 저압 : 직류 750 V 이하, 교류 600 V 이하
② 고압
- 직류 750 V 초과~7,000 V 이하
- 교류 600 V 초과~7,000 V 이하
③ 특고압 : 7,000 V 초과

66. 온실가스에 해당되지 않는 것은?

가 메탄(CH₄)

나 일산화탄소(CO)

다 아산화질소(N₂O)

라 수소불화탄소(HFCs)

해설 6대 온실가스는 육불화황(SF₆), 이산화탄소(CO₂), 메탄(CH₄), 아산화질소(N₂O), 수소불화탄소(HFCs), 과불화탄소(PFCs)이다.

67. 신·재생에너지 연료 혼합의무 불이행에 대한 과징금의 통지를 받은 자는 통지를 받은 날부터 며칠 이내에 과징금을 산업통상자원부장관이 정하는 수납기관에 내야 하는가?

가 30 나 60 다 90 라 120

해설 신에너지 및 재생에너지 개발·이용·보급 촉진법 시행령 제26조의5(신·재생에너지 연료 혼합의무 불이행에 대한 과징금의 부과 및 납부)

① 산업통상자원부장관은 법 제23조의3 제1항에 따라 과징금을 부과하기 위하여 과징금 부과 통지를 할 때에는 혼합의무 불이행분과 과징금의 금액을 분명하게 적은 문서로 하여야 한다.

② 제1항에 따라 통지를 받은 자는 통지를 받은 날부터 30일 이내에 과징금을 산업통상자원부장관이 정하는 수납기관에 내야 한다. 다만, 천재지변이나 그 밖의 부득이한 사유로 그 기간에 과징금을 낼 수 없을 때에는 그 사유가 해소된 날부터 7일 이내에 내야 한다.

③ 제2항에 따라 과징금을 받은 수납기관은 과징금을 낸 자에게 영수증을 내주어야 한다.

④ 과징금의 수납기관은 제2항에 따라 과징금을 받았을 때에는 지체 없이 그 사실을 산

업통상자원부장관에게 통보하여야 한다.

⑤ 과징금은 분할하여 낼 수 없다.

68. 햇빛·물·지열(地熱)·강수(降水)·생물유기체 등을 포함하는 재생 가능한 에너지를 변환시켜 이용하는 에너지에 해당하지 않는 것은?

가 해양에너지 나 지열에너지

다 수소에너지 라 태양에너지

해설 "재생에너지"란 햇빛·물·지열(地熱)·강수(降水)·생물유기체 등을 포함하는 재생 가능한 에너지를 변환시켜 이용하는 에너지이며, 수소에너지는 신에너지에 속한다.

69. 전기설비기술기준의 판단기준에서 발전기, 전동기 등 회전기의 절연내력은 규정된 시험전압을 권선과 대지 사이에 연속하여 몇 분간 가하여 견디어야 하는가?

가 5분 나 10분 다 15분 라 20분

해설 전기설비기술기준의 판단기준 제14조 : 회전기 및 정류기는 규정된 시험방법으로 절연내력을 시험하였을 때에 이에 견디어야 한다. 다만, 회전변류기 이외의 교류의 회전기로 정해진 시험전압의 1.6배의 직류전압으로 절연내력을 시험하였을 때 이에 견디는 것을 시설하는 경우에는 그러하지 아니하다(회전기의 시험방법은 권선과 대지 사이에 연속하여 10분간 가한다).

70. 전기공사기술자로 인정을 받으려는 사람은 누구에게 신청하여야 하는가?

가 고용노동부장관

나 기획재정부장관

다 국토교통부장관

라 산업통상자원부장관

해설 전기공사기술자에 대한 인정 및 관리는 산업통상자원부장관의 소관 업무이다.

71. 전기설비기술기준의 판단기준에서 특고압 가공전선로의 지지물로 사용하는 철탑의 종

류별 시공방법이 틀린 것은?

㉮ 인류형을 전가섭선을 인류하는 곳에 설치

㉯ 보강형을 전선로의 직선부분에 그 보강을 위하여 설치

㉰ 내장형을 전선로의 지지물 양쪽의 경간의 차가 큰 곳에 설치

㉱ 직선형을 전선로의 5도 이하인 수평각도를 이루는 곳에 설치

해설 전기설비기술기준의 판단기준 제118조, 119조
• 제118조(특고압 가공전선로의 철탑의 착설 시 강도 등) : 대형하천 횡단부와 그 주변 등 지형적으로 이상착설이 발달하기 쉬운 개소에 특고압 가공전선로를 시설하는 경우 그 지지물로 사용하는 철탑 및 그 기초는 당해개소의 지형 등으로 상정되는 이상 착설 시의 하중에 견디는 강도로 하여야 한다. 이 경우에 유효한 난착설화 대책을 함으로써 착설 시의 하중의 저감을 고려할 수도 있다.
• 제119조(특고압 가공전선로의 내장형 등의 지지물 시설) 제1항 : 특고압 가공전선로(제135조 제1항에 규정하는 특고압 가공전선로를 제외한다. 이하 이 조에서 같다) 중 지지물로 목주·A종 철주·A종 철근콘크리트주를 연속하여 5기 이상 사용하는 직선부분(5도 이하의 수평각도를 이루는 곳을 포함한다)에는 목주·A종 철주 또는 A종 철근 콘크리트주를 시설하여야 한다.

72. 대통령령으로 정하는 규모 이하의 발전설비를 갖추고 특정한 공급구역의 수요에 맞추어 전기를 생산하여 전력시장을 통하지 아니하고 그 공급구역의 전기사용자에게 공급하는 것을 주된 목적으로 하는 사업은?

㉮ 발전사업 ㉯ 송전사업
㉰ 배전사업 ㉱ 구역전기사업

해설 전기사업법 제2조(용어의 정의) 제11호 : "구역전기사업"이란 대통령령으로 정하는 규모 이하의 발전설비를 갖추고 특정한 공급구역의 수요에 맞추어 전기를 생산하여 전력시장을 통하지 아니하고 그 공급구역의 전기사용자에게 공급하는 것을 주된 목적으로 하는 사업을 말한다.

73. 전기설비기술기준의 판단기준에서 저압 옥내배선을 금속관공사로 시공할 때 그 방법이 틀린 것은?

㉮ 금속관 내에서 전선은 접속점을 만들어서는 안 된다.

㉯ 금속관 배선은 절연전선(옥외용 비닐절연전선을 제외)을 사용해야 한다.

㉰ 교류회로는 1회로의 전선 전부를 동일 관내에 넣는 것을 원칙으로 한다.

㉱ 금속관을 콘크리트에 매설하는 경우 관의 두께는 1.0 mm 이상을 사용해야 한다.

해설 전기설비기술기준의 판단기준 제184조 : 관의 두께는 다음에 의할 것
가. 콘크리트에 매설하는 것은 1.2 mm 이상
나. "가" 이외의 것은 1 mm 이상. 다만, 이음매가 없는 길이 4 m 이하인 것을 건조하고 전개된 곳에 시설하는 경우에는 0.5 mm까지로 감할 수 있다.

74. 전기설비기술기준의 판단기준에서 400 V 이상의 저압전로에 시설하는 기계기구의 철대 및 금속제 외함(외함이 없는 변압기 또는 계기용변성기는 철심)의 접지공사는 몇 종 접지공사를 하여야 하는가?

㉮ 제1종 접지공사
㉯ 제2종 접지공사
㉰ 제3종 접지공사
㉱ 특별 제3종 접지공사

해설 기계기구의 구분에 의한 접지공사의 적용

기계기구의 구분	접지공사
400 V 미만의 저압용	제3종 접지공사
400 V 이상의 저압용	특별 제3종 접지공사
고압용 또는 특별고압용	제1종 접지공사

75. 태양의 빛에너지를 변환시켜 전기를 생산

하거나 채광(採光)에 이용하는 설비는?

㉮ 풍력 설비   ㉯ 지열 설비

㉰ 태양열 설비   ㉱ 태양광 설비

해설 신에너지 및 재생에너지 개발·이용·보급 촉진법 시행규칙 제2조
- 풍력 설비 : 바람의 에너지를 변환시켜 전기를 생산하는 설비
- 지열에너지 설비 : 물, 지하수 및 지하의 열 등의 온도차를 변환시켜 에너지를 생산하는 설비
- 태양열 설비 : 태양의 열에너지를 변환시켜 전기를 생산하거나 에너지원으로 이용하는 설비
- 태양광 설비 : 태양의 빛에너지를 변환시켜 전기를 생산하거나 채광(採光)에 이용하는 설비

76. 전기설비기술기준의 판단기준에서 제3종 접지공사 및 특별 제3종 접지공사 접지선의 굵기는 공칭단면적 몇 mm² 이상의 연동선을 사용하여야 하는가?

㉮ 0.75   ㉯ 2.5   ㉰ 6   ㉱ 16

해설 전기설비기술기준의 판단기준 제19조[표 19-1]

접지공사의 종류	접지선의 굵기
제1종 접지공사	공칭단면적 6 mm² 이상의 연동선
제2종 접지공사	공칭단면적 16 mm² 이상의 연동선(고압전로 또는 제135조 제1항 및 제4항에 규정하는 특고압 가공전선로의 전로와 저압 전로를 변압기에 의하여 결합하는 경우에는 공칭단면적 6 mm² 이상의 연동선)
제3종 접지공사 및 특별 제3종 접지공사	공칭단면적 2.5 mm² 이상의 연동선

77. 전기사업법에서 산업통상자원부장관은 대통령령으로 정하는 바에 따라 매년 몇 회 이상 전기안전관리업무에 대한 실태조사를 실시하여야 하는가?

㉮ 1   ㉯ 2   ㉰ 3   ㉱ 4

해설 전기사업법 제73조의8(전기안전관리업무에 대한 실태조사 등) 제1항 : 산업통상자원부장관은 대통령령으로 정하는 바에 따라 매년 1회 이상 전기안전관리업무에 대한 실태조사를 실시하여야 한다.

78. 전기설비기술기준의 판단기준에서 제1종 접지공사의 접지저항 값은 몇 Ω 이하인가?

㉮ 1   ㉯ 5   ㉰ 10   ㉱ 100

해설 문제 29번 해설 참조

79. 전기사업자 및 한국전력거래소가 측정기준·측정방법 및 보존방법 등을 정하여 산업통상자원부장관에게 제출하여야 하는 대상은?

㉮ 전류 및 전압   ㉯ 전력 및 역률

㉰ 역률 및 주파수   ㉱ 전압 및 주파수

해설 전기사업법 시행규칙 제19조
① 법 제18조 제2항에 따라 전기사업자 및 한국전력거래소는 다음 각 목의 사항을 매년 1회 이상 측정하여야 하며 측정 결과를 3년간 보존하여야 한다.
 1. 발전사업자 및 송전사업자의 경우에는 전압 및 주파수
 2. 배전사업자 및 전기판매사업자의 경우에는 전압
 3. 한국전력거래소의 경우에는 주파수
② 전기사업자 및 한국전력거래소는 제1항에 따른 전압 및 주파수의 측정기준·측정방법 및 보존방법 등을 정하여 산업통상자원부장관에게 제출하여야 한다.

80. 전기설비기술기준의 판단기준에서 사용전압이 저압인 전로에서 정전이 어려운 경우 등 절연저항 측정이 곤란한 경우에는 누설전류를 몇 mA 이하로 유지해야 하는가?

㉮ 1   ㉯ 2   ㉰ 5   ㉱ 10

해설 전기설비기술기준의 판단기준 제13조 제1항 : 사용전압이 저압인 전로에서 정전이 어려운 경우 등 절연저항 측정이 곤란한 경우에는 누설전류를 1 mA 이하로 유지하여야 한다.

해답 76. ㉯ 77. ㉮ 78. ㉰ 79. ㉱ 80. ㉮

신정수

· (주) 제이앤지 에너지연구소장
· 전주 비전대학교 신재생에너지과 겸임교수
· 건축기계설비기술사
· 공조냉동기계기술사
· 건축물에너지평가사
· 신재생에너지발전설비기사
· 한국에너지기술평가원 평가위원
· 한국산업기술평가관리원 평가위원
· 한국기술사회 정회원
· 저서 : 『공조냉동기계/건축기계설비기술사 핵심 700제』
　　　　『공조냉동기계/건축기계설비기술사 용어해설』
　　　　『친환경 저탄소 에너지 시스템』
　　　　『신재생에너지 시스템공학』
　　　　『건축물에너지평가사 필기 총정리』 외

신재생에너지발전설비
기사 · 산업기사 필기

2015년 8월 25일 1판1쇄
2018년 2월 20일 1판4쇄 (개정판)

저　　자 : 신정수
펴낸이 : 이정일

펴낸곳 : 도서출판 **일진사**
www.iljinsa.com
(우) 04317 서울시 용산구 효창원로 64길 6
전화 : 704-1616 / 팩스 : 715-3536
등록 : 제1979-000009호 (1979.4.2)

값 36,000 원

ISBN : 978-89-429-1461-6